# Informatik-Fachberichte 150

Herausgegeben von W. Brauer
im Auftrag der Gesellschaft für Informatik (GI)

J. Halin (Hrsg.)

# Simulationstechnik

4. Symposium Simulationstechnik
Zürich, 9.–11. September 1987

Proceedings

Springer-Verlag
Berlin Heidelberg New York
London Paris Tokyo

**Herausgeber**

Jürgen Halin
Institut für Energietechnik, ETH Zürich
Clausiusstraße 33, CH–8092 Zürich

**Veranstalter des Symposiums**
ASIM (Fachausschuß 4.5 in der GI)

CR Subject Classifications (1987): I.6

ISBN-13: 978-3-540-18373-0    e-ISBN-13: 978-3-642-73000-9

DOI: 10.1007/978-3-642-73000-9

CIP-Kurztitelaufnahme der Deutschen Bibliothek. Simulationstechnik:
proceedings / ... Symposium Simulationstechnik. – Berlin; Heidelberg;
New York; Tokyo: Springer
NE: Symposium Simulationstechnik
4. Zürich, 9.–11. September 1987. – 1987.
(Informatik-Fachberichte; 150)

NE: GT

Dieses Werk ist urheberrechtlich geschützt. Die dadurch begründeten Rechte, insbesondere die der Übersetzung, des Nachdrucks, des Vortrags, der Entnahme von Abbildungen und Tabellen, der Funksendung, der Mikroverfilmung oder der Vervielfältigung auf anderen Wegen und der Speicherung in Datenverarbeitungsanlagen, bleiben, auch bei nur auszugsweiser Verwertung, vorbehalten. Eine Vervielfältigung dieses Werkes oder von Teilen dieses Werkes ist auch im Einzelfall nur in den Grenzen der gesetzlichen Bestimmungen des Urheberrechtsgesetzes der Bundesrepublik Deutschland vom 9. September 1965 in der Fassung vom 24. Juni 1985 zulässig. Sie ist grundsätzlich vergütungspflichtig. Zuwiderhandlungen unterliegen den Strafbestimmungen des Urheberrechtsgesetzes.

© by Springer-Verlag Berlin Heidelberg 1987

Softcover reprint of the hardcover 1st edition 1987

## VORWORT

Das "4. Symposium Simulationstechnik" wurde vom 9. bis 11. September 1987 an der ETH Zürich durchgeführt. Neben der veranstaltenden Organisation ASIM (<u>A</u>rbeitsgemeinschaft für <u>Sim</u>ulationstechnik), die als Fachausschuss 4.5 in der Gesellschaft für Informatik (GI) geführt wird, wirkten NTG, SCS und IMACS als Mitveranstalter mit.

Nach den früheren Tagungen, die 1982 mit dem "1. Symposium Simulationstechnik" in Erlangen ihren Auftakt nahmen, 1984 als "2. Symposium Simulationstechnik" in Wien weitergeführt und letztmals 1985 als "3. Symposium Simulationstechnik" in Bad Münster a.St. abgehalten wurden, setzte die vorwiegend deutschsprachige Mitglieder umfassende ASIM diese Tradition nun erstmals in der Schweiz fort. In den Zwischenjahren 1983 und 1986 wirkte ASIM massgeblich am "First" und "Second European Simulation Congress" mit, der in Aachen bzw. Antwerpen stattfand.

Die Beiträge des 4. Symposiums wurden sorgfältig ausgewählt und spiegeln den aktuellen Stand der Simulationstechnik in Theorie und Praxis wider. Dem internationalen Programmkomitee gehörten an: H. Adelsberger, Wirtschafts-Univ. Wien; W. Ameling, RWTH Aachen; I. Bausch-Gall, München; F. Breitenecker, TU Wien; H. Fuss, GMD Bonn; H.J. Halin, ETH Zürich; K. Heyl, INPRO Berlin; W. Kleinert, TU Wien; A. Kuhn, Fraunhofer Inst. Dortmund; D. Möller, Univ. Mainz; W. Schaufelberger, ETH Zürich; F. Schmidt, Univ. Stuttgart; F. Rammig, Univ. Paderborn.

Die grosse Bedeutung, die der Simulationstechnik gerade in den Anwendungen zukommt und die sich auch in der Vielzahl der eingegangenen Beiträge zu anwendungsorientierten Themen manifestiert, legte folgende Einteilung der Vorträge nahe:

    Modellbildungs- und Softwaremethodik
    Mathematische Verfahren
    Simulationssprachen und Anwendungen
    Simulationsumgebungen
    Werkzeuge zur Modellierung und Simulation paralleler Prozesse
    Vektorrechner: Algorithmen, Architektur, Anwendungen, Simulation
    Logik- und Schaltkreissimulation
    Simulation in energieerzeugenden und energieverteilenden Systemen
    Simulation in elektro- und nachrichtentechnischen Anwendungen
    Simulationssysteme und gemischte Anwendungen

*Simulation in der Fertigungstechnik: Flexibilisierunsstrategien*
*Simulation in der Fertigungstechnik: Methodologische Ergänzungen*
*Simulation in Biologie und Medizin*
*Simulation ökologischer Systeme*
*Simulation im Bereich Operations Research und Militärwissenschaften*

*Die Reihe von etlichen anspruchsvollen und hochstehenden Beiträgen wurde durch fünf Hauptvorträge komplementiert, die Möglichkeiten und Begrenzungen sowie Trends in folgenden Gebieten aufzeigten: "Supercomputing", Simulation in der Fertigungstechnik, Graphische Datenverarbeitung, Schaltkreissimulation und Simulation des Verhaltens von Chemikalien in Fliessgewässern.*

*Das wissenschaftliche Programm wurde mit Sitzungen der derzeit etablierten 5 ASIM-Arbeitskreise (Simulation paralleler Prozesse, Simulationssoftware und Hardware, Simulation in Biologie und Medizin, Simulation technischer Systeme und Simulation in der Fertigungstechnik) und mit 2 Podiumsdiskussionen zu Fragen der Wirtschaftlichkeit und Messbarkeit simulationstechnischer Anwendungen in der Fertigungstechnik sowie den Einsatzmöglichkeiten von PCs und Workstations für die Simulation abgerundet.*

*Als gesellschaftliches Programm sorgten der Empfangscocktail im Dozentenfoyer der ETH, die Schifffahrt auf dem Zürichsee mit Nachtessen und Zürich selbst für angenehme Abwechslung.*

*Zum Schluss möchte ich allen jenen danken, die zum Gelingen dieser Tagung beitrugen:*

- *den Autoren und Vortragenden für ihre Beiträge,*
- *den Teilnehmern, die das Symposium zu einem Forum mit hohem Niveau werden liessen,*
- *den Sitzungsleitern und den Mitwirkenden der Round-Table-Diskussionen,*
- *den ausstellenden Firmen und Instituten,*
- *Prof. G. Yadigaroglu vom Institut für Energietechnik der ETH und der Verwaltung und dem Technischen Dienst der ETH für ihr Entgegenkommen und ihre Unterstützung,*
- *den Mitwirkenden des Programmkomitees,*
- *meinen Kollegen in der Leitung von ASIM, die mir jederzeit mit Rat und Tat zur Seite standen,*
- *meinen Kollegen und Mitarbeitern an der ETH, insbesondere*

Herren Dr. Karel Tichy,
- Prof. W. Brauer für die Aufnahme des Bandes in die Reihe "Informatik-Fachberichte",
- Frau Ingeborg Mayer vom Springer-Verlag für die freundliche Unterstützung bei der Erstellung des Tagungsbandes.


Zürich, Herbst 1987                                               Jürgen Halin

*INHALTSVERZEICHNIS*

*Seite*

## HAUPTVORTRÄGE    1

R. Rühle (D - TH Stuttgart) \*\*
Technische Simulation mit Supercomputern

A. Kuhn (D - Fraunhofer-Inst. Dortmund)
Stand der Simulation in der Fertigungstechnik
und Entwicklungstendenzen    2

J.L. Encarnacao (D - TH Darmstadt) \*\*
Graphische Datenverarbeitung als
Werkzeug für Simulation und Animation

H. Spiro (D - IBM Deutschland, Böblingen)
Berechnungsverfahren zur Schaltkreissimulation    28

R. Brüggemann, M. Matthies (D - GSF München)
Simulation des Verhaltens von Chemikalien in Fliessgewässern    55

## MODELLBILDUNGS- UND SOFTWAREMETHODIK    81

R. Ruzicka, F. Breitenecker (A - TU Wien)
BAPS - Bondgraph Analyse und Programmsynthese    82

W. Pohlmann (D - TU München)
Simulated Time and the Ada Rendezvous    92

W. Berndt, K. Brantner, H.G. Thome, B. Wieneke-Toutaoui (D - Berlin, Stuttgart, Aachen, Berlin)
Modellebenen    103

U. Maschtera (A - Univ. Linz)
VIVIANE: Modellierung flexibler dynamischer Systeme
unter einem virtuellen Weltbild    119

E. Smith (D - GMD St. Augustin)
Kausalität und Temporalität bei der Modellbildung    127

## MATHEMATISCHE VERFAHREN    135

H. Brauchli, G. Devaquet, Ch. Schaerer, J. Rohrer \* (CH - ETH Zürich,
\* Oerlikon-Bührle AG)
Ein Baukastensystem zur Beschreibung ebener Vielkörpersysteme    136

W. Mathis (D - TU Braunschweig)
Bestimmung von Uebertragungsfunktionen linearer Netzwerke
als 2-faches verallgemeinertes Eigenwertproblem    144

J. Mennig (CH - ETH Zürich)
Hermite-Diskretisierung von partiellen Differentialgleichungen
dargestellt am Beispiel der Wärmeleitungsgleichung    152


\*\* Kein Beitrag zur Veröffentlichung eingegangen.

| | Seite |
|---|---|
| H. Schubert (D - DFVLR Oberpfaffenhofen)<br>Zur Praxis des numerischen Differenzierens nach einer Variablen | 161 |

## SIMULATIONSSPRACHEN UND ANWENDUNGEN — 169

W. Krämer, M. Zeitz (D - Univ. Stuttgart)
Simulation einer hydraulischen Lageregelung mit Hilfe der
blockorientierten Simulationssprache ISRSIM — 170

H.P. Franke, H. Braun (D - Univ. Karlsruhe)
Parameteroptimierung mit SIDAS II — 176

D. Solar, F. Breitenecker (A - TU Wien)
Das Simulationssystem HYBSYS und sein Tabellenfunktionen-Konzept — 187

J. Dastych, J. Harland (D - Univ. Bochum)
"ESRSIM" Ein Programmsystem zur Simulation
kontinuierlicher und zeitdiskreter Systeme — 197

B. Zupancic, D. Matko, R. Karba, M. Sega (YU - Univ. Ljubljana,
Institut Jozef Stefan)
SIMCOS - Digital Simulation Language with Hybrid Capabilities — 205

## SIMULATIONSUMGEBUNGEN — 213

D. Craemer (D - GMD St. Augustin)
BOXDYN - eine komfortable Benutzeroberfläche für das
DYNAMO-System im Betriebssystem EUMEL — 214

A. Sauberer, R. Ruzicka, F. Breitenecker, I. Troch (A - TU Wien)
Implementation der Optimierungsumgebung "GOMA" in ACSL — 222

G. Bleher, F. Schmidt (D - Univ. Stuttgart)
Konzept eines integrierten Planungs- und Simulationssystems IPSS — 232

K. Vancso, A. Fischlin, W. Schaufelberger (CH - ETH Zürich)
Die Entwicklung interaktiver Modellierungs- und
Simulationssoftware mit Modula-2 — 239

R.W. Hartenstein, U. Welters (D - Univ. Kaiserslautern)
Mehrebenen-Graphik-Editor MLED als DBMS für VLSI-Simulation — 250

## WERKZEUGE ZUR MODELLIERUNG UND SIMULATION PARALLELER PROZESSE — 259

M. Esponda (D - GMD-FIRST Berlin)
Simulation einer parallelen Prolog-Maschine mit Modula-2 — 260

F. Regen, W. Ameling (D - RWTH Aachen)
Hybride Modellierung zur Rechenzeiteinsparung bei
Simulationsuntersuchungen mit Auswertungsnetzen — 270

T. Bartsch, W. Kubalski, W. Ameling (D - RWTH Aachen)
Petrinetzbasierte Modellierung von Rechnerstrukturen in PROLOG — 278

| | Seite |
|---|---|
| H.B. Keller (D - Kernforschungszentrum Karlsruhe)<br>Algorithmische und problemstrukturelle Parallelität -<br>Ansätze zur verteilten Simulation komplexer dynamischer Systeme | 286 |

## VEKTORRECHNER: ALGORITHMEN, ARCHITEKTUR, ANWENDUNGEN, SIMULATION — 297

M. Alef, D. Seldner, T. Westermann (D - Kernforschungszentrum Karlsruhe)
Numerische Algorithmen für elektrodynamische Modelle
und ihre Implementierung auf Supercomputern — 298

C.D. Swanson (USA - ETA Systems Inc.)
The ETA Systems Plans for Supercomputers — 306

F. Baetke (D - CONVEX GmbH Frankfurt)
Der Convex C1 Vektorrechner - eine Konkurrenz für
Grossrechner im Bereich der strömungsmechanischen und
thermodynamischen Simulation — 315

F. Breitenecker, J. Kaliman, D. Solar, J. Bierbaumer (A - TU Wien)
Simulationsfallstudien am SIMSTAR:
Vektoroptimierung und Simulationsumgebung für ein
Blutdruck- und Herzfrequenzmodell — 323

A. Kopaczyk, W. Kubalski, A. Ameling (D - RWTH Aachen)
Simulation von Vektorrechnerarchitekturen unter
Verwendung determinierter Warteschlangenmodelle — 330

## LOGIK- UND SCHALTKREISSIMULATION — 339

D. Tavangarian (D - Univ. Frankfurt)
Ein allgemeines Modell zur Synthese und Simulation
digitaler Schaltwerke — 340

M. Bechtold, Th. Reus, D. Tavangarian (D - Univ. Frankfurt)
Simulation hybrider Schaltungen — 350

K.-D. Lewke (D - Univ. Paderborn)
Ein ereignisgetriebenes Simulationsmodell für MOS-Schaltwerke — 358

P.G. Plöger, B. Klaassen, K.L. Paap (D - GMD St. Augustin)
Simulating Electrical Circuits using SISAL — 365

Ch. Ohsendoth (D - Univ. Dortmund)
DACAPO-III
Schnelle Ausführung von Mixed- und Multi-level Hardwarebeschreibung — 373

W. Hahn, H. Anger, A. Hagerer (D - Univ. Passau)
Ein Multi-Transputer-Netz als Hardware-Simulationsumgebung — 381

F.V. Keller, K. Reiss, O.A. Palusinski * (D - Univ. Karlsruhe, * USA -
Univ. of Arizona, Tucson)
Simulation des Transientverhaltens von Verbindungsleitungen
in integrierten Schaltungen — 389

| | Seite |
|---|---:|
| *SIMULATION IN ENERGIEERZEUGENDEN UND ENERGIEVERTEILENDEN SYSTEMEN* | 397 |

    G. Meister, W. Cronenbroeck (D - KFA Jülich)
    Dynamische Simulation von Hochtemperatur-Reaktoren
    mit dem DSNP-Anlagensimulator      398

    K.A. Reimann, M. Steiner * (CH - Sulzer AG, Winterthur, * ETH Zürich)
    Dynamische Simulation von Wärmeübertrager-Netzen ab Prozess-Schema      406

    A. Marek (CH - BBC Baden)
    Eindimensionale phenomenologische Simulation der Spannung
    von elektrolytischen Zellen beim Abschalten von hohen Strömen      414

    M. Suda (A - Oesterr. Forschungszentrum Seibersdorf)
    Die dynamische Simulation von Druckschwankungen
    in komplexen hydraulischen Leitungsnetzen      422

    K. Fäh (CH - ETH Zürich)
    Digitale Simulation von Stauregelungen in Flusssystemen      430

*SIMULATION IN ELEKTRO- UND NACHRICHTENTECHNISCHEN ANWENDUNGEN*      439

    W.H. Drtil, K.-H. Reschke (D - SEL Stuttgart)
    DATA Transmission Simulation System (DTSS)      440

    E. Bollweg, B. Page (D - Univ. Hamburg)
    Simulation von Autotelefonsystemen zur Analyse von Verfahren
    der Funkfrequenzzuteilung auf einem PC      448

    M. Erlinghagen (D - Fernuniversität Hagen)
    Simulation eines lokalen Funknetzes bezüglich des Kanalbündels
    unter besonderer Berücksichtigung der Kanalökonomie      456

    W. Kleinert, M. Gräff, K. Wenk * (A - TU Wien, * CH - BBC Zürich)
    Simulation eines Dreiphasen-Gleichrichters mit SIMSTAR und ACSL      463

*SIMULATIONSSYSTEME UND GEMISCHTE ANWENDUNGEN*      465

    K.-P. Born, O.H. Peters (D - Univ.-GH Wuppertal)
    Realisierung und Anwendungsmöglichkeiten eines
    Motorradfahrsimulators      466

    J. Perl (D - Univ. Mainz)
    TESSY: Ein Tennis-Simulations-System      475

    T. Egolf (CH - Styner+Bienz AG, Niederwangen)
    Dynamisches Verhalten eines zweistufigen Hauptantriebes
    mit geregeltem Gleichstrom-Motor      482

    D. Matko, B. Nemec (YU - Univ. Ljubljana, Inst. Jozef Stefan)
    The Use of Feed-Forward Identification Scheme in
    Industrial Robots Adaptive Control      488

    Y. Welte, R. Stürchler (CH - Sulzer AG, Winterthur)
    Neue Modellbildung eines rotordynamischen Systems
    mit Hilfe eines elektrischen Schaltkreises      495

## SIMULATION IN DER FERTIGUNGSTECHNIK: FLEXIBILISIERUNSSTRATEGIEN — 503

H.-J. Heusler (D - TU München)
Entwicklung von Flexibilisierungsstrategien
mit Hilfe der Simulationstechnik — 504

G. Seliger, B. Wieneke-Toutaoui, M. Rabe (D - IPK Berlin)
Simulationsunterstützung bei der Planung
und im Betrieb von flexiblen Fertigungssystemen — 512

R. Schmidt (D - Fraunhofer-Inst. Dortmund)
Einsatzmöglichkeiten der Simulation in der Werkstattsteuerung — 520

K. Schlüter (D - Univ. Erlangen-Nürnberg)
Planung einer flexiblen Montagestrasse mittels GPSS-FORTRAN — 539

W. Balagin, A. Dolgij, G. Kowaltschuk, S. Mjsnikow, D. Othizerow,
M. Rewotjuk, A. Smirnov, W. Starich (UdSSR - Inst. f. Radiotechnik)
Zur Simulation flexibler Fertigungssysteme — 548

## SIMULATION IN DER FERTIGUNGSTECHNIK: METHODOLOGISCHE ERGANZUNGEN — 557

H. Peters (D - Fraunhofer-Inst. Dortmund)
Simulation zur Personaleinsatzplanung in der Fertigung — 558

W. Dangelmaier, B.-D. Becker (D - Fraunhofer-Inst. Stuttgart)
Vergleich und Entwicklungsrichtungen von Werkzeugen
zur diskreten Simulation von Fertigungssystemen — 564

P. Kettner, H.G. Thome (D - RWTH Aachen)
Graphisch interaktive Simulation von integrierten
Fertigungs- und Montagesystemen — 572

H. Peters, K. Volling, H. Utter, H.-O. Weissenborn (D - ITW Dortmund,
Mannesmann-Demag, Wetter, INPRO Berlin)
Ergebnisdarstellung und Animationsmöglichkeit
für fertigungstechnische Simulationsexperimente — 585

K.A. Graber, M. Müller, H. Ulrich (CH - ETH Zürich)
Simulation einer Produktionsanlage
Vergleich von Programm- und Kanban-Steuerung — 587

## SIMULATION IN BIOLOGIE UND MEDIZIN — 595

F. Rattay (A - TU Wien)
Simulation von Nervenreaktionen durch Elektrostimulation — 596

D.P.F. Möller (D - Univ. Mainz / Drägerwerk AG, Lübeck)
Optimierung der Dosierung von Pharmaka mittels Kompartmentmodellen — 602

A. Heyn, B.A. Gottwald (D - Univ. Freiburg im Breisgau)
Zur Modellierung von Transport und Wirkung
des Pflanzenhormons Auxin — 608

*Seite*

R. Karba, A. Mrhar, F. Kozjek, B. Zupancic
M. Atanasijevic (YU - Univ. Ljubljana)
System Approach in Pharmacokinetical Studies
for Optimal Drugs Design) .......................................................... 617

D.P.F. Möller (D - Univ. Mainz / Drägerwerk AG, Lübeck)
Simulationstechnik komplexer Bioprozesse und mögliche
Erweiterungen durch wissensbasierte Simulation ..................... 625

## SIMULATION ÖKOLOGISCHER SYSTEME ............................................. 631

B. Breckling, G. Lehnert (D - Univ. Bremen)
Organismengemeinschaften auf Habitatinseln
- Ein zeitdiskretes Simulationsmodell - ..................................... 632

N. Trost, H. Bossel, H. Krieger, H. Schäfer (D - Univ.-GH Kassel)
Systemanalyse und Simulation der Wachstums- und Entwicklungs-
dynamik von Waldbäumen unter dem Einfluss von Luftschadstoffen ..... 640

S. Pietrzko (CH - EMPA, Dübendorf)
Eine auf Simulationsverfahren basierende Fluglärmprognose .......... 649

## SIMULATION IM BEREICH OPERATIONS RESEARCH AND MILITÄRWISSENSCHAFTEN ..... 657

H.-J. Böhm, U. Kretschmer, W. Prautsch, G. Winterer (D - GAI Berlin)
TPM - Ein Simulationsmodell für den Güterverkehr
der Deutschen Bundesbahn .......................................................... 658

J. Plehn, A. Schonard, W. Prautsch (D - GAI Stuttgart, GAI Berlin)
Bestimmung optimaler Leitwege in einem vorgegebenen Transportnetz
mit Hilfe der Evolutionsstrategie ............................................. 666

A.A. Stahel (CH - ETH Zürich)
Simulation of Guerilla Warfare .................................................. 674

## ANSCHRIFTEN DER AUTOREN UND KOAUTOREN ........................................ 686

## HAUPTVORTRÄGE

Stand der Simulation in der Fertigungstechnik
und Entwicklungstendenzen


Prof. Dr.-Ing. A. Kuhn
Fraunhofer-Institut für Transporttechnik und
Warendistribution, Dortmund
Universität Dortmund,
Institut für Spanende Fertigung
4600 Dortmund 50


1.0 Simulation und Fertigungstechnik

Die Simulationstechnik (Computer-Simulation, diskrete Prozesse, ereignisorientiert) hat im Bereich der Gestaltung von Produktionssystemen als Hilfsmittel allgemeine Anerkennung gefunden. Erste einschlägige Simulationstechniken vor etwa 20 Jahren haben eine Entwicklung eingeleitet, deren Produkte parallel zu den hardwaretechnischen Errungenschaften an Leistungsfähigkeit ständig zunahmen.

Während dieser Entwicklungszeit sind für spezielle Fragestellungen beachtliche Erfolge erzielt worden. Betrachtet man allerdings die Ergebnisse der Vergangenheit, so wird deutlich, warum die Akzeptanz des Hilfsmittels Simulation bei Planern, Betreibern oder Ausrüstern nicht erreicht wurde und noch immer nicht vollständig erreicht ist:
Der unverhältnismäßig hohe Aufwand im Vergleich zum Nutzen, den man aus simulationsgestützten Planungen gewonnen hatte, ist zu selten eindeutig zu rechtfertigen gewesen. Hieran krankt auch heute noch die Anwendung der Simulation für die Fertigungstechnik.

Zum einen ist es äußerst schwierig, den Umfang einer Simulationsstudie vorher richtig abzuschätzen, zum anderen gibt es keine Aufwand-Nutzen-Kalkulation für die Bewertung möglicher Ergebnisse. Es fehlt grundsätzlich an solchen Experten, die Simulationsstudien und ihren Erfolg richtig einschätzen können , und es fehlt an einer Methodik, welche die Simulation zweckmäßig in die üblichen Vorgehensweisen der betrieblichen Praxis integriert.

An Aufwandsreduzierungen für den Einsatz von Simulationstechniken ist gearbeitet und erhebliches geleistet worden. Es gibt heute spezielle Simulatoren, die für eingeschränkte, oft isolierte Problemkreise der Fertigungstechnik Modellelemente und "Konstruktionstechniken" zur Verfügung stellen, mit denen der Nutzer ohne nennenswerte Kenntnisse des softwaretechnischen Hintergrundes Lösungen erarbeiten kann. Damit haben aber nur Fertigungsfachleute ganz bestimmter Aufgabenstellungen das erstrebenswerte Instrumentarium: preiswert, schnell einsetzbar, vom 'Endnutzer' anwendbar, schnelle Ergebnisse liefernd. Was nutzen jedoch solche Insellösungen, wenn man sich die Mächtigkeit des Instrumentes Simulation und die Vielfältigkeit der einschlägigen Fragestellungen in der Fertigung vor Augen führt?

Man kann sich heute Simulationsmodelle vorstellen (- sie wurden auch schon realisiert -), mit denen man alle denkbaren Fragestellungen beantworten könnte; Fabriksimulatoren, die sowohl in der Planung als auch zur ständigen Überprüfung und Verbesserung des Gesamtprozesses genutzt werden. Diese Modelle sind aber nicht mehr ohne erhebliche Lernaufwände von den Betreibern zu beherrschen, üblicherweise schafft dies nur noch der Entwickler des Modelles selbst. /1/

Dies ist der Stand der Technik:

Der Nutzer in der Fertigung will (und muß) die Simulationstechnik für seine speziellen Fragestellungen ohne großen Aufwand selbst anwenden. Dazu benötigt er "low-level-Werkzeuge" bezüglich des Lernaufwandes, die einen besonderen Entwicklungsaufwand erfordern und nur durch die Häufigkeit der Nutzung preiswert werden. Damit bestimmt die Wiederverwendbarkeit die Nutzung und damit die Anwendungen, die von den bisher wenigen Simulations-Entwicklungszentren bedient werden.

Der besondere Nutzen der Simulationstechnik läßt sich jedoch aus der Tatsache ziehen, daß große, komplexe Problemstellungen der Fertigungsstrukturplanung, Fertigungssteuerung, Organisation u. ä. ganzheitlich, unter Zuziehung vieler Fachleute experimentell erforscht werden können. Hierfür müssen mächtigere Werkzeuge verfügbar sein, die dann auch einen gewissen Lernaufwand erfordern. Hier bestimmt die Vollständigkeit der Modellwelt und die Flexibilität in der Formulierung das einzusetzende Werkzeug.

Beide Zielsetzungen lassen sich heute nicht durch nur ein Instrumentarium erfüllen. Die Lösungen der nahen Zukunft werden - wie immer - irgendwo in der Mitte liegen. Erstrebenswert ist die Simulationstechnik, die es erlaubt, aus einem universellen Simulator heraus low-level-Werkzeuge für spezielle Anwendungen zu definieren und so entstandene Subsysteme zusammenzufügen.

Eine solche Aufgabe in Verbindung mit bereits propagierten On-line-Simulatoren, Real-time-Anwendungen, Selbstoptimierungswünschen, einer integrierenden Methodik in Planung und Betrieb sowie einer Wissensbasierten Simulationsumgebung wird noch viele Entwicklungsteams beschäftigen. (s. unten)


2.0 Simulationstechnik für die Fertigung

Um den Stand der Technik exakt festzulegen, müßten die weltweit verfügbaren Soft- und Hardware-Produkte analysiert und miteinander verglichen werden. Eine entsprechend umfassende Studie ist bis heute nicht vorgelegt worden.

Es soll hier nicht der Versuch unternommen werden, eine Auswahl solcher Instrumente für ihre Eignung zur Modellierung von Fertigungssystemen zu bewerten. Eine Einteilung nach /2/ kann jedoch eine Orientierungshilfe für diejenige sein, die noch einen Zugang zur Simulationstechnik suchen.

---

| | |
|---|---|
| Programmiersprachen: | SIMULA, (Smalltalk) |
| Simulationssprachen: | GPSS, SLAM, SIMAN, SIMSCRIPT, SIMSCRIPT II.5, (SIMKIT) |
| Spezielle Simulatoren: | ASIM, AutoMod, CS-SIM, FASIM, GEMS-II, HOCUS, MAST, MAP/1, MODELMASTER, MODUS, PCMODEL, SEE WHY, SIMFACTORY, SIMFLEX/2 SIMIS III, SIMULAP |

---

Tabelle 01: Gliederung der Softwaretools für ereignisdiskrete
            Simulation (Auswahl)

| Name | Basis-Sprache | Eingabe | Ausgabe | Hardware | Preis (DM) |
|---|---|---|---|---|---|
| Asim | Fortran 77 | Menügesteuert | Tabelle, Graphiken | IBM-XT/AT | 15.000,- |
| AutoMod | GPSS-H | Makrosimulationssprache | Graphiken, Animation | DEC VAX | |
| CS-SIM | BASIC | Tastatur | Tabellen, Graphik, Animation | IBM-PC | 30.000,- bis 40.000,- |
| GEMS-II | Fortran | Menügesteuert | Tabellen, Graphiken | IBM-XT/AT (MS-DOS) | 2.000,- |
| HOCUS | Fortran | Menügesteuert | Tabellen, Graphiken | IBM-PC (CROMEMCO-PC) | 50.000,- bis 60.000,- |
| MAST | Fortran 77 | Menügesteuert | Tabellen, Graphiken | IBM PC/AT (MS-DOS,) VAX | 13.000,- |
| MAP/1 | Fortran 77 | MAP/1-Befehle | Tabellen, Graphik, Animation | DEC VAX, HP 9000 Apollo | 30.000,- abhg. v. Hardware |
| Modelmaster | Eigenentwicklung | Graphikeingabe mit Maus und Tastatur | Tabellen, Graphik, Animation | IBM-PC | 5.000,- bis 20.000,- |
| MODUS | Fortran | Menügesteuert | Tabellen, Graphiken | DEC VAX 11/780 | 30.000,- |
| PC MODEL | Eigenentwicklung | Layouteditor | Animation | IBM-XT/AT | 2.000,- |
| SIMFLEX /2 | | Graphisches Entwurfs- bzw. Dialogsystem | Tabellen, Graphiken | DEC VAX | abhg. v. Ausbaustufe |
| SIMIS III | PASCAL | Menügesteuert und Graphikeingabe | Tabellen, Graphiken | DEC VAX | 30.000,- bis 80.000,- |
| SIMULAP | Fortran | Menügesteuert | Tabellen, Graphiken, Animation | DEC VAX, IBM XT/AT | 45.000,- |
| SEE WHY (Witness) | Fortran | Menügesteuert, Graphikeingabe | Tabellen, Kurven, Animation | Cromemco IBM XT/AT, DEC VAX | 50.000,- |

Tabelle 02: Auswahlkriterien für spezielle Simulatoren in der Fertigung /7/

Neben der Frage nach der Software ist oft die Entscheidung für einen Rechner das Problem. Der generellen Empfehlung, daß ein Simulationsrechner nicht leistungsfähig genug sein kann, wird man kaum widersprechen können. Natürlich wird die Hardware-Entscheidung für jeden der am Entstehungsprozeß einer Anlage beteiligten Fachleute anders aussehen:

Der Betreiber und der Anlagenplaner kämen wohl mit kleineren Rechnern aus, Simulations-Dienstleister und Planer benötigen große Rechnerleistungen. Für alle Belange gibt es heute Ausstattungen und kombinierte Hard- und Software-Angebote; sogar auf PC-Rechnern ist die Fülle an Angeboten kaum zu überschauen (siehe Tabelle /7/). Hier verbirgt sich jedoch eine große Gefahr für die Anwendung der Simulationstechnik: werden Systeme auf kleinen Rechnern beschafft, ist die Anwendung oft eng begrenzt, wird die Investition in eine große Anlage gewagt, so sind oft sinnvolle dezentrale Anwendungen geringeren Umfanges auf kleinen Rechnern nicht mehr möglich.

In diesem Dilemma könnte man sich den Workstations mit geeigneter Vernetzung zuwenden.

## 3.0 Defizite
### 3.1 Methodenintegration

Das herausragende Defizit der Simulationstechnik besteht darin, daß die verfügbaren Instrumente und Modelle sich wohl einzelnen Problemklassen anpassen lassen, aber nicht den Aufgaben gewachsener Strukturen. Nehmen wir als Beispiel eine Planungsabteilung in der Automobilindustrie, die sich sowohl der Fabrikstrukturplanung als auch der Anlagenplanung zu widmen hat. Eine solche Abteilung benötigt Simulationsunterstützung in der Grob- und der Feinplanung von fertigungstechnischen oder logistischen Systemen. Nach Ausschreibung des Planungsergebnisses und der Vorgabe müssen möglicherweise noch andere Simulationssysteme der Ausrüster akzeptiert werden. Damit wird die Integration bzw. Einführung des Instrumentes in einer solchen Abteilung erheblich erschwert, wenn nicht unmöglich gemacht. Hinzu kommt noch die Tatsache, daß bereits EDV-gestützte Planungs-, Analyse- und Dokumentationsinstrumente existieren, die mit einem Simulationssystem nicht gekoppelt werden können.

Es müßte also eine Schnittstelle zum Datenbestand der Fabrik in Form einer simulationsrelevanten Datenbasis geben und ein Simulationsinstrumentarium, daß sich mit diversen anwendungsspezifischen Moduln, den unterschiedlichen Aufgaben in der Fertigung anpassen läßt. Der Arbeitskreis "Simulation in der Fertigung" der ASIM versucht zur Zeit einen ersten Schritt in Richtung "Integrationsfägigkeit" zu tun, indem man z. B. typische Systembeschreibungen für die Simulationsanwendung sammelt, typisiert und nach Möglichkeit allgemeingültig definiert. Diese Arbeitsgruppe - eine von z. Zt. vieren - bedarf einer möglichst weitverbreiteten Zuarbeit aus der Praxis. /8/

3.2 Einheitliche Strukturierungskonzepte

Ein weiteres herausragendes Defizit besteht in der Existenz bzw. Anerkennung einer einheitlichen Modellierungskonzeption. Es hat sich zwar die Modellierung mit Hilfe von "Konstruktionsbausteinen" durchgesetzt, aber keine einheitliche Konstruktionslehre. Damit existieren beliebig unterschiedliche Baukästen. Aus diesem Grund haben wir heute nicht nur unterschiedliche Strukturierungskonzepte und Methoden, sondern auch unnötigerweise unterschiedlichste Benutzeroberflächen und Ergebnisdokumentationen. Auch hier wird erst eine gemeinsame, von allen Entwicklern und Anwendern getragene Definition und eine auf der Basis der bereits vielfältigen Ergebnisse gestützte, einheitliche Entwicklung einer "Konstruktionslehre für Simulationsmodelle der Fabrik" Lösungen bieten. Der bereits erwähnte ASIM-Arbeitskreis plant die Sammlung und Auswertung von erfolgreichen Simulationsstudien.

3.3 Angepaßte Modellbeschreibungssprachen

Ein drittes übergeordnetes Defizit ist darin zu sehen, daß die Entwickler von Simulationsmodellen auf die "Sprache des Ingenieurs oder Fertigungstechnikers" keine Rücksicht nehmen. Die Sprache des Ingenieurs ist eine spezifische Symbolsprache: die technische Zeichnung oder der Layoutplan; hinzu kommen eingeführte spezielle Darstellungshilfen oder Dokumentationsformen technischer Gebilde. Würde man die Bedienoberfläche der Simulationsmodelle den Beschreibungsformalien der "Endnutzer" anpassen - die technischen Voraussetzungen dafür sind mit den CAD-Techniken gegeben - würde dies der Integration in den bestehenden Planungsablauf entscheidend erleichtern und eine verbesserte Akzeptanz liefern.

Was gefordert werden muß, sind klare Schnittstellen zu vor- und nachgeschalteten Entwurfs- und GestaltungsAufgaben der simulationsgestützten Arbeiten in der Fabrik. Hieran muß sich eine neue Methodik der Anwendung orientieren.

Die Entwicklungen der Simulationstechnik in der Fertigung müssen sich den geschilderten drei beschriebenen Defiziten übergeordneter Natur und den daraus abzuleitenden Forderungen stellen. Nachfolgend seien einige Detailforderungen an verbesserte Simulationstechniken lediglich aufgelistet ( Defizite heute gängiger Simulationssysteme).

## 3.4 Defizite heutiger gängiger Simulationssysteme aus Anwendersicht

**Allgemeines**

- o Investitions- und Wirtschaftlichkeitsrechnungen für Simulationstechnik

- o Schulung und Ausbildung (Entwickler, Planer, Betreiber, Ausrüster, Management)

- o Portabilität der Simulationssysteme

- o Anwendungs- und Eignungstest für Simulatoren

**Datenerfassung/Systemlastbeschreibung**

- o Kooperationsregeln zur Vermeidung von Konflikten zwischen Beteiligten an einer Simulationsstudie

- o Schnittstellen zum Datenmaterial (Datenbanken) der Fabrik

- o EDV-gestützte Methoden zur Erhebung und Verdichtung der Daten zum Zwecke der Simulation (EDV-gestützte Systemlasterhebung)

- o Einheitliche Beschreibungsformen und Visualisierungstechniken für Systemlasten

- o Plausibilitätsprüfungen und statistische Methoden zur Qualitätsbestimmung der Daten

- o Restaurierungs-, Ergänzungs-, Schätz- und Prognoseverfahren für die Vervollständigung der Systemlasten und Datenbasen

## Modellierung/Validierung

- o in Simulationssystemen integrierte Analyse- und Berechnungsverfahren

- o Klassifikation von Problemklassen (Grobsimulation/Feinsimulation, Strukturierungsaufgaben/Dimensionierungsaufgaben, Anlagenklassen u. ä.)

- o Modellbeschreibungen in der "Sprache" des Anwenders

- o Bausteine auf höherer Beschreibungsebene (Ablaufregeln, Dispositionsverfahren, Administrationsstrategien u. ä.)

- o Allgemeingültige Validierungstechniken, Qualitätsprüfungsverfahren

- o Konstruktionslehre zur bausteingestützten Modellierung von Fertigungssystemen

## Experimentplanung und Durchführung

- o Pflichtenhefte für Simulationsexperimente

- o Methodische Simulationsplanung, Planungsregeln, Verfahren zur Reduzierung des Experimentieraufwandes

- o Interaktives Experimentieren

- o Integration bekannter Optimierungsverfahren

- o Selbsttätige Modelloptimierung

- o Wissensbasierte Simulationsumgebung

Ergebnisdokumentation und -interpretation

- o Einheitliches Ergebnisdatengerüst

- o Statistische Verfahren

- o Standards der Ergebnisdarstellung für die unterschiedlichen Problemklassen

- o Angemessene bzw. angepaßte Animationsverfahren

- o Verfahren zur interdisziplinären Ergebnisbewertung und -interpretation (gemeinsame Auswertung mehrerer Experimente, Graphikkonzepte)

- o Automatisierte Dokumentation (bzw. verfahrensgestützte)

- o Schnittstellen zu betrieblichen Dokumentations- bzw. Visualisierungsverfahren (CAD, Leitstandtechnik, Computer-Graphik, Datenbanken)

Weiterverwendbarkeit

- o Erweiterbarkeit der Simulationsmodelle (Ergänzung, Kopplung von Teilsystemen, Modellreduzierung)

- o Objektorientierte Strukturkonzepte

- o Neutrale Mittler zwischen Planern, Betreibern und Ausrüstern

- o Empirische Forschung mit erstellten Modellen zur Verallgemeinerung der Einzelergebnisse o On-line-, Real-time-Simulatoren

o Simulationsmodelle als Testumgebung für Steuerungssoftware

o Umsetzungsstrategien für "Simulations-know-how" in Realisierungs- bzw. Betriebsführungsregeln.

Spezifische Anwendungen in der Fertigung

o Reihenfolgeplanungen

o Personaleinsatzplanungen, Belastungsmodelle für Werkereinsätze

o Produktionsplanung und -steuerung

o Einkauf und Warenwirtschaft

o Betriebswirtschaftliche Simulatoren (Kostensimulation)

o Strategische Planungen

## 4.0 Entwicklungstendenzen
## 4.1 Allgemeines

Die Anwendungsmöglichkeiten der Simulation in der Fertigung sind so vielfältig und die Anforderungen so umfangreich, daß kein System alle Belange abdecken könnte. Es gibt sicherlich ausgrenzbare Problemklassen, die man durchaus isoliert bearbeiten kann. Die Entwicklungen werden zunächst die "lohnendsten" Aufgaben bedienen. Deswegen läßt sich auch eine Vielfalt von Spezialsimulatoren nicht vermeiden. Um jedoch die Fehler vergleichbarer Entwicklungslinien (Rechnerbetriebssysteme, CAD-Techniken, Kommunikationsnetze) nicht in vollem Umfang nachzuvollziehen, scheint es höchste Zeit, sich mit Vereinheitlichungen und Schnittstellendefinitionen zu beschäftigen.

Alle Entwickler im deutschsprachigen Raum sind aufgerufen, sich diesbezüglich an der Arbeit des Arbeitskreises "Simulation in der Fertigungstechnik" der ASIM zu beteiligen.

Im weiteren sollen beispielhafte spezielle Entwicklungen vorgestellt und damit Anregungen vermittelt werden.

## 4.2 Strategieinterpreter

Viele Simulatoren stellen dem Systemanalytiker einen Modellierungsstandard zur Verfügung. Dabei sind Bausteine und Strategien vordefiniert, die im Baukastenprinzip zu einem Modell für ein gegebenes System zusammengesetzt werden. Die Abbildungsgenauigkeit wird allerdings häufig durch Strategien beeinträchtigt, die nicht im Programmstandard enthalten sind.

Einige dieser Simulatoren ermöglichen die Abbildung zusätzlicher Strategien durch eine Programmschnittstelle, für deren Anwendung spezifische Kenntnisse über das Programm und die verwendete Programmiersprache vorausgesetzt werden. Dadurch wird die Anwendbarkeit des Simulators für einen Planer erheblich eingeschränkt.

Es gibt viele Beschreibungstechniken, mit denen eigene Strategien formuliert werden könnten, beispielsweise Entscheidungstabellen oder Petri-Netze. Die natürlichste Methode ist allerdings eine einfache Sprache, wobei es zwei prinzipielle Möglichkeiten der Einbindung in ein Simulationsprogramm gibt.

Bei der ersten Form wird die formulierte Strategie in eine zugehörige Prozedur der Programmiersprache übersetzt, die dann ihrerseits durch compilieren und linken an das Simulationsprogramm angebunden ist. Die zweite Form ist der Interpreteransatz, bei dem die Sprachsequenzen durch feste Programmmoduln auf ihre Korrektheit geprüft und während der Simulation ausgewertet werden.

Die verwendete Sprache sollte sehr einfach problemspezifisch strukturiert sein, damit sie leicht erlernt werden kann. Es darf für jede Problemklasse eine "eigene Sprache" geben. Daraus ergibt sich die Forderung, nur wenige Sprachelemente zu verwenden:

- wenige Anweisungen            (Wertzuweisungen, einfache arithmetische
                                 und boolsche Ausdrücke)
- wenig Kontrollstrukturen      (Wenn<Bed>Dann<Anw>Sonst<Anw>;
                                 Solange<Bed>Tue<Anw>)
- Anweisungsblöcke              (Anfblock<Anw>Endblock)
- Attributedeklaration          (Reell, ganzzahlig oder boolsch)

In einem System sind bestimmte Modellparameter (Geometrien, Bewegungsdaten, Zeitdauern) definiert, auf die im Interpreter zugegriffen werden darf. Veränderbar sind jedoch nur Attribute, die für jede eigene Strategie definiert sind. Dabei wird nach eigenen und vordefinierten Attributen unterschieden (Bild 1).

Die formulierte Strategie kann den Simulationsablauf nur über die vordefinierten Attribute beeinflussen. Ein Beispiel für ein vordefiniertes Attribut könnte ein Melderzustand sein, der wahlweise gesperrt oder freigegeben werden kann. Die Wirkung einer Sperrung oder Freigabe ist fest im Simulator integriert.

Die Auswahl der vordefinierten Attribute bestimmt also in entscheidenem Maße die Güte der Interpreterschnittstelle. Eigene Attribute können nur zur Speicherung zusätzlicher Informationen über den Systemzustand verwendet werden.

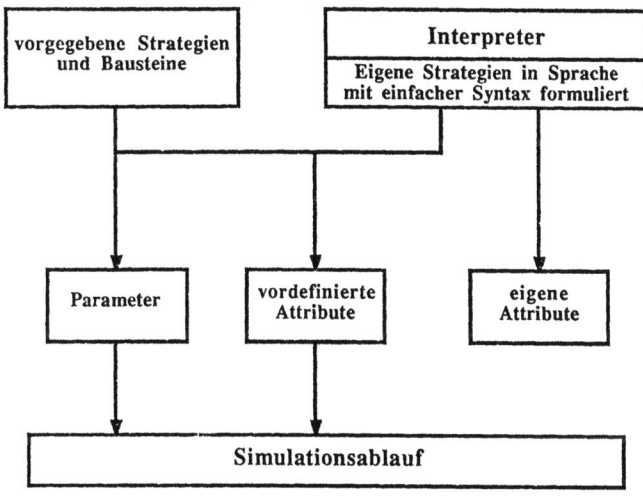

Bild 1: Strategieinterpreter

4.3 Neue Graphik-Basen : CAD-Kopplungen

Es sind bereits Arbeiten bekannt geworden, wo man CAD-gestützt erstellte Layoutentwürfe unmittelbar als Simulationsmodelle nutzt. /9/
Eine Arbeit aus einem engen Bereich der fördertechnischen Anlagenplanung soll zur Skizzierung einer Entwicklungslinie genutzt werden. /10/
In der Angebotsbearbeitung für Hochregallager-Vorzonen werden CAD-Entwürfe mit den betrieblichen Standards erarbeitet. Für ein solches Layout (AUTOCAD-Entwurf) wird ein file erstellt und die Bauelement-Informationen in einer ASCII-Datei sequentiell abgelegt. Über diese Datei läuft ein Interpretationsprogramm, welches die Bausteine mit den Geometrien und Bewegungsrichtungen identifiziert. Dieser Interpreter filtert alle simulationstechnischen Daten aus. Ferner werden Plausibilitätsprüfungen über die geometrischen und logischen Verknüpfungen der Bauelemente durchgeführt.

Danach wird bereits das Simulationsmodell angestoßen und die fehlenden Parameter, die aus der Layoutgeometrie nicht zu entziffern sind (Bewegungsdaten, Bewegungsobjektdaten u. ä.), werden im Bildschirmdialog vom Benutzer abgefragt. Ferner sind spezielle Bausteine: Quellen, Senken, Bearbeitungsstationen zu konkretisieren. Auch diese Funktion läuft dialoggestützt ab.

Nach diesen Spezifikationen und Festlegungen über die Simulationsdurchführung liegt bereits ein ausführbares Modell vor.

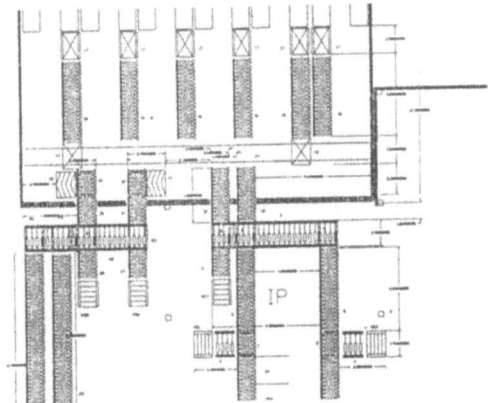

Bild 2: CAD-Entwurf, ausführbares Simulationsmodell

## 4.4 Online-Simulatoren

Entsprechende Entwicklungslinien scheinen schon deswegen besonders erfolgversprechend zu sein, weil doch schon an vielen Stellen Arbeiten in Angriff genommen wurden (Bild 3). Man könnte das Anwendungsgebiet mit "Auftragsreihenfolgeplanung" in der Fertigung bezeichnen. Simulatoren, die die Reihenfolgeplanung (RFP) im Betrieb unterstützen, funktionieren mit Zustandsmeldungen aus dem Fertigungsprozeß. Mit Bild 3 ist eine Klassifikation solcher Systeme vorgelegt /12/, die berücksichtigt, wie die RFP für einen Zeitraum ausgeführt wird, wie die Auswertung der Simulationsergebnisse erfolgt, wie Störungen des Prozesses behandelt werden und wie die Regeln zur Planung in das System eingegeben werden. (Literaturhinweise zu den aufgeführten Systemen werden von R. Schmidt in seinem Beitrag "Einsatzmöglichkeiten der Simulation in der Werkstattsteuerung" zu diesem Symposium gegeben.)

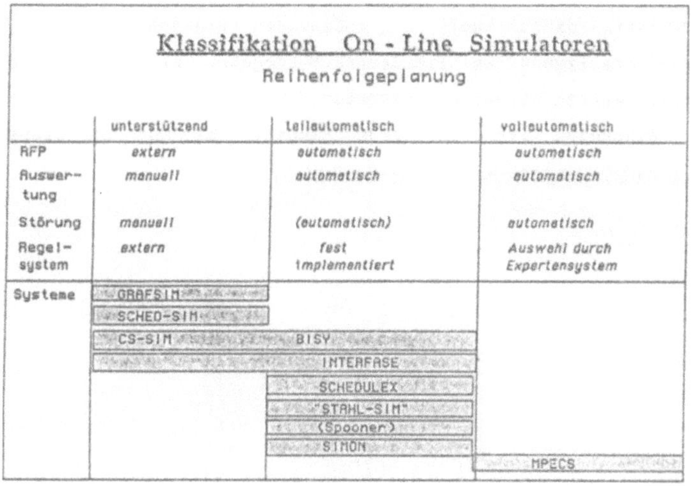

### Klassifikation On - Line Simulatoren
Reihenfolgeplanung

|  | unterstützend | teilautomatisch | vollautomatisch |
|---|---|---|---|
| RFP | extern | automatisch | automatisch |
| Auswertung | manuell | automatisch | automatisch |
| Störung | manuell | (automatisch) | automatisch |
| Regelsystem | extern | fest implementiert | Auswahl durch Expertensystem |
| Systeme | GRAFSIM | | |
|  | SCHED-SIM | | |
|  | CS-SIM | BISY | |
|  |  | INTERFASE | |
|  |  | SCHEDULEX | |
|  |  | "STAHL-SIM" | |
|  |  | (Spooner) | |
|  |  | SIMON | |
|  |  |  | MPECS |

Bild 3: Klassifikation On-line-Simulatoren

## 4.5 Real-time-Simulation

Diese Entwicklungen dienen dem Bestreben, Simulationsmodelle nach der Planungsunterstützung auch für die Realisierung und den Betrieb weiter zu nutzen.
Man kann zwei Entwicklungstrends unterscheiden:

### Einsatz eines (herkömmlichen) bestehenden Simulators

Die Kopplung zwischen Simulator und Steuerung übernimmt ein besonderes Modul, der Emulator. (Emulation ist die Nachbildung von Software auf einem anderen Rechner)
Der Emulator interpretiert den Simulationstrace und generiert daraus Meldungstelegramme für die Steuerung. Steuerungsbefehle werden vom Emulator in Ereignisse für die Simulationsmodellsteuerung umgesetzt. Eine Änderung des Steuerungsprinzips hat eine Umwandlung des Emulators zu Folge./11/
Der Vorteil liegt darin, daß ein bestehender Simulator eingesetzt werden kann, der Nachteil, daß die "Intelligenz" des Simulators vorgegeben ist; der Emulator hat diese bei ebenfalls intelligenten Steuerungssystemen zu umgehen. (Beispiel: Wegsuche (Routing) eines Fahrzeugs wird sowohl vom Simulator als auch der Steuerung realisiert)

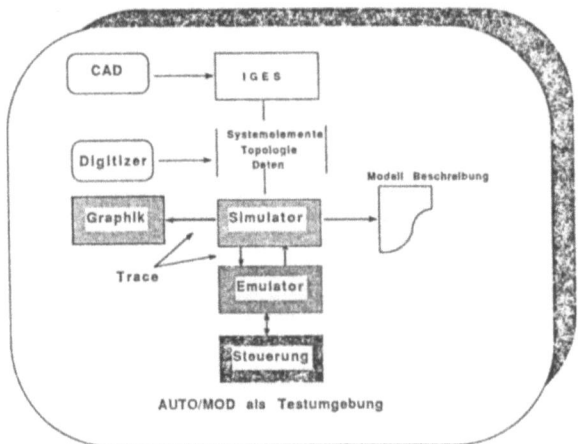

Bild 4: Realtime-Simualtor mit Emulator /11/

## Spezialsysteme

Beim (Spezial-) Simulator ist nur die Komponente der Ereignisverwaltung (Ereignis-Liste) austauschbar. Die Ereigniskoordination bestimmt das Modell und ist den jeweiligen Gegebenheiten anzupassen. Das Spezialsystem realisiert insbesondere die Umsetzung von Ereignissen in Telegramme und umgekehrt.
Damit entsteht ein an die Steuerung angepaßtes und auf das Notwendigste reduziertes System, als nachteilig ist der Entwicklungsaufwand und die eingeschränkte Nutzung anzusehen.

Eine Entwicklung eines allgemein einsetzbaren Simulators ist derzeit aufgrund fehlender Standardisierungen der Steuerungskonzepte nicht möglich.

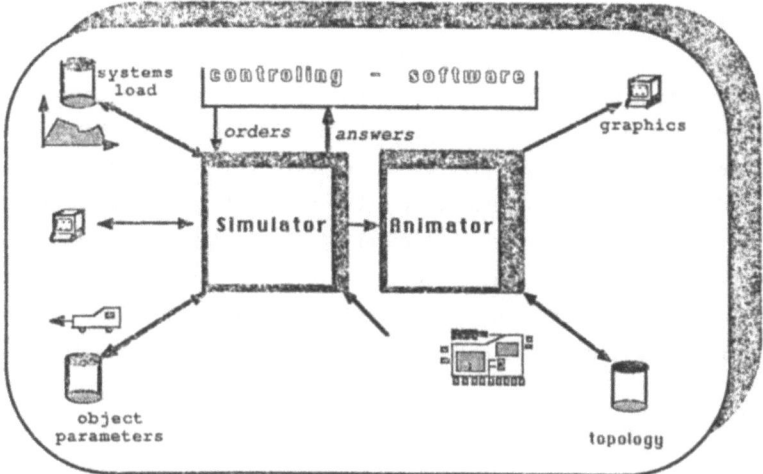

Bild 5: Realtime-Simulator
   (Spezialsystem für Fahrerlose Transportsysteme - FTS) /12/

## 4.6 Simulation und Künstliche Intelligenz (KI)

Verschiedene Richtungen:
Die ersten Ideen über den Einsatz von Methoden der künstlichen Intelligenz in der Simulation tauchten 1980 auf. Verstärktes Interesse an diesem Thema machte sich aber erst ab etwa 1984 bemerkbar, wo sowohl auf KI- als auch auf Simulationskonferenzen diese Thematik in eigenen Sessions vertreten war. /13/

Grob lassen sich etwa folgende Forschungsrichtungen unterscheiden: (diese schließen sich nicht unbedingt gegenseitig aus):

(1) Verwendung von Programmierstilen, die auch im Bereich der KI angewendet werden.

Hierunter fallen vor allem der Einsatz von objektorientierten Sprachen sowie die Verwendung von Prolog.

Die grundlegenden Ideen bzgl. des Einsatzes von objektorientierten Sprachen bei der Simulation sind fast alle schon in der Sprache Simula enthalten. Mehr noch ist mit Simula, konzipiert als Simulationssprache, die objektorientierte Programmierung erst entwickelt worden, und viele modernere Sprachen wie Smalltalk80 bauen auf den Ideen von Simula auf. Der Vorteil objektorientierter Simulationssprachen liegt in allgemeinen softwareergonomischen Vorzügen, aber auch in einer natürlicheren Darstellungsmöglichkeit der Modellkomponenten und ihren Beziehungen untereinander. Viele Arbeiten beschäftigen sich mit der Entwicklung von Prolog für Simulationsaufgaben.

(2) Simulation von autonomen ("intelligenten") Systemen

Unter diesen Punkt fallen fast alle militärischen Projekte. Dabei geht es meistens um Schlachtfeldsimulationen zur strategischen Planung, Simulation von "intelligenten Kampfrobotern" o. ä.. Der Anspruch hinter diesen Projekten steht in keinem Verhältnis zu den in den Veröffentlichungen beschriebenen Konzepten zur Realisierung.

(3) Einsatz von Expertensystemen zur Unterstützung des Anwenders existierender Simulationssysteme

Hierunter fallen vor allem viele Anwendungen auf Personal Computern. Diese Expertensysteme sind konzipiert zur Unterstützung beim Modellentwurf oder bei der Ergebnisauswertung. Infolge der Trennung vom eigentlichen Simulationssystem kommt man jedoch über den Charakter eines "intelligenten Interfaces" nicht hinaus. Zu einer einordnenden Beschreibung und Taxonomie vgl. /14/

(4) Integrierte, wissensbasierte Simulationsumgebungen

Kennzeichnend für eine wissensbasierte Simulationsumgebung (WSU) ist die Integration von Simulationstechniken und Wissen über Simulation sowie dem Anwendungsbereich der Simulation (z.B. Materialflußtechnik in ein Werkzeug. Während bei der reinen Simulation bekannte Techniken wie Ereignisorientierung (Event-Scheduling) Eingang finden, werden für die Formulierung und den Gebrauch des Wissens Methoden aus dem Bereich der Künstlichen Intelligenz benutzt. /15/

Die im Bereich der Wissenspräsentation entwickelten Formalismen besitzen große deskriptive Fähigkeiten, so daß sie auch für die Modellierung der Simulationsmodelle hervorragend geeignet sind. Diese Eigenschaften der Wissensrepräsentationsformalismen ermöglichen den integrativen Charakter der WSU. Modell und Wissen über das Modell können so in einem Formalismus formuliert und bearbeitet werden, der daher den Vorstellungen des Nutzers der Simulation über sein Modell sehr nahe kommt. Dies ist jedoch nicht der einzige Vorteil. Durch den Gebrauch von Wissensrepräsentationsformalismen zur Beschreibung des Modells ist es möglich Expertensystemtechniken darauf anzuwenden mit Hilfe des ebenfalls repräsentierten Wissens über den Problembereich. So kann der Benutzer der WSU in dem gesamten Prozeß einer Simulationsstudie von Modellierung, Simulation, Analyse und Parametrisierung von der WSU unterstützt werden.

(5) Simulation als Teil von Reasoningprozessen

- qualitatives Argumentieren, qualitative Simulation

- zeitliches Argumentieren

In allen bisher beschriebenen Punkten wird größtenteils versucht, existierende KI-Techniken in der Simulation einzusetzen. Hier geht es nun darum, neue Techniken zu entwickeln, mit denen man über kausale und temporale Zusammenhänge argumentieren kann. Ein wesentliches Merkmal ist dabei die Abstraktion von quantitativen zu qualitativen Zuständen. So ist man z. B. nicht mehr an absoluten Zahlenwerten, sondern nur noch an Veränderungen oder Kategorien wie positiv / negativ intessiert. Das Problem bei der Wahl der Abstraktion ist, entsprechende Kalküle zu definieren, so daß noch sinnvolle Aussagen hergeleitet werden können. Einen guten Überblick über den Einsatz qualitativer Schlußtechniken in der Simulation gibt /16/, etwas mehr in die Tiefe geht /17/.

## 4.7 Automatisierte Modelloptimierung

Die reine Abbildung realer oder geplanter Anlagen in einem Modell ist zunächst noch keine wesentliche Unterstützung für den Systemplaner. Wirklich interessant wird die Nutzung des Simulationsinstrumentes erst durch die iterative Anwendung, wobei von einem Simulationslauf zum anderen das Systemverhalten verbessert wird.

Ziel weiterer Forschungsaufgaben muß es nun sein, nicht nur die Prozeßabbildung, sondern auch die eigentliche Anwendung - ein Optimierungsvorgang - zu verbessern.

Insbesondere müssen Untersuchungen zu folgenden Themenbereichen forciert werden.

- Geeignete Formulierung von Zielfunktionen oder Optimierungskriterien

- Suche und gegebenfalls Anpassung bzw. Entwicklung effizienter Optimierungsverfahren für diskrete und stochastische Probleme

- Ausnutzung der Kapazität verteilter Rechnersysteme

Vielversprechend sind insbesondere Ansätze zur Parameteroptimierung, d. h. es gilt oft Modelle zu optimieren, wobei jedoch lediglich Parameter in vergebenen Grenzen modifiziert werden dürfen /18/. Für die zweite, ebenfalls sehr wichtige Aufgabe der Strategiefindung auf verschiedenen Steuerungsebenen ist damit allerdings noch keine direkte Lösung in Sicht - hier kommt die Kreativität des Planers noch zum Ausdruck.

Allerdings ist die automatisierte Modellbildung ein entscheidender Schritt zur Nutzung von Simulationsmodellen, da

- Oft parameteruntersuchungen als Simulationsaufgabe anstehen (Pufferdimensionierungen, Fahrzeuganzahl, Geschwindigkeiten, Blockstrecken, usw.),

- viele Strategieprobleme in Parameteruntersuchungen einmünden (Schwellwerte zur Anwendung alternativer Steuerungen, Verteilungsverhältnisse von Objekten an Entscheidungspunkten, Wichtungsfaktoren, usw.),

- eine Reihe von Problemen als Parameterstudien aufgefaßt bzw. umformuliert werden können. So lassen sich beispielsweise Auftragsreihenfolgen optimieren, wenn die Aufträge durch geeignete Kennzahlen charakterisiert sind.


Erste Untersuchungen haben die Anwendbarkeit mehrerer Verfahren aufgezeigt, allerdings handelt es sich immer noch um isolierte Studien /20/ - /26/.

Auch wird die Implementation und Anwendung dieser Optimierungsstrategien eine verantwortliche kritische Prüfung durch den Planer nicht ersetzen können. Es erscheint auf lange Sicht nicht möglich, Verfahren zu entwickeln, die sicher gegen Extremwerte konvergieren und die aus einer Reihe von Extremwerten immer das globale Optimum erreichen. So bleibt es schließlich dem Planer überlassen, eine gefundene Lösung mit seinen Erfahrungswerten in Einklang zu bringen und gegebenenfalls weitere Optimierungsläufe mit gleichem Untersuchungsziel aber modifizierten Startwerten anzustoßen.

In den folgenden Bildern 6 und 7 wird ein Beispiel dargestellt, indem der Durchsatz durch ein gegebenes Materialflußsystem optimiert wurde. Der Anfangsdurchsatz ergab sich aus den Startwerten, wobei folgende Parameter für das gegebene Materialflußsystem untersucht wurden: Kapazität der Puffer 5, 7, 8 und 9 sowie die Anzahl der Objektträger. Verwendet wurde dabei die Evolutionsstrategie.

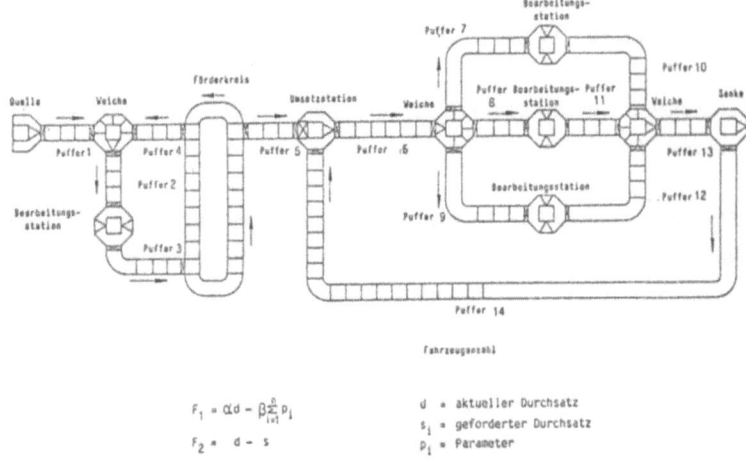

**Bild 6:** Beispiel für ein zu optimierendes Materialflußsystem

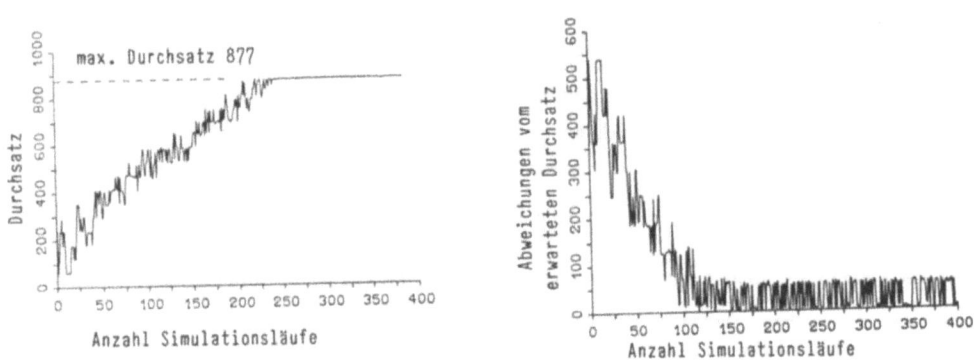

**Bild 7:** Optimierungsläufe für zwei Zielfunktionen

## 5.0 Zusammenfassung

Der Stand der Technik, die heute erkennbaren Defizite und Schwerpunkte in der Erschließung neuer Möglichkeiten der Simulation in der Fertigung wurden skizziert. Dabei wurde besonders auf die Voraussetzungen für eine sinnvolle simulationsgestützte Gestaltungsarbeit in den Fabriken verwiesen. Die Einbettung der neuen Technik in gewachsene Ablaufstrukturen erfordert interdisziplinäre Anstrengungen. Hier bleibt die Kreativität des Menschen gefragt – die Simulation wird (trotz mutiger Prognosen bezüglich des Einsatzes der Expertensysteme) den Menschen immer nur unterstützen –, nie ihn ersetzen können.

Die zweckmäßige und damit wirtschaftliche Nutzung und Anwendung der Simulation muß erlernt werden, um die breite Akzeptanz in der Anwendung zu gewinnen.

Die Simulationstechnik wird Wegbereiter einer gänzlich neuen Form der "permanenten Fabrikplanung" werden. Es werden nicht nur Fragen nach Warteschlangen, Kapazitäten oder alternativen Dispositions- und Steuerungsstrategien für Materialflußsysteme in den Gestaltungsebenen gestellt und beantwortet werden können, sondern darüber hinaus wirkungsvolle Hilfen erreicht werden in

- der Fabrikstrukturplanung,

- der Ausgestaltung optimaler Teilsysteme (optimal im Sinne eines ganzheitlichen Ergebnisses),

- der Produktionssteuerung und Anlagenbelegung (Einsatz neuer simulationsgestützter PPS-Systeme),

- der Funktionsüberwachung der Gesamtheit (Controlling),

- der Lenkung der Informationssysteme.

## Literatur

/1/ Kuhn, A.: Simulationsgestützte Planung von Förder- und Lagersystemen, in: Rechnerunterstützte Fabrikplanung '87, Fachtagung Böblingen, 1987

/2/ Noche, B.: Simulationstechnik, Manuskript zur Vorlesung an der FH-Dortmund, 1987

/3/ Catalog of Simulation Software: SIMULATION, Volume 47, Number 4, October 1987

/4/ Addendum to the Simulation Software Catalog: SIMULATION, Volume 48, Number 2, February, 1987

/5/ N.N. Die Simulierte Fabrik, in: High Tech, Nr. 3, Juli/August 1987

/6/ Virjo, Antti: Simula Information, A Comprehensive Study of some Discrete Simulation Languages, Norwegian Computing Center, Oslo 1973

/7/ Noche, B.: Aufstellung von Simulationsmodellen auf PC, Interne Studie des Simulations-Dienstleistungs-Zentrums (SDZ), Dortmund

/8/ ASIM - AK: Simulation in der Fertigungstechnik Kontaktadresse: Fraunhofer-Institut für Transporttechnik und Warendistribution, Emil-Figge-Straße 75, 4600 Dortmund 50

/9/ Heinzel, R., Rudolph, M.: Fabrikplanung mit Hilfe einer Werkstrukturdatenbank, Ein Erfahrungsbericht im Dialog zwischen Anwender und Softwarehaus, in: Rechnerunterstützte Fabrikplanung '87, Fachtagung Böblingen, 1987

/10/ SIMLA - ein Simulationswerkzeug der Fa. SIEMAG - TRANSPLAN, Netphen

/11/ E. B. Quinn: A simulation based system for automatic development and testing of AGV control software, in: Proceedings of the 3rd International Conference on AGVS, 15.-17. October Stickholm, Sweden

/12/ Schürholz,A.: Application of a Simulator for the
Noche, B.: Development and Check of Controling Software, European Simulation Multiconference 1987, Vienna, Austria

/13/ Zeigler,B.P.: Multifacetted Modelling and Discrete Event Simulation, Department of Computer Science Wayne State University Detroit, USA, 1984

Kerskhoffs, E.J.H., Vansteenkiste, G.C., Zeigler,B.P.: AI Applied to Simulation, Proceedings of the European Conference at the University of Ghent, Febr. 1985

Luker, P.A., Adelsberger, H.H.: Intelligent Simulation Environments, Proceedings of the Conference on Intelligent Simulation Environments, Jan. 1986

/14/ O'Keefe, R.: "Simulation and expert systems
 - A taxonomy and some examples"
Simulation, 46:1, pp 10-16
(January 1986)

/15/ Hellingrath, B.;
Expertensysteme und Simulation
- Stand der Technik und erste Forschungsergebnisse - in: Fachtagung Simulationstechnik und Logistik 3./4. Juni 1986, Hrsg. Deutsche Gesellschaft für Logistik e.V., Dortmund 1986

/16/ Rajagopalan, R.:
"Qualitative modeling and simulation:
A survey". Proc. of European Conf.
at the University of Ghent, Feb.1985

/17/ Weld, D. S.: The use of Aggregation in Causal Simulation,
Artificial Intelligence, 30:1, pp 1-34
October 1986

/18/ Schwefel, H.-P.:
Numerische Optimierung von Computer-Modellen
mittels der Evolutionsstrategie, Basel,
Stuttgart, Birkhäuser 1977

/19/ Hoffmann, U.; Hofmann, H.:
Einfühhrung in die Optimierung,
Verlag Chemie GmbH, 1971

/20/ Perry, R.F.; Hoover, S.V.; Freeman, D.R.:
An Optimum-Seeking Approach to the Design of
Automated Storage/Retrieval Systems, Proc.
of the 1984 Winter Simulation Conference,
Dallas, Society for Computer-Simulation,
San Diego, S. 349-354

/21/ Azadivar, F.: A Simulation Optimization Approach to Optimum
Storage and Retrieval Policies in an Automated
Warehousing System, Proc. of the 1984 Winter
Simulation Conference, Dallas, Society for
Computer Simulation, San Diego, S. 207-214

/22/ Lenschow, J.; Kuhr, H.A.:
OPAKT, Selbsttätige Taktoptimierung bei
diskontinuierlichen Fertigungsprozessen,
Gesellschaft für Kernforschung, PDV-Ent-
wicklungsnotiz E29

/23/ Warschat, J.: Dynamische Optimierung Technisch-Ökonomischer
Systeme, Springer-Verlag, Berlin-Heidelberg-
New York 1981

/24/ Rees, L.P.; Clayton, E.R.; Taylor, B.W.III:
        Solving Multiple Response Simulation Models
        Using Modified Response Surface Methodology
        Within a Lexicographic Goal Programming,
        Frame Work IIEE Transactions, Vol.17, No.1,
        S. 47- 57, 1985

/25/ Pegden, C.D.; Gately, M.P.:
        Decision Optimization for GASP IV Simulation
        Models, Winter Simulation Conference, 1977,
        S. 126-133

/26/ Lefkovits, R.M.; Schriber, T.J.:
        Use of an External Optimizing Algorithm with
        a GPSS Model, Proceedings of the 1971 Winter
        Simulation Conference, New York, S. 162-171

# Berechnungsverfahren zur Schaltkreissimulation

H. Spiro
IBM Deutschland GmbH, Böblingen

## Zusammenfassung

Universelle Rechnerprogramme zur Simulation integrierter Schaltungen, wie z.B. SPICE und ASTAP, sind heute zu Standardwerkzeugen jedes Schaltkreisentwicklers geworden. Die reine Anwendung solcher Programme als Entwicklungswerkzeug setzt im allgemeinen keine Kenntnis der programmintern verwendeten Algorithmen und numerischen Verfahren sowie des mathematischen Hintergrunds voraus. Jedoch fördern solche Kenntnisse das Verständnis für die Möglichkeiten und Grenzen der Programme und tragen wesentlich zur Klärung von Problemen bei.

Dieser Aufsatz stellt die wichtigsten bei der Schaltkreis-Analyse verwendeten Verfahren und Methoden vor. Nach einer
   1. Einleitung
werden die Verfahren nach Problemkreisen geordnet behandelt, so daß sich folgende weitere Gliederung ergibt:
   2. Formulierung der Systemgleichungen
   3. Lösung linearer Gleichungssysteme
   4. Differentialgleichungen
   5. Nichtlinearitäten
   6. Gleichstromanalyse
   7. Empfindlichkeits- und WC-Analyse.
Auf mögliche und notwendige Weiterentwicklungen der Berechnungsmethoden wird im abschließenden Abschnitt
   8. Ausblick und Trends
kurz eingegangen. Für eine ausführliche Darstellung der Problematik der Berechnungsverfahren wird auf [28] verwiesen.

## Summary

Universal Circuit Simulation Programs, such as SPICE and ASTAP, are today's standard tools used by all circuit designers to develop integrated circuits. Usually, the pure usage of such a program as a development tool does neither require any insight into algorithms and numerical methods nor any knowledge of the mathematical background. However, such insights and knowledges support ones understanding of the programs' potentialities and limits and contribute substantially to the clarification of problems.

This paper describes the most important calculation techniques and methods used for circuit analysis. After an
   1) Introduction
the various methods will be presented, arranged in a problem-oriented sequence as follows:
   2) Formulation of System Equations
   3) Solution of Linear Equation Sets
   4) Differential Equations
   5) Nonlinearities
   6) DC Analysis
   7) Sensitivities and WC Analysis.
Possible and necessary advancements in the development of calculation methods will be briefly presented in chapter
   8) Outlook and Trends.
For a detailed presentation of the problems of calculation methods, it will be referred to [28].

## 1. Einleitung

Unterteilt man die mit Hilfe eines Simulationsprogramms (d.h. z.B. mit SPICE oder ASTAP) durchgeführte Schaltkreisanalyse in ihre wichtigsten Phasen, dann erhält man das im **Bild 1** [*)] dargestellte Flusdiagramm. Der Gesamtablauf erfolgt in 3 Hauptphasen, die als Eingabeprozessor, Simulator und Ausgabeprozessor bezeichnet werden.

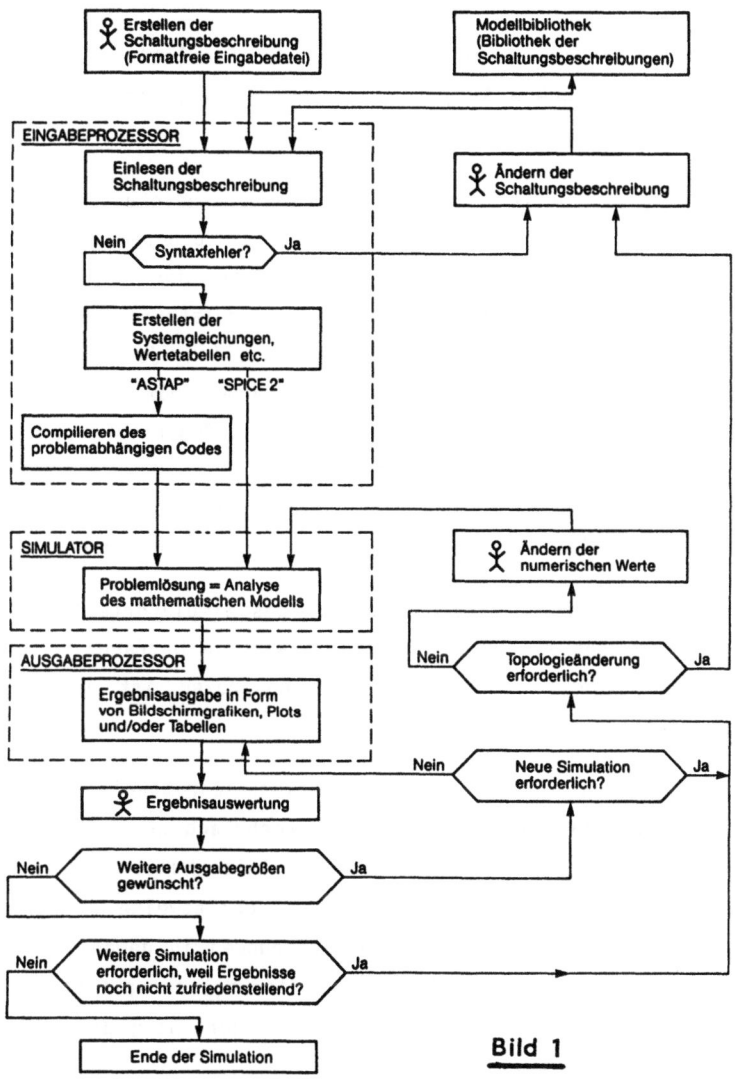

**Bild 1**

---

*) Die Bilder dieses Aufsatzes sind großenteils dem Buch [28] (392 Seiten, 178 Abbildungen) entnommen oder lehnen sich direkt an [28] an. Den Text des Aufsatzes kann man als auszugsweise Kurzfassung der Kapitel 3 und 6 aus [28] auffassen.

Der Eingabeprozessor interpretiert die formatfrei eingegebene Beschreibung der Schaltung, löst die Modelle auf und erstellt ein die Gesamtschaltung beschreibendes Gleichungssystem (= mathematisches Modell der zu simulierenden Schaltung). Das System besteht im allgemeinen gemischt aus nichtlinearen algebraischen und Differentialgleichungen.

Der Simulator führt die eigentliche Schaltkreisanalyse durch, indem er dieses (u.U. sehr umfangreiche) Gleichungssystem löst.

Der Ausgabeprozessor setzt die während der Simulation anfallenden Ausgabedaten in geeignete Ausgabeformen um, z.B. in Tabellen, Plots oder Bildschirmgrafiken.

Universalität, Benutzerfreundlichkeit, Geschwindigkeit, Speicherplatzbedarf und andere Qualitätsmerkmale des Gesamtprogramms hängen in sehr starkem Maße von der Eingabesprache, der Art der im Eingabeprozessor vorgenommenen Formulierung und von den im Simulatorteil verwendeten Algorithmen ab. Sie sind teilweise unterschiedlich, je nachdem ob Gleichstromanalysen, Transient-Analysen oder Wechselstromanalysen ausgeführt werden sollen. Die Eingabesprache ist nicht Gegenstand der Behandlung in diesem Aufsatz, wohl aber werden im
    Abschnitt 2: Formulierung der Systemgleichungen
die beiden wichtigsten Möglichkeiten der Formulierung vorgestellt.

Den besten Einblick in die Problematik des Simulatorteils erhält man, wenn man dazu den Ablauf der Transient-Analyse betrachtet. Der bei der Transient-Analyse zu durchlaufende Rechenprozeß ist im Flußdiagramm **Bild 2** dargestellt:

Nichtlinearitäten werden durch Iteration schrittweise linearisiert, wodurch das nichtlineare System in ein (mehrfach zu lösendes) lineares System übergeführt wird. Die Differentialgleichungen werden mit Hilfe eines geeigneten numerischen Verfahrens schrittweise integriert, was einer Überführung der Differentialgleichungen in gewönliche algebraische Differenzengleichungen (= Algebraisierung) entspricht. Aus diesem Ablauf des Rechenprozesses ergeben sich folgerichtig die zu behandelnden Problemkreise, nämlich im
    Abschnitt 3: die Lösung linearer Gleichungssysteme,
    Abschnitt 4: die Integration der Differentialgleichungen,
    Abschnitt 5: die iterative Behandlung der Nichtlinearitäten.

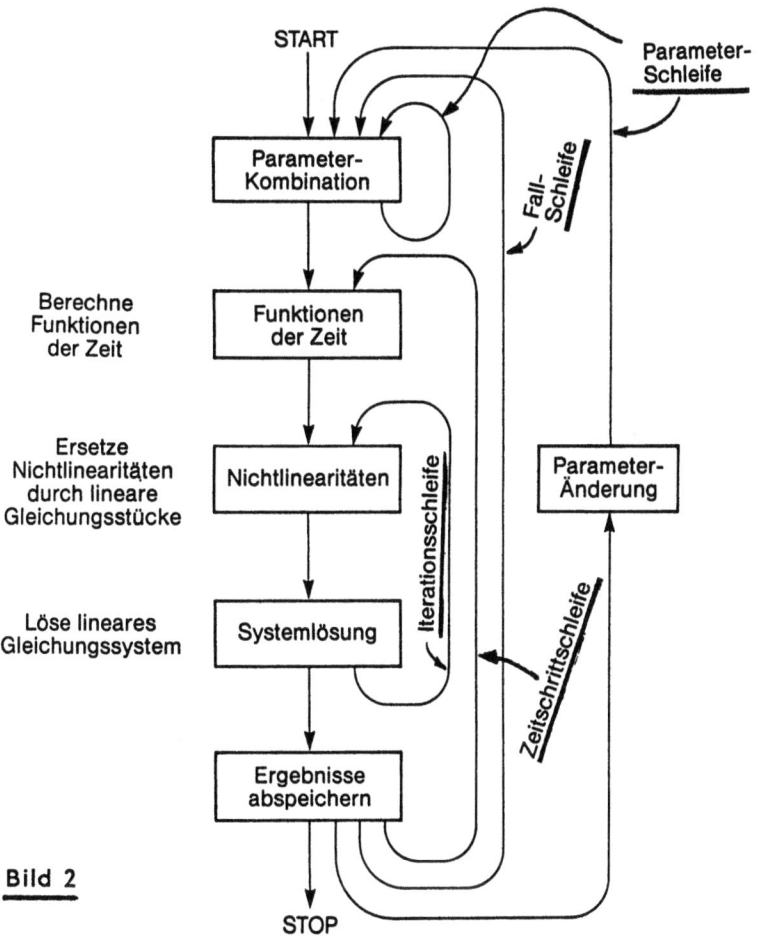

**Bild 2**

Ein ähnlicher Ablauf des Rechenprozesses, jedoch mit etwas anders gelagerter Problematik, ist auch für die Gleichstromanalyse zutreffend. Im
   Abschnitt 6: Gleichstromanalyse
wird darauf eingegangen.

Muß man statistische Analysen oder Worst-Case-Analysen durchführen und/oder Empfindlichkeiten (Sensitivitäten) berechnen, dann muß der Prozeß des Lösens eines nichtlinearen Algebro-Differentialgleichungssystems mehrfach durchlaufen werden. Folglich kann laut Bild 2 der Lösungsprozeß noch in eine oder zwei äußere Schleifen eingebettet sein. Auf diese Probleme wird im
   Abschnitt 7: Empfindlichkeits- und Worst-Case-Analyse
eingegangen.

## 2. Formulierung der Systemgleichungen

Laut Bild 2 verlangt die Schaltkreissimulation mindestens (d.h. selbst wenn keine Differentialgleichungen und keine Nichtlinearitäten vorhanden sind) die Lösung eines linearen algebraischen Gleichungssystems. Folglich muß ein solches System abhängig von der Topologie der zu analysierenden Schaltung formuliert werden. Von allen bekannten Formulierungen haben sich bis heute nur zwei im praktischen Einsatz bewährt und durchgesetzt:

- Die Modifizierte Knotenformulierung **MNA** (Modified Nodal Approach) [11], mit dem Gleichungssystem

$$H \cdot \begin{pmatrix} V_{kn} \\ I_E \end{pmatrix} = S_u \quad (1)$$

mitunter auch als Knotenpotentialverfahren bezeichnet und u.a. in SPICE verwendet.

- Die Tableau-Formulierung **TAB** oder **STA** (Sparse Tableau Approach) [10], mit dem Gleichungssystem

$$H \cdot \begin{pmatrix} V_z \\ I_z \end{pmatrix} = S_u \quad (2)$$

und u.a. in ASTAP verwendet.

In (1) und (2) ist H eine Hybridmatrix, die aus Widerständen, und/oder Leitwerten sowie aus dimensionslosen Elementen bestehen kann. $S_u$ ist der Vektor der unabhängigen Spannungs- und Stromquellen (Sources). Der Lösungsvektor besteht bei (1) aus allen Knotenpotentialen $V_{kn}$ und allen Strömen $I_E$ durch Spannungsquellen. Bei (2) besteht der Lösungsvektor aus allen Zweigspannungen $V_z$ und allen Zweigströmen $I_z$.

### 2.1 Die Modifizierte Knotenformulierung

Besteht die zu simulierende Schaltung nur aus ohmschen Widerständen R (und/oder Leitwerten G = 1/R) und Stromquellen J, dann ergibt sich mit Bild 3 und dem Kirchhoffschen Stromgesetz sofort der Ansatz zur Formulierung des Knotenpotentials $V_{kn}$

$$V_{kn} \cdot \sum_{i=1}^{n} G_i - \sum_{i=1}^{n} V_i \cdot G_i = - \sum_{k=1}^{m} J_k \quad (3)$$

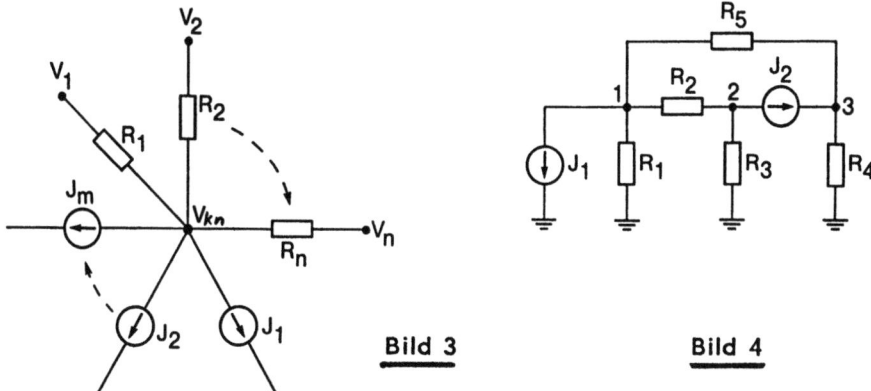

Bild 3        Bild 4

Beispiel: Wendet man (3) auf alle drei Knoten der Schaltung **Bild 4** an, dann erhält man drei Gleichungen, die in Matrixform angeschrieben das System

$$\begin{pmatrix} G_1+G_2+G_5 & -G_2 & -G_5 \\ -G_2 & G_2+G_3 & \\ -G_5 & & G_4+G_5 \end{pmatrix} \cdot \begin{pmatrix} V_1 \\ V_2 \\ V_3 \end{pmatrix} = \begin{pmatrix} -J_1 \\ -J_2 \\ J_2 \end{pmatrix} \quad (4)$$

ergeben. Die mit (3) aufgesetzte und mit (4) exemplarisch gezeigte Formulierung läßt keine (ungeerdeten) Spannungsquellen in der Schaltung zu. Erweitert man jedoch den Lösungsvektor um die Ströme $I_E$, die durch die in der Schaltung vorhandenen Spannungsquellen fließen, dann läßt sich das Kirchhoffsche Stromgesetz mit Hilfe dieser $I_E$ auch für jene Knoten leicht erfüllen, an denen Spannungsquellen angeschlossen sind. Die Quellenspannungen E werden als Differenzen zweier Knotenspannungen in das System aufgenommen. Für das simple Schaltungsbeispiel **Bild 5** erhält man damit das System

$$\begin{pmatrix} 1 & -1 & & \\ & G_b+G_c & -G_c & 1 \\ -G_a & -G_c & G_a+G_c+G_d & \\ G_a & & -G_a & -1 \end{pmatrix} \cdot \begin{pmatrix} V_X \\ V_Y \\ V_Z \\ I_E \end{pmatrix} = \begin{pmatrix} E \\ 0 \\ 0 \\ J \end{pmatrix} \quad (5)$$

MNA läßt demnach die mathematische Modellierung von Schaltungen zu, die aus Widerständen R, Leitwerten G = 1/R, Spannungsquellen E und Stromquellen J bestehen. Kapazitäten C und Induktivitäten L lassen sich auf R, G, E und/oder J zurückführen, wie im Abschnitt 4 gezeigt wird.

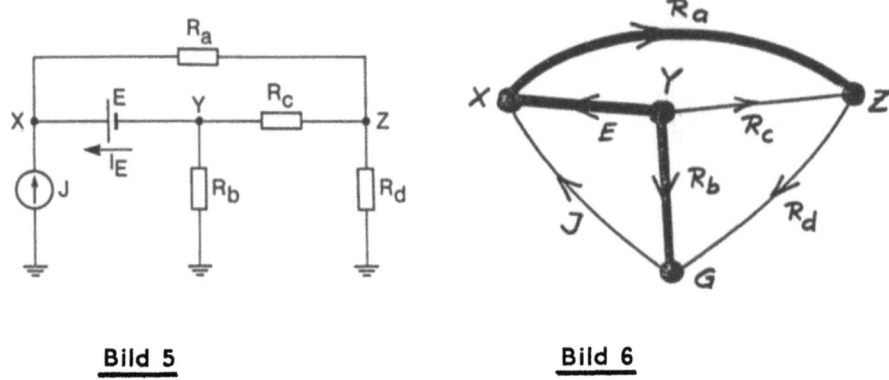

**Bild 5**  **Bild 6**

## 2.2 Die Tableau-Formulierung

Bei der Tableau-Formulierung werden zunächst alle Schaltelemente als Kanten eines geschlossenen gerichteten Graphen aufgefaßt. Für das Beispiel des Bildes 5 kann der Graph **Bild 6** mit $n_{kn} = 4$ Knoten herangezogen werden. In den Graphen läßt sich ein "Baum" (im Bild 6 dick hervorgehoben) derart einzeichnen, daß $n_{kn}-1$ Baumzweige (Branches) alle $n_{kn}$ Knoten berühren, ohne irgendwo eine geschlossene Schleife zu bilden. Die dann noch verbleibenden Kanten heißen Sehnen (Chords).

Schreibt man für alle 4 Knoten des Bildes 6 das Kirchhoffsche Stromgesetz zuerst für die Branches, dann für die Chords an, so erhält man das System

$$\begin{pmatrix} 1 & -1 & & -1 & & \\ & 1 & 1 & 1 & & \\ -1 & & & -1 & 1 & \\ & -1 & & & -1 & 1 \end{pmatrix} \cdot \begin{pmatrix} I_{Ra} \\ I_{Rb} \\ I_E \\ I_{Rc} \\ I_{Rd} \\ J \end{pmatrix} = 0 \qquad (6)$$

das man unmittelbar aus der Topologie des Graphen ablesen kann. Da das System (6) um eine Gleichung überbestimmt ist (entsprechend einem zum Bezugsknoten zu erklärenden Knoten), kann man 1 Gleichung entfernen und das System so umformen, daß sich daraus unmittelbar das Kirchhoffsche Spannungsgesetz für 3 Maschen ableiten läßt. Es ergibt sich:

$$\begin{pmatrix} -1 & & -1 & 1 & & \\ & 1 & -1 & 1 & & 1 & \\ & & 1 & -1 & & & 1 \end{pmatrix} \cdot \begin{pmatrix} V_{Ra} \\ V_{Rb} \\ E \\ V_{Rc} \\ V_{Rd} \\ V_{J} \end{pmatrix} = 0 \qquad (7)$$

(7) und das auf 3 Gleichungen reduzierte (6) stellen zusammen die topologische Beschreibung der Schaltung dar, d.h. ein topologisches System. Weitere Gleichungen erhält man durch die Beschreibung der Spannungs-Strom-Charakteristiken der Schaltelemente. Für Widerstände (und/oder Leitwerte) gilt dafür das Ohmsche Gesetz, das für das Beispiel Bild 5 zum elektrischen System

$$\begin{pmatrix} R_a & & & & -1 & & & \\ & R_b & & & & -1 & & \\ & & R_c & & & & -1 & \\ & & & R_d & & & & -1 \end{pmatrix} \cdot \begin{pmatrix} I_{Ra} \\ I_{Rb} \\ I_{Rc} \\ I_{Rd} \\ V_{Ra} \\ V_{Rb} \\ V_{Rc} \\ V_{Rd} \end{pmatrix} = 0 \qquad (8)$$

führt. Formt man (6), (7) und (8) entsprechend um und vereinigt sie zu einem Gesamtsystem, so ergibt sich endlich die vollständige Tableau-Formulierung für das Schaltungsbeispiel des Bildes 5:

$$\begin{pmatrix} 1 & . & . & . & . & . & . & . & 1 & -1 \\ . & 1 & . & . & . & . & . & . & . & 1 \\ . & . & 1 & . & . & . & . & . & 1 & -1 \\ . & . & . & 1 & . & . & -1 & . & . & . \\ . & . & . & . & 1 & . & 1 & -1 & . & . \\ . & . & . & . & . & 1 & . & 1 & . & . \\ R_a & . & . & . & . & . & -1 & . & . & . \\ . & R_b & . & . & . & . & . & -1 & . & . \\ . & . & . & -1 & . & . & . & . & R_c & . \\ . & . & . & . & -1 & . & . & . & . & R_d \end{pmatrix} \cdot \begin{pmatrix} I_{Ra} \\ I_{Rb} \\ I_{E} \\ V_{Rc} \\ V_{Rd} \\ V_{J} \\ V_{Ra} \\ V_{Rb} \\ I_{Rc} \\ I_{Rd} \end{pmatrix} = \begin{pmatrix} 0 \\ J \\ -J \\ E \\ -E \\ E \\ 0 \\ 0 \\ 0 \\ 0 \end{pmatrix} \qquad (9)$$

## 3. Lösung linearer Gleichungssysteme

### 3.1 Gaußscher Algorithmus und Sparse-Matrix-Technik

Das Schaltungsbeispiel des Bildes 5 führte entweder entsprechend (1) zum Gleichungssystem (5) oder gemäß (2) zum Gleichungssystem (9), je nachdem ob Knoten- oder Tableau-Formulierung eingesetzt wird. In beiden Fällen wird, verallgemeinert ausgedrückt, das lineare Gleichungssystem

$$\begin{pmatrix} a_{11} & a_{12} & \cdots & a_{1n} \\ a_{21} & a_{22} & \cdots & a_{2n} \\ \vdots & & & \vdots \\ a_{n1} & a_{n2} & \cdots & a_{nn} \end{pmatrix} \cdot \begin{pmatrix} x_1 \\ x_2 \\ \vdots \\ x_n \end{pmatrix} = \begin{pmatrix} b_1 \\ b_2 \\ \vdots \\ b_n \end{pmatrix} \quad (10)$$

erstellt, das man auch in komprimierter Form als

$$A \cdot x = b \quad (11)$$

anschreiben kann. Um das System (10) bzw. (11) nach dem Vektor x der Unbekannten aufzulösen, wird gewöhnlich der wohlbekannte Gaußsche Algorithmus oder einer der (ebenso wohlbekannten) verketteten Algorithmen, z.B. nach Crout (u.a. in ASTAP), nach Cholesky oder auch nach Doolittle (u.a. in SPICE), eingesetzt. Die verketteten Algorithmen werden auch als LU-Faktorisierung bezeichnet, weil bei ihnen die Matrix A in das Produkt zweier Dreiecksmatrizen L (Lower) und U (Upper) zerlegt wird, so daß (11) in

$$L \cdot U \cdot x = b \quad (12)$$

übergeht. Der totale Speicherplatzbedarf sowie die Gesamtzahl der für eine einmalige Lösung des Systems (10) nötigen arithmetischen Operationen ist für den klassischen Gaußschen Algorithmus und die verschiedenen verketteten Algorithmen gleich. Hat das System n Gleichungen, so benötigt man $n_p$ Plätze zur Speicherung des Systems und eine Rechenzeit von $t_G$ Zeiteinheiten [ZE] zu seiner Lösung. Je nachdem wie spärlich die Systemmatrix außerhalb ihrer Hauptdiagonalen mit von Null abweichenden Werten besetzt ist, ergibt sich

$$\left. \begin{array}{l} 2 \cdot n \leq n_p \leq n^2 + n \\ 3 \cdot n \leq t_G \leq n^3 + 3 \cdot n^2 - n \end{array} \right\} \quad (13)$$

wenn man mit Hilfe sogenannter "Sparse-Matrix-Techniken" nur die Nichtnullelemente speichert und auch nur diese bei der Errechnung der Lösung berücksichtigt.

Laut (13) wächst bei steigender Systemgröße der Speicherplatzbedarf annähernd quadratisch und der Rechenzeitbedarf etwa mit der 3. Potenz an, wenn man die Systemmatrix voll abspeichert und bei der Lösung keinerlei Rücksicht darauf nimmt, ob die Matrixplätze leer (d.h. mit 0 besetzt) oder mit einem von Null abweichenden Wert besetzt sind. Die Beispiele (5) und erst recht (9) zeigen jedoch, daß die Systemmatrix bereits bei sehr kleinen Systemen viele freie Plätze aufweist. Der Prozentsatz der Besetzung geht mit wachsender Systemgröße immer weiter zurück, weshalb der Einsatz von Sparse-Matrix-Techniken damit immer lohnender wird. Untersucht man, wie $n_p$ und $t_G$ sich zwischen den gemäß (13) angegebenen Extremen bewegen, dann erhält man für "typische" elektronische Schaltungen mit $n_{kn} > 20$ Knoten die Abhängigkeiten

$$\left. \begin{array}{ll} n_p \sim n_{kn}^{2}, \quad t_G \sim n_{kn}^{3} & \text{ohne Sparse-Matrix-Techn.} \\ n_p \sim n_{kn}^{1,5}, \quad t_G \sim n_{kn}^{1,5} & \text{mit Sparse-Matrix-Techn.} \end{array} \right\} \quad (14)$$

Folgerichtig werden heute in sämtlichen bekannten Schaltkreis-Simulationsprogrammen Sparse-Matrix-Techniken eingesetzt.

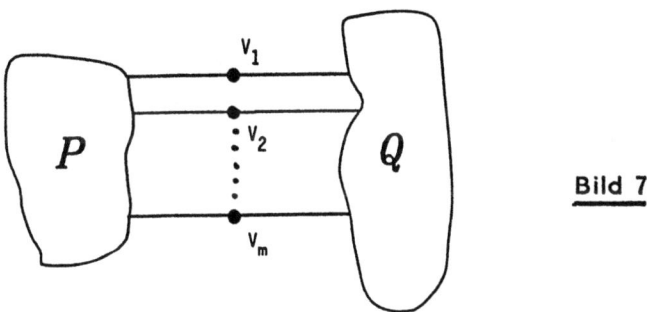

**Bild 7**

## 3.2 Macro-Konzepte

Sehr große Systeme benötigen selbst bei Anwendung ausgereifter Sparse-Matrix-Techniken zu viel Speicherplatz und viel zu lange Rechenzeiten zu ihrer Lösung. Abhilfe verspricht man sich durch Macro-Konzepte: Zerlegt man die Gesamtschaltung z.B. in 2 Macros entsprechend **Bild 7**, dann läßt sich die Schaltung entweder durch das Gesamtsystem

$$\begin{pmatrix} A_{11} & A_{12} & \\ A_{21} & A_{PQ} & A_{23} \\ & A_{32} & A_{33} \end{pmatrix} \cdot \begin{pmatrix} x_1 \\ V \\ x_3 \end{pmatrix} = \begin{pmatrix} b_1 \\ b_2 \\ b_3 \end{pmatrix} \quad (15)$$

oder durch die zwei Teilsysteme

$$\begin{pmatrix} A_{11} & A_{12} \\ A_{21} & A_P \end{pmatrix} \cdot \begin{pmatrix} x_1 \\ V \end{pmatrix} = \begin{pmatrix} b_1 \\ b_P + J_P \end{pmatrix}$$

$$\begin{pmatrix} A_{33} & A_{32} \\ A_{23} & A_Q \end{pmatrix} \cdot \begin{pmatrix} x_3 \\ V \end{pmatrix} = \begin{pmatrix} b_3 \\ b_Q + J_Q \end{pmatrix}$$

(16)

modellieren. Nach Teiltriangularisation der Einzelsysteme (16) erhält man schließlich durch Lösung des Verkettungssystems

$$(A_P + A_Q) \cdot V = (b_P + b_Q) \tag{17}$$

den Lösungsvektor V. Durch dieses Macro-Konzept wird zunächst der Speicherplatzbedarf reduziert, da die Macros P und Q auf denselben Plätzen gespeichert werden können. Die Platzersparnis fällt wesentlich stärker aus, wenn man ein Multi-Level-Macro-Konzept laut **Bild 8** anwendet, bei dem die Gesamtschaltung in mehrere Macros zerlegt wird, die ihrerseits wieder in Submacros zerlegt werden, usw. Wenn einige Macros untereinander gleich sind, kann auch Rechenzeit eingespart werden. Wendet man die Zeitschrittschleife laut Bild 2 und die in ihr eingebettete Iterationsschleife für jedes Macro individuell an (und bettet die individuellen Schleifen in übergeordnete Globalschleifen ein), dann ist die Rechenzeitersparnis sogar erheblich, da nur für jene Macros viele Iterationsschritte (innerhalb vieler kleiner Integrationsschritte) zu berechnen

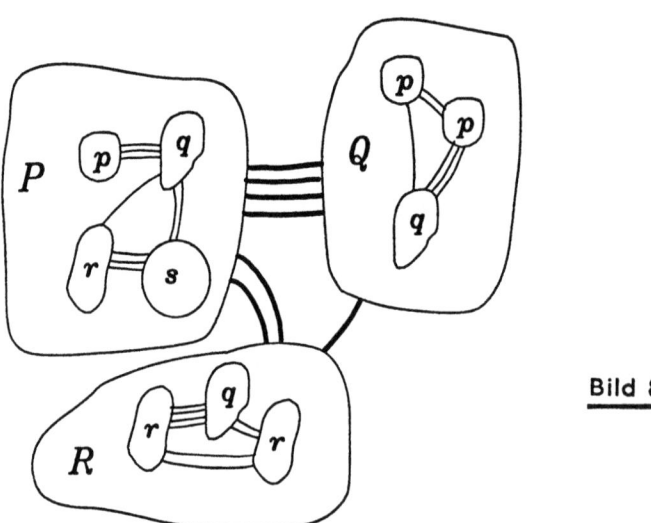

**Bild 8**

sind, die in dem gerade zu analysierenden Zeitabschnitt starke nichtlineare Abhängigkeiten und/oder stark gekrümmte Lösungskurven aufweisen. Für alle anderen Macros sind nur wenige Schritte nötig, was die Gesamtrechenzeit stark herabsetzt. Man koppelt dieses Verfahren zweckmäßig mit dem "Latency-Konzept", das davon ausgeht, die Berechnung in einigen Schritten ganz zu unterlassen, wenn sich der Lösungsvektor weniger als eine vorgegebene Fehlerschwelle ändert.

Ein anderes recht vielversprechendes Macro-Konzept ist das der Kurven-Relaxationsmethode, deren Ziel ebenfalls die Speicherplatz- und Rechenzeitersparnis ist. Die Möglichkeiten einer **universellen** Anwendung dieser Methode sind aber noch nicht endgültig geklärt.

Schätzt man den Speicherplatzbedarf $n_p$ in kBytes und die benötigte Rechenzeit $t_G$ in Zeiteinheiten [ZE] als Funktion der Zahl der Knoten $n_{kn}$ durchschnittlich üblicher Schaltungen ab, dann ergibt sich in Anlehnung an (13) und (14) allgemein (wenn man $t_G$ normiert):

$$(n_p, t_G) \approx a \cdot n_{kn}^{r} \qquad (18)$$

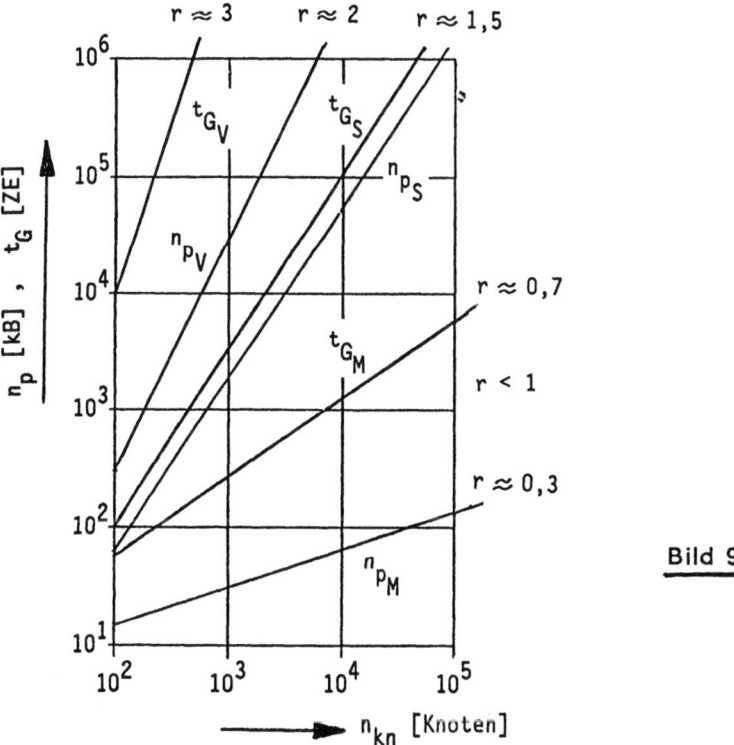

**Bild 9**

Im **Bild 9** ist (18) für den heute als historisch zu betrachtenden vollen
Gaußschen Algorithmus (V) unter Berücksichtigung aller Nullen aufgetragen, ferner für Sparse-Matrix-Techniken (S) heutigen Entwicklungsstandes sowie für Multi-Level-Macro-Konzepte (M). Die sehr vorsichtig
**geschätzte** unterproportionale Zunahme des Ressourcen-Bedarfs mit $r < 1$
in praktisch einsetzbaren Universalprogrammen ohne Genauigkeitseinbußen
zu erreichen, ist gegenwärtig Ziel der Arbeiten in Forschung und Entwicklung an verschiedenen Universitäten und Industrieunternehmen.

## 4. Differentialgleichungen

Die zu simulierenden Schaltungen enthalten in aller Regel Kapazitäten C
und/oder Induktivitäten L, deren Spannungs-Strom-Charakteristiken durch
die Differentialgleichungen

$$I = C \cdot \frac{dV}{dt}, \quad V = L \cdot \frac{dI}{dt} \tag{19}$$

beschrieben werden. Ein numerisches Integrationsverfahren ermittelt (in
Übereinstimmung mit Bild 2) die Lösung $x(t)$ der Differentialgleichung

$$\frac{dx}{dt} = f(x, t) \tag{20}$$

schrittweise, indem von einer Anfangslösung $x_0 = x(t_0)$ ausgehend nacheinander $x_1 = x(t_1)$, $x_2 = x(t_2)$ usw. berechnet werden. Dabei ist die
Schrittbreite $\Delta t = t_n - t_{n-1}$ mit $n = 1, 2, 3, \ldots$ meist variabel.

Aus Gründen der numerischen Stabilität, des Überschwingens, der Kompensation der Integrationsschrittfehler sowie der sehr unterschiedlichen
Zeitkonstanten im System (steifes System), kommen für **universelle** Simulationsprogramme nur **implizite** Integrationsverfahren in Frage, und zwar
im wesentlichen

- die implizite Euler Methode als Verfahren der 1. Ordnung.

- die Trapezintegration, eventuell kontinuierlich zwischen der 1. und
  der 2. Ordnung gleitend.

- das Verfahren von Gear bis zur 2. oder höchstens bis zur 3. Ordnung.

Explizite Integrationsmethoden, wie z.B. das bekannte Runge-Kutta-Verfahren der 4. Ordnung können wegen ihrer für steife Systeme inadäquaten
Eigenschaften ausgeschlossen werden.

## 4.1 Integration der 1. Ordnung

Am einfachsten lassen sich die Verfahren herleiten und erläutern, wenn man sich statt an der allgemeinen Gleichung (20) lieber am praktischen Beispiel des Kondensators gemäß (19) orientiert.

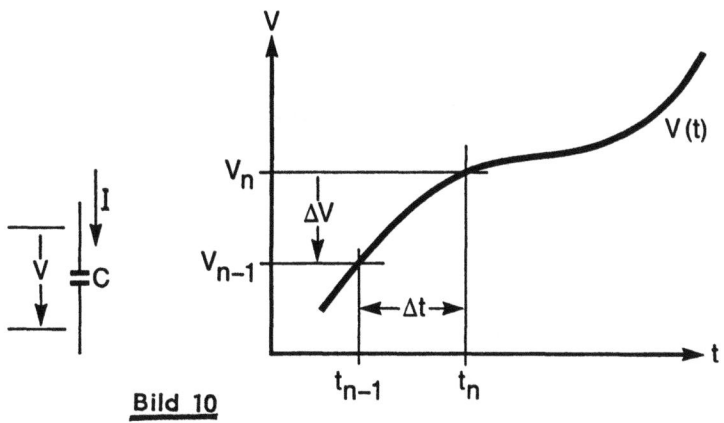

**Bild 10**

Ersetzt man entsprechend **Bild 10** für den n-ten Integrationsschritt den Differentialquotienten in (19) durch einen Differenzenquotienten, dann erhält man für den Kondensator

$$I_n = C \cdot \frac{\Delta V}{\Delta t} = C \cdot \frac{V_n - V_{n-1}}{\Delta t} \qquad (21)$$

woraus sich durch simple Umformung

$$V_n = V_{n-1} + \frac{\Delta t}{C} \cdot I_n \qquad (22)$$

ergibt. Der Quotient $\Delta t/C$ hat die Dimension eines Widerstandes. Die Spannung $V_n$ am Ende des n-ten Integrationsschritts stellt sich folglich zwanglos als Spannung $V_{n-1}$ am Ende des vorhergehenden Schritts plus einem Spannungszuwachs $\Delta V$ dar, der gleich dem durch den Ladestrom $I_n$ am Ersatzwiderstand $\Delta t/C$ hervorgerufenen Spannungsabfall ist. Aus (22) läßt sich daher unmittelbar die Kondensator-Ersatzschaltung **Bild 11** ableiten:

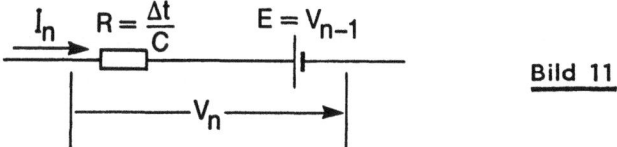

**Bild 11**

Jede E-R-Reihenschaltung kann in eine äquivalente J-G-Parallelschaltung (und umgekehrt) umgerechnet werden. Wegen der in (19) angegebenen Analogie zwischen Kapazität und Induktivität lassen sich 4 mögliche Ersatzschaltungen laut **Bild 12** angeben.

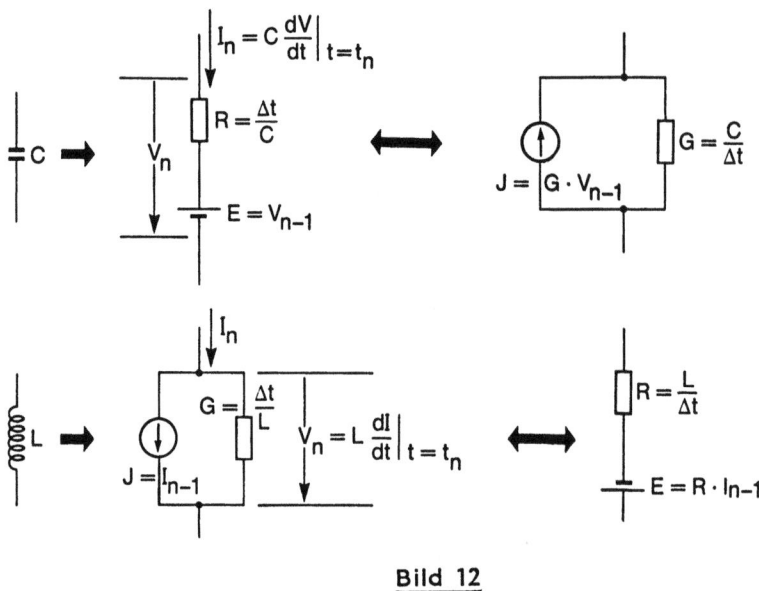

**Bild 12**

Mit Bild 12 wird nicht nur die mit Bild 2 implizierte Algebraisierung verständlich, sondern auch erklärt, warum im Abschnitt 2 die Formulierung auf R, G, E und J beschränkt bleiben konnte.

Betrachtet man weiterhin Bild 11 (als Beispiel einer der 4 Möglichkeiten des Bildes 12), dann kann man statt (22) für die implizite Integration der 1. Ordnung auch einfach

$$E = V_{n-1}, \qquad R = \Delta t / C \qquad (23)$$

angeben.

## 4.2 Integration höherer Ordnung

Es läßt sich zeigen, daß man für implizite Integrationsverfahren höherer Ordnung die Ersatzschaltung des Bildes 11 beibehalten kann, sofern man die Ersatzbatterie E und den Ersatzwiderstand R anders berechnet, nämlich z.B.

$$E = V_{n-1} + \frac{1}{2} \cdot \frac{\Delta t}{C} \cdot I_{n-1}$$
$$R = \frac{1}{2} \cdot \frac{\Delta t}{C}$$
\hfill (24)

für die Trapezintegration der 2. Ordnung.

$$E = V_{n-1} + \frac{r-1}{2} \cdot \frac{\Delta t}{C} \cdot I_{n-1}$$
$$R = \frac{3-r}{2} \cdot \frac{\Delta t}{C}$$
mit $1 \leq r \leq 2$ \hfill (25)

für die in der Ordnung gleitende Trapezintegration.

$$E = P(V_{n-1}, V_{n-2}, \ldots V_{n-r})$$
$$R = f(t_n, t_{n-1}, t_{n-2}, \ldots t_{n-r})$$
\hfill (26)

für das Integrationsverfahren von Gear mit der r-ten Ordnung. Die Berechnung von P(V) und f(t) stützt sich dabei auf das Lagrangsche Interpolationspolynom, worauf aber hier nicht näher eingegangen wird.

(23) bis (26) basieren auf Reihenentwicklungen (Taylor oder Lagrange). Aus dem sich bei Abbruch der Reihe ergebenden Restglied läßt sich der Integrations-Schrittfehler (Abbruchfehler) abschätzen. Er wächst näherungsweise mit der (r+1)-ten Potenz der Integrationsschrittbreite $\Delta t$. Man will einerseits mit möglichst großem $\Delta t$ arbeiten, um Rechenzeit einzusparen, andererseits darf eine gewisse vorgegebene Fehlergrenze nicht überschritten werden. Folglich wird die variable Schrittbreite $\Delta t$ entsprechend dem Beispiel **Bild 13** von Schritt zu Schritt so festgelegt, daß ständig ein optimaler Kompromiß zwischen der aufzuwendenden Rechenzeit und guter Genauigkeit angestrebt wird.

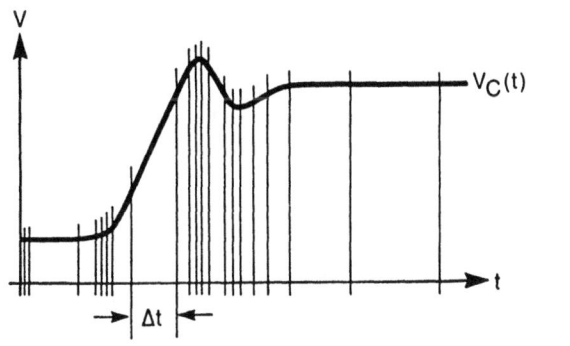

**Bild 13**

## 5. Nichtlinearitäten

Als Verfahren zur iterativen Lösung nichtlinearer Gleichungen hat sich allgemein die wohlbekannte Newton-Raphson-Iteration durchgesetzt. Das als Beispiel gewählte System

$$\left. \begin{array}{ll} y = a \cdot x + b & \text{(linearer Teil)} \\ y = f(x) & \text{(Nichtlinearität)} \end{array} \right\} \quad (27)$$

besteht aus 2 Gleichungen, von denen eine linear ist, wogegen mit f(x) in (27) eine ("beliebige") **nichtlineare** Funktion von x gemeint sei. Die Lösung des Systems (27) ist im Flußdiagramm **Bild 14** dargestellt, was übrigens dem etwas detaillierteren Ablauf der innnersten Schleife des Bildes 2 entspricht. Man sieht, daß durch die Berechnung der Ableitung $Q_i$ = dy/dx und der Differenz $D_i$ die nichtlineare Funktion im Punkt $x_i$ linearisiert wird, wodurch das zu lösende Gleichungssystem zu einem linearen System geworden ist.

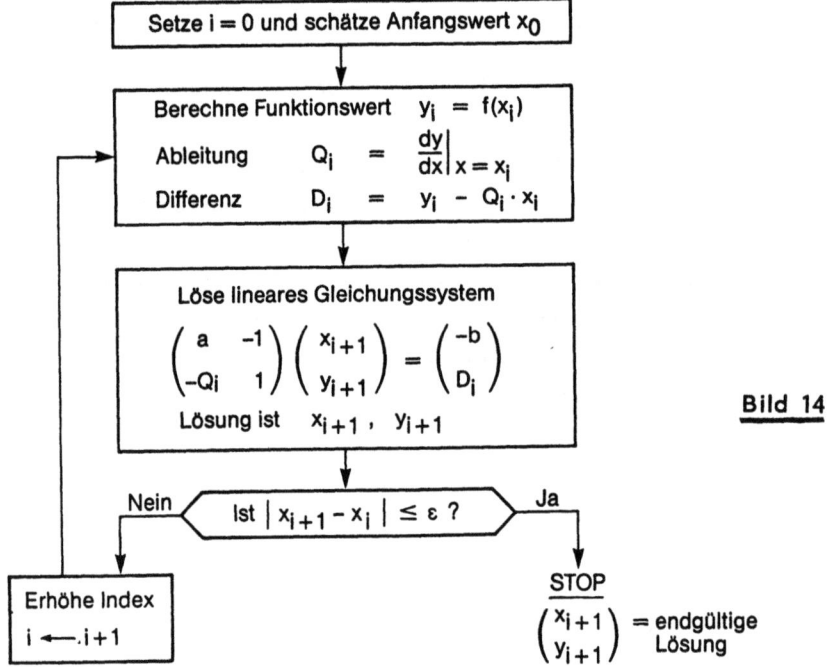

**Bild 14**

Der im Bild 14 dargestellte Ablauf wird im **Bild 15** grafisch beschrieben, womit (zumindest qualitativ) ablesbar ist, daß die Newton-Raphson-Iteration "normalerweise" sehr schnell konvergiert. Im allgemeinen Fall beliebiger Nichtlinearitäten ist die Konvergenz jedoch nicht gesichert. Die Konvergenz kann aber erzwungen werden, wenn man Nichtlinearitäten grundsätzlich von Spannungen über Kapazitäten ($V_C$) und/oder von Strömen durch Induktivitäten ($I_L$) abhängig macht. **Bild 16** zeigt eine Nichtlinearität NLIN mit S-förmiger Charakteristik, die Teil einer ansonsten linearen Schaltung ist. Die grafische Darstellung macht deutlich, daß die mit dem Anfangswert $V_0$ startende Iteration divergiert. Legt man jedoch zu NLIN einen Kondensator parallel (der der Einfachheit halber durch die Ersatzschaltung des Bildes 11 modelliert sei), dann ergibt sich dadurch eine Parallelschaltung von R und dem Kondensator-Ersatzwiderstand $\Delta t/C$, was einer Drehung der Geraden in der Graphik entspricht. Wählt man die Integrationsschrittbreite $\Delta t$ klein genug, dann wird die Gerade so stark gedreht, daß die Iteration mit Sicherheit konvergiert, wie das sehr einfache Beispiel des Bildes 16 eindrucksvoll zeigt.

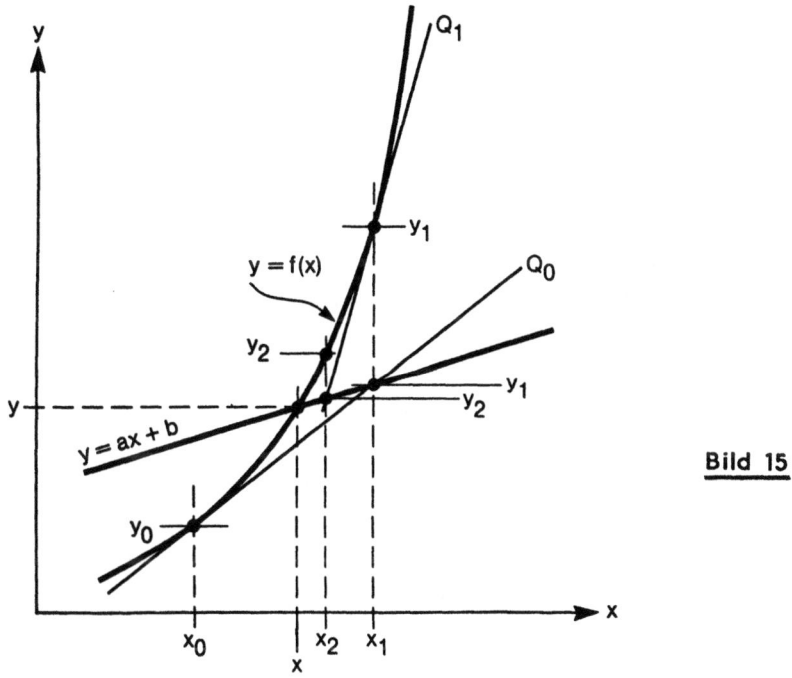

**Bild 15**

Ursächlich hat die Integration der Differentialgleichungen (Abschn. 4) nichts mit der Iteration der Nichtlinearitäten zu tun. Da die Wahl der Schrittbreite $\Delta t$ jedoch nicht nur die Integrationsgenauigkeit sondern auch die Konvergenz der Iteration beeinflußt, ist das Konvergenzverhalten bei der $\Delta t$-Wahl (vgl. Bild 13) mit zu berücksichtigen.

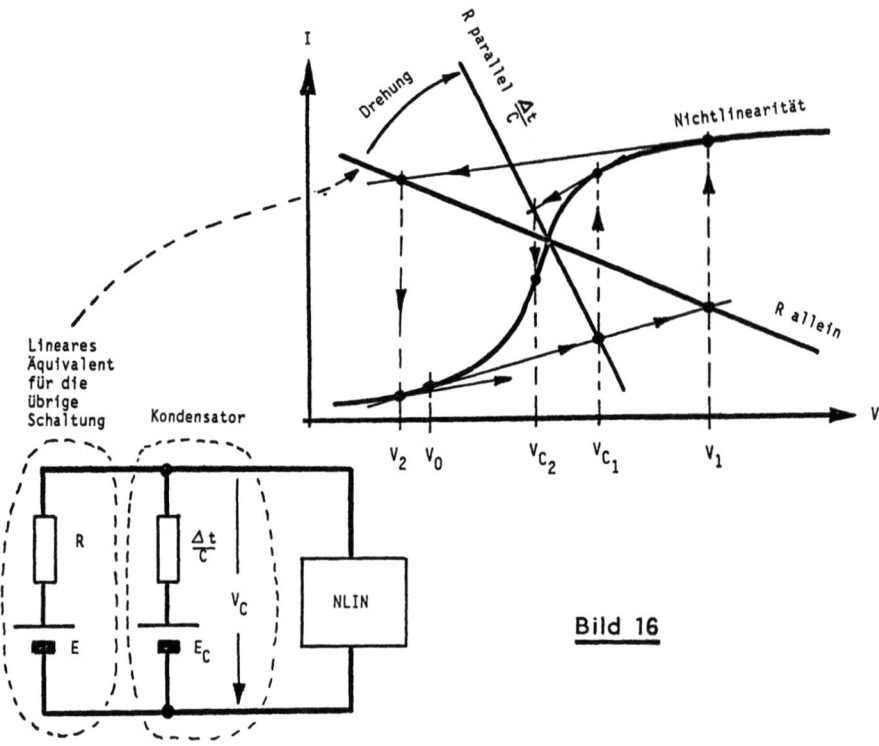

**Bild 16**

## 6. Gleichstromanalyse

Die Gleichstromanalyse dient als selbständige Analyseart der Bestimmung des stationären Zustands einer Schaltung und/oder sie dient als "Vorspann" der Ermittlung eines Arbeitspunkts als Ausgangszustand für eine nachfolgende Transient- oder Wechselstromanalyse.

Der stationäre Zustand ist nicht vom Vorhandensein oder gar von numerischen Werten irgendwelcher Kapazitäten oder Induktivitäten abhängig. Jedoch enthält die Schaltung in aller Regel Nichtlinearitäten, weshalb die Lösung des die Schaltung beschreibenden Systems der Newton-Raphson-Iteration bedarf, deren Konvergenz jedoch, wie gezeigt wurde, im allgemeinen nicht gesichert ist. Um die Gleichstromlösung dennoch für (fast) beliebige Nichtlinearitäten zu sichern, werden im wesentlichen 3 Verfahren eingesetzt, nämlich

- das Treppenverfahren,
- das Dämpfungsverfahren,
- das Aufladeverfahren.

## 6.1 Das Treppenverfahren

Das Treppenverfahren geht davon aus, daß alle internen Spannungen V und Ströme I Null sind, falls alle Spannungsquellen E und Stromquellen J des Quellenvektors $S_u$ [vgl. in (1), (2), (5) und (9)] ebenfalls zu Null gesetzt werden (= triviale Lösung des homogenen Gleichungssystems). Ist der Quellenvektor $S_u$ zwar nicht Null, aber sehr klein (was unter "sehr klein" im praktischen Einzelfall auch immer zu verstehen sein mag), so ist auch der Lösungsvektor sehr klein und liegt damit so nahe an der Anfangslösung Null, daß die Newton-Raphson-Iteration mit Sicherheit konvergiert.

Man legt daher nicht sofort die vollen Gleichspannungen und Gleichströme des Quellenvektors $S_u$ an, sondern errechnet zunächst eine Lösung mit reduziertem $S_u$. Diese Lösung wird als Ausgangspunkt für den nächsten Schritt genommen, der eine nächste Lösung für ein etwas vergrößertes $S_u$ errechnet. So wird $S_u$ schrittweise gesteigert, bis man schließlich mit dem endgütig vollen Quellenvektor auch die endgültige Gleichstromlösung erhält.

## 6.2 Das Dämpfungsverfahren

Beim Dämpfungsverfahren, das auch als "Modifizierte Berkeley Methode" bekannt ist, wird sofort der volle Quellenvektor $S_u$ an das System angelegt. Jedoch wird die gemäß Bild 14 nach jedem Newton-Raphson-Iterationsschritt feststellbare Änderung der unabhängigen Variablen

$$\Delta x = x_{i+1} - x_i \qquad (28)$$

"gedämpft", d.h. soweit reduziert, daß ein Divergieren (wie im Beispiel des Bildes 16 **ohne** Kondensator) nicht mehr möglich ist. Die $\Delta x$-Reduktion wird mit Hilfe der Reduktionsformel

$$\Delta x^* = \text{sign}(\Delta x) \cdot \ln(1 + B \cdot |\Delta x|) / B \qquad (29)$$

vorgenommen, worin B ein Koeffizient zwischen etwa 0,1 und 100 (typisch etwa 10) ist. Der nächste Iterationsschritt beginnt folglich nicht mit dem Anfangswert
$$x_{i+1} = x_i + \Delta x$$
sondern mit dem reduzierten Anfangswert $\quad x_{i+1}^* = x_i + \Delta x^* \qquad (30)$

## 6.3 Das Aufladeverfahren

Beim Aufladeverfahren wird, wie auch beim Dämpfungsverfahren, sofort der volle Quellenvektor $S_u$ an das System angelegt. Jedoch wird nicht direkt in die Newton-Raphson-Iteration eingegriffen, sondern die Konvergenz wird dadurch gesichert, daß die Gleichstromanalyse als "Quasi-Transient-Analyse" durchgeführt wird. Hierzu muß die Schaltung aber Kapazitäten und/oder Induktivitäten enthalten, die dann wie bei einer bei Null startenden Transient-Analyse Schritt für Schritt solange aufgeladen werden, bis ein stationärer Zustand erreicht ist.

Gegenüber einer "echten" Transient-Analyse sind jedoch einige Unterschiede zu beachten: Alle Kapazitäten und Induktivitäten können auf $C = 1$ und $L = 1$ gesetzt werden, da der stationäre Gleichstromzustand von den numerischen C- und L-Werten ohnehin unabhängig ist. Als Integrationsmethode wird ausschließlich das implizite Eulerverfahren eingesetzt, so daß sich (22) auf

$$V_n = V_{n-1} + \Delta t \cdot I_n \qquad (31)$$

reduziert. Dabei ist $\Delta t$ kein echtes Zeitintervall, sondern lediglich ein "Quasi-Intervall", das die Größe des Kondensator-Ersatzwiderstands so festlegt, daß die Konvergenz der Iteration gesichert wird. Auf mögliche Integrations-Schrittfehler braucht dabei keine Rücksicht genommen zu werden.

## 6.4
Beste Kompromisse zwischen Lösungsgeschwindigkeit und Konvergenzsicherheit erreicht man, wenn man die drei Methoden geschickt zu einem gemeinsamen Verfahren kombiniert.

## 7. Empfindlichkeits- und Worst-Case-Analyse

### 7.1 Empfindlichkeiten

Häufig will der Schaltungsentwickler wissen, welchen Einfluß die einzelnen Schaltelemente (R, G, C, L, E, J) und sonstigen Parameter einer Schaltung auf Spannungen, Ströme, Leistungen, Verzögerungszeiten und andere interessierende Ergebnisgrößen der Schaltung ausüben. Die Empfindlichkeit (Sensitivität) irgend einer Ergebnisgröße y (Spannung, Strom usw.) gegenüber Änderungen eines Eingabeparameters p (R, G, ... ) drückt sich durch die partielle Ableitung

$$s_a = \partial y / \partial p \tag{32}$$

aus. Sie wird auch **absolute** Empfindlichkeit (absolute Sensitivität) genannt, im Gegensatz zur normierten oder **relativen** Empfindlichkeit

$$s_r = \frac{\partial y / y}{\partial p / p} = \frac{\partial y}{\partial p} \cdot \frac{p}{y} = s_a \cdot \frac{p}{y} \tag{33}$$

Die Berechnung der partiellen Ableitungen $s_a$ kann auf unterschiedliche Art vorgenommen werden. Sie erfolgt in einigen Programmen (näherungsweise) dadurch, daß die Differentiale durch kleine Differenzen ersetzt werden, z.B.

$$s_a = \frac{\partial y}{\partial p} \approx \frac{\Delta y}{\Delta p} = \frac{y_1 - y_0}{p_1 - p_0} \tag{34}$$

wobei $p_0$ ein nomineller Parameterwert und $p_1$ ein davon leicht abweichender Wert ist. In einigen Programmen werden die Empfindlichkeiten nicht laut (34), sondern mit Hilfe der Analyse sogenannter zugeordneter oder adjungierter Netzwerke berechnet. Diese Berechnungsmethode basiert auf dem Netzwerkstheorem von Telegen.

Will man die Empfindlichkeiten von m Ergebnisgrößen in Bezug auf n Eingabeparameter berechnen, d.h.

$$s_{a_{ij}} = \partial y_i / \partial p_j \quad \begin{array}{l} \text{mit } i = 1, 2, \ldots m \\ \text{und } j = 1, 2, \ldots n \end{array} \tag{35}$$

dann muß man n+1 Analysen durchführen, wenn man gemäß (34) rechnet oder aber m+1 Analysen, wenn man die Methode der adjungierten Netzwerke anwendet.

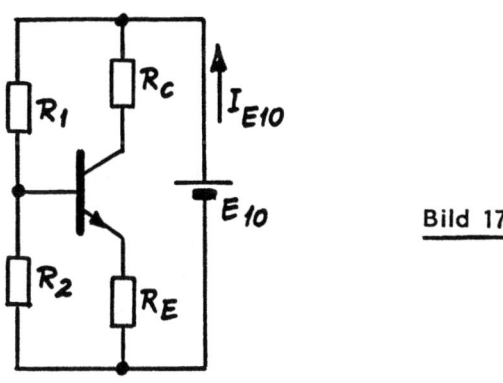

Bild 17

Empfindlichkeiten gelten im allgemeinen nur für den Parametersatz (d.h. für jenen Schaltungszustand), mit dem sie berechnet wurden. Zur Erhärtung dieser Aussage diene das einfache Beispiel der Verstärkerstufe **Bild 17**: Vergrößert man $R_2$, so sinkt der Spannungsteiler-Querstrom $I_{R2}$, aber das Basispotential steigt, weshalb Emitterpotential und Emitterstrom $I_{RE}$ ebenfalls ansteigen. Ist $R_E$ klein, dann steigt $I_{RE}$ mehr an, als $I_{R2}$ absinkt. Folglich steigt der Gesamt-Versorgungsgleichstrom $I_{E10}$ an und die Empfindlichkeit $\partial I_{E10}/\partial R_2$ hat ein positives Vorzeichen. Ist $R_E$ dagegen groß, dann steigt $I_{RE}$ weniger an, als $I_{R2}$ absinkt und die Empfindlichkeit $\partial I_{E10}/\partial R_2$ hat ein negatives Vorzeichen. **Bild 18** zeigt die Ergebnisse einer Empfindlichkeitsanalyse zur Ermittlung der Abhängigkeit

$$\partial I_{E10}/\partial R_2 \;=\; f(R_E) \tag{36}$$

Verallgemeinert bedeutet dies, daß alle Empfindlichkeiten

$$s_{a_{ij}} = f(p_1, p_2, \ldots p_n) \quad \text{mit } i = 1, 2, \ldots m \quad \text{und } j = 1, 2, \ldots n \tag{37}$$

sein können.

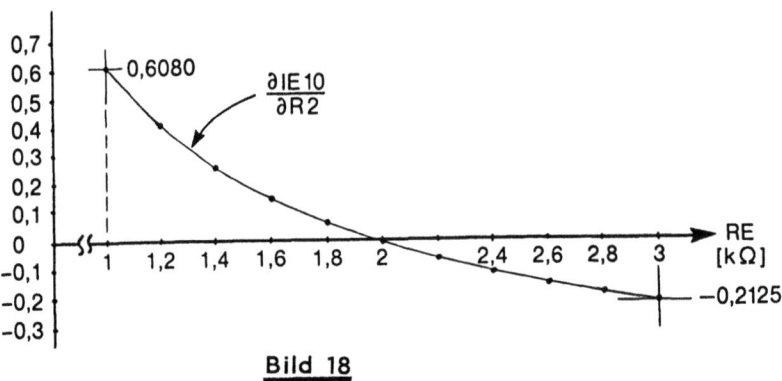

**Bild 18**

## 7.2 Worst-Case-Analyse, Statistische Analyse

Wegen (37) ist eine Berechnung von Extremergebnissen (Worst-Case $y_i$) mit Hilfe des totale Differentials in einem einzigen Schritt im allgemeinen nicht möglich. Man muß vielmehr Schritt für Schritt Ergebnisgradienten

$$\nabla y_i(p) = \left( \frac{\partial y_i}{\partial p_1}, \frac{\partial y_i}{\partial p_2}, \dots \frac{\partial y_i}{\partial p_n} \right)^T \tag{38}$$

berechnen und nach jeder Berechnung (38) die Schaltung in einem kleinen Schritt ändern. Der Rechenaufwand mit Hilfe eines solchen deterministischen Verfahrens ist meist untragbar hoch.

Da echte Worst-Case-Ergebnisse in praxi nur mit äußerst geringer Wahrscheinlichkeit auftreten, ist es sehr fraglich, ob die mit hohem Aufwand verbundene Worst-Case-Analyse überhaupt sinnvoll ist. Es hat sich daher allgemein die erheblich realistischere statistische Analyse eingebürgert, die meist nach dem Monte-Carlo-Verfahren durchgeführt wird. Vgl. hierzu Bild 2, wo mit Hilfe eines Zufallszahlengenerators für jeden statistischen Fall eine zufällige Parameterkombination (im Rahmnen der für die einzelnen Parameter vorgegebenen Verteilungsfunktionen) "ausgewürfelt" wird.

## 8. Ausblick und Trends

Einige der in Schaltkreis-Simulationsprogrammen verwendeten Algorithmen haben inzwischen einen so hohen Entwicklungsstand erreicht, daß zwar noch graduelle Verbesserungen, aber keine grundsätzlich neuen (prinzipiell besseren) Methoden mehr möglich erscheinen. Beispiele dafür sind verschiedene Sparse-Matrix-Techniken und einige der impliziten Integrationsverfahren. Andererseits wird noch eine Anzahl stark verbesserungswürdiger Algorithmen benutzt, die in hohem Maße auf Empirik beruhen, entweder weil die auf gesicherter mathematischer Basis aufbauenden Verfahren **viel** zu aufwendig sind oder weil ein gesichertes mathematisches Fundament für solche Algorithmen bisher überhaupt fehlt. Beispiele sind u.a. die verschiedenen Möglichkeiten der Schrittbreitenkontrolle sowie optimale Methodenkombinationen zur Gleichstromanalyse.

Das größte Problem stellt zweifellos der heute noch **viel** zu große Speicherplatz- und Rechenzeitbedarf dar, wobei ganz besonders die langen Rechenzeiten die Analyse sehr großer Schaltungen (größer einige tausend Knoten) und/oder umfangreiche statistische oder Empfindlichkeitanalysen verhindern.

Die Reduktion des Rechenzeitbedarfs ist daher eines der Hauptziele der Forschungen und Entwicklungen der näheren Zukunft. Dazu scheinen sich vor allem verschiedene Relaxationsmethoden und Macro-Konzepte sowie Vektorprozessor- und Parallelprozessor-Implementationen zu eignen, möglicherweise in Kombination miteinander.

Von ihrem Ablauf her gleicht die Schaltungsoptimierung der Worst-Case-Analyse, lediglich mit anderer Zielsetzung. Durch Einsatz statistischer an Stelle deterministischer Verfahren hofft man den Rechenaufwand stark vermindern und gleichzeitig die Treffsicherheit für globale Optima verbessern zu können, um dadurch die Schaltungsoptimierung handhabbar und in größerem Umfang einsetzbar zu machen.

Aus diesen wenigen Beispielen exemplarisch herausgegriffener Entwicklungsaufgaben läßt sich leicht ablesen, daß die Beschäftigung mit den Berechnungsverfahren zur Schaltkreissimulation noch auf lange Zeit ein unerschöpfliches Feld kreativer Betätigung in Theorie und Praxis bieten wird.


**Literatur**  (Eine kleine Auswahl, nach Autoren geordnet)

[1] Berry,R.D.:
An Optimum Ordering of Electronic Equations for a Sparse Matrix Solution.
IEEE Trans. CT-18, pp 40 - 50, Jan. 1971.

[2] Bilfinger,T.; Schmidt,F.:
Vergleich verschiedener Verfahren zur Lösung linearer Gleichungssysteme. Bericht IKE 4-76, Institut für Kernenergetik der Universität Stuttgart, Juni 1978.

[3] Brayton,R.K.; Gustavson,F.G.; Hachtel,G.D.:
A New Efficient Algorithm for Solving Differential-Algebraic Systems Using Implicit Backward Differentiation Formulas.
Proc. IEEE, Vol 60, pp 98 - 108, 1972.

[4] Breitenecker,F.; Kleinert,W. (Herausgeber):
Informatik-Fachberichte. Band 85:
2. Symposium Simulationstechnik Wien 1984. Proceedings.
Abschnitt Schaltkreissimulation mit Beiträgen von:  Schade,G.; Demel,J.; Selberherr,S.; Pötzl,H.; Spiro,H.; Gall,H.; Stürmer.A.:
S. 144 - 175, Springer-Verlag, Berlin, Heidelberg, Sept. 1984.

[5] Calahan,D.A.:
Computer-Aided Network Design.
McGraw-Hill, New York, 1972.

[6] Calahan,D.A.:
Rechnergestützter Schaltungsentwurf. (Übersetzung von [5]).
R.Oldenbourg Verlag, München, 1973.

[7]  Chua,L.O.; Lin,P-M.:
     Computer Aided Analysis of Electronic Circuits.
     Prentice-Hall Inc., Englewood Cliffs, N.J., 1975.

[8]  Gear,C.W.:
     The Automatic Integration of Stiff Ordinary Differential
     Equations. Proceedings of IFIPS Congress, pp A81 - A85,
     Edinburgh, Scotland, 1968.

[9]  Gustavson,F.G.; Liniger,W.; Willoughby,R.A.:
     Symbolic Generation of an Optimal Crout Algorithm for Sparse
     Systems of Equations. J.ACM, Vol 17, pp 87 - 109, 1970.

[10] Hachtel,G.D.; Brayton,R.K.; Gustavson,F.G.:
     The Sparse Tableau Approach to Network Analysis and Design.
     IEEE Trans. CT-18, pp 101 - 112, Jan. 1971.

[11] Ho,C.W.; Ruehli,A.E.; Brennan,P.A.:
     The Modified Nodal Approach to Network Analysis.
     IBM T.J.Watson Research Center Report 4587, Yorktown Heights, N.Y.
     1973, and IEEE Proc. ISCAS, 1974,
     and IEEE Trans. CAS-22, pp 504 - 509, June 1975.

[12] Ho,C.W.; Zein,D.A.; Ruehli,A.E.; Brennan,P.A.:
     An Algorithm for DC Solutions in an Experimental
     General Purpose Interactive Circuit Design Program.
     IEEE Trans. on Circ. and Syst., pp 416 - 420, Aug. 1977.

[13] Horneber,E.-H.:
     Simulation elektrischer Schaltungen auf dem Rechner.
     Springer-Verlag, Berlin- Heidelberg, 1985.

[14] Hsieh,H.Y.:
     Pivoting-Order Computation Method for Large Random Sparse Systems.
     IEEE Trans. CAS-21, pp 225 - 230, March 1974.

[15] Hsieh,H.Y.; Rabbat,N.B.:
     A Multilevel Newton Algorithm for Nested Macromodel
     Analysis of Bipolar Networks.
     Proc. IEEE Intl. Symp. on Circ. and Syst., April 1980.

[16] Jimenez,A.J.:
     Computer Handling of Sparse Matrices.
     IBM Technical Report TR 00.1873, April 1969.

[17] Jimenez,A.J.; Director,S.W.:
     New Families of Algorithms for Solving Nonlinear Circuit
     Equations. IEEE Trans. CAS-25, pp 1 - 7, 1978.

[18] Lelarasmee,E.; Ruehli,A.E.; Sangiovanni-Vincentelli,A.L.:
     The Waveform Relaxation Method for Time-Domain Analysis of
     Large Scale Integrated Circuits.
     IEEE Trans. CAD-1, pp 131 - 144, July 1982.

[19] Markowitz,H.M.:
     The Elimination Form of the Inverse and its
     Application to Linear Programming.
     Management Science, Vol.3, pp 255 - 269, Apr. 1957.

[20] Mellert,F-T.:
     Rechnergestützter Entwurf elektrischer Schaltungen.
     R.Oldenbourg Verlag, München, 1981.

[21] Rabbat,N.B.; Hsieh,H.Y.:
Concepts of Latency in the Time-Domain Solution of Nonlinear
Differential Equations. Proc. IEEE International Symposium
on Circuits and Systems, pp 813 - 825, May 1978.

[22] Rabbat,N.G.B.; Sangiovanni-Vincentelli,A.L.; Hsieh,H.Y.:
A Multilevel Newton Algorithm with Macromodelling and Latency for
the Analysis of Large-Scale Nonlinear Circuits in the Time Domain.
IEEE Trans. CAS-26, pp 733 - 741, Sept. 1979.

[23] Selberherr,S.:
Analysis and Simulation of Semiconductor Devices.
Springer-Verlag, Wien - New York, 1984.

[24] Sibbert,H.:
Verfahren und Programme für die Schaltungs- und
Timing-Simulation. Universität Dortmund, Seminar - Praxis der
Großintegration, Band II, S. 12 - 38, Sept. 1983.

[25] Spiro,H.:
The Calculation of Steady DC Levels of a General Nonlinear
Network. IBM Laboratory Report, Dec. 1976.

[26] Spiro,H.:
Simulation hochintegrierter Schaltkreise mit nichtlinearen
Elementen. Seminarvortrag. IBM Deutschland GmbH, Nov. 1982.

[27] Spiro,H.:
Überlegungen zu Rechenzeit und Speicherplatz für spärlich
besetzte Matrizen und Systemzerlegungen in Macros.
Elektronische Rechenanlagen, Hefte 3 und 4,
R.Oldenbourg Verlag, München, Juni u. Aug. 1983.

[28] Spiro,H.:
Simulation integrierter Schaltungen
durch universelle Rechnerprogramme.
R.Oldenbourg Verlag, München Wien, 1985.

[29] Tinney,W.F.; Walker,J.W.:
Direct Solutions of Sparse Network Equations by Optimally
Ordered Triangular Factorization.
Proc. IEEE, Vol 55, pp 1801 - 1809, Nov. 1967.

[30] Weeks,W.T.; Jimenez,A.J.; Mahoney,G.W.;
Mehta,D.; Qassemzadeh,H.; Scott,T.R.:
Algorithms for ASTAP - a Network Analysis Program.
IEEE Trans. CT-20, pp 628 - 634, Nov. 1973.

## SIMULATION DES VERHALTENS VON CHEMIKALIEN IN FLIEẞGEWÄSSERN

R. Brüggemann, M. Matthies
Gesellschaft für Strahlen- und Umweltforschung mbH
Ingolstädter Landstraße 1
8042 Neuherberg

## 1. Einleitung

Das Brandunglück bei Basel [25,26,27], sowie zahlreiche andere kleinere Störfälle in der chemischen Industrie haben den Blick auch der breiten Öffentlichkeit auf das Verhalten von Chemikalien in der Umwelt gelenkt.

Die potentielle Belastung der Umwelt hat schon sehr bald warnende Stimmen [14] ausgelöst und hat schließlich in der BRD auch zum "Chemikaliengesetz" [7] geführt, das seit 1982 die neu hinzukommenden Chemikalien und die daraus hergestellten Zubereitungen kontrolliert.

Die Umweltgefährlichkeit des größten Teils der bisher vermarkteten Chemikalien, für die im allgemeinen nicht einmal die Daten des Datensatz der Grundprüfung gemäß Chemikaliengesetz belegt sind, ist bisher weder qualitativ noch quantitativ bekannt.

Angesichts des enormen Kostenaufwandes für experimentelle Untersuchungen erscheint es unrealistisch, systematisch Chemikalie für Chemikalie für alle wichtigen Umweltszenarien durchzuprüfen. Hier ist es angezeigt, Modelle und Abschätzverfahren heranzuziehen, die die Ausbreitung in der Umwelt (Exposition) und die Umweltwirksamkeit von Chemikalien zu berechnen gestatten. Während der Kenntnisstand auf dem Bereich der ökologischen Wirksamkeit noch in vielen Detailfragen unzureichend ist, kann man für die Simulation der Ausbreitung von Chemikalien in der Umwelt auf wohl etablierte Modelle und Programme zurückgreifen z.B. [1,5,11,18,22,23,24,28,32,33,35,37].

Will man sich einen Überblick darüber verschaffen, wie sich eine Chemikalie in der Umwelt verhält, so kann man zwei Ausgangspunkte wählen:
Einen strikt thermodynamischen Standpunkt, der die Umwelt als ein abgeschlossenes System sieht, das selbst aus Untersystemen besteht, zwischen denen sich die Chemikalie gemäß

$$\frac{c_i}{c_j} = k_{ij} \tag{1}$$

$$M = \sum c_i \, V_i \tag{2}$$

i,j: Indices der Untersysteme
$V_i$: Volumen des Untersystems i
M: Gesamtmenge der Chemikalie
$k_{ij}$: Verteilungskonstante

verteilt.

Die Untersysteme oder auch Kompartimente können sein: Luft, Wasser, Boden, Sedimente, Schwebstoffe, aquatische Biomasse usw. Die Aufteilung in Untersysteme wird sich konkret nach dem gegebenen oder interessierenden Umweltszenario richten und ihre Grenze dort finden, wo es um die Festlegung der numerischen Werte vor allem für die $k_{ij}$ geht.

Dieses einfache Vorgehen ist vorteilhaft, weil die Ergebnisse übersichtlich und einfach zu interpretieren sind. Der Nachteil ist, daß
1. ein Umweltausschnitt nicht zwingend ein abgeschlossenes thermodynamisches System ist,
2. die einzelnen Kompartimente nicht notwendig wie homogene Phasen zu behandeln sind,
3. sich nicht immer schnell genug chemische Gleichgewichte einstellen und
4. zeitliche und räumliche Variationen sowohl des Inputs als auch der Ökoparameter in Betracht gezogen werden sollten.

Die meisten dieser Nachteile sucht der zweite Ausgangspunkt zu vermeiden, der von differentiellen Massenbilanzen ausgeht; d.h. von Gleichungen der Struktur:

$$\frac{d\vec{c}}{dt} = \sum_i \vec{\alpha_i} + \vec{\beta_i}(c_i(t);t) \cdot c_i + \vec{f}(t) \qquad (3)$$

Die $c_i$ sind die Konzentrationen der Chemikalie und $\vec{f}(t)$ ist das Tupel der Inputfunktionen. Die $\vec{\alpha_i}$ sind Modellkonstanten und die $\vec{\beta_i}(c_i(t);t)$ Modellfunktionen, die explizit und implizit von der Zeit t abhängen. Die wesentliche Aufgabe der Modellierung ist es, die $\vec{\alpha_i}$ und $\vec{\beta_i}(c_i(t);t)$ zu berechnen.

Hierzu gibt es bereits eine Reihe von Ansätzen, zu denen auch die Fugazitätsmodelle von Mackay (ab Level II) gehören und die in der Literatur gut dokumentiert sind [3,10,17-22,28,30]. Viele dieser Ansätze sind als integrierte Multimedia-Modelle anzusehen. In diesen ist es einer Substanz erlaubt, sich zwischen Luft, Wasser und festen Phasen zu verteilen. Die festen Phasen sind oft nach Typ und besonderen Eigenschaften differenziert. Die Behandlung in integrierten Multimedia-Modellen erfordert erhebliche Vereinfachungen. Bedenkt man außerdem, daß viele Chemikalien, beurteilt nach ihrer Immissionsstruktur, zunächst nur ein Umweltmedium belasten, so ist es gerechtfertigt, auch Simulationsmodelle einzusetzen, die das Ausbreitungsverhalten einer Chemikalie zwar nur in einem Medium, z.B. Boden, Luft oder Gewässer zu berechnen gestatten, die aber dafür die darin stattfindenden Prozesse detaillierter behandeln.

Diese Abhandlung befaßt sich mit der Ausbreitung von Chemikalien im Medium Gewässer und speziell mit Oberflächengewässern. Es werden zwei Fließgewässermodelle beispielhaft angewendet.

## 2. EXWAT
### 2.1 Übersicht

In EXWAT, einem stationären Fließgewässermodell, steht die vergleichende Betrachtung von Chemikalien im Vordergrund. EXWAT ist ein Programm, das sowohl selbständig verwendet als auch als ein Teil des Programmpakets E4CHEM genutzt werden kann. E4CHEM (Exposure and Ecotoxicity Estimation for Environmental CHEMicals) [23,33] ist zur Prioritätensetzung der sogenannten Alten Stoffe (das sind die bereits vermarkteten und nicht durch das Chemikaliengesetz kontrollierten Substanzen) entwickelt worden.

Der grundsätzliche Aufbau von EXWAT ist der Abb. 1 zu entnehmen.

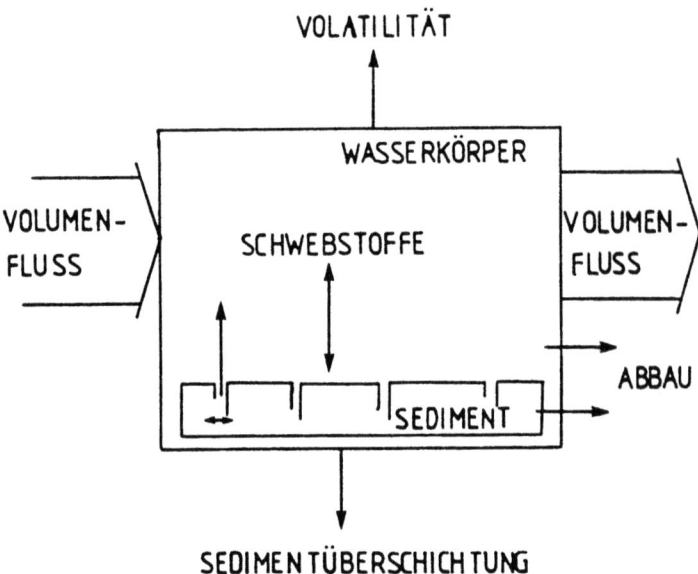

Abb. 1: Aufbau von EXWAT


Die zwei Kompartimente stellen zusammen einen Flußabschnitt (Segment) dar. EXWAT folgt in seinen physikalischen Ideen im wesentlichen dem Fließgewässer-Fugazitätsmodell QWASI [18,22]. Das Fluidkompartiment enthält Schwebstoffteilchen, deren Konzentration vorgegeben werden muß. Das Sedimentkompartiment umfaßt nicht das gesamte Sediment eines Fluß- oder eines Flußseesegments, sondern nur die oberste Lage, von der angenommen werden darf, daß sie gut durchmischt ist und in ständigem Austausch mit den Schwebstoffen des Fluidkompartiments steht [18]. Die Tiefe des (durchmischten) Sedimentkompartiments ist daher eine wichtige und heikle Größe. Sie wird wie in EXAMS [5] (siehe weiter unten) mit 0.05 m angenommen.

Folgende Prozesse werden berücksichtigt:
A) Eintrag der Chemikalie direkt in das Fluidvolumen.
B) Eintrag der Chemikalie, gelöst und sorbiert an Schwebstoffteilchen, die mit einem ins Segment einströmenden Fluidvolumen transportiert werden.

C) Austrag der Chemikalie mit dem Volumenstrom (Wasserführung) in gelöster oder (an Schwebstoffen) sorbierter Form.

D) Echt gelöste Teilchen können mit der Volatilitätsrate $k_v$ in die Gasphase gelangen. Nach der von SOUTHWORTH [36] angegebenen Beziehung hängt die Volatilitätsrate, berechnet nach der Zweifilmetheorie [13,15,16], von der Lineargeschwindigkeit des Fluids und der Windgeschwindigkeit ab.

E) Echt gelöste Teilchen stehen im Sorptionsgleichgewicht mit dem Sorbens [17]. Es sind dabei zwei Fälle zu unterscheiden:

E1) Gleichgewicht im Fluid zwischen echt gelösten Molekülen und Molekülen sorbiert an Schwebstoffen und

E2) Gleichgewicht im Porenwasser zwischen echt gelösten Molekülen und Molekülen sorbiert an der Sedimentmatrix.

F) Schwebstoffe können mit der Sinkgeschwindigkeit S ins Sedimentkompartiment überführt werden.
Durch Aufwirbelung, beschrieben durch eine Resuspensionsrate $k_R$, können Partikel, die von der Sedimentmatrix in das Fluid verbracht werden, als Schwebstoffe mobil sein.
In EXWAT wird für das Standardszenario angenommen, daß beide Raten S und $k_R$ so ausbalanciert sind, daß die Schwebstoffkonzentration im Segment und der Umfang des Sedimentkompartiments konstant bleiben.

G) Gelöste Substanzen folgen einem Konzentrationsgradienten und überschreiten in Abhängigkeit der Dispersionskonstante D die Phasengrenze Sediment - Fluid.

H) Neben den sich momentan einstellenden Gleichgewichten zwischen gelösten und sorbierten Molekülen werden auch einstufige Protonierungsgleichgewichte berücksichtigt.

I) An der Sedimentmatrix sorbierte Moleküle können auch durch Schwebstoffablagerungen überdeckt werden, so daß sie langfristig dem Sediment/Fluidaustausch entzogen werden. Solche Prozesse werden durch die Sedimentüberschichtungsrate "B" (sediment burial") beschrieben.

J) Chemikalien in Fließgewässern können durch eine Vielzahl von Prozessen abgebaut werden. Z.B. können u.a. Hydrolyse, aquatische Photolyse, Bioabbau oder alle Prozesse zusammen als Abbaumechanismus in Frage kommen. Der Abbau wird als eine Kinetik (pseudo) erster Ordnung beschrieben und in _einer_ Konstanten zusammengefaßt.

Zusammenfassend zeigt Abb. 2 die berücksichtigten Prozesse:

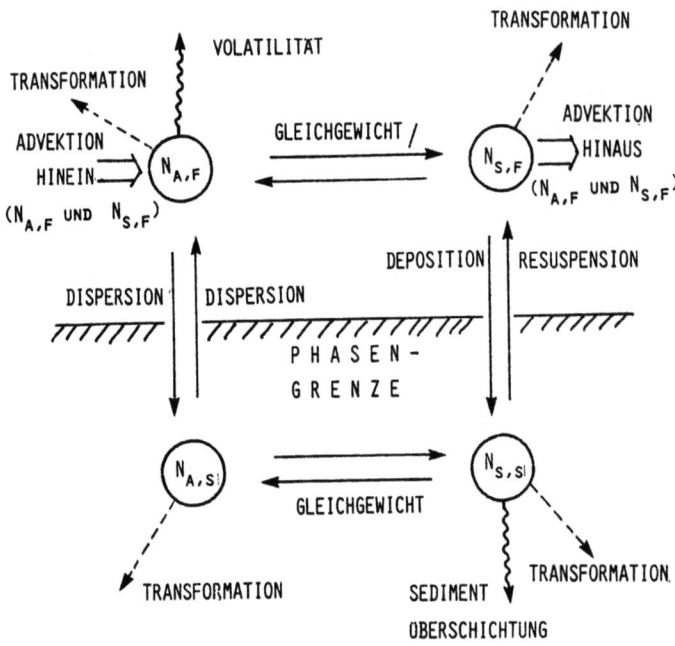

"$N_{a,f}$": Molzahl gelöst im Fluid
"$N_{s,f}$": Molzahl sorbiert an Schwebstoffteilchen
"$N_{s,s}$": Molzahl im Sediment (feste Bestandteile)
"$N_{a,s}$": Molzahl im Porenwasser des Sediments

Abb. 2: Übersicht über die wichtigsten Austausch-, Verteilungs- und Senkenprozesse, denen eine Chemikalie in einem Segment des Fließgewässers unterliegt

2.2 Anmerkungen zur mathematischen Formulierung

Für jedes der zwei Kompartimente eines Segments sind drei Differentialgleichungen aufzustellen. Hier seien sie nur skizziert:

Fluid: $\quad \dfrac{dN_{a,f}}{dt} = f_1(N_{a,f},\ N_{s,f},\ N_{s,s},\ N_{a,s};\ M_f,\ M_s)$

$\quad\quad\quad\ \ \dfrac{dN_{s,f}}{dt} = f_2(N_{a,f},\ N_{s,f},\ N_{s,s},\ N_{a,s};\ M_f,\ M_s)$

$\quad\quad\quad\ \ \dfrac{dM_f}{dt} = f_3(M_f,\ M_s)$

Sediment: $\dfrac{dN_{a,f}}{dt} = f_4(N_{a,f},\ N_{s,f},\ N_{s,s},\ N_{a,s};\ M_f,\ M_s)$ $\quad$ (4)

$\quad\quad\quad\ \ \dfrac{dN_{s,s}}{dt} = f_5(N_{a,f},\ N_{s,f},\ N_{s,s},\ N_{a,s};\ M_f,\ M_s)$

$\quad\quad\quad\ \ \dfrac{dM_s}{dt} = f_6(M_f,\ M_s)$

Darin sind:

$N_{a,f}$: Molzahl der Chemikalie; gelöst im Fluidkompartiment
$N_{s,f}$: Molzahl der Chemikalie; sorbiert an Schwebstoffteilchen
$N_{a,s}$: Molzahl der Chemikalie; gelöst im Sedimentkompartiment
$N_{s,s}$: Molzahl der Chemikalie; sorbiert an Sedimentpartikeln
$M_f$: Masse an Schwebstoffpartikeln im Fluidkompartiment
$M_s$: Masse an Sedimentpartikeln im Sedimentkompartiment

In vollster Allgemeinheit hingeschrieben ist das Differentialgleichungssystem (4) nichtlinear. Denn:
- Die Abbaukinetiken müssen nicht notwendig als Reaktionen 1. Ordnung formuliert sein.
  Z.B. kann der Bioabbau einer Chemikalie durch eine Gleichung wie

$$\frac{dc}{dt} \sim \frac{c}{K+c} \cdot N \quad\quad (5)$$

beschrieben werden [4], worin N ein Maß für die mikrobielle Biomasse, c die Konzentration der Chemikalie und K die Sättigungskonstante (Michaelis-Konstante) ist.
- Der Sorptions- oder Desorptionsvorgang muß nicht notwendig durch einen linearen Ansatz beschrieben werden; bzw. wenn man Sorptions<u>gleichgewicht</u> unterstellt: Die Sorptionsisotherme muß nicht linear sein, sondern sie kann - etwa in der mathematischen Formulierung nach Freundlich - auch Exponenten ungleich 1 aufweisen.

- Das Henry-Gesetz ist nur für kleine Konzentrationen gültig. Für die Volatilität bedeutet die entsprechende Verallgemeinerung H → H(c), daß die Volatilitätsrate $k_v$ eine Funktion der Konzentration wird.

$$k_v = \frac{H(c) \cdot k_g \, k_l}{H(c) \cdot k_g + k_l} \quad (6)$$

H: Henry-"Konstante"
$k_g$: Transferrate in Luft
$k_l$: Transferrate in Wasser

Damit wird der Volatilitätsstrom, der im Gleichungssystem (4) in die Gleichung für $N_{a,f}$ eingeht, eine nichtlineare Funktion der Konzentration.

Die meisten Nichtlinearitäten können jedoch für den Grenzfall c → 0 durch die linearen Grenzgesetze ersetzt werden. Für EXAMS [5], den Fugazitätsmodellen, wie z.B. QWASI [22] und auch für EXWAT werden lineare Funktionen in Bezug auf die Chemikalienkonzentration angenommen.

Mit linearen Ansätzen ist aber das System (4) immer noch zu unhandlich. Durch die Annahme konstanter Schwebstoff- und Sedimentpartikelkonzentrationen werden die Gleichungen für $M_f$ und $M_s$ (der Partikelmassen im Fluid und Sediment) überflüssig und das Gleichungssystem reduziert sich auf vier Gleichungen, die die zeitliche Variation der Molzahlen der Chemikalie gelöst und sorbiert im Fluid und im Sediment beschreiben und in die die Partikelmassen nur noch parametrisch eingehen. In guter Näherung kann man in einem weiteren vereinfachenden Schritt von einem sich ausreichend schnell einstellenden Sorptionsgleichgewicht ausgehen [18], so daß man unter Einführung der neuen Zustandsgrößen

$$N_T^F = N_{a,f} + N_{s,f}$$
$$N_T^S = N_{s,s} + N_{a,s} \quad (7a)$$

und dem Ansatz

$$N_{s,s} = \Gamma_{s,s} \, N_{a,s}$$

$$N_{s,f} = \Gamma_{s,f} \, N_{a,f} \tag{7b}$$

die im System (4) auftretenden schwierigen Größen Sorptions- und Desorptionsrate eliminieren kann [11]. Die neu aufgetretenen Größen $\Gamma_{s,s}$ und $\Gamma_{s,f}$ können aus Partikelkonzentration und Verteilungskonstante der Chemikalie zwischen und Wasser und Sorbens berechnet werden [9,29].

Ein nicht zu unterschätzender Vorteil ist, daß aus den vier Differentialgleichungen jetzt ein Differentialgleichungspaar für $N_T^F$ und $N_T^S$ erhalten wird.

Der Aufgabenstellung von EXWAT gemäß, nämlich eine vergleichende Bewertung der Chemikalien vorzunehmen, die durch die Vermarktung kontinuierlich in Fließgewässer gelangen, wird schließlich aus dem verbleibenden Differentialgleichungspaar eine stationäre Lösung ermittelt.

### 2.3 Ergebnisse mit EXWAT: Die Chemikalie o-Chlornitrobenzol

o-Chlornitrobenzol wird ausschließlich als Zwischenprodukt zur Herstellung von verschiedenen Endprodukten verwendet. Es hat also keine umweltoffene Anwendung. Der Eintrag in die Umwelt erfolgt mit dem Abwasser in den Unterlauf des Mains und des Rheins sowie mit der Abluft. Die quantitativen Angaben sind nicht vollständig und beziehen sich auf das Isomerengemisch von ortho-, meta- und para-Chlornitrobenzol (siehe Tabelle 1). Für die Rechnungen werden deshalb die Mengen des Isomerengemisches angenommen (Abwasser: 80 t/a, Abluft: 2,6 t/a).

Für o-Chlornitrobenzol interessiert somit im wesentlichen das Verhalten im Fließgewässer. Für die Berechnung mit EXWAT wurden die Daten des Unterlaufs des Rheins angenommen.

Tabelle 1: Eingabedaten für o-Chlornitrobenzol [2]

---

| | |
|---|---|
| Produktionsmenge | 25000 t/a |
| Importmenge | unbedeutend |
| Exportmenge | 2500 - 5000 t/a |
| Verwendungen | Zwischenprodukt |
| Menge in die Umwelt | |
| - Eintrag durch Abwasser (alle Isomere) | 80 t/a (Main u. Rhein) |
| - Eintrag durch Abluft (alle Isomere) | 2,6 t/a (Nordrhein-westfalen) |
| Dampfdruck (20°) | 5,75 Pa |
| Wasserlöslichkeit (20°) | 0,59 g/l |
| pKa | --- |
| Henry-Konstante | 1,54 Pa m$^3$ mol$^{-1}$ |
| - dimensionlos *) | 6,3 $10^{-4}$ |
| log $K_{OW}$ | 2,24 |
| Mikrobieller Abbau | schwer abbaubar |
| - Abbaukonstante **) | 0,003 d$^{-1}$ |
| Hydrolyse | keine |
| Photoabbau | nicht bekannt |
| BCF *) | 11 |
| Vorkommen in der Umwelt | |
| - Rhein-km 865 (1982) | 0,1 - 0,8 µg/l |
| | MW = 0,22 µg/l |
| - Rhein-km 865 (1979 - 1982) (alle Isomere) | 0,4 - 1,4 µg/l |
| Diffusionskonstante Luft **) | 0,61 m$^2$/d |
| Diffusionskonstante Wasser **) | 0,62 $10^{-4}$ m$^2$/d |

---

*) entspricht reziproker Ostwaldscher Löslichkeit, abgeschätzter Wert
**) abgeschätzter Wert

Tabelle 1 Fortsetzung: Eingabedaten für o-Chlornitrobenzol

Wirkungen auf Destruenten
- Bakterien  100 mg/l
  $O_2$/Wachstum

Wirkungen auf Produzenten
- Algen (Scenedesmus subspicatus)
  Wachstum $EC_{90}$  30 mg/l

Wirkungen auf Konsumenten
- Daphnia magna (1d)  $EC_0$  5 mg/l
  LKDO 211  $EC_{50}$  15 mg/l
  $EC_{100}$  25 mg/l
  $EC_0$  0,1 mg/l
  $EC_{30}$  1 mg/l
  $LC_0$  5 mg/l
  $LD_{50}$  219 mg/kg
  $LD_{50}$  457 mg/kg

Genotoxizität
- Mutagenität  positive Befunde
- Kanzerogenität  positive Befunde

In Tabelle 2 ist für verschiedene Wasserführungen (bei gleichem Querschnitt) die Konzentration und Fracht im Wasser wiedergegeben. Dabei wurden 80 t/a als Einleitung angenommen. Bei der 1983 gemessenen mittleren Wasserführung von 2770 $m^3/s$ ergibt sich eine Konzentration von 0,93 µg/l (gelöst und an Schwebstoffen sorbiert bei einer Schwebstoffbeladung von 100 $g/m^3$) und eine Fracht von 79,9 t/a. Unter der Annahme, daß 34 % des Isomerengemisches o-Chlornitrobenzol sind, ergibt sich ein Wert von 0,31 µg/l, der im mittleren Bereich der Schwankungsbreite der gemessenen Konzentrationen liegt. Die Fracht ergibt sich entsprechend zu 22,7 t/a.

Beispielhaft für eine Sensitivitätsstudie sei der Volatilitätsstrom als Funktion der Wasserführung für ortho-Chlornitrobenzol (o-CNB) und Hexachlorbenzol (HCB) gezeigt (Abb. 3).

Tabelle 2: Vergleich von berechneten und gemessenen Werten

|  | Wasserführung ($m^3/s$) | Konzentration (unfiltriert) (µg/l) | Fracht (t/a) |
|---|---|---|---|
| alle Isomere | 1 | 2460,0 | 76,1 |
|  | 800 | 3,2 | 79,9 |
|  | 2000 | 1,3 | 79,9 |
|  | 2770 | 0,93 | 79,9 |
| o-CNB berechnet (34 %) | 2770 | 0,31 | 22,7 |
| gemessen 1982 | 2770 | 0,11 (0,1 - 0,8) *) | 7,56 |

*) gemessenes Minimum, Maximum der Konzentration bei Lobith

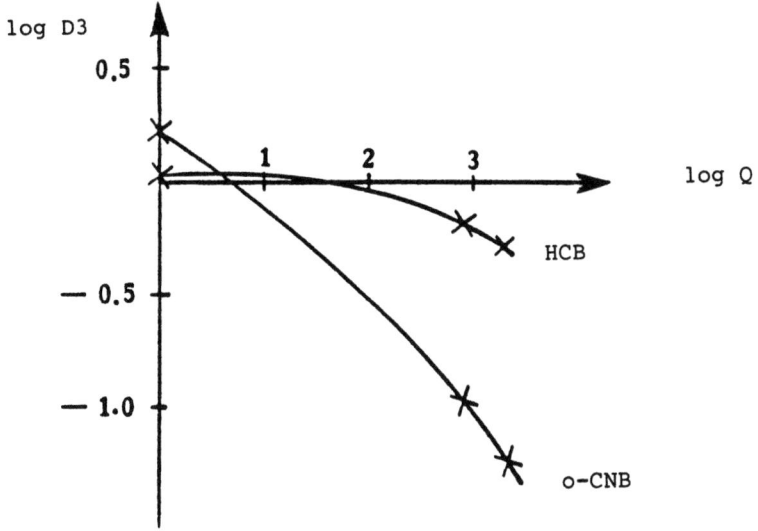

Abb. 3: Logarithmus des Volatilitätsstroms (log $D_3$) als Funktion des Logarithmus der Wasserführung (log Q), Q in [m³/s]

$$D3 = \frac{k_v}{DF} \cdot N_{a,f} \cdot \frac{100}{R'} \tag{8}$$

$k_v$: Volatilitätsrate
$N_{a,f}$: Molmenge, gelöst im Fluid
DF: Tiefe des Fluids
R': Inputstrom ins Segment

Man sieht, daß sich der Volatilitätstrom D3 bei HCB nur schwach, derjenige von o-CNB jedoch recht deutlich ändert. Man sieht außerdem, daß bei geringen Wasserführungen der Volatilitätsstrom von o-CNB denjenigen von HCB übersteigt, während sonst HCB volatiler ist.

Das Verhalten der Volatilität ist einleuchtend, wenn man sich die Henry-Konstanten und den n-Oktanol-Wasser-Verteilungskoeffizienten, aus dem man Sorptionskonstanten für die Sorption an organische Kohlenstoffphasen abschätzen kann [12,16], für beide Substanzen ansieht (Tabelle 3).

Tabelle 3: Vergleich der für EXWAT wichtigen Substanzdaten von o-CNB und HCB

|  | o-CNB | HCB |
|---|---|---|
| Henry-Konstante | $6{,}31 \cdot 10^{-5}$ | $2{,}05 \cdot 10^{-3}$ |
| log $K_{ow}$ | 2,24 | 6,18 |

Die um fast zwei Größenordnungen größere Henry-Konstante bei HCB bewirkt eine Volatilitätsrate $k_v$, die sich mit der Variation der Wasserführung stark ändert (siehe hierzu Abb. 4). Andererseits wird $N_{a,f}$ im stationären Fall mit größerer Wasserführung kleiner, so daß sich die beiden entgegengesetzten Effekte fast kompensieren.

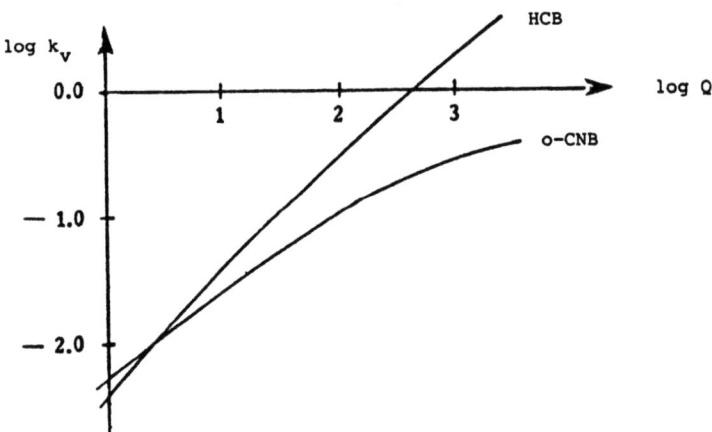

Abb. 4: Die Volatilitätsrate (log $k_v$) als Funktion der Wasserführung (log Q) für ortho-Chlornitrobenzol (o-CNB) und Hexachlorbenzol (HCB)

Neben diesem Effekt kommt aber für HCB auch noch die Sorption an Schwebstoffen zum Tragen (eine Folge des hohen log $K_{ow}$ und der großen Schwebstoffkonzentration), die um die potentiell flüchtigen HCB-Moleküle im Fluid konkurriert.

Wegen der relativ kleinen Henry-Konstante von o-CNB ändert sich $k_v$ nicht so deutlich wie beim HCB, dagegen verringert sich $N_{a,f}$ als Folge der Zunahme der Wasserführung Q drastisch. Der Gesamteffekt auf den Volatilitätsstrom für o-CNB ist, daß er im Vergleich zu HCB mit Q stark abnimmt.

Für die absolute Höhe der Volatilität ist bei o-CNB außerdem zu beachten, daß die Sorption an Schwebstoffe und an Sedimentpartikel wegen des relativ kleinen log $K_{ow}$-Wertes eine vernachlässigbare Rolle spielt. Dieses Beispiel zeigt das komplexe Zusammenwirken von Umweltdaten und Substanzdaten, das hier zu einer bestimmten Volatilität führt. Welche Konsequenz auch relativ kleine Volatilitäten haben, zeigt folgende Abschätzung.

Die Fracht $d_1$, die aus dem ersten EXWAT-Segment hinaustransportiert wird mit dem Input R' durch die Gleichung (7) verknüpft:

$$d_1 = \gamma \cdot R' \qquad (9)$$

In sind alle Prozesse, die die Bilanz im Flußsegment beeinflussen, subsummiert.

Ist die Fracht aus dem vorangegangenen Segment der einzige Input ins nächste Segment und ändern sich die Umweltparameter nicht, so gilt:

$$d_2 = \gamma \cdot d_1 \qquad (10)$$

oder allgemein:

$$d_n = \left(\gamma^n\right) \cdot R' \qquad (11)$$

Wird für die Berechnung von ein EXWAT-Segment von 1 km Länge angenommen, so erhält man gemäß (11) die Fracht $d_n$ nach n km (völlig identischer Flußsegmente).

Ist, beispielsweise wie ortho-Chlornitrobenzol, durch die Volatilität die Fracht, die ins nächste Flußsegment transportiert wird, nur noch 99.5 % der jeweils ins Segment eintretenden Menge (z.B. gemäß D3 (HCB) bei Q = 2770 m$^3$/s in Abb. 3), so ist die Fracht nach 300 km (entspricht etwa dem Rhein von Mainz bis Lobith an der Deutsch-Niederländischen Grenze) nur noch etwa 22 % des ursprünglichen Inputs.

Selbstverständlich kann eine solche Abschätzung nur aufdecken, wie sich auch klein erscheinende Effekte längs eines Flußlaufes potenzieren, sie darf aber wegen der doch oft recht stark variierenden Eigenschaften eines Flusses nicht überstrapaziert werden. Vielmehr sollte man dann im Einzelfall auf entsprechend weiterentwickelte, aber auch bedienungsaufwendigere Fließgewässermodelle wie EXAMS [5] zurückgreifen.

## 3. EXAMS
### 3.1 Charakteristika des Modells

EXAMS (Exposure Analysis Modelling System) [5] ist ein mathematisches Modell mit einem Multikompartimentsystem, das von Teichen angefangen bis zu Flußnetzen alle Gewässertypen zu modellieren gestattet. Es berücksichtigt die einzelnen Prozesse wesentlich differenzierter als EXWAT. So wird beispielsweise der Photoabbau in Abhängigkeit von der Tiefe, der Trübe des Gewässers und der momentanen durch Zeit und Geographie gegebenen Lichtintensität berechnet. An hydrologisch bedeutsamen Prozessen werden zusätzlich berücksichtigt:
- Austausch mit dem Grundwasser
- Beregnung
- Verdampfung des Wassers.

Man kann longitudinale, laterale und vertikale Dispersion einführen. Der Eintritt der Chemikalie in das Fließgewässer läßt sich sehr detailliert nach verschiedensten Verwendungsweisen und Szenarien beschreiben. Eine Besonderheit stellt die Modellierung des Sedimentpartikelaustauschs zwischen dem Sediment des Flußbodens und den Schwebstoffen in den Fluidkompartimenten dar:
Während zur Bilanzierung der sorbierten Substanz in EXWAT die Resuspension und die Deposition der Sedimentpartikel explizit beschrieben wird und mit dispersivem Austausch die gelöste Substanz erfaßt wird, werden in EXAMS beide Prozesse zusammengefaßt, und es wird der Austausch von Volumenelementen des Fluid- und des Sedimentkompartiments formal durch einen Dispersionsterm erfaßt:

$$\text{Austauschrate} \sim \frac{SEDMSL}{VOLG} \cdot \frac{DSP \cdot XSTUR}{CHARL} \tag{12}$$

Darin ist: SEDMSL: Sediment-Trockenmasse
VOLG: Raumvolumen
XSTUR: Austauschfläche
CHARL: Charakteristische Länge des dispersiven Austauschs

Die interessanteste Größe ist natürlich DSP, die Dispersionskonstante. In ihr sind alle Effekte subsummiert zu denken, die zu einem Transport zwischen Fluid und Sediment führen:
- Bioturbation, z.B. 5 cm Sediment können innerhalb von 2 Wochen umgewälzt werden [6]
- Turbulenzen, die zur Erosion in Abhängigkeit des Strömungsgeschwindigkeitsfelds führen
- Wasseraustausch
- Filtrationseffekte.

Viele dieser Effekte treten nicht kontinuierlich, sondern eher zufällig und sprunghaft, auf. Es wird daher in EXAMS von einer expliziten Berechnung der Einzeleffekte abgesehen und statt dessen die Dispersionsgleichung verwendet. Die Dispersionskonstante (DSP) muß dabei aus Feldexperimenten bestimmt werden. Man findet, daß die Größenordnung des Dispersionskoeffizienten zwischen $10^{-3}$ und $10^{-4}$ cm$^2$/s liegt [5]. Der Vorteil eines solchen Vorgehens ist, daß es das komplexe Geschehen an der Sediment-/Fluidgrenze durch Nutzung einer empirischen Größe wohl realistischer erfaßt, als die explizite Einzeleffektberechnung wie in EXWAT. Der Nachteil jedoch ist, daß die potentielle Wirkung der Einzeleffekte (z.B. die Simulation von Erosionsereignissen im Flußbett) nicht betrachtet werden kann.

Das Differentialgleichungssystem wird wie in EXWAT auf je eine Gleichung pro Kompartiment reduziert.

EXAMS kann in drei Varianten ("modes") gerechnet werden.
Die erste Variante ermöglicht eine steady-state-Rechnung, es lassen sich damit z.B. Profile längs eines Flußlaufes berechnen oder charakteristische vertikale Verteilungen der Chemikalie, z.B. von Epi- zum Hypolimnion und in die Sedimentschichten eines Sees. Die zweite Variante ermöglicht eine Folge von Eingaben von -Pulsen, dadurch kann man grob die Wirkung zeitlich variierender Inputs auf das Gewässersystem studieren. Mathematisch geschieht dies einfach durch eine Aneinanderreihung von Anfangswertproblemen. Die dritte Variante erlaubt auch die monatliche Variation der Koeffizienten, so daß jahreszeitliche Schwankungen simuliert werden können.

Für die zweite Variante wird in der Folge ein Beispiel diskutiert:

## 3.2 EXAMS-Ergebnisse

EXAMS-Puls-Rechnungen an einem Modell-Flußabschnitt:

Als Beispielsubstanzen wurden zwei Chemikalien herangezogen, die beim Brandunglück bei Basel bekannt geworden sind und die sich gemäß einer orientierenden EXWAT-Rechnung dazu eignen, das potentielle Verhaltensspektrum einer Reihe von in den Rhein gelangten Chemikalien abzudecken.

Ziel der Untersuchung ist, zu klären, wie sich die beiden Chemikalien Disulfoton und Parathion (vergl. Tabelle 4) in ihrem zeitlichen Ausbreitungsverhalten unterscheiden.

Tabelle 4: Substanzdaten zu Parathion und Disulfoton

| Name | CAS-Nr. | log $K_{OW}$ | Henry-Konstante |
|---|---|---|---|
| Disulfoton | 298-04-4 | 1,93 | $10^{-4}$ |
| Parathion | 56-38-2 | 3,81 | $2,5 \cdot 10^{-5}$ |

Einem Vorschlag Schnoors [34] folgend, wurde eine Länge von einheitlich 2,5 km für alle Segmente als ausreichend gute Auflösung abgeschätzt. Es konnte somit ein Modellflußabschnitt von 62.5 km Gesamtlänge untersucht werden. Die Wasserführung, die Schwebstoffkonzentration und der organische Kohlenstoffgehalt wurden den Verhältnissen am Oberrhein gemäß gewählt, wobei nicht für alle Daten aktuelle Werte zum Zeitpunkt des Brandunglücks zur Verfügung standen.

Obwohl noch keineswegs alle möglichen Effekte verstanden sind, wie z.B. Einfluß der vertikalen Dispersion über Phasengrenzen hinweg, der longitudinalen Dispersion, der unterschiedlichen Speziationen von Chemikalien, von Staustufen usw., kann man versuchen, sich ein

Bild zu machen über das reale Verhalten von Disulfoton und Parathion im Rhein in Zusammenhang mit dem Brandunglück bei Basel. Die zunächst unbekannte Inputfunktion für die beiden Chemikalien wurde näherungsweise bestimmt, indem die EXAMS-Inputfunktion für Disulfoton so angepaßt wurde, daß die EXAMS-Konzentration als Funktion der Zeit mit der gemessenen Konzentration bei Maximiliansau [8] weitestgehend übereinstimmt.

Für die EXAMS-Inputfunktion des Parathions, für das gemessene Konzentrationsverläufe nicht zugänglich waren, wurde folgender Ansatz gewählt:

$$I(t)_{Parathion} = \frac{L_{Parathion}}{L_{Disulfoton}} \cdot I(t)_{Disulfoton} \qquad (14)$$

Darin ist L die Lagermenge, die für beide Chemikalien aus dem Bericht der Deutschen Kommission zur Reinhaltung des Rheins [25] erhältlich war ($L_{Parathion} \approx 25$ t, $L_{Disulfoton} \approx 323$ t). Das Ergebnis ist in Abb. 5 zu sehen:

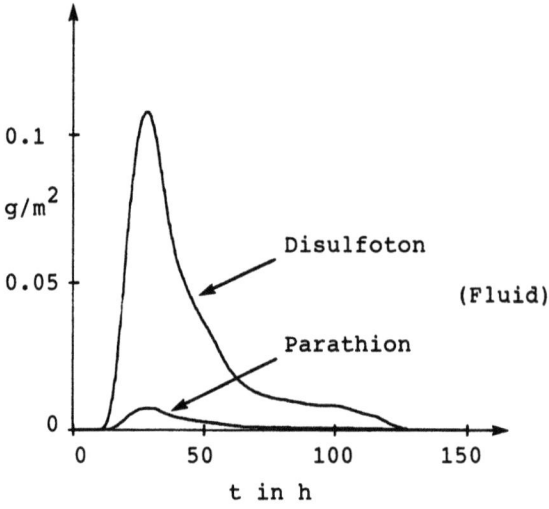

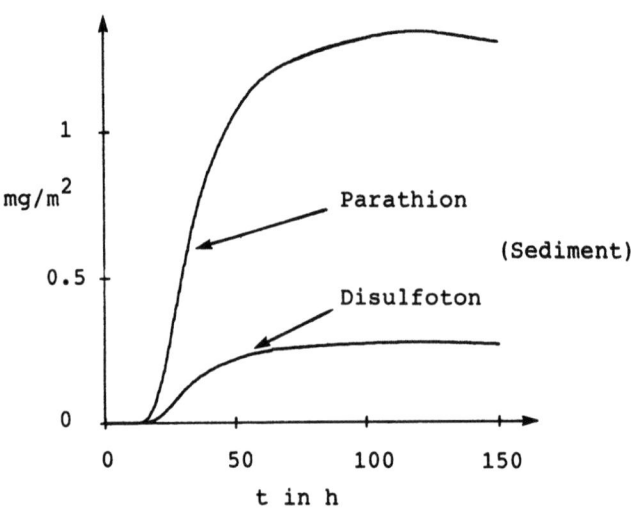

Abb. 5: Masse pro Segmentfläche von Disulfoton und Parathion nach Durchlaufen eines 60 km langen EXAMS-Flußabschnitts

Man sieht: Disulfoton wird eine kurzfristige Spitzenbelastung für die in einem Flußabschnitt befindliche Biosphäre bewirken. Parathion dagegen, als eine der bekanntgewordenen Chemikalien mit ausgeprägter Sorptionswirkung (zumindest was die Sorption an organische Phasen anbelangt) führt zu einer langfristigen Belastung im Sediment, die trotz der geringeren Lagermenge im Vergleich zu Disulfoton deutlich höher liegt. Obwohl die Konzentration des Parathions in der Sedimentphase sehr klein ist, könnte sie doch bei konservativer Hochrechnung groß genug sein, um Lebewesen zu schädigen, die sich bevorzugt im Sediment aufhalten. Dies zeigt ein Vergleich mit Toxizitätsdaten, die in [8] angegeben werden.


## 4. Schlußfolgerungen


Mit den hier dargestellten beiden Beispielen wurde gezeigt, wie das Ausbreitungsverhalten von Chemikalien von einer Vielzahl von Einzeleffekten gesteuert wird. Es bietet sich dabei an, zunächst in einem ersten Schritt einen Überblick über das Verhalten der Substanzen mittels eines einfachen Modells zu gewinnen und in einem zweiten Schritt mit einem aufwendigeren Modell vertiefende Untersuchungen durchzuführen.

Die Modelle sind modulartig aufgebaut, so daß das Verhalten von Chemikalien nicht nur in Flußläufen, sondern auch in anderen aquatischen Ökosystemen simuliert werden kann. Eine Kombination mit populationsdynamischen Wirkungsmodellen, die hier nicht behandelt werden konnten [33], eröffnet die Möglichkeit, kurz- und langfristige ökologische Folgen für aquatische Lebewesen und Biozönosen durch unterschiedliche Expositionshöhe und -dauer abzuschätzen.

## Literatur

[1] Bartell S.M., Landrum P.F., Giesy J.P., Leversee G.J.
Simulated Transport of Polycyclic Aromatic Hydrocarbons
in Artifical Streams, 133 - 143
in: Energy and Ecological Modelling
(Eds.: Mitch W.J., Bosserman R.W., Klopatek J.M.)
Elsevier Publisher, New York, 1981

[2] Beratergremium für umweltrelevante Altstoffe
o-Chlornitrobenzol
BUA-Stoffbericht 2
VCH-Verlagsgesellschaft, Weinheim, 1985

[3] Brüggemann R.
Mackas Fugazitätsmodell mit Level I bis IV
- Parameter, Kompartmentalisierung, Sensitivität -
Projektgruppe Umweltgefährdungspotentiale
von Chemikalien (PUC)
GSF-Bericht 43/86, Gesellschaft für Strahlen- und
Umweltforschung München-Neuherberg, 1986

[4] Burns L.A.
Identification and Evaluation of Fundamental Transport
and Transformation Process Models, 101 - 126
in: Modeling the Fate of Chemicals in the Aquatic
Environment
Eds.: Dickson K.L., Maki A.W., Jr. Cairns J.
Ann Arbor Science Publishers, New York, 1982

[5] Burns L.A., Cline D.M., Lassiter R.R.
Exposure Analysis Modeling System (EXAMS)
User Manual and System Documentation
EPA-600/3-82-023
Environmental Protection Agency, Athens, Georgia, 1982

[6] Call Mc P.L., Fisher J.B.
Vertical Transport of Sediment Solids by
Tubifex tubifex (Oligochaeta)
(Abstract)
Proc. 20th. Conf. Great Lakes Res., 1977
(zitiert in [4])

[7] Bundesminister für Jugend, Familie und Gesundheit
Chemikaliengesetz vom 16.09.1980
BGBl. I S. 1718 und
Gefährlichkeitsmerkmale-Verordnung vom 18.12.1981
BGBl. I S. 1487 - 1489

[8] Deutsche Kommission zur Reinhaltung des Rheins
Deutscher Bericht zum Sandoz-Unfall mit Meßprogramm
19. Dezember 1986, anläßlich der Ministerkonferenz
der Rheinanliegerstaaten in Rotterdam

[9] Di Toro D.M., O'Connor D.J., Thomann R.V., John J.P.St.
Simplified Model of the Fate of Partitioning Chemicals
in Lakes and Strams, 165 - 190
in: chemicals in the Aquatic Environment
Eds.: Dickson K.L., Maki A.W., Jr. Cairns J.
Ann Arbor, New York, 1982

[10] Greef de, E., Mackay D., Paterson S.
Recent Developments in Fugacity Modelling and
Environmental Exposure in:
[31], S. 33 - 77

[11] Halfon E.
Modelling the Fate of Toxic Contaminants in the
Niagara River and Lake Ontario, Part I and Part II
Canada Centre for Inland Waters, NWRI Contribution
84 - 39

[12] Karickhoff S.W.
Semi-Empirical Estimation of Sorption of Hydrophobic
Pollutants on Natural Sediments and Soils
Chemosphere 10, 833 - 846, 1981

[13] Levenspiel O.
Chemical Reaction Engineering, 423 f
Wiley Intern., New York, 1972

[14] Liebmann H.
Ein Planet wird unbewohnbar
R. Piper & Co. Verlag, München 1973

[15] Liss P.S., Slater P.G.
Flux of Gases Across an Air Water Interface
Deep-Sea Res 20, 1973, 231 - 238

[16] Lyman W.J., Reehl W.F., Rosenblatt D.H.
Handbook of Chemical Property Estimation Methods
Mc Graw Hill, New York, 1982

[17] Mackay D.
Finding Fugacity Feasible
Environ. Sci. Technol. 13, 1218, 1979

[18] Mackay D., Joy M, Paterson S.
A Quantitative Water, Air, Sediment Interaction
(QWASI) Fugacity Model for Describing the Fate of
Chemicals in Lakes
Chemosphere 12, 1983, 1193 - 1208

[19] Mackay D., Paterson S.
Calculating Fugacity
Environ. Sci. Technol. 15, 1006, 1981

[20] Mackay D., Paterson S.
Fugacity Models for Predicting the Environmental Behaviour
of Chemicals
A report prepared for Environment Canada under Contract
OSU81-00163, March 1982
Scientific Authority: Dr. W.M.J. Strachan

[21] Mackay D., Paterson S.
Fugacity Revisited; the Fugacity Approach
to Environmental Transport
Environ. Sci. Technol. 16, 654A - 660A, 1982

[22] Mackay D., Paterson S., Joy M.
A Quantitative Water, Air, Sediment Interaction
(QWASI) Fugacity Model for Describing the Fate
of Chemicals in Rivers
Chemosphere 12, 1983, 1193 - 1208

[23] Matthies M., Brüggemann R., Trenkle R.
A Multimedia Modelling Approach for Comparing
the Environmental Fate of Chemicals
in: [31], S. 211 - 252

[24] Morioka T.
Approaches to Environmental Modelling of Fate
of Chemicals in Japan in:
[31], S. 78 - 147

[25] N.N.
Nachr. Chem. Tech. Lab. 34, 1986, Nr. 12, S. 1184

[26] N.N.
Chemische Rundschau Nr. 45, 39. Jahrgang,
7. November 1986, Seite 1

[27] N.N.
Chemische Rundschau Nr. 46, 39. Jahrgang
14. November 1986, Seite 1

[28] Neely W.B., Mackay D.
Evaluative Model for Estimating Environmental Fate
aus: Modelling the Fate of Chemicals in the Aquatic
Environment
Ed.: Maki A.W., Jr Cairns J.
Ann Arbor Science, 1982

[29] O'Connor D.J., John J.P.St.
Assessmant of Modeling the Fate of Chemicals in the
Aquatic Environment, 13 - 34
in: Modeling the Fate of chemicals in the Aquatic
Environment
Eds.: Dickson K.L., Maki A.W., Cairns J.
Ann Arbor Science Publishers, New York, 1982

[30] Paterson S., Mackay D.
The Fugacity Concept in Environmental Modelling
121 - 140 in:
The Handbook of Environmental Chemistry, Vol.
2, Part C (Ed.: Hutzinger O.H.)
Springer-Verlag, Berlin, 1985

[31] Projektgruppe Umweltgefährdungspotentiale
von Chemikalien (Ed.)
Environmental Modelling for Priority Setting
among Existing Chemicals
Proceedings Internationaler Workshop 11. - 13.11.1985
GSF München-Neuherberg, ISBN: 3-609-65000-1
Ecomed-Verlag, Landsberg/Lech, 1986

[32] Rippen G., Frische R., Klöpffer W., Günther K.
The Environmental Model Segment Approach for Estimating
Potential Environmental concentrations in:
Chemicals in the Environment
Symposium Proceedings
18. - 20. October 1982
Lyngby - Copenhagen - Denmark
S. 87 - 97

[33] Rohleder H., Matthies M., Benz J., Brüggemann R.,
Münzer B., Trenkle R., Voigt K.
Umweltmodelle und rechnergestützte Entscheidungshilfen
für die vergleichende Bewertung und Prioritätensetzung
bei Umweltchemikalien
Projektgruppe Umweltgefährdungspotentiale von Chemikalien
GSF-Bericht 42/86, Gesellschaft für Strahlen- und Umwelt-
forschung, München-Neuherberg 1986

[34] Schnoor J.L.
Modeling Chemical Transport in Lakes, Rivers, and
Estuarine Systemes, 55 - 73
in: Environmental Exposure from Chemicals, Volume
CRC Press, Inc, Florida, 1984

[35] Sewekow B.
Environmental Exposure analysis in Relation to the
Chemical Act in:
[31], S. 194 - 210

[36] Southworth G.R.
The Role of Volatilization in Removing Polycyclic
Aromatic Hydrocarbons from Aquatic Environments
Bull. Environ. Contam. toxicol., $\underline{21}$, 1979, 507 - 514

[37] Trapp S., Herrmann R.
Validation of Fugacity Models in the Rotmain River Valley
in: [31], S. 253 - 267

# MODELLBILDUNGS-

## UND

## SOFTWAREMETHODIK

BAPS - BONDGRAPH ANALYSE UND PROGRAMM SYNTHESE

R. Ruzicka
F. Breitenecker
Technische Universität Wien

A-1040 Wien, Wiedner Hauptstraße 8-10

*Dieser Beitrag behandelt Modellbildung von dynamischen Systemen mit Hilfe von Bondgraphen. Nach der Beschreibung eines Algorithmus zur Festlegung von Kausalitäten bei linearen Bondgraphen werden "nichtlineare Bondgraphen" eingeführt und ein entsprechender Algorithmus zur Festlegung der Kausalitäten bei nichtlinearen Bondgraphen angegeben. Ferner wird das Programmsystem BAPS ("Bondgraph Analyse und Programm Synthese") vorgestellt, das aus einem Modell in Bondgraph-Notation (unter besonderer Beachtung von Nichtlinearitäten) ein Modell in der Syntax einer Simulationssprache (z.B. vom CSSL-Typ) erzeugt.*

*This contribution deals with bond graph modeling of dynamic systems. First an exact algorithm for finding the causalities within a (linear) bond graph is presented. Then "nonlinear" bond graphs are defined and an algorithm for finding causalities within a nonlinear bond graph is discussed. Furthermore the program-system BAPS ("Bond graph Analysis and Program Synthesis") is presented, which translates bond graph models (treating nonlinearities in a special way) into models with the syntax of a simulation language (e.g. of the CSSL-type).*

## 1. Einleitung

Bondgraphen sind eine graphische Darstellungsmethode für dynamische Systeme.
Sie wurden in den 60er-Jahren von Henry Painter eingeführt und später von Dean Karnopp und Ronald Rosenberg weiterentwickelt.

Nachdem sie in den folgenden Jahren einen Dornröschen-Schlaf erlebten, werden sie heute - da die Erforschung und einheitliche Beschreibung von dynamischen Systemen (nicht zuletzt in der Regelungs- und Robotertechnik) wieder hochaktuell ist - wiederentdeckt.
Zwei Punkte zeichnen die Bondgraphen-Modellbeschreibung aus:
Zuerst einmal lassen sich mit Bondgraphen dynamische Systeme aus diversen Gebieten der Technik beschreiben: mechanische Systeme, genauso wie elektrotechnische, thermodynamische und hydrostatische. Durch eine einheitliche Notation für Grundbausteine all dieser Gebiete geben Bondgraphen auch die Möglichkeit der Darstellung von interdisziplinären Systemen (wie z.B. der Zusammenwirkung eines wasserbetriebenen Generators und eines Verbrauchers des von diesem erzeugten Stroms).
Der zweite grundlegende Unterschied zu anderen Notationshilfen ist die Einführung von Verbindungselementen als neuen Atomen der Darstellung. Durch diese erreicht man, daß die das Verhalten des dynamischen Systems beschreibenden Gleichungen direkt aus den Elementen abgelesen werden können.

In Kapitel 2 wird eine Methode zur formalen Definition von Bondgraphen beschrieben, aufgrund derer man einen Algorithmus zur Generierung eines Bondgraphen und zur Belegung von dessen Kanten mit Kausalitäten angeben und dessen Funktionalität beweisen kann. Gerade der letzte Punkt und der streng formale Aufbau der Theorie der Bondgraphen wurde in der Literatur bis jetzt verabsäumt.

Kapitel 3 befaßt sich mit nichtlinearen Bondgraphen - einem Kapitel, das von der Literatur ebenfalls sehr stiefmütterlich behandelt wird, - und gibt auch in diesem Fall formale Definitionen und den entsprechenden Algorithmus an.

Kapitel 4 schließlich stellt ein Programmsystem ("BAPS") vor, das die Angabe von Bondgraphen und deren Nichtlinearitäten erlaubt, obige Algorithmen durchführt und als Ergebnis ein die Systemgleichungen beschreibendes Programm einer Simulationssprache liefert.

## 2. Lineare Bondgraphen

Die Literatur über Bondgraphen (laut /THOM74/ auch "Bonddiagramme") behandelt in vielfältiger Weise lineare Bondgraphen (dies sind solche, bei deren Elementen die konstituierenden Gleichungen bzw. Differentialgleichungen linear sind) in ihrer Bedeutung für den Anwender (siehe z.B. /THOM74/, /KARN75/).

Wie bereits erwähnt, eignet sich die Bondgraphen-Modellbeschreibung sehr gut zur automatischen Erstellung der systembeschreibenden Differentialgleichungen eines mathematischen Modells. Für die automatische Modellerstellung ist es wesentlich, im Graphen die abhängigen und unabhängigen Größen (Variablen) zu erkennen.

Daher beschreiben viele Autoren auch Algorithmen zur Belegung von Bondgraphen-Kanten mit Kausalitäten (d.h. zur Wahl der abhängigen und unabhängigen Größen in jeder konstituierenden Gleichung) (siehe /KARN75/, /BARR82/, /BREE86/); diese beziehen sich jedoch immer nur auf lineare Bondgraphen und sind teilweise unvollständig.

Mit Hilfe der Graphentheorie ist es nun möglich, die Bondgraphen-Beschreibung zu formalisieren:

Ein "Bondgraph" ist ein Graph im mathematischen Sinn, dessen Knoten ("Elemente") mit 0, 1, R, C, I, SE, SF, TR, GY bezeichnet werden und der folgenden Regeln gehorcht:

Regel 1: Jede Kante beginnt in einem Element und endet in einem andern.
Regel 2: In R-, C-, I-, SE- und SF-Elemente mündet genau eine Kante, in TR- und GY-Elemente genau zwei und in 0- und 1-Elemente mindestens zwei Kanten.
Regel 3: Die Kanten werden zur Unterscheidung fortlaufend mit 1 beginnend numeriert.
Regel 4: Jede Kante mit der Nummer i trägt eine Fluß- ($f_i$) und eine Spannungsvariable ($e_i$).
Regel 5: Jeder Elementname kann mehrmals verwendet werden (die Unterscheidung der Elemente erfolgt aufgrund der Nummern der in ein Element mündenden Kanten).
Regel 6: R-, C-, I-, SE- und SF-Elemente dürfen über Kanten nur mit 0-, 1-, TR- oder GY-Elementen verbunden sein.

Im folgenden sei kurz auf die physikalische Bedeutung dieser "Knoten" und "Kanten" und der von diesen getragenen Variablen eingegangen:

Neben den oben genannten Bondvariablen "effort" e (dies kann in der Praxis Kraft, elektrische Spannung, Druck, ... sein) und "flow" f (Geschwindigkeit, elektrischer Strom, Volumenstrom) werden auch die Zustandsvariablen Impuls p ( = $\int e\, dt$; in der Praxis Impuls, Spannungsstoß) und Translation q ( = $\int f\, dt$; Weg, elektrische Ladung, Volumen) verwendet.

Die einzelnen Elemente (0 bezeichnet ein sogenanntes Parallelelement - also eine Parallelschaltung von Elementen -, 1 ein Serienelement, R ein Widerstands-, C ein Kapazitäts-, I ein Trägheitselement, TR einen Transformator, GY einen Gyrator, SE eine Spannungsquelle und SF eine Flußquelle) besitzen folgende konstituierende Gleichungen (e und f beziehen sich auf die zum jeweiligen Element führende(n) Kante(n), Großbuchstaben bezeichnen die Elementkonstanten). Diese bilden dann auch die Basis für die Erzeugung der System-bestimmenden Differentialgleichungen.

$$R: \quad e = R*f \qquad\qquad bzw. \quad f = e/R$$
$$C: \quad e = \int f\, dt/C = q/C \qquad bzw. \quad f = de/dt * C$$
$$I: \quad f = \int e\, dt/I = p/I \qquad bzw. \quad e = df/dt * I$$
$$SE: \quad e = SE$$
$$SF: \quad f = SF$$
$$TR: \quad e_1 = e_2*\lambda, \quad f_2 = f_1*\lambda$$
$$GY: \quad e_1 = f_2*\mu, \quad e_2 = f_1*\mu$$

Vorerst sei nun ein Algorithmus (/RUZI87/) zur Belegung von linearen Bondgraphen mit Kausalitäten angegeben, der auf obiger formaler Definition fußt.
Der Algorithmus setzt eine vereinfachende, jedoch nicht einschränkende Bedingung voraus: es dürfen nur integrale Kausalitäten auftreten (d.h. bei C- und I-Elementen wird jeweils nur die erste Form der Gleichung gewählt); dies ist in Hinblick auf die Simulation auf einem Computer notwendig, da nur die Integration im Gegensatz zur Differentiation (→ "derivative Kausalität") als atomare Operation von Simulationssprachen angesehen werden kann.
Aufgrund dieser Voraussetzung braucht man algebraische Schleifen (dies sind Formen x=g(x), wobei x eine Bondvariable e oder f bezeichnet, und g durch Hintereinanderausführung von konstituierenden Gleichungen entstanden ist), die wegen eines Aufeinandertreffens von derivativen und integralen Kausalitäten auftreten könnten (/KARN75/), nicht zu beachten.

Algorithmus 1:

Der Algorithmus basiert auf folgenden Regeln für die Belegung der Kanten mit Kausalitäten (E stehe immer für ein Element):

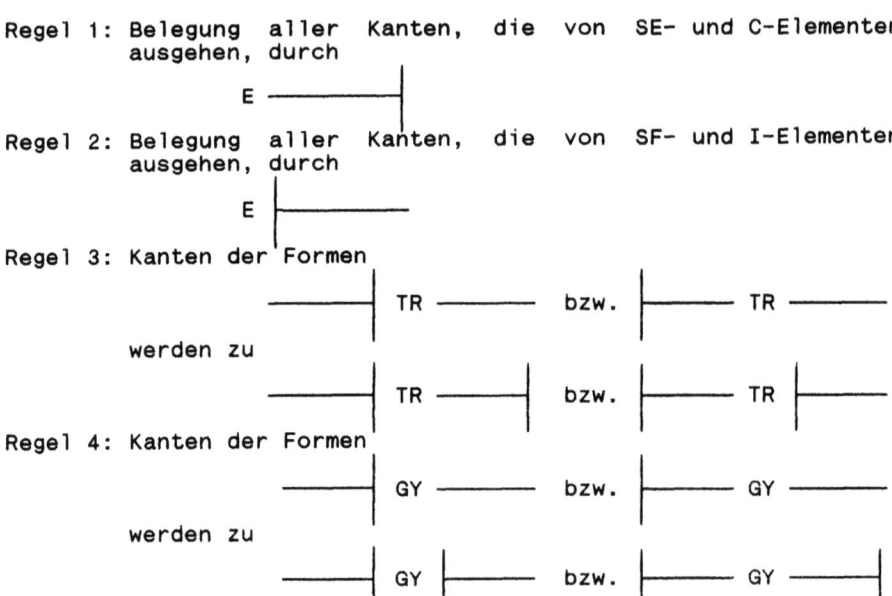

Regel 5: Bei 0-Elementen muß genau eine Kausalität zur 0 hin gerichtet sein (ist also eine Kausalität zur 0 hin gerichtet, so werden alle anderen Kanten von 0 weg gerichtet; ist nur mehr eine Kante ungerichtet und sind die restlichen Kanten alle von 0 weg gerichtet, so muß diese Kante zur 0 gerichtet werden.

Regel 6: Bei 1-Elementen muß genau eine Kausalität von 1 weg gerichtet sein (ist also eine Kausalität von 1 weg gerichtet, so werden alle anderen Kanten zu 1 hingerichtet; ist nur mehr eine Kante ungerichtet und sind die restlichen Kanten alle zu 1 hingerichtet, so muß diese Kante von 1 weg gerichtet werden.

Der Algorithmus selbst läuft in drei Schritten ab:

Schritt 1: Belegung der Kausalitäten gemäß Regel 1 und 2.
Schritt 2: Durchführung von Regel 3 bis 6 unter Beachtung aller sogenannten Mehrport-Elemente (TR, GY, 0 und 1).
Schritt 3: Wiederholung von Schritt 2 mit allen Mehrporten bis einer der folgenden 3 Fälle auftritt:
Fall 1: im letzten Durchgang erfolgte keine Belegung mehr, alle Kanten sind belegt;
Fall 2: im letzten Durchgang erfolgte keine Belegung mehr, es sind aber nicht alle Kanten belegt;
Fall 3: eine Kante müßte laut einer der Regeln in eine Richtung hin belegt werden, sie ist aber schon in die andere Richtung hin belegt.

Tritt Fall 1 ein, so ist der Algorithmus erfolgreich beendet.
Fall 2 weist auf eine algebraische Schleife hin.
Fall 3 bedeutet, daß ein "Kausalitätskonflikt" aufgetreten ist (dieser tritt z.B. dann auf, wenn zwei SE-Elemente in ein 0-Element münden), - in diesem Fall ist das Modell, das dem Bondgraphen zugrunde liegt, falsch konzipiert und muß geändert werden.

Es kann nun bewiesen werden, daß der Algorithmus die Belegung genau dann richtig und vollständig durchführt, wenn keine algebraischen Schleifen und keine Kausalitätskonflikte auftreten (siehe /RUZI87/).

### 3. Nichtlineare Bondgraphen

Bei nichtlinearen Bondgraphen handelt es sich um solche, deren konstituierende Gleichungen Nichtlinearitäten enthalten können (z.B. können Elementkonstanten nicht konstant, sondern Funktionen von Bondvariablen sein).
Nichtlineare Zusammenhänge wurden bisher nur mangelhaft untersucht, sowohl auf Seiten der Bondgraphen-Modellbeschreibung als auch auf Seiten der automatischen Generierung von Modellen in Differentialgleichungsform ausgehend von Bondgraphenmodellen.

Um die Abhängigkeiten der Bondvariablen im nichtlinearen Fall auch im Bondgraphen beschreiben zu können, werden nun neue Kanten eingeführt:

Zusätzlich zu den linearen Bondkanten werden zu einem nichtlinearen Bondgraphen Kanten von X nach Y (X und Y seien Bondgraphelemente) der Form

X ———) Y     bzw.     X )——— Y

hinzugefügt, wenn eine der Gleichungen des Elementes Y nichtlinear von $e_x$ bzw. $f_x$ (dies ist jene Spannungs-Flußvariable, die - als abhängige - auf der linken Seite einer Gleichung zu X vorkommt) abhängt; es darf jedoch nicht schon eine Kante X —| Y, für X —) Y, bzw. X |— Y, für X )— Y, im Graphen vorhanden sein.

Die neuen Kanten werden mit "a.b" bezeichnet, wobei a die Nummer der Bondvariablen ist, die von X "erzeugt" wird und die durch die Kante X —) Y bzw. X )— Y zu Y hin "exportiert" wird, und b eine fortlaufende Nummer ist.

Es sei angemerkt, daß TR- und GY-Elemente zwei Gleichungen und damit zwei unabhängige Bondvariablen erzeugen. Um anzudeuten, welche der beiden Variablen nichtlinear von einer anderen abhängt, werden die neuen Kanten bei solchen Elementen nicht direkt zum Element, sondern zur abhängigen Kante hin gerichtet.

Algorithmus 2 gibt nun eine Methode zur Belegung der Kanten mit Kausalitäten im nichtlinearen Fall an.

Algorithmus 2:

- Schritt 1: Belegung der "normalen" Kanten mit Kausalitäten unter Verwendung von Algorithmus 1 ; tritt Fall 1 auf, so wird mit dem nächsten Schritt fortgefahren; bei Fall 2 bzw. Fall 3 treten die Fehler "algebraische Schleife" bzw. "Kauslitätskonflikt" auf.
- Schritt 2: Überprüfung, ob alle durch die nichtlinearen Gleichungen gegebenen Abhängigkeiten bei R-, TR- und GY-Elementen mit den kausalen Abhängigkeiten im Bondgraphen übereinstimmen; falls ja, Durchführung des nächsten Schrittes, falls nein, tritt der Fehler "Kausalitätskonflikt" auf.
- Schritt 3: Hinzufügen der neuen Kanten zum Graphen gemäß den oben genannten Kriterien.
- Schritt 4: Suche nach geschlossenen Kantenfolgen (dies sind solche, bei denen zwei aufeinanderfolgende Kanten k und l jeweils in ein Element E münden und bei denen der Anfangspunkt der ersten Kante mit dem Endpunkt der letzten Kante übereinstimmt; auf den Kanten wird jeweils eine Bondvariable e oder f gewählt, bei einer Kantenfolge muß dann bei zwei aufeinanderfolgenden Kanten k und l eine durch das Element E bestimmte Gleichung existieren, die die auf l gewählte Bondvariable als Funktion der auf k gewählten Bondvariable darstellt; eine umfassendere Formulierung von Schritt 4 findet sich in /RUZI87/); tritt eine geschlossene Kantenfolge auf, so liegt eine algebraische Schleife vor; sonst ist der Algorithmus erfolgreich beendet.

Aus Schritt 4 folgt, daß Kanten der Form X —) Y bzw. X )— Y nur von X nach Y durchlaufen werden können, während Kanten X —|Y, falls weder X noch Y ein Quell- (SE, SF) oder Speicherelement (C, I) ist, in beiden Richtungen durchlaufen werden können; ist X oder Y jedoch ein Quell- oder Speicherelement, so können die Kanten nur zu diesem Element hin verfolgt werden.

Das folgende Beispiel erläutert Algorithmus 2:

Gegeben sei der folgende Bondgraph mit dem nichtlinearen Transformator TR 1 2 ($\lambda = f_3$) und der nichtlinearen Quelle SE 4 ($e_4 = f_1$):

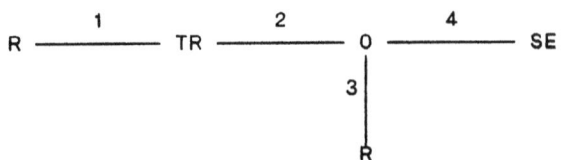

Schritt 1 und 2 erzeugen dann:

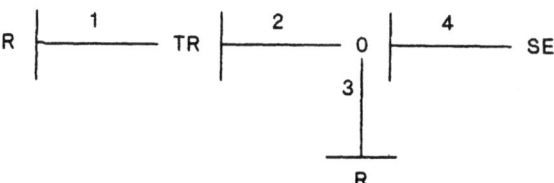

Schritt 3 vervollständigt zu:

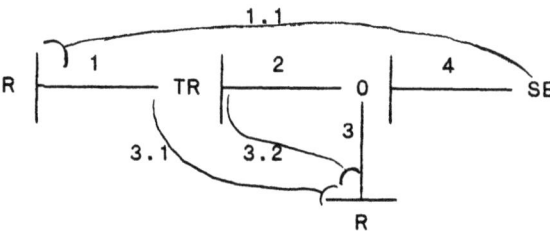

Der Graph enthält offenbar geschlossene Kantenfolgen (z.B. (1,1.1,4,2) und (1,1.1,4,3,3.1), aber nicht etwa (2,4,1.1,1), da 1.1 nur in eine Richtung hin durchlaufen werden kann) und deshalb eine algebraische Schleife.

Es kann wie im linearen Fall gezeigt werden, daß die durch einen Bondgraphen (auf den schon erfolgreich die Schritte 1 bis 3 von Algorithmus 2 angewendet worden sind) induzierten Gleichungen genau dann algebraische Schleifen enthalten, wenn im Schritt 4 eine geschlossene Kantenfolge gefunden wird (siehe /RUZI87/).

## 4. BAPS - ein Programmsystem zur Behandlung von Bondgraphen

Wie bereits in der Einleitung erwähnt, eignet sich die Bondgraphen-Modellbeschreibung sehr gut zum automatischen Generieren der systembeschreibenden Differentialgleichungen.

Ähnlich den Veröffentlichungen über die Theorie der Bondgraphen muß man auch bei den vorhandenen Programmen zur Verarbeitung von Bondgraphen (/VAND77/) die Feststellung treffen, daß diese die Verwendung von Bondgraphen nicht (z.B. ENPORT 4 /ENPO74/) bzw. nur unzureichend und nicht sehr anwenderfreundlich (z.B. CAMP /GRAN82/) behandeln; erst in jüngerer Zeit wurden Programme entwickelt, die eine komfortable Angabe und Verwendung von Nichtlinearitäten ermöglichen. Zu letzter Gattung gehört das Programmsystem BAPS (Bondgraph Analyse und Programm Synthese, /RUZI87/).

BAPS besteht aus zwei Teilen:

- dem "Compiler", der einen Bondgraphen und dessen Nichtlinearitäten in einem bestimmten Format einliest und in ein Zwischenformat (hauptsächlich in Präfixnotation) umwandelt, und
- einem "Linker", der das sehr allgemein gehaltene Zwischenformat in eine Simulationssprache übersetzt (z.B. in ACSL /ACSL86/ oder in HYBSYS /HYBS84/).

Das oben genannte Beispiel (mit algebraischen Schleifen) werde nun durch den Bondgraph in Abbildung 1 (ohne algebraische Schleifen) mit den Nichtlinearitäten für SE: $e_4 = f_1 * SIN(T)$ und
für TR: $\lambda = f_3$ ersetzt.

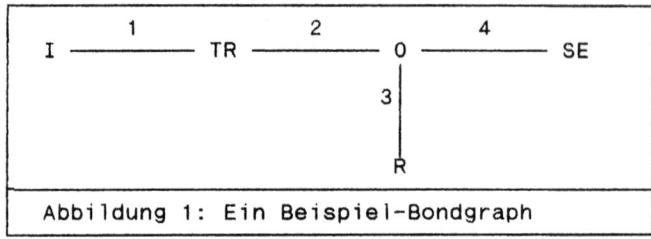

Abbildung 1: Ein Beispiel-Bondgraph

Tabelle 1 zeigt das dazugehörige BAPS-Programm.

```
BEISPIEL:

I 1 ; TR 1 2 ; 0 2 3 4 ; R 3 ; SE 4 .

CONSTANT Wid = 10 , I = 0.01 , x0 = 0 ;

EXTERN SIN(1) .

I   1:    I1 = Ind ;            p01 = x0;
R   3:    R3 = Wid ;
SE  4:    e4 = f1 * SIN(T) ;
TR  1 2:  L1L2 = f3 .
```

Tabelle 1: Beispielprogramm für BAPS

Im allgemeinen beginnt das Programm mit dem Namen des Modells und setzt sich dann in drei Teilen fort:

- im 1. Teil wird der Bondgraph in einer z.B. auch in /ENP074/ verwendeten Form beschrieben;
- der 2. Teil enthält die Beschreibung von Konstanten (CONSTANT), von in der jeweiligen Ziel-Simulationssprache vorhandenen und im Modell verwendeten Standardfunktionen (EXTERN), zur Deklaration von unstetigen Zustandsänderungen u.v.a.;
- der 3. Teil dient der Angabe der Konstanten bzw. - im nichtlinearen Fall - der konstituierenden Gleichungen der Bondgraph-Elemente (bei den Speicherelementen C und I wird auch der Anfangswert der Integration angegeben).

Ein BAPS-Programm kann aus mehreren Teilmodellen bestehen, deren jeweilige Variablen lokal sind, die aber jederzeit gegenseitig auf Bond- und Zustandsvariable anderer Teilmodelle zugreifen können. Die Teilmodelle können auf verschiedenen Dateien stehen. Das erste vom Compiler erkannte Modell ist jeweils das "Hauptmodell".

Welche Möglichkeiten gibt es nun, Nichtlinearitäten anzugeben ?

Es können

- Element-Konstante nichtlinear angegeben und dabei beliebige algebraische Ausdrücke verwendet,
- direkt für ein Element die konstituierenden nichtlinearen Gleichungen angegeben,
- Ereignisse (in Abhängigkeit von der Zeit oder von Bondvariablen) definiert,
- in algebraischen Ausdrücken Varianten, die je nach Eintreffen oder Nichteintreffen des Ereignisses verschiedene Werte annehmen können, verwendet,

- zusätzliche Gleichungen und Zuweisungen (z.B. Differentialgleichungen, die als Nichtlinearitäten in Bondgraphengleichungen eingehen) angegeben,
- unstetige Zustandsänderungen mithilfe obiger Ereignisse definiert,
- Tabellenfunktionen - auch mit Hysterese - definiert und in algebraischen Ausdrücken verwendet werden.

BAPS nimmt im Einklang mit Algorithmus 2 während der Übersetzung die Belegung der Kanten mit Kausalitäten und die Überprüfung auf algebraische Schleifen vor.
Aufgrund der so erfolgten Zuweisung der Kausalitäten können nun die Systemgleichungen abgeleitet und in eine Zwischendatei geschrieben werden.

Auf Wunsch erstellt BAPS eine Liste der Kanten und Knoten des Bondgraphen samt den ermittelten Kausalitäten und den vom Benutzer durch die Reihenfolge der Angabe der Bondgraphelemente definierte Energierichtung (die Energierichtung, die sich auf die Vorzeichen in den Systemgleichungen auswirkt, verläuft auf einer Kante immer vom zuerst angegebenen Element zum später genannten; Tabelle 2 zeigt die Liste der Kanten für obiges Beispiel.

```
GRAPH BEISPIEL:

        (von      Kausalitaet     nach)

1:      I 1                          !-- TR 1 2
2:      TR 1 2                       !-- O 2 3 4
3:      O 2 3 4                      --! R 3
4:      O 2 3 4                      !-- SE 4
```

Tabelle 2: Bondgraphausdruck mittels BAPS

BAPS unterstützt auch die schrittweise Entwicklung von Bondgraphsystemen, indem nicht näher spezifizierte Teilmodelle verwendet werden können (nur deren Ein- und Ausgangsgrößen müssen angegeben werden). Unbekannte nichtlineare Abhängigkeiten können durch einen einfachen Mechanismus beschrieben werden.

Die Linker-Programme übersetzen die Zwischendatei in diverse Simulationssprachen und überprüfen dabei, ob die verwendeten Nichtlinearitäten in der jeweiligen Zielsprache auch definiert sind (so gibt es z.B. nicht in allen Simulationssprachen die Möglichkeit der Verwendung von mehrdimensionalen Tabellen; auch sind oft nicht alle handelsüblichen mathematischen Funktionen - wie z.B. arcsin - vorhanden).

Abbildung 2 zeigt Struktur und Arbeitsweise von BAPS (der Benutzer stellt nur das BAPS-Programm zur Verfügung).

## 5. Abschließende Bemerkungen

Aufgrund seiner sehr allgemeinen Konzeption (im speziellen: dem Format der Zwischendatei) ist es ohne großen Arbeitsaufwand möglich, Linkerprogramme für die verschiedensten Simulationssprachen zu entwickeln (wie oben erwähnt, sind Linker für das gleichungsorientierte ACSL gleichermaßen wie für das - in der vorliegenden Version - blockorientierte HYBSYS vorhanden.

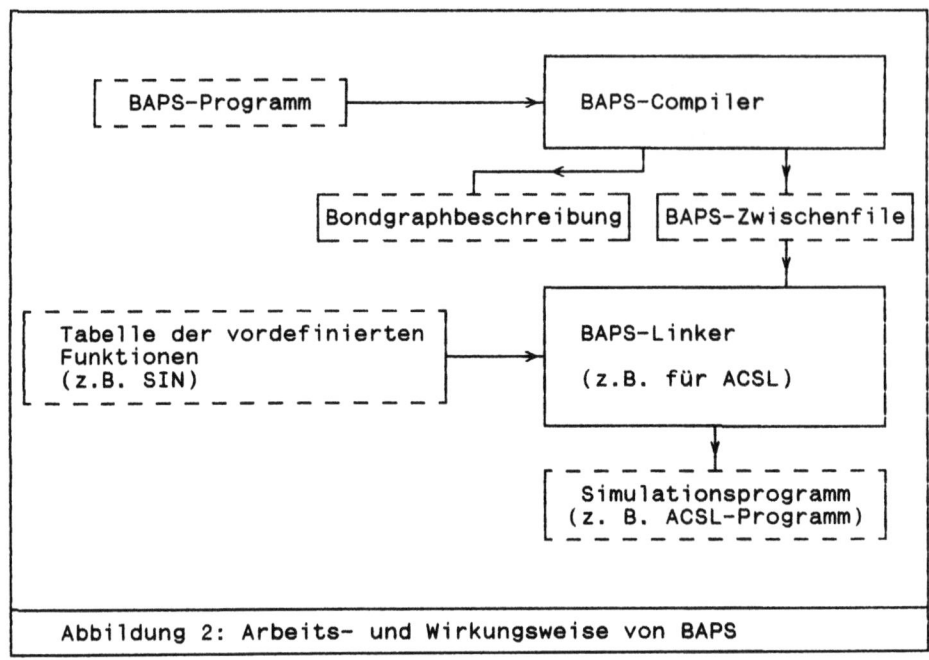

Abbildung 2: Arbeits- und Wirkungsweise von BAPS

BAPS ist also aufgrund seiner Theorie-fundierten Arbeitsweise, seiner Erweiterbarkeit (Linker!) und der Implementationssprache C eine zukunftsorientierte Software, die sich an neuere informatische Erkenntnisse hält.

## 6. Literaturverzeichnis

/ACSL86/ Mitchel and Gauthier Associates: Advanced Continues Simulation Language (ACSL) - Reference Manual, USA 1986, 4th Edition.

/BARR82/ J. Barreto, J. Lefevre: Model Structure in Physiologie: A Bondgraph Approach, Proc. of the IFIP-WC 7.1, Ghent, Belgium, 1982, Nord Holland.

/BREE86/ P. C. Breedveld: A Systematic Method to Derive Bond Graph Models, Proceedings of the 2nd European Simulation Kongress, Sept. 9-12 1986.

/ENPO74/ R. Rosenberg: A Users Guide to ENPORT 4, John Wiley Inc., New York, 1974.

/GRAN82/ J. J. Granda: Computer Aided Modeling Program (CAMP): A Bond Graph Preprocessor For Computer Aided Design And Simulation of Physical Systems Using Digital Simulation Languages, PhD Thesis, Departement of Mechanical Engeneering, University of California, Davis, Dec. 1982.

/HYBS84/ D. Solar: Hybrid Simulation System - User Manual, EDV-Zentrum der TU Wien, Abt. Hybridrechenanlage, 4. Auflage, release 5.3, Nov. 1984.

/KARN75/ D. Karnopp, R. Rosenberg: System Dynamics: A Unified Approach, Willey-Interscience, New York, 1975.

/RUZI87/ R. Ruzicka: Eine Methode zur theoretischen und praktischen Darstellung und Analyse von Bondgraphen unter besonderer Beachtung ihrer Nichtlinearitäten (BAPS - Bondgraph Analyse Programm Synthese), Dissertation, 1987, Inst. für techn. Mathematik, TU Wien.

/THOM74/ J. U. Thoma: **Grundlagen und Anwendungen der Bonddiagramme**, Verlag W. Girardet, Essen, 1974.

/VAND77/ J. J. Van Dixhoorn, Simulation of Bond Graphs on Minicomputers, Journal of Dynamic Systems, Measurement and Control, March 1977

## Simulated Time and the Ada Rendezvous

Werner Pohlmann
Technische Universität München
Institut für Informatik

Postfach 202420, D-8000 München

Abstract:
Choosing Ada as a base language for the process view of simulation, one would like to adopt the Ada rendezvous for process interaction. This paper investigates the implications of the rendezvous in the context of simulated time. To avoid the danger of deadlock (as exhibited by some proposed systems), a very thorough control of the rendezvous is shown to be necessary. A suitable simulation mechanism is presented and proven. But judged by the ensuing costs the rendezvous is considered to be no attractive choice for general simulation purposes.
Considering methods, this paper uses and contributes to the "space-time view" (L.Lamport) of processes: processes are sequences of actions, and simulated time is a mapping of actions to numerical values.


1. Introduction

There is a natural interest in Ada as a base language for discrete event simulation. The reasons include Ada's software engineering qualities as well as the expected dissemination; Ada's provisions for concurrent programming attract a special and twofold attention. First, having work done in parallel may speed up simulation runs. Second, Ada tasks are eligible for the process view of simulation, i.e. a plausibly structured representation of the object system (cf. [9]).

Both topics present open questions; this paper exclusively deals with the second one. To be more specific: we assume that a modeller wants to depict real processes and their interactions by Ada tasks and rendezvous, and we investigate the technical implications. Real processes evolve in real time; the shift to Ada tasks omits this essential aspect. So we must add a mechanism for simulated time. But Ada tasks bear a temporal structure of their own which is not altogether trivial. So if we want to superimpose simulated time we must take care to clarify our aims and to avoid insecurities that might result from incompatible temporal concepts.

For an illustration, but equally necessary in itself, we start with a critical discussion of some published Ada based systems (§2). Next we state basic facts and requirements for the combination of Ada tasks and simulated time (§3) and develop a suitable simulation mechanism (§4). So far our concern is correctness; in the concluding chapter (§5) we sum up and try an opinion on the choice of Ada for process oriented simulation.

## 2. Insecurities of some proposed systems

The proposals discussed in this chapter wish to exploit Ada's potential for parallelism or at least accept Ada's rendezvous for process interaction. For simulated time they adapt the classical event list mechanism. Model tasks (i.e. tasks representing real processes) suspend themselves for specified intervals by calling a hold procedure, which enters their resumption times into the event list. Using this list, a special scheduler task reactivates suspended model tasks in the proper order and advances the simulation clock. For the technical problem of how to put an Ada task to sleep and wake it up again we refer the reader to the literature; we concentrate on a more logical difficulty. The scheduler must wake up the next model task when and only when all current model activity has ended - but the rendezvous might obscure this situation.

2.1 The author of [5] decided to let model tasks proceed in a strict coroutine fashion, seemingly avoiding all problems with concurrency:

> "To avoid data synchronization problems and to follow standard process oriented practice, we will need a mechanism to make sure that only one task is running at a time. This is the purpose of our simulation package." [5],p.117

The scheduler therefore acts as follows, [5],p.121 :

    loop
        according to first notice in event list
        reactivate model task and advance simulation time;
        accept next;
        eliminate first notice from event list;
    endloop

The entry next is called whenever a model task suspends itself via hold.

Unfortunately, the author employs the normal Ada rendezvous for process interaction. This is a conflict of concepts: there is just one active model task at a time, but it takes two to bring about a rendezvous. Before a rendezvous the currently active task will have to wait for its inactive partner, but will not be able to instruct the scheduler accordingly. After a rendezvous both tasks will be active, and prevent the scheduler from establishing the intended temporal order.

To illustrate the problem, let us look at the author's M/M/1 example, consisting of a service process and an arrival process and a queue accessed by both, [5],p.119:

    *arrival:*
        loop
            hold( );
            create new job;
            if queue is empty
                then put job in queue;
                     service.wakeup;
                else put job in queue; endif;
        endloop

```
service:
    loop
       if queue is empty
          then accept wakeup;
          else hold( );
               take job out of queue; endif;
    endloop
```

Now suppose that service executes accept wakeup while arrival is suspended via hold. Then there is a deadlock:

service waits for rendezvous with arrival;
arrival waits to be reactivated by the scheduler;
scheduler waits for service to call next.

If, however, a rendezvous did take place, two concurrent calls of next (via hold) would follow. The scheduler had to treat them serially, incorrectly advancing the simulation clock in between.

(For a pure coroutine system, the reader may consult [13].)

2.2 With a view to possible gains in speed the authors of [10] and [11] allow their model tasks to operate in parallel as far as they operate at the same simulated time:

"Task scheduler, ..., will resume at one time all tasks which are scheduled for activation at the same simulation time. These tasks in turn will need to schedule themselves for subsequent resumptions, but since both they and the scheduler are running in parallel, the scheduler could resume one out of order. ...
The problem is solved by having the scheduler keep a count of all active tasks. Then no tasks are reactivated until the currently active tasks have completed their scheduling."
[10],p.480

This scheme may be viewed as a generalization of the arrangement in 2.1: instead of relying on the one-process-at-a-time invariant, the scheduler now relies on the known number of active tasks. This knowledge is maintained as follows, [10],p.486:

```
loop select
         accept next; index:=index+1;
      or accept wait; number_active:=number_active-1;
      or accept spawn; number_active:=number_active+1;
    endselect;
    if index=number_active then exit; endif;
endloop
```

Exiting from this loop the scheduler reactivates all tasks due for the next moment of simulated time. Their number is assigned to number_active, and index is set to zero. The scheduler then reenters the loop above. Entry next is called whenever a model task calls hold. Wait and spawn are used to announce model task interaction; they tell the scheduler that a task starts to wait for a rendezvous or is set free again.

For an illustration of this method (there are no precise rules), we can again look at a M/M/1 program by the authors, [10],p.487:

```
arrival:
    loop
        create new job;
        if queue is empty and not job_in_service
           then put job into queue;
                scheduler.spawn;
                service.wakeup;
           else put job into queue; endif;
        hold(  );
    endloop


service:
    loop
        if queue is empty
           then scheduler.wait;
                accept wakeup; endif;
        take job from queue;
        job_in_service:=true;
        hold(  );
        job_in_service:=false;
    endloop
```

This program is not correct (but a modeller might defend it with stochastic arguments):
Suppose that arrival evaluates its condition after service has emptied the queue but before job_in_service is set to true. Next, arrival executes its then-alternative, but service gets busy and calls hold. So there is a deadlock:

   arrival waits for rendezvous with service;
   service waits for reactivation by scheduler;
   scheduler waits for number_active to be decreased
                 (since it was increased by arrival's spawn).

More important, a simple counting scheme like this is in general not adequate for the Ada rendezvous. The rendezvous is handshaking communication and to that extent symmetric: it is not a priori clear which partner will have to wait for the other. Imagine e.g. an unbuffered producer-consumer relationship:

```
producer:                          consumer:
   loop                                loop
       hold(  );                           accept deliver;
       consumer.deliver;                   hold(  );
   endloop                             endloop
```

Wait and spawn provide no straightforward way of informing the scheduler about the delays that result from this coupling of tasks. But the modeller must supply calls of wait and spawn and therefore try to secure their intended effect by additional means of synchronization, e.g. status variables; he will, as in the M/M/1 example, end up with solutions that are awkward and unreliable and do not represent good Ada style.

2.3 In contrast to the proposals of 2.1 and 2.2, the authors of [7] and [8] and the author of [4] choose to supply simulation specific constructs for process interaction. There are provisions for a model task to e.g.

   - acquire or release a resource
   - activate another model task.

The general meaning of these operations is the traditional one. But in accordance with 2.2, simultaneous activity is allowed to happen in parallel, and there is a similar counting scheme to direct the scheduler. Two comments are necessary:

First. The rendezvous is, of course, used to program the proposed higher level interaction primitives, but this specialized use does not necessarily constitute a difficulty: a simple counting mechanism suffices to watch over the model activity. We must and can arrange matters so that a model task will never spend simulated time waiting for such a rendezvous. For instance, a resource may be represented by a task that is always ready to engage in a rendezvous with a user task, though not always ready to grant what this user is asking for.

Some care is nevertheless indicated. Suppose that a model task p reactivates a model task q by e.g. releasing a resource q is waiting for. Then the program must guarantee that the counter for active tasks is increased on behalf of q before p or q gets a chance to suspend itself and consequently decrease the counter. The program given in [4] clearly violates this rule and risks an erroneous advancement of simulation time.

Second. If a modeller attempts to use the rendezvous in addition to the supplied facilities for process interaction, he will experience the difficulties discussed in 2.2. The authors of [7] and [8] claim that their system is a "natural extension of Ada" ([8],p.54) or, more specific:

> "This method of implementing processes allows the tasks representing the entities to communicate directly by means of the normal Ada rendezvous." [7],p.70

This claim is unjustified and misleading. As illustrated in 2.2, hidden waiting for a rendezvous will lead to a deadlock.

(For a basically similar, but more radical solution the reader may consult [15]: the authors provide a user interface that tries to completely hide that the model program is in effect a system of Ada tasks.)


## 3. Sequences of actions and simulated time

This chapter studies the rendezvous in the context of simulated time. To simplify the exposition, we ignore task creation and termination and restrict our attention to a given collection of coexisting tasks. We reduce the rendezvous to its simple form, the exchange of information, and forbid shared variables.

Time, with its usual attributes like duration, serves as a popular frame of reference in informal explanations of the Ada rendezvous. But more often than not it is inadequate, unnecessary and misleading to apply this notion of time to the design of programs, and there is an additional source of confusion if we have to reason about simulated time too. (Prompted by some odd experience, I do not hesitate to state the obvious: program execution time and simulated time are as different as apples and pears and not to be added, subtracted or otherwise combined; and an attempt to use Ada's real time clock for simulated delays will end up with a process spending some unpredictable 10 units of time in random number generation just to learn that he should wait for 2 units of time.) We therefore fall back on a more modest concept, as advocated in [12]:

A task gives rise to a sequence of actions, naturally endowed with a total happened-before relation, and a system is a collection of disjoint sequences of actions. Actions are denoted by x, y, and z; in general, we need not be more specific about them. But we have to consider entry call and entry accept actions, denoted by c and a, which may constitute a rendezvous c~a. This relation means mutual communication and synchronization of tasks, so that the past of one task will add to the past of the other since it may influence its future. We therefore generalize the local happened-before relation:

3.1 The relation $\rightarrow$ on the set of actions of the system is the smallest transitive relation such that

- x happens before y => x$\rightarrow$y

- c~a => ( c happens before x => a$\rightarrow$x ) &
         ( a happens before y => c$\rightarrow$y ) .

We will use terms like "happened before", "predecessor", etc. for $\rightarrow$ as well. The relation $\rightarrow$ has to be irreflexive, since it is meant to describe the evolution of a system, and Ada adds some obvious constraints. A c or a action may engage in just one rendezvous c~a, with the right entry, and it cannot have a successor without engaging in a rendezvous.

Next we introduce simulated time. We define it to be a function $x \mapsto T(x)$ assigning numerical values to actions. So actions occur instantaneously, at the moment denoted by T; if the modeller wishes to represent duration, he can use a pair of actions.

A plausible representation of time must satisfy irreversibility:

3.2 x$\rightarrow$y => $T(x) \leq T(y)$ .

Time must not go backwards in an evolving system; but since the modeller may wish to e.g. divide into several steps what was an atomic action in reality, we allow the same value of T for consecutive actions.

Applying 3.2 to 3.1 we learn that simulated time may advance arbitrarily in the course of actions, but at least to max(T(c),T(a)) if there was a rendezvous c~a. The modeller needs a meaningful standard. For the rendezvous we choose the least possible increment, which may be interpreted as the time one partner spends waiting for the other. For all other situations we supply the modeller with a special hold action which he may use to advance time by increments of his own choice:

3.3 Let y be the immediate successor of x in a task. Then

   T(y)=max(T(c),T(a))   if x is the c or a of some c~a,

   T(y)=T(x)+t   if x is some hold(t),

   T(y)=T(x)   otherwise.

In Ada, several tasks may call the same entry. Such calls need not be related to each other in any way, but the Ada runtime system imposes

an ordering on them since they are accepted serially if they are
accepted at all. Let us for the moment denote this imposed ordering by
$\succ_{im}$ ; we can partly infer it from the effected rendezvous. Namely, for
calls and accepts of the same entry:

3.4   $c \sim a$ & $\neg \exists a': c' \sim a'$ & $a' \succ a$   =>   $c \succ_{im} c'$ .

Establishing $\succ_{im}$ the Ada machine will of course not respect simulated
time; so an entry call issued later in simulated time could be
accepted in precedence to an earlier one. This could lead to phenomena
of time consumption or causal relationship that in no way reflect a
possible behaviour of the real system. We therefore extend
irreversibility 3.2 of time to $\succ_{im}$ ; its application to 3.4 yields:

3.5   $c \sim a$ & $T(c') < T(c)$   =>   $\exists a': a' \succ a$ & $c' \sim a'$ .

It is by this rule that simulated time becomes a determinant of model
behaviour. (For a more complete treatment of Ada tasking, e.g. task
creation or the select form of the rendezvous, we had to add similar
rules.) 3.5 looks like FCFS, with T for FC, $\succ$ for FS and indeterminate
result for $T(c)=T(c')$. But please note the rationale for this rule:
the rendezvous shall enable a task to interact with the rest of the
model in a temporally well defined and understandable manner. Neither
do we intend to mimic Ada's FCFS rule (which is defined in terms of
the implementation) nor is there any bias towards FCFS service in
resource-client models.

Next we turn to the task of implementing the rules we found necessary.
3.3 suggests that we should furnish each model task with its own clock
variable, which is incremented by hold actions. For a rendezvous
individual clock readings must be exchanged and updated in accordance
with 3.3.

Rule 3.5 is more difficult to establish. A programmer cannot directly
control $\succ_{im}$ , but fortunately 3.5 does not require us to do exactly
this. In the next chapter we show how to restrict concurrent behaviour
sufficiently.


## 4. The scheduler

Suppose an observer wants to verify 3.5 for a rendezvous $c \sim a$. –
A true disciple of the empirical method, the observer does not rely on
insight but on a set M of observed actions. M is an initial part of
system history: if x is in M so is y if $y \succ x$. Clearly, the observer
must require M to include, in addition to c and a, all calls c' of the
same entry if $T(c') < T(c)$. How to define a suitable set M is less clear
as he will need to recognize that he has really gathered all the facts
he wants. More formally: let M={x | E(x) }; then, knowing just M, the
observer must be able to conclude that no possible system future will
produce an additional x with E(x).

It is not dificult to show (but please remember that we abstract from
task termination; otherwise we should help the observer by special
terminate actions) that a sufficient and not over-cautious choice is

4.1   M={x | $\forall y \succ x$: $T(y) < T(c)$ or $y \succ a$ or $y \succ c$ }

so that for maximal elements m of M

4.2  $T(m) \geq T(c)$ or
    m is some c" & $\neg \exists$a" in M: c"~a" & $T(a") < T(c)$ or
    m is some a" & $\neg \exists$c" in M: c"~a" & $T(c") < T(c)$.

We are convinced that, in the absence of any a priori information about system behaviour, no algorithm to direct the rendezvous of model tasks can do better than our observer. So we turn 4.2 into a rule of operation, roughly reading as follows:

4.3  An entry call c may be granted a rendezvous when all other model tasks either have reached or passed $T(c)$ in their simulated time or cannot advance because they themselves want a rendezvous.

We replace our observer by a scheduler task (its job could, at the price of more communication overhead, be placed upon the model tasks). The amount of present information may be reduced to:

4.4  The scheduler maintains the system state, i.e. a set of records $\langle p,t,x,e \rangle$, one for each model task p, denoting

    t = simulated time,
    x = activity, i.e.  r = running or
                        c = entry call or
                        a = entry accept
    e = entry (and owner) in the case of c or a.

Unlike the observer, the scheduler cannot look at the model tasks but has to be told what is going on; he furthermore wishes to interfere with their desires. Scheduler and model tasks interact as follows (given the obvious initialization):

4.5 *model tasks:*

    before hold action:
        tell scheduler about new t;

    before entry call or entry accept action:
        tell scheduler about c or a and e;
        continue when allowed by scheduler;

4.6 *scheduler:*

    loop
        receive information from model task
        and update system state accordingly;

        while there is $\langle p_1,t_1,c,e_1 \rangle, \langle p_2,t_2,a,e_2 \rangle$ such that
                    $e_1 = e_2$ and
                    for all $\langle q,t,x,e \rangle$: $t < t_1 \Rightarrow$
                        x=a or
                        (x=c and there is no $\langle q',t',a,e' \rangle$: e=e')
        do
            choose such a pair $p_1$ and $p_2$;
            change their state description to $\langle p_i, \max(t_1,t_2), r, - \rangle$;
            allow $p_1$ and $p_2$ to go on, informing them about $\max(t_1,t_2)$;
        endwhile

    endloop


We now show that this mechanism is correct w.r.t. 3.5 and not subject to the kind of deadlock described in §2.

### 4.7 Theorem:

a) Suppose the scheduler reactivates tasks $p_1$ and $p_2$ with $\langle p_1,t_1,c,e_1\rangle$, $\langle p_2,t_2,a,e_2\rangle$, $e_1=e_2$.
   Then neither the present system state nor any future one does contain a record $\langle q,t,c,e\rangle$ with $e=e_1$ and $t<t_1$.

b) Suppose that all model tasks are in state c or a but the scheduler cannot activate any. Then there is no matching pair $\langle p_1,t_1,c,e_1\rangle$, $\langle p_2,t_2,a,e_2\rangle$ with $e_1=e_2$ .

Proof:
a) Define A to be the subset $\{\langle q,x,t,e\rangle \colon t<t_1 \}$ of the system state. By 4.6, these assertions hold for the present state and are invariant under transitions:
i. $\neg \exists \langle q,t,c,e\rangle$ in A: $e=e_1$
ii. $\neg \exists \langle q,t,c,e\rangle$, $\langle q',t',a,e'\rangle$ in A: $e=e'$
iii. $\neg \exists \langle q,t,r,-\rangle$ in A.
b) If there were such pairs, the pair with minimal $t_1$ would be allowed to go on.

This mechanism restricts synchronization of model tasks to the case of rendezvous; our treatment of hold actions involves no waiting for each other. For conceptual or technical reasons, e.g. to model preemptive service, one might prefer simulated time to be a common standard to all model tasks. It is easy to adjust the considerations of this chapter to this purpose, essentially recasting rule 4.3 as

4.8   A model task may advance its simulated time to the value t when all model tasks either wish to advance their time to at least t or cannot advance because they want to rendezvous.

But please note that this variant does not obviate the need of supervising the rendezvous.


### 5. Conclusion

We found that to direct the temporal behaviour of the model tasks, the scheduler must control their rendezvous; one may think of the scheduler as reproducing the rendezvous related job of the Ada runtime system, with simulated time instead of real time.

It is neither easy nor efficient to program this job in Ada, and the result will mean some extra burden to the modeller since any rendezvous in the model must be preceded by an interaction with the scheduler. First, there is the problem of denoting and communicating the entries and tasks in question. Second, the interplay of model tasks and scheduler is an example of the general resource management problem: model tasks apply for a specified piece of progress and get permission according to the logic of simulated time. A single rendezvous does not suffice to program such a situation; for a general and safe solution we need, as is explained e.g. in chapter 10 of [6], agent tasks and three rendezvous (in advance to the really intended entry call).

So to set up an Ada simulation system one should choose the rendezvous not just because it is offered by the base language. Since it is expensive to accomodate the rendezvous to simulated time, one may as well decide to implement an interaction mechanism closer to one's own needs or fancy. A very special point in favour of the rendezvous is that a simulation program may serve as a prototype for production software that is to be written in Ada.

Programming language elements shall enable the user to express his ideas with ease and clarity. In the context of modelling, there is little experience with the rendezvous, but it is a priori reasonable to provide the modeller, he may be a skilfull Ada programmer or not, with ready-made constructs for typical situations. This can be easily done using Ada packages and generic units; for examples see [4],[7],[13],[15]. A well chosen set of such higher level constructs may answer to most needs; it may even allow an easier implementation since, in contrast to our exposition in §4, it may come along with some restriction (cf. 2.3 in §2) of the possible interaction in the model. But if, with a view to this facilitation, the time mechanism is programmed to rely on the use of these higher level constructs, the modeller will hardly be able to move beyond their scope if he has to do so.

In response to some inadequate solutions, this paper was meant to cope with the logical aspect of simulated time and the rendezvous and to outline what a correct simulation mechanism must achieve. Doing so, I was, and am, convinced that Ada tasking can easily match the parallel nature of the real systems under study and thus help to construct clear and convincing model programs. But in concurrent programming it is not sufficient to take the language for a suitable abstraction of the machine: here, the utility of the algorithm strongly depends on the machine architecture employed. I did not investigate the problem of performance and machines. But since we found that the use of the rendezvous for model interaction implies a considerable overhead (especially: additional rendezvous), I do not expect the modeller to be rewarded by quick program execution if he turns to the Ada machine at hand, which will be a one processor system. A classical coroutine structured program might do much better. I do not know, and therefore will not subscribe to the optimism shown in some of the quoted papers, whether the future shift to a modest form of true parallelism will automatically compensate those ineffiencies. If, on the other hand, one envisaged very specialized hardware and every process as having a processor of his own, the problems to solve are closer to simulation methodology in general than to programming in a given language.

**Acknowledgement:**
For the main part of our investigation, the essential source of ideas is L.Lamport's paper [12]. The same holds for a method described in [3], which in addition to a central simulation clock uses local clocks for the synchronizing aspect of the rendezvous. As I understand the sketchy presentation, this method fails to distinguish among different possible entries.

**References:**
[1]   H.H.Adelsberger:
      ASSE - Ada Simulation Support Environment.
      Proc. Winter Simulation Conf., 1982
[2]   ANSI:
      The Programming Language Ada Reference Manual.
      1983

[3]  C.J.Antonelli, R.A.Vok, T.N.Mudge:
Hierarchical Decomposition and Simulation of Manufacturing Cells using Ada.
Simulation, Apr.1986

[4]  G.Bruno:
Rationale for the Introduction of Discrete Event Primitives in Ada.
Simulation in Strongly Typed Languages, ed.R.M.Bryant, 1984

[5]  R.M.Bryant:
Discrete Event Simulation in Ada.
Simulation, Oct.1982

[6]  A.Burns:
Concurrent Programming in Ada.
1985

[7]  V.A.Downes, R.Tellaeche Bosch:
Discrete Event Simulation with Ada.
Proc. UKSC Conf. on Computer Simulation, 1984

[8]  V.A,Downes, R.Tellaeche Bosch:
Discrete Event Modelling in Ada.
Proc. Joint Ada Europe/ Ada Tec Conf. 1984

[9]  W.R.Franta:
The Process View of Simulation.
1977

[10] P.Friel, S.Sheppard:
Implications of the Ada Environment for Simulation Studies.
Proc. Winter Simulation Conf. 1984

[11] P.Friel, D.Reese, S.Sheppard:
Simulation in Ada: an Implementation of two World Views.
Simulation in Strongly Typed Languages, ed.R.M.Bryant, 1984

[12] L.Lamport:
Time, Clocks, and the Ordering of Events in a Distributed System.
CACM, July 1978

[13] G.Lomow, B.Unger:
The Process View of Simulation in Ada.
Proc. Winter Simulation Conf. 1982

[14] R.Pooley:
Languages for Discrete Event Simulation.
Proc. Simula Users' Conf. 1985

[15] S.A.Steele, R.Beeby:
A Process Simulation Package concealing Multi-tasking.
Proc. Ada Europe Conf. 1986

Modellebenen

| | |
|---|---|
| Dipl.-Ing. W. Berndt | INPRO Berlin |
| Dipl.-Ing. K. Brantner | ISW Stuttgart |
| Dipl.-Ing. H.G. Thome | WZL Aachen |
| Dr.-Ing. B. Wieneke-Toutaoui | IPK Berlin |

1. **Einleitung**

Die VDI-Richtlinie 3633 definiert den Begriff Simulation in der folgenden Form:

"Simulation ist die Nachbildung eines dynamischen Prozesses in einem Modell, um zu Erkenntnissen zu gelangen, die auf die Wirklichkeit übertragbar sind" /1/.

Die Modellexperimente sollen Informationen über Abläufe liefern, die in der Realität aus verschiedenen Gründen nicht beobachtbar sind. Experimentell abgeleitete Informationen sollen dem Planungsfachmann Rückschlüsse auf das reale System erlauben. Simulationsexperimente liefern aber nur dann brauchbare Aussagen über die Abläufe in realen Systemen, wenn es gelingt, den dynamischen Charakter im Modell festzuhalten. Ziel jeder Modellbildung ist es, eine hohe Übereinstimmung im dynamischen Verhalten von realem System und Modell zu erreichen.

2. **Modellarten**

Die Vorgehensweise bei der Modellbildung ist durch die Aktivitäten Abstraktion und Reduktion zu charakterisieren. Je nach Umfang, in dem diese Aktivitäten durchgeführt werden, lassen sich Klassen von Modellen bilden. Üblicherweise unterscheidet man zwischen gegenständlichen Modellen, abstrakten (symbolischen) Modellen sowie Mischformen von gegenständlichen und abstrakten Modellen (<u>Bild 1</u>).

## 2.1 Gegenständliche Modelle

Der niedrigste Abstraktions- und Reduktionsgrad ist bei gegenständlichen Modellen verwirklicht. Sie sind in bezug auf die gegenständliche Beschaffenheit durch weitgehende Übereinstimmung zwischen realem System und Modell gekennzeichnet. Als Beispiel hierfür sind Flugzeugmodelle bei Windkanaluntersuchungen anzuführen. Abstraktion und Reduktion sind bei den Mischformen bereits weiter ausgeprägt. Hierbei hat das Modell nur noch geringe physische Übereinstimmung mit dem abzubildenden Realsystem. Realisiert sind solche Modelle durch gegenständliche Modellteile, sog. Echtteile, die in geeigneter Weise mit abstrakten Modellteilen, beispielsweise Programmen einer Datenverarbeitungsanlage gekoppelt sind. Ein Beispiel für diese Form der Nutzung der Simulationstechnik ist der Fahrsimulator der Daimler-Benz AG in Berlin. Um neue Fahrzeug-Konzeptionen einem Test zu unterziehen, müssen sie nicht tatsächlich gebaut werden. Es genügt, ihre Funktionen mathematisch zu definieren, um ihre Eigenschaften analysieren zu können.

Des weiteren fallen in diese Kategorie auch die oftmals als analog gekennzeichneten Modelle, die zwar phyisch existieren, aber ansonsten nur noch die Verhaltensmerkmale des realen Prozesses aufweisen. Als Beispiel hierfür seien Modelle aus der Strömungslehre genannt, bei denen hydraulische oder pneumatische Systeme mittels elektrischer Schaltkreise untersucht werden können.

## 2.2 Abstrakte Modelle

Die höchste Stufe der Abstraktion und Reduktion stellt das abstrakte oder symbolische Modell dar. Es ist frei von physischer Übereinstimmung; die Bausteine des realen Systems tauchen nur noch als Zeichen oder Programme auf - allerdings mit eigens festgelegter Bedeutung.

Simulationsmodelle, die in der Fertigung eingesetzt werden und auf die sich die nachfolgenden Ausführungen beziehen, sind stets abstrakt, d.h. sie sind in einer symbolischen Sprache formuliert (Bild 2).

Ein bedeutsames Kriterium zur Klassifizierung von Simulationsmodellen ist die Unterscheidung: diskret-kontinuierlich. Bei diskreten Modellen vollzieht das System die Zustandsänderungen in einzelnen Schritten mit fester (bei Fertigungssystemen) oder variabler (bei Warteschlangen) zeitlicher Länge. Bei kontinuierlichen Modellen wird dagegen ein stetiger Zeitablauf zugrunde gelegt. Für die Formulierung des Modells ist allein die Perspektive des Beobachters ausschlaggebend.

## 3. Modellierung

Das Modell eines realen Systems aufzustellen, heißt, von der Gesamtheit der Eigenschaften auf eine Teilmenge zu abstrahieren, die ausreichend ist, um die gewünschte Fragestellung zu beantworten. Der erste Schritt bei der Durchführung von Simulationsuntersuchungen besteht darin, das zu betrachtende System (real oder geplant) abzugrenzen und hinsichtlich seiner Subsysteme und Systemelemente exakt zu definieren. Ein Ziel der Systemtheorie ist deshalb das Auffinden der Gemeinsamkeiten in der Beschreibung der verschiedenartigen realen Systeme, um den Beschreibungsprozess zu vereinfachen.

### 3.1 Systembestandteile

Auf der Basis der in der Systemtheorie entwickelten Ansätze läßt sich ein Modell durch Angabe von Elementen, Relationen und Attributen eindeutig beschreiben (<u>Bild 3</u>).

<u>Elemente</u>
Die Elemente oder auch Subsysteme eines Produktionssystems lassen sich unterteilen in feste und in bewegliche Elemente. Die festen Elemente sind die ortsfesten Betriebsmittel, d.h. die Bestandteile von Bearbeitungs-, Transport-, Handhabungs- und Lagersystemen. Bei Transportsystemen werden i.A. die Fahrkurse bzw. Strecken als feste Elemente und die Fahrzeuge als bewegliche Objekte betrachtet. Ausnahmen sind Transportsysteme, die nur ein Fahrzeug besitzen. Hier können die Fahrstrecke und das Fahrzeug gemeinsam als festes Element angesehen werden.

Die beweglichen Objekte werden unterschieden in permanente Elemente, die innerhalb der Modellgrenzen einen geschlossenen Kreislauf bilden, und in temporäre Elemente, die dem System durch seine Hüllflächen aus der Umgebung zugeführt werden bzw. durch sie das System nach Erreichen eines definierten Zustandes wieder verlassen. Die Produkte eines Materialflußsystems sind immer temporäre Elemente, inwieweit Werkzeuge, Paletten, Skids, FTS- oder EHB-Fahrzeuge temporäre oder permanente Elemente darstellen, hängt von der Wahl der Systemgrenzen ab.

Feste Elemente sind durch die Funktionen gekennzeichnet, die sie ausführen können, und werden in den meisten Simulationssystemen daher durch Programmsegmente beschrieben. Diese Segmente stellen die Bausteine eines Simulationssystems dar, auf die der Nutzer textuell oder graphisch zugreifen kann. Sind die Bausteine Abbilder der realen Objekte, so spricht man von objektorientierter Modellierung auf die (Haupt-) Funktionen abstrahiert werden. Für beide Abbildungsphilosophien lassen sich Vorteile aufzählen:

- Funktionsorientierte Systeme benötigen weniger Bausteine, die Funktion eines Systems ist aus der Topologie direkt ablesbar. Ein Simulationssystem mit funktionsorientierten Bausteinen ist eher vollständig als eines mit objektorientierten Bausteinen.

- Die Abbildung mit objektorientierten Bausteinen erfordert vom Nutzer weniger Abstaktionsvermögen. Bei einem hohen Detaillierungsgrad der Abbildung enthält ein konkretes Modell weniger Bausteine als ein funktionsorientiertes System. Hier müßte ein Baustein (Objekt) durch eine Vielzahl von Bausteinen (Funktion) dargestellt werden.

<u>Relationen</u>
Die Elemente eines Materialflußsystems sind untereinander durch Relationen verbunden. Durch die Vorgänger-Nachfolgerbeziehung der festen Elemente wird die Systemstruktur, das Layout, definiert. Eine Beziehung zwischen festen Objekten (Bearbeitungsmaschinen, Spannplätzen) und beweglichen Objekten (Produkte, Werkzeuge) ist über den Arbeitsplan gegeben. Eine wichtige Kate-

gorie von Relationen stellt die Fertigungs- bzw. Transportsteuerung dar, die das Zusammenspiel der Betriebsmittel mit dem Ziel eines optimalen Produktdurchlaufs regelt.

### Attribute

Durch Attribute werden die Eigenschaften der festen und der beweglichen Elemente dargestellt. Fertigungseinrichtungen werden durch Takt- und Rüstzeiten, Pufferkapazitäten, Stör- und Reparaturzeiten beschrieben, Transportsysteme durch Kapazitäten, Geschwindigkeiten und Entfernungen, Lager- und Handhabungssysteme entsprechend. Produkte und Hilfszeuge sind im wesentlichen durch ihre geometrischen Abmessungen und ihren Bearbeitungs- bzw. Beladezustand gekennzeichnet. Teilweise wird auch der Arbeitsplan als Attribut des jeweiligen Produkts betrachtet.

## 3.2 Modellaspekte

Die Elemente, die sie beschreibenden Attribute und die Relationen eines Systems lassen sich danach unterteilen, welche Art von beweglichen Elementen (Entitäten) sie bearbeiten. Häufig wird nur zwischen der physischen und der logischen Struktur eines Systems unterschieden, andere unterteilen noch die physischen Elemente, so daß die folgenden drei Klassen beweglicher Elemente entstehen: (Bild 4)

- Material: physikalische Teile, aus denen sich ein Produkt zusammensetzt (Rohmaterial, Teile und Baugruppen, Hilfsmaterialien, etc.)

- Information: Informationen dienen entweder der Kommunikation zwischen dem System und seiner Umgebung (Aufträge, Arbeitspläne, Statusmeldungen) oder werden innerhalb des Systems für die Ablaufsteuerung verwendet (Fahraufträge, Stör- und Füllstandsmeldungen).

- Ressourcen: physikalische Teile, die für den Produktionsprozess benötigt werden, sich aber nicht in den Produkten wiederfinden (Werkzeuge, Hilfszeuge, Personal, etc.).

## 4. Beschreibungsmittel

Die Durchführung von Simulationsuntersuchungen erfordert die Verknüpfung von Modell und einer Methode zur Beschreibung der Abläufe im realen System. Um eine ganzheitliche, strukturierte Beschreibung von Problemstellungen zu ermöglichen, wurden spezielle Methoden entwickelt. Diese Methoden vereinfachen die Beschreibung der Zusammenhänge durch Kombination von graphischer Darstellung und der Möglichkeit zur Definition von variablen Ein- und Ausgangssystemelementen, wobei spezifische Vorschriften anzuwenden sind.

### 4.1 Prinzipieller Aufbau

Bei der Modellbildung lassen sich drei Abstraktionsebenen unterscheiden, deren Abgrenzung jedoch bei den verschiedenen Methoden unterschiedlich ausgeprägt ist. Grundsätzlich ist die Einteilung möglich in eine

- Konzeptionale Ebene:
  Beschreibung des Systems in formalisierter, abstrahierter Form, unabhängig von organisatorischen und technologischen Aspekten

- Logische Ebene:
  Formale Beschreibung der operationalen und organisatorischen Aspekte ohne Beachtung von Technologien

- Physische Ebene:
  Anbindung der physischen Struktur (Maschinen, Personal, Betriebsmittel) an das Modell.

### 4.2 Beschreibungsmethoden

Bei der Beschreibungsmethode SADT (Structured Analysis and Design Methodology) wird jedes System einmal nach dem Funktionsaspekt ("activity diagram" oder "Actigram") und einmal unter dem Datenaspekt ("data diagram" oder "Datagram") abgebildet /2/.

- Basis der Darstellung sind Grundelemente in Kastenform. Zur Verknüpfung mit anderen Teilsystemen dienen Pfeile, wobei deren Lage an den Grundelementen Aussagen über die Flußrichtung von Aktionen bzw. Informationen gibt.

- Das Actigram dient der Modellierung von Aktivitäten (die sowohl von Menschen, Maschinen als auch von Computern wahrgenommen werden). Die benutzten Grundelemente stellen die Funktionen dar, während die Pfeile die dazu benutzten Informationen darstellen.

- Beim Datagram erfolgt die Modellierung von Datenflüssen. Die benutzten Pfeile stehen für die Aktivitäten, die einen Einfluß auf die Daten besitzen (<u>Bild 5)</u>.

Im Rahmen des ICAM (Integrated Computer Aided Manufacturing) Projektes wurden auf der Basis von SADT die IDEF-Methoden entwickelt Die IDEF-Methode besteht aus den Methoden IDEF 0 (Function Modeling), IDEF 1 (Information Modeling und IDEF 2 (Dynamic Modeling) /3/. Der wesentliche Unterschied zu SADT liegt in einer stärkeren Spezialisierung hinsichtlich des Einsatzes bei der Entwicklung von Produktionssystemen.

Die GRAI-Methode (Methode des GRAI Laboratoriums für Automatisierungstechnik an der Universität Bordeaux) weist Ähnlichkeiten zu den IDEF-Methoden auf /4/. Basis der Methode ist die Aufteilung eines Systems in die Grundelemente:

- Physisches Modell,
  repräsentiert die real existierenden Produktionsmittel,
- Informationsmodell,
  beschreibt die Bereitstellung der entscheidungsnotwendigen Informationen,
- Entscheidungsmodell,
  steuert das physische Modell, wobei der Entscheidungsprozeß in Abhängigkeit vom vorgegebenen Entscheidungshorizont hierarchisch abläuft.

Zur Unterstützung von Planungen stellt die GRAI-Methode zwei
graphische Hilfsmittel zur Verfügung.

- GRAI-Matrix
  In der GRAI-Matrix wird die hierarchische Gesamtstruktur der
  Entscheidungszentren eines Produktionssystems dargestellt.
  Die Zeilen beschreiben die Hierarchieebenen, gekennzeichnet
  nach Entscheidungshorizont und Periodizität. Die Spalten
  stehen für die Funktionen. Die Matrixfelder stehen für die
  Entscheidungszentren (<u>Bild 6</u>).

- GRAI-Netzwerk
  Zerlegt die Entscheidungszentren einer Planungsebene in Unterfunktionen.

<u>Petri-Netze</u>
Absicht der Entwicklungsarbeiten war, eine begriffliche und theoretische Grundlage zu entwickeln, die möglichst viele Erscheinungen bei der Informationsübertragung und Informationswandlung in einheitlicher und exakter Weise beschreibt. Was im Laufe der Zeit unter der Bezeichnung "Petri-Netze" entstand, ist eine Vielzahl von Systemmodellen, Vorgehensweisen, Darstellungsmustern und Techniken /5/. Sie hängen untereinander zusammen, indem sie alle gewisse Prinzipien einhalten. Außerdem gibt es systematische, geregelte Übergänge zwischen ihnen, die ebenfalls zu den "Petri-Netzen" zu zählen sind.

Alle Netzformen haben die Gemeinsamkeit, daß sie aus drei Arten von ortsfesten Elementen bestehen.

- Passive Komponenten
  Die passiven Komponenten können Subjekte lagern, speichern oder sichtbar machen, sie können sich aber auch in bestimmten Zuständen befinden. Der Kreis ist das Symbol für passive Komponenten.

- Aktive Komponenten
  Die aktiven Komponenten können Subjekte erzeugen, transportieren oder verändern. Symbol hierfür ist das Rechteck.

- Das Symbol Pfeil dient zur Darstellung von gerichteten Verbindungen. Ein Pfeil stellt selbst niemals eine Systemkomponente dar, sondern immer eine abstrakte, gedankliche Beziehung zwischen Komponenten. Beispiele für die Aufgaben von Pfeilen sind Darstellungen von logischen Zusammenhängen, Zugriffsrechten, räumlichen Nähen oder unmittelbaren Kopplungen (<u>Bild 7</u>).

Sowohl Kreis als auch Rechteck können eine Anzahl schwarzer Punkte, die "Marken", enthalten. Die Zahl der Marken kann sich dynamisch verändern, wenn in den "Transitionen" geschaltet wird.

Aus der Vielzahl der möglichen Netzwerke lassen sich drei Grundprinzipien ableiten.

- Bedingungs-/Ereignis-Netze
  Die Kreise, die über Pfeile mit einem Rechteck (Ereignis) verbunden sind, beschreiben entweder Vor- oder Nachbedingungen des Ereignisses. Das Ereignis tritt genau ein, wenn alle Vorbedingungen wahr sind, d.h. mit einer Marke belegt sind, und alle Nachbedingungen nicht erfüllt, d.h. frei sind (<u>Bild 7</u>).

- Stellen-/Transitions-Netze
  Auf den passiven Komponenten können sich mehr als eine Marke befinden. Für das Schalten einer Transition ist es ausreichend, daß sich auf jeder Komponente mindestens eine Marke befindet.

- Prädikat-/Transitions-Netze
  Hier besitzen die Marken einen "Variablen" Charakter. Die Transitionen beinhalten Eingangsbedingungen, die aufgrund der Variablenwerte der Marken auf den passiven Komponenten entscheiden, ob durchgeschaltet werden kann. Wird geschaltet, so bestimmen die Ausgangsbedingungen, welche Werte die Marken erhalten, die auf die Nachstellen gelegt werden.

## 5. Modell zur Planung von Fertigungssystemen

Ein Einsatzgebiet der Simulationstechnik ist die Auslegungsplanung von Fertigungssystemen /6/. Im folgenden wird daher ein allgemeines Modell von Fertigungssystemen auf der Grundlage der Systemtechnik vorgestellt. Das Modell beschreibt systematisch alle Aspekte, die bei der Modellierung eines Fertigungssystems für die Simulation berücksichtigt werden sollten.

### 5.1 Auslegungsplanung

Die Auslegungsplanung erfolgt im Anschluß an die Festlegung des Werkstückspektrums und die darauf aufbauende technologische Verfahrensauswahl. Bei Neuplanung von Fertigungssystemen wird das Werkstückspektrum gewöhnlich von der Produktionsprogrammplanung vorgegeben. Für Erweiterungs- und Änderungsplanungen muß ein geeignetes Werkstückspektrum oft aus dem Produktionsprogramm ermittelt werden. Die aus diesen Basisdaten gewonnenen Funktions-, Kapazitäts- und Flexibilitätsanforderungen werden im Verlauf der weiteren Planung abgesichert oder modifiziert und dienen während des gesamten Planungsprozesses zur Orientierung.

Die Auslegungsplanung kann unterschieden werden nach den Merkmalen:

- Detaillierungsgrad,
- Planungshorizont,
- Planungshierarchie sowie nach den
- Planungsaufgaben (<u>Bild 8</u>).

### 5.2 Allgemeines Modell

Ein allgemeines Modell von Fertigungssystemen für die Zwecke der Auslegungsplanung ist in <u>Bild 9</u> dargestellt. Es vereinigt funktionale, strukturale und hierarchische Gliederung unter Beachtung der Dynamik zu einem Modell. Das Fertigungssystem wird dabei als ein von einer Hüllfläche abgeschlossenes System betrachtet, dessen Eingabeoperanden im Moment des Eintretens durch die Hüllfläche zu Elementen des Systems werden.

## 6. Zusammenfassung

Die vorgestellten Modellebenen sind Arbeitsergebnisse aus dem ASIM-Arbeitskreis "Simulation in der Fertigungstechnik". Aufgabe der Arbeitsgruppe "Modellebenen" im obigen Arbeitskreis war die Definition der verschiedenen Abbildungsebenen, wie z.B. Administration, Disposition, Netzwerk, Baugruppe und der damit beantwortbaren Fragestellungen. Die dazu entwickelten Modelle basieren auf in der Kybernetik entwickelten Prinzipien, wobei die Anpassung an die Anforderungen der Fertigungstechnik erfolgte.

## Literatur

/1/ N.N. VDI-Richtlinie 3633

/2/ D.T. Ross Applications and Extensions of SADT
IEEE Trans. Software Engineering

/3/ R.R. Preston Materials Laboratory Air Force
Wright Aeronautical Laboratories

/4/ G. Doumeingts "Méthode GRAI –
Méthode de conception des
Systèmes en Productique"
Thèse d'Etat, Université
de Bordeaux 1 (November 1984)

/5/ W. Reisig Petrinetze
Springer-Verlag
Berlin, Heidelberg, New York,
Tokyo, (1986)

/6/ W. Wieneke-Toutaoui Rechnerunterstütztes Planungssystem zur Auslegung von Fertigungsanlagen
München Carl Hanser Verlag 1987

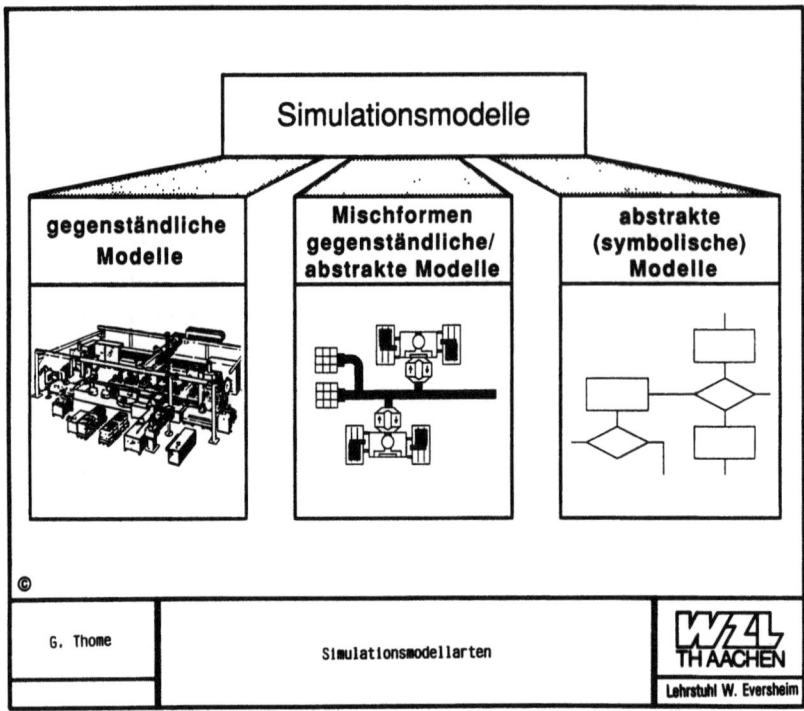

Bild 1: Simulationsmodellarten

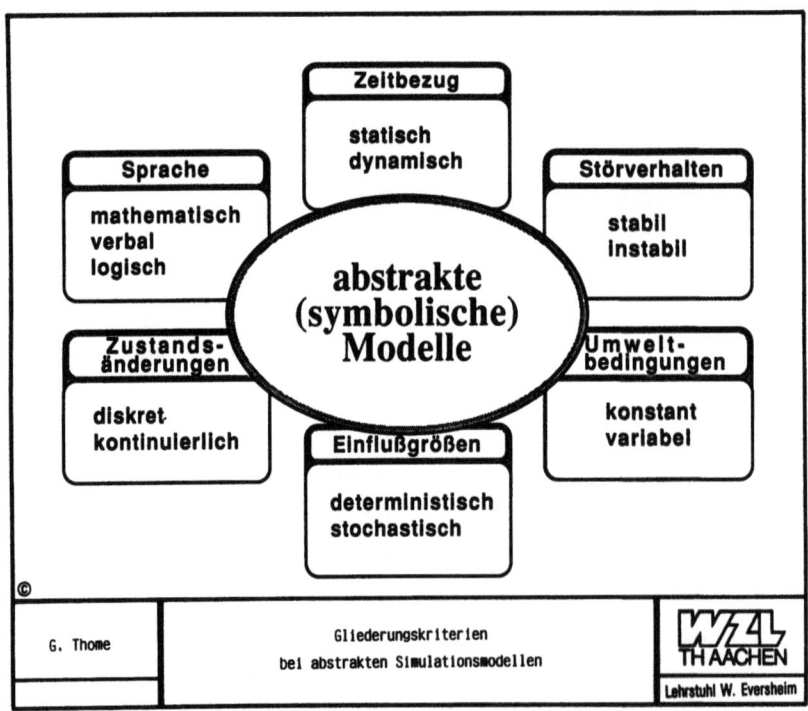

Bild 2: Gliederungskriterien bei abstrakten Simulationsmodellen

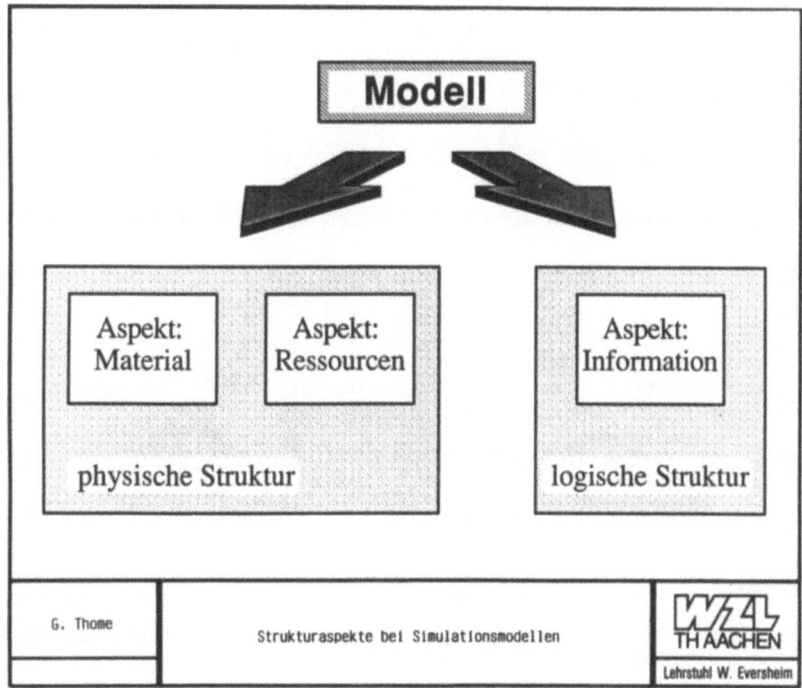

Bild 3: Bestandteile von Simulationsmodellen

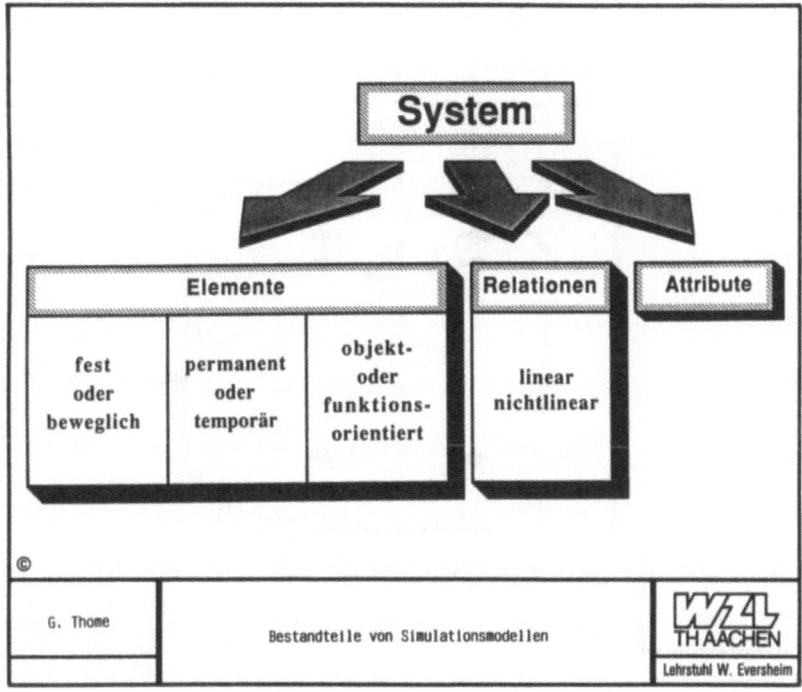

Bild 4: Strukturaspekte bei Simulationsmodellen

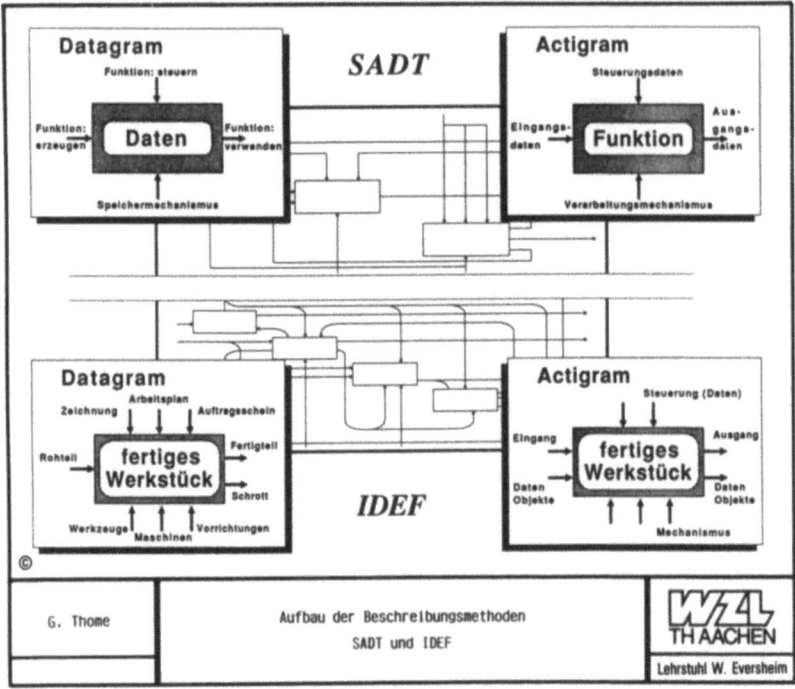

Bild 5: Aufbau der Beschreibungsmethoden SADT und IDEF

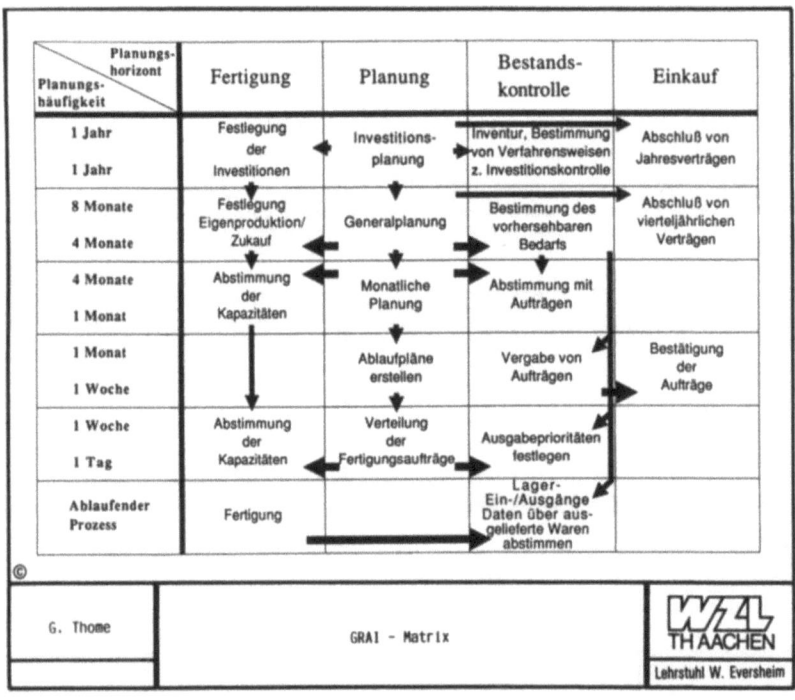

Bild 6: GRAI - Matrix

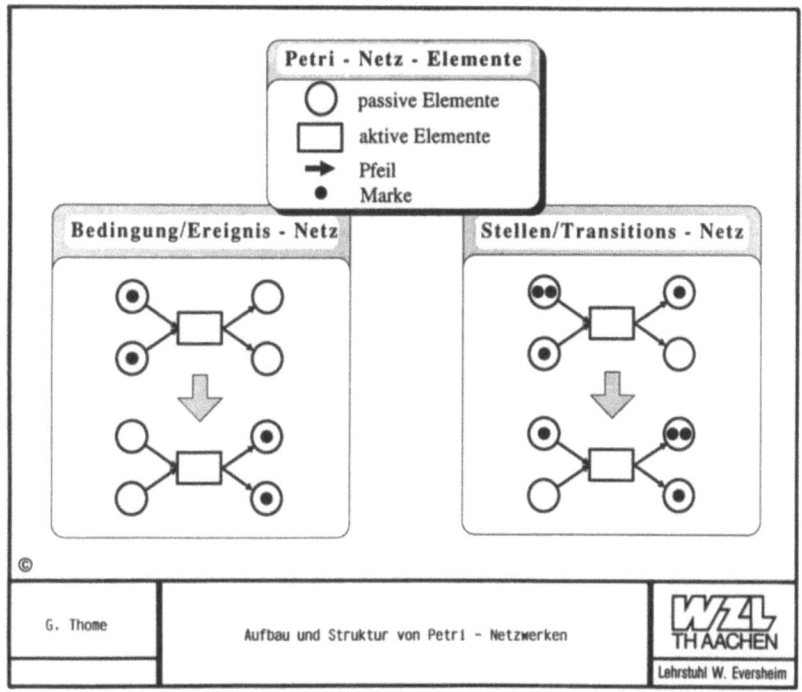

Bild 7: Aufbau und Struktur von Petri - Netzwerken

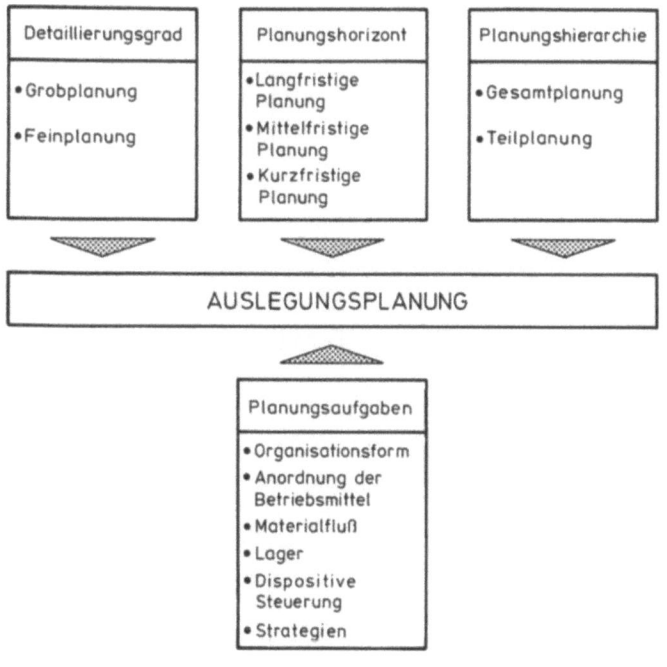

Bild 8: Merkmale und Aufgaben der Auslegungsplanung

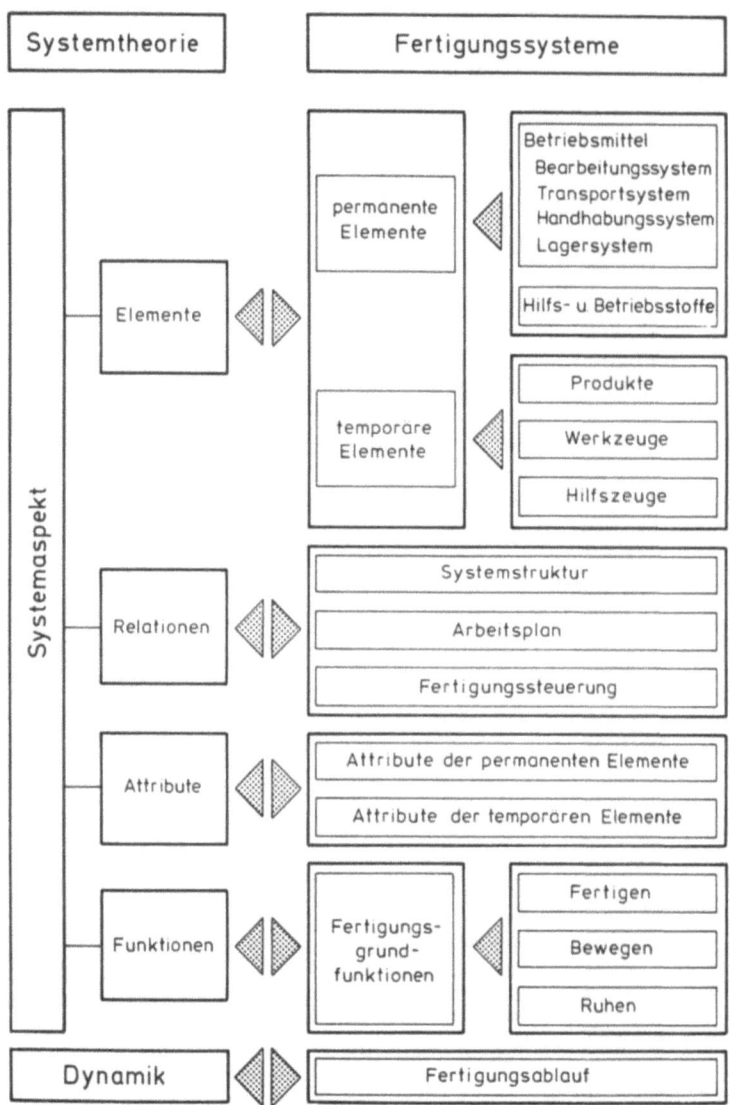

Bild 9: Allgemeines Modell von Fertigungssystemen

VIVIANE: Modellierung flexibler dynamischer
Systeme unter einem virtuellen Weltbild

Maschtera Ulrike
Institut fuer Informatik, J.K.Universitaet Linz
Altenbergerstr. 69, A-4040 LINZ

**Zusammenfassung.** Rasche und benutzerfreundliche Modellierung und Wartung flexibler, dynamischer Systemstrukturen wird isb dadurch erschwert, daß bestehende Werkzeuge an ein Weltbild gebunden sind. Das im folgenden vorgestellte System VIVIANE verwendet daher ein 'virtuelles' Weltbild. Das ermöglicht dem Benutzer, jederzeit das der Spezifikation zugrundeliegende Weltbild frei und unabhängig von allen bisherigen und zukünftigen Spezifikationen zu wählen. Dieser Vortrag soll die Mächtigkeit des VIVIANE zugrundegelegten virtuellen Weltbilds an Anwendungsfällen aufzeigen.

## Einleitung

Rasche und benutzerfreundliche Modellierung und Wartung flexibler, dynamischer Simulationssysteme wird isb. dadurch erschwert, daß bestehende Werkzeuge auf ein einzelnes Weltbild ausgerichtet sind. Da kein Weltbild für alle Modelltypen überlegen ist(/9/), wurde VIVIANE dahingehend ausgelegt, Scenarios verschiedener Weltbilder funktional zu verknüpfen. Somit ist das einer Modellkomponente zugrundeliegende Weltbild virtuell, dh. 'möglich, aber nicht bindend'. Das folgt aus dem wesentlichen Unterschied zwischen bestehenden Simulationssprachen/-systemen (*) und VIVIANE: anstatt ein Simulationsprogramm zu codieren wird ein Modell definiert.

Kennzeichen eines prozeduralen Codes ist die implizit gegebene, sequentielle Abarbeitung hintereinander gereihter Anweisungen, die nur durch spezielle Befehle zur Ablaufsteuerung geändert werden kann. Zum Unterschied dazu werden in VIVIANE die Komponenten der Modellspezifikation (ds. verschiedene Typen von Warteschleifen und Mengen) mittels Aggregationsregeln so verknüpft, daß die Reihenfolge, in der sie zur Laufzeit exekutiert werden, der Reihenfolge, in der sie in einem Simulationsprogramm exekutiert würden, entspricht(/5/,/6/,/8/). Ferner sind die einzelnen Komponenten eigenständig und unabhängig und enthalten aufgrund ihrer Definition alle Daten, die sie benötigen. Dadurch wird der Benutzer von Aufbau und Wartung von Datenstrukturen, Berechnungsregeln und Code entbunden.

Im folgenden wird auf einige der zahlreichen, aus der Verwendung eines virtuellen Weltbilds resultierenden Vorteile bei Modellerstellung,-wartung und -weiterverwendung an Hand von Anwendungsfällen eingegangen. Die Beispiele sind in einem auf SIMULA basierenden Interface angegeben, wodurch gewisse Eigenheiten der Syntax erklärt sind. Selbstverständlich kann man - mit Simula Kenntnis, aber ohne wesentlichen Aufwand - auf/in VIVIANE jedes beliebige Interface definieren. Dzt. werden ein menügesteuertes, ein grafisches und ein natürlichsprachliches Interface entwickelt.

## Beliebige Wahl eines Weltbildes

Der erste Schritt in Richtung virtuelles Weltbild, die beliebige Wahl eines Weltbilds, wird an einem flexiblen Transportsystem(FTS) beschrieben. Bei einem FTS wird ein Werkstück einem Bearbeitungszentrum aufgrund von Übergangswahrscheinlichkeiten (/11/), der aktuellen Systemauslastung uä. zugeteilt. Im einleitenden Beispiel erfolgt die Zuteilung mittels Übergangswahrscheinlichkeiten: ein PRODUKT durchläuft einen Abschnitt STAGE3, bei dem es zu 30% Bearbeitungszentrum stat5, zu 60% stat6, ansonsten (dh. zu 10%) stat7 zugeteilt wird. Nach erfolgter Zuteilung wartet es, bis die gewählte Komponente frei wird.

```
        STAGE3
    ↓30%  ↓60%  ↓10%
   stat5 stat6 stat7
```

(*) SIMULA, DEMOS, SIMSCRIPT II.5, /12/,/1/,/10/, BORIS, SLAM, SIMON, SIMONE, /C/, papers in /A/,/B/, uvam.

Wird die Wahl des Bearbeitungszentrums vom Werkstück durchgeführt (transaktionsorientierte Sicht), so wird der entsprechende Abschnitt wie in Abb.1a,b definiert. STAGE3 ist dabei eine -getrennt definierte- Komponente eines PRODUKTs und stat5, stat6 und stat7 sind -ebenfalls getrennt zu definierende - Komponenten von STAGE3. Erfolgt die Auswahl von der Gruppe der Bearbeitungszentren (equipmentorientiert), so ändert sich die Definition von PRODUKT zu Abb.1c, während die Definition von STAGE3 gleichbleibt. Wegen USAGE wird das - solange nicht anders definiert - selbständige Element STAGE3 benutzt. Dabei wird bei der Generierung eine resource_need Komponente für PRODUKT vor STAGE3 und eine für STAGE3 dem PRODUKT eingefügt (/8/).

```
STAGE3:- i_s.A_CUMMULATIVE_SERIES;        NEUES_PRODUKT.installs.LIKE(PRODUCT);
inspect STAGE3.installs                    STAGE3b:-STAGE3.install_as.A_SERIES;
    do begin                               inspect NEUES_PRODUKT.installs
        AT(0.30); WITH(stat5);                 do begin
        AT(0.60); WITH(stat6);                     usage;
        OR; WITH(stat7);                           WITH(STAGE3b);
    end;                                       end;
              Abb. 1a                Abb. 1d
PRODUKT:- i_s.A_SERIES;                   NEUES_PRODUKT.installs.LIKE(PRODUKT);
inspect PRODUKT.installs                   inspect NEUES_PRODUKT.STAGE3.installs
    do begin                                   do begin
        .....                                      AT(0.20);
        WITH(STAGE3);                              AT(0.10);
        .....                                      OR;
    end;                                       end;
              Abb. 1b                Abb. 1e
PRODUKT:- i_s.A_SERIES;                   STAT5:-i_s.A_SELECTIVE_SERIES;
inspect PRODUKT.installs                   inspect STAT5.installs
    do begin                                   do begin
        ..... usage; ....                          AT(0.70);WITH(stat8);
        WITH(STAGE3);                              AT(0.90);WITH(stat9);WITH(stat10);
        .....                                      AT(1.0); WITH(stat11);
    end;                                       end;
              Abb.1c                 Abb. 1f
```

Abb.1: FTS mittels Übergangswahrscheinlichkeiten

INSTALLS verwendet man für Neu-, I_S für Erstinstallationen. INSTALL_AS beschreibt einen virtuellen Zugriff(/2/,/3/). Dabei wird eine Kopie gemäß geänderten Definitionskriterien erzeugt. Weist man das Ergebnis dem ursprünglichen Bezeichner zu, so wird dieses Objekt 'geändert'. USAGE gehört zu einer Befehlsgruppe, die DEFAULTs einstellt bzw globale Kriterien definiert, die gültig sind, bis man sie mit einem ähnlichen Befehl wieder ändert.


## Wartungsfreundlichkeit aufgrund des virtuellen Weltbilds

Fügt man ein NEUES_PRODUKT hinzu, das die Bearbeitungszentren nacheinander benutzt, so genügt es, sein entsprechendes Teilscenario wie in Abb.1d zu definieren. Kommen Abb.1d,b zusammen in einem Modell vor, so ist NEUES_PRODUKT teils equipmentorientiert(in STAGE3b), teils transaktionsorientiert(im restlichen Szenario) definiert. Die Simulation ergibt aber das gleiche wie Abb.1d zusammen mit Abb.1c (rein equipmentor.) oder Abb.1d(ohne usage) zusammen mit Abb.1b (rein transaktionsor.).
      Unterschied sich das NEUE_PRODUKT nur in STAGE3, so können mittels Abb.1e die Übergangswahrscheinlichkeiten von NEUES_PRODUKT anders eingestellt oder mittels
            NEUES_PRODUKT.STAGE3.install_as.A_SERIES;
der Aggregationstyp und damit die Exekutionsreihenfolge geändert werden.


## Beliebige hierarchische Strukturen

Eine Komponente kann selbst beliebig aggregiert sein und ein Aggregat kann selbst Komponente sein: zB. wird in Abb.1f jede Komponente unabhängig von den anderen in AT% angesteuert, also stat8 zu 70%, stat9 und stat10 zu je 90%, stat11 immer.

Bei der Definition erhält jedes Aggregat (s)eine Komponentenmenge. So besitzt STAGE3 eine Menge COMPONENTS mit Elementen stat5,stat6,stat7 und aufgrund seiner Definition als A_CUMMULATIVE_SERIES eine Auswahlregel (access strategy) vom Typ RANDOM(CUMMULATIVE). STAGE3b.components hat gleiche Komponenten, aber Auswahlregel FIFO. Man kann sie als virtuellen Zugriff(/2/,/3/) auf STAGE3.components angeben:
      STAGE3b.components:-STAGE3.components.install_as.ACC_STRATEGY(FIFO);
bzw   STAGE3b.components:-STAGE3.components.WITH_ACCESS(FIFO);
Stat5.components hat Auswahlregel RANDOM(SELECTIVE). (Weitere Auswahlregeln s./3/).

### Flexible, dynamische Strukturen

Eine Menge ist ein dynamisches Objekt. Deshalb kann auch die Menge der Komponenten Änderungen unterworfen sein, dh. Komponenten können sich in Komponentenmengen einfügen und sie verlassen. Da die Komponenten von VIVIANE die das Modell abbildenden Warteschleifen sind, ermöglicht dieser Ansatz eine dynamische Programmstruktur.

Benutzt man die Mengen, in die sich die Komponenten auf Wunsch statusabhängig einfügen(s.Abb.2), als Komponentenmengen, so regelt ihre Definition deren Verfügbarkeit. Hat zB. 'saeule'(Abb.2) access strategy LIFO und 'kunde' Default FIFO, so teilt der Tankwart dem nächsten Kunden die zuletzt freigewordene Zapfsäule zu.

Enthält die Komponentenmenge von STAGE3 nur resource_need Komponenten, so wird bei access strategy SHORTEST_QUEUE die Komponente mit den wenigsten Wartenden (dh. diejenige, deren resource_set die kleinste Kardinalität aufweist) gewählt.

### Individuelle Resourceanforderungen

Mit virtuellen Zugriffen kann man Resourceanforderungen individuell steuern(/2/). Es seien 3 Verpackungsplätze zu modellieren, die je 2,3 oder 4 Produkte desselben Typs verpacken und gemeinsam über ein Förderband beschickt werden. Jeder PLATZ_i wird ein Standardserver (bestehend aus einem resource_need und einer Aktivität), dessen resource_set P_i so definiert wird, daß es ihm bei jeder Anforderung die benötigte Anzahl von Elementen des Förderbands, wenn vorhanden, zuweist(unten links). Enthält zu einem Zeitpkt das Förderband nur 3 Elemente, so ist es für platz_3 leer. Stellt er zu diesem Zeitpkt eine Anforderung (Exekution seines resource_needs), so wird sie abgelehnt; er muß warten. platz_1 und platz_2 werden aber sofort versorgt.

Von den vielen implementierten Zugriffen(/3/) sei noch EACH_POSSIBLE beschrieben. Ein Bearbeitungszentrum benötige pro Arbeitsvorgang 3 in verschiedenen Puffern P_i gelagerte Rohstoffe: es wird zum Standardserver mit resource_set ROHSTOFFE, das die Subsets P_i und Zugriff EACH_POSSIBLE besitzt; eine Anforderung liefert nun das aggregierte Objekt (P_1.first,P_2.first,P_3.first) bzw. NONE, wenn auch nur ein P_i leer ist, dh. wenn das aggregierte Objekt nicht existiert (rechts):

```
ref(SET_TYPE)band,p_1,p_2,p_3;              ref(SET_TYPE)rohstoff,p_1,p_2,p_3;
ref(AGGREGATE)platz_1,platz_2,platz_3;      rohstoff:-SET_TYPE_OBJECT;
band:-SET_TYPE_OBJECT;                      p_1:-SET_TYPE_OBJECT;
p_1:-band.WITH_ACCESS(TAKE.ENTRIES_NUMBER(2));  p_2:-SET_TYPE_OBJECT;
p_2:-band.WITH_ACCESS(TAKE.ENTRIES_NUMBER(3));  p_3:-SET_TYPE_OBJECT;
p_3:-band.WITH_ACCESS(TAKE.ENTRIES_NUMBER(4));  p_1.into(rohstoff);
platz_1:-i_s.A_STANDARD_SERVER(p_1,...verpacken_1...);  p_2.into(rohstoff);
platz_2:-i_s.A_STANDARD_SERVER(p_2,...verpacken_2...);  p_3.into(rohstoff);
platz_3:-i_s.A_STANDARD_SERVER(p_3,...verpacken_3...);  rohstoff.ADD_TO.AS_ACC_STRATEGY
... förderband, produktionsprozess ...                  (EACH_POSSIBLE);
```

### Vielfältige Aggregationstypen (Exekutionsreihenfolgen)

Wählt NEUES_PRODUKT aus der Gruppe der Bearbeitungszentren nur eines und zwar abhängig von dessen Verfügbarkeit, so ändert man die Auswahlregel von STAGE3 mit
    NEUES_PRODUKT.STAGE3.install_as.AN_ALTERNATIVE;
Dabei regelt wieder die Definition der Komponentenmenge, in welcher Reihenfolge die Komponenten getestet werden.

Sind stat8 bis stat11 Standardserver und Komponenten eines Elements UNIT, so werden stat9 bis stat11 durch UNIT:-i_s.A_STOPGAP; zu Aushilfstätigkeiten von stat8(/6/,/5/) und durch UNIT:-i_s.PRIORIZED; zu Aushilfsservices von stat8.

Aggregationstyp BIFURCATE erlaubt schließlich eine dynamische, vom Status der exekutierten Komponente abhängige, beliebige Exekutionsreihenfolge von Warteschleifen. Damit kann man jede noch so komplizierte Situation abbilden.

### Funktionale Entscheidungen zur Laufzeit

Obwohl in den Beispielen von Abb.1 die Weltbilder nicht mehr einheitlich, sondern 'nach Wunsch' gewählt wurden, sodaß die Auswahl einer Komponente beliebig allokiert war, wurde die Entscheidung immer nur von einem Element getroffen. Ansätze dazu findet man schon in /1/(Übergangswahrscheinlichkeiten auf äußerster Ebene) und /10/(Kommunikationen werden getrennt von den Elementen codiert und exekutiert, wenn alle als notwendig angegebenen Elemente verfügbar sind). In der Realität sind Entscheidungen aber nicht nur unterschiedlich alloziert, sondern es kommt isb. in konzeptuell komplexen Systemen viel häufiger vor, daß sie gemeinsam von allen Betroffenen gefällt werden. Dafür mußten bisher für die beteiligten Partner Datenstrukturen und/oder Code erstellt werden. Das widerspricht der Descritivität(/7/). Daher verwendet VIVIANE das Konzept der R_Dualität(/4/,/6/,/2/). Dabei wird jede Entscheidung als Funktion aller Beteiligten definiert und erst zur Laufzeit bestimmt. So erzielt man volle Dynamik bei gleichzeitiger Funktionalität der Beschreibung.

In Abb1 sind die an einer Zuteilungsentscheidung beteiligten Partner das betroffene PRODUKTi einerseits und die Gruppe von Bearbeitungszentren STAGE3 andererseits. Ein r-dualer Entscheid kann nun auf zwei Arten erfolgen: entweder basierend auf die Komponentenmenge oder basierend auf das betroffene Teilscenario. Letzteres ist isb für eine gemeinsame, unterschiedliche Verwendung vordefinierter Modelle wichtig. Dabei wird ein betroffenes Scenario in allen relevanten beteiligten Elementen - also zB. sowohl vom Produkt als auch vom Bearbeitungszentrum - beschrieben und die Regel angegeben, aufgrund der r-duale Auswahl erfolgt. Damit können Scenarios ohne detaillierte Kenntnis/Kenntnisnahme vordefinierter Modelle definiert werden - unabhängig davon, ob sie einen Normalfall oder einen Ausnahmefall darstellen. Ein Beispiel für einen auf die Komponentenmenge basierenden funktionalen Entscheid wären Abb1a,b,e gemeinsam in ein Modell integriert. Auch prioritätsgesteuerte(/2/), auf diverse Elementcharakteristiken basierende(/8/) oder bedingungsabhängige Entscheide fallen in diese Gruppe. Fügt man zB. zu Abb.2 Abb.3a hinzu, so ist der Warteraum (aus der Sicht der Tankstelle) mit 10 Kunden beschränkt. Mit Abb.3b will sich ein Dieselkunde nur dann in die Menge 'kunde' einfügen, wenn sie weniger als 5 Elemente (tankende Kunden und/oder Dieselkunden) enthält. Mit Abb.3c gibt ein tankender Kunde an, daß er eine Warteschlangenlänge <15 noch akzeptabel findet.

Da nun beide Partner einer Einfügung (kunde und tankender_kunde bzw Dieselkunde) eine Bedingung besitzen, muß bei jeder Einfügung mit einer r-dualen Auswahlregel entschieden werden, welche Bedingung(en) zutrifft. Bei Default POSSIBILITY wird die schwächste Bedingung eingehalten, also 10 bei der Einfügung eines Dieselkunden, 15 bei tankende_kunden(Elemente 11 bis 15 der Warteschlange würden 'auf der Straße warten'). Mit ASS_ACCORDING_TO(PERMISSION); wird die strengste Bedingung eingehalten, also 5 bei Dieselkunden und 10 sonst. Bei SET_PREFERENCE werden in erster Linie die Bedingungen der Menge ('kunde') berücksichtigt, bei MEMBER_PREFERENCE die des betroffenen Elements (Dieselkunden bzw. tankender_kunde). Ist die so bestimmte Bedingung nicht erfüllt, wird die Einfügung abgelehnt. Mit Abb.3d oder 3e können in den Objekten von Abb.3f benutzerspezifische Alternativ- und/oder Folgeaktionen angegeben werden. So ist für Resourcemengen als Defaultfolgeaktion einer Einfügung die Aktivierung aller ihrer Eigentümer(/5/,/8/) implementiert. (Weitere Bedingungen und die Definition mehrerer Bedingungen pro Objekt siehe /3/).

```
Abb.3a    kunde.install_as.ASS_CONDITION(SET_LIMIT(10,UPPER));
Abb.3b   {diesel_kunde.installs.LIKE(tankender_kunde);
          diesel_kunde.install_as.ass_condition(SET_LIMIT(5,UPPER));
Abb.3c    tankender_kunde.install_as.ass_condition(SET_LIMIT(15,UPPER));
Abb.3d    tankender_kunde.install_as.user_application(FUELLING_PERSON);
Abb.3e    kunde.install_as.user_application(MY_FUEL_STATION);
Abb.3f    ref(user_application)FUELLING_PERSON,MY_FUEL_STATION;
```

Der Tankvorgang in Abb.2 illustriert einen auf Scenarios abgestellten funktionalen Entscheid. An einer Zapfsäule bedient ein Tankwart einen Kunden. Er benötigt genau 2 Minuten, um den automatischen Tankvorgang zu starten, dessen Dauer von der verlangten Menge Sprit(in Liter) und der Abgabegeschwindigkeit der Zapfsäule(in Liter/Minuten) abhängt. Abschliessend füllt er den Tank manuell auf(normalverteilt, in Minuten). Es gilt: TANKDAUER= TANKWART.STARTEN +
KUNDE.TANKEN / ZAPFSAEULE.TANKEN +
TANKWART.BEENDEN;

Das Modell enthält drei Elementtypen: Tankwart, Kunde und Zapfsäule. Während der Tankwart eine SERIE von Tätigkeiten ausführt, enthalten die Scenarios von Kunde und Zapfsäule nur eine Tätigkeit, nämlich den automatischen Tankvorgang. Daß sowohl der Tankwart während des automatischen Tankvorgangs, als auch Kunde und Zapfsäule während der übrigen Tätigkeiten des Tankwarts blockiert sind, äußert sich in der Definition des Kommunikationstyps, genannt MERGEANCE. Dieser ist Normalfall und auch Default: jedes an der Kommunikation beteiligte Element enthält seine Minimalanforderungen, die während der Kommunikation erfüllt werden müssen(/8/).

Dem gegenüber steht Kommunikationstyp INTERSECTION(/8/), bei dem ein Element alle seine möglichen Beiträge zu einer Kommunikation beschreibt, aus denen die aktuellen Partner auswählen dürfen. Eine Komponente wird also nur dann exekutiert, wenn alle an der Kommunikation beteiligten Elemente dies wünschen. Das wäre zB. der Fall, wenn die Tätigkeit 'beenden' nur auf ausdrücklichen Kundenwunsch erfolgt, sodaß TANKDAUER= TANKWART.STARTEN +
       KUNDE.TANKEN / ZAPFSAEULE.TANKEN +
       if KUNDE.BEENDEN then TANKWART.BEENDEN else 0;

Dabei müssen Komponenten, die sich auf das gleiche Teilscenario beziehen, durch eine identische Widmung ('designation') gekennzeichnet werden. In Abb.2 ist das der erste Parameter der Prozedur DOES, zB. 'tanken'. Der Beitrag der Komponente wird entsprechend der im nächsten Parameter angegebenen Berechnungsvorschrift in die Bestimmung der aktuellen Dauer des betroffenen Vorgangs miteinbezogen. Wird der Beitrag zur Dauer als MEASURED_DISTRIBUTION definiert, so werden die von den Verteilungen(hier Normalvtlg, Konstant) gelieferten Werte entsprechend ihren Einheiten in Beziehung gesetzt (oben also dividiert). Ist der Beitragstyp DISTRIBUTION, so wird der Wert multiplikativ miteinbezogen. Ist er CORRECTABLE(condi,corrected_value), so wird das durch die diversen DISTRIBUTIONs bzw. MEASURED_DISTRIBUTIONs erhaltene Teilergebnis nur beibehalten, wenn es die Bedingung CONDI erfüllt; ansonsten wird als Teilergebnis CORRECTED_VALUE retourniert. Dieser Typ findet isb. bei Definition oberer/unterer Grenzen (zB. '...aber nicht mehr als 5 Minuten') Verwendung.

Hier zeigt sich der Unterschied zwischen Definition und Prozedur sehr deutlich: die Umsetzung einer Begebenheit (zB. Art der Kommunikation, Art der Berechnung) in einen Ablauf/Anweisungen unterbleibt. Die Bestimmung der tatsächlichen Dauer eines Vorgangs oder des tatsächlichen Geschehens während einer Kommunikation erfolgt aufgrund der Definition der Komponenten entsprechend allgemeiner Regeln. Der Benutzer muß sich weder um Datenstrukturen und Berechnungsformeln noch um Synchronisation oder Programmierung kümmern.
(VIVIANE kann jederzeit durch die Definition zusätzlicher Berechnungsregeln erweitert werden. So ist die Installation des Typs MEASURED_CORRECTABLE(..) geplant.)

```
TANKWART:-1_s.A_SERIES;
inspect TANKWART.installs
    do begin
        NEEDS(kunde);NEEDS(saeule);
        DOES(starten,DELAYED(1_s.A_MEASURED_DISTRIBUTION(1_s.A_KONSTANT(2.0),
                             1_s.A_MEASURE(ä minute ä), none)));
        DOES(beenden,DELAYED(1_s.A_MEASURED_DISTRIBUTION(1_s.A_KONSTANT(7.0),
                             1_s.A_MEASURE(ä minute ä), none)));
    end;

TANKENDER_KUNDE:-1_s.A_SERIES;
inspect TANKENDER_KUNDE.installs
    do begin
        usage; IS_A(kunde); NEEDS(tankwart);
        DOES(tanken,DELAYED(1_s.A_MEASURED_DISTRIBUTION(1_s.A_NORMAL_VTGL(23.0,2.0),
                            1_s.A_MEASURE(ä liter ä), none)));
    end;

ZAPFSAEULE:-1_s.A_SERIES;
inspect ZAPFSAEULE.installs
    do begin
        usage; IS_A(saeule); NEEDS(tankwart);
        DOES(tanken,DELAYED(1_s.A_MEASURED_DISTRIBUTION (1_s.A_KONSTANT(10.0),
                            1_s.A_MEASURE(ä liter ä),
                            1_s.A_MEASURE(ä minute ä)));
    end;
```
Abb.2: Detaillierte Darstellung eines Tankvorgangs
Mit IS_A(kunde) deklariert man ein Objekt als Element der Resourcemenge namens 'kunde'. Eine Resourcemenge besitzt Submengen, in die sich solche Objekte in Abhängigkeit ihres jeweiligen Status' einfügen (/5/,/8/).

Typische Anwendungen für solch detaillierte Abbildungen isb. einer Bearbeitungsdauer sind Systeme mit flexiblen Strukturen, zB. flexible Fertigungssysteme oder Projektmanagement. Der Vorteil liegt nicht zuletzt darin, daß die Anpassung an Änderungen der inneren und/oder äusseren Begebenheiten trivial ist. (zB. unterschiedliche oder geänderte Leistung von Bearbeitungszentren; unterschiedliche oder geänderte Anforderungen an die Bearbeitungszentren).

### Beliebige Kommunikationsvarianten

Selbstverständlich kann ein Element jederzeit einer Kommunikation beitreten oder sie verlassen wollen. Dies wird in der Definition durch einen entsprechenden Exittyp angezeigt(/8/). Ob diesem Wunsch sofort oder verzögert entsprochen wird, wird r-dual entschieden. Bei MERGEANCE wird die Auflösung einer Kommunikation erst dann vollzogen, wenn alle Partner sämtliche während der Kommunikation zu exekutierenden Komponenten abgearbeitet haben. Bei INTERSECTION wird eine Kommunikation beendet, sobald der erste der Beteiligten sie auflöst; schließlich können die restlichen Komponenten der übrigen Partner nicht mehr allen gemeinsam sein. Allerdings wird der Auflösungswunsch eines Elements ignoriert, wenn sein Ausschluß aus der Menge der Kommunizierenden aufgrund deren r-dualer Definition abgelehnt wird. In dem Fall ist es blockiert und wird bis zur Auflösung der gesamten Kommunikation ignoriert.

Somit lassen sich <u>Blockadesituationen</u> entweder durch eine r-duale Definition der Menge der Kommunizierenden oder durch Kommunikationstyp MERGEANCE lösen. Beendet ein Bearbeitungszentrum seine Arbeit an einem Produkt, so versucht es, die Kommunikation mit diesem Produkt aufzulösen; in seiner Definition wird also der Exit der letzten Tätigkeit die Auflösung beschreiben. Das Produkt verläßt das Bearbeitungszentrum erst, wenn es im nächsten Puffer Platz findet; in seiner Definition wird ein auflösender Exit also erst bei der Komponente definiert, die die Einfügung des Produkts in den nächsten Puffer regelt. Dadurch wird bei Kommunikationstyp MERGEANCE das Bearbeitungszentrum blockiert, solange das Produkt seinen auflösenden Exit noch nicht erreicht hat. Bietet das Bearbeitungszentrum eine Menge von Tätigkeiten zur Auswahl an, so muß als Kommunikationstyp INTERSECTION definiert werden. Mit BLOCKS; bzw. BLOCKS(..); wird die Menge der Kommunizierenden so definiert, daß sie den Ausschluß eines einzigen bzw. eines angegebenen Elements nicht zuläßt.

### Definition von auf einen Problembereich zugeschnittenen Werkzeugen

Basierend auf VIVIANE können auf verschiedene Problembereiche zugeschnittene Werkzeuge raschest zur Verfügung gestellt werden. Faßt man zB. die Definitionen von Abb.2 (zusammen mit den in Simula nötigen Deklarationen der Objekte und etwaigen übrigen Definitionen) in einer Klasse namens TANKSTELLE zusammen und erweitert man die Klasse DEFINITION (mit Instance i_s) um eine Prozedur
    ref(aggregated) procedure A_TANKSTELLE;
            A_TANKSTELLE:- NEW TANKSTELLE(..standardparameter..);
sodaß diese ein Standardobjekt der Klasse TANKSTELLE generiert und retourniert, so kann der Benutzer durch    OST :-i_s.A_TANKSTELLE; WEST:-i_s.A_TANKSTELLE;    usf. das vordefinierte Modell TANKSTELLE verwenden und seine Objekte (OST,WEST) -wie oben beschrieben- seinen Begebenheiten anpassen. (Im menuegesteuerten Interface ist eine Unterstützung der Erstellung derartiger Werkzeuge geplant.)
    Wird ein vordefiniertes Modell (zB. das Aggregat TANKSTELLE) als Komponente eines anderen Aggregats (zB. TRANSPORTUNTERNEHMEN) weiterverwendet, so sind die Aufrufe von in TANKSTELLE definierten Objekten sicher nicht an das höchststufige Aggregat TRANSPORTUNTERNEHMEN gerichtet. VIVIANE muß daher für eine der Definition von TRANSPORTUNTERNEHMEN entsprechende Abwicklung des Steuerflusses sorgen.

### Handhabung von Interrupts

Die Behandlung von Interrupts ist ein spektakuläres Beispiel für das virtuelle Weltbild. Dzt. behandelt man einen Interrupt als Sonderfall der Inanspruchnahme von Systemelementen. Das erkennt man daran, daß dem Unterbrechenden dafür spezielle Befehle zur Verfügung stehen (in GPSS PREEMPT, in SIMULA REACTIVATE). Mit einem solchen Befehl wird direkt das betroffene, nicht aggregierte Element angesprochen, das dann selbständig und unabhängig seine Entscheidung trifft.

Diese Vorgangsweise ist für aggregierte Systeme nicht anwendbar, da eine Komponente nur dann unterbrochen werden darf, wenn die Definition des gesamten Aggregats es erlaubt. Daher muß VIVIANE den Interrupt korrekt lokalisieren und entscheiden, ob er gemäß der Definition aller davon betroffenen Komponenten erlaubt ist oder verzögert bzw abgelehnt werden muß. ZB. kann eine untergeordnete Komponente einen Interrupt erlauben, die ihr übergeordnete Komponente ihn jedoch verbieten und umgekehrt. Ein Interrupt wird nur abgelehnt, wenn alle davon betroffenen Komponenten ablehnen.

ZB. müsse ein Produkt eine SERIE von (unterbrechbaren) Bearbeitungsschritten immer vollständig (dh. ohne Interrupt) durchlaufen. Man definiert die einzelnen Bearbeitungsschritte als unterbrechbar und das übergeordnete Aggregat SERIE als nicht unterbrechbar. Dadurch kann ein Interrupt eines Bearbeitungsschrittes für andere Produkttypen sofort behandelt werden. Für obige Serie wird er aber solange verzögert, bis das betroffene Produkt fertig bearbeitet ist.

Obige SERIE wird nur Teil des PRODUKTscenarios sein. Es können also andere Teile des PRODUKTscenarios beliebig unterbrechbar sein. In diesem Fall müssen die übergeordneten Aggregate einen Interrupt zulassen, damit die anderen Komponenten den Interrupt annehmen können. Durch die Definition der SERIE als nicht unterbrechbar wird ein Interrupt nur dann verzögert, wenn diese Serie betroffen ist.

Anstatt also einen Befehl an geeigneter Stelle zu codieren und (durch Abfragen etc) sicherzustellen, daß der Befehl auch exekutiert werden darf, wird in VIVIANE in der Definition der einzelnen Komponenten angegeben, welches ihr Verhalten bei an sie herangetragenen Interruptwünschen ist.

Jeder Interrupt wird aufgrund der R-Dualität nur als eines der möglichen Ergebnisse einer Kommunikation betrachtet. Dh. daß die Entscheidung über Annahme/Ablehnung des Interrupts durch eine Komponente r-dual, also aufgrund der Definition aller an der Kommunikation beteiligten Partner erfolgt. Ist obige Serie -für einen anderen Produkttyp exekutiert- unterbrechbar, so erfordert das keine Sonderbehandlung, sondern äußert sich nur in der Definition des Interruptverhaltens des anderen Produkttyps.

Analoge Überlegungen treffen für die Wiederaufnahme von unterbrochenen Komponenten zu. Interessant ist dabei folgende, nur bei aggregierten Systemen auftretende- Situation: das aggregierte Element (zB. obige Serie) spricht sich für die Wiederaufnahme ihrer bei einer Komponente K unterbrochenen Tätigkeit aus; K lehnt diese ab. Dadurch setzt die Serie ihre Handlung fort und zwar mit der K folgenden Komponente. (Für dafür wiederum vordefinierte Typen und Defaults siehe (/8/).)

### Vergleich mit einigen bekannten Systemen in Bezug auf die Implementierung

GPSS und VIVIANE ähneln sich darin, daß VIVIANE dieselben Typen von Warteschleifen zur Verfügung stellt. Der große Unterschied besteht in der virtuellen Sicht, die sich nicht zuletzt darin ausdrückt, daß zwischen 50% und 90% der GPSS Blocktypen (/12/) überflüssig werden. (Ein genauerer Vergleich ist wegen der Verschedenheit der Konzepte nicht möglich).

Während SimplexII (/1/) im Vergleich zu einem äquivalenten GPSS Programm durch Bereitstellung des (aggregierten) Typs 'STATION' als funktionell partitioniert betrachtet werden kann, wird bei VIVIANE der Steuerfluß von herkömmlichen (auch SimplexII-) Programmen nachvollzogen. Während in SimplexII jede Station ihren eigenen Scheduler besitzt und die Synchronisation auf höchster Ebene ereignisorientiert abläuft, erfolgt die Synchronisation aggregierter Elemente in VIVIANE prozessorientiert mittels Warteschleifen. Jedes Aggregat besitzt eine externe und eine interne Warteschleife. Die eine regelt den Kontrolltransfer nach aussen, die andere den Kontrolltransfer nach innen. Die Synchronisationsschnittstelle zwischen einem Aggregat und seiner Umgebung ist daher nicht eine Ereigniszeit bzw ein Ereignis, sondern ein Status(wie IDLE von SIMULA). Daraus resultiert eine beliebige Schachtelungstiefe und vollständige Unabhängigkeit. Implizite Annahmen, Kontrollflüsse etc. aufgrund einer zugrundeliegenden Sprache fehlen bzw. sind durch Defaults ersetzt. Dadurch wird neben einer Aufwandsverringerung die beliebige, weltbildunabhängige Weiterverwendung einmal spezifizierter Modelle/Modellkomponenten ermöglicht.

Vergleicht man SIMULA oder auf SIMULA bzw. dessen Simulationskonzept basierende Systeme mit (dem auf SIMULA basierenden) VIVIANE, so zeichnet sich VIVIANE neben den ansonsten geltenden Unterschieden und Vorteilen noch durch eine wesentlich geringere Anzahl notwendiger Processobjekte aus. Dies wird dadurch erreicht, daß nicht nur der Steuerfluß innerhalb der Aggregate, sondern der Steuerfluß des gesamten spezifizierten Modells von VIVIANE gehandhabt wird. Konkret heißt das, daß ein Processobjekt den Warteschleifen in der Reihenfolge, in der sie zu exekutieren sind, zugeteilt wird. Sobald das Processobjekt den durch die Definition der Warteschleife bestimmten Code exekutiert hat, exekutiert es den entsprechenden EXIT(/6/). Dabei wird es der durch den EXIT angegebenen Warteschleife zugewiesen. Nur eine endogene Warteschleife (HOLD in SIMULA, ADVANCE in GPSS) blockiert ein Processobjekt länger, nämlich für die Dauer, die sich dieses Processobjekt stellvertretend im SQS (di die Liste der eingeplanten Ereignisse) befindet. Dadurch entspricht die Anzahl der notwendigen Processobjekte der maximalen Anzahl von gleichzeitig abgewickelten endogenen Warteschleifen, was den Speicherplatzaufwand beträchtlich reduziert und sich durch die geringe Anzahl von Eintragungen ins SQS positiv auf die Laufzeit auswirkt.

Das ebenfalls auf SIMULA basierende AMADEUS (/10/) ist durch seine Entity-Connection-Sicht bereits weitgehend unabhängig von Weltbildproblemen. Es trennt zwischen Entities (Monologen) und Connections (Kommunikationen). Ähnlich wie in VIVIANE ist in AMADEUS in jeder an einer Kommunikation beteiligten Entity ein Baustein enthalten, der diese Kommunikation betrifft. Während bei VIVIANE dieser Baustein den Anteil dieses Elementes an der Kommunikation beschreibt, referenziert ein äquivalenter Baustein von AMADEUS ein Modul, in dem der Ablauf der konkreten Kommunikation vom Benutzer codiert worden ist. Dieses Modul muß Unterklasse der vordefinierten Klasse CONNECTION sein. Sein Code wird exekutiert, sobald die Bedingung für die Anzahl/Art der beteiligten Entities erfüllt ist. Diese Bedingung wird durch CONNECTION überwacht. Obwohl das die Wartungsfreundlichkeit gegenüber älteren Systemen wesentlich verbessert, bleibt der Nachteil von (konventions- und sprachgebundener) Codierung durch den Benutzer. Wie alle übrigen Systeme unterstützt AMADEUS das Konzept der R-Dualität nicht und besitzt auch noch kein vergleichbares Mengenmodell. Allerdings läßt sich das von VIVIANE verwendete Mengenmodell (/2/,/3/) problemlos in alle auf SIMULA basierenden Systeme einbauen.

**References**
/1/ Hellmold K.U:'Der Simulationsrechner SIMPLEX', Diss. Erlangen 1985
/2/ Kohel K/Maschtera U:'The Role of Association and Related Aggregation in Descriptive Process-Oriented Discrete Event Simulation Modelling',2nd European Simulation Congress 1986
/3/ Kohel K:'Das Benutzerinterface von KOMA', Institutsbericht 1987
/4/ Maschtera U: 'Duality Concepts in Discrete Event Simulation', in: Hamza(ed): Applied Informatics'84, Acta Press
/5/ Maschtera U:'An Aggregation Tool For The Definition Of Discrete Event Simulation Models With Various Structures', Institutsbericht 1986
/6/ Maschtera U:'The Role of Synchronisation in Descriptive Process-Oriented Discrete Event Simulation Modelling', 2nd Europ. Simulation Congress 1986
/7/ Maschtera U:'Achieving Descriptivity in Process-Oriented Discrete E vent Simulation', Simula Users Conference 1986
/8/ Maschtera U:'The Virtual View in Simulation', Institutsbericht 1987
/9/ Overstreet C/Nance R:'World View Based Discrete Event Model Simplification', in:Elzas/Şren/Zeigler, Modelling and Simulation Methodology in the Artificial Intelligence Era, North Holland 1986
/10/Pflug/Prohaska/Zugmann: 'AMADEUS - a Modular and Descriptive Simulation System', in: Berichte aus den Informatikinstituten 1987
/11/Seliger G: 'Ferigungssystemplanung mit Hilfe der rechnerunterstützten Simulation, Fertigungstechnik und Betrieb, Berlin 36(1986)7
/12/Weber/Trzebinger/Tempelmeier: 'Simulation mit GPSS', Haupt 1983
/A/ Brayant R/Unger B.W:'Simulation in Strongly Typed Languages', SCS Series, Vol.13, Nr.2
/B/ Barron D/Hanson D: Software, Practice and Experience, Vol.14, Nr.7
/C/ Lindstrom/Skansholm:'How to Make Your Own Simulation System', Software, Practice & Exp.,Vol 11,629ff

# Kausalität und Temporalität bei der Modellbildung

Einar Smith

Gesellschaft für Mathematik und Datenverarbeitung

D-5205 St. Augustin

**Zusammenfassung.** Als fundamental für die Modellierung dynamischer Systeme erweist sich die Kenntnis der Struktur der kausalen Abhängigkeiten von Systemereignissen. Diese Betrachtungsweise gestattet es beispielsweise, Zuverlässigkeitsfragen von Systemen analytisch-kombinatorisch zu behandeln, statt sich von vorneherein auf probabilistisch-statistische Charakterisierungen zu beschränken. Methodisch bietet sich dafür die Theorie der Petri-Netze mit ihrer besonderen Berücksichtigung nicht-sequentieller Prozesse an. Insbesondere erweisen sich 'unsichere' (kontaktbehaftete) Netz-Systeme und ihre 'zeitkritischen' Abläufe als nützliche Konzepte.

## Einleitung

Es scheint fast überflüssig zu erwähnen, daß Ereignisse der realen Welt *in der Zeit* stattfinden. Deshalb scheint es auch folgerichtig anzunehmen, daß der Fluß der Zeit auch Grundlage jeglicher Modellbildung dynamischer Systeme zu sein hat. In einem klassischen Lehrbuch über Simulationstheorie fordert Zeigler [5], p. 199:

> *Fundamental to the notion of "dynamic system" is the passage of time. Time is conceived as flowing along independently, and all events are ordered by this flow.*

So fundamental diese 'passage of time' zunächst auch scheinen mag, so problematisch erweist sie sich bei näherer Betrachtung. Wie beispielsweise werden räumlich verteilte unabhängige Ereignisse durch den 'Fluß der Zeit' geordnet? Soll man sich den Ereignisraum sozusagen durch "Isochronen" ("Linien gleicher Zeit") überdeckt vorstellen, ähnlich wie Wetterkarten durch Isobaren? Welchen Sinn macht es, von unabhängigen Ereignissen zu behaupten, "im Prinzip" sei zwischen ihnen eine Reihenfolge gegeben, auch wenn sie möglicherweise gar nicht feststellbar ist? Ist nicht gerade auch für die Konstruktion von Simulationsmodellen die Frage, ob Systemereignisse unabhängig sind, oder *ob* und *wie* sie kausal voneinander abhängen, entscheidender als eine beobachtete zeitliche Reihenfolge?

Zur Illustration dieses Verhältnisses von Kausalität und Temporalität soll eine alltägliche Situation dienen: Ein Fußgänger will eine Straße überqueren. Die Ampel zeigt grün, und er betritt die Fahrbahn. Noch während er sich auf der Straße befindet, schaltet die Ampel auf rot (Ereignis $A$). Er kann aber trotzdem sicher die andere Seite erreichen (Ereignis $B$), bevor die Straße für den Fahrzeugverkehr freigegeben wird (Ereignis $C$). Die Reihenfolge der Ereignisse ist also $A - B - C$.

In diesem zeitlichen Nacheinander lassen sich allerdings (mindestens) zwei verschiedene Arten der Aufeinanderfolge unterscheiden:

"$C$ nach $A$" ist im System implementiert; die Ampelanlage ist so geschaltet, daß die Fahrzeugampel erst grün wird, nachdem die Fußgängerampel auf rot umgeschaltet hat: $A$ ist *kausale Voraussetzung* für das Eintreten von $C$, $A$ ist kausal früher als $C$.

Ganz anders verhält es sich mit der Beobachtung "$C$ nach $B$". Der *zeitliche Abstand* zwischen $A$ und $C$ ist so berechnet, daß es einem "Normalfußgänger" leicht möglich ist, rechtzeitig vor dem Eintreten von $C$ die andere Straßenseite zu erreichen. Allerdings kann man sich auch leicht Ursachen dafür überlegen, daß $C$ eintritt ohne daß vorher $B$ eingetreten war.

Zusammenfassend: $A$ und $C$ sind kausal miteinander verknüpft, so daß $C$ nicht vor $A$ eintreten kann. $B$ und $C$ sind kausal unabhängige Ereignisse: $C$ wartet nicht auf $B$. Das gewünschte Verhalten des Systems wird letztlich nur durch "ausreichend gewählte temporale Sicherheitsabstände" gewährleistet. In der bloßen Erscheinungsform $A - B - C$ ist der Unterschied zwischen $A - C$ und $B - C$ allerdings nicht mehr sichtbar.

Wir werden dafür plädieren, daß es zweckmäßig und nötig ist, die beiden Formen des Nacheinander, die kausale und die temporale, sorgfältig voneinander zu unterscheiden. Insbesondere wollen wir nicht den Fluß der Zeit, sondern die Struktur der kausalen Abhängigkeiten der Ereignisse als fundamental für dynamische Systeme ansehen. Dadurch wird es erst möglich, typisches Fehlverhalten von 'zeitkritischen Systemen' (d.h. von solchen Systemen, in denen man sich auf eine Reihenfolge zwischen unabhängigen Ereignissen verläßt) zu erkennen, zu charakterisieren und falls notwendig zu vermeiden (z.B. Hasards oder Races in Schaltnetzen).

## Temporalität

Betrachten wir zunächst als abstraktes Gedankenmodell einen Prozeß, von dem wir nur den zeitlichen Ablauf sehen, ohne die dahinterliegende Kausalstruktur zu kennen. Stellen wir uns eine Anordnung von drei Lämpchen $a$, $b$ und $c$ vor, so daß $a$ und $b$ immer abwechselnd jeweils zwei Zeiteinheiten lang leuchten. In der ersten Hälfte jeder Leuchtperiode von $a$ und $b$ leuchtet jeweils auch $c$.

Zur Veranschaulichung denke man etwa wieder an ein Ampelsystem, das eine Fahrtrichtung freigibt wenn $a$ und $c$ leuchten, und entsprechend den Querverkehr beim Leuchten von $b$ und $c$. Erlöschen von $c$ bedeutet dann: Kreuzung freimachen.

Ein Ablauf dieses Systems ist wie folgt darstellbar, (wobei die horizontalen Striche das Leuchten der jeweiligen Lämpchen anzeigen):

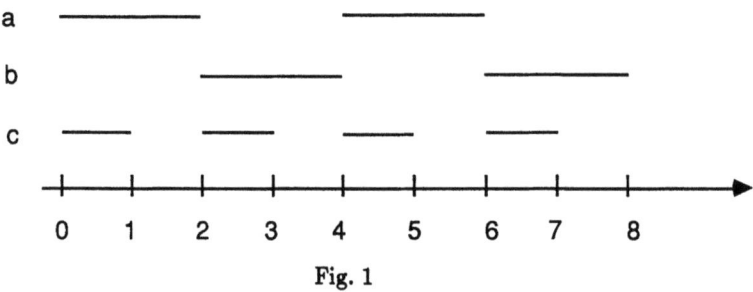

Fig. 1

Als Beschreibungsmittel für solche zeitlich linear angeordnete Phänomene ist die Sprache der Temporallogik weit verbreitet. Der obige Ablauf entspricht einem *Prozeß* in dem Sinne wie er etwa in einem der Standardtexte zur Temporallogik [3], p.155 definiert wird:

> *A Process embodies a temporally sequential, coordinated series of stages linked together in a cohesive unit.*

In der Sprache der Temporallogik läßt sich beispielsweise die Tatsache, daß jedes Aufleuchten von
a gefolgt wird von einem Aufleuchten von b, ausdrücken durch

$$\underline{\text{always}}\ (a \Rightarrow \underline{\text{eventually}}\ b)$$

oder in Worten: nach jedem Zeit*punkt*, in dem a leuchtet, gibt es einen Zeit*punkt* in dem b leuchtet.

Dieses Beispiel illustriert die Sichtweise der Temporallogik, die in dem obigen Zitat ausgedrückt wird: Prozesse werden als *Folgen von statischen Zuständen* (series of stages) aufgefaßt; durch welche Art der Veränderungen oder Übergänge die Zustände ineinander überführt werden, wird im allgemeinen nicht betrachtet. Es ist aber gerade der Zusammenhang zwischen Zuständen und Veränderungen, der bedeutend wird, wenn man "hinter die Lichter" schaut um zu sehen, wie das zugrundeliegende System arbeitet.

## Kausalität

Nehmen wir jetzt an, daß a und b Indikatoren für zwei Produktionsvorgänge sind, die eine Ressource abwechselnd exklusiv benötigen. Wir bezeichnen diese Vorgänge selbst auch wieder mit a und b. Nehmen wir ferner an, daß die Produkte in einem Puffer (bezeichnet mit c) abgelegt werden, aus dem sie jeweils nach einer Periode von 1 Zeiteinheit entnommen werden.

Graphisch können wir dieses System folgendermaßen darstellen:

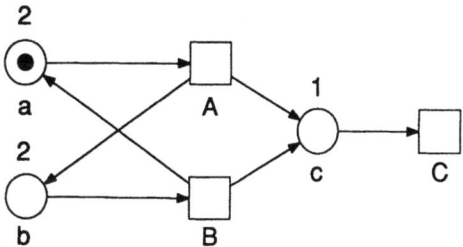

Fig. 2

Die Marke auf der Stelle a drückt aus, daß Produktionsvorgang a gerade abläuft. Nachdem dieser Vorgang beendet ist, liegt das Resultat im Puffer c vor, und die benötigte Ressource steht dann dem Vorgang b zur Verfügung. Graphisch ausgedrückt: die die Marke wird aus a entfernt und ersetzt durch jeweils eine Marke auf b und c. Das mit A bezeichnete Kästchen repräsentiert den Übergang, das *Ereignis* der Veränderung: a ist *Vorbedingung* für das Eintreten von A, und wenn A eingetreten ist, sind die *Nachbedingungen* b und c erfüllt, die Vorbedingungen aber nicht mehr. A drückt die *kausale* Beziehung zwischen seiner Vorbedingung a und seinen Nachbedingungen b und c aus. Analog bezeichnet C das Ereignis des Leerens des Puffers. Die Zahlen drücken natürlich die Verweildauer auf den jeweiligen Stellen aus. Betrachten wir aber zunächst die reine Kausalstruktur des Systems, ohne Berücksichtigung der Zeitinschriften.

Ein Ablauf, ein *Prozeß* des Systems läßt sich folgendermaßen beschreiben: Nach Eintreten von A sind die Bedingungen b und c erfüllt. Diese wiederum sind Vorbedingungen für die Ereignisse B und C, die jetzt eintreten können ohne irgendwie in ihrer Reihenfolge miteinander verkoppelt zu sein. Sie können unabhängig, *nebenläufig* eintreten. Nach Eintritt von B ist wieder die Vorbedingung von A erfüllt, und das Ganze kann sich wiederholen. Graphisch kann man sich dieses Ablaufprotokoll als eine Entfaltung, ein Abrollen des Systems veranschaulichen:

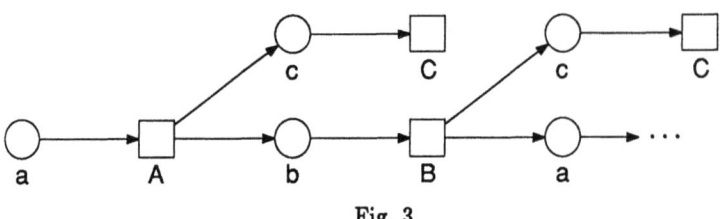

Fig. 3

Hier wird der Unterschied zwischen kausaler Abhängigkeit und bloßem zeitlichen Nacheinander schon graphisch deutlich: Je zwei Vorkommen von $a$ beispielsweise sind durch einen gerichteten Pfad verbunden, die Vorkommen von $c$ nicht. Anders ausgedrückt: in diesem Prozeß garantiert schon die Kausalstruktur, daß nie zwei Marken auf $a$ oder $b$ abgelegt werden. Für $c$ ist das nicht der Fall. $B$ könnte eintreten bevor $C$ eingetreten ist.

Nehmen wir im Folgenden zusätzlich an, daß die Kapazität des Puffers $c$ auf *eine* Einheit beschränkt ist. Das Eintreten von $B$ vor $C$ wäre dann ein Fehlverhalten des Systems. Verhindert wird dieser mögliche Systemfehler nur durch temporale Garantien, in Fig. 2 repräsentiert durch die jeweilige Verweildauer der Marken auf den Stellen.

Der in Fig. 3 dargestellte Prozeß zeigt, daß das System bezüglich der Stelle $c$ *kausal* nicht sicher ist. Den Prozeß selbst wollen wir *zeitkritisch* oder einfach *kritisch* nennen.

Es ist klar, daß der Ablauf, den ein zeitkritischer Prozeß beschreibt, real dann kritisch werden kann, wenn die Zeitabstände, die die Sicherheit des Systems gewährleisten, nicht stabil sind. Und 100% stabil sind sie natürlich nie. Gewisse stochastisch zu erwartende Abweichungen von einem 'Sollwert' werden dann üblicherweise in eine Berechnung der zu erwartenden Fehlerhäufigkeit übersetzt.

## Konsequenzen für die Modellbildung

Als Zwischenbilanz lassen sich für die Modellbildung zum Zwecke der Simulation (und nicht nur dafür) einige Anforderungen formulieren:

Modellierung eines dynamischen Systems muß als ersten Schritt dessen Kausalstruktur im Modell widerspiegeln. Nur so ist es möglich, eventuelles Fehlverhalten des System analytisch nachzuweisen. Allgemein hat man nur dann die Gewähr, daß am Modell beobachtete Abläufe auch ihre Entsprechung im simulierten System selbst haben, wenn der 'Strukturhomomorphismus' zwischen System und Modell nicht fälschlicherweise Abhängigkeiten herstellt oder vorspiegelt, die im System selbst gar nicht vorhanden sind. Wenn also das Modell die Kausalstruktur des Systems reflektiert, ist das eine sichere Grundlage für die Charakterisierung der strukturell möglichen Prozesse des Systems. Beispielsweise können zeitkritische Schwachstellen erkannt werden, oder die Möglichkeit von unerwünschten Systemabläufen nachgewiesen werden (wir kommen darauf zurück).

In einem zweiten Schritt können dann Zeitvorgaben und Zeitannahmen berücksichtigt werden. Dadurch kann etwa der reibungslose, 'sichere' Ablauf zeitkritischer Prozesse (s.o.) ermöglicht werden, oder es können allgemein Prozesse, die zu unerwünschten Situationen führen würden, verhindert werden.

Durch dieses Vorgehen bleibt immer erkennbar, auf welche Art die Zuverlässigkeit des Systemablaufs gewährleistet wird, ob durch temporale Annahmen oder durch strukturelle Abhängigkeiten.

## Netzsysteme und ihre Prozesse

Für die Modellierung der Kausalstruktur eines Systems ist ein entsprechendes Instrumentarium notwendig. Ein solches Instrumentarium muß so beschaffen sein, daß zwischen *Zuständen* und

*Veränderungen* unterschieden werden kann, *Nebenläufigkeit* von Zuständen und Veränderungen ausdrückbar ist, und eventuelle Systemunsicherheiten adäquat dargestellt werden können.

Als geeignet für diese Art der Modellbildung und Analyse erweisen sich *Petri-Systeme* und ihre Prozesse, die wir im Folgenden etwas näher betrachten. Dabei verzichten wir hier allerdings weitgehend auf technische Einzelheiten, und beschränken uns auf einige wesentliche Eigenschaften. Für eine umfassende präzise Einführung in die Netztheorie sei auf [4] verwiesen, für eine Darstellung der zugrundeliegenden Theorie der Nebenläufigkeit ("Concurrency") auf [1,2].

### Netzsysteme

Ein *elementares Netzsystem*, wie wir es hier betrachten wollen, ist gegeben durch eine Menge von *Bedingungen*, eine Menge von *Ereignissen*, eine *Flußrelation*, die den 'Kausalfluß' von Bedingungen zu Ereignissen oder umgekehrt beschreibt, und durch die Angabe einer Teilmenge von Bedingungen, die in einem Anfangs*fall* des Systems erfüllt sind.

Ein Beispiel für ein elementares Netzsystem zeigt Fig. 2., wobei die in der Netztheorie üblichen graphischen Darstellungskonventionen benutzt werden: Bedingungen werden durch Kreise, Ereignisse durch Kästchen und die Flußrelation durch Pfeile dargestellt. Eine Marke drückt aus, daß die entsprechende Bedingung erfüllt ist.

Eine Bedingung $b$ heißt *Vorbedingung* des Ereignisses $E$ falls von $b$ nach $E$ die Flußrelation besteht (graphisch: falls von $b$ zu $E$ ein Pfeil führt). *Nachbedingungen* von Ereignissen werden entsprechend definiert. Sind in einem Fall alle Vorbedingungen eines Ereignisses $E$ erfüllt und entsprechend alle Nachbedingungen nicht erfüllt, ist $E$ *aktiviert* und kann *eintreten*. Durch das Eintreten von $E$ hören die Vorbedingungen auf zu gelten und die Nachbedingungen fangen an. Daraus entsteht ein *Folgefall*, wobei die Bedingungen mit denen $E$ nicht kausal durch die Flußrelation verbunden ist, unberührt bleiben.

### Kontaktsituationen

Es ist wichtig festzuhalten, daß es zwei wesensmäßig verschiedene Situationen gibt, in denen ein Ereignis $E$ nicht eintreten kann:

1.) $E$ is nicht aktiviert, weil nicht alle Vorbedingungen erfüllt sind. ('Ein Ereignis braucht gewisse Ressourcen um eintreten zu können.')

2.) $E$ kann nicht eintreten, obwohl alle Vorbedingungen erfüllt sind, weil auch (mindestens) eine Nachbedingung erfüllt ist. Diese Situation heißt *Kontaktsituation*. Könnte $E$ in dieser Situation eintreten, würde eine Bedingung erfüllt *werden*, die schon erfüllt *ist*. (Wie soll man beispielsweise eine Lampe einschalten, die schon brennt?)

Allgemein zeigt eine Kontaktsituation die Möglichkeit eines Systemfehlverhaltens auf. In unserem Beispiel (Fig. 2) könnte man sich vorstellen, daß ein Eintreten von $B$ die Gefahr einer Zerstörung des vorher von $A$ in den Puffer $c$ abgelegten Gegenstandes mit sich bringt. (Zur Erinnerung: Der Puffer $c$ hat die Kapazität 1.)

Ein Netzsystem, in dem durch Eintreten von Ereignissen keine Kontaktsituation auftreten kann, heißt *kontaktfrei*. Besondere Bedeutung haben kontaktfreie Systeme, weil sie 'sicher' sind, alle ihre Prozesse sind in einem noch zu präzisierenden Sinn 'unkritisch'.

### Nicht-sequentielle Prozesse in Netzsystemen

Betrachten wir anhand von Fig. 3 einige Eigenschaften von Prozessen in elementaren Netzsystemen. Wie schon erwähnt, kann man sich einen Prozeß als Protokoll eines Systemablaufs veranschaulichen.

Er besteht aus den einzelnen Vorkommen von Ereignissen und Bedingungen und ihren Abhängigkeiten. In dem Prozeß sind zwei Vorkommen von Systemelementen kausal abhängig, wenn es einen gerichteten Pfad zwischen ihnen gibt. Beispielsweise ist das Vorkommen von $A$ kausale Voraussetzung für das Vorkommen von $B$. Das Vorkommen von $b$ ist kausaler Nachfolger des Vorkommens von $a$ (links im Bild), kausaler Vorgänger des (im Bild rechts) folgenden Vorkommens von $C$ und kausal unabhängig von dem anderen Vorkommen von $C$.

Ein Prozeß wie dieser, in dem nicht alle Vorkommen von Eregnissen und Bedingungen sequentiell miteinander verbunden sind, heißt *nicht-sequentiell*. Zwei Vorkommen von Systemelementen, die kausal unabhängig sind, die nicht durch einen gerichteten (sequentiellen) Pfad miteinander verbunden sind, heißen *nebenläufig* oder *concurrent*. Mit diesen Begriffen können wir jetzt kritische und unkritische Prozesse unterscheiden: Ein Prozeß heißt *kritisch*, falls es mindestens zwei nebenläufige Vorkommen desselben Systemelements gibt. Andernfalls ist ein Prozeß *unkritisch*.

Beispielsweise zeigt Fig. 3 einen kritischen Prozeß: Je zwei Vorkommen von $c$ sind nebenläufig. Das gleiche gilt für die Vorkommen von $C$, während etwa keine zwei Vorkommen von $a$ nebenläufig sind.

Offensichtlich hat ein kontaktfreies Netzsystem keine kritischen Prozesse. Die Umkehrung gilt allerdings nicht unbedingt: Es gibt Netzsysteme ohne kritische Prozesse, in denen aber Kontaktsituationen erreichbar sind.

## Anwendungen

Bei der Modellierung dynamischer Systeme können Zeitparameter verschiedenen Zwecken dienen. Zum einen sollen sie einfach erlauben, quantitative Aussagen über das Systemverhalten zu machen. Auch wenn das gelegentlich als der eigentliche Zweck von Simulationsmodellen gesehen wird, muß dabei immer ein 'Wohlverhalten' des Systems in irgendeinem Sinne unterstellt werden. Ein solches Wohlverhalten zu ermöglichen ist dann ein anderer, qualitativer Zweck von temporalen Anforderungen. Zeitparameter können also dazu dienen, zusätzliche Forderungen an das System zu stellen, um in einem kausal unsicheren System überhaupt erst ein 'sicheres' Systemverhalten zu garantieren.

Wenn in unserem Beispiel gewährleistet sein muß, daß der in Fig. 3 dargestellte kritische Prozeß gefahrlos ablaufen kann, ist es offensichtlich nötig, daß die Bedingung $c$ mit gewissem 'Sicherheitsabstand' jeweils kürzer gilt als $a$ und $b$. Andererseits zeigt dieser Prozeß gerade auf, wie das System strukturell sicher gemacht werden kann, so daß die Zeitparameter von der Last der Zuverlässigkeitsgewährleistung befreit werden: Das Eintreten von $A$ oder $B$ muß abhängig gemacht werden von einer Rückmeldung über den erfolgten Eintritt von $C$. Das kann erreicht werden durch Einfügen einer *Komplement*bedingung $\bar{c}$ von $c$, die genau dann erfüllt ist, wenn $c$ frei ist.

Daraus ergibt sich das kontaktfreie System

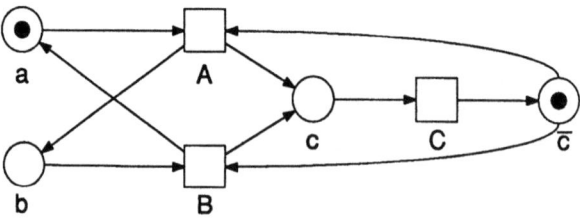

Fig. 4

Ein Ablauf dieses Systems zeigt, daß das System jetzt 'geschwindigkeitsunabhängig' ist; die Zuverlässigkeit des Systems ist nicht mehr abhängig von der Einhaltung irgendwelcher zeitlicher Parameter:

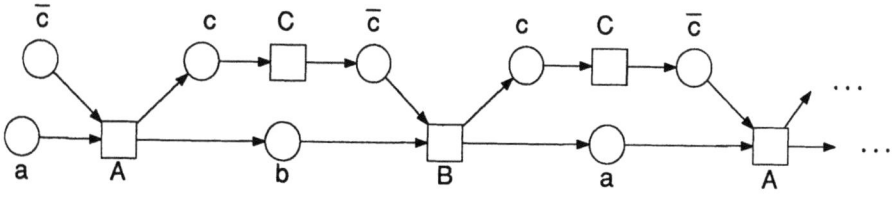

Fig. 5

Betrachten wir zum Schluß noch ein System, das kontaktfrei ist, daher auch keinen kritischen Prozeß hat, in dem aber durch Einhaltung zeitlicher Parameter Prozesse ausgeschlossen werden, die zu einer Verklemmungssituation führen könnten:

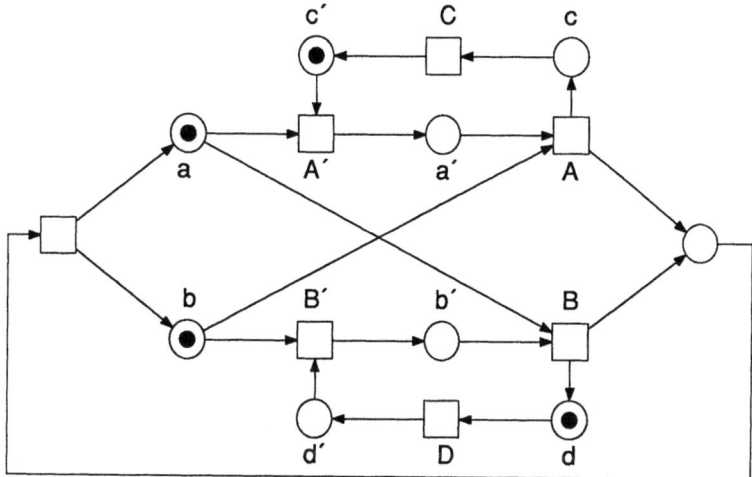

Fig. 6

Die Ereignisse $A$ und $B$ brauchen zum Eintreten jeweils die beiden Ressourcen $a$ und $b$. Unter bestimmten Bedingungen können sie eine davon reservieren. Wenn $A$ und $B$ jetzt jeweils eine Ressource reserviert haben und auf die andere warten, ist die Verklemmungssituation ($a'$ und $b'$ erfüllt, aber weder $a$ noch $b$) eingetreten. Wenn wir zunächst wieder die bloße Kausalstruktur betrachten, ist das Folgende ein möglicher Ablauf, der zu dieser Situation führt:

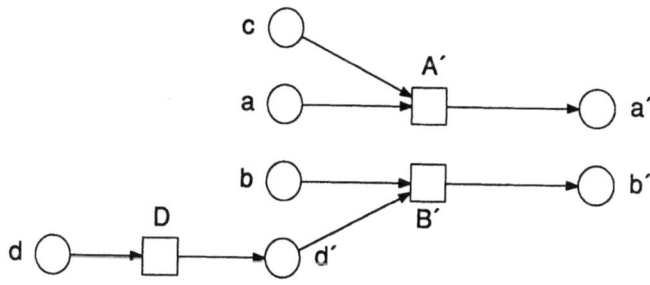

Fig. 7

Nehmen wir jetzt idealisierend an, daß den Bedingungen $c, c', d, d'$ eine Verzögerung von 1 Zeiteinheit zugeordnet ist, während alle anderen Teile des Systems sobald wie möglich und ohne Zeitdauer durchlaufen werden. Wie man leicht nachrechnen kann, ist dann der in Fig. 7 dargestellte Prozeß nicht möglich; das System ist verklemmungsfrei. Genauer: Es ist gewährleistet, daß $A$ und $B$ immer abwechselnd eintreten können.

Da diese Gewährleistung aber wieder nur auf der Einhaltung temporaler Parameter beruht, besteht natürlich die Gefahr, daß Verklemmungssituationen in das System hineinoptimiert werden, wenn beispielsweise zum Zweck einer Steigerung des Durchsatzes die Zeitverzögerungen reduziert werden.

Wie eine nähere Analyse des Systems zeigt, kann das abwechselnde Eintreten von $A$ und $B$ aber auch auf einfache Weise kausal gewährleistet werden durch Einbau einer 'Sicherungsstelle', und zwar zwischen $A'$ und $B'$:

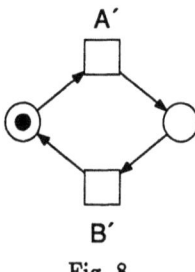

Fig. 8

## Schlußbemerkungen

Wir haben versucht aufzuzeigen, daß die Theorie nicht-sequentieller Prozesse grundlegend ist auch für die Modellbildung scheinbar vollständig zeitlich geordneter Systeme. Insbesondere kann sie hilfreich sein bei der Untersuchung von Systemunsicherheiten im Zusammenhang mit 'zeitkritischen' Abläufen. Somit erweist sie sich auch als sicheres Fundament für die Konstruktion von Simulationsmodellen. Neben dem hier behandelten Begriff des *Kontaktes* ist für die Modellierung zeitkritischer Phänomene besonders der Begriff der *Konfusion* zentral. Letzterer ist relevant beispielsweise bei der Frage, wie man Fristen (Deadlines) oder Prioritäten adäquat modelliert. Hier sei auf die einschlägige Literatur verwiesen. Zum Schluß bleibt noch zu erwähnen, daß die Grundlagen der hier entwickelten Vorstellungen über Systemmodellierung unmittelbar auf Carl Adam Petri zurückzuführen sind. Für Kritik und Anregungen bei der Ausarbeitung möchte ich mich außerdem besonders auch bei Helga Genrich und Ulrich Grude bedanken.

## Literatur

1. C.A. Petri: *Concurrency Theory*. in: Petri Nets: Central Models and Their Properties, Springer Lecture Notes in Computer Science 254 (1987).

2. C.A. Petri; E. Smith: *Concurrency and Continuity*. in: Advances in Petri Nets 1986, Springer Lecture Notes in Computer Science (1987).

3. N. Rescher; A. Urquhart: *Temporal Logic*. Springer-Verlag Wien New York (1971).

4. G. Rozenberg; P.S. Thiagarajan: *Petri Nets: Basic Notions, Structure, Behaviour*. Springer Lecture Notes in Computer Science 224 (1986).

5. B.P. Zeigler: *Theory of Modelling and Simulation*. John Wiley & Sons, New York (1976).

# MATHEMATISCHE VERFAHREN

Ein Baukastensystem zur Beschreibung ebener Vielkörpersysteme

H. Brauchli, G. Devaquet und Ch. Schaerer
Institut für Mechanik, ETH Zürich

J. Rohrer
Werkzeugmaschinenfabrik Oerlikon-Bührle, Zürich

Einführung

Die Methoden der klassischen Mechanik haben einen schlechten Ruf als Hilfsmittel zur Formulierung der Bewegungsdifferentialgleichungen von komplexen Vielkörpersystemen. Dies hat zwei Gründe: Einmal wird oft nicht beachtet, dass sich durch Einführen der Impulse als unabhängige Variable die Lagrangeschen Gleichungen auf eine für die Anwendung sehr effiziente Form bringen lassen. Zudem sind die Gleichungen von Euler-Lagrange, in denen die Geschwindigkeitsparameter frei gewählt werden können, wenig bekannt.

In (1) wurde eine Projektionsmethode vorgeschlagen, die auf den Gleichungen der klassischen Mechanik basiert. Ein System starrer Körper wird als freies System betrachtet, auf das die Kräfte des gebundenen Systems wirken. Die Bindungsgleichungen werden zur Konstruktion von Projektionsoperatoren benutzt, die den Geschwindigkeitsraum in zwei Teile spalten. Der erste entspricht den zulässigen Geschwindigkeiten des gebundenen Systems, der zweite den unzulässigen Geschwindigkeiten, die auf Grund der Bindungsgleichungen verschwinden. In (2) wurde diese Methode verbessert: wählt man die Projektionen bezüglich der Massenmetrik orthogonal, so gilt dieselbe Zerlegung für den Impulsraum. Damit zerfallen die Bewegungsgleichungen in zwei Teile. Der erste beschreibt die Bewegung des gebundenen Systems, aus dem zweiten lassen sich die Reaktionen berechnen.

Diese Projektionsmethode hat verschiedene Vorteile:
- die Geschwindigkeitsgrössen können frei gewählt werden,
- es können beliebige Bindungen modelliert werden,
- nichtkonservative und zeitabhängige Kräfte können ohne weiteres eingeschlossen werden, ebenso Reibungsreaktionen,
- bis auf die Berechnung der Projektoren sind die Gleichungen ex-

plizit,
- im reibungsfreien Fall sind die eigentlichen Bewegungsdifferentialgleichungen und die Bestimmungsgleichungen für die Reaktionen separiert,
- geometrische Singularitäten können leicht vermieden werden.

Diese Methode eignet sich als Basis für ein Baukastensystem zur Beschreibung komplexer Vielkörpersysteme. Der Benutzer muss für jeden Körper die Art der Beschreibung aus einem Baukasten auswählen. Ebenso muss angegeben werden, welche Körper durch welche Bindungen verknüpft sind. Schliesslich müssen die äusseren Kräfte bestimmt werden. Es wird ein Programm für ebene Systeme, das als Pilotprogramm zur Entwicklung eines zweiten für räumliche Systeme dienen soll, vorgestellt. Die zugrundeliegende Theorie wird knapp zusammengefasst. Für eine ausführliche Darstellung siehe (2) und (3).

## 1. Die Projektionsmethode

### a) Das freie System

Zur Beschreibung des freien Systems benutzen wir n Lagekoordinaten $q^k$ und allgemeine Geschwindigkeitsparameter

$$u^k = b^k_j \dot{q}^j . \tag{1}$$

Die Auflösung von (1) nach den Ableitungen der Lagekoordinaten schreiben wir

$$\dot{q}^k = B^k_i u^i . \tag{2}$$

Wir setzen voraus, dass die kinetische Energie des freien Systems sich als homogene quadratische Form in den Geschwindigkeiten schreiben lässt,

$$T(q^k, u^k) = \frac{1}{2} m_{ij} u^i u^j \tag{3}$$

und führen neben den Lagekoordinaten die Impulse

$$p_k = \frac{\partial T}{\partial u^k} = m_{kj} u^j \tag{4}$$

als unabhängige Variable ein. Mit $m_{ij}$ bezeichnen wir die Elemente der Massenmatrix. Die verallgemeinerten Kräfte $Q_k$ definieren wir durch die virtuelle Arbeit

$$\delta W = Q_k b^k_j \delta q^j . \tag{5}$$

Dann beschreiben die Gleichungen von Euler-Lagrange

$$\dot{p}_k + c^h_{ki} p_h u^i = Q_k + B^i_k \frac{\partial T}{\partial q^i} \qquad (6)$$

die Dynamik des freien Systems. Die Koeffizienten $c^h_{ki}$ berechnen sich gemäss

$$c^h_{ki} = B^\ell_k B^j_i \left( b^h_{\ell,j} - b^h_{j,\ell} \right) . \qquad (7)$$

Mit einem Komma wird die partielle Ableitung nach einer Lagekoordinate bezeichnet. Die Koeffizienten $c^h_{ki}$ verschwinden genau dann, wenn die benutzten Geschwindigkeiten holonom sind. Die Gleichungen (2), (4) und (6) beschreiben nun unser System. Natürlich muss (4) nach den Geschwindigkeiten aufgelöst werden.

### b) Bindungen und Projektoren

In diesem Abschnitt benutzen wir Matrixschreibweise. M bezeichnet also die Massenmatrix, A ihre Inverse, u die Geschwindigkeiten und p die Impulse. Die Massenmatrix definiert im Raum der Geschwindigkeiten ein Skalarprodukt

$$(u_1, u_2) = u_1^T M u_2 . \qquad (8)$$

Mit einem T wird die transponierte Matrix gekennzeichnet.

Wir denken uns nun im freien System Bindungen eingeführt, die wir als homogene Relationen in den Geschwindigkeiten schreiben,

$$E^T u = 0 . \qquad (9)$$

$E^T$ ist eine $n_c \times n$-Matrix vom Rang $n_c$, deren Elemente von den Koordinaten abhängen. $n_c$ gibt die Zahl der Bindungen an. Der Lösungsraum von (9) ist der Raum der zulässigen Geschwindigkeiten $u_\alpha$ des gebundenen Systems. Seine Dimension $n_a$ entspricht dessen Freiheitsgrad. Natürlich ist $n_a + n_c = n$.

Wir suchen nun einen Projektionsoperator $\alpha$, der die Geschwindigkeiten des freien Systems auf die zulässigen Geschwindigkeiten des gebundenen Systems abbildet. Als Projektor genügt $\alpha$ der Bedingung

$$\alpha^2 = \alpha . \qquad (10)$$

Damit der Bildraum den zulässigen Geschwindigkeiten entspricht, muss $\alpha$ den Rang $n_a$ haben und es muss

$$E^T \alpha = 0 \qquad (11)$$

gelten. Fordern wir noch, dass $\alpha$ bezüglich der Massenmatrix orthogonal ist, also

$$\alpha^T M = M \alpha , \qquad (12)$$

so ist $\alpha$ eindeutig bestimmt. Setzen wir nämlich für das Komplement

$$\beta = I - \alpha , \qquad (13)$$

wobei I die Einheitsmatrix bezeichnet, und

$$M \beta = \pi = \pi^T = E G^{-1} E^T , \qquad (14)$$

so folgt aus $\beta^2 = \beta$ die Beziehung $\pi A \pi = \pi$ und somit

$$G = E^T A E . \qquad (15)$$

Die Matrix G ist regulär und somit invertierbar. Wegen

$$E^T \beta = E^T \qquad (16)$$

ist dann auch (11) erfüllt. Da $\beta$ den Rang $n_c$ hat, ist der Rang von $\alpha$ wie es sein muss $n_a$.

Nun können wir auch die Massenmatrix des gebundenen Systems mit

$$M_{\alpha\alpha} = \alpha^T M \alpha = M - \pi \qquad (17)$$

anschreiben. Entsprechend finden wir mit

$$A_{\alpha\alpha} = \alpha A \alpha^T = A - A \pi A \qquad (18)$$

die Einflussmatrix des gebundenen Systems. Beide Matrizen sind nxn Matrizen vom Rang $n_a$. Wegen

$$A_{\alpha\alpha} M_{\alpha\alpha} = \alpha \qquad (19)$$

und

$$M_{\alpha\alpha} A_{\alpha\alpha} = \alpha^T \qquad (20)$$

sind sie bei Einschränkung auf das gebundene System invers.

Schliesslich benötigen wir noch die Ableitungen der Projektoren. Es gilt

$$\alpha^\cdot = -\beta^\cdot = - A \omega + A \alpha^T M^\cdot \beta \qquad (21)$$

mit

$$\omega = \alpha^T \Omega^T + \Omega \alpha \qquad (22)$$

und

$$\Omega = E G^{-1} E^{\cdot T} . \qquad (23)$$

Mit einem Punkt wird hier die materielle Ableitung bezeichnet.

### c) Dynamik des gebundenen Systems

Den Impuls des gebundenen Systems können wir ebenfalls mittels der Projektoren α und β zerlegen. Und zwar stellt

$$P_\alpha = \alpha^T p \tag{24}$$

den Impuls des gebundenen Systems dar. Wegen der Orthogonalität der Projektoren bezüglich der Massenmatrix wird

$$M_{\beta\alpha} = \beta^T M \alpha = 0 \tag{25}$$

und somit für eine zulässige Bewegung $u_\alpha$ des gebundenen Systems auch

$$P_\beta = M_{\beta\alpha} u_\alpha = 0 \ . \tag{26}$$

Durch Differentiation erhalten wir aus (24) die dynamische Grundgleichung des gebundenen Systems, aus (26) eube Beziehung für die Reaktionen.

Wir beschränken uns hier auf den Fall einer konstanten Massenmatrix, der dem Baukastensystem zugrunde liegt. Dann wird die Dynamik des gebundenen Systems durch die drei Gleichungen

$$p^\cdot = \tilde{Q}_\alpha - \Omega u \ , \tag{27}$$

$$u = \alpha A p \ , \tag{28}$$

$$q^\cdot = B u \tag{29}$$

beschrieben, wobei wir als Abkürzung

$$\tilde{Q}_k = Q_k - C^h_{ki} p_h u^i \tag{30}$$

benutzt haben. Beachte, dass beim reibungsfreien System die $Q_\alpha$ die inneren Kräfte nicht enthalten. Die Reaktionen berechnen sich aus der Beziehung

$$\tilde{Q}_\beta + \Omega u = 0 \ . \tag{31}$$

### 2. Das Baukastensystem

Zur Illustration zeigen wir je ein Beispiel für einen Körper und für eine Bindung. In Figur 1 sind an einem homogenen Stab drei körperfeste Geschwindigkeiten eingeführt. Die Massenmatrix M und die Einflussmatrix A haben die Form

$$M = \frac{m}{6} \begin{bmatrix} 2 & 0 & -1 \\ 0 & 6 & 0 \\ -1 & - & 2 \end{bmatrix}, \qquad A = \frac{1}{m} \begin{bmatrix} 4 & 0 & 2 \\ 0 & 1 & 0 \\ 2 & 0 & 4 \end{bmatrix}.$$

Die Koeffizienten $c_{ki}^h$ lassen sich am einfachsten in den Beziehungen

$$\tilde{Q}_1 = Q_1 + (p_1-p_3)u^2 + p_2 u^3 ,$$
$$\tilde{Q}_2 = Q_2 - (p_1-p_3)(u^1+u^3) ,$$
$$\tilde{Q}_3 = Q_3 + (p_1-p_3)u^2 - p_2 u^1$$

darstellen. In Figur 2 ist als Beispiel einer Bindung ein Gelenk skiz-

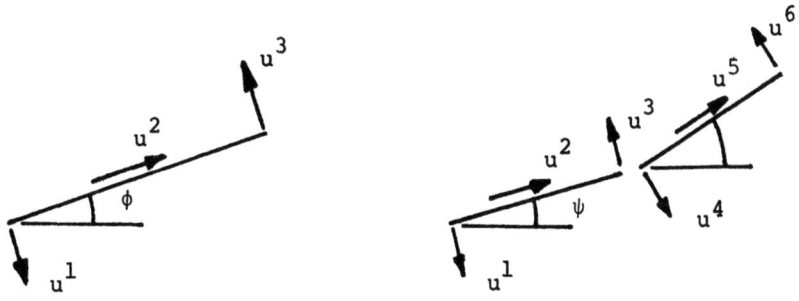

Figur 1 \qquad\qquad Figur 2

ziert. Mit den angegebenen Geschwindigkeiten finden wir für die Koeffizientenmatrix $E^T$ der Bindungsgleichungen

$$E^T = \begin{bmatrix} 0 & \cos\phi & -\sin\phi & -\sin\psi & -\cos\psi & 0 \\ 0 & \sin\phi & \cos\phi & \cos\psi & -\sin\psi & 0 \end{bmatrix}$$

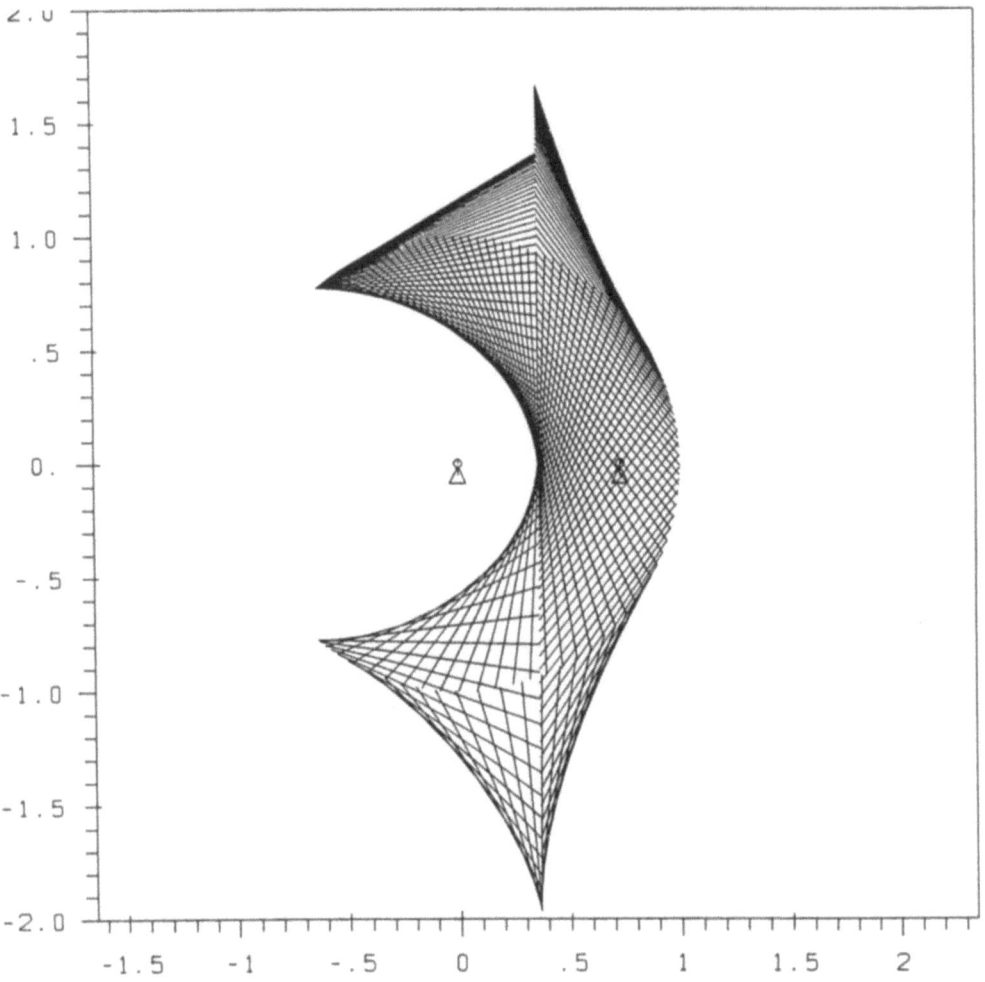

Figur 5

## 3. Ein Beispiel

Als Beispiel betrachten wir den Fünfgelenkbogen von Figur 3. Es handelt sich um ein System mit zwei Freiheitsgraden. Der Konfigurationsraum ist eine geschlossene Fläche vom Geschlecht 4. In Figur 5 ist für eine symmetrische Lösung unter dem Einfluss der Schwerkraft der zweite Stab stroboskopisch dargestellt. In Figur 4 sind einige typische Gelenkreaktionen aufgezeichnet.

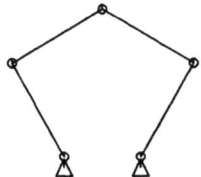

Figur 3

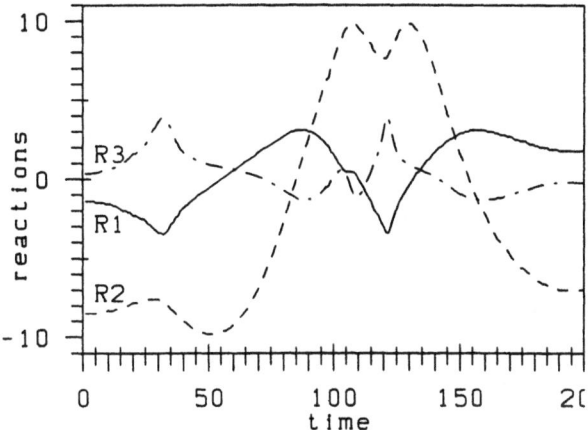

Figur 4

Literatur

(1) H. Brauchli und R.W. Weber, Canonical approach to multibody systems using redundant coordinates, IUTAM-IFToMM Symposium Udine 1985, Springer Verlag 1986, pp. 31-41.

(2) H. Brauchli, Mass-orthogonal fromulation of equations of motion for multibody systems, in Vorbereitung.

(3) H. Brauchli, Eine Projektionsmethode zur Beschreibung von Vielkörpersystemen, Institutsbericht Institut f. Mechanik ETH Zürich.

# Bestimmung von Übertragungsfunktionen linearer Netzwerke als 2-faches verallgemeinertes Eigenwertproblem

Wolfgang Mathis

Institut für Allgemeine Elektrotechnik
Technische Universität Braunschweig
Langer Kamp 19C
D-3300 Braunschweig, West Germany

## 1 Einleitung und Problemstellung

Bei linearen, zeitinvarianten elektrischen Netzwerken interessiert man sich oft nicht nur für den numerischen Wert von Netzwerkfunktionen, wie etwa des Spannungsübertragungsfaktors zwischen zwei ausgewählten Toren, sondern auch für die parametrische Abhängigkeit dieser Funktionen von den Netzwerkparametern. So kann unter bestimmten Voraussetzungen auf die Stabilität eines Netzwerkes geschlossen werden, wenn man die Abhängigkeit einer Netzwerkfunktion von der komplexen Frequenz $s$ kennt. Das ist vorallem bei aktiven Netzwerken, die als Modelle für Filterschaltungen mit Transistoren oder Operationsverstärkern dienen, von zentraler Bedeutung.

Die Netzwerkfunktionen linearer, zeitinvarianter Netzwerke mit konzentrierten Netzwerkelementen lassen sich bekanntlich als gebrochen rationale Funktionen in $s$ darstellen. Wir sprechen von der *semisymbolischen* Darstellung einer Netzwerkfunktion, wenn nur die komplexe Frequenz $s$ als nichtnumerischer Parameter auftritt.

Die Berechnung von Netzwerkfunktionen in semisymbolischer Form ist bei Netzwerken mit *höherer Komplexität* von Hand kaum noch durchführbar. Ohne den Begriff der Komplexität eines Netzwerkes zu präzisieren, wollen wir darunter eine große Knotenanzahl verbunden mit einem hohen Vermaschungsgrad verstehen †. Dieser Begriff muß streng von der *topologischen Komplexität* unterschieden werden, der von Bryant [1] für die Anzahl der Freiheitsgraden eines Netzwerkes eingeführt wurde. Daher muß diese Aufgabe rechnergestützt gelöst werden. Dazu sind in der Literatur verschiedene Möglichkeiten bekannt, die teilweise auch in frei verfügbaren Netzwerkanalyseprogrammen implementiert sind. Die wichtigsten Verfahren werden bei Chua und Lin ([2], §14) vorgestellt und anhand von Beispielen diskutiert. Bereits zu Beginn des Einsatzes von Rechnern bei der Netzwerkanalyse in den frühen sechziger Jahren hat man erkannt, daß dieses Problem als Eigenwertaufgabe interpretiert werden kann. So wurde von Branin [3] die Verwendung des wenige Jahre zuvor von Francis [4] und Kublanovskaya [5] entwickelten QR-Algorithmus vorgeschlagen. Obwohl er die beschreibenden Gleichungen eines RLC-Netzwerkes zunächst in *impliziter Form*

$$\mathbf{Z}\dot{\mathbf{x}} = \tilde{\mathbf{A}}\mathbf{x} + \tilde{\mathbf{b}}\, u(t) \qquad (1)$$

notiert, geht er dann zu der *explizitien Form*

$$\dot{\mathbf{x}} = \mathbf{A}\mathbf{x} + \mathbf{b}\, u(t) \qquad (2)$$

---

† Dieser Komplexitätsbegriff ist von der Komplexität des Verhaltens des Zustandes eines Netzwerkes zu unterscheiden, der mit den verschiedenen Lösungstypen zusammenhängt.

über; dabei haben wir uns auf Netzwerke mit *einer* Eingangsgröße $u(t)$ beschränkt. Die Vektoren $\bar{\mathbf{b}}$ bzw. $\mathbf{b}$ sind i.a. nicht konstant, sondern sind für eine wichtige Klasse von Netzwerken ein Polynom des Differentialoperators $d/dt$. Beispielsweise können die Beschreibungsgleichungen für Netzwerke aus der Klasse der linearen zeitinvarianten RC-Netzwerke mit linearen gesteuerten Quellen direkt in der Form (1) formuliert werden, wenn man eine Variante der Knotengleichung benutzt (Pottle [6], Søerensen [7], Schwartz [8]). Der üblichen Terminologie in der Netzwerktheorie entsprechend, bezeichen wir die Gleichungen (2) als *(speziellen) Zustandsgleichungen* und sprechen bei (1) von *verallgemeinerten Zustandsgleichungen*; $\mathbf{x}$ heißt demnach der Vektor der *Zustandsgrößen*. Zur Definition von Netzwerkfunktionen benötigt man außer den Zustandsgleichungen noch sogenannte *Beobachtungsgleichungen*

$$y = \mathbf{c}^T \mathbf{x} + d\, u(t), \tag{3}$$

die einen durch $\mathbf{x}$ charakterisierten Zustand eines Netzwerkes mit anderen Netzwerkvariablen $y$ verbinden.

Mit Hilfe der Laplace-Transformation oder besser noch mit dem *explizit* algebraischen HY-Kalkül, der einfacher zu handhaben ist und bei dem auf die Einführung *komplexer Netzwerkvariablen* verzichtet werden kann (z.B. Mathis und Marten [9]), erhält man die Netzwerkfunktionen für die Gln. (1) bzw. (2)

$$H(s) := \mathbf{c}^T (s\mathbf{Z} - \mathbf{A})^{-1} \mathbf{b}(s) + d \tag{4}$$

und

$$H(s) := \mathbf{c}^T (s\mathbf{1} - \mathbf{A})^{-1} \mathbf{b}(s) + d. \tag{5}$$

Nach So und Sandberg [10] kann man $H(s)$ von (5) in die Form

$$H(s) = \frac{\det(s\mathbf{1}_z - \mathbf{A}_z)}{\det(s\mathbf{1}_n - \mathbf{A})} \tag{6}$$

bringen, wobei zur Bestimmung der Zählermatrix $\mathbf{A}_z$ ein Reduktionsalgorithmus angewendet werden muß, der bei numerisch *schlechtkonditionierten* Problemen zu erheblichen Rundungsfehlern führen kann.

Da eine direkte Auswertung der Determinanten mit dem Laplaceschen Entwicklungssatz wegen der dabei auftretenden redundanten Terme nicht in Betracht gezogen werden kann und auch die auf dem Satz von Binet-Cauchy basierenden Signalflußgraphenmethoden bei Netzwerken mit höherer Komplexität unzweckmäßig sind (Mucha [11], Mathis [12]), müssen numerische Verfahren zur Determinantenberechnung benutzt werden. Da es sich bei den Determinanten um Polynome $P(s)$ in $s$ handelt, könnte man auch die Koeffizienten dieser Polynome berechnen. Diese Vorgehensweise, die früher verschiedentlich angewendet wurde, ist nicht nur ein rechentechnischer Umweg, denn in den meisten Fällen ist man an der Pol-Nullstellen-Verteilung eines Netzwerkes interessiert, sondern kann zu einer extremen Konditionsverschlechterung in Bezug auf das Ausgangsproblem führen (siehe Wilkinson ([13], S.52ff), Mathis ([14], S.82ff)). Daher muß man besondere Maß nahmen zur Sicherung der Genauigkeit verwenden (Schwartz [8]), wobei man aber zu unvertretbar großen Rechenzeiten gelangt.

Die Determinanten in (6) können auch als charakteristische Polynome zweier spezieller Eigenwertaufgaben interpretiert werden; daher nennen So und Sandberg diese Vorgehensweise auch *"Two-Sets-of-Eigenvalues Approach"*. Dazu müssen die Beschreibungsgleichungen in der Form (2) vorliegen. Haben sie zunächst die Form (1), dann muß man zunächst ein Verfahren benutzen, das diese Gleichungen auf die Form (2) transformiert. Das Verfahren von Fettweis [15] und das von Søerensen [7], welches in dem Netzwerkanalyseprogramm ANP3 [16] eingesetzt wird, bringen nur "gute Ergebnisse", wenn eine höhere Stellenanzahl der Computerarithmetik benutzt wird. In den Programmen CORNAP, das die Form (2) mit aufwendigen und daher rundungsfehleranfälligen Matrizenoperationen erstellt [17], und ANP3 wird in der genannten Weise vorgegangen; dabei wird der QR-Algorithmus verwendet, um die Linearfaktoren und damit die Pole und Nullstellen von $H(s)$ zu bestimmen. Die genannten Transformationsprozesse können bei schlechtkonditionierten Problemen zu erheblichen Fehlern in den Ergebnissen führen.

In dieser Arbeit wird gezeigt, daß bei vielen praktischen Netzwerken auf numerische Aufgaben mit schlechter Kondition trifft, wenn man von einer Varianten der Knotengleichungen von der Form (1) ausgeht, deren Koeffizienten durch einfache Additionen berechnet werden und daher nur "kleinen" Rundungsfehler auftreten. Im Unterschied zu den bisher genannten Vorgehensweisen verzichten wir auf eine Reduktion auf (1) gelangen von (4) zu einem $H(s)$ in der Form

$$H(s) = \frac{\det(s\mathbf{Z}_z - \mathbf{A}_z)}{\det(s\mathbf{Z} - \tilde{\mathbf{A}})}, \tag{7}$$

und interpretieren die Polynome in Zähler und Nenner von (7) als charakteristische Polynome einer verallgemeinerten Eigenwertaufgabe. Eine Analyse der netzwerktheoretischen Problemstellung zeigt, daß wir auf diesem Weg zu "guten" numerischen Ergebnissen kommen, wenn wir, ausgehend von einer Klassifizierung *aller* schlechtkonditionierten Situationen, diejenigen gesondert behandeln, die von netzwerktheoretischer Relevanz sind. In diesem Sinne können wir sogar von einer "optimalen" Lösung der gestellten Aufgabe sprechen.

## 2  Die verallgemeinerte Eigenwertaufgabe

Die Polynome im Zähler und Nenner von $H(s)$ in (7) haben die Form

$$\det(\mathbf{M} - \lambda \mathbf{N}), \tag{8}$$

und können daher als charakteristisches Polynom einer *verallgemeinerten Eigenwertaufgabe*

$$\mathbf{M}\mathbf{x} = \lambda \mathbf{N}\mathbf{x} \tag{9}$$

interpretiert werden. Die Struktur von speziellen Eigenwertaufgaben ($\mathbf{N} = \mathbf{1}$) werden untersucht, in dem man die *Jordan-Normalform* von $\mathbf{M}$ in Bezug auf die Einheitsmatrix $\mathbf{1}$ betrachtet; wir haben es demnach mit einem *Matrizenpaar* $(\mathbf{M}, \mathbf{1})$ zu tun. Bei der verallgemeinerten Eigenwertaufgabe benötigt man deswegen eine Normalform für das Matrizenpaar $(\mathbf{M}, \mathbf{N})$; die *Kronecker-Normalform* stellt die allgemeinste Normalform für solche Matrizenpaare dar. Da wir uns aber aus Gründen der Existenz von Lösungen von (1) nur für *reguläre* Matrizenpaare interessieren, die $\det(\mathbf{M} - \lambda \mathbf{N}) \not\equiv 0$ erfüllen, genügt eine Betrachtung der *Weierstraß-Normalform*. Einzelheiten zu beiden Normalformen findet man bei Gantmacher ([18], Kap. XII).

Neben den Eigenwerte in der *endlichen* komplexen Ebene, die auch bei dem Matrizenpaar $(\mathbf{M}, \mathbf{1})$ vorkommen, besitzt das Paar $(\mathbf{M}, \mathbf{N})$ auch "unendliche" Eigenwerte, die als Eigenwerte des Matrizenpaares $(\mathbf{M}, \mathbf{N})$ definiert werden können. Für zahlreiche Untersuchungen ist es aber bequemer, die um den Punkt $\infty$ vervollständigte komplexe Ebene zu verwenden, die man sich mit Hilfe der *Riemannschen Kugel* leicht veranschaulichen kann. Weierstraß hat nun gezeigt, daß man jedes reguläre Matrizenpaar $(\mathbf{M}, \mathbf{N})$ mit Hilfe einer *Ähnlicheitstransformation* auf die folgende Weierstraß-Normalform bringen kann

$$(\mathbf{M}, \mathbf{N}) \stackrel{\text{ähnlich}}{\longleftrightarrow} \left( \begin{pmatrix} \mathbf{1} & \mathbf{0} \\ \mathbf{0} & \mathbf{J} \end{pmatrix}, \begin{pmatrix} \mathbf{W} & \mathbf{0} \\ \mathbf{0} & \mathbf{1} \end{pmatrix} \right); \tag{10}$$

dazu ist folgendes zu bemerken:

1) Zwei Matrizen **R** und **S** heißen ähnlich, wenn es zwei reguläre Matrizen **P** und **Q** gibt, so daß die Transformation möglich ist

$$\mathbf{R} = \mathbf{P\ S\ Q} \qquad (11);$$

die Übertragung der Ähnlichkeitstransformation auf Matrizenpaare ist evident.

2) Die Matrizen **W** und **J** sind Blockdiagonalmatrizen diag$\{\mathbf{K}_1, \mathbf{K}_2, \ldots\}$ mit quadratischen Blöcken, die in folgender Weise aufgebaut sind:

**W**$_i$: Alle Koeffizienten sind gleich Null, außer denen, die auf der Diagonalen oberhalb der Hauptdiagonalen liegen; sie sind gleich Eins. Solche Matrizen heißen *nilpotent*, weil es eine ganze Zahl $k$ gibt, mit $(\mathbf{W}_i)^k = \mathbf{0}$. Dieses $k$ gibt die Vielfachheit des zugehörigen unendlichen Eigenwertes an und entspricht der Größe des "Weierstraß-Blockes".

**J**$_i$: Die Hauptdiagonalelemente sind alle gleich dem zugehörigen Eigenwert, dessen Vielfachheit gleich der Größe $k$ eines "Jordan-Blockes" entspricht; auf der Diagonalen oberhalb der Hauptdiagonalen stehen Einsen, während die restlichen Koeffizienten gleich Null sind.

Die Blockgrößen sind Invarianten eines Matrizenpaares $(\mathbf{M}, \mathbf{N})$ unter Ähnlichkeitstransformationen. Danach wird ein Matrizenpaar eindeutig, d.h. bis auf Ähnlichkeitstransformationen, durch seine Eigenwerte und die zugehörigen Ranginvarianten (geometrische Vielfachheit im Sinne linearen Algebra) festgelegt.

Nun ist der Rang einer Matrix eine *unstetige* Funktion ihrer Matrizenkoeffizienten. Das wird am besten klar, wenn man eine reelle $n \times n$-Diagonalmatrix $\mathbf{D} = \text{diag}\{d_1, d_2, \ldots, d_{n-1}, d_n\}$ betrachtet, deren n-tes Element $d_n$ gleich einem sehr kleinen $\varepsilon$ ist. Für beliebiges $\varepsilon \neq 0$ ist der Rang gleich $n$ und **D** ist regulär, während im Fall $\varepsilon = 0$ der Rang gleich $n-1$ und **D** singulär ist. Im Raum der reellen $n \times n$-Matrizen $I\!R^{n\times n}$ wird die Menge der singulären Matrizen **A** durch die *algebraische* Gleichung det **A** festgelegt. Diese Menge ist in dem $n^2$-dimensionalen Matrizenraum $I\!R^{n\times n}$ eine algebraische Menge der Dimension $n^2 - 1$. Das bedeutet, daß man in jeder noch so "kleinen Umgebung" einer singulären Matrix eine reguläre finden kann. Zur mathematischen Präzisierung dieser Aussage benötigen wir einen *Abstandsbegriff* im Raum der Matrizen $I\!R^{n\times n}$.

Da man im $I\!R^{n\times n}$ addieren und mit reellen Zahlen skalar multiplizieren kann (d.h. der Matrizenraum ist ein Vektorraum), genügt es, eine Norm $\|\cdot\|$ im $I\!R^{n\times n}$ zu nehmen und die Norm der Differenz zweier Matrizen als Abstand zu verwenden. Nun weiß man aus einem Satz von v. Neumann [19], daß alle Normen im $I\!R^{n\times n}$ aus den Singulärwerten ableitbar sind; ist $\mathbf{A} \in I\!R^{n\times n}$, dann sind das die Wurzeln der Eigenwerte der Matrix $\mathbf{A}^T\mathbf{A}$. So kann man mit dem kleinsten Singulärwert $\sigma_{min}$ den Abstand zur nächsten singulären Matrix "messen". Das ist natürlich eine Verallgemeinerung der Situation, die wir anhand einer Diagonalmatrix diskutiert haben.

Aus diesen Überlegungen kann der Schluß gezogen werden, daß die Menge der regulären Matrizen gegenüber der Menge der singulären Matrizen in $I\!R^{n\times n}$ sehr "fett" ist (mathematisch ausgedrückt heißt das, die regulären Matrizen liegen "dicht" und "offen" im Sinne der durch die Norm $\| \mathbf{A} \| = \sigma_{min}^A$ erzeugten Topologie). Man sagt auch, die regulären Matrizen sind der "generische" Fall und die singulären Matrizen sind "nichtgenerisch", d.h. bilden eine Ausnahmemenge im $I\!R^{n\times n}$. Für die Praxis der Matrizennumerik heißt das: da wir die Koeffizienten einer Matrix (von speziellen Fällen abgesehen) dem Gleitkommazahlensystemen eines Rechners nicht *exakt* darstellen können, liegt "fast" immer der generische Fall vor.

Ähnliche Aussagen gelten für Matrizen oder für Polynome, die Eigenwerte bzw. Wurzeln mit einer Vielfachheit größer als Eins besitzen. In beiden Fällen handelt es sich um nichtgenerische Situationen.

Andererseits sind die nichtgenerischen Fälle für die Numerik von wesentlicher Bedeutung. Behandelt man nämlich einen generische Situation, die in der "Nähe" einer nichtgenerischen liegt, dann haben wir es mit einem numerisch schlechtkonditionierten Problem zu tun. Daher sollte man vor der numerischen Lösung einer Aufgabe die nichtgenerischen Situationen klassifizieren und die für die vorliegende Klasse von Aufgaben relevanten nichtgenerischen Fälle mit besonderen numerischen Verfahren behandeln. Leider ist diese Vorgehensweise bisher nur in wenigen Bereichen der Netzwerktheorie angewendet worden und es gibt sicherlich auch Aufgabenstellung, wo diese Klassifizierung sehr schwierig ist. Dennoch sollte im Sinne einer sachgerechten Lösung, die sich durch hohe Genauigkeit (in Bezug auf die Vorgaben) und Robustheit auszeichnen sollte, versucht werden, dieses Prinzip soweit wie möglich anzuwenden. Der im Bereich der Software-Technologie etwas unklare Begriff der "Robustheit" hätte damit zumindest für numerische Aufgaben, bei denen die nichtgenerischen Fälle vollständig klassifiziert werden können, eine Präzisierung erfahren. Bei dem in Abschnitt 1 formulierten numerischen Aufgabe konnte dieses Ziel vollständig erreicht werden. Dabei war uns insbesondere die Normalform von Weierstraß und die daraus folgende Klassifizierung aller nichtgenerischen Fälle der verallgemeinerten Eigenwertaufgabe eine besondere Hilfe.

## 3  Numerische Algorithmen

In diesem Abschnitt wollen wir einen kurzen Überblick über die Algorithmen geben, die zur Entwicklung eines *robusten* Analyseprogramms zur Berechnung der Pole und Nullstellen linearer zeitinvarianter aktiver RC-Netzwerke notwendig waren. Dabei beschränken wir uns aus Platzgründen auf einige Anmerkungen. Ausführliche Beschreibungen der benutzten Algorithmen findet man in dem Buch von Golub und v. Loan [20]. Wir wollen aber voranstellen, daß alle in dieser Arbeit angesprochenen Algorithmen ausschließlich mit *orthogonalen* Transformationen arbeiten. Anhand von Rundungsfehleranalysen läßt sich zeigen, daß diese Algorithmenklasse besonders günstige numerische Eigenschaften besitzt.

Zunächst wird ein Algorithmus für das generische verallgemeinerte Eigenwertproblem benötigt. Wie oben angedeutet, gibt es einen derartigen Algorithmus für das spezielle Eigenwertproblem, also für ein Matrizenpaar $(\mathbf{M}, \mathbf{1})$, unter der Bezeichnung *QR-Algorithmus*. Dabei handelt es sich um eine Variante der sogenannten Power-Iteration nach v. Mises (Watkins [21]). Dieser klassische Algorithmus basiert darauf, daß die Folge der Vektoren $\mathbf{A}^n \mathbf{x}$ für $n \mapsto \infty$ gegen den Eigenvektor mit dem betragsgrößten Eigenwert konvergiert. Mit Hilfe eines Eigenvektors kann man den zugehörigen Eigenwert durch Projektion ermitteln. Eine Verallgemeinerung besteht nun darin, ausgehend von einer Menge linear unabhängiger Vektoren, sämtliche Eigenvektoren auf einmal zu berechnen; dabei sei vorausgesetzt, daß die Matrix, deren Eigenwerte ermittelt werden sollen, nur Eigenwerte mit der Vielfachheit Eins besitzt. Man kann sich nun leicht überlegen, daß dieses "Verfahren" schiefgehen muß, denn obwohl die simultan transformierten Startvektoren für alle $n$ unabhängig bleiben, streben sie *alle* gegen den Eigenvektor mit dem größten Eigenwert. Damit werden sie mit wachsenden $n$ immer "abhängiger", d.h. die Matrix, deren Spalten diese Vektoren sind, strebt gegen eine singuläre Matrix. Die Idee des QR-Algorithmus besteht nun darin, nach jeder Iteration einen Orthogonalisierungsschritt einzulegen, um den soeben beschriebenen Prozeß zu verhindern.

Einen entsprechenden Algorithmus für die generische verallgemeinerte Eigenwertaufgabe, d.h. für das Matrizenpaar $(\mathbf{M}, \mathbf{N})$, haben Moler und Stewart [22] im Jahre 1973 entwickelt; er wurde von ihnen QZ-Algorithmus genannt. Dabei haben sie zunächst einen Algorithmus formuliert, der mit dem Matrizenpaar $(\mathbf{N}^{-1}\mathbf{M}, \mathbf{1})$ arbeitet, und danach eine neue Formulierung gefunden, bei der eine explizite Inversion der Matrix $\mathbf{N}$ nicht erforderlich ist. Einzelheiten dazu findet man u.a. in der obengenannten Dissertation von Mathis.

In Abschnitt 2 wurden die nichtgenerischen Fälle der verallgemeinerten Eigenwertaufgabe diskutiert. Danach handelt es sich um die verschiedenen Situationen, bei denen ein vorgegebenes reguläres Matrizenpaar endliche Eigenwerte und im Unendlichen mit einer Vielfachheit größer als Eins besitzt. Im nächsten Abschnitt werden wir ausführlicher begründen, warum die Eigenwerte bei Null und Unendlich bei der Analyse praktisch auftretender Netzwerke mit einer Vielfachheit wesentlich größer als Eins auftreten können. Daher benötigen wir einen Algorithmus, der solche Situationen erkennt und isoliert. Der Algorithmus von v. Dooren [23] kann diesen Zweck benutzt werden. Als wesentlicher Bestandteil dieses Algorithmus wird ein Verfahren gebraucht, mit dem der Rang einer Matrix in einer vom numerischen Standpunkt "optimalen" Art und Weise ermittelt werden kann; der so festgelegte Rang wird *numerischer Rang* genannt. Die Überlegungen in Abschnitt 2 legen nahe, die Singulärwerte für diesen Zweck zu verwenden. Daher wird ein robustes Verfahren zur Berechnung der Singulärwerte benötigt. Mit dem SVD-Verfahren steht ein solcher Algorithmus zur Verfügung. Dabei handelt es sich im wesentlichen um eine Variante des QR-Algorithmus für symmetrische Matrizen. Nach dem Satz über die Singulärwert-Zerlegung einer Matrix $\mathbf{A}$ existieren zwei orthogonale Matrizen $\mathbf{U}$ und $\mathbf{V}$, so daß $\mathbf{A} = \mathbf{U \Sigma V^*}$ gilt; dabei ist $\Sigma$ eine Diagonalmatrix, auf deren nichtverschwindende Hauptdiagonalelemente gerade die Singulärwerte $\sigma_i$ stehen. Hat man sich entschieden, welche Singulärwerte als ungleich Null angesehen werden sollen (der SVD-Algorithmus liefern auch $\sigma_i$, die aufgrund von Rundungsfehlern auftreten), dann kann mit den Matrizen $\mathbf{U^*}$ und $\mathbf{V}$ eine Spalten- und Zeilenkompression der Matrix $\mathbf{A}$

$$\mathbf{U^*A} = \begin{pmatrix} \mathbf{A}_r \\ 0 \end{pmatrix} \qquad \mathbf{AV} = (\ \mathbf{A}_c \ \ 0\ ) \tag{12}$$

durchgeführt werden; dabei sind $r$ der Zeilen- und $c$ der Spaltenrang. Durch iterative Anwendung dieser "Projektoren" können die nichtgenerischen Teile eines Matrizenpaares für die Eigenwerte bei Null und Unendlich abgespalten werden. Voraussetzung dafür ist aber die Tatsache, daß die Werte dieser Eigenwerte bekannt sind. Mit dem van-Dooren-Algorithmus können auch andere "singuläre Strukturen" isoliert werden, wenn der entsprechende Eigenwert bekannt ist.

Damit die genannten Algorithmen auch bei großen zahlmäßigen Unterschieden in den Netzwerkparametern noch zufriedenstellend arbeiten, sind noch Skalierverfahren und Balancierverfahren für Matrizenpaare notwendig. Aus Platzgründen müssen wir aber auf eine Darstellung verzichten. Desweiteren lassen sich oft durch reines Umsortieren von Spalten und Zeilen eines Matrizenpaares "innere Strukturen" aufdecken. Bezüglich dieser Spezialitäten verweisen wir wiederum auf die Dissertation des Autors.

## 4  Prinzipien des Analyseprogramms und Ergebnisse

Nach der Auswahl geeigneter Beschreibungsgleichungen für lineare zeitinvariante RC-Netzwerke, die auch spannungsgesteuerte Spannungsquellen mit linearer Frequenzabhängigkeit in $s$ enthalten können (Operationsverstärkermodell, deren *inverse* Verstärkung linear in $s$ ist [8]), wäre es möglich, den QZ-Algorithmus zur Berechnung der Pole und Nullstellen von $H(s)$ in (7) einzusetzen. Bereits einfache Beispiele zeigen [14], daß diese Vorgehensweise zu starken Verfälschungen der Ergebnisse führen kann. Eine Analyse der Beschreibungsgleichungen zeigt aber, daß bei vielen Netzwerken hohe Vielfachheiten der Eigenwerte bei Null und Unendlich auftreten. Der Grund dafür kann leicht angegeben werden. Wenn man die Knotengleichungen oder eine ihrer Varianten benutzt, dann hat man in den meisten Fällen nicht die *minimale* Anzahl der Beschreibungsgrößen gewählt. Aus diesem Grund haben besitzen diese Gleichungstypen gerade die Form verallgemeinerter Zustandsgleichungen. Demnach sind die Matrizen $\mathbf{Z}$ und $\mathbf{\tilde{A}}$ in der Regel singulär; das ist gleichbedeutend damit, daß Eigenwerte bei Unendlich und Null auftreten. Diese Argumentation gilt aber nur für das Matrizenpaar im Nenner, da der Nennergrad mit der Anzahl der Freiheitsgrade zusammenhängt. Im Zähler ist die Situation unübersichtlicher. Denkt man aber an Netzwerke vom Typ des Polynomfilters, dann steht im Zähler nur eine Konstante; das entsprechende Matrizenpaar hat demnach ausschließlich Eigenwerte im Unendlichen. Aus diesen Überlegungen folgt bereits, daß bei praktischen Netzwerken Eigenwerte bei Null und Unendlich mit großer Vielfachheit zu erwarten sind. Demgegenüber ist kaum mit Eigenwerten, die nicht zu dieser Gruppe gehören und trotzdem eine große Vielfachheit aufweisen, zu rechnen. Allenfalls können bei speziellen Filternetzwerken sogenannte "Cluster" von Eigenwerten auftreten, die sich betragsmäßig nur wenig unterscheiden. In diesen Fällen sollte man spezielle Analyseprogramme verwendet (siehe z.B. Wehrhahn [24]).

Eine für die Güte der Resultate wichtige Entscheidung ist bei der Auswahl der als von Null verschieden anzusehenden Singulärwerte zu treffen. Zahlreiche Tests haben gezeigt, daß eine feste Schranke, unterhalb derer die Singulärwerte als Null anzusehen sind, nicht gefunden werden kann. Das erscheint auch plausibel, denn die dem Netzwerk eigenen Singulärwerte hängen in irgendeiner Weise mit den Eigenfrequenzen des Netzwerkes zusammen. Soll nun unterschieden werden, ob gewisse Singulärwerte aus Rundungsfehlern resultieren oder ob sie netzwerkspezifisch sind, so erscheint nur eine relative Schranke sinnvoll zu sein. Trägt man nämlich die Singulärwerte auf einer Geraden auf, dann ist in den meisten Fällen per Augenschein sehr schnell zu erkennen, welche Singulärwerte von Rundungsfehlern herrühren. Fehlt eine solche "Lücke", dann gibt es natürlich auch kein anderes Verfahren, das diese beiden Gruppen trennen kann. Allenfalls könnten Parameterstudien eine Entscheidung erbringen. Die in Tests berechneten Wurzelortskurven zeigen aber, daß unterhalb einer Schrittweitenschranke die Anordnung der erzeugten Punkte der Kurve verloren geht. Daher haben alle diese Versuche scheinbar eine natürliche Grenze.

Abschließend soll noch etwas zur Bestimmung des Vorzeichens der Konstanten der Übertragungsfunktion gesagt werden. Seine Ermittlung kann natürlich dadurch erfolgen, daß in jedem Schritt des Analyseverfahrens das Vorzeichen ebenfalls mitbestimmt wird. Das hätte aber zur Folge, daß beispielsweise in jedem Iterationsschritt des van-Dooren-Algorithmus die Determinante einer orthogonalen Matrix berechnet werden muß. Das sollte aus Rechenzeitgründen vermieden werden. Deshalb wurde ein spezieller Algorithmus zur Berechnung der Konstanten entworfen, der nur so genau ist, damit das Vorzeichen gesichert werden kann.

Der skizzierte Algorithmus wurde unter der Bezeichnung RCOP/QZ implementiert und anhand zahlreicher Beispiele im Black-Box-Testverfahren getestet; dabei waren die Ergebnisse aufgrund netzwerktheoretischer Überlegungen bekannt gewesen. Dabei zeigten sich die hervorragenden Eigenschaften des Konzepts. Schließlich konnte bei einem Vergleich dieser Ergebnisse mit denjenigen von ANP3, einem als sehr zuverlässig geltenden Analyseprogramm, gezeigt werden, daß die Resultate von ANP3 in verschiedenen praxisrelevanten Fällen ungenauer, in einigen Fällen sogar völlig falsch waren, ohne daß diese Tatsache in irgendeiner Weise dokumentiert wird. Demgegenüber wird bei RCOP/QZ eine Meldung abgegeben, wenn es nicht gelingt, eine sinnvolle Schranke für die Singulärwerte zu finden. Das ist nämlich die einzige Stelle, an der eine sachgerechte Entscheidung über die Kondition der verallgemeinerten Eigenwertaufgabe abgefragt werden kann.

Damit hat sich das Konzept, der Isolation der nichtgenerischen Anteile der verallgemeinerten Eigenwertaufgabe voll bewährt. Aufgrund der Verwendung einer Variante der Knotengleichungen sind auch die Startgleichungen des Verfahrens nur mit geringen Fehlern behaftet, so daß eine im obigen Sinn "optimale" numerische Lösung der gestellten Aufgabe erreicht werden konnte.

**Danksagungen:** Es ist mir ein Bedürfnis, noch einmal an den sehr früh verstorbenen Professor E. Schwartz zu erinnern, dem ich diese Problemstellung verdanke und der dieses Vorhaben durch zahlreiche kritische Hinweise gefördert hat. Mein herzlicher Dank gilt weiterhin Herrn Professor S. Falk, dessen fachliche Beratung und die unzähligen Diskussionen einen über diese Arbeit weit hinausgehend bleibenden Wert für mich haben. Schließlich danke ich den zahlreichen Studenten und Kollegen, die mir mit Rat und Tat zur Seite gestanden haben; letztlich konnte dieses Ergebnis nur im Rahmen einer solchen Zusammenarbeit entstehen.

# 5 Literatur

[1] Bryant, P.R.: The order of complexity of electrical networks. Proc. IEE-106C(1959)174-188
[2] Chua, L.O.; P.M. Lin: Computer-Aided Analysis of Electrical Circuits. Prentice-Hall, Inc., Englewood Cliffs, New Jersey 1975
[3] Branin, F.H. Jr.: Computer Methods of Network Analysis. Proc. IEEE-55(1967)1787-1801
[4] Francis, J.G.F.: The QR-Transformation: A Unitary Analogue to LR Transformation. Part I, II. Comp. J. 4(1961)265-272, 332-345
[5] Kublanovskaya, V.N.: On Some Algorithms for the Solution of the Complete Eigenvalue Problem. USSR Comp. Math. Phys. 3(1961)637-657
[6] Pottle, C.: State-Space Techniques for General Active Network Analysis. In: Kuo, F.F.; J.F. Kaiser: System Analysis by Digital Computer. John Wiley& Sons, Inc., New York-London-Sydney 1966, S.59-98.
[7] Søerensen, E.V.: A Linear Semisymbolic Circuit Analysis Program Based on Algebraic Eigenvalue-Technique. Report: Institute of Circuit Theory and Telecommunication, Technical University of Denmark, 288 Lyngby, October 1972
[8] Schwartz, E.: Symbolic Analysis of Active RC-Networks with a Minicomputer. AEÜ 32(1978)456-462
[9] Mathis, W.; W. Marten: New Algebraic Methods in Linear Time-invariant System Theory. Proceedings of ECCTD'87, Paris, September 1987
[10] So, H.C.; I.W. Sandberg: Two-Sets-of-Eigenvalues Approach to the Computer Analysis of Linear Systems. IEEE CT-16(1969)509-517
[11] Mucha, J.: Zur numerischen und nichtnumerischen Empfindlichkeitsanalyse linearer elektrischer Netzwerke. Dissertation, TH Aachen 1968
[12] Mathis, W.; M. Kahmann; R. Kamitz: Computergestützte symbolische Analyse elektrischer Netzwerke. In: Schumny, H.: Mikrocomputer Jahrbuch 1985, F.Vieweg& Sohn, Braunschweig 1984, S.133-141.
[13] Wilkinson, J.H.: Rundungsfehler. Springer-Verlag, Berlin-Heidelberg-New York 1969
[14] Mathis, W.: Zur Theorie und Numerik Verallgemeinerter Zustandsgleichungen im Frequenzbereich und deren Anwendung bei der Netzwerkanalyse. Dissertation, TU Braunschweig 1984
[15] Fettweis, A.: On the Algebraic Derivation of the State Equations. IEEE CT-16(1969)171-175
[16] Lindberg, E.: ANP3. Institute of Circuit Theory and Telecommunications, Technical University of Denmark, Bldg. 343, DK 2800, Lyngby, Denmark
[17] Pottle, C.: CORNAP User Manual. Ithaca, N.Y.: Cornell University, School of Electrical Engineering, 1968
[18] Gantmacher, F.R.: Matrizenrechnung, Band II. VEB Deutscher Verlag der Wissenschaften, Berlin 1971
[19] Neumann, J.v.: Some matrix-inqualities and metrization of matrix-space. Bull. Inst. Math, Mecan. Univ. Kouybycheff Tomsk 1(1935)286-300
[20] Golub, G.H.; C.F. van Loan: Matrix Computation. North Oxford Academic, Oxford 1983
[21] Watkins, D.S.: Understanding the QR-Algorithm. SIAM Review 24(1982)427-440
[22] Moler, C.B.; Stewart: An Algorithm for Generalized Matrix Eigenvalue Problems. SIAM J. Num. Anal. 10(1973)241-256
[23] van Dooren, P.: Computation of Kornecker's Canonical Form of a Singular Pencil. Lin. Algbr. Appl. 27(1979)103-140
[24] Wehrhahn, E.R.: A New Approach in the Computation of Poles and Zeros in Large Networks. IEEE CAS-26(1979)700-707

# Hermite-Diskretisierung von partiellen Differentialgleichungen dargestellt am Beispiel der Waermeleitungsgleichung

J. Mennig,
Institut für Energietechnik, ETH Zürich, Schweiz

**Zusammenfassung**

Es wird gezeigt, wie unter Verwendung der A-stabilen Hermite-Approximation $H_{\alpha,\beta}$ bei Systemen von partiellen Differentialgleichungen mit den unabhängigen Variablen x und t die Ortsvariable x mit beliebig hoher Fehlerordnung diskretisiert werden kann, ohne dass die Anzahl der Stützstellen dabei vergrössert werden muss. Am Beispiel der Wärmeleitgleichung wird demonstriert, dass sowohl grössere Schrittweiten und somit kleinere Gleichungssysteme als auch grössere Genauigkeiten und vorallem kürzere Rechenzeiten durch sukzessive Erhöhung der Approximationsordnung erzielt werden können.

## 1. Einleitung

Da die analytische Lösung von Systemen partieller Differentialgleichungen (p. Dgln.) nur in sehr einfachen Fällen gelingt, ist die numerische Behandlung solcher Probleme durch vollständige oder teilweise Diskretisierung von grosser Bedeutung. Obwohl es sehr viele Probleme der genannten Art gibt, stehen allerdings für deren Diskresisierung nur wenige Methoden zur Verfügung. Erwähnen möchte ich besoders die bestens bekannten Methoden der finiten Differenzen (F.D.) und finiten Elemente (FINEL). Partielle Differentialgleichungen haben immer mehrere unabhängige Variable, wodurch sich auch die Möglichkeit der Verwendung semianalytischer Methoden ergibt, bei welchen nur ein Teil der Variablen diskretisiert und der Rest analytisch behandelt wird (Method of Lines). So wird z.B. bei einem (x,t)-Problem meistens die Ortsvariable x mit Hilfe der F.D.-Methode diskretisiert und das so entstehende System von gewöhnlichen Dgln. mit Hilfe irgendeiner bewährten Methode integriert, beispielsweise mit Hilfe der Taylorreihen, die in diesem Zusammenhang auch Lie-Reihen genannt werden. Allerdings nimmt man dabei in Kauf, dass die bei der Diskretisierung des Systems von p.Dgln. erworbenen Eigenschaften des daraus resultierenden Systems gewöhnlicher Dgln. nicht immer die besten sind, da numerisch stabile Methoden nur selten zur Diskretisierung verwendet werden. Aus diesem Grunde wird im folgenden eine neue, numerisch stabile Diskretisierungsmethode eingeführt, welche übrigens - wie so manche numerische Methode - auf einem alten Prinzip beruht. Hier ist dies die Zwei-Punkte-Hermite-Integration, im folgenden kurz Hermite-Methode genannt.

## 2. Die Hermite-Methode ($H_{\alpha,\beta}$-Approximation)

In seiner Studie [1] über die Möglichkeit, die Interpolationsformeln von Lagrange durch Hinzunahme von Interpolationsforderungen hinsichtlich der Ableitungen an den Interpolationsstellen zu verallgemeinern, gelangte Ch. Hermite zu einer Darstellung des bestimmten Integrals als Linearkombination von Funktionswerten und Ableitungen, genommen an den beiden Integrationsgrenzen. Diese Hermite-Methode wurde in [2] detailliert untersucht. Es konnten geschlossene Formeln für die $H_{\alpha,\beta}$-Approximation hergeleitet werden. Das Resultat lautet

$\underline{H_{\alpha,\beta}}:$

$$\int_{x_{i-1}}^{x_i} \Phi(x)\, \partial x = \sum_{\nu=0}^{\alpha} C_\nu(\alpha,\beta)\, h_i^{\nu+1}\, \Phi_{i-1}^{(\nu)}$$

$$+ \sum_{\nu=0}^{\beta} C_\nu(\beta,\alpha)\, h_i^{\nu+1}\, (-1)^\nu\, \Phi_i^{(\nu)}$$

$$+ O(h^{\alpha+\beta+3}) \qquad (1)$$

wobei $h_i = x_i - x_{i-1}$ und $C_\nu(\alpha,\beta) = \dfrac{\binom{\alpha+1}{\nu+1}}{\binom{\alpha+\beta+2}{\nu+1}(\nu+1)!}$

Für $\alpha = \beta$ vereinfacht sich diese Formel und ergibt überdies meistens die besten Resultate. Es gilt:

$\underline{H_{\alpha,\alpha}}:$

$$\int_{x_{i-1}}^{x_i} \Phi(x)\, \partial x = \sum_{\nu=0}^{\alpha} C_\nu(\alpha,\alpha)\, h_i^{\nu+1}\, \left[\Phi_{i-1}^{(\nu)} + (-1)^\nu\, \Phi_i^{(\nu)}\right] \qquad (2)$$

An den Stellen $x \in [x_{i-1}, x_i]$ kann $\Phi(x)$ durch die Hermite-Interpolationsformel (vg [2])

$$\Phi(\tau(x)) = (1-\tau)^{\beta+1} \sum_{\nu=0}^{\alpha} \frac{1}{\nu!} h_i^\nu \Phi_{i-1}^{(\nu)} \sum_{k=\nu}^{\alpha} \binom{\beta+k-\nu}{\beta} \tau^k$$

$$+ \tau^{\alpha+1} \sum_{\nu=0}^{\beta} \frac{1}{\nu!} (-h_i)^\nu \Phi_i^{(\nu)} \sum_{k=\nu}^{\beta} \binom{\alpha+k-\nu}{\alpha} (1-\tau)^k \qquad (3)$$

approximativ berechnet werden. Dabei gilt: $\tau(x) = \dfrac{x - x_{i-1}}{h_i}$.

B.L. Ehle [3] wies nach, dass die $H_{\alpha,\beta}$-Methode, deren Anwendung auf die Lösung von gewöhnlichen Differentialgleichungen übrigens in [2] intensiv studiert wurde, absolut stabil ist.

## 3. Hermite-Diskretisierung von partiellen Differentialgleichungen

Es sei

$$\frac{\partial \Phi}{\partial x} + A \frac{\partial \Phi}{\partial t} - B \Phi = 0 \qquad (4)$$

ein System von n partiellen Differentialgleichungen, wobei

$$\Phi(x,t) = \left[ \Phi_1(x,t), \ldots, \Phi_n(x,t) \right]^T \quad \text{und} \quad A, B: \text{nxn-Matrizen sind.}$$

Nach Einführung des Operators $P = -A \frac{\partial}{\partial t} + B$ schreibt sich das System (3) in der übersichtlicheren Form

$$\frac{\partial \Phi}{\partial x} = P \, \Phi(x,t) \qquad (5)$$

Integration von Gleichung (5) nach x über das Intervall $[x_{i-1}, x_i]$ ergibt:

$$\Phi_i(t) - \Phi_{i-1}(t) = P \int_{x_{i-1}}^{x_i} \Phi(x,t) \, \partial x \qquad (6)$$

Das Integral auf der rechten Seite von Gl.(6) wird nun mit Hilfe der $H\alpha,\beta$-Methode approximiert.

$$\Phi_i(t) - \Phi_{i-1}(t) = P \left[ \sum_{\nu=0}^{\alpha} C_\nu(\alpha,\beta) \, h_i^{\nu+1} \frac{\partial^\nu \Phi}{\partial x^\nu} \bigg|_{x=x_{i-1}} \right.$$

$$\left. + \sum_{\nu=0}^{\beta} C_\nu(\beta,\alpha) \, h_i^{\nu+1} (-1)^\nu \frac{\partial^\nu \Phi}{\partial x^\nu} \bigg|_{x=x_i} \right] + O(h^{\alpha+\beta+3}) \qquad (7)$$

Aus Gl.(5) folgt

$$\frac{\partial^\nu \Phi}{\partial x^\nu} \bigg|_{x=x_i} = P^\nu \, \Phi(t) \quad \text{mit} \quad P = B - A \frac{\partial}{\partial t}$$

sodass die part. Ableitungen nach x jetzt durch totale Ableitungen nach t ersetzt werden. Auf diese Weise entsteht durch Hermite-Diskretisierung von x aus dem System von partiellen Differentialgleichungen ein System von gewöhnlichen Differentialgleichungen. Es kann, wenn die Matrizen A und B nicht von x oder t abhängen, analytisch, andernfalls mit Hilfe irgendeiner numerischen oder semianalytischen Methode, z.B. wiederum mit der $H_{\alpha,\beta}$-Methode gelöst werden.

### 4. Erläuterung der Methode am Beispiel der Wärmeleitungsgleichung

Bekannt ist die Gleichung

$$\frac{\partial^2 \Phi}{\partial x^2} = \kappa \frac{\partial \Phi}{\partial t} \qquad \text{mit} \quad 0 \leq x \leq L \tag{8}$$

mit den Randbedingungen

$$\Phi(0,t) = f(t) \tag{8a}$$

$$\Phi(L,t) = g(t) \tag{8b}$$

und der Anfangsbedingung

$$\Phi(x,t) = \varphi(x) \tag{8c}$$

Mit Hilfe der Definitionen

$$u(x,t) = \Phi(x,t) \tag{9a}$$

$$v(x,t) = \frac{\partial \Phi(x,t)}{\partial x} \equiv \Phi' \tag{9b}$$

ergibt sich statt der partiellen Differentialgleichungg zweiter Ordnung (Gl.(7)) folgendes System 1. Ordnung:

$$u' = v \tag{10a}$$

$$v' = \kappa \dot{u} \tag{10b}$$

Integriert führt das Gleichungssystem (10) auf:

$$u_i - u_{i-1} = \int_{x_{i-1}}^{x_i} v \, \partial x \tag{11a}$$

$$v_i - v_{i-1} = \kappa \frac{\partial}{\partial t} \left[ \int_{x_{i-1}}^{x_i} u \, \partial x \right] \tag{11b}$$

Die $H_{a,a}$-Approximation der Integrale führt auf:

$$u_i - u_{i-1} = \sum_{\nu=0}^{a} C_\nu(a,a) \, h_i^{\nu+1} \left[ v_{i-1}^{(\nu)} + (-1)^\nu v_i^{(\nu)} \right] \tag{12a}$$

$$v_i - v_{i-1} = \kappa \frac{\partial}{\partial t} \left[ \sum_{\nu=0}^{a} C_\nu(a,a) \, h_i^{\nu+1} \left[ u_{i-1}^{(\nu)} + (-1)^\nu u_i^{(\nu)} \right] \right] \tag{12b}$$

Die x-Ableitungen in Gl. 12 können mit Hilfe der Dgln.(10) durch t-Ableitungen ersetzt werden, und zwar folgendermassen:

$$u_i^{(2k)} = \left[ \kappa \frac{\partial}{\partial t} \right]^k u_i(t)$$

$$u_i^{(2k+1)} = \left[ \kappa \frac{\partial}{\partial t} \right]^k v_i(t)$$

$$v_i^{(2k)} = \left[ \kappa \frac{\partial}{\partial t} \right]^k v_i(t)$$

$$v_i^{(2k+1)} = \left[ \kappa \frac{\partial}{\partial t} \right]^{k+1} u_i(t)$$

Nach Elimination von $v_i$ entsteht eine reine u-Differentialgleichung. Einige Hermite-approximierte Systeme seien beispielsweise hier angefügt:

$\underline{H_{0,0}:}$

$$( \dot{u}_{i+1} + 2 \dot{u}_i + \dot{u}_{i-1} ) - \tfrac{1}{3} ( u_{i+1} - 2 u_i + u_{i-1} ) = 0 + O(h^3) \tag{13}$$

$\underline{H_{1,1}:}$

$$( \ddot{u}_{i+1} - 2 \ddot{u}_i + \ddot{u}_{i-1} ) - ( \dot{u}_{i+1} + 10 \dot{u}_i + \dot{u}_{i-1} ) - ( u_{i+1} - 2 u_i + u_{i-1} )$$
$$= 0 + O(h^5)$$

$\underline{H_{2,2}:}$

$$( \ddot{u}^{\cdot}_{i+1} + 2 \ddot{u}^{\cdot}_i + \ddot{u}^{\cdot}_{i-1} ) - 2 ( \ddot{u}_{i+1} - 22 \ddot{u}_i + \ddot{u}_{i-1} )$$

$$+ 5 ( \dot{u}_{i+1} + 18 \dot{u}_i + \dot{u}_{i-1} ) - \frac{25}{3} ( u_{i+1} - 2 u_i + u_{i-1} )$$

$$= 0 + O(h^7)$$

$\underline{H_{3,3}}$:

$$9 ( \ddot{u}^{\cdot}_{i+1} - 2 \ddot{u}^{\cdot}_i + \ddot{u}^{\cdot}_{i-1} ) - 30 ( \ddot{u}_{i+1} + 38 \ddot{u}_i + \ddot{u}_{i-1} )$$

$$+ 15 ( 9 \ddot{u}_{i+1} - 578 \ddot{u}_i + 9 \ddot{u}_{i-1} ) - 525 ( \dot{u}_{i+1} + 26 \dot{u}_i + \dot{u}_{i-1} )$$

$$+ 1225 ( u_{i+1} - 2 u_i + u_{i-1} ) = 0 + O(h^9)$$

wobei $\cdot = \frac{\partial}{\partial \tau}$ mit $\tau = \frac{t}{\rho}$ und $\rho = \frac{\kappa h^2}{12}$

Am Beispiel der $H_{0,0}$-Approximation wird nun das weitere Vorgehen erläutert. Die $H_{0,0}$-Gleichungen haben gemäss (13) die Form

$$3 A^+ \dot{u}(\tau) - A^- u(\tau) = s(\tau) \qquad (14)$$

wobei $u = \begin{bmatrix} u_1, \ldots , u_{I-1} \end{bmatrix}^T$

$s = \begin{bmatrix} s_i \end{bmatrix}^T$

$s_1 = ( f - 3\dot{f} )$

$s_i = 0$ für $i = 2 \ldots (I-2)$

$s_{I-1} = ( g - 3\dot{g} )$

und $A^+$, resp. $A^-$ aus den Gleichungen (13) zu finden sind.
Mit diesen Notationen folgt

$$\dot{u}(\tau) = \frac{1}{3} \left\{ \begin{bmatrix} A^+ \end{bmatrix}^{-1} A^- u(\tau) + \begin{bmatrix} A^+ \end{bmatrix}^{-1} s \right\}$$

Die Matrix $A^+$ ist materialunabhängig und überdies so einfach beschaffen, dass auch ihre Inverse $\left[ A^+ \right]^{-1}$ analytisch berechnet werden kann.

Zur Lösung des Systems (15) werden noch die Anfangswerte $u_i(0)$ benötigt. Diese werden folgendermassen erhalten:

$$u_i(0) = u(x_i,0) = \varphi(x_i) ,$$

wobei $\varphi(x_i)$ gegeben sind.

Im Falle der $H_{1,1}$-Approximation wird nach $\ddot{u}$ aufgelöst und mit der Definition $p = \dot{u}$ folgt ein System

$$\dot{u} = p$$

$$\dot{p} = \alpha p - u + \left[ A^- \right]^{-1} s$$

Dabei ist $p(0) = \dot{u}(0) = \left[ \tfrac{1}{k} \varphi_i'' \right]^T$

Ganz analog ist für $H_{2,2}$ und $H_{3,3}$ vorzugehen. Nach Abschluss dieser Vorbereitungen können die gewöhnlichen $\tau$-Differentialgleichungen mit Hilfe irgendeiner numerischen Methode gelöst werden, z.B. mit

        Runge-Kutta,
        Taylorreihen,
        Exponentialansatz

## 5. Numerischer Vergleich und Ergebnisse

Zum Vergleich der numerischen Ergebnisse wurden speziell die Randbedingungen

$f(t)=g(t)=0$

gewählt, da in diesem Falle die vollanalytische Lösung bestimmt werden kann. Sie lautet, wenn

$$\varphi(x) = \tfrac{x}{L}\left(1 - \tfrac{x}{L}\right)$$

ist, folgendermassen:

$$u(x_i,t) \equiv u_{i,j} = \frac{32}{\pi^3} \sum_{\nu=0}^{\infty} \frac{\exp\left[-\left(\tfrac{\pi}{I}(2\nu+1)\right)^2 \tfrac{\tau_j}{12}\right]}{(2\nu+1)^3} \sin\left[\tfrac{\pi}{I}(2\nu+1)\, i\right] \qquad (16)$$

Verglichen werde das Testproblem mit der üblichen Diskretisierungsmethode:

$$\frac{(u_{i+1,j} - 2u_{i,j} + u_{i-1,j})}{h^2} = \frac{K}{\Delta t}(u_{i,j+1} - u_{i,j}) \qquad (17)$$

Die Diskretisierungsgleichung (17) ist instabil, kann aber durch die Festsetzung

$$\frac{K h^2}{\Delta t} = 2$$

stabilisiert werden. Die stabilisierte Gleichung lautet

$$u_{i,j+1} = \frac{1}{2}(u_{i-1,j} + u_{i+1,j}) \qquad (17')$$

Bei der nachfolgenden Beschreibung der Ergebnisse wurden folgende Abkürzungen verwendet:

I   Anzahl der Diskretisierungsintervalle im Bereich $0 \leq x \leq h$

$\tau = \frac{t}{\rho}$ mit $\rho = \frac{K h^2}{12}$

$\varepsilon$   relative Genauigkeit

$H_{\alpha\beta,\infty}$   $H_{\alpha,\beta}$-Approximation bezüglich der Variable x, analytische Lösung der $\tau$-Gleichungen

$S_{stab}$   Standardmethode, stabilisiert

f   falsch


**Genauigkeit $\varepsilon$**

| $\tau$ | $\varepsilon(H_{00,\infty})$ | $\varepsilon(H_{11,\infty})$ | $\varepsilon(H_{22,\infty})$ | $\varepsilon(H_{33,\infty})$ |
|---|---|---|---|---|
| 50 | f | 3.4 E-2 | 9.5 E-3 | 4.3 E-3 |
| 100 | f | 4.6 E-2 | 9.8 E-3 | 4.5 E-3 |
| 500 | f | 1.4 E-1 | 1.2 E-2 | 4.5 E-3 |
| 2000 | f | f | 1.9 E-2 | 4.6 E-3 |

Je höher die Approximationnsordnung $\alpha$ ist, desto genauer wird das Resultat, obwohl eine fünfmal grössere Schrittweite verwendete wurde als bei den Rechnungen mit der Standardmethode. Für niedrige Approximationen (z.B. $\alpha = 0$ oder 1) und $\tau = 2000$ hingegen müsste die Schrittweite h verkleinert werden, damit die Rechnung für beliebige Werte von $\tau$ durchgeführt werden kann. Es ist daher zu emmpfehlen, mit nicht zu niedrigen Approximationsordnungen $\alpha$ zu rechnen.

**Rechenzeitgewinn**

Die Rechenzeit sei t; der Rechenzeitgewinn werde q genannt, wobei folgende Definition gelte:

$$q = \frac{t_{S(stabil,I=10)}}{t_{Meth(I=2)}}$$

Für die $H_{33,\infty}$-Approximation ergeben sich bei $\varepsilon \approx 10^{-3}$ folgende Resultate:

| $\tau$ | q | $q^*$ |
|---|---|---|
| 500 | 33 | 500 |
| 2000 | 133 | 2000 |

wobei allerdings bei $q^*$ die für die Berechnung der Eigenwerte erforderliche Zeit nicht mitgerechnet wurde.

Aus den Ergebnissen geht hervor, dass im Falle des Wärmeleitungsbeispiels noch genügend Spielraum vorhanden ist, um bei hinreichend grossen α die x-diskretisierten Gleichungen auch mit weniger guten Methoden weiterzubehandeln, zum Beispiel mit dem Ziel, neue volldiskretisierte Gleichungen von höherer Ordnung zu erhalten.

**Literatur**

[1] M. Ch. Hermite,
Sur la formule d'interpolation de Lagrange,
J. Crelle 84 (1878), 70

[2] J. Mennig et.a.
Two point Hermite approximations for the solution of linear initial value and boundary value problems,
Comp. Meth. in Appl. Mech. and Eng. 39 (1983), 199-224

[3] B.L. Ehle
High order A-stable methods for the nummerical solutions of differential equations,
BIT 8 (1968), 276-278

Zur Praxis des numerischen Differenzierens nach einer Variablen

Hans Schubert
Deutsche Forschungs- und Versuchsanstalt für Luft- und Raumfahrt e.V.
Institut für Dynamik der Flugsysteme

D-8031 Oberpfaffenhofen

Zusammenfassung: In der Praxis stellt sich als das wesentliche Problem beim numerischen Differenzieren die Frage nach der Wahl einer geeigneten Schrittweite h heraus. Besonders bei mit Fehlern behafteten und in der Stellenzahl begrenzten Funktionswerten hängt die Güte der Ableitungen $\nu$-ter Ordnung entscheidend von der verwendeten Schrittweite h ab. Es werden Iterationsverfahren zur Bestimmung der günstigsten Schrittweite h der $\nu$-ten Ableitungsordnung unter Berücksichtigung von Auslöschung und Rundungsfehlern angegeben.

Summary: In practice the essential problem with numerical differentiation is the question to select a suitable stepsize h. Especially if functionvalues are used which have a bounded word lenght or which are affected by errors, the quality of the derivatives is critically dependent on the used stepsize h. Therefore iterative methods will be specified to get a convenient stepsize h for the $\nu$-th derivative under consideration of cancellation and round-off errors.

## 1. Vorgehensweise zur numerischen Differentiation

Vor der numerischen Differentiation wird gerne gewarnt, weil das Differenzieren ein besonders empfindlicher Prozeß ist. Als Grund hierfür wird im allgemeinen die qualitative Erklärung angeboten, daß geringfügige Schwankungen der Funktionswerte zu mehr oder weniger verfälschten Ableitungen führen können. Analysiert man jedoch den Prozeß näher, so stellt man fest, daß die Auslöschung in Verbindung mit Rundungsfehlern das eigentliche Problem darstellt.

In der Praxis stellt sich vordergründig die Frage nach der Wahl einer geeigneten Schrittweite h. Besonders bei mit Fehlern behafteten und in der Stellenzahl begrenzten Funktionswerten hängt die Güte der Ableitungen $\nu$-ter Ordnung entscheidend von der verwendeten Schrittweite h ab. Deshalb werden Iterationsverfahren zur Bestimmung der günstigsten Schrittweite h der $\nu$-ten Ableitungsordnung unter Berücksichtigung der Auslöschung und von Rundungsfehlern hergeleitet.

Bekanntlich werden bei der numerischen Differentiation die Differentialquotienten einer Funktion in Näherung als Differenzenquotienten dargestellt. Einer der üblichen Wege zur Gewinnung von Differenzenquotienten ist der, daß man eine Funktion y(x), die mindestens (n+1)-mal differenzierbar sein muß, durch ein Polynom n-ten Grades $\hat{y}(x) = \sum a_\nu x^\nu$, $\nu = 0(1)n$, in einem Intervall [a,b] approximiert. Eine der bestmöglichen Anpassungen des Polynoms $\hat{y}(x)$ an die Funktion y(x) liefert z.B. die Methode der kleinsten Quadrate. Hieraus ergibt sich das sogenannte Normal-Gleichungssystem $a \cdot X = b$ mit (n+1) Gleichungen und (n+1) Unbekannten $a_\nu$, $\nu = 0(1)n$. Die Elemente der Matrix X stellen dabei Potenzsummen der Form $\sum_i x_i^\nu$, die Elemente des Vektors b Produktsummen der Form $\sum x_i^\nu y_i$, $\nu = 0(1)n$, dar. Vereinfachend wird festgesetzt, die Stützstellen $x_i$ liegen äquidistant, d.h. $x_i = x_0 + i \cdot h$. Die Summierung über i hängt davon ab, wieviel N Stützstellen man benützt sowie davon, in welche Stützstelle innerhalb [a,b] man den Koordinatenursprung $x_0 = 0$ legt. Mit letzterem legt man fest, ob z.B. Vorwärts-, Rückwärts- oder zentrale Differenzen gebildet werden sollen. (Je nach Wahl von n und N, N > n, können Differenzenformeln beliebiger Ordnung sowie Genauigkeit in bezug auf den (systematischen) Verfahrensfehler, gewonnen werden). Mit Hilfe eines Digitalrechners unter Einsatz eines Programmes mit erweiterter Ganzzahlarithmetik kann das Normalgleichungssystem formal exakt gelöst werden. Als Ergebnis erhält man zu den vorgegebenen n und N jeweilig zugehörende ganzzahlige Faktoren $p_i$ und ganzzahlige Divisoren $q_\nu$ und somit feste Formeln für jeden Koeffizienten $a_\nu$, $\nu = 0(1)n$, zu:

$$a_\nu = \{1/q_\nu \cdot h^\nu\} \cdot \{\Sigma p_i \cdot y_i\}. \tag{1.1}$$

Differenziert man das Polynom n-ten Grades $\tilde{y}(x)$ $\nu$ mal, $\nu = 1(1)n$, so erhält man die Approximation $\tilde{y}^{(\nu)}$ der $\nu$-ten Ableitung, genommen an der Stelle $x_0 = 0$, zu:

$$\tilde{y}^{(\nu)}(0) = \nu! \cdot a_\nu = \{\nu!/q_\nu \cdot h^\nu\} \cdot \Sigma p_i \cdot y_i. \tag{1.2}$$

Nun zerlegt man das Skalarprodukt $\Sigma p_i \cdot y_i$ in
eine positive Produktsumme $\mathbf{P} = \sum_k p_k \cdot y_k$ und eine negative Produktsumme $\mathbf{G} = \sum_m p_m \cdot y_m$, (mit $k \neq m$, und $k, m \in i$), und erhält so für die $\nu$-te Ableitung die allgemeine Form:

$$\tilde{y}^{(\nu)} = \{\nu!/q_\nu \cdot h^\nu\} \cdot \{\mathbf{P} - \mathbf{G}\}. \tag{1.3}$$

Auf diese Weise wird erreicht, daß nur <u>einmal</u> eine Differenz zu bilden ist, also nur <u>einmal Auslöschung</u> auftritt.

## 2. Kontrolle der Auslöschung, zugehörige günstigste Schrittweite

Die Auslöschung, d.h. das Auslöschen von von vorne gültigen Stellen bei der Subtraktion, stellt den gravierendsten Eingriff bei der numerischen Differentiation insbesondere dann dar, wenn die Funktions- oder Meßwerte nur eine beschränkte Anzahl t an gültigen Stellen aufweisen. Je nach gerade verwendeter Schrittweite h bleiben bei der Differenzbildung meist nur ganz wenige oder auch nur eine Stelle übrig, in denen oder der sich im allgemeinen die in den letzten Stellen der Funktions- oder Meßwerte enthaltenen Unsicherheiten oder Fehler (Rundungen) vereinen. Dies führt dann zu stark fehlerhaften oder gar unsinnigen Werten für die Ableitungen. "Die Auslöschung hat furchtbar gewütet", um [1] zu zitieren.

Wenn man zu approximativ richtigen Ergebnissen gelangen will, muß die bei der Differenzbildung auftretende Auslöschung von von vorne gültigen Stellen kontrolliert werden, damit nach dem Ausführen der Subtraktion noch eine hinreichende Anzahl sicherer Stellen übrig bleibt.

Die Auslöschung läßt sich aber in Grenzen halten bzw. kontrollieren, wenn man, angeregt durch [2], folgende Auslöschungs-Bedingung einführt:

$$|P - G| \geq b^{-\delta} \cdot \max\{|P|, |G|\} . \qquad (2.1)$$

Dies bedeutet, daß beim Bilden der absoluten Differenz $|P - G|$ höchstens nur ein durch $b^{-\delta}$ bestimmter Bruchteil der Anzahl gültiger Stellen des größeren der absoluten Summanden $|P|$ oder $|G|$ ausgelöscht werden darf. Die Größe b stellt die Zahlenbasis dar. Der Auslöschungs-Exponent $\delta$ ist als $\delta > 0$ vorzugeben und muß nicht ganzzahlig sein.

Die Größen P und G sind eine Funktion der Funktions- oder Meßwerte $y_i$ und damit auch eine Funktion von h. Deshalb könnte man den Versuch unternehmen, durch Probieren, d.h. Einsetzen verschiedener Schrittweiten $h_0, h_1, h_2, \ldots = h_\mu$ und Auswerten von $|P(h_\mu)|$, und $|G(h_\mu)|$, die Auslöschungs-Bedingung mit dem "="-Zeichen zu erfüllen. Mit dieser Vorgehensweise würde man diejenige Schrittweite $h'_\mu$ finden können, die die Auslöschung in kontrollierten Grenzen hält, wenn auch in unsystematischer Weise. Um nun aber systematisch vorgehen zu können, sei ein Iterationsverfahren für $h \to h'$ angegeben.

Die linke Seite der Auslöschungs-Bedingung, Gl. (2.1), und der Absolutbetrag der $\nu$-ten Ableitung $\mathring{y}^{(\nu)}$ Gl. (1.3) unterscheiden sich nur um den Faktor $\nu!/(q_\nu \cdot h^\nu)$. Multipliziert man die Gl. (2.1) links und rechts mit diesem Faktor, so hat man als "erweiterte" Auslöschungs-Bedingung der $\nu$-ten Ableitung $\mathring{y}^{(\nu)}$ stehen:

$$\{\nu!/q_\nu \cdot h^\nu\} \cdot |P - G| \geq \{\nu!/q_\nu \cdot h^\nu\} \cdot b^{-\delta} \cdot \max\{|P|, |G|\} , \qquad (2.2)$$

Hieraus läßt sich nun eine Iterationsformel für die bezüglich der Auslöschung günstigste Schrittweite $h(\delta) = \Psi(h,\delta)$ gewinnen, die eine Funktion der (vorhergehenden) Schrittweite $h_\mu$ und des Auslöschungsexponenten $\delta$ darstellt, $h_{\mu+1} = \Psi(h_\mu, \delta)$, also

$$h_{\mu+1}(\delta) = h_\mu \cdot \sqrt[\nu]{\frac{b^{-\delta} \cdot \max\{|P(h_\mu)|, |G(h_\mu)|\}}{|P(h_\mu) - G(h_\mu)|}} \quad ; \quad \begin{array}{l} \nu = 1(1)n \leq N - 1 \; ; \\ \mu = 0, 1, 2, \ldots \end{array} \qquad (2.3)$$

Man sieht, daß sich für jede Ableitungsordnung $\nu$ eine eigene günstigste Endschrittweite $h'_{\mu+1}(\delta)$ ergibt, die i.a. verschieden ist von den günstigsten Schrittweiten einer anderen Ableitungsordnung. Dies rührt nicht nur davon her, daß die Wurzel gemäß der Ableitungsordnung $\nu$ gezogen wird, sondern auch daher, daß die Festwerte $p_i$ in der positiven und negativen Produktsumme $P(h_\mu)$ und $G(h_\mu)$ für jede Ableitungsordnung (bei festen n,N) verschieden sind von den Festwerten $p_i$ anderer Ableitungsordnungen. Weiterhin zeigt sich, daß jede $\nu$-te Ableitungsordnung wegen ihrer eigenen günstigsten Schrittweite auch ein eigenes Ausschnittsintervall $\Delta x = (N - 1) \cdot h$ innerhalb des Intervalls [a,b] besitzt. Es erscheint plausibel, für den Auslöschungs-Exponenten $\delta$ einen Wert, der etwa der Hälfte der verwendeten bzw. verfügbaren t Stellen entspricht, zu wählen, d.h. $\delta \approx t/2$, [2].

### 3. Kontrolle des Rundungsfehlers, zugehörige günstigste Schrittweite

In den nach der Auslöschung noch verbleibenden Stellen sind die ersten davon als sicher oder genau anzunehmen. In den letzten der verbleibenden Stellen aber sind die Ziffern durch Meßfehler und/oder die akkumulierten Rundungsfehler verfälscht. Deren Einfluß auf das Ergebnis der numerischen Differentiation muß aber möglichst klein gehalten werden.

Liegen die Funktionswerte $y_i$ meßfehlerbehaftet bzw. gerundet und/oder auf eine bestimmte Stellenzahl t beschränkt vor, dann sind in der Differenzenformel Gl. (1.2) die exakten Funktionswerte $y_i$ durch diese gerundeten und in der Stellenzahl beschränkten Funktionswerte $\tilde{y}_i$ zu ersetzen. Im folgenden werden deshalb die entsprechenden Größen mit dem "~"-Zeichen versehen. Tatsächlich wird also $\tilde{y}^{(\nu)}$ berechnet:

$$\tilde{y}^{(\nu)} = \{\nu!/q_\nu \cdot h^\nu\} \cdot \sum_i p_i \cdot \tilde{y}_i = \{\nu!/q_\nu \cdot h^\nu\} \cdot \{\tilde{P} - \tilde{G}\} \ . \tag{3.1}$$

Die Grenze der Abweichung eines Funktionswertes $\tilde{y}_i$ vom exakten Funktionswert $y_i$ kann als maximaler Fehler $\varepsilon_i$ angegeben werden:

$$\tilde{y}_i = y_i \pm \varepsilon_i \ . \tag{3.2}$$

Setzt man Gl. (3.2) in Gl. (3.1) ein, so erhält man die $\nu$-te Ableitung zu:

$$\tilde{y}^{(\nu)} = \{\nu!/q_\nu \cdot h^\nu\} \cdot \sum_i p_i \cdot y_i \pm \{\nu!/q_\nu \cdot h^\nu\} \cdot \sum_i p_i \cdot \varepsilon_i \ . \tag{3.3}$$

Damit ergibt sich als der durch die Einzel-Rundungs- oder -Meßfehler $\varepsilon_i$ verursachte "Rundungsfehler" $F_r$ aus Gl. (3.3) zu:

$$|F_r| = \{\nu!/q_\nu \cdot h^\nu\} \cdot \sum_i |p_i \cdot \varepsilon_i| \ . \tag{3.4}$$

Hier in Gl. (3.4) wird die Summe der Absolutbeträge der Produkte $p_i \cdot \varepsilon_i$ verwendet, weil sich im ungünstigsten Fall die einzelnen Rundungs- bzw. Meßfehler addieren können. Die Summe $\sum_i |p_i \cdot \varepsilon_i| = E$ ist somit immer eine positive endliche Größe, die berechnet werden kann. Schreibt man eine Zahl y in der Gleitkommadarstellung $y = a \cdot b^j$ an, wobei b die Zahlenbasis, j der positive oder negative ganzzahlige Exponent und a die t-stellige normalisierte Mantisse ($b^{-1} \leq a < 1$) sind, so stellt sich der maximale Fehler $\varepsilon_i$ der Funktionswerte $\tilde{y}_i$ dar als, [3]:

$$\max|\tilde{y}_i - y_i| \leq \max|\varepsilon_i| \leq u \cdot b^{(-t+j_i)} \quad \text{mit} \tag{3.5}$$

$$u = \begin{cases} 1,0 & \text{bei Abbruch ohne Rundung,} \\ 0,5 & \text{bei Abbruch mit Rundung,} \\ |u_i| & \text{als Vielfaches der } (-t+j_i)\text{-ten Stelle bei Meßfehlern.} \end{cases}$$

Der Exponent $j_i$ eines Funktionswertes $\tilde{y}_i$ kann einfach festgestellt werden.

Um den Einfluß des Rundungsfehlers auf die $\nu$-te Ableitung $\tilde{y}^{(\nu)}$ zu kontrollieren, werde verlangt, daß gelte

$$|\tilde{y}^{(\nu)}| > b^\rho \cdot |F_r| \ . \tag{3.6}$$

Mit Gl. (3.1) und Gl. (3.4) wird Gl. (3.6) schließlich zur Rundungsfehler-Bedingung:

$$|\widetilde{P} - \widetilde{G}| \geq b^\rho \cdot E \quad . \tag{3.7}$$

In ihr wird durch den Rundungsfehler-Exponenten $\rho$ festgelegt, wieviele Stellen nach der Subtraktion $|\widetilde{P} - \widetilde{G}|$ noch als sichere Stellen gegenüber dem maximalen Rundungsfehler $\sum|p_i \cdot \varepsilon_i| = E$ bestehen, wobei $\rho > 0$ nicht ganzzahlig sein muß. Beruhend auf der Rundungsfehler-Bedingung, Gl. (3.7), läßt sich auf dem Weg der Herleitung ähnlich wie bei der Kontrolle der Auslöschung eine Iterationsformel für die günstigste Schrittweite $h_{\mu+1}(\rho)$ für die $\nu$-te Ableitung bezüglich des Rundungsfehlers angeben:

$$h_{\mu+1}(\rho) = h_\mu \cdot \sqrt[\nu]{\frac{E \cdot b^\rho}{|\widetilde{P}(h_\mu) - \widetilde{G}(h_\mu)|}} \quad ; \quad \begin{array}{l} \nu = 1(1)n \leq N - 1 \; ; \\ \mu = 0, 1, 2, \ldots \end{array} \tag{3.8}$$

Es erscheint plausibel, für den Rundungsfehler-Exponenten $\rho$ einen Wert, der etwa der Hälfte der verfügbaren t Stellen entspricht, zu wählen, d.h. $\rho \approx t/2$. I.a. wird $h'_{\mu+1}(\rho)$ verschieden sein von der Schrittweite $h'_{\mu+1}(\delta)$ nach Gl. (2.3).

## 4. Eine allgemeine Formel zur Iteration der Schrittweite

Eine Betrachtung über den Verlauf der Endschrittweiten $h'_{\mu+1}$ der Iterationen nach Gl'n. (2.3) und (3.8) als Funktion von $\delta$ bzw. $\rho$ führt dazu, daß es einen Exponenten $\delta_0 = \rho_0$ gibt, bei dem die beiden Iterations-Formeln die gleiche Endschrittweite $h'_{\mu+1} = \Omega$ liefern. Da die Radikanden in den beiden Formeln stets bei Erreichen einer Endschrittweite gleich Eins werden, können sie gleichgesetzt werden. Da jetzt die Endschrittweiten auch gleich sind, folgt, daß auch beide Nenner gleich sind. Schließlich bleibt übrig: $\max\{|\widetilde{P}|,|\widetilde{G}|\} \cdot b^{-\delta_0} = E \cdot b^{\rho_0}$ oder mit $\delta_0 = \rho_0$

$$b^{-\delta_0} = \sqrt[2]{\frac{E}{\max\{|\widetilde{P}(h_\mu)|,|\widetilde{G}(h_\mu)|\}}} \quad . \tag{4.1}$$

Setzt man Gl. (4.1) in Gl. (2.3), $\delta = \delta_0$, ein, so erhält man sofort als Iterationsformel für die günstigste Schrittweite

$$h_{\mu+1} = h_\mu \cdot \sqrt[\nu]{\frac{\max\{|\widetilde{P}(h_\mu)|,|\widetilde{G}(h_\mu)|\}}{|\widetilde{P}(h_\mu) - \widetilde{G}(h_\mu)|}} \cdot \sqrt[2]{\frac{E}{\max\{|\widetilde{P}(h_\mu)|,|\widetilde{G}(h_\mu)|\}}} \quad ; \tag{4.2}$$

$\nu = 1(1)n \leq N - 1; \quad \mu = 0, 1, 2, \ldots \quad .$

Bei Verwendung dieser Iterationsformel ist es nun nicht mehr notwendig, daß man sich um die Größe der Auslöschung (Wahl des Auslöschungs-Exponenten $\delta$) und ihrem Einfluß auf den Rundungsfehler (Rundungsfehler-Exponent $\rho$) selbst Gedanken macht. Im Grunde braucht man sich auch nicht um die Anzahl t der gültigen Stellen bei den Funktions- oder Meßwerten $\widetilde{y}_i$ zu kümmern.

## 5. Kontroll-Exponenten und Iterationsformeln

Im folgenden werden Kontroll-Exponenten für die Auslöschung sowie für den Rundungsfehler eingeführt. Diese Kontroll-Exponenten sind insofern nützlich, als man bei jeder gewählten oder nach Gl'n. (2.3), (3.8) und auch (4.2) iterierten Schrittweite $h_{\mu+1}$ stets prüfen kann, ob eine unzulässig hohe Auslöschung stattgefunden hat oder ob die sichere Stellenzahl des Ergebnisses zu gering wurde. Dabei geht man von der Auslöschungs-Bedingung, Gl. (2.1), bzw. von der Rundungsfehler-Bedingung, Gl. (3.7), in der Form mit dem "="-Zeichen aus. Löst man nach den jeweiligen Exponenten auf, so erhält man:

a) Für die Auslöschungs-Kontrolle:    b) Für die Rundungsfehler-Kontrolle:

$$\beta_\mu = \log_b\left(\frac{\max\{|\tilde{P}|_\mu, |\tilde{G}|_\mu\}}{|P-G|_\mu}\right), \qquad \lambda_\mu = \log_b\left(\frac{|\tilde{P}-\tilde{G}|_\mu}{|E|_\mu}\right). \qquad (5.1)$$

Wenn $\beta_\mu > \delta$, so ist die Auslöschungs-Bedingung verletzt.
Wenn $\lambda_\mu < \rho$, so ist die Rundungsfehler-Bedingung verletzt.

Ferner kann man unter Verwendung der Kontroll-Exponenten die Iterations-Formeln Gl'n. (2.3) und (3.8) für die Schrittweite $h_{\mu+1}$ vereinfacht anschreiben zu:

$$h_{\mu+1} = h_\mu \cdot b^{(\beta_\mu - \delta)/\nu}, \qquad h_{\mu+1} = h_\mu \cdot b^{(\rho - \lambda_\mu)/\nu}. \qquad (5.2)$$

$\mu = 0, 1, 2, \ldots\ldots$ ;   $\nu = 1(1)n$ ;   $\delta$ und $\rho$ fest vorgegeben.

Aus dem Verlauf des Kontroll-Exponenten mit der Schrittweite $h_\mu$, $\mu = 0, 1, 2, \ldots$, ist z.B. zu ersehen, wann $\beta_\mu$ oder $\lambda_\mu$ hinreichend, d.h. mehrere Stellen genau $\delta$ oder $\rho$ erreicht. Dann kann die Iteration mit $h_{\mu+1} = h'_{\mu+1}$ als End-Schrittweite beendet werden.

## 6. Wertefolge und Startschrittweite

Zur praktischen Durchführung der Schrittweiten-Iterationen sei bemerkt, daß die Schrittweite $h_w$, mit welcher die Funktionswerte $y(x_i) = y_i$ angeliefert werden, so klein wie möglich sein sollte. Der Grund ist, daß keine Werte $\tilde{y}_i = \tilde{y}(x_0 + i \cdot h_{\mu+1})$, mehr zur Verfügung stünden, wenn in der Iteration $h_{\mu+1} < h_w$, $\mu = 0, 1, 2, \ldots$, auftreten würde. Ein weiterer Grund liegt darin, daß alle während einer Iteration sich ergebenden Schrittweiten $h_{\mu+1}$, $\mu = 0, 1, 2, \ldots$, sich immer gut in das Raster der Wertefolge einpassen sollen. Dies heißt, daß $h_{\mu+1}$ möglichst nahe einem ganzzahligem Vielfachen von $h_w$ liegen soll. Die bei jedem Iterationsschritt $\mu$ ermittelte Schrittweite $h_{\mu+1}$ ist also auf das nächstliegende ganzzahlige Vielfache der Wertefolge-Schrittweite $h_w$ zu runden.

$$\tilde{h}_{\mu+1} = \{\text{Trunc}[h_{\mu+1}/h_w + 0,5]\} \cdot h_w \; ; \; \mu = 0, 1, 2, \ldots \quad . \qquad (6.1)$$

Für die Start-Schrittweite $h_0$ der Iteration läge die Folgerung nahe, $h_0$ gleich der Werte-Schrittweite $h_w$ zu nehmen. Hier ist aber Vorsicht angebracht, besonders dann, wenn man in der Stellenzahl begrenzte Funktionswerte $\tilde{y}_i$ vorliegen hat. Besser wählt man eine Start-Schrittweite $h_0$, die ein beliebiges ganzzahliges Vielfaches von $h_w$ ist.

Wenn bei mehreren Start-Schrittweiten $h_0$, die sich untereinander stark unterscheiden, stets ein $\beta_0 = \infty$ herauskommt, dann liegt der Fall vor, daß die betreffende $\nu$-te Ableitung $\tilde{y}^{(\nu)}$ gleich Null ist.


## 7. Schlußaussage

Es wurde ein Verfahren zur numerischen Differentiation vorgestellt, welches auch bei Eingangsdaten, die Meßfehler aufweisen und/oder gerundet sind und/oder einer Stellenanzahlbeschränkung unterliegen, zu approximativ richtigen Ergebnissen führt. Dies wird erreicht, indem man die günstigste Schrittweite h', die letzlich eine Funktion der Eingangsdaten ist, iterativ ermittelt. Hierbei werden Bedingungen erfüllt, die den Einfluß von Meß- und Rundungsfehlern der Eingangsdaten sowie den der Auslöschung unter Kontrolle halten.

Man kann die Schrittweiten-Iteration auch als einen adaptiven Prozeß bezeichnen, der in bezug auf die Stellenzahl und Meß- bzw. Rundungsfehler der Eingangsdaten sowie der Auslöschung jeweils zu einer günstigsten oder "ausgewogenen" Schrittweite h' führt.


## 8. Nachbemerkung zur Rechnerarithmetik

Der Einfluß derjenigen Rundungsfehler, die von den Rechneroperationen selbst erzeugt werden können, kann vernachläßigbar klein gehalten werden, wenn man die von U. Kulisch (Univ. Karlsruhe) et al. entwickelte Hochgenaue Rechnerarithmetik [4,5,6] verwendet. Hierin wird eine (fünfte) Grundrechenart "Skalarprodukt" eingeführt, die gestattet, beliebig lange und große Produktsummen bzw. -differenzen bis auf eine Einheit in der letzten Ziffer genau zu berechnen, um dann erst am Schluß dieser Rechnung nur einmal auf die Stellenzahl der gewünschten Präzision zu runden. Somit ist es (auch bei der numerischen Differentiation) möglich, die durch die übliche Rechnerarithmetik <u>zusätzlich</u> eingeschleppten Rundungsfehler praktisch auszuschließen.

## 9. Beispiel

Als Beispiel soll die 2. Ableitung der Funktion $y = e^x$ an der Stelle $x_0 = 1,0$ mit Hilfe der Mittelpunkts-Differenzenformel $\tilde{y}'' = \{\tilde{y}_{-1} - 2\cdot\tilde{y}_0 + \tilde{y}_1\}/h^2$ berechnet werden. Die Zahlenwerte $n_i$ der Funktionswerte $y_i$ werden auf 5 Dezimalstellen (t = 5) beschränkt und dabei auf den nächstliegenden Wert $\tilde{n}_i$ gerundet. Als Anfangsschrittweite wird $h_0 = 0,01$ gewählt, die Werteschrittweite $h_w$ sei 0,01. Es wird die allgemeine Iterationsformel nach Gl. (4.2) mit $E = 2\cdot 10^{-4}$ und Rundung der iterierten Schrittweite nach Gl. (6.1) angewendet.

| $\mu$ | 0 | 1 | 2 | 3 |
|---|---|---|---|---|
| $h_\mu$ | 0,01 | 0,128403937 | 0,110298238 | 0,110290763 |
| $\tilde{h}_\mu$ | 0,01 | 0,13 | 0,11 | 0,11 |
| $\tilde{n}_{-1}$ | 2,6912 | 2,3869 | 2,4351 | |
| $\tilde{n}_1$ | 2,7456 | 3,0957 | 3,0344 | |
| $\tilde{P}$ | 5,4368 | 5,4826 | 5,4695 | |
| $\tilde{G} = 2\cdot\tilde{n}_0$ | 5,4366 | 5,4366 | 5,4366 | |
| $\tilde{P} - \tilde{G}$ | 0,0002 | 0,0460 | 0,0329 | |
| $\tilde{y}''$ | 2,0 | 2,721893491 | 2,719008265 | |
| $f_w$ | -0,718281828 | 0,003611663 | 0,000726437 | $f_w = \tilde{y}'' - y''$ |
| $\delta_0 = \rho_0$ | 2,217156681 | 2,218978283 | 2,218458817 | |

$y'' = 2,718281828$ aus Tabelle

## 10. Literatur

[1] Stiefel, E.
Einführung in die numerische Mathematik.
2. überarbeitete Auflage, B.G. Teubner Verlagsgesellschaft, Stuttgart, 1963.
[2] Weissinger, J.
Numerische Methoden auf Personal-Computern.
Band 1, Bibliographisches Institut, Mannheim/Wien/Zürich, 1984.
[3] Wilkinson, J.H.
Rundungsfehler.
Springer-Verlag Berlin/Heidelberg/New York, 1969.
[4] Kulisch, U.; Ullrich, Ch.
Wissenschaftliches Rechnen und Programmiersprachen.
Berichte des German Chapter of the ACM,
Bd. 10, B.G. Teubner Verlagsgesellschaft, Stuttgart, 1982.
[5] N.N.
High-Accuracy Arithmetic,
General Information Manual, Programm Description and User's Guide.
IBM Order Numbers SC33-6163-02, SC33-6164-02.
[6] Kulisch, U.; Miranker, W.L.
The Arithmetic of the Digital Computer: A New Approach.
SIAM Review, Vol. 28, No. 1, March 1986.

# SIMULATIONSSPRACHEN

## UND

## ANWENDUNGEN

# SIMULATION EINER HYDRAULISCHEN LAGEREGELUNG MIT HILFE DER BLOCKORIENTIERTEN SIMULATIONSSPRACHE ISRSIM

W. Krämer und M. Zeitz

Institut für Systemdynamik und Regelungstechnik
Universität Stuttgart
Pfaffenwaldring 9, D-7000 Stuttgart 80

## Kurzfassung

ISRSIM ist eine interaktive blockorientierte Simulationssprache für zeitkontinuierliche dynamische Systeme. Neben den üblichen Standardrechenblöcken enthält ISRSIM Rechenblöcke mit frei programmierbaren Rechengleichungen sowie spezielle Rechenblöcke zur effizienten Modellierung häufig vorkommender technischer Teilsysteme. Als Anwendung wird die ISRSIM-Simulation der Lageregelung eines elektrohydraulischen Antriebs betrachtet. Dabei wird ein $PT_1$-Regler mit Führungsgrößenaufschaltung und eine gesteuerte Adaption der Reglerparameter simuliert.

## 1. Beschreibung von ISRSIM

Extrem schnelle Roboter werden wegen der hohen Leistungsdichte hydraulisch angetrieben. Stark beschleunigte und genaue Bahnbewegungen verlangen eine sorgfältige Strukturierung und Dimensionierung der Lageregelung. Für einen hydraulischen Handgelenkantrieb wird diese Vorgehensweise anhand einer Simulationsstudie gezeigt. Die verwendete Simulationssprache ISRSIM besitzt folgende Eigenschaften /1/ und im Vergleich zu /2/ einige Erweiterungen:

- ISRSIM ist eine blockorientierte Simulationssprache, d.h. das Simulationsmodell wird in Form eines Koppelplans eingegeben, der interpretativ abgearbeitet wird.

- ISRSIM - eine Weiterentwicklung von THTSIM /3/ - ist in FORTRAN 77 geschrieben und ist bisher auf den DEC-Rechnern PDP11 und VAX11 sowie auf IBM PC implementiert.

- ISRSIM enthält zur Zeit 45 Blocktypen, die in Tabelle 1 zusammengestellt sind.

- Ein Simulationsmodell kann aus Teilmodellen zusammengesetzt werden, eine Definition von Makros ist jedoch nicht vorgesehen.

- ISRSIM erlaubt eine Kommentierung der Rechenblöcke. Die Kommentare werden auch für die Beschriftung der graphischen Ergebnisausgabe verwendet.

Eine Besonderheit von ISRSIM ist seine hohe Flexibilität, die auf zweierlei Weise erreicht wird: Zum einen können mit Hilfe der frei programmierbaren Rechenblöcke beliebige Rechengleichungen, die in Form von FORTRAN-Programmen vorgegeben werden, realisiert werden; zum anderen kann ISRSIM aufgrund seiner modularen Struktur leicht um anwendungsspezifische Blöcke erweitert werden. Entsprechende Blöcke für eine elektrohydraulische Lageregelung sind:

- Der SEO-Block realisiert ein lineares System 2. Ordnung.

- Der FRI-Block erlaubt die Simulation der ereignisabhängigen Unstetigkeiten bei Haft- und Gleitreibung.

- Der VAL-Block berechnet den Durchfluß durch ein hydraulisches Brückenhalbglied /4/.

- Der DIS-Block erlaubt die einfache Modellierung von zeitdiskreten Reglern.

Signalgeneratoren

| | | | |
|---|---|---|---|
| CON | Konstante | NOI | Rauschen |
| PUL | Puls | RGE | Rechteck |
| SGE | Sinus | TIM | Zeit |

Nicht-sprungfähige Rechenblöcke

| | | | |
|---|---|---|---|
| DEL | Totzeit | DIS | Zeitdiskretes System |
| FIO | System 1. Ordnung ($PT_1$) | FRI | Integrierer mit Reibung |
| INT | Integrierer | LIN | Integrierer mit Begrenzung |
| OSD | Einschritt-Totzeit | SEO | System 2. Ordnung ($PT_2$) |

Sprungfähige Rechenblöcke

| | | | |
|---|---|---|---|
| ABS | Betragsbildung | AND | Logisches UND |
| ATT | Abschwächer | COS | Cosinus-Funktion |
| DHS | Dreipunkt-Hysterese | DIF | Differenzierer mit Verz.($DT_1$) |
| DIV | Dividierer | DZO | Tote Zone |
| EXP | Exponential-Funktion | EXT | Frei programmierbarer Block |
| FUD | Funktionsgeber-Duplikat | FUN | Funktionsgeber |
| FXY | Kennfeldgeber | GAI | Verstärker |
| HYS | Zweipunkt-Hysterese | LIM | Begrenzer |
| LOG | Natürlicher Logarithmus | MAX | Maximalwertspeicher |
| MIN | Minimalwertspeicher | MUL | Multiplizierer |
| ORR | Logisches ODER | PID | PID-Regler |
| POW | Potenzfunktion | QUA | Quantisierung |
| SAM | Abtast/Halteglied | SEL | Umschalter |
| SIG | Signum-Funktion | SIN | Sinus-Funktion |
| SQR | Quadratwurzel | SUM | Gewichteter Summierer |
| VAL | Ventildurchfluß | | (Zustandsregler) |

Tabelle 1: Liste der ISRSIM-Rechenblöcke

## 2. ISRSIM-Simulation der hydraulischen Lageregelung

Der untersuchte Handachsenantrieb besteht nach Bild 1 aus Doppelplungerzylindern, die über Zahnstangen auf ein gemeinsames Ritzel arbeiten. Die Ansteuerung erfolgt über ein elektrohydraulisches Servoventil. Die Abhängigkeit der normierten Lage des Ventilsteuerschiebers y, $|y| \leq 1$, vom Steuerstrom u wird durch die lineare Differentialgleichung 2. Ordnung

$$\ddot{y} + 2 \cdot d \cdot \omega \cdot \dot{y} + \omega^2 \cdot y = K \cdot \omega^2 \cdot u \qquad (1)$$

beschrieben. Die Ventildurchflüsse sind

$$Q_{A,B} = Q_{max} \cdot |y| \cdot \text{sign}(z) \cdot \sqrt{|z|} \quad \text{mit} \qquad (2)$$

$$z = 1 + v_{A,B} \cdot \text{sign}(y) - 2\, p_{A,B}/p_o \quad \text{und} \quad v_A = +1,\ v_B = -1.$$

Für die Zylinderkammern gelten die Kontinuitätsgleichungen

$$\dot{p}_{A,B} = \frac{1}{E' \cdot V_{A,B}} \left( Q_{A,B} - v_{A,B} \cdot A \cdot r - K_L \cdot p_{A,B} \right) \qquad (3)$$

mit $\quad V_{A,B} = V_{mi} + v_{A,B} \cdot A \cdot r \cdot \phi.$

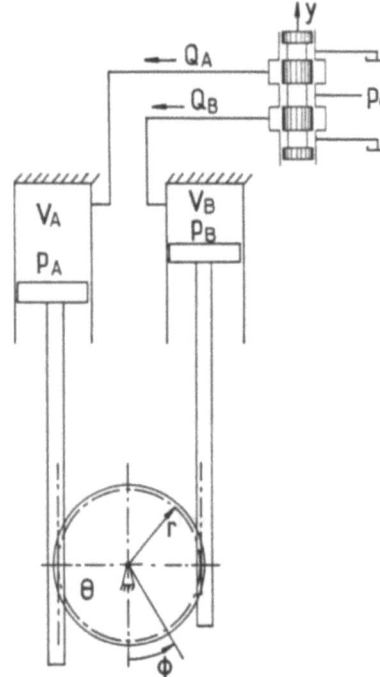

| Symbol | Wert | | Bedeutung |
|---|---|---|---|
| d | 0.55 | | Ventildämpfung |
| ω | 1005 | $s^{-1}$ | Ventileigenkreisfrequ. |
| K | 0.1 | $mA^{-1}$ | Ventilverstärkung |
| $Q_{max}$ | 0.08295 | l/s | Max. Ventildurchfluß |
| $p_o$ | 114 | bar | Versorgungsdruck |
| E' | $1.4 \cdot 10^3$ | $N/mm^2$ | Ölkompressionsmodul |
| A | 201 | $mm^2$ | Kolbenfläche |
| r | 12.5 | mm | Ritzelradius |
| $K_L$ | $3 \cdot 10^{-7}$ | 1/(s·bar) | Leckflußkoeffizient |
| $V_{mi}$ | $7.265 \cdot 10^{-3}$ | l | Mittl. Zylindervolumen |
| Θ | $1.1 \cdot 10^{-2}$ | $kgm^2$ | Trägheitsmoment |
| HR | 2.47 | Nm | Haftreibungsmoment |
| GR | 2.47 | Nm | Gleitreibungsmoment |

<u>Bild 1</u>: Hydraulischer Antrieb und Modellparameter

Der Drallsatz für die Drehmasse $\Theta$ lautet

$$\Theta \cdot \ddot{\phi} = A \cdot r \cdot (p_A - p_B) - M_R(\dot{\phi}; HR, GR). \tag{4}$$

Dabei ist $M_R(\dot{\phi}; HR, GR)$ ein Coulombsches Reibmoment mit der maximalen Haftreibung HR und der Gleitreibung GR.

Als Regler wird wie in /5/ zunächst ein $PT_1$-Glied verwendet

$$T_1 \cdot \dot{u} + u = K_R \cdot (\phi_s - \phi) \tag{5}$$

und durch eine proportionale Aufschaltung der Sollgeschwindigkeit $\dot{\phi}_s$ mit dem Verstärkungsfaktor $K_v$ ergänzt.

In Bild 2 ist der Rechenplan des vollständigen Regelkreises mit Strecke, Regler, Führungsgrößenaufschaltung (FGA) und Sollwertgenerierung dargestellt. Die Dgl.(1) wird durch einen SEO-Block realisiert, für die Berechnung der Ventildurchflüsse (2) wird je ein VAL-Block verwendet; die Berechnung der Drehgeschwindigkeit $\dot{\phi}$ aus der Dgl. (4) erfolgt unter Berücksichtigung der Reibungskennlinie $M_R(\dot{\phi}; HR, GR)$ mit Hilfe eines FRI-Blocks.

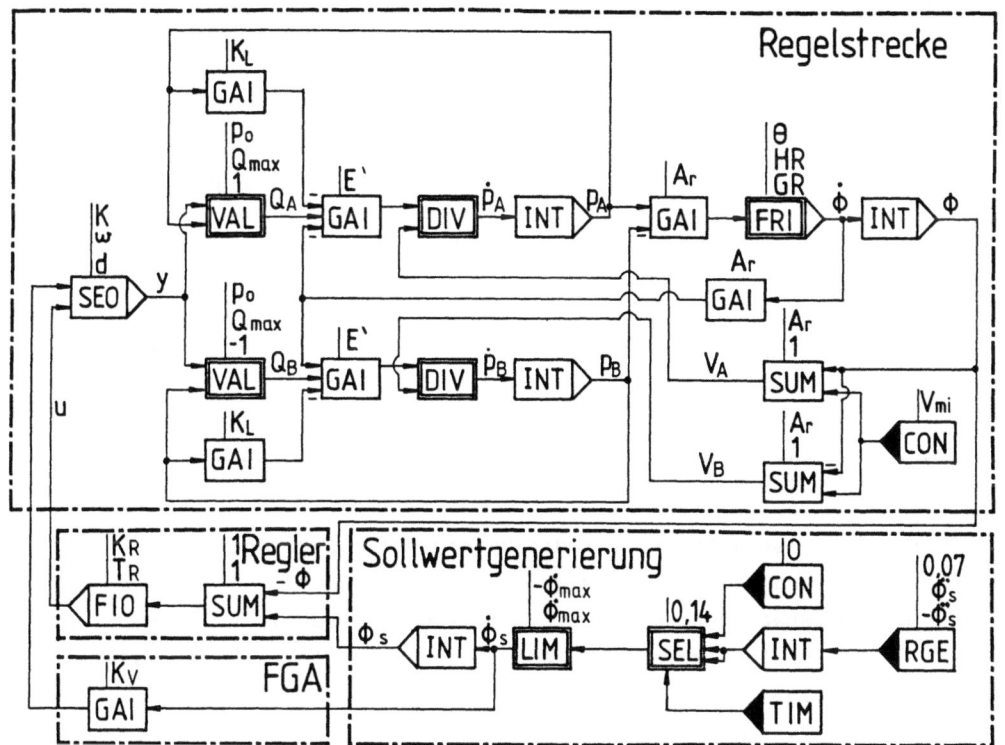

Bild 2: ISRSIM-Rechenplan für die hydraulische Lageregelung

Für die Beurteilung des Regelverhaltens wird die Solltrajektorie nach Bild 3a betrachtet: Ausgehend von Kolbenmittelstellung $\phi(0) = 0$ soll der Antrieb mit der maximal zulässigen Beschleunigung $\ddot\phi_s = 200$ rad/s$^2$ auf die Maximalgeschwindigkeit $\dot\phi_{max} = 12.6$ rad/s beschleunigt und mit derselben Beschleunigung wieder abgebremst werden; der gesamte Vorgang soll 0.14 s dauern, so daß $\phi_s(0.14s) = 0.9702$ rad ist, das entspricht ungefähr dem halben maximalen Hub.

Bild 3a zeigt die Verläufe von Ist- und Sollgeschwindigkeit, Bild 3b die simulierte Regelabweichung. Man erkennt, daß die Regelabweichung bei sprungförmigen Änderungen der Sollbeschleunigung am größten ist. Das Regelverhalten läßt sich durch eine Adaption des Reglerpols über die Geschwindigkeit $\dot\phi$ und einer Anpassung der FGA-Verstärkung $K_v$ an die Sollbeschleunigung $\ddot\phi_s$

$$1/T_1 = a_o + a_1 \cdot |\dot\phi| ; \quad K_v = k_o + k_1 \cdot \ddot\phi_s$$

verbessern (Bild 3b). Man erkennt, daß bei der adaptiven PT$_1$-Regelung nur noch am Anfang bis zur Überwindung der Haftreibung große Regelabweichungen auftreten. Diese einfachen Regler erscheinen also für die Inbetriebnahme eines Prototyps durchaus geeignet, bevor zur weiteren Verbesserung des Regelverhaltens z.B. eine Zustandsregelung entworfen und realisiert wird.

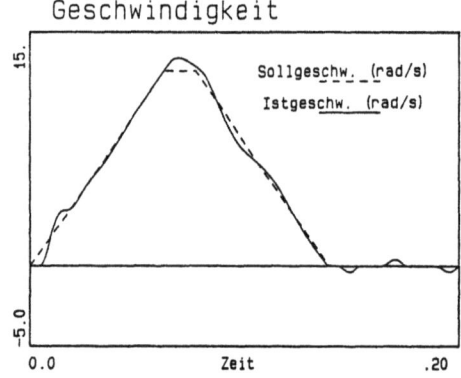
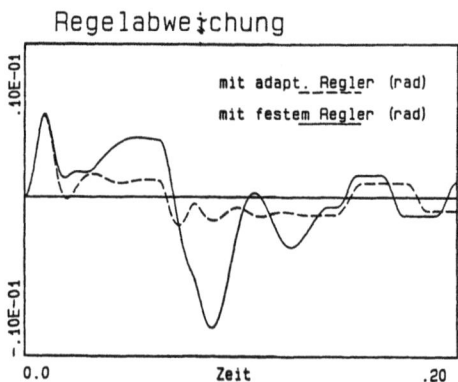

**Bild 3:** Simulationsergebnisse für die hydraulische Lageregelung
    a) Ist- und Sollgeschwindigkeit
    b) Regelabweichung mit festem ($K_R = 60$ mA/rad, $T_1 = 7.5$ ms, $K_v = 0.319$ mAs/rad) und adaptivem Regler ($K_R = 60$ mA/rad, $a_o = 104$/s, $a_1 = 46.7$/rad, $k_o = 0.318$ mAs/rad, $k_1 = 7.5 \cdot 10^{-5}$ mAs$^3$/rad$^2$)

## 3. Zusammenfassung und Ausblick

Kleinere systemdynamische und regelungstechnische Simulationsprobleme lassen sich mit ISRSIM sehr effizient bearbeiten. Wegen der übersichtlichen Bedienungsstruktur erhält auch der ungeübte Benutzer sehr schnell einen ersten Überblick über das dynamische Verhalten eines simulierten Systems. Zukünftig ist vorgesehen, den Bedienungskomfort durch den Übergang von der zeilenweisen zu einer bildschirmorientierten Dateneingabe noch weiter zu verbessern, wofür sich insbesondere die Eigenschaften des PC anbieten.


## Literatur

/1/ Juen, G.; Krämer,W.; Zeitz, M.: ISRSIM, Simulationssystem für dynamische Systeme, Bedienungsanleitung. Institut für Systemdynamik und Regelungstechnik, Universität Stuttgart 1986.

/2/ Juen, G.; Maaß, V.; Zeitz, M.: Simulation eines Radioteleskops mit Hilfe der blockorientierten Simulationssprache ISRSIM. Informatik-Fachberichte 85, Springer-Verlag Berlin, Heidelberg 1984, S.636 - 640.

/3/ Meermann, J.W.: THTSIM, software for the simulation of continuous dynamic systems on small and very small computer systems. International Journal of Modeling and Simulation 1 (1981), S. 52 - 56.

/4/ Backé, W.: Servohydraulik, Umdruck zur Vorlesung. Institut für hydraulische und pneumatische Steuerungen der RWTH Aachen, 1979.

/5/ Feuser, A.: Ein Beitrag zur Regelung schwach gedämpfter Systeme. Regelungstechnik 30 (1982), S. 53 - 59.

# PARAMETEROPTIMIERUNG MIT SIDAS II

Dipl.-Ing. H.P. Franke, Dr.-Ing. H. Braun

## 1. Einführung

Die Optimierung von Prozessen mit mehreren, veränderbaren Parametern ist eine immer wiederkehrende Aufgabenstellung für deren Lösung unterschiedliche Methoden erarbeitet wurden [1]. Vier Optimierungsmethoden werden anhand eines zweidimensionalen Problems im folgenden vorgestellt, welches mit Hilfe des Simulationssystems SIDAS II behandelt wurde [2].

SIDAS II ist ein Programmsystem zur digital blockorientierten Simulation dynamischer Systeme. Die Eingabe der zu simulierenden Systemstrukturen erfolgt interaktiv graphisch durch das Aufbauen eines Blockschaltbilds. Dabei wird ein modulares Vorgehen unterstützt. Durch die Möglichkeit mehrerer Simulationsläufe, kurz als Zyklus bezeichnet, gesteuert nacheinander ablaufen zu lassen, wird die Behandlung von Optimierungsproblemen ermöglicht.

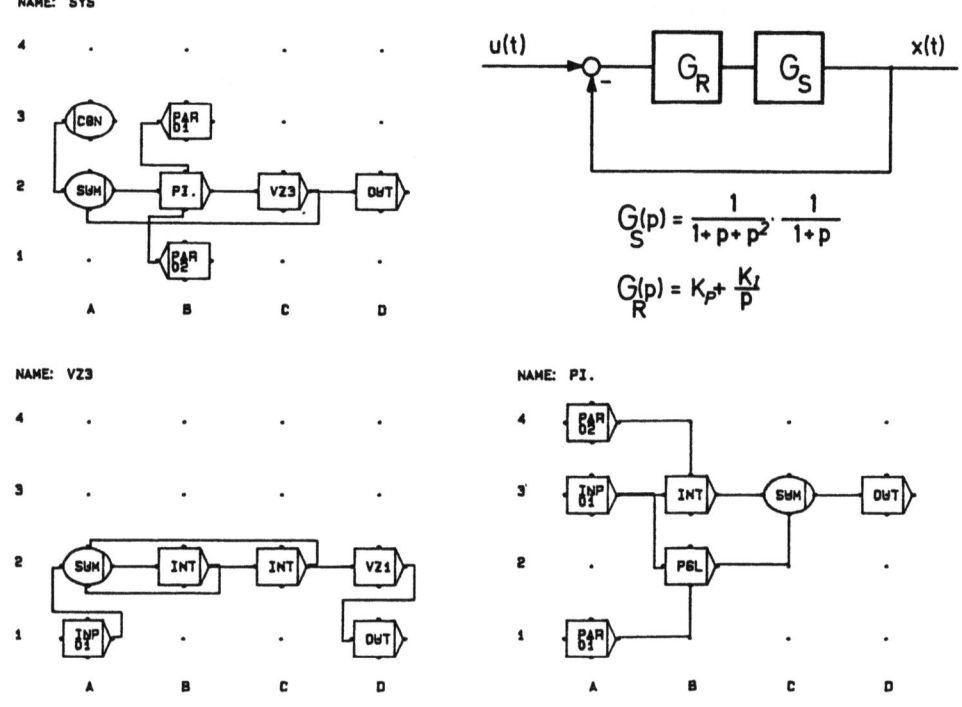

Abbildung 1: Blockschaltbild SYS

Als Beispiel für ein zu optimierendes System wurde ein PI-Regler mit einem VZ3- Übertragungsglied als Strecke gewählt. Abb. 1 zeigt das Blockschaltbild des Systems sowie deren Realisierung mit SIDAS.

Optimiert wurden die Reglerparameter nach verschiedenen Kriterien.
Abbildung 2 zeigt das Gütekriterium

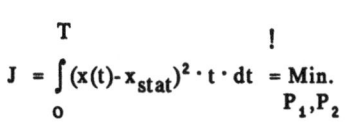
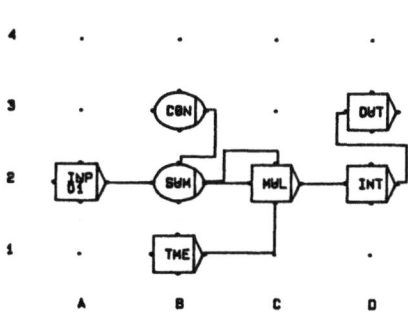

$$J = \int_0^T (x(t)-x_{stat})^2 \cdot t \cdot dt \overset{!}{\underset{P_1,P_2}{=}} \text{Min.}$$

das für die Vorstellung der Verfahren im folgenden benutzt wird.

Drei der vorgestellten Verfahren können ohne weiteres auf andere Systeme mit zwei Parametern angewendet werden. Sowohl das System als auch das Kriterium sind jeweils als auszutauschende Einheiten konzipiert und können somit leicht verändern werden.

Das vierte Verfahren wurde speziell auf das Kriterium und auf das System abgestimmt.

Um aussagekräftige Vergleichsdaten zu erhalten, besitzen alle vier Systeme die gleichen Startwerte, welche nach der Methode von Ziegler/Nicols berechnet wurden. Als Abbruchkriterium dienen die Gradienten der Gütekriterien. Unterschreiten beide Gradienten eine vorgegebene Schranke, wird die Optimierung abgebrochen (Abb. 3).

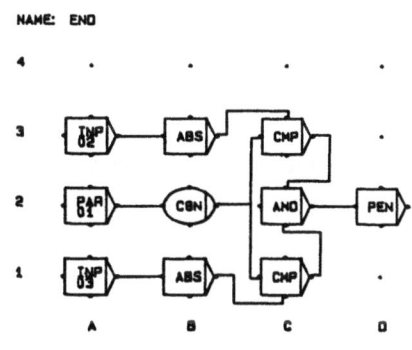

Abbildung 3: Abbruchkriterium

## 2. Optimierungsverfahren

### 2.1 Methode des steilsten Abstiegs

(Verfahren 1)

Abbildung 4 zeigt das Hauptschaltbild in welchem das System SYS in drei Realisierungen parallel simuliert wird. Die Parameter der Systeme unterscheiden sich jeweils um einen kleinen Betrag ΔKp bzw. ΔKi, wobei das Bezugssystem die Startwerte von Ziegler/ Nicols besitzt. Nach Bildung der Differenzen stehen an den nachgeschalteten Summierern E1 bzw. E5 am Ende einer Simulation Näherungen für die Gradienten des Gütekriteriums bezüglich der beiden Parameter zur Verfügung.

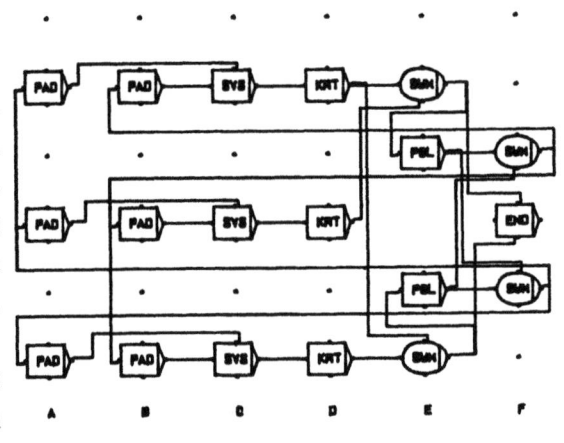

Abbildung 4: Verfahren 1

Gemäß der Bestimmungsgleichung

$$K_j^{(i+1)} = K_j^{(i)} - \lambda_j \cdot \frac{\partial J}{\partial K_j} \qquad j = 1,2 \qquad (2)$$

werden die mit $\lambda_j$ bewerteten Näherungen mit Hilfe der Parameteradditionsblöcke PAD zurückgekoppelt.

### 2.2 Newton-Raphson-Methode mit angenäherter Jakobi-Matrix

(Verfahren 2)

Werden die Gradienten über die zweiten Ableitungen des Gütekriteriums nach den Parametern zurückgekoppelt, konvergiert die Newton-Raphson-Methode quadratisch. Die Berechnung der zweiten Ableitungen des Gütekriteriums, im folgenden als Jakobi- oder Funktionalmatrix bezeichnet, stellt jedoch einen beträchtlichen Aufwand dar. Um die Jakobi-Matrix berechnen zu können, muß das System insgesamt 6 mal parallel simuliert werden. Wiederum unterscheiden sich die Systeme in ihren Parametern. Parallel zur Vorgehensweise bei der Bestimmung der Gradienten werden nun die Elemente der Matrix näherungsweise aus den Differenzen der Gradienten bestimmt, wodurch das Verfahren nur noch linear konvergiert.

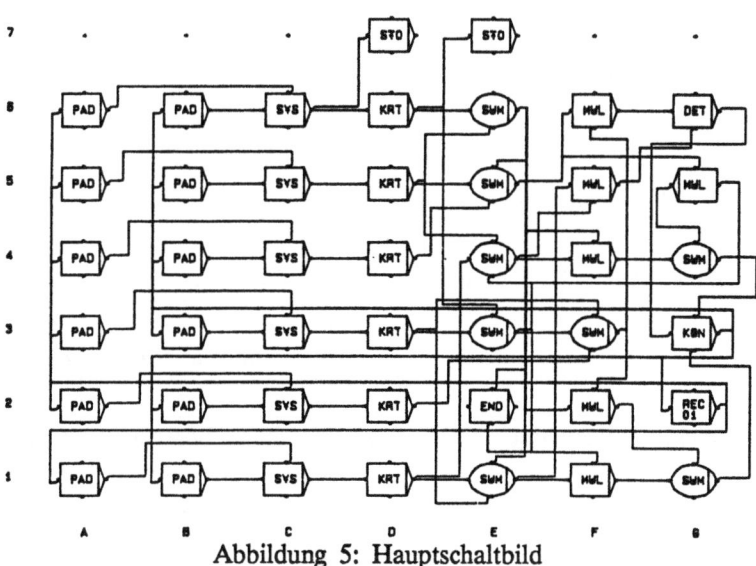

Abbildung 5: Hauptschaltbild

Das Schaltbild in Abb. 5 läßt sich in drei Komponenten zerlegen. Der linke Teil enthält die zur Parametervariation notwendigen Strukturen. Während der mittlere Teil das zu optimierende System und das Kriterium enthält. Der rechte Teil berechnet die Zuwächse nach der eben beschriebenen Methode.

DET stellt einen benutzerdefinierten zyklichen Block dar, welcher nach Ablauf eines Zyklusses die Determinate der Funktionalmatrix berechnet.

2.3 Zweidimensionales Regular-Falsi-Nullstellensuchverfahren

(Verfahren 3)

Berechnet man die partiellen Ableitungen des Gütekriteriums nach den Parametern, erhält man zweidimensionale Funktionen, welche einen gemeinsamen Schnittpunkt in der Ursprungsebene besitzen. Er stellt das gesuchte Minimum des Gütekriteriums dar. Beide Funktionen können durch Ebenen approximiert werden, deren Schnittgerade wiederum die Ursprungsebene in einem Punkt schneidet. Die Parameter dieses Punktes dienen zur Berechnung zweier verbesserter Approximationsebenen, so daß auf diese Weise der gesuchte Schnittpunkt der Funktionen iterativ berechnet wird.

Abbildung 6 zeigt das Hauptschaltbild des Verfahrens. Wiederum wird das System SYS dreifach parallel simuliert, wobei die Aufteilung des Schaltbildes in die drei Teile Parametervariation, Berechnung des Güteindex sowie Berechnung des verbesserten Schnittpunktes aus 2.2 bestehen bleibt.

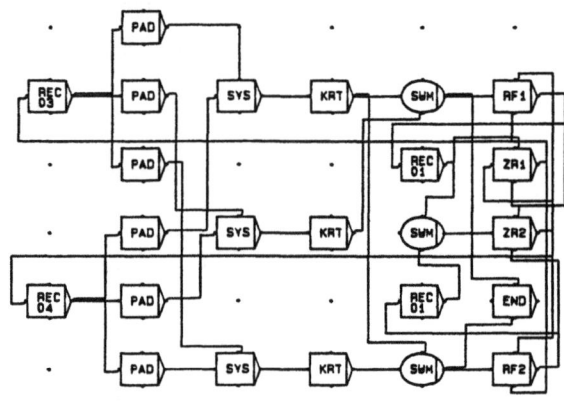

Abbildung 6: Regular Falsi

Die in diesem Verfahren recht umfangreichen Berechnungen werden am zweckmäßigsten in Untermodulen durchgeführt. RF1 und RF2 berechnen die Parameter der beiden Ebenen, ZR1 und ZR2 stellen die neuen Parameter bereit (Abb. 7). Sämtliche Nebenrechnungen werden im Rahmen von zyklischen Modulen nur am Schluß der Zyklen berechnet.

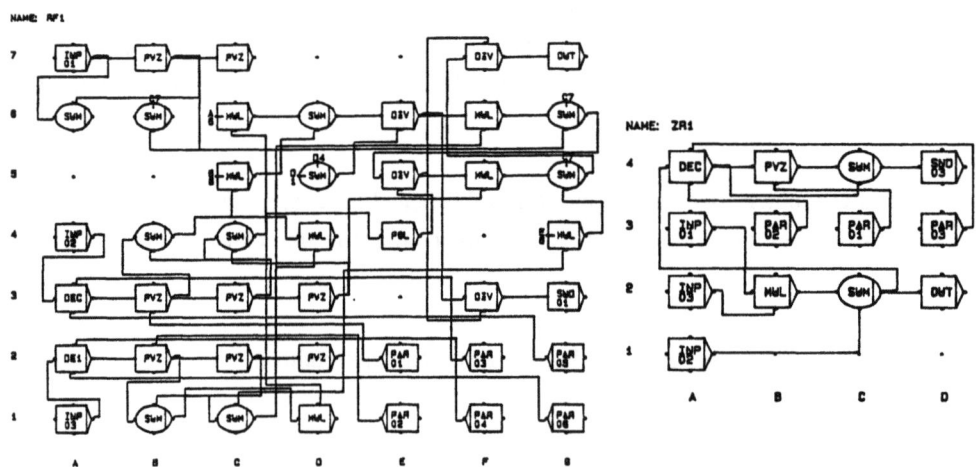

Abbildung 7: Blockschaltbild RF1, ZR1

## 3. Newton-Raphson-Verfahren mit exakter Jakobi-Matrix

(Verfahren 4)

In allen bisher behandelten Verfahren ist die Anwendung auf verschiedene Systeme und unterschiedliche Kriterien leicht möglich. Im Gegensatz hierzu ist das letzte vorgestellte Verfahren speziell auf das zu optimierende System und das eingesetzte Kriterium abgestimmt.

Es handelt sich wiederum um ein Newton-Raphson-Verfahren, die Berechnung der Elemente der Jakobi-Matrix erfolgt jedoch analytisch. Anhand der partiellen Ableitung des Gütekriteriums nach dem Parameter $K_p$ des PI-Reglers sei das Verfahren kurz erläutert. Die Ableitung ergibt sich zu

$$\frac{\partial J}{\partial K_p} = \int_0^T 2t \cdot x(t) \cdot \frac{\partial \bar{x}}{\partial K_p} \cdot dt \qquad \text{mit } \bar{x} = x - x_{stat} \qquad (4)$$

wobei x den Systemausgang bezeichnet.

Für die Ableitung der Größe x ergibt sich nach dem Faltungssatz mit der Impulsantwort g(t) des Systems

$$\frac{\partial x}{\partial K_p} = \int_0^T \frac{\partial g}{\partial K_p}(t-\tau) \cdot u(\tau) \cdot d\tau$$

Im Laplace-Bereich bedeutet dies:

$$\frac{\partial X}{\partial K_p} = \frac{\partial G}{\partial K_p} \cdot U$$

mit $\quad G = \dfrac{G_R \cdot G_S}{1+G_R G_S}$

u(t):    Eingangsgröße
$G_R$:    Übertragungsfunktion des PI-Reglers
$G_S$:    Übertragungsfunktion der VZ3-Strecke

ergibt sich im speziellen Fall

$$\frac{\partial G}{\partial K_p} = \frac{\dfrac{\partial G_R}{\partial K_p} \cdot G_S}{(1+G_R G_S)^2} \qquad \text{mit } \frac{\partial G_R}{\partial K_p} = 1.$$

Die auf diese Weise erhaltene Übertragungsfunktion wird nun als Blockschaltbild mit SIDAS realisiert (Abb. 8). In gleicher Art und Weise wird der Gradient des Gütekriteriums nach $K_i$ sowie die Elemente der Jakobi-Matrix berechnet und als Blockschaltbild interpretiert.

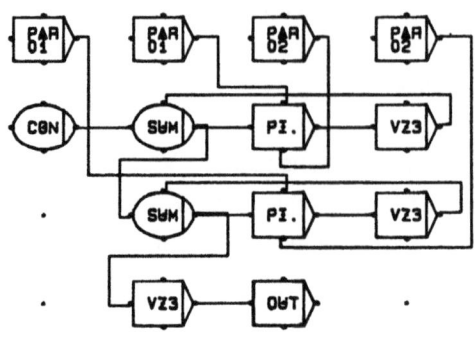

Abb. 8: Blockschaltbild des Gradienten

Abbildung 9 zeigt das zughörige Hauptschaltbild. Im Untermodule GXY werden sämtliche Jakobi-Elemente sowie die Gradienten berechnet. Sie werden über zusätzliche Ausgänge (REC- Block) an das Hauptschaltbild zurückgegeben. Anschließend werden die Zuwächse für den nächsten Optimierungszyklus errechnet.

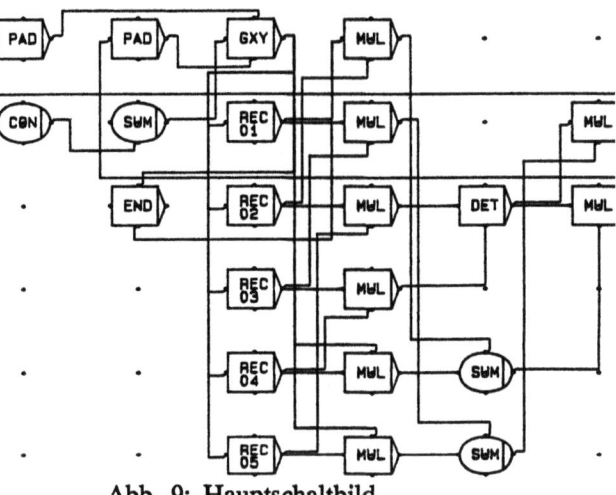

Abb. 9: Hauptschaltbild

## 4. Vergleich der Verfahren

### 4.1 Übertragbarkeit

Bei dem Verfahren 1 - 3 sind sowohl die zu optimierenden Systeme als auch das angewandte Kriterium in Untermodulen realisiert. Beide können dementsprechend leicht und unabhängig voneinander abgeändert und ausgetauscht werden. Verfahren 4 basiert auf den analytischen partiellen Ableitungen des eingesetzten Kriteriums und des zu optimierenden Systems. Änderungen die diese Struktur nicht berühren, können entsprechend einfach durchgeführt werden. Hierzu gehören eine andere Zeitgewichtung des Kriteriums sowie das Austauschen der zu simulierenden Strecke.

## 4.2 Bedienung

- Parameteränderungen

Tabelle 1 gibt Auskunft über die Anzahl der jeweils zu ändernden Parameter.

| Verfahren | Parameter | Bemerkungen |
|-----------|-----------|-------------|
| 1 | 6 | Berücksichtigung von $\Delta K_p, \Delta K_i$ |
| 2 | 12 | "  $\Delta K_p, 2\Delta K_p, \Delta K_i, 2\Delta K_i$ |
| 3 | 6 | Punkte dürfen nicht auf einer Geraden liegen. |
| 4 | 2 | keine |

Tabelle 1: Parameteränderungen

$\Delta K_i$ und $\Delta K_p$ sind Parameterdifferenzen zwischen den Systemen, auf denen die Berechnung der Gradienten beruht.

- Austausch des Systems, Kriteriums

Bedingt durch die Unterteilung von SIDAS in die vier Teilprogramme graphischer Editor, Binder, Laufzeitsystem und Auswertesystem müssen alle vier Teilprogramme neu durchlaufen werden. Gleiches gilt für Parameteränderungen. Da jedoch die Systemeingaben unverändert bleiben, ist dies effizient durch Kommandoprozeduren möglich.

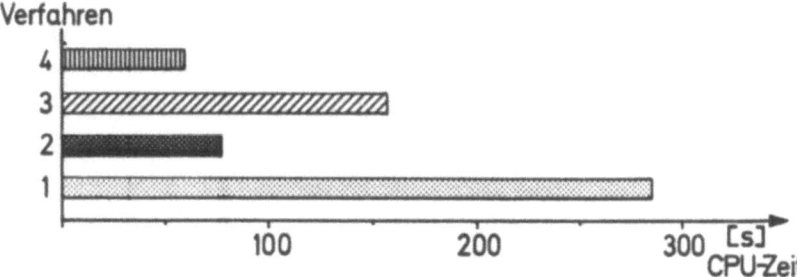

Abbildung 10a: Rechenzeiten

## 4.3 Rechenzeiten

Abb. 10a zeigt die benötigten Rechenzeiten bis zum Abbruch der Optimierung. Sie erfolgt wenn die Gradienten kleiner 0.001 werden. Abbildung 10b zeigt den Verlauf des Kriteriums und die Anzahl der benötigten Iterationszyklen.

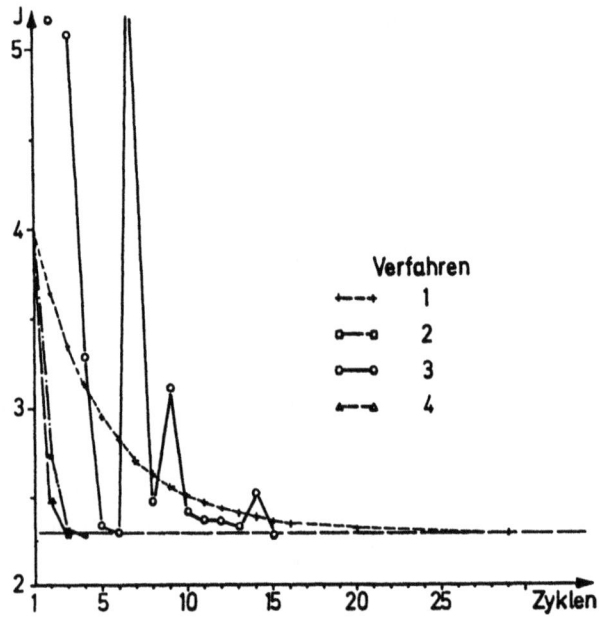

Abb. 10b: Rechenzyklen

## 4.5 Beurteilung

Den geringsten Rechenzeitbedarf hat erwartungsgemäß das Newton-RaphsonVerfahren mit quadratischer Konvergenz, Verfahren 2 (genäherte Jakobi-Matrix) ist jedoch nur geringfügig langsamer, weshalb es aufgrund der besseren Übertragbarkeit auf andere Problemstellungen zu bevorzugen ist.

Verfahren 3 (Regular-Falsi) schneidet auf den ersten Blick relativ schlecht ab. Bei dem angewendeten Abbruchkriterium ergibt sich das Minimum des Gütekriteriums zu 2,303. Es wird vom Verfahren 3 im 6ten Zyklus nur knapp verfehlt (2,309). Die bei dem Verfahren immer wieder auftretende Verschlechterung des Gütekriteriums lassen sich anschaulich leicht erklären. Aus den durch die Anfangsbedingungen definierten Sekanten-Ebenen werden im Lauf der Optimierung im Idealfall die Tangentenebenen im Minimum des Gütekriteriums. Je näher die Punkte jedoch zusammenrücken, desto mehr fallen Rechenfehler ins Gewicht. Sollten alle 3 Punkte in der Ebene im Laufe der Optimierung beinahe auf einer Geraden zu liegen kommen, so hat dies den gleichen Effekt.

Verfahren 1 besitzt die längsten Rechenzeiten, die jedoch in starkem Maß von den gewählten Parametern $\lambda_j$ abhängen. Abb. 11 zeigt als Ergebnis der Optimierung die Sprungantworten des Systems bei den Startwerten (J = 4,03) und am Ende der Optimierung (J = 2,03).

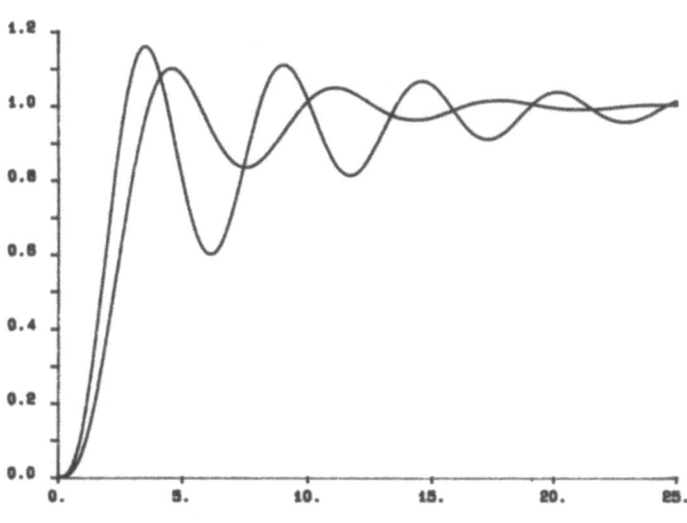

Abb. 12 zeigt sämtliche Iterationsschritte der 4 Verfahren.

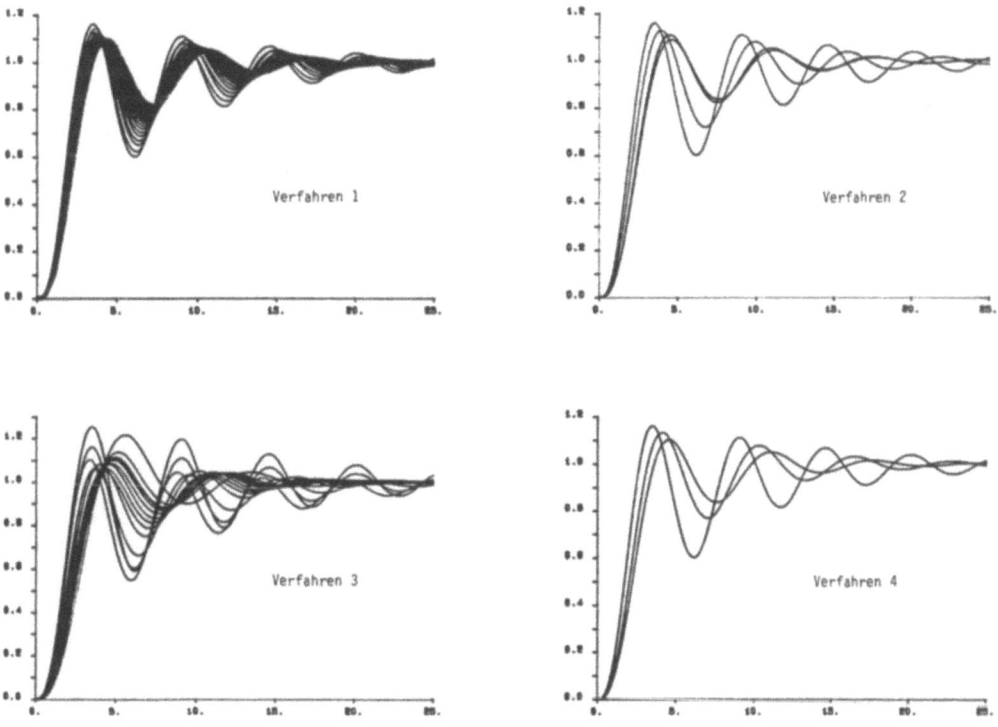

Abbildung 12: Optimierungsergebnisse

# ANHANG

In den Beispielen verwendete SIDAS Grundfunktionsblöcke:

| | | | | | |
|---|---|---|---|---|---|
| I N T | : | Integrierer | C M P | : | Komparator |
| V Z 1 | : | VZ1 Glied | R E L | : | Relais |
| S U M | : | Summation | C O N | : | Konstante |
| M U L | : | Multiplikation | S T O | : | Abspeichern auf File |
| D I V | : | Division | O U T | : | Blockausgang |
| A B S | : | Absolutbetrag | I N P | : | Blockeingang |
| B G R | : | Begrenzer-Kennlinie | P A D | : | Parameteraddition |
| P G L | : | Proportionalglied | P V Z | : | Verzögerung um einen Zyklus |
| P A R | : | Parameterübergabe | | | |
| P E N | : | Bedingter Abbruch der Rechnung | R E C | : | zusätzlicher Blockausgang |

Literatur:

[1] Hoffmann, U.; Hofmann, H.:
Einführung in die Optimierung mit Anwendungsbeispielen aus dem Chemie-Ingenieur-Wesen. Verlag Chemie GmbH, Weinheim/Bergstr., 1970.

[2] Braun, H.:
SIDAS II - Version 1.1 - Benutzer-Anleitung.
Institut für Meß- und Regelungstechnik, Universität Karlsruhe, 1987.

DAS SIMULATIONSSYSTEM HYBSYS UND
SEIN TABELLENFUNKTIONEN- KONZEPT

D.Solar, F.Breitenecker
Technische Universität Wien
Wiedner Hauptstrasse 8-10
A-1040 Wien

Dieser Beitrag stellt zunächst das SIMULATIONSSYSTEM HYBSYS, die Weiterentwicklung der Simulationssprache HYBSYS (entwickelt an der TU Wien), vor. Im Detail wird dann ein im Rahmen dieses Simulationssystems verwendetes neues interessantes Tabellenfuktionen- Konzept diskutiert, das über die normalen Möglichkeiten von Tabellen in Simulationssprachen weit hinausgeht und auch auf Experiment- Ebene breite Anwendung findet.

This contribution presents the SIMULATION SYSTEM HYBSYS, an advanced development of the simulation language HYBSYS (developed at TU Vienna). An interesting new concept of table functions in this simulation system is discussed in more detail, which has a lot of advantages, also on the experiment level.

1. Einleitung

Simulation gewinnt in der heutigen Zeit immer mehr an Bedeutung. Sie ermöglicht es, das Verhalten komplexer Vorgänge zu untersuchen und zu beurteilen bzw. vorauszusagen, wie sich der Vorgang bzw. der Prozeß unter verschiedensten Bedingungen verhalten wird.

Wesentliche Grundlage für die Simulation jeglicher Vorgänge ist die Entwicklung eines (mathematischen) Modelles, das den realen Prozeß mit hinreichender Genauigkeit beschreiben kann.

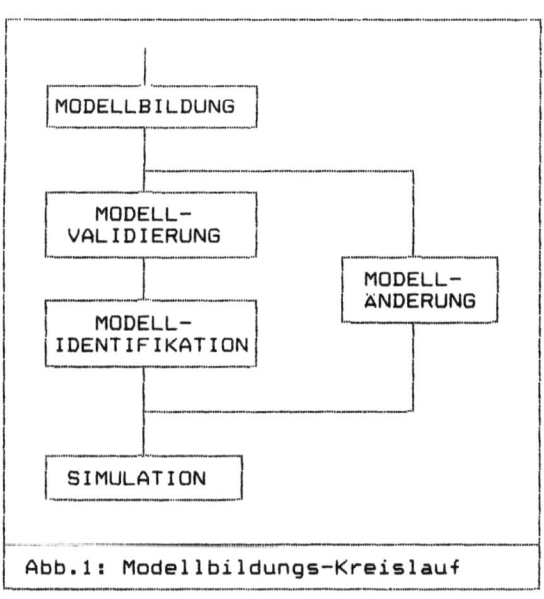

Abb.1: Modellbildungs-Kreislauf

Nach einer ersten Modellbildung unter Zuhilfenahmen von physikalischen Gesetzen, etc., muß allerdings erst überprüft werden, ob das Modell im Prinzip gültig ist, d.h. ob es auch die gesamten zu erwartenden Phenomene beschreiben kann (und nicht nur jene, für die quantitative Messungen vorliegen); darunter fallen u.a. auch Sensitivitätsanalysen, Plausibilitätskontrollen, etc.
An Hand von Meßdaten müssen in der Folge Modellparameter so bestimmt werden und auch bestimmbar sein, daß das Modell auch quantitativ den Prozeß zu beschreiben imstande ist.
Modellvalidierung, Modellidentifikation und Modellverifikation führen im Anfangsstadium der Modellbildung fast immer zu einer Modelländerung. Das geänderte Modell ist wiederum zu untersuchen und einer Validierung zu

Erst wenn das Modell als hinreichend genau (wirklichkeitsgetreu) erkannt wurde (validiert und identifiziert), kann mit der eigentlichen Simulation begonnen werden, d.h. das Verhalten Prozesses mit Hilfe des Modelles unter bisher ungeprüften bzw. in der Realität unuberprüfbaren Bedingungen zu untersuchen.
Abbildung 1 faßt den Kreislauf Modellbildung bis Simulation zusammen.

Für Modellbildung und Simulation auf einem Rechner ist neben der Hardware (meist kommt man mit Standard-Hardware aus, ausgenommen in Spezialfällen wie Echtzeitsimulation, etc.) auch Software zur Unterstützung notwendig bzw. wegen der Komplexität der Aufgaben nötig geworden.

Historisch entwickelt haben sich zu diesem Zweck Simulationssprachen. Diese erlauben Modellbeschreibung und Simulation auf einer höheren Sprachebene und basieren größtenteils auf FORTRAN. Es besteht auch ein Standard, dem die meisten dieser Sprachen genügen (CSSL-Standard).
Diese Sprachen waren anfangs nur auf Großrechnern implementierbar, derzeit setzen sich auch Implementationen auf Micro- und Personal-computern durch.
Größtenteils unterstützen sie nur die Simulation im Zeitbereich, d.h. das Lösen (Integrieren) der systembeschreibenden Differential-gleichungen. Diese wird einerseits zur "eigentlichen Simulation" benötigt, anderseits auch bereits vorher zur Modellidentifizierung und Modellvalidierung.

Aufgrund der gewachsenen Struktur mit teilweise notwendiger Aufwärts-kompatibilität von neuen Versionen und mit teilweise "krampfhaftem" Hinzufügen neuer Simulationselemente haben viele der herkömmlichen Sprachen, darunter vor allem die meistverwendeten und meistver-breiteten (ACSL, CSSL, CSMP,..) eine Reihe von Nachteilen:

* Modelländerungen benötigen aufwendige Rekompilation (meist nach Änderung eines Modell-Sourcetextes),
* Kein (ausgereiftes) Konzept zur Verwendung von Teilmodellen (erste Ansätze in SYSMOD)
* Zur Modelluntersuchung steht meist nur einfache Befehle zur Verfügung, denen ein nur einfaches sprachliches Konzept zugrunde liegt
* Die Modellbeschreibung basiert auf prozeduralen Sprachen bzw. Sprachelementen und ist damit nicht in der Lage, parallele System übersichtlich zu beschreiben
* Die gewachsenen Strukturen führten zu einer Vermischung von Modellbeschreibung und Experiment-beschreibung
* Ausgereifte Experimentiermethoden (sowohl für Modellidentifizierung und -Validierung als auch zur eigentlichen Simulation - nicht nur im Zeitbereich) fehlen größtenteils
* Modellunabhängige Erweiterungen zur Verwendung spe-zieller Methoden sind nicht möglich, sondern müssen für jedes Modell eigens programmiert werden

Moderne Konzepte zielen nun in Richtung sogenannter Simulations-systeme, wie auch das in diesem Beitrag besprochene SIMULATIONSSYSTEM HYBSYS, die die oben erwähnten Nachteile nicht besitzen.

Grundlegend dabei ist zumindest eine Trennung von Modell und Experiment; wünschenswert ist auch eine weitere Trennung in Modell, Methode und Experiment (/BREI86/), wobei als Methode die Analyse eines Modells mit einem bestimmten Hilfsmittel zu sehen ist: Methoden sind der "einfache Simulationslauf", eine Parameteroptimierung, eine Eigenwertanalyse, ein Monte-Carlo-Studie mit einer Unzahl von Simulationsläufen, etc.
Unter einem Simulationssystem für dynamische Prozesse ist nun eine Software zu verstehen, die folgende Ebenen durchführt bzw. unter-stützt:
* Modellbildung
* Modellvalidierung
* Modellidentifikation
* Simulation

## 2. HYBSYS und das SIMULATIONSSYSTEM HYBSYS

In diesem Kapitel wird das SIMULATIONSSYSTEM HYBSYS vorgestellt, das einerseits als HYBSYS VI als Weiterentwicklung der verschiedenen Versionen der Simulationssprache HYBSYS zu sehen ist, andererseits allerdings eine Neuentwicklung ist, da es rechnerunabhängig ist - vor allem in keiner Weise an einen Hybridrechner gebunden ist - und auf einer neuen Datenbasis beruht.

### 2.1 Die Simulationssprache HYBSYS an der TU Wien

HYBSYS als Simulationssprache (/SOLA82/) entstand an der Hybridrechenanlage der Technischen Universität Wien aus der Anforderung, eine benutzerfreundliche und hardware- unabhängige Software-Schnittstelle zur Simulation dynamischer Systeme am Hybridrechner bereitzustellen. Die parallele Arbeitsweise des Analogrechners war bei der Entwicklung dieses Systems richtungsweisend und führte zur Entwicklung einer speziellen Modelldatenbasis, mit der auch eine interaktive Modellierung und Modelländerung möglich war.

HYBSYS war damit eine der ersten Simulationssprachen mit der Möglichkeit interaktiver Modellierung und Modelländerung und die erste höhere Simulationssprache, die einen Hybridrechner zur Simulation verwenden konnte.

### 2.2 Das SIMULATIONSSYSTEM HYBSYS

HYBSYS als Sprache wurde teilweise weiterentwickelt und zeigte die Möglichkeiten einer Simulationssprache basierend auf modernen informatischen Methoden auf. Es entwickelte sich die im folgenden beschriebenen Grundlagen eines modernen informatischen Konzeptes für ein SIMULATIONSSYSTEM HYBSYS (HYBSYS VI).

Teile dieses Konzeptes konnten auf der Hybridrechenanlage emuliert werden (auch als digitale Version mit Verwendung des Digitalrechners der Hybridrechenanlage) und stellten sich bereits in Forschung und Lehre als ein Simulationswerkzeug heraus, das wesentlich leistungsfähigere Modellentwicklung als andere implementierte Simulationssprachen erlaubte.

Auch auf dem SIMSTAR (/EMBL84/), dem neuen Hybridrechner der TU Wien, wurde eine Teilversion des Runtime-Interpreters des neuen HYBSYS implementiert (die Modellbeschreibung an sich erfolgt in PTRAN, einer ACSL-ähnlichen Sprache; /SOLA86/).

Erfahrungen mit diesem Vorläufer des in Entwicklung befindlichen SIMULATIONSSYSTEMS HYBSYS zeigten, daß insbesondere für die Modellentwicklung (Modellbildung, Modellvalidierung und Modellidentifizierung) ein interaktives Arbeiten unerläßlich ist, auch bei strukturellen Modelländerungen. Teilmodelle komplexer Vorgänge konnten in benutzerfreundlicher Weise "validiert" werden, bevor diese Teilmodelle dann z.B. auch auf anderen Rechnern zu einem komplexen Modell zusammengefügt wurden.

Wie bereits erwähnt, ist nun ein "vollständiges" rein digitales SIMULATIONSSYSTEM HYBSYS in Entwicklung, das im wesentlichen voll portabel sein wird; Entwicklungs- und Programmiersprache ist C, die erste Implementation erfolgt auf PC-AT-kompatiblen Rechnern und unter UNIX/XENIX.

Die Grundlagen für das Simulationssystem sind die folgenden Eigenschaften, die allgemeine Konzepte, spezielle Eigenschaften und Implementierungsfragen betreffen:

* Allgemeine Eigenschaften:

  A1) Strikte Trennung zwischen Modell, Methode und Experiment (/BREI86/)
  A2) Interaktive Modelldeklaration und Modelländerungen auf strukturierten Modelldatenbasen mit Teilmodellen und Modellbibliotheken
  A3) Verwendung von geeigneten Datentypen, die eine konsistente Modellbeschreibung ermöglichen (semantische Unterscheidung von Parametern, Variablen, ...) mit einem sehr allgemeinen Datentyp "Tabellenfunktionen
  A4) Trennung von Modell- und Experimentiervariablen unter Zuhilfenahme einer Experimentier-Datenbasis
  A5) Verwendung verschiedener Sprachebenen für Modell-, Methoden- und Experiment- Ebene (funktionale Sprache, Prozedurale Sprache, Befehlssprache mit prozeduralen Eigenschaften)
  A6) Offenes System ! (d.h. beliebig erweiterbare Methodenbank; /BREI85/)

* Spezielle Eigenschaften:

  S1) Modellbeschreibung auch mit Vektor- und Matrizenoperationen, auch für Tabellenfunktionen
  S2) Schnittstellen der Modelldatenbasis zu anderen Simulationssprachen wie z.B. ACSL (/ACSL81/)
  S3) Methoden zur (automatischen) Generierung spezieller Modelle (über Bondgraphen, Kompartments, Übertragungsfunktionen, etc.)
  S4) Verwendung moderner Intergrationsalgorithmen
  S5) Möglichkeiten zur Behandlung von Unstetigkeiten
  S6) Möglichkeit zur Skalierung des Systems
  S7) Optimierungsmethoden (Rückführung auf Parameteroptimierung
  S8) Unterschiedliche Methoden zur Dokumentation von Simulationsergebnissen (2-D plots, 3-D plots, Tabel-Schichtenlinien) basierend auf der Ergebnisrepräsentation in Tabellenfunktionen
  S9) Eigenwertanalyse und Linearisierung
  S10) Frequenzbereichsanalyse (mit numerischen und analytischen Methoden)
  S11) Sensitivitätsanalyse
  S12) Erweiterungsmöglichkeiten für den Benutzer durch Einbindung eigener spezieller Methoden
  S13) Auf Experimentebene komplexe Kontrollstrukturen, wie Befehlsschleifen und bedingte Befehle zum Aufbau komplexer Experimente u.a. mit Hilfe von Tabellenfunktionen
  S14) Experimentelle Datentypen mit Durchführung impliziter Simulationsläufe mit/ohne Abspeicherung auf Tabellenfunktionen

* Implementierung:

  I1) auf MS-DOS Ebene und auf UNIX- (XENIX-) Ebene
  I2) Programmierung in C, Benutzererweiterungen auch mit kompatiblen Compilern
  I3) Hardware: Industriestandard mit Graphikerweiterungen, Rechner mit UNIX/XENIX

Verwiesen sei nochmals auf die Punkte A6) und S2), die HYBSYS als offenes System ausweisen und Abbildungen auf andere Simulationssprachen vorsehen. Das SIMULATIONSSYSTEM HYBSYS sieht u.a. seine Stärke in der Modellentwicklung, Modellvalidierung und Modellidentifikation, Simulationen können auch dann mit anderen Sprachen fortgeführt werden.
Von diesem Punkt aus betrachtet ist HYBSYS auch als Entwicklungssprache für dynamische Modelle zu sehen.

## 3. Tabellenfunktionen im SIMULATIONSSYSTEM HYBSYS

Im folgenden wird nun auf einen speziellen Punkt des Systems eingegangen, nämlich auf das neue Konzept der Tabellenfunktionen, die die numerische Repräsentation von Funktionen leisten und die über die üblichen Möglichkeiten von Tabellen in Simulationssprachen wesentlich hinausgehen. Diese Möglichkeiten wurden bereits kurz unter A3), S1), S8), S13) und S14) angedeutet.

### 3.1 Erweiterung des üblichen Tabellenfunktions-Konzeptes

Tabellenfunktionen, d.h. durch Stützpunkte definierte Funktionen, werden werden in herkömmlichen Simulationssprachen ausschließlich dazu verwendet, nichtlineare funktionale Abhängigkeiten in Modellen definieren und verwenden zu können; meist sind es Meßreihen oder Ergebnisse vorhergehender Simulationen, die auf diese Weise modellliert werden.
Die Anzahl der Stützpunkte muß dabei bereits bei der Modelldeklaration festgelegt werden und kann im späteren Verlauf des Experimentierens mit dem Modell ohne neuerliche Kompilation nicht verändert werden. Lediglich die Lage der Stützpunkte sowie die Funktionswerte können während der Experimente verändert werden.

Im folgenden wird nun dargestellt, wie mit Hilfe einer geeigneten dynamischen Verwaltung derartige gegebene Tabellenfunktionen während des Experimentierens nicht nur beliebig manipuliert werden können (u.a. Änderung der Stützstellenanzahl), sondern auch zur Darstellung von Simulationsergebnissen und zum Durchführen komplexer Experimente herangezogen werden können.

Betrachten wir z.B. die während eines Simulationslaufes zu den Kommunikationszeitpunkten abgespeicherten Werte einer Zustandsvariablen: zusammen mit den Integrationsintervallen stellen diese Werte den Verlauf der Zustandsvariablen als "Tabellenfunktion" dar. In diesem Fall handelt es sich um eine Funktion einer Variablen, nämlich der unabhängigen Zeitvariablen.
In einer ersten Verallgemeinerung können nun sämtliche Parameter, die die Zustandsvariable beeinflussen, als Argumente dieser Tabellenfunktion hinzugefügt werden, wobei es aufgrund der numerischen Darstellung völlig gleichgültig ist, ob für diese Parameter je nur ein Wert vorliegt oder mehrere.

Damit ergibt sich die Möglichkeit, Ergebnisse von Experimenten als Tabellenfunktionen abzuspeichern (beim Experimentieren) - und natürlich auch wieder beim nächsten Experiment als neu berechnete Tabellenfunktion in das Modell einfließen zu lassen.

Die umfassendste Form einer Experimentbeschreibung mit Hilfe einer Tabellenfunktion besteht schließlich aus einer n-dimensionalen Funktion, die alle Zustandsvariablen einschließlich eventueller Hilfsvariabler als Funktion in Abhängigkeit der unabhängigen Zeitvariablen, der auftretenden Parameter und der externen Funktionen darstellt..

Zusammenfassend ist festzustellen, daß die Ergebnisse von Experimenten also die gleiche Struktur wie die numerische Darstellung von Funktionen im Modell haben und daß daher damit Ergebnisse von Experimenten als Funktion im selben oder auch in einem anderen Modell weiterverwendet werden können.

Das SIMULATIONSSYSTEM HYBSYS nützt nun diese gleiche Struktur aus, wodurch Tabellenfunktionen zu einem sehr mächtigen Werkzeug für das Experimentieren mit einem oder mehreren Modellen werden.
Grundvoraussetzung ist dafür allerdings eine geeignete Datenbasis, die die dynamischen Strukturen von Tabellenfunktionen geeignet verwalten kann.

## 3.2 Die Datenbasis des SIMULATIONSSYSTEMS HYBSYS

Zum besseren Verständnis der Implementierung dieser vielseitig verwendbaren Tabellenfunktionen ist ein teilweiser Einblick in die Struktur der Datenbasen des Simulationssystems nötig.

HYBSYS VI verwendet zwei ähnliche Datenbasen, nämlich eine Modell-Datenbasis (MDB) und eine Experimentier-Datenbasis (EDB).

Die MDB verwaltet Modelle, Teilmodelle und Modell-Makros in einer geeigneten Objektformat-Form. In sie können Modelle beliebiger Modellbibliotheken geladen werden, in ihr können interaktiv neue Modelle angelegt werden, in ihr können interaktiv vorhandene Modelle (permanent) verändert werden.

Um nun mit einem oder mehreren Modellen Experimente durchführen zu können, werden sie in die EDB geladen, wobei ihr Objektformat verändert wird, um von den Experimenten "gelesen" werden zu können.
In der EDB können nun diese "geladenen" Modelle auch verändert bzw. erweitert werden, die entsprechenden Ursprungs-Modelle in der MDB bleiben allerdings unverändert.
Die EDB mit allen Änderungen,etc., kann nun auch abgespeichert werden, um den derzeitigen Experimentierstatus "einzufrieren"; später kann dann z.B. durch Laden dieser EDB mit dem abgespeicherten Experimentierstatus weitergearbeitet werden.

Die Experimentier-Datenbasis besteht aus einer "Identifier Specification Table" und einer "Identifier Extension Table".

Die "Identifier Specification Table" hat ein festes Format und ermöglicht "Define"- und "Delete"-Einträge (für Modelländerungen auf Experiment-Ebene), die an fester Position stehen.
Die "Identifier Extension Table" hingegen hat variables Format (Länge) mit der Möglichkeit für "define"- und "Delete"- Operationen, die Garbage Collection durchführen und so die Position ändern (was vorteilhaft bei der Änderung der Stützstellenanzahl von Tabellenfunktionen ausgenützt werden kann).

Die Experimentier-Datenbasis kennt mehrere Ebenen, deren Daten dem Benutzer mehr oder weniger zugänglich sind:

- L1) Enthält alle Commands, die während der System Generation erzeugt wurden; dem Benutzer nicht zugänglich

- L2) Enthält alle Options der erzeugten System Commands; sie können vom Benutzer verändert, aber nicht gelöscht werden; zu ihnen zählen Options von PLOT-Commands wie Achsenlänge, ...

- L3) Enthält globale Modellparameter und -Variable wie T0, TEND, T, etc. Diese Größen können verändert und gelöscht werden.

- L4) Stellt die Benutzer-Ebene dar; alle (geladenen) Modelldaten sowie alle Änderungen und Erweiterungen von Daten sind auf hier enthalten.

Wird nun ein Experimentierstatus abgespeichert, so werden alle Daten der Ebenen 2, 3 und 4 für spätere Verwendung aufgehoben.

Diese Konstruktion ermöglicht es somit, Experimentierergebnisse als Tabellenfunktionen (gleichgültig, ob in der MDB oder EDB definiert) jederzeit abzuspeichern und jederzeit weiterzuverwenden.

Ein kurzer Einblick in die "Identifier Specification Table" soll ein besseres Verständnis für die im nächsten Abschnitt beschriebene Defintion und Verwendung von Tabellenfunktionen ermöglichen. Tabelle 1 gibt die Charakterisierungen für einen Identifier an, Tabelle 2 zeigt einige Beispiele für den Identifier-Typ.

| | | |
|---|---|---|
| <name> | 2 .... | CONstant |
| <block type> | 3 .... | PARameter |
| <block data type> | 4 .... | VARiable |
| <structure type> | 5 .... | FUNction |
| <owner> | 6 .... | EQUation |
| <equation pointer> | 8 .... | MTD -Methode |
| <unit extension pointer> | 10 .... | OPN -Operation |
| <value> or <extension pointer> | 11 .... | MACro |

Tab.1: Identifier-Carakterisierung   Tab.2: Bsp.für <block type>

Der <owner> gibt z.B. an, ob eine Variable dem Modell gehört (in der MDB definiert wurde) oder nur auf Experimentierebene verwendet wird (in der EDB erzeugt wurde), ob die Variable gelöscht wurde, etc.
Der <equation pointer> einer Variablen weist auf die Gleichung, die sie erzeugt (der <block type> EQU bzw. OPN spezifiziert sie), der <extension pointer> weist im Falle einer Funktionstabelle auf jenen Bereich, wo die Stutzstellenwerte stehen.
Jede Variable, Konstante, Funktion, etc. kann Skalar, Vektor, oder Matrix sein, was der <structure type> angibt.

Tabellenfunktionen konnen somit verschiedenen <ownern> gehören, sie können in beliebige Gleichungen eingehen (<equation pointer>), sie konnen verschiedene Strukturen haben (Skalar, Vektor und Matrix beliebiger Dimension), etc.

### 3.3 Definition und einfache Verwendung von Tabellenfunktionen

Nach diesem kurzen Einblick in die Datenbasis von HYBSYS können nun leicht die vielfaltigen Formen der Verwendung von Tabellenfunktionen erklärt werden.

Zur Deklaration von Tabellenfunktionen dient der Block FUN.

FUN REAL: F(REAL)   definiert eine Tabellenfunktion F mit Argumenten und Funktionswerten vom Typ REAL. Die Anzahl der Stützpunkte ist zu diesem Zeitpunkt noch nicht festgelegt, sie kann zu einem beliebigen Zeitpunkt erfolgen und auch geändert werden.

FUN REAL: G(REAL) = {0,10; 1,2,3,4,5}
   definiert eine Tabellenfunktion und initialisiert sie mit Stutzpunkten (fünf Funktionswerte im Argumenteintervall [0,10])

PAR REAL: X[2] = {0,10}, y[5] = {1,2,3,4,5}
FUN REAL: H(REAL) = Y(X)
   ist einige zu oben aquivalente Definition. Während im obigen Fall die Vektoren der Argumente (des Argumentintervalles) und der Funktionswerte nicht direkt dem Benutzer zugänglich sind (und auch automatisch gelöscht werden, wenn der Tabellenfunktion neue Stützpunkte zugewiesen werden), existieren sie im zweiten Fall unabhängig von der Funktion und ihre Elemente können beliebig verändert werden.

Nochmals sei erwähnt, daß wahrend des Experimentierens jede der definierten Tabellenfunktionen beliebige andere Stützpunkte erhalten kann.

Die definierten Tabellenfunktionen können nun ebenso zum Speichern von Simulationergebnissen dienen.

Vorerst müssen dazu jene Systemparameter von HYBSYS erklärt werden, die den Ablauf eines Simulationslaufes steuern:

```
TO     .... Anfangszeitpunkt der Integration
TEND   .... (Maximaler) Endzeitpunkt der Integration
TERMT  .... Endzeitpunkt bei vorzeitigem Abbruch der Integration
NDT    .... Anzahl der Diskretisierungsintervalle im Integrations-
            intervall [TO,TEND] ( = Anzahl der Kommunikationszeit-
            punkte minus 1 )
```

F = Y     Ist nun F eine Tabellenfunktion, wie vorher definiert, und ist Y eine Zustandsvariable, dann bedeutet der nebenstehende Befehl nun (das Experiment F=Y) die Durchführung eines Simulationslaufes mit Abspeicherung der Werte von Y zu den Kommunikationszeitpunkten als Funktionswerte für F; als Argumentintervall werden die aktuellen Werte von TO und TEND bzw. TERMT übernommen, die Anzahl der Funktionswerte beträgt NDT+1.

H = DY(Y)   Dieses Experiment führt nun ebenso einen Simulationslauf durch und überträgt auf die Tabellenfunktion H die Werte (!) der Variablen DY und Y als Funktionswerte bzw. als Argumentwerte; H repräsentiert damit das Phasenportrait von DY über Y.

Im allgemeinen können nun die Argumentwerte für eine Tabellenfunktion folgende drei Formen annehmen:

1) Ein Intervall, definiert durch Start- und Endwert; die Anzahl der Stützpunkte ergibt sich aus der Anzahl der Funktionswerte, die dann äquidistanten Argumentwerten im Argumentintervall zugeordnet werden
2) Eine Reihe von üblicherweise geordneten (außer bei z.B. Hysteresen) Argumentwerten, deren Anzahl identisch mit der der Funktionswerte ist (nicht notwendigerweise äquidistante Stützpunkte)
3) Eine Werteschleife mit Start- und Endwert und Schrittweite (d. h. äquidistant); die Anzahl der Schleifendurchläufe muß ident mit der Anzahl der Funktionswerte sein.

### 3.4 Anwendung von Tabellenfunktionen auf Experimentebene

Mit den dargestellten grundlegenden Möglichkeiten kann nun eine große Vielfalt von Experimenten mit Hilfe der Tabellenfunktionen einfach und bequem durchgeführt werden.
Besonderes Augenmerk verdienen dabei die Möglichkeiten der Abspeicherung (und spätere Weiterverwendung) von einem oder mehreren Simulationsläufen.

```
VAR REAL: Y, DY
PAR REAL: A, B
VAR REAL: Z [1:10]
FUN REAL: F(REAL)
FUN REAL: G(REAL,REAL)
FUN REAL: H [1:10] (REAL)
```

Mit den nebenstehenden Definitionen von Tabellenfunktionen seinen nun einige Beispiele für die Abspeicherung impliziter Simulationsläufe auf Tabellenfunktionen gegeben (die Simulationsläufe werden implizit durch das Experiment "Zuweisung einer Zustandsvariablen auf eine Tabellenfunktion" gestartet);
diese Tabellenfunktionen können dann später z.B. gezeichnet oder in weiteren Simulationsläufen weiterverwendet werden (soferne die Tabellenfunktion auch als "rechte Seite" im Modell auftaucht).

F = Y ( A=1,10,1 )   Dieses Experiment liefert eine Kurve; es speichert auf die Tabellenfunktion F als Funktionswerte die Werte der Zustandsvariablen Y zum Zeitpunkt TEND in Abhängigkeit von 11 äquidistanten Argumentwerten des Parameters A ab (es werden 11 Simulationsläufe durchgefuhrt, die Tabellenfunktion hat 11 Stützpunkte)

G = Y (T, A=1,10,1)   Dieses Experiment liefert eine Fläche; es speichert auf die zweidimensionale Tabellenfunktion G die gesamte Zustandsvariable Y in Abhängigkeit von T und es Parameters A ab (11 Simulationsläufe, (NDT+1)*11 Stützpunkte)

G = Y (A=1,10,1; B=1,0,-.05)   Dieses Experiment liefert eine Parameterfläche;es speichert auf die zweidimensionale Tabellenfunktion G die Werte der Zustandsvariablen Y zum Zeitpunkt TEND in Abhängigkeit der Parameter A und B (11*21 Simulationsläufe und Stützpunkte)

H = Z   Dieses Experiment liefert 10 Kurven. Auf den Vektor H der 10 eindimensionalen Tabellenfunktionen H wird der zeitliche Verlauf des 10-dimensionalen Zustandsvektors Z abgespeichert (ein Simulationslauf, 10*(NDP+1) Stützpunkte)

## 3.5 Fortgeschrittene Verwendung von Tabellenfunktionen

Bisher wurde nur erwähnt, daß Tabellenfunktionen, belegt mit Ergebnissen impliziter Simulationsläufe, auch selbst im Modell fur weiter Simulationen verwendet werden können.

Das folgende Beispiel, die iterative Lösung einer Integralgleichung, soll hier nun eine der möglichen Anwendungen kurz beleuchten.

Der Kern K(t,x) der Integralgleichung

$$x = \int_0^t K(s,x) \cdot x(s) ds$$

möge ein komplexer algebraischer Ausdruck abhängig von x sein.

Derartige Gleichungen können daher nur iterativ gelöst werden (nur in Sonderfällen des Kernes kann die Integralgleichung in eine Differentialgleichung umgewandelt werden).
Diese Iteration startet mit einer Näherung $x_0$, vermöge der dann die weiteren Näherungen $x_i$ für x(t) durch

$$x_{i+1} = \int_0^t K(s,x_i) \cdot x_i ds$$

berechnet werden.

Mit Hilfe von Tabellenfunktionen kann nun diese Iteration sehr einfach als Experiment formuliert werden:

```
PAR REAL: EPS
VAR REAL: X, EX
FUN REAL: FX(REAL)

EQU K  = f(FX,t)

EQU X  = INTEG ( K*FX, 0. )

EQU EX = MAXT( ABS(EX-X) )
```

Die nebenstehenden Definitionen (entweder in der MDB oder in der EDB) deklariedas Iterationsmodell für die Integralgleichung.
Die Gleichung EQU K=.. berechnet den Kern mit der alten Näherung FX, die als Tabellenfunktion definiert ist; die EQU X=... integriert Kern mal alter Näherung zur neuen Näherung X; parallel dazu errechnet sich die Differenz zwischen alter und neuer Näherung aus EQU EX=...

```
FX = X; EX < EPS !        Diese einfache Beschreibung führt nun das doch
                          komplexe Experiment der Iteration für die Inte-
                          gralgleichung durch.
                          Das Einzelexperiment FX=X führt einen Simula-
                          tionslauf durch (= eine Iteration) und speichert
                          die neue Näherung gleich auf die Tabellenfunk-
                          tion FX um, um bei der nächsten Iteration als
                          alte Iteration zu dienen.
                          Das Experiment FX=X steht in einer Schleife
                          (angezeigt durch "!"), die durchgeführt wird,
                          solange EX<EPS gilt - also wird die Iteration
                          solange durchgeführt, bis der maximale Fehler
                          zwischen zwei Iterationen kleiner einer Schran-
                          ke EPS wird.
```

Dieses Beispiel zeigt die Mächtigkeit dieses Tabellenfunktionen-Konzeptes bereits ziemlich genau auf.
Ähnliche einfach beschreibbare, doch sehr komplexe Experimente mit Iterationen wie bei der Integralgleichung können auch bei partiellen Differentialgleichungen (aufbereitet mit Linienmethoden) zu einem raschen Erfolg führen.

Ergebnisse von Simulationen mit einem Modell können nun auch in anderen Modellen für Iterationen, als Sollkurven, etc. verwendet werden.

Denn in die EDB sind jederzeit Modelle bzw. Teilmodelle aus der MDB nachladbar, in die dann Tabellenfunktionen des alten Modelles eingehen bzw. zu denen Tabellenfunktionen des alten Modelles dazudefiniert werden können; ebenso können alte Modellteile gelöscht werden, ohne die Tabellenfunktionen zu löschen (wenn unterschiedliche <owner> vor-liegen.

Mit diesen Möglichkeiten sind dann noch weit komplexere Experimente mit verschiedenen Modellen einfach formulier- und durchführbar.


## 4. Literatur

/ACSL81/   ACSL User Guide / Reference Manual . Mitchell and Gauthier Ass., Concordia, MA.
/BREI85/   Breitenecker F.: Optimierung in HYBSYS. Interface Nr.22, Juni 1985, Hybridrechenzentrum, Technische Universität Wien.
/BREI86/   Breitenecker F., Solar D.: Models, Methods, Experiments - Modern aspects of simulation languages. Proc. 2nd European Simulation Conference, Antwerp, Sept.1986, SCS, San Diego, 1986, 195-199.
/EMBL84/   Embley R.W.: The technology behind SIMSTAR, an all new simulation multiprocessor. Informatik-Fachbericht 85, Springer-Verlag, Heidelberg, 1984, 317-327
/SOLA82/   Solar D., Berger F., Blauensteiner A.: HYBSYS - Interaktive Simulationssoftware für ein hybrides Mehrbenutzersystem. Informatik-Fachbericht 56, Springer-Verlag, Heidelberg, 1982, 257-265.
/SOLA86/   Solar D.: HYBSYS-PTRAN - An experimentation tool for the EAI SIMSTAR Parallel Multiprocessor. Proc. 2nd European Simulation Conference, Antwerp, Sept.1986, SCS, San Diego,

"ESRSIM" EIN PROGRAMMSYSTEM ZUR SIMULATION
KONTINUIERLICHER UND ZEIDISKRETER SYSTEME
J.Dastych, J.Harland
Lehrstuhl für Elektrische Steuerung und Regelung
Ruhr-Universität Bochum


1.Einleitung

Für die Anwendung simulationstechnischer Programmsysteme existiert derzeit ein großes Benutzerspektrum. Im Fachgebiet der Automatisierungstechnik ergeben sich zahlreiche Einsatzgebiete. Die Auslegung von Regelungen muß in der Projektierungsphase häufig durch Fallstudien und Abnahmeuntersuchungen ergänzt werden. Innerhalb der Ausbildung im Fach Regelungstechnik werden Simulationsprogramme eingesetzt, um dynamisches Verhalten von Regelkreisen zu untersuchen und gegebenenfalls zu verbessern. Diese Anwendungsschwerpunkte setzen eine blockorientierte Definition der Simulationssprache voraus [1]. Die Datenbasis muß ebenfalls den zu behandelnden Problemen angepaßt sein. Dies bedeutet z.B. für das Fachgebiet Regelungstechnik, daß das Übertragungsverhalten dynamischer Systeme auch durch Übertragungsfunktionen im s- oder z- Bereich beschrieben werden kann. Die Dokumentation der Simulationsergebnisse sollte sowohl grafisch als auch numerisch mit allen anfallenden Daten möglich sein. Der Zugang zu dieser Information sollte interaktiv und schnell erfolgen.


2. Beschreibung der Eigenschaften des Simulationsprogramms.

Im Vordergrund der Programmentwicklung stand die leichte Erlernbarkeit und die einfache Bedienbarkeit des Simulationsprogramms für den bereits genannten Benutzerkreis. Als weitere Kriterien wurde der Zeitumfang bei der Erstellung eines Simulationsprogramms, die Allgemeinheit des Anwendungsbereiches und die Portabilität auf gleiche oder kompatible Rechenanlagen berücksichtigt. Die gewünschten Eigenschaften haben Einfluß auf die Formulierung des Simulationsproblems mit Hilfe des Simulationsprogramms [2]. Eine geeignete Struktur des Anwenderprogramms hat wesentlichen Einfluß auf die genannten Eigenschaften. Im Programmsystem "ESRSIM" ist eine Gliederung in die Programmelemente

- Programmblock
- Datenblock
- Steuerblock

vorgesehen.

Neben den algebraischen Blöcken stehen im Programmblock auch Übertragungsfunktionen zur Verfügung, die durch einen Dateinamen spezifiziert werden können. Die Zahl der verschiedenen Zeiteinheiten, die aus der Simulationsschrittweite ableitbar sind, ist nicht begrenzt, da alle Zeiteinheiten bis auf die Zeitbasis blockorientiert sind und somit dynamisch verwaltet werden. Für die Anwendung innerhalb der Regelungstechnik ist hierdurch die Möglichkeit gegeben, Regelkreise mit mehreren unterschiedlichen Abtastzeiten zu simulieren. Signalblöcke, die Sprung-, Rampen-, Impuls- und Sinusfunktionen erzeugen, werden ergänzt durch analoge und digitale Rauschsignalgeneratoren, sowie einen programmierbaren Funktionsgenerator. Blöcke mit logischen Funktionen werden durch die Gatterfunktionen AND, NAND, OR, NOR, EXOR und EQUIVALENT realisiert. Als speicherndes Element steht die Funktion eines Flip - Flops zur Verfügung. Als Koppelelemente zwischen analogen und digitalen Blöcken sind Komparatoren, Digitalanalogschalter, Schalter mit Steuereingängen und Verzweigungselemente vorgesehen. Für die Dokumentation der Signale und Daten sind Ausgangsblöcke mit Angabe der jeweiligen Bildnummer vorhanden. Daten können direkt auf Signaldateien abgelegt werden. Spezifische Simulationsdaten werden bereits bei der Blockdefinition berücksichtigt. Sind unterschiedliche Datensätze für Mehrfachsimulationen notwendig, so können sie innerhalb des Datenblockes definiert werden. Dies ist wiederum durch Datendateien möglich, die während der Simulation eingelesen werden. Für umfangreiche Simulationsaufgaben ist somit das Anfertigen einer Datenbibliothek möglich. Der Ablauf der Simulation wird durch den Steuerblock festgelegt. Innerhalb dieses Programmblocks können für jeden Simulationslauf die Simulationsparameter Simulationsanfang, Simulationsende und Schrittweite gewählt werden. Der Start von Simulationen mit unterschiedlichen Datensätzen und den dazugehörenden vorgefertigten Bildern kann durchgeführt werden. Die prinzipielle Struktur eines Simulationsprogramms ist im Bild 1 dargestellt.

```
$P;                              <== Programmanfang
|=========================|
|      Programmblock      |
|       Datensatz 1       |
|=========================|
$D;                              <== Datensatz
|=========================|
|       Datensatz 2       |
|=========================|
 .
 .
$D;
|=========================|
|       Datensatz n       |
|=========================|
$X;
$SA;                             <==Steuerprogramm
|=========================|
|       Steuerblock       |
|=========================|
$SE;
```

**Bild 1.** Struktur eines Simulationsprogramms

Die Simulationsprogramme mit den beschriebenen Programmblöcken selbst können mit den gängigen Texteditoren erstellt werden und nach dem Start des Programms ESRSIM aufgerufen werden. Zur besseren Dokumentation des Programms für den Anwender können an jeder Stelle des Programms Kommentare eingesetzt werden.

## 3. Beschreibung des Simulationsprogramms [3]

Nach dem Start des Simulationsprogramms sind mit Hilfe des Hauptmenues die Simulationsdaten und die Integrationsverfahren zu wählen. Zur Zeit stehen hier modifizierte Euler- und Runge-Kutta-Verfahren zur Verfügung. Der Übergang zum Grafikmenue ist aus dem Hauptmenue möglich. Das Simulationsprogramm besteht aus 4 Einzelmodulen, die beim Simulationslauf durch EXEC-Funktionen aufgerufen werden. Nach dem Start des Simulationsprogramms werden die Programmdatei und die Datendatei einer Syntaxanalyse unterzogen. Die Syntaxanalyse besteht aus dem Einlesen des Simulationsprogramms, Lesen des ersten Datensatzes und des Steuerteils. Bei Auftreten eines Fehlers wird auf die entsprechende Zeile und Spalte mit Angabe des Fehlers verwiesen. Nach der Syntaxanalyse wird die logische Struktur des Anwenderprogramms untersucht. Dies erfolgt durch Sortieren der Blöcke hinsichtlich ihres Typs und der Rechenfolge. Das Ergebnis des Sortiervorgangs besteht aus doppelt verketteten Listen, die mit Hilfe von Zeigern den vorherigen und den nächsten Block zuordnen. Das Umstellen der Liste in eine Form, die für jeden Zeitschritt vom Listenanfang zum Listenende abgearbeitet wird, geschieht während der Simulation im ersten Zeitintervall. Wird während der Simulation eine algebraische Schleife erkannt, so wird die zu simulierende Struktur hinter dem Block bei dem die Schleife erkannt wurde, geöffnet und versucht die Signale iterativ zu berechnen. Führt die Iteration mit den voreingestellten Werten nicht zum Ziel, wird die Simulation unterbrochen und ein neuer Startwert und Bewertungsfaktor für einen Newton-Algorithmus angefordert. Insgesamt ist zur Zeit die gleichzeitige iterative Berechnung von 8 algebraischen Schleifen möglich.

### 3.1. Die Simulationsgrafik

Innerhalb des Grafikmenues können bis zu 8 Bilder ausgewählt werden. Voreingestellt sind 4 Bilder, die auf dem Bildschirm kombinierbar sind. Neben den Grundaufgaben zur Herstellung eines

Bildes, wie z.B. Achsenkreuz zeichnen und skalieren, stehen Funktionen für die Bezeichnung der Signale und Achsen zur Verfügung. Mit Hilfe des grafischen Cursors können Kurvenwerte in Benutzerkoordinaten ausgelesen werden. Das Einlesen und Ablegen kompletter Bilder auf Dateien kann durch Wahl des entsprechenden Menuebefehls und durch Angabe des Dateinamens erfolgen. Hierdurch wird die Dokumentation der Ergebnisse wesentlich erleichtert und Ergebnisse späterer Simulationen mit anderen Datensätzen können in dieses Bild gezeichnet werden.

### 3.2. Die Simulationsumgebung

Als Simulationsumgebung sind alle Programme anzusehen, die die Datenbasis für die Durchführung der Simulation bereitstellen. Für die regelungstechnische Anwendung können somit in diesem Sinne auch Analyse- und Syntheseprogramme dazugehören. Beispielhaft sollen hier aus Platzgründen nur zwei Programme genannt und kurz beschrieben werden. Die einfache Handhabung von Übertragungsfunktionen und Übertragungsmatrizen wird durch das Programm SMGREC gewährleistet. Neben Ein-, Ausgabe und Editierung sind Verknüpfungen und Analyse von Übertragungsfunktionen sowohl im z- als auch im s-Bereich möglich. Die z-Transformation kontinuierlicher Übertragungsfunktionen ist durch den Übergang in das Programm MMGR, das eine Matrizenbehandlung erlaubt, möglich. Ein integriertes Informationsprogramm bietet für jedes zur Verfügung stehende Programm eine Übersicht über die Befehle und kurze Erläuterungen zur Vorgehensweise.

### 4. Simulationsbeispiel

Das folgende, im Bild 3 dargestellte, Programmbeispiel soll die Programmdefinition und den Simulationablauf darstellen. Als Simulationsaufgabe dient der im Bild 2 dargestellte Regelkreis. Die verwendeten Übertragungsfunktionen sind mit dem Dateinamen im Programm aufgeführt.

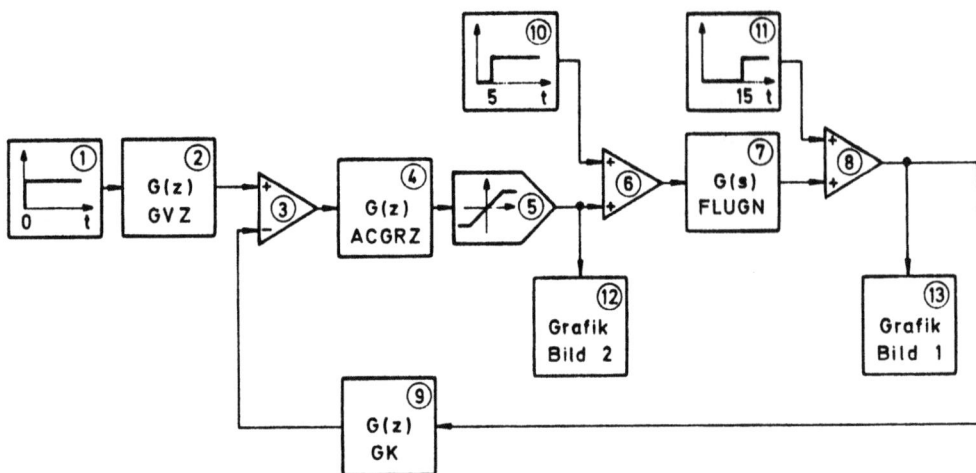

Bild 2. Regelkreis für Simulationsbeispiel

```
{****************************************************************}
{*PROGRAMM:ASIM.SIM                                             *}
{*DATUM:10.4.87                                                 *}
{*VERS.:1.0                                                     *}
{*BEARBEITER:J.DASTYCH                                          *}
{*Simulation Flugregelung                                       *}
{****************************************************************}
                    { Abtastzeit: T=0.1                          }
                    { Schrittweite : h=0.05                      }
$P;                 { S i m u l a t i o n s p r o g r a m m     }
1,S,STEP,0;         { Fuehrungsgroesse                           }
2,$GZ,1,GVZ;        { Vorfilter                                  }
3,-,2,9;            { Regeldifferenz                             }
4,$GZ,3,ACGRZ;      { Regler                                     }
5,LIMIT,4,-2.0,2.0;{ Stellgroessenbegrenzung                     }
6,+,5,10;           { Addition Stoerung am Streckeneingang       }
7,$GS,6,FLUGN;      { Regelstrecke                               }
8,+,7,11;           { Addition Stoerung am Streckenausgang       }
9,$GS,8,GK;         { Gegenkopplung                              }
10,S,STEP,5.0;      { Stoerungssignal Streckeneingang            }
11,S,STEP,15;       { Stoerungssignal Streckenausgang            }
```

```
12,OUT,5,G,2;       { Stellgroesse in Bild 2 dokumentieren   }
13,OUT,8,G,1;       { Regelgroesse in Bild 1 dokumentieren   }
$D;                 { Datensatz 2                            }
5,-1.4,0.7;         { Limiterdaten                           }
$D;                 { Datensatz 3                            }
$ID,ASIM.DAT;       { von Datei ASIM.DAT einlesen            }
$D;                 { Datensatz 4                            }
5,-1.2,0.5;         { Limiterdaten                           }
$X;                 {    S t e u e r p r o g r a m m         }
$SA;                { Simulationsanfang                      }
$GE,ASIM.PIC;       { Bild einlesen                          }
$SI;                { Simulation mit Datensatz 1 starten     }
$GA,ASIM.PIC;       { Bild ablegen                           }
$SD;                { Datensatz 2 einlesen                   }
$GE,ASIM.PIC;       { Bild einlesen                          }
$SI;                { Simulation mit Datensatz 2 starten     }
$GA,ASIM.PIC;       { Bild ablegen                           }
$SD;                { Datensatz 3 einlesen                   }
$GE,ASIM.PIC;       { Bild einlesen                          }
$SI;                { Simulation mit Datensatz 3 starten     }
$GA,ASIM.PIC;       { Bild ablegen                           }
$SD;                { Datensatz 4 einlesen                   }
$GE,ASIM.PIC;       { Bild einlesen                          }
$SI;                { Simulation mit Datensatz 4 starten     }
$GA,ASIM.PIC;       { Bild ablegen                           }
$SE;                { Simulation beenden                     }
```

<u>Bild 3.</u> Programmbeispiel für den Regelkreis nach Bild 2.

Die Ergebnisse des im Bild 3 angegebenen Programmbeispiels sind im Bild 4 dargestellt. Die verwendeten Übertragungsfunktionen mit den Dateinamen GVZ, ACGRZ, FLUGN und GK sind in Tabelle 1 aufgelistet.

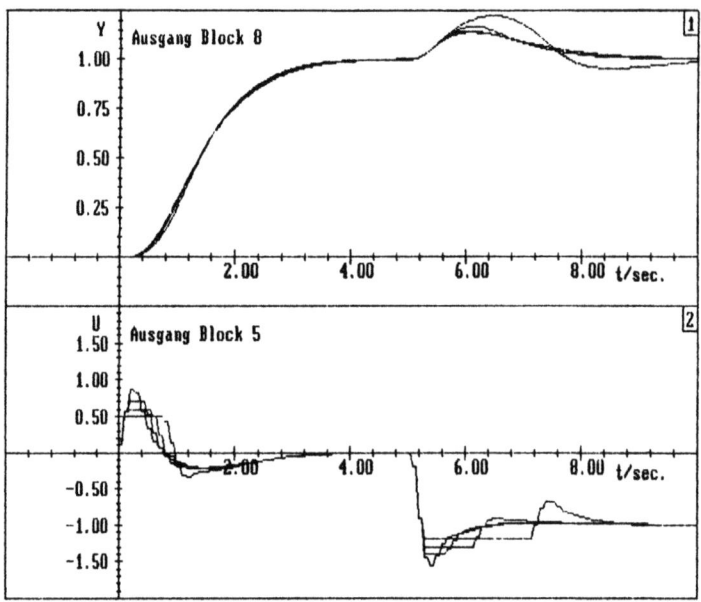

**Bild 4.** Ergebnisse der Simulation

Datei: ACGRZ

$$G(z) = \frac{112 - 268z^{-1} + 209{,}7z^{-2} - 53{,}23z^{-3}}{1 - 0{,}76z^{-1} - 0{,}12z^{-2} - 0{,}12z^{-3}}$$

Datei: FLUGN

$$G(s) = \frac{10}{6s^2 + s^3}$$

Datei: GVZ

$$G(z) = \frac{0{,}00103 + 0{,}00345z^{-1} + 0{,}00071z^{-2}}{1 - 2{,}395z^{-1} + 1{,}884z^{-2} - 0{,}484z^{-3}}$$

Datei: GK

$$G(s) = 1$$

**Tabelle 1.** Übertragungsfunktionen zum Programmbeispiel nach Bild 3.

## Literatur

[1]  Musilak,H und Stössel,M.: Vergleich von Simulationssprachen. Elektron. Rechenanl. 21 (1979), H.1, S.23-28.

[2]  IBM: System/360 Continuous System Modeling Program, User Manual, International Business Machines Corporation 1972.

[3]  Harland, J.: Harsim, Simulationssystem zur Simulation dynamischer und ereignisorientierter Systeme, Diplomarbeit ESR 8604, Ruhr-Universität Bochum.

# SIMCOS - DIGITAL SIMULATION LANGUAGE WITH HYBRID CAPABILITIES

B. Zupančič, D. Matko, R. Karba, M. Šega[*]

Faculty of Electrical Engineering,
61000 Ljubljana, Tržaška 25, Yugoslavia
[*]Institut Jožef Stefan,
61000 Ljubljana, Jamova 39, Yugoslavia

## ABSTRACT

SIMCOS - digitale Simulationsprache mit hybriden Eigenschaften. Diese Veröffentlichung behandelt die Simulationsmöglichkeiten der Programiersprache SIMCOS, die zur Simulation von dynamischen Systemen verwendet wird. Die Simulationsprache wurde paralell mit dem umfangreichen interaktiven Programmpaket für Analyse und Entwurf von Regelsystemen ANA entwickelt Innerhalb dieses Programmpakets wird SIMCOS im Simulationsprogrammmodul UNICUS (Universal Computer Simulation) verwendet und dient zur Simulation von zeitkontinuirlichen dynamischen Strukturen. Außerdem wurde auch eine selbstständige Version der Simulationsprache SIMCOS entwickelt, die als erfolgsreiches Mittel für die Simulation von linearen, nichtlinearen, zeitvarianten und anderen Systemen verwendet wird. Die Syntax der Simulationsprache SIMCOS ist nach dem Muster von CSSL und ACSL gemacht. Das Basiskonzept ist die Übersetzung von Grundmodulen in Fortranmodule, die mit der SIMCOS Bibliothek gebunden werden. Zusätzlich zur Funktionen anderer Simulationsprachen wurden gesteurte Integratoren eingeführt, die die Simulation dem Hybridrechnen angenähert haben. Für die Bedürfnisse des Diskretreglerentwurfes wurden diskrete Blöcke eingeführt, die nur in den Abtastpunkten ausgeführt werden. Diese Blöcke ermöglichen eine einfache Simulation von hybriden Systemen (digitaler Regler, zeitkontonuirlicher Prozess) mit verschiedenen Abtastzeiten.

## INTRODUCTION

Interactive program package ANA is developed for computer aided analysis and design of control of univariable and multivariable continuous and discrete systems. All necessary operations from the theory of control systems are included in the package (transformations among various descriptions of models, analysis of models, design of standard control algorithms). The interactive dialog through the operations assures user friendly performations also for not very experienced users. The batch processing for skilled users is a powerful extension and enables quick solutions of problems with various modifications.

Because the simulation is an important tool in the field of analysis and design of control systems the simulation capabilities in program package ANA are rather wide. The simulation of general dynamical structures is a rather original approach to system simulation and design and is obtained through the block oriented UNICUS processor. Each block of general structure can be defined in various ways. One of the possibilities is also to define it with digital simulation language SIMCOS which was developed for the simulation of continuous dynamical systems. Besides SIMCOS simulation langugage is also ANA independant and is used as a very usable tool for simulation of linear, nonlinear and time varying sistems.

Developing the simulation langugage SIMCOS we take into account the following basic principles:
- the syntax of the simulation language SIMCOS must be very similar to the syntax of CSSL language well known to digital simulation users
- SIMCOS simulation language must possess some features that make it closer to hybrid computers than other languages. According to this principle controlling integrators were introduced in the simulation language,
- SIMCOS simulation language must possess some capabilities for simulation of digital control systems.

## THE CONCEPT OF SIMCOS PROCESSING

Program in the simulation language SIMCOS must be written on a file before entering into the ANA package or before starting SIMCOS interpreter if SIMCOS is ANA independent language. The SIMCOS compiler builds from the source program tables and FORTRAN modules. After SIMCOS compiler generates FORTRAN programs SIMCOS interpreter starts FORTRAN compilation procedure. Then the linker links compiled programs

with SIMCOS and FORTRAN libraries and the simulation program is obtained. Starting this program the simulation run is started. When the simulation run is finished, SIMCOS interpreter gives us these possibilities:
- changing the values of all constants,
- changing the form of output statements,
- plotting the variables that are stored on data file.

## SIMCOS STATEMENTS

The statements in the simulation language SIMCOS can be divided into two parts:
- the statements in the syntax of SIMCOS simulation language,
- structure representative statements.

The first version of simulation langugage SIMCOS contains the following statements:

The statements in the syntax of SIMCOS simulation language:

PROGRAM, END, COMMENT, ARRAY, CONSTANT, TERMT, INTEGER, VARIABLE, CINTERVAL, NSTEPS, ALGORITHM, MINTERVAL, ERRTAG, MERROR, XERROR, OUTPUT, PREPAR, HDR.

Structure representative statements:

These statements represent the structure of a system being simulated. The order of these statements is not important because of the sorting algorithm. The statements can be usual arithmetic assignment statements (like FORTRAN) or special simulation oriented statements like PROCEDURAL statement and INTEG statement. Integ statement realizes integration procedure. Two integration methods are built in the simulation language SIMCOS: Runge-Kutta method of forth order with Gill modification with fixed calculation and with adaptive calculation interval.

## EXTENSION WITH STATEMENTS FOR REALIZATION OF SIGNALS AND NONLINEARITIES

Using these statements input signals and nonlinearities are simply generated.

The following signals are implemented:
STEP (step function), RAMP (ramp function), PULSE (pulse function), HARM (harmonic function), UNIF (random signal with uniform distribution), GAUSS (random signal with gaussian distribution), PNBS (pseudo random binary signal).

For realization of nonlinearities the following statements are used:
COMPAR (comparator), FCNSW (function switch), SWIN (input switch), BOUND (bounding of signal), QNTZR (quantizator), DEAD (dead zone), HSTRSS (hysteresis), BCKLSH (backlash).

Signals and nonlinearities are similar to CSSL and ACSL blocks but some of them have some advantages. User can use any number of uncorrelated noise signals. Besides noise generators operates as discrete blocks with user defined sampling interval. So these blocks can be used also with variable step integration method. The bandwidth depends only on the sampling time and not on the calculation interval which can be variable. Hysteresis and backlash are dealt inconsequencely in simulation languages. So according to the literature on the field of the nonlinear systems we chose hysteresis for physical response of magnetic and elastic material or to represent the nonideal behaviour of a practical relay device. Another example of a multivalued nonlinearity is the backlash characteristic used in modeling the behaviour of gear trains.

## EXTENSION WITH HYBRID CAPABILITIES

Simulations of hybrid systems i.e. the combination of continuous and discrete structures (discrete transfer functions) is very uncomfortrable in most simulation languages. Some languages have so called discrete section which is executed once in sampling interval. Simulation on this way is difficult because user has to know also the principles of discrete transfer function simulation. Difficulties occur especially when multiple sampling rates are used. So we introduced special discrete blocks which are called from the simulation program as function subprograms included in SIMCOS library. Each block has arbitrary sampling interval.

Because we often use SIMCOS simulation language for simulation of control systems we introduced first these blocks:

- DPID (discrete PID controller),
- DTRAN (general discrete transfer function),
- S&H (sample and hold element),
- DELAY (delay element).

Each discrete block which is represented by discrete tranfer function is preceded by sampler which makes samples of the input signal once in sampling interval. This transfer function is followed by zero order hold (ZOH or D/A convertor) element on the output. Fig. 1. represents an arbitrary discrete block.

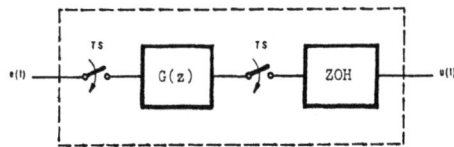

Fig. 1. Realization of discrete block

The transfer functions of the blocks are:

DPID $\qquad G(z) = \dfrac{q_0 + q_1 z^{-1} + q_2 z^{-2}}{1 - z^{-1}}$

DTRAN $\qquad G(z) = \dfrac{b_0 + b_1 z^{-1} + \ldots + b_m z^{-m}}{a_0 + a_1 z^{-1} + \ldots + a_n z^{-n}}$

S&H $\qquad G(z) = 1$

DELAY $\qquad G(z) = z^{-d}$

To make SIMCOS language more comfortable for simulation of hybrid systems (digital controllers and continuous plants) we shall extend the SIMCOS library with another standard control algorithms.


## EXAMPLE: CASCADE CONTROL SYSTEM

The control system is commonly performed measuring the output or controlled variable of a plant. When some auxiliary signal between the input and output of the plant can be measured the control performances can be improved using the cascade control scheme. So two controllers must be implemented, auxiliary and main controller. Using auxiliary control loop the dynamics of this part is improved but also the influence of noise inside this loop is reduced. Also the effect of parameter changes to the output is attenuated. Very often the auxiliary control loop operates with faster sampling frequency.

Using simulation language SIMCOS the simulation of such control scheme is very comfortable using two digital controllers (DPID) and one S&H element with different sampling intervals.

Fig.2. represents the cascade control system with hydraulic plant. The plant consists of three tanks one above other. The controlled variable is the level of the lower tank, the control variable is the liquid flow in the upper tank and the auxiliary variable is the level in the upper tank.

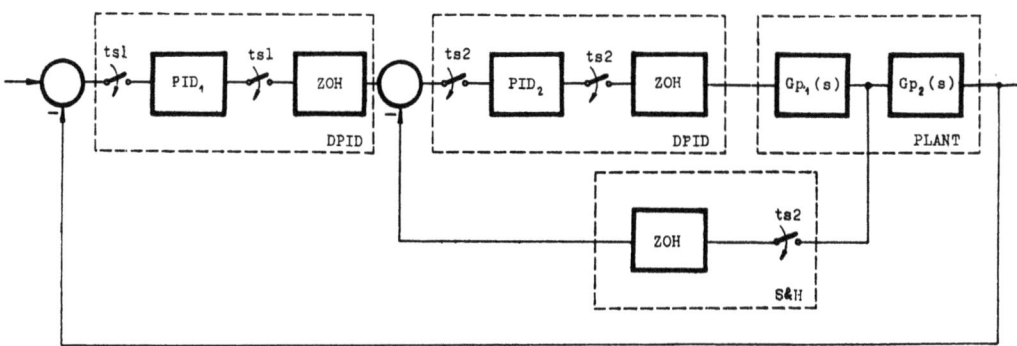

Fig.2. Cascade control system

The parameters of controllers were obtained by optimization method and the transfer functions are

main controller

PID$_1$    TS = 4s    $G_R(z) = \dfrac{2.6723 - 3.3452\,z^{-1} + 1.036\,z^{-2}}{1 - z^{-1}}$

auxiliary controller

PID$_2$    TS = 1s    $G_R(z) = \dfrac{2 - 1.85\,z^{-1}}{1 - z^{-1}}$

hydraulic plant

$$G_{p1}(s) = \dfrac{1}{s7.5 + 1}$$

$$G_{p2}(s) = \dfrac{1}{(s10 + 1)(s5 + 1)}$$

Fig.3 represents the simulation program for cascade control scheme.

The simulation results ( both controller output signals and the levels of the lower and upper tank) are shown in fig.4. and 5.

```
        ARRAY Q1(3),Q2(3),STATE1(3),STATE2(3)
        CONSTANT W1=1.,TS1=4.,TS2=1.,TS3=1.,TFIN=30.
        CONSTANT Q1=2.6723,-3.3452,1.036,Q2=2.,-1.85,0.
        CONSTANT STATE1=3*0.,STATE2=3*0.,STATE3=0.
        E1=W1-Y1
COMMENT   MAIN CONTROLLER
        W2=DPID(E1,Q1,STATE1,TS1)
COMMENT   SAMPLE AND HOLD ELEMENT
        Y4=S&H(Y2,STATE3,TS3)
        E2=W2-Y4
COMMENT...AUXILIARY CONTROLLER
        U=DPID(E2,Q2,STATE2,TS2)
COMMENT HYDRAULIC PLANT
        Y2=INTEG(U/7.5-Y2/7.5,0.)
        Y3=INTEG(Y2/10.-Y3/10.,0.)
        Y1=INTEG(Y3/5.-Y1/5.,0.)
        TERMT(T.GT.TFIN)
        CINTERVAL CI=0.05
        OUTPUT E1,E2,U,Y2,Y1
        PREPAR E1,E2,U,Y2,Y1,Y3,Y4,W1,W2
        END
```

Fig.3. Simulation program

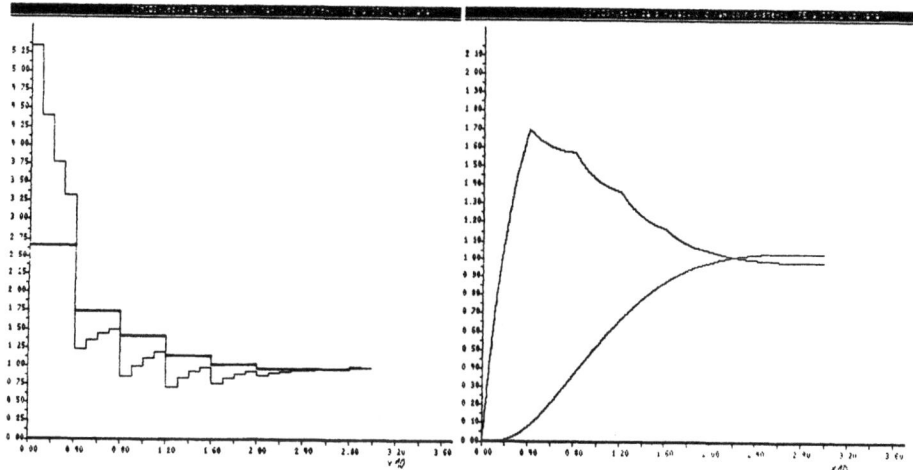

Fig.4. Output controler signals        Fig 5. Main and auxiliary controlled variables)

CONCLUSION

The simulation capabilities of the simulation language SIMCOS were described. This language simulates very efficiently user writen structures in the syntax of SIMCOS language in the UNICUS module inside program package ANA. Besides SIMCOS simulation language is also ANA independant CSSL like language. The controlled integrators were added to extend the applicability of simulation and to make it closer to hybrid users. The digital blocks were added to extend the capabilities to the simulation and design of digital control systems. Multiple sampling rates can be easily implemented. It is forseen to include some other digital blocks as for example another standard controllers as deadbeat controller, minimum variance controller, predictor controller etc. Later some advanced methods as Kalman filtering and recursive identification methods will be included in the language.


LITERATURE

/1/. ANA - Interactive CAD package - manual. University Edvard Kardelj, Ljubljana, Faculty of Electrical Engineering, Ljubljana, 1986

/2/. D.Matko, M.Šega, B.Zupančič: "Unicus - A New Approach to the Simulation and Design of Control Systems", $11^{th}$ IMACS World Congress on System Simulation and Scientific Computation, Proceedings, Vol. 4, pp. 91-94, Oslo, Norway, 1985

/3/. D.Matko, M.Šega, B.Zupančič, R.Karba: "A Compiler for Control Systems Simulation", $3^{rd}$ Symposium Simulations- technik, Proceedings , pp. 211-214, Bad Munster a. St.- Ebernburg, 1985

/4/. SIMCOS - Language for Simulation of Continuous Dynamical Systems - manual. University Edvard Kardelj, Ljubljana, Faculty of Electrical Engineering, Ljubljana, 1986

/5/. G.A.Korn, J.V.Wait, Digital Continuous System Simulation, Prentice Hall, Inc., Englewood Clifs, New Yersey, 1978

/6/. B.Zupančič, D.Matko, F.Bremšak, M.Šega: Simulation in the Program Package ANA, Second European Simulation Congress ESC, Proceedings, pp.314-318,Antwerpen, 1986

/7/. M.Šega, D.Matko, B.Zupančič, R.Karba, S.Strmčnik: Simulation capabilities of the interactive program package ANA, $8^{th}$ International Symposium on Computer Aided Design and Computer Aided Manufacturing, Proceedings, pp.49-54,Zagreb, 1986

SIMULATIONSUMGEBUNGEN

**BOXDYN - eine komfortable Benutzeroberfläche
für das DYNAMO-System im Betriebssystem EUMEL**
Dr.Diether Craemer
Gesellschaft für Mathematik und Datenverarbeitung
Institut für Technologie-Transfer
St.Augustin

*Zusammenfassung:*
*Wer umfangreiche Simulationsaufgaben zu bearbeiten hat, braucht eine computergestützte Arbeitsumgebung, die ihm die Werkzeuge des Simulationssystems auf einfache Weise zur Verfügung stellt.*

*Diese Anforderung führte zu einer Integration des DYNAMO-Compilers und des DYNAMO-run-time-Systems im Betriebssystem EUMEL mit dem BOX-System von Peter Heyderhoff.*

*Die neue Benutzeroberfläche BOXDYN bettet das DYNAMO-System in die BOX-Oberfläche ein, sodaß der Benutzer im Wesentlichen nur über Menü- und Fenstertechnik sowie eine "Cursor-Maus" mit dem System kommuniziert.*

*Die Aktionen wie Editieren, Übersetzen, Archivieren etc. eines DYNAMO-Programms werden angeklickt und arbeiten auf einer zuvor angeklickten bzw. neu eingerichteten Datei.*
*Analog werden die Konstanten-Sets verschiedener DYNAMO-runs und die entsprechenden Protokolle von Bildschirm-Ausgaben verwaltet.*

*Obwohl das Gesamtsystem nach außen hin abgeschlossen erscheint, bleibt es gegenüber Veränderungen offen, denn die Schnittstelle, über die wir dem DYNAMO-Compiler die Namen neuer Prozeduren mitteilen können, ist erhalten geblieben.*

*Das software-technische Problem bestand in der Integration zweier umfangreicher Modul-Pakete (beide in der Sprache ELAN geschrieben).*
*Der Beitrag zeigt auf, wie durch die in ELAN mögliche konsequente Verwendung abstrakter Datentypen und einem schichtenweisen Systemaufbau der Prototyp realisiert wird.*


**Simulationsumgebungen für kontinuierliche Modelle**
Seit es die computerunterstützte Modellbildung und Simulation gibt, wird die "unergiebige, aber aufwendige Computeraufbereitungs- und Computerzulieferungsarbeit" beklagt /MAIER 1976, S.126/. Dies führte MAIER damals zur Entwicklung des benutzerfreundlichen Dialogsystems SIMA; etwa zur selben Zeit entwickelte HUDETZ die Simulationsumgebung GRIPS, mit der Problembeschreibungen mittels graphischer Symbole eingegeben werden konnten /HUDETZ 1976, S.151 ff/.
Damals sind auch Modell- und Methodenbanken wie MBS, MEBA, METHAPLAN etc. entstanden. Aber schon damals warnte Bernd SCHMIDT vor einer Überschätzung dieses Ansatzes. Denn: "Die

effektive Modellhandhabung setzt voraus, daß der Benutzer selbst Kenntnisse des Modells hat."
/SCHMIDT 1976, S.448/

Inzwischen umfaßt der Software-Katalog der SCS für Mikrocomputer schon 13 Simulations-Umgebungen /siehe SCS 1983/, und die Simulationstechnik ist so weit entwickelt, daß sie auch im Informatik- und Fach-Unterricht an Schulen gelehrt wird. Daher bietet das ursprünglich für den Schuleinsatz gedachte Betriebssystem EUMEL auch einen Compiler für DYNAMO und eine Simulationsumgebung SIMSEL an. (Inzwischen wird EUMEL auch als kommerzielle Software-Entwicklungs-Umgebung genutzt und ist wegen der leichten Portierbarkeit auf allen gängigen Mikroprozessoren verfügbar.) Die Simulationsumgebung SIMSEL ist für den "harten" Schulalltag gedacht, in dem Lehrer ein möglichst robustes System zur Vorführung von Modellen brauchen. Die Schüler-Experimente sollen sich auf die Arbeit mit vorgegebenen Modellen und genau beschriebene Parameter-Variation beschränken. Daher ist der Modell-Konstruktions-Modul gegenüber den Schülern abgeschottet.

Für fortgeschrittene Schüler und Lehrer gibt es wie bisher die Möglichkeit, eigene Modelle in DYNAMO zu formulieren, diese übersetzen und, unterstützt durch ein run-time-system, laufen zu lassen.
Diese Situation, in der "der Benutzer selbst Kenntnisse des Modells hat", wollten wir auch durch eine komfortable Benutzeroberfläche unterstützen.

Durch eine solche Simulationsumgebung für die Sprache DYNAMO sollte der Aufwand bei der Computerbedienung erheblich verringert werden. Allerdings setzen wir voraus, daß der Benutzer die Sprache DYNAMO kennt, um eigene Modelle mittels eines Editors einzugeben oder vorhandene Modelle textuell abzuändern. /siehe hierzu das DYNAMO-Lehrbuch, CRAEMER 1985/

**Kurze Beschreibung der Benutzeroberfläche**

Die Benutzeroberfläche, in die das DYNAMO-System eingebettet wurde, ist das BOX-System von Peter HEYDERHOFF /siehe HEYDERHOFF 1986/.

In diesem System wird der Bildschirm im allgemeinen in mehrere Boxen (oder Fenster) aufgeteilt. In Boxen können Menüs angeboten werden, in denen der Benutzer den nächsten Arbeitsschritt ("Aktion") *selektiert* (durch Klicken mit der Maus, durch Markieren mit der MARK-Taste oder Drücken der RETURN-Taste). Die für den betreffenden Arbeitsschritt benötigten Dateien sind vorher in einer anderen Box selektiert worden.

Die Handhabung des BOX-Systems beschränkt sich also auf die Bewegung des Cursors mittels Cursor-Tasten oder Maus, und das Selektieren mittels MARK- und RETURN-Taste.

Eine typische Sitzung beginnt damit, daß das System in einer Menübox das *Hauptmenü* anbietet:

| FILE: | ACTION: | TASK: | INFO: |
|---|---|---|---|

Menüs dienen zum Einstellen von Parametern:
- FILE zeigt immer den Namen der aktuell gültigen Datei.
    Bei Selektion wird der Dateikatalog des Benutzers angezeigt.
    Davon können durch Selektion eine oder mehrere ausgewählt werden. Diese werden in den folgenden Aktionen bearbeitet.
- TASK zeigt den Namen der Benutzertask.
    Bei Selektion wird der TASK-Baum angezeigt.
    Dann kann man durch Selektion die Task wechseln.

Menüs liefern Informationen über Zustände und Parameter:
- INFO zeigt immer die aktuelle Spalten und Zeilennummer des Cursors in der jeweils aktuellen Box. Bei Selektion von INFO wird weitere Information über den Systemzustand gegeben.

Menüs dienen zur Aktionsauswahl:
- ACTION zeigt bei Selektion eine Auswahl von möglichen Aktionen.
    Bei Selektion einer Aktion wird diese ausgeführt.
    Bei Selektion mehrerer Aktionen werden diese in der Selektionsreihenfolge ausgeführt.

Wir nehmen an, daß schon Modelle auf Dateien vorliegen, z.B. das Weltmodell von FORRESTER auf der Datei "dyn.world". Diese wird selektiert und erscheint dann im Hauptmenü:

| FILE: dyn.world | ACTION: | TASK: | INFO: |
|---|---|---|---|

Danach wird ACTION selektiert und wir erhalten:

| FILE: dyn.world | ACTION: | TASK: | INFO: |
|---|---|---|---|
| | edit | | |
| | newfile | | |
| | print | | |
| | save | | |
| | fetch | | |
| | archive | | |
| | kosmetik | | |
| | name | | |
| | copy | | |
| | reorg | | |
| | forget | | |
| | run | | |
| | dynprotokoll | | |
| | dynamo | | |
| | task | | |
| | taskinfo(2) | | |
| | end | | |
| | break | | |

Hier wird der volle Funktionsumfang gezeigt; die Namen der möglichen Aktionen sind weitgehend selbsterklärend. Zwei Aktionen machen das DYNAMO-System verfügbar:

dynprotokoll: das DYNAMO-Protokoll wird eingeschaltet; dadurch wird eine Datei *"dyn.out"* angelegt, in die alle Zwischenergebnisse von DYNAMO-runs geschrieben werden; die Datei kann später mit der Aktion *print* ausgedruckt werden.

dynamo: die selektierte Datei wird als DYNAMO-Programm übersetzt.

Als nächsten Schritt selektieren wir *dynprotokoll* und danach *dynamo*.
Die Datei "dyn.world" wird übersetzt.
Dazu teilt sich der Bildschirm in zwei Boxen, in einer Box erscheint laufend die Zeilennummer der augenblicklich übersetzten Zeile (damit der Benutzer merkt, daß die Maschine gerade für ihn tätig ist); falls in der Datei ein DYNAMO-Syntax-Fehler war, wird in der oberen Box das Dynamo-Programm angeboten, und in der unteren Box die Fehlermeldungen des Compilers. Die Datei kann dann editiert und erneut übersetzt werden.

Im Falle, daß kein Fehler vorhanden war, meldet sich das DYNAMO-run-time-system mit einem *kleinen Menü:*

| FILE: dyn.world | ACTION: | TASK: | INFO: |
|---|---|---|---|
| | run | | |
| | help | | |
| | quit | | |

Wird *run* selektiert, dann wird nach einem Datenraum mit den zum Modell gehörigen Konstanten gefragt; falls kein solcher existiert, wird ein Datenraum mit den im Programm vorhandenen Konstanten angelegt.
Wird *help* selektiert, dann wird die Erklärungsdatei "dyn.help" gezeigt.
Wird *quit* selektiert, dann wird das DYNAMO-System verlassen.
An dieser Stelle wählen wir *run* und geben als Namen des Datenraums "Standard" an. Wir erhalten dann eine Berechnung des Weltmodells mit den Standard-Parametern. Als Ausgaben erscheinen die bekannten DYNAMO-Plots und -Tabellen.
Zum Blättern im Output am Bildschirm gibt es dann die Tasten:

+ ... Nächster Bildschirm
o ... (Off), keine Unterbrechung der Ausgabe
e ... (End), Zurück zum Runtime-System
ESC ... Abbruch der Ausgabe

Am Ende der Ausgabe meldet sich wieder das DYNAMO-run-time-system, nun mit einem *großen Menü*; zusätzlich kann nun noch selektiert werden:

rerun ... wiederholen des Laufs mit alten Parametern,
? ... zeigen der Konstanten,
C ... verändern der Konstanten.

Damit wird deutlich, daß wir hier (wie überall im BOX-System) *situationsabhängige Menüs* anbieten. Nicht in jeder Situation kann der Benutzer den gleichen Satz von Aktionen ausführen. Damit bewahren wir uns vor Bedienungsfehlern.

**Der schichtenweise Aufbau des BOXDYN-Systems**

Das Betriebssystem EUMEL ist wie das darauf aufbauende BOX-System und wie der DYNAMO-Compiler in der Sprache ELAN geschrieben.

In dieser Sprache ist es möglich, Programm-Moduln zu definieren, die eine Export-Schnittstelle haben, in der Namen von Datentypen, Prozeduren und Operatoren zur Benutzung durch andere Moduln bereitgestellt werden. Das zugehörige Sprachkonstrukt heißt *PACKET*.

In einem Packet werden im Wesentlichen abstrakte Datentypen definiert, die zur Beschreibung eines Sachverhaltes auf einer bestimmten Abstraktionsebene dienen.

Ein *abstrakter Datentyp* ist

- eine Anzahl von Prozeduren und Operatoren, die auf einer gemeinsamen Datenstruktur operieren,
- von den Details der Datenstruktur und von den algorithmischen Details so stark abstrahiert, daß eine Kenntnis dieser Details bei der Anwendung nicht benötigt wird ("information hiding principle" von PARNAS).

In ELAN werden die Packets in der Reihenfolge der Übersetzung hintereinander angeordnet; es entsteht eine *Schichten-Hierarchie*, in der jeweils die später übersetzte,"höhere" Schicht alle von niedrigeren,d.h. schon früher übersetzten Schichten in den Export-Schnittstellen bereitgestellten Objekte *benutzen* kann. Die Call-Beziehung zwischen Prozeduren kann innerhalb eines Moduls (Packets) auch indirekt rekursiv sein, aber über Modul-Grenzen hinweg folgt sie der Benutzt-Beziehung. Das heißt, es ist nicht möglich, daß eine Prozedur aus einer niedrigeren Schicht eine Prozedur aus einer höheren Schicht ruft.

Genau dies war aber das Problem bei der Integration der zwei schon bestehenden, schichtenweise aufgebauten Systeme DYNAMO und BOX. Im Grunde genommen handelt es sich um Coroutinen, die sich gegenseitig aufrufen.

Eine solche Lösung wäre auch mit der in EUMEL vorhandenen Inter-Task-Kommunikation realisierbar gewesen, mit entsprechendem Aufwand und Zeitverlust. Da wir ein effizient laufendes Gesamt-System benötigten, entschieden wir uns dazu, ein Teil-System dem anderen unterzuordnen.

Wir betrachten die DYNAMO-Schichten als niedrigere und das BOX-System als höhere Schichten. Daher kann im BOX-System der Dynamo-Compiler als Prozedur *dynamo* aufgerufen werden, sowie alle weiteren durch das DYNAMO-System nach außen gelieferten Prozeduren und Operatoren. (Die Compiler-Tabellen als wichtigste Datenstruktur der durch die DYNAMO-Schichten definierten abstrakten Maschine werden nach außen hin *nicht* zugänglich gemacht; dagegen bleibt die Schnittstelle, über die wir dem DYNAMO-Compiler die Namen und Parameter von außerhalb definierten Prozeduren mitteilen, erhalten, sodaß das DYNAMO-System weiterhin erweiterungsfähig bleibt!)

Umgekehrt will das run-time-system im DYNAMO die BOX-Prozedur *menu* benutzen. Die DYNAMO-Schichten werden früher übersetzt, daher kennt der ELAN-Compiler die Prozedur *menu* noch nicht. Der Ausweg ist hier, daß wir den in noch tieferen Schichten angesiedelten ELAN-Compiler mit der Prozedur *do("menu")* aufrufen. Das bewirkt nun nicht etwa einen rekursiven Aufruf des

ELAN-Compilers, sondern zur Laufzeit des integrierten BOXDYN-Systems wird der ELAN-Compiler an dieser Stelle angestoßen, das kleine Programm, das nur aus dem Namen "menu" besteht, zu übersetzen. Zu dem Zeitpunkt ist aber der Name "menu" als Name einer Prozedur in der Compiler-Datenbank vorhanden, wird also verstanden und ausgeführt.

Damit ist das Problem des Prozedur-Aufrufs entgegengesetzt der Benutzt-Beziehung zwischen Paketen umgangen. Was noch offen bleibt, ist die Kommunikation zwischen Paketen, wenn einzelne *Werte* übergeben werden sollen. Beispielsweise liefert die BOX-Prozedur *menu* einen Wert *choice*, der angibt, welchen Menüpunkt der Benutzer ausgewählt hat. Damit dieser Wert zwischen BOX und DYNAMO hin- und hergereicht werden kann, muß er in einen Prozeduraufruf verkleidet werden. Dies geschieht in dem untersten Paket *"choice retten"* mit den beiden Prozeduren *choice merken* und *choice abgeben*.

In der untersten Schicht des Gesamtsystems ist diese Export-Schnittstelle sowohl den DYNAMO- als auch den BOX-Schichten zugänglich.

Bis auf die hier angedeuteten Änderungen waren an beiden Systemen keine weiteren Änderungen nötig. Dies zeigt, daß beide Systeme schon hinreichend gut modularisiert waren.

Dabei kommt den verwendeten Datenstrukturen natürlich die meiste Bedeutung zu, da darauf die abstrakten Datentypen aufbauen.

Der Witz einer Modularisierung mittels abstrakter Datentypen besteht darin, die Implementations-Details zu verstecken. Trotzdem soll hier nun das Innere des für das Box-System wesentlichen Datentyps enthüllt werden (um den Leser zu eigenen Abstraktionen zu ermutigen; es wird überall nur mit Wasser gekocht):

```
TYPE BOX = STRUCT (
           FILE f,            Betrachtungsebene    (4096lines x 32000 col)
           INT  vx, vy,       View-Koordinaten der Box in 'f'
                dx, dy,       Display-Koordinaten der Box im Bildschirm
                wx, wy,       Box-width
                proc,         Prozedur zur Objektbearbeitung
           POINTERARRAY
                xtab,         horizontaler Scroll-Tabulator
                ytab,         vertikaler    Scroll-Tabulator
                ztab,         Zeilen-Tabulator
           BOOL
                writable,     Capability-Attribute der Box
                scrollable,
                wrapable,
                sizable)
                                           /siehe HEYDERHOFF 1986/
```

Auf dieser Datenstruktur arbeiten die *Blackbox-Operationen* (das sind solche, die ganze Boxen bearbeiten wie *einpacken, auspacken, verschieben, vergrößern, rollen, kopieren, löschen, attribuieren, Attribute abfragen* usw.) und die *Whitebox-Operationen* (das sind solche, die das Innere von Boxen bearbeiten, wie

*markieren von Selektionspunkten*, falls in der Box ein Menü steht, oder *editieren*, falls sich in der Box eine Datei befindet; Whitebox-Operationen sind natürlich vom Inhalt der Box abhängig).

Diese Datenstruktur enthält die Betrachtungsebene des Benutzers als eine Datei f, sowie die Fensterkoordinaten der Sicht auf die Datei und der Darstellung des Fensters auf dem Bildschirm. Neben Attributen der Box werden noch *POINTERARRAYS* mitgeführt, damit Box-Bewegungen schnell ausgeführt werden können. Ein *POINTERARRAY* ist selbst ein abstrakter Datentyp mit den Operatoren *push, pop, insert value u.a.* zur Verwaltung dynamischer Bereiche von Pointern, die öfter im BOX-System gebraucht werden. Daher ist dieser Datentyp auch in der untersten BOX-Schicht definiert, damit alle anderen Schichten ihn benutzen können.

Wenn auch in diesem Artikel nicht alle Schichten des Gesamt-Systems diskutiert werden konnten, so sollen sie im folgenden kurz durch ihre Export-Schnittstellen charakterisiert werden:

| Schicht | Prozeduren, Datentypen und Operatoren, die in Paketen dieser Schicht definiert werden | ELAN-Zeilen | B Code | B Paket-Daten |
|---|---|---|---|---|
| =BOX=========== | ================================================= | ======= | ======= | ======= |
| box.monitor | monitor, dialog, show, edit, list, task info, menu, get, getline, note edit, run | 643 | 3192 | 448 |
| box.menu | menu, menuthes, continue (erstes hilfsmenu), (zweites hilfsmenu) | 504 | 3194 | 1132 |
| text.functions | P, PUT, G, GET, D, down, downety, U, up, uppety, T, to line, line no, C, CA, change to, change all, ONE, LIKE, ALL, SOME, some, lines, len, col, eof, mark, at, pattern found, word, limit, autoform, print, sort, fetch, clear screen, edit, list, task info, note edit, run, (task info2), (note box), (dynprocedure) | 838 | 4518 | 542 |
| text.box.editor | edit, hopper, escaper, free cursor, guide box, answer, yes, no, editget | 742 | 4356 | 344 |
| box.heap | init heap, refresh screen, refresh box, fetch box, new box, old box, swap, swap box, get box, forget box, move box, size box, lift box, wrap, BOXID, EXISTS, IS, get boxid, boxno | 406 | 3144 | 24638 |
| text.box | BOX, IN, clear screen, init box, clear box, refresh box, boxfile, fetch box, save box, paste box, swap box, boxproc, boxtab, boxno, get boxdisplace, get boxwidth, get boxview, get boxattributes, boxdisplace, boxwidth, boxview, boxattributes, scrollselector, sizeselector, moveselector, pointselector, scrollx, scrolly, get boxmove | 788 | 5702 | 270 |
| text.output | menufile, dialog, editchar, boxstate, reopen, refresh menu, refresh, refresh line, must refresh, last param, std, get boxcursor, boxcursor, get boxview, boxview, outchar, boxout, box cout, maxchar, maxline | 1140 | 8558 | 290 |
| text.grafik | grafic, clip, pen, pen to line, linetype, draw box, swap | 175 | 1390 | 274 |
| text.input | box cmd, box cmdchar, no inchar, get char, box inchar, box incharety, is incharety, push, learn | 159 | 816 | 72 |
| screen.switches | on, off, is, refresh switch, switch cursor, switch mark, switch comm, switch word, switch wrap, switch hop, switch escape, switch rubin, switch fis, switch learn, switch eof, word wrap | 116 | 728 | 144 |
| yo.grafik | limits, close, open, use, graf state, graf show, graf folie | 37 | 124 | 392 |
| int.array | POINTERARRAY, :=, init, contains, size, push, pop, insort value, insert value, delete value, value | 164 | 60 | 2 |

| Schicht | Prozeduren, Datentypen und Operatoren, die in Paketen dieser Schicht definiert werden | ELAN-Zeilen | B Code | B Paket-Daten |
|---|---|---|---|---|
| =DYNAMO= | | | | |
| dyn.plot | initialize plot, new plot line, plot, end of program, plot scale | 275 | 1514 | 2942 |
| dyn.rts | constant, vdt, get pltper, get prtper, was print, println, print output, plot output, print line, sys page, page feed necessary, print suppressed output, asterisk, protokoll, default, set page length, run time system, stop request, scroll, run card | 374 | 1430 | 528 |
| dyn.proc | clip, fifge, switch, fifze, table, tabhl, sclprd, sum, sumv, noise, normnr, power, pulse, step, ramp, set time | 161 | 886 | 100 |
| dyn.vec | TAB, :=, vector, SUB, LENGTH, laenge, norm, nil vector, replace, =, <>, wert, +, -, *, /, get, put | 208 | 1282 | 282 |
| dyn.33 | init std, dynamo, insert macro, erase, table dump | 1965 | 10870 | 2234 |
| dyn.tool (scan) | error listing, err, message, errors, init errors, text, kill, trunc, hash, no errors, next sym, scanner, scanpos! | 213 | 1082 | 1226 |
| choice retten | choice merken, choice abgeben | 23 | 60 | 194 |

Das Gesamtsystem hat einen Umfang von etwa 9000 Zeilen ELAN, aus denen etwa 85K Code+Paketdaten erzeugt wird. Es hat einen ersten Belastungstest während eines Seminars der GMD über Modellbildung und Simulation erfolgreich überstanden.

Ungeübte Benutzer nahmen die Menüsteuerung dankbar an, während geübte Benutzer nach einer gewissen Zeit wieder zu der gewohnten Kommando-Eingabe zurückkehrten.

Dies ist ein Hinweis darauf, das Zeitverhalten des Prototyps zu verbessern!

*Herrn Dr. Peter Heyderhoff danke ich für die Möglichkeit, das BOX-System zu verändern, Christiane Fallis und Carola Rensen für ihre Programmiertätigkeit während eines Praktikums, sowie Rainer Mantz und Karin Meyer für ihre Beratungstätigkeit während des Praktikums.*

**Literatur**

CRAEMER, Diether: *Mathematisches Modellieren dynamischer Vorgänge* (Leitfäden der angewandten Informatik), Teubner-Verlag, Stuttgart 1985

HEYDERHOFF, Peter: *Anwendungen von Prinzipien der Software-Konstruktion beim Entwurf eines Window-Dialogsystems,* Interner Bericht GMD.F2.G2, 14.4.1986

HUDETZ, W.: *GRIPS- ein interaktives graphisches Simulationsprogramm,* in: Dickhoven(Hrsg.): Modellierungs-Software, Bericht IPES 76.102, Oktober 1976, S.151ff

MAIER, Helmut: *Das System SIMA,* in: Dickhoven(Hrsg.): Modellierungs-Software, Bericht IPES 76.102, Oktober 1976, S.125ff

SCHMIDT, Bernd: *Modellbenutzer und Modellbauer,* in: Dickhoven(Hrsg.): Modellierungs-Software, Bericht IPES 76.102, Oktober 1976, S.431ff

SCS: *Catalog of Simulation Software,* in: Simulation, October 1983, p.156 f f

# IMPLEMENTATION DER OPTIMIERUNGSUMGEBUNG "GOMA" IN ACSL

A. Sauberer, R. Ruzicka, F. Breitenecker, I. Troch

TU Wien

Wiedner Hauptstraße 8-10, A-1040 Wien

Der vorliegende Beitrag beschäftigt sich mit der Integration von Optimierungsmöglichkeiten in Simulationssprachen. Nach einer kurzen Übersicht wird eine Implementierungsmöglichkeit von Optimierungsalgorithmen in Simulationssprachen vom CSSL-Typ angegeben. Dabei wird im wesentlichen das von der Simulationssprache erzeugte "Simulations-Hauptprogramm" erweitert. In der Folge wird der Optimierungs-Preprozessor "GOMA" vorgestellt, der automatisch für ein ACSL-Modell diese Programmerweiterungen generiert; im besonderen wird auf die komplexe und unter Umständen mehrdeutige Wertübergabe zwischen Simulations- und Optimierungsprogramm eingegangen.

This contribution deals with optimization in simulation languages. First, an overview about possible implementations is given. Then a method for implementing optimization in CSSL-type languages is discussed, where the simulation main program is extended. Futhermore, an optimization-preprocessor "GOMA" is presented, which generates automatically all necessary optimization extensions in an ACSL-model and ACSL simulation main program. In detail problems of parameter transfer between optimization and simulation are discussed.

## 1 Einleitung

Die Simulation technischer Systeme hat den Zweck, das Verhalten des Systems durch Analyse (und Rechnersimulation) eines mathematischen Modells dieses Systems zu untersuchen. Im Rahmen der Simulation taucht dann sehr bald die Frage nach "optimalen" Systemparametern (in gewissen Grenzen frei wählbare Konstante wie z.B. Zeitkonstanten von Reglern, etc.) und optimalen Steuerungen im Falle von geregelten bzw. gesteuerten Systemen (eine auf Parameteroptimierung rückführbare Frage) auf. Optimierung ist daher eine notwendige Ergänzung der Simulation (/TROC87/).

Simulationssprachen erleichtern die Simulation technischer Systeme wesentlich, die (der Simulation gewissermaßen übergeordnete) Optimierung unterstützen diese Sprachen allerdings nur unzureichend. In der Terminologie der Simulationstechnik kann die Optimierung ebenso wie der Simulationslauf als ein Experiment (= die Anwendung einer (Analyse-) Methode auf ein Modell, /BREI86/) aufgefaßt werden, allerdings sehen die neuen Entwicklungen der Simulationssprachen eher Erweiterungen auf dem Gebiet der Frequenzbereichsanalyse und anderen Gebieten als auf dem der Optimierung vor (vgl. /AYMO85/)

## 2 Integration von Optimierung in Simulationssprachen

Prinzipiell stehen drei Möglichkeiten zur Verfügung, Optimierung in Simulationssprachen einzubinden:

- a) Erweiterung des Runtime-Interpreters der Sprache (durch geeignetes Zusammenfassen von Basis-Experimenten 'Simulationslauf', 'Parameteränderung' und Dazubinden von Optimierungsroutinen)
- b) Programmierung der Optimierung in der Modellbeschreibung
- c) Mischformen mit/ohne Eingriff in tiefere Ebenen der Simulationssprache

Die Methode a) eignet sich für die weniger verbreiteten interpreterorientierten Simulationssprachen und erfordert die Möglichkeit zur Erweiterung der Sprache durch den Benutzer. Diese Möglichkeit besteht z.B. in HYBSYS, einer an der TU Wien entwickelten Simulationssprache (/SOLA84/), die derzeit im Rahmen eines Projektes auf PC-kompatible- und UNIX/XENIX-Rechner übertragen wird (/SOLA87/): da HYBSYS ein offenes Simulationssystem ist, können dem Kern beliebige neue "Methoden", u.a. Optimierung (auch wenn sie Modelländerungen erfordert) dazugebunden werden (/BREI84/, /BREI85/).

Die anderen Implementierungsmethoden finden Anwendung bei compilerorientierten Sprachen (die Modellbeschreibung wird kompiliert, das entstandene Objektprogramm vom Runtime-Interpreter manipuliert) Anwendung, verbunden allerdings mit dem großen Nachteil, daß die Beschreibungen von Modell und Experiment (und Methode) vollkommen verwischt werden.

Die einfachste Möglichkeit zur Optimierung in Simulationssprachen vom CSSL-Typ ist, die Parameteroptimierung im Modell zu definieren (zu beschreiben). Nach dem CSSL-Standard besteht die Modellbeschreibung aus "Sections", und zwar INITIAL SECTION, DYNAMIC und DERIVATIVE SECTION sowie TERMINAL SECTION, die der Reihe nach vom Simulations-Hauptprogramm (das der Preprozessor der Sprache erzeugt) abgearbeitet werden. Parameteroptimierung ist nur implementierbar, indem in der TERMINAL SECTION Parameter abhängig von (in der DYNAMIC SECTION) berechneten Werten der Gütemaße geeignet geändert (=optimiert) werden und dann ein Rücksprung in die INITIAL SECTION erfolgt; darauf wird dann ein Simulationslauf mit den neuen Parametern durchgeführt, etc. Diese Methode ist allerdings nur sehr beschränkt brauchbar, da der Optimierungsalgorithmus selbst programmiert werden muß: es kann keine Optimierungsroutine einer Bibliothek verwendet werden, da derartige Algorithmen die Berechnung von Gütefunktionen (in diesem Fall eines Simulationslaufes) in einem externen Unterprogramm verlangen - was hier unmöglich ist.

In /AYMO85/ wird eine Möglichkeit angegeben, um dieses Problem zu umgehen. Es werden gleichzeitig eine ACSL-Simulation (/ACSL81/), die u.a. die Gütemaße berechnet, und ein Optimierungsprogramm gestartet; Flags in INITIAL und TERMINAL SECTION setzen wahlweise Simulation oder Optimierung inaktiv (man rechnet aber im anderen Programm weiter); für diese Koordination werden allerdings System-Traps benötigt. Diese Methode ist daher sehr maschinen- und betriebssystemabhängig und funktioniert vernünftig nur auf VAX.

Eine allgemein implementierbare und effiziente Methode zur Parameteroptimierung besteht in der Erweiterung des Simulations-Hauptprogramms. Diese Methode, in /BAUS82/ in Grundzügen vorgestellt und in /BREI84/, /BREI85/, /BREI87c/, /TROC87/, weiterverfolgt, ermöglicht die Parameteroptimierung in ACSL.

Im Prinzip wird bei dieser Methode das Simulations-Hauptprogramm, das der ACSL-Precompiler erzeugt und das in einer Schleife den Runtime-Interpreter (ZZEXEC) und eine Simulation (ZZSIML) aufruft, um eine Optimierungsroutine OPTIM (z.B. das einer Programmbibliothek) erweitert, die ihrerseits zur Auswertung der Gütefunktionen Simulationsläufe (ZZSIML) aufruft; sinnvoll ist weiters eine Abfrage, die zwischen "normaler" Simulation und Optimierung auswählt; Abbildung 1 zeigt diese Erweiterung.

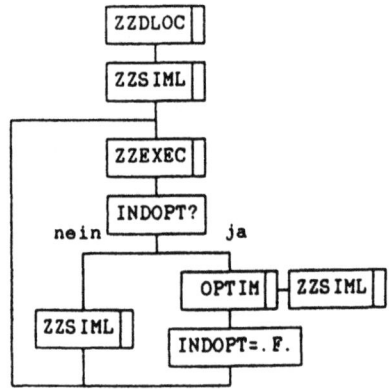

Abbildung 1

Die Parameterübergabe zwischen Optimierung OPTIM, Simulation ZZSIML und dem Simulations-Hauptprogramm erfolgt dabei über den von ACSL erzeugten BLOCK COMMON, der alle Variablen enthält und auch extern zugänglich ist.

Allerdings treten einige Probleme bzw. Unbequemlichkeiten auf:

1. Der Benutzer muß das Simulations-Hauptprogramm selbst ändern. Er muß auf FORTRAN-Ebene umfangreiche Parameterübergaben programmieren.

2. Das Modell selbst muß um die Berechnung der Gütefunktionen (meist in der DERIVATIVE SECTION) erweitert werden.

3. Beschreiben die Parameter eine Steuerung, so sind komplexe ACSL-Tabellen von FORTRAN aus aufzubauen und im Modell etwaige Interpolationen vorzusehen; sind die parametrisierten Steuerungen stückweise konstant, so ist das Problem der Synchronisation von Integrationsschrittweite und Unstetigkeiten in den Steuerungen zu lösen.

4. Es kommt zu jeder Menge von Seiteneffekten, da ja oft nicht bekannt ist, welche Variable die Simulation generiert und welche die Optimierung. Das Problem der Seiteneffekte wird umso größer, je allgemeiner eine derartige Optimierungsumgebung ist.

In /GRÄF86/ wird ein Grundkonzept angegeben, das einige der obigen Probleme löst. Es wird dem Benutzer ein "genormtes" um Optimierung erweitertes Simulations-Hauptprogramm zur Verfügung gestellt, das bereits die notwendigen Aufrufe zur Optimierung enthält. Zu ergänzen sind dann nur noch Routinen, für die Parameterübergabe; diese Routinen "maskieren" die zu übergebenden Variablen und Parameter, um die Gefahr von Seiteneffekten zu vermindern.

### 3 GOMA - eine Optimierungsumgebung in ACSL

Das vorhin erwähnte Konzept wurde zu einer Optimierungsumgebung "GOMA" für ACSL weiterentwickelt, die u.a. die Berechnung optimaler (parametrisierter) Steuerungen erlaubt. GOMA leistet folgendes:

* automatische Generierung des ACSL-Simulations-Hauptprogramms
* automatische Erweiterung des Modells zur Auswertung der Gütefunktion
* automatische Erstellung von Tabellen und Feldern für parametrisierte Steuerungen

* Synchronisation von Integration und Unstetigkeiten in Steuerungen durch automatische Generierung von DISCRETE SECTIONS im ACSL-Modell
* automatisches Ersetzen aller Parameter für den Aufruf der Parameter
* Vermeidung aller Seiteneffekte zwischen Simulation und Optimierung durch Verwendung von Routinen, die Parameterwerte "maskiert" übertragen.

GOMA ist in PASCAL geschrieben und verwendet als Optimierungsprogramm derzeit die Routine E04VCF der NAG-Library. GOMA optimiert derzeit parametrisierte Steuerungen (durch Rückführung auf Parameteroptimierung mit Beschränkungen). Eine Erweiterung bzw. eine vereinfachte Version für "reine" Parameteroptimierung ist in Arbeit.

Im folgenden wird GOMA näher beschrieben, wobei vor allem auf die Implementierung der diversen Teile eingegangen wird.

## 4 Beschreibung der Optimierungsaufgabe für "GOMA"

Für GOMA ist das Optimierungsproblem in der folgenden Form zu formulieren:

$$\dot{x} = f(t,x,u) \quad x(t_0) = x_0 \qquad (1)$$

mit $x \in R^n$ und der Steuerfunktion $u \in R^m$

Das Gütefunktional $J = J(t,x,u)$ möge ein Minimum werden unter den zusätzlichen Bedingungen: ($t_f$ bezeichne die Endzeit)

$$g_i(t_f, x(t_f)) = 0 \qquad \text{Endbedingungen} \qquad (2)$$

$$lo_i <= h_i(t,x,u) <= up_i \quad \text{nichtlineare Nebenbedingungen} \qquad (3)$$

$$u_{lo,i} <= u_i <= u_{up,i} \qquad \text{Parameterbeschränkungen}$$

Dieses Problem hat nun der Benutzer in einem Benutzerfile in Form einer Optimierungsbeschreibung (A) und einer Modellbescheibung (B; ACSL-Modell) zur Verfügung zu stellen:

A1) Anzahl der Steuerfunktionen $u_i$: m
A2) Anzahl der Stützstellen für die Parametrisierung
A3) Typ der Steuerung (Art der Parametrisierung):
   KONSTANT
   LINEAR
   BANGBANG
   Die $u_i$ können also als stückweise konstante, lineare oder vom Benutzer vorgegebene Funktionen parametrisiert werden (Im letzen Fall sind die Intervallängen zwischen den einzelnen Teilstücken die Parameter der Optimierung).
A4) Name des Gütefunktionals (im ACSL-Modell (B) definiert)
   (z.B. TEND, wenn $J = \int_{t_0}^{t_f} dt = t_f$ )
A5) Angabe, ob $t_f$ eine freie oder feste Endzeit darstellt.
   (Ist $t_f$ frei, so ist dies ein weiterer Parameter der Optimierung)
A6) Anzahl der linearen Beschränkungen
   (z.B. $\sum_{j=1}^{k} a_j u_j$ sei beschränkt )
A7) Angabe der Endbedingungen $g_i$ (nach (2))
A8) Angabe der nichtlinearen Beschränkungsfunktionen $h_i$ (nach (3))
A9) Ist der Typ BANGBANG: Angabe der BANGBANG-Funktionen

B) Ein ACSL-Modell, in dem die Gleichungen (1) und die
Auswertung des Gütefunktionals implementiert wird

## 5 Funktionsweise des Generators GOMA

Die Arbeitsweise des Generators wird in Abbildung 2 wiedergeben:

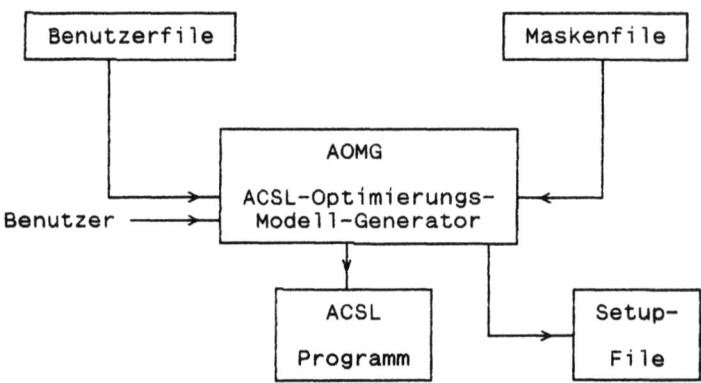

Abbildung 2 : Struktur von GOMA

Der Generator liest zwei Files, wobei eines das unter 4 angegebene Benutzerfile ist und das andere ein Maskenfile. Dieses Maskenfile enthält die Information über die Ergänzungen des ACSL-Modells und die hinzuzubindenden Fortran-Unterprogramme. Im Maskenfile sind Markierungen enthalten, die dem Generator anzeigen, daß an diesen Stellen abhängig von einer (oder mehreren) Bedingung(en) noch Informationsteile, die aus dem Benutzerfile gewonnen wurden, eingegeben werden müssen. So muß z.B. einer Optimierungsroutine (gleichgültig welcher) die Anzahl der Parameter in einem Parameterstatement bekannt gemacht werden. Diese Anzahl wird allerdings erst durch die Angaben unter Punkt A1 berechenbar, muß also vom Generator ausgewertet und eingesetzt werden. Dies geschieht nicht im Maskenfile, sondern es wird das vollständige ACSL-Programm zur Optimierung auf ein eigenes File geschrieben, dessen Name der Benutzer zu Beginn frei wählen kann. Die Vorgangsweise, die meiste Information in einem Maskenfile zu halten, wird gewählt, weil dadurch eine leichte Adaptierung des Generators auf andere Optimierungsroutinen ermöglicht wird, da sich solche Erweiterungen hauptsächlich in der Erstellung eines weiteren Maskenfiles niederschlagen. Diese sind sehr ähnlich aufgebaut und müssen nur noch an die spezielle Struktur der Bibliotheksroutine angepaßt werden. Schließlich wird nach Angaben des Benutzers ein Setup-File für die Initialisierung einiger Optimierungsparameter erstellt.

## 6 Das erstellte ACSL-Optimierungs-Programm

Das erstellte ACSL-Optimierungs-Programm besteht aus zwei Teilen: einem ACSL-Modell, das die Simulation beinhaltet und einem Hauptprogramm MAIN, das die Möglichkeit zur Optimierung bietet:

### 6.1 Das ACSL-Modell

Die hauptsächliche Aufgabe des Generators beim Adaptieren des Benutzermodells (siehe (B)) besteht darin, die gewünschte(n)

Steuerfunktion(en) und die Berechnung derselben aus den Parameteren einzubinden. Weiters muß dafür gesorgt werden, daß immer das richtige Teilstück der Steuerfunktion(en) (im gerade aktuellen Schaltintervall) Gültigkeit besitzt. Dafür sorgt die eingebundene Discrete-Section TIMSEC.

### 6.2 Das Hauptprogramm MAIN

Es koordinert Simulationslauf bzw. Optimierung. Zunächst werden durch Systemroutinen Parameter zur Steuerung der Optimierung dem ACSL-Runtime-Interpreter zur Verfügung gestellt. Damit ist es dem Benutzer möglich, Fehler- bzw. Toleranzparameter abzufragen und zu verändern. Ein eigenes Flag INDOPT steuert den Programmablauf von MAIN: wird es vom Benutzer gesetzt, so wird bei einem Start-Kommando ein Optimierungslauf gestartet, sonst wird nur ein normaler Simulationslauf durchgeführt.

Das Hauptprogramm enthält nun eine Reihe von Unterprogrammen, die Parameterwerte zwischen Simulation und Optimierung übergeben und dabei jegliche Seiteneffekte ausschalten. Der Benutzer hat auch Zugang zu Konvergenzparametern der Optimierungsroutine.

Diese Unterprogramme sind:

CONFUN

Wird dem Optimierungsprogramm übergeben und dient zur Auswertung der nichtlinearen Beschränkungen und deren Ableitungen nach den Parametern, in Form von Vorwärts- oder symmetrischen Differenzen- quotienten möglich (der Benutzer hat interaktiv die Möglichkeit, durch Setzen der Variablen INDFWD auf .T. bzw. .F. zwischen Vorwärts- und symmetrischen Differenzquotienten zu wählen).

OBJFUN

Übertragung der berechneten Gütefunktion und deren Gradient (nach den Parametern) an die Optimierungsroutine.

WRP

Übertragen der Parameterwerte P des Optimierungsprogramms in die ACSL-Modellvariablen UTAB in der Reihenfolge, wie sie die jeweilige Parametrisierung vorsieht (bzw. auch TEND (wenn $t_f$ ein Parameter ist)). Wird von MAIN und CONFUN benutzt.

RDP

Übertragen der ACSL-Modellvariablen UTAB (bzw. auch TEND (wenn $t_f$ ein Parameter ist)) in die Parameterwerte P des Optimierungs- programms (Inverse Aufgabe von WRP). Wird nur von MAIN aufgerufen.

RDC

Die Werte der nichtlinearen Beschränkungen werden ausgewertet und in einem Vektor C dem Unterprogramm CONFUN zur Verfügung gestellt.

RDOBJF

Übergabe des Wertes des Gütefunktionals an eine Variable OBJF. Wird von OBJFUN benutzt.

RDOBJG

Berechnung der Gradienten der Gütefunktion. Ist das Gütefunktional TEND (= Name der Programmvariablen für $t_f$), so sind die Gradienten einfach anzugeben (bei BANGBANG-Funktionen durch dTEND/dUTAB(i)=1, bei anderen Steuerungen durch dTEND/dTEND=1 und dTEND/dUTAB(i)=0), sonst müssen sie numerisch bestimmt werden. Wird von OBJFUN benutzt.

Abbildung 3 stellt die Aufrufstruktur für diese Unterprogramme dar. Dabei sind die Unterprogrammaufrufe so dargestellt, daß der Pfeil zur aufgerufenen Routine zeigt. ZZSIML ist der Aufruf eines Simulationslaufes und ZZEXEC ist der Runtime-Interpreter von ACSL, in dem z.B. Variable, die dem Benutzer zugänglich sind, verändert oder abgefragt werden können. Die strichlierten Pfeile deuten an, daß diese Aufrufe nur dann erfolgen (und auch im erhaltenen Programmtext aufscheinen), wenn das Gütefunktional nicht $t_f$ ist und die Ableitung desselben nach den Parametern numerisch ausgewertet werden muß, wie dies ja auch bei den Gradienten der nichtlinearen Bedingungen geschieht. ZZDLOC übernimmt die Ausgabe der Werte der in der PREPAR-List stehenden Variablen zu einem bestimmten Kommunikationszeitpunkt für die graphische Dokumentation der Ergebnisse (Plots).

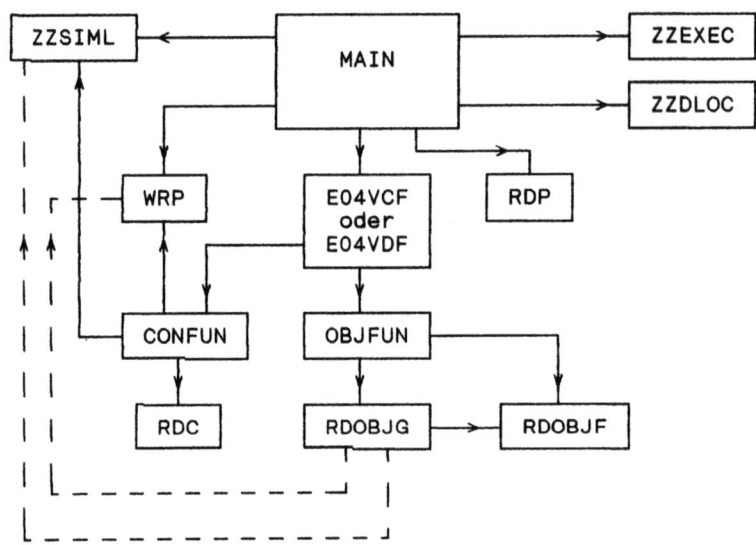

Abbildung 3: Aufrufstruktur der Unterprogramme

## 7 Beispiel

Anhand des Beispiels einer Laufkatze mit Erzentlader soll ein typisches Benutzerfile angebenen werden, wobei Kommentare unter Hochkomma stehen:

```
 " Eine Steuerfunktion U "
 M   1
 " Anzahl der inneren Stützstellen "
 SZP 19
 " U wird als eine stückweise lineare Funktion parametrisiert "
 TYP   LINEAR
 " Das Gütefunktional ist J = t₣ "
 FO TEND
 " Die Endzeit t₣ ist frei, also ein Parameter der Optimierung"
 TEND FREI
 " keine linearen Nebenbedingungen"
 LINEAR 0
 " 4 Endbedingungen  xᵢ(to) = xᵢ₣ "
 ENDE      4
```

```
        X1 - X1F
        X2 - X2F
        X3 - X3F
        X4 - X4F
    " eine nichtlineare Nebenbedingung "
    NICHTLINEAR     2
    " Die Quadrate der negativen Anteile von X3 werden integriert"
```
$$h_1(t,x,u) = \int_{t_0}^{t_f} [\max(0, -x_3)]^2 dt$$
```
    I 2= -X3
    " Die vierten Potenzen der Überschreitung der Schranke SCHR"
    " durch X4 wird aufsummiert"
```
$$h_2(t,x,u) = \sum_{i=1}^{szp+1} [\max(0, x_4(t_i)-schr)]^4$$
```
    S 4= X4 - SCHR
    END

    " Ab hier beginnt das Modell "
    PROGRAM ERZ
    INITIAL
    CONSTANT ...
         "diverse Konstantenvereinbarungen"
    END
      DYNAMIC
          DERIVATIVE
            " Modellbeschreibung"
             X1        =       INTEG(X2, X10)
             X2        =       INTEG(-CA2*X1 + CBETAQ*U, X20)
             X3        =       INTEG(X4, X30)
             X4        =       INTEG(-CC*X1 + CBETAQ*U, X40)
          END
          TERMT(T.GE.TEND-1.E-4)
      END
      END    $ "OF PROGRAM ERZ"
```

Der Generator GOMA erzeugt daraus nun ein ACSL-Modell, das alle nötigen Vereinbarungen für die Steuerungen enthält, und eine DISCRETE SECTION, die die Steuerung zeitlich updatet. Im folgenden die wesentlichen Teile dieses Modells:

```
    PROGRAM ERZ
    INITIAL
    CONSTANT ...
         "diverse Konstantenvereinbarungen"
         " Eingefügter Code"
    INTEGER   ZYIC, ZYI
         " Parameter für die Steuerung U"
    ARRAY     UTAB(21)
    CONSTANT  UTAB = 21*0.
    REAL ZYA, ZYB
         ZYIC = 1
         ZYI  = 1
    " INITIALISIERUNGEN VON UI UND ZYCCI"
         ZYA   = 0.
         ZYB   = UTAB(1)
         ZYCC1 = 0.
         ZYCC2 = 0.
         U     = UTAB(1)
    " LAENGE DES SCHALTINTERVALLS "
    ZYSCH = TEND / REAL(21)
    " ERSTES SCHEDULEN DER DISCRETE-SECTION TIMSEC "
         SCHEDULE TIMSEC .AT. 0.
    END
    DYNAMIC
         DISCRETE TIMSEC
```

```
          PROCEDURAL(ZYIC,ZYA,ZYB = ZYIC,ZYI,UTAB,ZYSCH,TEND)
            CALL LOGD
            IF (ZYIC.GT.21) GOTO GROSS
            ZYA =  (UTAB(ZYIC+1) - UTAB(ZYIC))/ZYSCH
            ZYB =   UTAB(ZYIC) - ZYA*ZYSCH*REAL(ZYIC - 1)
            IF (ZYIC.LE.1) GOTO ZYSUM
            ZYCC2  =    ZYCC2  +  AMAX1(0.,X4 - SCHR)**4
            ZYSUM..CONTINUE
            SCHEDULE TIMSEC .AT. ZYIC*ZYSCH
            ZYIC = ZYIC + 1
            CALL LOGD
            GOTO ENDE
       GROSS.. CONTINUE
            SCHEDULE TIMSEC .AT. TEND + 10.
       ENDE..CONTINUE
          END
        END

      DERIVATIVE
          X1     =    INTEG(X2, X10)
          X2     =    INTEG(-CA2*X1 + CBETAQ*U, X20)
          X3     =    INTEG(X4, X30)
          X4     =    INTEG(-CC*X1 + CBETAQ*U, X40)
          U  =  ZYA*T + ZYB
          ZYCC1   =   INTEG(AMAX1(0.,-X3)**2, 0.)
      END
      ZYCC2  =   ZYCC2  +  AMAX1(0.,X4 - SCHR)**4
      TERMT(T.GE.TEND-1.E-4)
   END
   END     $ "OF PROGRAM ERZ"
```

## 8 Literatur

/ACSL81/ ACSL User Guide/Reference Manual, Mitchel and Gauthier Ass., Concordia, Mass.

/AYMO85/ Aymot J.R., van Blokland G.: Parameter optimization with ACSL, Proc. Summer Computer Simulation Conference 85, SCS, 63-68

/BAUS82/ Bausch-Gall I.: Parameteroptimierung bei technischen Modellen mittels einer kontinuierlichen Simulationssprache, Informatik-Fachbericht 56, Springer, Heidelberg 1982

/BREI84/ Breitenecker F.: Optimierung in kontinuierlichen Simulationssprachen - Aspekte bei Modellen technischer Systeme, Informatik-Fachbericht 85, Springer, Heidelberg 1984, 656-660

/BREI85/ Breitenecker F.: Optimization in simulation packages and languages for continuos processes. In A. Sydow, M. Thoma, R. Vichnevetsky (eds.): System Analysis and Simulation 1985, vol. II, Mathematical Research vol. 28, 1985, Akademie-Verlag, Berlin, 78-81

/BREI86/ Breitenecker F., Solar D.: Models, methods, experiments - modern aspects of simulation languages, Proc. 2nd European Simulation Conference, Antwerp, Sept. 86, 755-758

/BREI87a/ Breitenecker F., Gräff M., Ruzicka R., Sauberer A., Troch I.: Optimierung in ACSL, GOMA - Ein Preprozessor zur automatischen Generierung von Optimierungsprogrammen, Abteilungsbericht Nr.4/1987

/BREI87b/ Breitenecker F., Ruzicka R., Sauberer A., Troch I.: Optimierung in ACSL, GOMA - Wartungshandbuch, Abteilungsbericht Nr.5/1987

/BREI87c/ Breitenecker F., Gräff M., Ruzicka R., Sauberer A., Troch I.: Optimization in CSSL-type simulation languages, In preparation

/GRÄF86/ Gräff M.: Berechnung von optimalen Steuerungen für dynamische Prozesse durch Parameteroptimierung, Abteilungsbericht Nr.2/1986

/MARR86/ Marr G.R., Mitchell E.E.L.: Development in applications of ACSL - the advanced continuos simulation language

/SOLA84/ Solar D.: Konzepte für die Beschreibung von Modellen und Experimenten im hybriden Simulationssystem HYBSYS VI

/SOLA87/ Solar D., Breitenecker F.: Funktionstabellen als allgemeine Repräsentation von Experimenten im Simulationssystem HYBSYS, in diesem Band

/TROC87/ Troch I.: Simulation and optimization, to appear, Proc. European Simulation Conference 87, Prague, Sept. 87

## KONZEPT EINES INTEGRIERTEN PLANUNGS- UND SIMULATIONSSYSTEMS IPSS

G. Bleher, F. Schmidt
Institut für Kernenergetik und Energiesysteme, Universität Stuttgart,
Pfaffenwaldring 31, D-7000 Stuttgart 80

## 1 Einleitung

Die Voraussetzungen für den Einsatz komplexer Programmsysteme im Bereich der Simulation werden durch die rasche Entwicklung der Hardware zunehmend verbessert. Für die Einrichtung eines Ingenieurarbeitsplatzes stehen graphikfähige Workstations zur Verfügung, die über Rechnernetze mit Supercomputern koppelbar sind und so deren Leistung auch lokal verfügbar machen /1/.
Um diese Möglichkeiten optimal nutzen zu können, müssen Software-Tools zur Automatisierung zeitaufwendiger Arbeitsschritte bereitgestellt werden. Im Beitrag wird das Konzept eines integrierten Planungs- und Simulations-Systems vorgestellt und der Zweig, der die Simulation der Anlagendynamik von Leichtwasserreaktoren unterstützen soll, ausführlicher diskutiert.

## 2 IPSS - ein Integriertes Planungs- und Simulations-System

Die Durchführung von Sicherheits- und Störfallanalysen sowie die Simulation von komplexen Systemen und Anlagen ist immer noch mit grundsätzlichen Problemen und Schwierigkeiten verbunden. Dazu zählen etwa:
- Bereitstellung aktueller und konsistenter Systemunterlagen und Datensätze,
- umständliche und langwierige Aufbereitung von Eingabedaten für die Programme und Programmsysteme,
- umständliche und schwierige Verknüpfung von Einzelbausteinen zu komplexen Simulationsmodellen,
- umständliche, schwierige und langwierige Anpassung von Einzelbausteinen oder komplexen Simulationsmodellen und den dazu nötigen Datensätze-Änderungen an die Anlage, die zu betrachtenden Randbedingungen oder Systemparameter.

Diese Probleme sind vorwiegend systemtechnischer Art und nicht oder nur bedingt auf die Schwierigkeiten zurückzuführen, die mit der mathematischen oder modellmäßigen Darstellung komplizierter physikalischer Phänomene oder Vorgänge verbunden sind. Durch die wachsende Genauigkeit der Simulationsmodelle wird die Bedeutung dieser Probleme zunehmend bestimmender für Einsatzbereiche und Genauigkeit der Simulationshilfsmittel. Die Lösung dieser Probleme ist deshalb dringend. Sie erfordert neue systemtechnische Ansätze und ist etwa möglich durch:

- eine EDV-gestützte System- und Anlagenplanung einschließlich der Erstellung, Überprüfung und Verwaltung systembezogener Informationen, Unterlagen und Daten;
- die Bereitstellung von flexiblen Einzelbausteinen für die Berechnung und Simulation von Systemen, Teilsystemen oder Komponenten;
- eine EDV-gestützte Anpassung dieser Bausteine an die aktuelle Anlage und daraus die Erstellung komplexer Simulationsmodelle.

An verschiedenen Stellen in der BRD werden Überlegungen zu Einzelsystemen angestellt (z. B. Planungssystem /2/, Dokumentationssystem /3/, Betriebsführungssystem /4/, Kraftwerks-Informationssystem /5/, Simulationssystem /6/, /7/).

Diese Ansätze sind richtig. Zur Lösung der geschilderten Probleme müssen sie aber in ein Gesamtsystem integriert werden.

Hindernisse bei der Erstellung eines integrierten Systems sind:
- die verschiedenenartigen Quellen der Daten,
- die Datenmenge,
- die hohe Zahl der an der Planung beteiligten Stellen,
- der nicht exakt definierte und vereinheitlichte Output,
- Änderungsprozesse, die während der Planung ablaufen und deren Ergebnisse nicht allen Beteiligten bekannt sind,
- betriebsbedingte Änderungen des Anlagenzustandes.

Diese Hindernisse können nur durch eine zentrale, nicht redundante Informationsverwaltung überwunden werden. Aufbau und Wartung der zugehörigen Datenbank ist mühsam und mit erheblichen Eingriffen in herkömmliche Planungs- und Ablaufstrukturen verbunden. Es ist deshalb notwendig, den Aufbau solch einer, die Anlage während der Planungsphase dokumentierenden zentralen Datenbank mit wesentlichen Anreizen zu verbinden. Solche Anreize könnten sein:

- eine Datenbank, in der Beschreibungen der zur Planung verwendbaren Komponenten und Komponentenverbindungen in verschiedenen Aggregierungszuständen zur Verfügung gestellt werden;
- graphische Arbeitsplätze (Workstations), die auf die Komponentenbank Zugriff haben und an denen Teilsysteme der Anlage generiert bzw. zum Gesamtsystem aggregiert werden können;
- ein Report-Generator, der in der Lage ist, den aktuellen Zustand des Systems zu dokumentieren und Pläne und Unterlagen, wie sie etwa im Genehmigungsverfahren benötigt werden, zu erstellen;
- ein Konsistenz-Prüfer, mit dessen Hilfe Systeme und ihre Verbindungen auf Verträglichkeit überprüft werden können;
- ein Bilanzierer, der in der Lage ist, auf Grund der aktuellen Planungsunterlagen stationäre Betriebszustände zu berechnen und dadurch Auswirkungen von Planungen oder Planungsänderungen auf das Anlagenverhalten schon frühzeitig zu bestimmen.

Ist es mit solchen Hilfsmitteln möglich, den aktuellen Stand einer Anlage zentral zu erfassen, so steht damit eine Informationsquelle zur Verfügung, die auf vielfältigste Weise genutzt werden kann. Insbesondere sind in ihr Informationen enthalten, die für quasistationäre und dynamische Simulationen des Anlagenverhaltens von vitaler Bedeutung sind. Durch Nutzung solcher Informationsquellen ist es möglich, etwa Analysesimulatoren effektiver einzusetzen. Daher sollte ein integriertes System als zweite Hauptkomponente einen Simulationsteil enthalten, dessen Aufbau dem des Planungssystems sehr ähnlich sein könnte.

Die wichtigsten Bausteine der Simulationskomponente sind:
- Eine Datenbank, in der die zur Simulation verwendeten Module und ihre Aggregation zu Modellen zur Verfügung gestellt werden. Vorhandene Simulationsmodelle, wie sie etwa im Rahmen des Analysesimulator-Projektes des BMFT entwickelt werden, müssen sowohl für einzelne Komponenten als auch für Teilsysteme integrierbar sein.
- Graphische Arbeitsplätze zur Modellierung von Teilsystemen entsprechend den bei der Systemgenerierung verwendeten Komponenten. Die für eine Simulation verwendeten Komponenten sollen bestimmt und mit Modellen aus der Modellbank verknüpft werden.
- Über einen Datenverdichter müssen aus der Anlagenbeschreibung die für das gewählte Modell relevanten Daten entnommen und dem Modell zur Verfügung gestellt werden.
- Ein intelligenter Kontroller sollte die Konsistenz der Modellannahmen und der die Simulation bestimmenden Rechnerdaten überprüfen. Dies sollte sowohl zu Beginn der Simulation (Eingabephase) als auch

während des Simulationsablaufes möglich sein, um dadurch Fehler bei der Simulation möglichst gering zu halten.

Die Ergebnisse der Simulationsrechnungen müssen in einem Analysator verarbeitet werden. Der Analysator muß in der Lage sein, graphische Darstellungen von Verläufen zu erzeugen, Hinweise auf kritische Verläufe zu geben, Vergleiche mit Betriebsdaten zu machen und Ergebnisse, die den aktuellen Anlagenzustand beschreiben, in die Anlagendatenbank einzuspeisen.

Damit wird es möglich, neben dem Planungsstand der Anlage auch ihre Betriebsgeschichte zu erfassen und in wichtigen Parametern festzuhalten. Dies wiederum ist Voraussetzung für Untersuchungen der Belastungen der Anlage und ihrer Komponenten, die notwendig sind zur Bestimmung von Lebensdauer, Sicherheitsabständen und präventiven Wartungsmaßnahmen. Die Abb. 1 zeigt die beschriebenen Komponenten eines integrierten Systems und ihre Stellung im Gesamtsystem.

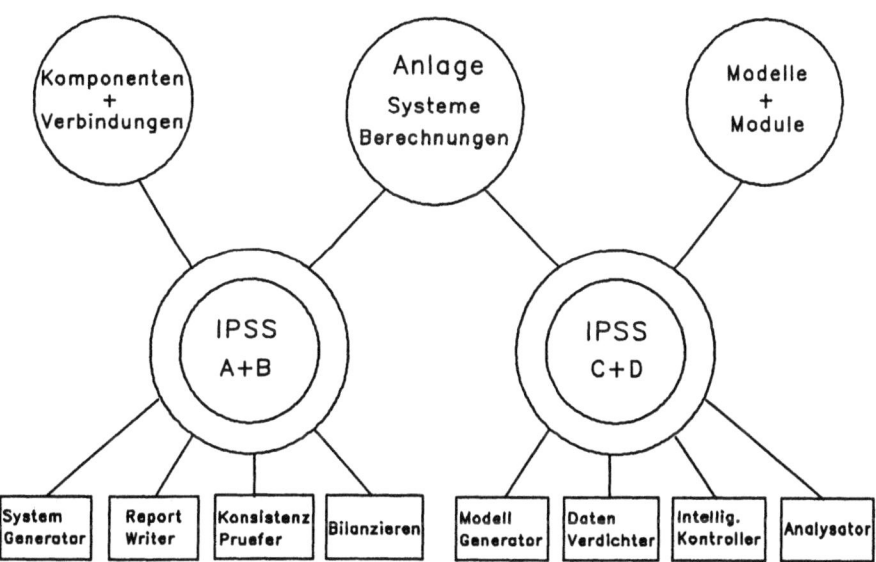

A: System- und Anlagenplanung
B: Stationäre Betriebszustände
C: Quasistationäre Simulation
D: Dynamische Simulation

Abb. 1: Integriertes Planungs- und Simulations-System

## 3 Aktueller Stand der Arbeiten am IPSS

Die Entwicklung eines Integrierten Planungs- und Simulations-Systems erfordert einen beträchtlichen Aufwand, wie er von einem Universitätsinstitut alleine nicht erbracht werden kann. Deshalb wird in der gegenwärtigen Phase im Rahmen des Projekts Analysesimulator des BMFT /7/ an einem konkreten Teilprojekt untersucht, wie solch ein System in der Praxis einsetzbar wäre.

Allgemein erwarten wir von einem integrierten System Vorteile, wie sie schon die Einzelsysteme versprechen. Also etwa:
- Erhöhung der Anlagensicherheit,
- Erhöhung der Anlagenverfügbarkeit,
- Verbesserung der Betriebsführung,
- Verbesserung der Informationsverwaltung, Datensicherung und Schnittstellenüberwachung,
- Verbesserung der Qualitätssicherung in der Anlage,
- Verbesserung der System- und Anlagensimulation,
- Neue Möglichkeiten für Schwachstellenanalysen.

Diese Vorteile werden durch die größere Konsistenz von Daten und Methoden eines integrierten Systems noch verstärkt.

Darüber hinaus versprechen wir uns auch entscheidende Impulse für Simulationen und Simulatoren. Darunter fallen:
- Beiträge zur Lösung der geschilderten Daten- und Modellierungsprobleme,
- engere Einbindung der Simulation in den Planungsprozeß zur Verbesserung der Qualitätssicherung in der Planung,
- engere Verbindung von Betriebs- und Simulationsdaten zur Schwachstellenanalyse und präventiven Wartung,
- Beiträge zur Automatisierung der Beschreibung des aktuellen Anlagenzustands für Störfallsimulatoren und dadurch eine Verbesserung des Störfallmanagements.

Im Analysesimulatorprojekt sind vor allem die Beiträge zur Konsistenz der Rechnungen und zur Verbesserung der Eingabegenerierung von Interesse. Das gegenwärtig in der Spezifikationsphase befindliche Teilprojekt hat deswegen zum Ziel, die in Abb. 2 gezeigten Komponenten eines IPSS zu realisieren. Sie beziehen sich auf den Simulationsteil.

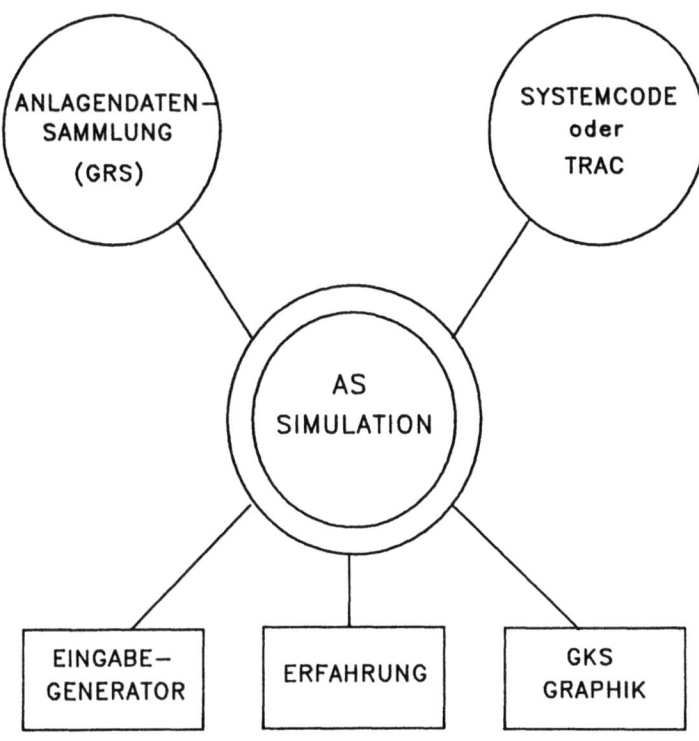

Abb. 2: IPSS-Komponenten des Analysesimulators (AS)

Ausgehend von einer vorgegebenen Anlagendatenbank, deren Strukturen zur Zeit festgelegt werden, sollen für vorgegebene Simulationsmodelle (ATHLET und TRAC) Modellanlagen generiert und in Eingaben für die Simulations-Codes umgesetzt werden. Die Eingaben sollen zunächst graphisch und später durch wissensbasierte Methoden überprüft werden. Eine graphische Verbindung von Modellen und transienten Simulationsergebnissen ist ebenfalls vorgesehen.

## 4 Literatur

/1/ Schmidt, F.; Scheuermann, W.; Schatz, A.: Einsatz von Supercomputern zur Lösung von Problemen der Kerntechnik. Erscheint in ATKE (1987)

/2/ Anlagen-Planungs-System (APS). Rechnergestütztes Planungssystem für den Anlagenbau mit Einsatz von CAD und Datenbank. Foliensammlung. Mannheim: Brown Boveri Reaktor GmbH. 1986

/3/ Pannenbäcker, K., W. Leider: Übernahmedokumentation für KKW Philippsburg Block 2. Reaktortagung 1986

/4/ Lohse, W., St. Waldraff: EDV-gestütztes Betriebsführungssystem für Kernkraftwerke am Beispiel THTR-300. Reaktortagung 1986

/5/ Meyer, H.: Kraftwerks-Informations-System KRIS für GKN-II. Vortrag 253 beim DECUS München Symposium, April 1986

/6/ Schmidt, F., et al.: SASYST, a System for the Simulation of Technical Units. Atomkernenergie 47-4 (1985), p. 225

/7/ Analysesimulator. Projekt BMFT 1500 681, Leiter G. Frei, Projekt BMFT RS 680, Leiter D. Beraha. Projektberichte. Stand 30.6.1985

# Die Entwicklung interaktiver Modellierungs- und Simulationssoftware mit Modula-2

Klara Vancso[1], Andreas Fischlin[1,2] und Walter Schaufelberger[1]

[1] Projekt-Zentrum IDA [Informatik dient allen], Eidgenössische Technische Hochschule Zürich
[2] Institut für Phytomedizin, Eidgenössische Technische Hochschule Zürich


## Zusammenfassung

Sinnvoller Einsatz interaktiver Modellierungs- und Simulationssoftware auf Kleinrechnern und Arbeitsplatzrechnern verlangt ein Überdenken der Arbeitsweisen und Architekturen herkömmlicher Simulationssoftware aus zwei Gründen: heutigen Anforderungen an die Mensch-Maschine Benutzerschnittstelle und den Fortschritten in der Modellierungstheorie. Es werden der Entwurf einer interaktiven Modellierungs- und Simulationssoftware für Arbeitsplatzrechner, deren Architekturen und Implementierungen beschrieben und die Tauglichkeit von Modula-2 zur Entwicklung, die sowohl modernen Ansprüchen in Bezug auf Mensch-Maschine Benutzerschnittstelle (hochauflösende Bitmap-Graphik, Menü- und Fenstertechnik, Zeigegerät z.B. Maus) und der Modellierungstheorie genügen kann, diskutiert.


## Abstract

*The Development of Interactive Modelling and Simulation Software With Modula-2*: The sensible usage of interactive modelling and simulation software on personal computers and modern working stations requires modifications of traditional approaches and conventional software architectures mainly for two reasons: todays requirements for a modern man-machine interface and the progress made in the field of modelling theory. The paper describes the architecture for a new kind of interactive modelling and simulation software designed for modern working stations, which supports not only a graphical oriented user interface (bit-map graphics, menu and window technique, pointing device such as mouse) but is also based on modelling theory. It discusses the suitability of Modula-2 for such a task.

## 1. Einleitung

Die interaktive Modellierung und Simulation hat in den letzten Jahren, insbesondere durch die zunehmende Verbreitung von Kleinrechnern und Arbeitsplatzrechnern, an Bedeutung zugenommen. Ein sinnvoller Einsatz derartiger Informatikwerkzeuge verlangt jedoch ein Überdenken der Arbeitsweisen und Architekturen herkömmlicher Simulationssoftware. Neben den vielen Gründen, die anderweitig schon eingehend diskutiert worden sind (CELLIER 1979; CELLIER & FISCHLIN 1980), ist diese Arbeit vor allem aus den folgenden zwei Beweggründen in Angriff genommen worden: Erstens kommt der Mensch-Maschine Benutzerschnittstelle beim interaktiven Softwareeinsatz auf Arbeitsplatzrechnern eine ausschlaggebende Bedeutung zu; beispielsweise entscheidet sie im heutigen Markt oft schon allein über die Verwendbarkeit fast aller Software, weitgehendst unabhängig von der zugrundeliegenden Funktionalität der Programme. Zweitens sind in der Modellierungstheorie Fortschritte erzielt worden, die in den heute meistens zum Einsatz gelangenden Simulationsprogrammen noch kaum berücksichtigt werden. Was sich demzufolge aufdrängt, ist eine Neuentwicklung von Softwarearchitekturen, die interaktives Modellieren und Simulieren, gestützt auf die neueren Modellierungstheorien, ermöglichen.

Modula-2 ist eine moderne höhere Programmiersprache, die die Entwicklung komplexer Softwaresysteme gut unterstützt und für die viele effiziente und kostengünstige Implementierungen auf allen gängigen Arbeitsplatzrechnern zur Verfügung stehen. Die Tauglichkeit von Modula-2 zur Entwicklung benutzerfreundlicher Mensch-Maschine Schnittstellen auf modernen Arbeitsplatzrechnern mit hochauflösendem Graphikbildschirm, Fenstertechnik, und Zeigegerät (Maus) ist verschiedentlich gezeigt worden (WIRTH 1985; FISCHLIN 1986). Deren Tauglichkeit für eine interaktive Modellierungs- und Simulationssoftware für Arbeitsplatzrechner, die ebenfalls modernen Ansprüchen in Bezug auf die Modellierungstheorie genügen kann, ist hingegen unseres Wissens noch nie untersucht worden.

In der vorliegenden Arbeit werden über erste Ergebnisse aus unseren Forschungs- und Entwicklungsarbeiten berichtet. Sie beschäftigt sich insbesondere mit dem Teilaspekt modelltheoretisch ausgerichteter Simulationssoftware. Zuerst werden nur ganz knapp das allgemeine Anforderungsprofil und eine Übersicht über die Grobstruktur einer derartigen Software, dann werden die Realisierungen der Modelltheoretischen Definitionen von Systemen mit Modula-2 vorgestellt. Abschliessend diskutieren wir die Tauglichkeit von Modula-2 als Implementierungssprache für derartige Softwareprojekte, die sich mit wenigen, jedoch nicht unwichtigen Ausnahmen bestätigen liess.

## 2. Anforderungsprofil und Softwarearchitektur

Interaktives Modellieren und Simulieren ermöglicht eine Arbeitsteilung zwischen Mensch und Rechner, die für das Arbeiten mit schlechtdefinierten Systemen besonders attraktiv ist. Allerdings entstehen dadurch besonders hohe Anforderungen an die Benutzeroberfläche der verwendeten Software. Eine gut, d.h. effizient und sachgerecht gestaltete Benutzeroberfläche kann die Funktionalität eines interaktiven Programmes stark beeinflussen. Es können völlig neuartige Einsatzmöglichkeiten erschlossen werden, die ansonsten unrealisierbar blieben: Z.B. ist die explorative Analyse schlecht-definierter Modelle schon derart komplex, dass die interaktive Simulationssoftware bloss dann verwendbar ist, wenn es der Benutzeroberfläche gelingt, die Verwaltung des komplexen Geschehens auf ein erträgliches Mass zurückzuschrauben. Ansonsten droht die Gefahr, dass schon allein die Bedienung der Software alle intellektuellen Kräfte aufbraucht. Erfüllt die zur Verfügung stehende Software die Anforderung einer benutzerfreundlichen Oberfläche nicht, so ist Stapelbetrieb vorteilhafter, obwohl gerade in diesem Anwendungsbereich durch die interaktive Arbeitsweise das Abwechseln zwischen typischen Computeraufgaben (numerische Berechnungen und deren graphischer Darstellung) und qualitativ orientierten Überlegungen (Mensch) besonders fruchtbar wäre.

Da sich die folgende Arbeit vor allem mit der Entwicklung einer modelltheoretisch abgestützten Simulationssoftware beschäftigt, beschränkt sich die folgende Beschreibung des Anforderungsprofils auf den Teilaspekt Simulation. Es erweist sich als günstig, die interaktive Simulation in sogenannte Spezifikations-, eigentlichen Simulations- und Resultatanalysesessionen aufzuteilen. Im Verlaufe dieser Tätigkeiten fallen die verschiedensten Aufgaben an: in der Spezifikationssession einer Simulationssession die Festlegung verschiedenster Parameter, z.B. Modellwahl und Festlegung der Integrationsverfahren, Simulationsdauer, Modellparameter-, Anfangs- und Randwerte, sowie die Auswahl der Grössen, die zur Überwachung der Simulationssession beigezogen werden sollen. Während dem eigentlichen Simulationsgeschehen, muss neben dem einfachen Unterbruch noch die interaktive Abänderung der Simulationsparameter, natürlich vorbehältlich Nichtverletzung der während der Modellierungssession festgelegten Modellkonsistenz, unterstützt werden. Da im allgemeinen während der Simulationssession nicht alle berechneten Ergebnisse dargestellt werden können, ist eine anschliessende Resultatanalysesession vorgesehen, während der interaktiv die Ausgabesteuerung für die Postauswertung in Form von zusätzlichen Graphiken, Tabellen, oder Speicherungen auf Massenspeichermedien, der Vergleich von simulierten Zeitreihen mit Messungen usw. vorgenommen werden kann.

Die Verwendung modelltheoretischer Konzepte erweist sich für eine strukturierte Modellierung als besonders förderlich. Ein hierarchischer, modularer Aufbau der Modelle unterstützt die Modellierung komplexer Systeme durch Aufteilung in besser beherrschbare Teilschritte und durch die Auswechselbarkeit einzelner Komponenten zwecks Untersuchung ihrer Relevanz. Eine Abbildung dieser Konzepte auf die Mächtigkeit der Formalismen wie sie durch moderne höhere Programmiersprachen wie Modula-2 angeboten werden, ermöglicht die Modellierung von nichtklassisch mathematischen Formalismen in Form rein algorithmischer Beschreibungen, z.B. Rekursion (FISCHLIN 1982). Schliesslich unterstützt die Modularisierung das Mischen von Modellexperimenten mit realen Experimenten, das Mischen von Systemen verschiedener Klassen, z.B. zeitkontinuierlichen mit zeitdiskreten Systemen, und die Erweiterbarkeit wesentlich.

Der entwickelte Prototyp der Simulationssoftware SAM (Simulation And Modelling) lässt es zu, dass die Modellstruktur direkt auf Strukturen in Modula-2 abgebildet werden. Das bedeutet beispielsweise, dass ein System oder Untersystem auf ein Modula-2 Modul abgebildet wird. Objekte die das System spezifizieren werden von diesen Modulen exportiert und der allgemeinen Simulationssoftware zwecks Simulationsspezifikation, Simulationsdurchführung oder Resultatanalysesession zur Verfügung gestellt. Für jede der drei wichtigen Sytemklassen sequentielle Maschine, Differentialgleichungsformalismus (DESS) und ereignisorientierter Systemformalismus (DEVS) (s.a. Anhang) sind Prototyen für den Defintionsteil entsprechender Module und der darin benötigten Basistypen durch SAM angeboten. Die sich daraus ergebende Gesamtstruktur der Software zeigt, dass der Modellierer durch das Einfügen von exportierenden Modulen in die SAM-Software nach erfolgter Compilation eine Simulation durchführen kann (Fig. 1).

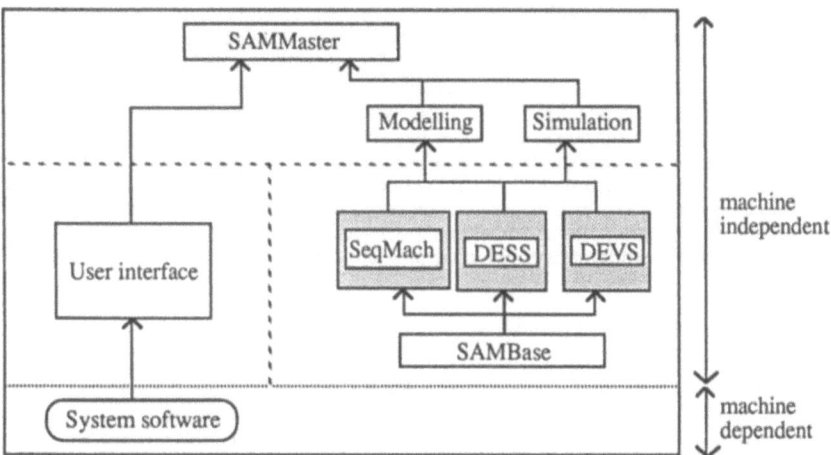

Fig. 1: Architektur der Simulationssoftware SAM. Die Komponenten entsprechen einzelnen Modula-2 Modulen oder Gruppen von Modulen. (Pfeile bedeuten Importe, Klientteile von SAM durch Musterung hervorgehoben). Die innere Struktur von SAM ist nicht detailliert dargestellt.

Dadurch zerfällt die Gesamtsoftware in einen durch den Modellierer zu erstellenden sog. Klientteil und den durch SAM vorgebenen Dienstteil. Der Dienstteil enthält alle Software um Spezifikationssessions, Simulationssessions und Resultatanalysesessionen durchführen zu können, insbesondere auch die Laufzeitbibliothek und Graphikbibliothek, wie sie auch in herkömmlicher Simulationssoftware anzutreffen ist.

Was hingegen fehlt, ist eine eigentliche Simulationssprache, dank derer z.B. eine automatische Sortierung von Modellgleichungen vorgenommen werden könnte. Dies wird jedoch durch die Mächtigkeit der verwendeten Programmiersprache mehr als wettgemacht. Im folgenden werden nun die Schnittstellen zwischen der Klient- und der Dienstsoftware beschrieben, in denen sich die die gefundene Lösung zur Implementierung der modelltheoretischen Konzepte besonders klar wiederspiegelt.

## 3. Realisierung der system- und modellierungstheoretischen Konzepte in Modula-2

Eine kurze Zusammenfassung der modellierungs- und systemtheoretischen Konzepte, die die Basis für die Simulationssoftware abgeben, ist im Anhang dargestellt. Die Übertragung modellierungstheoretischer Konzepte in Modula-2 Datenstrukturen und Programmstrukturen, stützt sich stark auf die folgenden Eigenschaften von Modula-2: den opaken Datentyp, den Typ Prozedur (Prozedurvariablen) und offene formale Feldparameter (open array parameters). Im Folgenden zeigen wir, wie die drei grundsätzlichen Formalismen, sequentielle Maschine, DESS, DEVS (s. Anhang), in Modula-2 definiert werden können.

### 3.1 Definition der sequentiellen Maschine

Eine sequentielle Maschine wird in der I/O-Systemebene und in der Strukturierten-I/O-Systemebene in einem sog. Definitionsmodul definiert. Der Unterschied zwischen der Systemspezifikation in der dritten und der vierten Ebene (s. Anhang) liegt darin, dass in der vierten Ebene die Mengen und Funktionen strukturiert sind, d.h. sie sind repräsentiert als ein kartesisches Produkt mehrerer elementarer Mengen und Funktionen.

```
TYPE
    Input; State; Output;                               (* X, Q, Y *)
    SingleStepFunction = PROCEDURE (Input, State):State; (* δ_M *)
    OutputFunction = PROCEDURE (State):Output;          (* λ *)
    SeqMach = RECORD
                Delta: SingleStepFunction;
                Lambda: OutputFunction;
              END;
```

Die Input, State, Output sind lediglich als opake Datentypen vereinbart, d.h., in dem Definitionsmodul sind nur ihre Bezeichner vorgegeben. Das hat den Vorteil dass der Modellierer diese Typen in dem dazugehörigen Implementierungsteil des Moduls als beliebige Datenstrukturen definieren kann. Auf diese Weise können grundsätzlich unterschiedliche Systeme gleichartig modelliert werden. Der Typ SeqMach ist durch zwei Funktionsprozeduren gegeben, bei welchen die Typen der formalen Parameter durch das oben angeführte Definitionsmodul vorgeschrieben sind. Die Tatsache, dass in Modula-2 auch strukturierte Datentypen vereinbart werden können, ermöglicht es, dass die gleichen Definitionen für Systemdefinitionen sowohl für die dritte wie auch die vierte Ebene gleichzeitig verwendet werden können. Als Beispiele zeigen wir die Definitionen zweier Systeme: Das erste ist ein lineares, zeitdiskretes System und das zweite ist eine einfache logische Schaltung. Die Programmtexte enthalten die Systembeschreibungen in der Form, wie sie von dem Modellierer in einem Implementierungsmodul programmiert werden sollen.

Beispiel 1: Ein lineares, diskretes System als Sequentielle Maschine:

$$x_{k+1} = A \cdot x_k + B_k \cdot u_k \qquad y_k = C \cdot x_k$$

$$x = \begin{pmatrix} 0 & 1 & 0 \\ 0 & 0 & 1 \\ -2 & -2 & -4 \end{pmatrix} \qquad B = \begin{pmatrix} 0 \\ 0 \\ 1 \end{pmatrix} \qquad C = \begin{pmatrix} 1 & 0 & 0 \\ 0 & 1 & 0 \\ 0 & 0 & 1 \end{pmatrix}$$

```
IMPLEMENTATION MODULE SeqMach;

    FROM LinAlgebra IMPORT TypeOfElement, Matrix, FillMatrixI, MulMatrix, AddMatrix;
    TYPE
        Input = POINTER TO InputItem;
        State = POINTER TO StateItem;
        Output = POINTER TO OutputItem;
        InputItem = Matrix;
        StateItem = Matrix;
        OutputItem = Matrix;
```

```
VAR
    LinearDiscreteSystem: SeqMach;

    A, B, C, u, x, Ax, Bu, Cx: Matrix;
    dataA, dataC: ARRAY [1..9] OF INTEGER;
    dataB, dataD: ARRAY [1..3] OF INTEGER;

PROCEDURE LinearSingleStepFunction(i:Input; s:State):State;      (* x:=Ax+Bu *)
  VAR newState: State;
BEGIN
  u:=i^; x:=s^;
  MulMatrix(A,x,Ax);  MulMatrix(B,u,Bu); AddMatrix(Ax, Bu, x);
  newState^:=x;
  RETURN newState;
END LinearSingleStepFunction;

PROCEDURE LinearOutputFunction(s:State):Output;      (* y:=Cx *)
  VAR y: Output;
BEGIN
  x:=s^; MulMatrix(C,x,Cx);
  y^:=Cx; RETURN y;
END LinearOutputFunction;

PROCEDURE CurrentSeqMach():SeqMach;
BEGIN
  LinearDiscreteSystem.Delta:=LinearSingleStepFunction;
  LinearDiscreteSystem.Lambda:=LinearOutputFunction;
  RETURN LinearDiscreteSystem;
END CurrentSeqMach;

BEGIN
    dataA[1]:=0;      dataA[2]:=1;     dataA[3]:=0;
    dataA[4]:=0;      dataA[5]:=0;     dataA[6]:=1;
    dataA[7]:=-2;     dataA[8]:=-3;    dataA[9]:=-4;
    dataB[1]:=0;      dataB[2]:=0;     dataB[3]:=1;
    FillMatrixI(A, 3, 3, integer, dataA);
    FillMatrixI(B, 3, 1, integer, dataB);
    dataC[1]:=1;      dataC[2]:=0;     dataC[3]:=0;
    dataC[4]:=0;      dataC[5]:=1;     dataC[6]:=0;
    dataC[7]:=0;      dataC[8]:=0;     dataC[9]:=1;
    FillMatrixI(C, 3, 3, integer, dataC);
END SeqMach.
```

Beispiel 2: Ein Schaltungskreis als sequentielle Maschine:

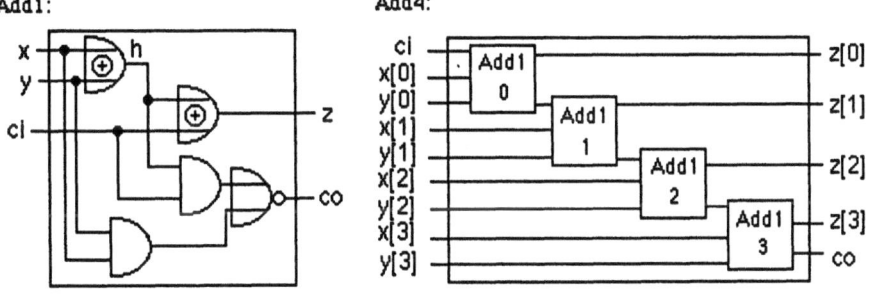

```
IMPLEMENTATION MODULE SeqMach;

  FROM BooleAlgebra IMPORT XOR;

  TYPE
    Input = POINTER TO InputItem;
    State = POINTER TO StateItem;
    Output = POINTER TO OutputItem;
    InputItem = RECORD
                    x: ARRAY [0..3] OF BOOLEAN;
                    y: ARRAY [0..3] OF BOOLEAN;
                    ci: BOOLEAN;
                END;
    StateItem = RECORD
                    z: ARRAY [0..3] OF BOOLEAN;
                    co: BOOLEAN;
                END;
    OutputItem = RECORD
                    z: ARRAY [0..3] OF BOOLEAN;
                    co: BOOLEAN;
                END;
  VAR
    CircuitAdd4: SeqMach;

  PROCEDURE Add4SingleStepFunction(i:Input; s:State):State;
    VAR
      newState: State; k: CARDINAL;
      c: ARRAY [0..4] OF BOOLEAN;

    PROCEDURE Add1(x, y, ci: BOOLEAN; VAR z,co: BOOLEAN);
      VAR h: BOOLEAN;
    BEGIN
      h:=XOR(x,y); z:=XOR(h,ci);
      co:=NOT ((x AND y) OR (h AND ci));
    END Add1;

  BEGIN (* Add4 *)
    c[0]:=i^.ci;
    FOR k:=0 TO 3 DO
      Add1(i^.x[k], i^.y[k], c[k], newState^.z[k], c[k+1]);
    END;
    newState^.co:=c[4];
    RETURN newState;
  END Add4SingleStepFunction;

  PROCEDURE Add4OutputFunction(s:State):Output;
    VAR output: Output;
  BEGIN
    output:=VAL(Output, s);
  END Add4OutputFunction;

  PROCEDURE CurrentSeqMach():SeqMach;
  BEGIN
    CircuitAdd4.Delta:=Add4SingleStepFunction;
    CircuitAdd4.Lambda:=Add4OutputFunction;
    RETURN CircuitAdd4;
  END CurrentSeqMach;

END SeqMach.
```

Um eine sequentielle Maschine in der IORO und IOFO Ebene definieren zu können müssen die Konzepte der Eingangs- und Ausgangssegmente und die sog. Eingangs- und Ausgangssegmentpaare eingeführt werden. Definiert man die Eingangs- und Ausgangs-segmente als lineare Liste, so wird das Eingangs- Ausgangssegmentpaar als strukturierter Datentyp folgendermassen realisiert:

```
TYPE
    InputSegment = POINTER TO Inputs;
    Inputs = RECORD
                i: Input;
                next: InputSegment;
             END;
    OutputSegment = POINTER TO Outputs;
    Outputs = RECORD
                o: Output;
                next: OutputSegment;
              END;
    IOSegmentPair = RECORD
                        is: InputSegment;
                        os: OutputSegment;
                    END;
```

Die Sequentielle Maschine in der Ebene 1 und 2 (IORO und IOFO) können als je eine Prozedur - Prozedur "IORelation" und "IOFunction" - realisiert werden. Die Prozedur "IORelation" gibt die Menge der Eingangs- und Ausgangssegmentpaare zurück. Weil die Kardinalität dieser Menge vorher nich bekannt ist, kann der Ausgangsparameter als ein offener Feldparameter vereinbart werden:

```
PROCEDURE IORelation(VAR R: ARRAY OF IOSegmentPair);
```

Die Prozedur IOFunction ist eine Funktionsprozedur, die ein Eingangssegment in ein Ausgangssegment abbildet.

```
PROCEDURE IOFunction(is: InputSegment):OutputSegment;
```

## 3.2 Definition des Differentialgleichungsformalismus

Die Typen für die Eingänge, Ausgänge und Zustände bei dem Differentialgleichungsformalismus (DESS) sind einheitlicher als die für die sequentielle Maschine. Die Zeit ist kontinuierlich, die Eingänge sind Vektoren von Zeitfunktionen. Der Zustand und die Werte der Ausgänge sind reelle Vektoren. Die Ableitungsfunktion und die Ausgangsfunktion lassen sich als Prozedurtypen realisieren:

```
TYPE
  Time = REAL;
  TimeInterval = RECORD
                    initialTime: Time;
                    endTime: Time;
                 END;
  TimeFunction = PROCEDURE(Time):REAL;
  State = ARRAY [1..maxStateDim] OF REAL;
  Input = ARRAY [1..maxInputDim] OF TimeFunction;
  OutputValue = ARRAY [1..maxOutputDim] OF REAL;

  RateOfChangeFunction=PROCEDURE (Time,
                                  ARRAY OF REAL,          (*state*)
                                  ARRAY OF TimeFunction,  (*input*)
                                  VAR ARRAY OF REAL);     (*state*)
  OutputFunction = PROCEDURE (Time,
                              ARRAY OF REAL,          (*state*)
                              ARRAY OF TimeFunction,  (*input*)
                              VAR ARRAY OF REAL);     (*output*)
  DESS = RECORD
            f: RateOfChangeFunction;
            Lambda: OutputFunction;
         END;
```

Das Eingangssegment ist durch ein Zeitintervall und durch den Vektor der Eingangsfunktionen definiert. Im Ausgangssegment kann die Ausgangsfunktion nicht in analytischer Form auftreten, weil der Differentialgleichungsformalismus in der Regel numerisch gelöst wird. Ein derartiges Ausgangssegment ist eine Serie von Zeitpunkten mit den Werten der Ausgangsfunktion. Die Definition von Differentialgleichungssystemen in der Ebene 1 und 2 sind ähnlich, wie die bei der sequentiellen Maschine ("IORelation" und "IO-Funktion").

```
TYPE
   TimeInterval  =  RECORD
                        initialTime: Time;
                        endTime: Time;
                    END;
   InputSegment  =    RECORD
                        tint:TimeInterval;
                        input: Input;
                      END;
   Output = RECORD
              t: Time;
              oValue: OutputValue;
            END;
   OutputSegment = POINTER TO Outputs;
   Outputs = RECORD
                ou: Output;
                next: OutputSegment;
             END;
   IOSegmentPair = RECORD
                       is: InputSegment;
                       os: OutputSegment;
                      END;

PROCEDURE IORelation(VAR R: ARRAY OF IOSegmentPair);
PROCEDURE IOFunction(is: InputSegment): OutputSegment;
```


## 3.3 Definition des ereignisorientierten Systemformalismus

Die Typen SequentialState und ExternalEvent sind, ähnlich, wie die Typen Input, State, Output bei der sequentiellen Maschine, als opake Datentypen vereinbart. Der Typ DEVS ist durch drei Funktionsprozeduren gegeben:

```
TYPE
   SequentialState;  ExternalEvent;

   InternalTransition = PROCEDURE(SequentialState): SequentialState;
   ExternalTransition = PROCEDURE(SequentialState, ExternalEvent): SequentialState;

   Transition  =  RECORD
                     transInt: InternalTransition;
                     transExt: ExternalTransition;
                  END;
   TimeAdvanceFunction = PROCEDURE(SequentialState):REAL;

   DEVS = RECORD
            Delta: Transition;
            ta:TimeAdvanceFunction;
          END;
```

## 4. Diskussion

Ein Prototyp von SAM ist mit einem der neuen Modula-2 Compiler aus der Einpassfamilie implementiert worden. Mehrere Modelle aus allen der drei wichtigen Klassen (sequentielle Maschine, DESS, DEVS) sind durch ihre Programmierung gemäss SAM modelliert und anschliessend simuliert worden. Die bislang erzielten Resultate zeigen, dass es gelungen ist, die entworfene Simulationssoftware dank einiger spezifischer Eigenschaften der Programmiersprache Modula-2 (opake Datentypen, Prozedurtyp (Prozedurvariablen), offene formale Feldparameter) derart zu realisieren, dass der Grad der Abstraktion nicht kleiner wird, als er in den Modellierungstheorien von Wymore und Zeigler erreicht worden ist. Allerdings haben sich bei dieser Arbeit auch einige Schwierigkeiten ergeben, die sich in Modula-2 nur mit beschränkter Eleganz realisieren lassen. Die bei Modula-2 übliche, implizite Versionenüberprüfung der Module bereitet bei dem gewählten Ansatz Probleme, da der Dienstteil dann keine Importe mehr aus dem Klientteil vornehmen darf, um die Recompilierung des Dienstteils vermeiden zu können. Den eleganten Formulierungs- und Modularisierungsmöglichkeiten von Modula-2 wurden dadurch entscheidende Grenzen gesetzt, die man häufig gerne überschritten hätte. Alles in allem hat sich jedoch die Verwendung von Modula-2 für unser Vorhaben gut bewährt.

Als besonders vorteilhaft haben sich die Möglichkeiten von Modula-2 zur Defintion strukturierter Datentypen erwiesen. Dank dieser Eigenschaft war es möglich auf besonders elegante Art eine Systemspezifikation auf der dritten und vierten Ebene mit ein und demselben Modul vornehmen zu können. Durch die strenge Typenüberprüfung von Modula-2 liess sich auch die Robustheit der Simulationssoftware steigern (CELLIER 1984).

Die erzielten Resultate stellen bloss einen ersten Schritt im Hinblick auf die Entwicklung der entworfenen Simulationssoftware dar. Die dadurch entwickelte Grundlage für weitere Entwicklungsschritte scheint aber genügend tragfähig zu sein um Weiterentwicklungen darauf aufbauen zu können. Insbesondere ist in einem nächsten Schritt die Realisierung der computergestützten, graphischen Modellierung CAGM [Computer-Aided Graphic Modelling] vorgesehen.

## 5. Literaturverzeichnis

CELLIER, F., E. 1979. Combined continuous/discrete system simulation by use of digital computers: techniques and tools. Diss ETH Zürich No 6483, 266pp.

CELLIER, F., E. 1984: *How to enhance the Robustness of Simulation Software,* in: ÖREN, T. I., ZEIGLER, B. P., ELZAS, M. S.(EDS): *Simulation and Model-Based Methodologies: An Integrative View,* Springer-Verlag, 1984

CELLIER, F.E. & FISCHLIN, A. 1980. Computer-assisted modelling of ill-defined systems. In: Trappl,R., Klir, G.J. & Pichler, F.R. (eds.), General Systems Methodology, Mathematical Systems Theory, Fuzzy Sets, Proc. of the Fifth European Meeting on Cybernetics and Systems Research, Vol. VIII, 417-429, McGraw-Hill Intern. Book Comp., Washington, New York, 1982, 544pp.

FISCHLIN, A., 1982. Analyse eines Wald-Insekten-Systems: Der subalpine Lärchen-Arvenwald und der graue Lärchenwickler *Zeiraphera diniana* Gn.(*Lep* , *Tortricidae*). Diss. ETH Nr. 6977. 294pp.

FISCHLIN, A. 1986. Simplifying the usage and programming of modern working stations with Modula-2: The Dialog Machine. In prep.

WIRTH, N. 1985: *Programming in Modula-2, Third, Corrected Edition,* Springer-Verlag, 1985

WYMORE, A. W. 1976: *Systems Engineering Methodology for Interdisciplinary Teams,* John Wiley & Sons, 1976

WYMORE, A.W. 1984: Theory of Systems in: VICK, C. R., RAMAMOORTHY, C. V.(EDS.): *Handbook of Software Engineering,* Van Nostrand Reinhold Company, New York, 1984

ZEIGLER, B. P., ELZAS, M. S., KLIR, G. J., ÖREN, T. I. (EDS) 1976: *Methodology in Systems Modelling and Simulation,* North-Holland Publishing Company, 1979

ZEIGLER, B. P. 1979:*System Theoretic Foundations of Modelling and Simulation,* in: ÖREN, T. I., ZEIGLER, B. P., ELZAS, M. S.(EDS): *Simulation and Model-Based Methodologies: An Integrative View,* Springer-Verlag, 1984

ZEIGLER, B. P. 1984:*Theory of Modelling and Simulation,* John Wiley & Sons, 1976

## 6. Anhang (Modellierungstheorie von Wymore und Zeigler)

Die theoretischen Grundlagen für die Modelllierung und Simulation haben A. W. WYMORE (1976, 1984) und B. P. ZEIGLER (1976, 1979, 1984) geschaffen. Hier werden die formalen Definitionen der Systemtheorie kurz zusammengefasst.

### Die Ebenen der Systemspezifikationen:

| Ebene | Spezifikation | Formales Objekt |
|---|---|---|
| 5 | Kopplung von Systeme | $(D, \{S_d\}, \{I_d\}, \{Z_d\})$ |
| 4 | Strukturiertes I/O System | $(A, D, \{A_d | d \in D\}, i)$ |
| 3 | I/O System | $(T, X, \Omega, Q, Y, \delta, \lambda)$ |
| 2 | I/O Beobachtungsfunktion | $(T, X, \Omega, Y, F)$ |
| 1 | I/O Beobachtungsrelation | $(T, X, \Omega, Y, R)$ |
| 0 | Beobachtungsbereiche | $(T, X, Y)$ |

**Ebene 0:** $O=(T,X,Y)$

    T:     Zeitbasis (Menge): O ist *kontinuierlich*, wenn $T=\Re$ (Menge der reellen Zahlen), und *diskrete* wenn $T=\Im$ (Menge der ganzen Zahlen).

    X:     Menge der Eingangswerte

    Y:     Menge der Ausgangswerte

**Ebene 1:** $IORO=(T,X,\Omega,Y,R)$

    (T,X,Y):     Beobachtungsbereiche (wie in Ebene 0)

    $\Omega$:     Menge der Eingangssegmente $\Omega \subseteq (X,T)$

    R:     I/O Relation, $R \subseteq \Omega \times (Y,T)$, so, dass wenn $(\omega,\beta) \in R$, dann $dom(\omega)=dom(\beta)$; $(\omega,\beta)$ ist ein sog. Input/Output Segment Paar.

**Ebene 2:** $IOFO=(T,X,\Omega,Y,F)$, wo

    $T,X,\Omega,Y$:     wie in der Ebene 1

    F:     die Menge der I/O Funktionen. Wenn $f \in F$ dann $f \subseteq \Omega \times (Y,T)$. f ist eine Funktion so, dass $dom(f(\omega))=dom(\omega)$.

**Ebene 3:** $S=(T,X,\Omega,Q,Y,\delta,\lambda)$, wo

    $T,X,\Omega,Y$:     wie in der Ebene 1

    Q:     Menge der internen Zustände

    $\delta$:     Übergangsfunktion, $\delta: Q \times \Omega \to Q$

    $\lambda$:     Ausgangsfunktion, $\lambda: Q \to Y$

**Ebene 4: Strukturiertes System:**

Der Unterschied zwischen der Systemspezifikation auf dieser und der dritten Ebene liegt darin, dass die Mengen und Funktionen strukturiert sind, d.h. sie sind repräsentiert als ein kartesisches Produkt mehrerer elementarer Mengen und Funktionen. Eine strukturierte Menge ist eine Struktur $A = (A, D, \{A_d | d \in D\}, i)$ wobei gilt

    A:     zu strukturierende Menge

    D:     geordnete Menge, $d_1, d_2, ...,$ (die Koordinaten)

    $A_d$:     Wertebereich, $d \in D$

    i:     die Zuweisungsfunktion derart, dass $i: A \to \times_{d \in D} A_d$ (A eineindeutig)

**Ebene 5: Kopplung von Systemen:** Die Kopplung von Systemen ergibt die folgende Struktur, $N =(D, \{S_d\}, \{I_d\}, \{Z_d\})$, wobei

    D:     Menge der Namen der Komponenten, $\forall d \in D$:

    $S_d$:     System (Komponente d)

    $I_d$:     Menge der Systeme, die d beeinflussen

    $Z_d$:     Funktion, die Kopplungsfunktion von d so, dass wenn $S_d = (T, X_d, \Omega_d, Q_d, Y_d, \delta_d, \lambda_d)$ ein System in der Ebene 4, dann $I_d \subseteq D$ und $Z_d: \times_{\beta \in I_d} Y_\beta \to X_d$.

Innerhalb einer Gesamtmenge mathematisch beschreibbarer Modelle gibt es Klassen, sog. Formalismen.

## Zeitdiskrete Systeme: der Formalismus der sequentiellen Maschine

Der Formalismus der sequentiellen Maschinen oder Automatenformalismus kann als eine Spezialisierung diskreter Systeme interpretiert werden. Es kann gezeigt werden, dass jedes diskrete System als eine sequentielle Maschine spezifiziert werden kann. Eine sequentielle Maschine ist eine Struktur $M=(X, Q, Y, \delta_M, \lambda)$ wobei

- X, Q, Y: Mengen der Eingänge, Zustände und Ausgänge.
- $\delta_M$: Übergangsfunktion, $\delta_M: Q \times X \to Q$
- $\lambda$: Ausgangsfunktion

Mit einer sequentiellen Maschine kann ein strukturiertes System assoziiert werden.

## Der Differentialgleichungsformalismus:

Der Differentialgleichungsformalismus schreibt nicht den nächsten Zustand direkt vor, sondern er definiert implizite Beschränkungen dafür, wie sich der Übergang ereignen soll. Um Differentialgleichungssysteme numerisch lösen zu können, werden sie in zeitdiskrete Systeme umgewandelt. Eine Differentialgleichungssystemspezifikation (DESS) ist eine Struktur: $D=(X,Q,Y, f, \lambda)$

- X: Menge der Eingangswerte (reeller, endlich-dimensionaler Vektorraum, $\Re^n$)
- Q: Menge der Zustände ($\Re^n$)
- Y: Menge der Ausgange ($\Re^n$)
- f: Ableitungsfunktion, $f: Q \times X \to Q$
- $\lambda$: Ausgangsfunktion, $\lambda: Q \to Y$.

Eine DESS kann in ein strukturiertes I/O System überführt werden.

## Der Ereignisorientierte Systemformalismus:

Eine diskrete Ereignisorientierte Systemspezifikation (DEVS) ist eine Struktur $M=(X,S,\delta,ta)$

- X: Menge: die Namen äusserer Ereignistypen
- S: Menge der sequentiellen Zustände
- $\delta$: Funktion: die Übergangsspezifikation
- ta: Funktion: die Zeitfunktion

Eine DEVS kann in ein strukturiertes I/O System übersetzt werden.

# Mehrebenen-Graphik-Editor MLED
# als DBMS für VLSI-Simulation

R.W. Hartenstein, U. Welters
Universität Kaiserslautern, Fachbereich Informatik
Postfach 3049, D - 675 Kaiserslautern

**Stichworte:** Simulationsumgebungen, Entwurfs-Datenverwaltung, Simulation, Schaltungs-Entwurf, VLSI-Entwurf, (graphische) Simulationssprachen

## Zusammenfassung

Das Papier beschreibt einen neuen Mehrebenen-Graphik-Editor MLED, sowie dessen Anwendung als Datenbasis-Management-System für einen oder mehrere Simulatoren zur VLSI-Verifikation. Dabei wird auch die mehrdimensionale Verwaltung hierarchischer Entwurfs-Daten (nach dem Vorbild von Zellen-Hierarchien) behandelt, welche die Koexistenz verschiedener Darstellungsweisen gleicher Zellen und hierbei wiederum verschiedener Versionen unterstützt. Für das Management der Entwurfsdaten elektrischer Schaltungen eignet sich das System besser als klassische DBMS. Gleichzeitig unterstützt es die Koordination vieler Entwurfs-Hilfsmittel. Das System hat zwei Schnittstellen des Datenzugriff: eine Benutzer-Schnittstelle, die interaktiv graphisch ist, sowie eine "Werkzeug-Schnittstelle", die den Zugriff durch eine Vielzahl von "Tools" ermöglicht. Das Papier gibt einen kurzen Einblick in die Datenbasis-Probleme von Entwurfsumgebungen, sowie daran anschließend einen kurzen Überblick über MLED, sowie dessen Anwendung als Datenbasis Management-System für einen oder mehrere Simulatoren zur VLSI-Verifikation wird beschrieben.

## Einleitung

Für den Schaltungsentwurf kann man in etwa drei Klassen von Editoren unterscheiden: strukturorientierte Editoren, die hauptsächlich der Erzeugung von Verdrahtungslisten dienen (z. B. [1]), geomtrieorientierte Editoren, wie für den Entwurf von Layout für integrierter Schaltungen (z. B. [2 - 5]), sowie diagrammorientierte Editoren, wie für die Synthese in der Logik-Ebene, der RT-Ebene und/ oder in noch höheren Abstraktions-Ebenen (z. B.[6 - 10]). Letztere Klasse von Editoren zeigt Diagramme, die von der Semantik her Verhaltensbeschreibungen sind (behavioural descriptions).

Jede der drei Klassen von Editoren ist also quasi spezialisiert auf eine der drei grundlegenden Arten von Information in einem "Design": *structural* (strukturelle Information), *geometric* (geometrische Information), und *behavioural* (Information zur Verhaltensbeschreibung). Das Gajski-Diagramm in Bild 1 a (vgl. a. [12]) veranschaulicht diese drei Informations-Komponenten der Beschreibung von Designs. *Topology* (topologische Information) ist als eine Abstraktion von Geometrie zu verstehen: anstelle von exakter Plazierung (wie im physischen Layout) wird nur eine relative Plazierung gezeigt (wie beispielsweise bei symbolischem Layout).

Die Übergänge zwischen diesen drei Klassen von Editoren sind zwar verwaschen. Dennoch müßte man für den Entwurf komplexer VLSI-Bausteine nach der Methode des strukturierten VLSI-Entwurf *(structured VLSI design)* eigentlich je einen Editor aus mindestens zwei (besser: drei) von diesen Klassen verwenden, denn dieser Entwurfs-Stil verlangt eine besonders innige Verflechtung zwischen allen dreien der o. g. Informations-Komponenten. Für "structured VLSI design" werden deshalb graphische Darstellungen benötigt, die gleichzeitig geometrisch/topologische, strukturelle, und Verhaltensbeschreibende Informations-Komponenten enthalten. Nur so werden gut verständliche Beschreibungen von Designs erzielt. Der in diesem Papier beschriebene Editor MLED ist in der Lage, entsprechende Drei-Komponenten-Darstellungen zu handhaben.

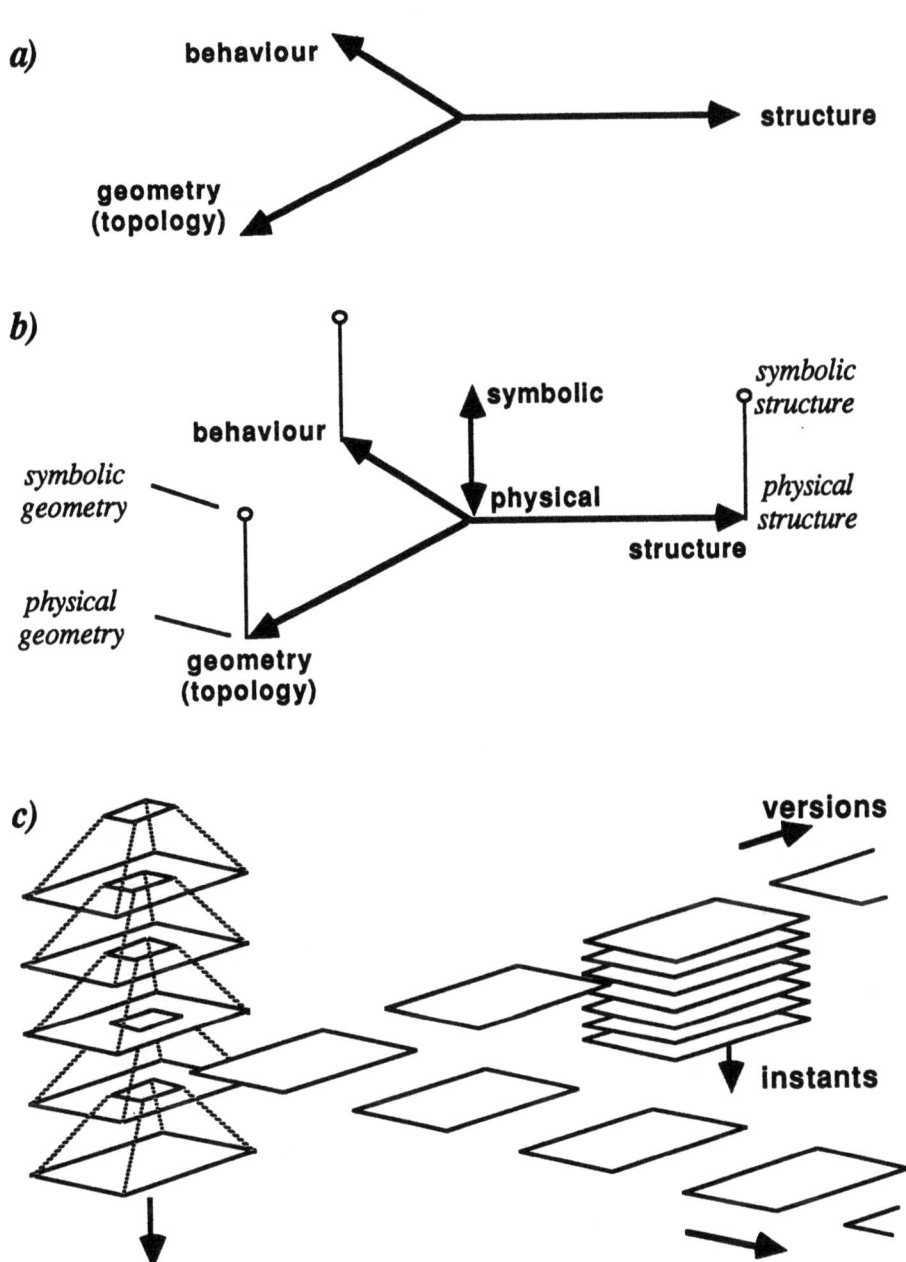

Bild 1.

## Datenstrukturen für strukturierten VLSI-Entwurf

Der ideale strukturierte VLSI-Entwurf hochkomplexer Schaltungen, die auch Prozessoren und Programmspeicher mit einschließen, umfaßt viele Abstraktions-Ebenen, wie prozedurale Ebenen (nebenläufige Programme, sequentielle Programme, Mikroprogramme) und nicht-prozedurale Ebenen, wie die Register-Transfer-(RT-)Ebene, die Logik-Ebene, die Switching-Ebene, die Schaltkreis-Ebene (vgl. a. [12]). Der Editor MLED (Multi-Level EDitor) unterstützt dies, wie im folgenden gezeigt wird. Bild 2 zeigt zur Veranschaulichung jeweils die Verhaltensbeschreibung der gleichen Zelle (ein Ein-Bit-Multiplexer), jedoch dargestellt in verschiedenen Abstraktions-Ebenen: RT-Ebene (a), Logik-Ebene (c). Mischdarstellung aus Logik- und Schaltkreis-Ebene (b). Bild 2 d zeigt die "äußere Ansicht" (external view) der gleichen Zelle, eine rein strukturelle Form der Darstellung.

Die Zellen-Hierarchie wird sichtbar in Bild 3, zeigend einen 4-Bit-Multiplexer als Mutter-Zelle (a), bestehend aus 8 Tochterzellen (b): vier Verdrahtungszellen und 4 Exemplaren der in Bild 2 gezeigten Zelle. Bild 3 zeigt also zwei verschiedene Darstellungen des gleichen 4-Bit-Multiplexers, der 4 Exemplare (instances) des Multiplexers aus Bild 2 jeweils als "1-Bit-Scheibe" (slice) benutzt. Bild 3 a zeigt dessen Verhaltensbeschreibung, Bild b deren Verfeinerung (refinement), obendrein als Mischdarstellung (jedes Exemplar der 4 Scheiben ist auf andere Weise dargestellt).

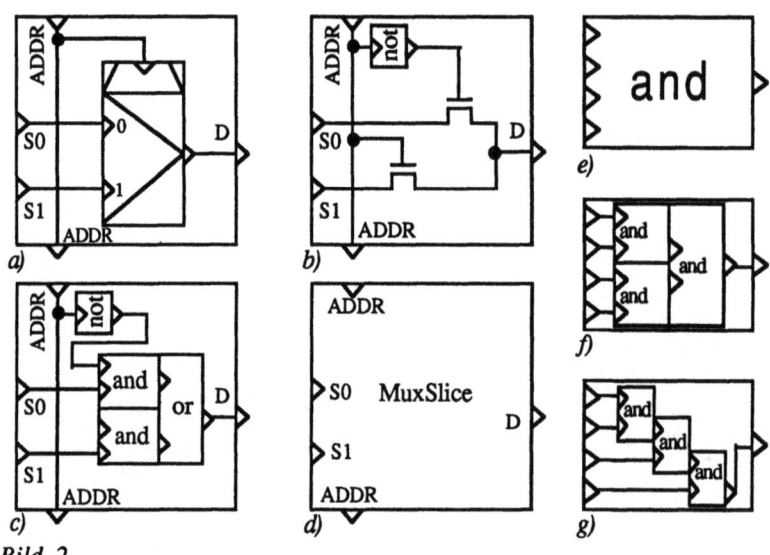

Bild 2.

Normalerweise entstehen durch Iterationen im Entwurfsprozeß verschiedene Versionen der gleichen Zelle, die alle gleichzeitig in der Batenbasis gespeichert werden müssen. Bild 2 f und g zeigen beispielsweise Versionen (Lösungen) der Zelle in Bild 2 e (Problemstellung hierzu). Unter Berichtigung der Abstraktions-Ebenen, der Zellen-Hierarchie, der Existenz von Versionen, sowie der Koexistenz von Exemplaren einer Version ergeben sich vier Dimensionen für die Datenbasis von MLED, wie in Bild 1 c veranschaulicht ist.

## Entwurfs-DBMS

Allein schon von der Datenstruktur her liegen völlig andersartige Verhältnisse vor als bei den sonst meist üblichen DBMS-Anwendungen (DBMS steht für Data Base Management System). In der Praxis von Entwicklungsumgebungen für VLSI-Bausteine und andere komplexe Digital-Hardware

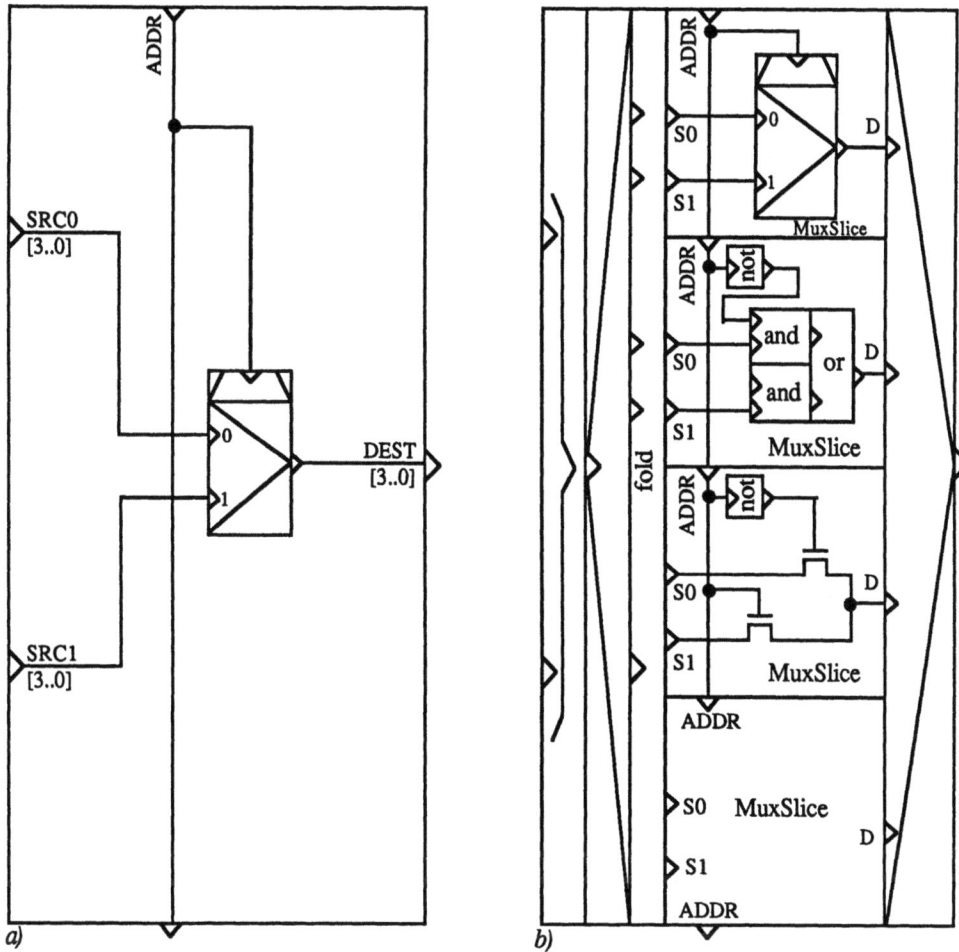

Bild 3.

bringen daher verständlicherweise klassische DBMS-Konzepte gegenüber dem gewöhnlichen File-Management der Betriebssysteme nur relativ wenig Vorteile. Die durch DBMS-Systeme verschlechterten Antwortzeiten wiegen deren Vorteile in der Regel nicht auf. Die Anforderungen an DBMS-Systeme durch Hardware-Entwicklungsumgebungen sind überwiegend also grundlegend anderer Art als bei "üblichen" DBMS-Anwendungen. So sind beispielsweise auf Schlüsseln basierende Suchprozesse relativ wenig wichtig, da oben bereits veranschaulichte multi-dimensionale feste hierarchische Bindungen bei Weitem überwiegen.

Die Zahl der Transaktionen ist relativ gering. Jedoch ist die Zeitdauer und der Umfang einer Transaktion (gemessen zwischen Öffnen und schließen eines bestimmten Files) im Schnitt außergewöhnlich lang sowie das Volumen der dabei involvierten Daten außerordentlich groß, verglichen mit anderen DBMS-Anwendungen. Deshalb kann eine solche Transaktion nicht als *recovery unit* dienen. Transaktionen können aus vielen Interaktionen mit dem Benutzer bestehen, aber auch durch einen sehr komplexen Algorithmus im Stapelbetrieb ausgeführt werden.

Auch werden "Transaktionen" nicht von einheitlichen Benutzerschnittstellen her ausgelöst. Vielmehr greift in einer Entwurfs-Umgebung, die meist auch eine Simulations-Umgebung mit einschließt, eine Vielfalt von Werkzeugen ("tools") zur Datenbasis zu (s. a.[12]). Die Werkzeuge sind teils

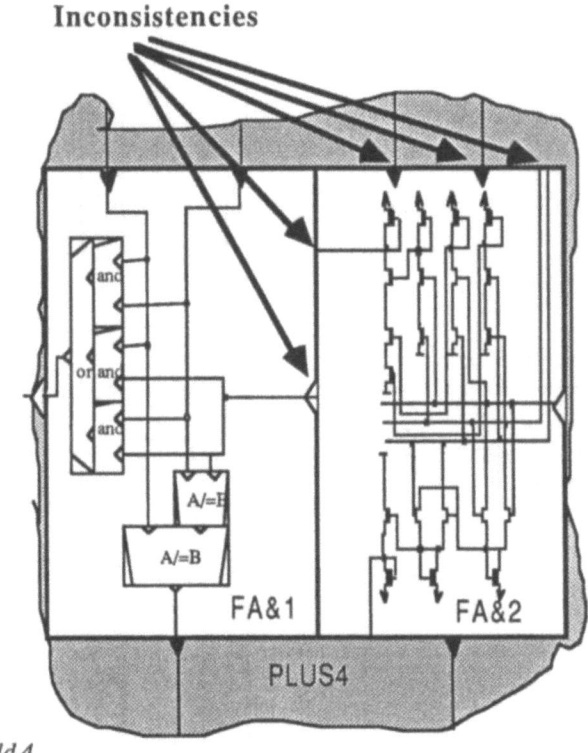

Bild 4.

interaktiv, teils automatisch, teils textuell, teils graphisch. Aus solchen Gründen der besonderen Anwendungs-Umgebung heraus bildet das Gebiet der Entwurfs-DBMS inzwischen eine separate Disziplin.

Wegen des langsamen Fortschreitens des Entwurfsprozeß und dessen Gliederung in verschiedene Phasen muß die Darstellung und Abspeicherung partieller Entwürfe im DBMS möglich sein, die erst allmählich, u. U. erst nach Wochen oder Monaten vervollständigt werden. Darstellungen haben über lange Zeiträume hinweg nur vorläufige Natur und werden immer wieder verfeinert, modifiziert und korrigiert.

## Behandlung von Inkonsistenzen

Zwischenzeitlich können durch Verfeinerungen oder Modifikationen oft Inkonsistenzen oder gar Widersprüche entstehen (die natürlich im Verlauf des Entwurfsprozeß irgendeinmal beseitigt weredn sollen). Oft werden bei Iterationen alternative Versionen vorher gespeicherter Objekte ausgewählt derart, daß von einem bestimmten Objekt gleichzeitig mehrere Versionen in der Datenbasis gespeichert werden müssen. Frühere Zustände des Entwurfes sollen nach Möglichkeit wieder rekonstruierbar sein (Inkonsistenzen sind veranschaulicht in Bild 4).

Allein schon beim strikten top-down-Entwurf, ein relativ wenig komplizierter Fall (was Inkonsistenzen betrifft), tauchen zwangsläufig Inkonsistenzen auf. Die von der Spezifikation durch sukzessive Verfeinerung abgeleiteten Beschreibungen verwenden zunächst nur *symbolische Geometrie* (d. h. Geometrie, die nicht von physischen Daten abgeleitet ist, wie beipielsweise die tatsächliche Größe einer Zelle auf dem Layout des Chip, nebst der tatsächlichen Plazierung der Anschlüsse an der Zellen-Geometrie). Symbolische Geometrie wird zunächst hauptsächlich von Gesichtspunkten der für den Menschen übersichtlichen Anordnung bestimmt.

Sobald jedoch das Layout einer Zelle entworfen worden ist, wurde damit deren physische Geometie definiert. Diese weicht in der Regel von der vorher gegebenen symbolischen Geometrie der "Zellen-Spezifikation" ab. Dadurch werden lokale Inkonsistenzen eingeführt in die sonst global noch konsistente Zellenhierarchie. Anscheinend lassen sich demnach bei einem eventuellen bottom-up-Entwurf Inkonsistenzen leichter beherrschen. Die Informations-Komponenten nach Gajski werden durch die Unterscheidung von symbolischer und physischer Informationen übrigens modifiziert. Bild 1 b zeigt das entsprechend modifizierte "Kaiserslauterer Diagramm".

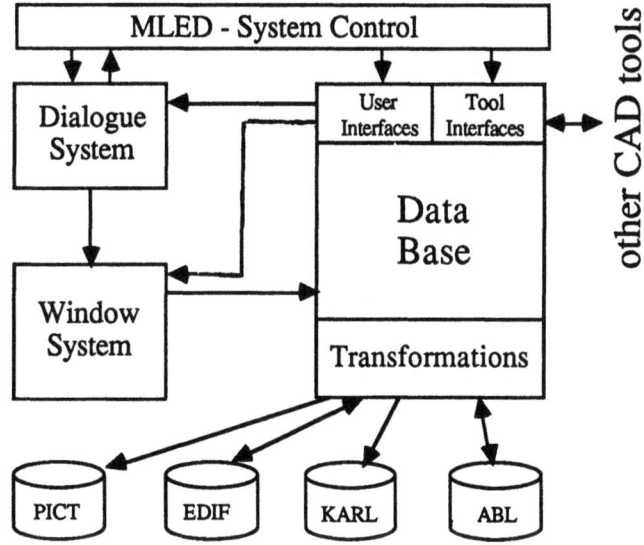

*Bild 5.*

Die hierarchische Struktur von Entwürfen (vgl. Bild 1 c), die aus mehrfachen Schachtelungen von Mutter-Moduln und Tochter-Moduln bestehen, verursacht weitere Komplikationen. Oft werden Tochter-Objekte nachträglich wieder verändert, was zu Unverträglichkeiten mit deren Mutter-Objekt führen kann: solche unverträglichen Objekte müssen - bis zur Bereinigung unter Kontrolle des Benutzers - in der Datenbasis in diesem Zustand gespeichert werden. Was die Sache noch komplizierter macht: es ist auch sehr wünschenswert, daß Spezifikationen geändert werden können, was Lawinen von Inkonsistenzen nach sich ziehen würde, die alle wieder bereinigt werden müssen.

## DBMS-Funktion von MLED

MLED hat besondere "features" für die Bereinigung von Inkonsistenzen. Der MLED unterstützt damit die Beseitigung von Inkonsistenzen in Datenstrukturen von Hardware- Entwurfsumgebungen durch Diagnostik-Maßnahmen. Bei interaktivem Editieren werden dadurch Inkonsistenzen schon im Entstehen erkannt, und können durch den Benutzer sofort bearbeitet werden. Natürlich unterstützt MLED auch die Koordination arbeitsteiliger Entwurfsprozesse in einem design team.

Das DBMS ist somit ein Instrument zur Sicherung globaler Konsistenz. Wenn globale Struktur-Daten modifiziert werden, die in MLED für alle Abstraktionsebenen einheitlich sind, "erinnert" sich der Editor an diesen Vorgang, sodaß bei passender Gelegenheit die Diagnostik angebracht werden kann. Auch verfügt MLED über einen Algorithmus zur gezielten automatischen Bereinigung von Inkonsistenzen. Mehr über Entwurfs-DBMS übrigens in [17 - 19].

Durch die Vereinigung mehrerer Abstraktionsebenen in der Datenstruktur kann MLED für die Integration eines oder mehrerer Simulatoren in eine VLSI-Entwicklungsumgebung, wie z.B. eine Switching-Simulation, eine Schaltungs-Simulation oder eine Funktional-Simulation, angewandt werden. Der Editor übernimmt dabei die Funktion eines Datenbasis-Managers. Der Editor hat dabei in Simulationsanwendungen sozusagen die Funktion einer Simulations-Datenbank mit interaktiver visueller Betrachtungs- und Benutzer-Oberfläche.

## Weitere MLED-Eigenschaften

Über Window-Technik kann aber auch eine bestimmte Zelle gleichzeitig in mehreren Abstraktions-Ebenen zusammen mit textuellen oder graphischen Darstellungen von Simulations-Eingaben und Ausgaben, gezeigt werden. Natürlich verfügt MLED über moderne Menütechniken mit pull-down-Menüs, durch eine Maus aktiviert.

Das System ist an eine Vielfalt von Anwendungen anpaßbar: die Zahl der Abstraktions-Ebenen ist beliebig wählbar (derzeit bis zu einem Maximum von 10). Über eine spezielle Anpassungs-Bedieneroberfläche mit Graphik-Editor-Unterstützung können Zeichenfunktionen und graphische Symbole für bestimmte Abstraktionsebenen modifiziert oder neu hinzugefügt werden. Auch weitere Abstraktionsebenen können auf diese Weise eingefügt werden.

## Kompatibilität zu ABLED

ABLED [15] ist ein Graphik-Editor für den VLSI-Entwurf, der jedoch nicht über Zugriff zur Layout- und Schaltkreis-Ebene verfügt. ABLED (ABL EDitor), ein Vorgänger zu MLED ist im wesentlichen die Implementierung der graphischen Version *ABL* der nicht-Prozeduralen Hardwarebeschreibungs-Sprache KARL [14]. ABL (A Block diagram Language, siehe [11]) wurde in den 70er-Jahren entwickelt. ABL kann in 3 Abstraktionsebenen (RT- Logik- und Switching-Ebene) zusammen mit *KARL* verwendet werden, wie Logik-Diagramme zusammen mit Boole'schen Gleichungen [13]. Ein zusätzliches Feature von ABL ist jedoch die Anwendung der *Domino Notation* [11], die das im VLSI-Entwurf wichtige *wiring by abutment* bereits auf symbolische Weise schon vor der Definition physischer Strukturen anzuwenden gestattet. ABLED unterstützt die Verhinderung bestimmter Arten von Entwurfsfehlern durch on-line graphic syntax check [15].

## Die Implementierung von MLED

Bild 5 zeigt das Blockdiagramm des MLED-Systemes. MLED (s. auch. [16]) wurde in Standard-Pascal implementiert und läuft derzeit auf APOLLO Domain DN3000. MLED verfügt über eigene Window- und Dialogprogramme mit modernen Menue-Techniken, was die Portabilität und die Integration in Entwurfsumgebungen erleichtert. Von der Hardware des Wirtsrechners benötigt MLED nur einige einfache Graphik-Funktionen, wie für das Zeichnen von Linien, von Polylines, das Füllen von Flächen etc., was ebenfalls die Portation erleichtert. Interne Konversionsprogramme unterstützen derzeit die folgenden Datenformate bzw. Sprachen:

- EDIF
- ABL
- KARL
- PICT

KARL ist eine textuelle nicht-prozedurale Mehrebenen-Hardwaresprache und ABL ist die graphische Entsprechung dazu (s. a. weiter oben). Die Untersützung dieser Sprachen durch MLED ermöglicht die direkte Anknüpfung an KARL-basierte Entwurfswerkzeuge, wie Simulatoren, Testentwicklungs-Umgebungen, Extraktoren etc. PICT ist das graphische Transferformat des APPLE MacIntosh, wodurch über die Publikation mit MLED durchgeführter Arbeiten durch APPLE "desktop publishing"-Einrichtungen erheblich erleichtert wird.

## Abschließende Zusammenfassung

Es wurde ein interaktiv graphischer Editor MLED für den Entwurf von elektronischen Schaltungen, insbesondere komplexe VLSI-Schaltungen vorgestellt. Der mit Window- und Puldown-Menuetechniken ausgerüstete Editor unterstützt gleichermaßen strukturelle und geometrische Informationsformen, sowie auch Verhaltensbeschreibungen und Mischungen aus allen drei Arten von Information. Der Editor unterstützt auch die simultane Darstellung von Daten aus verschiedenen Abstraktionsebenen. Die Datenbasis des Editors ist gleichzeitig ein DBMS für Entwurfsdaten, wobei auch verschiedene CAD-Werkzeuge und Algorithmen zu einer Entwurfsumgebung integriert werden. Der Editor und seine Datenstruktur unterstützt die Bereinigung von Inkonsistenzen, die in Zwischenphasen des Entwurfsprozesses üblicherweise in großem Umfang auftreten.

## Literature

[1] NN.: IC Design Software; VTI, San Jose, CA 95131, USA, 1986

[2] J.K. Ousterhout, G.T. Hamachi, R.N. Mayo, W.S. Scott, G.S. Taylor, MAGIC: A VLSI Layout System, 21st Design Automation Conference, 1978

[3] J.K. Ousterhout, CAESAR: An Interactive Editor for VLSI Layouts, VLSI Design, Forth Quarter 1981

[4] Daisy Systems Corporation, CHIPMASTER: Reference Manual, 1985, Mountain View, CA 94039,

[5] Mentor Graphics Corporation, CHIPGRAPH: Reference Manual, 1984

[6] W.M. vanCleemput: An Hierarchical Language for the Structural Description of Digital Systems; 14th Design Automation Conference, 1977

[8] Girardi, G., Hartenstein, R.W., Welters, U., ABLED: A RT Level Schematics Editor and Simulator Interface, Proc. EUROMICRO Symp. Brussels 1985, North Holland Publ. Co., Amsterdam 1985

[9] H.M. Bayegan, CASS: Computer Aided Schematic System, 14th Design and Automation Conf. 1985

[10] T.M. McWilliams, L.C. Widdoes,Jr., SCALD: Structured Computer-Aided Logic Design, 15th Design Automation Conference, 1978

[11] R. Hartenstein: Fundamentals of Structured Hardware Design; North Holland; Amsterdam/New York 1977

[12] R. Hartenstein: Hardware Description Languages; North Holland, Amsterdam, 1987

[13] R. Hartenstein; High-Level Simulation and VLSI; Proc. Summer School on VLSI Design, Beatenberg, Switzerland, 1986 (eds. W. Fichtner, M. Morf); Kluwer Academic Publishers, 1986

[14] N.N.: KARL Manual; Kaiserslautern University, Kaiserslautern, 1986

[15] G. Girardi, R.Hartenstein, U. Welters: ABLED - a RT Level Schematics Editor and Simulator Interface; Proc. EUROMICRO'85, "Microcomputers, Usafe and Design" (ed. K. Waldschmidt, B. Myhrhaug), North Holland Publishing Co., Amsterdam / New York, 1985

[16] R. Hartenstein, U. Welters: MLED: A Multiple Abstraction Level Graphics Editor; EUROMICRO'87, Portsmouth, UK, Sept 1987

[17] M. A. Ketabchi, V. Berzins: Modeling and Managing CAD Databases; Computer; Feb. 1987, p.93-102

[18] M. A. Ketabchi, V. Berzins: Mathematical Model of Composite Objects and Its Application for Efficient Engineering Databases; Trans. Software engineering, ####, 1987

[19] M. A. Ketabchi, V. Berzins, S. March: ODM - An Object-oriented Data Model for Design Databases; Proc. ACM Ann. Computer Science Conf, 1986

# WERKZEUGE ZUR MODELLIERUNG

## UND

## SIMULATION PARALLELER PROZESSE

# Simulation einer parallelen Prolog-Maschine mit Modula-2

Margarita Esponda
GMD - FIRST / TU Berlin

## 1. Die Programmiersprache.

Prolog ist eine relativ junge Programmiersprache, die in den letzten Jahren viel an Popularität gewonnen hat. Auschlaggebend für den Erfolg von Prolog war, daß es sich um die erste Sprache handelt, in der das Paradigma der logischen Programmierung auf eine effiziente Weise implementiert ist. Das Ideal des Logischen Programmierens sieht vor, die Algorithmen einer Berechnung in einen Kontroll- und Logikteil deutlich zu trennen. Der Programmierer braucht dann nur die Logik anzugeben und der Computer leitet aus dieser Information die notwendigen einzelnen Schritte ab. Anders gesagt: ein Logisches Programm enthält nur logische Beziehungen und Regeln für die Durchführung der gewünschten Berechnung. Diese können statisch interpretiert werden, d.h. der Programmierer sollte eigentlich nicht mehr im Kopf das Programm selbst "ausführen", wie das in anderen Programmiersprachen nötig ist. Damit wird der von der von-Neumann-Architektur erzeugte *intellektuelle Flaschenhals* [Backus 1978] weiter abgebaut. So wie in funktionellen Programmiersprachen der Programmierer sich nicht mehr selbst um die Garbage Collection kümmert (dies wird von einem in Software oder Hardware implementierten Garbage Collector erledigt), so kümmert sich der Programmierer in der Logischen Programmierung nur um die Logik des Problems, nicht aber um die Kontrolle. Im Endeffekt sollte dies dazu führen, daß Computer in natürlicher Sprache gestellte Probleme lösen können. Nur die Logik muß stimmen, die Kontrollinformation wird automatisch generiert.

Prolog ist aber noch eine unvollkommene Version dieses Paradigmas. Prolog ist eigentlich eine Implementierung einer Untermenge der Prädikatenlogik erster Ordnung, die sogenannten Horn-Klauseln. Ein Prolog-Programm besteht aus einer Reihe von Horn-Klauseln, der folgende allgemeine Form haben:

a:- b,c, ..., z.

Die logische Interpretation dieses Ausdrucks besagt nur, daß das Prädikat a wahr ist, falls b,c, usw. wahr sind. Anderenfalls ist a falsch. Die Horn-Klauseln können aber auch prozedural interpretiert werden: ein Aufruf der Prozedur a löst die sequentiellen Aufrufe der Prozeduren b,c, usw. aus. Falls eine dieser Prozeduren falsch ist, wird die Kette der sequentiellen Aufrufe unterbrochen und der Computer sucht das nächste Prädikat mit dem selben Kopf und führt es aus (dies wird Backtracking genannt).

Viele Prolog-Programme benötigen außerdem extra Kontroll-Information, die mit "Cut" spezifiziert wird. Der Cut ist ein extralogisches Feature von Prolog, das dazu dient, bestimmte Unterbäume aus dem gesamten Suchbaum zu entfernen, sodaß der Suchvorgang nach der gewünschten Lösung beschleunigt wird. Eine

Diskussion über andere logische Inkonsistenzen von Prolog findet man bei Naish [1986].
Eine dritte mögliche Interpretation eines Prolog-Programms ist die Prozess-Interpretation [Kowalski 1979]. Hier werden die Prädikate b,c,d usw. in obiger Horn-Klausel als parallel laufende Prozesse interpretiert. Je nach der Art, wie die Probleme von Synchronisation und Datenübergabe zwischen den Prozessen gelöst werden, ergeben sich verschiedene parallele Prolog-Dialekte, von denen die bekanntesten Parlog, Concurrent Prolog und GHC sind [Gregory 1985, Shapiro 1983, Ueda 1986].
Das Prolog-Projekt der Gesellschaft für Mathematik und Datenverarbeitung (GMD) hat sich die Entwicklung eines speziellen Prolog-Multiprozessor-Systems zum Ziel gesetzt: normales (sequentielles) Prolog sollte so stark wie möglich beschleunigt, die Semantik der Sprache aber nicht verändert werden, da ein der großer Nachteil aller heutigen Parallel-Prolog-Dialekte die weitere Entfernung vom Paradigma des Logischen Programmierens ist. Der Kontrollteil, der eigentlich nicht selbst zur Logik des Programms gehören sollte, sollte viel präziser in diesen Dialekten definiert werden als im normalen Prolog.

## 2. Der Prolog-Flaschenhals.

Wenn man ein Prolog-Program betrachtet, stellt man sofort fest, daß das Program eigentlich aus einer fortgesetzten Reihe von Prozeduraufrufen besteht. Eine typische Prolog-Klausel könnte so aussehen:

   a(X,Y,Z):- b(X,Y), c(Z).

Jedes Prädikat benutzt null bis zu typischerweise zwischen drei und sieben Argumenten. Wenn Prolog auf einem konventionellen von-Neumann-Rechner implementiert wird, dann sind die Prozeduraufrufe und die Übergabe von Argumenten diejenigen Befehle, die häufiger ausgeführt werden. Anders als in Pascal oder Fortran, wo jedesmal ein Prozeduraufruf gewöhnlich nur nach einer Reihe mehrerer elementarer Operationen ausgeführt wird, besteht ein Prolog-Programm eigentlich nur aus verketteten Prozeduraufrufen. Da Prozeduraufrufe (branching) auf von-Neumann-Rechnern zu den langsamsten Befehlen gehören, wird es deutlich, warum Prolog von vornherein langsamer als konventionelle Programmiersprachen auf den heutigen Rechnern sein muß. Mikroprozessoren wie der 68020 können ihren Befehls-Cache nicht voll ausnutzen, wenn das Programm so häufig verzweigt.
Die Parameterübergabe im Prolog ist ein weiterer Flaschenhals bei von-Neumann-Rechnern. In anderen Programmiersprachen werden Argumente über einen Stack weitergegeben. Dies ist auch in Prolog möglich, aber sehr ineffizient, da zu häufig Parameter übergeben werden. Ein anderes Problem ist, daß wegen der Backtracking-Regeln der Zustand der Berechnung sehr häufig gespeichert werden muß, damit im Fall eines Fails der originale Zustand wieder restauriert werden kann.
David Warren hat 1977 eine abstrakte Machine vorgeschlagen, die diesen Problemen Rechnung trug und die eine besonders effiziente Implementierung von Prolog auf von-Neumann-Rechnern ermöglichte. Die Warren-Maschine wurde 1983 revidiert und sie bildet die Grundlage fast aller heutigen effizienten

Prolog-Implementierungen [Warren 1983]. Eine Variante der Warren-Maschine wurde für das Prolog-Multiprozessor-System der GMD entworfen und in Modula-2 simuliert.

## 3. Die Warren-Maschine.

Die Warren Abstract Machine (WAM) implementiert die Aufrufe von Prädikaten als "procedure calls". Die Argumente für die Prädikate werden nicht über den Stack, sondern über Argument-Register weitergegeben. Diese Argument-Register werden von jedem Prozeduraufruf überschrieben, sodaß sie, falls sie für andere Berechnungen benötigt werden, in einem Prozedur-Environment im Hauptspeicher abgelegt werden müssen. Eine für die WAM compilierte Prolog-Klausel hat folgende allgemeine Struktur:

```
a:    get_arguments
      put_arguments
      call b
      put_arguments
      call c
      ...
```

Zunächst werden die Argumente vom Prädikat a übernommen. Dann werden die für das Prädikat b benötigten Argumente in die Argument-Register geladen und b aufgerufen. Dies wiederholt sich wiederum für c.
Die WAM benötigt besondere Befehle für die Behandlung von Backtracking und die Bildung von neuen Strukturen aus der alten (z.B. Listen). Die WAM setzt außerdem voraus, daß alle Prolog-Terme intern durch einen "tag" unterschieden werden. Wenn z.B. 32 Bits zur Verfügung stehen, müssen etwa 4 Bits nur für den tag reserviert werden.
Die WAM arbeitet mit drei verschiedenen Stacks: der lokale Stack dient der Speicherung von Prozedur-Environments und Choice-Points (Backtracking-Information). Der Globale Stack nimmt Prolog-Terme auf, die nicht in einem einzelnen Wort gespeichert werden können (z.B. Listen oder Bäume). Der Trail-Stack enthält Hilfsinformationen für die Wiederherstellung des Berechnungszustandes beim Backtracking. Weitere Einzelheiten über die WAM können aus dem Papier von Warren [1983] entnommen werden.

## 4. Pipelines in Prolog.

Die bei uns simulierte Variante der Warren Maschine wurde von J. Beer [1987] vorgeschlagen. Der Grundgedanke ist die implizite Parallelität von sequentiellem Prolog durch Pipelining offenzulegen und auszunutzen. Sequentielles Prolog kann beschleunigt werden, wenn die verschiedenen Prozeduraufrufe so schnell wie möglich und nacheinander ausgeführt werden. Im unteren Bild (Abbildung 1) z.B. beginnt ein Prozessor P0 mit der Ausführung eines Programms. Das Prädikat "male" muß aufgerufen werden, aber im Unterschied zu der konventionellen WAM, werden die Argument-Register nicht vorher sondern nachher geladen. In diesem Fall hat "male" ein einziges Argument (seine Arity ist 1) und nur ein Argument-Register muß geladen werden.

```
Programm:
    son( X, Y ) :- male( X ), father( Y, X ).

    male( wolfgang ).
    male( frank ).
    male( andreas ).

    father( frank, wolfgang ).
    father( andreas, frank ).
Goal:
    ?son( wolfgang, frank ).
```

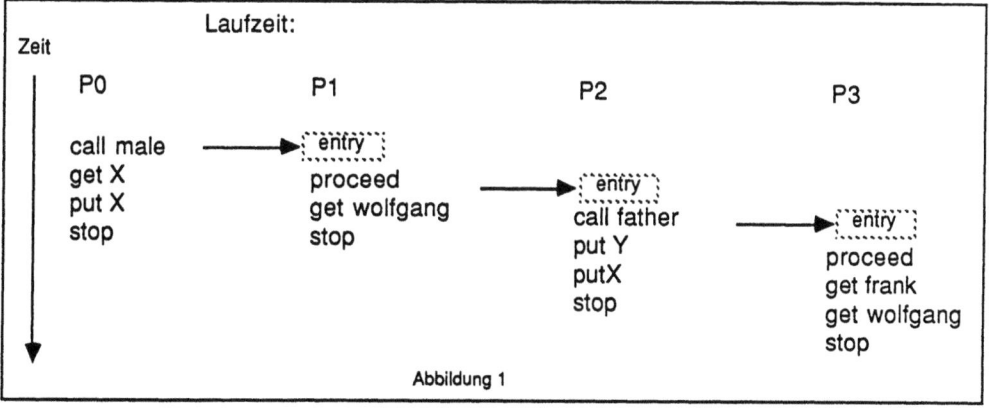

Abbildung 1

Der Prozessor P0 gibt also zunächst die Entry-Adresse der Prozedur "male" an den Prozessor P1 weiter und lädt danach die Argument-Register des Prozessors P1. Auf diese Weise werden die Prozeduraufrufe sehr schnell durchgeführt ohne warten zu müssen, bis die Argumentregister geladen werden. Das Laden der Argument-Register geschieht nach dem Starten des nächsten Prozessors und überlappt sich mit dem Beginn des Prozeduraufrufs. Der Prozessor P1 kann übrigens gleich eine andere Prozedur aufrufen und auf diese Weise einen anderen Prozessor "rechts" starten. Die verschiedenen "get" und "put" Befehle in unserem Beispiel sind WAM-Befehle, die die Argument-Register manipulieren. Die Synchronisation der Prozessoren geschieht durch Semaphoren im Register-Satz.

Die Details des Befehlsatzes können wir aus Platzmangel nicht näher entwickeln, wichtig ist aber, daß der Hauptgedanke darin besteht, Prozeduren aufzurufen indem ein neuer Prozessor in einer Pipeline aktiviert wird. Erst danach werden die Argument-Register des neu aktivierten Prozessors geladen. Dieses Verfahren wiederholt sich auf rekursive Weise bis die Pipeline zum Ausgangspunkt zurückkehrt. In diesem Moment ist aber fast sicher, daß der erste Prozessor schon frei ist, da die implizite Parallelität von Prolog nicht ausreicht, um die Pipeline auszuschöpfen.

## 5. Die Architektur der Parallelen Prolog-Maschine.

Wir beschreiben jetzt die Architektur der Maschine näher. Die Maschine besteht aus einer bestimmten Anzahl identischer Prozessoren, die einen gemeinsamen Bus besitzen, um den Zugriff auf einen gemeinsamen Speicher zu ermöglichen. Je zwei nebeneinanderliegende Prozessoren haben gemeinsame Komunikations-Puffer, in dem Daten und Kommunikations-Flags für die Synchronisation des Zugriffs auf gemeinsame Daten ausgetauscht werden, sodaß alle Prozessoren zu einer Art Ring verbunden sind (siehe Abbildung 2).

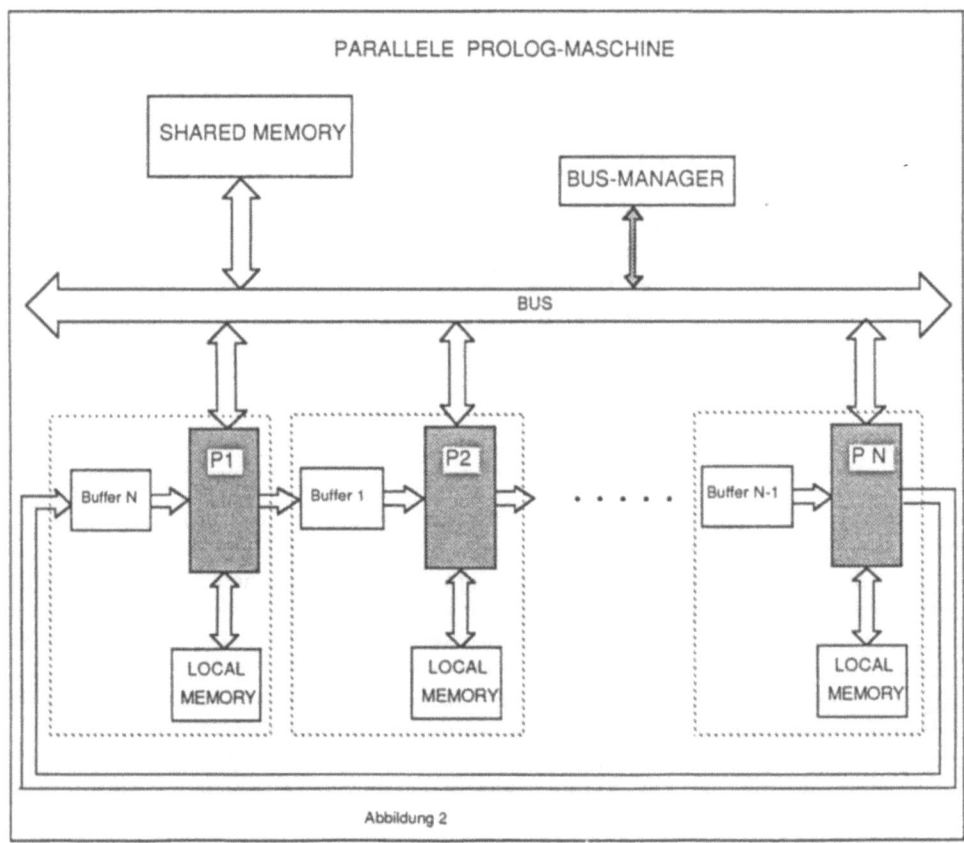

Abbildung 2

Der Kommunikationspuffer zwischen je zwei Prozessoren enthält die Argument-Register für den rechten Prozessor und die notwendigen Synchronisation-Flags. Der Kommunikationspuffer ist außerdem in Blöcke aufgeteilt (Abbildung 3). Jeder Block enthält einen eigenen Satz von Flags und Argument-Registern, sodaß in der Prozessor-Pipeline mehrere Programme gleichzeitig nebeneinander laufen können. Auf diese Weise ist es möglich, AND-Parallelität in der Ausführung von sequentiellem Prolog zu unterstützen. Die notwendigen Bedingungen für die sichere Ausführung von AND-Parallel-Programmen werden zur Compile-Zeit garantiert.

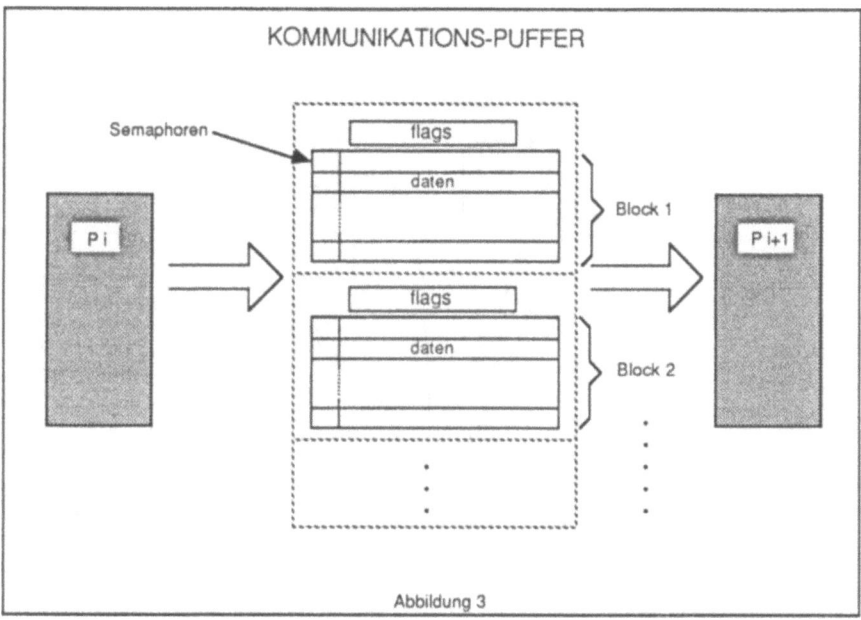

Abbildung 3

Jeder Prozessor kann außerdem auf einen lokalen Speicher zugreifen, wo lokale Variablen und die statischen Teile des Prolog-Programms gespeichert werden können. Dynamische Prädikate (d.h. Prädikate die bei Laufzeit verändert werden können) werden im gemeinsamen Speicher abgelegt.
Die Simulationsaufgabe war, diese Architektur und den Befehlsatz der modifizierten WAM zu überprüfen. Es sollte möglich sein, den Befehlsatz zu debuggen und die Hardware-Architektur schrittweise zu verbessern, indem verschiedene Hardware-Optionen bewertet werden können. Die Leistungsfähigkeit der Maschine sollte auch abgeschätzt werden.

## 6. Design des Simulators.

Für die Simulation wurde Modula-2 als Programmiersprache gewählt. Das Modul-Konzept der Sprache war besonders nützlich, da verschiedene Teile der Architektur voneinander isoliert werden konnten. Das Testen von verschiedenen Hardware-Varianten implizierte auf diese Weise jedesmal nur Änderungen in lokalisierten Modulen. Ein anderer wichtiger Faktor war, daß Modula-2 auf verschiedenen der bei uns benutzten Rechnern zur Verfügung stand und deshalb die Simulation ohne weiteres portierbar ist. Unser Simulationsmodell ist ereignisorientiert. Das Hauptprogramm des Simulators funktioniert als Scheduler einer Event-Queue, in dem die verschiedenen Ereignisse und die "wake-times" eingetragen werden. Für eine effiziente Verwaltung von Interrupts war es notwendig, eine Wait-Queue einzuführen, in der unterbrochene Prozesse eingetragen werden.

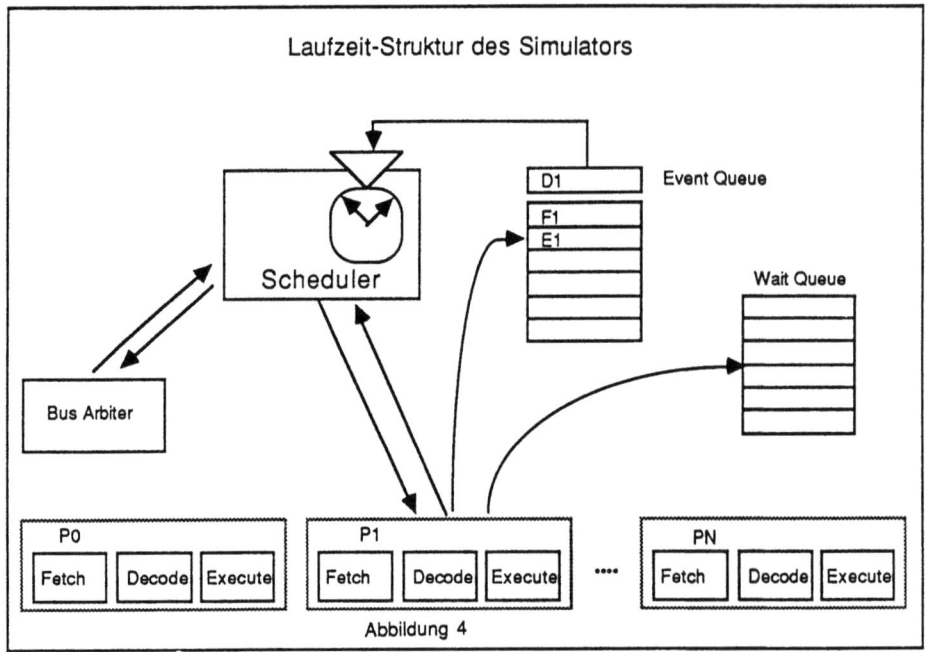
Abbildung 4

Die Programmierung dieses Modells war in Modula-2 wegen des Koroutinen-Konzepts der Sprache besonders einfach. Der Scheduler und die ganze Laufzeit-Kontrolle des Simulators konten in einem kleinen Modul untergebracht werden. Weitere Einzelheiten unseres Simulationsmodells können aus der Abbildung 4 entnommen werden. Jeden Prozessor kann man als drei konkurrente Prozesse ansehen, indem Fetch, Decode und Execute parallel durchgeführt werden. Ein Bus-Arbiter wird simuliert und andere Einzelheiten des Prozessors werden auch berücksichtigt. Die Simulation wird deswegen zum größten Teil auf Register-Ebene durchgeführt.

## 7. Module des Simulationsprogramms.

Die Abbildung 5 zeigt eine stilisierte Darstellung der Arbeitsweise des Simulators. Ein Assembler für WAM-Befehle verwandelt das Prolog-Programm in Binär-Code. Der Simulator führt das Programm aus und liefert als Resultat ein Laufzeitprotokoll und eine Laufzeitstatistik. Der Simulator kann interaktiv kontrolliert werden. Die Stacks der modifizierten WAM können in unterschiedlichen Fenstern am Bildschirm inspiziert werden. Es ist auch möglich, Break-Points im Programm einzusetzen. Der Zustand jedes Prozessors ist ebenfalls sichtbar. Alle Optionen des Simulators werden durch entsprechende Menüs selektiert und sogar die Hardware-Konfiguration kann vor dem Starten des Programms verändert werden. Der Simulator ist also ein ideales Werkzeug für die Überprüfung von allen möglichen Varianten der Befehle und der Architektur.

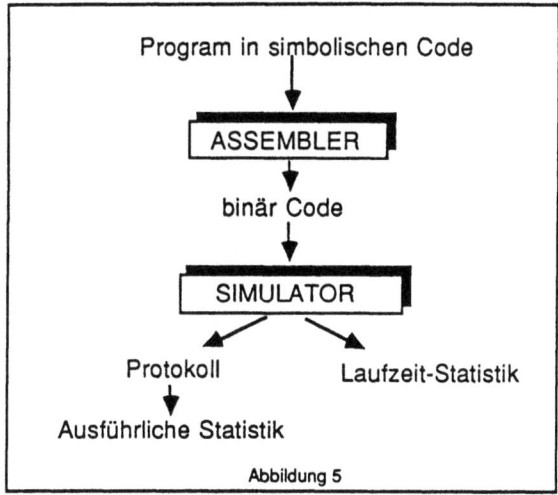

Abbildung 5

Die nächste Abbildung zeigt einige der wichtigsten Module des Simulators. Das Hauptmodul besteht aus Prozeduren für das Scheduling von Ereignissen. Ein Queue-Modul erlaubt auch verschiedene Strategien für die Verwaltung der Wait-Queues und die Synchronisation durch Semaphoren. Die Hardware wird in einem speziellen Modul definiert. Die WAM-Befehle gehören zu einem anderen Modul, auf das auch der Assembler Zugriff hat. Ein Statistik-Modul enthält sämtliche statistische Routinen. Ein Bus-Arbitermodul erlaubte es uns, die Bus-Arbitrierung zu verändern und zu testen. Weitere Module sind auch abgebildet.

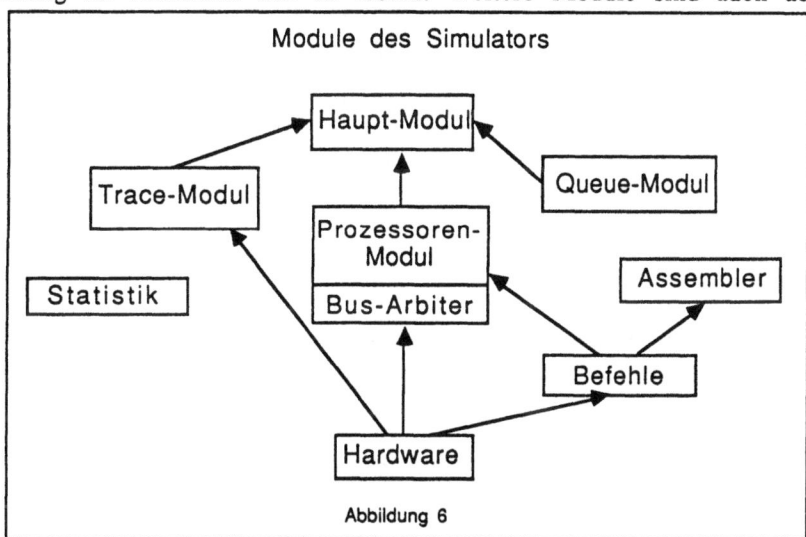

Abbildung 6

## 8. Ergebnisse.

Der Simulator für die parallele Prolog-Maschine wurde in einer vergleichbaren Zeit geschrieben, wieals es mit anderen speziell für Simulation konzipierten Sprachen möglich gewesen wäre. Die Ausführungszeiten sind auch vergleichbar.

Das Verhältnis zwischen Simulations- und Real-Zeit lag bei $10^4$, ein nicht allzu großes Verhältnis, wenn man berücksichtigt, daß es sich hier um eine auf Register-Ebene durchgeführte Simulation handelt. Wichtiger als dieses Verhältnis war die Möglichkeit interaktiv die Durchführung des Programms zu kontrollieren. So konnten viele Hardware-Bugs noch vor dem Bau des ersten Prototyps gefunden und behoben werden.

Die mit dem Simulator erzeugte Laufzeitstatistik zeigt, daß es möglich ist, bis zu 300 Klips (Kilo-Logische-Inferenzen/Sekunde) mit 3 Prozessoren zu erreichen. Die benutze Pipeline-Parallelität reicht aus, um jedesmal eine Kette von drei Prozessoren voll auszulasten. Dies würde bedeuten, daß die Länge des optimalen Prozessor-Rings, im Falle nur eines laufenden Programms, bei 3 liegt. Wenn mehrere Programme oder Prädikate (AND-Parallelität) gleichzeitig ausgeführt werden, dann könnte eine Pipeline von 8 Prozessoren eine Geschwindigkeit von bis zu 750 Klips erreichen (4 parallele Prozesse).

## 9. Schlußfolgerungen und weitere Arbeit.

Modula-2 erwies sich als ein für die Simulation besonders geeignetes Werkzeug. Die Sprache verfügt über die ganze Flexibilität von universellen Programmiersprachen, und das Vorhandensein von Koroutinen erlaubt die schnellere Programmierung von Event-Orientierten Simulations-Modellen. Die Ausführungsgeschwindigkeit unseres Compilers (bei der GMD entwickelt) war vergleichbar mit der unseres C-Compilers unter UNIX. Die Modularität der Sprache zwang uns von vornherein die vorgeschlagene Architektur in ihre logischen Komponenten zu zerlegen und voneinander zu isolieren.

Eine weitere Version des Simulators wird auch andere Aspekte der Hardware-Architektur überprüfen und insbesondere eine neue Methode für die Durchführung von Garbage-Collection in Echt-Zeit berücksichtigen. Ein Garbage-Collector-Prozessor muß hinzugefügt werden und die Synchronisation der Prozessoren-Pipeline muß weiterhin die höchste Arbeitsgeschwindigkeit garantieren. Zur Zeit (Sommer 1987) wurde die Parallele-Prolog-Maschine schon in einem Testbed von 8 Prozessoren softwaremäßig implementiert. Anfang 1988 wird der Bau eines ersten Hardware-Prototyps in Angriff genommen.

**LITERATUR:**

[1] Backus, J.: Can Programming be liberated from the von Neumann style? A functional style and its algebra of programs., *Communications of the ACM*, Vol 21, pp. 613-641, 1978.

[2] Beer, J.: POPE: Parallel Operating Prolog Engine, erscheint in *Future Generation Computer Systems*.

[3] Kowalski, R.: Algorithm=Logic+Control, *Communications of the ACM* 22, pp. 424-436, 1979.

[4] Gregory, S.: Design, Application and Implementation of a Parallel Programming Language, PhD-Thesis, Imperial College of Science and Technology, London 1985.

[5] Naish, L.: *Negation and Control in Prolog*, Lecture Notes in Computer Science 238, Springer-Verlag 1986.

[6] Shapiro, E.Y.: A Subset of Concurrent Prolog and its Interpreter, Tech. Report TR-003, Institute for New Generation Computer Technology, Tokyo 1983.

[7] Ueda, K: Guarded Horn Clauses, PhD-Thesis, University of Tokyo 1986.

[8] Warren, D.H.D.: Implementing Prolog- Compiling Logic Programs 1 and 2, DAI Research Reports 39 und 40, University of Edinburgh, 1977.

[9] Warren, D.H.D.: An Abstract Prolog Instruction Set, SRI International, Menlo Park, C A. Technical Report (Oktober 1983).

# Hybride Modellierung zur Rechenzeiteinsparung bei Simulationsuntersuchungen mit Auswertungsnetzen

F. Regen, W. Ameling
Rheinisch-Westfälische Technische Hochschule Aachen
D-5100 Aachen

Zusammenfassung: Bereits in der Planungsphase von Multiprozessorsystemen ist eine Bewertung der Designentscheidungen anhand von Modellen erforderlich. Für diesen Anwendungsbereich zeigten sich Auswertungsnetze, eine Art von Petri-Netzen mit interpretierten Marken und beliebig zustandsabhängigem Tokenfluß, als geeignete Modellierungsmethode. Die Berechnung von Auswertungsnetzmodellen ist nur simulativ möglich. Wie bei allen Simulationsuntersuchungen, so sind auch hier die erforderliche Berechnungszeiten im allgemeinen hoch. Vorgestellt wird ein hybrides Modellierungsverfahren, bei dem die Rechenzeiten für die Simulationsuntersuchungen mit Auswertungsnetzen durch die Einbeziehung von analytisch zu berechnenden Teilmodellen in die Simulationsmodelle beträchtlich reduziert werden. Anhand eines konkreten Beispiels aus der Bewertung eines vorhandenen Multiprozessorsystems werden die benötigten Rechenzeiten für 'ad hoc' Simulationsuntersuchungen abgeschätzt und mit den Rechenzeiten verglichen, die mit Hilfe des entwickelten hybriden Modellierungsverfahrens erzielt werden.

## Einleitung

Im Rahmen der Bewertung von Rechnerstrukturen sind die folgenden Fakten wesentlich:
- Leistungsfähigkeit - hier im Sinne von hoher Befehlsausführungsrate bzw. von minimierten Programmausführungszeiten gemeint,
- Korrektheit - gemäß einer vorgegebenen Spezifikation,
- Fehlertoleranz,
- Modularität und
- Flexibilität.

Die Leistungsbewertung geschieht teilweise durch Messungen während des realen Systembetriebs oder mit synthetisch erzeugten Arbeitslasten, was nur bei existierenden Systemen möglich ist. Während der Planungsphase eines Systems verwendet man zumeist Warteschlangenmodelle, die entweder simulativ oder analytisch berechnet werden. Für Korrektheitsnachweise werden zumeist graphische Verfahren herangezogen, beispielsweise Petri-Netze. Die Fehlertoleranz versucht man durch Markov-Prozesse zu beschreiben und zu analysieren. Zur Bewertung der Modularität und der Flexibilität sind keine allgemeinen Methoden bekannt.

Für die weitere Entwicklung von Rechnerstrukturen sind Methoden notwendig, die eine begleitende Kontrolle und Bewertung der Fakten während des gesamten Lebenszyklus eines Systems - insbesondere bereits in der Planungsphase - ermöglichen und deren Rechenzeiten in einem vertretbaren Rahmen bleiben.

In diesem Beitrag wird gezeigt, wie man mit Hilfe der hybriden Modellierung homogene Multiprozessorsysteme /GI1080/ (Systeme, deren Prozessoren gleich sind und die über einen Bus auf einen gemeinsamen Speicher zugreifen) bezüglich der Leistungsfähigkeit und teilweise der Korrektheit mit Hilfe der Simulation effektiv untersuchen kann. Im einzelnen besteht ein System aus folgenden Komponenten:
- Zeitsteuerung; ordnet die relevanten zeitlichen Vorgänge in ein festes Raster ein.
- Bus; ein im Zeitmultiplex betriebenes Kommunikationsnetzwerk, das vom Buskontrollmodul für eine Übertragung zugeteilt wird.
- Buskontrollmodul; entscheidet, wer den Bus zugeteilt bekommt.
- Prozessormodule; verfügen über einen Prozessor und privaten Speicher, auf den sie unbehindert zugreifen können. Abhängig von der Zugriffshäufigkeit auf den lokalen Speicher ergibt sich eine mehr oder weniger große Zugriffshäufigkeit für den Bus.
- Speicher; über ihn erfolgt alle Kommunikation zwischen den Prozessoren.


Modellierungsaspekte

Für eine Simulationsuntersuchung ist zunächst eine Modellierung des Rechnersystems erforderlich. Im allgemeinen erfolgen modellorientierte Untersuchungen in zwei Schritten: Zunächst wird ein Modell des zu untersuchenden Systems geschaffen. Dazu wird das zu untersuchende System analysiert und unter Verwendung eines ganz bestimmten Begriffsrahmens, dem sogenannten Strukturkonzept, in ein Modell abgebildet /SCHM82/. Im zweiten Schritt wird das im ersten Schritt erzeugte Systemmodell in ein Auswerteprogramm umgesetzt, d. h. das Modell wird in einem bestimmten sogenannten Modelltyp dargestellt.

Der Modellbildungsprozeß wird durch eine geeignete Modellierungsmethode wesentlich vereinfacht. An die Modellierungsmethode sind daher einige Anforderungen zu stellen. Zunächst sollte sie im Rahmen der zugrundeliegenden Aufgabenstellung möglichst allgemein anwendbar, einfach in der Benutzung und anschaulich sein. Für Multiprozessorsysteme ist die Darstellbarkeit von parallelen Prozessen, deren Eigenschaften und Wechselwirkungen zwingend erforderlich. Die wichtigsten Aspekte sind die durch Behinderungen verzögerte Ausführung von Prozessen und die Synchronisation von Prozessen. Datenfluß und datenabhängige Entscheidungen (z.B. Prioritätsregelungen) müssen dargestellt werden können, da die verschiedenen Komponenten eines Rechners im allgemeinen miteinander kommunizieren und dazu untereinander Daten austauschen. Sehr wichtig ist auch die Darstellbarkeit von Ausführungs- und Verzögerungszeiten, beispielsweise um die Auslastung von Betriebsmitteln oder Prozeßausführungszeiten bestimmen zu können. Ein modularer Modellaufbau sollte unterstützt werden, um übersichtliche Modelle zu erhalten. Da in der Planungsphase nicht alle systembeschreibenden Informationen bekannt sind und diese sich erst im Laufe der Entwicklung ergeben, muß die Modellbeschreibungsmethode Modellierungselemente zur Verfügung stellen, mit denen man in der Lage ist, ein System sowohl in relativ groben Blöcken als auch detailliert zu beschreiben. Nicht zuletzt muß die Modellierungsmethode die Auswertung mit Hilfe eines Rechners gestatten.

Basierend auf den genannten Anforderungen wurden verschiedene Modellierungsmethoden aus dem graphentheoretischen Strukturkonzept, das warteschlangentheoretische Strukturkonzept sowie die für deren Auswertung wichtigen Modelltypen der mathematisch analytischen Modelle und der Simulationsmodelle untersucht. Für den hier betrachteten Anwendungsbereich zeigten sich Auswertungsnetze, eine Art von Petrinetzen mit interpretierten Marken oder Token und beliebig zustandsabhängigem Tokenfluß durch das Netz, als eine gut geeignete Modellierungsmethode.

Auswertungsnetze bestehen aus:
- Token; stellen die dynamischen Modellobjekte und deren Attribute dar.
- Stellen; können einen Token speichern und verbinden die Transitionen miteinander.
- Transitionen; repräsentieren die permanenten Modellobjekte und Übertragen (Feuern) Token von Eingangs- zu Ausgangsstellen. Transitionen sind die Orte im Netz wo alle Systemaktivitäten ausgeführt werden.

Der Tokenfluß im Netz kann beliebig zustandsabhängig sein. Die Berechnung von Auswertungsnetzen ist nur simulativ möglich. Dazu wurde das Simulationspaket FORCASD eingesetzt, ein auf Auswertungsnetzen aufbauender Simulator für diskreter Systeme, der im Philips Forschungslaboratorium Hamburg entwickelt wurde /DAHM82/.

Motivation für die hybride Modellierung

Anhand eines konkreten Beispiels aus der Bewertung des M5PS-Systems, einem typischen Verteter der hier betrachteten Multiprozessorsysteme, werden die Rechenzeitprobleme aufgezeigt, die bei reinen Simulationsuntersuchungen mit Auswertungsnetzen auftreten. Aufgabenstellung in dem Beispiel ist die Bestimmung von Programmausführungszeiten in einem M5PS-System. Die Programmbeschreibung des parallelen Programms erfolgt durch einen Prozeßgraphen, der aus einer Menge von Prozessen und einer Vorrangrelation zwischen den Prozessen besteht. Prozesse sind Folgen von Befehlen, die zwischen zwei durch die Vorrangrelation erzwungenen Synchronisationspunkten ausgeführt werden, und die durch die benötigte Rechenzeit und die benötigte Buskapazität im unbehinderten Fall gewichtet sind. Ein Synchronisationspunkt ist bereit (dort beginnende Prozesse können gestartet werden), wenn die Ausführung aller dort endender Prozesse abgeschlossen ist.

Die Simulation bietet sich in diesem Fall zur Berechnung an, da sich die zeitabhängige Busbelastung erst bei der Ausführung des Prozeßgraphen ergibt durch das stückweise als konstant angenommene unbehinderte Zugriffsverhalten der beteiligten Prozessoren und durch gegenseitige Behinderungen beim Buszugriff, die die unbehinderten Prozeßausführungszeiten zeitlich dehnen. Außerdem enthält das System prioritätengesteuerte Vorgänge, was immer ein Problem bei der Anwendung der Warteschlangentheorie ist. Das Simulationsmodell besteht aus zwei Teilmodellen, die miteinander verbunden werden - einem Steuerteil, der Prozesse startet, wenn Synchronisationspunkte bereit werden und einem Hardwareteil, in dem die behinderten Ausführungszeiten bestimmt und "verbraucht" werden. Auf das Steuerteil-Teilmodell wird hier nicht weiter eingegangen (siehe /REGE84/). Das Hardware-Teilmodell (Bild 1) ist dem realen Ablauf relativ exakt nachgebildet. Der durch den Prozeßgraphen vorgegebenen Rechenzeitbedarf und die Busauslastung im unbehinderten Fall müssen in eine Anzahl von Buszugriffen und eine mittlere interne Rechenzeit zwischen je zwei Buszugriffen umgerechnet werden.

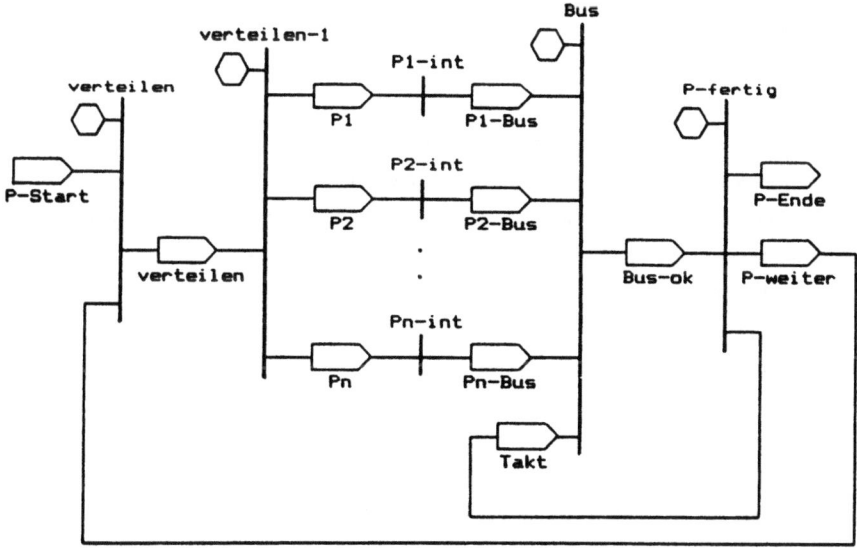

Bild 1: Hardware-Teilmodell

In 'P-Start' ankommende Token (auszuführende Prozesse) werden auf die Prozessoren 'P1' bis 'Pn' verteilt. Die Transitionen 'P1-int' bis 'Pn-int' repräsentieren die internen Rechenzeiten der Prozessoren. Nach Ablauf der entsprechenden Übergangszeiten werden die Token in die Stellen 'P1-Bus' bis 'Pn-Bus' übertragen und konkurrieren um die Transition 'Bus'. Diese wählt nach einer durch ihre Entscheidungsprozedur bestimmten Vergabestrategie einen der Token in den Stellen 'P1-Bus' bis 'Pn-Bus' aus und überträgt ihn nach Ablauf einer Zeitscheibe in die Stelle 'Bus-ok'. Wenn die Anzahl der erforderlichen Buszugriffe für einen auszuführenden Prozeß erreicht ist, wird der Token über die Stelle 'P-Ende' an den Steuerteil zurückgegeben, ansonsten wird er über die Transitionen 'verteilen' und 'verteilen-1' wieder zu seinem entsprechenden Prozessor 'Pi' zurückgeleitet. Die Stelle 'Takt' belegt freie Buszeitscheiben und garantiert so die Einhaltung des Zeitscheibenrhythmus für den Bus.

In diesem Modell entstehen Rechenzeitprobleme dadurch, daß alle Buszugriffe nachgebildet werden müssen. In einem ähnlich aufgebauten Modell wurden in einer CPU-Sekunde auf einer Siemens 7536 ca. 20 Zeitscheiben simuliert. Bei einer Zeitscheibenlänge von 500 ns im M5PS-Multiprozessorsystem benötigt das hier vorgestellte Simulationsmodell für die Nachbildung einer realen Sekunde Rechenzeit 100.000 CPU-Sekunden, das sind ca. 28 Stunden.

## Hybride Modellierung

Leistungsbestimmend für die betrachteten Multiprozessorsysteme sind im wesentlichen die Vergabestrategien für rare Betriebsmittel . Die Engpaßbetriebsmittel sollen möglichst hoch ausgelastet sein, aber es dürfen keine Deadlocks entstehen. Zugeteilt werden diese Betriebsmittel für einen Zeitraum, z.B. der Bus für eine Zeitscheibe. Daraus ergeben sich im wesentlichen zwei Gründe für die langen Simulationszeiten: Erstens muß man sehr viele Anfragen nach einem Betriebsmittel simulieren, obwohl sie immer unter den gleichen Bedingungen erfolgen. Prolematisch dabei ist, daß man im voraus nicht erkennen kann, wann sich die Bedingungen ändern. Zweitens muß man alle Zeiträume inklusive aller Aktionen simulieren, obwohl für eine Untersuchung nur eine Teilmenge der in jedem Zeitraum ablaufenden Aktionen von Interesse ist oder obwohl nur in einer Teilmenge der Zeiträume die wesentlichen Dinge passieren. Das Problem hier ist, daß in beiden Fällen die weniger interessierenden Aktionen alle Aktionen beeinflussen.

Die Simulationszeiten lassen sich in vielen Fällen durch eine hybride Modellierung beträchtlich reduzieren. Dabei wird hier unter hybrider Modellierung die Einbeziehung von analytisch berechenbaren Teilmodellen des warteschlangentheoretischen Strukturkonzepts in simulativ zu berechnende Auswertungsnetzmodelle verstanden. Anwendbar ist dieses Verfahren auf Engpaß-Betriebsmittel, bei denen das Nachfrageverhalten über gewisse Zeiträume konstant ist. Im folgenden wird nur ein Engpaßbetriebsmittel betrachtet. Das Verfahren kann auf mehrere Betriebsmittel erweitert werden, allerdings wächst die Anzahl möglicher Systemzustände exponentiell.

Voraussetzung für eine Rechenzeitreduktion gegenüber der reinen Simulation ist, daß in den Warteschlangenmodellen nur eingeschwungene Zustände betrachtet werden und daß keine zeitabhängige Lösung erforderlich ist. Dies ist aber immer erfüllt, wenn nur Bedienstationen verwendet werden, die den BCMP-Bedingungen genügen /BASK75/, und keine Bedienstation überlastet wird. BCMP-Bedingungen heißt, daß die Ankunfts- und Bedienraten gewissen Verteilungen genügen müssen und nur bestimmte Abhängigkeiten erlaubt sind. Außerdem sind nur bestimmte Bedienstrategien erlaubt.

Im folgenden wird die hybride Modellierung anhand der Zugriffe auf den Bus eines M5PS-Sytems gezeigt. Der Bus wird als eine Bedienstation mit einer Bedienzeit von einer Zeitscheibe betrachtet, deren Zustand durch die Anzahl der gestellten Busanforderungen bestimmt ist. Zur Bestimmung eines Verzögerungsfaktors, um den die unbehinderte Rechenzeit eines Prozesses verlängert wird, muß man für den Fall der priorisierten Busvergabe alle Zustandswahrscheinlichkeiten bestimmen. Dies ist möglich, da unter den genannten Voraussetzungen die sogenannte Gleichgewichtslösung für die Bus-Bedienstation existiert. Gleichgewichtslösung heißt, daß die Anzahl der Anforderungen und der Bedienungen im eingeschwungenen Zustand gleich ist. Aus den Zustandswahrscheinlichkeiten lassen sich die gesuchten Faktoren berechnen. Bei der Busvergabestrategie "fair" hat der Bus die Strategie Prozessor Sharing, und man kann direkt mit einem Algorithmus aus der Warteschlangentheorie die mittleren Durchsätze der Bedienstationen berechnen (z.B. Mittelwertanalyse). Aus den mittleren Durchsätzen lassen sich die gesuchten Faktoren bestimmen.

Bild 2 zeigt ein hybrides Hardware-Teilmodell für das obige Beispiel. Nur die Transitionen 'P1' bis 'Pp' haben von 0 verschiedene Übergangszeiten. Diese repräsentieren die behinderten Rechenzeiten eines Prozesses, und zwar jeweils für einen Zeitraum, in dem das Zugriffsverhalten der Prozessoren konstant bleibt. Sie ergeben sich aus den unbehinderten Rechenzeiten der Prozesse durch die Multiplikation mit den erwähnten Verzögerungsfaktoren. Die Verzögerungsfaktoren sind abhängig vom Buszugriffsverhalten der gerade aktiven Prozessoren, d. h. im Modell von den gerade aktiven Transitionen 'Pi'. Die Buszugriffe werden nicht mehr explizit simuliert. Das Simulationsmodell erkennt die Zeitpunkte, in denen sich das Buszugriffsverhalten ändert. Das geschieht in genau zwei Fällen: Einmal übergibt der Steuerteil in der Stelle 'ein' einen Token an das Hardware-Teilmodell, der einen auszuführenden Prozeß darstellt. Dieser Token wird über 'A-Beginn', 'ein-1', 'verteilen', 'ein-2' und 'verteilen-1' zu dem ihm bereits im Steuerteil zugewiesenen Prozessor 'Pia' übertragen. In diesem Fall konkurriert ein Prozessor mehr um den Bus. Zum zweiten kann die behinderte Ausführungszeit eines Prozessors, dargestellt durch die Transition 'Pi', ablaufen. Der entsprechende Token kehrt über 'Pib', 'wegleiten', 'rück', 'verteilen-2', 'fertig', 'A-Ende' und 'aus' zum Steuerteil zurück. Nun konkurriert ein Prozessor weniger um den Bus. Beim Schalten der Transitionen 'A-Beginn' und 'A-Ende' werden alle aktiven Transitionen 'Pi' abgebrochen und für die dadurch nach 'Pib' gefeuerten Token werden unbehinderte Restrechenzeiten aus den bereits abgelaufenen behinderten Rechenzeiten und den bisherigen Verzögerungsfaktoren berechnet. Anschließend werden diese Token zu ihrem jeweiligen Prozessor 'Pia' zurückgebracht. Ein neues Intervall mit konstantem Zugriffsverhalten beginnt, und neue aktuelle Verzögerungsfaktoren werden auf die oben beschriebene Weise berechnet.

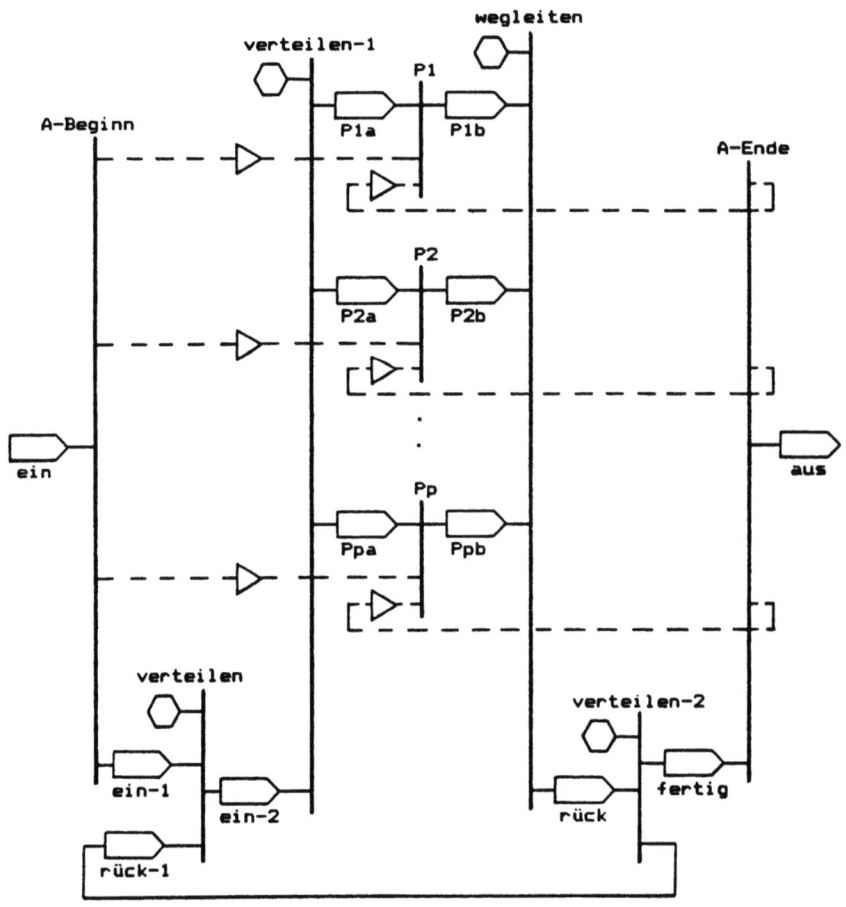

Bild 2: hybrides Hardware-Teilmodell

Die erforderlichen Rechenzeiten dieses Modells sind abhängig von der Größe und Komplexität des zu simulierenden Prozeßgraphen. Für einen einfachen Prozeßgraphen mit 10 Prozessen lagen die Rechenzeiten bei ca. 6-8 Sekunden auf einer Siemens 7536. Zur Validierung dieses Modells wurde ein Prozeßgraphen aus dem Gebiet der Bildverarbeitung, von dem bereits Meßwerte am M5PS-System vorlagen, genau modelliert. Die erzielten Simulationsergebnisse stimmten sehr gut mit den gemessenen Werten überein.

Zusammenfassung

Auswertungsnetze und FORCASD haben sich als sehr geeignet für die Bewertung der betrachteten Multiprozessorsysteme erwiesen. Das vorgestellte Modellierungsverfahren reduziert die erforderlichen Berechnungszeiten beträchtlich durch die Einbeziehung analytisch zu berechnender Warteschlangenmodelle. Die Vorteile dabei sind, daß man durch die Simulation die Möglichkeit hat, die kritischen und interessierenden Aspekte eines Systems relativ genau zu modellieren, und daß man die Teile, deren Verhalten man trotz der stark vereinfachenden Annahmen der mathematischen Warteschlangentheorie genügend genau modellieren kann, analytisch berechnet. Die Praktikabilität, die Güte des Modellierungsverfahrens und die erzielbare Rechenzeiteinsparung hat das Beispiel gezeigt.

Literatur

/BASK75/ Baskett, F./ Chandy, K. M./ Muntz, R. R./ Palacios, F. G.
Open, Closed, and Mixed Networks of Queues with Different Classes of Customers
Journal of the ACM, Vol. 22, No. 2, pp. 248 - 260, 1975

/DAHM82/ Dahmen, N.
Modeling and Simulation with FORCASD
Laborbericht Nr. 528/82, Philips Forschungslaboratorium Hamburg, 1982

/GILO80/ Giloi, W. K.
Rechnerarchitektur
Informatik Spektrum, No. 3, pp. 3 - 18, 1980

/REGE84/ Regen, F.; Krings, L.; Ameling, W.
Berechnung der Ausführungszeiten von Prozeßgraphen in einem Multiprozessorsystem mittels Simulation
Informatik Fachbericht 85, pp. 73 - 78, 1984

/SCHM82/ Schmidt, B.
Informatik und allgemeine Modelltheorie - eine Einführung
Angewandte Informatik, No. 1, pp. 35 - 42, 1982

# Petrinetzbasierte Modellierung von Rechnerstrukturen in PROLOG

T. Bartsch, W. Kubalski, W. Ameling
RWTH Aachen

**Zusammenfassung:** Der Beitrag beschreibt ein petrinetzbasiertes Modellierungsverfahren zur architekturnahen Darstellung von Rechnerstrukturen. Aus Prädikat/Transitionsnetzen wird ein übersichtliches Werkzeug zur Beschreibung konkurrenter Prozesse in Architekturen mit Zeitverhalten entwickelt. Zur Analyse des funktionalen Verhaltens modellierter Strukturen wird eine Simulationsumgebung in PROLOG vorgestellt. Die PROLOG-Datenbasis wird aus einer Hochsprachenspezifikation der Netztopologie automatisch generiert und bietet so die Grundlage für flexibel erweiterbare Analysestrategien.

## 1. Einleitung

Prototypische Entwicklungen als Voraussetzung zur Leistungsbewertung komplexer Rechnerstrukturen sind sehr aufwendig und aus Gründen der Wirtschaftlichkeit und Flexibilität nur in seltenen Fällen sinnvoll. Es werden daher modellgestützte Simulationsverfahren eingesetzt, um auf existierenden Computersystemen Eigenschaften und Merkmale interessierender Strukturen nachzubilden. Die Eignung von Petrinetzen zur Darstellung und Analyse insbesondere konkurrenter Prozesse ist allgemein anerkannt (/Reis82/). In diesem Beitrag wird gezeigt, wie eine Klasse höherer Netze durch Definition von Zeitverhalten und Simulation in einer PROLOG-Umgebung zu einem geeigneten Modellierungswerkzeug für Rechnerstrukturen ausgebildet werden kann. Neben der Darstellbarkeit des funktionalen Verhaltens steht die Forderung nach möglichst architekturnaher Repräsentation der modellierten Struktur im Vordergrund. Sowohl die dynamische Netzsemantik als auch die konkrete Netztopologie werden - letztere mittels ebenfalls in PROLOG realisiertem Übersetzer aus einer Hochsprachenspezifikation - in eine Sequenz formaler PROLOG-Fakten und -Regeln überführt. Dies gestattet eine Vielzahl unterschiedlicher Analysestrategien, welche sich in PROLOG-Statements flexibel prototypisieren lassen, ohne daß ein Netzmodell hierfür geändert werden muß. Das Anwendungsspektrum reicht von einfacher Beobachtung des Markenflusses bis zur zielgerichteten Lösungsfindung bei Fragen funktionaler Optimierung.

## 2. Zeitbehaftete Prädikat/Transitionsnetze (TPrT-Netze)

Grundlage zur Definition der Netzform ist die Klasse der von Genrich und Lautenbach (/GeLa80/) eingeführten Prädikat/Transitionsnetze (PrT-Netze). Wesentliche Merkmale dieser höheren Petrinetze seien kurz aufgezählt:

- Stellen und Transitionen sind strukturelle Komponenten,
- Netzbelegungen sind Multimengen individueller Marken auf Stellen,
- Stellen können prädikatenlogische Ausdrücke zugeordnet werden,

---
Diese Arbeit entstand mit Unterstützung der IBM Deutschland GmbH.

- Transitionen nutzen spezifische Inschriften zur Markenmanipulation,
- Schaltvorgänge berücksichtigen die durch Bewertung mit aktuellen Markenattributen entstehenden prädikatenlogischen Aussagen an Stellen und Inschriften,
- Markenfluß, Kapazitätsverhalten und Kantengewicht genügen den Regeln einfacher Petrinetze.

Die Möglichkeiten zur Realisierung von Zeitverhalten in PrT-Netzen sind vielfältig. Prinzipiell kann individuellen Marken eines Netzes stets ein als Alter der Marke zu interpretierendes Attribut mitgegeben werden. Durch die Transitionsinschriften sind diese Komponenten von Ausgangsmarken als Ablagezeiten oder Verfügbarkeitsprädikate modifizierbar. Für TPrT-Netze soll ein Latenzzeitkonzept für zeitbehaftete Transitionen gelten. Um ein interpretierbares Verhalten hinsichtlich der Schaltreihenfolge zu gewährleisten, müssen Transitionen Zugriff auf eine aktuelle, globale Netzzeit haben. Einfacherweise wird die Verwaltung der Netzzeit und das Eintragen der Gebezeiten bei Ablage von Marken dem Netzsimulator übertragen, da so das explizite Ausformulieren zeitlicher Abhängigkeiten in jeder einzelnen Transitionsinschrift entfallen kann. Weiter soll für das TPrT-Netzkonzept gelten:

(1) Jede Transition erhält eine Verzögerungs- bzw. Latenzzeit zugeordnet. Zur Erfüllung der Schaltbedingung einer Transition müssen alle beteiligten Marken mindestens für die Dauer dieser Zeit in den Vorbereichsstellen gelegen haben.

(2) Zum Zweck der hierarchischen Auflösung von Konflikten werden alle Transitionen untereinander priorisiert. Eine Transition höherer Priorität schaltet im Konfliktfall vor einer niedriger bewerteten.

(3) Soll im Falle einer zeitbehafteten Transition der Zugriff auf Marken bestimmter Vorbereichsstellen erfolgen, ohne daß der Simulator bei erneuter Ablage die entsprechenden Zeitattribute ändert, so sind die Stellen als Inspektionsstellen zu deklarieren. Die zugehörigen Kanten heißen Inspektionskanten und werden im graphischen Netzmodell nicht gezeichnet, was die Netzkomplexität i.allg. erheblich reduziert.

Aus der Praxis der Modellierung mit Datenflußgraphen sind sog. 'snoop-arcs' bekannt (/Sri83/). Diese Kanten reflektieren auf einen bestimmten Zustand eines Prozesses oder die Verfügbarkeit einer Ressource. Inspektionsstellen (bzw. virtuelle Inspektionskanten) sollen ebenfalls derart bei der Modellierung verwendet werden.

### 3. Modellbildung mit TPrT-Netzen

Graphische Modelle bilden eine Schnittstelle zwischen dem modellierten System und einem abstrakten Simulationsprogramm. Sie werden - automatisch oder manuell - in den Code einer formalen Sprache überführt und dienen dem Simulator als Eingabe. Die Eignung zeitbehafteter PrT-Netze zur Formulierung einer derartigen Schnittstelle ist bedingt durch die geringe Anzahl elementarer Komponenten (Stellen, Transitionen, Kanten, Marken), die eindeutig definierte, dynamische Netzsemantik und das variable Abstraktions- und Modellierungsniveau. TPrT-Netze ermöglichen die Entwicklung hybrider Modelle einer Rechnerstruktur, d.h. relevante Systemzustände werden funktional über die einer Stelle zugeordnete Semantik dargestellt und Systemkomponenten sind in Analogie zur Hardware strukturell als Stellen des Netzes repräsentiert. Der Zustand einer Komponente wird über den Inhalt einer ggf. vorliegenden symbolischen (individuellen) Marke interpretiert. Verbindungen von Systemkomponenten untereinander werden modelliert durch angeschlossene Transitionen, welche Markenfluß und -manipulation im Netz steuern. Je nach Abstraktionsniveau ist eine beliebige Mischung (Verfeinerung, Auffaltung) struktureller und funktionaler Modellierungsansätze möglich, so daß sich eine repräsentative graphische Netzschnittstelle von gewünschter Genauigkeit ergibt.

Das Modellierungsverfahren wird für zwei Problemklassen exemplarisch demonstriert. Bild 3-1 zeigt das Blockschaltbild eines von-Neumann-Digitalrechners mit zwei unidirektionalen Datenbussystemen. Darunter das hybride TPrT-Netzmodell, worin Speicher, Bussysteme und Register strukturell korrespondierend in Stellen zu finden sind.

Gegenstand neuerer Entwicklungen ist eine aufgabenabhängig mikroprogrammierbare Pipelinearchitektur mit ei-

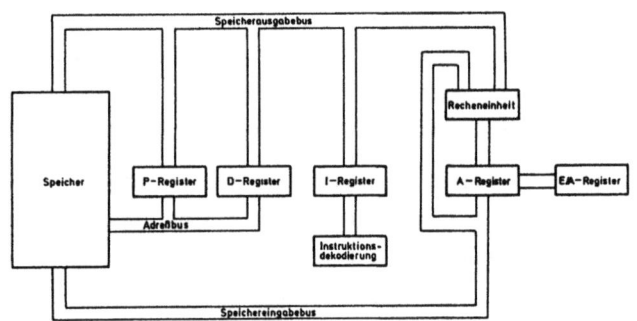

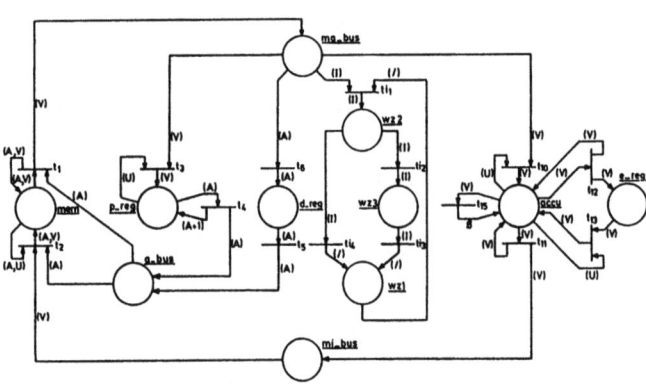

**Bild 3-1:** Digitalrechner - Blockschaltbild und TPrT-Netzmodell

ner festen Anzahl multifunktionaler Operationseinheiten, einer Menge von Schnittstellenregistern und einem allgemeinen Speicher (s. Bild 3-2). Eine Steuereinheit regelt per Mikroprogramm die Verschaltung von Einheiten und Registern zu einem ggf. nichtlinearen Operationswerk. Der optimale Einsatz solcher Architekturen fordert eine funktionsabhängige Programmierung derart, daß größter Datendurchsatz bei minimaler Länge des Mikroprogramms erreicht wird.

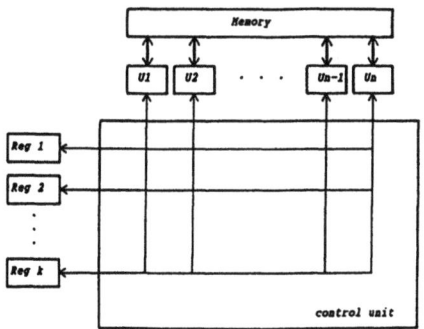

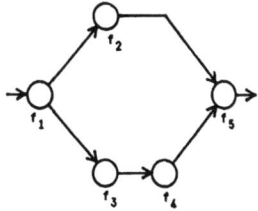

**Bild 3-3:** Datenabhängigkeitsgraph

**Bild 3-2:** Konfigurierbare Pipelinestruktur

Die programmierbare Pipeline wird für ein exemplarisches Aufgabenprofil mit Datenabhängigkeitsgraphen (Bild 3-3) als TPrT-Netz dargestellt. Hierin sind die Hardwarevoraussetzungen mit den Bedingungen des Graphen kombiniert (vgl. /Han86/). Individuelle Marken repräsentieren den Unit- und Registervorrat.

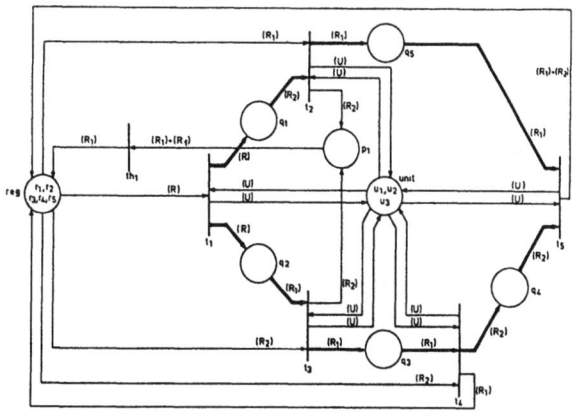

**Bild 3-4:** Netzmodell Pipeline bei geg. Taskprofil

## 4. Simulation von TPrT-Netzen mit PROLOG

Das graphische Netzmodell einer Architektur beinhaltet über die einfache Darstellung der statischen Strukturen hinausgehende Eigenschaften. Abhängig von Stellenbelegungen durch individuelle Marken im Netz werden gemäß der Petrinetz-Semantik i.allg. Transitionen aktiviert und schaltfähig, wodurch sich im Netz ein dynamischer Markenfluß einstellt. Die Bestimmung von möglichen Schaltfolgen aus spezifischen Markierungen und daraus resultierenden Stellenbelegungen soll für TPrT-Netze mittels nichtanalytischer Netzsimulation erfolgen. Hierzu wird ein Simulationsverfahren auf der Basis von PROLOG (/Clo84/) vorgestellt, welches eine Erweiterung der Vorschläge von Wisskirchen u.a. (/Wiss84/) darstellt.

Die allgemeine Netzsemantik wird in einen Simulationsautomaten (PROLOG-Programm) umgesetzt. Diesem dient das aus einer Hochsprachenspezifikation in PROLOG-Fakten und -Regeln überführte Netz als Datenbasis bei der ggf. zielgerichteten Lösungsfindung. PROLOG eignet sich zur Formulierung des Netzsimulators sowie zur Darstellung von TPrT-Netzen in besonderer Weise, da Simulator und Netzcodierung gleichermaßen Fakten bzw. Regeln und so formal nicht unterscheidbar sind. Es entsteht _eine_ konsistente

PROLOG-Datenbasis. Die explizite Programmierung eines Auswahlalgorithmus schaltfähiger Transitionen entfällt wegen der Backtracking-Fähigkeit des PROLOG-Systems.

### 4.1 Repräsentation von TPrT-Netzen in PROLOG

Die wesentliche Datenstruktur zur Verwaltung individueller Marken in PROLOG-Darstellung ist die Liste. Die Existenz einer Marke mit n Attributen $(Attr_1),...,(Attr_1)$ in einer Stelle (Name) wird in einer Listenstruktur [(Name),(Alter),$(Attr_1)$,..,$(Attr_n)$] notiert (im weiteren Token genannt), wobei (Alter) und $(Attr_i)$ PROLOG-Variable als Platzhalter für beliebige Werte von im Netz laufenden Marken sind. Eine Belegung mehrerer Stellen läßt sich so als Liste von Listen (Tokenliste) angeben. Jede Transition eines TPrT-Netzes wie auch Angaben zu Stellenkapazitäten werden über PROLOG-Statements spezifiziert (vgl. /Wiss84/):

      (1) trans( (Name),(Vorbereich),(Nachbereich) ).
      (2) inscr( (Name),(Vorbereich),(Nachbereich) ):- (Rumpf).
      (3) latency( (Name),(Latenzzeit) ).
      (4) inspec( (Name),(Token) ):- (Rumpf).
      (5) cap( (StellenName),(Kapazität) ).

(Vorbereich) bzw. (Nachbereich) bezeichnen Tokenlisten nach obiger Festlegung, (Rumpf) steht für eine Sequenz beliebiger PROLOG- Statements, i.allg. über Variablen der Tokenlisten und möglicher Bindungen durch Matching einer Regel. Eine Transitionspriorisierung ist implizit gegeben aufgrund der Deklarationsreihenfolge in der Datenbasis. Der Lösungsmechanismus von PROLOG-Systemen berücksichtigt diese Folge stets sequentiell.

Die PROLOG-Repräsentation wird aus einer formalen TPrT-Netzbeschreibungssprache automatisch generiert. Als Beispiel ist in Bild 4-1 ein Netzausschnitt in seiner Hochsprachenspezifikation und der PROLOG-Darstellung angegeben.

### 4.2 TPrT-Netzsimulator

Das Simulatorprogramm realisiert in PROLOG neben der allgemeinen Petrinetz-Semantik ein Latenzzeitkonzept für zeitbehaftete Transitionen: Jede Marke des Netzes besitzt ein Zeitattribut (Gebezeit, Alter), welches zur Bestimmung der Schaltfähigkeit von Transitionen mit berücksichtigt wird. Als Referenz dient eine vom Simulator verwaltete globale Uhr, die genau dann inkrementiert wird, wenn zur gegebenen Zeit keine weitere Transition mehr schaltfähig ist (trace driven simulation).

Kern des PROLOG-Programms ist eine Regel fire (Bild 4-2). Sie dient zur Auswahl und Durchführung von Schaltvorgängen durch Ausnutzung des Backtracking-Mechanismus über der nach Kap.4.1 (1) bis (5) definierten, netzspezifischen Datenbasis. Die Schaltsemantik für TPrT-Netze ist durch Aufruf von fünf PROLOG-Regeln in try realisiert (in Klammern die jeweils relevanten Positionen aus der Deklaration). Ist ein Teilziel der Semantik für eine gegebene Transition nicht nachzuweisen, so kommt es zum Mißerfolg der Regel. Wenn möglich, wird dann in fire eine andere Transition gewählt, worauf sich der Schaltversuchsprozeß wiederholt. Im anderen Fall ist keine weitere Transition schaltfähig und die Simulation des laufenden Taktes (durch siml rekursiv gesteuert) beendet.

(I)

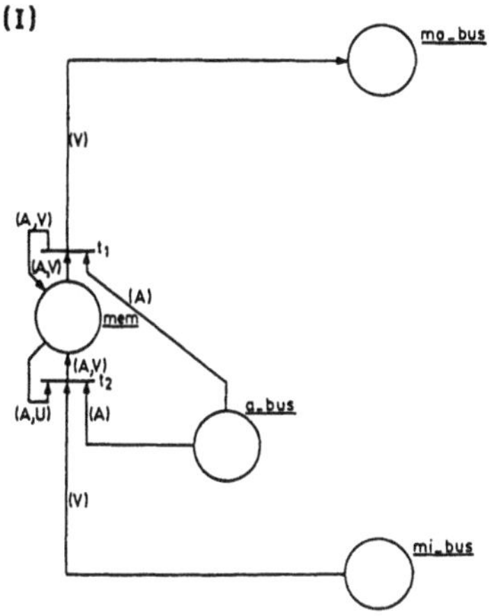

(II)
```
Program Mu5;
Defpart
   Type Mem    = Record v End;
        Adr    = Record a End;
        T1     = Record i End;
   Var mo_bus, mi_bus : Mem;
       a_bus              : Adr;
       wz2,wz3            : T1;
       wz1                : stdtyp1;
   Cap mo_bus, mi_bus, a_bus : 1;
End;
Transport
   Trans t1;
      Latency    0;
      Preset     a_bus;
      Postset    mo_bus;
      Inspection wz2: ;  wz3: ;
   End; {t1}
   Trans      t2;
      Latency    0;
      Preset     a_bus, mi_bus, mem_pr
      Postset    mem_po;
      Inspection wz2: wz2.i = 'store';
   End; {t2}
End. {Transport}
```

(III)

(1) trans( t1,[[mem,T1,A,V],[a_bus,T2,A]],
        [[mo_bus,T3,V],[mem,T4,A,V]] ).
(2) inscr( t1,[[mem,T1,A,V],[a_bus,T2,A]],
        [[mo_bus,T3,V],[mem,T4,A,V]]   ):-true.
(3) latency( t1,0 ).
(4) inspec( t1,[wz2,T,Inst] ):- true.
(4) inspec( t1,[wz3,T,Inst] ):- true.

(5) cap( mem,16 ).      cap( a_bus,1 ).
    cap( mi_bus,1 ).    cap( mo_bus,1 ).

(1) trans(t2,[[mi_bus,T1,V],[a_bus,T2,A],
        [mem,T3,A,_]],[[mem,T4,A,V]] ).
(2) inscr( t2,[[mi_bus,T1,V],[a_bus,T2,A],
        [mem,T3,A,_]],[[mem,T4,A,V]] ):-true.
(3) latency( t2,0 ).
(4) inspec( t2,[wz2,T,Inst] ):- Inst=store.

**Bild 4-1:** **(I) Speichermodell Digitalrechner, (II) Hochsprachenspezifikation, (III) PROLOG-Codierung**

```
fire( Mark,OutMark,Name,Time ):-
   trans( Name,PreSet,PostSet ),
   try( Name,PreSet,PostSet,Mark,OutMark,Time ).

siml( Mark,OutMark,[Trans!L],Time ):-
   fire( Mark,M,Name,Time ),
   siml( M,OutMark,L,Time ).
siml( M,M,[],Time ).
```

```
try( Name,PreSet,PostSet,Mark,OutMark,Time ):-
   check_inspec( Name,Mark,Token,Time ),        (4)
   remove_t( PreSet,Mark,M,Time,Trans ),        (1)(3)
   append_t( PostSet,M,OutMark,Time ),          (1)
   check_all_caps( OutMark ),                   (5)
   inscr( Name,PreSet,PostSet ).                (2)
```

**Bild 4-2:** **TPrT-Schaltsemantik und Transitionsauswahl in PROLOG**

Zur Analyse des dynamischen Netzverhaltens stehen als Möglichkeiten die Ermittlung von Transitionsfolgen und resultierenden Markierungen aus einer Initialbelegung sowie die Verifizierung einer gegebenen Schaltfolge über Initial- und Zielmarkierung zur Verfügung. Die Bestimmung ggf. durch Randbedingungen eingeschränkter Schaltfolgen innerhalb beliebiger Taktsequenzen nutzt wesentliche Fähigkeiten von PROLOG und dient zur zielgerichteten Untersuchung von Optimierungsproblemen. Das Suchverfahren in fire hat zur Konsequenz, daß in jedem Simulationstakt die gemäß der Transitionsreihenfolge nach (1) erste mögliche Schaltfolge geliefert wird. Weitere Alternativen sind über Backtracking leicht erzeugbar, so daß konkurrente Prozesse und konfliktfreie Schaltfolgen bestimmt werden können.

## 5. Modellsimulationen

Das Digitalrechnermodell kann unter Belastung mit verschiedenen Workload-Programmen (definiert durch die Initialmarkierung des Netzes) simuliert werden. Die Simulatorausgabe zeigt die zeit- und instruktionsabhängigen Aktionen im modellierten System über Belegung und Markenfluß im Netz während des simulierten Zeitintervalls. Das TPrT-Netz wird mit einem symbolischen Takt - im Beispiel auf der Ebene der Instruktionswortzeiten - in seinem dynamischen Verhalten ausgeführt, so daß Untersuchungen aufgrund der strukturellen Netzanalogien am Modell vorgenommen werden können.

Eine Simulation des Pipelinemodells erfolgt mit der Zielsetzung, die taktabhängige Belastung der Operationseinheiten bei spezifischem Aufgabenprofil zu zeigen und gleichzeitig zur Durchsatzmaximierung geeignete symbolische Mikroprogramme zu liefern. Als Initialmarkierung dient eine Anzahl von Register- und Unit-Bezeichnern in den Stellen reg bzw. unit, so daß jede folgende Netzbelegung Informationen über die von Task-Transitionen verwendeten Kommunikationsregister gibt. Unter der Voraussetzung, daß jede elementare Operation der Pipelineeinheiten in einem Takt ausgeführt werden kann, wird jeder Transition eine Latenzzeit von dieser Dauer zugeordnet. Über Transitionsinschriften erfolgt vorab eine Zuordnung zwischen Teilaufgaben und Operationseinheiten. Beim Schaltvorgang entnimmt eine Task-Transition ihrem Vorbereich die Marken der Eingaberegister sowie die der Operationseinheit, wählt ein freies Ausgaberegister und versorgt, den Kantenanschriften gemäß, ihren Nachbereich.

Die Simulatorausgabe liefert die in jedem Takt geschalteten Transitionen mit den entstandenen Markierungen und somit ein Belastungsprofil der Pipelinekomponenten und Ressourcen, woraus sich unmittelbar symbolische Mikroinstruktionen herleiten lassen. Geeignete Instruktionssequenzen müssen in Schleifen realisierbar sein, d.h. Netzmar-

```
find_cycle( M,[M!ML],Time,MTime,TTList ):-
    check_cycle( M,ML,TTList,CycBeg,Time ),!.
find_cycle( M,ML,Time,MTime,TTList ):-
    Time =( MTime,
    NTime is Time + 1,!,
    sim1_opt( M,MOut,Time,TL ),
    insort( TL,TLs ),
    TTL   = [TLs!TList],
    NMark = [MOut!ML],
    find_cycle( MOut,NMark,NTime,MTime,TTL ).
```

```
cycle( M1,[M2!_],CycBeg,CycEnd ):-
    eq_marking( M1,M2 ),!,
    CycBeg is CycEnd - 1.

cycle( M1,[_!T],CycBeg,CycEnd ):-
    cycle( M1,T,B1,CycEnd ),
    CycBeg is B1 - 1,!.

eq_marking( [],[] ).
eq_marking( [[P,R1!Attr]!TX],[[P,R2!Attr]!TY] ):-
    eq_marking( TX,TY ).
```

**Bild 5-1:** Sequenz zur Erkennung zyklischer Schaltfolgen

kierungen in zyklischer Folge erzeugen. Hierzu dient die in Bild 5-1 angegebene PRO-LOG-Sequenz find_cycle, die als Erweiterung des Simulators mit intensiver Nutzung des Backtracking alle zyklischen Netzbelegungen und - unter Berücksichtigung spezifischer Optimierungskriterien in check_cycle - optimalen Schaltfolgen liefert.

## 6. Ausblick

Die Möglichkeiten für den Einsatz von TPrT-Netzen zur Problemabstraktion sind gerade im Arbeitsgebiet Rechnerstrukturen sehr vielfältig. Gegenstand laufender Arbeiten ist die Modellierung von Speicherkonzepten eines Mehrprozessorsystems zur Untersuchung von Zugriffskonflikten, insbesondere im Hinblick auf automatische Lösungsmechanismen.

Der PROLOG-Netzsimulator ist als Werkzeug zur Problemanalyse noch beliebig ausbaufähig. Besonders geeignet erscheint der Entwurf von Simulationstools, welche ausschließlich mit sog. 'pure features' in PROLOG realisiert sind. Dies ermöglicht dann u.a. eine frei wählbare Simulationsrichtung, speziell die zeitlich rückwärts abfolgende Auflösung gegebener Systemzustände. Eine komfortable Benutzeroberfläche wird den Zugang zum Simulationskonzept mit PROLOG vereinfachen und einem größeren Anwenderkreis erschließen.

## Literatur

/Clo84/ Clocksin, W.F.; Mellish, C.S.
Programming in Prolog
Springer-Verlag (1984)

/GeLa80/ Genrich, H.J.; Lautenbach, K.
System Modelling with High-Level Petri Nets
Theoretical Computer Science 13 (1981), S. 109-136

/Han86/ Hanen, C.; Chretienne, P.; Carlier, J.
Modelling and Optimizing Pipelines with Timed Petri Nets
Proc. 7th Europ. Workshop on Application and Theorie of Petri Nets,
Oxford, (July 1986)

/Reis82/ Reisig, W.
Petrinetze
Springer-Verlag (1982)

/Sri83/ Srini, V.P.; Asenjo, J.F
Analysis of Cray-1S Architecture
Proc. 10th Annual Symposium on Computer Architecture,
ACM (1983)

/Wiss84/ Wisskirchen, P.; Niehuis, S.; Victor, F.
Ein rechnergestützter Bürosimulator auf der Basis von PrT-Netzen und Prolog
Angewandte Informatik 5/84

# Algorithmische und problemstrukturelle Parallelität - Ansätze zur verteilten Simulation komplexer dynamischer Systeme

Hubert B. Keller
Kernforschungszentrum Karlsruhe GmbH
Institut für Datenverarbeitung in der Technik
Postfach 3640, D-7500 Karlsruhe 1

**Kurzfassung:**

Die Modellierung komplexer Systeme ergibt umfangreiche Systeme von verkoppelten Differentialgleichungssystemen. Sollen diese zeitlich effizient mit wirtschaftlich vertretbarem Aufwand gerechnet werden, so muß die Simulation mit preiswerten Mehrprozessor- oder Mehrrechnersystemen ausgeführt werden. Beide Rechnersysteme haben spezifische Eigenschaften, welche sie für bestimmte Parallelitätsformen geeignet erscheinen lassen.

Die potentielle Parallelität kann in eine algorithmische (aP) und in eine problemstrukturelle (pP) Parallelität eingeteilt werden. Bei bestimmten topologischen Eigenschaften des betrachteten Systems ist die problemstrukturelle Parallelität mit der Komplexität eines Problems gekoppelt. Es werden existierende parallele oder potentiell parallele Verfahren auf der Basis einer pP kurz dargestellt und als eng oder lose gekoppelte Verfahren eingeteilt. Lose gekoppelte Verfahren eignen sich für verteilte Rechnersysteme.

Danach wird die Problematik der verteilten Echtzeitsimulation skizziert. Zum Schluß erfolgt eine Bewertung der pP-Verfahren bzgl. der allgemeinen verteilten Simulation und der verteilten Echtzeitsimulation.

**1. Einleitung**

Die folgenden Ausführungen dienen dazu, die Darstellung der Analyse der parallelen oder potentiell parallelen Verfahren zu erleichtern. Beschreibungen der allgemein existierenden Verfahren zur Lösung von Anfangswertproblemen, wie Runge-Kutta usw., findet man z. B. in (/Lapidus et al. 1971/, /Stoer 1978/, /Werner et al. 1979/, /Stummel et al. 1982/, und /Stoer 1983/).

Ausgangspunkt bei einem System von Differentialgleichungen erster Ordnung ist die folgende vektorwertige Darstellung

$$\frac{dx}{dt} = f(x,u) , \quad mit\, u = u(t) , \; x(0) = x_0 , \; x \in \mathbb{R}^n , \; u \in \mathbb{R}^p$$

Dieses System von ODE's wird durch den Übergang zu einem System von Differenzengleichungen gelöst:

$$x_{k+1} = x_k + \Delta(x_{k+1}, x_k, \ldots, x_{k-i}, u_{k+1}, \ldots, u_k) , \; i \in \mathbb{N} .$$

Die Inkrementfunktion $\Delta$ ist dabei nach bestimmten Kriterien aufgebaut und kann zur Klassifiaktion der Verfahren verwendet werden:
Implizite Verfahren - Bei impliziten Verfahren enthält die Inkrementfunktion den Funktionsausdruck zum Zeitpunkt $t_{k+1}$ (also $f(X_{k+1})$). Die Lösung kann nur iterativ berechnet werden.
Explizite Verfahren - Bei expliziten Verfahren errechnet sich der neue Wert bei $t_{k+1}$ nur aus vergangen Werten, also $X_k$, $X_{k-1}$ usw..
Einschrittverfahren - Bei Einschrittverfahren geht in die Inkrementfunktion nur der Zu-

stand zum Zeitpunkt $t_k$ (also $X_k$) ein. Im Intervall $t_k$ bis $t_{k+1}$ sind mehrere Funktionsauswertungen notwendig.
Mehrschrittverfahren - Bei Mehrschrittverfahren gehen noch weiter zurückliegende Werte als nur $X_k$ ein. Die Anzahl der Funktionsauswertungen im Intervall ist geringer.
Prädiktor-Korrektor-Verfahren - Bei diesen Verfahren wird zuerst ein Näherungswert prediziert, welcher in ein weiteres Verfahren eingeht.
Multi-rate-Verfahren - Die multi-rate-Verfahren zerlegen das System in Teile mit unterschiedlicher Dynamik und lösen jedes Teilsystem mit einem eigenen Verfahren und spezifischer Schrittweite.
Neben den hier genannten Verfahren existieren noch weitere (z. B. /Halin 1983/).

Vor- und Nachteile der klassifizierten Verfahren:
Implizite Verfahren haben eine größere Schrittweite, die Lösung ist aber iterativ zu berechnen.
Explizite Verfahren orientieren ihre Schrittweite an der kleinsten Zeitkonstante und haben eine kleinere Schrittweite. Das Ergebnis ist aber explizit verfügbar.
Einschrittverfahren benötigen mehr Auswertungen im Intervall, verarbeiten aber unstetige Eingangsgrößen besser. Fällt die Unstetigkeit auf den Startzeitpunkt, so wird die Unstetigkeit korrekt verarbeitet.
Mehrschrittverfahren verwenden mehr vergangene Werte und weniger Auswertungen im Intervall, sie sind aber sensitiv gegen Unstetigkeiten. Außerdem brauchen sie Startwerte (auch bei Schrittweitenänderung).

Bei steifen Systemen existieren Zeitkonstanten, deren Verhältnis $T_{max} / T_{min} > 100$ ist. Es gibt also neben langsamen Vorgängen noch sehr schnelle. Zur Lösung solcher Systeme nimmt man in der Regel implizite Verfahren, da diese stabiler sind und größerer Schrittweiten erlauben. Die schnellen Anteile der Lösung werden dabei als nicht relevant betrachtet und deshalb auch mit einer geringeren Genauigkeit gerechnet.
Lassen sich die schnellen und langsamen Systemteile isolieren, kann man die Teilsysteme mit einem unterschiedlichen Verfahren oder unterschiedlichen Schrittweiten lösen (z. B. /Hofer 1976/). Diese Verfahren können als Ansatz von paralleler Verarbeitung betrachtet werden, obwohl die Motivation aufgrund von Rechenzeitverkürzungen kam (z. B. /Blum 1978/, /Palusinski et al. 1981/). Sie werden als multi-rate-Verfahren bezeichnet.
Neben den Unstetigkeiten in den Eingangsgrößen gibt es auch Unstetigkeiten in der Funktion oder im Modell durch nur partiell definierte Funktionen. Solche Umschaltpunkte müssen iterativ ermittelt werden.
Eine detaillierte Beschreibung obiger Verfahren findet man z. B. in (/Gupta et al. 1985/ und /Norsett 1985/).

## 2. Formen von parallelen Verfahren

In diesem Abschnitt sollen Verfahren betrachtet werden, welche eine parallele Ausführung von Problemlösungen (i. a. numerische Integration) ermöglichen. Eine Parallelität auf der Ebene von Vektoroperationen oder sonstigen arithmetischen Operationen wird nicht betrachtet, gleichwohl die nebenläufig ausführbaren Algorithmen beispielsweise auch auf einem Vektorprozessor ausgeführt werden können. Die parallelen Verfahren zur Lösung von gewöhnlichen Differentialgleichungssystemen können in drei Gruppen eingeteilt werden.

### 2.1 Parallele Struktur im Algorithmus

Bei der ersten Gruppe wird für die Lösung des Gesamtproblems nur ein numerisches Verfahren verwendet, das so aufgebaut ist, daß parallel ausführbare Einzelschritte existieren (homogene Form). Diese Art der Parallelität wird als algorithmische Parallelität (aP) bezeichnet. Der Grad der Parallelität hängt dabei von der Anzahl der überlappend ausführbaren Phasen ab. Unabhängig von der Komplexität des Problems besteht grundsätzlich eine obere Grenze in der Summe aller überhaupt parallel ausführbaren Einzelschritten. Das Prinzip beruht darauf, die Zustandswerte Funktionsauswertungen $f_i$ in einem Zeitintervall $[t_{k+1}$ bis $t_k[$ (Blocklänge N) parallel durchzuführen, wobei jeweils nur Vergangenheitswerte aus dem Intervall $[t_{k-i}$ bis $t_k]$ eingehen.
Die wesentlichen Arbeiten auf diesem Gebiet sind etwa /Miranker et al. 1966/ und /Worland 1976/. Weitere Arbeiten wären noch (/Franklin 1978/ und /Yen et al. 1982/).

Eine Parallelität durch eine zeitparallele Berechnung der Lösung im gesamten Integrationsintervall hatte Nievergelt vorgeschlagen (/Nievergelt 1964/).

## 2.2 Parallele Lösung von linearen Gleichungssystemen

Die zweite Gruppe von Verfahren geht nicht von dem Differentialgleichungssystem direkt aus, sondern von dem nach der Orts- und Zeitdiskretisierung des gesamten Systems (äquidistante Schrittweite für alle Teile bzw. Interpolation) sich ergebenden algebraischen Gleichungssystem (homogene Form). Das parallel zu lösende Problem ist hier die Lösung eines großen in der Regel linearen algebraischen Gleichungssystems. Die Verfahren berechnen die Lösung durch blockparallele Iteration. Dabei gibt es Unterschiede in der Steuerung des Gesamtablaufes (zentral / lokal). Beispiele für diese Art von Verfahren sind etwa (/Malinowski et al. 1984/, /Maier et al. 1985/ und /Utku et al. 1986/). Diese Verfahren können als Verfahren mit algorithmischer Parallelität und Diskretisierung bezeichnet werden (aP/d).

## 2.3 Parallele Struktur im Problem

Die letzte Gruppe geht von einer Zerlegung des Problems (Differentialgleichungssystem) in parallel lösbare Teile aus (parallele Berechnung einzelner Funktionen), wobei das (oder die) Lösungsverfahren das Problem der Kopplung zwischen den Problemteilen untereinander lösen muß (inhomogene Form). Diese Art der Parallelität wird als problemstrukturelle Parallelität (pP) bezeichnet. Der Vorteil dieser Verfahren besteht darin, daß herkömmliche Integrationsverfahren für die Lösung der Problemteile weiterhin einsetzbar sind. Das Problem besteht in der Gesamtkonvergenz bzw. -stabilität. Arbeiten zu diesen Verfahren werden im nächsten Abschnitt behandelt, die wesentlichen sind etwa (/Blum 1978/, /Palusinski et al. 1981/, /Liu 1983/, /Brosilow et al. 1985/ und /Palusinski et al. 1986/). Korn betrachtete die direkte Verteilung von Differentialgleichungen auf ein Mehrprozessorsystem /Korn 1972/.

Der *Grad an möglicher Parallelität* ergibt sich hier aus der Anzahl der Zerlegungen (parallel lösbaren Problemteile) und ist direkt mit der Komplexität des Problems korreliert. Die Komplexität definiert somit die obere Grenze an paralleler Verarbeitung. Dies ist insofern wesentlich, als auch die notwendige Rechenleistung mit der Komplexität des Problems korreliert ist.

Besitzt das Problem eine topologische Struktur derart, daß die mittlere Anzahl der Kopplungen zwischen den Teilen (Anzahl der Kopplungen z. B. als Zahl der Informationsflüsse von den entsprechenden Teilen zu einem Teil definiert) von der Anzahl der Teile unabhängig ist, so sind Probleme beliebiger Komplexität lösbar, insofern wenigstens ein Problem dieser Klasse parallel lösbar ist.

Dies ist anhand einer Plausibilitätsbetrachtung leicht einsichtig, denn die Erhöhung der Komplexität eines Problems resultiert in der Erhöhung der Anzahl der Teilkomponenten des Problems. Die zusätzlichen Teile sind aber, da die mittlere Anzahl der Kopplungen definitionsgemäß gleich bleibt, wiederum auf jeweils einem eigenen Prozessor ausführbar (die Kopplungen sind in der Art, daß die gleiche problemstrukturelle Parallelität wie zuvor besteht und damit die gleichen Zerlegungs- und parallele Ausführungsprinzipien anwendbar sind).

Diese topologische Struktur ist bei realen technischen Prozessen in der Regel nicht nur gegeben, sondern aus Entwurfs- und prozesstechnischen Gründen beabsichtigt.

Eine *Problemzerlegung* kann nach mehreren Kriterien erfolgen:
  **speichernde Elemente** können aufgrund ihrer Verzögerungseigenschaft als Zerlegungsstellen dienen; dies ist allerdings eine Zerlegung auf beliebig niedrigem Niveau (bis auf eine Differentialgleichung) und berücksichtigt die auf der physikalischen Funktion basierende innere Bindung von Komponenten nicht (Kohäsion),
  die **Anzahl der Verkopplungen** zwischen Komponenten sollte minimal sein; hier wird eine möglicherweise sinnvolle Zusammenfassung von dynamisch und/oder mathematisch gleichartigen Komponenten nicht beachtet,
  die **physikalische Funktion** von Komponenten; die naturgemäß hohe Kohäsion in einer Komponenten und die minimalen Verkopplungen zwischen Komponenten wird mit berücksichtigt; bei der Modellierung können auch eng zusammenhängende Komponenten zusammengefaßt werden; da Komponenten immer eine speichernde Eigenschaft besitzen, ist diese Zerlegung auch mathematisch sinnvoll,

die **unterschiedliche dynamische Eigenschaft** von Komponenten; bei nichtlinearen Systemen ist eine eindeutige Zerlegung durch eine Varianz in der Dynamik nicht möglich,

**lineare / nichtlineare Anteile**; bei komplexen Systemen ist dies kein unmittelbar anwendbares Kriterium,

**zeitkontinuierlich / -diskret**; diese Zerlegung wird allgemein durchgeführt, da die einzelnen Teile algorithmisch eine andere Behandlung benötigen (num. Int.verfahren / event-Liste).

Um eine optimale Zerlegung auf einer hohen Ebene zu erreichen, sollten systemtheoretische, mathematische und algorithmische Randbedingungen beachtet werden. Dies resultiert in einer Minimierung der Verkopplungen, wobei die notwendigen Verknüpfungen zeitlich maximal entkoppelt sein sollten (Verzögerung) und die von Benutzer ursprünglich erwünschte Zielfunktion einer Komponente noch ersichtlich ist (Bedeutung).

Bei realen technischen Prozessen versucht man komplexe Funktionen aus immer weniger komplexen zu erzeugen. Die elementaren Funktionen werden dabei von Basiskomponenten erbracht. Diese haben intern eine hohe Kohäsion, da in ihnen ein komplexer mikroskopischer Prozeß abläuft. Um die gegenseitige Abhängigkeit gerade auch bei Störungen zu minimieren, wird versucht, die Verkopplungen klein zu halten. Eine Zerlegung nach der physikalischen Funktion von (Sub-) Komponenten scheint deshalb das übergreifende und anzuwendende Kriterium zu sein.

Der Grad an Parallelität, wie er oben definiert wurde, berücksichtigt allerdings noch nicht, daß reale Rechensysteme zur *Kommunikation* (Austausch gegenseitiger Ergebnisse) untereinander Zeit benötigen. Des weiteren sind die Übertragungszeiten stochastischer Natur (nur im statistischen Mittel gleich). Es ist also wichtig, wie stark die Ausführung der Einzelproblemlösungen miteinander gekoppelt sind. Diese Kopplung hängt naturgemäß von der topologischen Struktur und den mathematischen Eigenschaften des Problems ab. Die Strenge der Kopplung kann durch das Zeitintervall definiert werden, nach dem spätestens ein Datenaustausch zu erfolgen hat. Dieses Zeitintervall sei als Kommunikationszeit $T_K$ bezeichnet. Je nach dem Charakter der Kommunikationszeit, ob deterministisch oder stochastisch mit bestimmten statistischen Merkmalen, kann man zwei Arten der Kommunikation zwischen den Einzelproblemlösungen klassifizieren. Einmal kann der Austausch *synchron* erfolgen, d.h. die parallelen Schritte werden insofern synchronisiert, als zu einem definierten Zeitpunkt Informationen ausgetauscht werden müssen. Die Kommunikationszeit kann als übergeordnete Rahmenzeit bezeichnet werden und tritt immer bei Verfahren mit einer *zentralen Instanz* (z. B. bei Dekomposition-Coordination-Algorithmen) auf. Die Ausführung wird an dieser Stelle unterbrochen und alle parallelen Rechenkomponenten tauschen zur gleichen Zeit ihre Daten aus (hohes Datenaufkommen).

Die Alternative ist ein *asynchroner* Datenaustausch, und die einzelnen parallelen Schritte laufen asynchron zueinander ab. Es existiert keine übergeordnete Instanz und damit keine übergeordnete Rahmenzeit, das Verfahren ist *dezentral*. Jede Problemlösung läuft entkoppelt und lokal gesteuert ab und stellt die Ergebnisse nach dem Enstehungszeitpunkt nach außen zur Verfügung. Das Datenaufkommen ist im statistischen Mittel gleich. Der Aufwand zur Berücksichtigung der Kopplungen zwischen den Problemteilen ist höher (die Konvergenz kann nicht durch zentral gesteuerte Iteration oder sonstige Maßnahmen erzeugt werden). Außerdem sind die Anforderungen an die maximale Verzögerungszeit zwischen dem Enstehungszeitpunkt und dem notwendigen Verfügbarkeitszeitpunkt bei den abhängigen Problemteillösungen zu definieren. Diese Anforderungen richten sich nach den dynamischen Eigenschaften der Einzelproblemteile.

Ein drittes Kriterium, das beachtet werden muß, betrifft die besondere Problematik bei Echtzeitsimulationen und hängt mit der *algorithmischen Lösungsstruktur* zusammen. Die Lösung kann einmal iterativ oder aber explizit ermittelt werden. Bei iterativen Strukturen ergeben sich bei einer Kopplung mit der Umgebung eines Systems Schwierigkeiten, die iterative Verfahren für die Echtzeitsimulation nicht einsetzbar machen (siehe z. B. /Gear 1977/, /Bernstein 1979/ oder /Hartley 1985/). Bei expliziten Verfahren können

Kopplungen mit der Systemumgebung leicht berücksichtigt werden, eine Synchronisierung der Ausführung mit der realen Zeitbasis ist bei gegebener Mindestrechenleistung zu gewährleisten (evtl. durch Genauigkeitsverlust). Bei extrem zeitkritischen Problemen mit komplexen Differentialgleichungen (rechte Seite) müssen allerdings explizite Verfahren eingesetzt werden, welche mit einer minimalen Anzahl von Auswertungen der rechten Seiten der Differentialgleichung auskommen (Mehrschrittverfahren).

**Bewertung:**
Die ersten beiden Verfahrensgruppen, Verfahren mit algorithmischer Parallelität und parallele Lösungsverfahren für lineare Gleichungssysteme, benötigen grundsätzlich eine homogene Systembeschreibung. Homogene Systembeschreibung bedeutet hier, daß die mathematische Darstellung aller Problemteile (Modell) von der gleichen Art ist. (Es wird hier bewußt von Problemteilen gesprochen, da sich ein komplexes Modell entsprechend dem Modellierungsvorgang immer aus der Verknüpfung von modellierten Teilkomponenten ergibt.) Für Systeme, die aus mehreren mathematisch verschiedenartigen Teilen aufgebaut sind, ist diese Art der Parallelisierung nicht anwendbar. Darüber hinaus wären auch keine teilmodellspezifischen Operationen (z. B. Modelltausch, Parameteradaption usw.) möglich. Die maximale Parallelität ist durch den Algorithmus begrenzt und nicht durch das Problem bestimmt (aP). Ein weiteres Hemmnis ist, daß im allgemeinen die Integrationsschrittweite für alle Problemteile gleich ist. Sind für Teilprobleme definierte Zeitpunkte als Intervallgrenzen notwendig (z. B. Reglerausgang), so sind diese Verfahren absolut nicht anwendbar. Weiterhin laufen die parallelen Schritte synchron ab, was verteilten Rechensystemen aufgrund ihrer fehlenden global konsistenten Sicht zuwiderläuft (siehe z. B. /Drobnik 1981/). Für die lokale Lösung sehr stark verkoppelter Teilprobleme (homogene Form) könnte man diese Verfahren allerdings einsetzen. Dann hätte man eine zweistufige Parallelität auf rein algorithmischer Basis, die durch parallele Vektoroperationen noch erweitert werden kann. Eine detaillierte Betrachtung von parallelen Verfahren für arithmetische Berechnungen oder große lineare Gleichungssysteme ist z. B. in (/Hoßfeld 1980/, /Hoßfeld et al. 1983/) durchgeführt.

### 3. Eng / lose gekoppelte pP-Verfahren

Aufgrund der Korrelation zwischen Problemkomplexität und Parallelitätsgrad werden im weiteren ausschließlich Verfahren betrachtet, welche das Problem zerlegen und getrennt lösen. Die Verfahren werden zunächst kurz charakterisiert und dann bzgl. ihrem Grad an Parallelität und dem Grad ihrer Kopplung in eng und lose gekoppelte Verfahren eingeteilt. Eng gekoppelte Verfahren eignen sich für die Ausführung auf eng gekoppelte Rechensysteme (Mehrprozessorsysteme), lose gekoppelte Verfahren entsprechend für lose gekoppelte Rechensysteme (verteilte Mehrrechnersysteme). Als eng gekoppelt werden Verfahren definiert, welche die Eigenschaft besitzen, daß ein Datenaustausch synchron und in der Größenordnung der Einzelintegrationsschrittweiten zu erfolgen hat. Lose gekoppelte Verfahren liegen dann vor, wenn die Verfahren entweder erst nach mehreren Schritten einen Datenaustausch benötigen oder wenn die Kommunikation nicht zu definierten Zeiten erfolgen muß, also asynchron ist (eine maximale Zeitverzögerung möge einzuhalten sein).

Ausgangspunkt der Verfahren auf der Basis der pP ist, daß die Problemteile unterschiedliche Eigenschaften besitzen und somit eine Zerlegung möglich ist.
Die meisten Verfahren sind der Klasse der multi rate-Verfahren zuzuordnen. Diese Verfahren versuchen dynamisch verschiedenartige Problemteile zu isolieren und getrennt zu behandeln. Die Motivation bei der Entwicklung dieser Verfahren war aber nicht die parallele Ausführung, sondern das Einsparen an Rechenzeit durch Verwendung teilsystemspezifischer Algorithmen mit individuellen Schrittweiten. Schwierigkeiten ergeben sich, wenn die dynamischen Eigenschaften der Problemteile zeitvariant sind.

Die einfachste Zerlegung erhält man, wenn jeder Zustand (abhängige Größe) mit einer gemeinsamen globalen Schrittweite für sich gerechnet wird (Differentialgleichung). Allerdings ist dann ein Datenaustausch nach jedem Zwischenschritt zur Berechnung des jeweiligen Integranden nötig. Dieses Verfahren wäre maximal gekoppelt und soll nur als Vergleichsmaß dienen.
Ein Vorschlag, welcher in diese Richtung geht, wurde von Korn (/Korn 1972/) auf der Basis eines Mehrprozessorsystems mit einer zentralen Kontrollinstanz (separater

Prozessor) und gemeinsamen sowie lokalen Speicher gemacht. Die Idee war, ein System von Differentialgleichungen auf mehrere Rechner (CPU und FPU) zu verteilen und die Ausführung von einer zentralen Instanz zu steuern.

In /Franklin 1978/ wurde die Zerlegung eines Systems in parallel lösbare Teile als Equation Segmentation Method (ES) bezeichnet. Die nur sehr kurz angesprochene Problematik war z. B. Strenge der Kopplung zwischen Teilsystemen, Zuordnung von Gleichungen zu Prozessoren, Informationsaustausch, Wahl der Integrationsverfahren, Lastverteilung und Kommunikationsstrukturen. Aufgrund der engen Kopplung bei der Ausführung ergab sich die ES-Methode als nicht optimales Verfahren im Vergleich zu anderen (parallele PC- und blockimplizite Verfahren).

Unter der Annahme, daß ein System in einen langsamen und einen schnellen Teil zerlegbar ist, wurde von Blum (/Blum 1978/) eine Möglichkeit der teilsystemspezifischen Integration angegeben. Der Ansatz ist in diesem Sinne nicht parallel, hat aber interessante Details, wie z. B. das Glätten der schnellen Zustände als Eingänge des langsamen Teilsystems und das Extrapolieren der langsamen Zustände als Eingänge für das schnelle Teilsystem. Die Zielsetzung der Arbeit war aber die Einsparung an Rechenzeit auf einem Monoprozessorsystem. Die gleiche Aussage ist auch für die Arbeiten von Palusinski (/Palusinski 1981/) zutreffend, wobei das Verfahren von Blum das am wenigsten eng gekoppelte ist.

Ein erster Ansatz zu einem lose gekoppelten Verfahren ist in /Liu 1983/ zu finden (siehe auch /Liu et al. 1983/, /Brosilow et al. 1985/). Bei diesem Verfahren, modular integration genannt, wird die natürliche Kohäsion von technischen Subsystemen benutzt. Die Kopplungen (Funktionen) werden von einer zentralen Instanz, dem Koordinator, für ein bestimmtes Zeitintervall $T_K$ voraus berechnet und von den lokalen Lösungsverfahren als Eingangsfunktionen verwendet. Die Teilsystemlösungen können nun für den Zeithorizont $T_K$ entkoppelt berechnet werden. Nach der Zeit $T_K$ prüft der Koordinator die Abweichung von den vorgegebenen und den neu berechneten Kopplungswerten. Bei einer Methode wird die Konvergenz des Gesamtverfahrens durch Iteration erreicht, bei zwei weiteren Methoden durch eine Intervallverkürzung. Die Teilsysteme sind also im Zeitraum TK entkoppelt lösbar, davor und danach erfolgt grundsätzlich ein Datenaustausch. Der Koordinator als zentrale Kontrolle hat die Konvergenz der Lösungen zu prüfen und gegebenenfalls durch Iteration oder Verkürzung des Zeitintervalles zu garantieren.

Ein ähnliches Verfahren wird in /Palusinski 1984/ zur Lösung von weakly-coupled multitime-scale systems beschrieben. Die einzelnen Komponenten werden bei der ersten Methode individuell und innerhalb eines Iterationsschrittes entkoppelt gerechnet. Die Konvergenz der Gesamtlösung wird durch Iteration (Gauss-Jacobi-Verfahren) erreicht. Pro Iterationsschritt wird jeweils ein Polynom berechnet, welches von den Teilsystemen zur Eingangsgrößenberechnung verwendet wird. Bei der zweiten Methode werden die Teilsysteme in Form von orthogonalen Funktionen (Polynom) gelöst. Es ergibt sich ein lineares Gleichungssystem, welches ebenfalls iterativ gelöst werden kann. Die zweite Methode ist jedoch nicht mehr als pP-Verfahren einzuordnen (teilsystemunspezifisch).

Die in /Palusinski 1986/ als multi-rate Integrationsverfahren dargestellte Lösungsmethode erfordert den Datenaustausch im Integrationsintervall und ist deshalb im Sinne einer pP als eng gekoppelt einzustufen.

### 4. Problembeschreibung der verteilten Echtzeitsimulation

Bei einer verteilten Simulation unter Echtzeitbedingungen ergibt sich eine besondere Problematik. Beispielsweise werden die Werte von nichtmeßbaren apparateinternen Größen (Teilsystem) über Beobachter (Schätzverfahren) rechnerisch ermittelt. Durch die Nichtmeßbarkeit von Prozeßgrößen, welche sowohl Ausgangsgrößen als Eingangsgrößen von Apparaten sind, ergeben sich Kopplungen zwischen beispielsweise zwei Beobachtern. Dieser Zusammenhang soll formelmäßig expliziert werden. Eine gesamtsystemorientierte Zustandsraumdarstellung (vektorwertig) ohne algebraische Abhängigkeit der Ausgangsgrößen (Zustände) von den Eingangsgrößen ist wie folgt definiert:

$$\frac{dX}{dt} = F(X, U), \ Y = C \bullet X$$

Eine teilsystemspezifische Darstellung unter Berücksichtigung von Koppelgrößen ergibt sich zu:

$$\frac{dX_j}{dt} = F(X_j, U_j), \quad Y_j = C_j \bullet X_j$$

Die Eingangsgrößen des Teilsystems j sind:

$$U_j = [(S_j, 0)^T, (0, K_j)^T] \bullet [U, Y]^T = [S_j U, K_j Y]^T$$

Dabei sind systemexterne und -interne Größen zu unterscheiden (EX / IN).

$$U_{jEX} = S_j \bullet U, \quad U_{jIN} = K_j \bullet Y$$

Werden nun noch die nichtmeßbaren Größen berücksichtigt (Index M), so erhält man:

$$U_{jIN} = [U_{jIN}^P, U_{jIN}^M]^T$$

Dabei sind die meßbaren Größen mit dem Index p bezeichnet. Für einen Beobachter sind die meßbaren Ausgänge des eigenen Teilsystems mathematisch ebenfalls Eingangsgrößen, d. h. $Y^P_j(t)$ sind als Eingangsgrößen zu behandeln:

$$U_{jIN} = [U_{jIN}^M, U_{jIN}^P, Y_j^P]^T, \quad \text{mit} \quad Y_j = [Y_j^M, Y_j^P]^T$$

Die Struktur des beschriebenen Problems zeigt Bild 1. Die Eingangsgrößen vom Beobachter j setzen sich sowohl aus den meßbaren Ausgängen des Teilsystems j selbst, als auch aus den nur teilweise meßbaren Ausgängen des Teilsystems i zusammen. Der Beobachter i berechnet also die nicht meßbaren Zustände des Teilsystems i (hier auch Ausgangsgrößen).

Bild 1

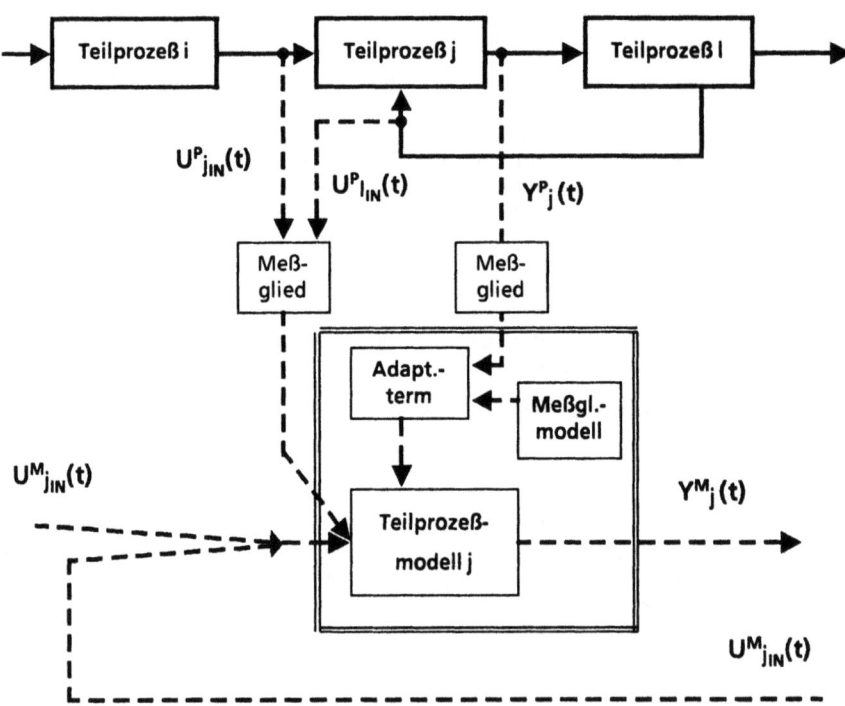

Beide Beobachter sind über die nichtmeßbaren Ausgänge von Teilsystem i miteinander mathematisch verkoppelt. Bei einer verteilten Rechnung beider Beobachter ergeben sich Schwierigkeiten bei der numerischen Lösung, da zur Lösung des Beobachters j (Differentialgleichungssystem) die Eingangsgrößen (auch nichtmeßbare Ausgangsgrößen von Teilsystem i) zu definierten Zeiten notwendig sind. Beispielsweise liegt dieses Problem dann vor, wenn zwar der Volumenstrom gemessen werden kann, die Konzentration einer Stoffkomponente dagegen nicht. Dann kann zwar der Wert des Volumenstromes als Eingangsgröße eingehen, die Konzentration muß aus dem Vorgängermodell verwendet werden.

### 5. Bewertung und Zusammenfassung

Die betrachteten Ansätze zur Berechnung von miteinander gekoppelten Modellkomponenten (multi-time-scale systems) versuchen primär den Rechenaufwand auf Einrechnersystemen zu reduzieren. Für eine verteilte Simulation auf verteilte Rechensysteme sind diese Verfahren zu eng gekoppelt. (Für die lokale Lösung entsprechender Teilmodelle sind sie und die aP-Verfahren einsetzbar.)
Eine lose Kopplung besitzen nur die Verfahren nach Liu (/Liu 1983/) und Palusinski (/Palusinski 1984/, 1. Methode). Allerdings benötigen diese Verfahren eine zentrale Kontrollinstanz (Koordinator), die bei geeigneter Realisierung eventuell entfallen könnte. Insofern sind diese Verfahren für die allgemeine verteilte Simulation anwendbar. Die mathematischen Vorraussetzungen (/Liu 1983/) werden im allgemeinen erfüllt.
Für die verteilte Echtzeitsimulation ergeben sich jedoch wie gezeigt erschwerende Randbedingungen. Ein Verfahren, das unter Echtzeitbedingungen eine verteilte Ausführung von miteinander gekoppelten Problemteilen erlauben soll, muß das Kopplungsproblem ohne zentralen Koordinator lösen. Eine iterative Lösung um die Konvergenz des Verfahrens zu erreichen, ist aufgrund der zeitsynchronen Ausführung nicht möglich. Die größere Schrittweite iterativer Verfahren (Zeithorizont $T_K$) ist nur ohne Verwendung von Meßwerten einsetzbar (/Bernstein 1979/, /Gear 1977/). Das Verfahren muß also die Lösung explizit berechnen, die Konvergenz kann aber nicht durch Intervallverkürzung erfolgen. Der Datenaustausch sollte wegen dem nichtdeterministischen Verhalten von Übertragungsmedien asynchron erfolgen.

Die Forderungen sind also explizite Lösungsberechnung mit zeitsynchroner Ausführung (lokal), Einbeziehung von Meßwerten in den Integrationsablauf, keine zentrale Instanz zur Konvergenzprüfung und ein asynchroner Datenaustausch. In diesem Sinne sind alle vorher dargestellten Verfahren nicht einsetzbar (einige schon aufgrund der engen Kopplung).
Die verteilte Lösung von miteinander gekoppelten Problemteilen erfordert aus mathematischen Gründen die Verfügbarkeit von maximal genauen Koppelgrößenwerten zu definierten Zeiten, um korrekte Eingangswerte für die lokale Lösung zu haben (siehe Bild 2). Da ein Modell aus Teilmodellen vorher nur bedingt bekannten Eigenschaften aufgebaut wird, sollte die Lösung des Koppelproblems sich nur an den Eigenschaften des lokalen Teilmodells orientieren. Diese Anforderungen lassen sich erfüllen, wenn bestimmte systemtheoretische und mathematische Gegebenheiten von dynamischen Systemen berücksichtig werden. Arbeiten hierzu laufen etwa seit 1986 und mit ersten Ergebnissen wird ca. 1987/88 zu rechnen sein.

Bild 2

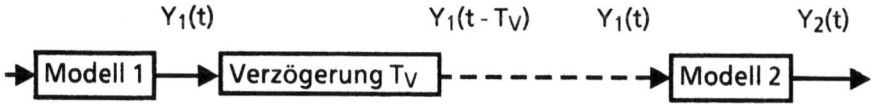

**Literatur**

/Bernstein 1979/
Dennis S. Bernstein, The treatments of inputs in real time digital simulation, in Simulation, p. 65 - 68, August 1979

/Blum 1978/
Howard Blum, Numerical integration of large scale systems using separate step sizes, in: Bennet / Vichnevetsky (Eds.), Numerical Methods for Differential Equations and Simulation, Proceedings of the IMACS International Symposium on simulation software and numerical methods for differential equations, Blacksburg, Virginia (USA), 1977, North Holland Amsterdam 1978

/Brosilow et al. 1985/
Coleman B. Brosilow et al., Modular integraton methods for simulation of large scale dynamic systems, in: Modeling, Identification and Control, 1985, Vol. 6, No. 3

/Drobnik/
O. Drobnik, Verteiltes DV-System, Informatik Spektrum 4/1981, Springer Berlin

/Franklin 1978/
Mark A. Franklin, Parallel solution of ordinary differential equations, in: IEEE Transactions on computers, Vol. c-27, No. 5, May 1978

/Gear 1977/
C. W. Gear, Simulation: Conflicts between Real-Time and Software, in: John R. Rice (Eds.), Mathematical Software III, 1977, Academic Press New York, 1977

/Gupta et al. 1985/
Gopal K. Gupta et al., A Review of Recent Developments in Solving ODEs, Computin Surveys, Vol 17, No. 1, March 1985

/Halin 1983/
H. J. Halin, The Applicability of Taylor-Series Methods in Simulation, in: Proceedings of the 1983 Summer Computer Simulation Conference, Vancouver 1983

/Hartley 1985/
Tom T. Hartley et al., Integration Operator Design for Real-Time Digital Simulation, in: IEEE Transactions on industrieal electronics, Vol. ie-32, No. 4, November 1985

/Hofer 1976/
A partially implizit method for large stiff systems of ODEs with only few equations introducing small time-constants, in: SIAM Journal Numerical Analysis, Vol 13, No. 5, October 1976

/Hoßfeld 1980/
F. Hoßfeld, Parallelverarbeitung - Konzepte und Perspektiven, in : Angewandte Informatik 12 / 1980

/Hoßfeld et al. 1983/
F. Hoßfeld et al., Parallele Algorithmen, Informatik-Spektrum (1983) 6: 142-154, Springer-Verlag

/Korn 1972/
Granino A. Korn, Back to parallel computation: Proposal for a completely new on-line simulation system using standard minicomputers for low-cost multiprocessing, in: Simulation 1972

/Lapidus et al. 1971/
L. Lapidus et al., Numerical Solution of Ordinary Differential Equations, Academic Press New York, 1971

/Liu 1983/
Y. Liu, Development and Analysis of Coordination Algorithms for Interacting Dynamic Systems, PhD Thesis, Case Western Reserve University 1983

/Liu et al. 1983/
Y. Liu et al, Modular Integration Methods for Simulation of Large Scale Dynamic Systems, Case Western Reserve University 1983, Private Unterlagen

/Maier et al. 1985/
R. Maier et al., A Completely Parallel Scheme For Simulation of Transients in Large Gas Transmission Networks, in: 1st European Workshop on Parallel Processing Techniques in Simulation, October 1985, Manchester, UK, Plenum Publishing Company, 1985

/Malinowski et al. 1984/
K. Malinowski et al., Decomposition-Coordination Techniques For Parallel Simulation, Part 1, Control Systems Centre Report No. 599, March 1984, University of Manchester, Institute of Science and Technology, UK

/Miranker et al. 1966/
W. L. Miranker et al., Parallel methods for the numerical integration of ordinary differential equations, in: Mathematics of Computation 1967

/Nievergelt 1964/
Nievergelt, Parallel Methods for Integrating Ordinary Differential Equations, in: Communications of the ACM, Dez. 1964

/Norsett 1985/
S. P. Norsett, The numerical solution of differential and differential / algebraic systems, in: Modeling, Identification and Control, 1985, Vol. 6, No. 3

/Palusinski et al. 1981/
O. Palusinski et al., On Numerical Integration of Partitioned Dynamic Systems, in: Proceedings of the 1981 Summer Computer Simulation Conference, 1981

/Palusinski 1984/
O. Palusinski, Functional Relaxation-Techniques in Simulation of Multi-Time-Scale Dynamic Systems, in: Proceedings of the Summer Computer Simulation Conference, July 1984, Boston, 1984

/Palusinski 1986/
O. Palusinski, Simulation of Dynamic Systems Using Multirate Integration Techniques, in: Transactions of the Society for Computer Simulation, Vol. 2, No. 4, 1986

/Schmidt 1980/
G. Schmidt, Simulationstechnik, Oldenbourg Verlag München, 1980

/Stoer 1978/
J. Stoer, Einführung in die numerische Mathematik, Teil 2, Springer Berlin, 1978

/Stoer 1983/
J. Stoer, Einführung in die numerische Mathematik, Teil 1, Springer Berlin, 1983

/Stummel et al. 1982/
F. Stummel et al., Praktische Mathematik, Teubner Stuttgartt, 1982

/Utku et al. 1986/
S. Utku et al., Parallel Solution of Closely Coupled Systems, in: Int. J. for numerical methods in engineering, Vol 23, 1986

/Werner et al. 1979/
H. Werner et al., Praktische Mathematik 2, Springer Berlin, 1979

/Worland 1976/
P. B. Worland, Parallel methods for the numerical solution of ordinary differential equations, in: IEEE Transactions on computers, October 1976

/Yen et al. 1982/
K. Yen et al., Digital simulation algorithms using parallel processing, in: IEEE Transactions on industrial electronics, Vol. ie-29, No. 3, August 1982

# VEKTORRECHNER: ALGORITHMEN, ARCHITEKTUR, ANWENDUNGEN, SIMULATION

# Numerische Algorithmen für elektrodynamische Modelle und ihre Implementierung auf Supercomputern

Manfred Alef, David Seldner, Thomas Westermann
Kernforschungszentrum Karlsruhe GmbH
Institut für Datenverarbeitung in der Technik
Postfach 3640, D-7500 Karlsruhe 1

## Einleitung:

Zum Studium von Materie unter extremen Bedingungen werden in der Praxis Geräte (Hochstromdioden) entwickelt, die intensive Leichtionenstrahlen erzeugen. In diesen Dioden werden die Teilchenstrahlen beim Durchlaufen des Anoden-Kathoden-Spaltes fokussiert. Das Hauptproblem bei der Entwicklung liegt darin, diejenige Geometrie zu finden, bei der die Ionen am günstigsten fokussiert werden.

Als Hilfswerkzeug für die Konstruktion dieser Anlagen werden Algorithmen zur numerischen Simulation der Dioden entwickelt. Diese sollen es ermöglichen, bei gegebener Geometrie die Bewegung der elektrisch geladenen Teilchen (Elektronen, Ionen) in elektromagnetischen Feldern zu simulieren. Die Aufgabe wird es anschließend sein, den Experimentatoren Hinweise für die Optimierung der Dioden zu liefern.

Die Algorithmen ermöglichen im wesentlichen
a) die Berechnung der (von außen vorgegebenen und durch die Teilchenbewegung induzierten) elektrischen und magnetischen Felder,
b) die Erzeugung von Teilchen gemäß den herrschenden Feldern,
c) die Berechnung der Bewegungsbahnen dieser Teilchen.

Dabei hängt die Teilchenbewegung von den jeweiligen elektrischen und magnetischen Feldstärken ab, die wiederum von den Ladungs- bzw. Stromdichten der Teilchen beeinflußt werden.

Obwohl derzeit nur rotationssymmetrische Geometrien betrachtet werden, bei denen eine zweidimensionale Berechnung ausreichend ist, sind die Simulationen mit einem sehr hohen Rechenaufwand verbunden. Um vertretbare Rechenzeiten zu erhalten, werden einerseits möglichst effiziente numerische Algorithmen entwickelt; dies gilt insbesondere für die zur Feldberechnung eingesetzten Mehrgittermethoden. Andererseits wird bei zunehmend komplizierteren Aufgabenstellungen der Einsatz von Hochleistungsrechnern (Vektor- und/ oder Parallelrechnern) angestrebt.

---

Das diesem Bericht zugrundeliegende Vorhaben wurde teilweise mit Mitteln des Bundesministers für Forschung und Technologie unter dem Förderkennzeichen ITR8502K/4 gefördert. Die Verantwortung für den Inhalt der Veröffentlichung liegt bei den Autoren.

### Feldberechnungen:

Zur Berechnung der elektrischen und magnetischen Felder sind die Maxwell-Gleichungen

$$\text{rot } E = -\partial B/\partial t, \qquad \text{div } D = \rho,$$
$$\text{rot } H = \partial D/\partial t + j, \qquad \text{div } B = 0$$

zu lösen; unter Vernachlässigung der zeitabhängigen Terme ($\partial/\partial t$) ergeben sich die entkoppelten Gleichungen

$$E = -\text{grad } \Phi, \qquad \text{div } B = 0,$$
$$\Delta\Phi = -\rho/\varepsilon, \qquad \text{rot } B = j/\mu.$$

Dabei ist E das elektrische Feld mit dem Potential $\Phi$, B das Magnetfeld, $\rho$ die Ladungs- und j die Stromdichte. $\varepsilon$ und $\mu$ sind materialabhängige Konstanten. Wegen der Rotationssymmetrie verschwinden bei einer Darstellung in Zylinderkoordinaten die z- und r- Komponenten von B und die $\phi$-Komponente von E.

Aus dem Ampèreschen Gesetz

$$\oint_C (B,t) \, ds = \mu \iint_F (j,n) \, df,$$

(F: Fläche mit Normale n, C: Randkurve von F mit Tangente t), folgt für die Berechnung des Magnetfelds:

$$B_\phi = \mu/2\pi r \iint_F (j,n) \, df.$$

Das skalare elektrische Potential $\Phi$ wird über die Poisson-Gleichung bestimmt. Numerisch wird dazu ein Mehrgitterverfahren benutzt und aus dem Potential wird anschließend das elektrische Feld durch numerische Differentiation berechnet. Diese Berechnungen erfolgen auf einem Gitter in randangepaßten Koordinaten. Der Vorteil der randangepaßten gegenüber äquidistanten Gittern liegt in der großen Flexibilität hinsichtlich der Geometrie. Dadurch können auch Gebiete mit krummlinigen oder geknickten äußeren und inneren Rändern betrachtet werden, ohne daß Interpolationen von Randwerten erforderlich werden. Andererseits ist diese Vorgehensweise mit einem erheblichen Mehraufwand bei der Lokalisierung der Teilchen (Bestimmung der Gitterzelle, in der ein Teilchen sich befindet) und der Interpolation der Felder auf die Teilchenorte verbunden.

### Lösung der Poisson-Gleichung:

Die Poisson-Gleichung wird mittels einer Mehrstellendiskretisierung zweiter Ordnung approximiert. Als äußere Randbedingungen können entweder Potentialwerte unmittelbar vorgegeben (Dirichlet-Randbedingung) oder das Verschwinden der Normalableitung gefordert werden (Neumann-Randbedingung). An inneren Randlinien (Trennflächen zwischen Materialien mit unterschiedlichen $\varepsilon$-Werten) kann das Potential über eine Sprungbeziehung (Verhältnis der Normalableitungen in beiden Richtungen) berechnet werden. In diesen Punkten werden Diskretisierungen für $\Delta\Phi$ sowie für die Normalableitung(en) geeignet kombiniert. Die Diskretisierung liefert ein lineares Gleichungssystem, welches bei entsprechender Feinheit des Berechnungsgitters 10 000 bis 100 000 oder sogar noch mehr Unbekannte enthalten kann. Die zur Lösung des Gleichungssystems verwendeten Mehrgittermethoden ermöglichen eine sehr effiziente Behandlung auch solch großer Systeme. Grundlage des Verfahrens ist ein Relaxationsverfahren, welches hier, anders als bei herkömmlichen Methoden, nicht zur Lösung des Gleichungssystems, sondern nur zur Fehlerglättung dient: Untersucht man den Einfluß der Relaxation auf den Fehler, so stellt man fest, daß die hochfrequenten Fehlerkomponenten wesentlich schneller gedämpft werden als die niedrigfrequenten. Da diese jedoch beim Übergang auf gröbere Gitter relativ zur Maschenweite immer hochfrequenter werden, wird insgesamt eine rasche Verringerung des Gesamtfehlers erreicht. Dabei ist es bei linearen Differentialgleichungen wie der Poisson-Gleichung zweckmäßig, auf den groben Gittern nicht die ursprüngliche Aufgabe zu betrachten, sondern es wird das in allen Punkten des feineren Gitters berechnete Residuum (Defekt) auf das gröbere Gitter übertragen. Durch Lösung der Fehler-Defekt-Gleichung erhält man eine Näherung für den Fehler (Korrektur), die auf das feinere Gitter interpoliert und zur bekannten Näherungslösung addiert wird („Korrekturschema"). Diese Vorgehensweise wird rekursiv vom feinsten bis zum gröbstmöglichen Gitter angewandt.

Im vorliegenden Algorithmus erfolgt die Fehlerglättung mittels „vier-farb-schachbrettartiger" Gauß-Seidel-Relaxation, wobei die Gitterpunkte in vier aufeinanderfolgenden Durchläufen bearbeitet werden. Zur Übertragung der Residuen auf das nächstgröbere Gitter (Restriktion) wird die Methode des „Full Weigthing" benutzt, wobei zur Berechnung der rechten Seite in einem Grobgitterpunkt die Residuen in den acht umliegenden Nachbarpunkten des feinen Gitters mit herangezogen werden. Die Korrekturen werden linear interpoliert. Sowohl Restriktions- als auch Interpolationsoperatoren sind von der Form des Gitters unabhängig und entsprechen den bei äquidistanten Gittern gebräuchlichen.

Die Bestimmung einer guten Startnäherung auf dem feinsten Gitter erfolgt mittels der „Full-Multigrid"-Technik. Hierbei wird die Aufgabe zunächst auf einem möglichst groben Gitter exakt gelöst und dann kubisch auf das nächstfeinere Gitter interpoliert. Dort werden einige wenige Mehrgitterzyklen durchgeführt, bevor die Lösung wiederum auf das nächstfeinere Gitter interpoliert wird, u.s.w., s. Abb. 1. Unter bestimmten Voraussetzungen liefert diese Vorgehensweise mit einem äußerst geringen Aufwand, der proportional zur Anzahl der Gitterpunkte ist, eine Näherung für die gesuchte Lösung, deren Gesamtfehler in der Größenordnung des Diskretisierungsfehlers liegt.

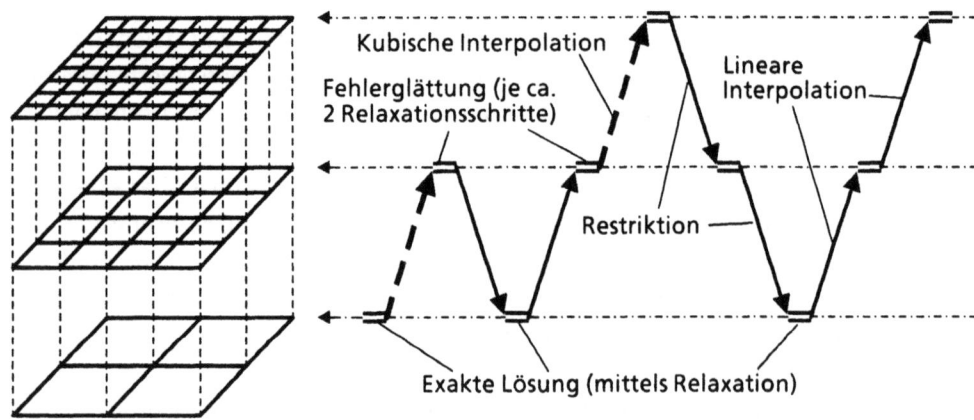

Abb. 1: Prinzip der „Full-Multigrid"-Technik auf drei Gittern

**Teilchenerzeugung:**

Aus den elektrischen Feldstärken und Ladungen läßt sich mittels des Gaußschen Gesetzes

$$\iint (E,n)\, df = Q/\varepsilon$$

die Ladung Q in jeder an die Anode bzw. Kathode angrenzenden Gitterzelle berechnen. Unter der Randbedingung, daß das elektrische Feld an der Emissionsoberfläche verschwindet, ist die neu zu erzeugende Ladung

$$Q_{neu} = Q - Q_{alt},$$

die auf eine gewünschte Anzahl von Teilchen verteilt wird.

**Teilchenbewegung:**

Die Bewegung elektrisch geladener Teilchen mit Ladung q in elektromagnetischen Feldern wird durch die Lorentz-Gleichung

$$F = d(m \tfrac{dx}{dt})/dt = q(E + \tfrac{dx}{dt} \times B)$$

mit den Anfangsbedingungen

$$x(0) = x_0, \qquad \tfrac{dx}{dt}(0) = v_0$$

beschrieben, wobei

$$m = m_0 \gamma, \qquad \gamma = \frac{1}{\sqrt{1 - \|dx/dt\|^2/c^2}},$$

$m_0$ = Ruhemasse des Teilchens.

Setzt man

$$p(t) := \gamma(t)\, v(t) := \gamma(t)\, \tfrac{dx}{dt}(t),$$

so ergibt sich

$$\tfrac{dp}{dt} = \tfrac{q}{m_0}(E + \tfrac{p}{\gamma} \times B),$$

$$p(0) = \gamma(0)\, v(0) = p_0,$$

mit

$$\gamma = \sqrt{1 + \|p\|^2/c^2}.$$

Zur numerischen Lösung dient das sogenannte „Leapfrog-Schema":

$$\frac{p_{n+1/2} - p_{n-1/2}}{\Delta t} = \frac{F_n}{m_0}$$

$$\frac{x_{n+1} - x_n}{\Delta t} = v_{n+1/2},$$

wobei $\Delta t$ die Zeitschrittweite und n der Zeitindex ist. Der Vorteil dieses Schemas besteht darin, daß es zeitzentriert und damit zeitreversibel ist. Nachteilig ist, daß Ort und Geschwindigkeit der Teilchen nicht zum selben Zeitpunkt bekannt sind. Da die (leichteren) Elektronen wesentlich schneller sind als die (schwereren) Ionen, wird für die Elektronen eine kleinere Zeitschrittweite gewählt als für die Ionen.

Zur Lösung der Bewegungsgleichungen sind zunächst die Feldstärken an den Teilchenorten zu berechnen (Interpolation). Nach Berechnung der neuen Teilchenorte und -geschwindigkeiten werden die neuen Ladungs- und Stromdichten bestimmt und damit die Felder aktualisiert, s. Diagramm.

## Schematischer Ablauf der Teilchensimulation:

```
┌─────────────────────────────────────────────────────────────┐
│ Teilchensimulation                                          │
│  ┌────────────────────────────────────────────────────────┐ │
│  │ Initialisierung                                        │ │
│  └────────────────────────────────────────────────────────┘ │
│  ┌────────────────────────────────────────────────────────┐ │
│  │ Berechnung der (äußeren) Felder in den Gitterpunkten   │ │
│  └────────────────────────────────────────────────────────┘ │
│  $t = t_0, t_0 + \Delta t, t_0 + 2\Delta t, \ldots$         │
│     ┌─────────────────────────────────────────────────────┐ │
│     │ Teilchenemission                                    │ │
│     └─────────────────────────────────────────────────────┘ │
│     ┌─────────────────────────────────────────────────────┐ │
│     │ Berechnung der Felder an den Teilchenorten          │ │
│     │ (Interpolation)                                     │ │
│     └─────────────────────────────────────────────────────┘ │
│     ┌─────────────────────────────────────────────────────┐ │
│     │ Bewegung der Ionen                                  │ │
│     └─────────────────────────────────────────────────────┘ │
│     $t_e = t, t + \Delta t_e, t + 2\Delta t_e, \ldots, t + \Delta t$ │
│        ┌──────────────────────────────────────────────────┐ │
│        │ Bewegung der Elektronen                          │ │
│        └──────────────────────────────────────────────────┘ │
│     ┌─────────────────────────────────────────────────────┐ │
│     │ Ermittlung der Ladungs- und Stromdichten            │ │
│     │ an den Gitterpunkten                                │ │
│     └─────────────────────────────────────────────────────┘ │
│     ┌─────────────────────────────────────────────────────┐ │
│     │ Neuberechnung der Felder in den Gitterpunkten       │ │
│     └─────────────────────────────────────────────────────┘ │
│  ┌────────────────────────────────────────────────────────┐ │
│  │ Auswertung des Ergebnisses                             │ │
│  └────────────────────────────────────────────────────────┘ │
└─────────────────────────────────────────────────────────────┘
```

## Implementierbarkeit auf Supercomputern:

Da die Simulation sehr rechenintensiv ist, erscheint eine Implementierung zumindest der laufzeitintensivsten Teile auf Hochleistungsrechnern sehr lohnend. Dabei sind grundsätzlich zwei Strategien anwendbar, die der Vektorisierung und die der Parallelisierung.

### Implementierbarkeit der Potentialberechnung:

Die laufzeitintensivsten Teile des Mehrgitterprogramms zur Potentialberechnung sind die Relaxation und die Berechnung der Residuen bei der Restriktion.

Vektorisierung: Die Diskretisierungskoeffizienten werden in der Initialisierungsphase berechnet und als Vektoren abgespeichert, so daß die Relaxations- und Restriktionsalgorithmen prinzipiell auch sehr gut vektorisierbar sind. Hierbei ist jedoch zu beachten, daß hauptsächlich Vektoren mit Inkrement 2 auftreten. Die z. Z. verfügbaren Vektorrechner arbeiten dabei i. a. nicht mit maximaler Effizienz, so daß die Algorithmen neu formuliert werden müßten (getrennte Abspeicherung der vier Punktarten).

Parallelisierung: Weil bei der Relaxation und Restriktion nur auf Funktionswerte in den jeweiligen unmittelbaren Nachbarpunkten zugegriffen wird, und bei der „vier-farb-schachbrettartigen" Relaxation die Reihenfolge, in der die Punkte innerhalb eines Durchlaufs bearbeitet werden, beliebig ist, sind diese Berechnungen sehr gut parallelisierbar. Dazu das Gitter in gleiche Teilgebiete aufgeteilt, die jeweils einem der parallel ablaufenden Prozesse zugewiesen werden. Nach jedem Relaxationsdurchlauf tauschen die Prozesse die aktualisierten Daten der Randbereiche mit ihren Nachbarn aus. Je nach dem hierfür erforderlichen Aufwand kann es sinnvoll sein, die Gebiete überlappen zu lassen und Berechnungen im Grenzbereich doppelt durchzuführen, um Kommunikation einzusparen. Auf groben Gittern kann es u. U. zweckmäßig sein, die Berechnungen auf einem oder wenigen Knoten durchzuführen. Auch die Formulierung mehrerer Grobgitterkorrekturprobleme auf unterschiedlichen groben Gittern ist denkbar.

Implementierbarkeit der Teilchenfortbewegung:

Die Teilchenfortbewegung ist der weitaus rechenintensivste Teil, daher verspricht deren Übertragung auf Superrechner den größten Gewinn.

Vektorisierung: Die eigentliche Fortbewegung ist gut vektorisierbar, während die bei der Interpolation der Feldstärken an die Teilchenorte und bei der Berechnung der Ladungs- und Stromdichten auftretende indirekte Adressierung bei der Vektorisierung Probleme bereitet. Bei der Lokalisierung (Bestimmung der Gitterzelle, in der ein Teilchen sich befindet) wurde zumindest eine teilweise Vektorisierbarkeit dadurch erreicht, daß das randangepaßte Berechnungsgitter mit einem äquidistanten Hilfsgitter überlagert wurde; die Zuordnung zwischen den Punkten dieser beiden Gitter wird in der Initialisierungsphase hergestellt. In diesem äquidistanten Gitter bereitet die Lokalisierung keine Probleme. Da die inneren Schleifen dieser Module IF-Abfragen enthalten (nur Teilchen, die sich innerhalb der Diode befinden, werden behandelt), sind aber u. U. für eine effiziente Vektorisierung maschinenabhängige Sprachkonstrukte zu verwenden.

Parallelisierung: Die Bewegungsgleichungen der Teilchen werden ausschließlich über die Felder an den Knotenpunkten eines Gitters, nicht über unmittelbare Kräfte zwischen den einzelnen Partikeln, gelöst, so daß die Berechnungen für verschiedene Teilchen völlig voneinander unabhängig sind und parallel durchgeführt werden können. Dazu werden zweckmäßigerweise die Teilchen gleichmäßig auf die Prozesse aufgeteilt. Eine andere Möglichkeit wäre eine Gebietsaufteilung analog der bei der Feldberechnung, s. o. Dies hätte den großen Vorteil, daß beim Wechsel zwischen Feld- und Teilchenberechnung die Daten nicht jedesmal neu auf die Prozesse verteilt werden müßten. Wegen der in den von uns geplanten Anwendungen gewünschten extrem ungleichmäßigen Ladungsverteilung innerhalb der Geometrie (Pinchen der Teilchen zur Rotationsachse) würde dies jedoch zu einer entsprechend stark schwankenden Lastverteilung auf die Prozesse führen, was die Effizienz stark verringern würde.

## Ergebnisse:

Als Beispiel wurde ein Simulationslauf für die in Abb. 2 gezeigte Hochstromdiode durchgeführt. An der Anode (linker Rand) wurde ein Potential von 1,5 MV, an der Kathode (rechter Rand) von 0 vorgegeben. Es wurden 200 Zeitschritte mit einer Schrittweite von $\Delta t = 3.82 \cdot 10^{-12}$ s bzw. $\Delta t_e = 0.191 \cdot 10^{-12}$ s $= 1/20 \cdot \Delta t$ durchgeführt. Das (feinste) Gitter enthielt $21 \times 45$ Punkte. Abb. 3 zeigt das elektrische Feld im ersten Zeitschritt (leere Diode), Abb. 4 die Teilchenverteilung nach Beendigung der Simulation. In Abb. 5 ist der numerisch berechnete Elektronentrom dargestellt.

Rechenzeiten: Zuerst wurden die Rechenzeiten auf einem Skalarrechner (SIEMENS 7890M) ermittelt. Die Potentialberechnung erfolgte zum Vergleich einmal mit einem herkömmlichen SOR-Algorithmus u. dann mittels Mehrgittermethoden. Beim SOR-Verfahren wurde zunächst eine Anfangsschätzung mittels linearer Interpolation ermittelt, Abbruchkriterium war die Bedingung „relativer Fehler $\leq 0.5 \cdot 10^{-4}$". Beim Mehrgitteralgorithmus wurde die „Full-Multigrid"-Technik zur Bestimmung einer ersten Startnäherung benutzt. In den weiteren Zeitschritten diente jeweils die vorige Näherung als Ausgangsnäherung, Abbruchkriterium wie bei SOR.

Anschließend wurden Vergleichswerte für die rechenintensivsten Module beispielhaft auf einer Cyber 205 (2 Vektorpipes) ermittelt, angegeben sind die Rechenzeiten pro Elektron (in µs). Die Rechengenauigkeit war jeweils gleich (REAL*8).

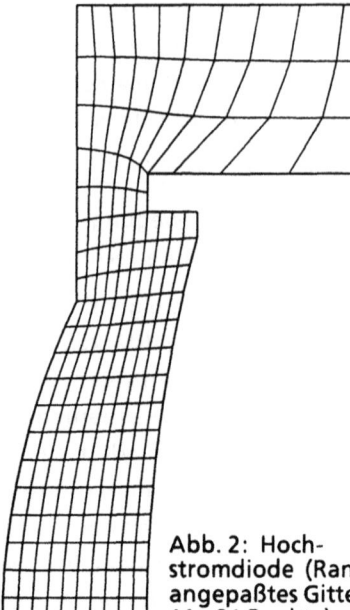

Abb. 2: Hochstromdiode (Randangepaßtes Gitter, 11×21 Punkte)

|   | CPU-Zeit (%) | | CPU-Zeit (µs pro Elektron) | | |
|---|---|---|---|---|---|
| Feldberechnungen (E- und B-Feld) | SOR 12% | MG 2,5% | SIEMENS 7890M | Cyber 205 skalar | Cyber 205 vektoriell |
| Teilchenlokalisierung Interpolation Teilchenfortbewegung Sonstige | ca. 17% ca. 12% 40 - 45% ca. 20% | | 4,6 10,9 | 9,1 11,1 | 1,1 0,9 |

**Literatur:**

[1] W. Hackbusch, U. Trottenberg (Hrsg.): Multigrid Methods, Lecture Notes in Math. 960, Springer Verlag 1982

[2] E. Halter: Die Berechnung elektrostatischer Felder in Pulsleistungsanlagen, KfK-Bericht 4072, April 1986

[3] R. W. Hockney, J. W. Eastwood: Computer Simulation Using Particles, McGraw-Hill, 1981

[4] S. Ohring: Application of the Multigrid Method to Poisson's Equation in Boundary-Fitted Coordinates, J. Comp. Phys. 50, S. 307 - 315

[5] J. F. Thompson, Z. U. A. Warsi: Boundary-Fitted Coordinate Systems for Numerical Solution of Partial Differential Equations - A Review, J. Comp. Phys. 47, S. 1 - 108

[6] T. Westermann, E. Halter: A 2D-PIC Code for Particle Simulation in Pulsed Power Diodes, Conference on Modelling and Simulation, Proceedings, AMSE Association for the Advancement of Modelling and Simulation techniques in Enterprises, Karlsruhe, 20.-22. Juli 1987

[7] D. Seldner, T. Westermann: Numerische Algorithmen für zweidimensionale Teilchensimulationsmodelle in technisch relevanten Geometrien, KfK-Bericht 4282, Juni 1987

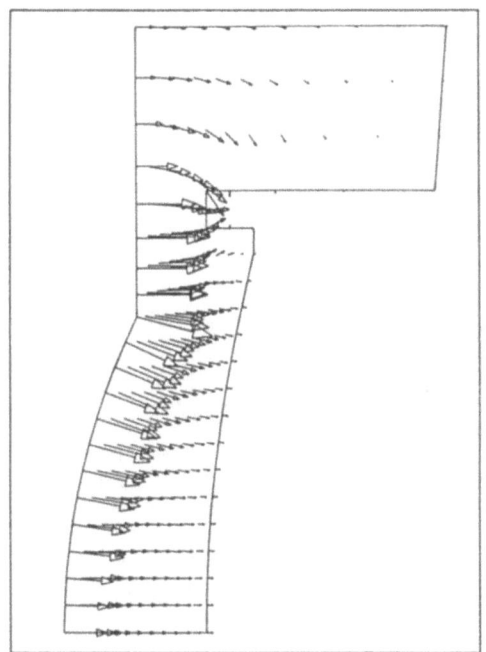 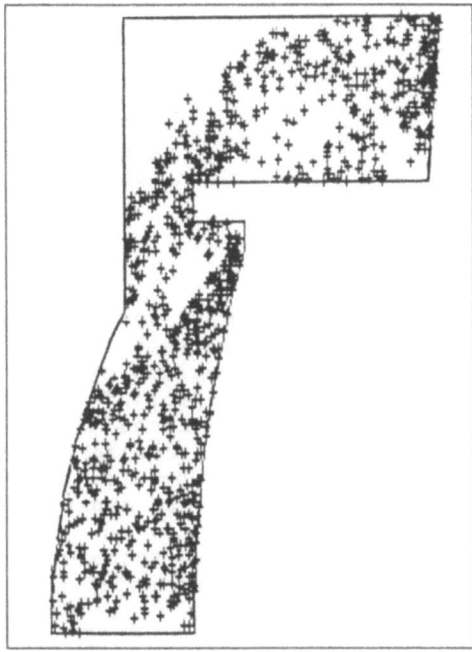

Abb. 3: Elektrisches Feld (1. Zeitschritt)   Abb. 4: Teilchenverteilung nach 200 Zeitschritten

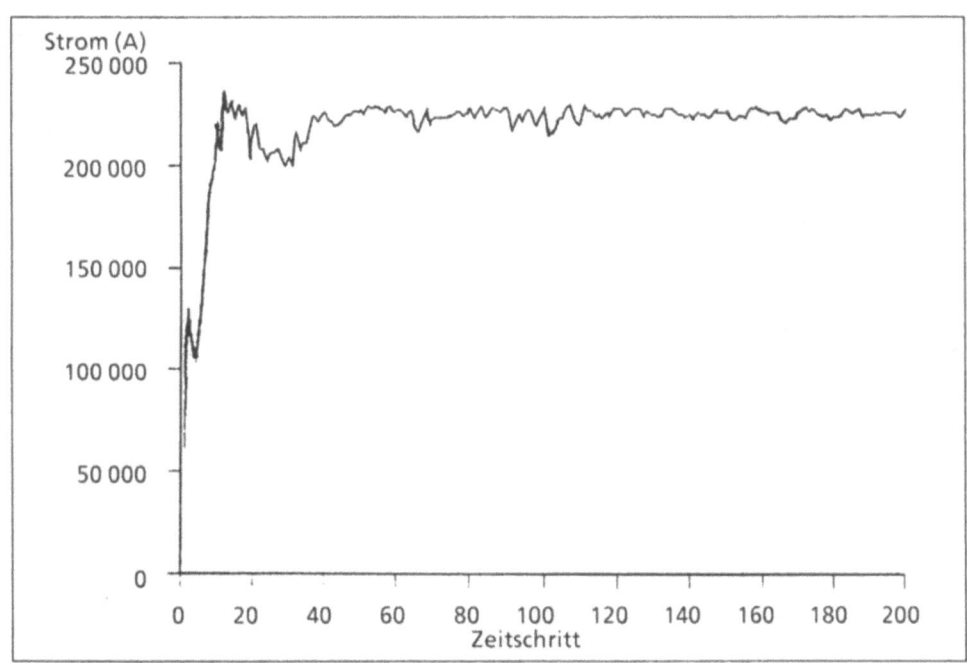

Abb. 5: Elektronenstrom in der Diode im Verlauf der 120 Zeitschritte

THE ETA SYSTEMS PLANS FOR SUPERCOMPUTERS

Charles D. Swanson
ETA Systems, Incorporated
1450 Energy Park Drive
St. Paul, MN 55108

ABSTRACT

The ETA Systems, Incorporated ETA$^{10}$® is a class VII supercomputer featuring multiprocessing, a large hierarchical memory system, high performance input/output, and network support for both batch and interactive processing. Advanced technology used in the ETA$^{10}$ includes liquid nitrogen cooled CMOS logic with 20,000 gates per chip, a single printed circuit board for each CPU, and high density static and dynamic MOS memory chips. Software for the ETA$^{10}$ includes an underlying kernel that supports multiple user environments, a new ETA FORTRAN compiler with an advanced automatic vectorizer, a multitasking library and debugging tools. Possible developments for future supercomputers from ETA Systems are discussed.

I. INTRODUCTION

ETA Systems, Incorporated was established in August, 1983, to produce a next-generation (Class VII) supercomputer, the ETA$^{10}$. By the summer of 1986, a prototype ETA$^{10}$ CPU was running at ETA Systems headquarters in St. Paul, Minnesota. The first shipment of an ETA$^{10}$ occurred in December, 1986, to Florida State University.

A functional digram of the ETA$^{10}$ is shown in Figure 1. Up to eight Central Processing Units (CPUs), each with 4 million words (32 million bytes) of Central Processor Memory, can be configured. The Central Processor Memory is complemented by up to 256 million words (2 billion bytes) of Shared Memory and up to 1 million words (8 million bytes) of Communication Buffer memory. Input/Output Units (IOUs) provide access to peripheral devices and networks.

This paper will present an overview of the technology, architecture and software of the ETA$^{10}$, and conclude with a brief discussion of possible future supercomputers.

II. TECHNOLOGY

The technology chosen for supercomputer implementation has a significant impact. It defines the robustness and speed available to the overall system. The technology selected for ETA Systems' supercomputers is a CMOS based VHSIC (Very High Speed Integrated Circuit) logic chip designed by ETA Systems. CMOS was the desired logic technology because its operating characteristics are well understood and it has low power requirements.

Each VHSIC chip contains 20,000 gates (circuit building blocks). An entire ETA$^{10}$ central processor consists of only 240 of these hips. This reduces the processor component count and interconnections, increasing system reliability.

The circuit density of the chip provides two additional benefits. First, the processing speed is increased by minimizing signal distances. Also, there is sufficient circuitry available to implement a patented, built-in evaluation and self testing feature for circuit monitoring. This advanced feature allows complete functional testing of the individual chips and chip-to-chip interconnect testing. It increases reliability while enhancing maintainability.

An important characteristic of CMOS is that its switching speed is directly related to its temperature, getting faster as temperature goes down. Another is that a cool environment reduces the possibility of heat build-up damage in its active elements. Therefore, the ETA$^{10}$ central processor is immersed in a cryostat containing liquid nitrogen at 77° K (-196° C). Cryogenic technology, although new to the computer industry, is widely used throughout the world.

Another significant technology was employed to allow the VHSIC chips to be effectively used. ETA Systems developed an extremely dense, state-of-the-art circuit board (42 layers). This allows an entire central processing unit to fit on a single board. It also increases the central processor speed and reliability by further reducing signal lengths and external wiring requirements.

III. ETA$^{10}$ HARDWARE ARCHITECTURE

Five major hardware components provide the processing capability of the ETA$^{10}$: the Central Processing Unit, Shared Memory, Communication Buffer, Input/Output Unit, and Service Unit. These components are shown in the ETA$^{10}$ Functional Diagram, Figure 1.

In addition, an ETA$^{10}$ system includes peripheral devices and connections to data networks. The following subsections describe each of these hardware elements.

A. Central Processing Unit

Up to eight identical central processors can be configured into a single system. The ETA$^{10}$ supercomputer can be upgraded up to a maximum configuration on the customer's site.

The Central Processing Units (CPUs) provide the computational power for the ETA$^{10}$ supercomputer. Features provided in each CPU include:

* Scalar processor - Traditional sequential processing is provided by the scalar processor. It is capable of issuing an instruction every clock cycle. These instructions can be bit, byte, half-word or full 64-bit word operations. It also includes a high speed 256 word register file and a 64 word instruction stack to minimize memory accesses.

* Vector Processor - The ETA$^{10}$ features memory-to-memory vector processing. The independent vector processor has two floating point pipelines so that two 64-bit results are produced each clock cycle following vector startup. The ETA$^{10}$ also supports 32-bit (half precision) arithmetic, providing four 32-bit results per clock cycle. A vector shortstop path in the hardware permits vector results to be sent to the vector pipeline for subsequent vector operations rather than forcing them back to memory first. This feature reduces the vector startup time relative to the predecessor CYBER 205.

* Central Processor Memory - Each central processor contains 4 million words (32 MBytes) of memory dedicated to that processor. CP memory utilizes 64K bit Static Random Access Memory (SRAM) MOS memory chips.

* Virtual Addressing - The CPU provides a virtual addressing capability that allows a program address space of up to 2 trillion words. The virtual memory size being larger than the physical memory size is transparent to the user.

B. Shared Memory

Shared Memory (SM) is a large high-speed memory which is shared by all CPUs, Input/Output Units and Service Units. Shared Memory sizes range from 32 million to 256 million 64-bit words. Dynamic Random Access Memory (DRAM) MOS chips with 256K bits per chip are utilized. Like all memory on the ETA$^{10}$, Shared Memory is air cooled using a special technique which blows dry, chilled air on each individual memory chip.

Shared Memory provides one port per CPU which can sustain transfer rates of greater than 9 billion bits per second (9,000 Mbps). It also provides up to twenty ports for connecting Input/Output Units and Service Units, each of which can each sustain 280 million bits per second (280 Mbps). All CPU and IOU ports can operate at their rated speed concurrently.

Data flow through the Shared Memory is controlled by the Shared Memory Interface consisting of a 42 layer printed circuit board and 20,000 gate CMOS chips, cooled by air.

C. Communication Buffer

The Communication Buffer provides rapid access by all system processors to small amounts of shared data and synchronizing functions, used for queuing and multitasking operations. The Communication Buffer consists of a one million 64-bit word memory and an interface processor consisting of a 42 layer PC board populated with 20,000 gate CMOS logic chips.

The Communication Buffer high-speed memory is shared between all of the system elements. Its bandwidth is approximately 2,000 Mbps per port. All ports can operate at their rated speed concurrently. Using the Communication Buffer for these interprocessor communication functions reduces the potential for contention in the Shared Memory.

D. Input/Output Unit

The Input/Output Unit (IOU) provides a powerful, flexible interface between the other system elements and peripherals and networks attached to the ETA$^{10}$. The IOU is interfaced to the Shared Memory by a Data Pipe Channel. The Data Pipe Channel is a fiber optic connection to a low-speed Shared Memory port.

The general philosophy for I/O is that the resources and traffic will be distributed between the CPUs and the IOUs. In general, the CPUs will manage logical I/O and IOUs will manage physical I/O. This is done transparently to the using process.

The IOU consists of up to five Functional Units. Each of the Functional Units has a Motorola 68020® microcomputer, up to five megabytes of memory, a Data Pipe Buffer and a controller interface for a disk channel, tape channel or network channel. The Functional Unit combinations within an IOU are determined by customer requirements. Up to 18 IOUs may be configured on an ETA$^{10}$ system.

E. Service Unit

The Service Unit is an independent system which provides all system maintenance interfaces and performs power and cooling supervisory functions. It also acts as the interface for the operator and service console(s).

F. Peripheral Devices

Peripheral devices supported on the ETA$^{10}$ include disk storage units and magnetic tapes.

The disk subsystem includes storage devices (disks), a Functional Unit which implements the file management capabilities assigned to the IOU and at least one Functional Unit which controls the flow of information to and from the disk(s). Each disk storage unit has a capacity of 1250 million bytes, a burst transfer rate of 96 million bits per sec and a sustained transfer rate of 80 million bits per second.

The magnetic tape subsystem includes the storage devices (tape drives), storage controllers and a Functional Unit which includes a FIPS-60 standard interface for the tape unit(s). Tapes supported are 9-track, 1600 CPI Phase Encoded and 9-track, 6250 CPI Group Code Recorded. The tape speed is 200 inches per second.

G. Networks

The ETA$^{10}$ interfaces with both the Open Interconnection Network (OIN) and the Multi-Host Network (MHN).

The OIN is based on the IEEE 802.3 standard for Ethernet. OIN supports the U.S. Department of Defense standard TCP/IP protocol. The supported standard application protocols include File Transfer Protocol (FTP) and TELNET. The OIN is rated at 10 million bits per second and is capable of connecting 6,000 devices with 5,000 concurrently active. The OIN will be primarily used to provide interactive access to the ETA$^{10}$ via workstations and/or terminals.

The MHN can be either the Control Data Corporation Loosely Coupled Network (LCN®) or the Network Systems Corporation HYPERChannel®. Rated at 50 million bits per second, the MHN is primarily for high speed file transfers between mainframes and for batch processing on the supercomputer.

IV. ETA$^{10}$ SOFTWARE

A. Operating System

The ETA$^{10}$ operating system consists of a single underlying kernel which supports multiple user environments. The kernel provides process management, file and record management, file resource management, input/output, operator interfaces, accounting, and user validation. The user environments provide the command languages, file systems and utility packages. The two user environments ETA Systems has chosen to support are ETA System V, based on AT&T UNIX® System V, and VSOS®, the user interface of the CYBER 205®.

The System V user environment is based on AT&T UNIX System V, Release 2, with some Berkeley extensions, primarily for networking. It has both the Bourne and C shells. The System V user environment has been enhanced to support multiple CPUs, the ETA$^{10}$ memory hierarchy and high performance distributed I/O, thousands of processes, and additional security features.

The VSOS programming environment is provided for compatibility with the CYBER 205 and is based on the CYBER 205 VSOS Release 2.2. It has been enhanced to provide richer interactive features along with traditional batch processing. In addition to the other ETA$^{10}$ compilers, the CYBER 205 FORTRAN 200 compiler is provided in the VSOS programming environment for compatibility.

B. Compilers

Several software products are designed to be used with either user environment. These products include the standard programming languages (ETA FORTRAN, C, and Pascal), multi-tasking capabilities, and some program development tools.

1. ETA FORTRAN

The ETA FORTRAN compiler supports the ANSI 77 standard language and the anticipated array notation of the next ANSI standard. A state-of-the-art automatic vectorizer also is included in the ETA FORTRAN compiler, with the following features:

    DO and IF loop vectorization
    Scalar promotion
    IF THEN ELSE construct vectorization
    User feedback and directives
    Automatic strip mining
    Array bounds checking
    Round-off error control
    Nested loop collapse
    Alternate complex storage

The ETA FORTRAN compiler also includes performance analysis capability and is compatible with CYBER 205 FORTRAN 200.

2. C

The C language, as defined in "The C Programming Language"[1], will be fully implemented on the ETA$^{10}$ system. The C compiler emphasizes compatibility with other portable C compilers, fast compilation speed, and diagnostics.

3. Pascal

A full implementation of Pascal, as defined in the "Pascal User Manual and Report"[2], will also be available. The language will be extended to include a vector notation and will emphasize fast compilation speed and good diagnostics.

----------------------------------------------------------------

1   Brian W. Kernighan and Dennis M. Ritchie, "The C Programming Language" (Englewood Cliffs, NJ: Prentice-Hall, 1978).

2   Kathleen Jensen and Niklaus Wirth, "Pascal User Manual and Report" (New York: Springer-Verlag, 1985).

## C. Multitasking Library

The ETA$^{10}$ hardware and system software provide the communication, synchronization and CPU allocation mechanisms to support multitasking such that parts (tasks) of a job which can run in parallel with other parts of the same job can simultaneously execute on two or more CPU's with shared memory.
A multitasking library is provided to permit users to explicitly describe the parallelism in their applications. Users can access the multitasking library from either programming environment.

The multitasking library is an extendable set of basic routines that supports several models for multitasking. It acts as an extension to ETA$^{10}$ compilers to allow explicit use of the parallel architecture of the ETA$^{10}$ system. The multitasking models define and manage the following three data types to implement the multitasking models:

1. A task is an independent, executable environment that is a subset of a user's program.

2. A counter is a shared semaphore with an integer value. It is used to provide mutual exclusion and to signal global events.

3. A shared array is used to share data between cooperating tasks of a user's program.

## D. Applications

The ETA Systems' Applications Group is arranging with vendors in several diciplines to provide applications for the ETA$^{10}$.
In addition, ETA Systems has established and staffed an applications research laboratory in cooperation with the University of Georgia, with primary focus on computational chemistry, math libraries and graphics.

Applications currently operational on the CYBER 205 will be directly transferable by virtue of preserving FORTRAN 77 and the VSOS user environment from the CYBER 205.

## V. FUTURE DEVELOPMENTS

A discussion of future supercomputers will involve larger memories, faster and denser logic devices, and continuation of multiprocessor architectures.

<u>Memory</u>

Within the next few years, memory devices with four times the current bit densities will be available. This means that the 64K static RAM chips used in the ETA$^{10}$'s Central Processor Memory can be replaced with 256K SRAM chips, so that each CPU can have 16 million 64-bit words of local memory. Similarly, the 256K dynamic

RAM chips used in the Shared Memory (SM) can be replaced with 1 million bit DRAM chips providing up to 1 billion words of SM. The ETA$^{10}$ is designed to handle these higher density chips; upgrading the ETA$^{10}$ memory can be done in the field.

In the early 1990s, another four-fold increase in memory chip densities is expected, leading to still larger memories (or smaller volumes for current memory sizes).

## Logic

Logic choices in the early 1990s may include CMOS, HEMT GaAs and ECL. CMOS may be available with faster switching speeds and another order of magnitude increase in gate density to 200,000 gates per chip, so that a supercomputer CPU can be made with less than 40 chips. HEMT GaAs chips with about 20,000 gates/chip are considered a possibility. This GaAs technology could achieve extremely fast switching speeds utilizing liquid nitrogen cooling. Finally, faster silicon ECL logic may also be available at gate densities of 20,000 gates/chip.

ETA Systems is investigating all of these logic choices for implementation in future supercomputers.

## Architecture

Since the CMOS logic technology used in the ETA$^{10}$ does not require liquid nitrogen for functionality but for speed, a supercomputer based on an air-cooled ETA$^{10}$ CPU board is possible. Such a supercomputer would have performance in the Class VI range, would require very little power, would not require special cooling equipment, and would run all of the ETA$^{10}$ software.

In the early 1990s, the availability of larger memories and faster CPUs in smaller packages means that extending multiprocessor architectures to more than 8 CPUs is likely.

---

ETA$^{10}$ is a registered trademark of ETA Systems, Inc.

Motorola 68020 is is a registered trademark of Motorola Corp.

LCN, VSOS and CYBER 205 are registered trademarks of Control Data Corporation.

HYPERChannel is a registered trademark of Network Systems Corp.

UNIX is a registered trademark of AT&T Bell Laboratories.

# ETA¹⁰ FUNCTIONAL DIAGRAM

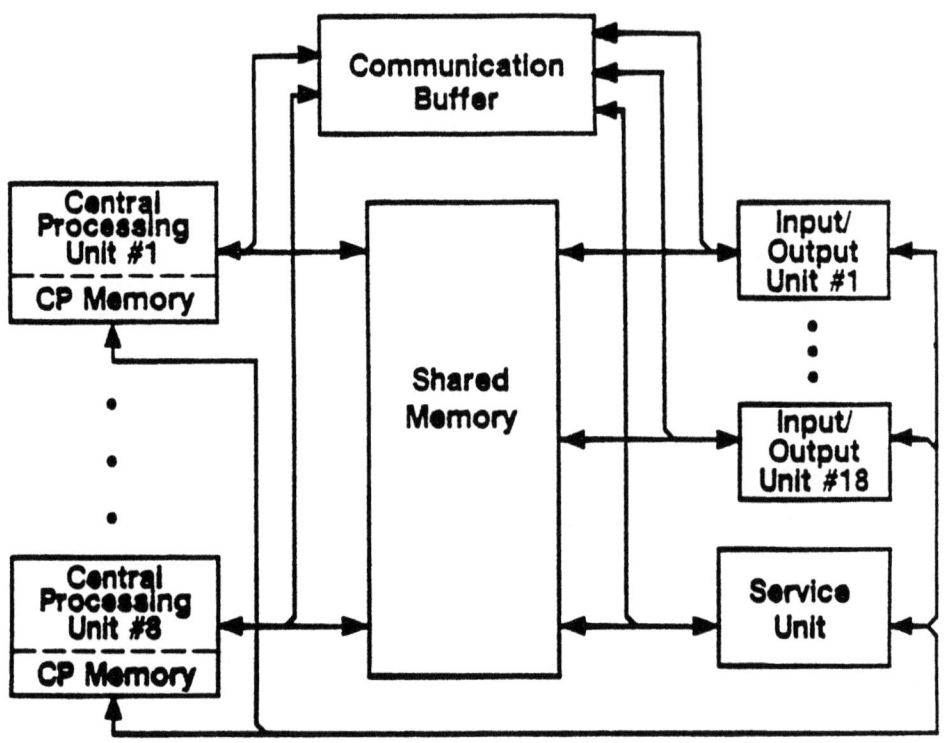

Figure 1. ETA¹⁰ Functional Diagram

Der Convex C1 Vektorrechner - eine Konkurrenz für
Großrechner im Bereich der strömungsmechanischen und
thermodynamischen Simulation

F. Baetke

CONVEX Computer GmbH
Lyonerstraße 14
D-6000 Frankfurt 71

## 1 Einführung

Probleme der Strömungsmechanik und Thermodynamik spielen in fast allen Bereichen eine Rolle, in denen es zu einer Wechselwirkung zwischen Fluiden untereinander oder zwischen Fluiden und festen Körpern kommt. Aus ingenieurmäßiger Sicht ist dabei nicht nur die Beobachtung und das Verständnis der auftretenden Erscheinungen, sondern besonders die Vorhersage eines Strömungs- oder Temperaturfeldes von Bedeutung. Voraussetzung dafür ist die Existenz eines Modells, das ein in der Regel idealisiertes Abbild der physikalischen Realität darstellen muß und aus dessen Verhalten quantitative Aussagen abgeleitet werden können. Als Beispiele für entsprechende Problemstellungen seien hier die freie Konvektion in einem u.U. geneigten Behälter oder die dreidimensionale Umströmung eines kubischen Körpers genannt, vgl. Abb. 1, 2.

Die Erstellung eines derartigen Modells als realer Körper führt zu dem klassischen Gebiet der analogen Simulation, wie z.B. bei aerodynamischen Untersuchungen in einem Windkanal.

Daneben ist bei Kenntnis der das Strömungs- und Temperaturfeld beschreibenden Grundgleichungen die Formulierung eines mathematischen Modells möglich, in das die geometrischen und physikalischen Vorgaben als Randbedingungen einbezogen werden müssen. Dieses Modell beinhaltet die Kontinuitätsgleichung, die Navier-Stokes-Gleichung, die Wärmetransportgleichung und u.U. zusätzliche Zustandsgleichungen und bildet zusammen mit den Randbedingungen ein System nichtlinearer partieller Differentialgleichungen, vgl. Abb. 3.

Die Lösung dieser Gleichungssysteme durch numerische Verfahren ist inzwischen allgemein üblich, wobei die erzielbare Genauigkeit sowohl von der Art der mathematischen Modellbildung wie z.B. direkte, Grobstruktur- oder statische Simulation als auch von der Feinheit der Diskretisierung abhängt.

## 2 Numerische Verfahren und nutzbare Rechnerleistung

Vergleicht man verschiedene Lösungsverfahren unter dem Gesichtspunkt möglichst geringer Komplexität, weitgehender Allgemeingültigkeit und freier Wahl der Randbedingungen, so stellen die "klassischen" Differenzenverfahren unter Verwendung eines verschobenen Maschengitters entsprechend Abb. 4 immer noch die wirtschaftlichste Alternative dar.

Einen Überblick über charakteristische Größen der für die Lösung der entsprechenden Gleichungssysteme einsetzbaren Rechenanlagen liefert Abb. 5. Zur Abschätzung der zukünftigen Leistungssteigerung wird häufig von der Entwicklung der letzten Jahrzehnte ausgehend mit konstanter Wachstumsrate extrapoliert, was sich in der üblichen Regel einer Verzehnfachung der Leistung alle 7 Jahre ausdrückt, vgl. HEINZERLING [1], und zu entsprechend optimistischen Annahmen für die Zukunft führt, vgl. CHAPMAN [2]. Allerdings zeigt eine Analyse der MFLOP-Raten in Abb. 5 ein immer stärkeres Auseinanderklaffen von theoretischer Maximalleistung und den mit realistischen Programmläufen erzielten Werten, wobei gerade bei letzteren eine deutliche Tendenz zur Abflachung zu erkennen ist. Die Begründung liegt in der mit großen Schwierigkeiten verbundenen Verbesserung der Schaltzeiten kritischer Hardwarekomponenten, was sich charakteristischerweise in den relativ langsam fallenden CPU-Zykluszeiten ausdrückt. Im wesentlichen beruht der dort zu entnehmende MFLOP-Leistungszuwachs also nicht auf neuen Hardwareentwicklungen, sondern auf neuen Rechnerarchitekturen, die durch Begriffe "Vektorisierung" und "Mehrprozessorsysteme" gekennzeichnet sind.

Ein Vektorrechner besitzt die Fähigkeit arithmetische Operationen an Vektoren nicht mehr elementweise, sondern quasisimultan auszuführen, was ab einer gewissen Vektorlänge zu einer erheblichen Erhöhung der Rechenwerksleistung führt. Die Problematik der Vektorrechner liegt in der starken Abhängigkeit von vektorisierbaren Algorithmen, was sich bei strömungsmechanischen Programmen u.U. in einer Reduktion der tatsächlichen Leistung gegenüber dem theoretischen Maximum um mehr als eine Größenordnung zeigt, vgl. MENDEZ u. ORSZAG [3] in Abb. 5.

Diese Tatsache hat erhebliche Konsequenzen für die Entwicklung numerischer Verfahren und Algorithmen sowie deren Umsetzung in Programme im ingenieurwissenschaftlichen Bereich. Da letztere unter der Annahme einer zuverlässigen Vorhersage in wirtschaftlicher Hinsicht mit meßtechnischen Methoden wie z.B. der Windkanaltechnik konkurrieren müssen, stellt die möglichst weitgehende Ausnutzung der theoretischen Rechnerleistung durch entsprechende Vektorisierbarkeit ein wichtiges Entwurfskriterium für die Programmentwicklung dar. Mehrprozessoranlagen werden z.Z. im wesentlichen zur Durchsatzsteigerung genutzt, da eine effektive Parallelisierung von Programmen des genannten Problemkreises mit erheblichen Schwierigkeiten verbunden ist.

### 3 Programmtechnische Realisierung

Geht man bei der Simulation von der vom physikalischen Standpunkt allein sinnvollen instationären Betrachtungsweise aus, so lassen sich die rechenintensiven Teile eines entsprechenden Programms in den Bereich "Zeitschritt" zur Lösung der Transportgleichungen und den Bereich "Druckkorrektur" zur Erfüllung den Kontinuitätsgleichung aufteilen. Während für den ersteren Bereich eine Vektorisierung auch bei Diskretisierungsverfahren höherer Ordnung problemlos möglich ist, vgl. BAETKE [4], führt letzterer Bereich auf einen rekursiven Algorithmus, dessen einfachste Formulierung in Abb. 6 dargestellt ist. Auf der Basis der "Schachbrett SOR Verfahren" ist jedoch auch hier eine vollständige Vektorisierung möglich, vgl. Abb. 7 und 8 sowie BAETKE [5]. Die hohe Stabilität dieser Algorithmen und die auch im Bereich der Grobstruktursimulation ausreichende bezogene Divergenzfreiheit zwischen $10^{-3}$ und $10^{-4}$ ermöglicht in diesem Bereich auch den Einsatz einer 32-bit Arithmetik, vgl. WERNER [6].

Als Programmiersprache bietet sich aus Gründen der Portabilität und der benötigten Leistungsfähigkeit des Compilers allein FORTRAN an. Wesentlich ist dabei auch eine optimierte Bearbeitung dreidimensional indizierter Größen und ein effektives Laden der Vektorregister mit nicht an konsekutiven Hauptspeicheradressen stehenden Operanden (Vektorstride $\neq$ 1).

### 4 Leistungsvergleich für ein hochvektorisierbares Programm

Vergleicht man als Beispiel die Berechnung der instationären freien Konvektion in einem Behälter entsprechend Abb. 1 auf verschiedenen Rechenanlagen, so zeigt sich, daß die CONVEX C1 im Leistungsbereich großer Mainframes liegt. Das sehr gute Abschneiden der CRAY X-MP ist

u. a. auch auf die maximale Vektorlänge 62 des Programms zurückzuführen, die eine optimale Ausnutzung ihrer Vektorregisterlänge von 64 (CONVEX C1 = 128) ermöglicht. Der bei Rechner mit CACHE-Architektur zu beobachtende Leistungsabfall beim Laden der Vektorregister mit großem Vektor-Stride wird im Fall der C1 durch den hier wirksam werdenden CACHE-Bypass vermieden, vgl. Tabelle 1.

Für den Bereich der strömungsmechanischen und thermodynamischen Simulation ergeben sich damit sowohl bei der Nutzung durch dedizierte Arbeitsgruppen als auch im Verbund mit klassischen Mainframe-Anlagen (CDC CYBER 990, IBM 3090) sehr wirtschaftliche Lösungen. Wie von WACKER [7] gezeigt wird, gilt letzteres besonders, wenn eine optimale Lastaufteilung zwischen hoch- und niedrigvektorisierenden Programmen erzielt wird.

## 5 Literaturverzeichnis

[1] HEINZERLING, W.: Kritischer Vergleich der Einsatzmöglichkeiten und der Wirtschaftlichkeit zwischen Windkanälen und Großrechenanlagen bei hochwertigen aerodynamischen Simulationen für die Flugzeugentwicklung. München: MBB, 1982 (MBB/FE121/S/PUB/76). - DGLR-Nr. 82-051.

[2] CHAPMAN, D.R.: Computational aerodynamics development and outlook. In: AIAA J. 17 (1979), No. 12, S. 1293-1313.

[3] MENDEZ, R.; ORSAZ, S.: The Japanese supercomputer challenge. In: Datamation 5 (1984), S. 113-119.

[4] BAETKE, F.: Numerische Berechnung der turbulenten Umströmung eines kubischen Körpers. München: Techn. Univ., Diss. 1985.

[5] BAETKE, F.: Ein Leistungsvergleich verschiedener Rechenanlagen mit einem Programm zur Simulation dreidimensionaler Konvektionsströmungen unter besonderer Berücksichtigung des Vektorrechners CRAY-1. Lehrst. Strömungsmech., München: Techn. Univ., 1983 (TUM-LSM-83/17).

[6] WERNER, H.: Grobstruktursimulation einer Kanalströmung. München: Universität der Bundeswehr, 1986. - Arbeitsbericht zum DFG-Forschungsschwerpunkt "Physik abgelöster Strömungen" (Ro 497/5).

[7] WACKER, H.M.: The Economics of Supercomputers in Science and Technology. In: Finite Elements in Engineering Applications. Stuttgart: INTES-Ingenieurgesellschaft für technische Software mbH, S. 417-424. - INTES Publication No. 804).

[8] SHANG, J.S.; BUNING, P.G.; HANKEY, W.L.; WIRTH, M.C.: Performance of a vectorized three-dimensional Navier-Stokes code on the CRAY-1 computer. In: AIAA J. 18 (1980), No. 9, S. 1073-1078.

## Lehrstuhl für Strömungsmechanik - TU München

ABOX9A löst die 3D-Navier-Stokes-Gleichung und eine Transportgleichung für die Enthalpie zur Berechnung freier Konvektionsströmungen. Das Programm ist in ANSI 77 - FORTRAN geschrieben, es werden keine speziellen Library Routinen verwendet. Alle Berechnungen wurden mit 60 bzw. 64 bit Genauigkeit durchgeführt. $t_t$ ist die charakteristische Zeit für einen Zeitschritt, $t_p$ die charakteristische Zeit für eine Druckkorrektur. Die durchschnittliche Druckkorrekturzahl für jeden Zeitschritt ist 10, so daß $t_t+10t_p$ eine charakteristische Benchmark-Zeit ergibt.

Benchmark Ergebnisse mit dem ABOX9A-Programm (alle Zeiten bezogen auf die XM-P Zeit im Vektor Modus):

| Computer | Faktor $t_t$ | Faktor $t_p$ | Faktor $t_t+10t_p$ |
|---|---|---|---|
| CRAY X-MP VEC | 1 | 1 | 1 |
| CRAY X-MP SCA | 4.31 | 5.86 | 5.15 |
| SCA/VEC | 4.31 | 5.86 | 5.15 |
| CYB 205 VEC | 5.51 | 9.85 | 7.82 |
| CYB 205 OPT 1 | 3.24 | 9.96 | 6.79 |
| CYB 205 OPT O | 13.15 | 32.83 | 23.54 |
| OPT 1/VEC | 0.59 | 1.01 | 0.87 |
| CONVEX C1-XL O2 | 11.66 | 13.00 | 12.43 |
| CONVEX C1-XL O1 | 68.73 | 82.13 | 76.14 |
| CONVEX C1-XL OO | 92.22 | 126.45 | 110.70 |
| OPT O1/OPT O2 | 5.98 | 6.32 | 6.13 |
| CYB 990 NOS OPT 2 | 10.25 | 15.13 | 12.87 |
| CYB 990 NOS OPT O | 43.11 | 98.86 | 72.63 |
| OPT O/OPT 2 | 4.21 | 6.53 | 5.64 |
| CYB 990 NOS/VE HI | 21.08 | 19.17 | 20.19 |
| CYB 990 NOS/VE LO | 22.36 | 41.67 | 32.62 |
| LOW/HIGH | 1.06 | 2.17 | 1.62 |

Operating System and Compiler Versions used:
```
CRAY      : COS 1.15              CFT 1.15
CYB 205   : VSYS 644F             FTN200 CYCLE 644B
CONVEX C1 : CONVEX UNIX V4.1      fc V2.2
CYB 990   : NOS 670               FTN 5.1+650
          : NOS/VE 13901 SVL      FTN V1.3
```

**Tabelle 1:** Leistungsvergleich mit dem Programm ABOX9A

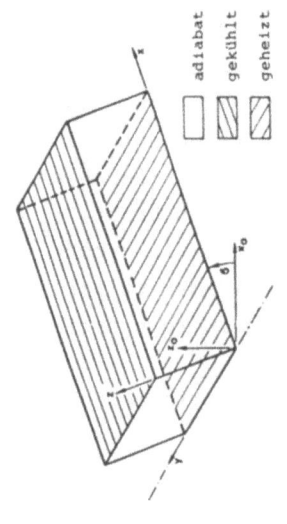

Abb. 1: Behälter mit Koordinatensystem

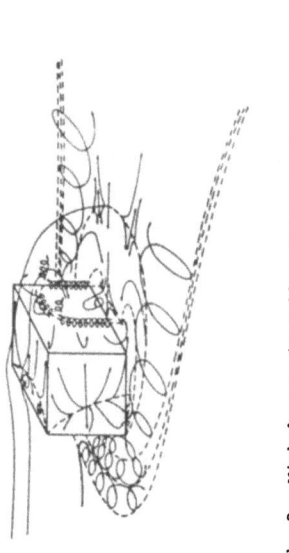

Abb. 2: Wirbelzonen im Nahbereich eines kubischen Körpers bei Normalanströmung

$$\frac{\partial(\rho\phi)}{\partial t} + \frac{\partial(\rho U\phi)}{\partial x} + \frac{\partial(\rho V\phi)}{\partial y} + \frac{\partial(\rho W\phi)}{\partial z} = \frac{\partial}{\partial x}\left(\Gamma\frac{\partial\phi}{\partial x}\right) + \frac{\partial}{\partial y}\left(\Gamma\frac{\partial\phi}{\partial y}\right) + \frac{\partial}{\partial z}\left(\Gamma\frac{\partial\phi}{\partial z}\right) + S$$

| $\phi$ | $\Gamma$ | S | Modellkonstanten und Hilfsbeziehungen | |
|---|---|---|---|---|
| 1 | 0 | 0 | | |
| U | $\mu_e$ | $-\frac{\partial P}{\partial x} - \frac{\partial}{\partial x}\left(\frac{2}{3}\rho k\right) + \frac{\partial}{\partial x}\left(\mu_e \frac{\partial U}{\partial x}\right) + \frac{\partial}{\partial y}\left(\mu_e \frac{\partial V}{\partial x}\right) + \frac{\partial}{\partial z}\left(\mu_e \frac{\partial W}{\partial x}\right)$ | $\sigma_k = 1.00$ $\sigma_\epsilon = 1.30$ | |
| V | $\mu_e$ | $-\frac{\partial P}{\partial y} - \frac{\partial}{\partial y}\left(\frac{2}{3}\rho k\right) + \frac{\partial}{\partial x}\left(\mu_e \frac{\partial U}{\partial y}\right) + \frac{\partial}{\partial y}\left(\mu_e \frac{\partial V}{\partial y}\right) + \frac{\partial}{\partial z}\left(\mu_e \frac{\partial W}{\partial y}\right)$ | $C_1 = 1.44$ $C_2 = 1.92$ | |
| W | $\mu_e$ | $-\frac{\partial P}{\partial z} - \frac{\partial}{\partial z}\left(\frac{2}{3}\rho k\right) + \frac{\partial}{\partial x}\left(\mu_e \frac{\partial U}{\partial z}\right) + \frac{\partial}{\partial y}\left(\mu_e \frac{\partial V}{\partial z}\right) + \frac{\partial}{\partial z}\left(\mu_e \frac{\partial W}{\partial z}\right)$ | $C_\mu = 0.09$ | |
| k | $\frac{\mu_t}{\sigma_k}$ | $P - \rho\epsilon$ | $\mu_e = \mu + \mu_t$ | $\mu_t = C_\mu \rho \frac{k^2}{\epsilon}$ |
| $\epsilon$ | $\frac{\mu_t}{\sigma_\epsilon}$ | $\frac{\epsilon}{k}(C_1 P - C_2 \rho \epsilon)$ | $P = \mu_t \left\{ 2\left[\left(\frac{\partial U}{\partial x}\right)^2 + \left(\frac{\partial V}{\partial y}\right)^2 + \left(\frac{\partial W}{\partial z}\right)^2\right] + \left[\frac{\partial U}{\partial y} + \frac{\partial V}{\partial x}\right]^2 + \left[\frac{\partial U}{\partial z} + \frac{\partial W}{\partial x}\right]^2 + \left[\frac{\partial V}{\partial z} + \frac{\partial W}{\partial y}\right]^2 \right\}$ | | |

Abb. 3: Kontinuitäts-, Impuls- und k,ε-Gleichungen des Standardturbulenzmodells als Koeffizienten der allgemeinen Transportgleichung, ---- kennzeichnet laminaren Fall

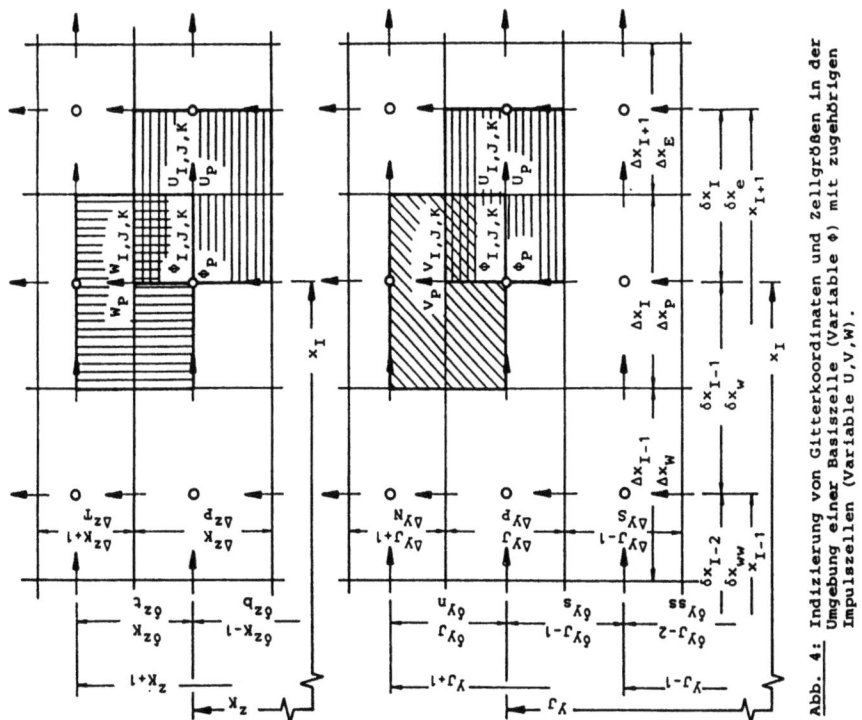

Abb. 4: Indizierung von Gitterkoordinaten und Zellgrößen in der Umgebung einer Basiszelle (Variable $\phi$) mit zugehörigen Impulszellen (Variable U,V,W).

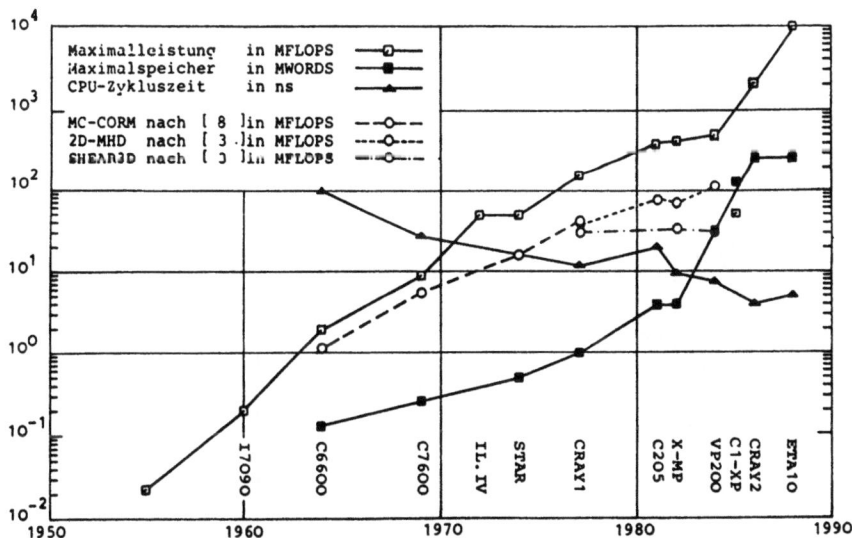

Abb. 5: Entwicklung der theoretischen Zentralprozessorleistung in Millionen Gleitkommaoperationen pro Sekunde (MFLOPS), des maximalen Arbeitsspeichers in Millionen Speicherworten (MWORDS) und der Zentralprozessorzykluszeit in Nanosekunden für die jeweils leistungsfähigsten Rechenanlagen zum Zeitpunkt ihrer Verfügbarkeit. Zum Vergleich sind die mit den fluidmechanischen Programmen MC-CORM nach SHANG et al. [8] und 2D-MHD, SHEAR3D nach MENDEZ u. ORSZAG [3] in der Praxis erzielten Leistungen aufgetragen.

```
      DIVGMX = 0.0
      DO 10 I=2,IM1
         DO 20 J=2,JM1
            DO 30 K=2,KM1
               DIVG = RDX*(U(K,J,I) - U(K,J,I-1))
     S              + RDY*(V(K,J,I) - V(K,J-1,I))
     S              + RDZ*(W(K,J,I) - W(K-1,J,I))
               DP = -BETA*DIVG
               P(K,J,I) = P(K,J,I) + DP
C
               U(K,J,I)   = U(K,J,I)   + DTRDX*DP
               U(K,J,I-1) = U(K,J,I-1) - DTRDX*DP
               V(K,J,I)   = V(K,J,I)   + DTRDY*DP
               V(K,J-1,I) = V(K,J-1,I) - DTRDY*DP
               W(K,J,I)   = W(K,J,I)   + DTRDZ*DP
               W(K-1,J,I) = W(K-1,J,I) - DTRDZ*DP
C
               IF(ABS(DIVG) .GT. DIVGMX) DIVGMX = ABS(DIVG)
30          CONTINUE
20       CONTINUE
10    CONTINUE
C
      RETURN
      END
```

**Abb. 6:** P-CORR Codierung (Ausgangsversion ABOX7)

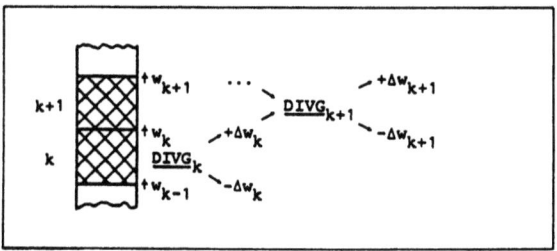

**Abb. 7:** Rekursion in innerer P-CORR Schleife

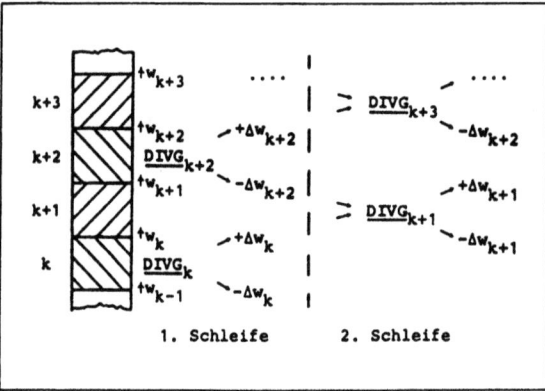

**Abb. 8:** Gelöste Rekursion durch zwei P-CORR Schleifen

SIMULATIONSFALLSTUDIEN AM SIMSTAR:
VEKTOROPTIMIERUNG UND SIMULATIONSUMGEBUNG FÜR EIN
BLUTDRUCK- UND HERZFREQUENZ- MODELL

F.Breitenecker, J.Kaliman, D.Solar, J.Bierbaumer

Institut für Technische Mathematik
Technische Universität Wien
A-1040 Wien, Wiedner Hauptstrasse 8-10


In diesem Beitrag werden zwei Simulations- Fallstudien von SIMSTAR-Simulationen diskutiert. Am Beispiel der Vektoroptimierung wird demonstriert, daß der Simulationsrechner SIMSTAR die dabei nötige enorme Anzahl von Simulationsläufen in kurzer Zeit erledigen kann. Die zweite Fallstudie beschäftigt sich mit dem Aufbau einer komfortablen Simulationsumgebung zur Simulation und Analyse von Modellen für Blutdruck und Herzfrequenz unter Belastung, die auf der an der TU Wien am SIMSTAR verwendeten Simulationssprache HYBSYS basiert.

This contribution deals with two case studies of SIMSTAR simulation. The first one, vector optimization shows the benefits of model-independent simulation times and of the full paralellism of hybrid simulation. The second case study presents a simulation environment for simulation and analysis of models for heart pressure and heart frequency, based on the simulation language HYBSYS implemented at TU Vienna´s SIMSTAR.


1. Einleitung

Der EAI SIMSTAR Simulation Computer (/EMBL84/) ist ein Simulationsrechner der neuestens Generation basierend auf sehr schneller, echt paralleler Simulations- Hardware und bestehend aus einem leistungsfähigen sehr genauen Analogrechner und teilweise parallel arbeitenden digitalen Prozessoren.
Er erlaubt es, komplexe technische Prozesse in Echtzeit oder schneller zu simulieren, wobei aufgrund der echt parallelen Arbeitsweise keine Probleme mit Nichtlinearitäten und Unstetigkeiten entstehen.

Um einen Prozess am SIMSTAR zu simulieren, muß das Modell in PTRAN (/LAND83/) formuliert werden. PTRAN kann als hybrides ACSL (/ACSL81/) bezeichnet werden, es enthält neben der Modellbeschreibung in ACSL-Syntax Anweisungen für den hybriden Compiler (Maximalwerte, Zeittransformationen, Zusammenfassung des parallel zu simulierenden Modellteils in einer PARALLEL SECTION,...). Das PTRAN- Modell kann auch von ACSL zur Kontrolle direkt verarbeitet werden, die Anweisungen für den hybriden Compiler werden in diesem Fall als Kommentar interpretiert.

PTRAN ist der hybride Teil der STARTRAN Simulationssoftware; der digitale Teil, DTRAN, verarbeitet die digital zu simulierenden Modellteile, womit die Möglichkeit zu echter hybrider Simulation gegeben ist, einschließlich sehr schnellem A/D- und D/A- Transfer.
Am SIMSTAR der TU Wien wurden zur komfortableren Bedienung zusätzlich zum Runtime-Interpreter von PTRAN (identische Funktionen wie jener von ACSL) alle Runtime-Features von HYBSYS (/SOLA82/), einer am Hybridrechenzentrum der Technischen Universität Wien entwickelten hybriden Simulationssprache, die bereits am alten Hybridsystem der TU Wien (EAI 680 + PACER 100) gute Dienste leistete. Diese Kombination von PTRAN- Modellbeschreibung und HYBSYS- Runtime-Interpreter (HYBSYS-PTRAN, /SOLA86/) erlaubt auf dem SIMSTAR der TU Wien auch echten Mehrbenutzerbetrieb.

Hybride Simulation konzentriert sich auf einen kleineren speziellen Bereich von Simulationsaufgaben. Im folgenden werden Charakteristika von Simulationsaufgaben, die sich für hybride Simulation eignen, und Charakteristika für Prozesse, die sich für hybride Simulation eignen, angegeben.

Charakteristika für Simulationaufgaben:

(S1) High-Speed- Simulation
(S2) Real-Time- oder schneller als Real-Time- Simulation
(S3) Entwurf von Regelsystemen, Austestung
(S4) Direkter Eingriff des Benutzers in die Simulation
     (man in the loop)
(S5) hochfrequente und/oder Online- Mehrkanal- Signalverarbeitung
(S6) Optimierung, Monte-Carlo- Studien
(S7) Hardware-in-the-loop- Simulationen
(S8) Split-domain- Simulationen

Charakteristika für Prozesse:

(P1) komplexe, hochgradig nichtlineare Prozesse
(P2) zeit- und zustandsabhangige Unstetigkeiten im Prozeß
(P3) hochgradig steife System
(P4) verkoppelte schnelle und langsame Prozeßteile
     (große Unterschiede ind den Zeitkonstanten)
(P5) Prozeßbeschreibung enthält neben Differential- und algebraischen Gleichungen auch logische Gleichungen

In /ILIC85/ wird empfohlen, für Prozesse und Simulationsaufgaben, auf die gemeinsam zwei oder mehr der angegebenen Charakteristika zutreffen, eine hybride Simulation ins Auge zu fassen.

Im folgenden werden nun in Form von Fallstudien eine Simulationsaufgabe und ein Prozeß erläutert, bei denen hybride Simulation Vorteile bringen kann und die sich an der TU Wien im Einsatz bewährt haben.

## 2. Vektoroptimierung

Optimierungsaufgaben können effizient mit hybrider Simulation bearbeitet werden, wenn die Auswertung (die Berechnung) der Gütefunktionen (Zielfunktional, etc.) die Simulation eines komplexen dynamischen Prozesses erfordert. Denn in diesem Fall treffen die Charakteristika (S1) und (S6) auf mögliche Prozeßcharakteristika (P1) - (P6).

Prinzipiell ist die Aufgabe gestellt, einen

Parametervektor $(p_1, p_2, \ldots, p_n)$ so zu finden, daß ein

Gütevektor $(f_1, f_2, \ldots, f_m)$ minimiert (maximiert) wird.

Dabei können noch Nebenbedingungen zu berücksichtigen sein.

HYBSYS kann nun leicht um sogenannte "Methoden" erweitert werden, wobei eine Methode als ein Instrument zur Modellanalyse zu verstehen ist (/BREI86/). Die Erweiterung des Sprachumfanges von HYBSYS um Optimierungsmethoden (und Nullstellenberechnung) ist in /BREI85a/ beschrieben: ein FORTRAN- Unterprogramm "definiert" den Optimierungsbefehl, der dann gezielt iterativ Parameter variiert und in Simulationsläufen die Gütefunktionen berechnet. Zur gezielten Parametervariation können dabei beliebige Optimierungsroutinen aus Programmbibliotheken verwendet werden.

Unter den Optimierungsaufgaben gewinnen in letzter Zeit die Vektoroptimierungsprobleme an Bedeutung. Dabei treten Gütefunktionen $f_1, \ldots, f_m$ auf, die nicht vergleichbar und damit teilweise kontradiktorisch sind, d.h. die Verbesserung einer Gütefunktion $f_i$ bringt automatisch die Verschlechterung der Gütefunktion $f_j$ mit sich.

Hier muß man von der üblichen Forderung nach einer (eindeutigen) Lösung (nach einem eindeutigen Satz optimaler Parameter) abgehen. Als Lösung wird die sogenannte effiziente Menge gesucht, die alle nach dem Pareto-Prinzip (/PESC78/) gleichwertigen Lösungen enthält: ein Gütevektor $F_k$ ist nur dann besser als der Gutevektor $F_1$, wenn er in allen Komponenten besser ist; andernfalls sind beide "gleich gut", die "gleich guten" Parameter- bzw. Gutevektoren bilden dann die effiziente Menge.

Die Lösung einer Vektoroptimierungsaufgabe (das Beschreiben der effizienten Menge) erfordert somit eine geeignete Abtastung des Parameterraumes und den Vergleich der zugehörigen Gütevektoren nach dem Paretoprinzip. Dabei muß selbst bei niedriger Dimension des Parameterraumes eine Unmenge von Simulationsläufen durchgeführt werden, was zumindest sehr schnelle Simulationszeiten erfordert.

Nachdem sich die Methode "Vektoroptimierung" bereits unter HYBSYS am alten Hybridsystem bewährt hat (/BREI85b/), wurde sie nun auch unter HYBSYS-PTRAN am SIMSTAR implementiert.

Die allgemeine Form des Befehles zur Vektoroptimierung lautet:

    VOPTI, method, F1,F2,..,FM  BY  P1(range),P2(range),...,PN(range)

Dabei gibt "method" an, mit welcher Methode der Parameterraum abgetastet wird: standardmäßig geschieht dies äquidistant, aber auch "Monte-Carlo-Abtastungen" nach verschiedenen Verteilungen sind vorgesehen.

Die Gutefunktionen F1,...FM können beliebige Variable sein (Zustandsgrössen, quadratische Abweichungen bzw. deren Werte am Ende einer Simulation,...); P1,...,PN müssen Parameter sein, d.h. mit CONSTANT in PTRAN vereinbart.

Als Testbeispiel ist nun in Abbildung 1 ein PTRAN-Modell eines einfachen nichtlinearen Schwingers angegeben, bei dem die effiziente Menge der Endwerte von X und DX abhängig von den Parametern A, B und C gesucht wird.

```
INITIAL
'
   CONSTANT A=1.,B=1.,C=1.           $ ' PARAMETER              '
   CONSTANT X0=1.,DX0=.0             $ ' ANFANGSWERTE           '
   CONSTANT TEND=10.                 $ ' ENDZEIT                '
'                                                               '
   '@BETA ( BETA )                  ' $ ' ZEITTRANSFORMATION   '
   '@PARAMETER A,B,C                ' $ ' VARIATIONSPARAMETER  '
   '@PARAMETER TEND,BETA            ' $ ' VARIATIONSPARAMETER  '
   '@MAXVAL BETA=1.0,TEND=30.       '

END              $ ' ENDE DER INITIAL SECTION
'
DYNAMIC          $ ' BEGINN DER DYNAMIC SECTION
   DERIVATIVE    $ ' BEGINN DER DERIVATIVE SECTION
'     @PARALLEL' $ ' BEGINN DER PARALLEL SECTION
'
         QUAD = X * X
         X    = INTEG ( DX, X0 )
         DX   = INTEG ( A*DX + B*X - C*QUAD, DX0 )
         T    = INTEG ( 1., .0 )
'
         TERMT ( T .GT. TEND )
'     @ENDPARALLEL' $ ' ENDE DER PARALLEL SECTION
```

Abb.1: PTRAN-Modell eines nichtlinearen Schwingers

Der Aufruf

               VOPTI  X, DX  BY  A/15,  B(.9,1.15)/30, C(.75,.9)

berechnet die effiziente Menge für X und DX bezüglich A, B und C, wobei B zwischen 0.9 und 1.15 in 30 Schritten äquidistant abgetastet wird, C zwischen 0.75 und 0.9 in 20 Schritten (=Standard) und A in 15 Schritten zwischen den Standardgrenzen A-A/10, A+A/10.

Während der Optimierung wird wahlweise ein Kontrollausdruck ausgegeben, der jeden Simulationslauf dokumentiert (Parameterwert, effizienter Punkt, etc.). Tabelle 1 zeigt einen derartigen Kontrollausdruck.

```
RUN-    NO.OF RUN :   4   NO.OF OVL :   0   NO.OF EFF.P.  2
PARAMETERS :A      .1100E+00   B   =  .1025E+01   C  =  .7500E+00
COSTS      :X      .3611E+00   DX  = -.4783E-01
```

Tab.1: Kontrollausdruck füe einen Simulationslauf

Nach dem Ende der Optimierung wird die effiziente Menge gezeichnet (in diesem Fall DX über X punktweise, Abbildung 2). Im höherdimensionalen Fall können Schnitte gezeichnet werden. Die effiziente Menge und die zugehörigen Parameterwerte stehen auf Files zur Weiterverwendung zur Verfügung.

Vermerkt sei, daß dieses einfache Beispiel bereits 9000 Simulationläufe erfordert, je Simulationslauf 10 ms * BETA. Ein wesentlich komplexeres Modell würde im Gegensatz zu digitaler Simulation die Rechnzeit nicht verlängern !

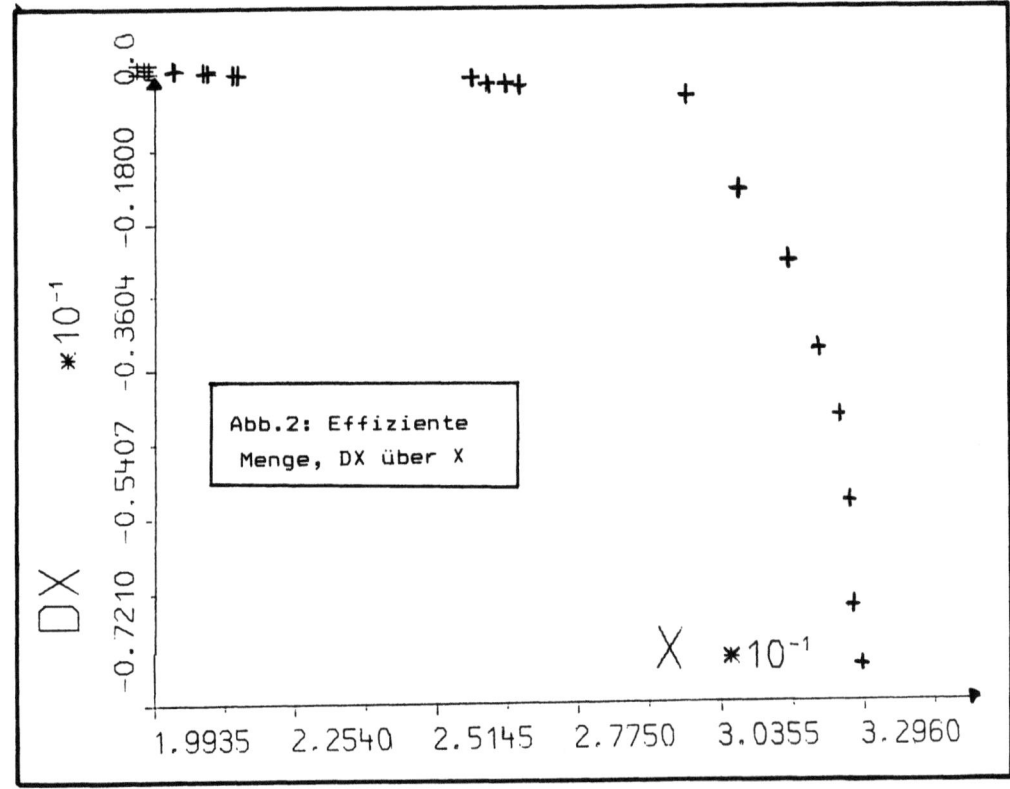

Abb.2: Effiziente Menge, DX über X

## 3. Simulationsumgebung für ein Blutdruck- und Herzfrequenz- Modell

Diese zweite Fallstudie beschäftigt sich mit einem völlig anderen Gebiet. Sie zeigt, wie in HYBSYS-PTRAN am SIMSTAR der TU Wien zur Analyse eines Modelles eine komfortable "Umgebung" geschaffen werden kann, mit der dann auch "HYBSYS-PTRAN- Nichtspezialisten" ein Modell identifizieren, validieren, analysieren, etc. können.
Die Vorteile der SIMSTAR- Simulation sind hier die rasche Simulation, die insbesondere bei Parameteridentifizierung (Optimierung !) zum Tragen kommt, und die Bequemlichkeit des HYBSYS- Runtime-Interpreters.

### 3.1 Prozeßbeschreibung

Bekanntlich führt physikalische Belastung zu einer Erhöhung des Energieumsatzes, der mit erhöhtem Sauerstoffbedarf verbunden ist. Diesem erhöhtem Bedarf muß das Blutkreislaufsystem durch schnelleren und vermehrten Sauerstofftransport gerecht werden. Dazu stehen dem menschlichen Organismus prinzipiell drei Möglichkeiten zur Verfügung, die er üblicherweise simultan nutzt:

1. Anhebung der Herzfrequenz
2. Anhebung des systolischen Blutdruckes
3. Anhebung des diastolischen Blutdruckes

Der statische Zusammenhang zwischen Belastung und diesen physiologischen Kenngrößen ist hinreichend bekannt. Ziel der Untersuchungen war es nun, mathematische Modelle für den dynamischen Zusammenhang zu finden.
Zur Identifizierung der Modelle standen eine große Anzahl von Meßdaten zur Verfügung, die bei Fahrrad-Ergometrietest an der Kardiologischen Universitätsklinik der Universität Wien ermittelt wurden.

### 3.2 Die mathematischen Modelle

Die verwendeten mathematischen Modelle basieren auf regelungstechnischen Grundlagen. Beschrieben wird mit möglichst einfachen Differentialgleichungen und mit möglichst wenigen Modellparametern der Zusammenhang zwischen Erregung (Belastung am Fahrrad) und der resultierenden Herzfrequenz, dem resultierenden Druck,..
In /BREI84/ wurde bereits ein Modell für das dynamische Verhalten der Herzfrequenz vorgestellt, das hinreichend genau war. Nach Parameteridentifikation (individuelle Bestimmung der Modellparameter zum Approximieren der Meßdaten) konnten interessante Korrelationen zwischen den identifizierten Modellparametern und phsiologischen Parametern wie Alter, Gewicht, Größe, erwartete Maximalleistung, etc. gezogen werden.
Das dort verwendete Modell war linear. Für die dynamische Reaktion des Blutdruckes auf eine Belastung konnte nicht mehr mit einem linearen Modell das Auslangen gefunden werden. Ab einer gewissen Belastungsgröße stieg der systolische Druck nicht mehr weiter linear an (im Gegensatz zur Frequenz), er näherte sich eher einem Maximaldruck. Dieses Erscheinungsbild kann auch physiologisch erklärt werden.

Das Modell aus /BREI84/ wurde modifiziert zu:

$$T1 \cdot \dot{X}1 = Ke \cdot U1 - X1$$

$$TI \cdot \dot{X}2 = Kref * U *(Maxsys-Sys)^k/Maxsys - Y$$

$$Sys = Rsys + Y$$

```
X1 .......... Feedforward-Komponente
X2 .......... Feedback- omponente
T1,TI ....... Zeitkonstante
Ke,Kref ..... Verstarkungsfaktoren
Y ........... Druckanstieg bei Belastung
Sys ......... Absoluter systolischer Druck
Rsys ........ Druck im Ruhezustand
Maxsys ...... Obere Grenze fur den systolischen Druck
k ........... nichtlinearer Korrekturparameter
U ........... quantifizierte Belastung
U1 .......... qualitativer Belastungsidikator
```

Für das Verhalten des diastolischen Druckes ist derzeit ein Modell in Erarbeitung.

### 3.3 Simulationsumgebung am SIMSTAR

Die vorhandenen Modelle für Herzfrequenz und Druck wurden in eine Simulationsumgebung am SIMSTAR eingebettet, die als Methode "HERZ" als HYBSYS-Methode implementiert wurde. Individuelle Meßdaten, physiologische Kenngrößen und identifizierte Modellparameter werden dabei auf einer Datenbasis abgelegt.
Die Modelle für Herzfrequenz und Druck sind in PTRAN zu formulieren.

Nach Starten des Simulationssitzung kann der Aufruf HERZ,HELP alle Funktionen der Umgebung erklären. Diese sind:

HERZ, LOAD, DATA, 17 ... Es werden die Meßdaten für Frequenz und Druck von Patient Nr.17 von der Datenbasis geladen; weitere Optionen bestimmen die Interpolation der Meßdaten

HERZ, LOAD, PAR, 16 .... Es werden die identifizierten Parameter für den Patienten Nr.16 geladen (soweit vorhanden

HERZ, STORE, PAR, 20 ... Es werden die aktuellen Parameter (günstigerweise nach Identifizierung mit z.B. Parameteroptimierung) des Patienten Nr.20 auf die Datenbasis abgespeichert.

HERZ, INFO, 17 ......... Es wird ein Informationsblatt am Schirm (oder Drucker) gedruckt, der alle Informationen über Patient 17 enthält

HERZ, PRED ............. Es können beliebige Belastungsfunktio- vorgegeben werden, um das Verhalten bei anderen Belastungen studieren zu können

HERZ, STAT ............. Es werden Statiken über die identifizierten Modellparameter angefertigt (Diese Methode unter Einbeziehung physiologischer Kenngrößen brachte bereits bei einer anderen Untersuchung überraschende Ergebnisse; /BREI85/).

Abbildung 3 zeigt Modell- und Meßkurve nach Identifizierung. Zeichnungen, Parameteroptimierung und dgl. werden mit Standard-Features von HYBSYS-PTRAN durchgeführt. Die Simulationsumgebung wird derzeit um weitere Features vervollständigt.

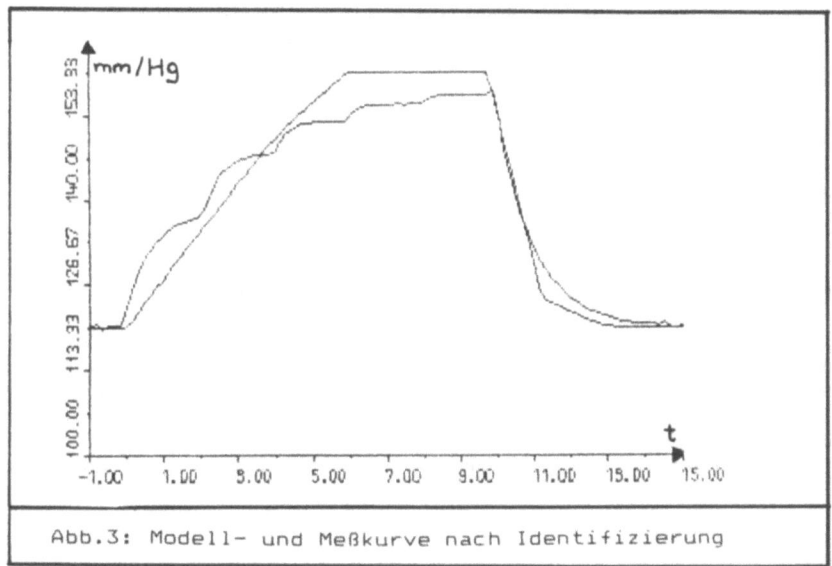

Abb.3: Modell- und Meßkurve nach Identifizierung

/ACSL81/ ACSL User Guide / Reference Manual. Mitchell and Gauthier Ass., Concordia, MA.
/BREI84/ Breitenecker F., Kaliman J., Reisner G.: Modellbildung und Simulation der Herzfrequenz unter Belastung. Informatik-
/BREI85a/ Breitenecker F.: Optimierung in HYBSYS. Interface Nr.22, Juni 1985, Hybridrechenzentrum, Technische Universität Wien.
/BREI85b/ Breitencker F., Schmid A., Peschel M.: Simulation and optimisation of a multipurpose hydro-energetic system using standard simulation software. In H.J.Wacker (ed.): Applied Optimisation Techniques in Energy Problems, B.G.Teubner, Stuttgart, 1985, 160-178.
/BREI85c/ Breitenecker F., Kaliman J.: Results in simulating pathological blood pressure behaviour after treadmill test in patients with coarctation of aorta. In A.Javor (ed.): Simulation in Research and Development, North Holland, 1985, 173-185.
/BREI86/ Breitenecker F., Solar D.: Models, Methods, Experiments - Modern aspects of simulation languages. Proc. 2nd European Simulation Conference, Antwerp, Sept.1986, SCS, San Diego, 1986, 195-199.
/EMBL84/ Embley R.W.: The technology behind SIMSTAR, an all new simulation multiprocessor. Informatik-Fachbericht 85, Springer-Verlag, Heidelberg, 1984, 317-327
/ILIC85/ Ilic Z.V.: SIMSTAR - the search for an optimal simulation tool. Informatik- Fachbericht 109, Springer-Verlag, Heidelberg, 1985, 3-13.
/LAND83/ Landauer J.P.: SIMSTAR - an attached multiprocessor for dynamic system engineering. Informatik- Fachberichte 71, Springer-Verlag, Heidelberg, 1983, 155-174.
/PESC78/ Peschel M.: Ingenieurtechnische Entscheidungen - Modellbildung und Steuerung mit Hilfe der Polyoptimierung. VEB Verlag Technik, Berlin, 1978.
/SOLA82/ Solar D., Berger F., Blauensteiner A.: HYBSYS - Interaktive Simulationssoftware für ein hybrides Mehrbenutzersystem. Informatik-Fachbericht 56, Springer-Verlag, Heidelberg, 1982, 257-265.
/SOLA86/ Solar D.: HYBSYS-PTRAN - An experimentation tool for the EAI SIMSTAR Parallel Multiprocessor. Proc. 2nd European Simulation Conference, Antwerp, Sept.1986, SCS, San Diego, 1986, 449-451

# SIMULATION VON VEKTORRECHNERARCHITEKTUREN UNTER VERWENDUNG DETERMINIERTER WARTESCHLANGENMODELLE

A. Kopaczyk, W. Kubalski, W. Ameling
RWTH Aachen


**Zusammenfassung:** Das Leistungsvermögen von Großrechnern kann nicht nur auf technologischem Wege sondern auch durch den Einsatz innovativer Rechnerarchitekturen gesteigert werden. Als Hilfsmittel bei der Entwicklung und Analyse neuer Architekturkonzepte bietet sich die Simulation an. In diesem Beitrag wird gezeigt, wie sie zur Analyse und Validierung von Vektorrechnerarchitekturen eingesetzt werden kann. Unter Verwendung des Simulationssystems RESQ wurden wesentliche Teile zweier Superrechner simuliert: Fujitsu-VP100 und CRAY-1. Die Modellierung dieser Rechner erfolgte deterministisch auf funktioneller Ebene, wodurch leistungsrelevante Architekturmerkmale in übersichtlicher Form dargestellt werden, ohne daß der Simulationsaufwand zu groß wird. Durch Auswertung der Belastung einzelner Systemkomponenten können Rückschlüsse auf Engpässe im Datenfluß der Systeme gezogen werden.


## 1 Prinzipien der Simulation

Die Ideen, die in den letzten Jahren zur Entwicklung von neuartigen Rechnerarchitekturen führten, sind mit wachsender Hardware-Komplexität und damit steigenden Kosten der Systeme verbunden. Dies hat zur Folge, daß eine prototypische Konstruktion solcher Architekturen erst in sehr späten Entwicklungsphasen erfolgen kann. In frühen Entwurfsstadien wird darum die Simulation als Hilfsmittel zum Entwurf, Vergleich oder zur Weiterentwicklung eingesetzt. Da heutzutage die Aufmerksamkeit der Entwickler sehr stark den Problemen paralleler Konzepte gewidmet ist, muß die Realisierung der Simulation den Besonderheiten dieser Verarbeitungsform Rechnung tragen. Erweiterte Warteschlangenmodelle, die die Konkurrenz dynamischer Systemkomponenten um vorhandene Ressourcen beschreiben, leisten dabei wertvolle Hilfestellung. Die Methodik einer solchen Simulationsart wird nachstehend näher erläutert und in weiteren Teilen dieses Beitrages durch zwei Modellierungsbeispiele ergänzt.


### 1.1 Wahl der Simulationsebene

Je nach Aufgabenstellung bei der Simulation komplexer Rechnersysteme sind unterschiedliche Abstraktionsebenen in Betracht zu ziehen /BAR75/:

* **Systemebene:** Die Eigenschaften eines Rechnersystems werden nur grob berücksichtigt. Die verwendeten Beschreibungselemente sind Prozessoren, Speicher, periphere Geräte etc.. Interessierende Werte sind z.B. Geschwindigkeit und Betriebskosten im weitesten Sinne.

* **Ebene der Programmierung:** Die Eigenschaften eines Prozessors werden durch die Ausführung einzelner Operationen beschrieben. Das Verhalten des Prozessors

kann durch Programme getestet werden. Als Ergebnis kann z.B. das Verhalten des Rechners in Abhängigkeit von der Rechenlast bestimmt werden.

* **Funktionelle Ebene**: Datenfluß und Ablaufsteuerung werden zusätzlich im Modell berücksichtigt. Ein Prozessor wird als ein aus verschiedenen Funktionseinheiten bestehendes Objekt dargestellt. Verbindungen zwischen einzelnen Funktionseinheiten entsprechen realen Informationswegen. Alle Operationen laufen in diskreten Schritten ab. Diese Darstellung ist z.B. zur Simulation von Prozessorfunktionen sehr gut geeignet, da sie nur wenige, relativ einfache Elemente wie z.B. Register, Pipelines, Busse etc. verwendet, deren Arbeitsweise auf funktionellem Niveau beschrieben wird.

* **Schaltwerkebene**: Die Struktur eines Systems wird durch Schaltnetze definiert und durch einen Satz von Schaltfunktionen beschrieben. Zeitabläufe werden detaillierter realisiert als auf der funktionellen Ebene, führen aber zu einer umfangreicheren Darstellung des Gesamtsystems. Globale Eigenschaften sind nur noch schwer abzulesen.

* **Ebene der elektronischen Schaltungen**: Grundelemente sind hier einzelne Gatter, die durch Schaltungen mit Dioden, Transistoren, Widerständen etc. beschrieben werden. In dieser Form kann nur eine Simulation von Teilsystemen stattfinden, da globale Eigenschaften eines Systems bei dieser Darstellung nicht mehr zu erkennen sind.

Mit zunehmender Verfeinerung der Problembeschreibung ist ein steigender Simulationsaufwand zu erwarten, der aus Kosten- und Übersichtlichkeitsgründen, so niedrig wie nötig bleiben sollte. Auf der anderen Seite ist man bestrebt die Simulation realitätsnah durchzuführen, sodaß eine effiziente Auswertung der Ergebnisse möglich ist. Dies wird nur bei Berücksichtigung von möglichst vielen Details einer Rechnerstruktur erreicht. Hieraus folgt, daß die Erstellung eines genauen und praxisnahen Modells nur innerhalb der mittleren Ebenen mit vertretbarem Aufwand möglich ist. Aus diesem Grund wurde zur Simulation von Vektorrechnerarchitekturen die funktionelle Ebene als beste Lösung gewählt.


## 1.2 Einsatz eines Workloads in determinierten Simulationsmodellen

Zur Simulation von Rechnersystemen ist neben dem System selbst auch die Rechenlast, im weiteren allgemein Workload genannt, zu modellieren. Die Erzeugung und Kopplung eines Workloads an das Modell erfolgt durch einen Workload-Generator. Der Verlauf der Simulation kann durch extern zugeführte Workloads gesteuert werden. Diese Art Simulation wird als "trace driven" bezeichnet. Ihre Vorteile liegen in der Möglichkeit, ein einmal compiliertes Modell mehrfach mit verschiedenen Workloads auszuführen. Ein Workload für die Simulation von Rechnerarchitekturen kann in drei verschiedenen Formen bereitgestellt werden:

- als **abstrakter Workload** (ein synthetisch erzeugter Parametersatz, der z.B. Abläufe unter Einsatz von Verteilungsfunktionen wiedergibt),
- als **gemischter Workload** (ein reales Programm ohne Datenabhängigkeiten in dem z.B. Verzweigungen nach gesonderten Strategien vorbestimmt werden),
- als **realer Workload** (ein reales Programm in dem auch Verzweigungen datenabhängig behandelt werden).

Die letzte Alternative bietet den Vorteil einer genauen Steuerung des Modells. Dies ist besonders dann von großem Interesse, wenn wie bei Vektorrechnern, die Reihenfolge von Befehlen bei der Verarbeitung eines Befehlsstromes wichtig ist. Dies wird in einem der nachfolgend beschriebenen Experimente der Fall sein. Die Verwendung eines realen Programms als Workload stellt in Verbindung mit dem Verzicht auf den Einsatz stochastischer Methoden beim Modellaufbau die wesentlichen Merkmale einer determinierten Simulation von Rechnersystemen auf funktioneller Ebene dar.

## 1.3 Aufbau von Simulationsmodellen

Die in diesem Beitrag gezeigten Rechnermodelle wurden unter Verwendung des Simulationspaketes RESQ (Research Queueing Package) /SAU82/ entworfen. RESQ dient zur Konstruktion und Analyse von Systemen, in denen konkurrente Abläufe durch Einsatz von Warteschlangen geregelt werden. RESQ verfügt über eine Eingabesprache, in der Warteschlangenmodelle als Netze, bestehend aus statischen Elementen (nodes) und Verbindungswegen (routing chains) aufgebaut werden. In diesen Netzen bewegen sich dynamische Objekte (token, jobs), die um die Bedienung durch oben genannte statische Elemente konkurrieren. Einige Begriffe der Warteschlangentheorie wurden erweitert um eine bessere Handhabbarkeit der Modelle zu gewährleisten. Die Eingabesprache von RESQ ist blockorientiert und ermöglicht einen modularen Modellaufbau. Modellbildung und Simulation erfolgen in mehreren Schritten:

- Abbildung eines realen Systems auf ein RESQ-Netz,
- Abbildung eines RESQ-Netzes auf ein RESQ-Programm,
- Compilieren eines fertigen RESQ-Programms,
- Ausführung compilierter RESQ-Programme - parametrisierte und mehrfache Simulationsläufe werden unterstützt,
- Auswertung von Daten, die während der Ausführung gesammelt werden.

RESQ-Modelle sind in der Lage wichtige Simulationsvoraussetzungen zu erfüllen. Dazu zählen z.B. die leichte Änderbarkeit der Modelle, die Aufbereitung von Meßdaten und die Dialogfähigkeit, durch die das Verhalten eines Modells frei gestaltet werden kann.

## 2 Modellbeschreibungen

Als Beispiel für oben genannte Modellierungsformen wurden in RESQ Simulationsmodelle wesentlicher Teile der Superrechner Fujitsu VP100 und CRAY-1 erstellt. Bei der Umsetzung der Architektur von beiden Rechnern in die Modelle, wurde auf den Einsatz von stochastischen Methoden verzichtet, um die Simulationsergebnisse nicht von zusätzlichen Faktoren abhängig zu machen. Der Workload-Generator wurde unter Verwendung der RESQ-USER-Funktion in die Modelle integriert. Als Workload sind reale Assembler-Programme einsetzbar, wodurch ein Vergleich der Modelle mit realen Systemen ermöglicht wird. Im weiteren werden beide Modellierungen ausführlicher besprochen.

### 2.1 VP100-Simulationsmodell

Von der Architektur des VP100 (Bild 1) wurden im Simulationsmodell drei wesentliche Teile realisiert: die Skalareinheit in vereinfachten Form, die Vektoreinheit und der Hauptspeicher. Der Hauptspeicher besteht aus vier Segmenten, mit parametrisierbaren Verschränkungen und Zugriffszeiten. Zum vektoriellen Datenaustausch mit der Vektoreinheit dienen vier parallele Datenbusse, die über zwei Ports an den Hauptspeicher angeschlossen sind. Skalarinstruktionen werden in der Skalareinheit dekodiert und ausgeführt. Vektorinstruktionen werden hier erkannt und an die Vektoreinheit weitergeleitet, wo ihre Ausführung stattfindet. Die Zuordnung der Datenbusse zu den Speicherports ist nach einem Prioritätsschema geregelt. Skalar- und Vektoreinheiten können weitgehend unabhängig arbeiten. Sie werden nur dann synchronisiert, wenn dies durch den Programmablauf erzwungen wird. Die Vektoreinheit wurde in allen Details realisiert und besteht aus folgenden Funktionsmodulen:

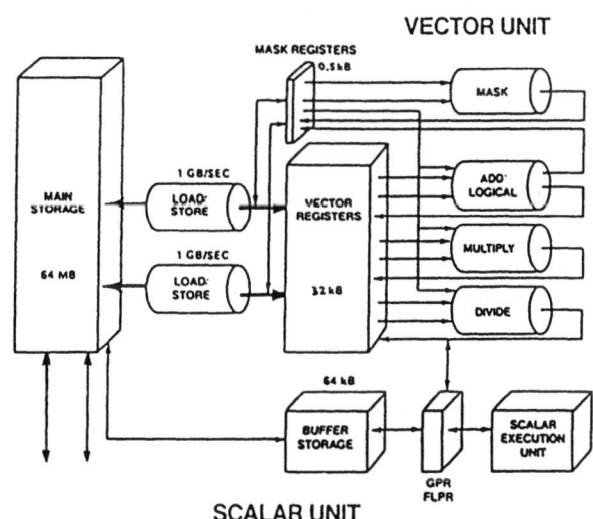

Bild 1: Architektur des VP100-Rechners

* **Add-, Multiply- und Divide-Pipelines:** Ausführung vektorieller Fließkommaoperationen auf den Inhalten der Vektorregister,
* **Mask-Pipeline:** Ausführung logischer Vektoroperationen,

* **Load/Store-Pipelines:** Austausch vektorieller Daten zwischen Hauptspeicher und Vektorregistern,
* **Vektorregister:** Je nach Vektorlänge konfigurierbare Speicherregister zur Aufnahme vektorieller Daten,
* **Maskregister:** Speicherung logischer Information bei der Ausführung bedingter Vektoroperationen,
* **Vektorsteuereinheit:** Aktivierung und Überwachung einzelner Pipelines und Synchronisierung mit der Skalareinheit.

Das Simulationsmodell des VP100 besitzt eine vierstufige hierarchische Struktur. Das Hauptprogramm hat zur Aufgabe, die notwendigen Parameterdeklarationen aufzunehmen. Die darunter liegende Ebene beschreibt grob allgemeine Rechnerstruktur (Vektor- und Skalareinheit, Speicher). Eine weitere Ebene besteht aus den eigentlichen Funktionsmodulen (Pipelines, Register etc.). Die niedrigste Ebene enthält die Realisierung von einfachen Unterfunktionen, die sich in verschiedenen Funktionsmodulen wiederholen. Die Gliederung des gesamten Modells wird in Bild 2 schematisch dargestellt.

```
VP100        ; Main Program
 SUNIT       ; Scalar Unit
  OPCFETCH   ; Opcode Fetch Module
  MSUNIT     ; Memory Storage Unit
   DFIFO     ; Data Buffer (FIFO)
   AFIFO     ; Address Buffer (FIFO)
   SEGM      ; Memory Segment
 VUNIT       ; Vector Unit
  FIFO       ; Instruction Buffer (FIFO)
  VDEC       ; Vector Instr. Decode Unit
  VCU        ; Vector Control Unit
  MSREG      ; Mask Register
  BANK       ; Register Bank
  VCREG      ; Vector Register
  VMTEST     ; Vector Test Module
  BANK       ; Register Bank
  MASK       ; Mask Pipeline
   ELGEN     ; Element Request Generation
  ADD        ; Add Pipeline
   ELGEN     ; Element Request Generation
  MUL        ; Multiply Pipeline
   ELGEN     ; Element Request Generation
  DIV        ; Divide Pipeline
  LSA        ; Load/Store Pipeline
   ELGEN     ; Element Request Generation
  LSB        ; Load/Store Pipeline
   ELGEN     ; Element Request Generation
```

Bild 2: Modulhierarchie des VP100-Simulationsmodells

## 2.2 CRAY-1-Simulationsmodell

Das Simulationsmodell der CRAY-1 besteht aus der Zentralrecheneinheit (CPU) und dem Hauptspeicher. Der Hauptspeicher wurde in 4 Sektionen unterteilt. Verschränkung und Zugriffszeit in jeder Sektion sind einstellbar. Der Hauptspeicher ist mit der CPU über drei Ports verbunden. Die Recheneinheit der CRAY-1 besteht aus 12 Funktionseinheiten, die in vier Gruppen organisiert sind:

- Adresseinheiten
- Skalareinheiten
- Vektoreinheiten
- Fließkommaarithmetikeinheiten.

Die Funktionseinheiten der CPU sind als Pipelines organisiert und arbeiten hochgradig parallel. Skalare und vektorielle Befehlsströme werden im Gegensatz zum VP100, in gemeinsamen Funktionseinheiten verarbeitet. Die gesamte Recheneinheit wird durch eine Kontrolleinheit, auch Scoreboard genannt, verwaltet. Das Scoreboard verfügt jederzeit über alle Zustandsinformationen des Systems und regelt die Reservierung und Freigabe von Registern, Funktionseinheiten und Datenpfaden. Die Architektur des Rechners wird in Bild 3 gezeigt. Die CRAY-1 wurde als ein Modell mit zweistufiger Struktur aufgebaut. Wegen der im Vergleich zum VP100 geringeren Komplexität des Modells hat sich eine höhere Strukturierung als unnötig erwiesen. Die Grundmodule der Simulation bilden eine CPU und ein Speichersystem.

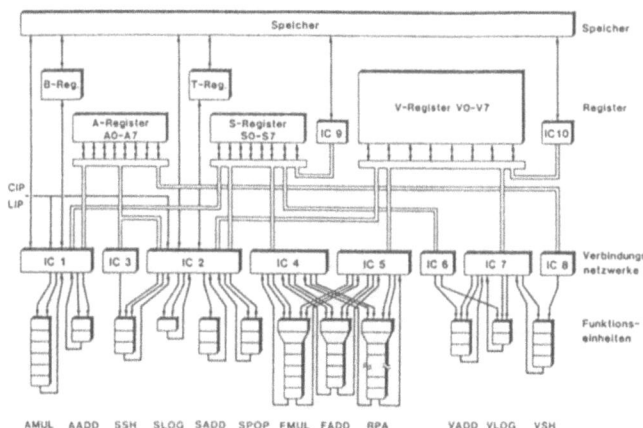

Bild 3: Architektur des CRAY-1-Rechners

## 3 Experimente mit Rechnermodellen

Mit beiden Rechnermodellen wurde eine Reihe von Experimenten durchgeführt. Drei davon werden hier kurz beschrieben. In allen Experimenten werden in Maschinensprache übersetzte Fortran-Programme als Workloads eingesetzt. Folgende Experimente wurden ausgewählt:

- Messen der Belastung der Pipelines als Funktion der Vektorlänge
- Messen der Leistungssteigerung durch Anwendung von statischem Befehlsscheduling
- Vergleich der Verarbeitungsgeschwindigkeit von VP100 und CRAY-1

### 3.1 Experiment 1

In diesem Experiment wird eine Messung der Belastung der arithmetischen Pipelines (Add und Multiply) im VP100-Modell vorgenommen. Als Workload dient das Programm aus Bild 4 /AMD84/. Die Messung wurde mehrfach bei verschiedenen Vektorlängen durchgeführt. Das Ergebnis dieses Experimentes ist in Bild 5 dargestellt. Die gestrichelten Linien kennzeichnen Bereiche, in denen die Auswertung unter Annahme einer vergrößerten Kapazität der Vektorregister erfolgte.

```
PARAMETER: N

DO 10 I=1,N
   T1   = A(I) - B(I)
   X(I) = T1**2*C(I) + D(I)*A(I)*E(I) + B(I)
   T2   = F(I)*A(I) + G(I)
   T3   = (A(I)*C(I) + H(I))*(E(I) + H(I))
   Y(I) = T2*T3
   Z(I) = (O(I) + P(I))*G(I) + (Q(I) + T1)
10 CONTINUE
```

Bild 4: Programm für Experimente 1 und 2

## 3.2 Experiment 2

Hier wird das gleiche Programm verwendet, wie im Experiment 1. Untersucht wird der Einfluß von statischem Befehlsscheduling (Pipeline parallelization scheduling) auf die Leistung des VP100-Rechners. Statisches Befehlsscheduling erfolgt beim Übersetzen von Programmen in Maschinenbefehle. Es bewirkt durch Umordnung von Befehlssequenzen eine bessere Auslastung von Funktionseinheiten. Das vorgegebene Fortran-

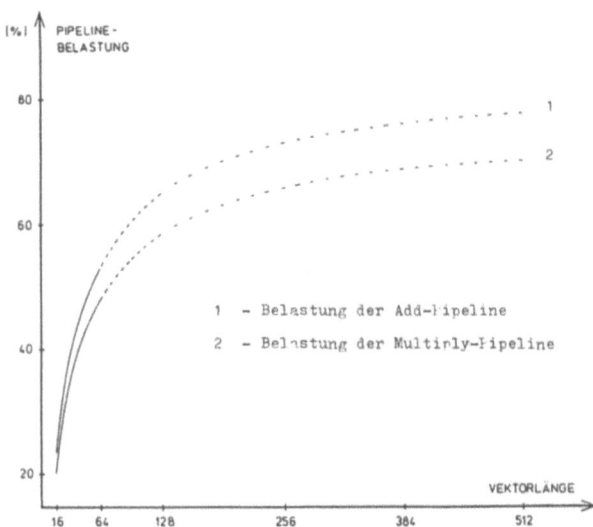

Bild 5: Belastung der Add- und Multiply-Pipelines

Programm wurde in zwei verschiedene Assembler-Befehlsfolgen übersetzt und als Workload in der Simulation eingesetzt. Ergebnisse dieses Experimentes zeigt Bild 6.

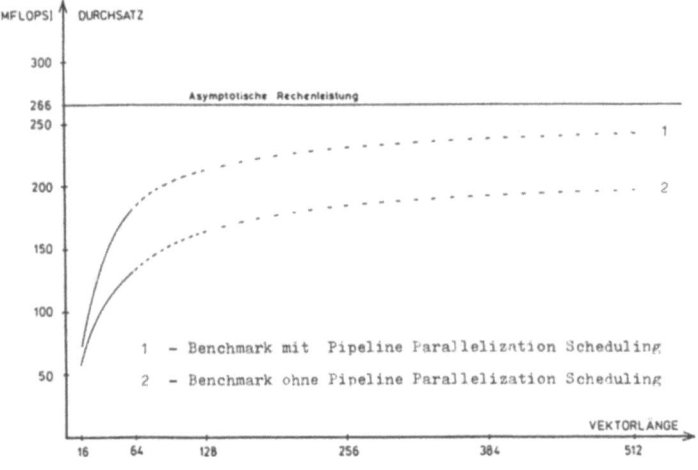

Bild 6: Die Leistung des VP100-Rechners mit und ohne Anwendung von Befehlsscheduling

## 3.3 Experiment 3

Das Programm aus Bild 7 wurde zum Vergleich der VP100- und CRAY-1-Modelle verwendet. Es besteht aus zwei geschachtelten DO-Schleifen. In der inneren vektorisierbaren DO-Schleife wird auf den Hauptspeicher zugegriffen. Dadurch kann der Einfluß solcher Zugriffe auf die Ausführungszeit des Programms gemessen werden. Mit dem Parameter STRIDE kann der Abstand benachbarter Vektorelemente im Speicher verändert werden. Der Parameter NLOOP hat zur Aufgabe, den Einfluß der Initialisierung (Befehle die vor beiden DO-Schleifen liegen) zu verringern. Bild 8 faßt für beide Rechnermodelle die Simulationszeiten zusammen.

```
PARAMETER: LENVEC,NLOOP,ESTRIDE

   DO 10 N=1,NLOOP
   DO 10 I=1,LENVEC*ESTRIDE,ESTRIDE
10 V1(I)=V2(I)+S
```

Bild 7: Fortran-Programm für Experiment 3

| Modell | Anzahl der Simulations-takte | Taktlänge [ns] | Ausführungszeit des Benchmarks [µs] |
|---|---|---|---|
| VP100 | 921 | 7,5 | ≈ 6,9 |
| CRAY-1 | 1121 | 12,0 | ≈13,5 |
| LENVEC=32, NLOOP=10, ESTRIDE=1 ||||

Bild 8: Simulationszeiten im Experiment 3

## 4 Abschließende Bemerkungen

Der vorliegende Beitrag zeigt, wie die determinierte Simulation von Rechnersystemen auf funktioneller Ebene selbst komplexe Aufgaben noch so erfaßt, daß realistische Ergebnisse erreicht werden. Insbesondere ist hier der Einsatz von realen Workloads hervorzuheben, der in späten Entwicklungsphasen den Übergang von der Simulation zu prototypischen Realisierungen erleichtert. Bei den vorgestellten Simulationsmodellen sind akzeptable Erstellungs- und Rechenzeiten zu verzeichnen, wobei sich z.B. die Ausführungszeiten der hier gezeigten Simulationsläufe, auf der IBM-3081-Anlage im Bereich von CPU-Minuten bewegen. Somit wurde mit dieser Art der Simulation ein günstiger Kompromiß zwischen Komplexität und Anforderungen bei der Auswertung der Modelle einerseits und der Rechenzeit andererseits erreicht.

## Literatur:

/AMD84/ AMDAHL Vector Processor Technical Overview, Publication Number MC-142002-003, (December 1984)

/BAR75/ M.R. Barbacci: A Comparison of Register Transfer Languages for Describing Computers and Digital Systems, IEEE Transactions on Computers, Vol. C-24 (1975), No. 2 (Febr), pg. 137-150

/CRA76/ Cray Research, Inc.: The CRAY-1 Computer System, Publication Number 224008 B, Minneapolis 1976

/RUS78/ R.M. Russell: The CRAY-1 Computer System, Communications of the ACM, Vol. 21 No. 1, January 1978

/SAU82/ C.H. Sauer, E.A. MacNair, J.F. Kurose: The Research Queueing Package, Version 2 : CMS User's Guide, IBM Research Report RA-139, (April 1982)

# LOGIK- UND SCHALTKREISSIMULATION

# Ein allgemeines Modell zur Synthese und Simulation digitaler Schaltwerke

D. Tavangarian
J.W. Goethe Universität-Frankfurt
Technische Informatik
Dantestraße 5
6000 Frankfurt a. M. 1

**Kurzfassung:**
Der Beitrag stellt einen Graphen zur Modellierung digitaler Netzwerke vor, der durch ein simultanes Gleichungssystem beschrieben und als Steuerflußgraph bezeichnet wird. Der Graph kann zur Beschreibung, Synthese und Simulation digitaler Netzwerke eingesetzt werden. Zur Ermittlung einer Schaltung aus dem Graphen oder aus dem Gleichungssystem werden zwei Methoden angegeben. Dabei wird ein Verfahren zur Lösung der Gleichungen für die Bestimmung der Schaltung abgeleitet. Neben der Erläuterung von Eindeutigkeitskriterien des Graphen wird ein Modell entwickelt, das eine testfreundliche Gestaltung der Komponenten einer integrierten Schaltung mit dem Steuerflußgraphen ermöglicht.

## 1. Einleitung

Zur Beschreibung einer Schaltung mit ihren Funktionseinheiten können unterschiedliche formale Verfahren (Algorithmen, Blockdiagramme, Graphen, Hardwarebeschreibungssprachen u.ä.) eingesetzt werden. Das Resultat dieser Beschreibung spiegelt sich in einer Architektur mit u.U. unterschiedlich abstrakten Komponenten wieder.

Ein Engpaß beim Entwurf integrierter Schaltungen liegt in der Umsetzung der abstrakten algorithmisch beschriebenen Komponenten einer Schaltung in entsprechende Schaltungslayouts /1/. Teilweise werden die Funktionsblöcke mit speziellen Werkzeugen durch Einsatz von Schaltungsmodulen, die in Bibliotheken als Schaltungszellen zusammengefaßt sind, ersetzt. Dieses Verfahren wird als zellenorientierter Entwurf bezeichnet /2/. Teilweise synthetisiert der Entwerfer die Funktionsblöcke durch seine individuellen Schaltungskomponenten /1/, was als kundenspezifischer Entwurfsstil bezeichnet wird. Während bei einem kundenspezifischen Entwurf die erforderliche Chipfläche und die Signallaufzeiten optimal gestaltet werden können, so daß die Realisierungskosten einer Schaltung verringert werden, werden bei einem zellenorientierten Entwurf die Entwurfszeit und die Entwurfskosten reduziert.

Ein Kompromiß lassen die sogenannten "Silicon Compiler" erwarten /3/, die aus architektureller Beschreibung einer Schaltung automatisch das Schaltungslayout generieren. Hier werden jedoch wirkungsvolle und möglichst allgemeine Verfahren zur Modellierung der Schaltungsblöcke benötigt, die sowohl zur Synthese als auch zur Simulation und Verifikation einer Schaltung effizient einsetzbar sind.

Darüberhinaus sind bereits bei der Formulierung architektureller Schaltungsstruktur Überlegungen für den späteren Test der Schaltung einzubeziehen /4/. Um eine Schaltung optimal testen zu können, kommt einer testfreundlichen Gestaltung der Schaltung große Bedeutung zu, die durch die zugrunde gelegten Modellierungsverfahren unterstützt werden soll. Ein weitverbreitetes Verfahren, das die Testfreundlichkeit einer Schaltung fördert, ist die "Scan-Path-Methode" /5/.

In diesem Beitrag wird ein Modellierungsverfahren angegeben, das für die Beschreibung, Synthese, Simulation und Optimierung von sowohl synchronen als auch asynchronen sowie kombinatorischen Schaltungsblöcken einer digitalen Schaltung besonders effektiv eingesetzt werden kann. Es wird weiterhin die testfreundliche Gestaltung einer Schaltung durch Erweiterung des Schaltungsmodells gezeigt und diskutiert.

Zur Entwicklung dieses Modells wird eine Verallgemeinerung des Zustands- bzw. des Übergangsgraphen /6,7/ als "Steuerflußgraphen" vorgenommen. Der Steuerflußgraph beinhaltet Knoten und Zweige. Die Knoten des Graphen stellen jeweils die Zustände bzw. die hier neu eingeführten "boolschen Quellen" in einem Schaltwerk dar. Unter einer boolschen Quelle wird eine zeitvariante oder zeitinvariante Signalquelle verstanden, die binäre Werte annehmen kann. Mit der Einführung von booleschen Quellen wird bereits bei der Schaltungsformulierung ein Ansatz zur Reduktion der zu Realisierenden Schaltung erreicht

Für den Synthese- und Simulationsprozeß wird das Modell mit Hilfe zweier Gleichungssätze beschrieben, welche als Systemgleichungen die funktionalen Zusammenhänge zwischen den Eingangs- und Ausgangssignalen bzw. den inneren Zuständen einer digitalen Schaltung angeben. Die Systemgleichungen ermöglichen die algebraische Überprüfung der Eindeutigkeit einer digitalen Schaltung, die den korrekten sequentiellen Ablauf in der Schaltung sicherstellt. Dadurch können die Fehler beim architekturellen Entwurf eines Steuerwerksproblems weitgehend vermieden werden.

Die testfreundliche Gestaltung einer Schaltung wird durch die Überlagerung des Schaltungsmodells mit dem Modell eines "Scan-Path-Schaltkreises" erreicht, die als allgemeines Verfahren abgeleitet und mit einem Beispiel dokumentiert wird.

## 2. Steuerflußgraph

Ein Steuerflußgraph ist ein gerichteter gewichteter Graph, der die topologische Abbildung eines Steuerungsalgorithmus darstellt. Er zeigt das logische Verhalten eines digitalen Netzwerks und den sequentiellen Ablauf in einem Steuerwerk. Er stellt die allgemeine Form des Zustands- und des Übergangsgraphen dar.

Der Steuerflußgraph beinhaltet Knoten ($Z_k, Z_l$) und Zweige (V), die wie folgt zusammenhängen:

$$V(e_j) = \{(Z_k, Z_l), Y_j\}$$

Die Knoten ($Z_k, Z_l$) eines Steuerflußgraphen stellen die Zustände und die boolschen Quellen eines Steuerwerks dar. Die Zweige des Graphen geben die Übergänge zwischen den Knoten mit den entsprechenden Übergangsbedingungen ($e_j$) an. Die Aktivität aufgrund eines Überganges wird durch die Ausgangsvariablen ($Y_j$) beschrieben. Zwei boolesche Gleichungen, die den angegebenen Zweig beschreiben, sind:

Zustandsgleichung $\quad Z_k^{t+1} = e_j \wedge Z_l^t \quad$ und $\quad$ Ausgangsgleichungen $\quad Y_j^t = e_j \wedge Z_l^t$.

Zur Verallgemeinerung werden diese Gleichungen für einen Graphen, der n Zustandsknoten und m Ausgangsvariablen besitzt, erweitert und als ein boolsches Gleichungssystem beschrieben:

$$Z_L^{t+1} = \bigvee_{k=1}^{n}(a_{kL} \wedge Z_k^t) \vee \bigvee_{j=1}^{q}(b_{jL} \wedge R_j^t) \quad ; \quad L=1..n \qquad (1)$$

$$Y_L^t = \bigvee_{k=1}^{n}(c_{kL} \wedge Z_k^t) \vee \bigvee_{j=1}^{q}(d_{jL} \wedge R_j^t) \quad ; \quad L=1..m \qquad (2)$$

Diese Gleichungen geben das Zustands- (GL.1) und das Ausgangsverhalten (GL.2) eines durch den Steuerflußgraphen dargestellten Netzwerkes an. Sie stellen die Systemgleichungen dar und bilden das Modell des Systems.

Jeder der n Zustandsgleichungen stellt die Beziehung für einen Folgezustand ($Z_L^t$, L=1..n) des Netzwerks dar, der als Funktion der momentanen Zustände ($Z_k^t$, k=1..n) bzw. der booleschen Quellen ($R_j^t$, j=1..q) des Systems mit den Koeffizienten ($a_{kL}$) bzw. ($b_{jL}$) beschrieben wird.

Die Ausgangsgleichungen ($Y_L^t$, L=1..m) geben die Aktivitäten des Netzwerks an. Sie werden jeweils als Funktion der momentanen Zustände und der boolschen Quellen mit den Koeffizienten ($c_{kL}$) bzw. ($d_{jL}$) beschrieben.

Die Koeffizienten ($a_{kL}$), ($b_{jL}$), ($c_{kL}$) und ($d_{jL}$) sowie die boolschen Quellen ($R_j$) stellen jeweils boolsche Konstanten und/oder zeitvariante Größen dar, die als Minterme der Eingangssignale für die Verzweigungen der sequentiellen Abläufe und die daraus entstehenden Aktivitäten des Netzwerks sorgen. Während die Koeffizienten ($a_{kL}$) bzw. ($c_{jL}$) nur Übergänge bzw. Ausgangsvariable in Abhängigkeit der "Vorgeschichte" (inneren Zustände) des Netzwerks auslösen können, findet durch die Aktivierung von boolschen Quellen in Verbindung mit ihren

Koeffizienten ($b_{kL}$) jeweils Übergänge zu den zugehörigen Zuständen statt, unabhängig davon in welchem Zustand das Steuerwerk sich befand. Mit Hilfe der Quellen können beispielsweise die Unterbrechungsvorgänge beschrieben werden, die die Schaltung unabhängig von dem vorliegenden Zustand in einen definierten Zustand (Interrupt) zur Erfassung neuer Ereignisse führen. In Verbindung mit den Koeffizienten ($d_{jL}$) erzeugen die booleschen Quellen Ausgangssignale, die keine direkte Abhängigkeit von den Zuständen zeigen und deshalb die Struktur eines Schaltnetzes repräsentieren.

Abb. 1 zeigt als Beispiel einen Steuerflußgraphen mit 4 Knoten $Z_0$ bis $Z_3$, eine boolesche Quelle R für den Start des Algorithmus und fünf Ausgänge $y_0$ bis $y_4$. Die Übergänge finden in Abhängigkeit der Eingangsvariable a und b statt. Das Quellsignal R kann zu jedem beliebigen Zeitpunkt das Netzwerk in den Zustand $Z_0$ "zwingen".

Für das angegebene Beispiel können die Gleichungen des Systems aus dem Steuerflußgraphen in ihrer Matrixform abgeleitet werden, die in Gl. 3 und 4 angegeben sind.

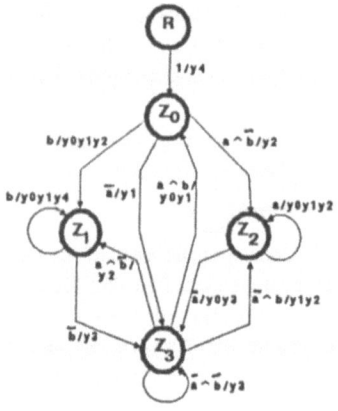

**Abbildung 1:**
Beispiel eines Steuerflußgraphen

**Zustandsgleichungen:**

$$\begin{vmatrix} Z_0^{t+1} \\ Z_1^{t+1} \\ Z_2^{t+1} \\ Z_3^{t+1} \end{vmatrix} = \begin{vmatrix} 0 & 0 & 0 & a \wedge b \\ a \wedge b & b & 0 & a \wedge \bar{b} \\ a \wedge \bar{b} & 0 & a & \bar{a} \wedge b \\ \bar{a} & \bar{b} & \bar{a} & \bar{a} \wedge \bar{b} \end{vmatrix} \wedge \begin{vmatrix} Z_0^t \\ Z_1^t \\ Z_2^t \\ Z_3^t \end{vmatrix} \vee \begin{vmatrix} 1 \\ 0 \\ 0 \\ 0 \end{vmatrix} \wedge (R^t) \quad (3)$$

**Ausgangsgleichungen:**

$$\begin{vmatrix} Y_0^t \\ Y_1^t \\ Y_2^t \\ Y_3^t \\ Y_4^t \end{vmatrix} = \begin{vmatrix} (a \wedge b)b & (\bar{a} \vee a) & (a \wedge b) \\ \bar{a} & b & a & (a \wedge b) \vee (\bar{a} \wedge b) \\ (a \wedge \bar{b}) & 0 & a & (\bar{a} \wedge b) \vee (a \wedge b) \\ 0 & \bar{b} & \bar{a} & (\bar{a} \wedge b) \\ 0 & b & 0 & 0 \end{vmatrix} \wedge \begin{vmatrix} Z_0^t \\ Z_1^t \\ Z_2^t \\ Z_3^t \end{vmatrix} \vee \begin{vmatrix} 0 \\ 0 \\ 0 \\ 0 \\ 1 \end{vmatrix} \wedge (R^t) \quad (4)$$

## 3. Ermittlung digitaler Schaltung aus dem Steuerflußgraphen (Syntheseprozeß)

Ein digitales Netzwerk kann ein Schaltwerk oder ein Schaltnetz sein. Ein Schaltnetz ist eine kombinatorische Schaltung, die Ausgangssignale nur in Abhängigkeit seiner Eingangssignale liefert. Die Schaltwerke sind speicherbehaftete Systeme, die speziell zur technischen Realisierung von Steuerungsalgorithmen als Steuerwerke eingesetzt werden. Ein Steuerwerk besitzt Zustands- und Ausgangssignale. Es kann auch Eingangssignale beihalten. Der funktionale Zusammenhang zwischen Eingangssignalen und Ausgangssignalen bzw. Zuständen eines Steuerwerks wird mit Hilfe der Zustands- (1) und Ausgangsgleichungen (2), die topologisch durch den Steuerflußgraphen repräsentiert werden, beschrieben.

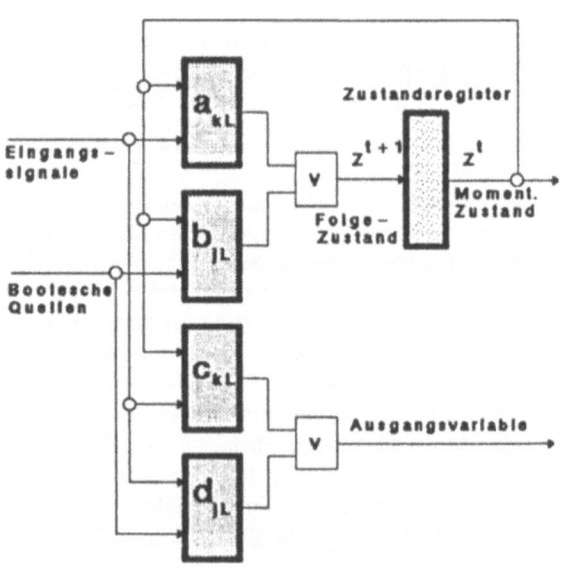

**Abbildung 2:** Allgemeine Struktur einer mit einem Steuerflußgraphen beschriebenen dig. Schaltung

In Abhängigkeit der Koeffizientenmatrizen des Gleichungssystems ($a_{kL}$), ($b_{jL}$), ($c_{kL}$) und ($d_{jL}$) kann die allgemeine Hardwarestruktur eines digitalen Netzwerkes abgeleitet werden, die in Abb. 2 dargestellt ist.

Die Schaltung beinhaltet einen Zustandsregister, in dem der Folgezustand der Schaltung in Abhängigkeit des momentanen Zustandes und der Eingangsvariablen gespeichert werden.

Die Elemente der Koeffizientenmatrizen bestimmen die spezielle Struktur einer Schaltung. Sie können jeweils derart mit booleschen Konstanten 0 und/oder 1 oder Funktionen von Eingangsvariablen der Schaltung belegt sein, so daß die Schaltungsblöcke für die einzelnen Matrizen entfallen oder keine Eingangsvariable beinhalten. Damit erhält man 64 unterschiedliche spezielle Formen von Schaltnetzen, Schaltwerken und ihren Mischformen, wobei nicht alle eine technisch relevate Struktur darstellen.

Die Schaltung, die mit einem Steuerflußgraphen bzw. mit dem zugehörigen Gleichungssystem modelliert ist, kann durch die Bestimmung der Schaltungsblöcke auf zwei Wege ermittelt werden. Beim ersten Weg wird eine direkte Ermitltung der Schaltung aus dem Graphen angestrebt. Beim zweiten Verfahren wird die Schaltung durch die Lösung der Systemgleichungen erreicht.

Vor der Ermittlung der Schaltung können jedoch eine Reihe Überprüfungs- und Optimierungsschritte vogenommen werden. Die Überprüfungen werden zur Funktionssicherheit der Schaltung durchgeführt. Dabei wird insbesondere die Eindeutigkeit eines Steuerwerks überprüft. Die Optimierungen werden zur Minimierung der Zustände und der Übergänge und damit der gesamten Schaltung eingesetzt. Außerdem können die booleschen Quellen eliminiert werden. Mit der Elimination der booleschen Quellen werden die Überprüfungen und Optimierungen vereinfacht aber der Schaltungsaufwand erhöht. Im folgenden sollen vor der Behandlung der Lösungen der Gleichungen die wichtigsten Schritte angegeben werden.

- **Elimination der booleschen Quellen:**
Die Elimination der booleschen Quellen kann mit der Überlegung durchgeführt werden, daß das Steuerwerk sich in jedem Zeitpunkt in irgendeinem Zustand $Z_k^t$ befindet. Diese Überlegung spiegelt sich in folgender Gleichung:

$$\bigvee_{k=1}^{n} Z_k^t = 1 \qquad (5)$$

Der zweite Teil der Zustandsgleichungen (Gl. 1) wird abgekürzt mit X dargestellt, der mit Hilfe der Identität $1 \wedge X = X$ umgeformt wird:

$$X = \bigvee_{j=1}^{q}(b_{jl} \wedge R_j^t) = (1) \wedge [\bigvee_{j=1}^{q}(b_{jl} \wedge R_j^t)] \qquad (6)$$

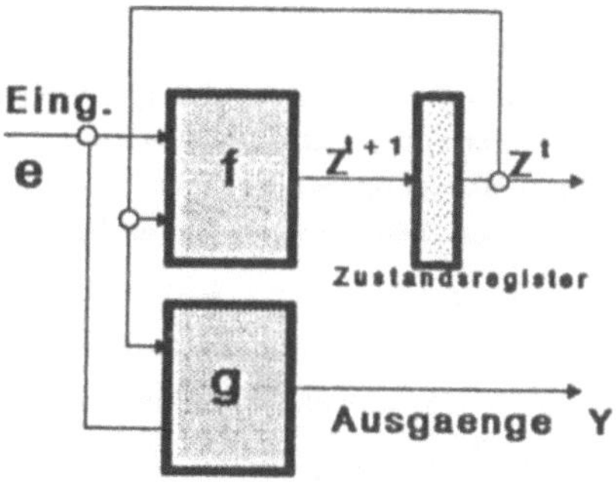

**Abbildung 3:** Blockarchitektur einer Schaltung nach der Elimination der booleschen Quellen

Für (1) wird die Gleichung 5 in Gleichung 6 eingesetzt:

$$X = (\bigvee_{k=1}^{n} Z_k^t) \wedge [\bigvee_{j=1}^{q}(b_{jl} \wedge R_j^t)] = \bigvee_{k=1}^{n}[\bigvee_{j=1}^{q}(b_j \wedge R_j^t)] \wedge Z_k^t \qquad (7)$$

Diese Gleichung wird für den zweiten Teil in Zustandsgleichungen eingesetzt:

$$Z_l^{t+1} = [\bigvee_{k=1}^{n}(a_{kl} \wedge Z_k^t)] \vee [\bigvee_{k=1}^{n}\{[\bigvee_{j=1}^{q}(b_{jl} \wedge R_j^t)] \wedge Z_k^t\}] \quad ; \quad \text{mit } l=1..n \qquad (8)$$

Die beiden Teile der Gleichungen werden zusammengefaßt:

$$Z_l^{t+1} = \bigvee_{k=1}^{n}\{a_{kl} \vee [\bigvee_{j=1}^{q}(b_{jl} \wedge R_l^t)]\} \wedge Z_k^t \quad ; \quad \text{mit } l=1..n \qquad (9)$$

Oder $Z_l^{t+1} = \bigvee_{k=1}^{n}(f_{kl} \wedge Z_k^t)$ mit $l=1..n$ und $f_{kl} = \bigvee_{k=1}^{n}\{a_{kl} \vee [\bigvee_{j=1}^{q}(b_{jl} \wedge R_j^t)]\}$ (10)

Für die Ausgangsgleichungen erhält man nach dem gleichen Verfahren folgendes Ergebnis:
$$Y_1^t = \bigvee_{k=1}^{n} (g_{kl} \wedge Z_k^t) \text{ mit } l=1..n \text{ und } g_{kl} = \bigvee_{k=1}^{n} \{c_{kl} \vee [\bigvee_{j=1}^{q}(d_{jl} \wedge R_j^t)]\} \quad (11)$$

Die Gleichungen 10 und 11 sind die neuen Zustands- und Ausgangsgleichungen des Steuerwerkes, welche die Eingangssignale und die booleschen Quellen mit gleichen Randbedingungen erfassen. In den Gleichungen werden $(f_{kl})$ als Übergangsmatrix und $(g_{kl})$ als Ausgangsmatrix bezeichnet. Sie bilden den kombinatorischen Teil des Netzwerkes (Abb. 3).
Für das angegebene Beispiel erhält man nach der Elimination der Quelle R folgenden Graphen mit den entsprechenden Zustands- und Ausgangsgleichungen:

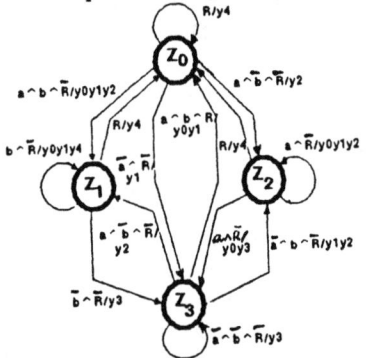

Zustandsgleichungen:
$$\begin{vmatrix} Z_0^{t+1} \\ Z_1^{t+1} \\ Z_2^{t+1} \\ Z_3^{t+1} \end{vmatrix} = \begin{vmatrix} R & R & R & (a\wedge b)vR \\ (a\wedge b)v\bar{R} & bv\bar{R} & 0 & (a\wedge\bar{b})vR \\ (a\wedge\bar{b})v\bar{R} & 0 & av\bar{R} & (\bar{a}\wedge b)vR \\ \bar{a}v\bar{R} & \bar{b}v\bar{R} & \bar{a}v\bar{R} & (\bar{a}\wedge\bar{b})v\bar{R} \end{vmatrix} \wedge \begin{vmatrix} Z_0^t \\ Z_1^t \\ Z_2^t \\ Z_3^t \end{vmatrix} \quad (12)$$

Ausgangsgleichungen
$$\begin{vmatrix} Y_0^t \\ Y_1^t \\ Y_2^t \\ Y_3^t \\ Y_4^t \end{vmatrix} = \begin{vmatrix} (a\wedge b) & b & \bar{a}va & (a\wedge b) \\ \bar{a} & b & a & (a\wedge b)v(\bar{a}\wedge\bar{b}) \\ (a\wedge\bar{b}) & 0 & a & (\bar{a}\wedge b)v(a\wedge\bar{b}) \\ 0 & \bar{b} & a & (\bar{a}\wedge\bar{b}) \\ R & bvR & R & R \end{vmatrix} \wedge \begin{vmatrix} Z_0^t \\ Z_1^t \\ Z_2^t \\ Z_3^t \end{vmatrix} \quad (13)$$

**Abbildung 4**: Steuerflußgraph nach der Elimination der booleschen Quelle

- **Überprüfung des Systems:**

Die wichtigsten Überprüfungsschritte sind die Überprüfungen der Vollständigkeit und der Widerspruchfreiheit, die als Eindeutigkeit des Systems bezeichnet und aus dem Steuerflußgraphen abgeleitet werden.
Ein Steuerflußgraph ist eindeutig, d.h. vollständig und widerspruchsfrei, wenn die boolesche Summe aller von jedem Knoten verlassenden Übergangswerte den Wert "1" bilden, ohne daß die gleichen Übergangsbedingungen von dem betrachteten Knoten zu unterschiedlichen Knoten führen. Diese Bedingungen auf die Gleichungen (Gl. 10) übertragen, bedeutet, daß

$$\bigvee_{l=1}^{n} (f_{kl}) = 1 \quad ; \quad k=1..n \quad (14)$$

als boolesche Summe aller Elemente einer Spalte der Übergangsmatrix erfüllt ist, d.h. alle Primimplikanten der Eingangsvariablen in einer Spalte der Matrix einmal und nur einmal auftreten:

$$\bigwedge_{k=1}^{n} (\bigvee_{l=1}^{n} f_{kl}) = 1 \text{ und } \bigvee_{k=1}^{n} [f_{kl} \wedge f_{kj}] = 0 \text{ mit } i=1..n-1 \text{ und } j=i+1..n. \quad (15)$$

Mit den beiden Bedingungen ist die Eindeutigkeit des zugrundegelegten Modells und damit der eindeutige sequentielle Vorgang des Algorithmus für das Steuerwerk sichergestellt.
Für diese Überprüfungen sind die Gleichungen mit reduzierten Quellen eingesetzt. Eine Eindeutigkeitsüberprüfung ohne Elimination der booleschen Quellen ist durch die Einbeziehung der Koeffizientenmatrizen der Quellen ebenfalls möglich.

### 3.1. Ermittlung der Schaltung aus dem Steuerflußgraphen

Bei diesem Verfahren wird eine allgemeine Form eines Zustandsknoten des Graphen zugrunde gelegt, der unmittelbar laut Abb. 5 in die äquivalente Schaltung umgesetzt wird. Der Zustandsknoten wird durch ein Speicherelement realisiert. Die Ausgänge und die Folgezustände werden jeweils durch dedizierte kombinatorische Netzwerke bestimmt. Mit der Wiederholung dieses Vorganges für alle Zustandsknoten des Graphen erhält man die Gesamtschaltung für das System. In Abb. 5 ist ebenfalls das einfache Modell der Schaltung mit "Unit-Delay" /7/ für eine Simulation mit einem Schaltungssimulator angegeben.

Dieses Verfahren erlaubt eine einfache Ermittlung der Schaltung. Die ermittelten Schaltungen erfodern jedoch einen höheren Aufwand gegenüber dem zweiten Verfahren.

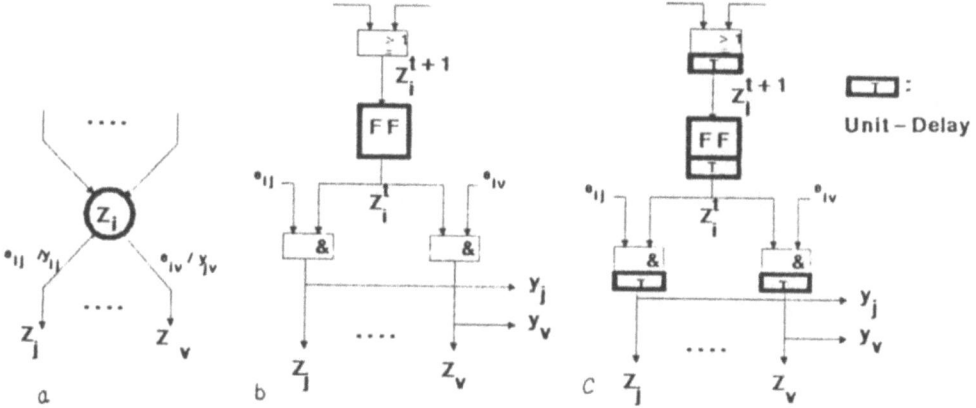

**Abbildung 5** : Die äquivalente Schaltung zu einem Zustandsknoten eines Steuerflußgraphen
a) Steuerflußgraph, b) Schaltung und c) Simulationsmodell

### 3.2. Ermittlung der Schaltung aus der Lösung der Systemgleichungen

Unter Lösung des Gleichungssystems wird die Berechnung der Steuerwerkschaltung bestehend aus kombinatorischen Netzwerken und einem Zustandsregister verstanden.

Die technische Realisierung und die Berechnung der Gleichungen des Systems erfordern eine Codierung der Zustände und Ausgangssignale. Die Wahl eines Dualcodes oder eines im Bezug der Wortlänge vergleichbaren Codes wie z.B. Gray-Code erweist sich als sinnvoll für den Schaltungsaufwand des kombinatorischen Teils.

Die Codierung der n Zustände des Steuerwerkes durch einen Dualcode ergibt eine Wortlänge von jeweils von I-Bit für jeden Zustand, die durch $\lceil ld\, n \rceil$ ermittelt wird. Die Bitpositionen der Zustandscodierung für den l-ten Zustand werden als $d_{il}$ (i=1..I und l=1..n) bezeichnet. Die m Ausgangswörter werden jeweils durch eine Codierung mit J Bitpositionen repräsentiert, die als Ausgangsvariablen durch $w_{jl}$ (j=1..J und l=1..m) dargestellt werden. Das Zustandsregister, das für die Zwischenspeicherung der Zustandsvariablen eingesetzt wird, kann aus beliebigen Vorspeicher-Flipflops bestehen. Eine Speicheranordnung, die einen minimalen Schaltungsaufwand erfordert und deshalb bei den Silicon-Compilern häufig eingesetzt wird, ist durch dynamische Speicherung der Zustände in parasitären Kapazitäten der Schaltkreiskomponeneten gegeben. Diese Form der Zustandsspeicherung entspricht dem Vorgang einer getakteten Verzögerung, die mit einem D-Flipflop vergleichbar ist. Die Übergangsbedingung eines derartigen Speichers ist definiert als: $Q^{t+1} = D^t$.

Dabei ist $Q^{t+1}$ die Ausgangsgröße des Speicherelementes, der sich aus dem Eingangswert $D^t$ in einem Taktzyklus vorher ergibt. Mit den Zustandgleichungen eines Steuerwerkes (Gl.1) und der gewählten Codierung der Zustände ($d_{il}$, i=1..I und l=1..n) werden die I Ansteuergleichungen der Speicher bestimmt. Hierfür wird jedoch erst die Gleichungen für die einzelnen Flipflops in Abhängigkeit der Folgezustände durch die Konjunktion der Bitpositionen des gewählten Codes und des jeweiligen Folgezustandes aufgestellt:

$$Q_i^{t+1} = D_i^t = \bigvee_{l=1}^{n} (d_{il} \wedge Z_l^{t+1}) \quad ; \quad i=1..I \tag{16}$$

Die Zustandsgleichungen für $Z_l^{t+1}$ werden in die Gleichung eingesetzt:

$$D_i^t = \bigvee_{l=1}^{n} \{d_{il} \wedge [\bigvee_{k=1}^{n}(a_{kl} \wedge Z_k^t) \vee \bigvee_{k=1}^{q}(b_{kl} \wedge R_k^t)]\} \quad ; \quad i=1..I \tag{17}$$

Jede der I Gleichungen repräsentiert die Beziehung für einen Eingang des Zustandregisters. Entsprechend werden die Ausgangsvariablen $w_{jl}$ (j=1..J und l=1..m) mit Hilfe der Ausgangsgleichungen (Gl. 2) bestimmt. Hierfür wird erst die Gleichung zur Bestimmung der einzelnen

Bit Positionen $W_j$ des gewählten Codes, die gleichzeitig die Ausgangsvariablen sind, aufgestellt. Sie ergibt sich aus der Verknüpfung der Bitpositionen des gewählten Codes und den jeweiligen Ausgangsgleichungen:

$$W_j^t = \bigvee_{l=1}^{m} ( w_{jl} \wedge Y_l^t ) \quad ; \quad j = 1..J \tag{18}$$

Durch Einsetzen von Gl. 2 in Gl. 20 erhält man.

$$W_j^t = \bigvee_{l=1}^{n} \{ w_{jl} \wedge [ \bigvee_{k=1}^{n} ( c_{kl} \wedge Z_k^t ) \vee \bigvee_{k=1}^{q} ( d_{kl} \wedge R_k^t ) ] \} \quad ; \quad j = 1..J \tag{19}$$

Diese Gleichungen stellen die Beziehung für die einzelnen Ausgangsvariablen dar. Eine Variable $W_j$ ergibt sich aus der booleschen Summe aller zugehörigen Bitpositionen $w_{jl}$ und der l-ten Ausgangsgleichung.

Nach einer Elimination der booleschen Quellen erhält man als Lösung mit den gleichen Codierungen folgende Gleichungen:

$$D_i^t = \bigvee_{l=1}^{n} \{ d_{il} \wedge [ \bigvee_{k=1}^{n} ( f_{kl} \wedge Z_k^t ) ] \} \quad ; \quad i = 1..I \tag{20}$$

und

$$W_j^t = \bigvee_{l=1}^{n} \{ w_{jl} \wedge [ \bigvee_{k=1}^{n} ( g_{kl} \wedge Z_k^t ) ] \} \quad ; \quad j = 1..J \tag{21}$$

Aus diesen Beziehungen wird eine Blockarchitektur der Schaltung ermittelt, die ein vereinfachtes Blockbild darstellt. Die Schaltung ist jedoch nicht zwangsläufig einfacher. In Abb. 3 ist das Blockbild dargestellt.

Zur Veranschaulichung des Lösungsalgorithmus werden die Ansteuer- und die Ausgangsgleichungen für das o.a. Beispiel ermittelt: In der Tabelle 1 sind die gewählten Codierungen für die Zustände und die Ausgangsvariablen angegeben. Für die Zustände wird die Dualcodierung und für die Ausgangsvariablen eine 2-aus-4-Codierung gewählt. Mit Hilfe der Gl. 3 und 4 sowie die Gleichungen 17 und 19 werden die Beziehungen zur Realisierung der Schaltung durch eine PLA-Schaltung (programmable logic array) mit einem Zustandregister laut Abb. 2 berechnet. Sie bestehen aus Ansteuergleichungen für zwei Speicherelemente und vier weiteren Gleichungen für die Ausgangsvariablen. Die Schaltung ist in Abb. 6 angegeben.

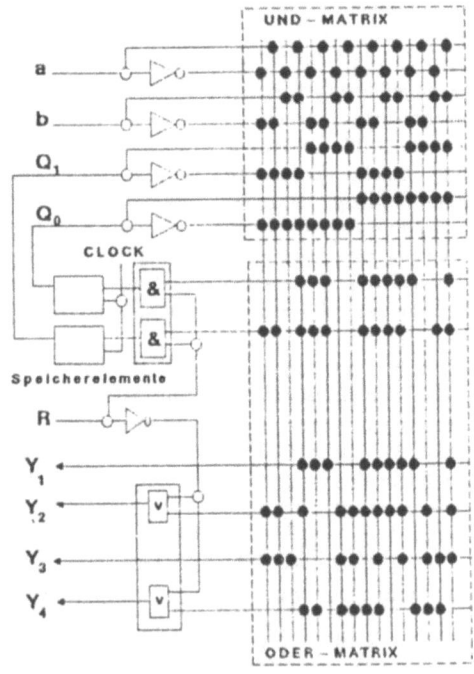

**Zustandscodierung:**

|  | $Q_0$ | $Q_1$ |  |  |
|---|---|---|---|---|
| $Z_0$ | $d_{00}$ | $d_{01}$ | 0 0 | $\bar{Q}_0 \wedge \bar{Q}_1$ |
| $Z_1$ | $d_{10}$ | $d_{11}$ | 0 1 | $\bar{Q}_0 \wedge Q_1$ |
| $Z_2$ | $d_{20}$ | $d_{21}$ | 1 0 | $Q_0 \wedge \bar{Q}_1$ |
| $Z_3$ | $d_{30}$ | $d_{31}$ | 1 1 | $Q_0 \wedge Q_1$ |

**Ausgangsvariablencodierung:**

|  | $W_0$ | $W_1$ | $W_2$ | $W_3$ |  |
|---|---|---|---|---|---|
| $Y_0$ | $w_{00}$ | $w_{01}$ | $w_{02}$ | $w_{03}$ | 1 1 0 0 |
| $Y_1$ | $w_{10}$ | $w_{11}$ | $w_{12}$ | $w_{13}$ | 0 1 1 0 |
| $Y_2$ | $w_{20}$ | $w_{21}$ | $w_{22}$ | $w_{23}$ | 0 0 1 1 |
| $Y_3$ | $w_{30}$ | $w_{31}$ | $w_{32}$ | $w_{33}$ | 1 0 0 1 |
| $Y_4$ | $w_{40}$ | $w_{41}$ | $w_{42}$ | $w_{43}$ | 1 0 1 0 |

**Tabelle 1:**
Codierung der Zustände und der Ausgangsvariablen

**Abbildung 6:**
Schaltungsbeispiel für den angegebenen Steuerflußgraphen

Durch die Einführung der booleschen Quelle R
sowie ihre von den Variablen a und b getrennte
Betrachtung im Schaltungsmodell wurde der
Aufwand zur Realisierung des kombinatorischen
Schaltungsteils drastisch reduziert. Mit der Betrachtung von R als eine weitere Eingangsvariable würde die Zahl der Minterme wesentlich
erhöht werden, so daß eine PLA-Schaltung mit
etwa doppelten Umfang erforderlich wäre.

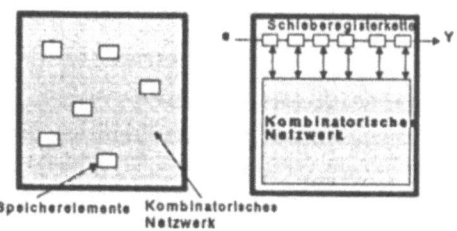

Speicherelemente   Kombinatorisches
                   Netzwerk

**Abbildung 7:**
a) Schaltung mit verteilten Speicherelementen
b) Zusammenfassung der Speicherelemente als
   Schieberegister für den Scan-Path-Test

## 4. Modellierung testfreundlicher Schaltungen

Der Funktionstest einer Schaltung verursacht einen großen Anteil der Realisierungskosten eines
integrierten sequentellen Schaltkreises, der durch die testfreundliche Strukturierung der Schaltung erheblich reduziert werden kann.

Ein weitverbreitetes Verfahren zur testfreundlichen Gestaltung einer Schaltung ist durch die
"Scan-Path-Methode" gegeben. Bei diesem Verfahren werden die in einer Schaltung verteilten
Speicherelemente (Abb. 7a) zusammengefaßt und mit der Funktion eines Schieberegisters
erweitert (Abb. 7b), die alternativ zu dem normalen Betrieb der Schaltung in der Testphase
aktiviert wird. Der restliche Teil der Schaltung umfaßt nur kombinatorische Schaltkreise, die
in einfacher Weise durch Eingangs-Ausgangsrelation überprüft werden können. In der Testphase
werden die Speicherelemente mit Testinformationen geladen, die als Eingangsinformationen des
kombinatorischen Teils gelten. Die Ergebnisse aus dem kombinatorischen Teil werden wiederum
von den Speicherelementen übernommen und seriell zur Auswertung ausgegeben.

Im Folgenden wird ein Modell beschrieben, das eine formale Ergänzung von Schaltungen zur
testfreundlichen Gestaltung ermöglicht, die durch den Steuerflußgraphen beschrieben sind.
Dabei wird ein allgemeines Modell für ein Schieberegister mit Hilfe eines Steuerflußgraphen
entwickelt, das zur Ergänzung einer zu testenden Schaltung eingesetzt wird, um die alternative
Testfunktion der Schaltung zu übernehmen.

Das Modell eines Schieberegisters mit n Zuständen kann mit einer Modulo-Funktion definiert
werden:

$$S_j^{t+1} = \text{MOD}(S_i^t * 2 + k, 2^{\lceil \text{ld } n \rceil})$$
$$Y_{ij}^t = \text{INT}(S_i^t / 2^{\lceil \text{ld } n \rceil}) \quad \text{mit} \quad i, j = 1..n \quad (22)$$

In dieser Beziehung stellen die $S_i$ und $S_j$ jeweils die Zustände des Schieberegisters dar. Die Multiplikation mit 2 bewirkt eine Linksverschiebung des binären Zustandswortes. Die Addition mit
k={0,1} bestimmt den Wert der zu ladenden Bitposition. Die Modulo-Funktion mit $2^{\lceil \text{ld } n \rceil}$
bewirkt, daß die Wortlänge des Zustandswortes konstant bleibt.

$Y_{ij}^t$ stellt das Ausgabewort des Schieberegisters beim Übergang von $S_i$ nach $S_j$, das aus der
Division des Zustandswortes durch $2^{\lceil \text{ld } n \rceil}$ beschrieben wird. Es wird in jedem Schiebeschritt
ausgegeben.

Beispielsweise ist ein 6 Bit Zustandswort $S_i^t = (001011)_2$ eines Schieberegisters mit $n = 2^6 = 64$
Zuständen gegeben. Nach obiger Beziehung erhält man für die Folgezustände in Abhängigkeit
des Wertes k:

k=0 : $\quad S_j^{t+1}(0) = \text{MOD}((001011)_2 * 2 + 0, 2^{\lceil \text{ld } 64 \rceil}) = (010110)_2$ \hfill (23)

$\quad\quad\quad Y_{ij}(0) = \text{INT}((001011)_2 / 2^{\lceil \text{ld } 64 \rceil}) = 0$ \hfill (24)

und  k=1 : $\quad S_j^{t+1}(1) = \text{MOD}((001011)_2 * 2 + 1, 2^{\lceil \text{ld } 64 \rceil}) = (010111)_2$ \hfill (25)

$\quad\quad\quad Y_{ij}^t(1) = \text{INT}((001011)_2 / 2^{\lceil \text{ld } 64 \rceil}) = 1$ \hfill (26)

Aus diesen Ergebnissen kann der Steuerflußgraph für den i-ten Zustand in Abhängigkeit der Variablen k aufgestellt werden (Abb. 8).
Die Erweiterung dieses Vorganges auf n Zustände eines Schieberegisters führt zu einem Scan-Path--Steuerflußgraphen, der zur Ergänzung des Steuerflußgraphen einer sequentiellen Schaltung mit n Zuständen eingesetzt werden kann. Die Ergänzung erfolgt durch die Überdeckung beider Steuerflußgraphen. Dabei werden die Zustände beider Graphen gleich gesetzt und die Übergänge, die jeweils durch eine weitere Variable T ergänzt sind, zusammengefaßt, d.h.

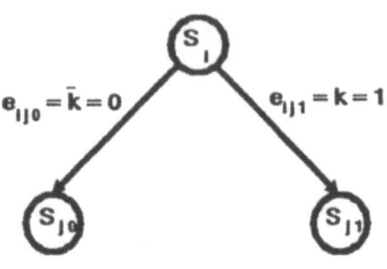

Abbildung 8: Ein Scan-Path-Zustand mit seinen Folgezuständen

$$Z_{j\,Netzwerk} = S_{j\,Schiebereg.}$$

$$e_{ij\,GES.} = (e_{ij\,Netzwerk} \wedge T) \vee (k \wedge \overline{T})$$

und $\quad Y_{ij\,GES.} = (Y_{ij\,Netzwerk} \wedge T) \vee (Y_{ij\,Schiebereg.} \wedge \overline{T}) \quad$ mit i,j = 1..n. (27)

Die Variable T wird zur Steuerung der exklusien Ausführung des normalen bzw. des Test-Betriebs eingesetzt.
In Abb. 9 wurde für das o.a. Beispiel nach diesem Verfahren ein Steuerflußgraph angegeben, der durch die Überlagerung des Steuerflußgraphen des Steuerwerks und des Scan-Path-Steuerflußgraphen ermittelt wird. Der Graph enthält vier Zustände, die alternativ die Funktion eines Scan-Paths für die entsprechenden Testvorgängen übernehmen können. Mit dem neuen Graphen können sämtliche Schritte zur Simulation und zur Realisierung der Schaltung wie angegeben vollzogen werden.

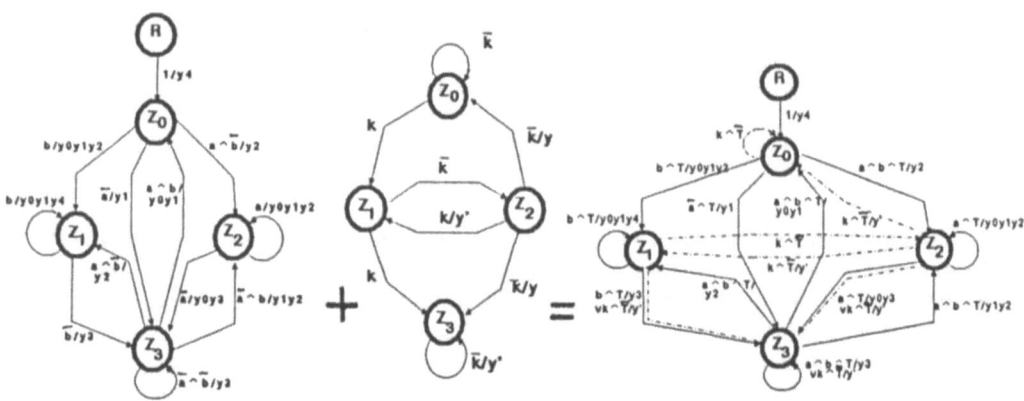

Abbildung 9 : Scan-Path-Steuerflußgraph für das angegebene Beispiel ermittelt aus der Überlagerung beider Graphen

Das Verfahren, das für die einzelnen Moduln einer integrierten Schaltung mit p Moduln eingesetzt wird, kann für die gesamte Schaltung durch Hintereinanderschaltung aller Schieberegister der Moduln erweitert werden.

## 5. Zusammenfassung

Der Beitrag stellt einen Graphen vor, der als Steuerflußgraphen bezeichnet und durch ein Gleichungssystem bestehend aus Zustands- und Ausgangsgleichungen beschrieben wird. Der Steuerflußgraph kann als Modell zur Beschreibung, Simulation und Synthese digitaler Netzwerke besonders effektiv eingesetzt werden. Die Knoten des Graphen stellen die Zustände oder die hier eingeführten booleschen Quellen eines Netzwerkes dar. Mit den booleschen Quellen, die gesonderte Eingangssignale einer sequentiellen Schaltung darstellen, kann eine Schaltungsreduktion bereits in der Definitionsphase erreicht werden. Die Zweige geben die Übergänge zwischen den Knoten an, die durch die Minterme der Eingangssignale des Netzwerkes repräsentiert werden.

Neben der Überprüfung der Eindeutigkeit für einen Steuerflußgraphen wurden zwei Ansätze zur Ermittlung von Schaltungen aus dem Graphen diskutiert. Zum einen wurde der Graph selbst als Grundlage zur direkten Ermittlung der Schaltung verwendet. Zum anderen wurden die aus dem Graphen abgeleiteten Gleichungen zur Realisierung der Schaltung herangezogen. Dabei wird ein Verfahren entwickelt, das einer analytischen Lösung der Gleichungen zur Schaltungermittlung gleichkommt. Die Lösungen sind boolesche Ausdrücke, die als kombinatorische Schaltungen durch PLA's realisiert werden können. Damit stellt der Steuerflußgraph eine geeignete Grundlage zur Realisierung von Schaltungmoduln in einem Siliconcompiler dar.

Darüberhinaus wurde ein Verfahren angegeben, bei dem die als integrierte Schaltkreise zu realisierenden Netzwerke für die Durchführung von Testvorgängen mit Scan-Path-Methode vorbereitet werden. Dabei wird ein genereller Scan-Path-Steuerflußgraph definiert, der zur Überlagerung des Netzwerkgraphen eingesetzt werden kann. Damit erhält man einen erweiterten Steuerflußgraphen des Netzwerkes, der exklusiv den Testvorgang mit Hilfe eines Scan-Path-Registers unterstützt.

## 6. Literatur

/1/ C. Mead, L. Conway :
Introduction to VLSI Systems, Addison-Wesley Publ. Co., 1980.

/2/ E. Hörbst, M. Nett, H. Scwärtzel :
VENUS, Entwurf von VLSI - Schaltungen, Springer-Verlag, 1986.

/3/ R.F. Ayres :
VLSI Silicon Compilation and the Art of Automatic Microchip Design, Prentice-Hall, 1983.

/4/ T.W. Williams, K.P. Parker :
Design for Testability-A Survey, Proc. IEEE, Vol. 71/1, Jan. 83.

/5/ J. Mucha :
Testprobleme bei höchstintegrierten Schaltungen, Informatik- Fachberichte 89, Springer-Verlag, 1984.

/6/ Waldschmidt, K. : Schaltungen der Datenverarbeitung, Teubner-Verlag, 1980.

/7/ D. Tavangarian :
Simulation digitaler integrierter Schaltungen, ASIM 85, Informatik-Fachberichte 109, Springer-Verlag, 1985.

# Simulation hybrider Schaltungen

M. Bechtold, Th. Reus, D. Tavangarian
J.W. Goethe Universität - Fachbereich Informatik
Technische Informatik (Prof. Dr. K. Waldschmidt)
Dantestraße 5
D - 6000 Frankfurt am Main 1

## Zusammenfassung

Dieser Beitrag beschreibt Verfahren zur Simulation gemischt digital-analoger (hybrider) Schaltungen, insbesondere die im Simulationssystem HADIS (Hybrider Analog-DIgital-Simulator) realisierte Methode. Nach der Formulierung der grundsätzlichen Problematik werden kurz ältere Ergebnisse referiert, um dann die Prämissen, Modelle und Algorithmen von HADIS darzustellen. Besondere Bedeutung haben dabei die Schnittstellenmodelle für AD- und DA-Übergänge sowie das Scheduling der analogen und digitalen Teilsimulationen.

## Einleitung

Schaltungen mit einer engen Verzahnung analoger und digitaler Funktionsgruppen (z.B. bei deren gemeinsamer Integration auf einem Chip) gewinnen zunehmend an Bedeutung. Für solche Schaltungen ist eine getrennte Simulation der analog bzw. digital beschriebenen Schaltungsteile nicht zufriedenstellend, da dann der Datentransfer an den Schnittstellen 'von Hand' geleistet werden muß und dabei Fehler nicht auszuschließen sind. Eine lose Kopplung eines Analog- und Digital-Simulators stößt bei der in der Regel hohen Datentransferrate an den Schnittstellen schnell an ihre Grenzen. Ein Simulationswerkzeug zur Bearbeitung solcher Schaltungen sollte also die simultane Simulation der analogen und digitalen Teilschaltungen unter Berücksichtigung einer engen Kopplung der Schaltungsteile leisten.

## Problemstellung und Lösungsansätze

Die Problematik eines solchen Simulators liegt in der Koordination der analogen und digitalen Teilsimulationen und dem Datentransfer zwischen den Abstraktionsebenen. Diese Aspekte sind stark abhängig von den Algorithmen und Modellen des eingebetteten Analog- und Digitalsimulators: auf der Seite der Analogsimulation stehen z.B. die Verfahren der modifizierten Knotenpotentialanalyse /HO/ (z.B. SPICE2 /NAG/), Timing-Simulation (z.B. MOTIS /CHA/), sowie Relaxationsmethoden (z.B. RELAX /LEL/) zur Verfügung. Digitale Simulation kann nach dem 'Selective-Trace'- (z.B. SMILE /EGG/) oder 'Bypass'-Prinzip (z.B. DIANA /DEM/) arbeiten. Die Modellierung der AD- und DA-Schnittstellen ist weiterhin stark abhängig vom Wertebereich der digitalen Signal-

werte und der Menge der zur Verfügung stehenden analogen Grundelemente.
Im Mixed-Mode-Simulator DIANA wird im Digitalbereich eine Logik verwendet, die Anstiegs- und Abfallzeiten von Signalen nicht erfaßt. Die DA-Umsetzung von Signalwerten geschieht mit Hilfe von sogenannten Boolean-controlled-switches, die einen Schalter zwischen zwei Spannungsquellen mit verschiedenen Spannungen und Impedanzen darstellen. Die AD-Umsetzung erfolgt über eine Threshold-Funktion /ARN/.
SPLICE /SAL/ verwendet zur DA-Umsetzung boole'sch gesteuerte Spannungs- oder Stromquellen.

## Das HADIS-System

HADIS erlaubt die simultane Simulation hybrider Schaltungen mit weitgehenden interaktiven Eingriffsmöglichkeiten /BE1, BE2/. So können neben der Stimulidefinition, Ergebnisausgabe und Simulationsunterbrechung auch die Veränderung von Bauteil-Parametern, die Definition von Leitungsverzögerungen und das 'Zoomen' von digitalen Bauteilen (Lupenfunktion) innerhalb eines Simulationslaufes durchgeführt werden. Die Schaltungsbeschreibungssprache erlaubt eine hierarchische Definition der zu simulierenden Schaltung. Für die Datenhaltung wird eine Datenbasis (Bibliothekssystem) benutzt, die leicht durch zukünftige VLSI-Datenbanksysteme (z.B. IREEN /WEB/) ersetzt werden kann. Ein weiterer wesentlicher Aspekt ist die Unterstützung der Modellierung der Schnittstellen und die konsistente automatische Einbindung dieser Modelle durch das System.

## Simulationsalgorithmen

In HADIS sind ein analoger und ein digitaler Simulator eingebettet. Diese sind so konzipiert, daß sie auch rein analoge bzw. rein digitale Schaltungen mit der den entsprechenden Simulationsverfahren eigenen Effizienz simulieren können.
Die Simulation hybrider Schaltungen wird durch ein Modul ermöglicht, das die Aktivierung der beiden Teilsimulatoren koordiniert und den Datentransfer an den Schnittstellen übernimmt.
Eine Eigenschaft hybrider Entwürfe ist, daß meist nicht alle auf Transistorebene beschriebenen Schaltungsteile zusammenhängen (wobei Masse und ideale Versorgungsspannungen keine Verbindung im obigen Sinne darstellen). Der gleiche Effekt kann bei der Anwendung der Lupenfunktion (s.u.) entstehen. Würden alle analogen Bauteile zu einem Netzwerk zusammengefaßt, würde bei dem in HADIS implementierten Simulationsalgorithmus einerseits der Simulationszeitschritt des gesamten Netzwerkes von den Bauteilen mit der höchsten 'Aktivität' bestimmt und auch 'stabile' Bauteile müßten in kleinen Schritten simuliert werden, und andererseits ist dessen Rechenzeit überlinear in der Zahl der analogen Signalknoten. Eine signifikante Effizienzsteigerung ist schon durch die 'natürliche' Partitionierung des analogen Teils einer Schaltung möglich (vergl. /LEL/). Die somit entstehende Menge von analogen Teilnetz-

werken erfordert ein aufwendigeres Scheduling für die hybride Simulation, was durch die Einsparungen bei den 'teuren' Resourcen (Rechenzeit und Speicherplatz für die Ergebnisse) mehr als gerechtfertigt ist.

## Aufbau der Simulator-Datenstrukturen

Die Simulator-Datenstrukturen werden durch einen Netzwerk-Compiler initial erzeugt und können durch die Lupen-Funktion und andere interaktive Modifikationen erweitert oder verändert werden.

Der Netzwerk-Compiler setzt die in einer Bibliothek in einem Zwischenformat vorliegende Schaltungsbeschreibung (Konnektivität der Bauteile sowie eventuelle Parameter, die deren Verhalten näher spezifizieren) unter Expansion von Makros und Parameterlisten in die simulatorinternen Datenstrukturen um.

Nach Abschluß des Aufbaus der Topologie werden in einer zweiten Phase auf den bereits erzeugten Datenstrukturen die Teilnetzwerke nach dem Depth-first-search-Verfahren (DFS) über Bauteile und Signale erkannt: ausgehend von noch nicht besuchten analogen Bauteilen im Katalog werden die analog verbundenen Bauteile in einer Liste gesammelt, bis DFS keine unbesuchten Bauteile mehr findet, wobei jeder 'Start' bei einem Katalog-Eintrag ein neues Teilnetzwerk generiert; die digitalen Bauteile werden alle in einem einzigen Netzwerk gesammelt. Bei dieser Suche verbinden Schnittstellen-Signale analoge resp. digitale Bauteile untereinander als Elemente eines Teilnetzwerks des jeweiligen Typs. Beim Erreichen eines unbesuchten Schnittstellen-Signals werden automatisch alle Eingangs- bzw. Ausgangsstufen der angeschlossenen digitalen Bauteile durch analoge Schnittstellenmodelle beschrieben, d.h. diese, vom Benutzer definierbaren, in einer Bibliothek verwalteten Schaltungs-Makros werden automatisch an den Schnittstellen eingebaut.

## Analog-Simulation

Mit dem in HADIS eingebetteten Analogsimulator sind Gleichstrom (DC)- und Transient-analyse möglich. Als Simulationsverfahren kommt die modifizierte Knotenpotential-analyse (Modified Nodal Analysis) /HO/ zur Anwendung, mit der sowohl bipolare als auch MOS-Modelle simuliert können. Für die numerische Integration wird das implizite Verfahren nach Euler (Backward Euler) benutzt.

Der Simulationszeitschritt wird innerhalb vom Benutzer definierten Grenzen dynamisch angepaßt, um einerseits den Fehler des numerischen Integrationsverfahrens innerhalb eines Simulationszeitschritts (Local Truncation Error) in bestimmten Grenzen zu halten und andererseits keinen Effizienzverlust durch unnötig kleine Zeitschritte zu erleiden. Dieses Simulationsmodul simuliert ein Teilnetzwerk für einen Zeitschritt, wenn die angebene Zielzeit größer als der letzte Simulationszeitpunkt ist, andern-falls wird das Teilnetzwerk durch lineare Interpolation auf den Zeilzeitpunkt zurückgesetzt, wenn dieser im Intervall zwischen dem letzten und vorletzten

Simulationszeitpunkt liegt. Die Interpolation ist zulässig, da sich die Schaltung innerhalb dieses Zeitintervalls hinreichend linear verhält. Sie ist weiterhin ohne Mehraufwand an Speicherplatz möglich, da aufgrund der LTE-Zeitschrittkontrolle die Simulationsergebnisse der genannten Simulationszeitpunkte ohnehin vorliegen.

Für das Aufstellen und Lösen der Gleichungssysteme nach dem Gauß'schen Eliminationsverfahren werden Sparse-Matrix-Techniken eingesetzt.

Als Grundelemente stehen die linearen passiven Elemente, konstante und linear gesteuerte Quellen, zeitvariante Quellen und Widerstände sowie bipolare und MOS-Modelle zur Verfügung. Bei Modellen komplexer Bauteile werden die darin enthaltenen internen Signalknoten und die resultierende Teilmatrix direkt ausgewertet, was die Größe des zu lösenden Gleichnungssystems signifikant verringert.

## Digital-Simulation

Der Digitalsimulator erlaubt die Simulation boole'scher und mehrwertiger Schaltungen unter Berücksichtigung von Gatter- und Signallaufzeiten. Neben den Standardlogikgattern stehen verschiedene Flip-Flop-Typen und Transfer-Gatter zur Verfügung. Bussysteme werden automatisch erkannt und auf Konfikte überprüft.

Er arbeitet ereignisorientiert nach dem 'Time-wheel'-Prinzip, um den in der Regel niedrigen Aktivitätsgrad im digitalen Teil einer Schaltung auszunutzen. Die atomare digitale Zeiteinheit ist einstellbar und somit an die Geschwindigkeit verschiedener Logikfamilien und die Genauigkeitsanforderungen anpaßbar.

Digitale Werte sind als ein Tupel (Stärke, logischer Wert) definiert. Die Stärke kann die Werte 'initial' (beim Start der Simulation), 'high-impedance' (Tristate-Zustand), 'resistive' (mittelohmig), 'forcing' (niederohmig) oder 'undefined' (Buskonflikt) annehmen. Beim logischen Wert wird zwischen 'stable', 'rising', 'falling' und 'unknown' unterschieden für alle logischen Pegel (boole'sch oder mehrwertig). Die logischen Werte 'rising' und 'falling' werden nur an den Ausgängen von Bauteilen zur Erkennung von Spikes betrachtet und nicht an die nachgeschalteten Gatter weitergegeben. Leitungsverzögerungen werden ohne Verzögerungsglieder den Ein- bzw. Ausgängen der betreffenden Bauteile zugeordnet und direkt bei der Berechnung der Aktivierungszeitpunkte der nachgeschalteten Bauteile berücksichtigt.

## Schnittstellen-Modellierung

Die Modelle der Schnittstellen zwischen analogen Schaltungsteilen und digitalen Bauteilen sind in HADIS nicht fest vorgegeben, sondern sind vom Benutzer frei definierbar. Dies geschieht in Form von Schnittstellenmakros, die für alle benötigten Bauteiltypen und deren Ein- und Ausgänge definiert sein müssen (s.o.). Für den eigentlichen Datentransfer stehen ein AD- und zwei DA-Umsetzbauteile zur Verfügung; für den analogen Teil des Modells sind alle verfügbaren Bauteile zugelassen.

## Analog-digitale Schnittstelle

Die Aufgabe dieser Schnittstelle ist die digitale Interpretation des analogen Wertes eines Schnittstellensignals. Eine AD-Schnittstelle entsteht, wenn ein Eingang eines digitalen Bauteils mit mindestens einem analogen Bauteil verbunden ist. Setzt man eine korrekte Modellierung der Eingangsstufe des digitalen Bauteils voraus, wird der Signalwert durch die exaktere analoge Simulation korrekt bestimmt. Die Stärke des resultierenden digitalen Signalwertes ist bei digitalen Bauteileingängen irrelevant und kann als 'forcing' angenommen werden. Somit bleibt nur die Umsetzung des analogen Spannungswertes in einen logischen Wert, was durch eine Threshold-Funktion (Tabelle) realisiert ist. Diese ist durch Grenzspannungen für die Übergänge von stabilen zu nicht stabilen logischen Werten beschrieben (z.B. sei die Zuordnung von Spannungsbereichen zu logischen Werten: $(-\infty, 1.5) = 0$, $[1.5, 3.5] = X(0,1)$ und $[3.5, +\infty) = 1$, dann enthält die Tabelle die Werte 1.5 und 3.5). Diese Threshold-Tabelle wird von der (genau einen) AD-Komponente eines AD-Schnittstellen-Makros referenziert, welche auch einen Zeiger auf das zu interpretierende Signal enthält.

Die analoge Spannung jedes Schnittstellensignals wird nach jedem analogen Simulationszeitschritt durch die Threshold-Funktion überprüft, indem die Liste der zu dem gerade simulierten analogen Teilnetzwerk gehörenden AD-Komponenten abgearbeitet wird.

Überschreitet (unterschreitet) die Spannung den Grenzwert eines stabilen logischen Wertes, wird dies zunächst als 'rising' ('falling') interpretiert. Die Dauer der Flanke (im Beispiel die Zeit zwischen Überschreiten von 1.5 V und 3.5 V) ist aber in der Regel zu diesem Zeitpunkt nicht feststellbar, da gerade Flanken sich aus vielen analogen Simulationsschritten zusammensetzen, von denen nur einer aktuell vorliegt. Um nicht eine extrem flache Flanke oder gar ein Oszillieren innerhalb des unbestimmten Bereichs (hier zwischen 1.5 und 3.5 V) als 'rising' ('falling') zu deuten, wird nach einer definierbaren maximalen Flankenzeit der logische Wert auf 'unknown' gesetzt, wenn nicht vorher ein stabiler logischer Wert eingenommen wurde. Überschreitet die Spannung mehrere Grenzwerte in einem Schritt, so wird nur der aktuellste logische Wert verarbeitet.

Der neue logische Wert wird durch ein digitales Ereignis dem zu der AD-Komponente gehörenden digitalen Bauteil weitergegeben. Der Ereigniszeitpunkt ist die in das digitale Zeitraster aufgerundete Zeit des Überschreitens der Grenzspannung. Somit kann, falls das aktuelle analoge Zeitinkrement kleiner als das digitale Zeitraster ist, nach einem der nächsten analogen Simulationsschritte für den gleichen digitalen Zeitpunkt ein weiteres Ereignis anfallen, welches das 'ältere' Ereignis dominiert.

## Digital-analoge Schnittstelle

Ist ein Ausgang eines digitalen Bauteils mit mindestens einem analogen Bauteil verbunden, so liegt eine DA-Schnittstelle vor. Das zugehörige Schnittstellen-Makro modelliert jene Ausgangsstufe mit analogen Bauteilen und mit mindestens einer DA-Komponente, welche die Umsetzung des digitalen logischen Wertes in eine analoge Größe leistet. Jede DA-Komponente referenziert eine Umsetztabelle und ein zeitvariantes analoges Bauteil, das bei einem digitalen Ereignis je nach Typ des DA-Bauteils entweder mit dem dem logischen Wert entprechenden analogen Wert versorgt wird, oder mit einer Folge von analogen Werten (Stimuli-Polygon). Dieser Wert kann eine Spannung, ein Strom oder ein Widerstandswert sein und muß für jeden stabilen und unbekannten logischen Wert definiert sein.

Bei einem DA-Schnittstellen-Ereignis muß (in der Regel) das betroffene analoge Teilnetzwerk auf den Zeitpunkt des Ereignisses zurückgesetzt werden, was durch den Aufruf des Analog-Simulations-Moduls mit dem Ereigniszeitpunkt geschieht.

### Scheduling der analogen und digitalen Teilsimulationen

Abhängig von der zu simulierenden hybriden Schaltung kann der minimale Zeitschritt der Analog-Simulation sehr viel kleiner sein als der atomare digitale Zeitschritt oder umgekehrt. Soll das hybride und digitale Scheduling gemeinsam gelöst werden, bedeutet obige Beobachtung für das rechenzeiteffiziente 'Time-wheel'-Verfahren einen untolerierbar großen Speicherplatzbedarf. Alle anderen Verfahren beinhalten die Lösung des allgemeinen Sortierproblems, welche entweder eine akzeptable Rechenzeit bieten, dafür aber komplexe Datenstrukturen und Algorithmen erfordert oder aber einfache Datenstrukturen mit quadratischer Laufzeit der Algorithmen implizieren.

In HADIS werden die Aufgaben des digitalen und hybriden Schedulings getrennt gelöst: Dabei stellt die Funktion der DA-Schnittstellen mit ihrem Zurücksetzen von analogen Teilnetzwerken auf einen früheren Simulationszustand das eigentliche Problem dar. Ein Speichern der gesamten 'Simulationsgeschichte' im Hauptspeicher scheidet aus Speicherplatzgründen aus, deren Speicherung auf Hintergrundspeicher führt zu extremem Mehraufwand an Simulationszeit. Da jedoch der Analog-Simulator (s.o.) dieses Zurücksetzen innerhalb des letzten Simulationsintervalls eines jeden Teilnetzwerkes erlaubt, ist es das Ziel sicherzustellen, daß ein DA-Interface-Ereignis nur in dieses Zeitintervall fällt.

Die Simulation eines analogen Teilnetzwerkes kann über eine AD-Schnittstelle, digitale Bauteile und eine DA-Schnittstelle für ein anderes analoges Teilnetzwerk ein Rücksetzen verursachen. Um dies immer zu ermöglichen, ergibt sich die Forderung, daß die Simulationsintervalle aller analogen Teilnetzwerke den Zeitpunkt des nächsten digitalen Ereignisses enthalten müssen, d.h. die Reihenfolge ihrer Simulation muß entsprechend gewählt werden. Dies kann durch eine Ordnung der Teilnetzwerke nach ihrer aktuellen Simulationszeit in einer Liste erreicht werden. Beim Abarbeiten dieser Netzwerkliste wird das nächste zu simulierende Netzwerk der Nachfolger des aktuellen Netzwerks in der Liste, wenn dessen Simulationszeit kleiner ist als die des aktuellen Netzwerks, andernfalls wird das erste Netzwerk der Liste als nächstes simuliert. Nach seiner Simulation wird das aktuelle Netzwerk bezüglich seiner Simulationszeit in die Liste einsortiert. Dies erfordert jedoch nicht die Rechenzeit einer allgemeinen Sortierung, denn die Einfügeposition liegt stets vor der aktuellen und eine Veränderung der Position tritt zudem nur dann auf, wenn der Simulationszeitschritt des aktuellen Netzwerks kürzer war als der seines Vorgängers in der Liste. Dabei ist jedoch die 'Entfernung' der korrekten von der derzeitigen Position klein, weil der Simulationszeitschritt sich nur in bestimmten Grenzen verkleinern kann.

Der o.g. Zeitpunkt des nächsten digitalen Ereignisses kann von der digitalen Ereignisverwaltung vor der Simulation der analogen Teilnetzwerke leicht festgestellt werden. Eine Auswertung der AD-Threshold-Funktion kann jedoch auch zu einem digitalen Ereignis führen, was die Zeitgrenze für analoge Simulationen nachträglich in die Richtung des aktuellen Simulationszeitpunktes verschiebt.

Nachdem alle analogen Teilnetzwerke die aktuelle Zeitgrenze erreicht haben oder bereits überschritten haben, werden alle digitalen Ereignisse die für diesen Zeitpunkt vorliegen oder dabei für ihn erzeugt werden, vom Digitalsimulator verarbeitet. Wenn das vom Benutzer vorgegebene Simulationsintervall noch nicht abgearbeitet ist, wird nach der Bestimmung der o.g. Zeitgrenze die Simulation der analogen Teilnetzwerke fortgesetzt.

## Lupenfunktion

Die Lupenfunktion erlaubt dem Benutzer die Substitution von interaktiv auszuwählenden digitalen Bauteilen oder Signalen durch deren analoge Modelle. Beim 'Zoomen' von Bauteilen werden die angeschlossenen digitalen Signale ebenfalls (automatisch) durch deren Analogmodelle ersetzt, sofern diese in der Bibliothek der Schaltungsbeschreibung verfügbar sind. Die Modelle der Bauteile werden in der Bibliothek verwaltet, die auch deren Schnittstellenmodelle enthält. Das 'Zoomen' eines digitalen Signals expandiert dieses in ein analoges Netzwerk mit der Konsequenz, daß die Anschlüsse der digitalen Bauteile nun nicht mehr mit dem ursprünglichen Signal verknüpft sind, sondern jeweils mit einem eigenen Schnittstellensignal, und daß deren Ein- bzw. Ausgangsstufen durch Schnittstellenmakros modelliert werden (s.o.).

Die Ausführung der Funktion bedingt neben der Kompilation der Modell-Makros eine Reorganisation der betroffenen Signale, Bauteile und Teilnetzwerke: nach der Übersetzung der analogen Modelle müssen die obsolet gewordenen digitalen Bauteile bzw. Signale aus dem Netzwerk entfernt werden. Dabei bilden diese analogen Modelle abhängig von deren Konnektivität zunächst ein oder mehrere neue analoge Teilnetzwerke. Die weitere Reorganisation ist durch das Verhältnis der neuen zu den bereits bestehenden Netzwerken bestimmt.

Dabei können (für jeweils ein neues Teilnetzwerk) drei Fälle unterschieden werden:
1) es liegt isoliert von anderen analogen Teilnetzwerken in einer digitalen Umgebung und bleibt damit ein unabhängiges analoges Netzwerk.
2) es 'berührt' ein bestehendes analoges Teilnetzwerk, d.h. der zugehörige ursprüngliche digitale Teilgraph war mit einem Schnittstellen-Signal verbunden: Das neue und alte Teilnetzwerk werden miteinander verschmolzen. Vorher benötigte Schnittstellen-Modelle müssen vollständig aus allen Datenstrukturen entfernt werden. Das zu dem bereits bestehenden analogen Netzwerk gehörige Gleichungssystem wird ungültig.
3) es 'berührt' zwei oder mehr bestehende analoge Teilnetzwerke, d.h. der entsprechende digitale Teilgraph verbindet diese Teilnetzwerke: alle beteiligten analogen Teilnetzwerke werden zu einem, was algorithmisch durch den zweiten Fall abgedeckt wird.

## Literatur

/HO/  C.W. Ho, A.E. Ruehli, P.A. Brennan : The Modified Nodal Approach to Network Analysis, IEEE Transactions on Circuits and Systems, Vol. CAS-26, No. 9, pp. 504-509, June 1975

/NAG/  L.W. Nagel: SPICE 2: A Computer Program to Simulate Semiconductor Circuits, University of California, Berkeley, ERL-M 520, 1975

/CHA/  B.R. Chawla, H.K. Gummel, P. Kozak: MOTIS - A MOS Timing Simulator, IEEE Transactions on Circuits and Systems, Vol. CAS-22, No. 13, pp. 901-909, Dec. 1975

/LEL/  E. Lelarasmee, A. Sangiovanni-Vincentelli: RELAX - A New Circuit Simulator for large scale MOS integrated circuits, University of California, Berkeley, ERL-M82/6, 1982

/EGG/  F. Egger, D. Frantz, M. Gonauser: SMILE - A Multilevel Simulation System, Proceedings IEEE International Conference on Computer Design (ICCD) 1984, pp. 188-193

/DEM/  H. De Man, G. Arnout, P. Reynaert: Mixed-mode Circuit Simulation Techniques and their Implementation in DIANA, NATO Advanced Study Institute on Computer Design Aids for VLSI Circuits, Sogesta Urbino, Italien, 1980

/ARN/  G. Arnout, H. De Man: The Use of Threshold Functions and Boolean-controlled Network Elements for Macromodelling of LSI Circuits, IEEE Journal of Solid-State Circuits, SC-13, pp. 326-332, 1978

/SAL/  R.A. Saleh: Iterated Timing Analysis and SPLICE1, University of California, Berkeley, ERL-M84/2, 1984

/BE1/  M. Bechtold, G. Möheken, D. Tavangarian, K. Waldschmidt: HADIS - A Hybrid Analogue-Digital-Simulator, Proceedings of the 11th IMACS World Congress 1985, Oslo, Norway 1985

/BE2/  M. Bechtold, D. Tavangarian, K.Waldschmidt: HADIS - Ein hybrider Analog-Digital-Simulator, 2. E.I.S. Workshop in der GMD, GMD Studien Nr. 110, Bonn 1986

/WEB/  B. Weber: Einsatz von IREEN für ein integriertes Entwurfssystem, 2. E.I.S. Workshop in der GMD, GMD Studien Nr. 110, Bonn 1986

# Ein ereignisgetriebenes Simulationsmodell für MOS-Schaltwerke

Klaus-Dieter Lewke
Universität-Gesamthochschule Paderborn
Warburger Str. 100, Postfach 1621
D-4790 Paderborn, BRD
Tel (05251) 60-3075

## 1 Zusammenfassung

Es wird ein ereignisgetriebenes Modell zur Simulation von MOS-Transistornetzwerken vorgestellt. Es wird aufgezeigt, wie bidirektionale Verbindungen durch unidirektionale simuliert werden können. Zusätzlich zum logischen Wert eines Signals ist in der MOS-Technologie die Stärke zu beachten. Zur Darstellung von in Wert bzw. Stärke unbestimmten Situationen wird eine Menge von Werten verwendet, um trotz der unbestimmten Situation möglichst viel Information zur weiteren Simulation zur Verfügung zu haben. Es wird gezeigt, daß sich die benötigten Operationen effizient implementieren lassen.

## 2 Einleitung

Im Entwicklungsprozess digitaler Schaltungen wird Simulation eingesetzt, um möglichst früh die Korrektheit des Entwurfs zu überprüfen. Entsprechend den verschiedenen Abstraktionsstufen, die während des Entwurfs benutzt werden, existieren angepaßte Beschreibungs- und Simulationsmethoden. Dadurch ist es möglich, Schaltungen zu simulieren, deren konkrete Realisierung, etwa die Aufteilung in Gatter oder Transistoren, noch nicht bekannt ist. Besonders hohe Bedeutung haben diese Verfahren im VLSI-Entwurf, wo bedingt durch die große Schaltungskomplexität, durch die schlechte Zugangsmöglichkeit zu inneren Schaltungsteilen und durch hohe Kosten für Entwurf und Produktion von Prototypen eine späte Aufdeckung von Entwurfsfehlern zu teuren Verlängerungen der Entwurfszeiten führen kann. In bestimmten Situationen bringt die Mischung verschiedener Abstraktionsniveaus in der Simulation Vorteile, z.B. dann, wenn stärker verfeinerte Teilsysteme in einer abstrakter beschriebenen Umgebung getestet werden sollen, weil sich die Umgebung noch in einem früheren Entwurfsstadium befindet oder man den höheren Aufwand für eine detailliertere Simulation von bereits gut getesten Schaltungsteilen sparen will.

Zu diesem Zweck wurden Mehrebenensimulatoren entwickelt. Dazu existieren zwei unterschiedliche Ansätze: die Kopplung von unterschiedlichen Simulatoren und die Überdeckung verschiedener Ebenen mit einem einheitlichen Simulatorkonzept. Wählt man die zweite Methode, entfällt ein Monitor, der zwischen den einzelnen Simulatoren umschaltet, und der Simulator ist kompakter. Da sich das Verfahren der ereignisgetriebenen Simulation für die meisten Ebenen als geeignet erwiesen hat, bietet sich an, für die Integration der Schalterebene in einen Mehrebenensimulator ein auf diese Methoden zugeschnittenes Transistormodell zu entwickeln. Die gängigige Methode von Gattersimulatoren, eine Wertänderung für den Ausgang einer Schaltungskomponente zu berechnen, wenn ein Wechsel im logischen Wert an einem Eingang stattfindet, kann in einem Transistornetzwerk nicht direkt angewendet werden. Da hier Leitungen grundsätzlich bidirektional sind, existiert keine eindeutige Aufteilung in Ein- und Ausgänge für einen Transistor oder Netzwerkknoten.

Der Entwurf von MOS-Schaltungen beruht neben der Funktion des Transistors als steuerbarer Schalter auf den folgenden beiden Prinzipien: Auf einem Knoten, der über mehrere leitende Pfade mit Stromversorgung oder Masse verbunden ist, stellt sich der Wert ein, der über den kleinsten Widerstand fließt. Jeder Knoten kann durch seine Kapazität einen Wert speichern. Verbindet man speichernde Knoten miteinander (durch leitende Transistoren), stellt sich der auf der größeren Kapazität gespeicherte Wert ein.

In der Simulation läßt sich dies dadurch ausdrücken, daß jeden Wert eine Stärke zugeordnet wird, die ausdrückt, über welchen Widerstand bzw. durch welche Kapazität der Wert fließt. Beim Durchgang durch Transistoren werden Werte auf die Leitfähigkeit des Transistors reduziert. Werte auf isolierten Knoten werden auf die Stärke des speichernden Knoten reduziert. Auf einem Knoten stellt sich dann der Wert ein, der mit der größten Stärke anliegt. (Auch dies ist schon eine Abstraktion von echten physikalischen Größen.)

[Bryant 81] (siehe auch [Mehlhorn et.al. 82]) stellt aufbauend auf dieser Abstraktion ein Simulationskonzept vor, in dem graphentheoretisch argumentiert wird. Um den sich auf einem Knoten einstellenden Wert zu berechnen, wird untersucht, ob Pfade mit bestimmten Eigenschaften durch leitende Transistoren existieren. Nachteile des Konzeptes sind, daß weder jeweils lokale Betrachtung einzelner Komponenten noch die Integration eines Verzögerungsmodell möglich sind.

[Kawai,Hayes 84] und [Lewke,Rammig 83] stellen Simulationskonzepte vor, in denen bidirektionale Leitungen durch zwei in entgegengesetzter Richtung laufende Signale modelliert werden. Nachteilig an dem in [Kawai,Hayes 84] (siehe auch [Hayes 82]) vorgestellten Wertemodell ist, daß zu oft unbestimmte Ergebnisse auftreten.

Bidirektionale Leitungen durch entgegengesetzter Richtung laufende Signale dargestellt zu simulieren, wird hier aufgegriffen. Durch das benutzte Wertemodell (vgl. [Lewke,Rammig 83]) werdem jedoch genaue Simulationsergebnisse erzielt. Es soll aufgezeigt werden, daß dieses Modell für eine ereignisorientierte Simulation geeignet ist. Dadurch kann ein Mehrebenensimulator relativ einfach um die Schalterebene erweitert werden.

## 3 Definitionen

**Definition 3.1** $\mathcal{K} = \{\kappa_1, ..., \kappa_m\}$ heißt Menge der Speicherstärken.
$\Gamma = \{\gamma_1, ..., \gamma_n\}$ heißt Menge der Leitungsstärken.
$\mathcal{ST} = \Gamma \cup \mathcal{K} \cup \{\infty\}$
$z < \kappa_1 < ... < \kappa_m < \gamma_1 < \gamma_2 ... < \gamma_n < \infty$
$V = \{\mathcal{Z}\} \cup (\{0,1\} \times \mathcal{ST})$ heißt Menge der definierten Signalwerte.

$\infty$ ist die Stärke von Eingangssignalen, Stromversorgung, Takten usw. Die Ausgabe eines isolierenden Transistors wird durch $\mathcal{Z}$ dargestellt. Da die anderen Werte Paare sind, wird $\mathcal{Z} = (z,z)$ definiert, um Einheitlichkeit zu erreichen.

Wann immer ein Wert unbekannt oder unsicher wird, d.h. wenn ein Wert $a$ oder $b$ oder etwas dazwischen liegendes das Verhalten des Schaltelementes ist, wird dies durch die Menge $\{a,b\}$ dargestellt. Dieses Vorgehen ist zulässig, weil Schaltelemente ein "monotones" Verhalten haben. D.h., falls $f$ das digitale Verhalten des Schaltelementes beschreibt und der Input zwischen den digitalen Werten $a$ und $b$ liegt, dann ist der Output etwas zwischen $f(a)$ und $f(b)$. Diese Überlegung führt zu $2^V \setminus \{\emptyset\}$ als Menge der Signalwerte ($2^V$ Potenzmenge von $V$). Aus Gründen der Schreiberleichterung werden das Element $a$ und die Menge $\{a\}$ nicht unterschieden. Die in diesem Zusammenhang zu betrachteten Funktionen erfüllen die folgende Definition:

**Definition 3.2** Seien $M, M_1, ..., M_n$ Mengen.
Eine Abbildung $F : M_1 \times ... \times M_n \to M$ heißt mengenerweitert $:\Leftrightarrow \forall A_i \subset M_i$ :

(i) $F(A_1, ..., A_i) = \bigcup_{a_l \in A_l} F(a_1, ..., a_n)$

(ii) $F(A_1, ..., A_n) = \emptyset \Leftrightarrow \exists l : A_l = \emptyset$.

Nach dieser Definition kann $F(a_1, ..., a_n)$ eine nichtleere Menge sein, die mehr als ein Element enthält. Von den im folgenden definierten Funktionen werden nur die Bilder von einelementigen Mengen angegeben, da sie wegen Definition 3.2 dadurch bereits eindeutig definiert sind.

Um Stärke und logischen Wert referieren zu können, werden $st$ und $val$ definiert.

**Definition 3.3**
$$val : 2^V \to 2^{\{0,1,z\}}, \; val(x,s) = x$$
$$st : 2^V \to \mathcal{ST} \cup z, \; st(x,s) = s$$

Die zur Modellierung des statischen Verhaltens von elektrischen Bausteinen benötigten Funktionen lassen sich aus den unten definierten Funktionen zusammensetzen.

**Definition 3.4** Sei $t \in \mathcal{ST} \cup \{z\}, a = (w, s) \in V$.

(i) $\quad \circ : 2^{\mathcal{ST}} \times 2^V \to 2^V \quad$ mit $t \circ (w, s) \quad = \begin{cases} (w, t), & \text{falls } t > s \\ (w, s), & \text{falls } t \leq s \end{cases}$

(iii) $\quad \sqcup : 2^V \times 2^V \to 2^V \quad$ mit $(w, t) \sqcup (v, s) \quad = \begin{cases} (w, t), & \text{falls } t > s \\ (v, s), & \text{falls } s > t \\ (v, s) \cup (w, t), & \text{falls } s = t \end{cases}$

(iii) $\quad pswitch : 2^V \times 2^V \to 2^V \quad$ mit $pswitch(g, i) \quad = \begin{cases} i, & \text{falls } val(g) = 1 \\ \mathcal{Z}, & \text{falls } val(g) = 0 \\ i \cup \mathcal{Z}, & \text{falls } g = \mathcal{Z} \end{cases}$

(vi) $\quad nswitch : 2^V \times 2^V \to 2^V \quad$ mit $nswitch(g, i) \quad = \begin{cases} i, & \text{falls } val(g) = 0 \\ \mathcal{Z}, & \text{falls } val(g) = 1 \\ i \cup \mathcal{Z}, & \text{falls } g = \mathcal{Z} \end{cases}$

## 4 Simulation von MOS-Bausteinen

Zur Simulation werden jeder bidirektionalen Leitung zwei in entgegengesetzter Richtung fließende Signale zugeordnet. (Dieses Modell ist ähnlich den in [Hayes 82], [Hayes 84] und [Lewke,Rammig 83] eingeführten.) Hier wird davon ausgegangen, daß eine Änderung der Stärke eines Signals ohne Verzögerung weitergegeben wird, Änderungen des logischen Wertes jedoch durch Ladezeiten an Knoten verzögert werden. Der zeitliche Verlauf eines Signals läßt sich als Funktion der natürlichen Zahlen in $2^V$ auffassen (hier wird von einem diskreten Zeitmodell ausgegangen). Für die Simulation der zu betrachtenden Komponenten eines Transistornetzwerkes werden in Abbildung 1 angegebenen Modelle benutzt.

Die Umformung in die Simulationsdarstellung muß nicht vom Benutzer vorgenommen werden, sondern kann von einem Compiler geleistet werden. Diese Modell läßt beliebige Verteilung von Verzögerungen zu. Wenn man jedoch das Timing-Modell aus [Bryant 81] nachbildet (Schalten von Transistoren geschieht dort immer nach dem Ladungsausgleich), stabilisiert sich nach diesem Modell die Schaltung in den gleichen logischen Zuständen.

Wird dieses Modell in einen Gattersimulator integriert, müssen an den Nahtstellen entsprechende Umsetzungen zwischen Werten des Gattermodells und des Transistormodells vorgenommen werden. Ist ein Gatterausgang mit einem Gate-Eingang eines Transistors oder ein Knoten mit einem Gattereingang verbunden, kann die Anpassung leicht implizit vorgenommen werden, da nur logische Werte und keine Stärken zu beachten sind. (In Standardrealisierungen von Gattern geht von Gattereingängern keine Rückwirkung auf den Eingangsknoten aus.) Sollen Gatterausgänge mit Knoten verbunden werden, kann mit einer impliziten Anpassung mit technologieabhängigen Annahmen über die Signalstärke gearbeitet werden, oder es können explizit Treiber zur Kommunikation zwischen Gatter- und Transistorkomponenten verwendet werden (siehe Bild 2).

## 5 Implementation von Mengenoperationen

Üblicherweise werden Mengen in Rechnern durch Bitstrings dargestellt. Dabei ist das $i$-te Bit genau dann 1, wenn das Objekt mit der Nummer $i$ Element der Menge ist. Mit Hilfe der vom Rechner zur Verfügung gestellten logischen Operationen lassen sich dann Vereinigung, Durchschnitt und Komplement realisieren. Benutzt man diese Methode, kann man auch hier die benötigten Operationen —entweder durch Maschineninstruktionen (d.h. Einbindung passender Assemblerunterprogramme) oder Benutzung von vorhandenen logischen Operatoren in der verwendeten Programmiersprache (z.B in C, siehe [Kernighan, Ritchie 78])— effizient realisieren. Da logische Operationen bitweise parallel ausgeführt werden, ist die Berechnungsdauer unabhängig von der Mächtigkeit der Mengen. Um dies zu verdeutlichen, ist in Abbildung 3 die C-Realisierung von *pswitch* angegeben.

| Schaltelement | Simulationsdarstellung | Funktion |
|---|---|---|
| 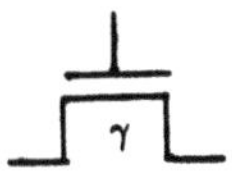 n-Transistor | 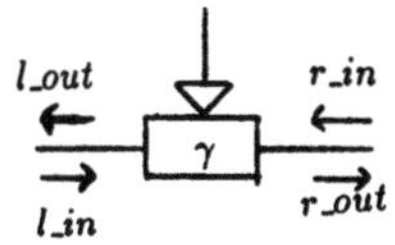 l_out ← γ ← r_in / l_in → γ → r_out | $r\_out = \gamma \circ pswitch(g, l\_in)$ <br> $l\_out = \gamma \circ pswitch(g, r\_in)$ |
| 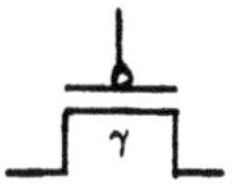 p-Transistor | 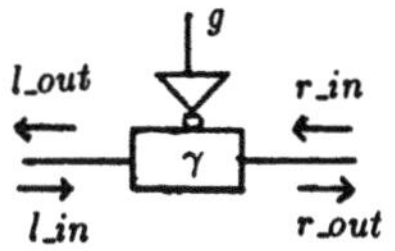 l_out ← γ ← r_in / l_in → γ → r_out | $r\_out = \gamma \circ nswitch(g, l\_in)$ <br> $l\_out = \gamma \circ nswitch(g, r\_in)$ |
| 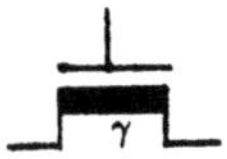 d-Transistor | 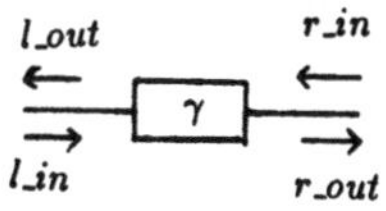 l_out ← γ ← r_in / l_in → γ → r_out | $r\_out = \gamma \circ l\_in$ <br> $l\_out = \gamma \circ r\_in$ |
| 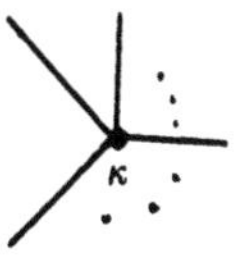 Knoten | 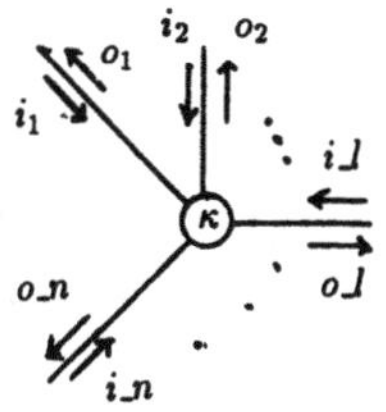 $o_1, i_2, o_2, i_1, \ldots, i\_l, \kappa, o\_n, o\_l, i\_n$ | $state(t) = \kappa \circ \bigsqcup_{k=1}^{n} i_k(t - delay)$ <br> $o_l(t) = \begin{cases} v = i_1 \circ \ldots \circ i_{l-1}(t) \circ i_{l+1}(t) \ldots \circ i_n(t) \circ state(t), \\ \quad \text{falls } val(v) = val(state(t)) \\ state, \quad \text{sonst} \end{cases}$ |

Abb. 1: Simulationsdarstellungen

| Treiber | beschreibende Gleichungen |
|---|---|
| 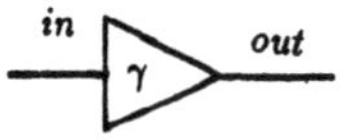 in → γ → out | $out = \begin{cases} (1,\gamma), & \text{falls } in = 1 \\ (0,\gamma), & \text{falls } in = 0 \\ (0,\gamma) \cup (1,\gamma), & \text{falls } in = X \end{cases}$ |
| 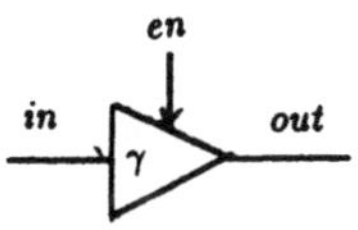 in → γ (en) → out | $out = f(en, in)$ <br> mit $f(en, in) = \begin{cases} \mathcal{Z}, & \text{falls } en = 1 \\ (1,\gamma), & \text{falls } in = 1 \text{ und } in = 1 \\ (0,\gamma), & \text{falls } in = 0 \text{ und } in = 1 \end{cases}$ <br> und $f(X, a) = f(1, a) \cup f(0, a)$, $f(a, X) = f(a, 1) \cup f(a, 0)$ |
| 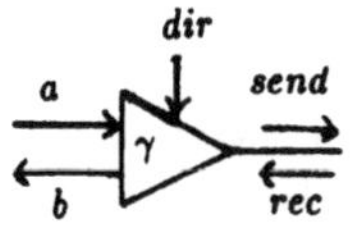 a → γ (dir) → send / b ← γ ← rec | $send = f(dir, in)$ ($f$ wie oben) <br> $b = \begin{cases} X, & \text{falls } dir = 1 \text{ oder } val(rec) = \{0,1\} \\ 1, & \text{falls } dir = 0 \text{ und } val(rec) = 1 \\ 0, & \text{falls } dir = 0 \text{ und } val(rec) = 0 \end{cases}$ |

Abb. 2: Beispiele zur Realisierung von Treibern

```
pswitch(g,a)
{ int h0,h1, resultat;
  h1 = g & eins_z ;
      /* eins_z Konstante, die Darst von {v| val(v)=1 oder v=Z} */
  h0 = g & null_z ;
      /* null_z Konstante, die Darst von {v| val(v)=0 oder v=Z} */
  if (h1) { resultat = a };
  else    { resultat = Z };
      /* Z Konstante, die Darst von {Z} */
  if (h0) { resultat = resultat | Z };
  return(resultat);
};
```

Abb. 3: C-Realisierung von *pswitch*

## 6 Das Schleifenproblem

Leider hat die Methode eine Schwäche, wenn die Schaltung über Drain- und Source-Anschlüsse kreisförmig verschaltete Transistoren enthält (siehe Abbildung 4).

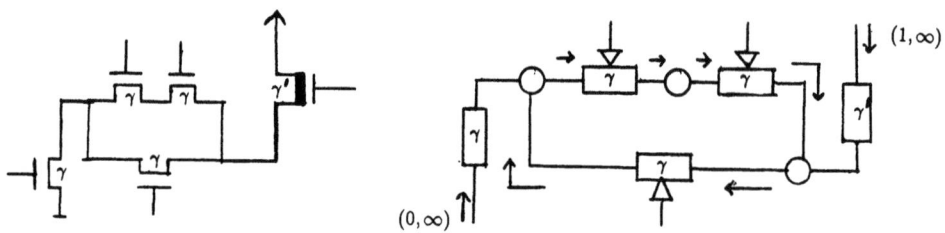

Vorausgesetzt sei $\gamma > \gamma'$. Wenn zuerst alle Transistoren leiten und dann der Transistor ganz links abschaltet, wird durch den kreisförmigen Signalfluß der Signalwert auf $(0, \gamma)$ gehalten, obwohl keine leitende Verbindung mehr besteht. Richtig wäre $(1, \gamma')$.

Abb. 4: Beispiel für das Schleifenproblem

Der häufigste Fall eines solchen Kreises ist jedoch ein CMOS-Transfer, für das eine spezielle Simulationsdarstellung existiert, die das Problem umgeht. Diese Darstellung ist möglich, weil die Transferschaltung keinen inneren speichernden Knoten enthält (siehe Abbildung 5).

Der zusätzliche Aufwand zur korrekten Simulation von Kreisen wird auf die Zusammenhangskomponenten beschränkt, die Kreise enthalten.

**Definition 6.1** Sei $T$ die Menge der Transistoren, $K$ die Menge der Knoten eines Transistornetzwerkes. Sind $k_1$, $k_2$ Drain- und Source-Knoten desselben Transistors $t$, dann gilt $k_1 \simeq t$, $t \simeq k_1$, $k_2 \simeq t$, $t \simeq k_2$. Seien $x, y \in K \cup T$, dann $x \sim y, :\Leftrightarrow \exists x_1, ..., x_k : x \simeq x_1 \simeq ... \simeq x_k \simeq y$ oder $x = y$.

Offenbar ist $\sim$ eine Äquivalenzrelation. Die Äquivalenzklassen bezüglich dieser Relation heißen Zusammenhangskomponenten. Für eine Zusammenhangskomponente mit Kreis läßt sich folgendes Verfahren anwenden: Geht ein Transistor der Zusammenhangskomponente in den isolierenden Zustand über, wird für alle Leitungen innerhalb der Zusammenhangskomponente der zu leitende Wert auf die kleinste Stärke reduziert. Danach wird wieder simuliert wie gewöhnlich.

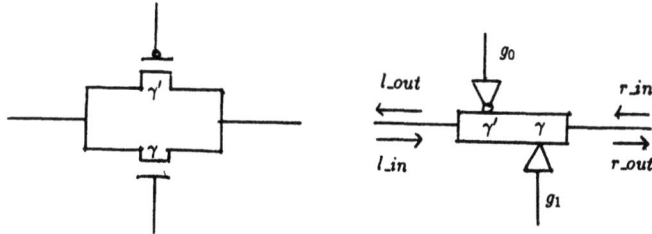

$$l\_out = (\gamma' \circ nswitch(g_0, r\_in)) \sqcup (\gamma \circ pswitch(g_1, r\_in))$$
$$r\_out = (\gamma' \circ nswitch(g_0, l\_in)) \sqcup (\gamma \circ pswitch(g_1, l\_in))$$

Abb. 5: Simulationsmodell für die Transferschaltung

Durch dieses Vorgehen wird zunächst der logische Wert auf jeder Leitung beibehalten und, da eine Änderung in der Stärke nicht mit einer Zeitverzögerung belegt ist, stellt sich, falls eine leitende Verbindung noch vorhanden ist, der gewünschte Wert wieder ein.

Benutzt man die in ereignisgesteuerten Simulatoren übliche Technik, jedem Schaltelement Berechnungen zuzuordnen, die ausgeführt werden, wenn sich eine Wertänderung am Eingang ergibt, können diese Berechnungen einfach hinzugefügt werden. Das Verfahren kann weiter beschleunigt werden, wenn man nur Leitungen berücksichtigt, die mit den Drain- und Source-Knoten des betreffenden Transistor über leitende Pfade verbunden sind.

## 7 Pessimismus von Wertemodellen

Als Wertemodell eine Potenzmenge zu verwenden, erscheint nachteilig, da sich durch Hinzufügen einer weiteren Stärke zu $ST$ die Größe des Modells vervierfacht. Für die Darstellung jeder Menge des so erweiterten Modells benötigt man jedoch nur zwei Bits mehr. Dies spielt keine Rolle, solange zur Darstellung einer Menge nicht die Größe zur nächstgrößeren adressierbaren Einheit nicht überschritten wird. Geht man von einer Größe von 2 Byte aus, sind 7 Stärken darstellbar. Für die meisten Entwürfe ist $|\Gamma| = 2$, $|\mathcal{K}| = 2$, also $|ST| = |\Gamma \cup \mathcal{K} \cup \{\infty\}| = 5$, ausreichend. Andere vorgeschlagene Wertemodelle haben oft die Eigenschaft (siehe [Lewke,Rammig]), daß bei der Beschreibung unbestimmter Situationen zu viele Fälle zusammengefaßt werden, und dadurch unerwünscht unbestimmte Simulationsergebnisse entstehen. Dies wird als Pessimismus bezeichnet. Man kann solche Modelle durch Abbildungen auf das Mengenmodell charakterisieren und so durch formale Kriterien überprüfen, ob durch das Wertemodell Pessimismus entsteht. Es kann gezeigt werden, daß ein nicht pessimistisches Wertemodell mindestens $|ST|^2 + 1$ Elemente enthalten muß.

## 8 Abschlußbemerkungen

Es wurde ein diskretisiertes Modell für MOS-Bauelemente aufgezeigt. Dabei wurde die prinzipielle Eignung der Methode für die ereignisgetriebene Simulation und nicht ein spezieller Simulator in den Vordergrund gestellt. Das Modell läßt sich erweitern: Einerseits können kompliziertere Verzögerungsmodelle Anwendung finden (z.B. um Verzögerungen an Transistoren oder verschieden Verzögerungen für 0 und 1), andererseits kann auch der Ladungszerfall an Knoten simuliert werden. (Wird ein Knoten eine entsprechend lange Zeit nicht durch hinreichend starke Eingangssignale aufgeladen, sendet er ein unbestimmtes Signal.) Diese Methode ermöglicht sowohl die Berücksichtigung zeitlicher Effekte als auch nichtpessimistische (d.h. nicht unerwünscht unbestimmte) Ergebnisse.

Den Kollegen N. Wehn von der TH Darmstadt und Th. Krodel von der TU München möchte ich an dieser Stelle danken für die Diskussionen am Rande der NTG-Diskussionssitzung "Simulationstechnik" im Sommer '86.

# 9  Literatur

[Breuer,Friedman 76] M.A. Breuer, A.D. Friedman
Diagnosis and reliable design of digital systems
Computer Science Press, Woodland Hills 1976

[Bryant 81] R.E. Bryant
MOSSIM: a switch-level simulator for MOS LSI
Proc. 18th Design Automation Conf., 1981

[Bryant 83] R.E. Bryant
Race detection by ternary simulation
Proc. VLSI 83, Trondheim 1983

[Flake et.al. 83] P.L. Flake, P.R. Moorby, G. Musgrave:
An algebra for logic strength simulation,
Proc. 20th Design Automation Conf., 1983

[Hayes 82] J.P. Hayes
A unified switching theory with applications to VLSI design
Proc. IEEE, Vol. 70, Oct 82

[Hayes 84] J.P. Hayes
A systematic approach to multivalued digital simulation
Proc. ICCD'84, 1984

[Kawai,Hayes 84] M. Kawai, J.P. Hayes
An Experimental MOS Fault Simulation Program CSASIM
Proc. 21st Design Automation Conf., 1984

[Kernighan,Ritchie 78] B.W. Kernighan, D.M. Ritchie
The C Programming Language
Prentice Hall, Englewood Cliffs, New Jersey 1978

[Lengauer, Mehlhorn 83] T. Lengauer, K. Mehlhorn
VLSI complexity, efficient VLSI Algorithms and the HILL design system
TR A83/03, FB 10, Univ. d. Saarlandes Saarbrücken, West Germany, 1983

[Lengauer, Näher 84] T. Lengauer, S. Näher
Delay independent switch level simulation of digital MOS circuits
TR A84/03, FB 10, Univ. d. Saarlandes Saarbrücken, West Germany, 1984

[Lewke, Rammig 83] K.-D. Lewke, F.J. Rammig
Description and simulation of MOS devices in Register Transfer Languages
Proc. VLSI 83, Trondheim 1983

[Mead, Conway] C. Mead, L. Conway
Introduction to VLSI Systems
Addison Wesley, 1980

[Mehlhorn et.al. 82] K. Mehlhorn, S. Näher, M. Novak
HILLSIM - Ein Simulator für MOS-Schaltwerke
TR A82/08, FB 10, Univ. d. Saarlandes Saarbrücken, West Germany, 1982

# Simulating Electrical Circuits using SISAL

### P.G.Plöger, B.Klaassen, K.L.Paap
### Gesellschaft für Mathematik und Datenverarbeitung (GMD), Schloß Birlinghoven
### 5205 St. Augustin, West Germany

Abstract - After introducing the Waveform Relaxation concept and comparing it to other standard simulation algorithms we briefly describe how WR was implemented in the simulator SISAL. We analyse the new refinement of WR called Waveform Relaxation Newton. We reveal the interrelation of both methods and conclude by indicating how to modify a WR implementation in order to make it a WRN algorithm.

## 1.Introduction

Before any design of an integrated circuit gets prototyped it has to undergo an enumerous number of tests since it is almost impossible to correct mistakes after production. By far the most time consuming test is software simulation of its electrical behaviour. The family of SPICE programs is one of the oldest and still most popular simulation programs, which was developed in the early seventies when simulation of circuits became feasible. It turned out that simulation techniques first implemented in it are somewhat inappropriate for nowaday problems of chip design demanding the simulation of electrical networks with more than 10000 nodes. in reasonable time. Industry still relies on SPICE and accelerates the performance via hardware speed up and parallelization [Feldmann], [Hoepken].

A different approach is adapting the algorithms to the special class of problems under consideration. This lead to a success for large scale integrated MOS circuits in 1982 when the Waveform Relaxation concept was born [Lelarasmee].

Before carrying on with the explanation of Waveform Relaxation let us fix some notation: $t$ always denotes time, superscript indicates iteration count, subscripts number the discretized timepoints, $y^{\bullet}(t)$ denotes the time derivative of the function $y$.

## 2. The Waveform Relaxation Method

Simulation of an electrical network can be performed in many different ways each of which models the phenomena of interest on a different level of abstraction. A logic simulation of a digital circuit for example will use boolean functions as its atomic elements when describing the hardware of the problem and a discretized set of values like 'TRUE', 'FALSE' or 'UNDEFINED' when describing the possible states of the system. Although simulation on this level can be performed very fast it validates the network only with respect to logical correctness and timing based on a simple delay model. The electrical behaviour of a network is modeled more exactly by constructing a system of nonlinear ordinary differential equations (ODE's) and solving them numerically. This level is usually referred to as 'circuit simulation' and if no other simplifying assumptions are made about operating points or frequency dependencies the actual simulation is called a 'transient analysis'. It requires the following steps :

- extract the ODE's from circuit topology yielding equations of the following form

$$C(y(t),u(t))y^{\bullet}(t) = f(y(t),u(t))  \qquad [2.1]$$

where $0 < t < T$, $u(t) \in \mathbb{R}^k$ the vector of known input terminal voltages, $y(t) \in \mathbb{R}^n$ the vector of unknown node voltages (waveforms), $C \in \mathbb{R}^{n \times n}$ the matrix of possibly nonlinear capacitors and finally $f \in \mathbb{R}^n$ the vector of branch currents.
- convert [2.1] into a sequence of nonlinear algebraic equations by the help of an appropriate integration method.
- use Newton methods to linearize the algebraic problem.
- solve the the linear sytems.

One way to solve this sequence of problems is called 'Waveform Relaxation' (WR) and although the waveform algorithm influences all four points we are not concerned with the first and the last point in this article.

Instead of solving the whole system simultaniously WR uses an iterative approach. In the family of relaxations based techniques WR conducts it's iteration at the level of the differential equations. Consider the first-order two dimensional differential equation in $(x1(t),x2(t)) \in \mathbb{R}^2$ on $t \in [0,T]$:

$$x1^{\bullet} = f_1(x1,x2) \ , \ x2^{\bullet} = f_2(x1,x2) \ \text{ with } x1(0) = x1_0, \ x2(0) = x2_0  \qquad [2.2]$$

Now guess an initial solution function for $x2$ on $[0,T]$, treat $x2$ as being predefined in the first equation thus reducing it to an ODE with one unknown $x1$ only. Then solve it with respect to $x1$. Substitute the result in the second equation and solve it with respect to $x2$. As the system may contain feedbacks (actual results may influence previously computed ones) it is neccessary to recompute the system until convergence is reached. This repetition is called the *waveform iteration loop*.

It turned out, that this basic algorithm needed two major modifications to result in a pronounced speed improvement. First of all strongly interacting nodes of the circuit needed to be grouped together in subsystems called 'groups'. Each group holds a disjoint part of the network and the union of all groups cover the circuit. In the final version of WR the unknowns of example [2.2] are replaced by vectors each of which holds the unknowns of one group. The partitioning algorithms to produce adequate groups are highly nonunique and still subject of further research [White], [Mokari], [Dumlugol]. Regarding WR as an integration technique to solve systems of ODE's, this grouping makes it a multirate method since stepsizes per group can be chosen independently. Secondly the interval [0,T] has to be subdivided into smaller intervals called *'windows'* in order to make WR converge as uniform as possible over the whole interval.

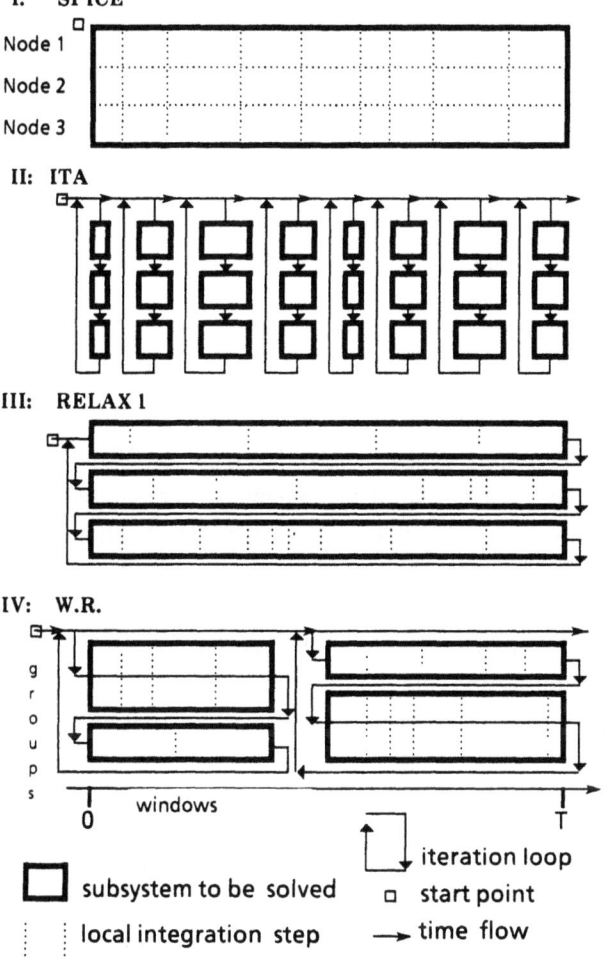

Varying window and group size we can subsume other wellknown methods for transient analysis under WR.

I: In SPICE no subdivisions in time or network topology are used, so it can be seen as a WR algorithm with one group containing all nodes and using one window only.

II: If the window size equals the integration step h and the equation for each node is solved separately we get the iterated timing analysis (ITA).

III: The first implementation of WR was RELAX 1 which did not use windowing and solved each node separately [Lelarasmee].

IV: The current WR algorithms use cluster of nodes (groups) and subdivision of the simulation interval (windows).

In conclusion let us sum up some important problems in transient analysis of MOS circuits and their resolution using WR:

- *local feedback loops* indicate that it is advantageous to solve strongly connected nodes simultaniously, thus partitioning in *groups* has to be done.

- *decoupled calculation* of each group gives WR *multirate properties* since small stepsizes will be used only in those groups which call for it.

- considering *signal flow* inherent in MOS circuits suggests to *schedule* groups in an appropriate order resulting in a favourable sequence of calculation for the equations during Gauß-Seidel iteration .

- each *global feedback loop* has a minimum delay time until the feedback signal gains impact on the current inputs. Choosing *windowsize* smaller as this delay uniform convergence of the waveforms of the whole window becomes reasonable.

Each of these observations results in an acceleration of simulation time and improves therefore the performance of WR in comparison to traditional simulation techniques.

## 3. The Implementation of WR in SISAL

A waveform based experimental simultor SISAL has been developed at GMD. It comprises about 20000 lines of FORTRAN code and was originally developed on a VAX 11/750. Nowadays also versions on IBM mainframe and TARGON 35 are available.

```
program SPICE {
    read input;
    find initial values;
    do for t = 0 to T step ∂t {
        solve all equations for time t,
        vary ∂t if neccessary ;
    } enddo
    dump any results;
} end SPICE
```

```
program SISAL (WR) {
    read SPICE input deck;
    partition circuit such that local
    feedback loops are within one
    group;
    schedule groups;
    builde windows;
    for all windows do {
        k = 0; guess y⁰;
        repeat{
            k: = k + 1;
            for all groups do {
                calculate yᵏ as solution
                of ODE's in this group ;
            } enddo
        } until ‖ yᵏ - yᵏ⁻¹ ‖< ϵ;
    } enddo
} end SISAL
```

SISAL input decks are written using SPICE syntax although the set of allowed elements is restricted to those relevant in MOS circuits namely resistors, capacitors and MOSFETs (level 1). The simulation modes are restricted to operating point and transient analysis. After subcircuit expansion all data is stored in a treelike organized memory.

Scheduling and partitioning are achieved using a signal flow graph (SFG). The construction of it is based on the observation, that nodes in a circuit mutually interact via circuit elements. While this flow of information is bidirectional for resistors and capacitors it has a preferred direction in MOSFETs namely from gate to drain. Weighting the influence of one node to the next according to a predefined scheme and searching this weighted and directed graph for loops of a fixed length will produce the groups. Taking its directions into account and cutting the global loops if necessary will produce the scheduling [Ingenbleek].

Windowing is achieved via scanning of the input signals for significant changes selecting every such timepoint as start of a new window.

```
program SCHEDULE {
    INLIST = Ø ; OUTLIST = Ø;
    while SFG < > Ø{
        for all nodes in SFG do {
            if no arrow points to node {
                append node at end of INLIST;
                remove node from SFG;
            } else if no arrow points f. node{
                insert node at start of OUTLIST;
                remove node from SFG
            } endif
        } enddo
        if neither input nor ouput node has
        been found{
            remove arbitrary arrow from SFG;
        }
    } endwhile
    append OUTLIST at end of INLIST ;
} end SCHEDULE
```

The ODE solver offers two choices for the user either the standard software package LSODI with full Gear methods or a quasi Newton method based on trapezoidal discretization formulae using Broydens method to solve the nonlinear equations. Finally we refined the precision of the local truncation error estimate resulting in improved stepsize control while solving the given ODEs [Klaassen].

Aside you find pseudo code of some of the most interesting algorithms currently used in SISAL. Further refinements have recently been established by the NIXDORF AG. They implemented a fully SPICE compatible bipolar transistor model which also demanded for a new dynamical partitioning since bipolar devices do no longer exhibit the unidirectional signal flow behavior [Rissiek].

## 4. The Waveform Relaxation Newton Approach

Very much like the relaxation can be performed on the different levels of ODE's (WR), non linear algebraic equations (non linear Gauß-Seidel) and linear equations (Gauß Seidel, Gauß - Jacobi, SOR etc) one can also perform the Newton Raphson step on different levels. Instead of linearizing on the level of nonlinear algebraic equations at each timepoint it is possible to linearize in the function space of the waveforms directly. This will result in an approximate linearized differential equation. The related algorithm is called *'Waveform Relaxation Newton'* (WRN) [White].

The discretized equation has to be solved exactly once for each timepoint. This is the actual advantage of WRN. When the algorithm reaches this point after the steps of discretization and linearization following the traditional WR method it will be driven to convergence here, whereby evaluating the circuit equations numerous times.

In contrast to that WRN reaches its convergence via more iterations in the waveform iteration loop. Since evaluation of the circuit is the most time consuming part of circuit simulation, the disadvantage of more WR iterations in WRN is outweighted by the much lesser frequent circuit loading. The convergence proof leans very much on the theorem ensuring the convergence of the WR method [White,Th 4.4 ].

Let us focus on the mathematics of WRN in order to see what had to be altered in our WR implementation to make it perform an WRN job. Given the following equation

$$C(y)\dot{y} - f(y) = 0$$

[4.1]

To perform the first step of WRN we linearize in function space at $(y^{\bullet n}, y^n)$

$$C(y^n)\left(y^{\bullet n+1} - y^{\bullet n}\right) + D_y\left[C(y)\, y^\bullet - f(y)\right]\Big|_{(y^{\bullet n}, y^n)} \left(y^{n+1} - y^n\right) + C(y^n)\, y^{\bullet n} - f(y^n) = 0$$

[4.2]

where superscripts indicate the iteration index and $D_y$ denotes differentiation with respect to $y$. Observe that [4.2] is a *linear* differential equation in $y^{n+1}$. Evaluation at the timepoints $t_{i+1}$ yields

$$C(y^n_{i+1})\, y^{\bullet n+1}_{i+1} + \left[D_y C(y)\Big|_{y^n_{i+1}} y^{\bullet n}_{i+1} - D_y f(y)\Big|_{y^n_{i+1}}\right]\left(y^{n+1}_{i+1} - y^n_{i+1}\right) - f(y^n_{i+1}) = 0$$

[4.3]

We may now apply an arbitrary multistep discretization formula to $y^{\bullet n+1}$:

$$\sum_{j=0}^{k_1} a_j\, y^{n+1}_{i+1-j} + h_{i+1} \sum_{j=0}^{k_2} \beta_j\, y^{\bullet n+1}_{i+1-j} = 0 \quad \Rightarrow \quad y^{\bullet n+1}_{i+1} =: \frac{a_0}{\beta_0 h_{i+1}} y^{n+1}_{i+1} + d^{n+1}_i$$

[4.4]

The vector $d^{n+1}_i$ collects all contributions of the current waveform evaluated at previous timepoints. Finally applying this to [4.3] and rearranging in such a way that the unknown waveform $y^{n+1}$ appears on the left side only we arrive at

$$\left[D_y C(y)\Big|_{y^n_{i+1}} y^{\bullet n}_{i+1} - D_y f(y)\Big|_{y^n_{i+1}} + \frac{a_0}{\beta_0 h_{i+1}} C(y^n_{i+1})\right]\left(y^{n+1}_{i+1} - y^n_{i+1}\right) =$$

$$- C(y^n_{i+1})\left[\frac{a_0}{\beta_0 h_{i+1}} y^n_{i+1} + d^{n+1}_i\right] + f(y^n_{i+1})$$

[4.5]

This was the second step in WRN. Observe that this equation will produce the solution for the unknown $y^{n+1}$ in one step only at each timepoint $t_{i+1}$.

The traditional WR method will proceed in a different way. Starting from [4.1] like above but discretizing right away will lead to

$$C(y^{n+1}_{i+1})\left[\frac{a_0}{\beta_0 h_{i+1}} y^{n+1}_{i+1} + d^{n+1}_i\right] - f\left(y^{n+1}_{i+1}\right) = 0$$

[4.6]

We abbreviate the unknown waveform $y^{n+1}$ at timepoint $t_{i+1}$ simply by $y$. Linearization at point $y_0$ gives

$$\left\{ \frac{a_0}{\beta_0 h_{i+1}} C(y_0) + D_y C(y) \bigg|_{y_0} \left[ \frac{a_0}{\beta_0 h_{i+1}} y_0 + d_i^{n+1} \right] - D_y f(y) \bigg|_{y_0} \right\} (y - y_0) =$$

$$- C(y_0) \left[ \frac{a_0}{\beta_0 h_{i+1}} y_0 + d_i^{n+1} \right] + f(y_0)$$

[4.7]

Apparently one has to choose the predictor $y_0$ to be equal to the old wave form $y^n$ to make formula [4.7] similar to formula [4.5]. Now evaluate at timepoint $t_{i+1}$ and resubstitute $y$

$$\left\{ D_y C(y) \bigg|_{y_{i+1}^n} \left[ \frac{a_0}{\beta_0 h_{i+1}} y_{i+1}^n + d_i^{n+1} \right] - D_y f(y) \bigg|_{y_{i+1}^n} + \frac{a_0}{\beta_0 h_{i+1}} C(y_{i+1}^n) \right\} \left( y_{i+1}^{n+1} - y_{i+1}^n \right) =$$

$$- C(y_{i+1}^n) \left[ \frac{a_0}{\beta_0 h_{i+1}} y_{i+1}^n + d_i^{n+1} \right] + f(y_{i+1}^n)$$

[4.8]

Comparing these two equations carefully we can draw the following conclusions:
- The right hand side of both equations are exactly equal. So in case of convergence both algorithms will produce the same solutions.
- If the capacity matrix $C(y)$ is a constant with respect to $y$ the algorithms are exactly equal. Quite frequently the term $D_y C(y)$ is neglected anyway since it is of second order only ($C(y)$ may be interpreted as voltage derivative of charges).
- The one and only differing term is determined by $y^{\bullet\,n}$ and the first square bracket term in [4.8]. Now the derivative itself can be expressed only by the help of a discritezation formula again. Since both algorithms will converge to the same waveform and [4.4] contains function evaluations only the discretization of $y^{\bullet\,n}$ and their respective vectors $d^n$ and $d^{n+1}$ will converge to the same value.

Summing up we can state, that in the context of WR linearization followed by discretization (WRN) yields the same result as discretization followed by linearization (classical WR). So the following diagramm commutes.

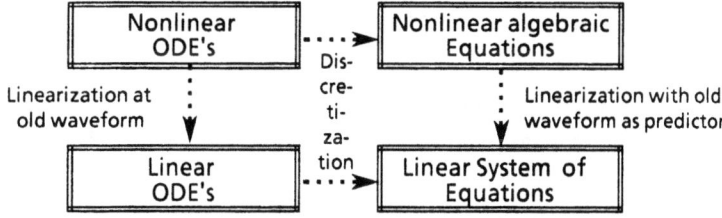

Implementing WRN we simply chose the appropriate predictor according to the above considerations and limited the allowed number of Newton Raphson iterations for the inner loop to one. In certain respects this implementation is more flexible than the original WR because the choice of the predictor can be altered dynamically. During the first iterations when waveforms are still rapidly changing we use a normal explicit predictor whereas the old waveforms are used only when difference of old and new waveform has become small.

## 5.Conclusions

We presented WR in its classical form and how it was implemented in the experiental simulator SISAL. Then we described our analysis of the recently introduced Waveform Relaxation Newton method an how it was build into the simulator. Although first experiments give evidence that WRN is even faster than WR further testing on this issue has to be done.

## References

[Dumlugol]   D.Dumlugöl, 'The Segmented Waveform Relaxation Method for Mixed-Mode Simulation of digitial MOS VLSI Circuits', PhD Thesis IMEC, Leuven ,October 1986

[Feldmann]   U.Feldmann, K.G.Rauh, K.Steger, 'Circuits Simulation on Vectorprocessors', Proc VLSI and Computers, COMPEURO, Hamburg 1987

[Hoepken]   H.Hoepken, 'Vectorization of Circuit Simulator ESPICE' ,Proc VLSI and Computers, COMPEURO, Hamburg 1987

[Ingenbleek]   B.Ingenbleek, C.Matthäus, K.Woelcken, 'Informationflow in Digital MOS Circuits', Arbeitspapier der GMD,St. Augustin

[Klaassen]   B.Klaassen, K.L.Paap 'Correction Formula and LTE-Estimation for Trapezoidal Rule', Proc VLSI and Computers, COMPEURO, Hamburg 1987

[Lelarasmee]   E.Lelarasmee, A.Ruehli, A.L.Sangiovanni-Vincentelli, 'TheWaveform Relaxation Method for the time-domain Analysis of large scale integrated circuits',IEEE Trans.Computer Aided Design of ICAS vol 1 CAD,Aug. 1982

[Mokari]   M.E.Mokari-Bolhassan,D.Smart,T.N.Trick, 'A new robust Relaxation Technique for VLSI Circuit Simulation', Proc of ICCAD,Santa Clara October 1985

[Rissiek]   W.Rissiek, 'Simulation von Schaltungen mit bipolaren Elementen im Experimentalsimulator SISAL', Studienarbeit Universität Paderborn, May 1987

[White]   J.K.White, 'The Multirate Integration Properties of Waveform Relaxation with Applications to Circuit Simulation and Parallel Computing', Berkeley Memo UCB/ERL 85/90, November 1985

# DACAPO-III

## Schnelle Ausführung von Mixed- und Multi-level Hardwarebeschreibung

Christoph Ohsendoth
Lehrstuhl Informatik I
Universität Dortmund
Postfach 500 500
D-4600 Dortmund 50

## Zusammenfassung

An der Universität Dortmund wird derzeit in Zusammenarbeit mit privaten Firmen das Hardware-Beschreibungs- und Simulationssystem DACAPO-III entwickelt. Es benutzt eine Simulationstechnik, die die Simulationszeit für digitale Systeme gegenüber konventionellen Simulatoren entscheidend verringert. Es erlaubt außerdem das interaktive Eingreifen des Designers.

Die Laufzeitverbesserung wird erreicht, indem das in der Hardwarebeschreibungssprache DACAPO beschriebene Modell in ausführbaren Code übersetzt wird. Die Simulation ist dann die Ausführung dieses Modells auf der Zielmaschine. In diesem Sinne wird für ein Modell jeweils ein spezieller Simulator generiert, der entweder für sich allein abläuft oder den interaktivem Eingriff des Benutzers erlaubt.

## 1. Einführung

Das DACAPO-III-System ist die dritte Fassung eines Simulators für die Hardware-Beschreibungssprache DACAPO ( bekannt auch unter dem früheren Namen CAP/DSDL /1,2,3,4/). Die beiden ersten Simulatoren werden zur Zeit in der Industrie, unter anderem bei SIEMENS und NIXDORF/CADLAB, sowie in vielen deutschen Universitäten benutzt. Inzwischen sind viele VLSI-Entwurfsprojekte mit Hilfe von DACAPO erfolgreich durchgeführt worden. DACAPO ist eine Mehrebenen-Beschreibungssprache, die die folgenden Abstraktionsstufen unterstützt /5,6/ :

    System-Ebene
    Algorithmische Ebene
    Register-Transfer-Ebene
    Gatter-Ebene
    Schaltungs-Ebene

DACAPO ist damit einer der wenigen Vertreter des Breitbandsprachen-Ansatzes (z.B. /7/). Im Gegensatz dazu befinden sich der Ansatz über Sprachfamilien ( z.B. CONLAN /8/ ) bzw. dedizierte Sprachen ( z.B. OCCAM/9/, ISPS/10/, CDL/11/, SPICE/12/), auf jeder Stufe zu benutzen. Eine Breitbandsprache zeichnet sich demgegenüber durch folgende Vorteile aus :

- es wird nur eine Sprache für alle Ebenen verwendet
- sie erlaubt eine gute Beschreibung auf allen Ebenen
- die Sprache unterstützt den Übergang zwischen den Ebenen durch stufenweise Verfeinerung
- durch Abstraktion von Teilmodellen wird die Simulation beschleunigt

Vorraussetzung zur Nutzung aller dieser Vorteile ist die Verwendung von wenigen Konzepten bei der Implementierung, denn nur so kann eine effiziente Mixed-Level-Simulation erreicht werden. Diese Eigenschaft ist in allen drei DACAPO-Systemen gewährleistet.

## 2. Motivation

DACAPO-III unterscheidet sich von seinen Vorgängern vor allem in der Durchführung der Simulation. Während bisher der Simulator einen Zwischencode mit Hilfe von hochsprachlichen Prozeduren interpretiert hat, erzeugt der neue DACAPO-Compiler Objektcode aus den beschrieben Modellen. Die Nutzung dieser Möglichkeit führt zu erheblichen Beschleunigungen in der Simulation und erlaubt zusätzliche Verbesserungen in der gesamten Handhabung des Systems. Sie birgt aber auch die Gefahr mangelnder Portabilität /13/. Im Falle von DACAPO-III wird dieses Problem durch den Einsatz eines Codegenerator-Generators gelöst. Darüberhinaus kann in diesem Ansatz die Möglichkeit getrennter Übersetzbarkeit erheblich besser realisiert werden als bei dem interpretativen Ansatz, bei dem umfangreiche Manipulationen auf den internen Strukturen beim "Linken" von Modellen durchzuführen wären.

Im folgenden wird zuerst ein Überblick über die Sprache DACAPO gegeben. Daran schließt sich eine ausführliche Darstellung des Gesamtsystems und insbesondere des Übersetzers an. Weiter werden noch das Simulationskonzept sowie kurze Ausführungen zu dem interaktiven Simulator und der Codegenerierung folgen. Abschließend werden zusammenfassend die Konzeption des Systemeinsatzes sowie
aktuelle Ergebnisse vorgestellt.

## 2. Sprachübersicht

Die Sprache DACAPO ist soweit wie möglich an PASCAL /14/ bzw. Modula2 /15/ angelehnt, deckt jedoch auch die für Hardware-Beschreibung notwendigen Gebiete ab, wie z.B. :

    Nebenläufigkeit
    Zeitbeschreibung
    datengetriebene Kontrolle
    mehrwertige Logik

In diesem Kapitel soll lediglich ein Eindruck von der Sprache und ihren Fähigkeiten vermittelt werden. Ausführlichere Darstellungen findet man in /2/. Allerdings ist der Sprachumfang gegenüber CAP/DSDL bzw. dem DACAPO-II-System um einige Konstruktionen erweitert worden, die das Design-Verfahren noch effizienter machen. Im Folgenden werden die wesentlichen Elemente dargestellt.

*Datentypen*

Basis-Datentyp ist der Bitstring aus 2-, 3- und 7-wertigen Bits. Dafür steht eine reichhaltiger Satz an Operationen und eingebauten Funktionen zur Verfügung. Mit Hilfe von Arrays und Records lassen sich strukturierte Bitstrings aufbauen. Weitere wichtige Datentypen sind Interrupts zu Kommunikation, Delay-Records für die Timing-Simulation sowie der Aufzählungstyp, der dem Designer erlaubt mit Hilfe von speziellen Funktionen eigen Datentypen bereitzustellen.

*Kontrollstrukturen*

Eine wesentliche Erweiterung, die die Sprache DACAPO gegenüber den alten Systemen erfahren hat, ist die Einführung des Modulkonzepts. Uns erschien es wichtig, die Möglichkeit der getrennten Übersetzbarkeit auch optisch zu verdeutlichen. Daher bietet DACAPO jetzt Module, die aus je einem Definitionsmodul ( Schnittstellenbeschreibung ) und einem Implementationsmodul ( Realisierung ) bestehen. Für ein komplettes Programm wird ein (Haupt-)Modul benötigt, die Umgebung eines Entwurfs kann man mit Stimuli-Modulen beschreiben.

Weitere Strukturierungsmittel für den Entwurf sind Prozeduren und Funktionen, von denen man auch Typen definieren kann, sowie Export-Prozeduren zur Modellierung abstrakter Datentypen. Blöcke sind sequentiell, nebenläufig oder auch parallel ausführbar, was auch für einige der PASCAL-typischen Kontrollstrukturen gilt ( z.B. For-Schleifen ). Spezielle Blockelemente sind der Assertion-Teil, in dem Ausführungsbedingungen beschrieben werden können, deren Verletzung zu Fehlermeldungen oder Interrupts führen können. Für die Simulation der niedrigen Ebenen sind die Implizit-Blöcke sehr wichtig. In ihnen kann man Netzwerke als Gleichungssysteme beschreiben, die auf Wertänderungen beteiligter Variablen durch Neuberechnung reagieren.

*Weitere Sprachbestandteile*

Für das DACAPO-III-System ist ein integriertes File-I/O-Konzept entworfen worden, mit dem Wertbelegungen geladen bzw. gespeichert werden können ( etwa Mikroprozessorbefehle oder Speicherinhalte ). Außerdem gibt es die Möglichkeit, externe C-Funktionen aufzurufen, um z.B. schnelle Berechnungen durchzuführen, deren Werte wieder im Modell verwendet werden.

## 3. Systemüberblick und Basiskonzepte

Der Systemkern von DACAPO-III besteht aus dem Modellcompiler, der einzelne Module in Objektcode der Zielmaschine übersetzt. Alle vorübersetzten Module werden mit dem in C geschriebenen und ebenfalls vorübersetzten Simulator zusammengelinkt und bilden ein ausführbares Programm, also modellspezifischen Simulator. Dieser kann entweder mit einem Kommandofile eigenständig ausgeführt oder als interaktiver Simulator benutzt werden, der dem Benutzer zahlreiche Eingriffsmöglichkeiten bietet.

Das System DACAPO-III ist als offenes System konzipiert worden, um in beliebigen Umgebungen, z.B. Workstations verwendet zu werden. Vorraussetzungen dafür sind Schnittstellen, die als abstrakte Datentypen formuliert worden sind, und damit relativ leicht an die Umgebungsbedingungen angepaßt werden können.

Abbildung 1  DACAPO – III – System

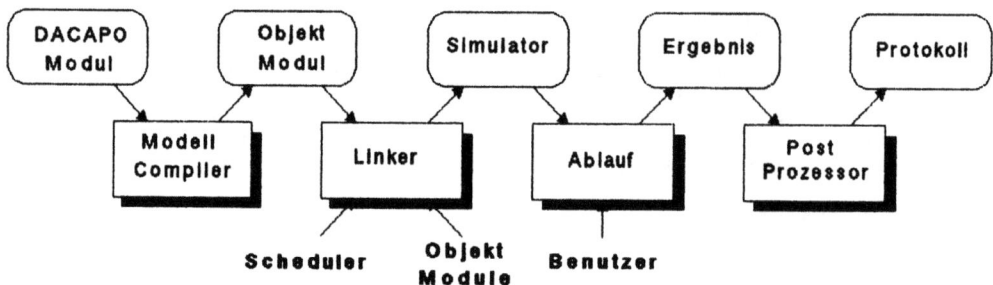

Die Basiskonzepte, die im Modellcompiler umgesetzt werden, beziehen sich sowohl auf Daten wie auf die Kontrolle. Die Bitstrings werden entsprechend ihrer Länge auf typischen Maschinenwortlängen aufgeteilt, bei mehrwertigen Bittypen auf verschiedene Komponenten aufgeteilt ( bei Bit-7 z.B. auf 3 ) /16/. Die Ablaufkontrolle eines Modells wird mit Hilfe von Petri-Netzen /17,18/ dargestellt. Die DACAPO-Modellierung der verschiedenen Abstraktionsbenen kann gemäß /19/ auf drei verschiedene externe Konzepte abgebildet werden :

    imperative Kontrolle
    reagierende Kontrolle
    stimulierte Gleichungen

Während in CAP/DSDL bzw. in DACAPO-II lediglich die imperative Kontrolle mit Petri-Netzen modelliert wurde, die beiden letzten aber durch "Guarded Commands", werden in DACAPO-III alle drei Konzepte mit Hilfe der Petri-Netze realisiert. Bei den Petri-Netzen handelt sich dabei um eine spezielle Form der ST-Systeme, die zeitbewerteten, interpretierten Petri-Netze. Grob gesehen wird jedes Ereignis ( z.B. eine Anweisung ) in eine Transition übersetzt, die zugehörige Datenmanipulation ( DaMA, hier also die Zuweisung ) wird mit der Zuweisung assoziiert ( "interpretiert" ). Die beschriebene Verzögerung wird für die Simulation als Zeitunterschied zwischen Aktivierung der Transition ( Berechnung der DaMa ) und Feuern derselben ( Zuweisung des Ergebnisses der DaMA ) umgesetzt.


## 4. Der Simulator

Ein Charakteristikum der Hardware-Simulation ist die Behandlung der Zeit. In der Regel werden Datenoperationen der Modelle mit Zeitbeschreibungen, Delays genannt, versehen. Der Simulationsalgorithmus basiert auf der "Critical Event"-Methode. Die kritischen Ereignisse sind hier natürlich das Schalten der Transitionen. Dann müssen die zugehörigen Datenereignisse unter Beachtung der Verzögerung ausgeführt werden. Wir müssen daher eigentlich zwischen zwei Ereignissen unterscheiden.

1.) Der Aktivierung der Transition ( Übergang in den aktiven Zustand ) bedeutet, daß die Schaltbedingung wahr wird. Dann müssen die Berechnungen für Datenmanipulation und Verzögerung ausgeführt werden. Deren Ergebnis wird in die Datenereignisschlange (DEQ) eingetragen, wobei sich die Position des Eintrags aus dem Delay ergibt.

2.) Das Feuern der Transition wird ähnlich gehandhabt, indem die aktive Transition mit entsprechender Verzögerung in die Kontrollereignisschlange sortiert wird (CEQ). Das Feuern der Transition ( Übergang vom aktiven in inaktiven Zustand ) bedeutet, daß die Schlange aus der CEQ entfernt wird. Alle Eingangsplaces müssen entmarkiert werden, alle Ausgangplaces markiert. Danach muß überprüft werden, ob damit Schaltbedingungen anderer Transitionen wahr wurden.

Allerdings handelt es sich bei den zu überprüfenden lediglich um solche, deren Eingangsplaces eins der gerade markierten Ausgangsplaces der feuernden Transition ist. Damit wird die Simulation in DACAPO-III durch das Schalten und Feuern der Transitionen repräsentiert. Diese Ereignisse und die berechneten Zuweisungen, die sich aus den Datenmanipulationen ergeben, werden in den zwei Schlangen des Schedulers verwaltet, in der zu Beginn der Simulation lediglich ein Kontrollereignis ist, eine Transition für den Start des Programms. Prinzipiell ergibt sich etwa folgendes Bild :

**Abbildung 2    Simulator/Scheduler**

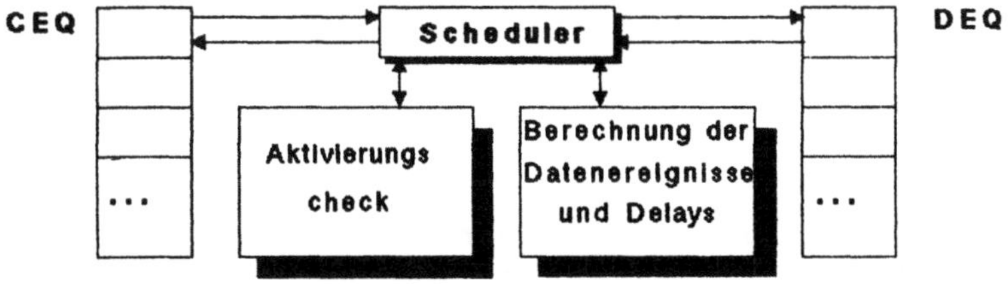

## 5. Der Modellcompiler

Die Struktur des Modellcompilers ist in der Abbildung 3 skizziert. PASS1 hat neben der der üblichen Analyse die Aufgabe, die Kontrollstruktur als Netztabelle zu ermitteln, und Präfixausdrücke für die Datenmanipulationen zu ermitteln. Als weiteres Ergebnis erhält man eine Symboltabelle des Moduls. Im PASS2 werden diese Teile dann getrennt voneinander behandelt. Die Datenmanipulationen werden nach oben skizziertem Prinzip aufgespalten in die einzelnen Komponenten und Maschinenwörter und in eine niedrige, aber noch maschinenunabhängige Darstellung (LLIR) überführt /16/. Das Netz wird zunächst optimiert und dann gemäß der oben beschriebenen Auffassung von Transitionen umgesetzt /20/. Dazu gehört eine Codesequenz für die Aktivierung, in der der die Eingangsbedingung abgeprüft wird. Nach der Berechnung der Datenmanipulation, dessen Code später an dieser Stelle eingefügt werden muß, folgt ein Scheduleraufruf für das Feuern der Transition mit der zugeordneten Verzögerung. Dann folgt ein Rücksprung an die aufrufende Stelle. Die Codesequenz für das Feuern demarkiert die Eingangplaces der Transition. Jedes Ausgangsplace wird markiert und der Aktivierungscode der zugeordneten Transition wird gerufen. Nach Rückkehr wird die Kontrolle dem Scheduler übergeben. Diese Aufgabe kann parallel zur Übersetzung der Datenmanipulationen erfolgen. Abschließend wird aus den Informationen der Symboltabelle LLIR-Code zur Reservierung von Speicherplatz der Modellobjekte generiert.

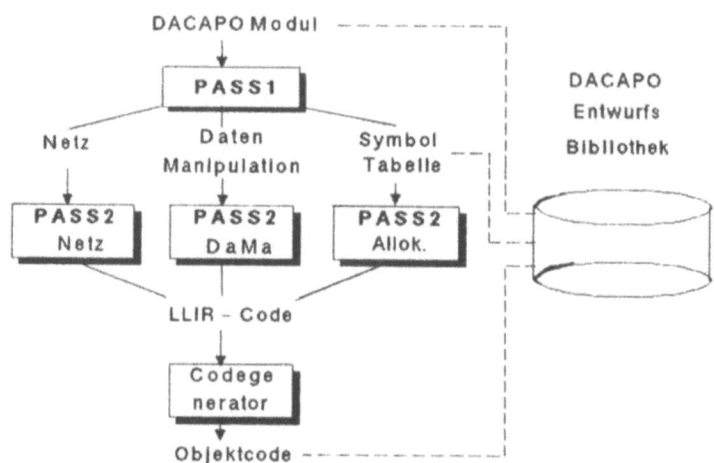

Abbildung 3   Modellcompiler

Dieser wird zuerst von dem Codegenerator in Maschinencode umgesetzt. Durch den impliziten Zusammenhang von Netz und Datenmanipulation kann dafür abwechselnd Objektcode generiert werden, so daß am Ende der Code in korrekter Reihenfolge vorliegt. Der maschinenabhängige Codegenerator selbst wird aus einer formalen Beschreibung der Zielmaschine automatisch generiert mit Hilfe des Codegenerator-Generators SMAUG /21/, der nach dem Graham-Glanville-Verfahren arbeitet /22/ und erfahrungsgemäß sehr guten Code generiert /23/. Quellsprachmodul, Symboltabelle und Objektmodul werden dann in einer Bibliothek abgelegt, um später mit anderen Modulen zu einem Programm zusammengefaßt zu werden, bzw. um eine Standardbausteinbibliothek aufzubauen.

## 6. Ergebnisse

Das DACAPO-III-System ist augenblicklich ( Juni 1987 ) als eine experimentelle Vorversion implementiert. Damit konnten jedoch die Erwartungen über die Beschleunigung der Simulation bestätigt werden. Sie liegen je nach Modellart zwischen den Faktoren 8 und 20. Es ist zu erwarten, daß diese Zahlen für die interaktive Simulation nicht erreicht werden, da dem Benutzer zahlreiche Kommandos zur Überwachung und Beeinflussung bereitgestellt werden. Diese erfordern für die Realisierung vom Scheduler einen gewissen Overhead, der sich verlangsamend auswirken wird. Allerdings kann für jedes Modell jeweils auch eine Batch-Fassung erzeugt werden. Damit kann man etwa für einen Entwurf, der sich bei interaktiver Bearbeitung als korrekt erwiesen hat, sehr schnell auch lange Simulationen durchführen.

Durch den modularen Entwurf des gesamten Compilers und die Nutzung von

Standardwerkzeugen für dessen einzelne Aufgaben ist schon jetzt abzusehen, daß der Betrieb des Systems auf Workstations möglich ist und damit solch ein mächtiges Werkzeug wesentlich effektiver nutzbar ist als bisher. Dazu tragen auch die Tatsache der getrennten Übersetzbarkeit und die Verkleinerung fast aller erzeugten Files ( z.B. Ergebnisse ) bei.

Das Konzept des offenen Systems, dessen Notwendigkeit für solche Werkzeuge zunehmend gesehen wird, scheint sich für DACAPO-III zu bewähren, denn im Augenblick wird die Integration des Systems in die NIXDORF/CADLAB Workstation vorbereitet.

Die Sprache DACAPO selbst hat sich im Laufe der Jahre als ein hervorragender Ansatzpunkt für weitergehende Aufgaben im Rahmen des VLSI-Entwurfs bewährt. Beispiele hierzu sind etwa in /24/ und /25/ beschrieben.

Literatur

/1/ Rammig,F.J.: Preliminary CAP/DSDL Language Reference Manual, Forschungsbericht der Abt. Informatik, Universität Dortmund, No. 129 (1981).
/2/ Brück,R. et al.: DACAPO-II User Manual, Universität Dortmund, Interner Bericht (1985).
/3/ Dachauer,R., Gröning,K., Lewke,K.D., Rammig,F.J.: The CAP/DSDL system: simulator and case study, in CHDL'81 (North-Holland,1981)
/4/ Gröning,K., Schulz,P., Reusch,B., Bonnenberg,H., Borrmann,R., Paul, W.: DACAPO-III - A New Approach to Hardware Simulation, ICCD'85, Port Chester,N.Y.,(1985).
/5/ Hörbst,E., Wecker,T.: Introduction, in Logic Design and Simulation (North Holland,1986).
/6/ Walker,R.A., Thomas,D.E. : A Model of Design Representation and Synthesis, 22nd ACM/IEEE Design Automation Conference, Las Vegas (1985).
/7/ IEEE Design & Test of Computers, Vol.3, No.2 (April 1986).
/8/ Piloty,R., Barbacci,M., Borionne,D., Dietmeyer,D., Hill,F. and Skelly,P.: CONLAN Report (Springer,Berlin,1983).
/9/ May,M.D.: OCCAM, ACM SIGPLAN Notices, Vol.18, No.4 (April 1983).
/10/ Barbacci,M.R.: Instruction Set Processor Specification(ISPS): The Notation and its Application,Dept. of Comp.Science, CMU (1979).
/11/ Chu,Y.: Introducing CDL, IEEE Computer (Dec. 1979).
/12/ Vladimirescu,A. and Liu,S.: The Simulation of MOS Integrated Circuits Using SPICE, Memo VCB/ERLM 80/7, UCB (1980).
/13/ Hill,D.D., Coelho,D.R.: Multi-Level Simulation for VLSI Design (6.17), (Kluwer, Boston, 1987).
/14/ Jensen,K., Wirth,N.: PASCAL User Manual and Report (Springer, Berlin, 1978).
/15/ Wirth,N.: Programming in Modula2 (Springer, Berlin, 1982).
/16/ Bonnenberg,H.: Effiziente Simulation mehrwertiger Arithmetik und Logik, Diplomarbeit, Universität Dortmund (1986).
/17/ Peterson,J.L.: Petri-Nets, Computing Surveys, Vol.9, No.3 (Sept. 1977).
/18/ Peterson,J.L.: Petri Net Theory and the Modelling of Systems (Prentice-Hall 1981).
/19/ Rammig,F.J.: Mixed Level Modelling and Simulation of VLSI Systems, in Logic Design and Simulation (North Holland 1986).
/20/ Paul,W.: Ein effizientes Verfahren zur Simulation modifizierter Petri-Netze, Diplomarbeit, Universität Dortmund (1986).

/21/ Ohsendoth,C., Schulz,P.: SMAUG - Code Generator Generator User Manual, Forschungsbericht der Abt. Informatik, Universität Dortmund, No. 219 (1986).
/22/ Glanville,R.S.: A Machine Independent Algorithm for Code Generation and its Use in Retargetable Compilers, Technical Report, UCB (1977).
/23/ Aigrain,P., Graham,S.L., Henry,R.R., McKusick,E., Pelegri-Llopart,E.: Experience with a Graham-Glanville Style Code Generator, ACM SIGPLAN Notices, Vol.19, No.6 (June 1984).
/24/ Brück,R., Klomps,R., Schütz,J.: AHEAD: Analysis of Behavioural DACAPO Descriptions, CHDL'87, Amsterdam (1987).
/25/ Temme,K.H.: CHARM - A Knowledge-based System for VLSI Chip Architecture, COMP EURO 87, Hamburg (1987).

## Ein Multi-Transputer-Netz als Hardware-Simulationsumgebung

W. Hahn, H. Anger, A. Hagerer

Fachbereich Informatik

Universität Passau

Leistungfähige Spezialsysteme für die Logik-Simulation werden vermehrt benötigt, um den Zeitaufwand für die funktionale Überprüfung von VLSI-Entwürfen gering zu halten. Der Bericht skizziert am Beispiel der Simulation des hochparallelen Spezialrechners MuSiC die prinzipielle Eignung eines Konzeptes für die Hardware-Simulation auf funktionaler Ebene. Dabei wird das Simulationsmodell aus in OCCAM formulierten, Registertransferstufen nachbildenden Funktionsmoduln gebildet. Übersetzung ermöglicht die Ablauffähigkeit auf einem Multi-Transputer-Netz, wodurch die Nebenläufigkeit im Simulationsalgorithmus ausgenutzt wird und für das Verhältnis Realzeit zu Simulationszeit ein Faktor von 1:1000 erwartet wird.


Einleitung


Simulation ist eine weithin gebräuchliche Technik zur Evaluierung digitaler Schaltungen, insbesondere da der praktischen Anwendbarkeit formaler Verifikationsmethoden zur Zeit noch enge Grenzen gesetzt sind. Dabei werden wegen ihrer gegenüber programmierten Simulatoren höheren Leistung zunehmend hardware-beschleunigte Systeme oder Spezialsysteme eingesetzt. Die Steigerung der Simulationsgeschwindigkeit von $10^3$ Gatterauswertungen pro Sekunden ([G/s]) von programmierten Simulatoren auf Universalrechnern auf über $10^9$ G/s, wie sie von Spezialsystemen erreicht wird, wirkt sich zunächst auf die handhabbaren Designgrößen und die Designtechniken aus. Die Evaluierung größerer Entwürfe, interaktiver Design, schnellere Redesignzyklen und eine höhere Zahl an die Funktionsweise überprüfende Testfälle werden realisierbar. Darüberhinaus können nun auch Aufgaben aus weiterführenden Anwendungsgebieten, wie

- Verifikation von Mikroprogrammen
- Entwicklung neuer Systemarchitekturen
- Evaluierung von Systemprogrammen auf simulierten Prozessoren

bearbeitet werden (/1/).

Eine geeignete Ebene für derartige Untersuchungen ist die der funktionalen Simulation, bei der mehrere logische Elemente zusammengefaßt und mittels ihrer Funktion beschrieben werden. Gegenüber der Simulation auf Gatterebene bedeutet dies eine höhere Simulationsgeschwindigkeit und geringeren Speicherplatzbedarf. Aufgrund der auf dieser Ebene verwendbaren, hinreichenden zweiwertigen Logik ist die Strategie der Compiler-getriebenen Simulation als Arbeitsstrategie des Simulators mit ihren positiven Auswirkungen auf die Simulationsgeschwindigkeit problemlos nutzbar.

Hardware-beschleunigte Systeme nutzen die Parallelität des Simulationsalgorithmus aus, indem parallel bzw. zeitlich überlappend ausführbaren Aktionen eigene Verarbeitungseinheiten zur Verfügung gestellt werden. Gegenüber programmierten Simulatoren wird eine Leistungssteigerung in der Größenordnung um $10^3$ erreicht. An dem Beispiel der Simulation des Spezialrechners MuSiC, dessen Operationsprinzipien und Organisation kurz skizziert werden, wird die konzeptuelle Eignung eines Multi-Transputer-Netzes in Verbindung mit einer OCCAM-Programmierumgebung für Beschreibungszwecke als Hardware-Simulationsumgebung aufgezeigt. Die OCCAM-Programmierumgebung stellt für die Modellformulierung die Bausteine für die Bildung von Funktionsmodulen zur Verfügung und ermöglicht analog den Prinzipien hardware-beschleunigter Systeme die Zuordnung von Moduln zu Transputern als Verarbeitungseinheiten.

## 1. Konzept der Hardware-Modellierung mittels OCCAM

Die prozeßorientierte Programmiersprache OCCAM offeriert dem Anwender gleichzeitig die Vorteile einer Hochsprache und die effiziente Nutzung der Kooperationsfähigkeit von Transputern (/5/) in einem Netz. Mittels OCCAM kann ein System in Form einer Menge miteinander verbundener Prozesse entworfen werden. Jeder Prozeß, für sich gesehen eine unabhängige Entwurfseinheit, führt eine Reihe von Aktionen repetierend aus. Die Kommunikation zweier paralleler Prozesse erfolgt mittels unidirektionaler Kanäle. Der Nachrichtenaustausch ist synchronisiert und ungepuffert.
Der Transputer implementiert das OCCAM-Konzept der Nebenläufigkeit von Prozessen und der Kommunikation mittels Zeitscheibentechnik und Datenübergabe im Speicher, falls das Prozeßsystem nur auf einem Transputer abläuft, oder, im Falle der Ausführung auf mehreren Transputern, mittels echter Parallelausführung und Datenübergabe über parallel zum Prozessor arbeitende, physikalische Kanäle (Links). Struktur und logisches Verhalten der OCCAM-Programme bleiben unbeeinflußt von der Art und Weise, wie ein Prozeßsystem auf ein Netz von Transputern mittels Plazierungsanweisungen abgebildet wird.
Die in OCCAM enthaltenen Strukturierungsmöglichkeiten mittels Prozessen und die Kommunikationsleistungen via Kanäle erlauben prinzipiell eine direkte Modellierung von Hardware /4/. Unter Bezugnahme auf die dem Hardware-Verhalten adäquate, ereignisgesteuerte Modellierungstechnik wird ein Hardware-Element durch einen OCCAM-Prozeß repräsentiert, der über Kanäle Eingangssignale entgegennimmt, eine Verarbeitung vornimmt und in Abhängigkeit von einer Signalveränderung gegenüber den zuletzt weitergeleiteten Ausgangssignalen eine Weitergabe von Ausgangssignalen durchführt.
Das in OCCAM formulierte Simulationsmodell stellt sich als ein System hierarchisch gegliederter, paralleler Prozesse dar, deren Tätigkeiten eine zyklisch repetierende Folge von ereignisgesteuerter Operationsausführung und änderungsgesteuerter Signalwertweitergabe ist.
Grundbausteine des Prozeßsystems sind Registertransferstufen modellierende Basisprozesse. Die Bereitstellung standardisierter Basisprozesse für einfache,

aus einem Flipflop mit vorgelagerten Set/Reset-Netzen bestehende Registertransferstufen bzw. für datenverarbeitende Stufen (Abb. 1) sowie die Funktionswertermittlung kombinatorischer Netze mittels automatisch generierter Tabellen erleichtert die fehlerfreie Modellbildung.

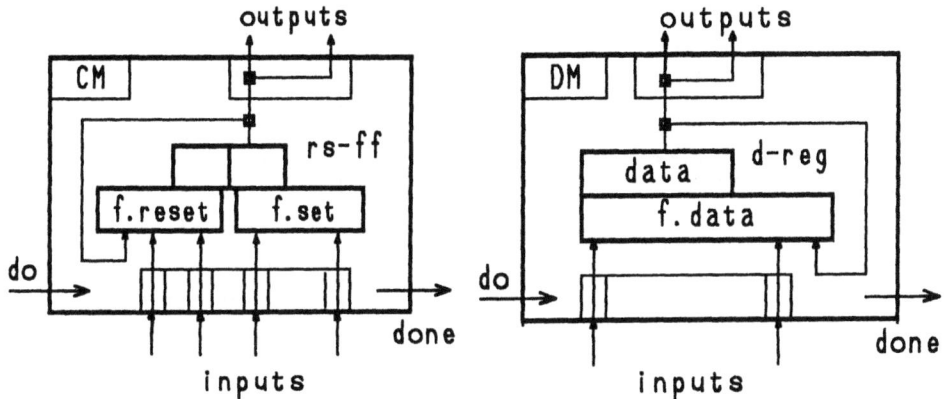

Abb. 1: Basisprozesse für Kontroll- und Funktionsmodule

Problematisch bezüglich OCCAM, jedoch lösbar, ist die angestrebte Ereignissteuerung der Operationen und der Kommunikation, denn im Gegensatz zur Kommunikation zwischen Hardware-Registertransferstufen, bei der ein Registerzustand einer Nachfolgestufe zur Abfrage angeboten wird, ohne daß die Abfrage zwingend ist, läßt das Kanalkonzept von OCCAM nur synchronisierte ("handshaking") Kommunikation zu. Eine im Rumpf eines Basisprozesses enthaltene Funktion operiert deshalb statt auf Kanälen auf "shared variables", die der Aufnahme der Eingangssignale der Registertransferstufe dienen, und zwecks Funktionswertweiterleitung auf den "shared variables" der Eingangssignale der folgenden Registertransferstufen. Zugriffskonflikte werden mittels eines über einen speziellen Kanal (s. Abb. 1: DO - DONE) versendetes, synchronisierendes Kontrolltoken vermieden. Die Semantik der Kontrolltoken entspricht der taktgesteuerten "Master-Slave"-Funktionsweise realer Flipflops: zum einen Verarbeitung der Eingangssituation bei konstant bleibendem Ausgang und zum anderen Umsetzen des Ausganges bei verändertem Ausgangswert. Dabei gilt vorteilhaft, daß Rechenleistung für die registertransferspezifische Funktion nur in Anspruch genommen wird, wenn eine Änderung der Eingangssituation dies notwendig macht. Die in das Modell übertragene Synchronität des Entwurfes rechtfertigt diese gegenüber der Kommunikation zwischen auf einem Transputer ablaufender Prozesse via Kanäle im übrigen etwa zehnmal schnellere Form des Datenaustausches.

Objekte der nächsten Hierarchiestufe des Prozeßsystems, mit denen z.B. eine Pipelinestufe modelliert werden kann, setzen sich, selber wiederum als Prozesse ausgeprägt, aus mehreren, derartigen Basisprozessen zusammen. Die Aktionen aller Basisprozesse eines derartiger Funktionsprozesses werden durch das über die die Basisprozesse verbindende Fädelungskanäle gesendete Kontrolltoken sequentialisiert. Da ein Funktionsprozeß jeweils nur auf einem Transputer abläuft, bedeutet dies keinen Laufzeitverlust, sondern vermeidet unnötige Prozeßwechsel.

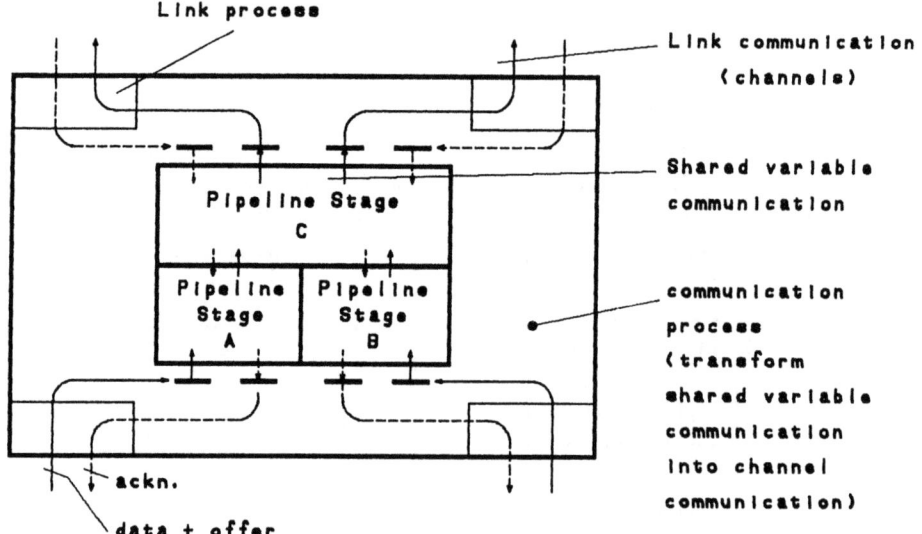

Abb. 2: Ein-Transputer-Prozeßsystem

Ein oder mehrere Funktionsprozesse, die auf einem Transputer ablaufen sollen, werden in einen Kommunikationsprozeßrahmen (Abb. 2) eingebettet, der folgende Aufgaben erfüllt:
- Broadcast-Kommunikation bezüglich der Kontrolltoken,
- Wechsel der Kommunikationsmethode: von "shared variables" für On-Chip-Kommunikation zu Kanalkommunikation für Inter-Transputer-Kommunikation,
- Abbildung von Signalpfaden zwischen auf unterschiedlichen Transputern plazierten Pipeline-Stufen auf den physikalischen Kanal zwischen den beteiligten Transputern und Koordinierung der Kommunikation.


2. Einsatz der Hardware-Simulationsumgebung am Beispiel der Simulation von MuSiC


Ein Vorschlag für ein Spezialsystem zur schnellen Simulation digitaler Schaltungen ist der *Munich Simulation Computer* (*MuSiC*) (/2/) mit Ereignis- und Compiler-getriebener Simulationsstrategie auf der Basis einer Übersetzung einer Entwurfsbeschreibung in ausführbaren Code und der Fähigkeit zu hochgradig paralleler Komponentenauswertung. Im Anwendungsgebiet Logiksimulation, insbesondere bei geringem Ereignisaufkommen, wird eine hohe Leistung erreicht. Eine 256-Prozessor-Version von MuSiC kann mehr als 8 Millionen Gatter und Flipflops mit einer Geschwindigkeit im Bereich von $10^9$ bis $10^{10}$ Gatterauswertungen pro Sekunde simulieren.
Die formale Beschreibung des als ein vernetztes System von Grundkomponenten anzusehenden Entwurfes einer digitalen Schaltung ist ein Graph. Bei der Simulation mit MuSiC wird dieser Graph als ein Programm im Sinne von Datenflußprogrammen angesehen, wodurch eine Gleichwertigkeit von Befehlsknotenausführung und

Komponentenauswertung erwirkt wird. Die Übertragung der Tatsache, daß zu einem Zeitpunkt nur ein Teil der Elemente aufgrund von Signaländerungen an den Eingängen aktiviert wird und nur dieser Teil auszuwerten ist, bedeutet für die Simulation, daß die Modellierung des realen Signalflussen mittels Ereignisfluß (Änderungsdatenfluß) (/3/) und nicht mittels Datenfluß erfolgt. Für die Implementierung des Ereignisflußkonzeptes in MuSiC werden daher die Prinzipien datengetriebener Rechnerarchitekturen als Grundlage verwendet:

- ein MuSiC-Programm ist eine Menge von Knoten (Templates). Jedes Template enthält die Operationsbeschreibung des modellierten Elementes, Speicherplätze für Operanden und Verweise auf nachfolgende Knoten,
- Programmabarbeitung bedeutet wiederholende Anwendung von:
  . Es werden nur Templates zur Ausführung freigegeben, bei denen keine Operandenänderung mehr eintreffen kann. Eine Implementierung erfolgt mittels einer auf dem Programmgraphen definierten und auf den Datenabhängigkeiten zwischen den Knoten basierenden Rangfunktion (Selektionsregel).
  . Aktivierung eines Templates erfolgt durch die Ankunft einer Operandernänderung (Feuerungsregel).
  . Ein Ergebnis einer Auswertung wird nur dann nachfolgenden Knoten zugestellt, wenn es von dem zuvor zugestelltem Ergebnis abweicht (Verteilungsregel).

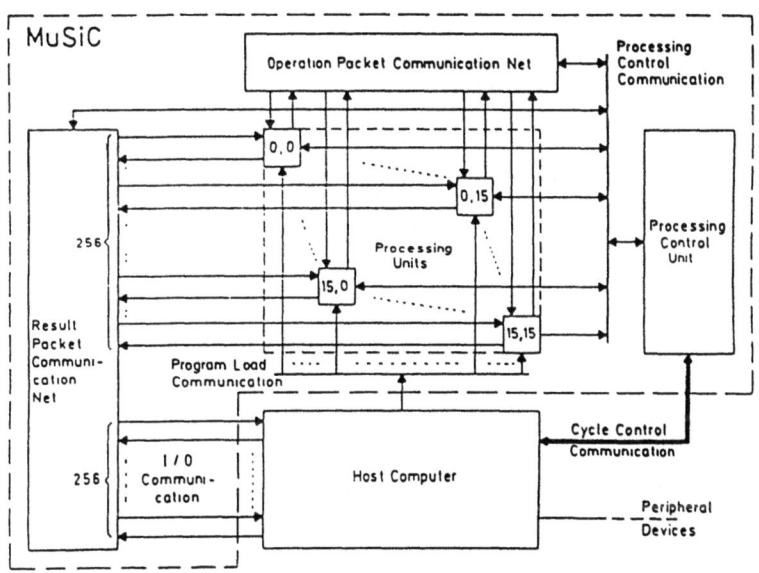

Abb. 3: MuSiC - Architektur

MuSiC kann aus bis zu 2048 Verarbeitungseinheiten (PU, processing unit) bestehen. In jeder PU können 32K Templates gespeichert werden. Die analog der Architektur von Datenflußrechnern in MuSiC verwendeten Komponenten PU, Result Packet Communication Net, Host-System werden um eine Processing Control Unit zwecks Ausführung der Selektionsregel und um ein Operation Packet Communication Net für den Transport von zur Ausführung aufbereiteten Templates im Rahmen einer Lastverteilung erweitert. Eine PU besteht aus mehreren Pipelinestufen. Enthalten sind z.B. drei parallel arbeitende Operationswerke für die Auswertung von Funktionen unterschiedlicher Operationsniveaus und zweimal je acht unabhängige Einheiten (Update Preparation Unit: UPU, Template Memory Unit: TMU) zur Speicherung der Templates und zur Realisierung der Feuerungsregel.

Bei der Anwendung des Modellierungskonzeptes bei der Simulation von MuSiC wird jeweils konkret eine Verarbeitungseinheit (PU) auf ein Netz aus fünf Transputern abgebildet. Dabei werden die Funktionsprozesse der acht TMU/UPU-Einheiten zwar auf nur zwei Transputer verteilt. Dennoch läßt eine Abschätzung des Codeumfanges für diese Ein-Transputer-Prozeßsysteme erwarten, daß pro TMU/UPU Speicherplatz für 2K Templates zur Verfügung bleibt, so daß insgesamt Entwürfe bis zu einer Größe von 112K Templates (rund 300000 Gatter) für die Überprüfung von MuSiC herangezogen werden können.

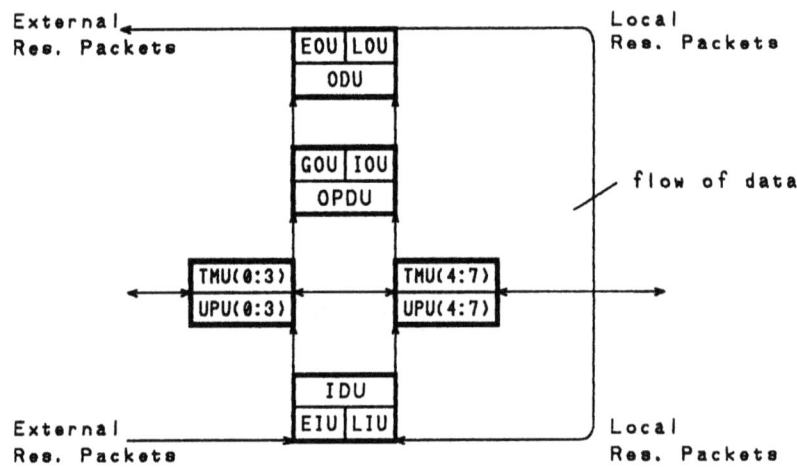

Abb. 4: Verteilung der PU-Pipelinestufen auf ein Netz aus 5 Transputern

Freie Links der TMU/UPU-Transputer bilden einen Ring, über den das Kontrolltoken in die Modell-Verarbeitungseinheiten eingespeist und parallel zu den anderen Transputern zur nächsten Modell-Verarbeitungseinheit weitergeleitet wird.

Ein dreistufiges Result Packet Communication Net des Modelles verbindet sieben Modell-Verarbeitungseinheiten. Über den freien, achten Ein- bzw. Ausgang wird die Kommunikation mit dem Host-System abgewickelt. Bedingt durch die Beschränkung auf vier Links pro Transputer, wird ein Modell-2x2-Router mit seinen zwei Eingängen und zwei Ausgängen auf einem Transputer ausgeführt.

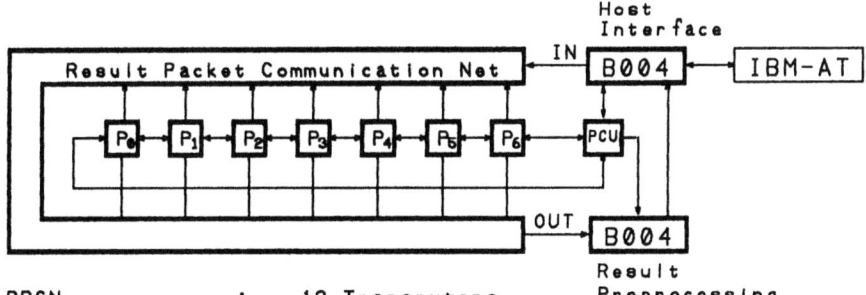

| RPCN | : | 12 Transputers |
| P0 ... P6 | : | 35 Transputers |
| PCU | : | 1 Transputer |
| Host Interface | : | 1 Transputer (INMOS Board B004) |
| Result Preproc. | : | 1 Transputer (INMOS Board B004) |

Abb. 5: Abbildung des MuSiC - Simulationsmodell auf ein Multi-Transputer-Netz

Auf einem weiteren Transputer werden die Tätigkeiten der Processing Control Unit nachgebildet. Steuersignale, im Entwurf über das Processing Control Communication Net und über das Program Load Communication Net übertragen, erreichen die Verarbeitungseinheiten über Busleitungen, die auf dem Kontrolltoken-Ring nachgebildet werden. Auf eine Simulation des Operation Packet Communication Net wird zunächst verzichtet. Die Funktionen des Host-Systems von MuSiC werden von Prozessen auf einem Entwicklungsboard (IMS B004, 2 MB RAM) erfüllt. Komplettiert wird die Simulationsbeschreibung durch ein Prozeßsystem, auf einem weiteren Entwicklungsboard ablaufend, das eine Zwischenpufferung und Blockung von Simulationsergebnissen und Meßwerten als Vorbereitung für die Ausgabe auf ein residentes Speichermedium vornimmt.

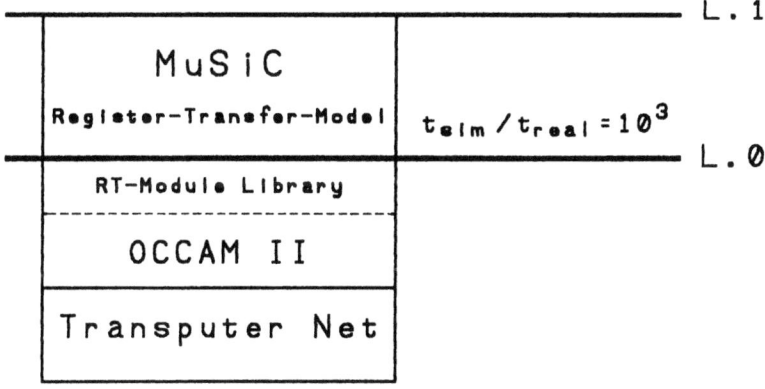

Abb. 6: Schichtenmodell der Hardware-Simulationsumgebung

Außer der Möglichkeit, die Eignung des auf in OCCAM formulierten, Registertransferstufen nachbildenden Funktionsprozessen basierende Simulationskonzept überprüfen zu können, erlaubt das MuSiC-Modell die Quantifizierung der Leistung der Hardware-Simulationsumgebung.

Erste Messungen hierzu ergaben, daß die Simulation eines aus sieben Basisprozessen bestehenden Funktionsprozesses, der eine MuSiC-Pipelinestufe nachbildet, im Mittel 300 µs benötigt. Der reale Zeitbedarf der Pipelinestufe liegt bei 120 ns, so daß das Verhältnis Realzeit zu Simulations-zeit in der Größenordnung 1:1000 liegt.

Literatur:

/1/ BLANK, T.:
A Survey of Hardware Accelerators Used in Computer-Aided Design
IEEE Design & Test of Computers,
Vol. 1, No. 3, August 1984, pp. 21 - 39

/2/ HAHN, W.:
Event-Flow Computation as Key to fast Digital Design Simulation
Microprocessing and Microprogramming
Vol. 18, Dec. 1986, pp. 27 - 38

/3/ FISCHER, K.:
Ereignisfluß-Modelle für die effiziente Simulation digitaler Systeme.
Dissertation, Fakultät für Mathematik und Informatik, Universität Passau, Juli 1986

/4/ DOWSING, R.D.:
Simulating Hardware Structures in OCCAM.
Software & Microsystems, Vol. 4, No. 4,
August 1985, pp. 77 - 84

/5/ MAY, D., SHEPARD, R.:
OCCAM and the Transputer.
in: Reijns, G.L., Dagless, E.L. (Eds.):
    Concurrent Languages in Distributed Systems.
    North Holland, 1985, pp. 19 - 33

# Simulation des Transientverhaltens von Verbindungsleitungen in integrierten Schaltungen

**Frieder V. Keller, Karl Reiß**
Universität Karlsruhe, Deutschland

**Olgierd A. Palusinski**
University of Arizona, Tucson, USA

## Einführung

Die Entwicklung in der Halbleitertechnik hat zu immer höheren Schaltgeschwindigkeiten der aktiven Bauelemente geführt, so daß die durch die Verbindungsleitungen bedingten Verzögerungszeiten eine immer größere Rolle spielen. Die Simulation des Zeitverhaltens einer Schaltung erfordert deshalb auch den Einsatz effizienter numerischer Leitungsmodelle.

Im Rahmen der bei einer Analyse im allgemeinen gewünschten Genauigkeit kann der Induktivitätsbelag von On-Chip-Verbindungsleitungen vernachlässigt werden; sie werden deshalb bei der Simulation durch rc-Leitungen ersetzt. Dieser Leitungstyp wird selbst in modernen, speziell für den Einsatz in der IC-Entwicklung zugeschnittenen Analyseprogrammen ( z.B. SPICE ) nicht unterstützt.

In der folgenden Arbeit wird ein effizientes Modell zur numerischen Behandlung von rc-Leitungen vorgestellt, das in jedem beliebigen Analyseprogramm eingesetzt werden kann. Die Vorteile bezüglich Rechenzeitbedarf und Genauigkeit im Vergleich zu der üblicherweise benutzten Methode der Ortsdiskretisierung werden diskutiert.

## Numerische Modellierung von RC-Leitungen

Zur Überprüfung der Funktionsfähigkeit einer Schaltung ist bei der Transientanalyse die Berechnung von Strom- und Spannungsverläufen entlang von Leitungen nur in Ausnahmefällen notwendig. Das im folgenden vorgestellte Modell berücksichtigt deshalb lediglich Ströme und Spannungen am Ein- und Ausgang der Leitungen.

Ein Leitungsstück der Länge L ( Bild 1 ) stellt einen linearen symmetrischen Vierpol dar. Die Leitung befinde sich zum Zeitpunkt t=0 im ladunglosen Zustand, d.h. u(x,t=0)=0. Bei vorgegebenen Spannungen $u(x=0,t)=u^1(t)$ und $u(x=L,t)=u^2(t)$ kann der zeitliche Verlauf der Ströme $i^1(t) = i(x=0,t)$ und $i^2(t) = -i(x=L,t)$ über die Leitungsgleichungen (1) berechnet werden. Dieser Zusammenhang wird im folgenden ( lediglich um eine kompaktere Formulierung zu ermöglichen ) abkürzend durch den linearen Operator $\mathcal{F}$ beschrieben.

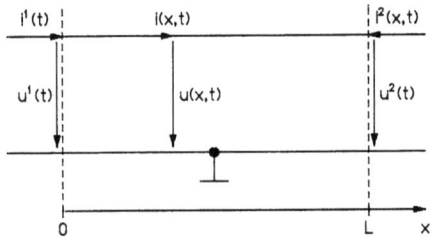

Bild 1: Leitungsabschnitt der Länge L

$$\frac{\partial u(x,t)}{\partial x} = -ri(x,t) \qquad \frac{\partial i(x,t)}{\partial x} = -c\frac{\partial u(x,t)}{\partial t} \qquad (1)$$

Darin bedeuten r und c Widerstand und Kapazität pro Längeneinheit.

Kurzschreibweise: $\underline{i}(t) = \mathcal{F}\{\underline{u}(t)\}$ für $u(x,t=0) = 0 \quad 0 \leq x \leq L$

mit $\underline{i}(t) = \begin{bmatrix} i^1(t) \\ i^2(t) \end{bmatrix} \qquad \underline{u}(t) = \begin{bmatrix} u^1(t) \\ u^2(t) \end{bmatrix}$

Bei allen Verfahren zur numerischen Transientanalyse werden Ströme und Spannungen nur zu bestimmten Zeitpunkten $t_i$, deren Abstände $h_i = t_i - t_{i-1}$ durch die Schrittweitensteuerung festgelgt werden, berechnet. Aus Gründen einer übersichtlichen Darstellung wird ( ohne Beschränkung der Allgemeinheit ) das Leitungsmodell für den Fall konstanter Schrittweite ( d.h. $h_i$ = h = const. ) hergeleitet. Im folgenden wird die Anzahl bereits durchgeführter Analyseschritte mit n bezeichnet.

Grundlage für das numerische Leitungsmodell ist die Formulierung eines algebraischen Zusammenhanges zwischen den im folgenden ( n+1-ten ) Analyseschritt zu bestimmenden Strömen $\underline{i}_{n+1}$ und Spannungen $\underline{u}_{n+1}$.
Dazu werden die Spannungsverläufe $u^1(t)$ und $u^2(t)$ durch stückweise lineare und stetige Funktionen angenähert. Die Stützstellen ( $\underline{u}_i, t_i$ ), i=1,2,...,n sind dabei durch die vorangegangenen Analyseschritte bestimmt, während für die letzte Stützstelle ( $\underline{u}_{n+1}, t_{n+1}$ ) lediglich $t_{n+1}$ festgelegt, $\underline{u}_{n+1}$ aber noch unbekannt ist. Jede stückweise lineare Funktion läßt sich als Superposition von n Dreiecksfunktionen $\hat{\underline{u}}_k(t)$, k=1,2,3,...,n und einer Rampenfunktion darstellen. Bild 2 zeigt dies am Beispiel eines willkürlich angenommenen Spannungsverlaufs u(t) für n=3.

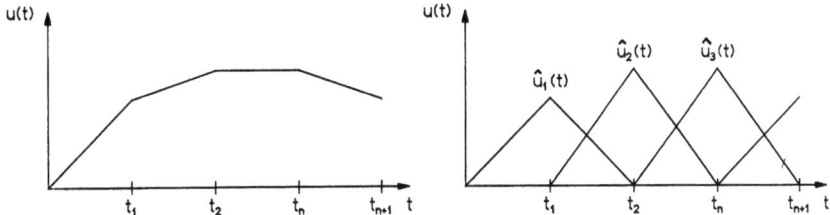

Bild 2: Stückweise lineare Funktion und ihre Zerlegung

Somit erhält man:

$$\underline{u}(t) = \frac{1}{h} \underline{u}_{n+1} \, r(t-t_n) + \sum_{k=1}^{n} \hat{\underline{u}}_k(t)$$

mit der Einheitsrampenfunktion $r(x) = \begin{cases} x & \text{für } x>0 \\ 0 & \text{für } x\leq 0 \end{cases}$

$\hat{\underline{u}}_k(t)$ läßt sich als Superposition dreier Rampenfunktionen darstellen.

$$\underline{u}(t) = \frac{1}{h} \underline{u}_{n+1} \, r(t-t_n) + \sum_{k=1}^{n} \underline{u}_k \, [\, r(t-t_{k-1}) - 2r(t-t_k) + r(t-t_{k+1})\,]$$

Aufgrund der Linearität der Leitung kann zur Bestimmung der Ströme der Leitung das Superpositionsprinzip angewendet werden, auch wenn die Gesamtschaltung nichtlineare Bauelemente enthalten sollte.

$$\underline{i}(t) = \mathcal{F}\{\underline{u}(t)\} =$$

$$\frac{1}{h}\mathcal{F}\{\underline{u}_{n+1}r(t-t_n)\} + \frac{1}{h}\sum_{k=1}^{n}\mathcal{F}\{\underline{u}_k[r(t-t_{k-1})-2r(t-t_k)+r(t-t_{k+1})]\}$$

Für die Umformung dieses Ausdruckes werden zwei Funktionen i'(t) und i"(t) eingeführt. i'(t) ( i"(t) ) ist dabei der Strom am Eingang ( Ausgang ) der Leitung, der sich bei Anregung mit einer Spannungsrampe am Eingang und kurzgeschlossenem Ausgang ergibt, d.h.:

$$\begin{bmatrix}i'(t)\\i"(t)\end{bmatrix} = \mathcal{F}\left\{\begin{bmatrix}r(t)\\0\end{bmatrix}\right\} \qquad \text{beziehungsweise aufgrund der Symmetrie :} \qquad \begin{bmatrix}i"(t)\\i'(t)\end{bmatrix} = \mathcal{F}\left\{\begin{bmatrix}0\\r(t)\end{bmatrix}\right\}$$

Als Ergebnis einer hier nicht durchgeführten analytischen Berechnung erhält man:

$$i'(t) = C\left[\frac{1}{3} + t' - 2\sum_{k=1}^{\infty}\frac{1}{k^2\pi^2}\exp(-k^2\pi^2 t')\right]$$

$$i"(t) = -C\left[-\frac{1}{6} + t' - 2\sum_{k=1}^{\infty}\frac{(-1)^k}{k^2\pi^2}\exp(-k^2\pi^2 t')\right]$$

mit t' = t/RC , C = cL und R = rL.

Damit berechnet sich der Stromvektor zum Zeitpunkt $t=t_{n+1}$ wie folgt:

$$\underline{i}_{n+1} = \frac{1}{h}\underline{A}(h)\underline{u}_{n+1} + \frac{1}{h}\sum_{k=1}^{n}\left[\underline{A}(t_{n+1}-t_{k-1})-2\underline{A}(t_{n+1}-t_k)+\underline{A}(t_{n+1}-t_{k+1})\right]\underline{u}_k$$

(2)

$$\text{mit } \underline{A}(t) = \begin{bmatrix}i'(t) & i"(t)\\i"(t) & i'(t)\end{bmatrix}$$

Gleichung (2) stellt die gewünschte algebraische Beziehung zwischen den Strömen und Spannungen zum Zeitpunkt $t = t_{n+1}$ in der folgenden Form dar:

$$\underline{i}_{n+1} = \underline{Y}\,\underline{u}_{n+1} + \underline{i}_0 \qquad (3)$$

$\underline{i}_0$ hängt dabei von den bereits berechneten Spannungswerten und der Schrittweite ab und ist somit nach Durchführung der Summation in (2) eine gegebene Größe. Die Matrix $\underline{Y} = \underline{A}(h)/h$ ist lediglich von der Schrittweite abhängig. Um eine effiziente Berechnung von $\underline{i}_0$ und $\underline{Y}$ zu ermöglichen, werden i'(t) und i"(t) lediglich in der Implementierungsphase berechnet und in zwei Tabellen in normierter Form abgelegt. Aus später noch zu erläuternden Gründen genügt eine Tabellierung im Bereich $0 \leq t' \leq 0.7$. Während der Netzwerkanalyse werden benötigte Funktionswerte durch Zugriff auf diese Tabellen ( d.h. mit sehr geringem Zeitaufwand ) bestimmt. Bei hinreichend kleiner Tabellierungsschrittweite $\Delta t'$ kann auf eine Interpolation verzichtet werden. Bild 3 zeigt das der Gleichung (3) entsprechende Vierpolmodell.

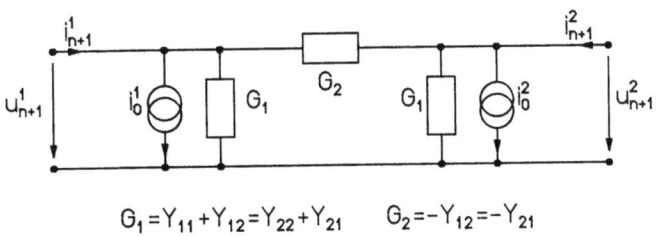

$G_1 = Y_{11} + Y_{12} = Y_{22} + Y_{21}$   $G_2 = -Y_{12} = -Y_{21}$

Bild 3: Vierpolmodell einer rc-Leitung

Dieses Modell kann in jedem beliebigen Netzwerkanalyseprogramm eingesetzt werden. Dabei wird zu jedem Zeitpunkt $t_n$ zunächst das Ersatzschaltbild nach Bild 3 berechnet und an das Hauptprogramm übergeben. Dieses bestimmt dann unter Einbeziehung der die Leitung umgebenden Schaltung die Spannungen für $t=t_{n+1}$. Für das Hauptprogramm ist also die Leitung zu jedem Zeitpunkt durch einen einfachen ohmschen Vierpol mit zwei Stromquellen gegeben.

Mit wachsender Anzahl bereits durchgeführter Zeitschritte steigt natürlich die zur Summation in (2) benötigte Rechenzeit linear an. Die durch eine einzelne Dreiecksspannung bedingten Ströme klingen jedoch für große t exponentiell mit der Zeitkonstanten $RC/\pi^2$ ab. Die Summation wird nun nur für die Dreiecksspannungen im Intervall $[t_n-\lambda RC, t_n]$ durchgeführt. $\lambda$ ist dabei ein fest eingestellter Programmparameter. Es werden also nur die letzten $p=\lceil\lambda RC/h\rceil$ Summanden berechnet und addiert. Die Beiträge früherer Dreiecksspannungen werden durch einen exponentiell mit der Zeitkonstanten $RC/\pi^2$ abklingenden Term ersetzt. Damit ist es möglich, den Zeitbedarf für die in jedem Zeitschritt notwendige Berechnung von $\underline{i}_0$ ( unabhängig von n ) konstant zu halten. Der entstehende Fehler hängt natürlich entscheidend von der

Wahl des Parameters λ ab. Es kann gezeigt werden, daß dieser Fehler bereits für λ=0.7 bei einer üblichen reellen Zahlendarstellung mit vier Byte im numerischen Rauschen untergeht. Somit genügt auch eine Tabellierung der Funktionen i'(t) und i"(t) in dem vorher angegebenen Bereich.

## Genauigkeit und Rechenzeitbedarf im Vergleich zur Methode der örtlichen Diskretisierung

Bei der üblicherweise benutzten Methode der örtlichen Diskretisierung werden Leitungen durch eine Kettenschaltung von π- oder T-Gliedern mit konzentrierten Bauelementen ersetzt. Natürlich ist die damit erreichte Genauigkeit um so größer, je mehr Glieder dabei benutzt werden. Eine quantitative Aussage über den so entstehenden Ortsdiskretisierungsfehler ist allerdings nicht möglich. Lediglich mehrere Programmläufe mit unterschiedlicher Anzahl von Gliedern pro Längeneinheit geben Aufschluß über die maximal zulässige "Ortsschrittweite".

Der Fehler im vorgestellten Leitungsmodell wird dahingegen allein durch die Annäherung der Spannungsverläufe durch stückweise lineare Funktionen verursacht und hängt demzufolge nur von der Zeitschrittweite ab. Dieser sog. Zeitdiskretisierungsfehler ist jedoch abschätzbar und durch die Wahl einer geeigneten Schrittweite zu kontrollieren. Das Leitungsmodell erfordert überdies vom Analyseprogramm in jedem Zeitschritt die Berechnung von nur zwei Spannungswerten, während bei der Methode der örtlichen Diskretisierung eine größere, von der Genauigkeit der Diskretisierung abhängige Anzahl von Spannungen zu berechnen ist. Der Rechenzeitaufwand zur Analyse eines Netzwerkes steigt aber überlinear mit der Anzahl zu bestimmender Größen. Die Berechnung des Leitungsmodells erfolgt für jede Leitung getrennt; somit hängt die dazu notwendige Rechenzeit nur linear von der Anzahl der Leitungen ab.

Dies bedeutet, daß mit zunehmender Komplexität des Netzwerkes die Rechenzeiteinsparung mit dem rc-Leitungsmodell immer größer wird.

Daß bereits bei der Analyse kleiner Schaltungen deutlich weniger Rechenzeit benötigt wird, zeigt das folgende Beispiel.

## Beispiel

Das rc-Leitungsmodell wurde zu Testzwecken als Bestandteil eines einfachen Analyseprogramms (RCSIM) implementiert. Die Zeitschrittweite wird dabei dynamisch angepaßt. Grundlage hierfür ist eine ( hier nicht erläuterte ) Abschätzung des lokalen Zeitdiskretisierungsfehlers.

Für die Schaltung nach Bild 4 wurden zunächst mehrere SPICE-Analysen mit ortsdiskretisierter Leitung durchgeführt. Dabei wurde die Leitung durch eine unterschiedliche Anzahl n von $\pi$-Gliedern ( n=4,8,16,32,64) ersetzt. Als Vergleichslösung wird im weiteren das Analyseergebnis für n=64 benutzt, da sich beim Übergang von 32 zu 64 Gliedern eine nur unwesentliche Genauigkeitssteigerung ergab. Bild 8 zeigt den Fehler des berechneten Ausgangsspannungsverlaufs $u_{out}(t)$ gegenüber der Vergleichslösung für n=4, 8 und 16. Die entsprechenden Rechenzeiten sind in Klammern angegeben. Um einen fairen Vergleich zu ermöglichen, ist darin die für Input- und Output-processing benötigte Rechenzeit nicht enthalten.

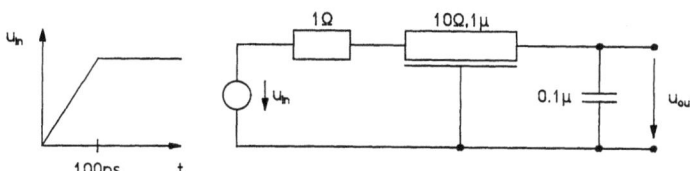

Bild 4: Beispielschaltung zum Test des Leitungsmodells

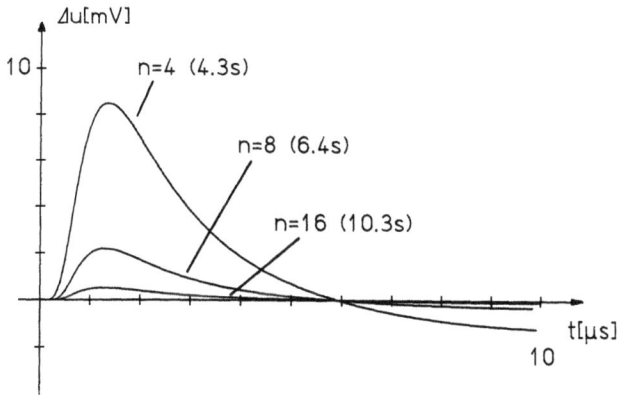

Bild 5: Fehler bei der SPICE-Analyse

Bei der Analyse mit RCSIM wurden verschiedene Werte $\lambda$ eingestellt.

Bild 6 zeigt den Fehler und die entsprechenden Rechenzeiten für λ=0.2 und λ=0.25. Offensichtlich ermöglicht das rc-Leitungsmodell schon für dieses kleine Beispiel eine um den Faktor 2-3 schnellere Analyse bei vergleichbarer Genauigkeit.

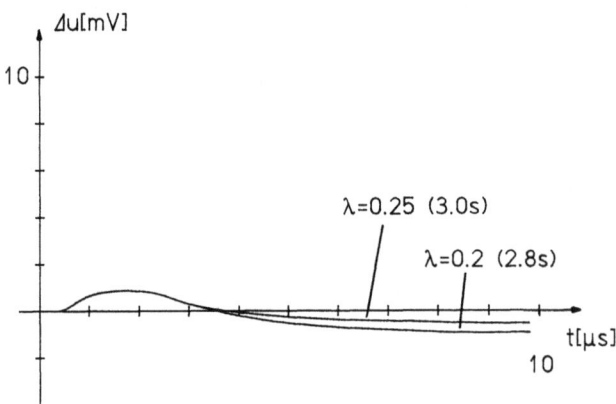

Bild 6: Fehler bei der RCSIM-Analyse

## Zusammenfassung und Ausblick

Es wurde ein für die Transientenanalyse universell einsetzbares rc-Leitungsmodell vorgestellt, das im Vergleich zu der üblichen Modellierung mit konzentrierten Bauelementen eine deutliche Rechenzeiteinsparung ermöglicht. Ein weiterer Vorteil ist die vollständige Kontrolle des Berechnungsfehlers über die Schrittweitensteuerung.
Die Anwendbarkeit des Verfahrens ist nicht auf rc-Leitungen beschränkt. Bei geeigneter Ersetzung zweier tabellierter Funktionen können prinzipiell auch andere Leitungstypen analysiert werden. Wesentliche Voraussetzung ist lediglich die Linearität der Leitung, welche die Anwendung des Superpositionsprinzips ermöglicht. Gegenstand zukünftiger Untersuchungen wird die Erweiterung des Modells für den Fall verkoppelter Leitungssysteme sein.

# SIMULATION IN ENERGIEERZEUGENDEN

## UND

# ENERGIEVERTEILENDEN SYSTEMEN

# Dynamische Simulation von Hochtemperatur-Reaktoren mit dem DSNP-Anlagensimulator.

G. Meister, W. Cronenbroeck

Institut für nukleare Sicherheitsforschung
Kernforschungsanlage Jülich
Postfach 1913, 5170 Jülich, B.R.Deutschland

## 1. Einleitung.

Für die Sicherheitsanalyse von Kernkraftwerks-Anlagen werden Rechenprogramme zur Simulation des dynamischen Verhaltens benötigt, die in vielen Fällen umfangreich und aufwendig in ihrer Modellierung sind, da die Zahl der Anlagenkomponenten und physikalischen Prozesse, die das Antwortverhalten der Anlage auf Störungen ihres Betriebszustands wesentlich bestimmen, in der Regel groß ist. Die mathematischen Modelle müssen in vielen Fällen zwangsläufig aufwendig sein, damit sie auch unter anormalen Betriebsbedingungen realistische Ergebnisse liefern.

Bei der Sicherheitsanalyse stehen Störungen der Wärmeabfuhr im Vordergrund. Die Wärmeabfuhr-Systeme von Kernkraftwerks-Anlagen bestehen in der Regel aus einem komplexen hydraulischen Netzwerk mit parallel und hintereinander geschalteten Kreisläufen, deren dynamisches Verhalten kompliziert sein kann, vor allem, wenn Zweiphasen-Phänomene im Spiel sind.

Bei Anwendung konventioneller Programmierungsmethoden erfordert die Entwicklung von Simulationsprogrammen mit umfassender Modellierung einen Zeitaufwand, der es unter Umständen schwierig macht, die Programme für den vorgesehenen Anwendungszweck rechtzeitig verfügbar zu machen oder sie an Änderungen der Anlagen-Konzeption rechtzeitig anzupassen.

Fortschritte bei der Rationalisierung des Programmierungsaufwandes können durch eine modulare Strukturierung des Programms erzielt werden, bei der das Programm, soweit möglich, aus Programm-Moduln zusammengesetzt wird, welche bei der Neuentwicklung eines Programms unverändert übernommen werden können. Diese Programm-Moduln sind in der Regel Unterprogramme, welche Anlagenkomponenten und physikalische Prozesse beschreiben, die für Kernkraftwerks-Anlagen typisch sind, ferner Vorgänge, die bei anormalen Betriebszuständen zusätzlich in Erscheinung treten können.

Diese Art der Modularisierung, die im übrigen heute offenbar allgemeine Praxis geworden ist, hat indes nur einen begrenzten Rationalisierngseffekt. Nicht erfasst wird dabei jener zentrale Programmteil (im folgenden als "Hauptprogramm" bezeichnet), welcher die verschiedenen Komponenten und Prozesse in die Gesamt-Simulation einbezieht und so miteinander verknüpft, daß ihre gegenseitige Wechselwirkung richtig nachgebildet wird. Dabei sind jene Prozesse relativ unproblematisch, welche mit anderen Prozessen nicht oder nur schwach gekoppelt sind. Prozesse hingegen, die stark gekoppelt sind und deshalb in ihrer Wechselwirkung simultan berechnet werden müssen, erfordern die Lösung mehr oder minder grosser Gleichungssysteme, die aus der Diskretisierung

eines Systems gekoppelter Differentialgleichungen resultieren. Die Lösung
dieser Gleichungssysteme ist bekannterweise fehlerträchtig. Regelmässig
ist ein Teil der Differentialgleichungen nichtlinear und erfordert zur
Lösung iterative Verfahren, häufig sind die Systeme darüber hinaus steif,
sodaß die Verwendung ungeeigneter numerischer Verfahren Stabilitätsprobleme aufwirft oder zu einer nicht akzeptablen Akkumulation von
Diskretisierungs- und Abrundungsfehlern führt. Die Austestung des Programms mit dem Ziel, die Stabilität und Genauigkeit der Numerik und die
zuverlässige Konvergenz notwendiger Iterationsprozeduren unter allen in
Betracht zu ziehenden Systemzuständen zu sichern, kann auch bei modularer
Struktur einen erheblichen Entwicklungs-Aufwand erfordern.

Im DSNP-System, welches im folgenden näher beschrieben wird, wird der Versuch unternommen, auch die Erzeugung des Simulations- Hauptprogramms so
weit wie möglich zu rationalisieren, um den Aufwand zur Erstellung eines
arbeitsfähigen Programms zu mindern. Dabei wird von der Erkenntnis Gebrauch gemacht, daß Simulations- Hauptprogramme Prozeduren enthalten, die
typisch sind und deshalb in verschiedenen Simulationsprogrammen in gleicher oder ähnlicher Form enthalten sind. Dies eröffnet die Möglichkeit,
auch die Erstellung des Hauptprogramms, zwar nicht vollständig, aber doch
bis zu einem gewissen Grade zu systematisieren.

DSNP ist eine Abkürzung für "Dynamic Simulator for Nuclear Power Plants".
Das Programmsystem wurde Mitte der siebziger Jahre von D. Saphier am
Argonne National Laboratory konzipiert und entwickelt. Das System war zunächst für die Simulation des dynamischen Verhaltens von wasser- und
natrium-gekühlten Reaktoren entwickelt worden. Seit 1980 sind die Modul-
Bibliotheken des Programms derart erweitert worden, daß auch gasgekühlte
Hochtemperatur- Reaktoren simuliert werden können /1/,/2/,/3/. Zu der
heute vorliegenden Programmsystem haben inzwischen zahlreiche Wissenschaftler aus verschiedenen Ländern beigetragen.

## 2. Methodik des DSNP-Programmsystems

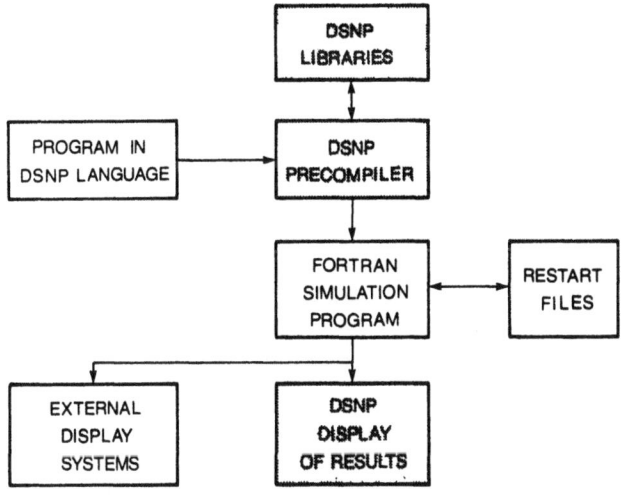

Abb.1: Struktur des DSNP-Programmsystems

Zur Erzeugung von Simulationsprogrammen benutzt das DSNP-System eine spezielle Programmsprache, deren Sprachelemente spezifisch sind und in keiner anderen Programmsprache auftreten. DSNP-Programme können aus einer Mischung von DSNP- und FORTRAN-Instruktionen bestehen. Die DSNP-Anweisungen werden durch einen Precompiler interpretiert und in konventionelle FORTRAN-Sprachelemente transformiert. Das Ergebnis ist ein FORTRAN- Quellprogramm, welches durch einen der üblichen FORTRAN-Compiler übersetzt werden kann.

Die Struktur und Funktionsweise des DSNP-Programmsystems ist in Abb.1 schematisch dargestellt. Der mit "LIBRARIES" bezeichnete Block besteht aus insgesamt vier Programmbibliotheken. Er ist fester Bestandteil des Programmsystems. Das gleiche gilt für den Precompiler. Das DSNP-Programm ist vom Benutzer zu erstellen, die FORTRAN-Version des Programms ist ein Erzeugnis des Precompilers. Das Restart-System ermöglicht die Wiederaufnahme eines abgebrochenen Simulationslaufs zu einem vorgegebenen Problem-Zeitpunkt.

Die Bibliotheken enthalten Programm-Moduln von folgender Art:

Moduln für das dynamische Verhalten von Anlagenkomponenten,

Moduln für das dynamische Verhalten physikalischer Prozesse,

Routinen für die numerische Integration von Systemen gewöhnlicher Differentialgleichungen ("ODE-Solver"),

sonstige Programmelemente, wie Interpolations- und Iterations-Routinen, die bei der Erstellung von Simulationsprogrammen benötigt werden,

Hilfsprogramme für die Berechnung von Stoffwerten für die Materialien und Kühlmedien, die im Reaktorbau verwendet werden,

Hilfsprogramme für empirische oder halbempirische Korrelationen der Thermohydraulik.

Für eine Anzahl von Komponenten-Moduln existieren Versionen von unterschiedlicher Komplexität. Die aufwendigen Modelle sind genauer, haben aber einen entsprechend höheren Rechenzeitbedarf. Der Wechsel von einer zur anderen Modul-Version kann durch die Änderung von wenigen Anweisungen im DSNP-Programm erreicht werden. Dies ermöglicht in einfacher Weise die Ausführung von "Probesimulationen" mit geringem Rechenaufwand, ein Verfahren, welches sich häufig empfiehlt, bevor eine Transiente mit aufwendigen Methoden simuliert wird.

Die DSNP-Instruktionen eines DSNP-Programms werden nur in seltenen Fällen in einfache FORTRAN-Anweisungen umgesetzt. Die Regel ist, daß sie mehr oder minder umfangreiche Teilstücke des FORTRAN-Programms erzeugen und unter Umständen an mehreren Stellen in die einbezogenen Bibliotheks-Moduln eingreifen.

Die Erstellung eines Simulationsprogramms für das Wärmeabfuhrsystem einer Kernkraftwerksanlage kann unmittelbar an Hand eines Flußdiagramms erfolgen. Dem Diagramm wird entnommen, welche Komponenten-Moduln in die Simulation einbezogen und welche Kopplungsinstruktionen in das DSNP-Programm eingebaut werden müssen. In einem nächsten Schritt muß entschieden werden, welche physikalischen Prozesse einbezogen werden müssen, die nicht bereits in den Komponenten-Moduln modelliert sind. Hierzu gehören z.B. die Reaktorkinetik (eventuell einschliesslich einer Reaktivitäts-Rückkopplung) und Mechanismen, die zu einer Spaltprodukt-Freisetzung oder zum Versagen von Komponenten führen. Die Einbeziehung zusätzlicher physikalischer Prozesse kann bedeuten, daß bestimmte Anlagenkomponenten durch mehr als ein Bibliotheks-Modul beschrieben werden müssen.

In einem nächsten Schritt muß entschieden werden, welche Prozesse oder Komponenten-Wechselwirkungen so stark gekoppelt sind, daß sie simultan durch ein gekoppeltes System von Differentialgleichungen berechnet werden müssen. Im DSNP-Programm wird diese Kopplung dadurch realisiert, daß die entsprechenden Bibliotheks-Moduln zum Bestandteil eines "Integrations-Loops" gemacht werden. Ein DSNP-Programm kann mehrere Integrations-Loops enthalten, die dann aber ihre Ergebnisse nur am Ende jedes Haupt-Zeitschritts austauschen. Als "Haupt-Zeitschritt" wird hier eine Zeitschrittlänge bezeichnet, die per Eingabe spezifiziert wird und die obere Grenze der im Programm tatsächlich benutzten Zeitschrittlänge darstellt.

Bei den Komponenten- und Prozess-Moduln in den Bibliotheken muß zwischen zwei Typen unterschieden werden, die als "selbstintegrierend" bzw. als "nicht selbstintegrierend" bezeichnet werden. Der letztere Modultyp liefert bei Aufruf nur den Funktionenvektor der rechten Seiten des Differentialgleichungssystems, welches aus dem zugrundeliegenden mathematischen Modell resultiert. Nur dieser Typ eignet sich zur Konstruktion von Integrations-Loops im oben beschriebenen Sinne.

Das Differentialgleichungs-System eines Integratons-Loops wird aus den Differentialgleichungs-Systemen der in das Loop einbezogenen Moduln gebildet, indem die Funktionenvektoren der Moduln in Serie aneinandergekettet werden. Die Dimension des Loop-Differentialgleichungs-Systems ist also gleich der Summe der Dimensionen der Differentialgleichungs-Systeme der in das Loop einbezogenen Moduln. Die Kopplung der Differentialgleichungs-Systeme wird dadurch bewirkt, daß allen Variablen, die unterschiedliche Variablennamen haben, aber physikalisch identische Grössen repräsentieren, gleiche Speicherplätze zugewiesen werden. Schliesslich wird das Loop-Differentialgleichungs-System im Simulations-Hauptprogramm durch Aufruf des angewählten ODE-Solvers numerisch integriert.

Die Programm-Bibliotheken enthalten zur Zeit noch wenige selbstintegrierende Moduln. Darunter werden solche Programme verstanden, in die ein spezielles numerisches Integrationsverfahren fest eingebaut ist. Es ist einleuchtend, daß derartige Moduln nicht Bestandteil eines Integrations-Loops vom oben beschriebenen Typ sein können. Sie liefern bei Aufruf ein Ergebnis zum Rücksprung-Zeitpunkt, welches von den zum Aufruf-Zeitpunkt vorliegenden Anfangsbedingungen und eventuell von eingeprägten Randbedingungen abhängt, die im allgemeinen noch eine Funktion der Zeit sein können. Der Einfluß der durch das Modul nicht erfassten Komponenten des Gesamtsystems kann zwar prinzipiell über die Randbedingungen erfaßt werden, bei starker Wechselwirkung von Komponenten und Prozessen und bei grossen Schrittweiten besteht jedoch das Problem, daß geeignete Prädikor-Verfahren bereitgestellt werden müssen, die die dem selbstintegrierenden Modul einzuprägenden Randbedingungen ausreichend genau vorausberechnen.

Nichtsdestweniger ist die Verwendung selbstintegrierender Moduln interessant. Vor allem bei Komponenten-Modellen mit aufwendiger Modellierung kann die Verwendung "maßgeschneiderter" numerischer Algorithmen an Stelle der auf universelle Anwendbarkeit ausgelegten ODE-Solver erhebliche Gewinne an Rechenzeit bewirken. Ein weiterer Grund für das Interesse resultiert aus dem Wunsch, erprobte und allgemein akzeptierte Komponenten-Programme mit eigener Numerik, die ausserhalb des DSNP-Systems entwickelt wurden, zu nutzen. Die Implementierung derartiger Programme ist deshalb von Nutzern des DSNP-Systems mehrfach angeregt worden.

In den DSNP-Bibliotheken steht eine grössere Zahl von numerischen Verfahren zur Integration von gekoppelten Differentialgleichungs-Systemen zur Verfügung. Die meisten dieser Programm-Moduln sind mit einer Überwachuug des Diskretisierungsfehlers und einer Zeitschritt-Steuerung ausgerüstet, die den lokalen Diskretisierungsfehler unterhalb einer vorgegebenen Schranke hält.

Die Zeitschritt-Steuerung halbiert bei Überschreitung der Fehlertoleranz-Schranke die Schrittweite bis die Fehlerschranke unterschritten wird. Die Zeitschritt-Reduzierung kann durch Vorgabe einen kleinsten zulässigen Wertes begrenzt werden. Wenn der Diskretierungsfehler bei der kleinsten Schrittweite zu groß wird, (was ein Indikator dafür ist, daß das gewählte numerische Verfahren nicht zweckmässig ist), wird eine Warnung ausgedruckt. Bei einer gravierenden Überschreitung der Fehlertoleranz wird der Simulationsprozess abgebrochen. Wenn der Diskretisierungsfehler über mehrere Zeitschritte unterhalb einer unteren Toleranzschranke bleibt, wird die Schrittweite durch Verdopplung vergrössert. Um die durch die Vergrösserung unvermeidlich bewirkte Störung des Integrationsprozesses in Grenzen zu halten, wird nach jeder Verdopplung die Schrittweite über eine vorgegebene Anzahl von nachfolgenden Zeitschritten konstant gehalten. Die Zeitschritt-Vergrösserung wird nach oben durch den bereits erwähnten Haupt-Zeitschritt begrenzt.

Da die Transienten bei Kernkraftwerksanlagen meist über lange Zeiträume verfolgt werden müssen, anderseits aber die auftretenden Differentalgleichungs-Systeme häufig mehr oder minder steif sind, werden in der Praxis vorzugsweise steif-stabile Algorithmen, die grosse Schrittweiten erlauben, verwendet. Sie sind nicht nur notwendig, um Rechenzeiten in praktikablen Grenzen zu halten, sondern auch um eine unakzeptable Akkumulation von Abrundungsfehlern zu vermeiden.

## 3. Dynamische Simulation des AVR-Reaktors.

Der AVR-Reaktor ist ein Demonstrations-Kraftwerk vom HTR-Typ, welches für eine Reaktorleistung von 45 MW ausgelegt ist. Seit einigen Jahren steht diese Anlage für dynamische Experimente zur Verfügung. Diese Experimente sollen unter anderem dazu dienen, existierende Simulationsprogramme zu überprüfen und Anstösse zu eventuell erforderlichen Modell-Verbesserungen zu geben.

Die im folgenden dargestellten Ergebnisse betreffen Reaktortransienten, bei denen das dynamische Verhalten der Anlage praktisch ausschließlich durch die Thermohydraulik des Reaktorkerns im Zusammenwirken mit mit der Neutronenkinetik bestimmt ist. Experimente, bei denen auch die Dynamik des Wärmeabfuhrsystems ein wesentlichen Einfluß hat, sind in Planung und werden voraussichtlich innerhalb der nächsten zwei Jahre ausgeführt.

## 3.1. Kurzbeschreibung der Reaktoranlage

Der Reaktorkern des AVR besteht aus einer Schüttung von Graphitkugeln mit einem Durchmesser von 60 mm. Der Kernbrennstoff ist in Form beschichteter Teilchen ("coated particles") in diese Kugeln eingebettet und zwar derart, daß ein innerer Bereich von 50 mm Durchmesser Teilchen in homogener Verteilung enthält, während eine äussere Schale von 5 mm Dicke frei von Brennstoff ist. Die Core-Anordnung ist schematisch in der Abb.2 dargestellt. Die Kugelschüttung befindet sich in einem zylindrischen Behälter aus Graphit. Radial ist der Kern von graphitischen Seitenreflektoren umgeben. Die Kugelschüttung ruht auf einem Bodenreflektor, dessen horizontale, dem Core zugewandte Oberfläche leicht konische Form hat, um die Entnahme von Kugeln durch ein zentral angeordnetes Kugelabzugsrohr zu ermöglichen. Über dem Core ist ein Deckenreflektor angeordnet, beide Reflektoren bestehen ebenfalls aus Graphit.

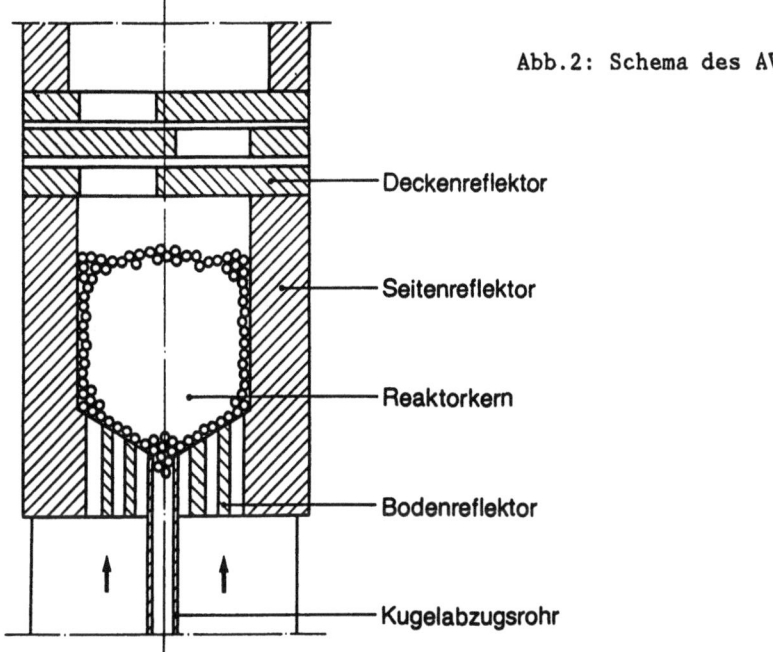

Abb.2: Schema des AVR-Reaktorkerns

- Deckenreflektor
- Seitenreflektor
- Reaktorkern
- Bodenreflektor
- Kugelabzugsrohr

Der Reaktorkern wird durch einen Heliumstrom gekühlt, der bei diesem Reaktor (im Gegensatz etwa zum THTR) von unten nach oben gerichtet ist. Boden- und Deckenreflektor enthalten zahlreiche Kühlkanäle, bestehend aus radial verlaufenden Schlitzen. Die Reflektoren stehen über die Kühlkanale im Wärmeaustausch mit Gasstrom. Bei Transienten beeinflussen sie die Gastemperatur durch ihre nicht unbeträchtliche Wärmespeicherkapazität.

Das Neutronenspektrum des AVR ist thermisch infolge Graphitmoderation. Das reaktorkinetische Verhalten ist wesentlich durch einen für HTR typischen negativen Temperaturkoeffizienten der Reaktivität bestimmt.

## 3.2. Dynamische Experimente am AVR

Im folgenden wird die Auswertung zweier Experimente am AVR vorgestellt. Das erste Experiment, diente zur Demonstration der sogenannten "Selbstabschaltung" des Reaktors bei Ausfall der Core-Kühlung. Ausgehend von einem stationären Ausgangszustand bei Vollast wurde der Durchsatz der Kühlgas-

Gebläse innerhalb von 50 s halbiert. Die Absorberstäbe des Reaktors wurden wärend der Transiente in Anfangsposition festgehalten. Der zeitliche Verlauf der Reaktorleistung ist in Abb.3 dargestellt. Der Abfall des Kühlgas-Durchsatzes bewirkt zunächst einen Anstieg der Core-Temperatur, der jedoch wegen des negativen Temperaturkoeffizienten der Reaktivität den Reaktor unterkritisch macht. Die nukleare Leistungsproduktion fällt ab, sodaß sich das Core wieder abkühlt und somit die Reaktivität wieder ansteigt. Das Experiment zeigt, daß sich die Reaktorleistung nach Durchlaufen eines Minimums bei etwa 50 % der Anfangsleistung stabilisiert.

Bei dem zweiten Experiment wurde die Reaktivität durch Einfahren eines Absorberstabs innerhalb von 30 s um 60 mnile vermindert. Der Reaktor befand sich ebenfalls in einem stationären Anfangszustand bei Vollast. Während der Transiente war der Gasdurchsatz und die Gastemperatur am Core-Eintritt konstant, die Position aller anderen Absorberstäbe wurde festgehalten. Der gemessene Leistungsverlauf, der in der Abb.4 dargestellt ist, zeigt nach einem anfänglichen Abfall ein leichtes Überschwingen über den Anfangswert und schliesslich eine Stabilisierung bei einem Niveau, das nur wenig vom Anfangswert abweicht. Die bei dieser Transiente auftretende anfängliche Abkühlung des Cores bewirkt über den Temperaturkoeffizienten der Reaktivität eine Kompensation der eingeprägten Reaktivitätsabsorption.

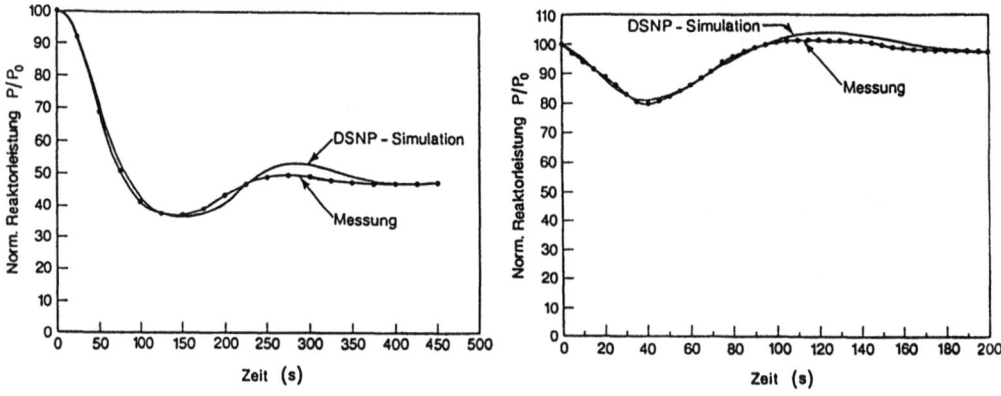

Abb.3: AVR-Gebläse-Transiente      Abb.4: AVR-Absorberstab-Transiente

### 3.3. DSNP-Modellierung und Simulations-Ergebnisse

Die bei der Auswertung dieser Experimente zugrundegelegte Modellierung des Reaktors ist schematisch in der Abb.5 an Hand der in das Simulationsprogramm einbezogenen DSNP-Moduln dargestellt. CORPB2 ist ein Modul, welches die Thermohydraulik des Kugelhaufencores simuliert. REFLU2 und REFLL2 sind Modelle des Top- bzw. Bodenreflektors. Sie basieren auf dem gleichen DSNP-Modul und unterscheiden sich lediglich durch die zugewiesenen Geometrie- und Materialdaten. Die Neutronenkinetik wird durch die Moduln NEUTR1 (Neutronen-Punktkinetik), FDBEK1 (Reaktivitäts-Rückkopplung) und GAMAR1 (Nachwärmeleistung) erfasst. TPOWR1 berechnet die thermische Reaktorleistung aus der von dem Modul NEUTR1 berechneten normierten Spaltleistung im Core. CNTRL1 modelliert das Steuersystem und SAFTY1 das Schutzsystem des Reaktors.

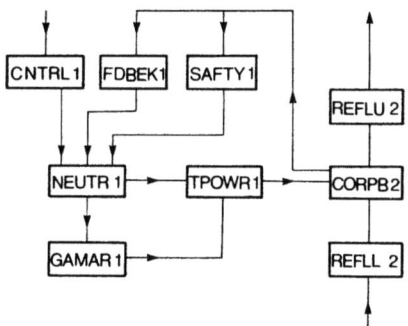

Abb.5: DSNP-Modellierung des AVR

Das Modul CORPB2 ist ein eindimensionales Modell des Kugelhaufencores. Das Core wird in eine vorgegebene Zahl axialer Segmente unterteilt, welche das Diskretisierungsgitter für die Gas-Energiegleichung bilden. In jedem dieser Segmente wird die instationäre Wärmeleitungsgleichung für eine Brennstoffkugel numerisch integriert. Die Leistungsproduktion dieser Kugel wird so bemessen, daß sich der Wärmestrom in das Gas innerhalb eines Segments aus dem Wärmestrom an der Oberfläche dieser repräsentativen Kugel, multipliziert mit der Zahl der Kugeln in diesem Segment ergibt. Die Gas-Energiegleichung wird mit den Segment-Wärmeströmen als Energie-Quellterm numerisch integriert. Die Integration der Gas-Energiegleichung und der Wärmeleitungsgleichungen erfolgt simultan. Die entsprechenden Differentialgleichungen sind deshalb Teil eines Integrations-Loops im oben beschriebenen Sinne.

Die Modelle der Reflektoren sind analog konzipiert. An die Stelle der Kugeloberflächen treten hier die Oberflächen der Kühlkanäle. und an die Stelle der Kugeln Festkörperanteile des Reflektors, die als Graphitzylinder mit dem Kühlkanal in der Achse modelliert sind. In diesen Zylindern wird die Wärmeleitungsgleichung im Sinne einer Zellrechnung gelöst, das heißt mit verschwindendem Wärmestrom an der äusseren Zylinderoberfläche. Die Volumina der Zylinder werden den Kühlkanälen in einer Weise zugeordnet, daß die Summe ihrer Wärmekapazitäten gleich der Gesamt-Wärmekapazität des Reflektors ist.

Die Abbildungen 3 und 4 zeigen sehr gute Übereinstimmung der DSNP-Resultate mit den gemessenen Werten. Die Abweichungen sind nicht grösser als etwa 5 %. Für den Temperaturkoeffizienten der Reaktivität wurde ein berechneter Wert benutzt. Obwohl die zugrunde gelegte Modellierung einfach ist, wird das Zusammenwirken von Thermohydraulik und Reaktorkinetik bei dieser Art von Transienten recht gut wiedergegeben.

## LITERATUR

/1/ D. Saphier, Transient Analysis of the Pebble-Bed HTGR with the DSNP Simulation Language, RASG-107-84 (1984).
/2/ D. Saphier, DSNP Models used in the Pebble-Bed HTGR Dynamic Simulation, RASG-108-84 (1984).
/3/ D. Saphier, J.Rodnizky, G. Meister, Transient Analysis of an HTGR Plant with the DSNP Simulation System.
Proc. 5th Int. Meeting on Thermal Nuclear Reactor Safety. Karlsruhe, Sept. 1984, KfK-3880, S. 546-555.

Dynamische Simulation von Wärmeübertrager-Netzen ab Prozeß-Schema

Kurt A. Reimann
Gebr. Sulzer AG, Winterthur

Max Steiner
Eidg. Technische Hochschule Zürich


1. Einleitung

Die Steuerung und Regelung verfahrenstechnischer Anlagen in der chemischen, der erdölverarbeitenden und in anderen Industrien wird immer anspruchsvoller, nicht zuletzt deshalb, weil immer mehr auf die "Rückgewinnung" von Energie geachtet wird und sich deshalb die einzelnen Prozeßvariablen vermehrt gegenseitig beeinflussen. Man kann es sich nicht mehr leisten, die Prozeßdynamik und das Leitsystem als Anhängsel zu betrachten, mit dem man sich erst befaßt, wenn die Auslegung des Prozesses abgeschlossen ist. Andernfalls riskiert man Probleme im späteren Betrieb der Anlage [Stephanopoulos 1983]. Die dynamische Simulation in den frühen Stadien des Entwurfs wird zu einem immer wichtigeren Instrument des Anlageplaners.

Ganz allgemein muß bei der Simulation kontinuierlicher dynamischer Systeme zunächst das Modell dem Rechner mitgeteilt werden. Für diese Aufgabe lassen sich grob fünf Generationen von Arbeitstechniken unterscheiden:

1. Stecken von Verbindungen auf dem Analogrechner
2. Formulieren der Differentialgleichungen und Integrationsalgorithmen in einer höheren Programmiersprache (z.B. FORTRAN)
3. Notieren der Differentialgleichungen bzw. Aufrufen von Funktionsblöcken in einer Simulationssprache (z.B. ACSL)
4. Aufbauen eines Blockschaltbildes am Bildschirm (z.B. SIDAS II, Model-C, XANALOG, grafischer Präprozessor für EASY5)
5. Aufbauen eines Prozeß-Schemas am Bildschirm (z.B. Modular Modelling System PC Workstation von Babcock and Wilcox für Kraftwerke, SPEEDUP für Chemieanlagen)

Bei diesen fünf Generationen nimmt der Komfort bei der Eingabe zu, während der physikalische Hintergrund der Modelle und (ab der 2. Generation) die mathematischen Techniken zur Integration unverändert bleiben.

Der zunehmende Komfort bietet dem Benutzer Vorteile: Der Zeitaufwand für die Programmierung wird stark reduziert, und es können zunehmend komplexere Systeme überhaupt in Betracht gezogen werden. Im Gegensatz zu den Techniken der 1. bis 4. Generation sind bei der 5. Generation die Werkzeuge nicht mehr allgemeingültig, sondern auf ein Fachgebiet beschränkt. Durch Bildung von Meta-Funktionsblöcken mit Werkzeugen der 4. Generation lassen sich zwar ebenfalls Prozeß-Schaltbilder entwickeln, allerdings nicht in der dem Verfahrensingenieur gewohnten Darstellungsweise, wie dies CAD-Programme zur Erstellung von R+I-Schemata oder stationäre Flowsheet-Simulationsprogramme (z.B. ASPEN) tun. Die Zukunft dürfte eher in der Erweiterung derartiger Programme in Rich-

tung dynamischer Simulation liegen, beispielsweise durch Kopplung mit
Simulationssprachen [Bausch-Gall 1985], wodurch auch Komponenten mit-
modelliert werden können, die im Programm nicht vorgesehen sind.

Die Verwendung der 5. Generation ist allerdings nicht gefahrlos. Der
Benutzer riskiert, den Kontakt mit der zugrundeliegenden Physik und
Mathematik zu verlieren und im Extremfall nur noch mit "black-boxes"
zu hantieren. Außerdem ist die Software komplex und daher auch feh-
leranfälliger.

Alle diese erwähnten Techniken nehmen indessen dem Ingenieur die
zeitraubende Aufgabe nicht ab, darüber nachzudenken, mit welchen Para-
meterkombinationen er seine Simulationsläufe durchführen will und wie
er die Resultate zu interpretieren hat. Vielleicht werden ihm auf der
Gratwanderung zwischen Parameterexplosion und Informationsverlust einmal die Werkzeuge einer sich abzeichnenden 6. Generation helfen: der
mit künstlicher Intelligenz gestützten Simulation. Darauf wird hier
jedoch nicht eingegangen.

In diesem Beitrag wird die Entwicklung und Anwendung eines Werkzeugs
der 5. Generation an einem Beispiel gezeigt. Zunächst wird der Zusammenhang erläutert, in dem die vorgestellte Software steht. Dann werden
das Programm selbst und einige Anwendungen beschrieben, und zum Schluß
werden die Erfahrungen zusammengefaßt.


## 2. Problemzusammenhang

In thermisch-verfahrenstechnischen Anlagen stellt sich die Aufgabe,
Energie, die beim Abkühlen von Stoffströmen frei wird, für die Erwär-
mung aufzuheizender Ströme einzusetzen. Bei mittelgroßen Anlagen hat
man etwa fünf bis zehn aufzuheizende Ströme (z.B. Feeds für Destilla-
tionen) und eine ähnliche Zahl abzukühlender Ströme. Es gibt nun sehr
viele Möglichkeiten, aufzuheizende und abzukühlende Ströme über Wärmeübertrager (d.h. Wärmetauscher) miteinander zu verbinden. Es gilt, die
besten Kombinationen zu finden, beispielsweise diejenigen, die möglichst viel Energie "rückgewinnen", d.h. möglichst wenig Energie aus
dem Versorgungsnetz (z.B. Dampf) beanspruchen.

Um optimale Lösungen zu finden, bedient man sich der Methode der Wärmeübertrager-Netze. Sie beruht zunächst auf einer grafischen Darstellung, der sogenannten Gitterdarstellung. Ein Beispiel zeigt Abbildung
1.

Anknüpfend an diese Art der grafischen Darstellung existieren verschiedene rechnerische Verfahren, die es erlauben, für vorgegebene
stationäre Auslegungsbedingungen energie- oder auch kosten-optimale
Netz-Konfigurationen (d.h. Anordnungen von Wärmeübertragern im Gitter)
zu finden. Unter Auslegungsbedingungen (auch "Problem" genannt) versteht man die Ströme mit ihren Ein- und Austrittstemperaturen, Durch-
flussmengen und Stoffdaten. In den letzten Jahren wurden zahlreiche
Verfahren entwickelt. Einige davon haben sich in der industriellen
Praxis bewährt. Eine Übersicht findet sich in [Gundersen and Naess
1987]. Eine leichtfaßliche Einführung in das "pinch design"-Ver-
fahren, das am weitesten verbreitet ist, findet sich in [Linnhoff and
Vredeveld 1984].

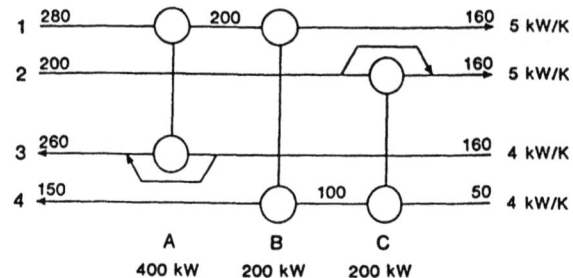

Abb. 1: Gitter-Darstellung eines Wärmeübertrager-Netzes mit zwei aufzuheizenden und zwei abzukühlenden Stoffströmen sowie drei Wärmeübertragern. Bei den Apparaten A und C ist je ein Bypaß vorgesehen. Die Werte ohne Einheitsangaben sind Eintritts- bzw. Austrittstemperaturen in °C.

Die Wärmeübertrager-Netz-Methode wird in einem frühen Stadium des Anlageentwurfs angewandt. Hier sollte, wie schon einleitend erwähnt, auch bereits die Regelbarkeit mitberücksichtigt werden.

Beim Anlagenentwurf betreffen zwei Problemkreise die Regelbarkeit:
a) Es gibt viele denkbare Netz-Konfigurationen, die ein gegebenes Problem (d.h., die geforderten Temperaturen einzuhalten) lösen können. Neben vielen anderen Kriterien (Kosten, räumliche Verhältnisse, Sicherheit usw.) ist auch die Möglichkeit, wirksame Regelpfade in das Netz hineinzulegen, ein Faktor.
b) Ist die Netz-Konfiguration einmal festgelegt, so gilt es konkret, die Regelverknüpfungen festzulegen. Die Regelgrößen, meist Temperaturen an Strom-Austritten, sind vom Prozeß her vorgegeben, bei den Stellgrößen hingegen (z.B. mengensteuerbare Bypaß-Leitungen um einen Wärmeübertrager herum) besteht noch Wahlfreiheit.

Da diese beiden Gesichtspunkte nur einen kleinen (aber wichtigen) Teil beim Anlagenentwurf abdecken, wurden zu ihrer Berücksichtigung zwei sich ergänzende Werkzeuge entwickelt, die den Ingenieuraufwand verringern helfen.
1. Einige Regeln, Faustformeln und einfache Rechenverfahren zur Gewinnung eines ersten Überblicks. Sie enthalten auch Hinweise darauf, wann und wie das zweite, aufwendigere Werkzeug, das Simulationsprogramm, eingesetzt werden soll. Sie sind zusammengefaßt in [Reimann und Steiner 1987].
2. Das Simulationsprogramm HENDY, das im folgenden beschrieben ist.


## 3. Das Software-Werkzeug HENDY

### 3.1 Übersicht

Das Programm HENDY (Heat Exchanger Network Dynamics) besteht aus einem mathematisch-physikalischen Kern, der auf bekannten Techniken beruht, und einer grafischen, interaktiven Benutzeroberfläche. Diese Oberfläche, zusammen mit der zugehörigen Datenorganisation, erforderte den größeren Aufwand beim Programmieren als der Kern, was bei derartigen Projekten nicht unüblich ist.

## 3.2 Der Kern

Physikalisch:
Die zu modellierenden Apparate und Rohrleitungen sind aus einzelnen hintereinandergeschalteten Mischkammern aufgebaut. Die Anzahl Kammern kann frei gewählt werden. Wandspeicherung kann berücksichtigt werden.

Die Wärmeübertragungs-Effekte sind durch nichtlineare Gleichungen beschrieben, wie sie in der Auslegung von Apparaten üblich sind, d.h. Nußelt-Zahl als Funktion von Reynolds- und Prandtl-Zahl. Die Stoffdaten sind als temperaturabhängig angenommen. Zur Ermittlung eines stationären Anfangszustandes wird ein in der Wärmeübertrager-Auslegung übliches Verfahren angewandt. Außer Wärmeübertragern und Rohrleitungen stehen folgende Netzkomponenten zur Verfügung: Abzweigungen, Mischungen, steuerbare Bypaß-Ventile, Meßstellen, Regler.

Mathematisch:
Direkte Totzeiten sind im Modell nicht vorgesehen; sie werden durch eine größere Anzahl von Mischkammer-Elementen angenähert. Dies kann im Zusammenhang eines ganzen Netzes zu steifen Systemen führen. Für die numerische Integration hat sich das Gear-Verfahren, das in der IMSL-Subroutine DGEAR zur Verfügung steht, bewährt. Die Organisation der Netzdaten in einer Form, die den Übergang auf vektorisierte Differentialgleichungen erster Ordnung ermöglicht (wie sie DGEAR verlangt), hat sich als aufwendig erwiesen, zumal wegen der Temperaturabhängigkeit der Stoffdaten und damit der Massenströme, die ihrerseits in die Reynolds-Zahl und damit in die übertragenen Wärmen einfließen. Es mußte darauf geachtet werden, daß die Reihenfolge bei der Berechnung der ersten Ableitungen der Zustandsgrößen (welches Enthalpien sind), zu keinen algebraischen Schleifen führt.

## 3.3 Die Benutzeroberfläche

Dem Benutzer gegenüber präsentiert sich HENDY vollständig menü-gesteuert, mit einigen Abkürzungsmöglichkeiten für erfahrene Benutzer, aber ohne eigene Befehlssprache. Eingegebene Daten werden auf ihre Plausibilität geprüft. Der Programm-Ablauf ist aus Abbildung 2 zu ersehen. Ein Rücksprung-Pfad erlaubt es, iterativ am Netz-Entwurf Änderungen vorzunehmen und die Auswirkungen auf das dynamische Verhalten zu untersuchen. Die Eingabe der Netz-Konfiguration (network constructing) durch Einfügen von Apparaten in das Gitter (wie in Abb. 1) erforderte großen Programmieraufwand. Bei der Eingabe wird verhindert, daß Netze aufgebaut werden, die thermodynamisch unmöglich wären, weil sie die Übertragung von Wärme entgegen dem Temperaturgefälle erforderten. Das Programm macht Vorschläge, wie die Apparate nahtlos (d.h. ohne Temperatur-Lücken) in das Gitter eingebaut werden können.

Bei der Modellierung (model building) können diverse Parameter fakultativ eingegeben werden (z.B. Wärmeübertrager-Auslegungswerte wie Übertragungsfläche, Übertragungsbeiwert, Abmessungen, oder auch mathematische Parameter wie Anzahl der Mischkammern, Fehlergrenzen usw.). Wo nichts angegeben wird, stehen Default-Werte zur Verfügung, aufgrund derer das Programm mit gängigen Auslegungsverfahren die Modellparameter selbst berechnet.

## 3.4 Programmiertechnik

HENDY ist Teil einer Programmbibliothek der Internationalen Energie-Agentur (IEA). Es steht Hochschulen und Firmen aus den Teilnehmerstaaten am IEA-Forschungsprogramm "Heat Transfer and Heat Exchangers" zur Verfügung. Bei seiner Entwicklung waren die folgenden

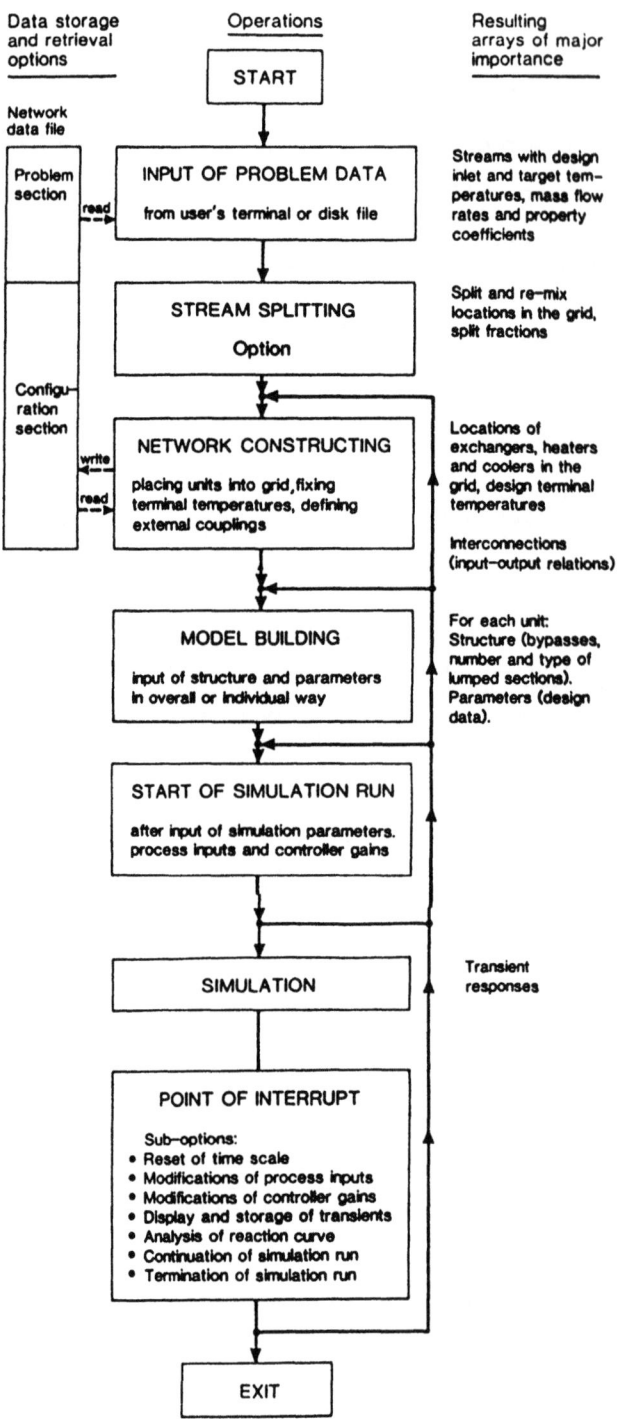

Abb. 2: Ablaufdiagramm für die Benutzung von HENDY

Ziele zu beachten: Übertragbarkeit, Benutzerfreundlichkeit und Durchschaubarkeit.

Die Übertragbarkeit wurde gesichert durch ausschließliche Verwendung von Standard-FORTRAN 77. Auf echte Grafik wurde verzichtet, da sich sowohl die eingegebenen Netze als auch die ausgegebenen Transienten gut mit Pseudografik aus alphanumerischen Zeichen darstellen lassen. Anpassungen der Array-Dimensionen an den Umfang des Problems bzw. den vorhandenen Speicherplatz sind über PARAMETER-Anweisungen möglich, ebenso Anpassungen an verschiedene Rechner- oder Terminal-Typen (z.B. Escape-Sequenzen). An Fremdsoftware wird nur die weitverbreitete IMSL benützt. Das Programm wurde bis jetzt laufen gelassen auf DEC-10, VAX-VMS und HP 1000.

Um das Programm benutzerfreundlich zu machen, ist das Menü für den Fachmann auf dem Gebiet der Wärmeübertrager-Netze selbsterklärend.

Transparenz (und damit Änderungs- und Erweiterungsfreundlichkeit) wurde erreicht durch konsequenten Top-down-Entwurf, strenge Strukturierung und eine umfassende Dokumentation. HENDY ist vollständig abgedeckt durch Struktogramme (eine Weiterentwicklung der Nassi-Shneiderman-Diagramme [Wehnes 1985]). Es enthält pro ca. zwei Programmzeilen eine Kommentarzeile. Eine Beschreibung findet sich in [Reimann 1986].

Die Abdeckung mit Struktogrammen kann eigentlich als Definition der strukturierten Programmierung betrachtet werden. Auch wenn in diesem Fall mit Bleistift, Papier und Radierer gearbeitet wurde, hat sich diese Technik doch als außerordentlich hilfreich erwiesen, zwingt sie doch zu geistiger Disziplin und ermöglicht, daß man sich auch nach Jahren wieder zurechtfindet.

Das Programm umfaßt 24'000 Zeilen Quell-Code, die auf 59 Module aufgeteilt sind (ohne IMSL-Routinen). Planung, Codierung und Verifikation beanspruchten etwa 1½ Mannjahre. Die Inbetriebnahme erfolgte ebenfalls top-down mit "Dummy"-Subroutinen.

## 4. Anwendungen

Drei interessante Anwendungen des Programms in der Forschungsarbeit seien hier kurz skizziert. Für Details wird auf [Reimann 1986] verwiesen.

a) Der Einfluß des Wärmeübertrager-Auslegungsparameters NTU (number of transfer units), der als Verhältnis von Füll- zu Aufheizzeitkonstante aufgefaßt werden kann, auf die Regelbarkeit wurde untersucht durch Reaktionskurven-Analyse an der Sprungantwort des offenen Kreises ($t_G/t_U$-Methode). Um den Einfluß der Anzahl Mischkammern, eines mathematischen Modellbildungsparameters, auszuschalten, wurden Scharen von hyperbolischen Kurven miteinander verglichen, die sich nach [Schwarze 1960] ergeben, wenn man das Verhältnis $t_G/t_U$ als Funktion der Anzahl Kammern aufträgt.

b) Für kleine Netze mit Apparaten kleiner Leistung wurde das Simulationsmodell anhand experimenteller Messungen validiert. Messung und Simulation zeigten auch bei extremen Betriebsverhältnissen gute Übereinstimmung.

c) In zwei Fällen wurden durch Simulation gesetzmäßige Zusammenhänge aufgespürt, die später durch analytische Formeln ausgedrückt werden konnten: ein Stabilitätskriterium für äußere Kopplungen, und eine Beziehung für die Ausgeglichenheit des Stellbereichs einer Bypaß-Regelung um den Normalbetriebspunkt.

5. Erfahrungen

Als Werkzeug für die Forschung hat sich HENDY sehr gut bewährt. Ein großer Vorteil ist, daß es sich an eine gut eingeführte Berechnungsmethodik unmittelbar anschließt. Wichtig ist auch, daß das Programm nicht alleine dasteht, sondern eingebettet ist in ein Konzept, das Hinweise zu seiner Verwendung enthält. Es eignet sich dadurch gut als CAE-Werkzeug.

Inzwischen wird es auch in anderen Institutionen verwendet. Es wird gewünscht, daß ein direkter Datenverkehr mit anderen CAE-Werkzeugen aus derselben IEA-Programmbibliothek eingerichtet wird. Zum Überleben ist es allerdings nötig, daß die Betreuung der Benutzer und die Wartung des Programms langfristig gesichert ist, was bei befristeten Projekten an Hochschulen oft zum Problem wird. Andererseits ist der Kreis der möglichen Anwender doch zu klein, als daß das Programm durch ein Softwarehaus kommerziell verwertet wird. Offensichtlich besteht für die Hochschule in dieser Art von Software eine "Marktlücke", die es etwas professioneller zu nützen gälte.

---

Diese Arbeit wurde finanziert durch den Nationalen Energieforschungsfonds (NEFF) als Beitrag der Schweiz zum Programm "Energy Conservation in Heat Transfer and Heat Exchangers", Annex II, der Internationalen Energieagentur (IEA). Sie wurde mitbetreut durch das Eidgenössische Institut für Reaktorforschung.

Literatur

Bausch-Gall I., "Kopplung spezieller Simulationsprogramme mit Simulationssprachen als Modellierungshilfe für kontinuierliche Systeme", 3. Symposium Simulationstechnik, Bad Münster (September 1985), Proceedings hg. v. D.P.F. Möller, Springer-Verlag, S. 196

Gundersen T., Naess L., "The synthesis of cost optimal heat exchanger networks: An industrial review of the state of the art", XVIII Congress: The Use of Computers in Chemical Engineering EFCE, Giardini Naxos, Italy (April 1987), p. 675

Linnhoff B., Vredeveld D.R., "Pinch Technology Has Come of Age", Chemical Engineering Progress 80:7 (July 1984), p. 44

Reimann K.A., The Consideration of Dynamics and Control in the Design of Heat Exchanger Networks, EIR-Bericht Nr. 577, Eidg. Institut für Reaktorforschung, Würenlingen, 1986

Reimann K.A., Steiner M., "Regelung von Wärmeübertrager-Netzen", Chemie-Ingenieur-Technik 59:2 (Februar 1987), S. 141

Schwarze G., "Beurteilung von Regelstrecken mit Ausgleich an Hand ihrer Übergangsfunktion", Zeitschrift messen, steuern, regeln (Automatisierung) $\underline{3}$ (1960) S. 241

Stephanopoulos G., "Synthesis of Control Systems for Chemical Plants - a Challenge for Creativity", Computers and Chemical Engineering $\underline{7}$ (1983), p. 331

Wehnes H., Strukturierte Programmierung in FORTRAN 77, 4. Aufl., Carl Hanser Verlag, 1985

EINDIMENSIONALE PHENOMENOLOGISCHE SIMULA-
TION DER SPANNUNG VON ELEKTROLYTISCHEN
ZELLEN BEIM ABSCHALTEN VON HOHEN STRÖMEN

Alois Marek
Brown Boveri Forschungszentrum
5405 Baden /Switzerland

Während der Forschung und Entwicklung von Zellen, die aus Reinstwasser den Wasserstoff, Sauerstoff und eventuell auch Ozon produzieren [1], [2], wurde eine möglichst genaue Messung des elektrischen Serienwiderstandes dringend verlangt. Es zeigte sich als hilfsreich, die elektrischen Eigenschaften der Versuchszellen mathematisch zu simulieren, um die Experimente besser zu verstehen [3], und um Richtlinien für die weitere Entwicklung der Messanordnung zu bekommen [4]. Z.Z. suchen wir eine numerische Methode der Reduktion des systematischen Messfehlers, der auch bei der besten Messanordnung, die wir kennen [5], für gewisse Anwendungen zu gross ist.

Wir haben uns auf Versuchszellen mit Ionenaustauscher-Membranen als Elektrolyt und mit zylindersymmetrischem Aufbau [1] konzentriert, und radiale Homogenität vorausgesetzt, um die Grunddefinitionen zu vereinfachen, und um eindimensional modellieren zu dürfen.

## 2. Elektrochemische Aspekte der Messmethode

Die statische Kennlinie, d.h., die Zellenspannung $U_{dc}$ als Funktion des Zellenstromes I (bei über lange Zeit konstant gehaltenem I und bei konstanten nichtelektrischen Parametern), besteht theoretisch aus drei Komponenten verschiedenen Ursprungs:

$$U_{dc}(I) = U_o + U_{ov}(I) + U_r(I). \tag{Gl.2.1}$$

- Die Konstante $U_o$ ist aus thermodynamischen Daten bekannt.
- Die elektrochemische Überspannung $U_{ov}(I)$ ist von N ($\geq 2$) stromabhängigen Raumladungsschichten an den Grenzen Elektrolyt-Elektrode bedingt. Wir werden sie als eine Summe von N elementaren Subkomponenten der theoretischen Form nach Tafel-Volmer betrachten:

$$I(U_{ov,n}) = I_{o,n} \cdot \{\exp((1-\beta)\cdot\alpha\cdot U_{ov,n}) - \exp(-\beta\cdot\alpha\cdot U_{ov,n})\}; \tag{Gl.2.2.1}$$
$$n = 1,\ldots,N.$$

Für $\beta = 0$ geht die Gl.2.2.1 in die Diodengleichung nach Wagner über:

$$I(U_{ov,n}) = I_{o,n} \cdot \{\exp(\alpha \cdot U_{ov,n}) - 1\}; \qquad \alpha = e/kT \tag{Gl.2.2.2}$$

(e, k, T sind die Elementarladung, die Boltzmann-Konstante und die absolute Temperatur der Schicht).

- Die Komponente $U_r(I)$ entsteht dagegen rein physikalisch durch Prozesse, die die Bewegung der Ladungsträger (Ionen und Elektronen) in der Richtung des elektrischen Feldes lokal hindern. Der Gesamtwert R aller Teilwiderstände kann im Allgemeinfall auch nichtlinear sein:

$$U_r(I) = R(I) \cdot I. \qquad (Gl.2.3)$$

Es gibt prinzipielle Unterschiede in der Geschwindigkeit, mit der die einzelnen Komponenten der Zellenspannung (Gl.2.1) auf eine Stromänderung I(t) reagieren:
- die erste, $U_o$, soll gar nicht,
- die dritte, $U_r$, soll "unendlich schnell" reagieren.
- Die Änderung der mittleren, $U_{ov}$, ist mit Umbau der Raumladungsschichten verbunden, die mit Bewegung von relativ grossen und schweren Ionen verknüpft ist.
Die mikroskopische Theorie der Elektrodenvorgänge [6] sagt unter sehr vereinfachten Annahmen voraus, dass nach einem kleinen Stromsprung die $U_{ov,n}(t)$ für t >= 0 s durch 3 Konstanten (b, $t_s$, τ) beschrieben wird:

$$U_{ov,n}(t) = b \cdot \ln\{(1+\exp(-(t+t_s)/\tau)/(1-\exp(-(t+t_s)/\tau)\}. \qquad (Gl.2.4)$$

## 3. Methoden der Trennung der Spannungskomponenten

Um die Komponenten der $U_{dc}$ (Gl.2.1) indirekt zu finden, kann man versuchen, die gemessene $U_{dc}(I)$ nach Abziehen von $U_o$ in die Summe einer vermuteten Anzahl N von Komponenten der Form nach Gl.2.2, und einer Komponente (n = 0) der Form nach (Gl.2.3) zu zerlegen. Ein stromabhängiger R, eine grosse Streuung der Messwerte oder ein N > 1 erschweren bis verunmöglichen die Anwendung dieser Methode.

Direkte Methoden zur Messung des R nutzen die Unterschiede in der Reaktion der Komponenten der Zellenspannung U(t) auf Änderungen des Zellenstromes I(t) aus. Speziell, ein idealer Zellenstrom-Sprung der Form

$$I(t) = I_1 \text{ für } -\infty \text{ s} < t < 0 \text{ s},$$
$$= I_2 \text{ für } 0 \text{ s} < t < +\infty \text{ s}, \qquad (Gl.3.2)$$

den wir weiter mit $[I_1, 0s, I_2]$ bezeichnen werden, scheint die bestmögliche experimentelle Bedingung zu schaffen, insbesondere dann, wenn

$$I_1 = \text{Nominal- oder gar Maximalstrom der Zelle, und} \qquad (Gl.3.3)$$
$$I_2 = 0 \text{ A} \qquad (Gl.3.4)$$

sind. Aus der Definition der statischen Kennlinie folgt, dass

$$I(t) = [I_1, 0s, I_2] \rightarrow \quad U(t) = U_{dc}(I_1) \text{ für } t < 0 \text{ s}, \qquad (Gl.3.5)$$
$$\lim_{t \rightarrow \infty \text{ s}} U(t) = U_{dc}(I_2). \qquad (Gl.3.6)$$

Die Interpretation der folgenden Ausdrücke ist einfach:

$\Delta I = I_2 - I_1;$ (Gl.3.7)

$\Delta U = \lim_{t \to 0+s} U(t) - \lim_{t \to 0-s} U(t);$ (Gl.3.8)

$R[I_1, 0s, I_2] = \Delta U/\Delta I.$ (Gl.3.9)

Falls $R(I)$ in Gl.2.3 stromunabhängig ist, vereinfacht sich (Gl.3.9) zu

$R = \Delta U/\Delta I,$ (Gl.3.10)

und falls Gl.3.4 gilt, gilt auch

$U_r = \Delta U.$ (Gl.3.11)

## 4. Physikalische Aspekte des Abschaltvorganges

Leider reicht schon die unvermeidliche endliche Induktivität L der Schleife des zu unterbrechenden Zellenstromes dazu aus, den Strom I(t) als stetige Funktion der Zeit t zu halten durch die Spannung $U_L$, die sich in der Stromschleife induziert. Falls $U_L$ konstant bleibt, solange sich der Strom I(t) ändert, fällt der I(t) zwischen $I_1$ und $I_2$ linear ab:

$-\infty s < t <= 0 s \quad \to I(t) = I_1;$ (Gl.4.1.1)

$0 s < t < \Delta t \quad \to I(t) = I_1 + t \cdot (I_2 - I_1)/\Delta t,$ (Gl.4.1.2)

$\Delta t <= t < +\infty s \quad \to I(t) = I_2.$ (Gl.4.1.3)

Bei einem "unendlich schnellen" Schalter beträgt die Stromabschaltzeit:

$\Delta t >= \Delta I \cdot L/U_L > 0 s.$ (Gl.4.2)

Eine solche Stromrampe bezeichnen wir mit $[I_1, \Delta t, I_2]$.

## 5. Die wichtigste Fehlerquelle

Bei endlichem $\Delta t$ müssen wir unsere Grunddefinitionen (Gl.3.8 bis Gl.3.11) ändern. Der "beobachtete" Hub $\Delta U^*$ der Zellenspannung U(t) ist jetzt definiert als

$\Delta U^* = U(\Delta t) - U(0 s) \quad (= U_r^*, \text{ falls } I_2 = 0 \text{ A}).$ (Gl.5.1)

Der "beobachtete" Serienwiderstand $R^*$ ist ähnlich definiert:

$R^* = R[I_1, \Delta t, I_2]^* = \Delta U^*/\Delta I.$ (Gl.5.2)

Nach Gl.5.1 und Gl.4.1.3 lesen wir den Wert $U(\Delta t)$ zu der Zeit ab, zu der die ohmsche Komponente Ur nach Gl.4.1.3 gerade den neuen Dauerwert $U_r(I_2)$ erreicht hat. Alle die elektrochemischen Überspannungen haben sich schon in den entsprechenden Richtungen zu den neuen Limiten $U_{ov,n}(I_2)$ geändert - mit endlichen Geschwindigkeiten, aber jede schon um eine endliche Spannungsdifferenz: nennen wir sie $\Delta U^{**}_{ov,n}$, und $\Delta U^{**}$ sei die Summe aller N Einzeldifferenzen. Dann

$\Delta U^* = \Delta U + \Delta U^{**}$, (Gl.5.3)

und der systematische Fehler $R^{**}$ (Pseudowiderstand) beim Messen des R ist:

$R^{**} = R[I_1,\Delta t,I_2]^{**} = \Delta U^{**}/\Delta I > 0$ ohm, (Gl.5.4)

$R^* = R + R^{**}$ . (Gl.5.5)

Bemerken wir, dass keine der in der Elektrochemie bisher benutzten Methoden der Widerstandsmessung von Fehlern dieser Art frei ist. (Die einzige potentielle Ausnahme, das Messen der thermodynamischen Rauschspannung des Serienwiderstandes in einer elektrolytischen Zelle, wurde bis heute weder ausprobiert noch ausreichend analysiert.)

## 6. Wege zur Minimisierung der Fehler

- Optimierung der Apparatur: die Konstante $L/U_L$ (Gl.4.2) auf das technisch mögliche Minimum herabsetzen.
- Opt. Wahl der Messbedingungen: möglichst grosses $I_1$ nach Gl.3.3, aber gegen Gl.3.4 bei so kleinem $\Delta I$, dass der systematische Spannungsfehler $\Delta U^{**}$ auf das Niveau der zufälligen Fehler sinkt. Mittelwert aus vielen Messungen berechnen.
- Rechnerische Verarbeitung der Messdaten aufgrund eines dynamischen Modells. Z.B., aus Messungen der U(t) in mehreren Punkten die Konstanten der Approximation der U(t) zu berechnen. Aufgrund von weiteren Daten, die den Zellentyp beschreiben, sind das korrigierte $\Delta U$ und R zu berechnen. Oder es ist eine einfache Charakterisierung der Zelle zu finden, die die optimale Zeit $t = \eta \cdot \Delta t$ der Extrapolation $U_e(t)$ der beobachteten U(t) für $t < \Delta t$ gibt:

$\Delta U = U_e(\eta \cdot \Delta t) - U(0s)$. (Gl.6.1)

## 7. Das axiomatische phenomenologische Modell des Abschaltvorganges

Axiom A1 (Invarianz der Spannungsdifferenzen):
Die Differenz der Spannungsantworten auf folgende Stromsprünge ist von der Wahl der $I_2$ und $I_4$ unabhängig:

$U(t;[I_1,0s,I_2]) - U(t;[I_3,0s,I_2]) = U(t;[I_1,0s,I_4]) - U(t;[I_3,0s,I_4])$. (Gl.7.1)

Aus A1 folgt der <u>Symmetrie-Satz</u> für inverse Stromsprung-Paare:

$$-\infty s < t < +\infty s \rightarrow U(t;[I_1,0s,I_2]) + U(t;[I_2,0s,I_1]) = Udc(I_1) + Udc(I_2).$$
(Gl.7.2)

<u>Axiom A2: (Staffelung der Elementarsprünge)</u>:
Definieren wir einen zweifachen Stromsprung:

$$t < 0\ s \qquad \rightarrow I(t) = I_1, \qquad (Gl.7.3.1)$$
$$0\ s < t < dt \qquad \rightarrow I(t) = I_2, \qquad (Gl.7.3.2)$$
$$dt < t \qquad \rightarrow I(t) = I_3, \qquad (Gl.7.3.3)$$

wo $dt$, $I_1$, $I_2$, $I_3$ Konstanten sind. Wenn $I(t)$ diese Form hat, ist

$$U(t) = U(t;[I_1,0s,I_2]) - U_{dc}(I_2) + U(t-dt;[I_2,0s,I_3]). \qquad (Gl.7.4)$$

<u>Das Grundmodell der Antwort der Zellenspannung auf eine Stromrampe</u>

Sei $I(t)$ eine Stromrampe $[I_1,\Delta t,I_2]$ mit gegebenen $I_1$, $I_2$ und $\Delta t$. Definieren wir dazu eine Funktion $t_o(I)$ als die inverse zu $I(t)$:

$$\min(I_1,I_2) < I(t) < \max(I_1,I_2) \rightarrow t_o(I(t)) = t. \qquad (Gl.7.5)$$

Sei weiter die statische elektrische Kennlinie $U_{dc}(I)$ gegeben:

$$U_{dc}(I) = \sum_{n=0}^{N} U_{dc}(I;n), \qquad (Gl.7.6)$$

die aus einer beliebigen Anzahl $N \geq 1$ von Teil-Kennlinien besteht, die die elektrochemischen Überspannungen definieren. Der Term für $n = 0$ definiere den ohmschen (eventuell nichtlinearen) Widerstand R und die Spannung $U_o$. Zu jedem n, $0 \leq n \leq N$, sei eine eigene dimensionslose monotone Funktion $decay(I,t;n)$ gegeben, für die gilt:

$$t \leq 0\ s \rightarrow decay(I,t;n) = 0, \qquad (Gl.7.7)$$
$$\lim_{t \to \infty s} decay(I,t;n) = 1. \qquad (Gl.7.8.1)$$

Um der physikalischen Überspannungskomponente $U_r$ ($n = 0$) gegenüber den elektrochemischen $U_{ov}$ ($n \geq 1$) ein besonderes Zeitverhalten zu verleihen, sei die Funktion $decay(I,t;0)$ formell definiert mit beliebig angenommener Relaxationszeit:

$$t > 0\ s \rightarrow decay(I,t;0) = 1 - \exp(-t/10^{-14}s). \qquad (Gl.7.8.2)$$

Dann sei die Modell-Antwort $U(t)$ auf $I(t) = [I_1,\Delta t,I_2]$:

$$U(t) = \sum_{n=0}^{N} \left\{ Udc(I_1;n) + \int_{I_1}^{I(t)} (dU_{dc}(I;n)/dI) \cdot decay(I,t-t_o(I);n) \cdot dI \right\}. \qquad (Gl.7.10)$$

## 8. Mathematische und numerische Bemerkungen

Die $U(t)$ nach Gl.7.10 erfüllt die Grenzwert-Bedingungen nach Gl.3.5, 3.6 auch bei

Δt > 0 s. Die Funktion decay(I,t;n) bestimmt die Form der n-ten Teil-Antwort auf einen infinitesimalen Stromsprung von I auf I+dI. Die Grösse wird durch die statische Teil-Kennlinie $U_{dc}(I;n)$ gegeben. Sowohl die Funktion $U_{dc}$ als auch die decay dürfen als ideale Limiten experimenteller Funktionen betrachtet werden. Weil dieses Modell den Axiomen A1, A2 gehorcht, sind die mathematische Operationen zur Nachahmung eines reelen Experimentes sehr einfach, solange die idealen Funktionen Udc(I;n) und decay(I,t;n) bekannt sind. Wie gut sich eine gegebene Zelle mit diesem Verfahren modellieren lässt, zeigt im Prinzip die (experimentell sehr anspruchsvolle) Verifikation des Symmetriesatzes (Gl.7.2).

Unseres Modell hat im Prinzip unendlich viele Freiheitsgrade, trotz der einfachen endlichen Form. Als Anfangsbedingung wird hier die ganze elektrische Historie der Zelle berücksichtigt.

Rein formell könnte man auch mit N = 1 auskommen. Um die Folgen einiger elektrochemischer Ideen bequemer analysieren zu können, nimmt man lieber zu jedem vermuteten elementaren elektrochemischen Prozess (z.B., zu jeder Art von Austausch von einem Elektron) ein eigenes sub-Modell, das durch eigene Funktionen $U_{dc}(I;n)$ und decay(I,t;n) charakterisiert wird.

Unsere Messungen der Spannungskurven U(t) nach einer Stromänderung mit ungefähr linearem Abfall haben bestätigt, dass U(t) nach der völligen Stromabschaltung (t > Δt) stetig, monoton und glatt abklingt, aber die Form deutlich nicht exponentiell ist. Bei konstanter Differenz ($I_2 - I_1$) und konstantem Δt ist U(t) stark stromabhängig. Dieses Verhalten ist insbesondere bei durch chemische Verunreinigung degradierten Zellen auffällig. Obwohl wir noch nicht gute symmetrische Stromrampenpaare mit vernachlässigbarem Δt erzeugen können, nehmen wir z.Z. an, dass unsere Zellen den Symmetriesatz (Gl.7.2) nicht grob verletzen werden.

Meistens haben wir zuerst die gemessene statische $U_{dc}(I)$ in N >= 2 elektrochemische Komponenten mit Wagnerschen Teil-Kennlinien und in den resistiven Teil (n = 0) zerlegt. Es ist mehrmals durch Lösung von diofantschen Gleichungen gelungen, die Anzahl N der Komponenten sowie eine realistisch erscheinende Temperatur T nach Gl.2.2.2 eindeutig zu finden (ob es mit dem wirklichen mikroskopischen Mechanismus in der Zelle übereinstimmt, ist eine andere Frage). Z.B., bei stark degradierten Zellen, deren Wassertemperatur 80°C betrug, bekamen wir T etwas unterhalb 90°C, und N = 6. Die N Funktionen decay(I,t;n) wurden dann durch mühsame Änderung der Parameter variiert, bis die Simulationen der Abschaltmessungen einigermassen den Experimenten ähnlten.

Für die Funktionen decay(I,t;n) nahmen wir zuerst Summen von M(n) >= 1 exponentiellen Funktionen mit stromabhängigen Zeitkonstanten $\tau(I;i,m_n)$.

Neulich hat sich eine andere Funktionsform, nämlich die

$$f(t) = a + b \cdot \exp(-((t-t_s)/\tau)^d), \qquad (Gl.8.1)$$

die durch 5 Konstanten bestimmt ist, für verschiedene Approximationen sehr gut bewährt. Z.B., die empirische U(t) wurde durch eine einzige Funktion dieser Form beschrieben mit Genauigkeit, die der zufälligen Streuung der Messwerte entspricht: der effektive Fehler ist hier 0.84 mV (< 1%) im breiten Zeitbereich $\Delta t$ = 2.6 µs <= t <= 180 µs. Auch der Verlauf des semi-empirischen R** als Funktion des $\Delta t$ liess sich im Zeitbereich 35 ns <= $\Delta t$ <= 70 µs damit gut darstellen. Wir experimentieren jetzt (neben der nach Gl.2.4) auch mit folgender Form der Funktion decay in Gl.7.10 :

$$\text{decay}(I,t\text{-to}(I);n) =$$
$$= 1 - b(I;n) \cdot \exp(-\{(\text{posit}(t-t_o(I))+t_s(I;n))/\tau(I;n)\}^{d(I;n)}), \qquad (Gl.8.2)$$

$$b(I;n) = 1/\exp(-\{t_s(I;n)/\tau(I;n)\}^{d(I;n)}),$$

wobei nach Wahl jede der Funktionen b, $t_s$, $\tau$ und d eine Konstante oder eine lineare oder eine exponentielle Funktion des Stromes I sein kann. Die Hilfsfunktion posit definieren wir mit

$$\text{posit}(x) = x \text{ für } x \geq 0, \text{ und posit}(x) = 0 \text{ für } x < 0. \qquad (Gl.8.3)$$

Noch ungelöst bleibt ein systematisches Verfahren, das zu einer Menge der experimentellen U(t) die decay(I,t;n) finden würde. Die einzelnen U(t) sollen bei verschieden gewählten $I_1$, $I_2$ und apparativ bedingten $\Delta t$ gemessen, und danach analytisch, z. B., durch Funktionen nach Gl.8.1, approximiert werden.

Die eigentliche Simulation der Abschaltmessungen bei einem fertigen Zellenmodel (ob realistischem oder rein künstlichem) ist einfach und bequem. Um die Korrektur des systemat. Messfehlers U** leichter studieren zu können, generiert das Hauptprogramm nach Wunsch eine Extrapolation $U_e^-(t)$ der U(t) für t < $\Delta t$. Das geschieht durch die Ausschaltung der Funktion posit(x) in der Gl.8.2. Eine andere Option generiert direkt die U*($\Delta t$). Das Prinzip erlaubt auch den Spannungsverlauf U(t) für beliebige Stromformen I(t), insbesondere für periodische, durch Zerlegung der I(t) in viele monotone Abschnitte zu finden.


## 9. Einige Resultate der bisherigen Simulation der Abschaltmessungen

- Die rasch sinkenden Komponenten der Uov können bei grossem $\Delta t$ in der Form der

- U(t) unbemerkt bleiben, aber trotzdem verursachen sie grossen R**.
- Bei endlicher $\Delta t$ kann der im Prinzip immer stromabhängige Pseudowiderstand Rs** eine Stromabhängigkeit des R vorzutäuschen.
- Bei festem Strom I1 und gegebener Konstante $L/U_L$ der Messanordnung ist lim R** = 0 ohm, wenn lim $I_2 = I_1$. Weil die zufälligen Fehler dabei divergieren, existiert ein optimales $I_2$, das den totalen Fehler minimisiert.
- Der semi-experimentelle R** scheint mit $\Delta t$ langsammer zu 0 ohm zu gehen, als proportional (etwa wie $(\Delta t)^d$, $0 < d < 1$).
- Die Kurve U(t) ändert mit $\Delta t$ seine Form auch im Bereich $t > \Delta t$. Es handelt sich dabei nicht nur um eine Verschiebung oder Masstabsänderung.
- Die oft benutzte Extrapolation der U(t) aus $t > \Delta t$ zu $t = 0$ s ($\eta = 0$) kehrt das Vorzeichen des systematischen Fehlers $\Delta U$** um, und vergrössert den Absolutwert. Bei Vorhanden von schnell nicht exponentiell abklingenden Komponenten kann diese Extrapolation unsinnige Werte geben.
- Ein triviales Modell mit linearen Funktionen $U_{dc}(I)$ und decay(t) gibt $\eta = 1/2$. Ein Modell einer Wagnerschen Diode mit parallel zugeschaltetem linearen Kondensator gab z.B. $\eta = 0.654$. Mehrere Simulationen nach Gl.7.10 der degradierten Zellen gaben $\eta$ auch in der Nähe von 2/3.
- Es lohnte sich, die Störungen, die sich zu U(t) addierten (gedämpfte Schwingungen), durch Perfektionierung der Apparatur zu beseitigen, statt sich auf das Extrapolieren zu verlassen. Lineare Tiefpässe zur Beseitigung der sichtbaren Schwingungen vernichten gerade die wichtigsten Details der U(t).
- Die Änderungen des $\Delta U$* wegen Verunreinigung der Zelle (grössere $U_{ov}$, schnelleres Abklingen, deswegen steigender R**), und wegen Abbau der Membranendicke (sinkender R) haben entgegengesetzte Vorzeichen. Deswegen können bei zu grossem $\Delta t$ die Güte der Elektrochemie ($U_{ov}$), die Konstruktion (R) und die Alterung (R, $U_{ov}$) der Zelle falsch interpretiert werden.


**LITERATUR**

[1] G.G. Scherer, H. Devantay, R. Oberlin, S. Stucki: DECHEMA Monographien **98** (Verlag Chemie 1985), pp.407-415
[2] D. Sievert, D. Winkler, G. Scherer, A. Marek, S. Stucki: Analysis of the cell voltage of BBC Membrel® water electrolysis cells: implications on choice of materials and process parameters. Erscheint in: Proc. of the Symposium on Electrode Materials and Processes for Energy Conversion and Storage. The Electrochemical Society, Inc.,Pennington, NJ (1987)
[3] Alois Marek: Helvetica Physica Acta **59**, 1118 (1986)
[4] G.G. Scherer, Alois Marek: Forschungsbericht Nr. CRB 87-41C, Brown Boveri Forschungszentrum, 5400 Baden-Dättwil, Schweiz (1987)
[5] Alois Marek: Sets for measuring the series resistance of electrolytic cells at high currents. In Vorbereitung.
[6] D.C. Grahame: J. Phys. Chemistry, **57** 257-261 (1953)

# DIE DYNAMISCHE SIMULATION VON DRUCKSCHWANKUNGEN IN KOMPLEXEN HYDRAULISCHEN LEITUNGSNETZEN

Martin Suda
Österreichisches Forschungszentrum Seibersdorf
A-2444 Seibersdorf / Österreich


KURZFASSUNG

Es wird von dem neu entwickelten Computerprogramm NETTRANS zur dynamischen Berechnung von Druck- und Flußschwankungen in hydraulischen Rohrleitungsnetzen berichtet.

NETTRANS verwendet zur numerischen Lösung der eindimensionalen Druckstoßgleichungen die Methode der Charakteristiken. Mit Hilfe passiver und aktiver Netzelemente können für praktisch beliebig komplexe Netzstrukturen transiente Vorgänge simuliert werden.

Einige Beispiele skizzieren den Anwendungsbereich des Computerprogramms. An einem Wasserversorgungsnetz wird ein Vergleich von Rechenergebnissen mit gemessenen Druckwerten durchgeführt. Dabei wird auch auf die Problematik der Dämpfung von Druckwellen aufgrund des Mitschwingens der Rohrwände eingegangen.


## 1. EINLEITUNG

Bedingt durch die wachsende Auslastung von hydraulischen Anlagen nehmen Gefährdungen durch Druckstöße zwangsläufig zu. Durch Anfahrvorgänge, Schnellschlüsse, Pumpenausfälle und dgl. werden rasche Änderungen von Betriebszuständen in Rohrleitungssystemen verursacht, die zu gekoppelten Druck- und Volumenstromschwankungen führen. Dabei können Drücke auftreten, durch die die Anlage gefährdet oder sogar zerstört wird. Das Interesse an zuverlässigen Berechnungsmethoden für instationäre Vorgänge in flüssigkeitsgefüllten Rohrleitungsnetzen hat sich daher in den letzten Jahren ständig vergrößert. Die Computersimulation dynamischer Druckvorgänge kann in diesem Zusammenhang als ein geeignetes Instrument für eine effektive Planung und sicherheitstechnische Auslegung von hydraulischen Netzen eingesetzt werden. Man kann damit technisch und vor allem wirtschaftlich optimale Lösungen realisieren.

Die dynamische Simulation von Druckschwankungen in Rohrleitungssystemen wurde bisher an einfachen Netzstrukturen und im Hinblick auf den jeweiligen speziellen Anwendungsfall durchgeführt. Man benötigt aber oft detailliertere Aussagen über den durch einen raschen Störungseinfluß hervorgerufenen instationären Netzzustand. Die Hauptanforderung an ein Computerprogramm zur instationären Netzberechnung besteht daher darin, daß die Netzelemente mit ihren Verknüpfungen so allgemein wie möglich formuliert werden. Erst dann können komplexere Systeme mit unter Umständen Hunderten von Knoten in ihrer Dynamik analysiert werden. Ein Beispiel für ein komplexes dynamisches Netz ist z. B. auch das stark verzweigte und durchaus vermaschte System der großen und mittleren Arterien des Menschen.

## 2. GRUNDLAGEN

Einer instationären Netzberechnung muß immer eine stationäre vorausgehen. Sie liefert die Ausgangswerte und Anfangsbedingungen. Das in Fortran geschriebene Computerprogramm NETFLU berechnet die zeitunabhängigen Flüsse und Drücke auf der Grundlage einer graphentheoretischen Matrizendarstellung der Knoten-und Zweigverknüpfungen unter Verwendung der bekannten Kirchhoff'schen Gesetze und des hydraulischen Widerstandsgesetzes. Auf diese Weise können praktisch beliebig große Netze stationär berechnet werden /1,2/.

Auf dem oben erwähnten Programm NETFLU baut das ebenfalls in Fortran geschriebene Computerprogramm NETTRANS zur dynamischen Berechnung von Druck- und Flußschwankungen in Rohrleitungsnetzen auf /3/. Die theoretischen Grundlagen für die Beschreibung instationärer Druck- und Fließzustände in Rohrleitungen bilden u. a. die Arbeiten von Wylie, Streeter, Chaudhry und Zielke /4-6/.

Die aus den Navier-Stokes'schen Gleichungen ableitbaren eindimensionalen Druckstoßgleichungen können mit Hilfe der Methode der Charakteristiken in die folgenden Gleichungspaare ( Charakteristische Gleichungen) umgewandelt werden:

$$(g/a) \cdot dH/dt + dV/dt + \lambda \cdot V \cdot |V|/(2 \cdot D) + (g/a) \cdot V \cdot \sin(\gamma) = 0 \qquad (1)$$

$$dx/dt = V + a \qquad (2)$$

$$-(g/a) \cdot dH/dt + dV/dt + \lambda \cdot V \cdot |V|/(2 \cdot D) - (g/a) \cdot V \cdot \sin(\gamma) = 0 \qquad (3)$$

$$dx/dt = V - a \qquad (4)$$

Es bedeuten d/dt das totale Zeitdifferential, x die Ortskoordinate entlang der Rohrachse, $H=P/(\rho \cdot g)$ die Druckhöhe mit dem Druck P und der Dichte $\rho$, g die Erdbeschleunigung, a die Druckwellen-Fortpflanzungsgeschwindigkeit, V=Q/A die Strömungsgeschwindigkeit mit dem Durchfluß Q und dem Rohrquerschnitt A, D der Rohrdurchmesser, $\lambda$ die Rohrreibungszahl und $\varphi$ die Neigung des Rohres.

Durch eine Differenzenapproximation können die Gleichungen (1) bis (4) numerisch gelöst werden. Sie liefern zu jedem Zeitpunkt t bei gegebenem stationären Anfangszustand und mit Berücksichtigung der Randbedingungen für jeden Punkt x der Rohrachse die Fluß- und Druckzustände. Betrachtet man ein Rohr der Länge L mit L=N.$\Delta$x ( N ist die Anzahl der Unterteilungen) und legt man eine Zählrichtung fest, so gilt:

am linken Rand:        V = C1 + C2.H ,                    (5)
am rechten Rand:       V = C3 - C4.H .                    (6)

Diese beiden Gleichungen beschreiben die Randbedingungen für ein einfaches Rohr. Die Konstanten C1 bis C4 folgen aus den Gleichungen (1) bis (4) und sind außer von a und g nur von den Zuständen V und H im vorhergehenden Rechenschritt abhängig.

Für die Konvergenz des Verfahrens muß für jeden Rohrabschnitt die Courant-Bedingung $\Delta x \geq \Delta t \cdot (V+a)$ gelten.


### 3. ELEMENTE DES COMPUTERPROGRAMMS

Für die Berechnung eines Rohrleitungsnetzes müssen zur Berücksichtigung der möglichen Randbedingungen eine Vielzahl von Knotenbedingungen analog zu (5) und (6) zur Verfügung stehen. Im Programm NETTRANS sind nun die folgenden passiven und aktiven, nichtdynamischen und dynamischen Randbedingungen (RB) berücksichtigt:

- Verbindung von bis zu 4 Rohren in einem Knoten mit konstantem Zu- oder Abfluß ( mit allen möglichen Fließrichtungen)
- geschlossenes Rohrende
- Rohrende mit konstantem Zu- oder Abfluß
- Rohrende mit konstantem Druck
- Schieber am Rohrende ( aktive RB)
- Schieber zwischen 2 Rohren ( aktive RB)
- Rückschlagklappe
- Variabler Fluß am Rohrende ( aktive RB)

- Variabler Druck am Rohrende ( aktive RB)
- Windkessel ( dynamische RB)

Mit diesen Elementen kommt man im allgemeinen aus, um beliebige Netzstrukturen aufzubauen. Jedes Rohrsystem muß dabei mindestens eine aktive RB aufweisen, damit ein instationärer Vorgang angeregt werden kann. Es ist möglich, das Computerprogramm durch weitere Elemente zu ergänzen.

## 4. BEISPIELE

a) In diesem Beispiel wird der Einfluß eines einfachen Windkessels (WK) auf die Amplituden der Druckhöhen bei periodischer Druckanregung ( PDH am Knoten 1) in einem geraden und horizontalen Rohr ( L=2000 m, D=0,5 m, Rauhigkeit=0,5 mm, a=1000 m/s) untersucht. In Abbildung 1 werden die Fälle 1 (ohne WK) und 2 (mit WK auf halber Rohrlänge) unterschieden. Am Rohrende (Knoten 5) wird eine konstante Wassermenge von 2000 m3/h entnommen. Das Ergebnis ist für große Zeiten t dargestellt. Der WK dämpft und verschiebt die Resonanzmaxima in Abhängigkeit von der Frequenz $\omega$.

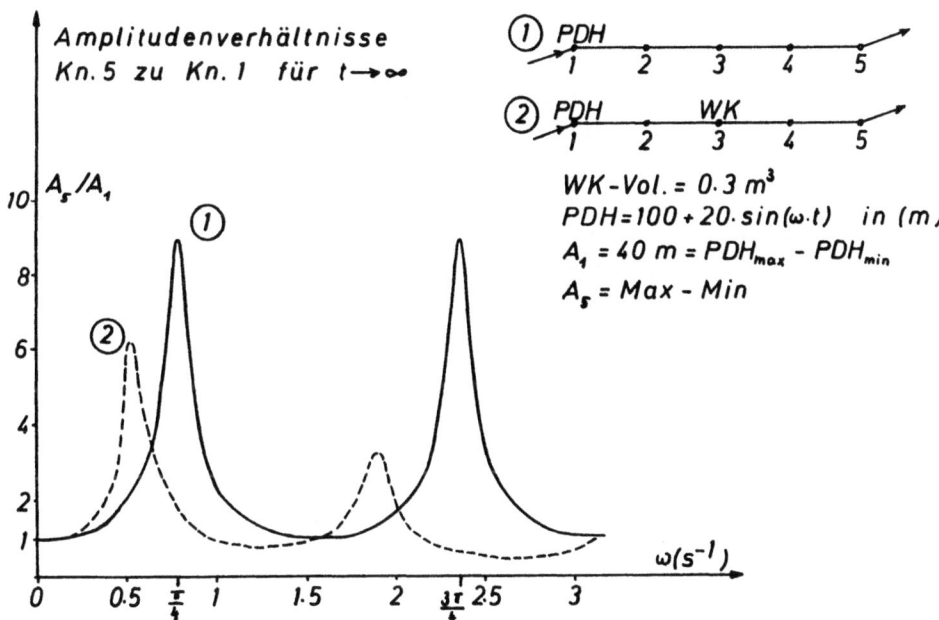

Abb.1: Einfluß des Windkessels auf die Druckamplituden bei periodischer Anregung in einem Rohr

b) Die Simulation von Druckstößen in einem komplexeren System soll am Beispiel eines realen Wasserversorgungsnetzes ( Abbildung 2) demonstriert werden.

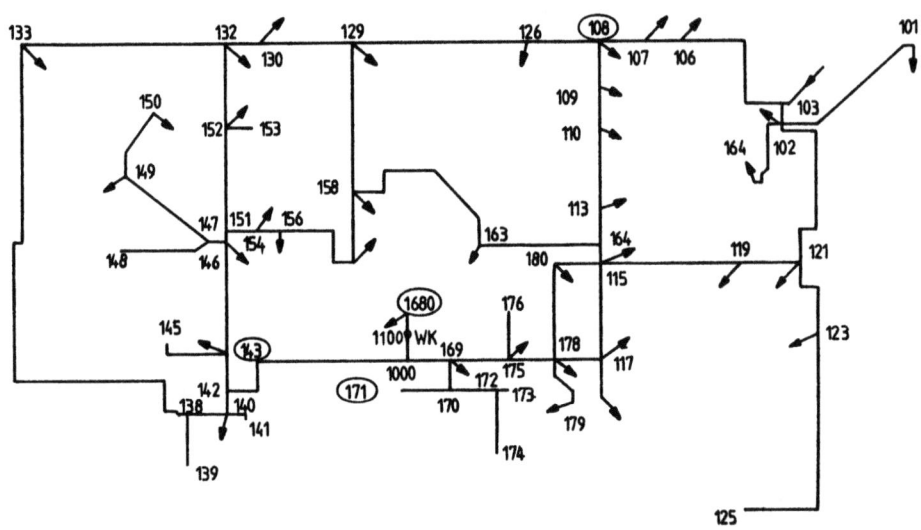

Abb. 2: Wasserversorgungsnetz des Österreichischen Forschungszentrums Seibersdorf

Das Netz der Abbildung 2 hat eine gesamte Leitungslänge von 3365,5 m und einen einheitlichen Rohrdurchmesser von 0,15 m. Der einzige Zufluß befindet sich am Knoten 103 und hat einen Wert von 75,16 m3/h. Durch Pfeile angedeutet gibt es im Netz verteilt mittlere Entnahmen unterschiedlicher Intensität. Am Knoten 1680 befindet sich ein Hydrant mit einem Schieber. Der im Hydranten vorhandene Luftpolster wird durch einen kleinen WK mit einem Luftvolumen von 0,4 Liter simuliert. Die mittlere Schallgeschwindigkeit a wurde mit 1100 m/s angenommen.

Wird am Knoten 1680 stationär eine Wassermenge von 3,5 Liter/s entnommen und dann der Schieber innerhalb von 0,05 Sekunden linear geschlossen, dann ergeben sich rechnerisch an den Knoten 1680 und 143 die in Abbildung 3a dargestellten Druckverläufe ( Der Deutlichkeit halber ist der Druckverlauf am Knoten 143 um 20 m Wassersäule (WS) nach unten verschoben). Infolge der durch Schieberschnellschluß erzeugten Druckwelle und den anschließenden vielfachen Reflexionen an den Knoten kommt es zu Wellenüberlagerungen und starken Druckschwankungen im Netz.

Am Schieberknoten 1680 wurde mit Hilfe eines Differenzdruckmanometers
/7/ der zeitliche Druckverlauf gemessen ( siehe Abb. 3b, strichlierte

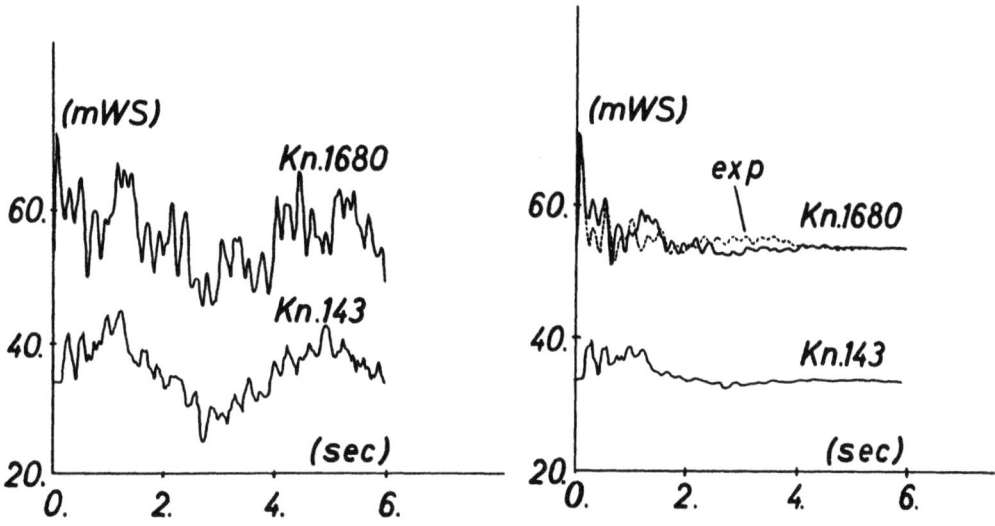

Abb.3a: Schließen des Schiebers
am Knoten 1680

Abb.3b: Druckkurve von Abb.3a
gedämpft nach Gl.(7)

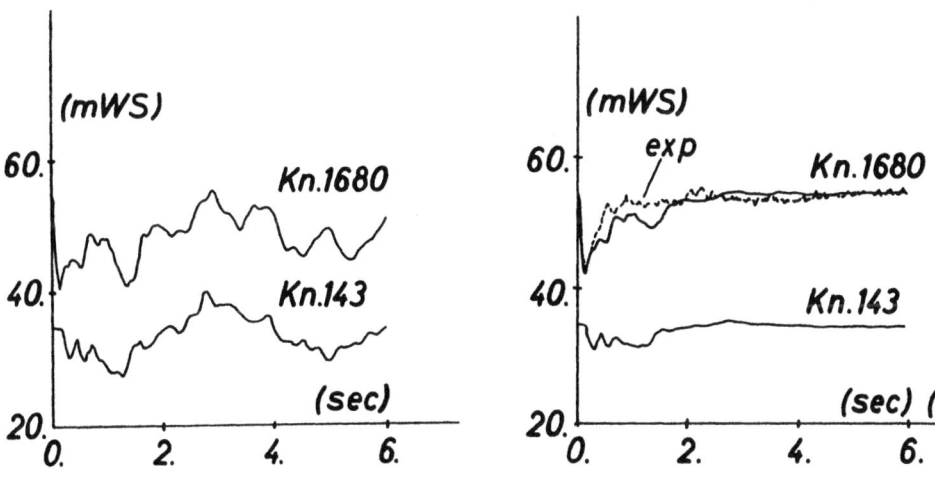

Abb.4a: Öffnen des Schiebers
am Knoten 1680

Abb.4b: Druckkurve von Abb.4a
gedämpft nach Gl.(7)

Kurve). Die durchgezogene Kurve kommt dadurch zustande, daß der gerechnete Druckverlauf f(t) von Abb. 3a mit einem zeitabhängigen Exponentialfaktor nach der folgenden Formel berechnet wurde ($\alpha$=0,7 [1/s]):

$$F(t) = f(\infty) + \exp(-\alpha.t).(f(t) - f(\infty)) \qquad (7)$$

Die Einführung des Dämpfungsfaktors $\exp(-\alpha.t)$ kann durch die folgende Überlegung erklärt werden: Man betrachtet die entlang der Rohrachse x laufende Druckwelle $\exp(-i.k'.x)$. Die Ausbreitungskonstante k' ist im allgemeinen komplex, also $k' = \omega/a - i.\alpha'$, wobei $\alpha'$ die Dämpfungskonstante der Welle ist. In einer federnd berandeten Flüssigkeitssäule wird die Schalldämpfung in erster Linie durch das Mitschwingen der Rohrwand verursacht. Daher gilt /8/:

$$\alpha' = 2.\pi.a.\rho/E.((z^2 + 1)/(z^2 - 1)).f.\eta = 0,001.\eta \quad [1/m] \qquad (8)$$

mit z = d/r+1, wobei d die Wandstärke (1 cm), r der Rohrradius, E der Elastizitätsmodul der Rohrwand ($=2,06.10^{-11}$ N/m$^2$), f die Frequenz ($\sim$ 5 sec-1, siehe Abb.3a) und $\eta$ der Verlustfaktor ist (Das Netz ist im Erdreich vergraben). Aus $\exp(-\alpha'.x)=\exp(-\alpha'.a.t)=\exp(-\alpha.t)$ erhält man für $\eta$ den Wert 0,64. Die Dämpfung der Druckkurven kommt durch die vom Druckstoß an das Erdreich abgegebene Energie zustande.

Beim raschen Öffnen des Schiebers am Knoten 1680 ergeben sich die in den Abbildungen 4a und 4b gezeigten Drücke. Wenn man bedenkt, daß die experimentellen Kurven von den zur Meßzeit nicht genau bekannten Verbrauchswerten in den Knoten beeinflußt werden, kann man die Übereinstimmung zwischen Rechnung und Messung als gut bezeichnen.

c) Wie in der Einleitung angedeutet, kann man mit dem Rechprogramm NETTRANS beispielsweise auch die Hämodynamik des menschlichen Arteriennetzes mit seinen Maschen und Verzweigungen simulieren. Dazu wird die zeitabhängige Fluß- oder Druckkurve am Herzen als aktive Randbedingung eingegeben und die "Windkesselfunktion" der Aorta nachgebildet. Über die Schallgeschwindigkeit in den Arterienabschnitten kann man die Gefäßelastizität berücksichtigen.

**LITERATUR**

/1/ Suda,M., Hick,H.: Computerprogramme zur datenbankkompatiblen Berechnung von Leitungsnetzen. Gas/Wasser/Wärme 40(1986)H.1,S.9-13.

/2/ Suda,M.: Schneller und speicherplatzsparender Algorithmus zur Berechnung von Leitungsnetzen. OEFZS-A--0905, (1986).

/3/ Suda,M.: Ein Computerprogramm zur Berechnung hydraulischer Transienten in komplexen Leitungsnetzen. gwf-Wasser/Abwasser (1987), im Druck.

/4/ Wylie,E.B., Streeter,V.L.: Fluid Transients. New York: McGraw-Hill, (1978).

/5/ Chaudhry,M.H.: Applied Hydraulic Transients. New York: Van Nostrand Reinhold Co., (1979).

/6/ Zielke,W.: Mathematische Simulation der Druckschwankungen in Rohrleitungen und Rohrnetzen. In: "Elektronische Berechnung von Rohr- und Gerinneströmungen", Hsg. W.Zielke, Erich Schmidt Verlag, (1974).

/7/ Suda,M., Hick H.,Willer H.: Computersimulation dynamischer Druckschwankungen in Wasserleitungsnetzen. OEFZS-A--0982, (1987)

/8/ Günther,B.C., Hansen,K.-H., Veit,I.: Technische Akustik. Expert Verlag, 2. Aufl., (1980).

## DIGITALE SIMULATION VON STAUREGELUNGEN IN FLUSSSYSTEMEN

R. Fäh
ETH-Zentrum
Versuchsanstalt für Wasserbau, Hydrologie und Glaziologie
Gloriastr. 37-39
CH - 8092

## 1. EINLEITUNG

Bei vielen Flusskraftwerken stellt sich heute die Aufgabe, die Regelung von Durchflüssen und Wasserständen zu automatisieren. Dabei zeigt sich in der Praxis, dass die Suche nach den optimalen Regelparametern ein langwieriger und kostspieliger Prozess ist. Dies gilt vorallem dann, wenn - bedingt durch die Kombination von mehreren Stauraumelementen wie Flussstrecken, Stausee, Schleuse etc. - das dynamische Verhalten der Regelstrecke mit Hilfe der Erfahrung oder aufgrund einfacher analytischer Betrachtungen [1] nicht mehr erfasst werden kann. In diesen Fällen muss für jedes Projekt eine eigenständige Lösung gesucht werden. Numerische Simulationen können diese Aufgabe erleichtern. Im folgenden wird ein Programmsystem vorgestellt, das an der Versuchsanstalt für Wasserbau, Hydrologie und Glaziologie der ETH-Zürich entwickelt wurde. Es erlaubt den ganzen Regelkreis eines Laufwasserkraftwerkes digital zu simulieren. Die Anordnung der verschiedenen Stauraumelemente, Pegelmessstellen, Stellorgane etc. kann beliebig gewählt werden, sodass auch der Betrieb von ganzen Staustufen-Ketten modelliert werden kann.

## 2. PROBLEMSTELLUNG

Die Aufgabenstellung wird am Beispiel eines Einzel-Laufkraftwerkes am Hochrhein dar-

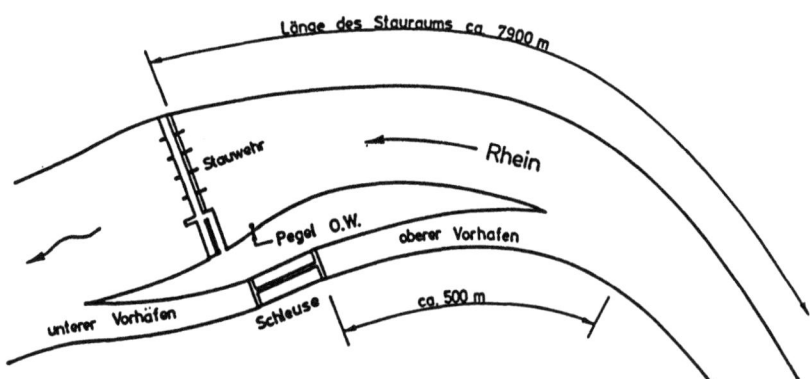

Bild 1   Situationsskizze: Kraftwerk Birsfelden mit Schleuse

gestellt. Wie aus Bild 1 hervorgeht, handelt es sich dabei um eine Anlage, bei der die Stauregelung vom Schleusenbetrieb beeinflusst wird.

Die Aufgabe der Regelung besteht hier darin, den Wasserstand beim Pegel im Oberwasser auf dem konstanten Stauziel von 254.25 m ü.M. (Pegelstandstoleranz +/- 2 cm) zu halten. Zudem gilt es den Abfluss so zu regeln, dass die Zuflussschwankungen nicht verstärkt werden. Dies ist hier von Bedeutung, weil sich die Staustufe innerhalb einer längeren Kette von ähnlichen Staustufen befindet, bei der sich Abflussschwankungen aufschaukeln können.

Bild 2 zeigt den prinzipiellen Aufbau des Regelkreises. Wichtigste Störgrösse ist der Zufluss am oberen Ende der Stauhaltung. Er wird im wesentlichen durch die natürliche Wasserführung des Rheins bestimmt. Dies bedeutet, dass sich der massgebende Zufluss nur langsam und stetig verändert. Abflussschwankungen, die durch den Betrieb

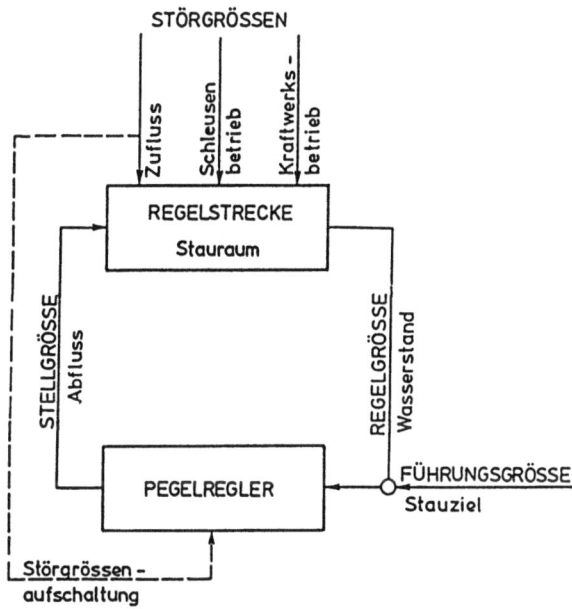

Bild 2  Regelkreis der Stauregelung

der Kraftwerke oder der Schleuse entstehen, sind von kleinerer Grössenordnung (abgesehen von Störfällen). Sie können aber - vorallem bei relativ kleiner Wasserführung - die Regelung vor Probleme stellen, weil sie eher sprunghaften Charakters sind.

Die Stellgrösse, das heisst der Abfluss beim Kraftwerk, wird normalerweise über die Turbinen eingestellt. Bei Hochwasserverhältnissen werden zusäztlich noch die Wehre als Stellorgane verwendet. Insgesamt stehen neun Stellglieder (4 Turbinen, 5 Wehre) zur Verfügung. Da diese sehr unterschiedliche Kenndaten aufweisen und je nach Situation in unterschiedlicher Kombination auftreten, stellt dies eine besondere

Herausforderung an die Leistungsfähigkeit der Regelung dar.

Soll der Entwurf für eine solch komplexe Regelung mit einem mathematischen Modell verifiziert werden, muss der Regelkreis als Ganzes nachgebildet werden. Das heisst, dass ein entsprechendes Computerprogramm sowohl die Simulation des Reglers als auch jene der Regelstrecke umfassen muss.

## 3. COMPUTERPROGRAMM ZUR SIMULIERUNG VON STAUREGELUNGEN

Das Programmpaket REGEL besteht im wesentlichen aus drei unabhängigen Programmen, die über einen gemeinsamen Datenbereich kommunizieren (Bild 3). Die Programmstruktur wurde so gewählt, damit einerseits eine Handregelung simuliert werden kann und andererseits bei der Simulation einer automatischen Regelung interaktiv in das Geschehen eingegriffen und zum Beispiel zwischen verschiedenen Betriebszuständen umgeschaltet werden kann.

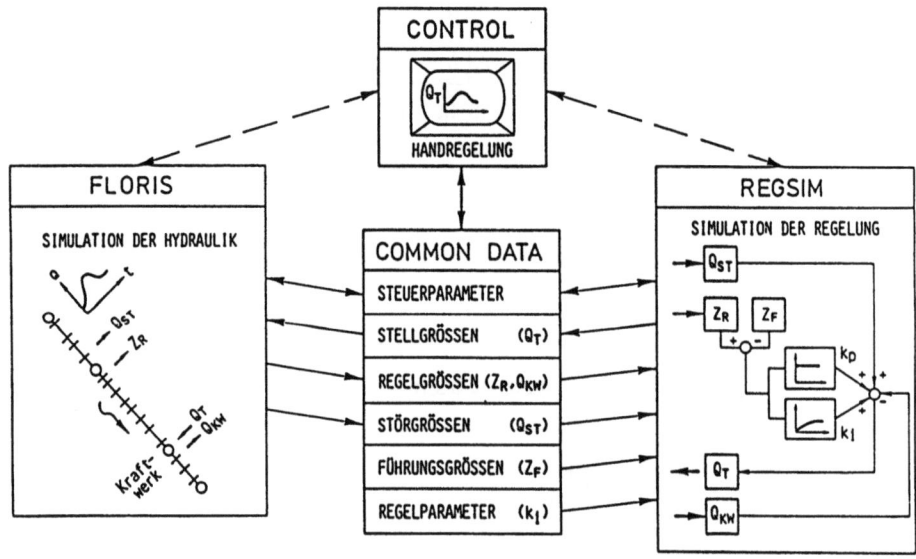

Bild 3  Schematischer Aufbau des Programmsystems REGEL

### 3.1 Simulation der Leitzentrale (CONTROL)

CONTROL ist das zentrale Programm, von dem aus die anderen überwacht und gesteuert werden. Es repräsentiert gewissermassen die Vorgänge, die im Kommandoraum des Kraftwerkes ablaufen. Dadurch ist es möglich, jederzeit von Hand in die Simulation einzugreifen, indem Wehrstellungen, Turbinendurchflüsse und Führungsgrössen (z.B. Sollwert des Wasserspiegels) verändert werden. Auch numerische Randbedingungen (z.B.

Länge des Zeitschrittes) und die Regelparameter können "online" verändert werden.

Der Ablauf der simulierten Vorgänge kann am Bildschirm direkt mitverfolgt werden. Zu diesem Zweck stehen drei verschiedene Monitore (Bildschirmseiten) zur Verfügung. Im Hydraulik Monitor werden die berechneten Abflüsse und Wasserstände für die im voraus wählbaren Flussstellen in tabellarischer Form dargestellt. Die Antwort der Stauhaltung kann aber auch als Funktion der Zeit auf dem Graphik Monitor betrachtet werden. Im Regelungs Monitor werden - neben den hydraulischen Daten - auch die Stellung der Wehre, die Turbinendurchflüsse und alle regelungsspezifischen Daten wie Führungsgrössen, Regelparameter etc. ausgegeben. Die Daten werden laufend aktualisiert. Der Bildschirminhalt entspricht somit immer dem neuesten Berechnungszeitschritt.

### 3.2 Simulation der Regelstrecke (FLORIS)

FLORIS berechnet den instationären Abfluss in einem Flusssystem auf der Basis der eindimensionalen partiellen Differentialgleichungen von de Saint-Venant [2]. Die nichtlinearen Gleichungen werden mit Hilfe eines impliziten Differenzenverfahrens gelöst. Der Berechnungsbereich muss zu diesem Zweck in Abschnitte gegliedert werden. Bild 4 zeigt dies schematisch für die Stauanlage Birsfelden.

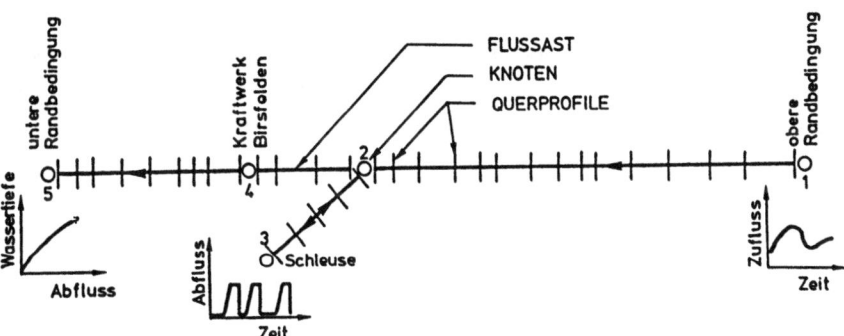

Bild 4   Unterteilung des Berechnungsgebietes in Querprofile, Flussäste und Knoten

Das mathematische Modell basiert demnach auf drei Grundelementen, nämlich Querprofilen, Flussästen und Knoten. Im Falle von Birsfelden wird die Geometrie des Gerinnes mit Hilfe von 35 Querprofilen erfasst. Sie werden in einem separaten Vorprogramm ausgewertet und die relevanten Daten wie Querschnittssfläche, Breite etc. als Funktion der Wassertiefe abgespeichert. Während der eigentlichen Simulationen greift FLORIS auf diese Daten zurück und kann so den Berechnungsaufwand massgeblich reduzieren.

Die Unterbrechung einzelner Flussstrecken ist erforderlich, weil an gewissen Stellen die de Saint-Venant'schen Gleichungen durch spezielle, für die lokalen Vorgänge zutreffende Beziehungen zu ersetzen sind. Die Gliederung ergibt sich aus der natürlichen Situation. Die Lage der Knoten ist durch das Kraftwerk, die Schleuse und den Verknüpfungen zwischen Rhein und dem unteren und oberen Vorhafen der Schleuse vorgezeichnet.

Neben der Definition der Geometrie und der Randbedingungen wird beim Input für FLORIS auch festgelegt, bei welchen Querprofilen Regel- oder Messgrössen und bei welchen Knoten Stellglieder vorgesehen sind.

Als Resultat liefert FLORIS den Wasserstand und den Abfluss in allen Querprofilen für die berechneten Zeitschritte. Die Daten können abgespeichert und im Nachgang zur Simulation mit zusätzlichen Programmen ausgewertet werden (Bild 7). Die Prozesse CONTROL und REGSIM können jedoch nur auf jene Daten zugreifen, die in FLORIS speziell definiert und im gemeinsamen Datenbereich (COMMON) abgelegt werden.

## 3.3 Simulation des Reglers (REGSIM)

Das Programm REGSIM simuliert den Regler. Eingabegrössen sind Regelparameter, Führungsgrössen und Steuerparameter, mit denen zwischen verschiedenen vorprogrammierten Regleranordungen umgeschaltet werden kann. Im folgenden wird die Simulation einer möglichen automatischen Regelung beim Kraftwerk Birsfelden demonstriert. Hiefür wurde eine PI-Regelung mit Störgrössenaufschaltung gewählt. Die Regelparameter wurden aufgrund früherer Beobachtungen im Kommandoraum des Kraftwerkes so vorgegeben, dass sie etwa der dort praktizierten Handregelung entsprechen. Dadurch konnte das Modell mit einer wirklich durchgeführten Regelung verglichen werden.

## 3.4 Ablauf der Simulation

Nach der Berechnung des Ausgangszustandes läuft die Simulation wie folgt ab. Ausgehend von einem stationären Zustand in der Stauhaltung bestimmt REGSIM die momentane Stellung der Wehre und Turbinen, wie sie sich aufgrund der vorgegebenen Regelparameter ergibt. Mit diesen Werten berechnet nun FLORIS den hydraulischen Zustand der sich nach Ablauf eines Zeitschrittes einstellt. Anschliessend bestimmt REGSIM wieder die neue Stellung der Stellorgane und der ganze Ablauf wird wiederholt, bis alle vorgesehenen Zeitschritte durchgerechnet sind.

CONTROL, FLORIS und REGSIM sind als eigenständige Prozesse auf dem Computer installiert und laufen parallel ab (Computerintern werden die Programme natürlich nur dann parallel abgearbeitet, falls mehrere Prozessoren zur Verfügung stehen ). Dementsprechend müssen sie miteinander synchronisiert werden. Der massgebende (weil langsamste) Takt wird durch diejenige Zeit vorgegeben, die FLORIS für die Berechnung eines Zeitschrittes benötigt. Die Rechenzeit hängt von der Anzahl Flussäste und Querprofile, von der verlangten Rechengenauigkeit und der Zeitschrittlänge ab. Diese Grössen müssen dem zu simulierenden Ereignis angepasst werden. Vor allem bei unstetigen Störungen mit grossen Gradienten können sonst die Resultate durch numerische Dämpfung verfälscht werden. Dies bedeutet, dass die Spitzen der Pegelschwankungen abgeschnitten werden (Bild 5). In kritischen Fällen ist der Zeitschritt durch systematisches Probieren zu bestimmen, indem die Resultate einer Anzahl Testläufe miteinander verglichen werden.

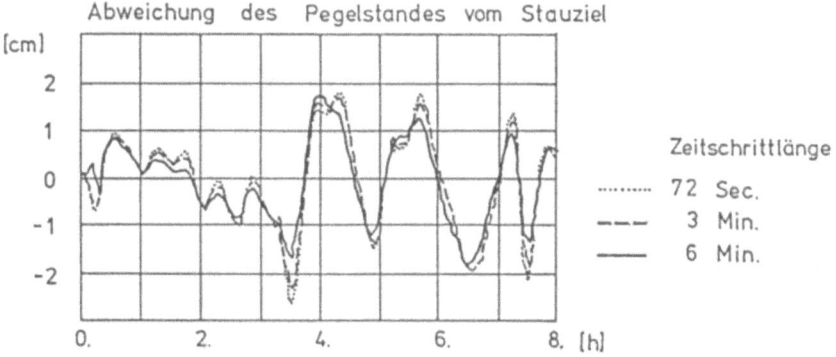

**Bild 5** Einfluss der Zeitschrittlänge auf die numerische Dämpfung

## 4. ANWENDUNGSBEISPIEL

Vergleicht man die Pegelstandsschwankungen die aus einer Handregelung resultieren, mit jenen einer automatischen Regelung, so kann keine exakte Übereinstimmung erwartet werden. Dies erklärt sich daraus, dass einerseits bei der Handregelung aus betrieblichen Gründen Eingriffe vorgenommen werden, die nichts mit der Regulierung zu tun haben und andererseits die Regelung weniger kontinuierlich erfolgt. Die im folgenden präsentierten Resultate der Nachbildung einer aufgezeichneten Handregelung zeigen, dass die Simulation die vorgegebenen Regelziele (Pegelstand beim Kraftwerk = 254.25 m ü.M. +/- 2 cm; keine Abflussverstärkung) ebenso gut einhält, wie die Handregelung (Bild 6). Zur Aufzeichnung der Handregelung ist zu bemerken, dass diese nur auf ganze cm genau erfolgt. Da aber die Richtung von kleineren Pegelstandsänderungen auf einem Trendanzeiger im Kommandoraum angegeben wird, kann der Schichtführer dennoch darauf reagieren.

Aus der Phasenverschiebung zwischen Zu- und Abfluss (Bild 6) kann die Laufzeit einer Störung approximativ ermittelt werden. Sie ist eine Funktion des Wasserstandes und der Abflussgeschwindigkeit [3]. Im vorliegenden Fall beträgt sie etwa 30 Minuten

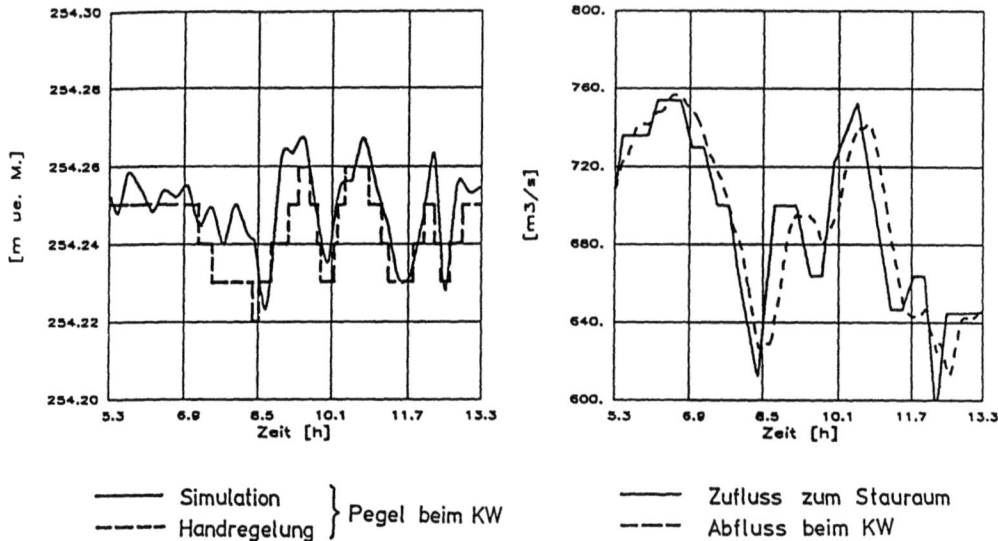

Bild 6  Vergleich zwischen simulierter automatischer Regelung und Handregelung
        beim Kraftwerk Birsfelden

Bild 7 gibt einen Eindruck vom instationären Verhalten des Wasserspiegels Insbesondere wird deutlich, dass die Annahme, der Stauraum verhalte sich wie ein Becken mit einem ebenen Wasserspiegel, der sich nur parallel verschieben kann, das dynamische Geschehen nur sehr rudimentär beschreibt. Derartige vereinfachende Annahmen

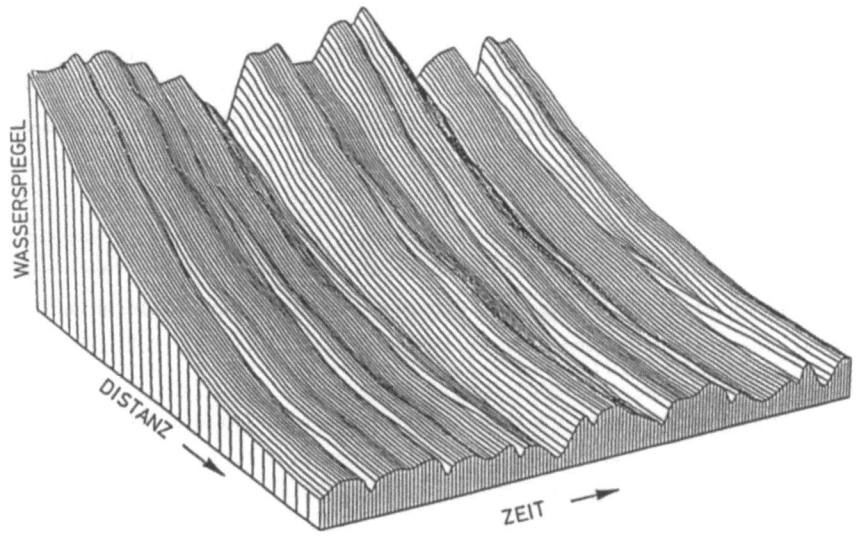

Bild 7  Verlauf des Wasserspiegels entlang der Stauhaltung als Funktion der Zeit

müssen getroffen werden, wenn das Verhalten des Regelkreises aufgrund eines analytischen Ansatzes beschrieben werden soll. Dies bedeutet, dass mit solchen Modellen der dämpfende Einfluss der Reibung, Reflexionen bei Verengungen und an den Enden der Stauhaltung, sowie der Einfluss des Schleusenbetriebes nicht erfasst werden.

## 5. SCHLUSSBEMERKUNGEN

Normalerweise wird heute die Regelung von Laufwasserkraftwerken analysiert, indem entweder die Regelstrecke und der Regler getrennt betrachtet werden, oder - falls der Regelkreis als Ganzes nachgebildet wird - indem das Modell der Regelstrecke stark vereinfacht wird. Mit dem vorgestellten Programm können alle relevanten Vorgänge einer automatischen Regelung mit vertretbarem Aufwand simuliert werden. Die Rechenzeit auf einer MicroVAX beträgt bei dem betrachteten Fall etwa eine halbe Sekunde pro Zeitschritt. Es steht damit ein Hilfsmittel zur Verfügung, mit dem die Wirksamkeit eines geplanten Regelkonzeptes im voraus geprüft und die Ermittlung der optimalen Regelparameter wesentlich beschleunigt werden kann.

## LITERATUR

[1]  Kühne A.            Flussstauregulierung. Mitteilung der Versuchsanstalt für
                         Wasserbau, Hydrologie und Glaziologie der ETH Zürich,
                         Nr. 13, 1975

[2]  Kühne A.,           Application of a mathematical model to design measures for
     Fäh R.              flood protection. International Conference on the Hydraulic
                         Aspects of Floods and Flood Control, London, England 1983

[3]  Kühne A.            Schwall- und Sunkerscheinungen in einer Flussstauhaltung.
                         Wasser, Energie, Luft, Heft 10/1984

# SIMULATION IN ELEKTRO- UND NACHRICHTENTECHNISCHEN ANWENDUNGEN

## DATA TRANSMISSION SIMULATION SYSTEM (DTSS)

W. H. Ortil
K.-H. Reschke
Standard Elektrik Lorenz AG

Stuttgart

Zusammenfassung:

Die Entwicklung technisch und qualitativ anspruchsvoller Produkte erfordert gleichermaßen fortschrittliche Werkzeuge. Besonders in der frühen Phase des Produktentstehungsprozesses, der Systemgestaltung und -verifikation lassen sich mit dem Hilfsmittel der Systemsimulation kostenintensive Fehler, die oft erst bei der Systemintegration entdeckt werden, und Entwicklungsrisiken vermeiden. In diesem Beitrag wird das Softwarepaket DTSS zur Simulation von Impulsübertragungssystemen und seine Anwendung aus DV-technischer Sicht mit einem Anwendungsbeispiel beschrieben. In einem Ausblick sind die vorgesehenen, weiteren Entwicklungsschritte angesprochen.


## 1 Einleitung

Elektronische Systeme und Geräte werden in immer kürzeren Innovationszyklen leistungsfähiger und komplexer. Dazu benötigt der Entwickler auch schon in der Frühphase des Produktentstehungsprozesses problemgemäße, anwendungsnahe, benutzerfreundliche und doch flexibel, breit anwendbare, funktional mächtige Hilfsmittel, wie Simulations- und Rechentechnik. Die rechnerunterstützte Entwicklung setzt deshalb bereits bei der Systemgestaltung und -verifikation wirkungsvoll und erfolgreich an.

Die Simulation von Nachrichtenübertragungssystemen wird schon viele Jahre intensiv genutzt, weil sie vielfach schneller und kostengünstiger als entsprechende Laboruntersuchungen ist, weil sich die Übertragungssysteme gut strukturieren / gliedern lassen und es gelingt, die system- und gerätetechnischen Einheiten hinreichend gut mathematisch zu beschreiben. Das Data Transmission Simulation System (DTSS), ein modulares System von FORTRAN-Unterprogrammen mit normierten Parametern, an der Universität Stuttgart (1) entworfen und entwickelt, wurde in den Folgejahren bei SEL für die industriellen Anwendungen und die Routinenutzung angepaßt, weiterentwickelt und den technisch/ technologischen Entwicklungen folgend erweitert und modifiziert.


## 2 Simulationssystem

### 2.1 Programmstruktur

DTSS ist ein auf IBM-Rechnern, z.B. 3081,3090, und auf DEC-Rechnern der VAX-Familie lauffähiges FORTRAN77-Programmsystem zur Simulation von Impulsübertragungssystemen (2).

Es besteht aus einem Hauptprogramm und ca. 100 Modulen, die es gestatten, die zugrundegelegte Blockstruktur eines zu simulierenden Impulsübertragungssystems nachzubilden und Auswertungen oder Ausgaben von Momentanzuständen an beliebigen Stellen der Blockstruktur vorzunehmen.

Module sind Programmteile, die als Unterprogramme konstruiert, jeweils eine eigene Eingabe und Ausgabe besitzen. Sie haben einen Eingabe- und einen Berechnungsteil. Einige wenige Module haben einen Änderungsteil, in dem bei erneutem Aufruf des Moduls die Berechnung mit entsprechend geänderten Parametern erfolgt. DTSS verfügt über Steuerungs- und Systemmodule. Durch die Steuerungsmodule können die Systemmodule in beliebiger Reihenfolge mit gleichen oder geänderten Eingabedaten aufgerufen werden.

DTSS enthält Systemmodule für unterschiedliche Aufgaben:
. Basisdatenmodule, die aus wenigen eingegebenen Grunddaten, weitere Grunddaten ableiten,
. Module zur Zeichengenerierung,
. Codierungsmodule,
. Module zur Signalformung,
. Modulationsmodule,
. Simulationsmodule für Systemkomponenten,
. Berechnungs- und Auswertungsmodule,
. Ausgabemodule,

Mit Hilfe dieser Module werden in DTSS die Frequenzeigenschaften und das Zeitverhalten von Signalen analysiert, die das zu simulierende System durchlaufen. Das Frequenzspektrum wird durch die einzelnen der in Reihe aufgerufenen Module, die ihrerseits Hardware-Teilsysteme nachbilden, verformt.
Die Auswirkungen im Frequenz- und Zeitbereich können im einzelnen berechnet werden.
So können Signale und die Bitfehlerwahrscheinlichkeiten mit und ohne den Einfluß von Taktjitter verarbeitet bzw. berechnet werden.

Als Systemkomponenten sind verfügbar:
. Systemkomponenten mit definierter Pol-Nullstellen-Verteilung,
. strukturell bestimmte Systemkomponenten,
. Kanalberechnungen mit speziellen Vorgaben,
. Systeme mit vorgegebener Impulsantwort,
. lineare Verstärker,
. nichtlineare Vierpole, Begrenzer, Gleichrichter,
. Einweggleichrichter mit Halteglied,
. spezielle Tiefpaßfunktionen,
. Minimalphasennetzwerke,
. Tiefpässe und Optimalbandpässe für geträgerte Übertragung,
. Nyquistkanäle,
. "Optimalkanäle",
. Nulldurchgangsdiskriminatoren,
. Regeneratoren,
. PCM-Sendestufen,
. LCRÜ-Netzwerke mit Schaltern und Dioden,
. Phase Locked Loops (PLLs),
. Lichtwellenleiter,
. optische Transimpedanzempfänger,
u.a..

Programmablauf und -organisation sind streng eingabeorientiert. Damit bestimmt der Benutzer den Ablauf der Berechnungen.


Der Programmablauf erfolgt in 2 Schritten:
. Formatfreies Einlesen der gesamten Eingabedaten der Systemmodule bis zum Einlesen eines Steuerungsmoduls, z.B. CLC010,
. Berechnung nach der vom Benutzer im Steuerungsmodul angegebenen Reihenfolge der Module.

Folgen dem Steuerungsmodul weitere Systemmodule in der Eingabe, wird weiter eingelesen und mit dem Aufruf eines weiteren Steuerungsmoduls die Berechnung fortgesetzt. Dazu stehen alle bis dahin eingelesenen Systemmodule zur Verfügung.

Das Programmsystem ist wegen seines modularen Aufbaus im Rahmen der vorgegebenen Bedingungen leicht erweiterbar und damit an neue Erfordernisse sehr gut anpaßbar. Module sind, obwohl sie verallgemei- nert und für viele Anwendungen zu schreiben sind, verhältnismäßig schnell programmierbar.

## 2.2 Datenstruktur

Die Daten werden über eine standardisierte Schnittstelle mit einheitlicher Parameterliste zwischen dem Hauptprogramm und den Modulen übergeben.

Da feste Feldvereinbarungen für das FORTRAN-Hauptprogramm erforderlich sind, aber für die einzelnen Module variable Feldgrößen benötigt werden, sind die Daten in 3 Feldern zusammengefaßt, je ein Feld für
. komplexe Daten, CFELD,
. reelle Daten, RFELD,
. ganzzahlige Daten, IFELD.
Innerhalb dieser Felder werden auch die Felder mit den Daten, die von den einzelnen Modulen aufgebaut werden, abgelegt. So ist das A-Feld, in dem die aktuellen Signaldaten als komplexe Zahlen gespeichert werden, ein Teil des CFELDs. Zusätzlich enthält ein kleineres B-Feld Daten über interessierende Ausschnitte aus einem anderen Signalverlauf.

Zur Schnittstelle gehören u.a. die weiteren Felder:
. IORG für allgemeine Organisationsdaten zur Steuerung des
  Programms,
. IARPOS für Daten zur Beschreibung der von den Modulen angelegten Felder innerhalb der Bereiche CFELD, RFELD und IFELD,
. MODST, Modulspeichertabelle für die Daten über die eingelesenen Module,
. TEXT für die Texte in der Eingabe der jeweiligen Modulkopfzeilen und für den Ausdruck an bestimmten Stellen der Ausgabe.

Die Daten sind gruppiert in Daten, die
  . nur einzelnen Modulen bekannt sind, wie die Eingabedaten und
    die Zwischenergebnisse,
  . von Modul zu Modul weitergegeben werden, z.B. die
    .. Basisdaten,
    .. Signaldaten im A-Feld, das die Abtastwerte der reellen
       Zeitfunktion oder der komplexen Spektralfunktion enthält,
  . unter einer Adressenangabe durch den Anwender von einem
    Modul an einen anderen Modul weitergegeben werden, z.B.
    .. aktuelle Signaldaten im A-Feld, die erst zu einem späteren Zeitpunkt weiterverarbeitet werden sollen, werden auf
       einem externen Speichermedium, der Platte, zwischengespeichert,
    .. spezielle Daten, die von einem Modul errechnet worden
       sind, werden zur Weiterverarbeitung an einen anderen Modul weitergereicht, z.B. Taktzeitpunkte, Schwellenwerte,
       Leistungen.

Für Simulationsuntersuchungen, bei denen Signale mit einer sehr hohen Abtastrate bis $2**18$ bearbeitet werden müssen, kann eine große Version mit einer REGION von 3,2 MByte auf der IBM 3090 benutzt werden.

## 2.3 Benutzeroberfläche

Alle für den Anwender wichtige Informationen zur Benutzung des Programms sind in einem Handbuch zusammengestellt. Als Kurzfassung gibt es davon getrennt eine Sammlung von Eingabeinformationsblättern.

o Eingabeinformationsblätter (EI-Blätter)

Der Benutzer findet zu jedem Modul ein Eingabeinformationsblatt, das kurzgefaßt die wesentlichen Informationen beginnend mit einer allgemeinen Beschreibung der Aufgabe und der benötigten Daten aus vorhergehenden Modulen enthält.

Alle Daten, die ein Modul benötigt, sind im Absatz "Eingabedaten" zusammengestellt und im folgenden Absatz näher beschrieben. Die Abschnitte "Ergebnisse" und "Ausgabe" informieren über die Ergebnisse des Moduls, die an Folgemodule weitergereicht werden können und über die Möglichkeiten, berechnete Werte auszugeben. Der Abschnitt "Bemerkungen" gibt Hinweise zu den Berechnungsmethoden und auf zu beachtende Sonderfälle.

o Form der Eingabe

Die Eingabe (Bild 2) beginnt mit der Jobkopfzeile und mit einem frei wählbaren Text zur Aufgabe bzw. Identifizierung und Steuerparametern: Unterdrückung des Ausdruckes der gesamten Eingabe; Unterdrückung der Ausgabe ausgewählter, identifizierter Module und einem Parameter als Reserve für die Weiterentwicklung. Wenn eine Unterdrückung der Ausgabe über die Jobkopfzeile gesteuert werden soll, wird eine Liste der Modulidentifikationsnummern eingefügt. Es folgen nacheinander die Eingabedaten der einzelnen Module. Die Berechnung wird daraufhin vom Steuerungsmodul gesteuert, der eine eigene Eingabe besitzt und nach diesen Angaben die Berechnungsreihenfolge festlegt. Die Eingabereihenfolge der Module ist beliebig. Beim Einlesen des Steuerungsmoduls müssen jedoch alle von ihm zu steuernden Module bereits eingelesen sein. Die Eingabe wird durch einen speziellen END-Modul abgeschlossen.

o Programmaufruf

Eine Menü-Steuerung führt den Benutzer beim Aufruf des Simulationsprogramms. Dabei gibt er u. a. an, mit welcher DTSS-Version er rechnen möchte und wo seine Eingabedaten stehen. Daraufhin kann er das Programm starten, ohne sich um Betriebssystembefehle kümmern zu müssen, die in einer vorgefertigten Prozedur verpackt sind. Will der Benutzer ein eigenes Programm in den DTSS-Ablauf einbinden, um z.B. die Signaldaten in einer bestimmten Weise zu modifizieren, ist dieses mit einem speziellen Modul möglich, wenn dieser an entsprechender Stelle in der Eingabe eingefügt und der Benutzer im DTSS-Menü den Programmnamen und die zugehörige Eingabedatenadresse angibt.

o Ausgabeform und -steuerung

Für die Ausgabe der Modulergebnisse sind drei Formen vorgesehen:
. Listenausgabe,
. Kurvendruck in der normalen Listenausgabe auf dem Drucker,
. Kurvendarstellung mit einem Plotter.
Die Ausgabe wird global über den 2. und 3. Parameter in der Eingabekopfzeile gesteuert. Bei Verzicht auf diese globale Steuerung ist eine individuelle Steuerung über den PRL-Parameter (Printlevel) in der Modulkopfzeile möglich. In die Eingabe eingefügte OUTnnn- Module (Druckmodule) veranlassen Kurvendruckausgaben, eingereihte PLTnnn-Module (Plotmodule) bewirken Plotter-Ausgaben. Dabei

werden die Ausgabedaten für den Plotter in eine eigene Ausgabedatei geschrieben, so daß der Benutzer gezielt Bilder auswählen und plotten kann.

## 3 Anwendungsbeispiel (*)

Für ein 2,24 Gbit/s-System, Bild 3, soll die Abhängigkeit der S/N-Verluste von der unteren Grenzfrequenz eines RL-Hochpasses (3)
1. Ordnung am Empfängereingang untersucht werden.

Bitfolge        : Binäre Zufallsfolge der Länge 2**12 = 4096 Bit
Sendeimpulsform: Rechteck, NRZ-Format
Weißes Rauschen: Bandbegrenzung: keine
                Amplitude    : wird so eingestellt, daß im unge-
                               störten Kanal eine Zeichenfehler-
                               häufigkeit ZFH = 1.0E-10 erreicht
                               wird
Hochpaß         : RL-Hochpaß 1.Ordnung,
                  untere Grenzfrequenz 0...10 MHz
Entzerrerverstärker: Nyquistfilter; Roll-off-Faktor r = 0.7
Schwellen       : bei 50% der maximalen Augenöffnung
opt. Abtastzeitpunkt: am Punkt der maximalen vertikalen Augenöff-
                     nung
Entscheider     : Berechnung von  - Augendiagramm
                                  - Zeichenfehlerwahrscheinlichkeit
                                  - Störabstandsverlust

Die Eingabe für dieses Beispiel ist im Bild 2 auszugsweise angegeben. Das berechnete Augendiagramm ist im Bild 4 dargestellt.
Die Ergebnisse, die mit DTSS in wiederholten Durchläufen mit Variation des Wertes L für die Induktivität des Hochpasses und damit bei veränderter unterer Grenzfrequenz erzielt wurden, sind im Bild 5 zusammengestellt. Es zeigt, wie sich die S/N-Verluste über der unteren Grenzfrequenz entwickeln.

## 4 Ausblick

Die Leistungsfähigkeit der Entwicklungshilfsmittel muß parallel zu der der Produkte wachsen und Schritt halten, damit sie den Entwickler optimal unterstützen können.
Deshalb ist auch eine Restrukturierung des Simulationssystems vorgesehen. Dabei soll es auf interaktive Betriebsweise umgestellt werden.

Die Benutzeroberfläche beeinflußt entscheidend die Akzeptanz und den wirtschaftlichen Nutzen. Ihr gilt deshalb die besondere Aufmerksamkeit bei der Weiterentwicklung, z. B. Benutzerführung durch "Help-Funktionen", grafische Eingaben mit Symbolen und Piktogrammen, nachträgliche Auswertung umfangreicher Datenbestände aus Simulationläufen anhand grafischer Darstellungen.

Bisher wird DTSS eigenständig, autark betrieben. In Zukunft soll es aber in eine weitestgehend geschlossene Kette rechnergestützter Entwicklungshilfsmittel durch die
. Portierung auf "engineering workstations"
. Integration in die meßtechnische Laborumgebung
eingebunden werden.
Dadurch wird die hard- und softwaretechnische Benutzerumgebung stärker aufeinander abgestimmt, vereinfacht und standardisiert.

Simulations- und Meßergebnisse sollen mit minimalen manuellen Eingriffen zusammengeführt und verarbeitbar gemacht werden.
Datenbestände sollen von dem rechnergestützen Entwicklungssystem in das der Folgeentwicklungsstufe ohne wesentlichen manuellen Eingriff transferiert werden können.

Viele Einflußgrößen bestimmen mit unterschiedlichen Gewichten das Optimum des simulierten Übertragungssystems. Es sind meist zu viele Einflußgrößen für eine manuelle Optimierung.
Eine Folgeversion des DTSS mit Optimierungsfähigkeiten, die die Entwicklungsarbeit erleichtern wird, ist daher geplant.

Neben diesen verfahrens- und DV-technischen Weiterentwicklungen werden die produktorientierten Erweiterungen für die
- optische Übertragungstechnik (**)
- phase locked loop
- Rauscheinflüsse
- Jittereffekte

usw. vorangetrieben.

Literatur:

1 Andexser, W., Hagmeyer, H., Kaiser, W., Klotzbücher, K., Schmidt, W.:
Simulation von Impulsübertragungssystemen
Nachrichtentechn. Z. 31(1978)H.1, S. 56-62

2 Comes, K., Kampfhenkel, H., Reschke, K.-H.: Einführung in die Anwendung des Programms "Data Transmission Simulation System"
Standard Elektrik Lorenz AG, Stuttgart, 1986

3 Lüke, H.D.: Signalübertragung, Einführung in die Theorie der Nachrichtenübertragungstechnik,
Springer-Verlag Berlin, Heidelberg, New York, 1983

Anmerkungen:

\* Die Autoren danken Herrn G. Grüell, Entwicklung Übertragungssysteme, Standard Elektrik Lorenz AG, für das freundlicherweise überlassene Anwendungsbeispiel und den Herren K. Comes und Dr.-Ing. H. Kampfhenkel für ihre Beiträge zur Entwicklung des DTSS.

\*\* BMFT-gefördertes Vorhaben mit dem Institut für Nachrichtenübertragung der Universität Stuttgart, Prof. Dr.-Ing. W. Kaiser.

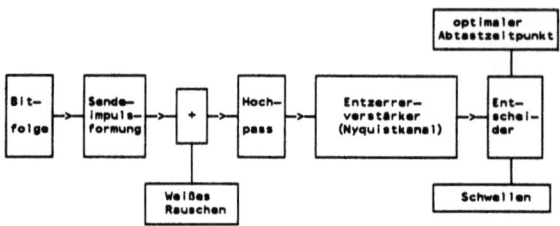

Bild 1: Programmaufbau

```
'S/N-VERLUSTE IN ABHAENGIGKEIT V. D. UNT. GRENZFREQUENZ FGU ,   3.6.87',
0,0,0,
   1,BAD010,0,0,                'BASISDATEN',
           16,4096,2240.,1,
   2,BIT010,0,0,                'ZUFALLSFOLGE',
           1,0,
   3,SIG020,0,0,                'NRZ-RECHTECK',
           1,1.0,0.0,
           0.0,
   4,SYS020,0,0,                'HOCHPASS RL 1.ORDNUNG FGU=5.0',
           2,2,1,2,
           1,2,R,0.075,
           2,0,L,2.39E-3,
           1,
   5,SYS120,0,0,                'NYQUIST-KANAL',
           4.4643E-4,4.4643E-4,1,
           0.7,100.,1,
           1,
   6,BBR010,0,0,                'RAUSCHEN',
           0,0.,20000.,0.29605,
   7,LBE010,0,0,                'ABSPEICHERN RAUSCHLEISTUNG',
           1,0.,0.,
           99,
   8,LBE020,0,0,                'S/N',
           1,
           99,
   9,OUT040,0,0,                'AUGE',
           0,0,0.,0.,1,120,30,2,2,50,98,
  91,PLT040,0,1,                'PLOT AUGENDIAGRAMM',
           0,0,
           0.0,0.0,1.,
           2,50.,98,
           'AUGE',
```

Bild 2: Eingabeform

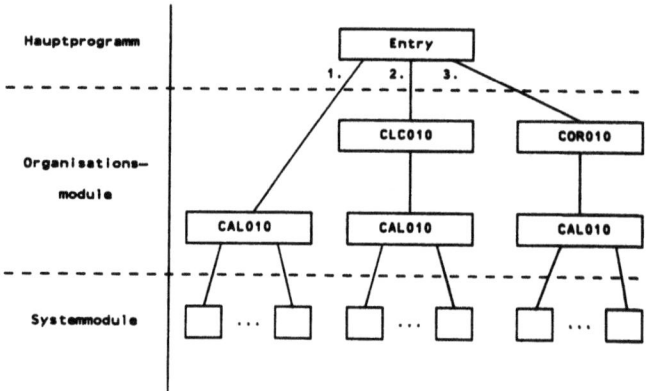

Bild 3: Simulationsmodell: Blockschaltbild

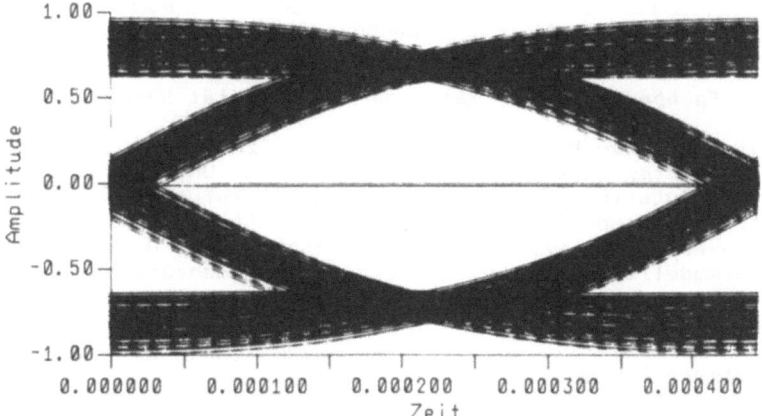

Bild 4: Augendiagramm

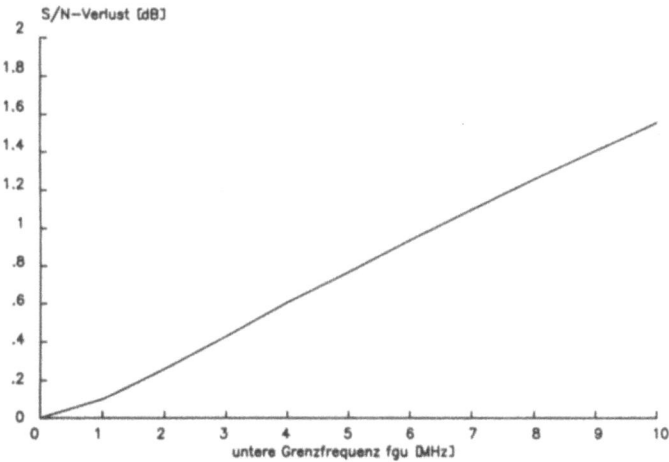

Bild 5: Ergebnisse der Simulation

# Simulation von Autotelefonsystemen zur Analyse von Verfahren der Funkfrequenzzuteilung auf einem PC

E. Bollweg, B. Page
Fachbereich Informatik der Universität Hamburg

**Abstract:** Der Beitrag beschreibt ein zeitdiskretes, ereignisorientiertes Simulationsmodell, das zur Untersuchung alternativer Zuteilungsverfahren für Autotelefonkanäle auf einem preisgünstigen PC in Pascal implementiert wurde. Die Zuteilungsverfahren werden kurz eingeführt, der Aufbau des Simulationsmodells vorgestellt, einige Implementationsaspekte diskutiert und die wichtigen Simulationsergebnisse präsentiert.

## 1. Problemstellung

Die Zuteilung von Funkfrequenzen in Funknetzen (z.B. Autotelefonsystemen) stellt wegen ihrer begrenzten Verfügbarkeit ein besonderes Problem dar.

Die Verbindung eines Autotelefons zu anderen (Auto-)Telefonen wird über Feststationen abgewickelt. Die Feststationen sind jeweils für einen Teil (Zelle) des Gesamtgebietes (Zellsystem) zuständig. Die Feststationen nehmen bei Bedarf zunächst über sogenannte Organisationskanäle Verbindungen mit den in der Zelle befindlichen mobilen Stationen (Autotelefone) auf. Über diese Verbindung wird beispielsweise übertragen, auf welchem Kanalpaar das Gespräch stattfinden kann. Es werden je Gespräch zwei Sprechkanäle benötigt, da beim Telefonieren Wechselsprechen möglich ist (duplex). Die Feststationen sind durch sogenannte Überleiteinrichtungen mit dem übrigen Telefonnetz verbunden. Zur Vermeidung von Störungen kann ein Kanalpaar, das in einer Zelle zugeteilt wurde, nicht ein wei-

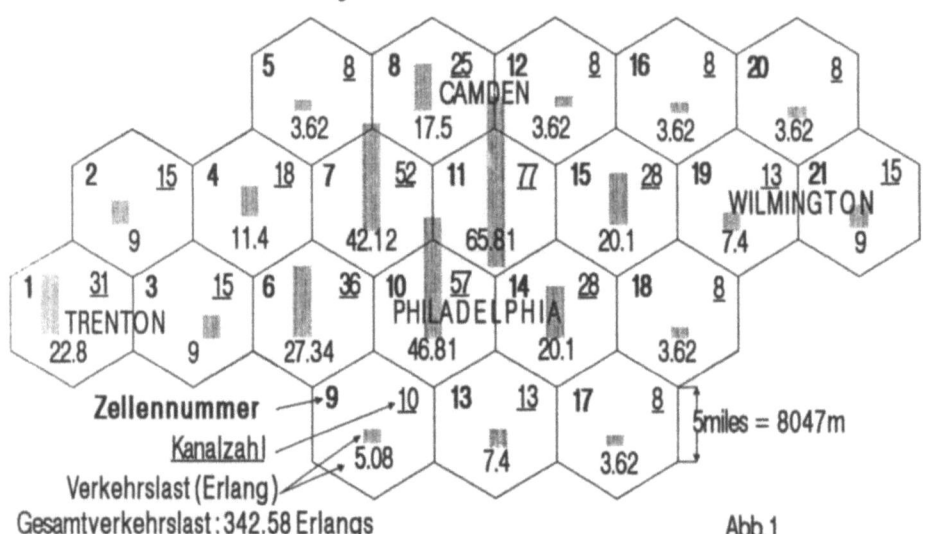

Abb. 1

teres Mal in der gleichen Zelle bzw. in benachbarten Zellen (Interferenznachbarn), die innerhalb einer bestimmten Entfernung (Wiederholabstand) liegen, verwendet werden. In realen Autotelefonsystemen sind die Wiederholabstände durch unterschiedliche Sendeleistungen und topographische Gegebenheiten nicht einheitlich. Bei der Modellierung werden aus Vereinfachungsgründen häufig Systeme verwendet, die aus regelmäßigen Sechsecken, die ein Gebiet vollständig abdecken, bestehen (Beispiel Abb. 1). Die zur Verfügung stehenden Kanäle müssen mit Hilfe eines Verteilungsverfahrens möglichst günstig den Gesprächen zugeordnet werden, so daß möglichst viele Gespräche gleichzeitig stattfinden können. Dabei muß die Blockierwahrscheinlichkeit (=Zahl nicht bedienter Anrufe / Gesamtzahl der Anrufe) minimiert werden. Die Blockierwahrscheinlichkeit läßt sich nur beim unten beschriebenen statischen Verfahren analytisch (z.B. mit der Erlang-B-Formel) bestimmen (siehe /JAK74/). Bei der Einführung von Nachbarkanalbedingungen (s.u.) oder der Verwendung von dynamischen Strategien lassen sich die Ergebnisse nicht mehr exakt berechnen. Hier ist die Simulation ein geeignetes Hilfsmittel.

## 2. Verteilungsstrategien

Die Verteilungsstrategien können grob in statische Verfahren (Kanäle werden fest an die Zellen verteilt), dynamische Verfahren (Kanäle werden nur für die Dauer eines Gesprächs an eine Zelle bzw. das entsprechende Gespräch vergeben) und hybride Verfahren (Kombination aus den ersten beiden) unterteilt werden. Einige der wichtigen Zuteilungsstrategien sind:

### Rein statische Zuweisung (STAT)

Die verfügbaren Kanäle werden fest auf die einzelnen Zellen des Zellsystems aufgeteilt. Dabei werden die Kanalpaare soweit möglich (Beachtung des Wiederholabstandes) mehrmals vergeben. Außerdem orientiert sich die Verteilung der Kanäle an den Verkehrslasten. Man kann zwischen Verfahren unterscheiden, die die Blockierwahrscheinlichkeit des Gesamtsystems minimieren und solchen, die die Blockierwahrscheinlichkeit für jede einzelne Zelle minimieren.
Die eigentliche Zuteilung von Kanälen an Gesprächswünsche funktioniert dann folgendermaßen:
Bei der Ankunft eines Anrufes wird ausschließlich unter den der betreffenden Zelle zugeteilten Kanälen nach einem freien Kanalpaar gesucht und bei erfolgreicher Suche zugeteilt.

### Statische Zuteilung mit Ausleihen (LEIH)

Wie bei STAT werden vor Beginn der eigentlichen Simulation zunächst die Kanäle an die Zellen verteilt.
Die Zuteilungsstrategie der Kanäle an die Gesprächswünsche funktioniert genau wie das oben beschriebene STAT. Sollte die Kanalsuche jedoch erfolglos sein, werden auch noch die Listen der (direkt angrenzenden) Nachbarzellen nach freien Kanälen durchsucht, bis das erste Kanalpaar gefunden wird oder nichts gefunden wird. Dabei muß beachtet werden, daß nicht alle in der betreffenden Zelle nicht genutzten Kanäle wirklich frei sind, da durch das Ausleihen der Wiederholabstand unterschritten werden könnte. Das Ausleihen blockiert eventuell auch eigene Kanäle anderer Zellen. Eine Variante wird in /AND73/ als Algorithmus 1 beschrieben:
Falls ein Kanal ausgeliehen werden soll, wird er von der Nachbarzelle genommen, die über die meisten an die betroffene

Zelle entleihbaren Kanäle verfügt. Der Aufwand des Verfahrens steigt, da alle entleihbaren Kanäle gefunden werden müssen. Die Abkürzung für diese Variante ist LEIH(A).

**First Available (ERST)**

Dieses Verfahren ist das einfachste dynamische Verfahren. Die Kanalpaare sind von 1 bis n durchnumeriert. In dieser Reihenfolge wird geprüft, ob eine Zuteilung möglich ist. Wenn das der Fall ist, wird sofort zugeteilt und nicht weitergesucht. Es wird also das freie Kanalpaar mit der niedrigsten Nummer zugeteilt.

**Bester Kanal (BEST)**

Bei diesem Verfahren, das in /SEN78/ beschrieben wird, soll durch eine geschickte Kanalzuteilung erreicht werden, daß sich für möglichst wenige weitere Zellen die Blockierwahrscheinlichkeit erhöht. Deshalb wird bei Ankunft eines Anrufes in einer Zelle festgestellt, welche Kanäle frei sind. Für jeden freien Kanal wird ermittelt, in wievielen Interferenznachbarn der betreffenden Zelle die Zuteilung des Kanals zusätzliche Blockierungen zur Folge hätte. Es wird dann derjenige Kanal ausgewählt, der die wenigsten zusätzlichen Blockierungen verursacht. Da alle Kanäle geprüft werden, ist dieses Verfahren sehr rechenzeitaufwendig. Das gilt besonders dann, wenn es viele freie Kanäle gibt.

**Die globale Umverteilung**

Die globale Umverteilung kann man als erweitertes dynamisches Verfahren bezeichnen, denn die Kanäle sind weder den Zellen noch den Anrufen fest zugeteilt. Falls das Verfahren erkennt, daß es ein zusätzlich ankommendes Gespräch bedienen könnte, wenn es alle Kanäle günstiger neu verteilt, wird die Neuverteilung durchgeführt. Sonst erfolgt die Kanalzuteilung durch ein beliebiges anderes (dynamisches) Verfahren. Für viele Zellsysteme funktioniert das Verfahren optimal.

**Hybride Verfahren und andere Kombinationen**

Ein hybrides Verfahren ist die Kombination des statischen Verfahrens (STAT) mit einem dynamischen Verfahren, um die Vorteile der einzelnen Verfahren zu nutzen. Ein Teil der Kanäle wird statisch vergeben, um die Verkehrsgrundlast in dem System zu befriedigen und um strategische Fehler der dynamischen Verfahren zu vermeiden. Bei der Ankunft eines Anrufes wird zunächst versucht, mit dem statischen Verfahren einen Kanal zuzuteilen. Gelingt das nicht, kommt das dynamische Verfahren zum Einsatz, das die restlichen Kanäle verwaltet und "Verkehrsspitzen" in einzelnen Zellen besser befriedigen kann.
Als Erweiterung denkbar ist, daß die Kanalmengen für die beiden Verfahren nicht streng getrennt sind.

### 3. Simulationsmodell

Zur Analyse der alternativen Kanalzuteilungsstrategien (7 wurden implementiert, weitere ergeben sich aus Kombinationen aus je 2 Verfahren) wurde ein <u>zeitdiskretes Simulationsmodell</u> entworfen und implementiert. Das Modell hat die Struktur eines <u>Bedienungssystems</u>, die Funktion der Bedienstationen übernehmen dabei die Kanäle, deren Anzahl wählbar ist. Sie können jedoch mehrere Gespräche gleichzeitig bedienen (wenn der räumliche Abstand groß genug ist). Eine weitere Besonderheit besteht darin, daß das Modell wahlweise als Wartesystem (wobei die Wartezeit begrenzt werden kann) oder als Verlustsystem eingesetzt werden kann. Dabei erfolgt die Bedienung nicht nach einer reinen FCFS-Bedienstrategie, sondern es wird zuerst derjenige Anrufer aus der Warteschlange bedient, für den ein geeignetes Kanalpaar verfügbar ist. Die Ankunft der Gesprächswüsche folgt einem Poissonprozeß. Die Gesprächslänge folgt einer Exponentialverteilung. Aus den wählbaren Parametern mittlere Zwischenankunftszeit und mittlere Gesprächsdauer ergibt sich die Verkehrslast des Gesamtsystems:

$$\text{Verkehrslast} := \frac{\text{mittl. Gesprächsdauer}}{\text{mittl. Zwischenankunftszeit}} \quad \text{(in Erlang)}$$

Das Zellsystem kann eine beliebige Struktur haben. Die Darstellung einer Zelle sieht im Modell wie folgt aus:
1) Verkehrslast: Analog zur Realität treten in den einzelnen Zellen unterschiedliche Anrufhäufigkeiten auf.
2) 3 Interferenzlisten: Die erste Liste enthält die Nummern der Zellen, in denen nicht der gleiche Kanal zur gleichen Zeit an ein Gespräch vergeben werden darf wie in der Zelle, zu der die Liste gehört. Die beiden weiteren Listen werden verwendet, wenn Nachbarkanalbedingungen gelten. Dabei dürfen innerhalb eines jeweiligen Wiederholabstandes nicht nur ein Kanal, sondern auch 2 bzw. 4 Nachbarfrequenzen nur einmal vergeben werden. Welchen Einfluß die Nachbarkanalbedingungen auf die Blockierrate haben, wurde in den bisher bekannten Studien nicht untersucht.

Der Anwender hat die Wahl, die Interferenzlisten selbst einzugeben oder sie berechnen zu lassen. Dann müssen jedoch die Wiederholradien und die Koordinaten des Zellmittelpunktes (=Standort der Feststation) eingegeben werden.

Folgende <u>Modellvereinfachungen</u> wurden vorgenommen:

- Die Verkehrslast der einzelnen Zellen ist nicht von der
  (Tages-)Zeit abhängig.
- Der Zellwechsel von Gesprächsteilnehmern (=> Wechsel der zustän-
  digen Feststation => neue Kanalzuteilung) wird vernachlässigt.

Für das Simulationsmodell bot sich sowohl von der Systemstruktur (Bedienungssystem ohne Serviceunterbrechung) als auch von der Zielsprache für die Implementierung (Pascal) her ein <u>ereignisorientierter Ansatz</u> an. In dem Modell werden die folgenden <u>Ereignistypen</u> unterschieden:
    (1) Ankunft eines Gesprächswunsches
    (2) Beginn eines Gesprächs
    (3) Ende eines Gesprächs
    (4) wartendes Gespräch verläßt System (nur bei Wartesystemen)

Die nächsten Zeitpunkte für Ereignisse der Typen (1) und (3) werden gespeichert. Die Simulationsuhr wird nach Abarbeitung des letzten Ereignisses jeweils auf den nächsten der beiden Zeitpunkte weitergestellt. (2) tritt als Folge von (1) oder (3) auf. (4) wird vereinfachend ebenfalls nur behandelt, wenn ein Ereignis von Typ (3) bearbeitet wird. Der prinzipielle Modellablauf ist in Abb. 2 dargestellt. Weitere (statistikspezifische) Ereignistypen sind "Ende der Vorlaufphase", "Blockende" und "Simulationsende".

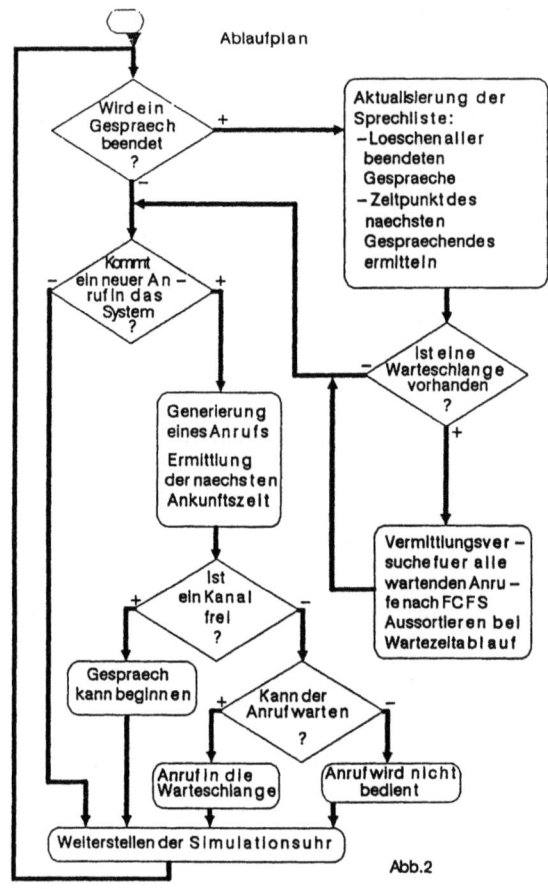

Abb.2

## 4. Implementationsaspekte

Die Implementation erfolgte auf einem preisgünstigen Mikrorechner (Atari 260ST), um zu zeigen, daß die Leistungsfähigkeit solcher Geräte für Simulationsstudien mittlerer Komplexität ausreicht. Das Angebot an Simulationssprachen ist für Mikrorechner noch sehr begrenzt. Daher wurde Pascal als Implementationssprache gewählt, das sich aufgrund der dynamischen Records und deren Verkettungsmöglichkeiten für die Listenverarbeitungsfunktionen bei der Simulation recht gut eignet, zumal Vorteile in den besseren Strukturierungsmöglichkeiten gegenüber gängigen Simulationssprachen (z.B. Simscript) bestehen. Auch wenn z.B. Simscript zur Verfügung gestanden hätte, wäre ein Einsatz wegen des großen internen Verwaltungsaufwandes nicht unbedingt ratsam gewesen (bei "langsamen" Mikrorechnern muß noch auf Effizienz geachtet werden). Allerdings hätte das Simscript-Set-Konstrukt die Programmierung des Modells(z.B. für die Verwaltung der Gespräche) vereinfacht.

Durch die Hauptspeichergröße von 512 KBytes gab es keine Speicherplatzprobleme. Jedoch schränkte der Compiler die Größe von Datenstrukturen auf jeweils 32 KByte ein. Aus diesem Grund können nur Simulationen mit Zellsystemen mit maximal 42 Zellen bei 360 Kanälen durchgeführt werden.

Der Programmtext hat einen Umfang von 1385 Zeilen (ca. 49KB), der Programmcode von ca. 52 KByte. Die Rechenzeit eines typischen Simulationslaufes lag in der Größenordnung von 2-3 Stunden.

## 5. Simulationsdurchführung und Ergebnisse

Wegen der Möglichkeiten der Modellvalidierung und der Vergleichbarkeit der Ergebnisse wurde ein Zellsystem, das schon vorher untersucht wurde (in /AND73/), verwendet. Die dort verwendete statische Kanalverteilung wurde jedoch nur zu Testzwecken übernommen, da dort die Kanäle so verteilt wurden, daß bei einer Verkehrslast von 342.58 Erlang die Blockierwahrscheinlichkeit für jede Zelle 2% betrug. Es ist aber mit der gleichen Zahl an Kanalpaaren (360) möglich, die Blockierwahrscheinlichkeit in einigen Zellen - insbesondere in Randzellen - (und damit des Gesamtsystems) noch weiter zu senken. Für den Vergleich mit dynamischen Verfahren wurde von dieser Möglichkeit Gebrauch gemacht, da diese Verfahren alle verfügbaren Kanäle voll ausnutzen.

Es wurden 3 Versuchsreihen durchgeführt:
- Simulation eines Verlustsystems
- Simulation eines Verlustsystems mit Nachbarkanalbedingung
- Simulation eines Wartesystems (3 versch. mittl. Wartezeiten)

Bei allen Versuchsreihen bestand die Simulation aus 3 Phasen: <u>Einschwingphase</u> und 2 Hauptphasen, wobei zur Erzeugung der Gesprächswünsche antithetische Zufallsvariablen verwendet wurden. Innerhalb einer Versuchsreihe wurden jeweils die gleichen Zufallszahlen verwendet, so daß jede Strategie die "gleichen" Gesprächswünsche zu bedienen hatte.

**Das einfache Verlustsystem**

Der Stichprobenumfang für diese Versuchsreihe betrug 200000 Gesprächswünsche. Das wichtigste Versuchsergebnis bei der Simulation eines Verlustsystems ist die im Gesamtsystem aufgetretene Blokkierrate. Die Ergebnisse für die getesteten Verfahren sind in der Abb. 3 eingetragen. "STAT(V)+ ERST" bedeutet, daß jeweils erst das statische Verfahren einge-

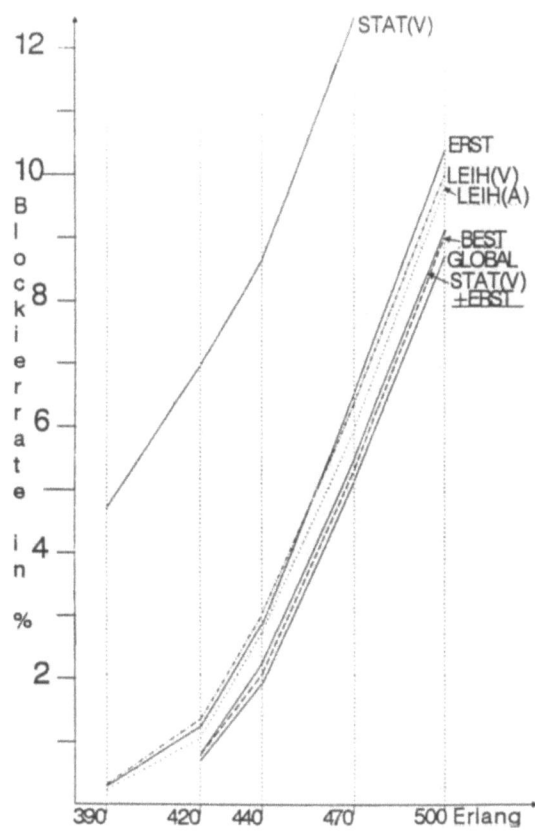

Abb. 3

setzt wird (dabei stehen 250 Kanäle zur Verfügung). Ist das
erfolglos, wird ein Vermittlungsversuch mit ERST unternommen,
wobei alle 360 Kanäle zur Verfügung stehen.
Auffällig ist das schlechte Abschneiden des derzeit bei der
Deutschen Bundespost eingesetzten Verfahrens STAT und die
Tatsache, daß bei niedriger Verkehrslast das Verfahren ERST besser
ist als LEIH, während dies bei hoher Verkehrslast jedoch umgekehrt
ist. Die flexiblere Kanalvergabe bei ERST bringt bei einer sehr
großen Verkehrslast keinen Vorteil mehr, sondern führt zu
strategischen Fehlern, die bei LEIH aufgrund der grundsätzlich
statischen Kanalvergabe nicht auftreten. Beste Strategie ist die
Kombination der Verfahren ERST und globaler Umverteilung
("GLOBAL"). Für einen Praxiseinsatz ist es jedoch wegen des hohen
Rechenzeitbedarfs (z.B. bei Verkehrslast von 470 Erlang
durchschnittlich 173ms je Gespräch) kaum geeignet.

Bei dem Verfahren BEST sank die benötigte Rechenzeit je Gespräch
mit steigender Verkehrslast von 114.6ms auf 80.7ms. Bei den anderen Verfahren (Ausnahme: GLOBAL) stieg die Rechenzeit mit steigender Verkehrslast nur geringfügig an und betrug etwa 40-50ms.

### Versuche mit einem Wartesystem

Abb. 4 zeigt Versuchs-
ergebnisse (Blockier-
raten) für einige Zu-
teilungsstrategien bei
den mittleren Wartezei-
ten von 15s, 30s und
45s im Vergleich zu
den Ergebnissen bei
keiner Wartezeit. Bei
allen Strategien sinkt
die Blockierrate erheb-
lich. Es muß dazu ge-
sagt werden, daß die
Länge der mittleren
Wartezeit in der Reali-
tät nicht wie hier ein-
gestellt werden kann.
Es könnte höchstens ei-
ne maximale Wartezeit
festgelegt werden.
Durch die Einführung
der Wartemöglichkeit
sank die Zahl der so-
fort bedienten Ge-
sprächswünsche. Bei dem
Versuch mit der Strate-
gie ERST, der Verkehrs-
last 440 Erlang und der
mittleren Wartezeit von
15s sank sie beispiels-
weise auf 71.5%. Aller-
dings wurden weitere
15.5% der Gesprächswün-
sche innerhalb von 5s
bedient.

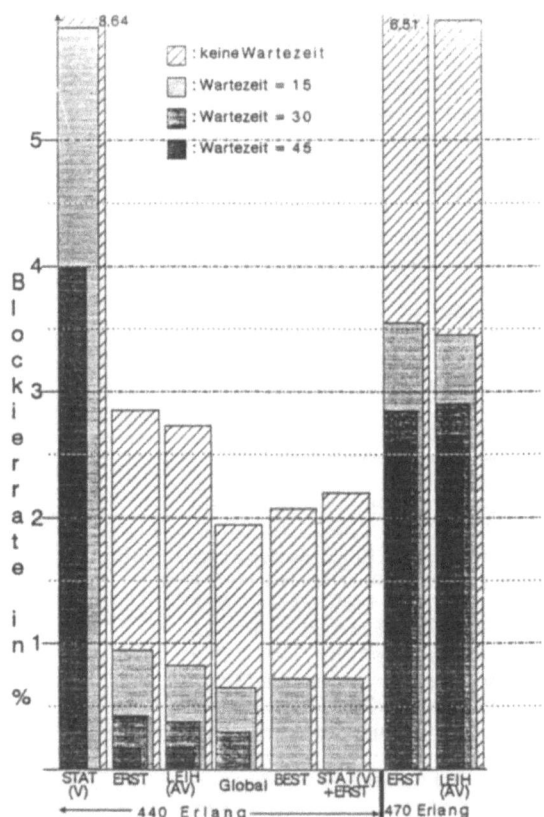

Durch den Verwaltungsaufwand für die Warteschlange wurde zur Simulationsdurchführung erheblich mehr Rechenzeit benötigt als bei den vorherigen Versuchen. Die Steigerung ist von der Länge der Warteschlange und damit von der mittleren "Wartewilligkeit" der Teilnehmer aber auch von der Verkehrslast (deutlich stärker als beim Verlustsystem) abhängig.

Schließlich wurden noch weitere Simulationen mit einem anderen Zellsytem durchgeführt, ohne jedoch zu prinzipiell anderen Ergebnissen zu gelangen.

## Abschlußbemerkungen

Die Leistungsfähigkeit von Mikrorechnern reicht heute im Prinzip schon aus, um Simulationsstudien durchzuführen.
Die Simulationsergebnisse zeigen, daß es bessere Zuteilungsstrategien gibt als das üblicherweise eingesetzte statische Verfahren. In naher Zukunft sollte die Leistungsfähigkeit der Rechner für eine Kanalzuteilung in Realtime-Bedingungen ausreichen, um einige der hier analysierten Verfahren auch in der Praxis einsetzen zu können.

## Literaturhinweise

/AND73/: L.G. Anderson :
A Simulation Study of Some Dynamic Channel Assignment
Algorithms in a High Capacity Mobile Telecommunications
System. IEEE Trans. Comm., vol. COM-21 (1973),1294-1301
/BOL86/: Eckart Bollweg :
Untersuchung von Verfahren der Funkfrequenzzuordnung
in Funknetzen durch Simulation, Diplomarbeit,
FB Informatik, Hamburg 1986 (unveröffentlicht)
/GAM86/: Andreas Gamst :
Kapazitätsgewinn durch dynamische Frequenzzuweisung
Teil A: Homogene Funknetze (1985)
Teil B: Inhomogene Funknetze (1986)
Philips Hamburg                    (unveröffentlicht)
/JAK74/: W.C. Jakes :
Microwave mobile communications.
Wiley & Sons 1974 Bell Telephone Labs
/SEK85/: H. Sekiguchi, H. Ishikawa, M. Koyama, H.Sawada :
Techniques for Increasing Frequency Spectrum Utilization.
Musashino Electrical Communication Laboratory, NTT,
Tokyo, Proc. 35th IEEE Veh.Techn.Conf., Boulder,Co. 1985
/SEN78/: M. Sengoku, K. Itoh :
A Dynamic Frequency Assignment Algorithm in Mobile Radio
Communication Systems. Trans. IECE of Japan, vol E 61
(1978), 527-533.

# Simulation eines lokalen Funknetzes bezüglich des Kanalbündels unter besonderer Berücksichtigung der Kanalökonomie

Markus Erlinghagen
Lehrgebiet Datenverarbeitungstechnik
Fernuniversität
Hagen

## Abstract

Local cellular radio networks (LCRN) are widely used nowadays. In existing networks switching and management is done by central equipment. Thus the networks topology is starshaped. We study by simulation the behaviour of a LCRN using completely decentralized managment and switching mechanisms. Quite different topologies have been analyzed. This paper covers some aspects of modelling of such a network as well as some measures for simplifying the model in order to obtain an efficient simulator.

## 1 EINFÜHRUNG

Das hier untersuchte lokale Funknetz besteht aus einer Anzahl von Stationen, die jeweils einen oder mehrere Teilnehmer bedienen. Im gesamten Funknetz steht ein Bündel von Zeitmultiplex-Halbduplex-Kanälen zur Datenübertragung zur Verfügung. Es interessieren besonders Netztopologien mit geringem Vermaschungsgrad, da in schwach vermaschten Netzen Kanäle mehrfach verwendet werden können.

Zur Herstellung von Verbindungen zwischen beliebigen Stationen in solchen teilvermaschten Nezten müssen alle Stationen die Fähigkeit besitzen Verbindungen zu vermitteln (Relaisfunktion). Verbindungen in teilvermaschten Netzen laufen über eine oder mehrere Stationen und bestehen aus einer oder mehreren Teilstrecken (Hops). Je Hop wird ein Kanal benötigt. Eine Verbindung benötigt also u.U. mehr als einen Kanal. Dieser Kanalbedarf wird teilweise durch die Möglichkeit, denselben Kanal an unterschiedlichen Orten im Netz gleichzeitig zu benutzen, kompensiert. Ziel der hier vorgestellten Untersuchung ist eine Abschätzung des mittleren Kanalbedarfs pro Verbindung, bei möglichst optimaler Wiederverwendung von Kanälen, durch Simulation.

Die Simulation erfolgt anhand eines Modells des Funknetzes, das in der Sprache MODULA-2 implementiert ist. Zur Unterstützung der Simulation paralleler Prozesse in MODULA-2 wurde das Werkzeug SIPP-M2 entwickelt. SIPP-M2 realisiert das Prozeßkonzept von SIMULA unter Verwendung des Koroutinenkonzepts von MODULA-2 und stellt eine Teilmenge der SIMULA-Konstrukte zur Verfügung.

## 2 LOKALES FUNKNETZ

Bild 1a zeigt beispielhaft eine Topologie des zu untersuchenden Funknetzes als Konnektivitätsgraph.

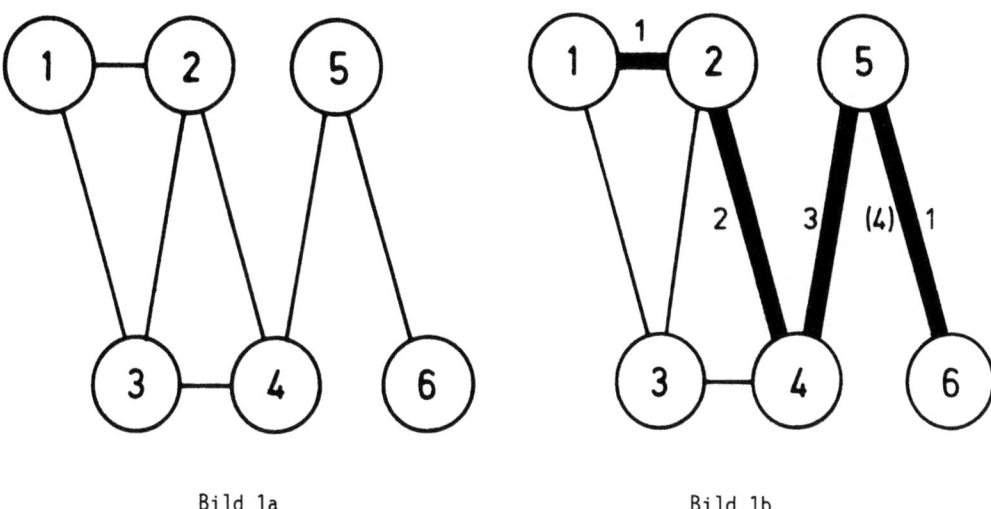

Bild 1a                Bild 1b

Die numerierten Kreise stellen Stationen dar; die Verbindungen zwischen den Stationen werden durch Kanäle eines netzglobal verfügbaren Kanalbündels realisiert, wobei auf den einzelnen Teilstrecken (Hops) gleichzeitig mehrere Kanäle in Gebrauch sein können. Zwei Stationen werden als benachbart bzw. als Nachbarn bezeichnet, wenn Sie miteinander direkt verkehren können. Die Verbindung eines Teilnehmers der Station 1 mit einem Teilnehmer der Station 6 kann z.B. auf dem in Bild 1b hervorgehobenen Weg durch Vermittlung der Stationen 2, 4 und 5 über 4 Hops erfolgen.

Da alle Kanäle funktechnisch realisiert sind und gleichzeitige Sendungen benachbarter Stationen auf demselben Kanal sich überlagern und deshalb empfangsseitig nicht mehr getrennt werden können, müssen Kanäle den Verbindungen gezielt zugeteilt werden. Dabei ist es erreichbar, daß jede Station (als Relais oder Ziel einer Verbindung) auf dem zugeteilten Kanal nur einen Sender und nicht gleichzeitig mehrere empfängt. Eine einfache Lösung besteht darin, für alle Hops verschiedene Kanäle zu wählen. Z.B. könnte die Verbindung zwischen den Stationen 1 und 6 durch die in Bild 1b dafür vorgesehenen Kanäle 1, 2, 3 und 4 realisiert werden.

Bei dieser Vorgehensweise würden für eine Verbindung über n Hops n Kanäle benötigt, gegenüber einem Kanal pro Verbindung in einem vollvermaschten Netz. Man kann jedoch Kanäle einsparen, indem man sie mehrfach verwendet. So ist der Kanal 4 auf dem Hop zwischen Station 5 und Station 6 einsparbar, weil dort der Kanal 1 gleichzeitig zu seiner Benutzung auf der Teilstrecke zwischen Station 1 und 2 benutzt werden kann. Dies ist deshalb möglich, weil entsprechend Bild 1a die Stationen 1 und 2 Sendungen der Stationen 5 und 6 nicht aufnehmen können, und die Stationen 5 und 6 durch Sendungen der Stationen 1 und 2 nicht gestört werden. Generell können Stationen, die zueinander eine Entfernung von zwei Hops haben, denselben Kanal verwenden.

Der mittlere Kanalwiederverwendungs-Faktor macht eine Aussage über die Häufigkeit der Wiederverwendung von Kanälen.

$$kwf = \sum_{i=1}^{m} \sum_{j=1}^{n} j \; p_{ij}/m \tag{1}$$

  m : Anzahl der Kanäle im Bündel
  $p_{ij}$: Wahrscheinlichkeit der j-fachen Belegung des Kanals i
  n : Maximal mögliche Anzahl von Belegungen jedes Kanals

n ist geometrieabhängig berechenbar. Man bestimmt dazu die Länge der längsten möglichen Verbindung in Hops und dividiert diesen Wert ganzzahlig ohne Rest durch 3 (zwei Hops Mindestabstand für zwei Stationen die denselben Kanal benutzen, plus die Teilstrecke auf der der Kanal schon benutzt ist).

Die mittlere Anzahl von Hops pro Verbindung ist:

$$\bar{h} = \sum_{i=1}^{mqz} h_i/mqz \tag{2}$$

  $h_i$ : Anzahl von Hops für Verbindung i
  N : Anzahl der Stationen im Netz
  mqz: Anzahl aller Quell/Ziel-Kombinationen

$$mqz = \binom{N}{2}$$

Aus dem mittleren Kanalwiederverwendungs-Faktor und der mittleren Zahl von Hops pro Verbindung resultiert der mittlere Kanalbedarf pro Verbindung. Er ist 1 bei einem vollvermaschten Netz und $\bar{h}$ bei einem teilvermaschten Netz ohne Kanalwiederverwendung:

$$kb = \bar{h}/kwf \tag{3}$$

Es gibt unterschiedliche Strategien, die Vergabe von Kanälen zu steuern. Das jeweilige Resultat bzgl. des Kanalwiederverwendungs-Faktors wurde durch Simulation untersucht.

# 3 MODELLBILDUNG

## 3.1 Verkehrsabläufe

Die Verkehrsabläufe im Funknetz wurden durch folgende Annahmen modelliert:

- Jeder Teilnehmer an einer Station erzeugt Verbindungswünsche, deren Zwischenankunftszeiten negativ exponentiell verteilt sind.
- Die Verbindungsdauer ist negativ exponentiell verteilt.
- Verbindungen zwischen beliebigen Stationspaaren sind gleichwahrscheinlich.

Die Stationen nutzen und verwalten dezentral unter anderem ein Teilnehmerverzeichnis und Daten über die Vermaschung des Netzes (Konnektivitätsmatrix) zur Unterstützug der Wegesuche.

Der Verbindungsaufbau wird von der Quellstation initiiert. Die Quellstation adressiert die Nachbarstation, die auf der kürzesten Route zur Zielstation liegt und realisiert so den ersten Hop. Diese Nachbarstation adressiert ihrerseits die geeignetste Nachbarstation und so fort bis die Zielstation erreicht ist.

Für die verbindungsbezogene Signalisierung wird ein getrennter Kanal des Bündels - der Organisationskanal - mittels des Vielfachzugriffsprotokolls S-ALOHA benutzt. Das Routen erfolgt dezentral, d.h. jede Station legt den weiteren Weg durch das Netz fest. Beim Verbindungsaufbau legen die benachbarten Stationen fest, welchen Kanal sie für die anschließende Kommunikationsphase benutzen wollen. Sind alle Kanäle belegt, tritt eine Blockierung des Verbindungswunsches ein. Die bis zur Blockierung aufgebaute Verbindung wird wieder abgebaut und dem Quellteilnehmer wird die Blockierung seines Verbindungswunsches mitgeteilt.

Der Verbindungsabbau wird wie der Verbindungsaufbau dezentral organisiert. Hop für Hop werden die belegten Kanäle wieder frei gegeben.

## 3.2 Prozesse und Objekte

Das Funknetz läßt sich auf verschiedene Weise modellieren:

1) Geht man analog der Realität vor, muß man für jede Station einen eigenständigen Prozeß vorsehen. Dieser Prozeß muß das gesamte Protokoll einer Station nachbilden. Die Verbindungswünsche können dann als Objekte behandelt werden, mit denen die Stationsprozesse umgehen. Für jeden Teilnehmer einer Station ist ebenfalls ein

Prozeß vorzusehen, der die Aufgabe hat, Verbindungswünsche zu erzeugen.

2) Eine andere Möglichkeit besteht darin, die Verbindugswünsche als Prozesse zu betrachten. Die Stationen werden dann zu Objekten. Jedes Objekt besteht aus einer Datensammlung über den Zustand einer Station. Auch die Teilnehmer einer Station werden zu Objekten. Die die Verbindungswünsche darstellenden Prozesse beinhalten die Algorithmen zur Wegesuche, Kanalbelegung und Behandlung von Blockierungen. Es wird ein Prozeß erforderlich, der Verbindungswünsche erzeugt.

### 3.2.1 Modellierung der Stationen als Prozesse

Die Aufgaben, die eine Station zu erfüllen hat, erfordern Verwaltungs- und Vermittlungsfunktionen, die parallel ablaufen müssen. Die Verwaltungsfunktionen stellen unter anderem sicher, daß jede Station zu jedem Zeitpunkt aktuelle Informationen über die Netztopologie besitzt (Veränderung der Topologie beim Ausfall von Teilnehmern). Desweiteren werden laufend Informationen über die lokale Belegung des Kanalbündels gesammelt. Es ist ebenfalls denkbar, Informationen über die Verkehrsbelastung des gesamten Netzes zu sammeln, um bei lokalen Blockierungen alternative Routen zu verwenden (lastabhängiges Routen). Diese Informationen sind die Basis für die Vermittlungstätigkeit der Stationen. Die Vermittlungstätigkeit besteht im Abhören aller Kanäle, auf denen Daten fließen, die vermittelt werden müssen. Diese Daten müssen aufgenommen, eventuell zwischengespeichert und dann in anderen Kanälen wieder ausgesendet werden.

Da diese Funktionen parallel ablaufen müssen wird für jede Station ein Satz von Prozessen erforderlich, die sich gegenseitig synchronisieren. Diese Synchronisation kann durch das Suspendieren von Prozessen mit bedingter Reaktivierung realisiert werden. Für die Reaktivierung kann ein Monitorprozeß eingesetzt werden, jedoch ist auch die Anwendung des Rendevouz-Konzepts (ADA) ebenso denkbar, wie die Anwendung synchroner (oder asynchroner) Send/Receive-Konstrukte.

### 3.2.2 Modellierung der Verbindungswünsche als Prozesse

Ein Prozeß, der einen Verbindungswunsch darstellt, muß einen Weg von der Quell- zur Zielstation finden. Die Wegesuche erfolgt von Hop zu Hop, wobei jeweils ein freier Kanal zu finden und zu belegen ist. Ist die Verbindung hergestellt, muß der Prozeß für die Verbindungsdauer warten und dann die Verbindung wieder abbauen.

Der Prozeß, der die Verbindungswünsche erzeugt, wählt zufällig Quell- und Zielteilnehmer aus, aktiviert einen Verbindungswunschprozeß und wartet bis zur Ankunft des nächsten Verbindungswunsches.

### 3.2.3 Gewähltes Modell

Es wurde bei der hier vorgestellten Untersuchung die Modellierung der Verbindungswünsche als Prozesse gewählt. Ein Grund für diese Wahl ist die geringere Komplexität dieses Modells. Ein weiterer Grund ist der geringere Verbrauch von Rechenzeit. Die Erzeugung und Synchronisation mehrerer Prozesse zur Modellierung einer Station wäre rechenzeitintensiver.

Für die Gewinnung einer Aussage über die Kanalökonomie ist die gewählte Modellierung des Funknetzes gut geeignet. Sollen darüber hinaus jedoch z.B. die verwendeten Protokolle untersucht werden, kann es erforderlich sein, von der hier gewählten Modellierung abzugehen.

### 3.2.4 Vereinfachende Annahmen

Die Kommunikation der Stationen zur Erfüllung der Verwaltungsaufgaben wird stark vereinfacht modelliert. Es wird angenommen, daß der Austausch von Informationen beim hopweisen Aufbau einer Verbindung in konstanter Zeit möglich ist. Dadurch wird die Implementierung des S-ALOHA-Protokolls eingespart. Dies ist zulässig, da bei der bisherigen Untersuchung keine Aussage über die Dauer des Verbindungsaufbaus benötigt wurde. Für die Ermittlung des Kanalbedarfs ist die Dauer des Verbindungsaufbaus von untergeordneter Bedeutung. Während des Verbindungsaufbaus werden zwar Kanäle belegt, die Dauer dieser Belegung ist aber vernachlässigbar im Vergleich zur Dauer einer Verbindung (bei der durchgeführten Simulation war das Verhältnis von Verbindungsaufbaudauer zu Verbindungsdauer etwa 1 zu 100).

## 4 AUSBLICK

Wie aus den obigen Ausführungen hervorgeht, ist das derzeit verwendete Modell noch stark vereinfacht. In Zukunft werden aber auch Aussagen über die Verbindungsaufbaudauer und die korrekte Funktion von noch zu entwickelnden Protokollen angestrebt. Es kann daher notwendig werden, das Modell zu modifizieren, um die gestiegenen Anforderungen durch Simulation erfüllen zu können.

Desweiteren wird an rechnerischen Lösungsverfahren von Teilproblemen gearbeitet. Die Simulation stellt dann ein Werkzeug für die Verifikation dieser Lösungsverfahren bereit.


5 LITERATUR

Franta, W. R.: The Process View of Simulation, Elsevier North-Holland, Inc. New York, 1977

Anger, Herbert: Ein Konzept zur Realisierung von Simulation und Echtzeitsimulation für Modula-II, Diplomarbeit, Universität Dortmund, Abteilung Informatik, Dortmund, 1984

Gleaves, Richard: Modula-2 for Pascal Programmers, Springer-Verlag, New York Berlin Heidelberg Tokyo, 1984

Wirth, Niklaus: Programming in MODULA-2, Springer-Verlag, Berlin Heidelberg New York, 1985, third edition

Swoboda, J.; Köhler, B.; Bächle, A.: A Tool for Specification and Simulation, and its Application to ISDN D-Channel-Protocol, Proceedings of the Eigth International Conference on Computer Communication, Munich, 1986, Paper C3-3

Walke, B.: Über Organisation und Leistungskenngrößen eines dezentral organisierten Funksystems, GI/NTG-Fachtagung Kommunikation in verteilten Systemen, Aachen, Feb. 1987

Gotthardt, C.; Brass, V.: On Throughput and Delay-Time in S-ALOHA Multi-Hop Networks, GI/NTG-Fachtagung Messung, Modellierung und Bewertung von Rechensystemen, 29.Sept. - 1.Oct. 1987, Erlangen, F.R.G

## Simulation eines Dreiphasen-Gleichrichters mit SIMSTAR und ACSL

W. Kleinert, M. Gräff, K. Wenk
(TU Wien, TU Wien, BBC Zürich)

Beim Design von Thyristorlokomotiven besteht ein Bedarf nach Echtzeitsimulation von Gleichrichterbrücken, um mit "Hardware-in-the-loop"-Experimenten (Einhängen echter Controller) das Systemverhalten insbesondere in Fehlerfällen studieren zu können.

Das Modell (/KLOS85/), auf dem diese Untersuchung basiert, ist durch das folgende Ersatzschaltbild gegeben:

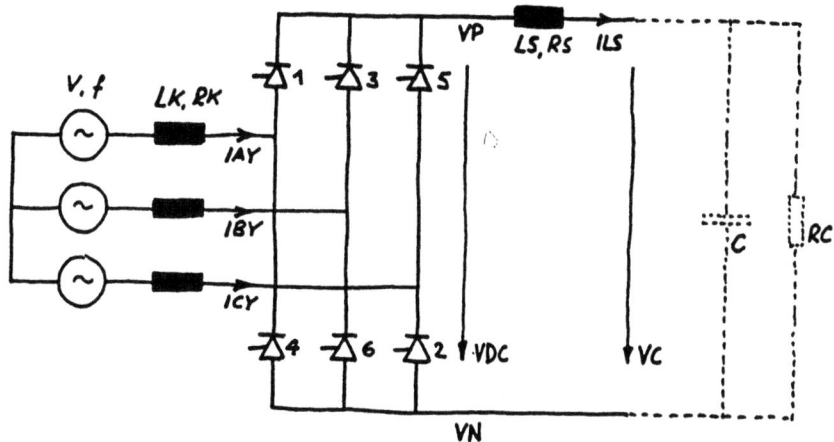

Typische Werte für die dabei auftretenden Konstanten sind:

    f ... 50 Hz,
    Lk ... ca. 0.0001,    Rk ... ca. 0.001,
    Ls ... ca. 0.05,      Rs ... ca. 0.1,
    Rc ... 0.02,         C ... 0.1.

Das System enthält zwei verschiedene Zeitkonstanten, eine langsame durch die Stromquelle mit 50 Hz gegebene und eine schnelle durch den Wert von 1/Lk gegebene.

Die Implemtierung dieses Modells auf dem EAI SIMSTAR erfolgte in der ACSL-ähnlichen Modellbeschreibungssprache PTRAN. Den Großteil des Modells und auch des Aufwands bei der Entwicklung macht die Beschreibung der im system enthaltenen Logik aus (Schließen der Ventile ist einfaches Zustandsereignis, das Öffnen ist zeitverzögert und vom Zustand anderer Ventile abhängig, so daß alle sechs Schalter zyklisch voneinander abhängen).

Die Studien wurden unter Verwendung der Simulationsumgebung HYBSYS-PTRAN durchgeführt. Die Rechnungen haben gezeigt, daß die Echtzeitanforderung mit dem SIMSTAR erfüllt werden kann und daß die Lösungen zuverlässig sind, d.h. daß alle erwarteten Effekte bei der Simulation auch tatsächlich beobachtet werden konnten.

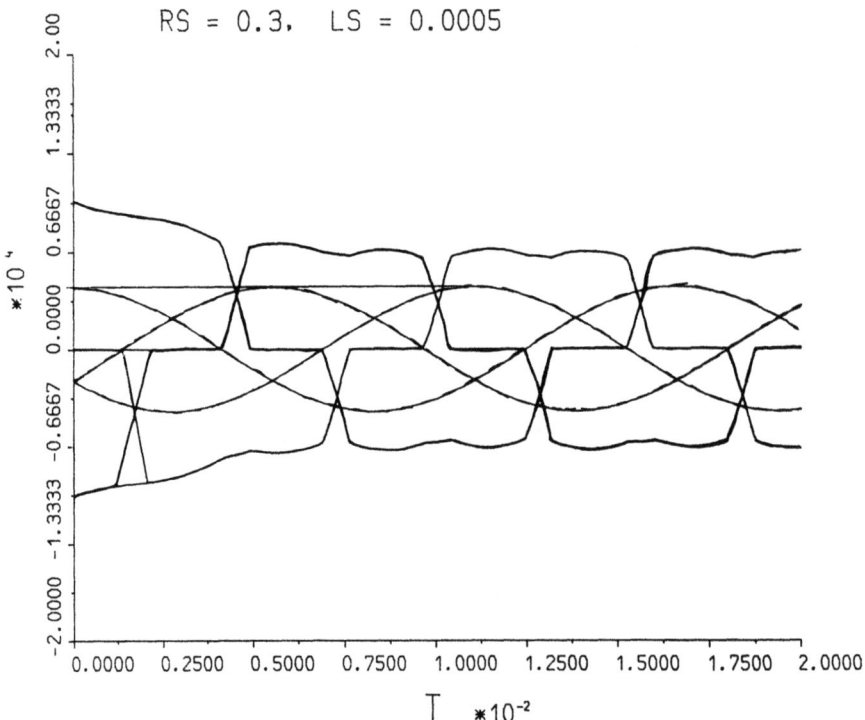

Die SIMSTAR-Simulationen wurden mit digitalen Simulationen in ACSL verglichen. Es wurden dabei zwei Modelle implementiert:

1. **SIMSTAR-nahes Modell:** Logik läuft getaktet in einer Discrete Section (Simulation der Parallel Logic Unit des SIMSTAR). Die Taktzeit der Logik beschränkt die maximale Integrationsschrittweite und ist daher wesentlich sowohl für die Zuverlässigkeit als auch für die Effizienz der Implementierung.

2. **Ereignis-orientiertes Modell:** Zwischen den Zustandsereignissen beeinflußt die Logik die Integration nicht, d.h. man kann eine wesentlich verbesserte Performance erwarten; die Rechnungen haben aber diese Hoffnung nicht erfüllt.

Die auf einer Cyber 860 unter dem Betriebssystem NOS2 erzielten Rechenzeiten waren:

| Integrator | Modell1 | Modell2 |
|---|---|---|
| stiff Gear | 3.5 s/Per. | 3.0 s/Per. |
| expl. Euler | 1.2 s/Per. | 1.5 s/Per. |
| expl. RK2 | 1.3 s/Per. | 1.7 s/Per. |
| expl. RK4 | 2.5 s/Per. | 2.9 s/Per. |

**Literatur:**

/KLOS85/ Kloss T.: Zum dynamischen Verhalten eines Stromrichters", Elektroniker, Nr. 8/1985.

## SIMULATIONSSYSTEME

## UND

## GEMISCHTE ANWENDUNGEN

# REALISIERUNG UND ANWENDUNGSMÖGLICHKEITEN EINES MOTORRADFAHRSIMULATORS

Karl-Peter Born, Olaf H. Peters
Bergische Universität-GH Wuppertal

## 1. EINLEITUNG

"Motorradfahren - Reiz mit hohem Risiko" - so heißt ein Sonderdruck des Bundesverkehrsministeriums /1/. Darin werden die Unfallzahlen und - folgen bei Motorradfahrern beleuchtet. Das Risiko eines Kraftradfahrers liegt bei der gleichen Fahrleistung um rund das 20-fache höher als bei einem PKW-Fahrer. Die Schadenshäufigkeit nimmt bei Motorrädern mit hoher Leistung zu und liegt bei jugendlichen Motorradfahrern besonders hoch. Daß die Unfallfolgen viel ernster und damit die Kosten durch Unfälle sehr hoch liegen ergibt sich aus der geringen passiven Sicherheit, die ein Motorrad bietet.

Nach heutiger Klassifikation werden 80-90% der Unfallursachen dem Komplex "menschliches Versagen" oder "Fehlverhalten" zugeordnet, der Rest dem Fahrzeug oder der Straße zugeschrieben. Daraus ließe sich folgern, daß das Verhalten des Fahrers, vor allem in Gefahrensituationen, nicht angepaßt ist. In der Vergangenheit konnten die Eigenschaften des Fahrers, des Fahrzeugs oder der Straße nur isoliert betrachtet werden und kritische Situationen konnte man wegen einer zu hohen Gefährdung nicht im normalen Straßenverkehr untersuchen. Dies gilt besonders beim Motorradfahren.

## 2. VERKEHRSSIMULATOREN

Mit Simulatoren lassen sich Untersuchungen an einem komplexen System wie dem Fahrer-Fahrzeug-Umwelt System durchführen, ohne den Menschen in Gefahr zu bringen.

Bei der Simulation untersucht man das Verhalten der Nachbildung von Systemen. Die Nachbildung soll möglichst genau dem realen System entsprechen. Durch die Entwicklung der Computer ist man diesem Ziel immer näher gekommen. Vor allem die Forderung nach der Echtzeitsimulation wurde durch schnelle Rechner erst realisierbar.

Seit ca. 20 Jahren werden in der Luft- und Raumfahrt Simulatoren zur Ausbildung und Training eingesetzt, wodurch zum einen Gefahren vermieden werden und gleichzeitig die Ausbildungskosten gesenkt werden konnten. Aus der Luft- und Raumfahrt kamen deshalb die Hauptimpulse zur Weiterentwicklung und

Verbesserung der Simulationstechnik. Die Entwicklung von Fahrsimulatoren verläuft trotz einiger Vorteile langsamer. Erst mit dem Daimler-Benz Fahrsimulator wurde ein Standard erreicht, der dem von Flug-Simulatoren nahekommt.

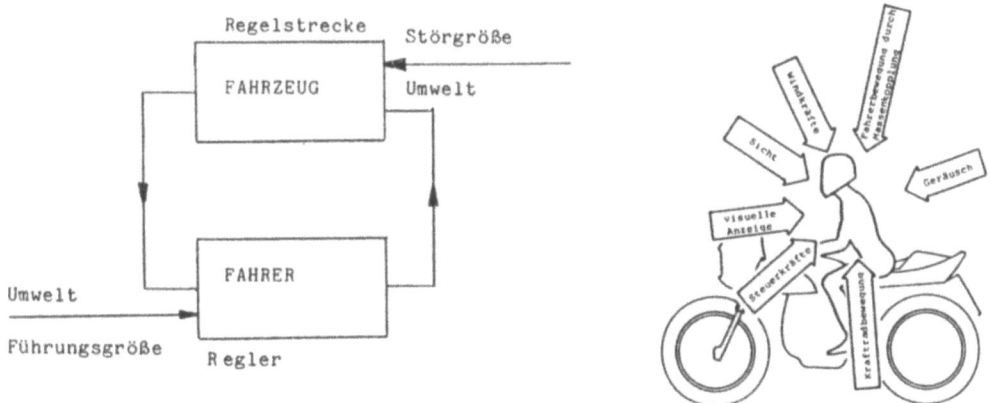

Abb. 1: System Fahrer-Fahrzeug-Umwelt /2/     Abb. 2: Informationen zum Führen eines Kraftrades /3/

Eine einfachste Darstellung des Systems Fahrer-Fahrzeug-Umwelt zeigt Abb. 1. Zur Fahrsimulation müssen das Fahrzeug und die Umwelt nachgebildet werden und Informationen, die zum Fahren eines Kraftrades erforderlich sind, dem Fahrer zugänglich gemacht werden. (vergl. Abb. 2 und Tabelle 1)

| visuell | akustisch | vestibulär | haptisch |
|---|---|---|---|
| 1. Lage des Fahrzeugs relativ zur Umgebung in allen sechs Freiheitsgraden und allen zeitlichen Ableitungen<br><br>2. Aussehen der Umgebung im Bereich der Sichtweite<br><br>3. Aussehen des Fahrzeugs | 1. Fahrgeräusch<br><br>2. Motorgeräusch<br><br>3. Reifenquietschen<br><br>4. Umgebungsgeräusche | Beschleunigungen des Fahrzeugs in allen sechs Freiheitsgraden | 1. Drehmoment am Lenkrad beziehungsweise Kraft am Lenkhebel<br><br>2. Kraft am Gas- und Kupplungspedal |

Tab. 1: Im Fahrsimulator zu vermittelnde Wahrnehmungen

## 3. KOMPONENTEN DES MOTORRADFAHRSIMULATORS

Bei einem Motorradfahrsymulator stellt die Nachbildung der Fahrdynamik ein besonderes Problem dar. Das Vermeiden des Kippens ist für den Motorradfahrer eine zusätzliche wichtige Regelaufgabe. Weiterhin kommen beim Motorrad die Beeinflussung des Fahrers durch den Fahrtwind und die sehr hohen Längsbeschleunigungen hinzu. Die Schräglage des Motorrads wird dadurch simuliert, daß der Horizont und nicht das Motorrad gekippt wird. Dadurch erreicht man eine Übereinstimmung von visueller und vestibulärer Information, da beim Motorradfahrer die Resultierende der seitlich wirkenden Kräfte im wesentlichen durch die Körperlängsachse verlaufen, im stationären Betrieb das Motorrad also senkrecht stehen muß. Abbildung 3 zeigt die Systemkonfiguration unseres Motorradfahrsimulators.

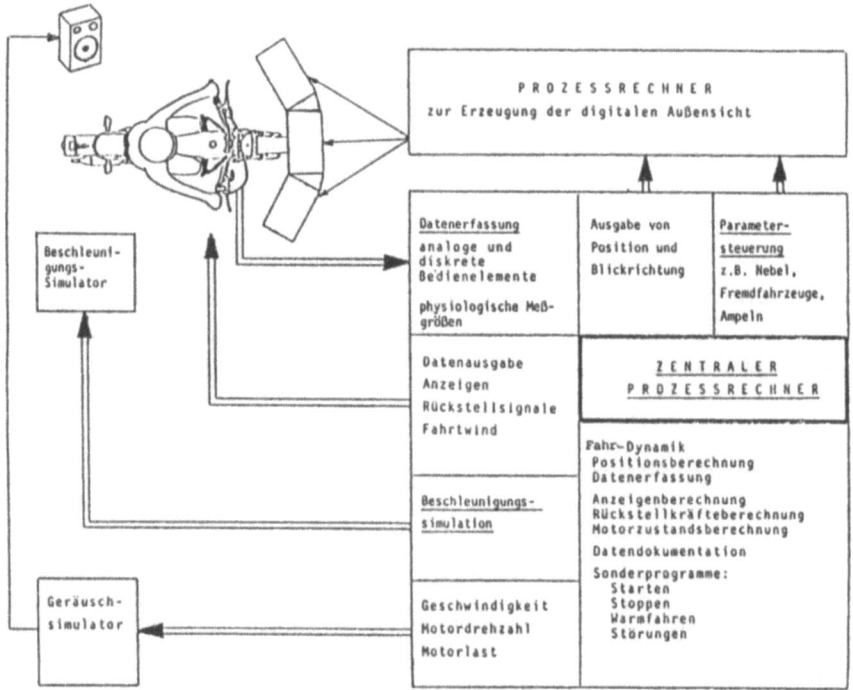

Abb. 3: Systemkonfiguration des Motorradfahrsimulators

### 3.1. Motorrad

Als Fahrzeug dient eine BMW K100, die nach Form und Funktionsweise nicht verändert wurde. Der Proband sitzt also auf einem realen, unveränderten Motorrad, daß genauso bedient werden muß wie in der Realität. Ebenso funkti-

onieren die Instrumente und Kontrolleuchten. Ebenso entsprechen die Kräfte
zur Benutzung der Bedienelemente denen einer K100. Das Motorrad ist fest
eingespannt. Da bei höheren Fahrgeschwindigkeiten am Lenker nur sehr geringe
Lenkeinschläge auftreten und das Motorrad durch das Aufbringen eines Lenkmoments gesteuert wird, ist das Vorderrad an einem Federstab befestigt, dessen
Durchbiegung über DMS-Meßwertaufnehmer aufgenommen wird.
Bei der Vorderradbremse wird der Druck der Bremsflüssigkeit gemessen, an der
Hinterradbremse die Kraft am Bremspedal. Die Stellung des Kupplungshebels
und des Gasgriffes werden über Potentiometer aufgenommen. Der Fehler der
Meßwertaufnahme liegt bei weniger als einem Prozent.

3.2. Der Simulatonsrechner und die Fahrdynamik

Die Meßwerte werden digitalisiert und gespeichert, bzw. weiterverarbeitet.
Dazu wird ein mathematisches Modell des dynamischen Motorradfahrverhaltens
verwendet.
Die komplexen Bewegungsabläufe bei einem Motorrad, die stark durch die Kreiseleffekte beeinflußt werden, stellen eine hohe Anforderung an das Modell.
Zum anderen begrenzt die kurze Rechenzeit (33 ms) durch den Echtzeitbetrieb
die Anzahl der Freiheitsgrade im Modell. Die Rahmeneigenschaften konnten
deshalb nicht berücksichtigt werden. (Abb. 4)

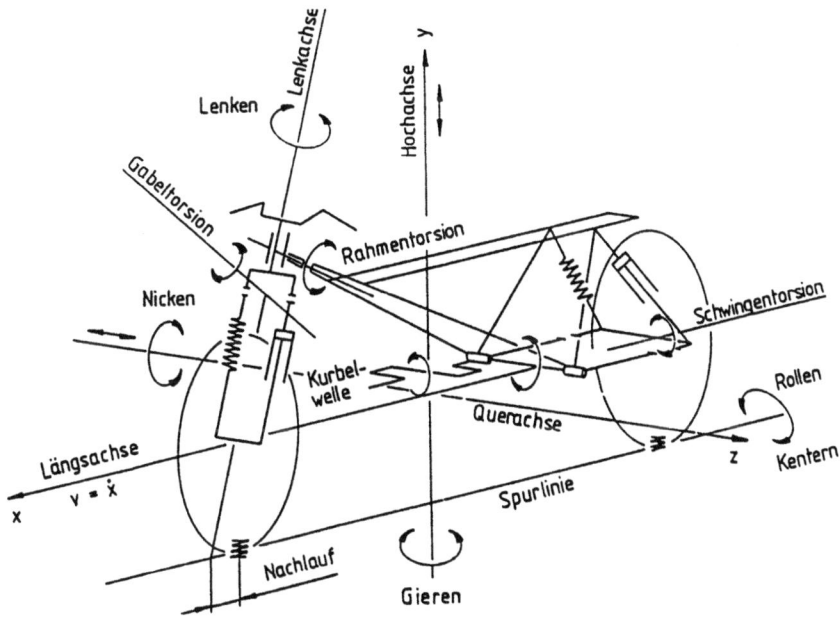

Abb. 4: Freiheitsgrade am Motorrad /4/

Aus den Eingangsgrößen Gasweg, Lenkmoment, Bremskräfte, Kupplungsweg und
gewähltem Gang werden die Position, Geschwindigkeiten und Beschleunigungen
des Motorrads in allen 6 Freiheitsgraden berechnet. Alle diese Berechnungen
erfolgen in einem 32-Bit Prozessrechner hoher Rechengeschwindigkeit.
Die Ergebnisse werden benutzt, um Instrumente anzusteuern, Geräusche zu
erzeugen und die Windgeschwindigkeit sowie die Beschleunigungskräfte zu
simulieren. Die jeweiligen Positionswerte werden an den Rechner zur Simulation der Außensicht weitergegeben.

3.3. Das Aussensichtsystem

Der CGI Computer ist eine speziell zur Bildverarbeitung entwickelte Rechner-
hardware (Compu Scene 2 von GE/MBB). Die wichtigsten Kenngrößen liegen in der
Taktfrequenz von 30 Hz, der Echtzeitkantenkapazität von 2047 Kanten und dem
Sichtfeld von 30 Grad horizontal und 104 Grad vertikal, was in etwa dem
Visierausschnitt des Motorradhelmes entspricht. Die Daten werden mit einer
Zykluszeit von 1/30 Sekunde im Pipelineverfahren verarbeitet und sie durch-
laufen 3 Takte, was zu einer Zeitverschiebung zwischen Aktion an den Bedien-
elementen und Reaktion auf dem Display von 100 ms führt. Dieser Zeitverzug
wird von Probanden nicht bemerkt. Während dieser Zeit erfolgt die Neu-
brechnung der der jeweiligen Fahrerposition zugehörigen Perspektive der
Datenbasis. Unter einer Datenbasis versteht man die digitalisierte
Darstellung einer Landschaft. (Abb. 5)

Abb. 5: Bildausschnitt der Datenbasis mit Moving Models

## 3.4. Geräusch- und Fahrtwindsimulation

Die Geräuschsimulation läßt sich mit wesentlich geringerem Aufwand realisieren; so wurde hier ein Commodore VC 64 eingesetzt, der ein von Motordrehzahl, Fahrgeschwindigkeit und Beschleunigungszustand abhängiges Geräusch erzeugt. Mit einem etwas größeren Aufwand lassen sich sehr realistisch Fahrgeräusche erzeugen.

Auch der Fahrwind läßt sich für niedrige Geschwindigkeiten sehr einfach simulieren; es wird ein Ventilator eingesetzt, der abhängig von der Fahrgeschwindigkeit angesteuert wird.

## 3.5. Beschleunigungssimulation

Zur Realisierung der Beschleunigungssimulation werden bei Flug- und Fahrsimulatoren teilweise große Bewegungssysteme installiert, um zum einen den Realitätsgrad zu erhöhen, zum anderen, um der "Simulatorkrankheit", die nach allgemeiner Auffassung durch fehlende oder schlecht mit dem Bild synchronisierte Beschleunigungssimulation hervorgerufen wird, vorzubeugen.

Beim Motorradfahren treten vor allem Längsbeschleunigungen auf, die 1 g erreichen können. Weiterhin wirken bei hohen Geschwindigkeiten recht erhebliche Kräfte durch den Fahrtwind auf den Motorradfahreroberkörper. Die Beschleunigungs- und Windkräfte werden in unserem Simulator dadurch simuliert, daß der Fahreroberkörper durch einen Gurt nach hinten gezogen wird. (Abb. 6) Das Nicken des Motorrads wird durch die Veränderung des Bildhorizonts dargestellt.

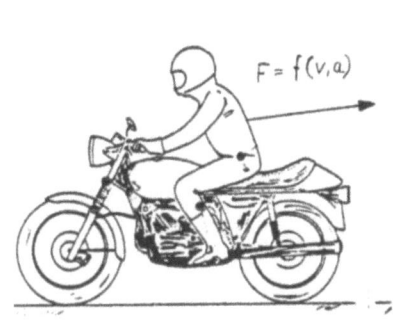

Abb. 6: Längsbeschleunigung

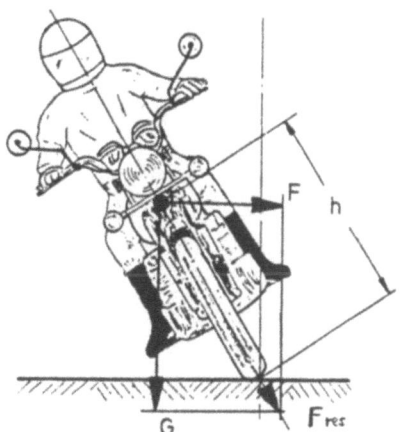

Abb. 7: Kräfteverlauf in der Schräglage

Auf eine Simulation der Querbeschleunigungen wurde verzichtet, da die Querkräfte beim Motorradfahren Scheinlotrichtig verlaufen. Die Schräglage des Motorrades wird durch Kippen des Bildhorizontes dargestellt und von den Probanden sehr gut akzeptiert. (Abb. 7)

Weiterhin wird das Motorrad zur Vibration angeregt, um dem Fahrer das Gefühl von Fahrbahnunebenheiten zu vermitteln.

Das Zusammenwirken all dieser Simulatorkomponenten soll dem Probanden das Gefühl vermitteln, er befände sich in einer realen Verkehrssituation.

## 4. FAHRVERSUCHE MIT DEM MOTORRADFAHRSIMULATOR

Die von uns entworfene Fahrstrecke (Datenbasis) hat eine Länge von ca. 8 km und weist nur Kurven mit großen Radien auf. Diese Strecke kann mit unterschiedlicher Landschaftsumgebung gezeigt werden (Variation der Datenbasis). Neben den Aktivitäten des Fahrers ("Gas-geben", Lenken, Bremsen, Kuppeln und Schalten) können auch physiologische Größen wie z.B. die Pulsfrequenz während der Versuchsfahrten aufgezeichnet werden. (Abb. 8)

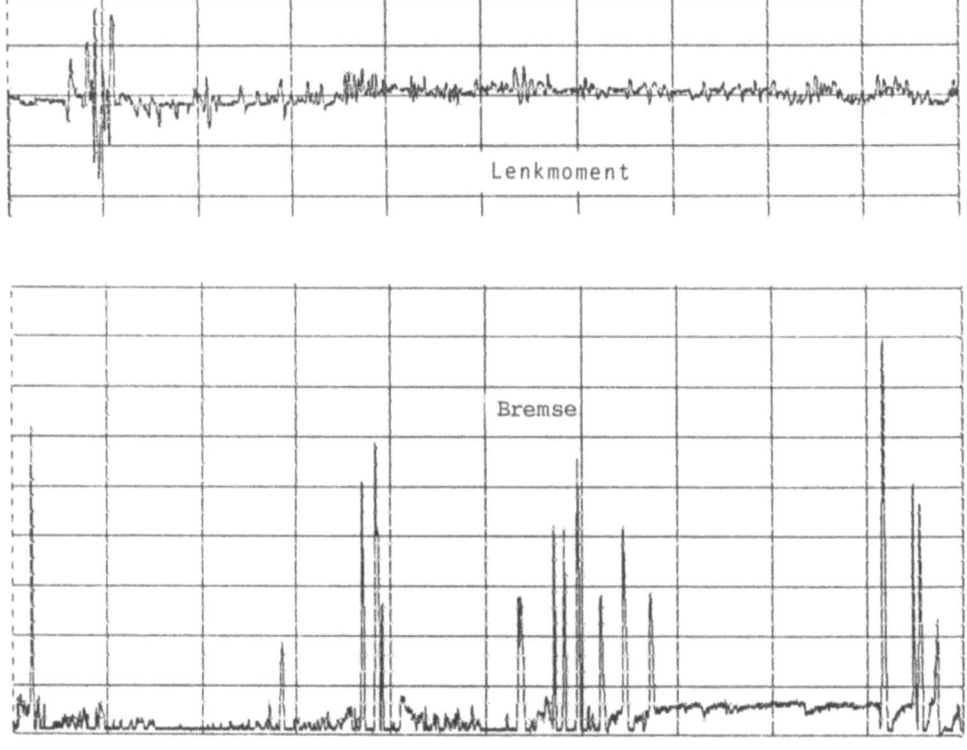

Abb. 8: Fahreraktivitäten beim Fahrversuch (Versuchsdauer 5 min)

Nach einigen tausend Fahrkilometern mit unterschiedlichen Versuchspersonen, die zu einer steten Verbesserung des Gesamtsystems führten, wurden als erstes Fahrversuche unter Alkoholeinfluß durchgeführt. Dabei wurden nach einer 20 - 30 minütigen Eingewöhnungszeit der Alkoholpegel der Probanden in 4 Stufen und in einem Zeitraum von 2 - 3 Std. erhöht. Gemessen wurde neben der Regelaktivität des Fahrers die Zeit, die er sich außerhalb der Fahrbahn befand. (Abb. 9)

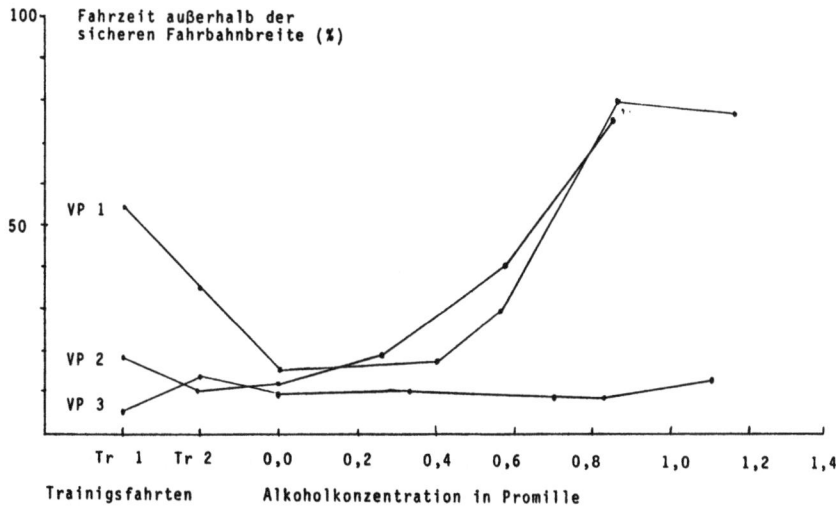

Abb. 9: Fahrfehler in Abhängigkeit der Alkoholkonzentration

Die 5 Meßfahrten wurden mit unterschiedlich programmierten Führungsfahrzeugen durchgeführt, um einem Lernprozess vorzubeugen. Zur Messung des Alkoholpegels wurde ein Atemluftalkohol-Meßgerät verwendet. Bei den Fahrversuchen wurde ebenfalls die Pulsfrequenz ausgewertet und zeigte ähnliche Pulsfrequenzerhöhungen wie bei normaler Straßenfahrt auf. Ähnliche Meßergebnisse wurden auch bei anderen Simulatorversuchen, z.B. mit dem Fahrsimulator des Volkswagenwerkes erzielt /5/.

## 7. AUSSBLICK

Die Ergebnisse der bisher durchgeführten Fahrversuche deuten darauf hin, daß der Motorradfahrsimulator für eine Vielzahl von Fahrversuchen geeignet ist, die in der Wirklichkeit auf Grund der hohen Gefährdung der Probanden nicht durchgeführt werden können.
Eine Weiterentwicklung unseres Motorradfahrsimulators ließe sich insbesondere durch das kürzlich von CAE vorgestellte Helmet-Mounted Display System erreichen (Abb. 10). Dieses würde z.B. auch Fahrversuche zulassen, bei denen der Fahrer eine Rundumsicht haben muss. Bei diesem Displaysystem wird dem

Fahrer nur der der Kopfstellung entsprechende Ausschnitt der Datenbasis gezeigt. Das Blickfeld des Fahrers wird nicht mehr durch feststehende Bildschirme bzw. Projektion begrenzt.

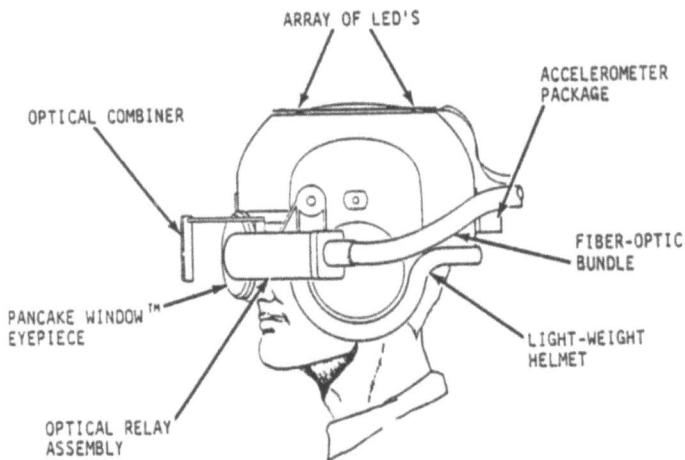

Abb. 10: Helmet-Mounted-Display System /6/

Angesichts der steigenden Zulassungszahlen bei Zweirädern und der hohen Unfallraten bildet der Motorradfahrsimulator eine Möglichkeit, die Unfallursachen zu untersuchen und einen Beitrag zur Verkehrssicherheit zu leisten.

Literaturverzeichnis:

/1/ Motorradfahren - Reiz mit hohem Risiko
    Hrg.: Bundesministerium für Verkehr der BRD
/2/ Arand, W. und Kupke, P.:
    Anfordeungen an Fahrsimulatoren zur Untersuchung des Fahrer-Fahrzeug-Verhaltens sowie der verkehrstechnisch relevanten Eigenschaften von Straßenentwürfen
    Forschung, Straßenbau und Straßenverkehrstechnik, Heft 375, 1982
/3/ Hackenberg, U.:
    Ein Beitrag zu Stabilitätsuntersuchung des Systems "Fahrer-Kraftrad-Straße"
    Dissertation, TH Aachen 1985
/4/ Heyl, G.:
    Fahrdynamische Grundlagen des Motorrads und ihre Bedeutung für die Fahrsicherheit
    Unfall und Fahrzeugtechnik, Heft 5 (1983)
/5/ Seiffert, U. und Richter, B.:
    Mehr Sicherheit beim Autofahren. Fahrer, Fahrzeug und Straße im Simulator
    Umschau in Wissenschaft und Technik (1977) 10, 300-304
/6/ CAE-Elecronics:
    Helmet-Mounted-Display System, 1985

TESSY: Ein Tennis-Simulations-System
Jürgen Perl
Universität Mainz

Inhalt:

1. Einleitung
2. TESSY
3. Spielsimulation und Trainingsmöglichkeiten

Kurzfassung: TESSY ist ein TEnnis-Simulations-SYstem, das auf der Grundlage eingegebener Spielstärkedaten optimale spieltaktische Konzepte berechnet und u.a. für Spielsimulation verwendet.


1. Einleitung

Das Ausgangsproblem für die Entwicklung von TESSY war die Frage, ob sich taktisches Verhalten in Rückschlagspielen optimieren läßt, und ob sich hieraus der Ansatz für ein das technische Training ergänzendes taktisches Training ableiten ließe. Das positive Ergebnis der Untersuchungen eröffnete die Möglichkeit, mit Hilfe von Simulation taktische Strukturen zu erkennen, zu vergleichen und einzuüben.
Im einzelnen simuliert TESSY u.a.
- die technischen Fertigkeiten von Spielern,
- Spielgestaltung und Spielablauf,
- spieltaktische Konzepte.
TESSY ist als System verfügbar und läuft unter MS-DOS auf PC-kompatiblen Personal Computern folgender Ausstattung:
- Color Graphics Card
- 300 KB Arbeitsspeicher
- 300 KB Diskette, 5 1/4"-Laufwerk
- 10 MB Plattenspeicher oder wahlweise ein weiteres 5 1/4"-Laufwerk

## 2. TESSY

### 2.1 Das Modell

Das Basis-Objekt im TESSY-Modell ist der Schlag. Ein Schlag kann durch bis zu vier Attribute beschrieben werden, die z.B. die technische Ausführung, die Orientierung, die Positionierung o.ä. charakterisieren. Gegenwärtig sind nur Positionsattribute installiert, wobei die Annahme- und die Zielposition eines Schlages jeweils durch zwei Attribute bestimmt werden:

| Schlag: | (Annahmepostion | -> | Zielpostion | ) |
|---|---|---|---|---|
| Realisierungen: | Hinten-Rechts | | Hinten-Rechts | |
| | Hinten-Links | | Hinten-Links | |
| | Vorne -Rechts | | Vorne -Rechts | |
| | Vorne -Links | | Vorne -Links | |

Eine der 16 so zu beschreibenden Schlagformen ist dann z.B.

( Hinten-Links   ->   Hinten-Rechts )

Die Bewertung der Schläge erfolgt über den Schlagerfolgswert, der in Prozent angegeben wird und besagt, wie sicher der betreffende Schlag ausgeführt wird. Wird z.B. der Schlag (Hinten-Links -> Hinten-Rechts) in 42 von 50 Fällen korrekt ausgeführt, so ist der Schlagerfolgswert von (HL > HR) gegeben durch 84.

Aus Schlägen bauen sich Schlagfolgen auf, wobei natürlich die Annahmepostion eines folgenden Schlages identisch sein muß mit der Zielpostion des vorhergegangenen Schlages. Im Beispiel kann das für zwei Spieler A und B wie folgt aussehen:

| | Spieler A | Spieler B |
|---|---|---|
| (Aufschlag A/Return B) | > VL | VL > HL |
| | HL > HR | HL > HR |
| | HR > VL | VL > VR |
| | VR > -- (Fehler) | |

Jede von den Spielern A und B gemeinsam spielbare Schlagfolge besteht aus einer Teil-Schlagfolge von A, in der die Annahmeposition durch den Spieler B bestimmt und die Zielpositionen durch A wählbar sind (Ausahme: Aufschlag), und einer analogen Teil-Schlagfolge für B.

Aus den Schlagerfolgswerten lassen sich Bewertungen für die Schlagfolgen berechnen: Je höher die Bewertung einer Schlagfolge, desto größer die Wahrscheinlichkeit, sie in der vorgesehenen Form zu realisieren.

Das Ziel des Modellansatzes ist es, aus den Bewertungen der Schlagfolgen Empfehlungen abzuleiten, welche Schlagfolgen wie häufig einzusetzen sind. Hierbei handelt es sich um eine strategische Fragestellung, die nur spezifisch für jeweils zwei Spielpartner beantwortet werden kann.

Die Methode zur Lösung des Problems liefert die Theorie der 2-Personen-Nullsummen-Spiele: Der gemeinsame Gewinnwert des Spiels verteilt sich entsprechend den jeweiligen Schlagfolgenbewertungen auf die beiden Partner dergestalt, daß jeder der beiden Spieler seinen optimalen Gewinnwertanteil gerade bei Einhaltung der für ihn optimalen Verteilung der Schlagfolgen-Ausführungshäufigkeiten realisieren kann.

TESSY berechnet für beide Spieler deren jeweilige optimale Strategie. Um den Aufnahme- und Umsetzungsproblemen der Spieler hinsichtlich des komplexen Datenmaterials Rechnung zu tragen, verdichtet TESSY in der vorliegenden Version die strategischen Informationen zu Empfehlungen bzgl. der Ausführungshäufigkeiten der einzelnen Schläge, z.B.:

| Schlag | Ausführungshäufigkeit |
|---|---|
| (HL > HR) | 43 % |
| (HL > HL) | 37 % |
| (HL > VR) | 8 % |
| (HL > VL) | 12 % |
| | 100 % |

Das vollständige System der Ausführungshäufigkeiten heißt optimales taktisches Konzept.

2.2 Bereitstellung und Verwaltung von Spielstärke- und Taktik-Daten

Die Bestimmung der Spielstärke-Daten, d.h. der Schlagerfolgswerte, kann erfolgen

(a) durch Spielbeobachtung:

Das Spiel kann direkt oder (günstiger) über eine Videoaufzeichnung beobachtet und ausgewertet werden, wobei es im wesentlichen ausreicht, Strichlisten für die Häufigkeit des jeweiligen Ereignisses (d.h. der Ausführung eines Schlages bzw. der erfolgreichen Ausführung eines Schlages) zu führen:
Für den Erfolgswert eines Schlages ist dann der Quotient
"Anzahl der erfolgreichen Ausführungen/Gesamtzahl der Ausführungen"
zu berechnen.

(b) durch inhaltlich begründete Annahmen:

Um einen bestimmten Spielertyp zu charakterisieren, können geeignete Schlagerfolgswerte auch ohne konkrete Beobachtung frei gewählt werden.

Die Schlagerfolgswerte werden dann mit Hilfe der entsprechenden TESSY-Eingabemaske erfaßt und in einer Datei abgelegt.
Diese Datei kann
- mit einem Namen versehen bzw. umbenannt werden;
- ausgedruckt werden;
- zur Veränderung der Eintragungen ediert werden;
- zur Berechnung optimaler taktischer Konzepte verwendet werden.

Beispiele eines Bildschirmaufbaus nach Eintragung von Schlagerfolgswerten:

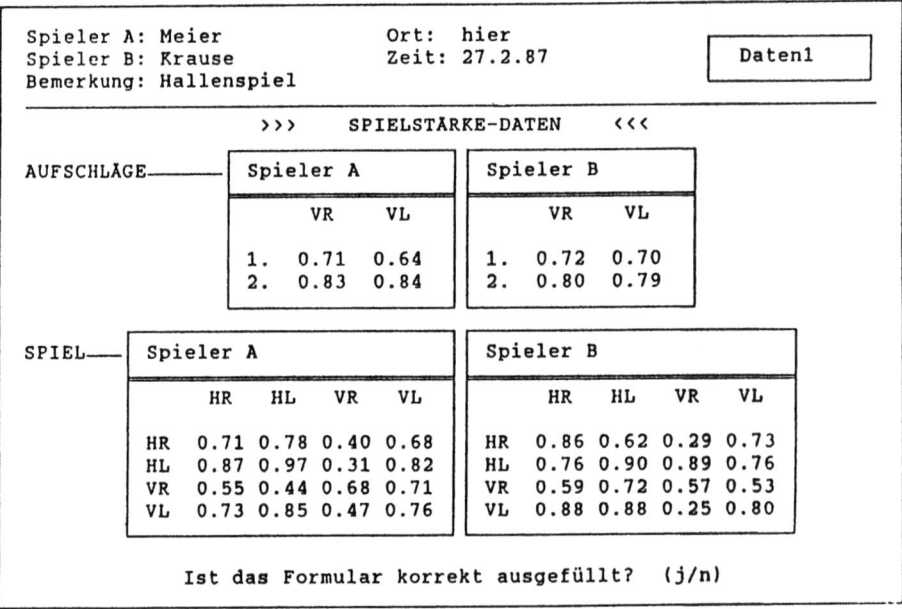

Im Normalfall werden die Taktik-Daten unmittelbar nach Eingabe der Spielstärke-Daten berechnet und sind dann in der Spielstärkedatei zugreifbar. Spielstärke- und Taktik-Daten bilden also eine organisatorische Einheit.

Beispiel eines Bildschirmaufbaus nach der Berechnung der zum Beispiel in 2.2.2 gehörenden Taktik-Daten:

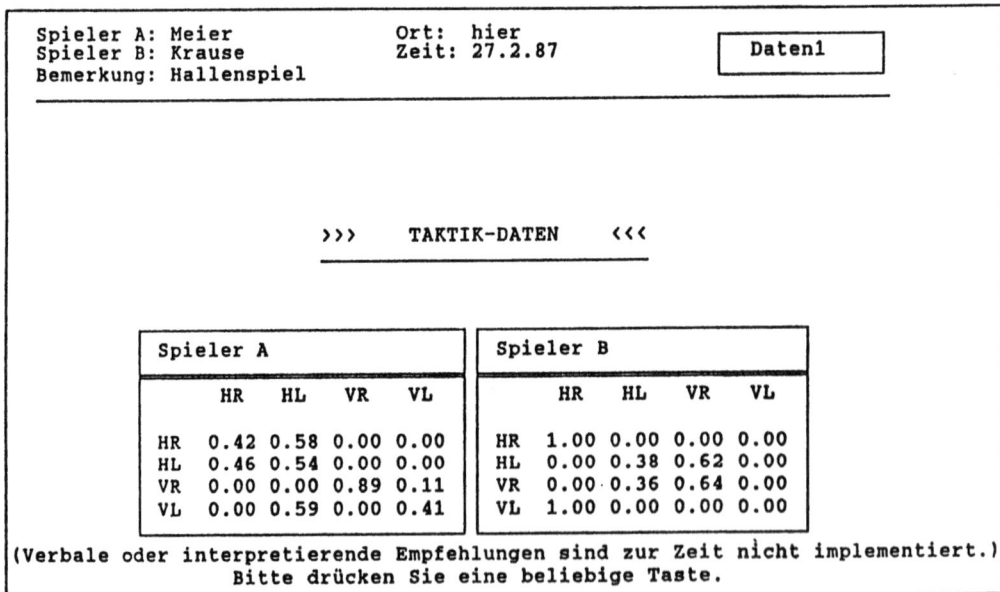

Folgende Verwaltungsmaßnahmen sind z.B. möglich:
- Modifikation der Spielertypen:
    Ändern der Spielstärke-Daten,
    Neuberechnung der Taktik-Daten,
    Abspeichern unter neuem Datei-Namen
- Modifikation des spieltaktischen Verhaltens:
    Beibehalten der Spielstärke-Daten,
    Änderung der Taktik-Daten,
    Abspeichern unter neuem Datei-Namen
- Aktualisierung von Spielertyp und taktischem Verhalten:
    Ändern der Spielstärke-Daten,
    Neuberechnung der Taktik-Daten,
    Abspeichern unter gleichem Namen

Zur Verbesserung des merkmalorientierten Datenzugriffs wird derzeit eine Datenbank in das System integriert. Darüber hinaus wird im Rahmen eines Anschlußprojektes der Einsatz eines Expertensystems konzipiert, das den natürlichsprachlichen, sportspezifischen Datenzugriff unterstützen soll. Die Verfügbarkeit ist Ende 1988 zu erwarten.

3. Spielsimulation und Trainingsmöglichkeiten

3.1 Die Spielsimulation

TESSY simuliert das Spiel beliebiger Spieler auf der Basis ihrer Schlagerfolgswerte und der daraus berechneten Ausführungshäufigkeiten: Mit Hilfe einer geeigneten Stochastik wählt TESSY den jeweiligen Schlag aus, entscheidet, ob der Schlag korrekt oder fehlerhaft war, und stellt die Aktion graphisch auf dem Bildschirm dar. TESSY hat die Möglichkeit, einen oder beide Spieler zu simulieren; es kann mit oder ohne optimalem taktischem Konzept spielen; die Geschwindigkeit des Spielablaufs kann von Zeitlupe bis Zeitraffer variiert werden.

Im einzelnen simuliert TESSY

(a) bezüglich der Aktivitäten des Benutzers (falls dieser selbst spielt) die Ausführung der Schläge durch graphische Darstellung in einem Tennisfeld auf dem Bildschirm sowie die Fehlerrate der Schläge durch einen stochastischen Algorithmus auf der Basis der Schlagerfolgswerte;

(b) bezüglich der Aktivitäten des (oder gegebenenfalls: der) simulierten Spieler die Auswahl der Schläge durch einen stochastischen Algorithmus gemäß voreingestellter Spielstärke sowie Schlagausführung und Fehlerrate wie unter (a).

Die graphische Darstellung stellt das Spiel aus der Vogelperspektive dar. Die Spieler sind durch Buchstaben A und B gekennzeichnet, der Ball durch einen Punkt, der die Flugbahn des Balles markiert. Die graphische Darstellung wird ergänzt durch Informationen zum Spielablauf und durch den aktuellen Spielstand.

Graphische Darstellung des Spielfeldes mit Spielern und Ball auf dem Bildschirm:

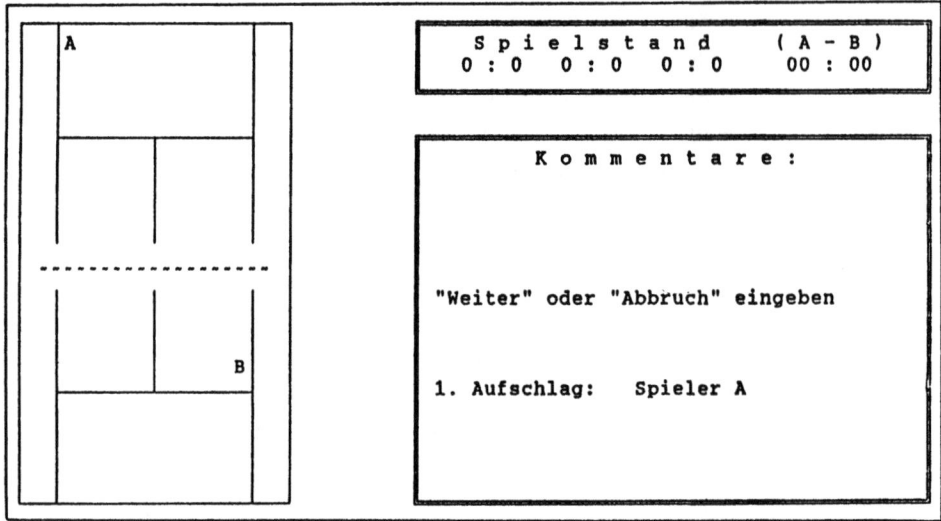

### 3.2 Einsatz- und Trainingsmöglichkeiten

(a) Objektivierung der Beurteilung:

Die Datenaufnahme, -erfassung und -abspeicherung mit Hilfe von TESSY ermöglicht es, die aktuellen Stärken und Schwächen von Spielern im technischen Bereich objektiv zu beurteilen. Darüber hinaus gibt die Berechenbarkeit optimaler spieltaktischer Konzepte die wesentliche Möglichkeit, das Verhalten im taktischen Bereich mit den berechneten Empfehlungen zu vergleichen, dadurch zu überprüfen und so einer objektiven Beurteilung zugänglich zu machen.

(b) Erstellung von Trainingsplänen:

Im technischen Bereich kann die auf den Berechnungen basierende Simulation dazu dienen, den Einfluß von trainingsabhängigen Technikverbesserungen auf den Spielablauf zu untersuchen. Hierdurch lassen sich notwendige Trainingsschwerpunkte erkennen. Im taktischen Bereich lassen sich, abhängig von den berechneten optimalen Ausführungshäufigkeiten, Spielstrukturen entwickeln, ihre Realisierung im Spielzusammenhang trainieren und am Bildschirm simulieren. Der Umsetzungserfolg kann am Bildschirm überprüft werden. Die Empfehlungen der Taktikberechnung können unmittelbar für die Erstellung entsprechender Taktik-Trainingspläne verwendet werden.

(c) Spielvorbereitung:

Zur Spielvorbereitung gegen einen bekannten Gegner werden dessen sowie die eigenen Spielstärke-Daten (Schlagerfolgswerte) eingegeben, daraus die Taktik-Daten berechnet und das Spiel simuliert.

Dies ermöglicht es,
- die eigenen und die gegnerischen Stärken und Schwächen sowohl im technischen als auch im taktischen Bereich kennenzulernen und zu analysieren;
- die eigenen optimalen Spielstrukturen zu erfassen und in der Spielsimulation am Bildschirm darzustellen;
- das eigene simulierte oder reale Spiel auf Optimalität zu überprüfen und in Wechselwirkung mit den Ergebnissen Spielzüge zu trainieren.

(d) Spielanalyse:

Ein beendetes Spiel kann mit den in (c) angegebenen Methoden analysiert und auf eigene oder gegnerische Fehler oder speziell erfolgreiche Spielzüge untersucht werden. Konsequenz der Analyse kann ein entsprechendes Training oder eine Neueinstellung auf den Gegner sein.

### Literatur

FISCHER, G.; MIETHLING, W.-D.; PERL, J.; UTHMANN, T.
Ein computerunterstütztes Strategie-Trainingssystem für Rückschlagspiele.
Vortrag auf dem 6. Sportwissenschaftlichen Hochschultag in Bremen (1984).
Zur Veröffentlichung angenommen.

FISCHER, G.; MIETHLING, W.-D.; PERL, J.; UTHMANN, T.
Interactive Simulator for Sport Game Strategies.
Methods of Operations Research 49 (1985), 389-402.

HAGEDORN, G.; LORENZEN, H.; MESECK; MIETHLING, W.-D.; PERL, J.
Lernen im Sportspiel.
Schriftenreihe des BISp 50 (1983), 316-329.

MIETHLING, W.-D.; PERL, J.
Ansätze zur Verwendung von Computern für leistungssportliche Probleme unter besonderer Berücksichtigung der Sportspiele.
Leistungssport 2 (1978), 130-139.

MIETHLING, W.-D.; PERL, J.; UTHMANN, T.
Computerunterstützte Strategieentwicklung für Rückschlagspiele.
DVS-Protokolle 12 (1984), 115-122.

MIETHLING, W.-D.; PERL, J.; UTHMANN, T.
Mathematische Strategieentwicklung am Beispiel von Tennis und Badminton.
Sportwissenschaft 2 (1985), 170-182.

UTHMANN, T.
Modellentwicklung und Analyse dynamischer Strategie Strukturen in 2-Personen-Rückschlagspielen.
Dissertation, Universität Osnabrück, FB 6 (1985).

**DYNAMISCHES VERHALTEN
EINES ZWEISTUFIGEN HAUPTANTRIEBES
MIT GEREGELTEM GLEICHSTROM-MOTOR**

T.Egolf
Styner◊Bienz AG, 3172 Niederwangen

Telefon: 031/ 34'12'12

## Zusammenfassung

In dieser Arbeit wurde ein Hauptantrieb, bestehend aus drei Wellen, vier Schwung-Massen, zwei Zahnriemen, Gleichstrom-Motor und Kupplungs-Bremskombination durch Simulation auf sein dynamisches Verhalten hin untersucht. Durch Parameterstudie kann herausgefunden werden, wie die einzelnen Komponenten dimensioniert sein müssen, damit der Antrieb den gestellten Anforderungen genügt. Besonders interessiert ist man am Drehzahl-Abfall des Gleichstrom-Motors. Um diese Resultate zu gewinnen, simuliert man den Anfahr-Vorgang unter Last. Messungen haben die Resultate der Simulation bestätigt. Antriebsprobleme dieser Art können also schon in der Entwurfsphase ohne Experimente mit Hilfe der Simulationstechnik gelöst werden.

## 1. Einleitung

Beim Entwurf von neuen Antrieben ist man bis jetzt oft auf die Resultate von bereits bestehenden Antrieben angewiesen. Es gibt zwar Möglichkeiten, Antriebe von Hand zu berechnen, doch hat man vielfach zu wenig Information, um sich ein detailliertes Bild über das dynamische Verhalten machen zu können. Der Vorteil der Simulation gegenüber einem experimentellen Verfahren liegt vor allem darin, dass Parameter leicht geändert werden können. Auf Grund der positiven Erfahrungen, die seit 1982 mit der semianalytischen Methode, wie sie auch in PSCSP [1] implementiert ist, gemacht wurden, wird diese Integrationsmethode auch hier angewendet. 1984 wurde z.Bp. die Dynamik eines komplexen Werkzeug-System [2] mit PSCSP erfolgreich gelöst. Diese Methode beruht auf einer schrittweisen Taylor-Reihenentwicklung, wobei die Koeffizienten auf rekursive Weise vollautomatisch berechnet werden. Die Lösung von Benchmarks-Problemen [3] mit verschiedenen Integrations-Verfahren zeigte, dass diese Integrationsmethode gegenüber anderen Verfahren, wie sie in den kommerziell verfügbaren Simulations-Paketen implementiert sind, bezüglich Genauigkeit und Rechenzeit meist deutlich überlegen ist. Eine andere Möglichkeit, dieses Problem zu lösen, bietet das Programm-Paket ACSL [4].Die Behandlung von Unstetigkeitsstellen mit ACSL erfordert aber die spezielle Programmierung einer DESCRETE-Section, was umständlich ist, wenn viele Unstetigkeitstellen vorhanden sind oder das Modell geändert wird. Bei der Taylor-Reihenentwicklung besteht dieses Problem nicht.

## 2. Modellbeschreibung

Das Modell kann in vier Teilsysteme zerlegt werden und für jedes Teilsystem kann die zweite Ableitung des Winkels nach der Zeit hergeleitet werden. (Satz von Newton für die Rotationsbewegung). Die Modellbeschreibung enthält zur Hauptsache ein lineares Differential-Gleichungs-System für die 4 Scheiben, Gleichungen für die Kupplungs- Bremskombination (inkl. Rutschen), eine Differential-Gleichung für den PID-Regler, Gleichungen für das Verhalten des Gleichstrom-Motors, sowie Gleichungen für die Federsysteme. Die Federsysteme der Riemen und der Kupplungswelle bestehen aus idealer Feder mit parallel geschaltetem viskosem Dämpfer.

**Verhalten der Kupplung beim Einschalten**

Das maximal übertragbare Kupplungsmoment soll innerhalb einer bestimmten Zeit t1 linear zunehmen. Nach der Zeit t1 soll das maximal übertragbare Kupplungsmoment konstant bleiben. Ist das Moment in der Kupplung grösser als das maximal übertragbare, so rutscht die Kupplung durch.

**Verhalten des Gleichstrom-Motors**

Das Drehmoment am Gleichstrom-Motor bleibt zuerst mit zunehmender Drehzahl konstant, bis die maximale Leistung erreicht ist. Danach sinkt das Drehmoment hyperbelförmig ab bei konstant bleibender Leistung.

**Sollwertvorgabe des Reglers**

Der Sollwert des Reglers nimmt zuerst proportional zur Zeit zu und bleibt dann konstant.

**Differential-Gleichungen**

$$\ddot{\varphi}_1 = (M_1 - M_6)/J_1 \qquad \ddot{\varphi}_2 = (M_5 - M_2 - M_B)/J_2$$

$$\ddot{\varphi}_3 = (M_3 - M_2 - M_B)/J_3 \qquad \ddot{\varphi}_4 = (M_7 - M_4)/J_4$$

**Anfangsbedingungen:**

$$\varphi_1(0) = 0 \qquad \dot{\varphi}_1(0) = 0$$
$$\varphi_2(0) = 0 \qquad \dot{\varphi}_2(0) = 0$$
$$\varphi_3(0) = 0 \qquad \dot{\varphi}_3(0) = 15.71 \ [1/s]$$
$$\varphi_4(0) = 0 \qquad \dot{\varphi}_4(0) = 62.83 \ [1/s]$$

## Legende

$\delta_1$ = Dämpfungskonstante Riemen 1 [Ns/m]
$\delta_2$ = Dämpfungskonstante Riemen 2 [Ns/m]
$\delta_3$ = Dämpfungskonst. Kuppl.welle [Nms]
$F_1$ = Kraft im Riemen 1 [N]
$F_2$ = Kraft im Riemen 2 [N]
$k_1$ = Zugsteifigkeit Riemen 1 [N/m]
$k_2$ = Zugsteifigkeit Riemen 2 [N/m]
$K_{PR}$ = Prop.beiwert des Reglers [Nms]
$M_1$ = Drehmoment in Scheibe 1 [Nm]
$M_2$ = Drehmoment in Scheibe 2 [Nm]
$M_3$ = Drehmoment in Scheibe 3 [Nm]
$M_4$ = Drehmoment in Scheibe 4 [Nm]
$M_5$ = Kupplungsdrehmoment [Nm]
$M_6$ = Lastdrehmoment [Nm]
$M_7$ = Drehmoment Motor [Nm]
$M_B$ = Bremsmoment [Nm]

$\varphi_1$ = Winkelkoordinate Scheibe 1 [RAD]
$\varphi_2$ = Winkelkoordinate Scheibe 2 [RAD]
$\varphi_3$ = Winkelkoordinate Scheibe 3 [RAD]
$\varphi_4$ = Winkelkoordinate Scheibe 4 [RAD]
$\varphi_{Reib}$ = Reibwinkel der Kupplung [RAD]
$T_N$ = Nachstellzeit des Reglers [s]
$T_V$ = Vorhaltezeit des Reglers [s]
$x_1$ = Verlängerung Riemen 1 [m]
$x_2$ = Verlängerung Riemen 2 [m]
$x_W$ = Regelgrössenabweichung [1/s]
$r_1$ = Radius Scheibe 1 [m]
$r_2$ = Radius Scheibe 2 [m]
$r_3$ = Radius Scheibe 3 [m]
$r_4$ = Radius Scheibe 4 [m]
$\dot{\varphi}_{4W}$ = Solldrehzahl Motor [1/s]
$k_3$ = Torsionssteifigkeit der Kupplungswelle [Nm/RAD]

## Definition der Drehmomente

$$M_1 = F_1 \cdot r_1 \qquad M_3 = F_2 \cdot r_3$$

$$M_2 = F_1 \cdot r_2 \qquad M_4 = F_2 \cdot r_4$$

$$M_5 = k_3(\varphi_3 - \varphi_2 - \varphi_{Reib}) + 2\delta_3(\dot{\varphi}_3 - \dot{\varphi}_2)$$

$M_6$ = Lastdrehmoment an Scheibe 1 (siehe Bild 2)

$$M_7 = K_{PR}(x_W + 1/T_N \int x_W \cdot dt + T_V \cdot \dot{x}_W) \qquad x_W = \dot{\varphi}_4 - \dot{\varphi}_{4W}$$

## Definition der Kräfte

$$F_1 = k_1 \cdot x_1 + 2\delta_1 \cdot \dot{x}_1 \qquad x_1 = r_2 \cdot \varphi_2 - r_1 \cdot \varphi_1$$

$$F_2 = k_2 \cdot x_2 + 2\delta_2 \cdot \dot{x}_2 \qquad x_2 = r_4 \cdot \varphi_4 - r_3 \cdot \varphi_3$$

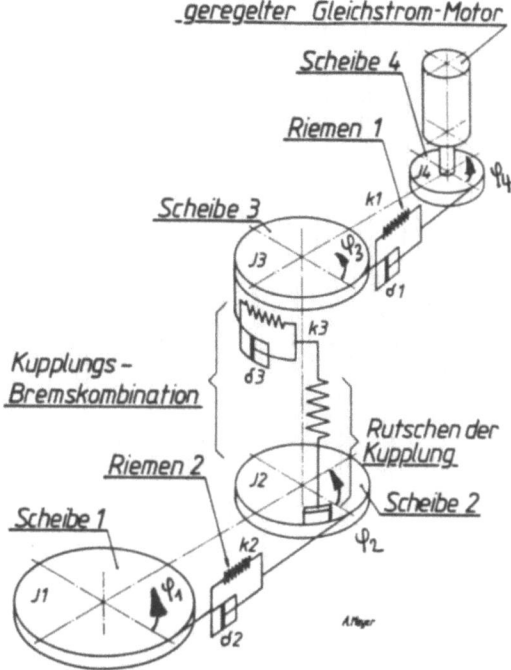

**Bild 1:**
Modell zweistufiger Hauptantrieb mit geregeltem Gleichstrom-Motor

## 3 Resultate

Die ausgewählten Bilder illustrieren auszugsweise das dynamische Verhalten des Antriebes und zeigen die wichtigsten Resultate wie angreifendes Lastdrehmoment an Scheibe 1 als Störgrösse sowie resultierender Drehzahlabfall und resultierendes Drehmoment am Gleichstrom-Motor. Eine umfassendere Dokumentation der Eingabegrössen und Resultate liegt im Werksbericht [5] der Firma Styner◊Bienz vor. Der Der simulierte Parcour des Antriebes besteht aus Einschalten der Kupplung unter Last, Hochfahren bis auf Nenndrehzahl in 2.5 Sekunden, Fahren bei konstanter Drehzahl während 2.5 Sekunden sowie Bremsen bei Notstop. **Bild 2** zeigt das von -5 bis auf 20 kNm wechselnde Lastdrehmoment an Scheibe 1. Aus **Bild 3** ist zu sehen, dass der Drehzahlabfall am Gleichstrom-Motor kurz nach dem Einschalten der Kupplung fast 60% beträgt. Bei t = 2.5 Sekunden ist die Solldrehzahl zum ersten Mal erreicht. Ebenfalls ist deutlich zu sehen, dass im Intervall $.1 \leq t \leq 2.5$ s der Drehzahlabfall am Motor infolge eines Drehmoment-Wellenberges mit zunehmender Drehzahl abnimmt. Ferner ist zu sehen, dass der Regler bei t = 3.2 s etwas überschwingt und die Nenndrehzahl erst bei $t \geq 5$ s erreicht wird. In **Bild 4** ist das Drehmoment am Gleichstrom-Motor in Funktion der Zeit zu sehen. In den ersten 30 ms steigt das Drehmoment praktisch linear an (Eingreifen der Lamellen in der Kupplung) und bleibt dann bis etwa 1.5 s konstant. Im Intervall $2.075 \leq t \leq 2.6$ s muss wegen der limitierten Motorleistung (120 kW) das Drehmoment teilweise reduziert werden.

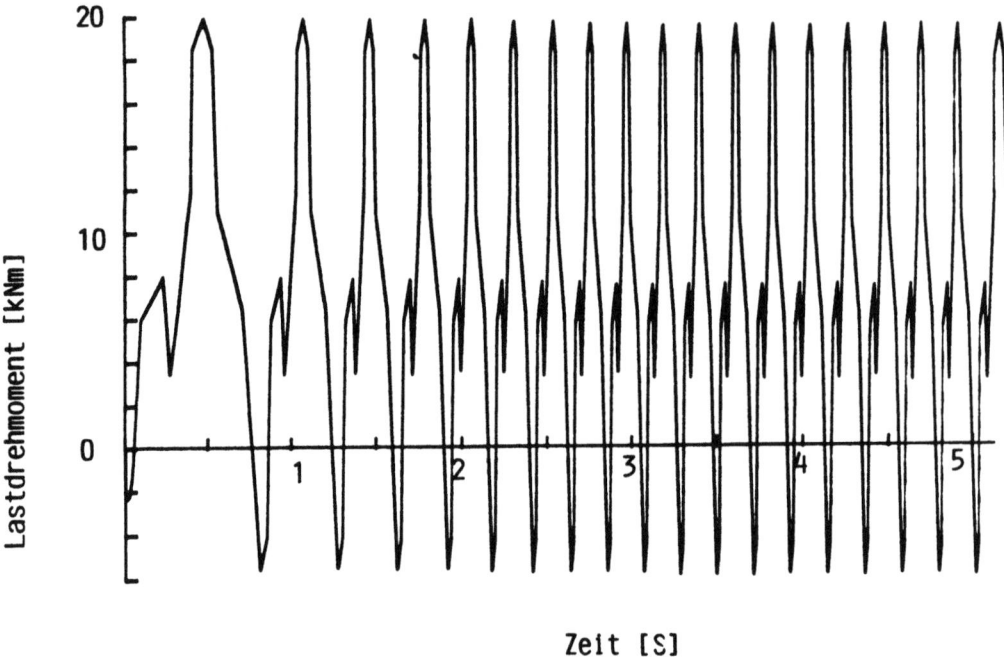

Bild 2: Gegebenes Lastdrehmoment an Scheibe 1

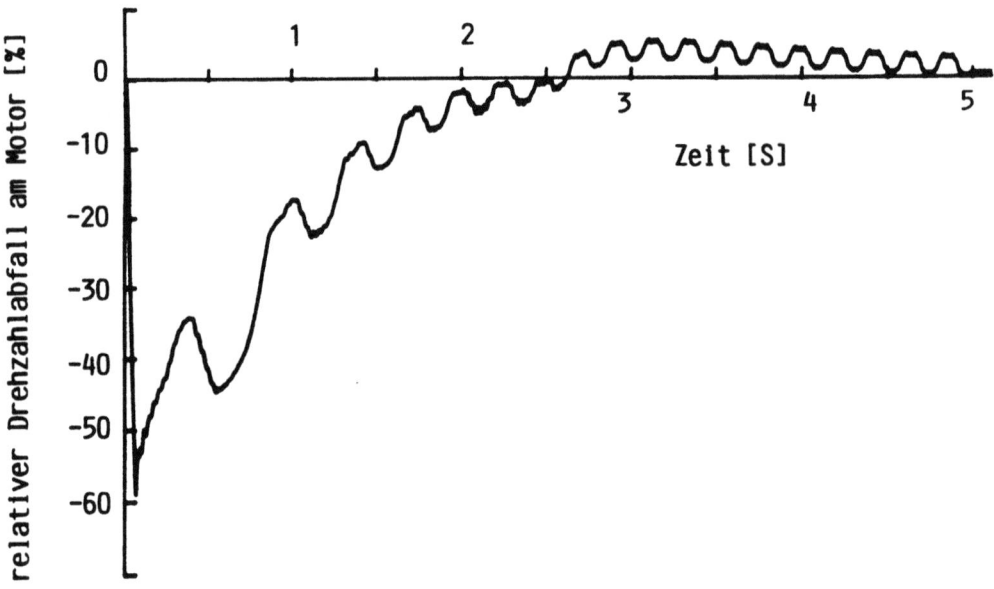

Bild 3: relativer Drehzahlabfall am Motor

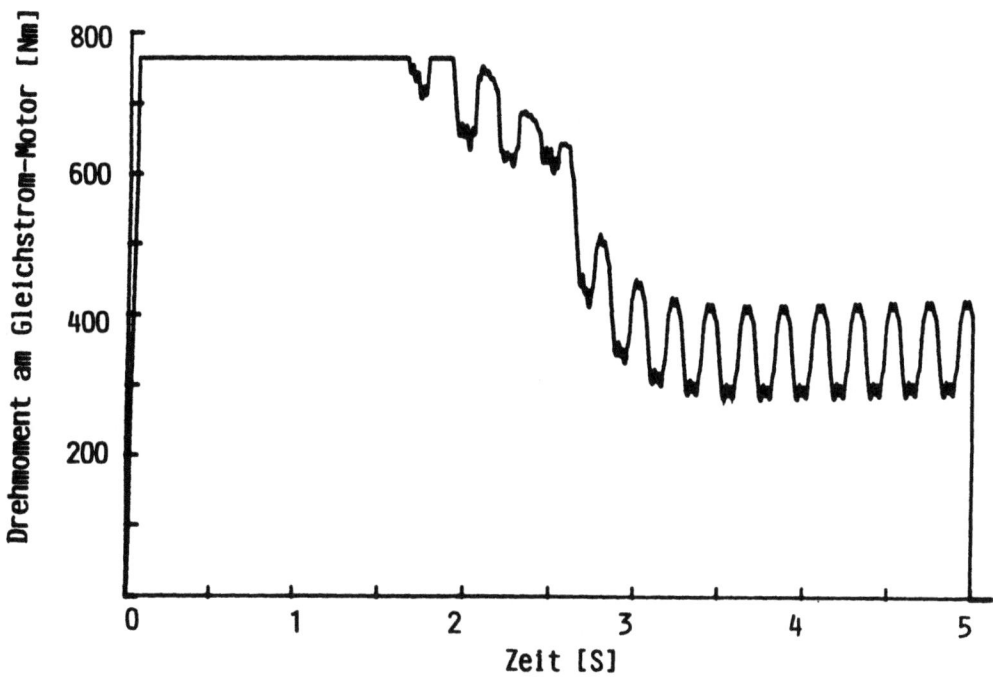

**Bild 4:** Drehmoment am Gleichstrom-Motor

**Literaturangaben**

[1] Halin, H.J.,
   "The Applicability of Taylor-series Methods in Simulation"
   Proceedings of the 1983 Summer Computer Simulation Conference
   North Holland Publishing Company, pp. 1032-1076, 1983

[2] Egolf, T., Eggenschwiler P.
   "Forschungsbericht über das dynamische Verhalten von Hochleistungsmaschinen"
   ETH-Z IFU, Styner und Bienz AG , November 1985

[3] Halin, H.J., S.A.R.
   "Solving Benchmark Problems with PSCSP and other Simulation Languages"
   Proceedings of the 1984 Summer Computer Simulation Conference

[4] Advanced Continuous Simulation Language (ACSL)
   User Guide and Reference Manual
   Mitchell and Gauthier, Assoc.
   Concord, Mass., 1975

[5] T.Egolf, Styner◊Bienz AG,
   "Dynamisches Verhalten des CTP-Hauptantriebes mit geregeltem Gleichstrom-Motor, Mai 1987

# THE USE OF FEED-FORWARD IDENTIFICATION SCHEME IN INDUSTRIAL ROBOTS ADAPTIVE CONTROL

D. Matko, B. Nemec [*]

Faculty of Electrical Engeneering
61000 Ljubljana
Trłaška 25
Yugoslavia

[*]Institut Jožef Stefan
61000 Ljubljana
Jamova 39
Yugoslavia

**Abstract** : In the paper, an approach to the adaptive control of the industrial robots using decoupled identification scheme in a conjuction with the state variable filters is presented. The known parameters of the system are fed forward to the estimation of the unknown time variable system parameters such as the moments of inertia and the interactive forces. In order to obtain a better estimation, the unknown parameters are modeled as a first order polynomial function. The computed torque techique was used for a realisation of the adaptive controller. The performance of the propused adaptive scheme is ilustrated trough the simulation of a three axes robot.

**Kurzfassung** : Diese Arbeit stellt einen Beitrag zur adaptiven Regelung der Industrieroboter mit zerlegter Identificationschema dar. Die bekannten Systemparameter werden zur Steuerung der Schätzung von unbekannten zeitvariablen Systemparametern wie z. B. Trägheitsmomenten und interaktiven Kräften verwendet. Um eine bessere Schätzung zu erreichen werden die unbekannten Parameter als Polynome erster Ordnung modeliert. Der adaptive Regler wurde mit der Momentberechnungsmethode (Computer Torque Technique) realisiert. Die Performansen der adaptiven Regelungsschema werden durch die Simulation von einem Dreiachsenrobot illustriert.

## 1. INTRODUCTION:

Robot manipulators are highly nonlinear multivariable systems. In the past years, a number of methods for the efficient robot control based on the compensation of the interactive forces together with the local controller were presented. The major drawback of this methods is beside a high computational effort the fact, that all the parameters have to be known in advance. In some cases, when robots are manipulating with unknown loads, the parameters of the system are not known in advance. The adaptive control can be an efficient way to solve this problems. A lot of work has been done on this topic based on the model reference or explicite identification approach in the past years. Since the number of the parameters to be estimated is high and the control action has to be performed at a high sampling rate, the adaptive control is usualy applied to the each subsystem separately. Many authors have proposed adaptive controllers based on the linear time variable models for a robot /1,2,3/. However, they ommited the global convergence proof for the adaptive control. This design methods assumed that the robot dynamic equation parameters are completely unknown. Adaptive control scheme based on the linear models was improved by taking into account the known system parameters and by partialy decoupling the system by the nonlinear controller, leaving to the adaptive control the task of the final fine tuning /4,5/. In some recent works /6,7/ a different approach to the adaptive control was used, where dynamics of the robot is devided to the known part and unknown part, where the known part is fed forward to the estimation procedure of the non-linear system instead of applying the feed-forward (nominal) control. This approach was proved to be globaly convergent, when the manipulator model is linear in unknown parameters, but this increases the number of the parameters to be estimated. Our approach is based on the feed-forward identification scheme of time variable parameters such as the moments of inertia and the coupling forces using Kalman filter in combination of the state variable filters for the time-variying systems.

## 2. MATHEMATICAL MODEL OF THE INDUSTRIAL ROBOT

We devide the model of an industrial robot into two parts. The mechanical part of the manipulator is modelled as a set of n rigid bodies connected in a serial chain and is expressed in the form

$$f(t) = H(q,t)\ddot{q}(t) + d(q,\dot{q},t) \qquad (1)$$

where $f(t)$ is mx1 vector of the generalized forces, $H(q,t)$ is simetric and positive definite mxm matrix of moments of inertia with elements $h_i$, $d(q,\dot{q},t)$ is mx1 vector of the centrifugal, coriolis, and gravitational forces with elements $d_i$.
The model of actuators can be described by Eq. 2.

$$\dot{x}(t) = Ax(t) + Bu(t) + Gf(t) \qquad (2a)$$
$$y(t) = Cx(t) \qquad (2b)$$

Matrices A=block diag($A_i$), B=block diag($b_i$), G=block diag($g_i$) and C=block diag($c_i$) are order compatible with n-dimensional state vector x, m dimensional output vector y with components y and m-dimensional input vector u with components u. Joint angles q and state space variable x are connected trough Eq. 3,

$$\ddot{q}(t) = T(\dot{x}) \, \dot{x}(t) \qquad (3)$$

where $T(\dot{x})$ is in most cases block diagonal matrix with transmission ratio as elements /4/.

## 3. IDENTIFICATION OF MOMENTS OF INERTIA AND COUPLING FORCES

The self tuning design procedure usualy assume a linear discrete time model of the plant. In the multivariable case, a large number of parameters is to be estimated on line, which causes beside a higher computational effort problems with the convergence of the estimated parameters /2,4/. Most of the previos work assumed that the model of the robot is described as a set of linear univaraiable models and therefore the coupling among the subsystems is neglected. In our approach, we estimate instead of system parameters in Eq. (2), the moments of inertia and the coupling forces as time variable parameters. We will, however, assume that the structure of the dynamical model of robot is known, but some numerical values of the parameters are not known or not known precisely. The known part of the dynamics of the system is fed to the identification scheme and therefore only variations of the model of the plant are estimated. For the identification we rewrite Eq. 1 into another form

$$f(t) = H_d(q,t)\ddot{q} + d^*(q,\dot{q},\ddot{q},t) \qquad (4)$$

where $H_d(q,t)$ is the diagonal part of the matrix of inertia $H(q,t)$ and the off-diagonal elements of $H(q,t)$ have been included in $d^*(q,\dot{q},\ddot{q},t)$. We devide matrix

$H_d$ and vector $d^*$ into two terms

$$H_d = \hat{H}_d \alpha = \hat{H}_d (\alpha_0 + \alpha_1 t) \tag{5a}$$

$$D^* = \hat{D}^* \xi = \hat{D}^* (\xi_0 + \xi_1 t) \tag{5b}$$

where $\hat{H}_d$ is an aprximation of the moments of inertia and is assumed to be positive definite and $\hat{d}^*$ are the expected coupling forces calculated using known parameters of the system. The connection betwen the known and the unknown parameter should be choosen in such a way, that the unknown part become slowly time varying. Unknown part of dynamic parameter is further expanded into the Taylor series, where only two terms are taken into account. Since $\hat{H}_d$ and $\alpha$ are diagonal matrices, system (1) can be devided to m subsystems.

$$\alpha_i \ddot{q}_i + \xi_i \varphi_i - f_i^* = 0 \tag{6a}$$

where

$$\varphi_i = \frac{d_i^*}{h_i} \quad , \quad f_i^* = \frac{f_i}{h_i} \tag{6b}$$

Equation (6) requires accelerations to be measurable, what is difficult to obtain in practice. Instead of unreliable and costly accelerometers state variable filters can be introduce to obtain the information about the acceleration. A filter with transfer function in the form $W(s) = \frac{1}{1 + Ts}$ is applied to the signals $q_i$, $\varphi_i$ and $f_i^*$ of Eq. 6, which yields the relation

$$\int_0^t \alpha_i(\tau) \ddot{q}_i(\tau) w(t-\tau) d\tau + \int_0^t \xi_i(\tau) \varphi_i(\tau) w(t-\tau) d\tau - \int_0^t f_i^*(\tau) w(t-\tau) d\tau = 0 \tag{7}$$

where $w(t) = \frac{1}{T} e^{-t/T}$ is the impulse respose of the filter. In the case of constant parameters $\alpha$ and $\xi$ the solution is obtained immedately, while the introduction of the time varying parameters (modelled by Eq 5) involves rather lengthy calculation which yields the steady state solution in the form

$$\alpha_i \ddot{q}_{if} + \xi_i \varphi_{if} - f_{if}^* + \lambda_{1i} \alpha_{1i} + \lambda_{2i} \xi_{1i} = 0 , \tag{8}$$

where $q_{1f}$, $\varphi_{if}$ and $f_{if}^*$ are the corresponding filtered variables, while $\lambda_{1i}$ and $\lambda_{2i}$ are output of the filter

$$\lambda_{1i} = -T(\dot{\lambda}_{1i} + \ddot{q}_{if}) \tag{9a}$$

$$\lambda_{2i} = -T(\dot{\lambda}_{2i} + \varphi_{if}) \tag{9b}$$

To estimate the unknown parameters $\alpha_i, \alpha_{1i}, \xi_i$ and $\xi_{1i}$, the Kalman filter was used by setting

$$f^*_{if} = \Theta_i \Psi_i^T \tag{10a}$$

$$\Psi_i = (q_{if}, \Lambda_{1i}, \xi_{if}, \Lambda_{2i}) \tag{10b}$$

$$\Theta_i = (\alpha_i, \alpha_{1i}, \xi_i, \xi_{1i}) \tag{10c}$$

$$\Theta_i(k+1) = A\Theta_i(k) \tag{11a}$$

$$A = \begin{bmatrix} 1 & 1 & 0 & 0 \\ 0 & 1 & 0 & 0 \\ 0 & 0 & 1 & 1 \\ 0 & 0 & 0 & 1 \end{bmatrix} \tag{11b}$$

and solving the following set of the equations, where index i is omitted for the simplicty

$$\hat{\Theta}(k) = \hat{\Theta}(k-1) + K(k)\epsilon(k) \tag{12a}$$

$$\epsilon(k) = [f^*_f - \hat{\Theta}(k)\Psi^T(k-1)] \tag{12b}$$

$$\tilde{P}(k) = P^*(k) - K(k)\Psi^T(k)P^*(k) \tag{12c}$$

$$P^*(k+1) = A\tilde{P}(k)A^T + Q \tag{12d}$$

$$\Theta^*(k+1) = A\Theta(k) \tag{12e}$$

By the apropriate choice of matrix Q the linear forgetting is introduced and the algorithm is made suitable to track slow changes in the parameters wich are not modelled by Eq. 5. For the estimation of the fast time varying parameters the method can be improved by resseting of the covariance matrix P every m-th sample, m > number of the estimated parameters /8/.


## 4. ADAPTIVE CONTROL SYNTHESIS

To solve the control problem we used well known computed torque method /9/. The adaptive control law is decribed by

$$f_i(t) = h_i(q)\hat{\alpha}_i\tilde{q}_i + \hat{d}^*_i(q,\dot{q}) \hat{\xi}_i \tag{13a}$$

where $\tilde{q}_i$ is defined as

$$\tilde{q}_i = \ddot{q}_{ir} + K_{vi}\dot{e}_i + K_{pi}e_i , \tag{13b}$$

e is the servo error, $e_i = q_{ir} - q_i$, $q_{ir}$ is the desired trajectory, $\hat{\alpha}_i$ and $\hat{\xi}_i$ are the estimates of the unknown part of the moments of inertia and the coupling forces respectevely, $K_{vi}$ and $K_{pi}$ are the constant gains of the controller. Combining Eq. 13 and 12 the closed loop dynamics is described by the error equation

$$\ddot{e}_i + K_{vi}\dot{e}_i + K_{pi}e = \epsilon_i . \tag{14}$$

The Adaptive sistem is stable for the bounded estimation error $\epsilon$ and gains $K_v$ and $K_p$ thus actualy determine the closed loop poles of the compensated system. It is prefereable to choose equal closed loop poles for all subsystems. To obtain better tracking capability, velocity and acceleration errors may be further compensated by the feedfoward terms /10/. The adaptive control signal is finaly computed from Eq. 2

$$u = -[(B^TB)^{-1}B^T] f(t) \qquad (15)$$

where the term in the square brackets denotes the pseudoinverse of the input matrix B of the actuator.

## 5. SIMULATION RESULTS

The trajectory control performance of the proposed adaptive control was studied by the computer simulation of the robot mechanism with three rotational axes and DC motors with non-linear friction. The manipulator was modelled as three rigid links (fig 1). Parameters of the simulated robot are given in table in Fig 2. The Gears method of solving the set of the first order diferential equations was used in the simulation of the continous time system. The sampling rate of the adaptive controller was set to 5 ms. In order to test the adaptivity of the controller, the model of the robot that was fed foward to the identification procedure was changed according to the values on Fig. 2 and the influece of the coriollis and centrifugal forces were neglected. The closed loop poles of all three joint were set at $-8\ s^{-1}$ in order to obtain equal dynamics behaviour of each joint by the apropriate choice of constant gains $K_v$ and $K_p$. The robot was moved along wide area with 10 kg payload at high speed (2 m/s). The desired trajectory was given as a straight lines in the cartesian coordinate system with trapezoidal velocity profile. The tracking error of the adaptive controller was compared to the corresponding controller with the fixed parameters. From Fig. 3 we can see that with the adaptive controller tracking error was succsesfuly reduced. Real and estimated parameters for the second link are compared in Fig 4.

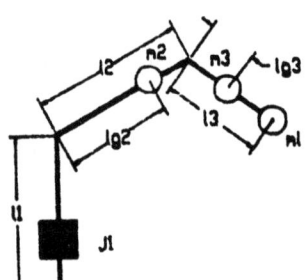

Fig 1 : robot manipulator with three rotational joints

| [m],[kg] | J1 | l1 | l2 | lg2 | l3 | lg3 | m2 | m3 | ml |
|---|---|---|---|---|---|---|---|---|---|
| robot | 20 | 1 | 1 | 0.8 | 0.4 | 0.2 | 10 | 5 | 10 |
| model | 15 | 1 | 1 | 0.8 | 0.4 | 0.3 | 8 | 6 | 0 |

Fig. 2 : Parateters of the simulated robot and parameters of the model used for the calculation of the control law.

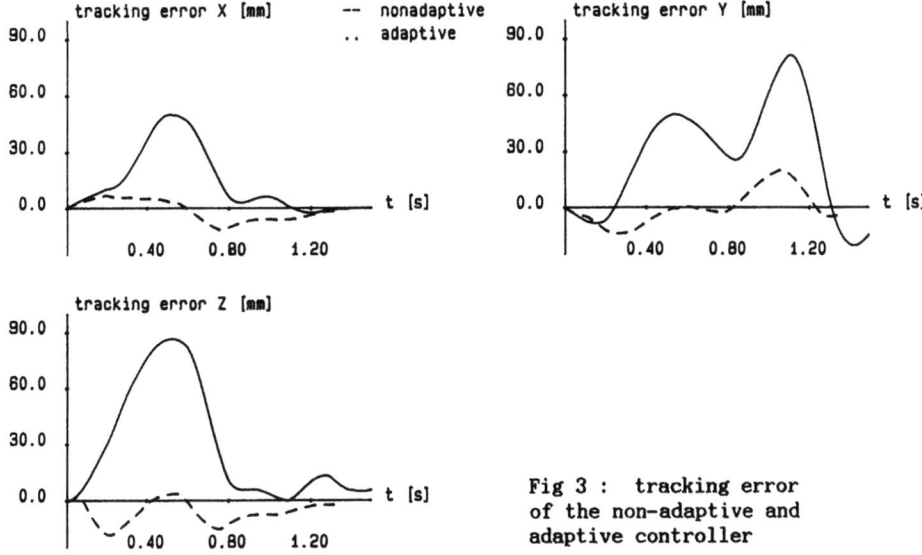

Fig 3 : tracking error of the non-adaptive and adaptive controller

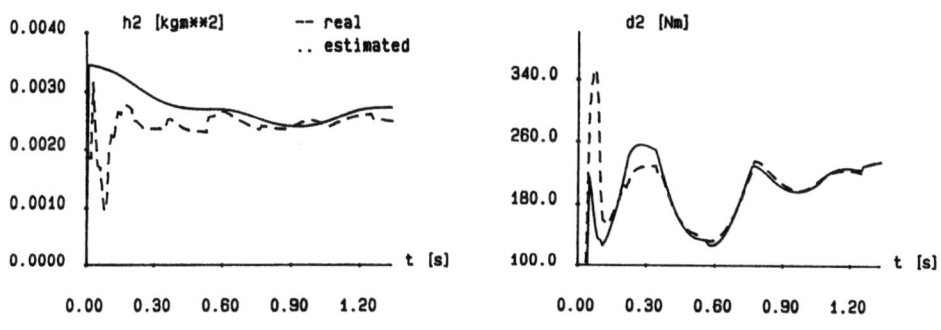

Fig 4 : Real and estimated parameters of the second joint

## 6. CONCUSION

The adaptive control algorithm based on the feed-foward identification scheme of the time-varying parameters was presented. The original estimation algorithm was extended for identification of fast time varying parameters. Accelerations in jonts of the robot where obtained by filtering the joint velocities. It was shown how to modify the state variable filters for the time varying case.

## 7. REFERENCES

/1/ S.Dubowsky,D.T.DesForges: The application of model-referenced adaptive control to robotic manipulators, J. of Dynamics systems, measurment, and control, Vol 101, Sept 1979

/2/ A.J.Koivo,T.H.Guo: Adaptive linear controller for robotic manipulators, IEEE AC, Vol 28, No 2, Feb. 1983

/3/ G.Leininger: Adaptive Control of Manipulators Using Self-tuning Methods, Robotics Research First International Symposium, MIT press 1984..

/4/ M.Vukobratovic, D.Stokic, N,Kircanski: Adaptive and non-adaptive control of manipulation robots, Springer 1985

/5/ C.S.G.Lee,M.J.Chung: Adaptive perturbation control with feedfoward compensation for robot manipulators, Simulation Vol 127, March 1985

/6/ J.J Craig, P. Hsu, S.S Sastry : Adaptive Control of Mechanical Manipulators, IEEE int. conf. on Robotics and Automation, San Francisco, 1986

/7/ R. H. Middleton, G.C. Goodwin : Adaptive Computed Torque Control for Rigid Link Manipulators, IEEE int. Conf. on Decision and Control, Athenes, 1986

/8/ X.Xania,R.J Evans: Discrete time adaptive control for deterministic time varying systems, Automatica, Vol 20, No 3., 1984

/9/ B.R. Markiewicz: Analysis of the Computer Torque Drive Method and Comparison with Conventional Position Servo for a Computer-Controlled Manipulator, Technical Memorandum 33-601, Jet Propulsion Laboratory, Marh 1973

/10/ B. Nemec, D.Matko: Adaptive Control of the Industrial Robots Using Decoupled Identification Scheme", $5^{th}$ Int. Symp on Modelling, Identification and Control, Grindelwald 1987

## NEUE MODELLBILDUNG EINES ROTORDYNAMISCHEN SYSTEMS MIT HILFE EINES ELEKTRISCHEN SCHALTKREISES

Dr. Y. Welte, R. Stürchler
Konzernstab Forschung und Entwicklung
Labor für Schwingungen und Akustik
Gebr. Sulzer AG, CH-8401 Winterthur

### Einführung

Ein mechanisches System kann auf einen äquivalenten elektrischen Schaltkreis reduziert werden, so dass die Impedanzen und Admitanzen die mechanischen Elemente, so z.B. Masse, Feder und Dämpfer, nachbilden. Dabei entspricht in der direkten Analogie-Form der Strom der Geschwindigkeit, die Spannung der Kraft; in der indirekten Analogie-Form entspricht umgekehrt der Strom der Kraft, die Spannung der Geschwindigkeit.

Neu ist in der Modellbildung dieses Beitrages, dass je zwei Ströme und Spannungen zu einer einzigen komplexen Grösse zusammengefasst werden. Komplexe Grössen sind zwar bei elektrischen Schaltkreisen nichts Neues. Sie erscheinen im Frequenzbereich, wenn die Phase eines Stromes oder einer Spannung durch Ableitung oder Integration um neunzig Grad verschoben wird. Sie stammen in diesem Fall aus der Fourier Transformation einer reellen Grösse. In der beschriebenen Modellbildung wird jedoch von Anfang an schon im Zeitbereich mit komplexen Grössen gearbeitet.

Als Anwendungsbeispiel wird ein rotordynamisches System eines Pumpenlaufrades in ein äquivalentes elektrisches Schaltschema umgewandelt. Die komplexen Grössen haben in diesem Fall eine physikalische Bedeutung, nämlich die Kreisbewegung des Laufradorbits. Das elektrische Modell wird ausserdem so einfach, dass direkt ab Schaltschema eine Aussage über die System-Stabilität möglich ist.

## Rotordynamisches System

Als Beispiel wird ein Pumpenlaufrad auf elastischer Welle betrachtet (Bild 1). Die Welle ist einseitig steif gelagert und das Laufrad am anderen Wellen-Ende befestigt. Dabei werden die horizontalen und vertikalen Laufradauslenkungen mit X und Y bezeichnet.

**Bild 1 :** Rotordynamisches System

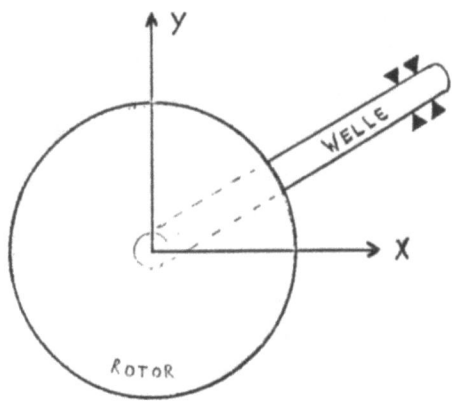

Zur Vereinfachung wird angenommen, dass das System isotrop ist und das die Kreiselwirkung vernachlässigt werden kann. Man erhält somit folgende Bewegungsgleichungen:

$$\begin{bmatrix} M & 0 \\ 0 & M \end{bmatrix} \begin{Bmatrix} \ddot{X} \\ \ddot{Y} \end{Bmatrix} + \begin{bmatrix} K & 0 \\ 0 & K \end{bmatrix} \begin{Bmatrix} X \\ Y \end{Bmatrix} + \begin{Bmatrix} F_x \\ F_y \end{Bmatrix} = \begin{Bmatrix} P_x \\ P_y \end{Bmatrix} \qquad (1)$$

M         : Rotormasse
K         : Wellensteifigkeit
$F_x, F_y$ : hydraulische Kräfte
$P_x, P_y$ : externe Kräfte

Die Wirkung der hydraulischen Kräfte lässt sich durch folgende unsymmetrische Steifigkeits-Matrix erfassen:

$$\left\{ \begin{array}{c} F_x \\ F_y \end{array} \right\} = \begin{bmatrix} K_1 & +K_2 \\ -K_2 & K_1 \end{bmatrix} \left\{ \begin{array}{c} x \\ y \end{array} \right\} \qquad (2)$$

Die nebendiagonalen Steifigkeitswerte $K_2$ stellen dabei die bekannte destabilisierende Quersteifigkeit dar (engl. "cross coupling stiffness").

Analoges elektrisches Modell

Hier wird die indirekte Analogie-Form angewendet: die Massen werden durch Kondensatoren, die Federn durch Induktanzen simuliert. Man erhält somit folgendes äquivalentes Schaltkreis-Schema:

Bild 2:   Aequivalenter elektrischer Schaltkreis

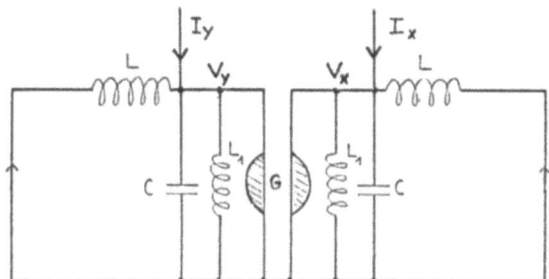

Die Ströme ($I_x$, $I_y$) entsprechen den externen Kräften, die auf das Laufrad wirken, die Spannungen ($V_x$, $V_y$) entsprechen den Laufradauslenkungsgeschwindigkeiten. Die Kondensatoren und Induktanzen der gekoppelten LC-Schwingkreise haben folgende mechanische Bedeutung:

Induktanzwert L in [Henry]  = Flexibilität der Welle in [m/N]
Kapazitätswert C in [Farad] = Masse des Laufrades in [kg]
Induktanzwert $L_1$ in [Henry] = Flexibilität $1/K_1$ des hydraulischen
                              Effektes

Die LC-Schwingkreise wären ohne destabilisierenden Quersteifigkeitseffekt $K_2$ entkoppelt, die beiden identischen Resonanzfrequenzen würden der vertikalen und horizontalen Laufradeigenfrequenzen entsprechen. Da passive Elemente keine destabilisierende Wirkung haben, muss der Quersteifigkeitseffekt durch ein aktives Element simuliert werden. Es ist im vorliegenden Fall ein Gyrator, dessen Uebertragungskoeffizient frequenzabhängig ist und sich wie eine Induktanz $L_2$ verhält. Der Induktanzwert $L_2$ entspricht der Querflexibilität $1/K_2$ des hydraulischen Effektes.

Der elektrische äquivalente Schaltkreis des mechanischen Systems besteht aus zwei LC Schwingkreisen, die über einen speziellen Gyrator gekoppelt sind. Die Admitanz Matrix A dieses Schaltkreises lässt sich folgendermassen darstellen:

$$\left\{ \begin{array}{c} I_x \\ I_y \end{array} \right\} = \left[ \begin{array}{cc} i\omega C + \frac{1}{i\omega L} + \frac{1}{i\omega L_1} & \frac{1}{i\omega L_2} \\ \frac{-1}{i\omega L_2} & i\omega C + \frac{1}{i\omega L} + \frac{1}{i\omega L_1} \end{array} \right] \left\{ \begin{array}{c} V_x \\ V_y \end{array} \right\} \quad (3)$$

Die Multiplikation bzw. Division durch $i\omega$ ($i = \sqrt{-1}$) entspricht der zeitlichen Ableitung respektiv Integration der beiden Spannungen $V_x$ und $V_y$.

Die Stabilität des Schaltkreises könnte nun mit der Admitanz Matrix auf übliche Art ermittelt werden (Determinante = 0). Mit der folgenden komplexen Methode wird das Stabilitätskriterium jedoch ohne Berechnung direkt ersichtlich.

Transformation auf komplexe Grössen

Die Spannungen ($V_x$, $V_y$) und die Ströme ($I_x$, $I_y$) können in komplexe Grössen ($V_+$, $I_+$) zusammengefasst werden:

$$V_+(t) = V_x(t) + i V_y(t) \qquad I_+(t) = I_x(t) + i I_y(t)$$
$$V_-(t) = V_x(t) - i V_y(t) \qquad I_-(t) = I_x(t) - i I_y(t)$$

Die konjugiert-komplexen Grössen ($V_-$, $I_-$) sind für die reziproken Transformationen notwendig:

$$V_x(t) = \frac{V_+(t) + V_-(t)}{2} \qquad I_x(t) = \frac{I_+(t) + I_-(t)}{2}$$
$$V_y(t) = \frac{V_+(t) - V_-(t)}{2i} \qquad I_y(t) = \frac{I_+(t) - I_-(t)}{2i} \qquad (4)$$

Die Gleichungen (4) können im Frequenzbereich ebenso einfach geschrieben werden:

$$V_+(\omega) = V_x(\omega) + i V_y(\omega) \qquad I_+(\omega) = I_x(\omega) + i I_y(\omega)$$
$$V_-(\omega) = V_x(\omega) - i V_y(\omega) \qquad I_-(\omega) = I_x(\omega) - i I_y(\omega) \qquad (5)$$

Die Berechnung von $I_-(\omega)$ und $V_-(\omega)$ erübrigt sich dank der Fourier-Transformations-Eigenschaft einer reellen Funktion ($f(-\omega) = f^*(\omega)$).

$$V_-(\omega) = V_x^*(-\omega) + \left(i V_y(-\omega)\right)^* = V_+^*(-\omega)$$
$$I_-(\omega) = I_x^*(-\omega) + \left(i I_y(-\omega)\right)^* = I_+^*(-\omega) \qquad (6)$$

Die Funktion $V_-(\omega)$ bzw. $I_-(\omega)$ sind mit den konjugierten-komplexen Werten (*) der gespiegelten ($-\omega$) Funktion $V_+(\omega)$ bzw. $I_+(\omega)$ identisch.

### Elektrisches Modell mit komplexen Grössen

Die Admitanz Matrix A nimmt in der neuen Basis der komplexen Spannungen ($V_+$, $V_-$) und Ströme ($I_+$, $I_-$) folgende Form A' an. Die Transformations-Regel (8) kann aus den Gleichungen (5) und (6) abgeleitet werden.

$$A' = \frac{1}{2} \begin{bmatrix} 1 & i \\ 1 & -i \end{bmatrix} \begin{bmatrix} A \end{bmatrix} \begin{bmatrix} 1 & 1 \\ -i & i \end{bmatrix} \qquad (7)$$

Somit erhält man für die transformierte Admitanz A':

$$\begin{Bmatrix} I_+ \\ I_- \end{Bmatrix} = \begin{bmatrix} i\omega C + \dfrac{1}{i\omega L} + \dfrac{1}{i\omega L_1} - \dfrac{i}{i\omega L_2} & 0 \\ 0 & i\omega C + \dfrac{1}{i\omega L} + \dfrac{1}{i\omega L_1} + \dfrac{i}{i\omega L_2} \end{bmatrix} \begin{Bmatrix} V_+ \\ V_- \end{Bmatrix} \quad (8)$$

Diese Admitanz Matrix führt zu folgendem elektrischen Schaltkreis:

**Bild 3:** Elektrisch äquivalenter Schaltkreis mit komplexen Grössen

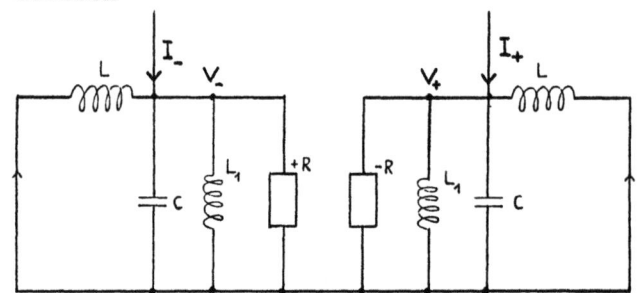

Der Schaltkreis aus Bild 3 zeigt, dass die beiden transformierten LC-Schwingkreise entkoppelt sind. Die komplexen Ströme ($I_+$, $I_-$) und Spannungen ($V_+$, $V_-$) können dabei folgendermassen interpretiert werden:

$V_+$ : Kreisförmige vorwärtsdrehende Laufradauslenkungsgeschwindigkeit
$I_+$ : Kreisförmige vorwärtsdrehende externe Laufradkraft
$V_-$ : Kreisförmige rückwärtsdrehende Laufradauslenkungsgeschwindigkeit
$I_-$ : Kreisförmige rückwärtsdrehende externe Laufradkraft

Die Matrix Transformation (8) führt zu sonst selten verwendeten Schaltelementen wie negativen Kondensatoren, negativen Induktanzen, negativen frequenzabhängigen Widerständen. Im vorliegenden Fall erscheinen zwei frequenzabhängige Widerstände $R = \pm L_2 \omega$. Der negative Widerstand liegt im rechten Schaltkreis, der die vorwärtsdrehenden Kräfte und Geschwindigkeiten nachbildet. Der negative Wert bei positiver Frequenz bedeutet, dass die vorwärtsdrehende Laufradauslenkung immer instabil ist.

Dieser Effekt ist in der Rotordynamik wohl bekannt. Er kann durch eine äussere Dämpfung vermieden werden. Diese Dämpfung könnte auf dem hier besprochenen Schaltkreis mit zwei, parallel zu R und -R, geschalteten Widerständen r eingetragen werden. Der rechte Schaltkreis wird somit wieder stabil sobald R+r positiv ist (R = $-L_2\omega_o$; $\omega_o$ = Resonanzfrequenz).

### Anwendungsbeispiel für die Messdaten-Erfassung

Die Laufradwellenkräfte $I_+$ wurden an einem Pumpenlaufrad gemessen. $I_+(\omega)$ wird aus der Fourier Transformation von $I_+(t)$ berechnet. $I_+(t)$ besteht aus den Daten der beiden digitalisierten Eingangsgrössen $I_x(t)$ und $I_y(t)$, wobei die Daten des zweiten Kanales $I_y(t)$ als imaginäre Komponenten der Zeitfunktion $I_+(t)$ in die Fourier Transformation eingegeben werden. Diese Operation kostet keine Rechenzeit, weil die imaginären Werte des zweiten Kanales sonst auf Null gesetzt werden müssten. Folgendes Bild 4 zeigt den Betrag des Kraftspektrums $I_+(\omega)$ bei einer konstanten Drehzahl von 2000 U/m.

**Bild 4:** Kraftspektrum $I_+(\omega)$

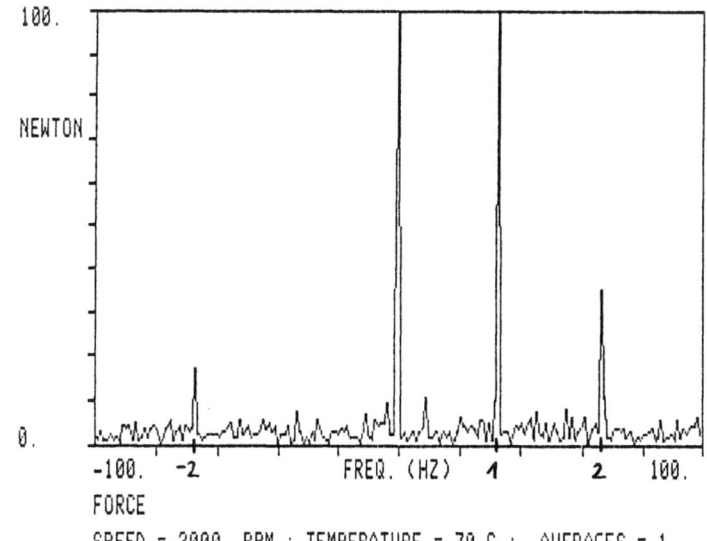

Deutlich erkennbar sind die Frequenzspitzen der Drehzahlfrequenz
(1) sowie der doppelten Drehzahlfrequenz (2). Wie zu erwarten,
zeigt die Grundfrequenz ein einziges Maximum bei +33 Hz. Es wird
durch die vorwärtsdrehende Unwuchtkraft erzeugt. Die doppelte
Drehzahlfrequenz von +66 Hz zeigt einen rückwärtsdrehenden Kraft-
anteil bei -66 Hz. Er wird durch die nicht mehr kreisförmige Bahn
des Kraftvektors verursacht (System-Resonanz der Wellen-Halte-
rung).


## Schlussfolgerung

Das Anwendungsbeispiel aus der Rotordynamik zeigt, dass sich eine
Modellbildung mit komplexen Grössen durchaus lohnt. Es erleichtert nicht nur das Verständnis des equivalenten elektrischen Systems, sondern ermöglicht auch eine bessere Ausnutzung der Fourier Transformation. Wenn im Zeitbereich nur mit reellen Grössen
gearbeitet wird, so bringen die negativen Frequenzen keine zusätzliche Information, werden aber trotzdem berechnet. Wird hingegen im Zeitbereich mit komplexen Grössen gearbeitet, enthält
das Frequenzspektrum doppelt soviel Informationen, ohne den Re-
chenprozess zu verlangsamen.

SIMULATION IN DER FERTIGUNGSTECHNIK:

FLEXIBILISIERUNSSTRATEGIEN

# Entwicklung von Flexibilisierungsstrategien mit Hilfe der Simulationstechnik

H.-J. Heusler
Lehrstuhl für Werkzeugmaschinen und Betriebswissenschaften
Technische Universität München
Leiter o.Prof. Dr.-Ing. J. Milberg

## 1. Einleitung

Der internationale Wettbewerb der Industrieunternehmen fordert neben innovativen Produkten auch eine innovative Produktion. Der infolge des Konkurrenzdrucks bestehende Zwang zur Anpassung an die härter umkämpften Märkte bedeutet eine immer stärker wachsende Typen- und Variantenvielfalt der angebotenen Produkte bei immer häufigeren Produktwechseln. Ein Hauptanliegen moderner Unternehmensführung ist deshalb die Suche nach kosten- und zeitgünstigen Produktionsverfahren für bestehende und neue Produkte sowie eine verbesserte Planung und Durchführung des Produktionsablaufs in den Unternehmen. Der Bereich der Montage bietet, bedingt durch den hohen Komplexitätsgrad, ein großes Rationalisierungspotential. In Zukunft werden jedoch nur flexibel automatisierte Systeme wirtschaftlich eingesetzt werden können. Solche Systeme sind heute bis auf einige Ausnahmen und Pilotaufbauten noch kaum vorhanden, obwohl die verfügbaren Einzelkomponenten wie Industrieroboter, Steuerungen, Sensoren und Transportsysteme einen vergleichsweise hohen Leistungsstand aufweisen [1].

Bei der Errichtung und dem Betrieb von teil- und vollautomatisierten Produktionssystemen im Montagebereich muß durch eine umfassende Planung die Vorraussetzung dafür geschaffen werden, daß diese Systeme flexibel und wirtschaftlich eingesetzt werden können. Wegen der Höhe der Investitionskosten flexibler Montagesysteme und wegen der sich daraus ergebenden hohen Opportunitätskosten für vorher zu errichtende Pilotanlagen ist es sinnvoll, diese Anlagen und die dazugehörigen Prozesse vorher und auch während des Betriebs mit rechnerunterstützten Verfahren zu planen und zu überwachen. Als rechnerunterstützte Hilfsmittel für diese Problemkreise bieten sich Simulationsmodelle verschiedenster Art an.

## 2. Planungsaufgaben für die automatisierte Montage

Die einzelnen Planungsaufgaben im Bereich der automatisierten Montage können in die Aufgaben der Verfahrensoptimierung, der Festlegung des Zellenlayouts und der Layoutplanung des kompletten verketteten Montagesystems unterteilt werden (Bild 1). Eine Übertragung manueller Füge- und Handhabungsprinzipien auf automatisierte Montagen führt in der Regel nicht zum Erfolg. Außerdem werden alle Aufgabenstellungen auch von der Gestalt der Bauteile beeinflußt. Es wird häufig vernachlässigt, daß sich die Begriffe "montagegerechte" und "nicht montagegerechte" Gestaltung nur auf ein spezielles ausgewähltes Montageverfahren und auf ein bestimmtes Layout einer Montagezelle beziehen können, so daß Produkt und Produktionsanlage als vernetzte Struktur betrachtet werden müssen, die parallel zu entwickeln sind [2]. Das Finden und Optimieren geeigneter automatisierter Füge- und Hanhabungsprinzipien ist sehr aufwendig. Unterstützung können hier Simulationsverfahren für Füge- und Handhabungsprozesse bieten. Für die festgelegten Handhabungsvorgänge lassen sich die Steuerdaten der eingesetzten Roboter mit Offline-Programmiersystemen erstellen. Die Planung der Arbeitsreihenfolge kann durch Ablaufsimulationssysteme unterstützt werden. Montageanlagen bestehen vielfach aus miteinander verketteten Montagezellen. Das zeitliche und kapazitive Verhalten dieser vernetzten Systeme kann mit Hilfe von Simulationsmodellen untersucht werden. Die Kopplung von Simulationsmodellen mit Optimierungsstrategien erlaubt die frühzeitige Optimierung der Steuerung von Montageanlagen. Durch die Kopplung des Simulationsmodells mit einem CAD-System ist es möglich, die bei der Layoutplanung gewonnenen Daten direkt für die Simulation bereitzustellen.

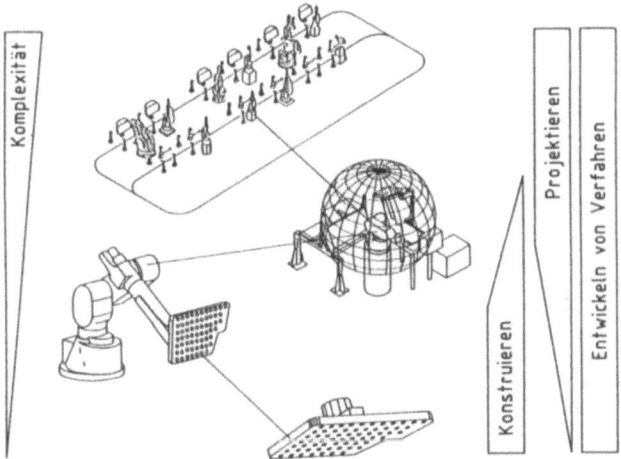

**Bild 1**: Struktur der Planungsaufgabe [3]

## 3. Rechnerunterstützte Entwicklung automatisierter Montageprozesse

Der Einsatz rechnerunterstützter Verfahren bei der Entwicklung automatisierter Montageprozesse soll am Beispiel der Montage eines Dichtungsprofils an einer Pkw-Tür aufgezeigt werden. Der dazu erforderliche Montageprozeß stellt hier ganz spezifische Forderungen an die Gestalt des Montageobjekts (Bild 2). Die flexibel automatisierte Lösung der Montageaufgabe sieht vor, das Dichtungsprofil als Endlosmaterial im Coil bereitzustellen und je nach Türtyp unmittelbar vor dem Montagevorgang abzulängen. Diese Verarbeitungsweise bedingt Dichtungsprofile ohne Formstücke für die Türecken. Wird ein Gummiprofil um die Ecken gebogen, treten Verzerrungen der Profilquerschnitte bei schiefer Biegung -also nicht an einer Hauptträgheitsachse- aufgrund der Schubspannungen auf. Die Bestimmung der Hauptträgheitsachsen ist eine Standardfunktion heutiger CAD-Systeme. Mit diesem Werkzeug können Aussagen über die Montageeignung ausgewählter Profilquerschnitte gewonnen werden. Für nichtformstabile Bauteile ist es aufgrund des nichtlinearen Werkstoffverhaltens schwierig, das Verhalten während des Montageprozesses vorauszusagen. Prinzipversuche sind in der Regel zu zeitaufwendig und zu teuer. Mit Finite Element-Methoden lassen sich auch nichtlineare Problemstellungen, wie zum Beispiel die Verformung und das Reibverhalten der Dichtung im Fügewerkzeug oder die zu erwartende Längung des Profils beim Aufrollen, vorherbestimmen. Zusammenfassend kann gesagt werden, daß erst genaue Prozeßuntersuchungen kompetente Aussagen zur automatischen Montierbarkeit zulassen. Simulationsrechnungen für Füge- und Handhabungsvorgänge können dabei aufwendige Versuchsaufbauten einschränken und die Planungssicherheit steigern [3].

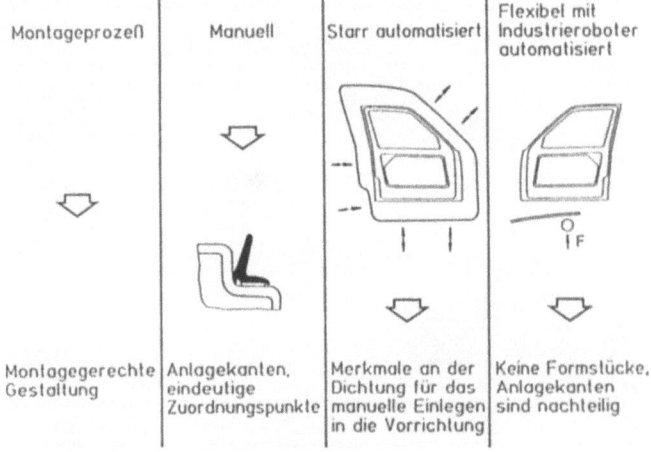

**Bild 2:** Anforderungen unterschiedlicher Montageprozesse an die Gestalt des Produkts [3]

## 4. Layoutplanung von Montagezellen und Roboterprogrammierung

Nach der Entwicklung geeigneter Füge- und Handhabungsprozesse muß im nächsten Schritt das Montageprinzip in einen konkreten Aufbau umgesetzt werden. Die Auswahl geeigneter Roboter, Transportsysteme oder Magazine, sowie deren Konfiguration zu einem Zellen- oder Anlagenlayout kann wesentlich durch graphische Simulationsprogramme unterstützt werden.
Das Offline-Programmier- und Simulationssystem USIS [4,5] stellt ein Planungshilfsmittel für die Montage dar, das es gestattet, automatisierte Montageabläufe vorab zu simulieren (Bild 3). Die im Hinblick auf kurze Zykluszeiten und günstige Armkonfigurationen durch die graphische Simulation gewonnenen Bewegungen werden zur Offline-Programmierung in die Programmiersprache des eingesetzten Roboters umgesetzt. Dabei stehen dem Benutzer Steuerungsfunktionen zur Verfügung, die das Verhalten des Roboters nachbilden. Das System wurde für den Spezialfall der Robotersimulation entwickelt, kann aber auch für die Simulation von Automaten mit beliebiger kinematischer Struktur verwendet werden. Darüber hinaus können Steuerungskonzepte auf unterschiedlichen Hierarchieebenen (z.B. Zellenrechner) getestet werden. Die Geometriedaten der zu handhabenden Teile sowie auch die Roboter und Peripherieteile werden mit Hilfe eines CAD-Systems nachgebildet. Einmal erzeugte Geometrien werden in der CAD-Datenbasis gespeichert und können jederzeit wieder abgerufen werden. Da ein wesentliches Kriterium für ein Planungshilfsmittel die Steigerung der Planungsqualität ist, wird durch die Verwendung eines CAD-Systems gewährleistet, daß Geometreien beliebig genau nachgebildet werden können. Eine definierte Schnittstelle zwischen CAD- und Simulationssystem macht USIS vom verwendeten CAD-System unabhängig.

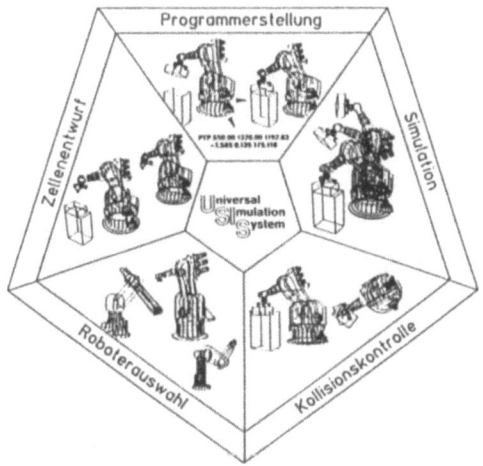

Bild 3: Leistungsumfang des Robotersimulationssystems USIS [4]

## 5. Simulationsverfahren als Hilfsmittel zur Planung kompletter Anlagen

Aus den einzelnen Montagezellen kann zusammen mit dem Transportsystem und dem Teilelager unter Berücksichtigung des zur Verfügung stehenden Raumangebots das Anlagenlayout eines flexiblen Montagesystems entstehen. Der wirtschaftliche Betrieb einer solchen Anlage ist nur möglich, falls die als optimal ermittelten Betriebsparameter über eine längere Zeitspanne bei möglichst störungsfreiem Betrieb eingehalten werden können. Ziel ist es, Methoden und Werkzeuge zur Planung und zum Betrieb solcher Montagesysteme bereitzustellen. Als Analyseverfahren eignen sich überwiegend Methoden der rechnergestützten Simulation, besonders dort, wo Realexperimente einen hohen zeitlichen und finanziellen Aufwand erfordern würden [6].

Die Grundvorraussetzung für einen erfolgreichen Einsatz von Simulationsverfahren ist ein gut strukturiertes Modell, dessen Elemente und (Sub)-Systeme in geeigneter Weise abstrahiert sind. D.h. es liegt eine Gliederung in über- und untergeordnete Systeme vor, zwischen denen der Informationsaustausch und Datentransfer erfolgt. Bei den Daten handelt es sich hauptsächlich um diskrete Daten. Aus der gestellten Forderung nach der Kopplung des Planungs- und Betriebssystems ergeben sich für ein solches Simulationsmodell die benötigten Inputdaten. Diese sind das Anlagenlayout, die Produktstruktur und Mengen, Vorgabezeiten, mögliche Störungen, Ablaufsteuerungsstrategien usw.. Ausgabedaten sind das Anlagenlayout und die Konfiguration der Betriebsmittel, Einlaststrategien und Reihenfolgeauswahlverfahren, Statistische Auswertungen über bestimmte Systemzustände und Wegepläne für das Transportsystem, sowie die Belegung der Pufferspeicher.

Das realisierte Simulationsmodell dient zur Untersuchung des kapazitiven und zeitlichen Verhaltens der am Lehrstuhl für Werkzeugmaschinen und Betriebswissenschaften installierten Pilotanlage zur Montage von Pkw-Türen. Das Programm besteht aus verschiedenen Modulen. Kern ist das eigentliche Simulationsmodell, das mit Hilfe von GPSS-F III erstellt wurde. Die Montageaufträge werden aus den Eingangslagern in das System eingespeist und entsprechend der festgelegten Bearbeitungsreihenfolge der Aufträge zu den Montagerobotern transportiert. Als Inputdaten werden für die Flurförderfahrzeuge die Zeiten angegeben, die ein fahrerloses Transportsystem für eine Fahrt zwischen zwei Stationen benötigt. Zwischen zwei Stationen kann eine direkte Fahrverbindung in beiden Richtungen, in einer Richtung oder in keiner Richtung bestehen. Weitere Inputdaten sind das Zeitverhalten der einzelnen Aufträge, sowie die

Auftragsreihenfolge. Die Fahrstrategie der Fahrzeuge wird durch ein Programm festgelegt, das mit Hilfe des FORD-Algorithmus den kürzesten möglichen Weg zur Zielstation ermittelt. Weitere Größen legen die Anzahl und Größe der Pufferspeicher fest. Das erstellte Simulationsmodell läßt eine beliebige Anzahl von Auftragsarten, Stationen und Flurförderfahrzeugen, sowie eine beliebige Größe der Pufferlager zu [7].

Als Benutzerinterface wird ein graphisches System eingesetzt, das es dem Anwender erlaubt, die notwendigen Eingabedaten für das Modell automatisch schon bei der Layoutplanung am CAD-System zu generieren. Das Programm protokolliert parametergesteuert alle wichtigen Systemzustände. Ausgewählte Ergebnisse werden zusammen als Plot ausgegeben, um rasch einen Überblick über definierte Systemzustände, wie den Einfluß der Anzahl der Fahrzeuge, die Größe der Pufferlager und die Art der Vernetzung der Stationen auf den Durchsatz zu bekommen (Bild 4).

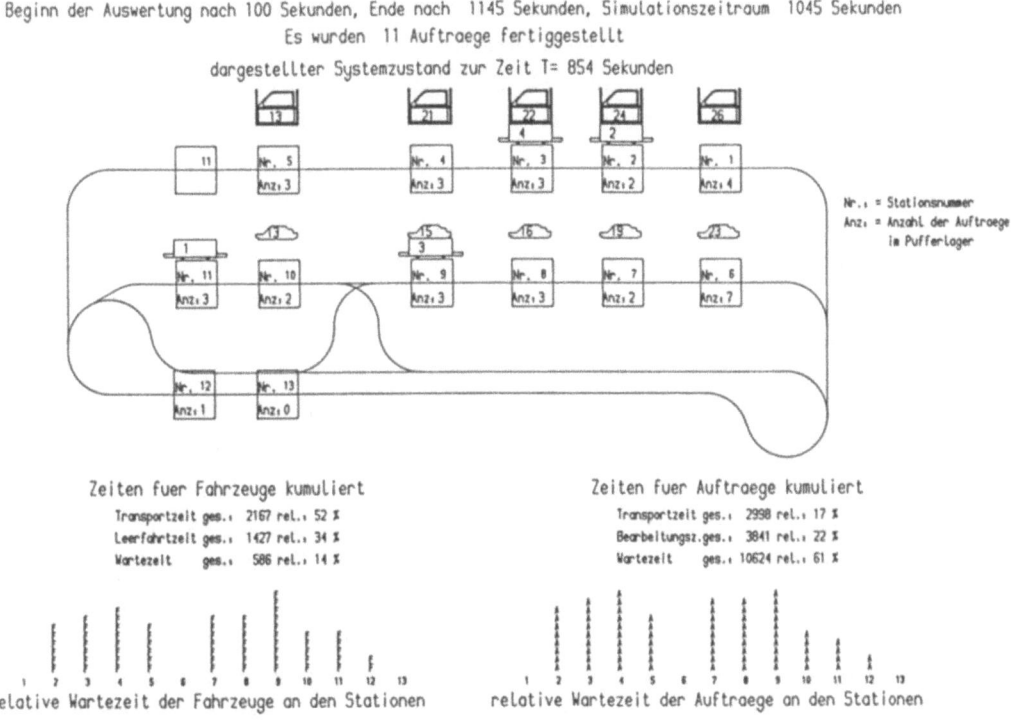

<u>Bild 4</u>: Visualisierung der Simulationsergebnisse

## 6. Zukunftsorientierte Ansätze des Einsatzes von Simulationsverfahren

Bei dem Vorhaben, Planungsaufgaben im Bereich der flexibel automatisierten Montage mit Rechnerunterstützung durchzuführen, ist zu beachten, daß die Problemlösungstätigkeiten Entwickeln von Verfahren, Projektieren oder Konstruieren nicht vollständig algorithmierbar sind [8]. Die Algorithmierbarkeit ist aber die Voraussetzung für eine Automatisierung von Montageprozessen und Planungsaufgaben.

Ein komplexeres algorithmierbares Problem ist die automatische Generierung des optimalen Bewegungsprogramms eines Industrieroboters aufgrund des vorgegeben Fügeprozesses. Die Zielgrößen sind in diesem Fall -wie bei der manuellen Montage- minimale Fügekräfte und kurze Fügezeiten. Der Lernvorgang kann als Vektoroptimierungsproblem dargestellt werden, wobei die Erfassung der Fügekräfte über eine Kraft-Momenten-Sensorik erfolgen kann. Mit einem Standardoptimierungsalgorithmus kann dann das effiziente Absuchen des Lösungsraumes durchgeführt werden. Derartige Optimierungsverfahren werden auch für Probleme der Strukturmechanik eingesetzt, um zum Beispiel optimale Werkstoffpaarungen zu finden. Die Einflußparameter, wie zum Beispiel die Geometrie der Bauteile können als Eingabedatensatz eines FEM-Programms variiert werden. Die Variation dieser Parameter kann dann im Hinblick auf Ihre Zielfunktion mit Hilfe von Optimierungsalgorithmen gesteuert werden.

Die Weiterentwicklungen von graphischen Simulationsprogrammen werden sich mit schnelleren rechnerischen Kollisionskontrollen beschäftigen. Ein weiterer Entwicklungsschwerpunkt ist die automatische Generierung von Befehlssequenzen mit Hilfe von KI-Methoden, um automatisch mögliche Greifkombinationen bestimmen und generieren zu können. Darüberhinaus soll die Dynamik der Handhabungssysteme in die Simulationssysteme eingebracht werden. Damit ist es möglich, Kräfte und Momente sowie das Überschwingen in kritischen Bereichen zu erfassen.

Bei der Planung und Steuerung komplexer flexibler Montagesysteme stellt sich das Problem, daß die Wirkungszusammenhänge innerhalb der bei solchen Systemen ablaufenden Prozesse nur im begrenzten Umfang bekannt sind. Auch der vermehrte Einsatz der elektronischen Datenverarbeitung ändert daran nur wenig, da es sich bei flexiblen Montagesystemen zwar um künstlich geschaffene Strukturen handelt, die aber in Ihrem Aufbau sehr komplex vernetzte Systeme sind [9]. Wichtig ist es deshalb, die Methoden und Werkzeuge zur Systemanalyse und Modellbildung zu verbessern. Es wird nicht möglich sein, ein umfassendes Modell, das alle

Beziehungen aller Systemelemente einer flexiblen Montageanlage berücksichtig, zu erstellen, also quasi eine komplette Montageanlage im Rechner abzubilden. Sinnvoller ist es, Teilsysteme herauszugreifen, und zu optimieren, aber die Schnittstellen zu den anderen Teilsystemen zu berücksichtigen und ihre Einbettung in ein System höherer Ordnung zu beachten. Da in jedem Fall bei der Simulation und Optimierung solcher Systeme alle Regeln vorher noch nicht bekannt sind, eignen sich die Werkzeuge der künstlichen Intelligenz besser als lineare Programmiersprachen, bei denen das Problem vollständig beschrieben und alle Regeln bekannt sein müssen.

Zusammenfassend kann gesagt werden, daß der Einsatz rechnerunterstützter Verfahren bei der Planung und Steuerung flexibler Montagesysteme erst am Anfang steht. Der Grund liegt darin, daß die dazu notwendigen Werkzeuge, wie Methoden der Systemanalyse, die Entwicklung geeigneter Simulatoren und die entsprechende Hardware noch nicht ausreichend zur Verfügung stehen.

[1] Maier,Ch.; Diess.H.; Karstedt,K.: "Innovation im Überfluß - internationale Bestandsaufnahme Robots 10 Chicago", Roboter 3 (1986), S. 80-94.

[2] Barthelmeß,P.: Montagegerechtes Konstruieren durch die Integration von Produkt- und Montageprozeßgestaltung, Springer-Verlag, Berlin 1987.

[3] Milberg,J.; Diess,H.: "Optimierung der Montagetechnik durch rechnerunterstützte Planungssysteme", ZwF 82 (1987) 4, S.190-195.

[4] Milberg,J.: "Robotereinsatz in der flexibel automatisierten Montage: Optimierung der Montagetechnik durch rechnergestützte Simulations- und Planungssysteme", in: Tagungsband Kommtech '87, Essen (1987).

[5] Milberg,J.; Wrba,P.: "Roboter-Einsatzplanung und Offline Programmierung mit USIS", ZwF 81 (1986), S.484-488.

[6] Hutchinson,G.K.: "Flexible Fertigungssysteme und Simulation", ZwF 78 (1983), S. 74 - 76.

[7] Heusler,H.J.: "Simulationsverfahren zur Planung und Steuerung von Systemen mit autonomen mobilen Robotern", in Tagungsband Autonome Mobile Roboter 2. Fachgespräch, Karlsruhe 1986, S.59 - 73

[8] Franke,H.J.: "Untersuchungen zur Algorithmierbarkeit des Konstruktionsprozesse. Fortschrittsberichte der VDI-Zeitschriften 1,47. Düsseldorf, VDI Verlag 1976.

[9] Baetge,J.: "Thesen zur Wirtschaftskybernetik", in: Kybernetische Methoden und Lösungen in der Unternehmenspraxis, Berlin 1983

# SIMULATIONSUNTERSTÜTZUNG BEI DER PLANUNG UND IM BETRIEB VON FLEXIBLEN FERTIGUNGSSYSTEMEN

Dr.-Ing. G. Seliger, Dr.-Ing. B. Wieneke-Toutaoui, Dipl.-Phys. M. Rabe
Institut für Produktionsanlagen und Konstruktionstechnik IPK, Berlin


## Einleitung

Aufgrund des hohen Investitionsaufwandes für die Realisierung flexibler Fertigungssysteme und des damit verbundenen Investitionsrisikos ist eine sorgfältige Planung unerläßlich. Die mit der Komplexität steigende Anzahl der in einem System zu kombinierenden Funktionen führt zu einer Vielzahl unterschiedlicher Lösungsalternativen. Deren Überprüfung erhöht den Planungsaufwand. Gefordert sind Planungshilfen, die Hersteller und Anwender von Fertigungssystemen wirkungsvoll unterstützen und eine schnellere Analyse unterschiedlicher Lösungsalternativen ermöglichen. Im folgenden werden am IPK entwickelte Planungshilfen vorgestellt.


## Planungssysstem MOSYS

Für die komplexen Aufgabenstellungen bei der Planung von Fertigungssystemen wurde das Planungssystem MOSYS entwickelt. Durch dieses System soll der Planer nicht nur von Routinetätigkeiten entlastet werden, sondern er erhält auch die Möglichkeit, aufgrund der größeren Verarbeitungskapazität von Rechenanlagen eine größere Anzahl von Alternativen zu überprüfen und dadurch zu abgesicherten Ergebnissen zu gelangen.

Zur Analyse des Systemverhaltens verwendet MOSYS diskrete, ereignisorientierte Simulation, ergänzt durch eine mathematisch-analytische Methode zur Grobanalyse. Die Beschreibung geschieht durch die fünf Funktionsbausteine Fertigen, Montieren, Fördern, Prüfen und Lagern (Bild 1), aus denen das Modell nach dem Baukastenprinzip zusammengesetzt wird. Diese Grundbausteine können durch Parameter an die anwenderspezifischen Anforderungen angepaßt werden. Bei der Modellerstellung werden von MOSYS die Top-Down- und die Bottom-Up-Methode unterstützt. Der Top-Down-Ansatz bildet mit zunehmendem Fortschritt der Planung das Gesamtsystem mit wachsendem Detaillierungsgrad ab. Durch Simulationsexperimente werden die im Zuge der Planung immer

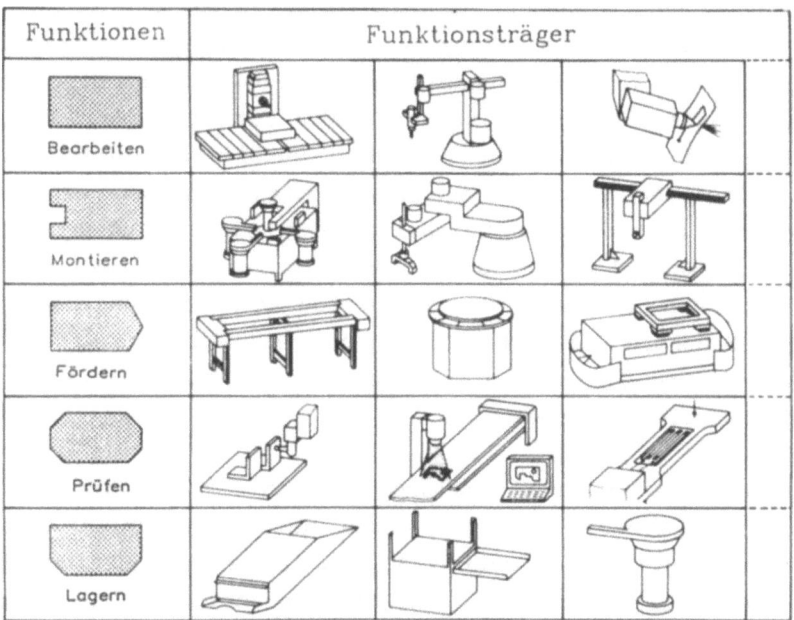

Bild 1: Funktionsbausteine von MOSYS

wieder geänderten und detaillierten Alternativen untersucht. Beim Bottom-Up-Ansatz wird das Produktionssystem von Anfang an mit großer Genauigkeit abgebildet. Die im Detail beschriebenen Teilbereiche des Systems werden im Verlauf der Entwicklung zu größeren Modellgruppen zusammengefaßt, bis eine Abbildung des gesamten Systems erreicht wird.

Um den Durchsatz und die Auslastung der Kapazitätseinheiten für verschiedene Planungsalternativen messen zu können, müssen den Funktionsbausteinen Ressourcen zugeordnet werden. In MOSYS können Ressourcen einzelnen Funktionsbausteinen oder beliebigen Kombinationen von Funktionsbausteinen zugeordnet werden. Bevor ein Werkstück in einen Funktionsbaustein gelangt, wird sichergestellt, daß alle benötigten Ressourcen verfügbar sind. Solange nicht alle Ressourcen zur Verfügung stehen, wartet das Werkstück in der vorhergehenden Funktion. Da die Anzahl im System befindlicher Ressourcen zu beliebigen Zeitpunkten veränderbar ist, können mit ihnen auch z.B. Pausen, unterschiedliche Schichtlängen und Ausfälle durch Wartungsarbeiten abgebildet werden.

Bei der auf Funktionsbausteinen und Ressourcen beruhenden Analyse werden die real vorhandenen räumlichen Begrenzungen vernachlässigt. Dadurch kann die gegenseitige Beeinflussung von Transportmitteln, die den gleichen Raum einnehmen können, nicht abgebildet werden. Hiervon betroffen sind vor allem fahrerlose Flurförderzeuge und Portale, deren Verfahrbereiche sich überschneiden. Außerdem können durch räumliche Gegebenheiten entstehende Einschränkungen für die Layout-Planung kaum berücksichtigt werden. Daher wird die funktionale Beschreibung durch eine topologische Beschreibung des Produktionssystems ergänzt. Diese topologische Beschreibung beinhaltet den Grundriß des Produktionssystems mit Lage aller Ressourcen und sämtlichen Fahrwegen. Streckenabschnitte mit besonderen Eigenschaften wie Einbahnstraßen, Nebenstrecken, Bahnhöfe und Ladestationen oder Ausweichwege sind zu markieren. Aus diesen Informationen kann das Verhalten aller Transportbausteine abgeleitet werden.

Die topologische Systembeschreibung ist von der funktionalen unabhängig und kann einzeln vor oder nach der funktionalen Beschreibung erstellt werden. Dadurch kann z.B. das gleiche Produktionssystem mit verschiedenen Transportwegen oder mit verschiedenen Maschinenstandorten bei sonst gleichen Fahrkursen getestet werden.

MOSYS wurde bisher bei der Planung von flexiblen Transferstraßen, flexiblen Fertigungssystemen, flexiblen Montagezellen sowie Fertigungsanlagen für Leiterplatten eingesetzt.

## TOSYS - Simulation von Fertigungssystemen mit automatisiertem Werkzeugfluß

Das auf flexible Fertigungssysteme spezialisierte Simulationssystem TOSYS (Bild 2) gestattet die Abbildung von Werkstück- und Werkzeugfluß im System und von deren Zusammenwirken. Der Transport von Werkzeugen und Werkstücken kann mit dem gleichen oder mit verschiedenen Transportsystemen erfolgen. Das Modell wird über Parameter an unterschiedliche Systemkonfigurationen angepaßt. Abgebildet werden können Bearbeitungszentren, Meßmaschinen, Entgratstationen, Waschmaschinen, Spannplätze und Palettenspeicher, Schienenfahrzeuge und fahrerlose Flurförderzeuge auf beliebigen Fahrkursen. Der hauptzeitparallele Austausch von Einzelwerkzeugen wird im Detail nachgebildet, wofür Informationen wie Standzeit der Werkzeuge, Anzahl Werkzeuge je Werkzeugtyp, Anzahl Werkzeugpaletten, Größe der Werkzeugmagazine und Angaben über das Störverhalten verwendet werden. Werkstückseitig werden Arbeitspläne mit Operationszeiten je Werkzeug, Einlastungsreihenfol-

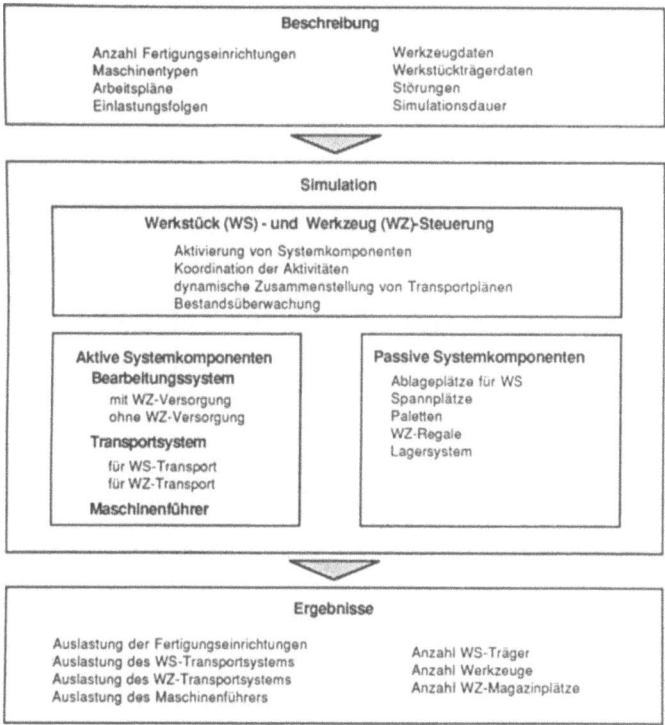

Bild 2: Struktur des Simulationssystems TOSYS

gen, Spannzeiten und Palettenzahlen vorgegeben. Außerdem werden noch das Störverhalten von Maschinen und Fahrzeugen sowie Fahrzeuganzahl und Übergabezeiten berücksichtigt.

**Anwendung MOSYS**

Ein großes Fertigungssystem wurde untersucht, um die Funktionsfähigkeit des Systems zu überprüfen und das Systemverhalten in Bezug auf höchstmöglichen Durchsatz zu optimieren. In dem Fertigungssystem werden Motorblöcke und Zylinderköpfe in verschiedenen Varianten gefertigt. Die Teile werden in ein bis acht Aufspannungen mit Bearbeitungszeiten zwischen 1 und 30 Minuten bearbeitet. Das System (Bild 3) besteht aus 12 Bearbeitungszentren, 2 Waschmaschinen, Zwischenspeichern für die Werkstückträger und neun manuell bedienten Spannplätzen. Induktiv gesteuerte Flurförderzeuge führen sämtliche Transporte aus, wobei die notwendige Anzahl von Fahrzeugen durch die Simulation ermittelt wurde. Die Bearbeitungszentren sind ersetzend. Durch die Produktionspläne wird diese Flexibilität allerdings wieder

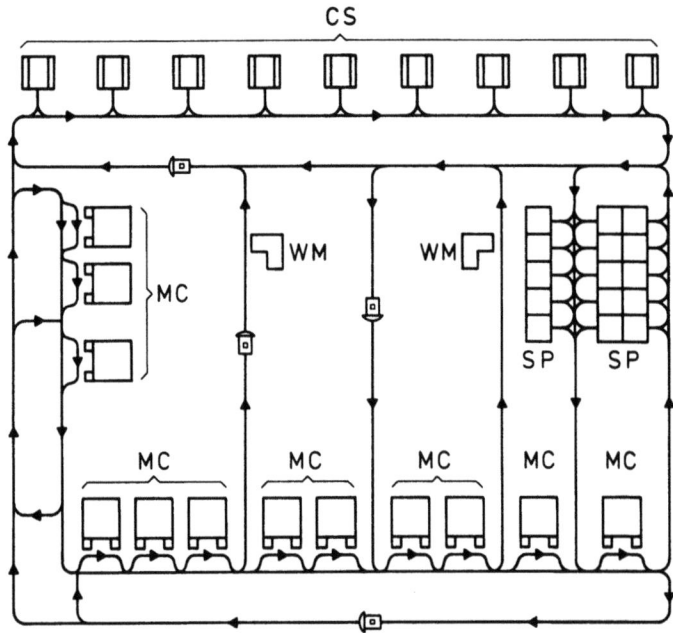

Bild 3: Layout des flexiblen Fertigungssystems (MC = Bearbeitungszentrum, CS = Spannplatz, WM = Waschmaschine, SP = Palettenspeicher)

gemindert, da die Maschinen dynamisch zu Gruppen zusammengefaßt werden, um Werkzeuge einzusparen.

Bild 4 zeigt die höchste Hierarchie-Ebene der funktionalen Beschreibung und einige Details tieferliegender Ebenen. Die topologische Beschreibung ist in Bild 5 dargestellt. Die mit diesem Modell durchgeführte Simulation lieferte die Durchlaufzeit für jeden Produkttyp, Auslastung der Bearbeitungszentren, Waschmaschinen, Spannplätze, Paletten und Fahrzeuge, Rüst- und Störzeiten sowie die Belegung der Pufferplätze und Engpässe in den Fahrkursen der Induktivfahrzeuge.

**Anwendung TOSYS**

Im Auftrag des Herstellers waren verschiedene Auslegungsvarianten eines flexiblen Fertigungssystems zu untersuchen. Das besondere Interesse galt neben der Auslastung der Bearbeitungseinheiten der automatisierten Werkzeug- und Werkstückversorgung. Das flexible Fertigungssystem (Bild 6) besteht aus 8 CNC-Bearbeitungszentren (BAZ) mit automatisierter Werkzeugversorgung, einer CNC-Waschmaschine, vier

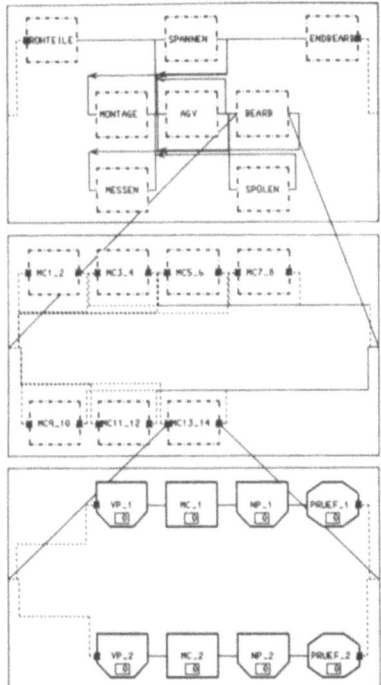

**Bild 4**: Funktionale Beschreibung des flexiblen Fertigungssystems

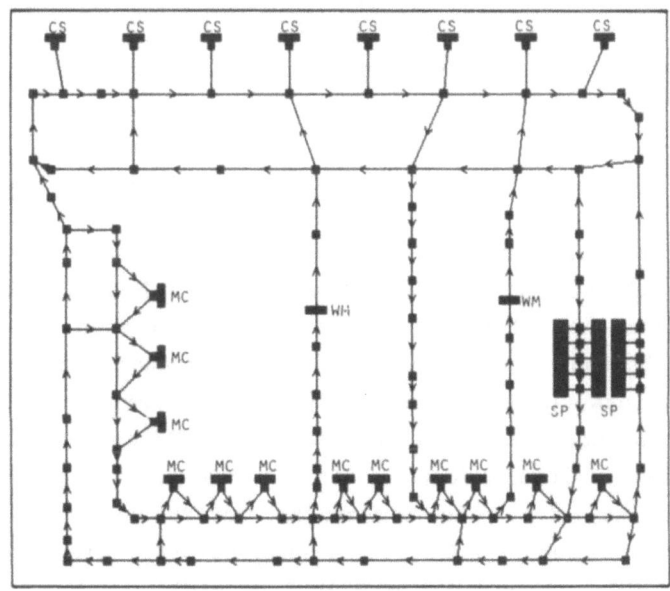

**Bild 5**: Topologische Beschreibung des flexiblen Fertigungssystems

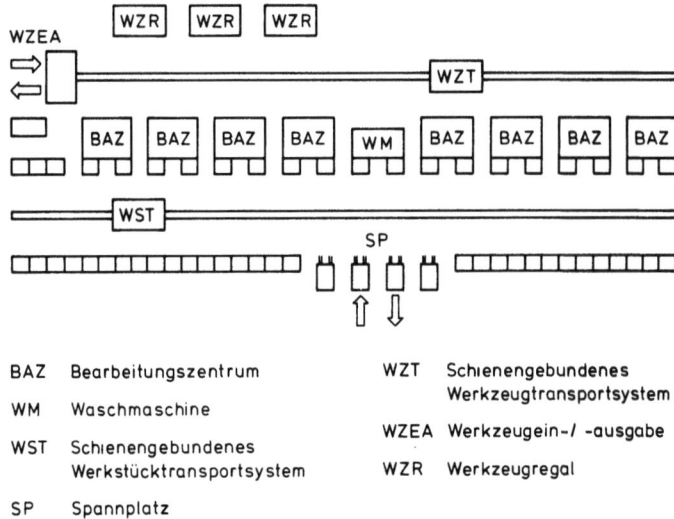

Bild 6: Layout eines Fertigungssystems mit automatisiertem Werkstück- und Werkzeugfluß

Spann- und Rüstplätzen, einem Werkzeugvoreinstellplatz, einem schienengebundenen Transportsystem, vier Werkzeugspeichern mit jeweils 90 Plätzen und 60 Werkstückträger-Ablageplätzen. Das System wird von zwei Maschinenführern betreut, die Werkstücke auf Paletten spannen und Werkzeuge voreinstellen. Gefertigt wird in zwei Aufspannungen mit ersetzenden Bearbeitungszentren.

In der ersten Auslegungsvariante können die Werkzeugmagazine der Bearbeitungszentren nicht gleichzeitig sämtliche für beide Aufspannungen benötigten Werkzeuge aufnehmen, so daß von dem Werkzeugtransportsystem bei jedem Auftragswechsel fünf Werkzeuge pro Maschine zusätzlich zu den verschlissenen Werkzeugen ausgetauscht werden müssen. In der zweiten Auslegungsvariante wurden die Werkzeugmagazine soweit vergrößert, daß das Werkzeugtransportsystem nur noch verschlissene Werkzeuge auszutauschen hat. Zur Entlastung des Werkstücktransportsystems wurde in einer dritten Variante die Waschmaschine aus dem Fertigungssystem entfernt, d.h. die Werkstücke wurden von den Bearbeitungszentren direkt zum Spannplatz transportiert. Die Ergebnisse der Simulationsuntersuchung sind in Bild 7 gezeigt.

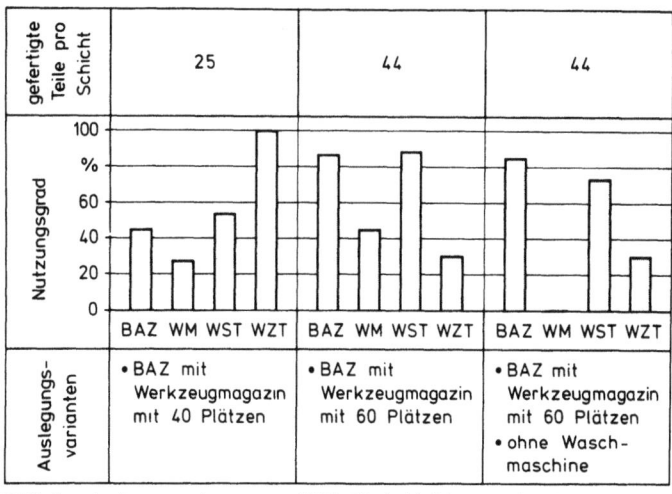

Bild 7: Ergebnisse der Untersuchung eines Fertigungssystems mit automatisiertem Werkstück- und Werkzeugfluß

## Literatur

/1/ Seliger, G.: Wirtschaftliche Planung von automatisierten Fertigungssystemen. München, Wien: Carl Hanser Verlag, 1983.
/2/ Wieneke-Toutaoui, B.: Rechnerunterstütztes Planungssystem zur Auslegung von Fertigungsanlagen. München, Wien: Carl Hanser Verlag (in Vorbereitung).
/3/ Viehweger, B.: Planung von Fertigungssystemen mit automatisiertem Werkzeugfluß. München, Wien: Carl Hanser Verlag, 1986.
/4/ Engelke, H. u.a.: Integrated Manufacturing Modeling System. IBM Journal of Research and Development, Vol.29 No. 4, July 1985.
/5/ Pritschow, G., Spur, G., Weck, M. (Hrsg.): Simulationstechnik in der Fertigung. München, Wien: Carl Hanser Verlag, 1986.

# Einsatzmöglichkeiten der Simulation in der Werkstattsteuerung

Dipl.-Ing., Dipl.-Wirtsch.-Ing. Rolf Schmidt

Fraunhofer-Institut für Transporttechnik und Warendistribution
Institutsleiter: Prof. Dr.-Ing. Reinhardt Jünemann
Emil-Figge-Str. 75, 4600 Dortmund 50

## 1 Die Werkstattsteuerung im Kontext der Produktionsplanung und -steuerung

Der Aufgabenbereich der Produktionsplanung und -steuerung wird nach dem Kriterium der Fristigkeit häufig gegliedert in

- langfristige Produktionsprogrammplanung
- mittelfristige Produktionsplanung
- kurzfristige Produktionssteuerung (Werkstattsteuerung).

Während die mittelfristige Produktionsplanung Funktionen realisiert wie Kundenauftragsverwaltung, Erzeugung von Planaufträgen auf Grund von Bedarfsprognosen, Stücklistenauflösung, Materialwirtschaft, Erzeugung und Freigabe von Betriebsaufträgen, Zeitwirtschaft, ist es Aufgabe der kurzfristigen Produktionssteuerung oder Werkstattsteuerung, für eine reibungslose und optimale Abwicklung des Produktionsprozesses auf der operationalen Ebene zu sorgen. Hierzu gehören im einzelnen:

- terminliche Zuordnung von Aufträgen zu Kostenstellen (Arbeitsplätzen, Maschinen, Werkstätten)
- Kapazitätsabgleich
- Reihenfolgeplanung
- Überwachung des Produktionsfortschrittes und das Ergreifen von Notmaßnahmen in Ausnahmesituationen (Störung von Anlagen, Eilaufträge)

Die Informationsgrundlage der Werkstattsteuerung sind die Betriebsaufträge, die von der Produktionsplanung auf Grund von Kundenaufträgen und Planaufträgen erzeugt und freigegeben werden sowie Rückmeldungen aus dem Produktionsprozeß. Die Werkstattsteuerung handhabt also letztlich die

Menge der von der Produktionsplanung freigegebenen Betriebsaufträge und führt sie ihrer Abarbeitung im Rahmen des Produktionsprozesses zu.

Wegen der zunehmenden Komplexität der Planungs- und Steuerungsaufgaben in der Produktion werden diese heute überwiegend mit EDV-Unterstützung wahrgenommen. Häufig handelt es sich dabei um getrennte Systeme für Planungs- und Steuerungsfunktionen. Während die primär mit Verwaltungsaufgaben befaßte und mit Massendaten arbeitende Produktionsplanung meist auf einem Host-Rechner realisiert ist, stehen die Funktionen der Werkstattsteuerung in vielen Fällen auf getrennten Produktionsleitrechnern (Leitständen) zur Verfügung, die mit dem Host-Rechner kommunizieren. Die prozeßnächste Ebene der rechnergestützten Werkstattsteuerung, die Betriebsdatenerfassung (BDE), kommuniziert in dieser Struktur nur mit dem jeweiligen Leitrechner (Bild 1).

## 2 Ziele der Simulationsanwendung in der Werkstattsteuerung

Mit der Integration einer Simulationsfunktion in Systeme zur rechnergestützten Werkstattsteuerung, insbesondere in Produktionsleitstände, lassen sich die im folgenden dargestellten Ziele verfolgen. Wesentlicher Aspekt der Simulationsanwendung ist jeweils, daß ein potentieller zukünftiger Handlungsbedarf bereits zum gegenwärtigen Zeitpunkt bekannt wird und der Handlungsbeginn somit vorgezogen werden kann. Die Prozeßführung kann auf diese Weise in vielen Fällen wesentlich verbessert werden (Bild 2).

### 2.1 Verfikation der Prozeßablaufplanung

In den Fällen, in denen ein Produktionsprozeß bestimmten unverletzlichen Randbedingungen unterliegt wie

- streng begrenzte Pufferkapazitäten
- begrenzte Verfügbarkeit definierter Betriebsmittel
- Einhaltung vorgegebener Mindestbestände für HF- und Fertigprodukte,

liefert die Simulation des Prozesses Aussagen über die Zulässigkeit der Prozeßablaufplanung. Der geplante Prozeßablauf ist unzulässig, wenn eine der zugrunde liegenden Randbedingungen verletzt wird (Beispiele: ein nicht verfügbares Werkzeug wird benötigt, der Puffer nach einer auf kontinuierlichen Betrieb ausgelegten Lackieranlage läuft über).

## 2.2 Bewertung der geplanten Prozeßführung

Existieren für die Durchführung des Produktionsprozesses mehrere Planvarianten, kann mit Hilfe der Prozeßsimulation eine Bewertung der zur Verfügung stehenden Alternativen vorgenommen werden. Bewertungskriterien können sein:

- Bestandshöhen
- Kapazitätsauslastungen
    - > Höhe
    - > Gleichmäßigkeit (Vermeidung von Überstunden/Sonderschichten)
- Rüstaufwand
- Durchsatz (Produktionsleistung)
- Durchlaufzeit
- Termintreue.

Die Bewertung erfolgt durch geeignete monetär quantifizierbare Kennzahlen, deren spezifische Ausprägung während der Simulation ermittelt wird.

## 2.3 Optimierung der Prozeßablaufplanung

Die vorstehend beschriebene Bewertungsfunktion, die sich durch den Simulationseinsatz erschließt, legt zugleich die Grundlage für eine Optimierung der Prozeßablaufplanung.

Existieren mehrere Planvarianten, die auf Grund einer Prozeßsimulation unterschiedliche Bewertungskennzahlen erhalten haben, kann diejenige Variante zur Durchführung des Produktionsprozesses herangezogen werden, deren Bewertung unter Berücksichtigung einer gegebenen Zielfunktion die günstigste Prozeßführung verspricht.

Eine solche Vorgehensweise ist ganz besonders in Zusammenhang mit der Reihenfolgeplanung (Planung von Auftragsreihenfolge bzw. Typenmix auf gegebenen Anlagen) von Bedeutung, wie noch gezeigt werden wird.

## 2.4 Unterstützung der Resourceneinsatzplanung

Die Vorabkenntnis des Prozeßablaufes, die durch die Simulation erreicht wird, ermöglich eine präzise Vorplanung bezüglich der Allokation von Produktionsfaktoren. Insbesondere kann entschieden werden über

- Ort und Zeit des Personalbedarfs für Produktionsvorgänge.
  Mit Hilfe der Simulation werden Engpässe des Produktionssystems, die bei Zugrundelegung des aktuellen Produktionsprogramms auftreten sowie der resultierende Personalbedarf determiniert.
- Ort und Zeit des Personalbedarfs für Rüstvorgänge.
  Durch die präzise Vorabkenntnis der Notwendigkeit von Rüstmaßnahmen kann rechtzeitig über den Einsatz von Umbau- bzw. Einrichtmannschaften entschieden werden.
- Ort und Zeit des erforderlichen Einsatzes mobiler Betriebsmittel (Werkzeuge, Transportmittel)
- Ort und Zeit der erforderlichen Verfügbarkeit von Roh- und HF-Produkten.

## 2.5 Test von Strategien zur Störfallbehandlung

Tritt innerhalb des Produktionssystems an bestimmter Stelle ein Störfall auf, kann dessen Auswirkung auf den Produktionsprozeß vorausschauend bewertet werden. Es wird auf diese Weise deutlich, ob ein Handlungsbedarf (Umplanung) besteht oder nicht. Wird eine Umplanung notwendig, kann deren Auswirkung auf den Produktionsablauf beurteilt werden. Insbesondere ist es möglich, alternative Ausweichstrategien zu prüfen und zu bewerten.

## 2.6 Schulung von Betriebspersonal

Die Simulation eröffnet die Möglichkeit, durch das "Durchspielen" verschiedenartiger Prozeßsituationen das betriebliche Steuerungspersonal auf die sichere Beherrschung des Produktionsablaufes hin zu schulen. Ein wesentlicher Aspekt besteht auch hier in der geeigneten Auswahl prozeßspezifischer Notmaßnahmen (bei Anlagenausfall, Materialmangel u.a.), die sich durch Simulation derartiger Situationen trainieren läßt.

## 3 Integration der Prozeßsimulation in Fertigungssteuerungs- und Leitstandsysteme

### 3.1 Anforderungen

Unter Simulation soll im vorliegenden Zusammenhang ein - in der Regel ereignisorientiertes - Durchspielen des Produktionsprozesses verstanden werden, das auf die Verwendung geschätzter, bei hinreichend detaillierter Betrachtung der Abläufe jedoch sehr genau bestimmbarer Größen (wie z.B. der Übergangszeiten) zu Gunsten einer exakten Ermittlung dieser Größen auf der Grundlage eines detaillierten Prozeßabbildes verzichtet. Eine Kapazitätseinlastungsrechnung mittels geschätzter Übergangszeiten, wie sie die meisten PPS-Systeme vornehmen, soll dabei, abweichend von der gängigen Marketingpraxis der Steuerungshersteller, ausdrücklich nicht als Simulation gelten.

An Simulationssysteme, die in Fertigungssteuerungs- und Leitstandsysteme integriert werden sollen, sind eine Reihe von Anforderungen zu richten, die sie für die geplante Anwendung qualifizieren (d.h. "leitstandfähig" machen) (vergl. Bild 3). Im einzelnen sind zu nennen:

1. Prozeßschnittstelle zur on-line-Übernahme des realen Systemzustandes. Die Realisierung dieser Schnittstelle erfolgt durch BDE-Terminals sowie durch Kommunikation des Leitrechners mit untergeordneten Steuerungsinstanzen ("on-line-Simulation"). Der aktuelle Zustand des Prozesses muß jederzeit zur Verfügung stehen.

2. Der "Echtzeitfaktor", verstanden als Verhältnis zwischen der Prozeßablaufgeschwindigkeit innerhalb des Simulators und der Ablaufgeschwindigkeit des realen Prozesses, muß wesentlich größer als 1 sein. Die erforderliche Größe dieses Faktors hängt vom Einzelfall ab. Je mehr Optimierungsaufgaben mit Hilfe des Simulators zu lösen sind, desto größer muß seine Verarbeitungsgeschwindigkeit im Verhältnis zur prozeßspezifischen Echtzeit sein.

3. Ausreichende Abbildungsgenauigkeit in Abhängigkeit des zugrunde liegenden Prozesses. In der Regel ist ausreichend:

   - Darstellung von Transport-, Fertigungs-, Belade- und Entladevorgängen

durch Zeitverbrauch und Zustandsänderung mit Abbildung des Anfangs- und Endzustandes
- Darstellung von Zuständen durch diskrete Zustandskennzahlen.

Eine derartige Darstellung entspricht einem transaktionsorientierten Simulationskonzept. Ein prozeßorientiertes Simulationskonzept (Darstellung auch von Zwischenzuständen) kann in Ausnahmefällen notwendig sein.

4. Zustandsarchivierung zu definierten Zeitpunkten, um eine gezielte Systeminitialisierung durchführen zu können

5. Komfortable, möglichst graphische Benutzeroberfläche; jederzeitige Darstellungsmöglichkeit des aktuellen Modellzustandes

6. Gezielter Zugriff auf Modellparameter und -zustände.

Neben diesen unabdingbaren Anforderungen stehen folgende wünschenswerten Eigenschaften eines Simulators zur Unterstützung der Werkstattsteuerung:

7. Möglichkeit der Prozeßvisualisierung durch (graphische) Animation der Abläufe im Modell

8. Bewertungsmöglichkeit für alternative Prozeßablaufpläne nach vorgegebenen Kriterien

9. Planungsunterstützung für den Benutzer durch Vorhaltung geeigneter Maschinenbelegungs- bzw. Reihenfolgestrategien; dynamische Strategieauswahl in Abhängigkeit aktueller und zukünftiger Modellzustände und deren Änderungstendenzen.

### 3.2 Die Reihenfolgeplanung als spezielles Anwendungsgebiet der Simulation in der Werkstattsteuerung

#### 3.2.1 Problembeispiele

Die Problematik der Reihenfolgeplanung im Sinne der Bildung einer Auftragsreihenfolge oder eines Typenmixes zur Belegung von Produktionsanlagen ist in der Praxis weit verbreitet. Insbesondere im Zusammenhang mit der fortschreitenden Rationalisierung und Automatisierung des Produktionsprozesses kommt ihr weiter steigende Bedeutung zu.

Werden beispielsweise Produktionsanlagen, die bislang aus umfangreichen wahlfreien Puffern beschickt wurden, zur Einsparung von Beständen und Handhabungsaufwand mittels kapazitätsmäßig eng begrenzter fifo-Puffer verkettet, tritt in vielen Fällen das Problem der Reihenfolgeplanung unter der Bedingung wandernder Engpässe auf (vergl. Bild4). Eine gewählte Auftragsreihenfolge darf zum einen die Pufferrestriktion nicht verletzen, zum anderen muß die Versorgung der verketteten Anlagen mit Material stets sichergestellt sein, damit keine Leistungseinbußen der Produktion auftreten. Ein weiterer Gesichtspunkt besteht in der Minimierung der auftretenden Rüstzeiten.

In der Automobilindustrie tritt der Fall der taktgebundenen Fließfertigung häufig auf (Beispiel: Montage). Durch Auswahl eines geeigneten Modellmix sollen hier die aufeinanderfolgenden Bearbeitungsstationen jeweils in der Nähe ihrer Maximalleistung ausgelastet werden, um einen möglichst hohen "Bandwirkungsgrad" zu erzielen (Bild 5).

In einer Reihe von Fällen hängt die Auslastung bestehender Produktionsengpässe von einer gewählten Auftragsreihenfolge ab. Die Reihenfolgeplanung hat hier die Aufgabe, diese Engpässe möglichst gleichmäßig über der Zeit auszulasten, um kostenintensive Sonderschichten und Überstunden zu vermeiden.

Das Problem der Reihenfolgeplanung in der beschriebenen Dimension tritt in der Regel in abgegrenzten Fertigungsbereichen auf, die im Hinblick auf ihre besonderen Erfordernisse gesteuert werden müssen. Bei vor- und nachgeschalteten Fertigungsbereichen können sich hieraus abgeleitete Steuerungsnotwendigkeiten ergeben.

### 3.2.2 Lösungsansätze für die simulationsgestützte Reihenfolgeplanung

Folgende konzeptionellen Ansätze für die Unterstützung der Reihenfolgeplanung mit Hilfe eines Simulationssystems sind denkbar und z.T. realisiert:

1. System enthält kein Regelwerk zur Reihenfolgebildung.
   Der Planer (Disponent) erstellt manuell eine Auftragsreihenfolge und testet sie mit Hilfe des Systems. Dieser Vorgang wiederholt sich solange, bis eine befriedigende Lösung gefunden ist. Der Disponent kann auf diese Weise unterschiedliche grundsätzlich mögliche Einplanungsheuristiken testen und sich für die im vorliegenden Fall beste entscheiden.

2. System enthält eine Menge von feststehenden Regeln (Algorithmen) zur Reihenfolgebildung.
   Das System unterbreitet auf Grund dieser Regeln dem Disponenten eine Anzahl von Reihenfolgevorschlägen, die dieser übernehmen oder abwandeln kann. Die Reihenfolgevorschläge werden mit Hilfe der Prozeßsimulation getestet; die beste zulässige Lösung wird verabschiedet.

3. System enthält eine Menge von Regeln zur Reihenfolgebildung, die in Regelklassen gegliedert sind, sowie ein Expertensystem.
   Das Expertensystem wählt auf Grund der aktuellen Problemparameter und/oder des aktuellen Zustandes des Produktionssystems die geeignete Regelklasse aus und sucht innerhalb dieser Klasse mit Hilfe der Simulation selbständig nach der optimalen Lösung. Auf diese Weise wird eine dynamische Strategieauswahl zur Reihenfolgeplanung realisiert. Auch in diesem Fall besitzt jedoch der Disponent die Möglichkeit zum manuellen Eingriff.

In den Fällen 2. und 3., in denen das System Regelwerke enthält, ist jeweils danach zu unterscheiden, ob bei der Reihenfolgebildung zukünftige Zustände des Produktionssystems bzw. dessen Simulationsmodells berücksichtigt werden oder nicht.
Der zweite Fall entspricht dem klassischen Steuerungskonzept (ohne Rückführung) und benötigt für die Reihenfolgebildung keine Zustandsinformationen aus dem Simulationsmodell.
Im ersten Fall wird die Entscheidung über den nächsten einzusteuernden Auftrag mit vom Modellzustand und seinen Änderungstendenzen abhängig gemacht. Der auf diese Weise realisierte "Regelungsansatz" (da mit Rückführung versehen) ist nur durch die mit Hilfe der Simulation vermittelte Kenntnis des künftigen Verhaltens des Produktionssystems in Abhängigkeit der gewählten Auftragsreihenfolge möglich. Der Regelungsansatz stößt dort an seine Grenzen, wo systeminhärente Totzeiten zur Instabilität des Regelkreises führen.

**3.2.3 Anwendungsbeispiel**

Bild 6 zeigt ein Beispiel, bei dem für die Planung der Auftragsreihenfolge zur Belegung einer verketteten Fertigungslinie mehrere Algorithmen mit Hilfe der Simulation getestet wurden. Ziele waren ein möglichst geringer Materialbestand im Prozeß sowie möglichst niedrige Rüstzeiten.

Der in den Diagrammen mit "5.2" bezeichnete Algorithmus erfüllte die geforderten Eigenschaften insgesamt am besten und konnte für die Belegungsplanung der Fertigungslinie verwendet werden.

Die Vorgehensweise entspricht daher der in Abschnitt 3.2.2 unter Position 1 dargestellten.


**3.3 Zusammenstellung und Klassifizierung von Systemen zur simulationsgestützten Reihenfolgeplanung**

Zur Zeit liegen Veröffentlichungen oder unveröffentlichte Unterlagen vor über folgende Realisierungen von Systemen zur simulationsgestützten Reihenfolgeplanung:

- GRAFSIM
- SCHED/SIM
- CS-SIM / BISY
- RESI
- INTERFASE
- SCHEDULEX
- Reihenfolgeplanung im Stahlwerk ("STAHL-SIM")
- SIMON
- MPECS.

Ihre Einordnung in die unter 3.2.2 beschriebenen Lösungskategorien zeigt Bild 7.

Die Bilder 8 bis 11 enthalten beispielhaft Ablaufschaubilder für die Systeme "STAHL-SIM", SCHED-SIM, INTER-FASE und MPECS.

## 4 Literatur

Szu-Yung Wu and Richard A. Wysk:
MPECS - An Intelligent Flexible Machining Cell Controller;
Department of Industrial and Management System Engineering,
Pensylvania State University

Harms, U. und H.-J. Langen:
Ein Simulationssystem für die Maschinenbelegungsplanung in einem on-line-Fertigungssteuerungssystem;
European Simulation Multiconference, Wien 1987

INTER FASE: Functional Description
Produktbeschreibung der Autosimulations Inc.,
P.O. Box 307, Bountiful, Utah 84010, U.S.A.

SCHED/SIM-Informationspapier
Factrol Inc., West Lafayette, Indiana 47906, U.S.A.

CS-SIM-/BISY-Leistungsbeschreibung
Carl Schenck AG, Darmstadt

Schengi Li, J.:
Optimal Scheduling (SCHEDULEX)
Numetrix Ltd., Canada

GRAFSIM-Kurzbeschreibung, Siemens AG, Nürnberg

RESI-(Reihenfolge-Simulation)-Programmunterlagen
Fraunhofer-Institut für Transporttechnik und Warendistribution,
Emil-Figge-Str. 75, 4600 Dortmund 50

SIMON-Programmunterlagen
Fraunhofer-Institut für Transporttechnik und Warendistribution,
Emil-Figge-Str. 75, 4600 Dortmund 50

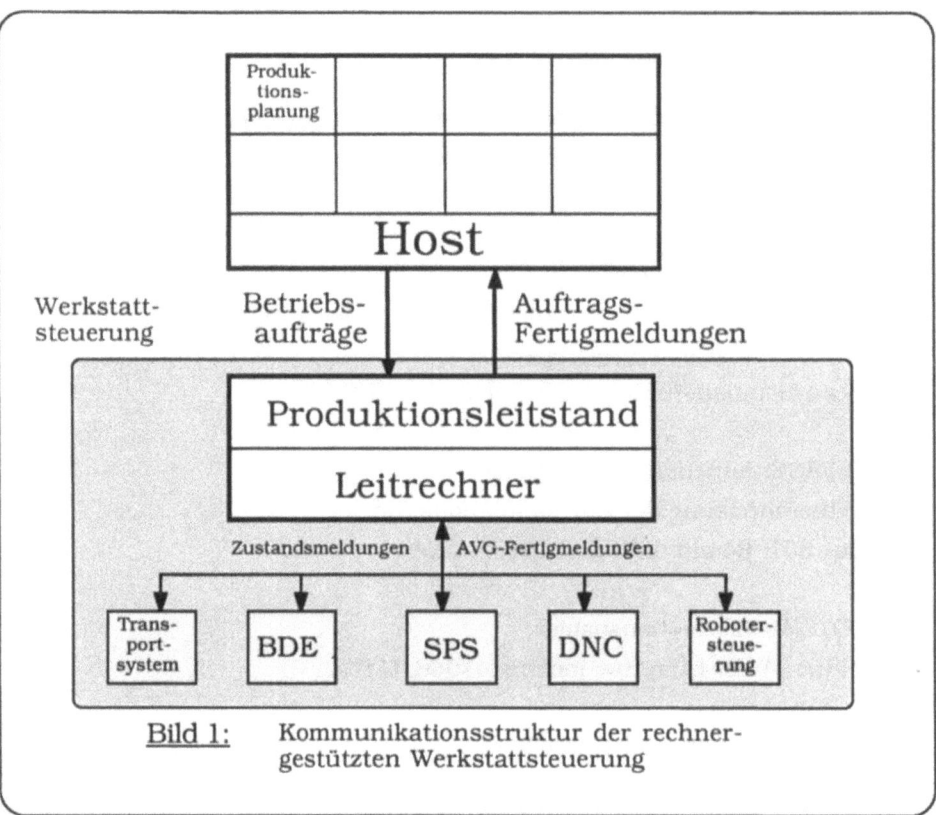

Bild 1: Kommunikationsstruktur der rechnergestützten Werkstattsteuerung

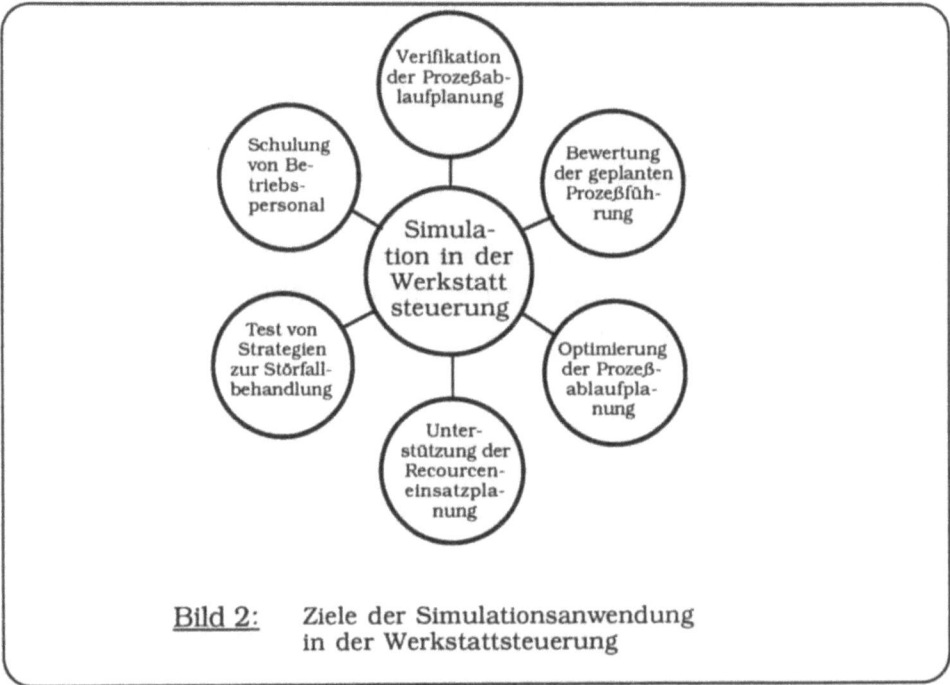

Bild 2: Ziele der Simulationsanwendung in der Werkstattsteuerung

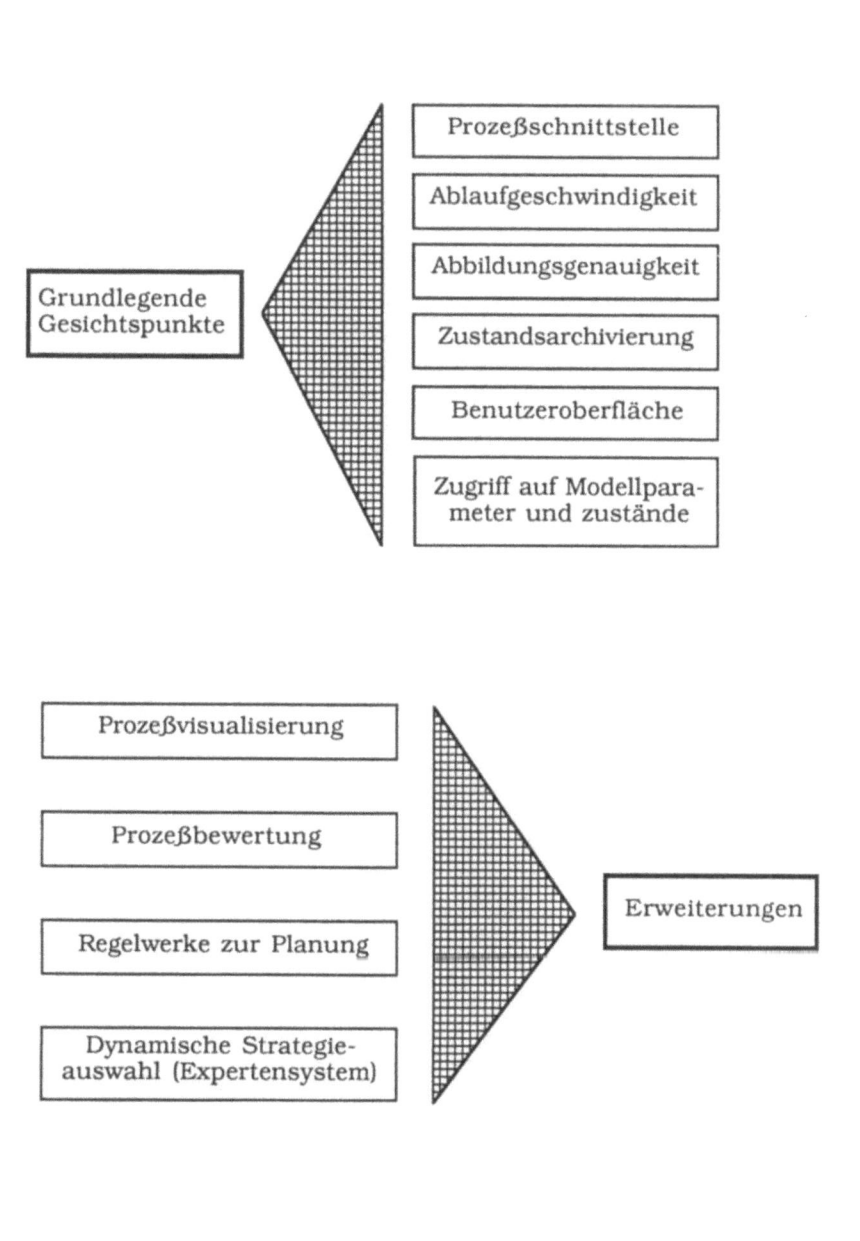

Bild 3: Anforderungsgesichtspunkte für Simulationssysteme in der Werkstattsteuerung

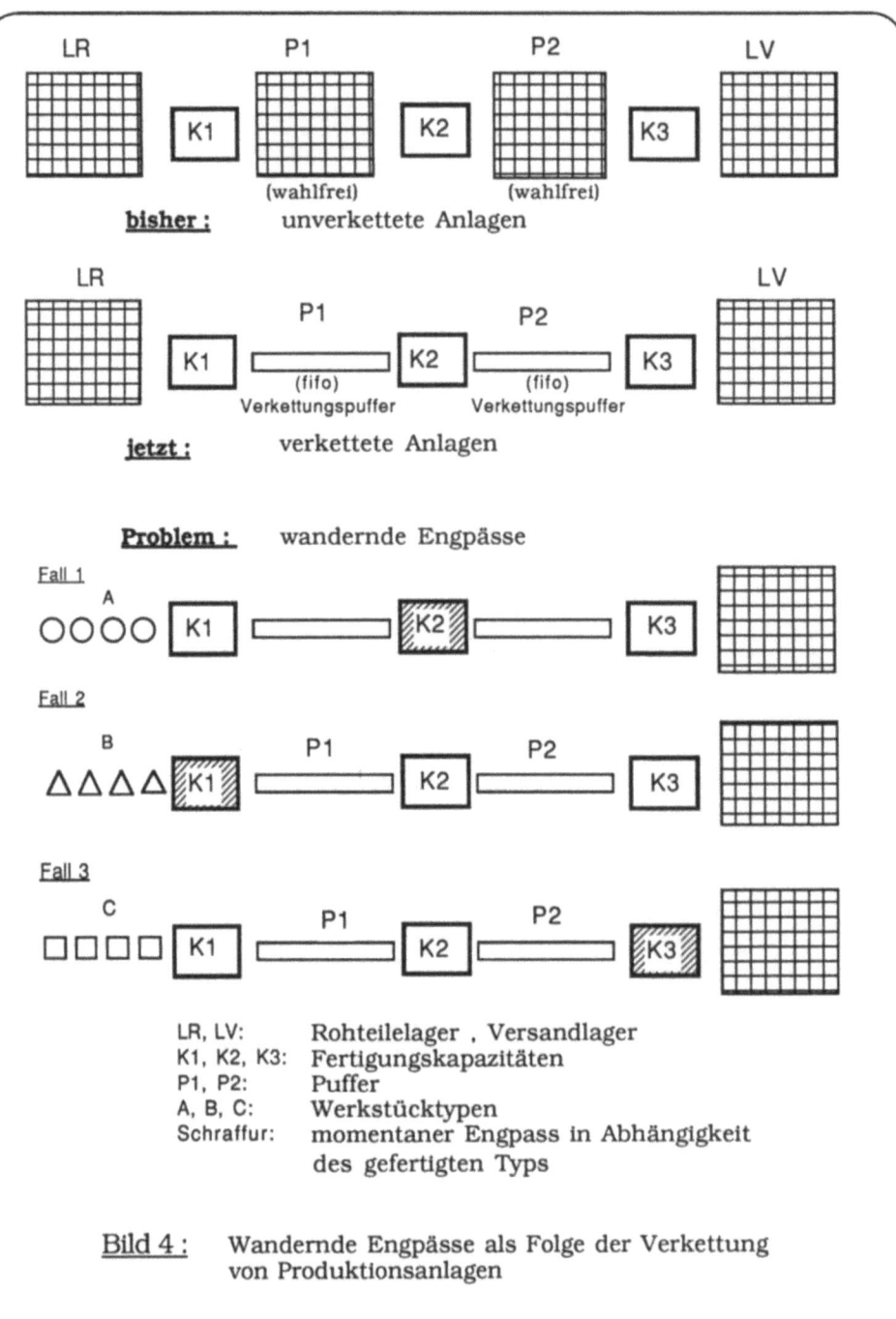

Bild 4: Wandernde Engpässe als Folge der Verkettung von Produktionsanlagen

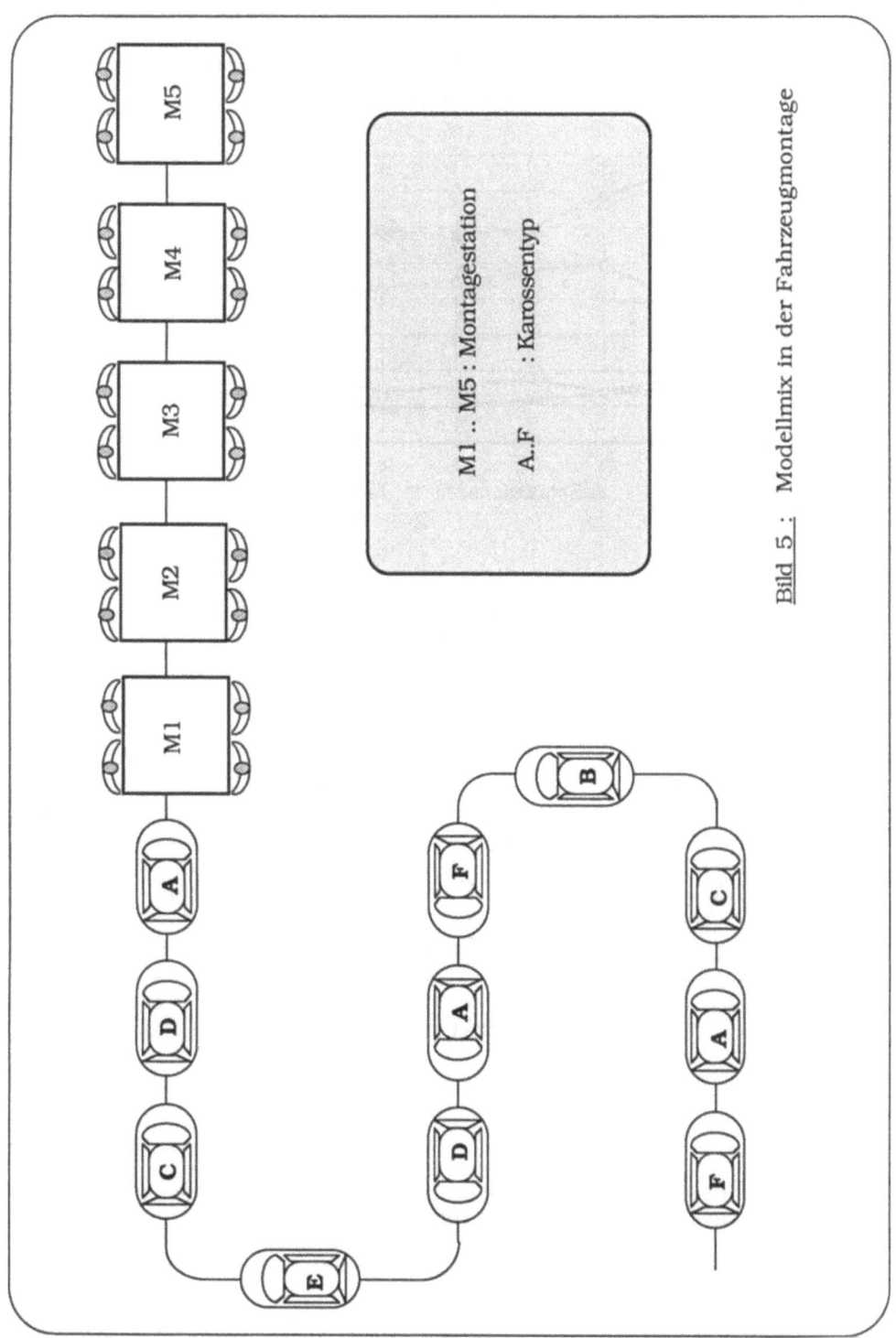

Bild 5 : Modellmix in der Fahrzeugmontage

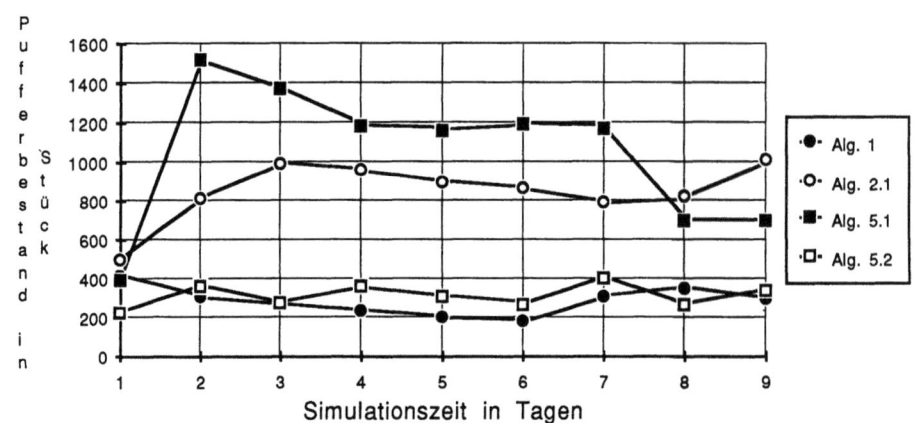

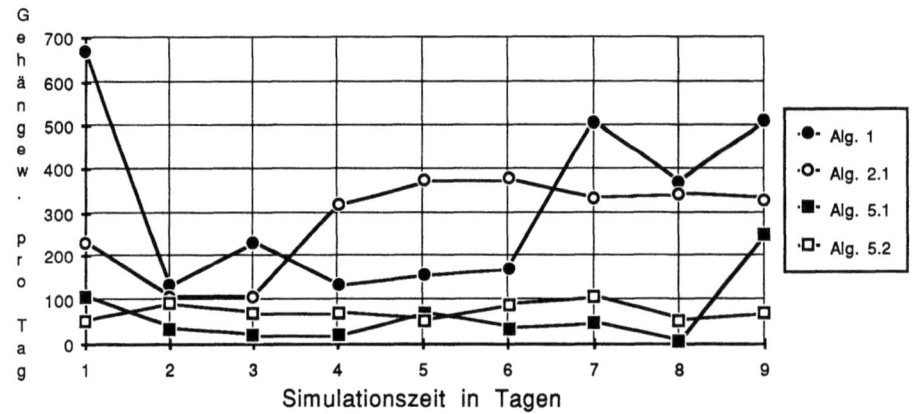

Bild 6: Beispiel zur Bewertung unterschiedlicher Algorithmen zur Reihenfolgeplanung mit Hilfe der Simulation

| | Simulator (Fall 1) | Simulator + Regelwerk (Fall 2) | Simulator + Regelwerk + Expertensystem (Fall 3) |
|---|---|---|---|
| Durchführung der Reihenfolgeplanung | extern, manuell | durch integriertes Regelwerk, manuelle Auswahl der Reihenfolgevorschläge | Auswahl einer Regelklasse durch Expertensystem auf Grund der Problemsituation und Generierung von Reihenfolgevorschläge |
| Bewertungsfunktion | extern, manuell | integriert | integriert |
| Reaktion auf Störungen | manuell (Disponent) | manuell (Disponent) | selbsttätig durch dynamische Strategieauswahl |
| Berücksichtigung von Modellzuständen bei der Reihenfolgeplanung | nicht möglich | möglich | möglich |
| Systeme | GRAFSIM, SCHED/SIM, CS-SIM, INTER FASE, REST | BISY, SCHEDULEX, "STAHL-SIM", SIMON | MPECS |

Bild 7: Klassifikation von On-Line-Simulatoren zur simulationsgestützten Reihenfolgeplanung

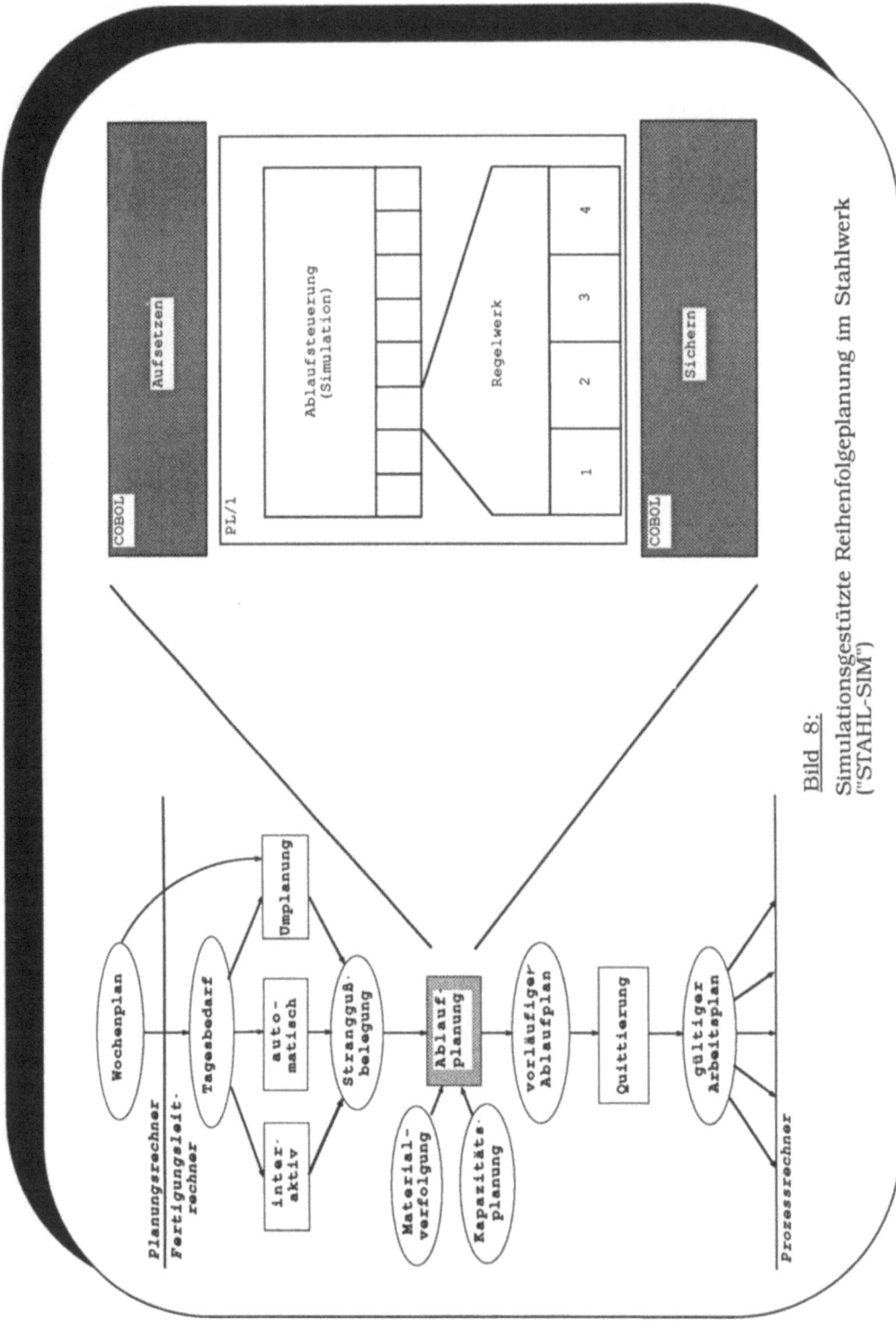

Bild 8: Simulationsgestützte Reihenfolgeplanung im Stahlwerk ("STAHL-SIM")

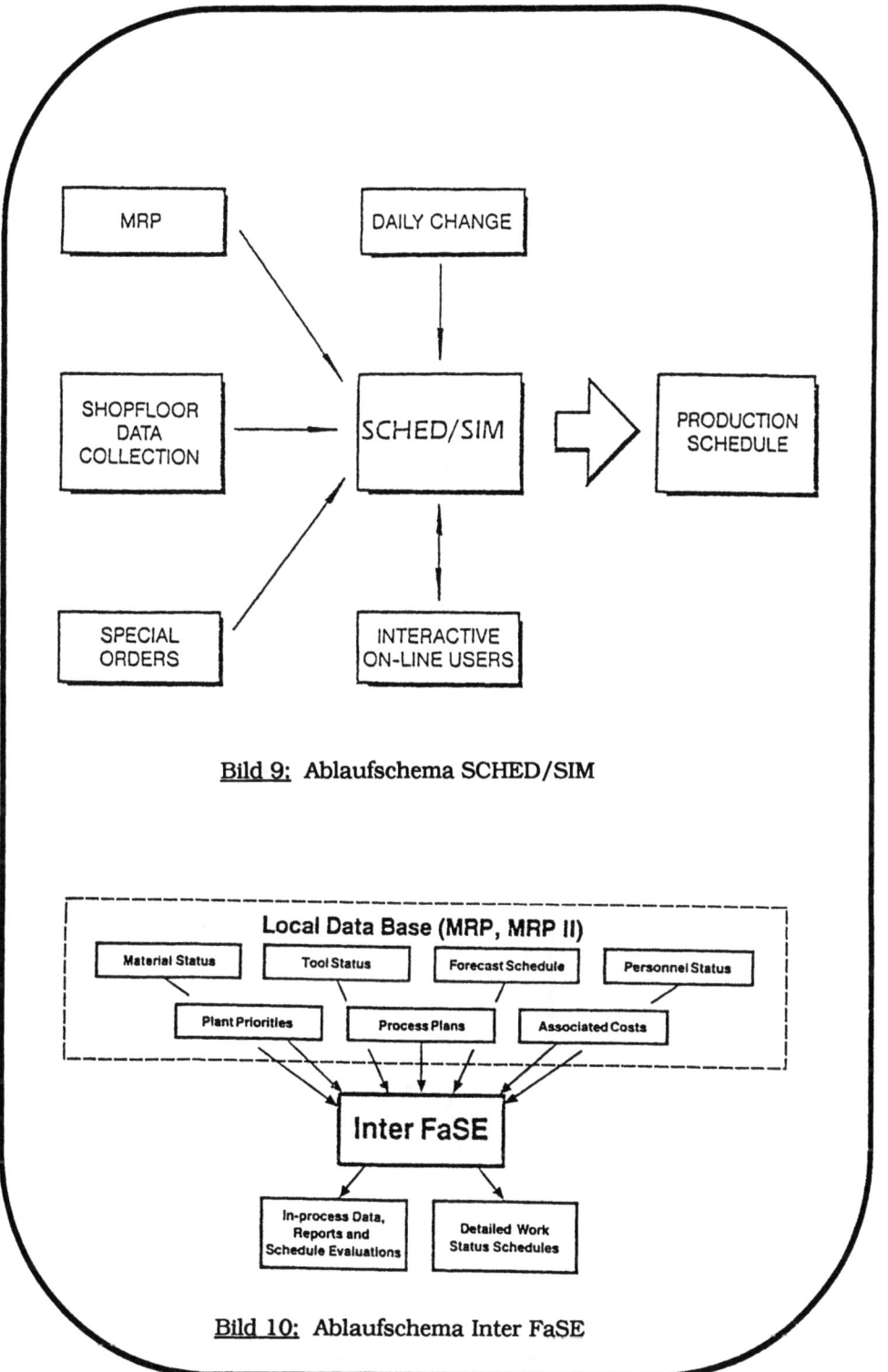

Bild 9: Ablaufschema SCHED/SIM

Bild 10: Ablaufschema Inter FaSE

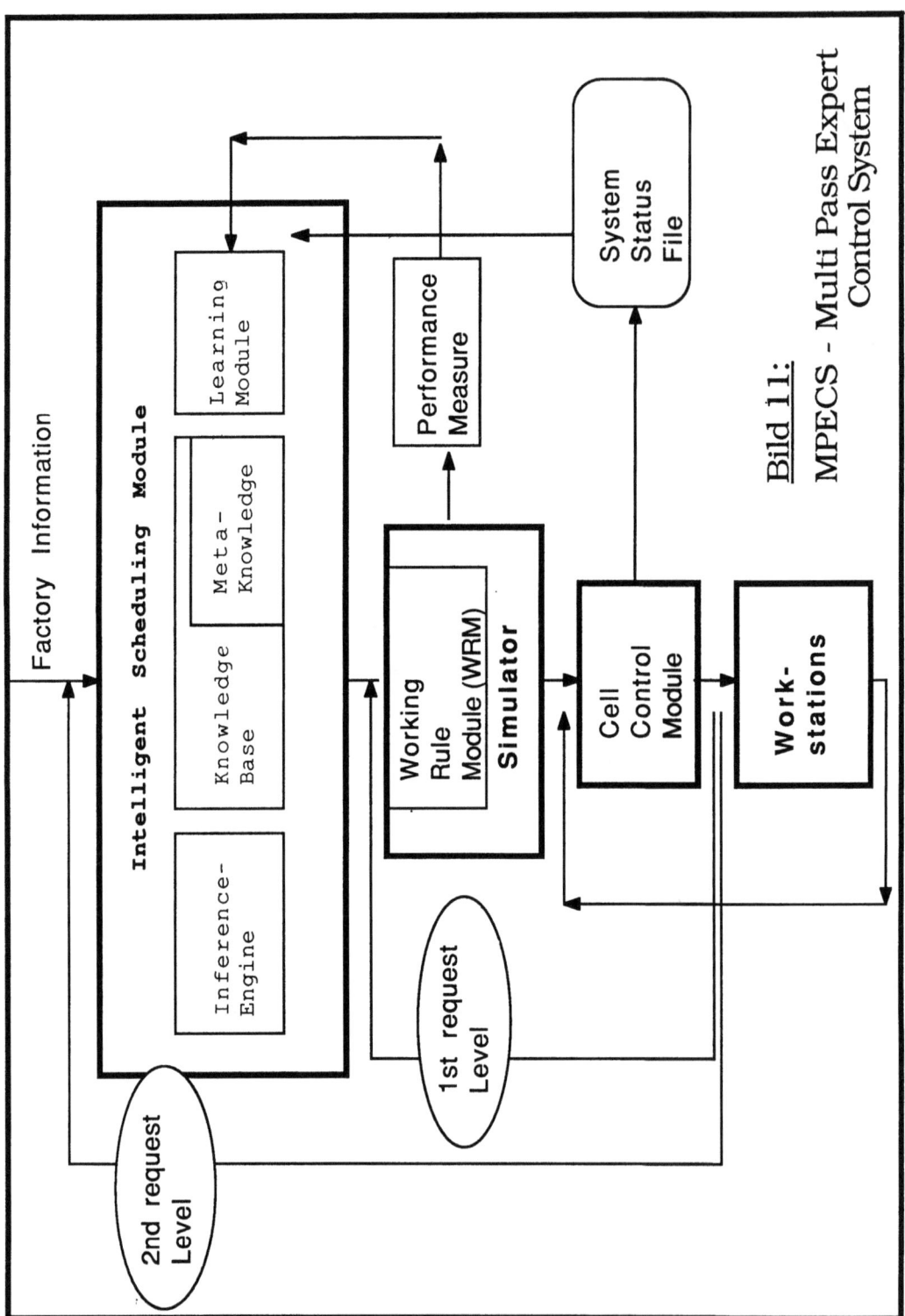

Bild 11:
MPECS - Multi Pass Expert Control System

## PLANUNG EINER FLEXIBLEN MONTAGESTRASSE MITTELS GPSS-FORTRAN
Karsten Schlüter
Lehrstuhl für Fertigungsautomatisierung und Produktionssystematik
Universität Erlangen-Nürnberg


### 1. Einführung

Bei der Projektierung von Montagesystemen gewinnt der Einsatz der Simulation in jüngster Zeit zunehmend an Bedeutung. Während sich die Simulation Flexibler Fertigungs- und Materialflußsysteme /1-6/ bereits weitgehend etabliert hat, besteht gerade in der Montage noch ein großer Nachholbedarf. In Anbetracht der Vielgestaltigkeit der in diesem Bereich anzutreffenden Aufgabenfelder - angefangen bei der Automobilfertigung bis zur Leiterplattenbestückung mit elektronischen Bauelementen - liegt hier für den Simulationstechniker ein großes Arbeitsgebiet.

Am Beispiel der Montage eines variantenreichen Schaltgerätes wird im folgenden eine typische montagespezifische Simulationsstudie vorgestellt. Als Simulator wird GPSS-FORTRAN Version 3 verwendet.


### 2. Vorstellung der Aufgabenstellung

Auf der Anlage wird ein Produkt montiert, das aus ca. 15 Bauteilen besteht, von denen die Hälfte auf Nebenlinien vorgefertigt werden. Die Vorfertigung ist in die Montagelinie integriert (s. Bild 1).

Bedingt durch die große Varianz der Baugruppen werden über 500 unterschiedliche Schaltgeräte auf der Linie gefertigt. Die Variantenvielfalt und stark unterschiedliche Losgrößen, die durch schwankende Auftragseingänge in Verbindung mit der Forderung nach kurzen Lieferzeiten und geringen Beständen entstehen, unterstreichen die hohen Flexibilitätsanforderungen an die Gesamtlinie. Diese werden einerseits durch flexibel automatisierte Montagezellen und eine rechnergeführte Steuerung der Anlage erfüllt.

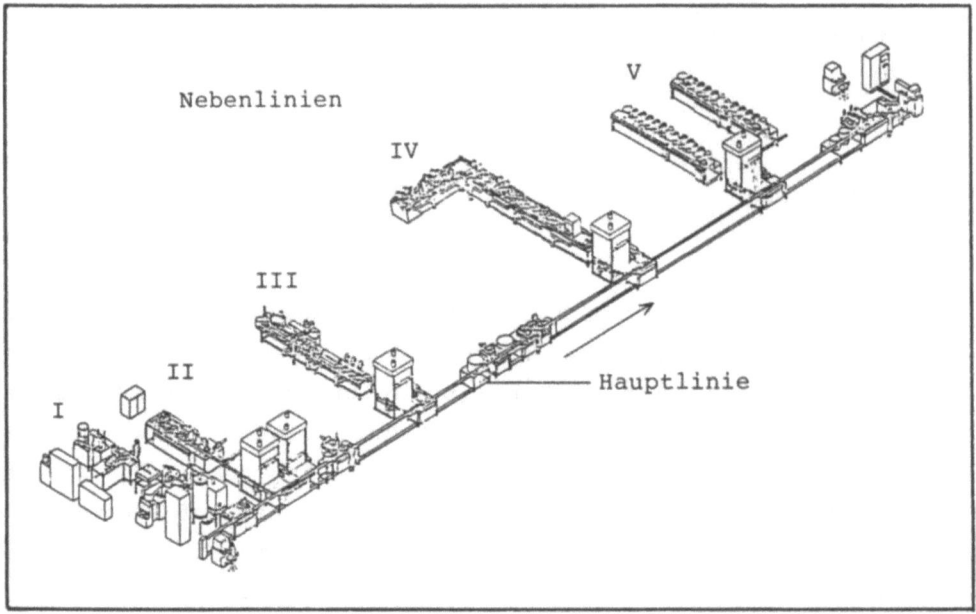

Bild 1: Flexibles Montagesystem für Schaltgeräte

Fragen zum Systemlayout

- Realisierung der Stückzahl
- Engpaßstationen
- Pufferdimensionen
- Ausbaustufe der Zwischenspeicher
- Anzahl der Werkstückträger

Fragen zur Auftragsabwicklung und Steuerung

- Tagesprogramm
- Kriterien für Auftragsanstoß
- Umrüsthäufigkeit an den Nebenlinien
- Sicherheitsbestände der Zwischenspeicher

Bild 2: Ziele des Simulationsvorhabens

Zur Gewährleistung eines ausreichenden Nutzungsgrades wurden bereits in der Konzeptionsphase Puffer zwischen den einzelnen Arbeitsstationen vorgesehen. Die Nebenlinien wurden über Zwischenspeicher von der eigentlichen Montagelinie entkoppelt. Diese qualitativen Maßnahmen bedürfen jedoch einer fundierten Dimensionierung, die jedoch aufgrund der Komplexität und des stochastischen Betriebsverhaltens der Einzelmaschinen nicht mehr analytisch behandelt werden kann.

In Bild 2 sind die Fragestellungen, die mit Hilfe der Simulationsstudie beantwortet werden sollen, dargestellt. Die Simulation verfolgt das Ziel, die Fragen zu den beiden Fragenkomplexen zu beantworten.

## 3. Systemanalyse und Modellbildung

Nach der Formulierung von Aufgabenstellung und Zielsetzung folgt anschließend der sehr wichtige Schritt der Bildung des Simulationsmodells. Grundsätzlich ist an dieser Stelle zu entscheiden, ob die Simulation des Gesamtsystems in einem geschlossenen Modell erfolgen soll oder eine Partitionierung auf mehrere Teilmodelle

|  | Unabhängige Teilmodelle | Geschlossenes Gesamtmodell |
|---|---|---|
| Vorteile | - Gute Überschaubarkeit<br>- Einfache Modelländerungen<br>- Kurze Wartezeiten am Rechner<br>- Geringe Rechenzeitkosten | - Maximale Abbildungstreue<br>- Reale Wechselwirkungen<br>- Realitätsnahe Abbildung der Systemsteuerung<br>- Praxisrelevante Ergebnisse |
| Nachteile | - Keine Wechselbeziehungen<br>- Steuerung unvolständig abbildbar<br>- Ergebnisse nicht auf die Gesamtanlage übertragbar | - Sehr große Komplexität<br>- Lange Wartezeiten am Rechner<br>- Hohe Rechenzeitkosten |

Bild 3: Vor- und Nachteile der alternativen Konzepte

erforderlich ist, mit dem jeweils eine Nebenlinie abgebildet wird. In Bild 3 werden die Vor- und Nachteile der Alternativen gezeigt.

Da beide vorgestellten Vorgehensweisen nicht optimal sind, wurde eine Kombination gewählt, in der sich die Nachteile aufheben und die Vorteile addieren. Dadurch entstand ein modulares Modell, das sehr übersichtlich ist und die Möglichkeit bietet, einzelne Teilsysteme singulär zu simulieren. Anderseits können durch die Zusammenschaltung aller Nebenlinien die gegenseitigen Wechselwirkungen realitätsnah untersucht werden und somit insbesondere unterschiedliche Steuerungsstrategien gefahren werden.

## 4. Modellbildung am Beispiel einer Nebenlinie

Am Beispiel einer Nebenlinie II, soll der Ablauf der Modellbildung von der Analyse bis zum Simulationsmodell verdeutlicht werden. Bild 4 zeigt im oberen Teil den räumlichen Aufbau der Linie.

Aus der Analyse des Layouts ergibt sich das "Abstrakte Modell" der Nebenlinie. Hier sind die zur Erreichung der Simulationsziele relevanten Komponenten der Fertigung abstrahiert in Form von Stationen, Puffern und Transportstrecken abgebildet. Von dieser Darstellung wird anschließend das Simulationsmodell abgeleitet. Im rechten Teil des Bildes wird die Unterprogrammstruktur, wie sie für GPSS-FORTRAN /7/ typisch ist, deutlich. Neben dem hier vorgestellten materialflußtechnischen Aspekt muß parallel die Abbildung des Informationsflusses berücksichtigt werden.

Die auf der Linie produzierten Varianten werden in stark schwankenden Losgrößen gefertigt und können bauartspezifisch den vorhandenen Automaten zugeordnet werden. Die Bearbeitungsdauern sind wie auch die jeweils erforderlichen Umrüstvorgänge variantenabhängig. Zur Realisierung der komplexen Anforderungen ist die Anlage entsprechend flexibel ausgelegt, was auch im Simulationsmodell seinen Niederschlag finden muß.

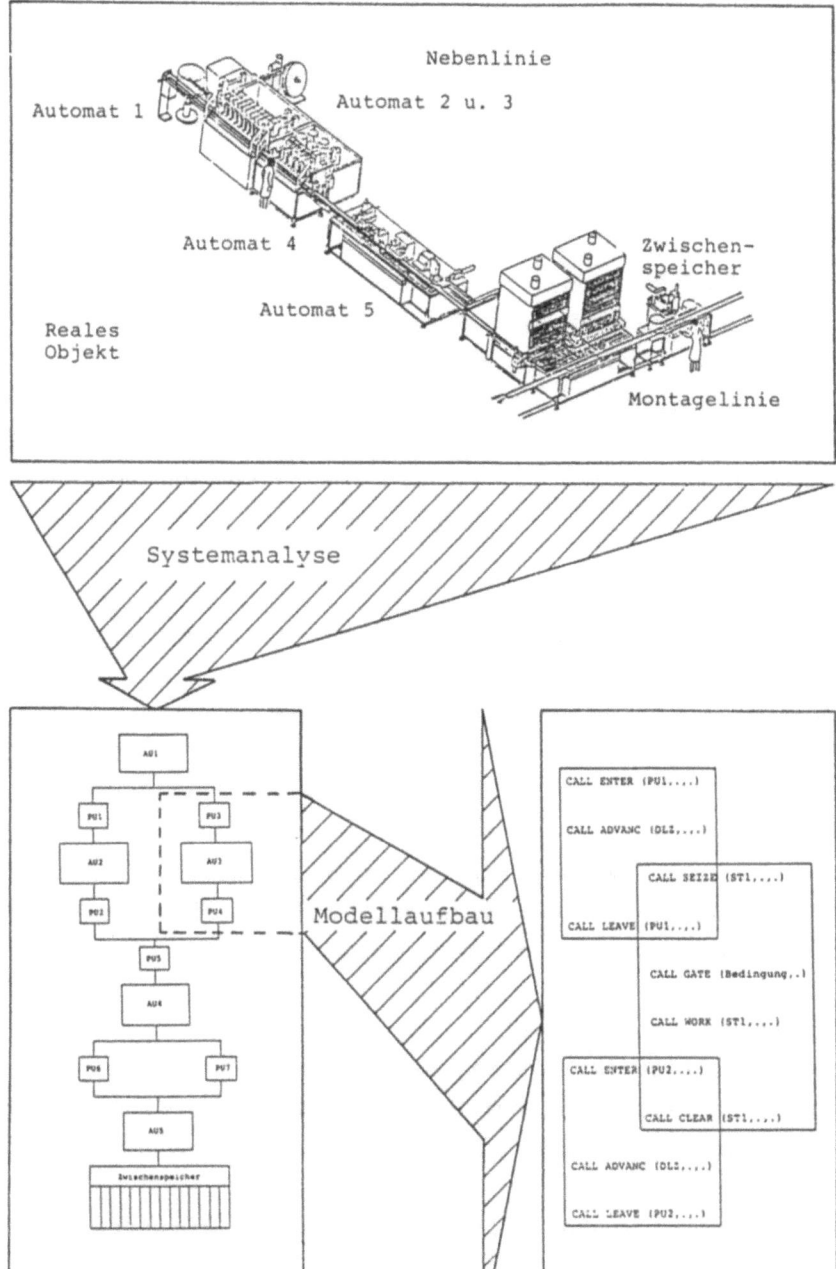

Bild 4: Ablauf der Modellbildung

Die Nebenlinie wird mit einer eigenen Steuerung ausgerüstet, die von einem Prozeßrechner ausgeführt wird, der ohne Kommunikations-Verbindung zum Fertigungsleitrechner steht. Die Linien-Steuerung kann ihre Informationen allein aus den im Zwischenspeicher vorhandenen Beständen beziehen, der die Schnittstelle zur Montagelinie bildet.

In einem Speichermodell werden die Bewegungen des Speicherbestandes, d.h. die Zu- und Abgänge, über die Zeit betrachtet. Zwischen den Bestandsgrenzwerten Maximalbestand (Speicher ist voll) und Nullbestand (Speicher ist leer) gibt es weitere Bestandswerte, denen eine besondere Bedeutung zukommt. Dabei beziehen sich diese Bestände immer prozentual auf den Maximalbestand der betreffenden Variante.

- Höchstbestand (HB)
  Der HB kennzeichnet einen Bestand, bei dem die Steuerung die Fertigung einstellen muß, damit durch die sich auf der Linie befindlichen Baugruppen der Maximalbestand nicht überschritten wird.

- Optimalbestand (OP)
  Der OP stellt den Bestand dar, mit dem am Tagesanfang die Fertigung und Montage beginnen soll und der bis zum Tagesende von der Steuerung wieder eingestellt werden soll.

- Sicherheitsbestand (SB)
  Der SB soll gewährleisten, daß
  - Unsicherheiten bei der Bedarfsermittlung, also starke Tagesprogrammschwankungen in Sinne einer Abweichung vom Mengengerüst, und
  - Unsicherheiten bei der Fertigung durch Störungen ausgeglichen werden.

Das Erreichen des Sicherheitsbestandes stellt für die Steuerung sozusagen die "rote Warnleuchte" dar, die der Fertigung der entsprechenden Variante höchste Priorität einräumt.

## 5. Planung der Experimente

Für Montagesysteme der vorgestellten Größenordnung und Komplexität ist eine sorgfältige Planung der Experimente unumgänglich. In erster Linie orientiert sich das Vorgehen an den zuvor festgelegten Zielsetzungen, wobei zunächst eine Variation der Parameter erfolgen sollte, bei denen besonders deutliche Auswirkungen auf das Verhalten der Gesamtanlage zu erwarten sind. Grundsätzlich sollte pro Simulationslauf immer nur eine Größe variiert werden, um Interdependenzen eindeutig erkennen zu können. Ebenso müssen die Randbedingungen des realen Systems berücksichtigt werden, um nicht Experimente mit Vorgaben zu starten, die sich später in der Anlage nicht realisieren lassen.

Bei der vorliegenden Simulationsstudie wurde in drei Schritten vorgegangen. In der ersten Phase wurden die Nebenlinien jeweils allein und ohne Wechselwirkungen mit dem restlichen System untersucht, um die maximal möglichen Kapazitäten zu ermitteln.

Der zweite Schritt sah ein Zusammenschalten einer Nebenlinie mit dem Hauptmontagesystem vor, um so bereits eine Grobabstimmung der Wechselwirkungen vornehmen zu können.

Die eigentliche Experimentierphase beginnt im dritten Schritt mit der Simulation des Gesamtsystems in einem geschlossenen Modell. Durch den vorher durchgeführten Grobabgleich kann hier mit relativ wenigen Simulationsläufen die Feinabstimmung des Systems vorgenommen werden.

Eine wichtige Entscheidung liegt bei der Festlegung der Simulationsdauer. Sehr lange Läufe führen zu einem erheblichen Aufwand an Rechenzeit und Speicherbedarf. Die Wahl einer zu kurzen Simulationsdauer führt hingegen zu nicht repräsentativen Ergebnisdaten und somit u.U. zu falschen Aussagen. Im hier vorgestellten Fall, d.h. bei dieser Systemkonfiguration mit den relativ kurzen Taktzeiten von weniger als 5 Sekunden und dem variantenreichen Produktionsprogramm lieferten die Experimente spätestens nach einem Betrachtungszeitraum von 5 Tagen repräsentative Daten.

## 6. Ergebnispräsentation

Das primäre Ziel der Simulation dieser in der Planung befindlichen Montagelinie liegt in der Ermittlung der für eine ausreichende Wirtschaftlichkeit zu erreichenden Gesamtausbringung. Die Ergebnisdaten zeigen, daß mit dem vorgestellten Layout der Anlage und den zugrunde gelegten Zeitkriterien der Stationen und des Transportsystems die vorgesehenen Tagesstückzahlen produziert werden können. Voraussetzung hierfür sind jedoch vereinzelte Veränderungen bei der Dimensionierung von Pufferkapazitäten. Von entscheidender Bedeutung für den Nutzungsgrad der Anlage ist eine auf die Auftragsstruktur abgestimmte Fertigungssteuerung. Hier haben die Simulationsläufe zur Absicherung zuvor festgelegter Kriterien für die Losbildung, Auftragssplittung und Steuerung der Nebenlinien beitragen können.

Als Beispiel für die umfangreichen Ergebnisdaten der Simulation zeigt Bild 5 eine Grobübersicht zum Laufzeitverhalten der Gesamtanlage.

```
   VERFUEGBARKEIT MONTAGELINIE
   ===========================

   DIE HAUPTLINIE                       ES FEHLT DIE VARIANTE DER LINIE
                                        SP    JO    KL    SI    SA

      STEHT  AB ZEITPUNKT   0H   0MIN   11     0     0     0     0
      LAEUFT AB ZEITPUNKT   0H  15MIN
      STEHT  AB ZEITPUNKT  14H  12MIN    2     0     3     6     2
      LAEUFT AB ZEITPUNKT  14H  15MIN
      STEHT  AB ZEITPUNKT  14H  26MIN    2     0     3     6     2
      LAEUFT AB ZEITPUNKT  14H  53MIN
      STEHT  AB ZEITPUNKT  15H   2MIN    0     0     3     6     2
      LAEUFT AB ZEITPUNKT  15H   9MIN
      STEHT  AB ZEITPUNKT  15H  18MIN    0     0     3     0     3
      BIS ZUM TAGESENDE    15H  25MIN

      93.6 % DES TAGES , ENTSPRICHT    14.42 STD.,LAEUFT DIE MONTAGELINIE

       6.4 % DES TAGES , ENTSPRICHT      .99 STD., STEHT DIE MONTAGELINIE
```

Bild 5: Datenblatt der aufgetretenen Unterbrechungen

## 7. Zusammenfassung und Ausblick

Die Simulation der vorgestellten Montagelinie hat gezeigt, daß mit dem Simulationspaket GPSS-FORTRAN Version III komplexe Montagesysteme modelliert und simuliert werden können.

Durch die Möglichkeit des Aneinanderfügens vorbereiteter Unterprogramme zur Abbildung unterschiedlicher Systemelemente stellt der Simulator dem Benutzer eine gute Basis zur Modellierung seiner Anlage zur Verfügung. Aufwendiger wird jedoch die Einbeziehung der steuerungstechnischen Aspekte, die in Eigenleistung programmiert werden müssen. Von Nachteil sind sicherlich auch die relativ langen Rechenzeiten und der hohe Arbeitsspeicherbedarf, der gerade beim Arbeiten auf Anlagen eines Rechenzentrums zu Wartezeiten führen kann.

Gegenwärtig wird an der Erstellung einer bedienerfreundlichen und auf die spezifischen Belange der Montagetechnik abgestimmten Simulationssoftware gearbeitet. Diese wird auf einer Workstation implementierbar sein und somit die oben genannten Nachteile nicht mehr aufweisen.

## 8. Literatur

/1/ Neupert, H.: Flexible Fertigungssysteme flexibel simulieren, Sicomp-Information 1986

/2/ Viehweger, B.; Wieneke, B.: Rechnerunterstützte Planungshilfen für Fertigungssysteme, ZwF 81 (1986)1, S.23-28

/3/ Bachers, R.: Vergleichende Simulation durch Kennwertbildung - Eine SIMULAP-Studie in der Automobilindustrie und Logistik, 3. u. 4. Juni 1986 in Dortmund

/4/ Reinhardt, A.: Die Kluft zwischen Simulations- und Steuerungssoftware - Ansätze und Möglichkeiten zur Überbrückung - In: Fachtagung Simulationstechnik und Logistik, 3. u. 4. Juni 1986 in Dortmund

/5/ Teriete, A.: Dialogorientierte Simulation von automatisierten Materialflußsystemen; In: Informatik-Fachberichte 109 - Simulationstechnik - S.511, Springer Verlag-Berlin 1985

/6/ Soliman, M.: Simulationssprachen und -pakete für die Codierung diskreter fertigungstechnischer Modelle - Eine Übersicht Automatisierungstechnik at, 35. Jahrg. Heft 2/1987, S.50-55

/7/ Schmidt, B.: Modellbildung mit GPSS-FORTRAN Version 3, Band 1-3, Springer-Verlag, Berlin 1984

# ZUR SIMULATION FLEXIBLER FERTIGUNGSSYSTEME

Minsker Institut für Radiotechnik, P.Browki Straße 6, Minsk 69, UdSSR

Dr. Walerij Balagin, Dipl.Ing. Alexander Dolgij, Dipl.Ing. Genadij Kowaltschuk, Dipl.Ing. Sergej Mjsnikow, Dipl.Ing. Dimitrij Othizerow, Dipl.Ing. Michail Rewotjuk, Prof. Anatolij Smirnov, Dipl.Ing. Wjtcheslav Starich

Stichworte: Simulation, flexible Fertigungssysteme, Produktionsplanung, Petri Netze, hierarchische Strukturen.

Keywords: Simulation, Flexible Production Systems, Production Planning, Petri-Nets, Hierarchical Structures

## Zusammenfassung

In diesem Artikel werden Möglichkeiten der Modellierung bei Entwurf und Betrieb von flexiblen Fertigungssystemen aufgezeigt. Eine Realisierung der einzelnen analytischen und simulativen Modelle wird vorgestellt.

## Summary

Presented in this article are the possibilities for the modelling of the design and operation of flexible production systems. A realization of the individual analytical and simulation models is introduced.

## Einführung

Das wichtigste Instrument zum Entwurf und erfolgreichem Betreiben flexibler Fertigungssysteme (FFS) ist nach Meinung vieler Autoren die mathematische Modellierung.[1] Da ein Gesamtmodell zu komplex sein würde, müssen verschiedene Teilmodelle zur Verfügung gestellt werden, die in ihrer Kombination ein möglichst nahes Abbild der Realität liefern. Eine derartige "Modellbank" wurde von A.Smirnov im Rahmen des Projektes "Systemmodellierung flexibler Fertigungssysteme (SM-FFS)"[2] vorgeschlagen:

1. Die SM-FFS basiert auf rechnergestützten Verfahren[3], die den Produktionsablauf in seiner Komplexität, in den verschiedenen Varianten und unter Berücksichtigung der stochastischen Faktoren beschreiben können.
2. Die SM-FFS umfaßt alle Ebenen eines Automatisierungssystems. Es werden also nicht nur optimale Ablaufsteuerungen des technischen Prozesses betrachtet, sonder auch abteilungsspezifische und gesamtbetriebliche Belange erfaßt.
3. Zur SM ist die Kombination heuristischer Modelle mit analytischen und simulativen Verfahren notwendig.
4. Bei der SM müssen verschiedene Abstraktionsebenen (Detaillierungsgrade) dargestellt werden können. Die Ergebnisse feinerer Detailuntersuchungen fließen in die umfassenden Betrachtungen ein.
5. Die Realisierung einer derartigen Modellbank ist nur mit Hilfe

elektronischer Rechenanlagen möglich.

Die prinzipielle Struktur eines FFS wird in Bild 1 dargestellt. Wir unterscheiden drei Ebenen:

- Leitebene (gesamtbetriebliche Aufgaben)
- Abteilungsebene (Arbeitsvorbereitung, Gruppenzuordnung)
- Steuerungsebene (Prozeßsteuerung, Maschinensteuerung)

Man erkennt leicht, daß verschiedene Ebenen auch verschiedene Optimierungsprobleme zu lösen haben. Beispielsweise wird in der oberen Ebene die Erfüllung der Planziele überwacht werden müssen. Qualitätskontrolle und Kostenrechnung sind ebenfalls überwiegend den höheren Ebenen zuzuordnen. Für diese Aufgaben sind in der SM-FFS die bekannten Methoden des Operations Research aufgenommen. Optimale Kombination technologischer Operationen ist die Aufgabe der untersten Ebene. Ein Ansatz der alle drei Ebenen umfaßt ist das in der Modellbank enthaltene "topologische Effektivitätsmodell".

## Topologische Effektivitätsmodelle

Ziel der Modellierung ist die Bestimmung des Effektivitätsgrades, also der Wahrscheinlichkeit, daß eine FFS die ihr zugedachten Aufgaben erfüllt. Die Vorgehensweise ist in Teilschritte gegliedert. Zunächst wird festgelegt, welche Parameter in den Modellierungsprozeß eingehen sollen. In der SM-FFS wurde folgende Funktion vorgeschlagen.

$$P(t) = F(N^n, N^y, F^n, F^y, \{h^{i,j}\}, \{p^{i,j}\}, \{H^i\}, \{Q^i\}, M^R, M^H, A^n, A^y, a^k, b^k)$$

Hierbei bedeuten:

$P(t)$        Effektivitätsgrad
$N^n$        technologische Operationen (Fertigungsschritte)
$N^y$        Steuerungen (Prozeßrechner der unteren Ebene)
$F^n$        Verknüpfungsmatrix für $N^n$
$F^y$        Verknüpfungsmatrix für $N^y$
$h^{i,j}$      Beurteilungskriterien (z.B. Präzision) der technologischen Operationen
$p^{i,j}$      Rechengeschwindigkeiten der Steuerungen
$H^i$        Bearbeitungsalternativen technologischer Operationen
$Q^i$        Qualitätskriterien
$M^R$       Rohstoffe
$M^H$       Halbprodukte
$A^n$        Ablaufalternativen der t.O.
$A^y$        verfügbare Steuerungsalgorithmen
$a^k$        Fehler der 1.Art (Ausschußproduktion)
$b^k$        Fehler der 2.Art (fälschlicherweise Aussonderung eines intakten Teil- oder Endprodukts)

Im zweiten Schritt wird nun das konkrete Effektivitätsmodell des FFS unter Berücksichtigung der ausgewählten Parameter entwickelt. In Bild 2 ist ein Beispiel für die prinzipielle Vorgehensweise angegeben. Man erhält einen baumartigen Wahrscheinlichkeitsgraphen, dessen unterer Teil die einzelnen technologischen Operationen darstellt - der obere Teil ist ein Abbild der hierarchischen Struktur des FFS.

Im dritten und abschließenden Schritt wird nun der in der Modellbank enthaltene Algorithmus zur Lösung topologischer Effektivitätsmodelle[5] angewendet. Mit Angleichungen der Wahrscheinlichkeiten des Graphen kann auf veränderte Gegebenheiten im realen oder geplanten System reagiert werden. Der analytische Algorithmus ist somit die Grundlage für Expertenauswertungen zum Betreiben von FFS.

Fertigungsplanungsmodelle

Die vielfältigen Aufgaben der Fertigungsplanung sind im Bild 3 dargestellt[2,4]:

- Die Festlegung der Produktionsprogramme einzelner Abteilungen des FFS für die Planungsperiode
- die Verteilung dieser Programme auf Abschnitte der Planungsperiode
- die Optimierung der technologischen Bearbeitungsalternativen im FFS
- Planung der Halbprodukte einzelner Abteilungen im Rahmen der Gesamtproduktion innerhalb der Planungsperiode.

Eine erste, grobe Aufteilung der anstehenden Fertigungsaufträge erhält man mit Hilfe eines Algorithmus, der auf dem Prinzip der quadratischen Fehlerminimierung beruht.[7]
Im zweiten Schritt werden die anstehenden Fertigungslose dann auf einzelne Zeitperioden verteilt (Kalenderplanung). Es kann hier unter zwei Vorgehensweisen gewählt werden: Zum einen kann der Planungszeitraum in Abschnitte unterteilt werden und die Lose werden auf diese Zeiträume verteilt (Lossplitting). Eine dynamische Korrektur erfolgt dann ggfs. zu Beginn eines derartigen Abschnittes. Zum anderen kann man von den Fertigungslosen ausgehend verschieden lange Bearbeitungszeiträume festlegen.
Derartige Problemstellungen lassen sich mit Hilfe der nichtlinearen Programmierung lösen. Die Zielfunktion ist hierbei möglicherweise nicht differenzierbar und kann auch mehrere Optima haben. Die Restriktionen sind linear.
Der in der SM-FFS verwendete approximative Algorithmus (mehrdimensionale ganzzahlige Optimierung) beruht auf der x-Transformation[9] und ist bei Ofizerov[8] beschrieben. Die einzige Forderung, die erhoben wird, ist die Lösbarkeit der Zielfunktion. Damit ist die Anwendung für eine große Klasse von Aufgabestellungen gewährleistet. Als Output dieses Programmes erhält man eine Liste, in der jeder Abteilung Art und Zahl der zu fertigenden Teile zugeordnet wird.
Im 3.Schritt wird nun die Reihenfolge, in der dieses Volumen abgearbeitet wird, festgelegt. Es muß darauf geachtet werden, daß einzelne Reihenfolgen zwar innerhalb der Abteilungen gleichwertig sein mögen, gesamtbetrieblich jedoch anders zu bewerten sind. Es wird hier ein Modell der ganzzahligen, nichtlinearen Programmierung mit booleschen Variablen eingesetzt, das mit obigen Algorithmus ebenfalls gelöst werden kann.
Im letzten Schritt wird schließlich noch eine optimale Auftrags-Maschinen Zuordnung gesucht. Hierbei ist auch der Transport der Werkstücke zwischen den einzelnen Fertigungsstationen zu berücksichtigen. Hierfür sind approximative Algorithmen vorgesehen. Drei Varianten sind möglich:

- Erstellung der Pläne nach üblichen betriebswirtschaftlichen Kriterien. Dieser Algorithmus basiert auf der x-Transformation.
- Erstellung nach Zeitkriterien. Basierend auf dem Johnson-Algo-

rithmus für 2 Werkbänke.[10]
- Erstellung unter Berücksichtigung von Ausfallsmöglichkeiten. Hier wird ein spezieller Algorithmus der ganzzahligen, mehrdimensionalen Optimierung eingesetzt.[11]

### Ablaufplanungsmodelle

Die Modelle dieser Klasse beschreiben die Tätigkeiten der Abteilungen während einer Schicht. Sie werden bei der Projektierung des FFS für die verschiedenen Layoutvarianten der unteren technologischen Ebene und für die Bewertung und Auswahl der Arten der Zuordnungsalgorithmen genutzt. Ebenso kann man eine Prüfung der Software des FFS sowie eine Schulung der Bediener durchführen. Je nach Zielsetzung sind verschiedene Modellierungsmöglichkeiten geeignet.

Den Bearbeitungsprozeß der Werkstücke im FFS kann man sich beispielsweise so vorstellen, wie es im Bild 4 dargestellt ist. Die Rechtecke sind technologische Operationen, die von CNC-Werkzeugmaschinen durchgeführt werden, mit Pfeilen wird der Materialfluß dargestellt.

Vor Beginn jeder Schicht wird die Zuordnung der Werkstücke auf die Maschinen festgelegt. Im allgemeinen Fall ergibt sich ein Vektor von Werkstücken

$$N^o = (N^{1o}, N^{2o}, \ldots, N^{ko})$$

Bei Schichtende bekommt man am Ausgang die fertigen Produkte

$$N^a = (N^{1a}, N^{2a}, \ldots, N^{ka})$$

$N^a$ ist eine mehrdimensionale zufällige Größe. Die Aufgabe besteht darin, eine möglichst gute Übereinstimmung der Vektors $N^a$ mit den Planungswerten der Schicht zu erhalten:

$$N^p = (N^{1p}, N^{2p}, \ldots, N^{kp})$$

Wir wollen einige Faktoren anmerken, die den Wert $N^a$ beeinflußen:

- Zahl und Typ der technologischen Operation
- Fertigungscharakteristiken der einzelnen Maschinen (Produktivität, Zuverlässigkeit und Ausschuß)
- Struktur des Automatisierungsbereiches (Transportnetz)

Für den Fall, daß die Transportzeit aufeinanderfolgenden technologischen Operationen konstant und wesentlich kleiner als die Bearbeitungsdauer auf einer Werkbank ist, ist das Verfahren der analytischen Modellierung anwendbar.[17] Dieser Methode liegt die Erneuerungstheorie zugrunde.[18]. Die Funktion der Anlage kann man als Regenerierungsfluß bezeichnen.

Es wird die Verteilung der Zeit für die störungsfreie Arbeit $F(t)$ und die Zeit für die Wiederherstellung der Arbeitsfähigkeit nach einem Ausfall $G(t)$ nach bekannten Zuverlässigkeitscharakteristiken einzelner Elemente der Anlage bestimmt. Zur Problemlösung genügt die Wahrscheinlichkeit $P(S > t^*)$, daß während der konstanten Schichtdauer t die zufällige Zeit S der realen Arbeit der Anlage größer als $t^*$ ist. Sie wird nach der folgender Formel bestimmt:[19]

$$P(S' \geq t^*) = \sum_{k=0}^{\infty} [G^{*k}(t-t^*) - G^{*(k+1)}] F^{*k}(t^*)$$

Der obere Index *k bedeutet hierbei die k-fache Faltung. Zur

Berechnung der Formel existiert ein Programm.

Für Anlagen mit beträchtlichen Transportzeiten und komplizierten Transportregeln sind Simulationsmodelle mit der Sprache GPSS-V[13] ausgearbeitet. Diese erlauben die Bewertung verschiedener Steuerungsalgorithmen und ermitteln eine optimale Struktur des Transportnetzes.

Eine andere Aufgabe bei der Projektierung flexibler Fertigungssysteme ist die Entwicklung der Echtzeitsteuerungssysteme. Bei deren Erstellung muß man folgendes berücksichtigen:

- strenge Anforderungen an die Zuverlässigkeit der Software
- zeitliche Beschränkungen für die Programmlaufzeiten
- zufällige Eingangsdaten

Die Simulation ist die einzige Möglichkeit, realistische Informationen über den Steuerungsprozeß zu erhalten, wenn Soft- und Hardwareplanung parallel durchgeführt werden müssen. Beide Komponenten können wahlweise durch Simulationsmodelle ersetzt werden, wie es in Bild 5 prinzipiell gezeigt wird.
Für die Modellierung wurde ein neu es Verfahren, das auf der Automatentheorie fußt, ausgearbeitet. Das System S ist

$$S = (V,C,A)$$

wobei V die Zustands-, C die Bedingungsmenge und A die entsprechenden Wirkungen sind. Jeder Wirkung a aus A ist die Abbildung r(a,V) zugeordnet, die zur Veränderung der lokalen Umgebung des Systems S im Lauf der Zeit führen. Mit Hilfe derartiger Systeme kann die Struktur des modellierten FFS besonders gut graphisch dargestellt werden. Es ist bekannt, daß Petri-Netze[15,16] mit ihren verschiedenen Ausprägungen eine Unterklasse von S sind. Deshalb wurde dieselbe Netzbeschreibung verwendet: die Plätze entsprechen den Elementen V und die Pfeile den Wirkungen A (C entfällt hier).
Den allgemeinen Regeln über Petri-Netze werden erweiterte Schaltregeln hinzugefügt, die Interpretation und Bewertung des Netzes erleichtern. Die entwickelten Verfahren und Algorithmen sind bei Revotjuk u.a.[18] beschrieben. Das Simulationsmodell orientiert sich an den erweiterten (timed) Petri-Netzen. Die interne Darstellung ist listenorientiert.

Der wichtige Vorteil dieses Vorgehens ist die günstige, dem FFS-Planer verständliche, schematische Darstellung, welche die Akzeptanz der Anwender erhöht und auch in der Modellierung unerfahrenen Personen zugänglich ist.
Das Ergebnis der Modellierung ist eine Beschreibung der technologischen Anlage mit den termini "Markierung" und "Schalten". Das Erproben von Software wird dadurch unabhängig von der Bereitstellung einzelner Maschinen; die Testläufe können darüberhinaus schneller als in Echtzeit durchgeführt werden. Der Entwicklungsprozeß wird somit wesentlich beschleunigt.


Literatur

1. G.Zülch, Simulationsverfahren in der Anwendung, in: Zeitschrift für industrielle Fertigung, 5,85, 1985, 292-297.

2. Smirnov, A.J., Mathematische Unterstützung integrierter Fertigungssysteme der flexiblen Automatisierung (Russisch), in: APMS COMCONTROL, Budapest, August 1985, Vol.III, 808-828.

3. Smirnov, A.J., Die Modellierung der Funktion von Datenverarbeitungssystemen mit Hilfe der Wahrscheinlichkeitsrechnung (Russisch), in: Automatik und Rechentechnik, Minsk, 1983, 58-62.

4. What makes a 'real' CAD/CAM system?, in: Automation, 5/6, 1985, N5, 32-33.

5. Kowaltchuk, G.J., Die Umwandlung logisch-topolgischer in analytische Modelle (Russisch), Minsk, Radiotechnisches Institut, 1984, 30.

6. Stecke, K.E., Formulation and Solution of nonlinear integer production planning problems for FMS, Manag.Sci., 1983, vol.29, N3, 273-288.

7. Swirin, J.P., Starich, W.A., Operative Starkeskorrektur nach statistischen Angaben in der Produktion der Elektonenmodule (Russisch), Minsk, 1984, 168-174.

8. Ofizerov, D.W., Ein Algorithmus der multioptimalen diskreten Programmierung (Russisch), Automatik und Rechentechnik, Minsk, 1986, 10-15.

9. Chichinadze, V.K., The x-transform for solving linear and nonlinear programing problems, Automatica, 1969, v.5, N3, 347-355.

10. Convay, R.W., Maxwell, W.L., Miller, L.W., Theory of scheduling, Mass.: Addison Wesley, 1967.

11. Zilinskas A., Two algorithms for one-dimensional multimodal minimigration, Math. Operationsforsch. und Statistik, Ser. Optimization, 1981, vol.12. N1, 53-63.

12. Rewotjuk, M.P., Mjasnikov, S.N., Dolgich, A.B., Simulationsmodelle für Steuerungsaufgaben (Russisch), in: Betriebliche integrierte Steuerungssysteme, Nowosibirsk, 1985, 164-165.

13. Balagin, W.W., Dolgieh, A.B., Rewotjuk, M.P., Die Variantenanalyse technologischer Strukturen von FFS unter Verwendung von Modellierungsverfahren (Russisch), Elektronische Modellierung, 1986.

14. Swirin, J.A., Dolgieh, A.B., Effektivitätsanalyse technologischer, automatisierter Anlagen (Russisch), in: Elektronentechnik, Serie 9, 1986, Teil I, 16-17.

15. Brams, G.W., Reseaux de Petri: theorie et pratique, Paris, Masson, 1983.

16. Tazza, M., Ein netztheoretisches Modell zur quantitativen Analyse von Systemen (Q-Modell), R. Oldenbourg Verlag, München Wien, 1985.

17. Mjasnikow, S.N., Rewotjak, M.P., Smolnikov, L.P., Softwareaufbau der Simulationsmodelle für FFS (Russisch), in: Programm - Algorithmus und technische Unterstützung der ASS, Taschkent, 1985, 67-77.

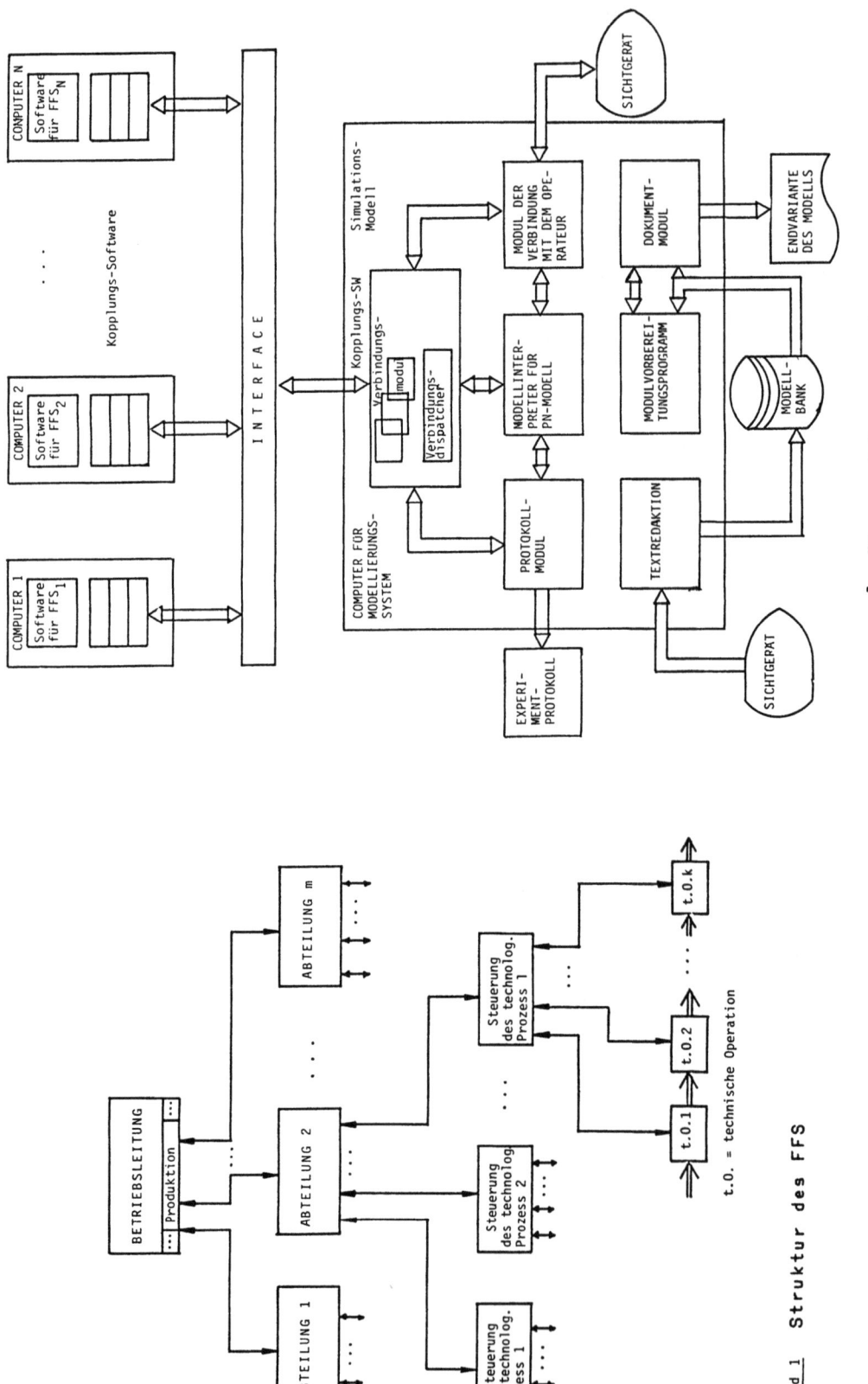

Bild 5  Geräte- und Programmstruktur

Bild 1  Struktur des FFS

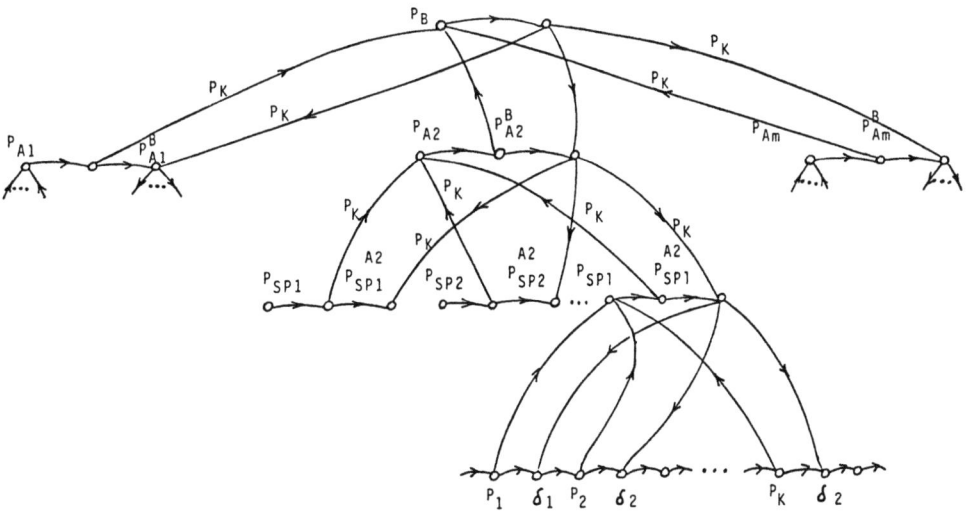

Bild 2  Logisch-topologische Modelle des FFS

$P_{01}, P_{02}, \ldots, P_{0k}$  Wkt für die normale Funktion der technologischen Operationen

$P_{SP_i}, P_{SA_j}, P_B, P_K$  Wkt für die normale Funktion der Steuerung der technologischen Prozesse i (i=1,2,...,e), für die Abteilung j (j=1,2,...,m), für die Betriebsleitung und die Verbindungskanäle.

$P_{A_j}^B, P_{SP_i}^A, \delta_2$  Wkt der normalen Funktion der Wechselwirkung der Komponenten untereinander.

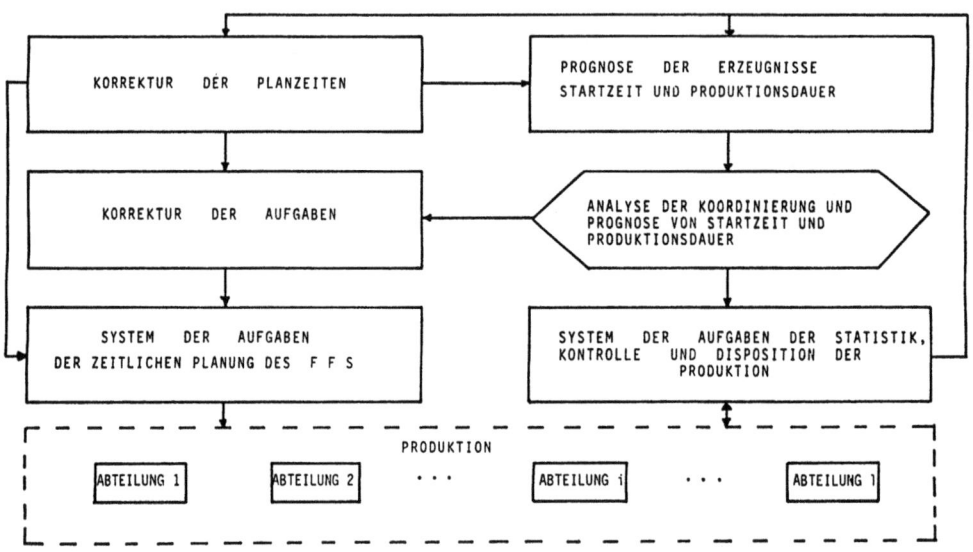

Bild 3 Die Struktur des Systems der operativen Steuerung des FFS

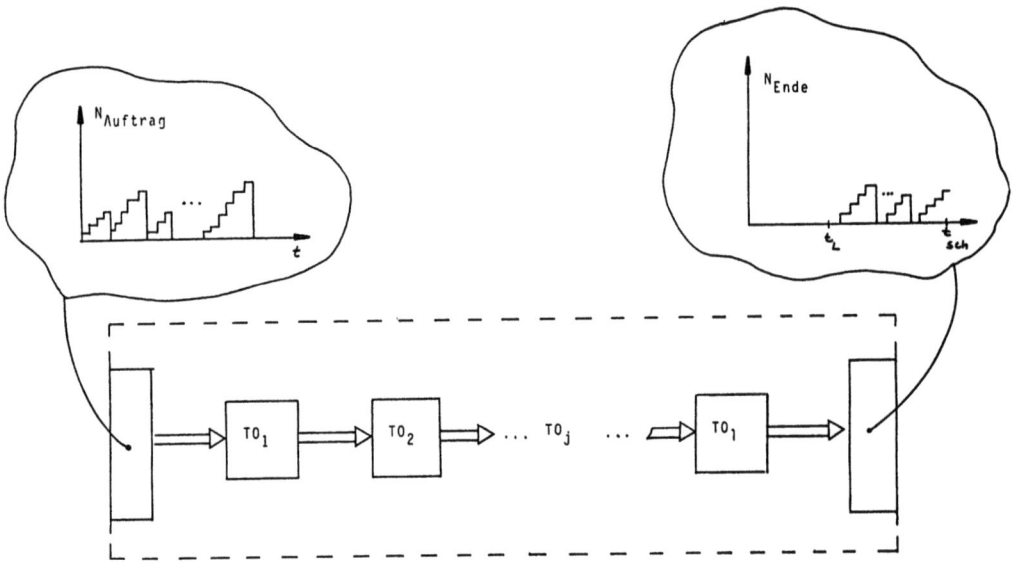

Bild 4 Materialflußschema während einer Schicht
$TO_j$ - technologische Operationen
$t^{oj}$ - Ladezeit des Bereiches
$t_{sch}$ - Schichtdauer

# SIMULATION IN DER FERTIGUNGSTECHNIK:

# METHODOLOGISCHE ERGÄNZUNGEN

# Simulation zur Personaleinsatzplanung in der Fertigung

Dipl.-Inform. Helmut Peters

Fraunhofer-Institut für Transporttechnik
und Warendistribution
Emil-Figge-Str. 75
4600 Dortmund 50

## 1. Einleitung

Bei der Planung komplexer automatisierter Fertigungssysteme ist die Simulation ein allgemein anerkanntes und eingesetztes Instrument geworden. Dabei können alle Phasen einer Planung unterstützt werden, wobei es immer das Ziel ist, den technischen Prozeß so genau wie nötig abzubilden. In der Feinplanungsphase wird allerdings oft gefordert, alle Details so genau wie möglich abzubilden.

Trotz des hohen Automatisierungsgrads spielt das Personal beim Betrieb der Anlagen die entscheidende Rolle. Das Personal wird beispielsweise für die Versorgung mit Hilfsgütern und Werkzeugen eingesetzt, führt Wartungen durch oder behebt die Störfälle der Maschinen. In teilautomatisierten Anlagen ist die Leistung der Anlage durch die manuellen Arbeiten an den Fertigungsobjekten sogar noch stärker vom Personal abhängig.

Die Belastung des eingesetzten Personals ist aber auch von der technischen Anlage abhängig, so daß eine starke Wechselwirkung zwischen der Steuerung einer Fertigungsanlage und der zugehörigen Personaleinsatzstrategie besteht. Das Simulationspaket SIMIS3 (Simulation des Materialflusses innerbetrieblicher Systeme), mit dem bisher nur der technische Teil einer Anlage abgebildet werden konnte, wurde aus diesem Grund erweitert.

Mit dem neuen Instrument ist es nun möglich, die Wechselwirkungen zwischen Personaleinsatz und Anlagensteuerung mit Hilfe einer detaillierten Abbildung der beiden Systemkomponenten in einem Modell zu untersuchen. Da der Simulator in allen Planungsphasen eingesetzt werden kann, sind die Auswirkungen des Personaleinsatzes bereits recht früh abschätzbar.

## 2. SIMIS3

Der Simulator SIMIS3 dient zur Simulation komplexer Fertigungs- und Transportanlagen. SIMIS3 ist ein Endbenutzersystem, das es dem Planer ermöglicht, die Simulation selbst einzusetzen. Ein Modell wird nach dem Baukastenprinzip aus fördertechnischen und strategischen Bausteinen zusammengesetzt. Der Personaleinsatz ist ein weiterer Modellierungsbaustein, so daß SIMIS3 in seiner Version 4.0 folgende Modellierungsebenen umfaßt:

1. Bausteineebene
2. Strategieebene
3. Störungsebene
4. Arbeitsbereichsebene
5. Programmierebene

Auf der Bausteinebene werden die Systemkomponenten in Modellbausteine abgebildet. Dazu stehen 19 verschiedene Bausteintypen zur Verfügung, die aufgrund ihres unterschiedlichen Detailierungsgrads sowohl in Grobplanungsphasen (z.B. Komplex-Knoten, Verteil- und Zusammenführungselemente) als auch in der Feinplanung (z.B. Drehtische, Verteilwagen) eingesetzt werden können. In dieser Ebene der Beschreibung werden die fördertechnischen Parameter wie beispielsweise Längen, Geschwindigkeiten und die Bausteinverbindungen festgelegt.

Die Strategieebene dient zur Definition der Regeln, die bei Konfliktsituationen in den Bausteinen angewendet werden sollen. Dazu zählen die Verteil- und Vorfahrtsstrategien, einige bausteinspezifische Strategien und die Beschreibung der Systemumwelt durch das Quellen- und Senkenverhalten. Jede Strategie ist fest mit einem Baustein verbunden. Dabei kann strategie- und bausteinabhängig zwischen mehreren Alternativen gewählt werden, beispielsweise werden die Vorfahrtsregeln FIFO, Priorität der Eingänge oder Objekttypen und maximale absolute oder relative Belegung der Vorgängerbausteine angeboten. Beim Verteilwagen als Beispiel eines Bausteins mit Vorfahrtsstrategie wird diese Liste mit der Strategie kürzester Leerfahrweg ergänzt.

Technische Ausfälle von Bausteinen werden auf der Störungsebene ins Modell eingebracht. Dazu zählen die Ausfälle aufgrund einer Störung und der vorübergehende Stillstand durch Abschalten des Bausteins in einer Pause. Die Zeitpunkte der Bausteinsteinausfälle können zufällig ermittelt werden, oder fest bzw. periodisch vorgegeben sein.

Die Arbeitsbereichsebene enthält die Erweiterung von SIMIS3 zur Simulation des Personaleinsatzes und soll daher im folgenden detailierter beschrieben werden.

Die Programmierebene vervollständigt die Modellierungsebenen von SIMIS3. Sie bildet die Schnittstelle, über die der Benutzer unter Verwendung einiger Modellierungshilfen eigene Strategien zur Baustein- oder Netzwerksteuerung in Form von PASCAL-Quellcode ins System integrieren kann.

Die Auswertung der Simulationsläufe erfolgt mit Hilfe einer umfangreichen Software auf der Graphikebene. Dabei verdeutlichen Kurvenverläufe, Histogramme und eine Animation der Bewegungsabläufe das Systemverhalten.

## 3. Arbeitsbereiche

Die Modellwelt von SIMIS3 ermöglicht mit den Arbeitsbereichen eine Abbildung des Personaleinsatzes in einer Fertigungs- oder Transportanlage. Dabei können bei der Unterteilung in Arbeitsbereiche räumliche Unterschiede und Unterschiede in der Qualifikation der Werker berücksichtigt werden.

In einem Arbeitsbereich ist eine feste Anzahl von Werkern gleicher Qualifikation tätig. Diese Werker bearbeiten alle gleichberechtigt ein vorgegebenes Tätigkeitsspektrum, d.h. jeder Werker kann jede Tätigkeit des Arbeitsbereichs ausführen.

Die Disposition von Tätigkeiten und Werkern erfolgt auf der Basis einer Prioritätenliste für die Tätigkeiten und der Wegstrecken zwischen den Arbeitsplätzen. Also wird einem Werker bei zwei möglichen Tätigkeiten diejenige zugeteilt, die die höhere Priorität besitzt, bei gleicher Priorität diejenige, zu der der kürzere Weg zurückzulegen ist. Andersherum wird bei zwei verfügbaren Werkern für eine Tätigkeit derjenige Werker beauftragt, für den die Tätigkeit die höhere Priorität besitzt (Das ist möglich, da überlappende Arbeitsbereiche zugelassen sind), bzw. bei gleicher Priorität entscheidet wieder der kürzere Weg.

Jede Tätigkeit ist an einen Arbeitsplatz gebunden, so daß für jeden Arbeitsbereich eine Wegematrix mit den Wegzeiten zwischen den möglichen Arbeitsplätzen definiert werden muß. Ein Arbeitzplatz ist unmittelbar an einen Modellbaustein gebunden.

Eine weitere Einschränkung der Verfügbarkeit eines Werkers kann aufgrund von individuellen oder allgemeinen Arbeitspausen erfolgen, wobei diese wahlweise zufällig ermittelt oder fest bzw. periodisch vorgegeben werden können.

Die Tätigkeiten sind in vier Typen eingeteilt:

a) **Die Objektbearbeitung** dient zur Abbildung von manuellen Montagen, Demontagen oder Bearbeitungen von Objekten. Diese erfolgen in den zugehörigen Bausteintypen (Montage- und

Demontageelement, Bearbeitungsstation), wobei auch teilautomatische Arbeitsplätze abgebildet werden können. Dabei werden in dem Baustein sowohl Objekttypen, deren Bearbeitung manuell erfolgt, als auch Objekttypen mit automatischer Bearbeitung bedient.

b) Eine auf der Störungsebene definierte Störung kann ebenfalls so parametrisiert werden, daß ihre Beseitigung von einem Werker durchgeführt wird. Die zugehörige Tätigkeit heißt **Störfallbeseitigung**.

c) Verwendet man auf der Störungsebene eine Pause, die manuell zu beseitigen, so liegt eine Wartungsarbeit vor. Auf diese Weise können in der Statistik verschiedene Formen von Maschinenstillständen unterschieden werden.

d) Der letzte Tätigkeitstyp ist eine allgemeine Tätigkeit, bei der nur die Verfügbarkeit des ausführenden Werkers eingeschränkt wird. Ein direkter Einfluß auf den Materialfluß liegt nicht vor. Ein Beispiel für solche Tätigkeiten sind Kontrollgänge.

## 4. Beispiel für die Simulation des Personaleinsatzes

Die Möglichkeiten des Personaleinsatzsimulation sollen an einem Beispiel verdeutlicht werden. Es handelt sich dabei um eine kleine Fertigungsanlage, bei der in mehreren Montageboxen kleine Werkergruppen arbeiten (Bild 1). Dabei ist jede Werkergruppe für mehrere Boxen zuständig.

Fertigungssysteme, die auf diesem Prinzip basieren, sind beispielsweise in der Automobilindustrie bereits realisiert worden.

In einer Grobplanungsphase werden die Arbeitsinhalte an den Montageplätzen definiert, wobei Fragen zur Organisation der Arbeit geklärt werden müssen. Im Beispiel soll festgestellt werden, wie 12 Werker optimal an den 6 Montageboxen eingesetzt werden können, wobei aufgrund der Arbeitsinhalte zwei Alternativen diskutiert werden (Bild 2):

a) Die 12 Werker werden in 3 Gruppen mit je 4 Werkern aufgeteilt, wobei jede Arbeitsgruppe abwechselnd an zwei Montageboxen arbeitet.

b) Die 12 Werker werden in 4 Gruppen mit je 3 Werkern aufgeteilt, wobei je 2 Gruppen für 3 Montageboxen zuständig sind. Eine Durchmischung der Gruppen darf nicht stattfinden.

In beiden Fällen sollen zwei Objekttypen bearbeitet werden, die in zufälliger Durchmischung an den Boxen ankommen. Für beide Varianten soll die Grenzleistung festgestellt werden, wobei die bisher nicht festgelegte Fördertechnik keine Rolle spielen darf. Aus diesem Grund erfolgt die Ver- und Entsorgung jeder einzelnen Montagebox im Modell über eigene Quellen und Senken (Bild 3). In der folgenden Tabelle sind die mittleren Bearbeitungszeiten für die beiden Alternativen angegeben:

| Arbeitszeit in sec | | Werker 1 | Werker 2 | Werker 3 | Werker 4 |
|---|---|---|---|---|---|
| Konzept 1 | Typ 1 | 535 | 418 | 372 | 275 |
|  | Typ 2 | 600 | 580 | 560 | 540 |
| Konzept 2 | Typ 1 | 570 | 535 | 495 | - |
|  | Typ 2 | 815 | 755 | 710 | - |

Vorrangiges Untersuchungsziel ist hier die Leistungsbewertung der angegebenen Alternativen, so daß die Fördertechnik auf der Basis gesicherter Daten festgelegt werden kann. Beispielsweise könnte das vorgestellte Montageboxensystem von einer FTS-Anlage ver- und entsorgt werden (Bild 4). Die Simulationsmodelle, mit denen die Personaleinsatzstrategien untersucht wurden, können ohne großen Aufwand durch ein Modell für die FTS-Anlage ergänzt werden.

Im zweiten Untersuchungsschritt ist es nun möglich, die beiden Konzepte im Zusammenspiel mit der Fördertechnik zu bewerten. Die folgende Tabelle zeigt den Systemdurchsatz pro Schicht bei den einzelnen Konzepten jeweils mit und ohne angeschlossene FTS-Anlage:

| | |
|---|---|
| Konzept a) ohne FTS | 162 Stk/Schicht |
| Konzept b) ohne FTS | 161 Stk/Schicht |
| Konzept a) mit FTS | 151 Stk/Schicht |
| Konzept b) mit FTS | 144 Stk/Schicht |

Der Leistungsabfall bei der Berücksichtigung der FTS-Anlage ist durch die nicht vermeidbaren Versorgungsschwierigkeiten der Arbeitsplätze zu erklären. Die Verlustzeiten der Werker betragen bei Konzept a) im Mittel ca. 6%, beim Konzept b) im Mittel ca. 11-12%.

Es wird deutlich, daß das erste Konzept vorzuziehen ist. Da die Werkergruppen zusammenbleiben, kommt es beim Konzept b) immer wieder vor, daß in einem Boxentripel Werker beider Gruppen fertig sind, allerdings nur eine der beiden Gruppen weiterarbeiten kann.

In der Planungsphase stehen aber mehr die Leistungsaspekte des technischen Systems im Vordergrund, so daß die Personaleinsatzstrategie nur eine der Randbedingungen für die Planung ist. So kann in diesem Beispielsystem die optimale Fahrzeuganzahl bei fester Personaleinsatzstrategie ermittelt werden. Bei Konzept a) benötigt man 4 FTS-Fahrzeuge, bei Konzept b) sind 5 FTS-Fahrzeuge erforderlich.

In der Arbeitswirtschaft wird jedoch das im Betrieb befindliche System zur Randbedingung für die Bewertung von Personaleinsatzstrategien. Die Fragestellungen der Arbeitswirtschaft gehen über die vergleichende Bewertung zweier Konzepte hinaus. Eine veränderte Auftragslage oder ein neuer Tarifvertrag erfordern u.U. eine neue Personaleinsatzstrategie, die mit Hilfe der Simulation gefunden werden kann. SIMIS3 ermöglicht beispielsweise die Untersuchung von dynamischen Pausenregelungen, Springereinsatz usw.

## 5. Zusammenfassung und Ausblick

Zusammenfassend läßt sich sagen, daß durch die Erweiterung des Programmsystems SIMIS3 ein geeignetes Instrumentarium zur Analyse des Personaleinsatzes mit Hilfe der Simulation geschaffen wurde. Insbesondere Fragestellungen der Arbeitswirtschaft können so leichter geklärt werden, da die Verwendung eines leistungsfähigen Simulators für Fertigungs- und Transportsysteme eine sehr exakte Abbildung des Systems ermöglicht.

Der Einsatz in konkreten Projekten hat aber auch verdeutlicht, daß das bestehende Simulationskonzept weiter verbessert werden muss. Insbesondere Aspekte bei einem dynamischen Einsatz der Werker können nur schwer berücksichtigt werden. Eine entsprechende Erweiterung des Programmumfangs von SIMIS3 ist bereits in der Entwicklung.

## 6. Literatur

/1/ Helmut Peters, Alfons Teriete:
**SIMIS3-Benutzerhandbuch**
FhG/ITW Dortmund, 1987

/2/ Helmut Peters, Alfons Teriete:
**Dialogorientierte Simulation**
packung & transport, Februar 1987

/3/ Alfons Teriete:
**Dialogorientierte Simulation von automatisierten Materialfluß-Systemen**
Informatik-Fachberichte 109, Simulationstechnik
Proceedings zum 3. Symposium Simulationstechnik
Springer-Verlag, 1985

# Anhang: Bilder zum Beispiel

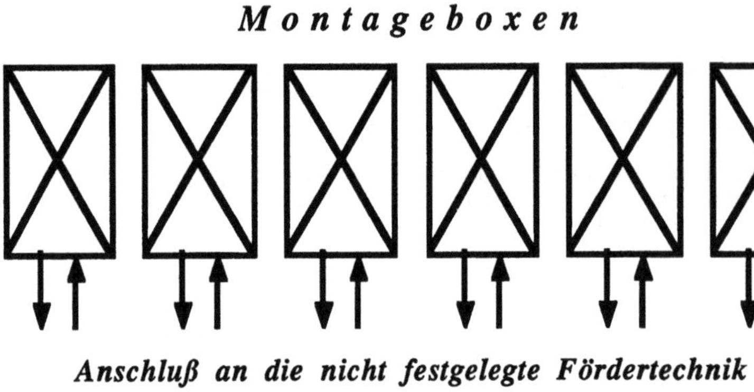

*Montageboxen*

*Anschluß an die nicht festgelegte Fördertechnik*

Bild 1: Fertigungsanlage mit 6 Montageboxen

Bild 2: Personaleinsatzkonzepte für das Fertigungssystem

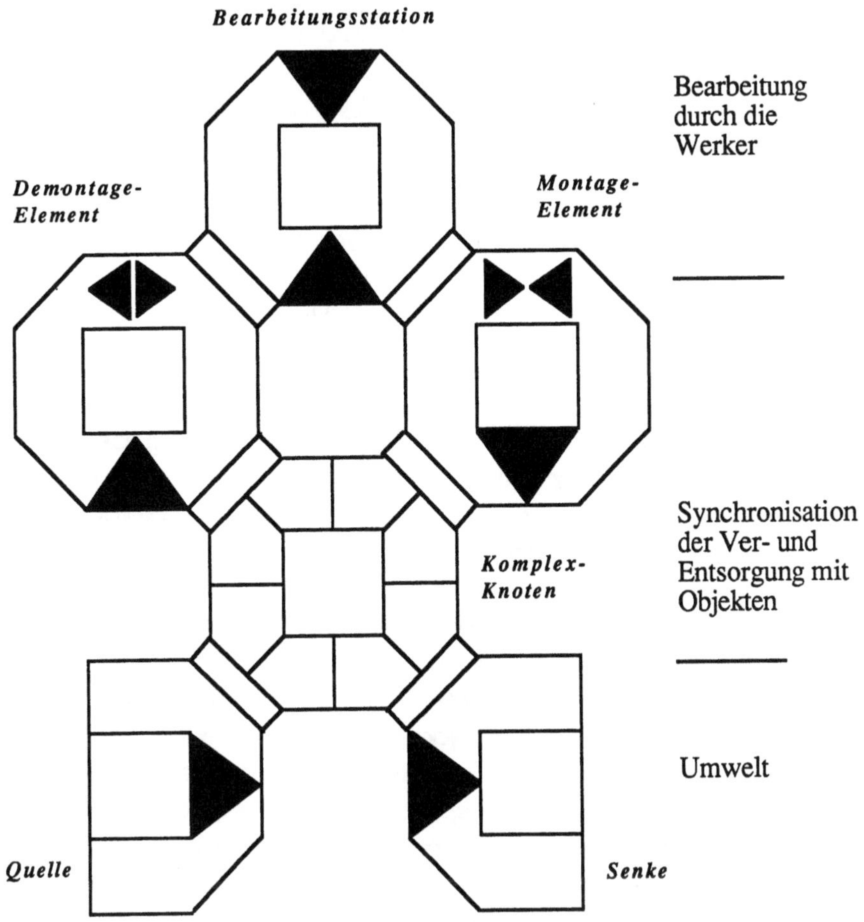

Bild 3: SIMIS3-Modell für eine Montagebox

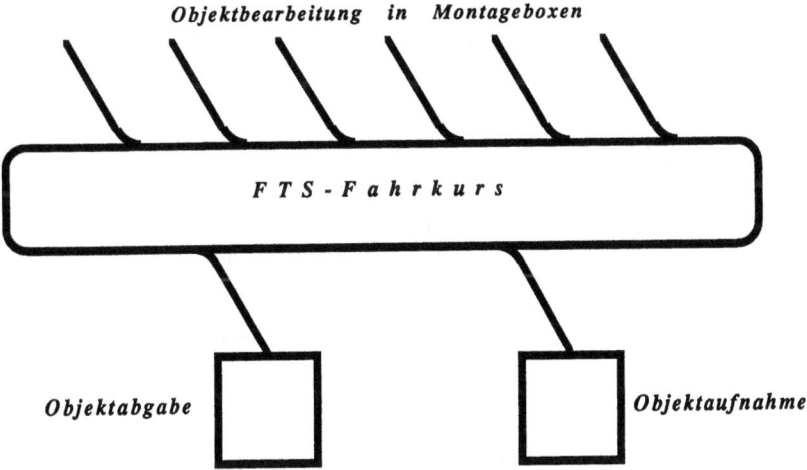

Bild 4: Montageboxen mit FTS-Fahrkurs

# VERGLEICH UND ENTWICKLUNGSRICHTUNGEN VON WERKZEUGEN ZUR DISKRETEN SIMULATION VON FERTIGUNGSSYSTEMEN

Dr.-Ing. habil. W. Dangelmaier
Dipl.-Ing., M.Sc. B.-D. Becker
IPA-Fraunhofer Institut
Schloßstr. 68
D-7000 Stuttgart 1

## 1. Einleitung

Fertigungssysteme werden auf Grund von wirtschaftlichen Maßgaben auf eine bestimmte Leistung hin ausgelegt. Die geplante Leistung soll mit einem minimalen Aufwand an Kosten erbracht werden. Voraussetzung dafür ist die anforderungsgerechte Strukturierung, Dimensionierung und Steuerung.

Die Simulation der Prozesse in Fertigungssystemen ist das geeignetste Verfahren, das diese Planungsziele erreichbar macht. Simulationen basieren auf dem gegenständlichen Betreiben eines abstrakten Modells. Die Simulation mit abstrakten Modellen kann sinnvoll nur auf Rechenanlagen durchgeführt werden, da sich rechnergestützt "beliebig lange" und "beliebig umfassende" Aussagenbasen durchleuchten lassen. Die Modelle, die den Fertigungsprozeß beschreiben, können entweder mit allgemeinen Programmiersprachen oder mit vorgefertigten Simulationssprachen aufgebaut werden. Der Einsatz einer fertigen Simulationssprache reduziert den Zeitaufwand bei der Modellierung erheblich. Allerdings schränkt er durch die Vorgabe bestimmter Beschreibungselemente die Freiheit des Planers beim Modellieren ein. Inzwischen sind auf dem Markt der Simulationssprachen eine Vielzahl verschiedener Systeme erhältlich, die alle bestimmte Zielsetzungen bei der Modellierung verfolgen und dadurch für unterschiedliche Aufgaben unterschiedlich gut geeignet sind.

Der vorliegende Beitrag versucht eine Übersicht über die verschiedenen Verfahren zu geben, um als Orientierungshilfe die Auswahl des richtigen Simulationssystems für unterschiedliche Probleme zu unterstützen. Der Einsatz herkömmlicher Systeme stößt jedoch bei der Simulation moderner, flexibler Fertigungssysteme zunehmend auf Schwierigkeiten. So ist z.B. der Aufwand zur Abbildung komplexer Steuerungen erheblich. Der Einsatz von Simulationssprachen oder zu abstrakter Bausteine macht die Anwendung der Simulation für den Praktiker in der Industrie zu schwierig, so daß die Simulationstechniken in der industriellen Praxis oft nur von wenigen Experten, aber nicht von der breiten Masse der Planer eingesetzt wird. Diesem Mißstand sollen neue Simulationsverfahren abhelfen.

abhelfen. Ihre Entwicklungsrichtungen werden im zweiten Teil des Beitrags erläutert.

## 2. Systematik von Methoden zur diskreten Simulation

Für die weiteren Betrachtungen soll Simulation wie folgt definiert werden:

> Diskrete Simulation von Fertigungsprozessen heißt experimentelles Betreiben eines abstrakten Modells auf einer Rechenanlage, insbesondere das Betrachten des Flusses bewegter Einheiten (Fördergüter, Förderhilfsmittel und Fördermittel) in einem aus Anlagen (Maschinen, Läger, Förderstrecken etc.) bestehenden Fertigungssystem.

Für den Planer eines Fertigungssystems, der die Simulation als Hilfsmittel verwenden möchte, stehen bei der Auswahl von Systemen Kriterien wie Erlernbarkeit, Modellieraufwand, Genauigkeit, und Anschaulichkeit der Ergebnisse im Vordergrund. Die verschiedenen Verfahren werden hier nach ihrer Beschreibungssprache untergliedert. Die Vorgehensweise bei diskreter Simulation ist bei allen Systemen gleich. Die Simulation wird bei einem bestimmten vorgegebenen Systemzustand gestartet. Auf einem Zeitstrahl werden Ereignisse eingetragen. Das erste Ereignis wird ausgeführt, indem eine Maßnahme durch ein Entscheidungsmodul ausgewählt wird. Diese Maßnahme wird dann durch ein Ausführungsmodul erledigt. Ein neuer Systemzustand wird erzeugt, der im allgemeinen ein neues Ereignis zur Folge hat. Dieses wird zum entsprechenden Zeitpunkt neu eingetragen und dann, wenn die Zeit gekommen ist, ausgeführt. Folgendes Bild zeigt den iterativen Ablauf :

$$\text{Zustand} + \text{Ereignis} \longrightarrow \text{Maßnahme} + \text{Zeit} \longrightarrow \text{Zustand}', \text{Ereignis}'$$

Während dieses Ablaufs werden Statistiken und Ausgabedaten erfaßt. Die Systeme unterscheiden sich wesentlich darin, wie die für diesen Ablauf notwendigen Daten eingegeben und strukturiert werden. Dazu hat jedes System eine Beschreibungssprache, mit der das Modell der Fertigung eingegeben wird. Dies geschieht mit Daten zur Struktur, dem Zeitverhalten, den Steuerungen, den Attributen und den Ablaufplänen, wie Arbeitsplan, Fahrplan etc.. Die Beschreibungssprache soll möglichst wenig Eingaben erfordern, aber trotzdem hinreichend genau alle Einflüsse auf die zu messenden Größen berücksichtigen. Grundsätzlich würde es genügen, nur Daten einzugeben, die eine bestimmte Kette von Zustandsübergängen in richtiger Weise ablaufen ließe. Diese Vorgehensweise wird von zustandsorientierten Simulationssystemen unterstützt. Ihre Beschreibungssprache enthält nur Daten zur Zustands- und zur Zustandsübergangsbeschreibung, wie dies im folgenden Bild aufgezeigt wird.

Bild 1: Elemente einer zustandsorientierten Beschreibungssprache

Die Petri-Netztheorie ist die bekannteste Beschreibungssprache, die in dem System NET /NET/ eingesetzt wird. Vorteilhaft ist, daß ihre Sprache sehr einfach und durch eine Vielzahl von Theoremen untermauert ist. Nachteilig ist, daß diese Methode für Planer, die im täglichen Projektdruck sind, viel zu abstrakt ist, zu viel Zeit kostet und deshalb nicht eingesetzt wird. Die Nachteile der zustandsorientierten Beschreibungssprache können durch einen gegenstandsorientierten Ansatz überwunden werden. Diese Beschreibungssprache verwendet die in Bild 2 gezeigten Elemente

Bild 2: Elemente einer gegenstandsorientierten Beschreibungssprache

Diese drei Elemente können einem oder verschiedenen Bausteinen zugewiesen werden.

Der Benutzer bildet nur noch Instanzen von vorgegebenen Bausteinklassen, indem er Attribute, Funktionen und Steuerungen beschreibt. Dabei müsse im allgemeinen mehr Daten eingegeben werden, als zur Simulation einer bestimmten Zustandskette nötig ist. Diese Redundanz wird aber gerne in Kauf genommen, da dieses Vorgehen für einen Planer in der Praxis wesentlich anschaulicher und damit auch schneller ist. In den sechziger Jahren hat man zuerst mit sprachlichen Elementen versucht bestimmte Bausteinklassen zur Verfügung zu stellen. Dabei werden die Klassen ähnlich wie Unterprogramme zur Verfügung gestellt. Der Benutzer muß zur Modellierung ein Programm, meist in einer allgemeinen Programmiersprache, wie Fortran etc., ein Programm erstellen, das diese Routinen aufruft. Beim Aufruf werden Parameterlisten mit übergeben, um eine Instanz der Bausteinklasse näher zu beschreiben. Die Modellierung mit sprachlichen Elementen ist meist sehr flexibel. Mit ihnen kann eine große Vielfalt von spezialisierten Modelleigenschaften realisiert werden. Aller- dings ist die Erstellung von Modellen immer noch sehr zeitaufwendig und fehlerintensiv, da der Ablauf dem Vorgang einer Programmierung entspricht. Um diesen Aufwand zu umgehen, wurde die parametrische Modellierung entwickelt/SIMULAP/. Dabei wird das gesamte Simulationsmodell nur durch Parameter beschrieben, die einfach auf einem Datenfile abgelegt werden. Diese Methode parametrisiert nicht nur Bausteinklassen, um Instanzen zu erzeugen, sondern zusätzlich auch noch die Bausteine selbst.

Obwohl die parametrische Methode den Einsatz einer Simulationswerkzeuges stark vereinfacht, findet sie dennoch Gegner, da sie meist die Flexibilität der sprachlichen Methode nicht erreicht. Dennoch hat die parametrische Methode entscheidende Vorzüge, wie die einfachere Handhabung, die schnellere Modellerstellungszeit, die geringere Fehleranfälligkeit, die sie in der Simulation von Fertigungsprozessen zu dem wichtigeren Werkzeug machen. Die geringe Flexibilität bedingt aber meist ein Angebot an Simulationswerkzeugen, die nur für bestimmte Zwecke, wie die Simulation flexibler Fertigungssysteme (FFS) oder fahrerloser Transportsysteme (FTS), einsetzbar sind. Dies ist bei vielen Anwendungen nicht tragbar. Deshalb wird im folgenden besonders auf Systeme hingewiesen, die für allgemeine Anwendungen gedacht sind.

Sprachliche und parametrische Methoden können noch weiter untergliedert werden, wenn man die Abbildung des Materialflusses in den Modellen betrachtet. Das erste Verfahren verwendet ein Netzwerk, um den Fluß der Materialien abzubilden. Jeder einzelne Modellbaustein wird über Vorgänger- und Nachfolgerbeziehungen mit anderen verknüpft. Die Materialien bewegen sich dann entlang der entsprechenden Verbindungen. Dieses Verfahren eignet sich besonders gut für die Abbildung von liniengebundenen Fördersystemen, da sich schon beim Aufbau des Modells die Linie dokumentiert und das Modell leicht verständlich wird. Eine andere Möglichkeit ist es, alleinstehende Elemente einzusetzen, die nur durch gesonderte Verknüpfungspläne verbunden werden. Dieses Vorgehen ist zwar unanschaulicher, da die Verknüpfungen meist nicht angezeigt werden können, hat aber eindeutige Vorzüge bei der Darstellung einer Werkstattfertigung. Bei einer Werkstattfertigung kann Material von jeder Anlage zu jeder Anlage gebracht werden . Folgendes Bild zeigt die Gliederung der gegenstandsorientierten Simulationssysteme mit den Namen der wichtigsten Werkzeuge.

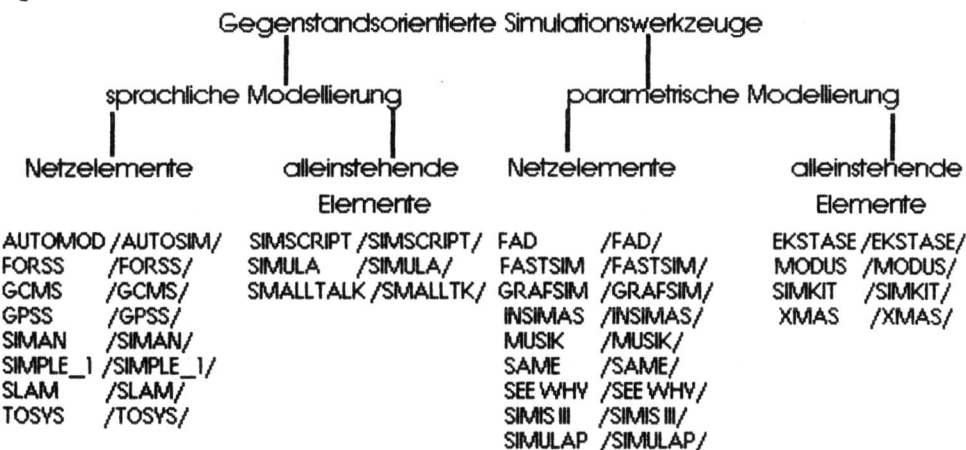

Bild 3: Gliederung der gegenstandsorientierten Simulationswerkzeuge

## 3. Beispiel für ein sprachliches Simulationswerkzeug

Sprachliche Simulationswerkzeuge werden heute meist im angelsächsischen Raum verwendet. Eines der wichtigsten Systeme, das die Vorgehensweise von GPSS weiterentwickelt hat, ist SLAM. An seinem Beispiel soll kurz die Modellierung solcher Systeme gezeigt werden. SLAM benutzt ein Netzwerk zur Darstellung des Simulationsmodells. Folgendes Beispiel ist aus dem SLAM-Handbuch entnommen /SLAM/.

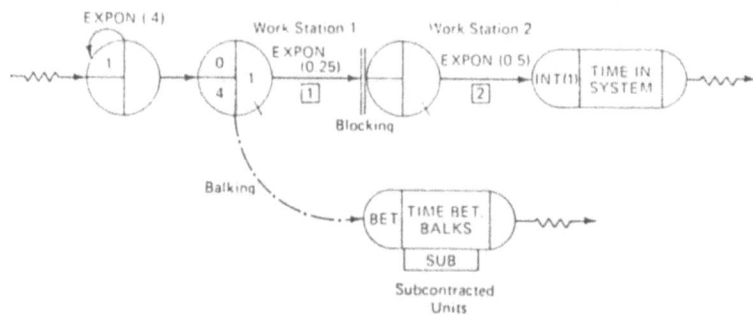

Bild 4: Modell einer Wartungseinrichtung mit SLAM-Bausteinen

Dieses Modell muß als Programm durch Auflisten festgelegter Unterprogrammroutinen formuliert werden. In den Parameterlisten werden Daten übergeben, die die SLAM-Routinen weiter spezifizieren. Folgendes Programm zeigt das Modell des Beispiels.

```
1     GEN,C. D. PEGDEN,SERIAL WORK STATIONS,7/14/77,1;
2     LIMITS,2,1,50;
3     NETWORK;
4           CREATE,EXPON(.4),,1;                          CREATE ARRIVALS
5           QUEUE(1),0,4,BALK(SUB);                       STATION 1 QUEUE
6           ACT/1,EXPON(.25);                             STATION 1 SERVER TIME
7           QUEUE(2),0,2,BLOCK;                           STATION 2 QUEUE
8           ACT/2,EXPON(.50);                             STATION 2 SERVER TIME
9           COLCT,INT(1),TIME IN SYSTEM,20/0/.25;         COLLECT STATISTICS
10          TERM;
11    SUB   COLCT,BET,TIME BET. BALKS;                    COLLECT STATISTICS
12          TERM;
13          END
14    INIT,0,300;
15    FIN;
```

Bild 5: Eingabeprogramm für das Wartungsmodell in der SLAM-Beschreibungssprache

## 5. Beispiel für ein parametrisches Simulationswerkzeug

Ein Vertreter eines parametrischen Simulationswerkzeuges mit Netzwerkmodellierung ist SIMULAP / SIMULAP/. Das graphische Netzwerk ähnelt dem von SLAM. Hier müssen aber nur noch Parameter über einen speziellen Editor zu einem Datenfile zusammengestellt werden. Eine Programmierung und Kompilation eines neuen oder veränderten Modells entfällt damit. Die Fehleranfälligkeit sinkt und die Modellerstellungszeit nimmt ab. Das nächste Bild zeigt ein Beispiel einer einfachen Fertigungslinie in SIMULAP.

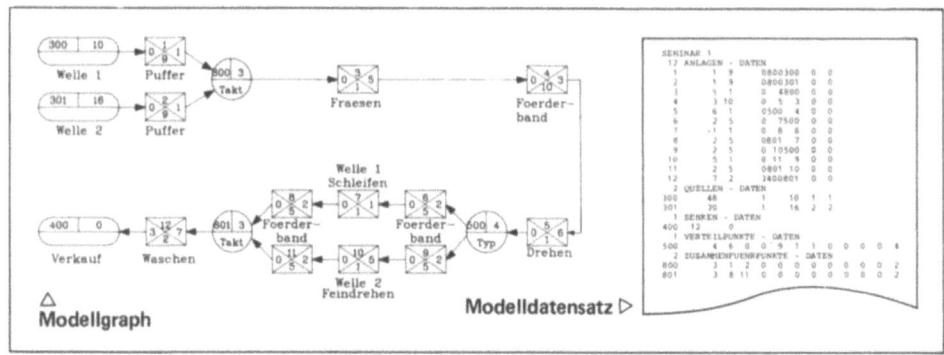

Bild 6: Modell und Formulierung einer Fertigungslinie in der SIMULAP-Beschreibungssprache

## 6. Entwicklungsrichtungen von Werkzeugen zur diskreten Simulation von Fertigungssystemen

Trotz des Einsatzes von parametrischen Systemen haben diese noch Nachteile, die die Handhabbarkeit, Genauigkeit und damit auch die Verwendbarkeit in der industriellen Praxis einschränken. Die Modellgraphen sind meist noch von Hand zu zeichnen und müssen in einen tabellarischen Datensatz für die Eingabe übertragen werden. Submodelle können nicht zu Einheiten zusammengefaßt werden, um sich wiederholende Strukturen einfach zu kopieren. Steuerungen können nur aus einem endlich umfangreichen Katalog entnommen werden und müssen für spezielle Einsätze in einer allgemeinen Programmiersprache zusätzlich programmiert werden. Die Animation ist zu unanschaulich und zu schwierig zu erstellen. Es fehlen Schnittstellen oder Module zur Bearbeitung von Aufgaben im Bereich der künstlichen Intelligenz (KI). Die folgenden Kapitel sollen beispielhafte Entwicklungen aufzeigen, die diese Schwachstellen überwinden helfen.

## 7. Eingabe der Modellstruktur

Das Modell des Simulationssystems soll möglichst graphisch und damit anschaulich eingegeben werden. Vorteilhaft ist es weiterhin, wenn Teilmodelle als Makros zusammengefaßt werden können und bei mehrfacher Verwendung einfach kopiert werden. Das Simulationssystem SIMPLE setzt einen graphischen Editor ein, mit dem Netzwerkelemente auf einfachste Art plaziert und verbunden werden können. Teilnetze werden als Makro zusammengefaßt und als solche in einer Bibliothek abgelegt. Sie bilden damit eine Objektklasse von der Instanzen durch Kopieren erzeugt werden können. Folgendes Bild zeigt das Editieren des Netzwerkes eines Makros und die Eingabe von Parametern.

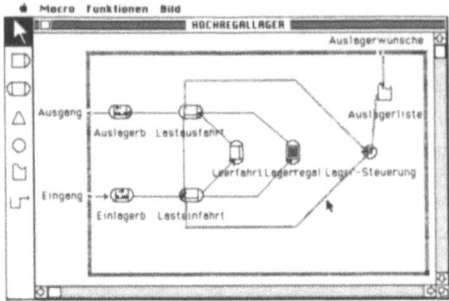

Bild 7: Graphische Netzwerkmodellierung im Simulationssystem SIMPLE

## 8. Eingabe von Strategien

Bei den meisten Simulationssystemen können vorgefertigte Steuerungen als Bausteine oder Unterprogrammroutinen aus Katalogen abgerufen werden. Das ist zwar eine einfache und schnelle Methode, Steuerungen in das Modell einzuführen. Leider können nicht alle Spezialfälle von Steuerungen vorhergesehen werden, so daß der Katalog nicht alle benötigten Steuerungen abdecken kann. Dadurch ist bei vielen Systemen zusätzlich noch eine Programmierschnittstelle notwendig, um spezielle Steuerungen abzubilden. Dieser Nachteil soll im System SIMPLE umgangen werden. Hier wird ein endlicher Satz von Strategiebausteinen angeboten, der in einer Entscheidungstabelle (ET) zu einer Strategie kombiniert wird. Als Bausteine werden Bedingungsabfragen, die nur mit "Ja" oder "Nein" beantwortet werden können, aufgelistet. Jede Antwortkombination ergibt eines Spalte der ET. Jeder Spalte einer ET müssen Aktionen zugeordnet werden. Diese sog. Maßnahmen werden unterhalb der Bedingungen aufgeführt und durch Setzen eines "X" eine Zuordnung von Antwortkombination und Maßnahme getroffen. Das folgende Bild zeigt eine Entscheidungstabelle.

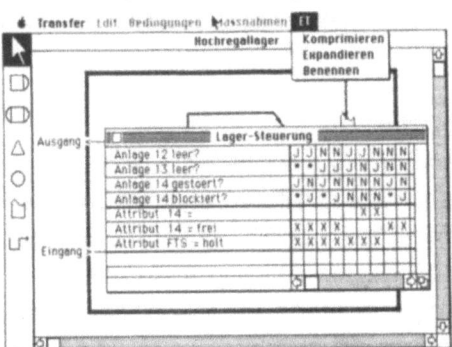

Bild 8: Eingabe einer Steuerung mit einer Entscheidungstabelle in SIMPLE

## 9. Ausgabe der Simulationsergebnisse

In neueren Entwicklungen werden Versuche unternommen, die Ausgabe von Statistiken zu verbessern. Bei SiIMPLE können entsprechend dem Makrokonzept Statistiken zu Makros und auch zum Modell abgerufen werden. Es ist möglich, bestimmte Statistikarten zu bestimmten Makroarten zuzuordnen. So kann der Hochregallagergasse eine ABC-Analyse und dem Puffer der Füllstandsverlauf über die Zeit zugeordnet werden. Die Animationstechniken werden immer mehr verbessert. So hat z.B. das System Auto-Mod/AutoGram ein 3-D-Drahtmodell zur Darstellung des Simulationsmodells. Auf diese Weise kann eine unübertroffen anschauliche Darstellung der Abläufe in einem Produktionssystem erreicht werden.

## 10. Einsatz von Techniken der Künstlichen Intelligenz

Schnittstellen zu Systemen, die den Einsatz von Künstlicher Intelligenz (KI) erlauben, werden immer wichtiger. Mit KI-Techniken lassen sich Ziele wie eine Modellierunterstützung, das automatische Optimieren von Parametern nach einer bestimmten Zielfunktion und eine Auswertungsunterstützung realisieren. Das System SIMKIT /SIMKIT/ besitzt eine Schnittstelle zu der Expertensystemshell KEE /KEE / und der Sprache LISP.

## 11. Literatur

/AUTOSIM/ Produktinformationen der AUTOSIM Inc., P.O. Box 307, Bountiful Utah, USA
/EKSTASE/ Produktinformationen der SIEMENS AG, Postfach 3240, D-8520 Erlangen
/FAD/ Produktinformtionen des ITW-FhG, Emil Figge Str. 75, D-4600 Dortmund
/FASTSIM/ A simulation tool for flexible manufacturing systems, Manuelli R., Proceedings SIM1, IFS Ltd., Bedford, UK, 1985
/FORSS/ FORSSIGHT and its application to an FMS simulation study, Birch M.J., Proceedings SIM1, IFS
/GCMS/ FMS simulation on microcomputer with graphic workstation, Bedini R., Proc. SIM1, IFS Ltd.
/GPSS/ Die Simulation ein Hilfsmittel der Unternehmensforschung, Oldenbourg Verlag, 1967
/GRAFSIM/ Simulationssystem für FFS mit SICOMP WS 10, SIEMENS AG, Postfach 3240, Erlangen
/INSIMAS/ Handbuch, ITW-FhG, Emil Figge Str. 75, D-4600 Dortmund 50
/MODUS/ Produktbeschreibung, ITW-FhG, Emil Figge Str. 75, 4600 Dortmund 50
/MUSIK/ Simulation as an integr. part of an effective planning of FMS, Warnecke H.-J., Steinhilper R., Zeh K.-P., IPA-Fhg, Nobelstr. 12, D-7000 Stuttgart 80
/KEE/ Produktbeschreibung, Intellicorp. GmbH, Rosenheimerstr. 43 A, D-8000 München 80
/SAME/ Evaluting AGVs cuircuits by simulation, Duffau B., Proc. AGVS-3, IFS-LTD
/SEE WHY/ Run your plant before it is build, ISTEL Ltd., Littlemore, Oxford OX 5LB, UK
/SIMAN/ The SIMAN simulation lang., Sys.Modelling Corp., Crescent Rd., W. Sussex BN11 5RW, UK
/SIMIS III/ Produktbeschreibung, ITW-FhG, Emil Figge Str. 75, D-4600 Dortmund 50
/SIMKIT/ Produktbeschreibung, Intellicorp. GmbH, Rosenheimerstr. 43 A, D-8000 München 80
/SIMPLE/ Neue Konzepte eines Simulationssystems für Fertigungsprozesse, Becker B.-D., IPA-Fhg, Schloßstr. 68, D-7000 Stuttgart 1
/SIMPLE_1/ Applying Simple_1 to manuf. systems, Cobbin P., Proc. SCSC 1986, San Diego, USA
/SIMULAP/ Handbuch, Bachers R., IPA-FhG, Schloßstr. 68, D-7000 Stuttgart 1
/SLAM/ Introduction to SLAM, Pritsker & Assoc., Pedgen C.D., John Wiley, New York, 1978
/TOSYS/ Simlation System TOSYS, Viehweger B., Proc. SIM 2, IFS Ltd., Bedford, UK

# Graphisch interaktive Simulation von integrierten Fertigungs- und Montagesystemen

Dipl.-Ing. P. Kettner
Dipl.-Ing. H.G. Thome

Laboraborium für Werkzeugmaschinen und Betriebslehre (WZL) der RWTH Aachen

---

## 1. Einleitung

Die Planung von modernen Produktionssystemen verlangt aufgrund veränderter Randbedingungen neue, effiziente Planungshilfsmittel. Höhere Planungsfrequenzen, kürzere verfügbare Planungszeiten und größere Planungsumfänge beschreiben die gestiegenen Anforderungen an die Planung. Zusätzlich verlangt das Streben nach integrierten Lösungen erweiterte Bilanzgrenzen. Wegen des damit verbundenen beträchtlichen Investitionsrisikos besteht ein erhöhter Zwang zur Transparenz bei der Darstellung der Planungsergebnisse, um so frühzeitig Fehlentwicklungen zu erkennen /1/. Ein Ausweg aus dieser Situation, z.B. der Bau von Prototypen, läßt sich jedoch nur in den seltensten Fällen im vorgegebenen Zeit- und Kostenrahmen realisieren. Vor diesem Hintergrund gewinnt das Hilfsmittel Simulationstechnik immer mehr an Bedeutung. Ein Anwendungsgebiet dieser Simulationstechnik ist die Planung von flexiblen Produktionsanlagen.

Noch vor wenigen Jahren machte die Notwendigkeit zum Erlernen von speziellen Simulationssprachen, wie z.B. GPSS, SLAM II und SIMAN die Simulationstechnik zu einer Domäne für ausgewählte Software-Spezialisten. Der aktuelle Entwicklungstrend ist jedoch gekennzeichnet durch spezifische, graphisch-interaktive Systeme, die den existierenden Simulationssprachen vorgelagert werden und auch von Nichtexperten einsetzbar sind. Die Programmphilosophie der entwickelten Systeme beruht auf dem Gedanken, daß es für den praktischen Einsatz der Simulationstechnik nicht sinnvoll ist, wenn die zu simulierenden Systeme jeweils für jeden Anwendungsfall durch ganz neue EDV-Programme abgebildet werden. Es ist wesentlich effektiver, die Modelle aus einer Reihe von speziellen Modellelementen mit niedrigem Abstraktionsgrad aufzubauen. Spezielle Programmier- bzw. Simulationskenntnisse sind hierzu nicht erforderlich. Ein Beispiel für ein solches Programm ist das am Laboratorium für Werkzeugmaschinen und Betriebslehre (WZL) der RWTH Aachen entwickelte Programmsystem GISA (Graphisch interaktive Simulation und Animation) /1,2,3/.

## 2. Simulationsprogramm GISA

Aufbauend auf den im Bereich des Software-Engineering entwickelten Softwaregestaltungsprinzipien besitzt das Programm GISA eine modulare Struktur. Dies bedeutet, daß die Kommunikation zwischen den einzelnen Funktionsblöcken über festgelegte Schnittstellen erfolgt. Die Anwendung des Prinzips der Modularisierung bringt folgende Vorteile:
- hohe Änderungsfreundlichkeit
- Verbesserung der Wartungsfreundlichkeit
- bessere Strukturierung,
- leichtere Standardisierung,
- bessere Arbeitsplanung und
- schnellere Überprüfbarkeit /4/.

Im einzelnen besteht das Programmsystem GISA aus den fünf im folgenden beschriebenen Programmodulen (Bild 1).

- Programmodul: Problembeschreibung
  Beim Entwurf von Anwendungsprogrammen ist die Bedienbarkeit ein für die Akzeptanz essentielles Kriterium. Die Akzeptanz hängt in erster Linie von der Gestaltung der Schnittstelle Mensch/Computer ab. Notwendig ist die Realisierung eines graphisch-interaktiven Dialogs, um den Benutzer in die Steuerung und Datenversorgung einbeziehen zu können, ohne daß erhebliche Kenntnisse aus dem Bereich der Informatik Voraus-

setzung sind. Sinnvoll ist eine Lösung, in der dem Benutzer spezifische Modellelemente mit relativ niedrigem Abstraktionsgrad zum Beschreiben seiner Probleme bildlich auf dem Graphikterminal angeboten werden (Bild 2). Im Gegensatz zu einer aktivitätsorientierten Beschreibung mit den Aktionen Lagern, Transportieren usw., wurde beim Aufbau des Dialogs eine objektorientierte Beschreibungsform gewählt. Im Mittelpunkt der Problembeschreibung stehen somit die Hardwareeinrichtungen in flexiblen Fertigungs- und Montageanlagen, wie z.B. Werkzeugmaschinen, Roboter, Montage-Roboter-Zelle, Palettenspeicher usw. Der Vorteil der objektorientierten Beschreibungsform liegt in der einfachen Zuordnung zwischen Simulationsmodell und Realität. Der Benutzer wird z.B. nicht gezwungen, zuerst den Bearbeitungsprozess eines Werkstücks auf einer Werkzeugmaschine in einzelne Aktivitäten aufzuschlüsseln, sondern er kann mit bereits vorgefertigten Systembausteinen arbeiten, was bei Nichtsimulationsexperten einen deutlich höheren Zuspruch auslöst.

Da die Einsatzmöglichkeiten des Simulationsprogramms nicht auf einen bestimmten Planungs- oder Entwicklungsstand eines Fertigungssystems beschränkt bleiben darf, ist es erforderlich, an den jeweils aktuellen Planungsstandes angepaßte Modellelemente zur Verfügung zu stellen. Nur so ist gewährleistet, daß der Grad der Detaillierung des jeweiligen Modells in Anlehnung an den Detaillierungsgrad der Aufgabenstellung festlegbar ist (Bild 3).

- Automatische Programmgenerierung
  Basierend auf dem erstellten Layout und der dazugehörigen Elementdetaillierung erstellt das Computerprogramm selbsttätig ein ablauffähiges Simulationsprogramm in der Sprache SLAM II. Dem Benutzer des GISA Programmsystems bleibt somit das Erlernen der SLAM II-Syntax vollständig erspart. Auch Nichtexperten besitzen nun die Möglichkeit, umfangreiche und komplexe Problemfälle mit Simulationsunterstützung zu lösen.

- Simulation

  Ausgehend vom generierten SLAM II-Code erfolgt automatisch die Simulation der Prozeßabläufe. SLAM II vereinigt die von GPSS und Q-Gert bekannte Prozeßorientierung mit der in GASP IV implementierten Möglichkeit zur Simulation kontinuierlicher Systeme /5/. Für die Umsetzung von realen Abläufen und Abhängigkeiten bestehen somit keine gravierenden Einschränkungen.

- Ergebnisaufbereitung

  Grundlage der Ergebnisaufbereitung sind die in SLAM II angebotenen Standardauswertungen. Aus dem Ereignisprotokoll (Tracelauf) werden die Dateien zur Darstellung der Prozeßabläufe, wie z.B. Ganttdiagramme, Animation und Pufferbelegung, über der Zeitachse berechnet.

- Ergebnisdarstellung

  Der besondere Vorzug graphischer Darstellung der Simulationsergebnisse liegt in der anschaulichen Aufbereitung der Informationen. Gerade bei der Planung von komplexen Fertigungssystemen sind die Anforderungen an graphische Qualität und Flexibilität der Darstellung von besonderer Bedeutung. Die Software unterstützt deshalb die Auswertung in Form von Diagrammen (Business-Graphic) und durch den Aufbau von speziellen "Ergebnisfenstern" (<u>Bild 4)</u>.

  Eine Form der Ergebnisdarstellung ist die Animation, eine trickfilmartige Aufbereitung der Prozeßabläufe im System. Sie eröffnet dem Benutzer einen einfachen Zugang zu den Simulationsergebnissen. Die graphische Darstellung des Flusses der mobilen Systemelemente (Werkstücke, Transportsysteme usw.) läßt Schwachstellen im System auf einfache Weise erkennen. Ganttdiagramme beschreiben die zeitliche Maschinenbelegung in statischer Form. Ausgehend von den so ermittelten Einsatzzeiten der verschiedenen Aufträge an den einzelnen Stationen lassen sich gezielt z.B. Personal- und Transportmitteleinsatzpläne ableiten. Durch Darstellung der Lagerbelegung über der Zeitachse erhält der Planer die Möglichkeit zur optimalen Anpassung der Lagerkapazität an den wirklichen Bedarf.

Zur Reduzierung des Programmieraufwandes bei der Realisierung der Programm-Module "Problembeschreibung und Ergebnisdarstellung" und zur Erhöhung der Programmportabilität wurden alle Graphikprogramme auf der Basis der internationalen Graphik-Norm GKS realisiert. Die Graphik auf dem GKS-Standard vermeidet für das Programmsystem GISA in hohem Maße eine Abhängigkeit von bestimmten Hardwarekonfigurationen.

## 3. Integration der Simulation in den Planungsprozess

Die marktseitigen Forderungen nach immer kürzeren Lieferzeiten, einem breiten Spektrum an Produktvarianten sowie einer schnellen und häufigen Anpassung der Produkte an technische Neuerungen setzt den Einsatz von flexiblen Produktionssystemen voraus.

Ein Weg zur Erreichung der geforderten Ziele ist die Integration von Fertigung und Montage in einem System.

Für die Realisierung von integrierten Fertigungs- und Montagesystemen sind zwei Bedingungen von ausschlaggebender Bedeutung. Zum einen müssen einzelne, überschaubare Systeme abgrenzbar sein. Zum zweiten muß die restliche Infrastruktur (z.B. Lager, Transportsystem) auf die speziellen Anforderungen einer Produktion ohne große Zwischenlager abstimmbar sein. So muß unter Umständen der Lagerbereich für Roh- und Zukaufteile derartig organisiert sein, daß beispielsweise die Kommissionierung verschiedener Teile auf einer Palette erfolgen kann.

Die Notwendigkeit einer ganzheitlichen Betrachtung von Fertigung und Montage verlangt den Aufbau eines ebenfalls ganzheitlichen Planungssystems (Bild 5). Innerhalb der einzelnen Planungsschritte kann dann interaktiv ein ständiger Abgleich bzw. eine ständige Anpassung der aus Fertigung und Montage resultierenden Anforderungen erfolgen. Eine Möglichkeit, die wachsenden Anforderungen an die Planung zu erfüllen, ist durch Einsatz der Simulation gewährleistet. Bereits in der Planungsphase lassen sich so die späteren dynamischen Eigenschaften der geplanten Systeme analysieren. Von besonderem Interesse ist diese Anwendung für den

Anbieter, da auf diesem Weg bereits in der Angebotsphase Aussagen über die Funktionsfähigkeit und die Wirtschaftlichkeit der späteren Anlage gemacht werden können.

## 4. Integrierte Produktionssysteme

Die Gründe, die für integrierte Produktionssysteme sprechen, sind
- materialflußtechnische Verkettung von Fertigung und Montage,
- ausreichende Flexibilität bei der Produktion und
- kurze Durchlaufzeiten und damit schnelle Lieferbereitschaft /5/.

Die bisherige Vorgehensweise, die nur einzelne Funktionsbereiche, wie Handhaben, Transportieren usw. berücksichtigt, muß vielmehr einer durchgängigen Automatisierung aller Bereiche weichen. Gefordert ist eine durchgängige Automatisierung und weitgehende Integration von Fertigungs-, Montage-, Lager- und Transportsystemen. Dabei sind bezüglich der räumlichen Integration die kurzen Transportwege und die fehlenden Zwischenlager besonders hervorzuheben, was gleichzeitig eine erhebliche Reduzierung der Durchlaufzeit und der Umlaufkapitalbindung zur Folge hat.

- Bereich Fertigung
  Fertigungssysteme, die nicht ausschließlich autonome Systemelemente enthalten, sondern zur Durchführung von Vorgängen jeweils auf mehrere Ressourcen zugreifen, benötigen für ihren reibungslosen Ablauf besondere Ablaufregeln. Die typische Aufgabenstellung bei flexiblen Fertigungsinseln besteht nun darin, geeignete Ablaufregeln zu finden, die ohne großen Hard- und Softwareaufwand realisierbar sind und gleichzeitig einen hohen Nutzungsgrad der Bearbeitungsmaschinen ermöglichen. Die in <u>Bild 6</u> abgebildete Fertigungsinsel besteht aus drei Werkzeugmaschinen, einem Industrieroboter und einem Palettenspeicher. Eine typische Aufgabe ist die Abstimmung von Ablauforganisation und Hardwareausführung. Bei der Ausführung A1 haben die Maschinen keine Ablegeplätze. Ausführung A2 hat an jeder Maschine zwei Ablegeplätze, je einen vor und hinter

der Maschine und Ausführung A3 hat nur einen Ablegeplatz vor
der Maschine. Bei kurzen Bearbeitungszeiten und konstanten
Roboter-Transportzeiten fällt infolge unzulänglicher Abstimmung der Maschinennutzungsgrad von 89% auf 58%. Beim Verhältnis der Zeiten von 5:1 ist der Nutzungsgradverlust immer noch
26%.

- Montage

  Aufgrund der geringen Stückzahlen im Bereich der Klein- und
  Mittelserienproduktion ist in aller Regel die Montage, im
  Gegensatz zum Bereich der mechanischen Fertigung, kaum automatisiert. Der Einsatz automatischer Montagerobotersysteme
  ist unter wirtschaftlichen Gesichtspunkten nur dann gerechtfertigt, wenn ein Höchstmaß an Flexibilität erreichbar ist.
  Gefordert ist sowohl eine produktneutrale als auch eine produktspezifische Flexibilität. Die produktneutrale Flexibilität wird dabei durch technische Einrichtungen repräsentiert,
  die nicht unmittelbar produktseitig beeinflußt werden, wie
  z.B. Systemaufbau, Form der Material- und Informationsflussstruktur. Die produktspezifische Flexibilität hingegen liegt
  ausschließlich in Form technischer Einrichtungen vor, wie
  z.B. Werkzeuge des Greiferwechselsystems usw. Aus wirtschaftlichen Gründen ist eine Abstimmung zwischen erforderlicher
  Flexibilität bei der Produktion und möglichst hoher Auslastung
  der Einrichtungen unumgänglich.

- Transportsystem

  Das Transportsystem bildet das Bindeglied zwischen Fertigung,
  Montage und Lagersystem. Ziel der Planung ist, durch ausreichende Bereitstellung von Transportkapazität eine hohe Auslastung der Produktionseinrichtungen zu erreichen, wobei
  gleichzeitig auch eine hohe Auslastung der Transportmittel
  angestrebt wird.

Aufgabe des Planers ist die Abstimmung der einzelnen Produktionsbereiche (Fertigung und Montage) untereinander bzw. eine Abstimmung im Rahmen des Gesamtsystems. Ein wirkungsvolles Werkzeug zur Unterstützung dieser Aufgabe ist die Simulationstechnik.

## Zusammenfassung

Das graphisch-interaktive Simulationsprogramm GISA unterstützt den Benutzer wirkungsvoll sowohl in den Bereichen Planung von Neuanlagen als auch bei der Analyse bereits betriebener Systeme. Durch den spezifischen Aufbau der Modellbeschreibung kann das Werkzeug auch von Nichtsimulationsexperten benutzt werden, ohne daß eine vorherige EDV-spezifische Ausbildung erforderlich ist. Die bereits realisierte informationstechnische Verknüpfung von Simulation und CAD ist ein erster Schritt zum Aufbau von integrierten Planungswerkzeugen (Bild 7). Ziel dieser Entwicklung ist die Erschließung der Rationalisierungspotentiale im Planungsbereich bei gleichzeitiger Verbesserung der Planungsqualität. Die zur Zeit noch fehlenden genormten Schnittstellen zu CAP, PPS und BDE setzen allerdings der weiteren Integration derzeit noch Grenzen.

## Literatur

/1/ Eversheim, W.
    Thome, H. G.
Simulation - Voraussetzung für rationelle Anlagenplanung
Industrie-Anzeiger 108 (1986)
Nr. 56/57 S. 20-23

/2/ Eversheim, W.
    Thome, H. G.
Graphisch interaktive Simulation von Fertigungs- und Montagesystemen
HGF-Kurzbericht 86
Industrie-Anzeiger 108 (1986)
Nr. 63/64 S. 42-43

/3/ Eversheim, W.
    Thome, H. G.
Graphisch interaktive Simulation von Fertigungssystemen
VDI-Z Bd. 129 (1987)
Nr. 5 - Mai S. 71-75

/4/ Balzert, H.
Allgemeine Prinzipien des Software-Engineering
Angewandte Informatik (1986)
Nr. 1 S. 1-8

/5/ Tempelmeier, H.         Simulation fertigungswirtschaft-
                            licher Probleme mit SLAM II und
                            SIMAN
                            Angewandte Informatik (1986)
                            Nr. 2 S. 30-34

/6/ Eversheim, W.           Integrierte Fertigung und Montage
    Bette, B.               Industrie-Anzeiger 106 (1984)
    Hausmann, A.            Nr. 100 S. 24-26

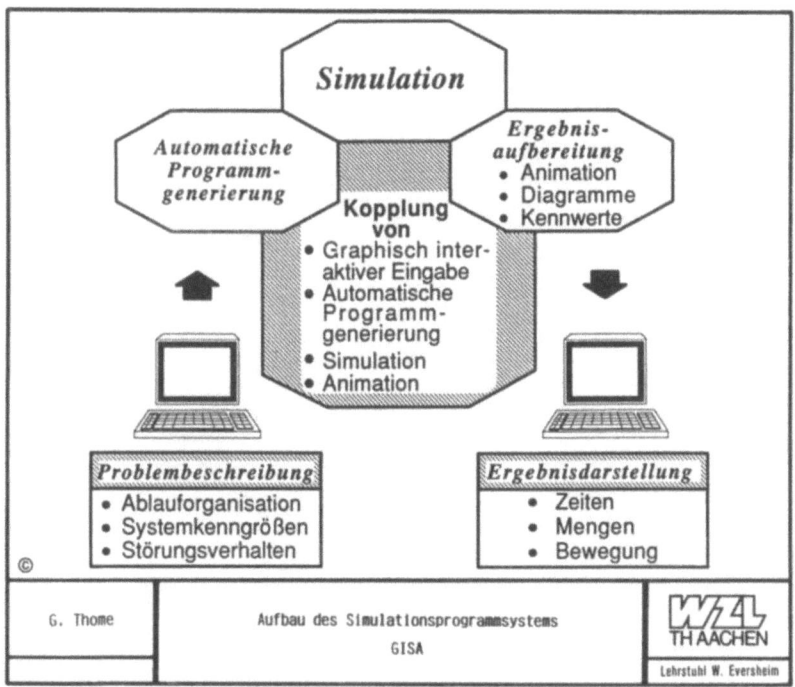

Bild 1: Aufbau des Simulationsprogrammsystems GISA

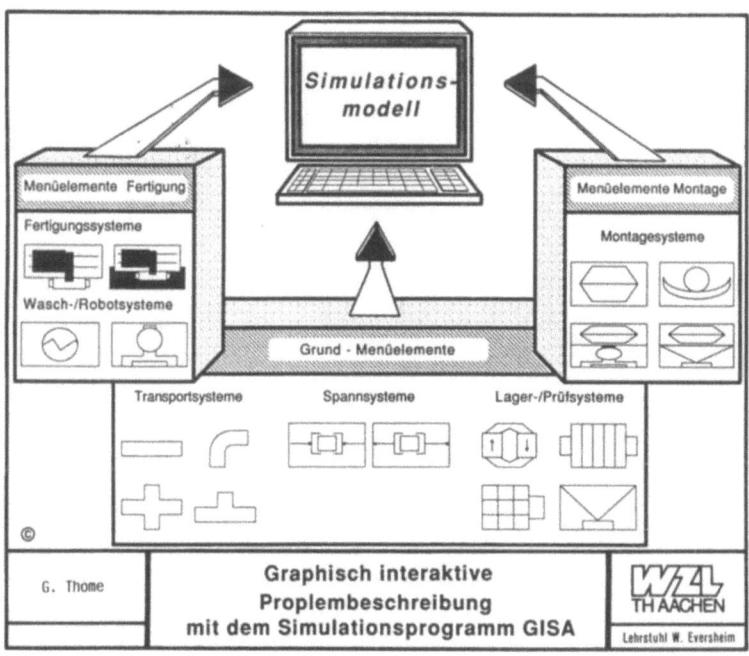

Bild 2: Graphisch interaktive Problembeschreibung mit dem Simulationsprogramm GISA

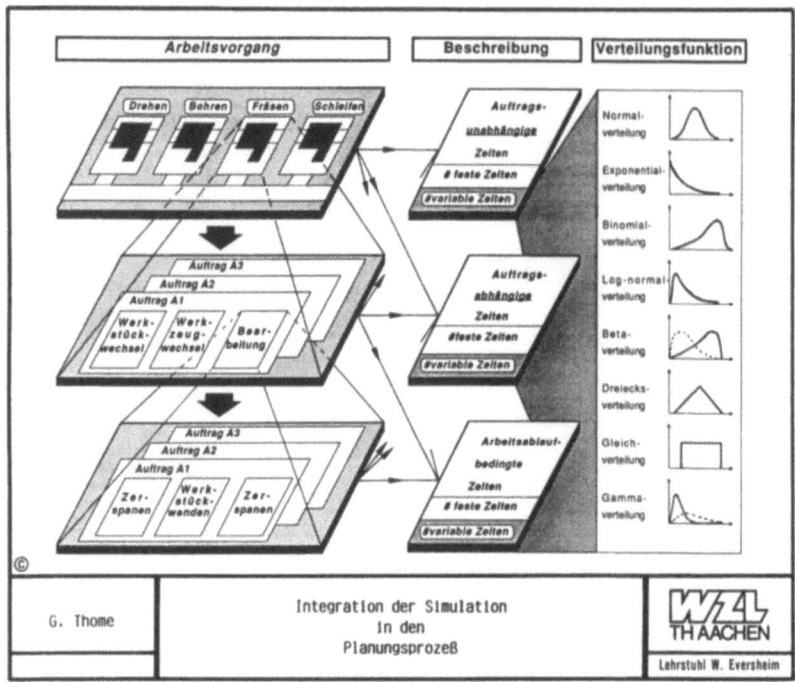

Bild 3: Integration der Simulation in den Planungsprozeß

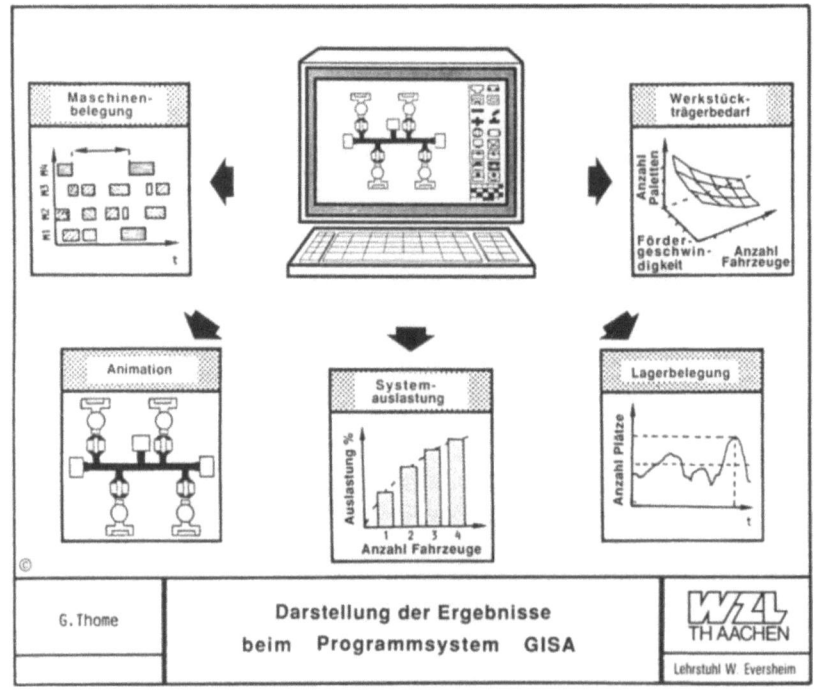

Bild 4: Darstellung der Ergebnisse beim Programmsystem GISA

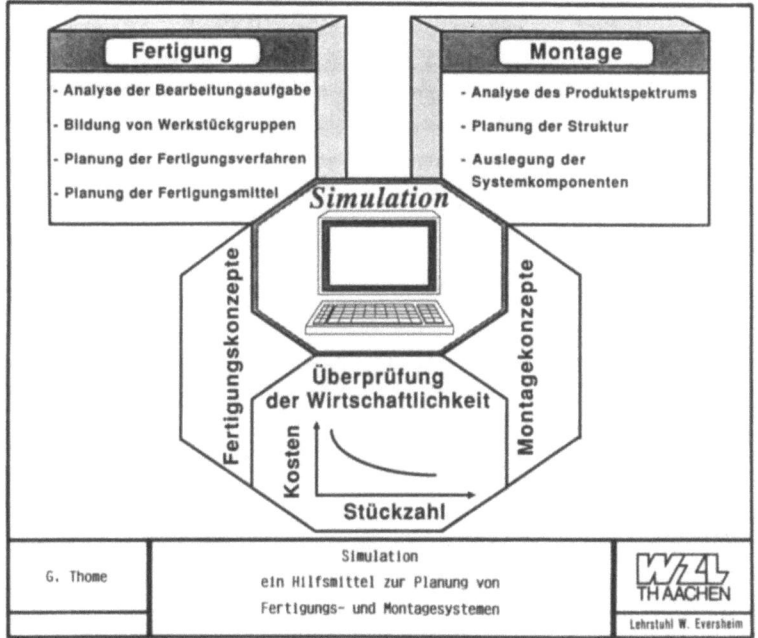

Bild 5: Simulation - ein Hilfsmittel zur Planung von Fertigungs- und Montagesystemen

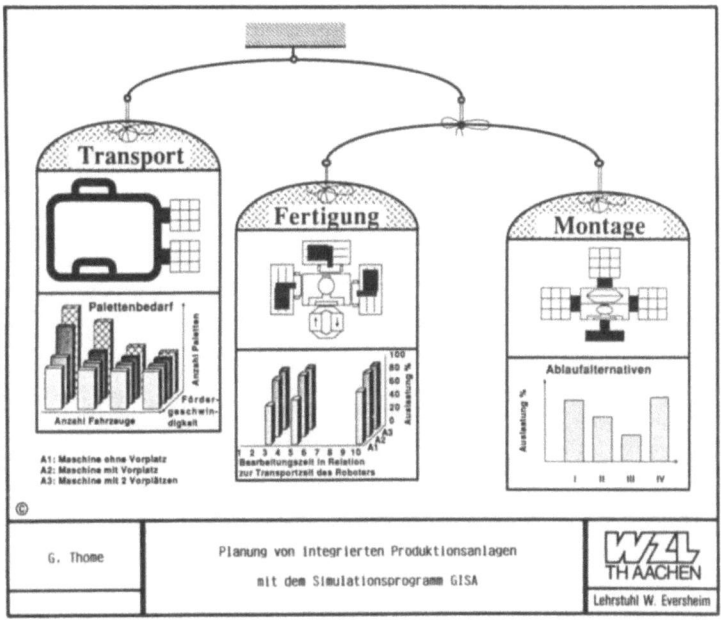

Bild 6: Planung von integrierten Produktionsanlagen mit dem Simulationsprogramm GISA

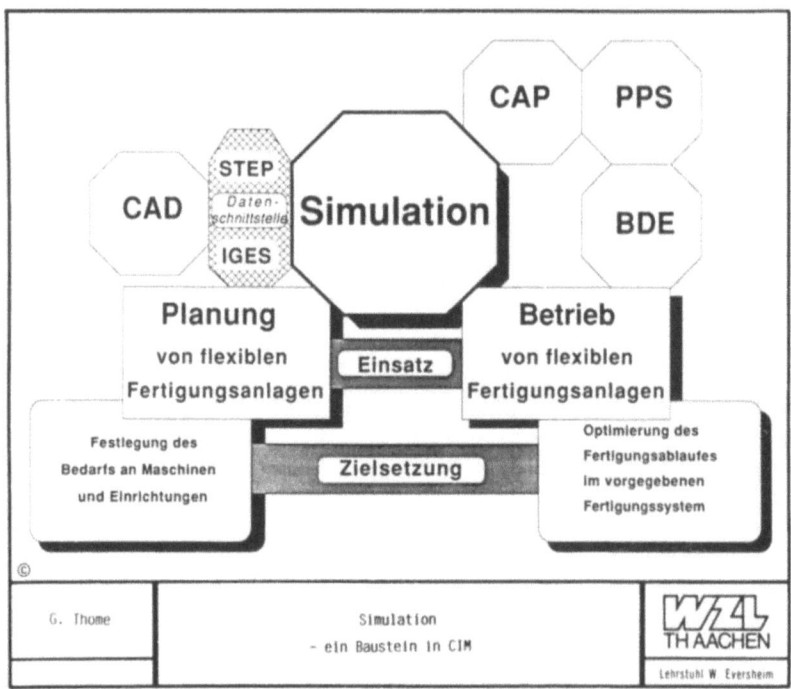

Bild 7: Simulation - ein Baustein in CIM

# Bericht der Arbeitsgruppe
## "Ergebnisdarstellungen und Animationsmöglichkeit für fertigungstechnische Simulationsexperimente" im ASIM-Arbeitskreis 4.5.2.3 "Simulation in der Fertigung"

| Arbeitsgruppe: | Herr Helmut Peters | ITW Dortmund |
|---|---|---|
| | Herr Dr. Karl Volling | Mannesmann-Demag |
| | Herr Helmut Utter | Wetter |
| | Herr Hans-Otto Weissenborn | inpro mbH Berlin |

## Gliederung

1 Einleitung

2 Zielsetzung

3 Vorgehensweise

4 Bisherige Ergebnisse

5 Schlußfolgerungen

## Abstract

Im Rahmen der vorletzten Tagung des ASIM-AK "Simulation in der Fertigung" anläßlich des "Produktionstechnischen Kolloquiums" in Berlin konstituierten sich vier Arbeitsgruppen, um der Forderung nach mehr Transparenz von Simulationsuntersuchungen nachzukommen.

Deshalb richtet sich der vorliegende Bericht auch weniger an den Simulationsexperten, als vielmehr an den Auftraggeber von Simulationsvorhaben. Wir wollen bei ihm ein Grundverständnis dafür wecken, welche Ergebnisse er nach Abschluß einer solchen Simulationsstudie erwarten darf und wie er sie beurteilen kann.

Beiläufig wird dem Entwickler von Simulationsprogrammen ein gewisser Überblick vermittelt, wo unter diesem Aspekt die Leistungsfähigkeit marktgängiger Systeme heute liegt.

Die Arbeitsgruppe stellte einen Fragebogen zusammen, der Auskunft über wesentliche Merkmale der Ergebnisdarstellung und Animationsmöglichkeit gab. Dieser Fragebogen wurde allen Mitglieder dieses ASIM-AK's zugesandt.

Der Informationsrückfluß wurde systematisiert und bewertet. Zusammen mit Hinweisen aus der einschlägigen Literatur erfolgte eine Zuordnung von sinnvollen und notwendigen Ergebnissen und Darstellungsformen in Abhängigkeit von spezifischen Fragestellungen.

Der momentane Stand der Ausarbeitung stellt eine quantitative Erfassung einer Ist-Situation anhand von 16 ausgefüllten Fragebögen dar. Besondere Stärken, aber auch gemeinsame Schwächen der untersuchten Systeme wurden ermittelt. Trends hinsichtlich des Einsatzes und Weiterentwicklung der Animation wurden deutlich.

Durch die rasante Innovationsgeschwindigkeit auf dem Gebiet der Hardware entstehen immer neue interessante Möglichkeiten für Weiter- und Neuentwicklungen von Simulationssystemen.

# Simulation einer Produktionsanlage Vergleich von Programm- und Kanban-Steuerung

K.A. Graber, M.Müller, Dr.H.Ulrich
Institut für Operations Research
ETH-Zürich

## 1. Zusammenfassung

Bei einem Kunden soll die Produktion eines neuen Produktes aufgenommen werden. Eine erste Planungsphase, bei der Fragen des Layouts, des Materialflusses und der notwendigen Produktionskapazität behandelt wurden, ist abgeschlossen. In einer nächsten Planungsphase wollte sich die Firma speziell dem Problem der Planung und Steuerung zuwenden.
Von besonderem Interesse war der Vergleich zwischen Kanban- und Programmsteuerung Diese beiden Steuerungen simulierten wir mit einem Modell, das in SLAM II formuliert wurde. Die Resultate zeigen die Eigenschaften beider Steuerungsarten sehr klar auf.

## 2. Die betrachtete Produktionsanlage

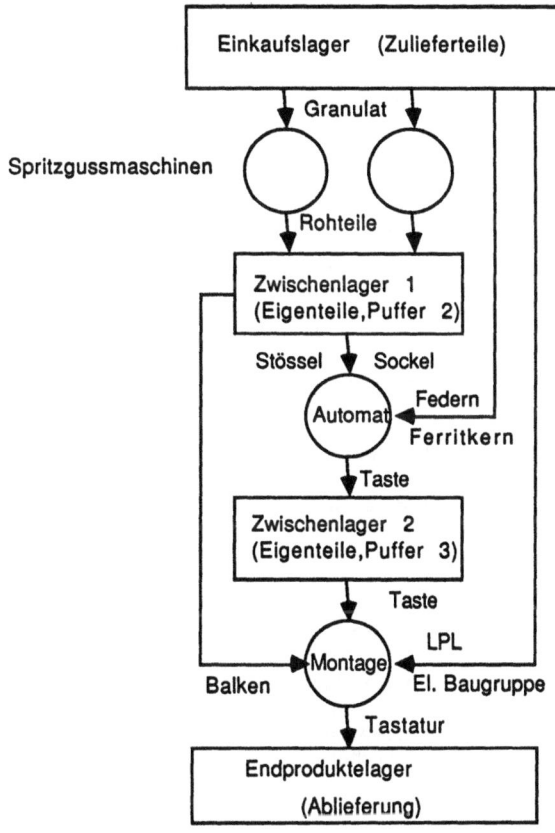

Die Anlage zur Fertigung von Terminaltastaturen zerfällt grob in drei Stufen. Auf dem Ablaufschema, befindet sich zuoberst die Herstellung der Tasten im Spritzgussverfahren (zwei parallel arbeitende Maschinen), nach dem Giessen werden die Tasten mit Teilen aus dem Einkaufslager zusammengebaut (dieser Vorgang übernimmt ein Montageautomat). Zuletzt werden die Tasten, in acht Arbeitsschritten, in ihre Gehäuse verkaufsbereit eingebaut. Diese drei Stufen werden durch Pufferlager getrennt.

## 3. Die Steurungsarten

### 3.1 Kanban Produktion

Bei einer Kanban-gesteuerten Produktion werden innerhalb des gesamten Fertigungsprozesses sich selbst steuernde Regelkreise zwischen je einer erzeugenden Stelle (Quelle) und einer verbrauchenden Stelle (Senke) gebildet. Als Beispiele für solche Regelkreise seien genannt:
- zwei Stufen einer Fertigung
- Zulieferer-erste Stufe

Innerhalb eines solchen Regelkreises können eine oder mehrere Fertigungsoperationen stattfinden. Der gesamte Fertigungsprozess besteht dann je nach der Zahl der Fertigungsstufen und dem Materialfluss aus der notwendigen Anzahl netzwerkartig vermaschter Regelkreise. Die Vermaschung kommt durch einen rückwärts laufenden Informationsfluss und einem vorwärts laufenden Materialfluss zustande.

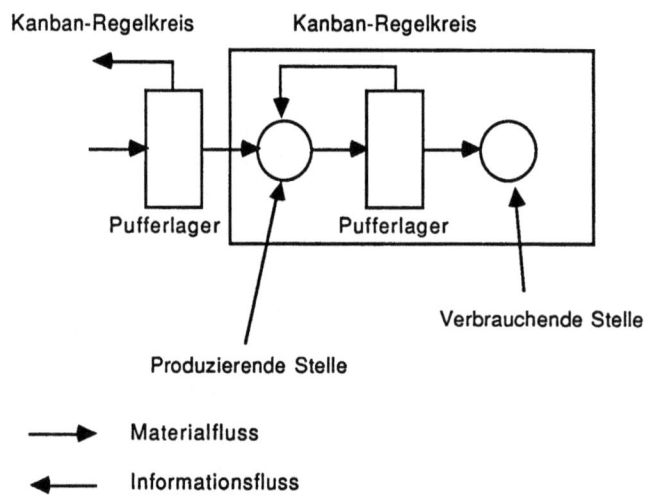

**Bild 1:** Regelkreis

**Der wichtigste Informationsträger ist die Kanban-Karte**

Die Karte zirkuliert nach genauen Vorschriften zwischen Quelle und Senke im Regelkreis und ist in konventionellen Planungssystemen mit einem Produktionsauftragspapier vergleichbar. Die Kanban-Karte enthält die wichtigsten Spezifikationen *ihres* Produkts: Wie viele und was für Teile, allenfalls wie und wo gefertigt, sollen aus welchen Ausgangsprodukten und in welchem Behälter in welches

Zwischenlager gehen. Die Angaben auf dieser Karte sind auf einen möglichst regelmässigen Arbeitsrhythmus auszurichten und erfahren im Normalfall keine kurzfristigen Änderungen.
Die Feinsteuerung der Produktion erfolgt durch die produzierenden Mitarbeiter selbst, beispielsweise nach dem Grundsatz, dass jeweils jene Lagerposition mit dem zum Maximalbestand relativ kleinsten aktuellen Lagerbestand zuerst produziert wird.

### Die Holpflicht

Ein Grundprinzip der Kanban-Steuerung ist die Holpflicht mit den folgenden generellen Regelungen.

Der Verbraucher darf nie
- mehr Material als benötigt anfordern.
- Material vorzeitig anfordern.

Der Erzeuger darf niemals
- mehr Teile herstellen, als angefordert worden sind.
- Teile vor Eingang der Bestellung produzieren.

Der Planer sorgt für
- eine gleichmässige Belastung der einzelnen Produktionsbereiche.
- eine adäquate (möglichst geringe) Anzahl von Kanban-Karten im Regelkreis.

Die Holpflicht lässt sich organisatorisch einfach mit der Einführung der Kanban-Karte verwirklichen. Diese Karte zirkuliert nach festen Regeln, ausgelöst durch den Bedarf auf der letzten Produtionsstufe ohne Eingriff einer zentralen Stelle. Dadurch wird der administrative Aufwand, im Vergleich zu den herkömmlichen Systemen, wesentlich reduziert.

### Steuerungsparameter

Die internen Steuerungsparameter im Kanban-System sind die folgenden Grössen:

*Behältergrösse*

Die Behältergrösse entspricht im herkömmlichen Produktionssystem der Losgrösse. Sie wird im Kanban-System auf einen möglichst regelmässigen Arbeitsrhythmus abgestimmt und bleibt dann unter normalen Verhältnissen unverändert. Jeder Behälter ist im Produktionsprozess von einer Kanban-Karte begleitet, durch die der Behälter gesteuert wird.

*Anzahl der Kanban-Karten*

Durch die Anzahl der Kanban-Karten wird implizite der Lagerstand festgelegt, da zu jeder Karte ein Behälter gehört, der im Produktionsprozess zirkuliert. Je mehr Behälter sich im System befinden, desto höher wird der Lagerbestand, desto höher wird aber auch die zu erwartende Produktionsleistung (weniger Wartezeiten wegen nicht verfügbaren Ausgangsmaterials). Zuviele Behälter wirken aber wiederum als Produktionsbehinderung (Kisten, von denen schon genügend an Lager sind um einen guten Produktionsfluss, werden gefüllt).

### Einsatzvoraussetzungen für Kanban

Zwingende äussere Voraussetzungen sind:

*Durch das Produkt bedingt*
- Standardisiertes Produkt oder Produkteprogramm (ev. Bestandteil eines Produkts).
- Teilstandardisierung und Bildung von Teilfamilien.

*Vom Absatz bedingt*
- Massenprodukt.
- Stetiger Verbrauch, geringe Absatzschwankungen.

*Von der Produktion her*
- Materialflussorientierte Wekstättenorganisation.

**Notwendige Massnahmen sind:**
- Minimierung der Rüstzeiten durch technische und organisatorische Massnahmen.
- Harmonisierung der Kapazitäten, so dass diese auf einen möglichst gleichmässigen Arbeitsrhythmus ausgelegt sind.
- Bildung von festen Losgrössen, was im Kanban-System bedeutet, die Grösse der Behälter festzulegen.
- Sicherstellung der Qualitätsanforderungen durch automatische Prozessüberwachung oder Selbstkontrolle der Mitarbeiter.
- Motivation der Mitarbeiter zur Übernahme von mehr Eigenverantwortung.

### 3.2. Programmplanungs-Steuerung

Diese spezielle Steuerung ist in Anlehnung an, in beim Kunden, gebräuchlichen Systeme entwickelt worden. Ausgehend von einer festen Zeitperiode wird der gesamte Produktionsbedarf (i.A. als Prognosewert aufliegend) über die Stücklisten von der letzten Stufe der Fertigung rückwärts aufsummiert Bei dieser Rechnung ergeben sich die frühstmöglichen Auslösezeitpunkte eines Produktionsauftrags aus den Produktionszeiten für die dafür notwendigen einzelnen Lose. Da aber zum Teil diese Periodenlose viel zu klein sind, werden sie über mehrere Basisperioden zusammengefasst. Die durch die Einlagerung über längere Zeitintervalle des Produktionsgutes entstehenden Zusatzkosten sollten aber in keinem Fall die Kosten für den Rüstvorgang überschreiten.

Als Kennzahl für die obere Grenze einer solchen zusammengefassten Losgrösse wird vielfach die Andlersche Losgrössenformel verwendet. Sie bestimmt die optimale Losgrösse anhand von zwei speziellen Kriterien:

- die Lagerhaltungskosten, über eine Produktionsperiode.
- die fixen Bestellkosten (in unserem Fall durch die Rüstvorgänge anfallenden Kosten).

Beide Kenngrössen werden anhand eines prognostizierten Jahresbedarfs ermittelt, gemäss folgender Formel (nur falls die fixen Bestellkosten nicht Null sind):

$$q = \sqrt{\frac{200 \, V \, k}{p \, FK}}$$

V   Jahresverbrauch in Stück

k   fixe Bestellkosten

p   Lagerzinssatz

FK  Fertigungskosten pro Stück

**Andlersche Losgrössenformel**

Damit werden aber einige wesentlichen Faktoren zur Produktionssteuerung nicht berücksichtigt, das hat zur Folge, dass unter anderem

- Für Billigteile die Losgrössen sehr gross sind, und zu einer langen Einlaufphase der Produktion führen.

## 4. Der Aufbau des Modells

Ein zentraler Punkt unseres Modells ist die konsequnte Trennung der Produktionsstätte und der eigentlichen Steuerung.
Die Produktionsstätte ist in der Netzwerksprache von SLAM II modelliert. Die Steuerung residiert in Fortransubroutinen die von SLAM aufgerufen wurden.
Diese Trennung hat zu Folge, dass an einem Modell verschiedenen Steuerungen ausgetestet werden können, und dass wir die Resultate immer in derselben Form erhalten, und sie somit direkt vergleichbar sind.

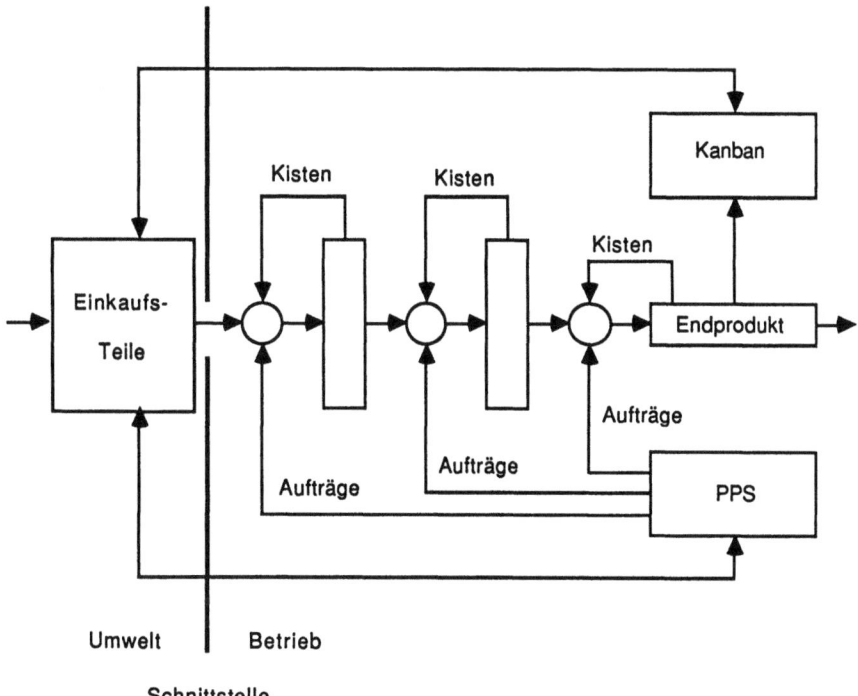

**Bild 2:** PPS-Kanban Vergleich

### 4.1 Die Formulierung des Modells in SLAM II

Das Simulationspacket SLAM-II besitzt eine Sprache in der Netzwerke anschaulich dargestellt werden können.
Ein solche Darstellung definiert die geographische und die zeitliche Lage von Einheiten, die durch das Netzwerk fliessen. Jede Einheit führt einen Vektor mit sich, der Attributen-Vektor, der verschiedene Charakteristiken der Einheit enthält.
Die Elemente dieser Simulationssprache sind Netzwerk-Knoten, die spezielle Entscheidungen erlauben, wie etwa eine Warteschlange oder eine Aktivität simulieren. Der SLAM-*Compiler* übersetzt dann das Netzwerk in ein ereignisorientiertes Modell.

## Arbeitsmodul (verbale Beschreibung)

Eine Arbeitsstelle verwirklicht folgende Abläufe in der zitierten Reihenfolge:
- Annahme eines Auftrags zur Produktion.
- Stornierung der Aufträge bis der Arbeiter (oder die Maschine) frei wird, oder die zur Produktion notwendigen Teile an Lager eintreffen (Reihenfolgenproblem bei der Bearbeitung der Aufträge).

*falls produzierbar, weiter mit*
- Bereitstellung der notwendigen Resourcen (inkl. Arbeiter).
- Bearbeitung des Auftrags .
- Ablagerung des produzierten Gutes.
- Meldung, dass Arbeiter wieder für weitere Arbeiten verfügbar ist.

Jedes Endprodukt einer Produktionsstelle wird in einem Produktionslos von gegebener Grösse hergestellt. Erst nach dessen Fertigstellung erfolgt die Lieferung ans Lager. Aufgrund der aktuellen Lagerbestände oder des Steuerungsprinzips wird danach mit einer wählbaren Entscheidungsregel der nächste Produktionsauftrag bestimmt.

Der Zusammenhang zu anderen Arbeitstellen erfolgt über die Pufferlager, die sich dazwischen befinden. Der Platz eines Produktions-Moduls in einer Anlage ist dadurch definiert, dass es
- von bestimmten Lagern Ausgangspunkte bezieht.
- diese Ware auf irgendeine Art bearbeitet.
- ein Fertigprodukt an ein bestimmtes Lager abgibt .

## Arbeitsmodul (in SLAM Netzwerksymbolen)

Die SLAM-Knoten, die wir zur Modellierung benötigt haben, sind in derselben Reihenfolge aufgelistet, wie die oben beschriebenen Arbeitsabläufe. Nämlich:

*Enter*
Bei Aufruf der Subroutine ENTER(NUM,A) wird zum selben Zeitpunkt beim ENTER-Knoten mit Nummer NUM eine Einheit, mit einem Attributen-Vektor A, ins Netzwerk geschleust.

*Await(i), Alloc(iall)*
Die Einheit (in unserem Fall ein Produktionsauftrag) wird in einem *File* (Datei) aufbewahrt bis sie bearbeitet werden kann.

*Activity*
Der ausgewählte Auftrag wird bearbeitet, d.h. in einem ereignisorientierten Modell, so dass der Arbeiter erst nach der Produktionszeit wieder zu Verfügung steht, und dass dann das fertige Produkt an Lager gelegt wird.

*Free*
Wir haben sowohl die produzierten Güter als auch die Arbeitskraft (oder Maschinen) als Resourcen definiert. Die zwei nacheinanderfolgenden Knoten legen die Ware an Lager und geben den Arbeiter frei.

*Terminate*
Der Auftrag ist erfüllt worden, das *Arbeitspapier* kann weggeworfen werden. Die Einheit kann aus dem Netzwerk genommen und zerstört werden.

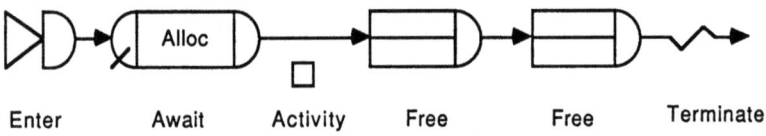

Enter    Await    Activity    Free    Free    Terminate

**Bild 2:** SLAM-Netzwerk Arbeitsmodul

**Arbeitsmodul (SLAM Listing)**

| | | |
|---|---|---|
| EIN3 | ENTER,3; | EINGANG DES AUFTRAGS |
| GUSS | AWAIT(4),ALLOC(4),1; | WARTESCHLAGNE DER AUFTRÄGE |
| | ACT/3,ATRIB(5); | UMRUESTEN UND ARBEITEN |
| | ASSIGN,ATRIB(2)=USERF(2); | KONTROLLE OB LAGERPLATZ FREI |
| FRE3 | FREE,ATRIB(1)/ATRIB(2); | PROD. TEILE AN LAGER FREIGEBEN |
| | FREE,SPRITZ/A; | MASCHINE FREIGEBEN |
| | TERMINATE | AUFTRAG FERTIG |

## 5. Resultate der Simulation

SLAM bietet grundsätzlich 3 verschiedene Arten die Resultate der Simulation darzustellen
- **Automatische Statistiken** über z.B. Resourcen und Aktivitäten
- **Statistiken** über einen bestimmten Punkt im Netzwerk durch Einfügen von einem Statistikknoten
- **Endsimulationsresultate.** Selber definierter Programmteil zur Ausgabe frei definierbarer Resultate

Wir verwendeten alle 3 Mechanismen

- Endsimulationsresultate : Grobübersicht über die Anzahl produzierten Tastaturen
- Automatische Statistiken für : durchschnittliche Belastungen von Arbeitsplätzen
- Plots: Für die Analyse der zeitlichen Verteilung der Belastungen

Beispiel für den Plot, der die Belastung der Arbeiter, eines Tastenautomates und einer Spritzguss- maschine in Abhängikeit der Zeit zeigt.

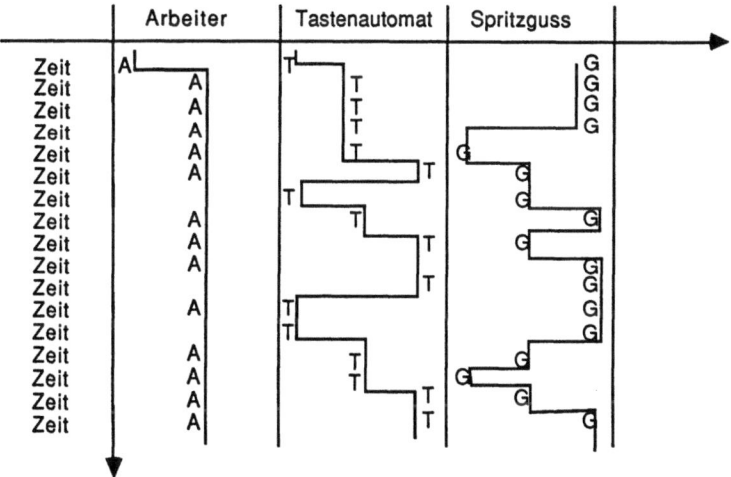

## 6. Abschliessende Bemerkung

Mit dem beschriebenen Modell wurde nicht nur die Kanban- mit der Programmsteuerung verglichen, sondern wir konnten problemlos Steuerungmodule für gemischte Steuerungen sowie einem Mindestbestandvefahren implementieren.
Als nächsten Schritt wollen wir die einzelnen Module des Modells so verallgemeinern, dass interaktiv beliebige Fabrikationsstrassen erzeugt werden können.

SIMULATION IN BIOLOGIE UND MEDIZIN

# Simulation von Nervenreaktionen durch Elektrostimulation

Frank Rattay

Technische Universität Wien

Mit der Implantation von Herzschrittmachern begann in der Humanmedizin eine wichtige technische Neuentwicklung. Die Elektrostimulation wird nun auch zur Muskelaktivierung bei Querschnittlähmung eingesetzt und ermöglicht Gelähmten das Aufstehen aus dem Rollstuhl und eventuell das Gehen kurzer Strecken [1]. Patienten mit lokaler Querschnittläsion im Bereich der Halswirbelsäule können durch Elektrostimulation des Zwerchfells von der Beatmungsmaschine entwöhnt werden. PC-Programme aber auch eigene elektronische Geräte wurden entwickelt um die Stärke und den zeitlichen Ablauf der Stimulationssignale für die abwechselnde Aktivierung von Muskeln zu steuern und zu regeln.

Die Unterbrechung der nervösen Signalübertragung verhindert in den oben erwähnten Fällen die notwendige Muskelkontraktion. Die funktionelle Elektrostimulation erzeugt in den Nervenfasern Ersatzsignale. Die Erregbarkeit einer einzelnen Faser wird insbesondere vom Faserdurchmesser, der Stärke und Dauer des Elektrodensignals und von der Entfernung zur Elektrode bestimmt. Die Fasern, die in größerer Zahl in Nervenbündeln laufen, haben somit bezüglich des Elektrodenstroms unterschiedliche Schwellwerte und die elektrisch aktivierten Faserpopulationen hängen von der Signalform und der Elektrodengeometrie ab [2]. Stimuliert wird entweder durch implantierte Elektroden, die in der Nähe des Nerven angebracht werden können oder durch Hautelektroden, die keinen chirurgischen Eingriff, dafür aber einen sehr hohen Elektrodenstrom erfordern.

Eine weitere Anwendung findet sich in der Elektrostimulation sensorischer Nerven. Durch Stimulieren des Gehörnerven erhalten vollständig taube Patienten akustische Wahrnehmungen und es ist sogar ein gewisses Sprachverständnis erreichbar. Der Informationsgehalt des Sprachsignals wird durch die parallel eingehenden Einzelimpulse der Nervenfasern vermittelt.

Der dritte Anwendungstyp der Elektrostimulation ist die Blockade von bereits in Nervenfasern laufenden Signalen. Dies ist für die Bekämpfung von Schmerzen oder Spasmen von Bedeutung.

Wertvolle Informationen über die Zahl der stimulierten Fasern, die zeitliche Beziehungen in ihren Signalmustern, das Blockierverhalten, aber auch über optimale Elektrodenformen lassen sich durch Simulationen gewinnen.

# Die elektrische Anregung einer Nervenfaser

BERNSTEIN hatte bereits 1868 die richtige Vorstellung über das Wesen der Nervenzellen. Jede Zelle ist von einer dünnen Membran umgeben, die individuell für Ionen durchlässig ist. Durch die unterschiedliche Ionenkonzentration innerhalb und außerhalb der Membran ergibt sich eine Spannung von ca. $70 mV$ im Ruhezustand. Wenn die Nervenfaser (natürlich) aktiviert wird, erhöht sich zunächst die Leitfähigkeit der Membran für Na-Ionen und danach ergibt sich infolge der geänderten Spannung eine erhöhte Kaliumleitfähigkeit, wodurch schließlich wieder der Ausgangszustand erreicht wird. Dieses lokale Verhalten (=Aktionspotential) läuft die Nervenfaser entlang und ermöglicht die Reizleitung.

1952 gelang es HODGKIN und HUXLEY diese Ionenströme durch Konstanthalten der Spannung durch vier gewöhnliche Differentialgleichungen zu modellieren. Die Reizleitung kann durch eine partielle Differentialgleichung beschrieben werden. 1963 gaben FRANKENHAEUSER und HUXLEY ein modifiziertes Modell für die myelinierte Fasern an. FITZHUGH konnte das aufwendige HODGKIN-HUXLEY Modell durch ein Differentialgleichungssystem 2. Ordnung annähern.

Obwohl die lokalen Modelle bereits gewisse Untersuchungen zur Elektrostimulation zulassen, wie etwa die Reaktionsabhängigkeit von der Signalform, das frequenzabhängige Verhalten oder den Einfluß von Nervenparametern [3], ist für die Elektrostimulation die Untersuchung des räumlichen Einflußes des durch die Elektroden hervorgerufenen extrazellulären Potentials von entscheidender Bedeutung [3,4,5].

Segmentieren wir die Nervenfaser in zylindrischen Stücken (Abb. 1a), so läßt sich das Verhalten in jedem Segment durch ein lokales Modell simulieren. Die einzelnen Segmente werden dann als elektrisches Netzwerk verkoppelt (Abb. 1b). Eine Analyse zeigt, daß die Reaktion der Nervenfaser bei Elektrostimulation nicht direkt vom extrazellulären Potential entlang der Faser $V_e(x)$, sondern von ihrer zweiten Ableitung $f = \partial^2 V_e/\partial x^2$ abhängt [2,4,5]. $f$ heißt die Aktivierungsfunktion.

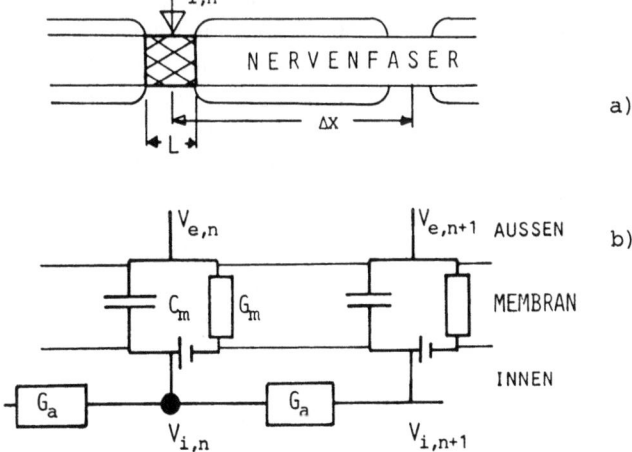

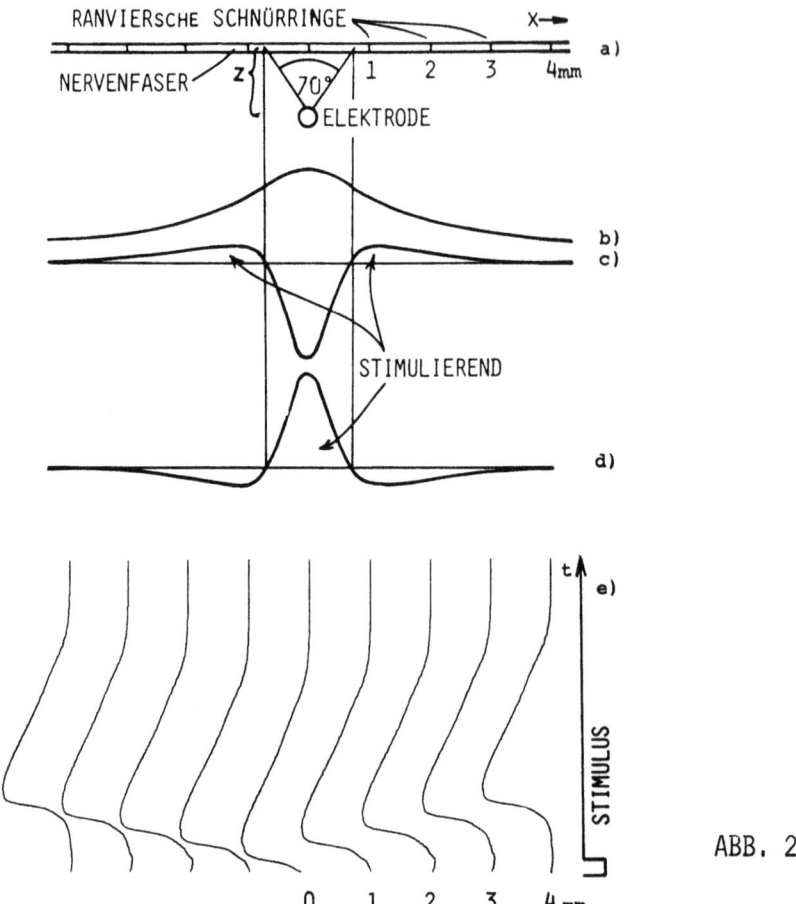

ABB. 2

Abb. 2 zeigt die Reaktion einer myelinierten Nervenfaser auf einen negativen Stromimpuls einer kugelförmigen Elektrode, die 1mm über einem RANVIER'schen Schnürring liegt a). Während eines positiven Stromimpulses stellt sich entlang der Nervenfaser ein symmetrischer extrazellulärer Potentialverlauf ein b). Die Nullstellen der Aktivierungsfunktion werden durch einen, von der Elektrode ausgehenden, 70° Winkel bestimmt und begrenzen bei positiver Anregung zwei außen liegende schwach stimulierende Bereiche c). Erleichtert wird die Stimulation durch Invertieren des Elektrodensignals; die entsprechende Aktivierungsfunktion f zeigt bei der Stelle $z = 0$ ein Maximum d). Diese Stelle der Faser ist daher am leichtesten erregbar und von hier geht das Aktionspotential aus, das sich dann nach beiden Seiten symmetrisch ausbreitet e).

Die Aktivierungsfunktion $f$ einer kugelförmigen Elektrode läßt sich im homogenen Medium leicht bestimmen. Bezeichnet $z$ die Nervenlängskoordinate und $x_{el}, z_{el}$ die Elektrodenposition, so ist das durch den Elektrodenstrom $I_{el}$ hervorgerufene Potential eine Funktion des Abstandes $r$ zur Elektrode.

$$V_e = \rho_e . I_{el}/4\pi r$$

und entlang der Nervenfaser ergibt sich daher, mit $r = \sqrt{(x_{el} - x)^2 + z_{el}^2}$, bei rein ohmschem spezifischem Widerstand $\rho_e$

$$V_e(x,t) = \rho_e . I_{el}(t).[(x_{el} - x)^2 + z_{el}^2]^{-1/2}/4\pi$$

und damit

$$f = \partial^2 V_e(x,t)/\partial x^2 =$$
$$= \rho_e . I_{el}(t)[(x_{el} - x)^2 + z_{el}^2]^{-5/2}.[2(x_{el} - x)^2 - z_{el}^2]/4\pi$$

Dort, wo $f > 0$ ist, wird - vom Ruhezustand ausgehend - die Faser aktiviert (depolarisiert) und wenn dabei ein bestimmter Schwellwert überschritten wird, entsteht ein fortlaufendes Aktionspotential. In den Bereichen, wo $f$ negativ ist, wird die Faser deaktiviert (hyperpolarisiert). Dies wird aus Abb. 2e ersichtlich: In der Zeit des Stimulusimpulses (100$\mu sec$) erzwingt die Aktivierungsfunktion einen positiven Potentialverlauf bei $x = 0$, aber einen negativen bei $x = 2, 3$ und 4 mm. Schon aus dieser einfachen Überlegung läßt sich vermuten, daß starke negative Elektrostimulation zur Blockade einer bereits überschwelligen Anregung führt, weil nämlich der negative Bereich von $f$ (Abb. 2d) die Faser so stark hyperpolarisiert, daß ein Aktionspotential dort nicht durchlaufen kann und es kommt daher zur Blockade [5,6]. Um die Nervenreaktion für bestimmte Stimulussignale zu berechnen werden für jeden RANVIER'schen Schnürring die kompletten lokalen Nervengleichungen gelöst. Für Schwellwertsbestimmungen können zur Einsparung der Rechenzeit die Gleichungen in den entfernten Knoten linearisiert werden.

Die Aktivierungsfunktion kann durch Superposition auch für Nervenfasern die im Wirkungsbereich mehrerer (n) Elektroden liegen, bestimmt werden und es ergibt sich entsprechend

$$f(x,t) = \sum_{i=1}^{n} \frac{\rho_e . I_{el,i}(t).[(x_{el,i} - x)^2 + z_{el,i}^2]^{-5/2}.[2(x_{el,i} - x)^2 - z_{el,i}^2]}{4\pi}$$

Abb. 3 zeigt die Aktivierungsfunktion für drei verschiedene Lagen eines Dipols, deren negative Pole zusammenfallen (voller Kreis). Der zweite Pol hat bei größerer Entfernung wenig Einfluß auf die Aktiverungsfunktion b) und $f$ gleicht dann dem monopolaren Resultat. In a) hat $f$ einen starken positiven und negativen Bereich. Das Aktionpotential wird daher bei der Ausbreitung einseitig blockiert [6].

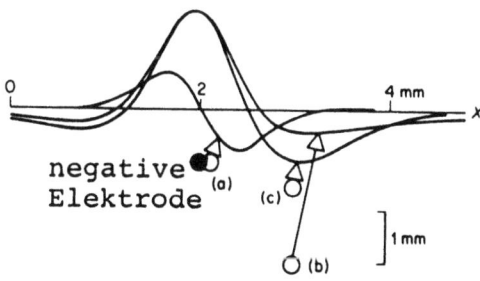

ABB. 3

Die Simulation von Nervenantworten für implantierte Elektroden ist also relativ einfach. Zuerst bestimmt man die Aktivierungsfunktion gemäß obiger Gleichung. (Durch Einführen von richtungsabhängigen spezifischen Widerständen lassen sich auch anisotrope Fälle behandeln.) Dann werden die entsprechenden Werte von $f$ in die verkoppelten Differentialgleichungssysteme eingesetzt, die lokal das Verhalten der Nervenfasern beschreiben.

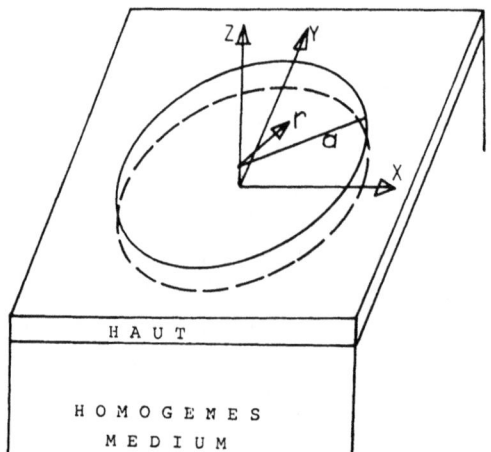

ABB. 4

Etwas schwieriger ist die Simulation von Hautelektroden. Bei einer allgemeinen Betrachtung ist die Geometrie der physiologischen Verhältnisse zu berücksichtigen und optimale Elektrodenformen und Positionen sind durch Simulation mit finiten Elementen durchführbar. Grundsätzliche Betrachtungen sind jedoch bereits auch bei vereinfachten Annahmen möglich. Um die Potentialverteilung und die Aktivierungsfunktion im Bereich knapp unter einer kreisförmigen Hautelektrode zu studieren, nehmen wir den Potentialverlauf unter der Elektrode (auf der unteren Begrenzung der Haut) proportional zum Elektrodenpotential an. Hat der durch die strichlierte Linie in Abb. 4 begrenzte kreisförmige Bereich mit dem Radius $a$ konstantes Potential, so ergibt sich für den angrenzende Halbraum eine rotationssymmetrische Potentialverteilung als Lösung des gemischten Randwertproblems

$$\Delta V = 0$$

mit

$$V = V_0 \quad \text{für} \quad z = 0, r \leq a$$

$$\frac{\partial V}{\partial z} = 0 \quad \text{für} \quad z = 0, r > a$$

und

$$V \to 0 \quad \text{für} \quad r \to \infty, z \to -\infty$$

Daraus ergibt sich

$$V(r, 0) = V_0 \quad \text{für} \quad r \leq a$$

und

$$V(r, z) = \frac{2V_0}{\pi} arcsin \frac{2a}{\sqrt{(r-a)^2 + z^2} + \sqrt{(r+a)^2 + z^2}}$$

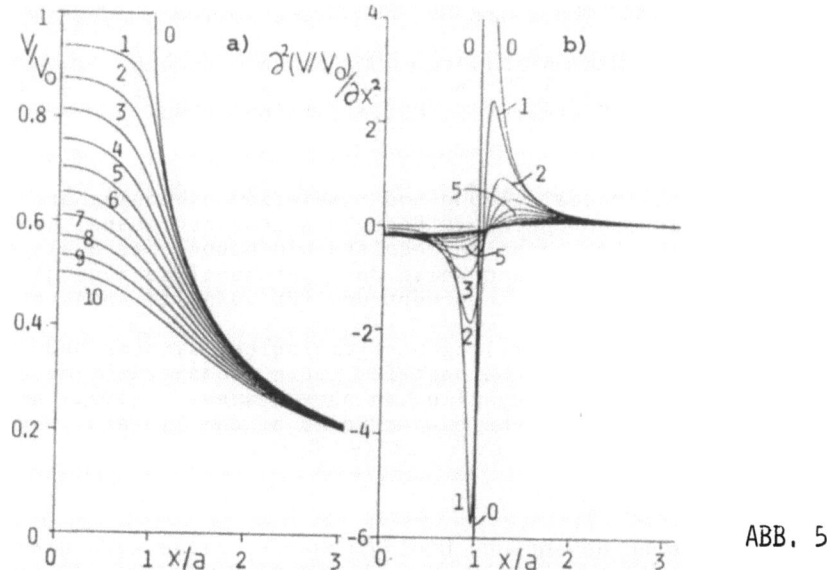

Abb. 5 zeigt die Potentialverläufe a) und die Aktivierungsfunktionen b) für Fasern unterhalb der x-achse in skalierter Darstellung. Die Zahlen 0,1,2, .... 10 bezeichnen die Resultate in den Tiefen z=0, z/a=0.1, z/a=0.2, .... z/a=1.

## Literatur

[1] Thoma H.(Ed): Proc. 2nd Vienna internat. workshop on functional electrostimulation (1986)

[2] Rattay F. und Mayr W.: Eine quantitative Abschätzung elektrisch aktivierter Fiberpopulationen am Beispiel der Karussellstimulation. Biomedizinische Technik. (in Vorbereitung)

[3] Rattay F.: Modelling and simulation of electrically stimulated nerve and muscle fibers: A review. Math. & Comp. in Simulation. (im Druck)

[4] Rattay F.: Analysis of models for external stimulation of axons. IEEE-Trans. BME-33 (1986), 974-977

[5] Rattay F.: Ways to approximate current-distance relations for electrically stimulated fibers. J. theor. Biol. 125 (1987), 339-349

[6] Ranck J.B.jr.: Which elements are excited in electrical stimulation of mammalian central nervous system: A review. Brain res. 98 (1975), 417-440

[7] Rattay F.: Modelling the excitation of fibers under surface elctrodes. IEEE-Trans. BME (in Vorbereitung)

# OPTIMIERUNG DER DOSIERUNG VON PHARMAKA MITTELS KOMPARTMENTMODELLEN

Dietmar P.F. Möller, Mainz/Lübeck

Zusammenfassung: Modellbildung und Simulation biologischer Systeme haben in den letzten Jahren an Bedeutung gewonnen. Dabei kommt der Gruppe der Kompartmentmodelle insofern ein besonderer Stellenwert zu, da sie auf einfache Art und Weise der Systemanalyse zugänglich sind, was am Beispiel der Insulinantwort und für volatile Anästhetika gezeigt wird.

Summary: Modeling and simulation of biological systems had increased their importance during the past few years. Compartment models are proper to use because they allow an easy systems analysis approach, which will be shown for the case studies of insulin and anesthesia drugs.

## 1. Einleitung

Die mathematische Behandlung biologischer Prozesse erfordert die Lösung von im Regelfall komplexen algebraischen Gleichungen, gewöhnlichen - und partiellen Differentialgleichungssystemen, welche die Wechselwirkungen der Strukturelemente des biologischen Systems auf der Grundlage der pharmakokinetischen bzw. pharmakodynamischen Abstraktion beschreiben. Die Pharmakokinetik beschreibt dabei den zeitlichen Verlauf der Pharmakokonzentration in Abhängigkeit von dessen Dosierung, während die Pharmakodynamik die Pharmakokonzentration in Beziehung zur Wirksamkeit setzt, d.h. im Regelfall diese auf eine Meßgröße bezieht.

In dieser Arbeit werden ausschließlich Strukturelemente des biologischen Systems betrachtet, die den Stoffaustausch im Organismus charakterisieren. Ist das transiente Verhalten des Stoffaustausches durch lineare Differentialgleichungen des Types

$$X_i = - k_i \cdot X_i + U_i$$

beschreibbar, dann nennt man diese, das System kennzeichnenden Strukturelemente, dessen Kompartimente. Das negative Vorzeichen in obiger Gleichung kennzeichnet dabei eine Abnahme der Stoffkonzentration im betroffenen Systemelement, wobei $X_i$ die Zustandsgrößen der Systemelemente und $U_i$ die Eingangsgrößen sind - hier die zugeführten Stoffmengen, welche entweder von außen zugeführt oder von einem inneren Strukturelement herrühren können -. Man kann auf diese Weise ein biologisches System durch eine endliche Anzahl von Kompartimenten abstrahieren (Multikompartment-Modelle). Bedenkt man dabei, daß dadurch äußerst komplizierte Zusammenhänge zwischen physiko-chemischen Reaktionen und Transportprozessen, welche an die komplexe Morphologie des lebendigen Organismus gebunden sind, beschrieben werden können, dann erkennt man die Bedeutung dieser Verfahren. Die Tatsache nämlich, daß die Transport- und Eliminationsprozesse von Pharmaka auf diese Weise beschreibbar sind, ermöglicht es, deren Verteilung im Organismus vorherzusagen und optimale Dosisprofile zu ermitteln.

Sind allerdings, in Ermangelung geeigneter Meßaufnehmer, relevante Größen nicht meßbar, dann versucht man heute zunehmend Methoden des rechnerunterstützten Messens, wie z.B. das indirekte Messen mittels Zustandsbeobachter bei deterministischen Meßgrößen und mittels Kalman-Bucy-Filter bei stochastischen Meßgrößen, einzusetzen.

Voraussetzung für diese Verfahren ist allerdings eine hinreichende a-priori Kenntnis der Systemparameter und der Meßgrößenstatistik. Ferner müssen die Zustandsgrößen eindeutig aus den meßbaren Größen berechenbar sein, d.h. die Beobachtbarkeit für den Zusammenhang zwischen Zustand und Meßvektor muß gegeben sein.

Zur Ermittlung der relevanten Kenngrößen pharmakokinetischer/pharmakodynamischer Modelle setzt man in beiden Fällen neben der Simulation die Parameteridentifikation ein, um patientenspezifische Parameter zu ermitteln.

## 2. Pharmakokinetik des oralen Glukose Toleranz Test

Für den oralen Glukose-Toleranz-Test (OGTT) soll die Beschreibung durch ein Kompartment-Modell erfolgen. Wie in [1] beschrieben, hatten die Probanden am Tag zuvor das letzte Essen zum Mittag erhalten. Nach Abnahme des Nüchtern-Blutes wurde morgens um 9 Uhr 100g Glukose, in Tee gelöst, verabreicht. Danach wurde in geeigneten Zeitabständen die Konzentration der Glukose im Plasma bestimmt.

Abbildung 1a zeigt das typische zeitliche Profil einer Glukose-Toleranz mit dem Maximum nach etwa 1 Stunde (alimentäre Hyperglykämie).

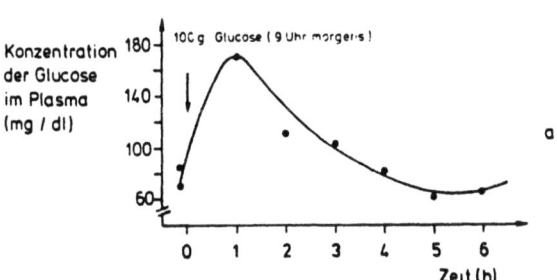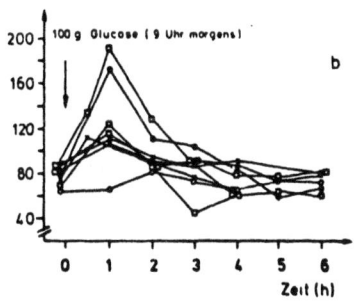

Abb. 1: a) Beispiel einer oralen Glukose-Toleranz nach [1]
b) Ergebnisse der oralen Glukose-Toleranzen an mehreren Versuchspersonen mit mehreren Versuchen nach [1]

Aus Abbildung 1 ist ersichtlich, daß die hormonalen Regulationsmechanismen der Blut-Glukosekonzentration, auch bei einer massiven Kohlehydrat-Zufuhr wie beim OGTT, mit einem bestimmten zeitlichen Verlauf (Halbwertszeit), den Gleichgewichtswert der Glukosekonzentration wieder einstellen können. Der Gleichgewichtswert der Glukose im Plasma (XCO) liegt im nüchternen Zustand zwischen 60mg/dl und 100mg/dl (3,3 bis 5,5 mmol/l). Aus Abweichungen davon kann auf Erkrankungen, wie z.B. den Diabetes, geschlossen werden.

Der zeitliche Verlauf der Glukose im gastrointestinalen Trakt (orale Aufnahme) und in der Blutbahn (Plasma) kann durch zwei gekoppelte Differentialgleichungen beschrieben werden, welche die Bilanzgleichungen für die Glukosemenge darstellen. Man erhält damit

$$X_1 = -k_1 \cdot X_1 + U \qquad (1)$$
$$X_2 = k_1 \cdot X_1 - k_2 \cdot X_2 \qquad (2)$$

Gleichung 1 beschreibt die Abnahme der Glukosemenge im gastrointestinalen Trakt ($X_1$), wobei $k_1$ die Absorptionskonstante ist. Gleichung 2 ist die Massenbilanzgleichung für die Blutbahn ($X_2$) mit der Eliminationskonstanten $k_2$ (z.B. als Folge der Glukose Oxydation). U entspricht der in der Zeit von $t = t_0$ bis $t = t_1$ zugeführten Glukosemenge. Mit der vereinfachenden Annahme, daß sich zum Zeitpunkt $t_0$ die oral aufgenommene Glukosemenge im Gastrointestinaltrakt befindet, lautet die Lösung des Anfangswertproblemes

$$X_1(t) = X_{10} \cdot e^{-k_1 t} \qquad (3)$$
$$X_2(t) = X_{20} \cdot e^{-k_2 t} + X_{10} \frac{k_1}{k_1 - k_2} (e^{-k_2 t} - e^{-k_1 t}). \qquad (4)$$

Abbildung 2 zeigt Simulationsergebnisse für den Konzentrationsverlauf der Glukose im Plasma für eine einmalige orale Gabe von 100g Glukose, welche sich in hinreichend guter Übereinstimmung mit den Meßwerten nach Abbildung 1b befindet.

Hinter dem Konzentrationsverlauf steht implizit die Voraussetzung, daß die Massenbilanzgleichungen (1) und (2) bzw. (3) und (4) auf das entsprechende Verteilungsvolumen bezogen wurden, d.h. allgemeingültig

$$Y(t) = \frac{X(t)}{V}. \qquad (5)$$

Der Konzentrationsverlauf geht für $t \to \infty$ gegen Null und erreicht das Maximum an der Stelle

$$t_{max} = \frac{1}{k_1 - k_2} \ln \frac{k_1}{k_2} \qquad (6)$$

wobei die Absorptionskonstante $k_1$ im wesentlichen die Höhe und den Zeitwert des Maximum determiniert. Die Gleichungen (5) und (6) sind, zusammen mit den Grenzfunktionen nach [2]

und
$$Y_{max} = Y(t_{max}) \quad (7)$$
$$Y_{min} = Y(0) \quad (8)$$

die zur Berechnung optimaler Dosierungen relevanten Beziehungen.

```
                26-Jun-1987  23:49
       Integration method RK2, Int. time=   .1
       Run: Zwei-Kompartmentmodell -mw KompV1-

       Time    X2         .000                                        200.
        .00    6.000E+01  I---------------*                              I
        .50    1.020E+02  I------------------------------*               I
       1.0     1.132E+02  I---------------------------------*            I
       1.5     1.109E+02  I--------------------------------*             I
       2.0     1.031E+02  I-----------------------------*                I
       2.5     9.349E+01  I--------------------------*                   I
       3.0     8.367E+01  I-----------------------*                      I
       3.5     7.440E+01  I--------------------*                         I
       4.0     6.592E+01  I-----------------*                            I
       4.5     5.830E+01  I---------------*                              I
       5.0     5.151E+01  I-------------*                                I
       5.5     4.549E+01  I-----------*                                  I
       6.0     4.015E+01  I----------*                                   I
       6.5     3.544E+01  I--------*                                     I
       7.0     3.128E+01  I-------*                                      I
       This run needed    1.27 seconds

                26-Jun-1987  23:50
       Integration method RK2, Int. time=   .1
       Run: Zwei-Kompartmentmodell -mw KompV1-

       Time    X2         .000                                        200.
        .00    6.000E+01  I---------------*                              I
        .50    1.246E+02  I-----------------------------------*          I
       1.0     1.479E+02  I-------------------------------------*        I
       1.5     1.489E+02  I-------------------------------------*        I
       2.0     1.388E+02  I-----------------------------------*          I
       2.5     1.239E+02  I---------------------------------*            I
       3.0     1.077E+02  I-----------------------------*                I
       3.5     9.195E+01  I-------------------------*                    I
       4.0     7.758E+01  I---------------------*                        I
       4.5     6.491E+01  I-----------------*                            I
       5.0     5.400E+01  I--------------*                               I
       5.5     4.472E+01  I-----------*                                  I
       6.0     3.693E+01  I---------*                                    I
       6.5     3.043E+01  I-------*                                      I
       7.0     2.503E+01  I-----*                                        I
       This run needed    1.15 seconds
```

Abb. 2: Exemplarische Simulationsergebnisse zum oralen Glukose-Toleranz-Test

## 3. Insulinantwort

Aus klinischen Messungen ist bekannt, daß die Insulinantwort beim OGTT dem Konzentrationsverlauf der Glukose nacheilt. Mit ansteigender Glukosekonzentration im Blut wird in verstärktem Maße Insulin ausgeschüttet und damit der erhöhte Blutzuckerwert wieder auf den Normalwert zurückgeführt. Dies geschieht sowohl durch Transport von Glukose durch die Zellmembran, als auch durch oxidativen Glukose-Abbau. Dieser oxidative Abbau bewirkt eine Abweichung der Insulinkonzentration vom Gleichgewichtswert ((90 bis 150 pmol/l). Die Lösung des Anfangswertproblems für die Insulinantwort lautet damit

$$X_3(t) = X_{30} \cdot e^{-k_3 t}$$

Das Ergebnis zeigt Abbildung 3.

Aus Abbildung 3 ist ersichtlich, daß mit $t_{max}$ < 3 Stunden eine normale

Insulinantwort vorliegt. Im Falle des Diabetikers ist $t_{max}$ > 3 Stunden. Damit ist die Möglichkeit vorhanden, auf Grund pharmakodynamischer Untersuchungen patientenspezifische Dosierungsprofile für den Insulinbedarf bei Nahrungsaufnahme mittels der Kompartmentanalyse abzuleiten.

```
                         27-Jun-1987    0: 8
   Integration method RK2, Int. time=   .1
   Run: Zwei-Kompartmentmodell -mw KompV1-

   Time      X2          .000                                            200.
    .00     6.000E+01  I---------------*                                  I
    .50     1.246E+02  I-----------------------------------*              I
   1.0      1.479E+02  I-------------------------------------------*      I
   1.5      1.489E+02  I-------------------------------------------*      I
   2.0      1.388E+02  I----------------------------------------*         I
   2.5      1.239E+02  I-----------------------------------*              I
   3.0      1.077E+02  I-------------------------------*                  I
   3.5      9.195E+01  I---------------------------*                      I
   4.0      7.758E+01  I----------------------*                           I
   4.5      6.491E+01  I------------------*                               I
   5.0      5.400E+01  I---------------*                                  I
   5.5      4.472E+01  I-----------*                                      I
   6.0      3.693E+01  I---------*                                        I
   6.5      3.043E+01  I-------*                                          I
   7.0      2.503E+01  I-----*                                            I
   This run needed    1.32 seconds

                         27-Jun-1987    0: 9
   Integration method RK2, Int. time=   .1
   Run: Zwei-Kompartmentmodell -mw KompV1-

   Time      X3          .000                                            200.
    .00     1.000E+02  I----------------------------*                     I
    .50     1.004E+02  I----------------------------*                     I
   1.0      1.189E+02  I---------------------------------*                I
   1.5      1.332E+02  I-------------------------------------*            I
   2.0      1.382E+02  I---------------------------------------*          I
   2.5      1.348E+02  I--------------------------------------*           I
   3.0      1.256E+02  I-----------------------------------*              I
   3.5      1.132E+02  I--------------------------------*                 I
   4.0      9.955E+01  I----------------------------*                     I
   4.5      8.602E+01  I------------------------*                         I
   5.0      7.334E+01  I---------------------*                            I
   5.5      6.191E+01  I-----------------*                                I
   6.0      5.187E+01  I--------------*                                   I
   6.5      4.322E+01  I-----------*                                      I
   7.0      3.585E+01  I---------*                                        I
   This run needed    1.43 seconds
```

Abb. 3: Insulinaantwort auf eine orale Glukose-Toleranz

## 4. Pharmakokinetik volatiler Anästhetika

Die Dosierung volatiler Anästhetika basiert auf der empirischen klinischen Erfahrung bei der Narkoseeinleitung eine höhere Konzentration des Anästhetikums ($C_E$) anzuwenden, als es später zur Unterhaltung ($C_U$) notwendig ist. Darüber hinaus ist bekannt, daß im Toleranzstadium der Anästhesie der Gewebe/Blut-Verteilungskoeffizient des Anästhetikums für die meisten Gewebe < 3 ist. Davon ausgenommen ist das Fettgewebe, welches sich besonders bei lipophilen Inhalationsnarkotika wie z.B. Halothan stark anreichert. Dies betrifft auch den Lipidanteil des Gehirngewebes [4].

Die Dauer des pulmonalen Austausches der Anästhetika ist demzufolge von deren physikalisch-chemischen Eigenschaften abhängig. Ist es wenig blutlöslich und gut fettlöslich, wird es am Ende der Anästhesie den Organismus schnell wieder verlassen. Demgegenüber braucht das gut

im Blut lösliche Anästhetikum (z.B. Diathyläther) lange bis zum vollständigen Abbau.
Diese Zusammenhänge lassen sich anhand eines Multikompartmentmodelles untersuchen, wobei wiederum das zugehörige Anfangswertproblem zu lösen ist, der Form:

$$\underline{\dot{X}} = \underline{AX} + \underline{b}U \qquad (9)$$

Damit ist die Möglichkeit vorhanden, günstige Dosierungsschemata von Pharmaka patientenspezifisch auf ihre Dosis-Wirkungsbeziehung hin zu analysieren (Pharmakodynamik).

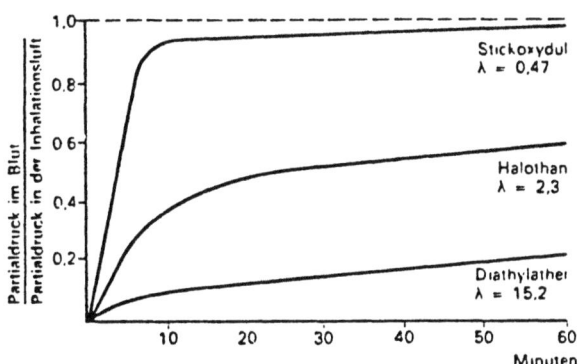

Abb. 4: Zeitlicher Verlauf der Aufnahme von Halothan ins Blut


Literatur

[1] W.K.R. Barnikol, D.P.F. Möller, O. Burkhard:
Die Erhöhung der Erythrozyten-Deformierbarkeit durch Glukose-Gabe beim Menschen - Glukose als Determinante der kapillären Perfusion
Funkt. Biol. Med. 2(1983), 203-209

[2] O. Richter:
Pharmakokinetische Grundlagen
In: Basiswissen klinische Pharmakologie, S. 75-106
Hrsg.: H.P. Kuemmerle
Hippokrates Verlag Stuttgart, 1984

[3] H.P. Büch, U. Büch:
Narkotika, Narkose
In: Allgemeine und spezielle Pharmakologie und Toxikologie
Hrsg.: W. Forth, D. Henschler, W. Rummel
BI-Verlag, Mannheim, 1984

ZUR MODELLIERUNG VON TRANSPORT UND WIRKUNG
DES PFLANZENHORMONS AUXIN

Angelika Heyn und Björn A. Gottwald

Fakultät für Biologie der Universität Freiburg

**Zusammenfassung**. Die molekulare Wirkung und der Transport des Pflanzenhormons Auxin sind von besonderem Interesse im Hinblick auf Untersuchungen über den Phototropismus und Gravitropismus von Pflanzen. In einem molekularen Modell für den Auxin-Efflux wird der Einfluß seiner Parameter auf die Wachstumskurven untersucht.

**Summary**. Molecular action and transport of the plant hormone auxin are of special interest with respect to investigations on phototropism and gravitropism of plants. In a molecular model for the auxin efflux the influence of its parameters on the growth curves is investigated.

## 1. Modell für den Auxin-Transport

Der Transport und die molekulare Wirkung des Pflanzenhormons Auxin sind von besonderem Interesse im Hinblick auf Untersuchungen über den Phototropismus und den Gravitropismus von Pflanzen. Sie sind daher intensiv experimentell untersucht worden, so daß eine Fülle von Daten über die Verlagerung von Auxin durch Gewebesegmente und die von ihnen verursachte Stimulation der Zellstreckung vorliegt. Die molekularen Vorgänge bei Transport und primärer Wirkung von Auxin konnten jedoch noch nicht befriedigend erklärt werden.

Nachdem es Hertel et al. (1983) für den Aspekt des spezifischen Transports gelungen war, die wesentlichen Prozesse in Membranvesikeln in vitro ablaufen zu lassen, wurde entsprechend Abb. 1 ein Modell für den Auxin-Transport aufgestellt (vergl. Gottwald und Heyn 1984). Dabei sind die Elemente des Transports Proteine, die fest in die die Zelle umgebende Plasmamembran eingelagert sind (integrale Membran-Proteine). Der Carrier-Zyklus beim Auxin-Efflux wird nun dadurch erklärt, daß Auxin an Membran-Proteinen mit der Konformation "ruhend" R von innen und "erregt" E von außen binden kann : durch den Übergang von R'

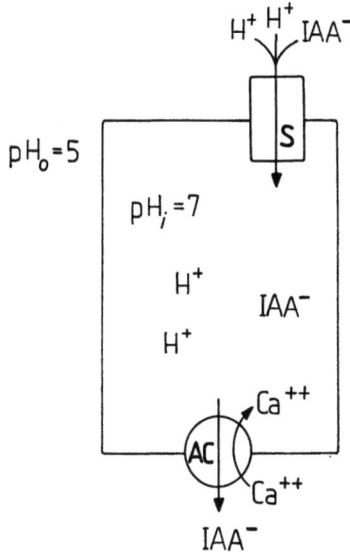

Abb. 1 Schema des Auxin-Transports an einer Zelle. S = elektrogener Symport; AC = Efflux-Carrier für das Anion des Auxins (Index o: außen; Index i: innen)

(R mit innen gebundenem Auxin) nach E' (E mit außen gebundenem Auxin) wird Auxin durch die Zellmembran nach außen transportiert. Darüberhinaus wird gemäß Abb. 2 eine instabile Zwischenstufe O ("offen") postuliert, die als $Ca^{++}$-Pore wirkt. Im Hinblick auf den experimentellen Befund, daß Auxin seinen eigenen Transport stimuliert, werden für den Efflux-Carrier zwei Bindungsstellen postuliert. Daraus ergibt sich, zunächst ohne Berücksichtigung der Adaptation, das in Abb. 3 dargestellte Modell. Der Transport von Auxin aus der Zelle setzt sich hierbei aus den Netto-Reaktionsraten der beiden Reaktionen O" ⟶ E" und O' ⟶ E' zusammen.

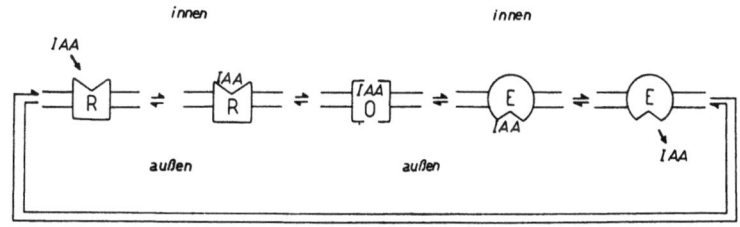

Abb. 2 Carrier-Zyklus in der Membran

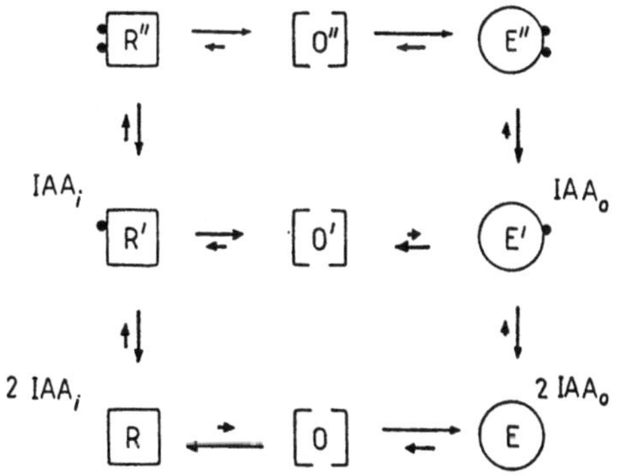

Abb. 3 Reaktionsschema für den Auxin-Efflux (Länge der Pfeile als qualitatives Maß für die Geschwindigkeitskonstanten; Index o: außen; Index i: innen)

## 2. Einfluß von Parametern auf den Modell-Output

Da die Zwischenstufen O, O' und O" als $Ca^{++}$-Poren fungieren sollen, ist der $Ca^{++}$-Influx zu einem bestimmten Zeitpunkt proportional zur Summe der Konzentrationen dieser Zwischenstufen. Wenn, wie postuliert wird (Hertel 1983), das Streckungswachstum eines Pflanzenteils abhängig ist vom $Ca^{++}$-Flux, kann diese Konzentrationssumme als relatives Maß für die Auxinwirkung verwendet werden.

Die Parameter, die die Verteilung der Carrier-Moleküle auf die verschiedenen Konformationen bestimmen, sind die Geschwindigkeitskonstanten und die Auxinkonzentrationen innerhalb und außerhalb der Zelle. Bei der Auxinkonzentration ist davon auszugehen, daß sich bei Applizierung einer bestimmten Konzentration außen im Inneren ein hiervon abhängiger, höherer Pegel einstellt, da Auxine aufgrund des elektrochemischen und pH-Gradienten innen angereichert werden (Benning 1986). Daher wird die Auxinkonzentration innen als geeignetes Vielfaches der äußeren Konzentration angenommen; dies ist die treibende Kraft. Weiterhin sind Parameter festgelegt durch kinetische Regeln. Das Verhältnis der Geschwindigkeitskonstanten bei der Liganden-Anlagerung (z.B. Reaktion $R \xrightleftharpoons[k_2]{k_1} R'$) ist gegeben durch die Dissoziationskonstante $K_D = k_2/k_1$. Diese Dissoziationskonstanten sind verschieden für verschiedene Auxine (Bestimmungen z.B. in Ray et al. 1977), es konnte jedoch kein Unterschied für verschiedene Adaptationszustände nachgewiesen werden.

Ausgehend von diesen Voraussetzungen wurden die Auswirkungen von Parameteränderungen auf die Größen "Wirkung" und "Auxintransport" nach außen (im Gleichgewicht, aufgetragen gegen die Auxinkonzentration) untersucht. Bei Geschwindigkeitskonstanten in den in Abb. 3 angedeuteten Größenverhältnissen ergeben sich für beide Größen Optimumkurven (Gottwald und Heyn 1984). Verschiedene Affinität für Auxin bei R und E führt zu nicht wesentlich anderen Kurven. Wenn die Affinität von R und E für Auxin gleich ist, aber insgesamt verändert wird, ändert sich die Form beider Kurven nicht, aber die Lage des Maximums verschiebt sich mit zunehmender Affinität, d.h. abnehmender $K_D$, hin zu niedrigerer Auxinkonzentration. Wenn das Anreicherungsverhältnis von Auxin innen gegenüber außen verändert wird, verschieben sich die Kurven ebenfalls mit zunehmender Anreicherung zu kleineren Auxinkonzentrationen, wobei die Wirkungskurve ihr Maximum beibehält, beim Transport jedoch bei geringerer Verschiebung zugleich das Maximum ansteigt.

Von besonderem Interesse ist die Untersuchung von Adaptation. Hierbei wird das in Abb. 3 dargestellte Modell ergänzt durch einen zweiten, "adaptierten" Zyklus, der sich vom dargestellten unterscheidet durch einen Faktor ("Stimulus")

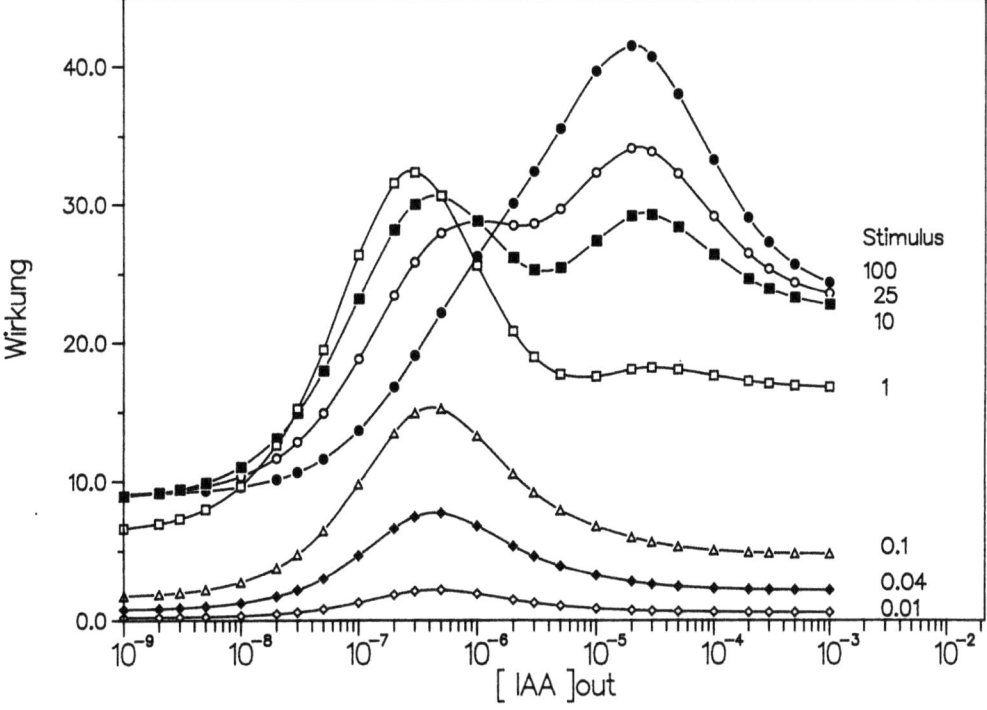

Abb. 4 Wirkung im Modell für verschiedene Stimulus-Werte

in den Geschwindigkeitskonstanten der Reaktionen $R_A \rightleftharpoons O_A \rightleftharpoons E_A$ ("A" für "adaptiert"; ohne oder mit angelagertem Auxin). Das Carrier-Molekül kann in den adaptierten Zustand übergehen ($E \longrightarrow E_A$) oder resensitiviert werden ($R_A \longrightarrow R$) über deutlich langsamere Reaktionen.

Um die Auswirkung des Faktors "Stimulus" zu untersuchen, wird zunächst Wirkung gegen Auxinkonzentration aufgetragen für unterschiedliche Stimuli im Übergang $R \rightleftharpoons O$ (großer Stimulus : Verschiebung nach rechts, kleiner Stimulus : Verschiebung nach links). Hierbei ergeben sich bei sonst unveränderten Parametern für verschiedene Stimuli die Kurven in Abb. 4. Für dieses Modell zeigen sich hier bei größerem Stimulus zwar höhere Wirkungswerte bei sehr niedriger und bei hoher Konzentration, aber die für die Wirkung optimale Auxinkonzentration verschiebt sich hin zu höheren Werten. Entsprechend weist die Berechnung der Wirkung bei einem Modell aus zwei Zyklen, zusammengesetzt aus den Modellen zu Abb. 4 mit Stimulus 1 und mit Stimulus 100, ein gegenüber dem einfachen Modell mit Stimulus 1 gleichzeitig erhöhtes und nach rechts verschobenes Maximum auf (Abb. 5).

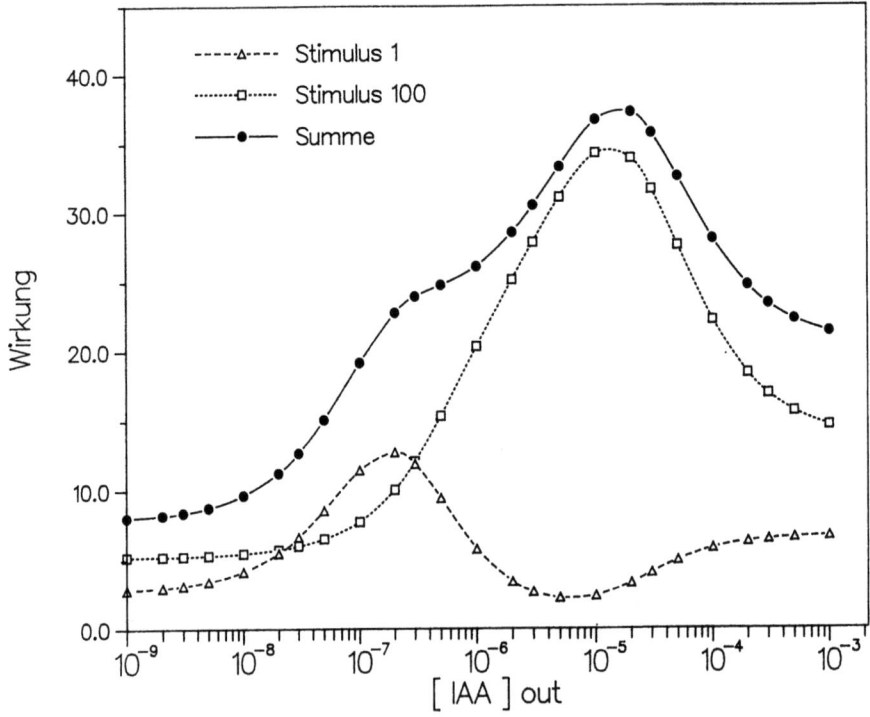

Abb. 5  Wirkung für ein Modell mit Adaptation

### 3. Experimentelle Bestimmung des Auxin-induzierten Streckungswachstums

Zur genauen Messung einer Wirkung von Auxin, des Auxin-induzierten Streckungswachstums, wurde die in Abb. 6 dargestellte Apparatur (nach Kutschera und Schopfer 1985) verwendet. Ein Maiskoleoptil-Segment wird zwischen einem festen und einem beweglichen Stift befestigt und in Medium mit bestimmter Auxin-Konzentration inkubiert. Die wachsende Koleoptile schiebt den beweglichen oberen Stift in die Höhe, wobei dessen Lage kontinuierlich von einem Wegaufnehmer registriert wird. Mit Hilfe eines Commodore VC 64 wird alle 15 Sekunden ein Meßwert digital aufgezeichnet. Nach Übertragung auf die Großrechenanlage der Universität steht die Meßreihe zur weiteren Auswertung zur Verfügung.

Eine typische Wachstumskurve, hier für das Auxin Naphthyl-1-essigsäure (1-NAA), ist in Abb. 7 dargestellt. Diese zeigt außer den Meßdaten selbst (linke Skala, durchgezogene Kurve) auch deren Ableitung (rechte Skala, gestrichelte Kurve), d.h. die Wachstumsrate als Funktion der Inkubationszeit.

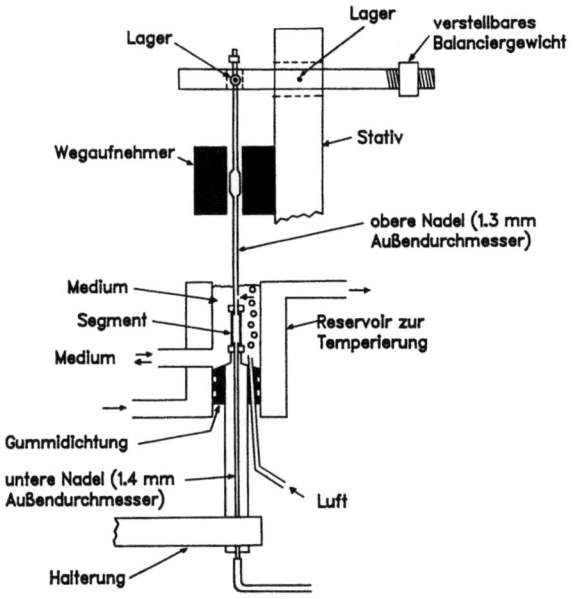

Abb. 6 Meßapparatur zur kontinuierlichen Messung der Länge eines Maiskoleoptil-Segmentes

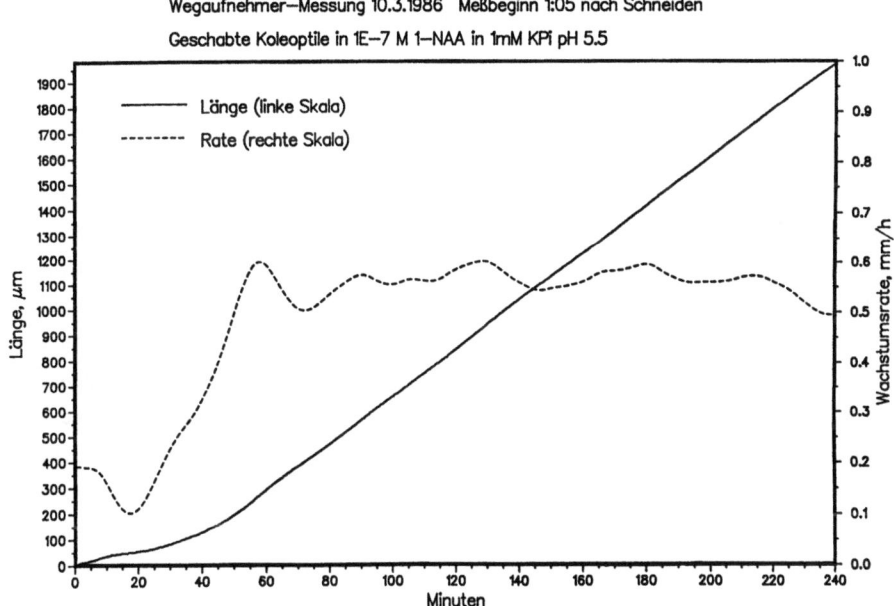

Abb. 7 Meßkurve und zugehörige erste Ableitung. Messung in 100 nM Naphthyl-1-essigsäure in 1 mM Kaliumphosphatpuffer (pH 5.5) mit 0.1 % v/v Ethanol

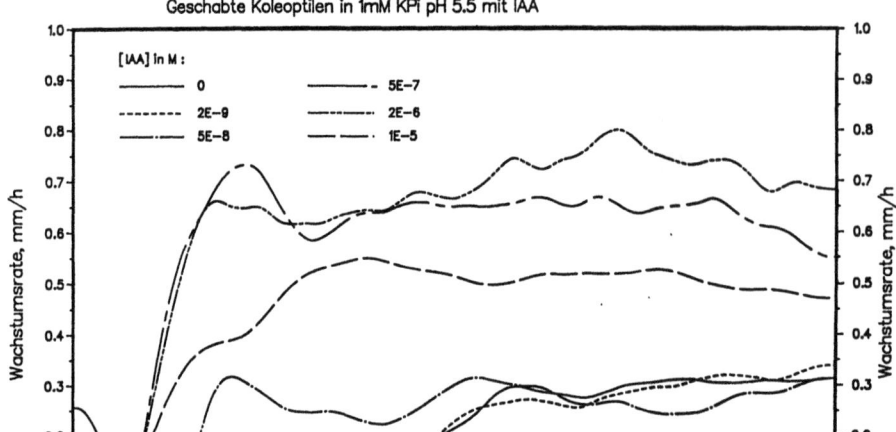

Abb. 8 Wachstumsrate für Medien mit unterschiedlicher Auxinkonzentration. Messungen mit Indolyl-3-essigsäure in 1 mM Kaliumphosphatpuffer (pH 5.5) mit 0.1 % v/v Ethanol

In Abb. 8 ist die Wachstumsrate für verschiedene Auxinkonzentrationen gegen die Zeit aufgetragen (verwendetes Auxin : Indolyl-3-essigsäure, abgekürzt IAA). Hierbei zeigt sich, daß für höhere Auxinkonzentrationen die Wachstumsrate nach einer anfänglichen Verzögerungszeit ("time lag") von mindestens ca. 15 Minuten steil ansteigt, ein Maximum durchläuft und sich dann auf hohem Stand einpegelt (für mehrere Stunden). Für niedrige Auxinkonzentrationen ist die Verzögerungszeit sehr lang bei deutlich niedrigeren erreichten Raten, wobei auch in Auxinfreiem Medium ca. 3 h nach Schneiden der Koleoptilen eine Wachstumsbeschleunigung auf mäßige Werte eintritt. In Abb. 9 wird die erreichte mittlere Wachstumsrate im Zeitabschnitt von 40 bis 90 Minuten nach der Auxinzugabe (i.e. 100 bis 150 Minuten nach Schneiden) in Abhängigkeit von der verwendeten Auxinkonzentration gezeigt. Die Werte für niedrige Auxinkonzentrationen unterscheiden sich hier nicht von den Kontrollwerten; für mittlere Konzentrationen steigt die Rate an und nimmt bei sehr hohen Auxinkonzentrationen wieder etwas ab.

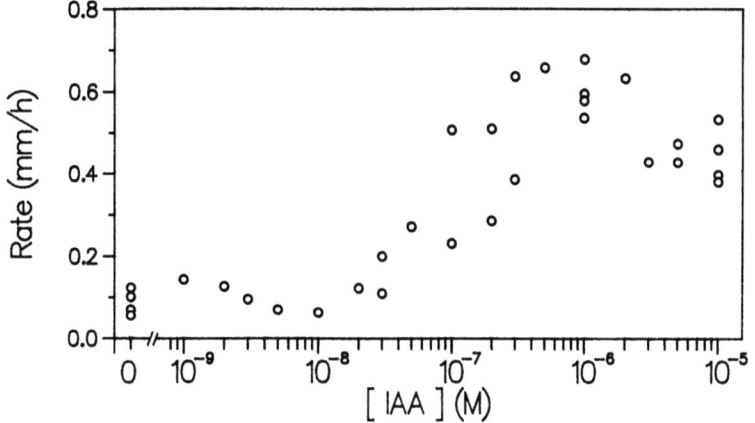

Abb. 9  Mittlere Wachstumsrate 40 bis 90 Minuten nach Auxin-Zugabe

## 4. Parameter-Optimierung

Die Kurven für die Wachstumsrate als Funktion der Zeit werden recht gut beschrieben durch Funktionen der Form

$$f(t) = \frac{A_1}{1 + \exp(-b_1 * (t - d_1))} + \frac{A_2 * n_2 * \exp(-b_2 * (t - d_2))}{(1 + \exp(-b_2 * (t - d_2)))^2}$$

Dabei beschreibt der erste Summand eine Kurve von sigmoider Form (analog dem logistischen Wachstum) mit Wendepunkt bei $d_1$ und der Asymptote $A_1$; der zweite Summand entspricht der ersten Ableitung einer sigmoiden Kurve, ist also eine

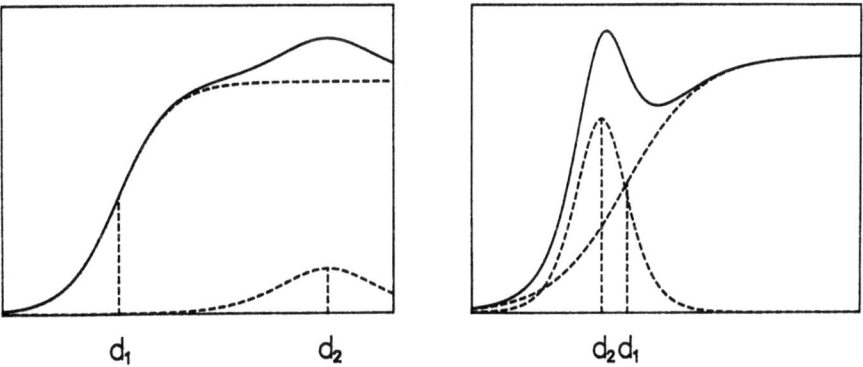

Abb. 10  f(t) (Ordinate) aufgetragen gegen t (Abszisse) für zwei verschiedene Parametersätze

Optimumkurve mit Maximum bei $d_2$. In Abb. 10 sind zwei Kurven f(t) für verschiedene Parametersätze dargestellt, wobei die Teilfunktionen gestrichelt und ihre Summe durchgezogen gezeichnet sind. Wie an Abb. 10 erkennbar, sind sowohl Kurven mit "Einschwingen" (wie z.B. die Kurve für $10^{-6}$ M IAA in Abb. 8), als auch Kurven mit nur einem, späteren Maximum (wie die Kurve für $10^{-5}$ M IAA in Abb. 8) durch diese Funktion gut zu beschreiben - durch unterschiedliche relative Lage der Parameter $d_1$ und $d_2$. Eine Parameteroptimierung mit einem Programm nach Nelder und Mead (1965), durchgeführt mit der Stammfunktion der oben aufgeführten Funktion f und den originalen Meßdaten, ergab eine gute Anpassung der theoretischen Funktion an die experimentellen Werte.

### 5. Anpassung an das Modell

Ein Vergleich der experimentell ermittelten Wachstumsraten als Funktion der Auxinkonzentration (Abb. 9) mit den aus dem vorgestellten Modell sich ergebenden Wirkungskurven (Abb. 4, 5) zeigt bei beiden einen übereinstimmenden Verlauf. Daher soll versucht werden, auch hier eine Parameteroptimierung durchzuführen, um aus den experimentellen Ergebnissen geeignete Werte der Geschwindigkeitskonstanten für die weitere Modellierung zu gewinnen.

Diese Arbeit wurde gefördert durch die Stiftung Volkswagenwerk im Rahmen des Schwerpunktes Synergetik.

### Literatur

C. BENNING : Evidence supporting a model of voltage-dependent uptake of auxin into Cucurbita vesicles. Planta 169 (1986) 228

B. A. GOTTWALD, A. HEYN : Modellierung des Transport-Mechanismus des Pflanzenhormons Auxin durch die Plasma-Membran. Informatik-Fachberichte 85 (1984) 432, Proc. 2. Symposium Simulationstechnik, Wien (Springer-Verlag)

R. HERTEL : The mechanism of auxin transport as a model for auxin action. Z. Pflanzenphysiol. 112 (1983) 53

R. HERTEL, T. L. LOMAX, W. R. BRIGGS : Auxin transport in membrane vesicles from Cucurbita pepo L. Planta 157 (1983) 193

U. KUTSCHERA, P. SCHOPFER : Evidence against the acid-growth theory of auxin action. Planta 163 (1985) 483

J. A. NELDER, R. MEAD : A simplex method for function minimization. Computer Journal 7 (1965) 308

P. M. RAY, U. DOHRMANN, R. HERTEL : Specificity of auxin-binding sites on maize coleoptile membranes as possible receptor sites for auxin action. Plant Physiol. 60 (1977) 585

# SYSTEM APPROACH IN PHARMACOKINETICAL STUDIES FOR OPTIMAL DRUGS DESIGN

R. Karba, *A.Mrhar, *F.Kozjek, B.Zupančič, M.Atanasijević
Faculty of Electrical Engineering, 61000 Ljubljana, Tržaška 25
*Faculty of Technology and Natural Sciences, Department of Pharmacy, 61000 Ljubljana, Aškerčeva 9
University E. Kardelj Ljubljana, Yugoslavia

ZUSAMMENFASSUNG: Biopharmazeutische und pharmakokinetische medikamentenstudien, bei dennen die Systemtheorie zur Modelierung und Rechnersimulation verwendet wird, ermöglichen das Studium von einem breiteren Spektrum von Medikamentenkonzentrationeinflussfaktoren in kurzer Zeit zusammen mit dem Minimum von "in vivo" Studien. Pharmakokinetische Kompartmentmodelle werden zum Entwurf von Dosierungsform, Dosierungsregime zur Interpretation von Bioerreichbarkeit und Bioekvivalenzdaten und zur Erleuchterung von Medikamentenaktion im Körper. Die letzte Verwendung muss die Modellstruktur mit den reellen phisiologischen Phänomenen verbinden um die Relation zwischen pharmakokinetischen und pharmakologischen Medikamenteneigenschaften zu definieren. In dieser Arbeit schlagen wir eine zyklische Prozedure vor die auf den Prinzipien der Systemtheorie basiert. Sie ermöglicht eine flexibile Entwicklung der pharmakokinetischen Modellen und dennen erfolgreiche Verwendung für die oben genannte Absicht. Die Scheme kann ganz oder teilweise zu jeder pharmakokinetischen Studie mit jedereit erreichbaren Mitteln verwendet werden. Als solche stellt unserer Meinung nach einen brauchbaren Rahmen für moderne biopharmazeutische Forschung. Das Multikompartmentmodell mit zeitlich veräderlichen Parametern zum Piroxicampharmakokinetischestudienzwecke ist als Beispiel entwickelt.

## INTRODUCTION

Progressive medicamental therapy requires the engagement of an interdisciplinary team due to the increasing specificity of drugs. Their controlled use demands new research efforts also in the fields of pharmacokinetics and drug dosage forms formulation techniques. The possibilities of modern chemical and biological analytical methods for microconcentrations of drugs and their metabolites monitoring enable successful pharmacokinetical modeling.. According to the character of processes under investigation the corresponding model brings necessary rationalisations in the procedure of drug design. Computer simulation is therefore requisite for model development and treating as well as for statistical analysis of "in vitro" and "in vivo" data. Here two main approaches are possible, namely with analog-hybrid and with widely used digital mini and microcomputers, both having known advantages and limitations. However, the best possibility is the use of complete hybrid system for the model development in drug design while digital computer would be mostly applicable for the routine investigations in clinical practice for individual therapy design. Modern concepts in pharmacokinetics like nonlinear, chrono-, metheo-, pathopharmacokinetics etc. demand the study of several nonlinear and time varying phenomena, drug interactions, various pathological states, biorythm, enzymes activity etc. what reflects in more complex models. The mentioned trends indicate that extensive technical equipment must be used in development, manufacturing and application of modern drugs. The computers are therefore unavoidable not only for the drugs design but also in data acquisition from instruments for analysis and their control, in process control and drug manufacturing as well as for the data processing in routine clinical practice.

In the present work the unifying framework for drugs design and application is given in a form of cyclic procedure which is discussed in the first chapter. The origin of our research on this area represents the work /1/. Implementation of the approach is briefly stated in the second chapter where the pharmacokinetics study of an anti-inflamatory agent piroxicam is included. Finally some concluding remarks about the proposed approach are added.

## SYSTEM APPROACH TO PHARMACOKINETIC STUDIES

Using the principles of system theory the majority of pharmacokinetic studies concerning drugs design and application can be sistemized and unified through the cyclic procedure shown in Figure 1.

At the beginning of the pharmacokinetical study for the improvement of existing or design of new drugs, the global as well as partial goals must be carefully defined. Due to the cyclicity of the procedure the fact, that even such requirements may change, must be taken into account.

The first step includes data collection about the system behaviour:
- data from available literature,
- data from own "in vitro" and "in vivo" studies,
- calculated parameters of "in vitro" and "in vivo" studies,
- model structure.

The problems of modeling are solved in the second step. Firstly the purpose of the model must be clearly stated and then the suitable method of pharmacokinetical modeling must be chosen:
- compartment models (with time varying parameters, nonlinear character and additional logic conditions) /2/,
- perfusion models,
- noncompartmental pharmacokinetic analysis based on theory of stati-

stical moments /3/,
- noncompartmental convolution-deconvolution method.

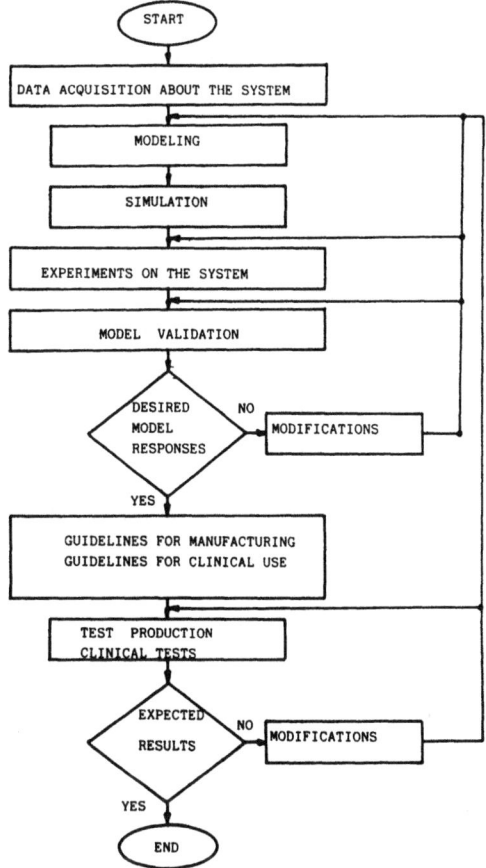

Fig.1. Cyclic procedure for the system approach to pharmacokinetic studies

The transformation from mathematical model (state space description, transfer functions ets.) to model time responses represents simulation in the third step. The following simulation approaches considering available equipment can be used:
- analog-hybrid simulation,
- digital simulation languages (CSSL,ACSL,SIMCOS, etc.),
- direct digital simulation using standard languages (BASIC, FORTRAN, PASCAL etc.),
- languages for analysis of electronic circuits (SPICE 2) using electric analogies,
- dynamic systems approach using corresponding CAD packages,
- hybrid simulation.

The obtained time responses show the drug levels in particular body compartments for single and/or multiple dosing, for various modes of administration, for different doses and dosage forms etc.

In the fourth step the "in vivo" study realization is foreseen. The data from previous simulations enable the most suitable protocol design that minimizes the number of necessary measurements, what is connected with the known problems of biologic material analysis and work with the volunteers.

The suitability of the chosen model is evaluated in the next step by the aid of collected "in vivo" data. Regarding the aim of the modelling the desired result can be obtained through curve fitting procedure while some identification methods can be used for model parameters estimation /1/. In the case of nonsatisfactory results the corresponding modifications (model structure changes, model character changes, protocol changes ets.) must be introduced. Appropriate loops in Figure 1 must be repeated until the expected solution is obtained. The results of previous steps give the suitable dosage forms and data necessary for their manufacturing on one hand and on the other hand the appropriate dosage regimen can be prescribed for general and individual use regarding different physiologic and pathophysiologic conditions.

Pilot production and clinical tests show the successfulness of the design. If the results are inadequate either modifications of the last step must be introduced or the whole procedure must be repeated.

Very actual bioavailability and bioequivalence tests can be also included in the lower part of the scheme. On the base of simulation results, "in vivo" data and specific statistics the mentioned cathegories can be successfully treated.

PIROXICAM PHARMACOKINETIC STUDIES

The procedure discussed in the first chapter is illustrated by the piroxicam pharmacokinetical study. The mentioned drug represents a new non-steroidal anti-inflamatory agent /4/. The initial data about the drug were collected from the literature /5/. The tool used for modeling was compartmental analysis and for simulation analog-hybrid computer (EAI-580). Due to the multi-peak plasma profile the model with enterohepatic cycle /6/ and time varying parameters /7/ shown in Figure 2 was chosen after some repetitions of the first loop in Figure 1.

Time varying values of enterohepatic loop constants simulate the influence of bile passage dynamics (from liver through gall bladder to duodenum) which is known to be of discrete character. Corresponding mathematical model represents the system of first order differential equations with time varying parameters and logic condition:

$dU_{GI}/dt = k_{-dl}(t)U_L - k_a U_{GI}$

$dU_P/dt = k_a U_{GI} - k_{dl}(t) U_P - k_{eum} U_P$

$d U_L/dt = k_{dl}(t) U_P - k_{-dl}(t) U_L - k_{efm} U_L$

$D = 0, \quad t \leq T_D \quad$ and $\quad D = D, t > T_D.$

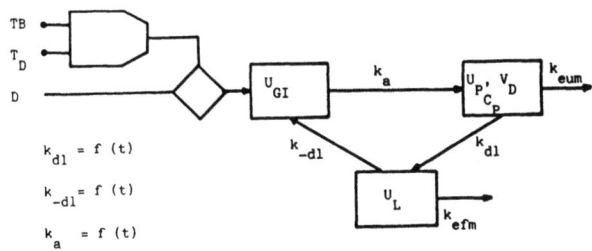

Fig.2. Open multi compartment pharmacokinetic model with time varying parameters. $U_I$-piroxicam quantity in I-th compartment, where subscript I means: GI- gastrointestinal tract, P- plasma, L- liver, $C_P$- piroxicam concentration in plasma, $V_D$- volume of distribution, $k_i$- first order rate constant, where subscript i means: a- absorption, dl and -dl- enterohepatic cycle, eum and efm- elimination of unchanged and/or metabolized piroxicam to urine and faeces, respectively, D- dose, TB- time base, $T_D$- time of dosage form desintegration

Analog diagram for solving the mathematical model is given in Figure 3.

The curve fitting procedure between "in vivo" data curve and model response realized on analog-hybrid computer, gives plasma concentration time responses in Figure 4 with identified model parameters in Table I.

Special multi compartment model (Figure 2) development is justified because of satisfactory fitting of model response to the "in vivo" data (Figure 4). The introduction of piroxicam circulation among plasma, liver, gall bladder and intestine namely enables model response to be very close or equal to the "in vivo" data. It is evident, that the model response remains in the area defined by standard deviations the whole observation time, what can not be concluded for one compartment model response as suggested in literature /4,5/. Enterohepatic cycle is therefore the most probable reason for unusual course of piroxicam plasma concentrations and for long biologic half - life. As the consequence of the mentioned statement, obtained through modeling and simulation, special "in vivo" study should be undertaken to ascertain the given presumption, because simulated liver levels of proxicam are considerable as shown in Figure 5.

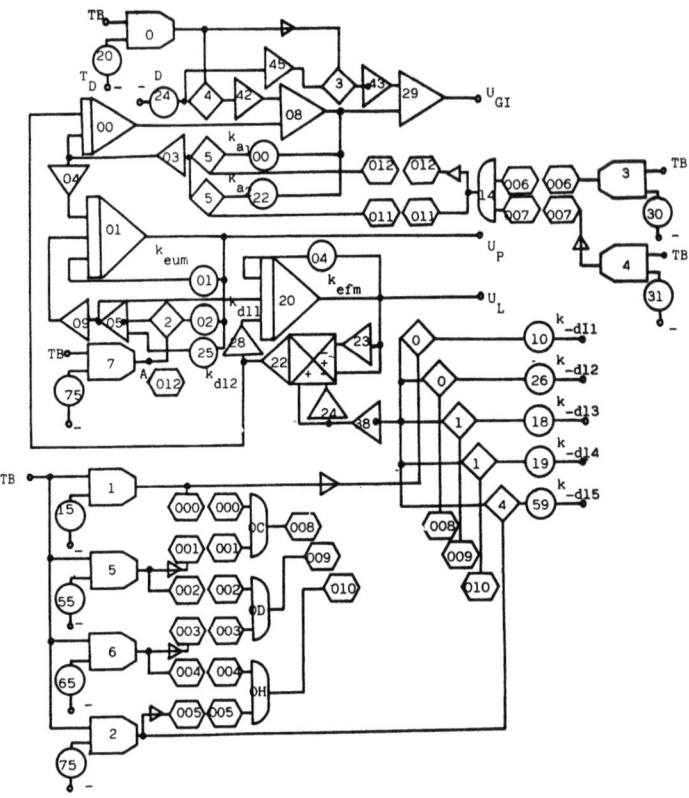

Fig.3. Analog diagram for simulation of enterohepatic cycle pharmacokinetics. In the case of piroxicam, potentiometers 25 and 31 have value 0. General case: potentiometers 65 and 75 have value 1, the connection in A is broken and switch 2 is controlled by trunk 012

CONCLUSIONS

The extent of pharmacokinetical studies is becoming larger and larger what results in their appearence in several levels of research work. This fact requires systematic approach in order to achieve desired results. The present work includes an attempt in this sense. The proposed cyclic procedure in our opinion represents usable framework for modern biopharmaceutical research. The scheme can be partly or entirely used for every pharmacokinetic study and is independent of the equipment. However the great majority of the works are realized only partly what often causes, due to the lack of feedback informations, worse results as expected. Also in our piroxicam pharmacokinetic study only the upper loop of the scheme is treated till now. On the level of model validation the complete "in vivo" measurements for the confirmation of piroxicam presence in liver will be undertaken. Of course possible specific clinical situations can be also treated using the discussed approach and developed models. We can also conclude that compartmental analysis and analog hybrid simulation represent powerful tool for such studies.

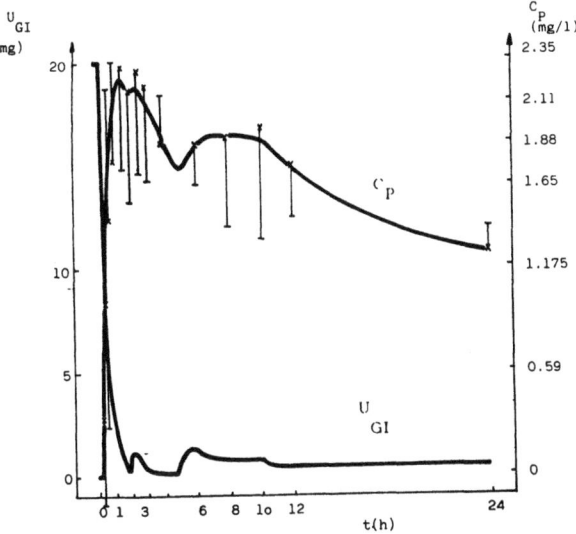

Fig.4. Piroxicam gastrointestinal and plasma levels. Curve-model response, crosses - "in vivo" measurements (arithmetic means with standard deviations), $T_D = 0.25$ h, $D = 20$ mg

Table I. Parameters of model for piroxicam pharmacokinetics simulation

| Parameter | Value ($h^{-1}$) | Time of action (h) from | to |
|---|---|---|---|
| $k_a$ | 2.88 | 0 | 24 |
| $k_{eum}$ | 0.004 | 0 | 24 |
| $k_{efm}$ | 0.01 | 0 | 24 |
| $k_{d11}$ | 0 | 0 | 1.5 |
| $k_{d12}$ | 0.13 | 1.5 | 24 |
| $k_{-d11}$ | 0 | 0 | 2 |
| $k_{-d12}$ | 41.67 | 2 | 2.4 |
| $k_{-d13}$ | 0 | 2.4 | 4.8 |
| $k_{-d14}$ | 0.95 | 4.8 | 10 |
| $k_{-d15}$ | 0.27 | 10 | 24 |

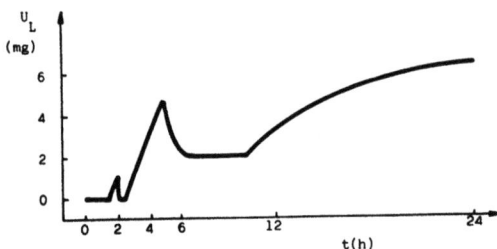

Fig.5. Piroxicam liver levels

REFERENCES

1. Karba,R. et al., Pharamcokinetical models development and identification. In A. Niemi, B. Wahlström and J. Virkkunen (Eds.), Preprints of the Seventh Triennial World Congress of the IFAC, Pergamon Press, Oxford, 1978, pp. 557-564.

2. Zierler, K., A critique of compartmental analysis. Ann. Rev. Biophys. Bioeng. 10, 1981, pp. 531-562.

3. Tanigawara, J. et al., Moment analysis for the separation of mean "in vivo" desintegration, dissolution, absorption and disposition time of ampicillin products, J. Pharm. Sci. 71, 1982, pp. 1129-1133.

4. Ishizaki, T. et al., Pharmacokinetics of piroxicam, a new nonsteroidal anti-inflamatory agent, under fasting and postprandial states in man. J. Pharmacok. Biopharm. 7, 1979, pp. 369-381.

5. Fourtillan, J.B. and Dubourg, D., Etude pharmacocinétique du Piroxicam chez l'homme sain, aprés administration d'une dose unique égale á 20 mg par voie orale. Thérapie 38, 1983, pp. 163-170.

6. Karba, R. et al., Dihydroergosine pharmacokinetic modeling and simulation. Europ. J. Drug. Metab. Pharmacok. 8, 1983, pp. 21-23.

7. Karba, R. et al., Non-linear pharmacokinetical modeling and simulation. In Ameling, W. (Ed.). Proceedings of First European Simulation Congress ESC 83, Springer-Verlag, Berlin, 1983, pp. 513-518.

# SIMULATIONSTECHNIK KOMPLEXER BIOPROZESSE UND MÖGLICHE ERWEITERUNGEN DURCH WISSENSBASIERTE SIMULATION

Dietmar P.F. Möller, Mainz/Lübeck

<u>Zusammenfassung</u>: Die klassische Simulation ist wirkungsvoll erweiterbar durch den Einsatz wissensbasierter Systeme. Da eine kombinierte Software für wissensbasierte Simulatoren derzeit nicht verfügbar ist, werden Ansätze zur Erweiterung der Simulationstechnik diskutiert und an Hand der Verzahnung eine Realisierungsmöglichkeit vorgestellt.
<u>Summary</u>: Classical simulation could be expanded by knowledge based systems. At the time there is no software for knowledge based simulators available. The possibilities are discussed how to expand simulation and the interlocking was shown by an example.

## 1. Einleitung

Die Entwicklung mathematischer Modelle zur Simulation komplexer Bioprozesse ist in den vergangenen Jahren zu einem sehr wirkungsvollen Werkzeug der Analyse komplexer biologischer Vorgänge geworden und Gegenstand interdisziplinärer Forschung. Der Wert derartiger Modelle und deren Nachbildung durch Simulation liegt darin begründet, Informationen über das zu untersuchende System gewinnen zu können, welche normalerweise direkt nicht zugänglich sind, da mit dem realen System häufig nicht in der gewünschten Weise experimentiert werden kann. Andererseits können am Modell relativ leicht Veränderungen vorgenommen und deren Auswirkungen durch Simulation untersucht werden.
Neuere Forschungsarbeiten auf dem Gebiet Simulation in Biologie und Medizin versuchen, das Handwerkzeug Simulation durch Einsatz wissensbasierter Systeme zu verbessern.
Im folgenden wird auf die Simulation komplexer Bioprozesse und mögliche Erweiterungen durch wissensbasierte Simulation näher eingegangen.

## 2. Modellbildung

Ein Erkenntnis-Gegenstand tritt der wissenschaftlichen Untersuchung zunächst als Menge unstrukturierter Ausgangsdaten entgegen. Im Rahmen der Modellbildung eines biologischen Systems werden die unstrukturierten Ausgangsdaten durch funktionale Dekompensation sowie Abstraktion unter bestimmten Gesichtspunkten analysiert (man kann im gewissen Sinne von einem Filterungsprozeß sprechen) und auf eindeutig bestimmte Elemente einschließlich deren Attribute (Merkmale, Eigenschaften, Relationen) bezogen. Auf diese Weise erhält man das Strukturkonzept des Modelles, ein Ersatzsystem des realen Prozesses, welches im Grunde ge-

nommen ein abstraktes Modell ist [1]. Hieraus ist ersichtlich, daß
ein Modell nur Aussagen innerhalb der Untermenge von Elementen des
Ganzen gestattet, die im Rahmen des Abstraktionsprozesses von Bedeutung waren.
Abstrahiert man diese Ausführungen noch um einen Schritt, kann man
sagen, daß sich Erkenntnis in Modellen in aufeinanderfolgenden semantischen Stufen abspielt [2]. Auf der 0-ten semantischen Stufe stehen
die Reize und Eindrücke (materielle Information), die die Gegenstände
und Vorgänge (auch die Mitteilungen anderer Subjekte) auf uns ausüben. Diese Reize und Einwirkungen wecken in uns bestimmte Vorstellungen und wir machen uns ein Bild von den Gegenständen usw. Diesen
Prozeß kann man als interne Modellbildung auffassen. Dieses Bild ist
ein Modell der ersten semantischen Stufe. Man kann unterscheiden
zwischen dem unmittelbaren Bild, das die Reize und Eindrücke auslöst,
wir sprechen dann vom Perzeptionsmodell und zwischen dem erweiterten
Bild, welches durch eine Assoziation dieser Eindrücke mit anderen
Eindrücken und Vorstellungen durch die Kombination der verschiedenen
Bilder und Vorstellungen entsteht. Wir sprechen in diesem Zusammenhang vom kogitativen Modell. Auf der zweiten semantischen Stufe werden diese Vorstellungen ausgesprochen, d.h. in einer intersubjektiv
verständlichen Sprache zum Ausdruck gebracht, es handelt sich hier um
das Kommunikationsmodell. In höheren semantischen Stufen können diese
Sprachformen wieder auf anderen Zeichenformen abgebildet werden. Der
nächstliegende Schritt besteht darin, daß die Sprache schriftlich
fixiert wird. In weiteren Stufen könnte man daran denken, die Vorstellungen in formale Sprachen, z.B. in einer Computersprache, auszudrücken und damit eine Abbildung der Vorstellungen in einem Computer
zu generieren. Auf diese Weise lassen sich die semantischen Stufen der
Erkenntnis beliebig fortsetzen. Jede Stufe bedeutet jedoch eine Einschränkung des Informationsgehaltes, die aber gleichzeitig mit einer
Präzisierung verbunden ist: Die Sprache ist einschränkender, aber
präziser als die Gedankenverbindungen und Empfindungen, die Schrift
wiederum einschränkender und präziser als die Fülle der Sprachmöglichkeiten, aber präziser als die Umgangssprache.
In Abbildung 1 ist der Erkenntnisakt in Modellen zusammenfassend dargestellt.

0. semantische Stufe:
- Reize, Eindrücke (materielle Info.)
→ Vorstellungen
→ interne Modellbildung
  ≡ Modell der 1. semantischen Stufe

1. semantische Stufe:
→ Perzeptionsmodell = f (Reize, Eindrücke)
→ Kogitatives Modell = f (Bild)
→ dieses Bild ist durch Assoziationen der Eindrücke mit anderen Eindrücken und Vorstellungen sowie Kombinationen der verschiedenen Bilder und Vorstellungen begründet

2. semantische Stufe:
→ Kommunikationsmodell
→ Vorstellungen werden in einer intersubjektiv verständlichen Sprache zum Ausdruck gebracht

3. semantische Stufe:
→ Zeichenmodell
→ Sprachform wird auf Zeichenform abgebildet

4. semantische Stufe:
Fixierung der Sprache

5. semantische Stufe:
Vorstellung formalisieren z.B. in Computersprache
→ Abbildung der Vorstellung im Computer generieren

Abb. 1: Erkenntnis in Modellen und zugehörige semantische Stufen

Als Schlußfolgerung aus dem vorhergehenden gelangt man zu folgender Erkenntnis: Nach der geschilderten Theorie wissenschaftlicher Erkenntnis sind die wissenschaftlichen Modelle Erkenntnismodelle, die auf der dritten oder höheren semantischen Stufe der Erkenntnis anzusiedeln sind. Das bedeutet, daß sie in präzisierten Formen Abbildungen von Gedanken und Sprachkonstruktionen sind, die aufgrund der Reize und Einflüsse der Gegenstände und Vorgänge in der realen Welt entstanden sind.

An dieser Stelle liegt eine mögliche Erweiterung der aktuellen Simulationstechnik durch wissensbasierte Simulation begründet. Hierzu wird Wissen in Form von Fakten und Relationen zwischen den Fakten notiert. Durch Anfragen an den Wissensbestand können neue Fakten für Entscheidungen, d.h. Schlußfolgerungen, abgeleitet werden. Unbefriedigende Antworten leiten einen Rückkopplungsprozeß in dem Sinne ein, daß durch Ergänzungen von Fakten und Relationen der Wissensbestand aufgewertet wird, um zu einem Sachverhalt vertiefte Einsichten zu erhalten. Dieses ist auch Aufgabe der klassischen Simulation, weshalb sich wissensbasierte Systeme auch für die wissensbasierte Simulation nutzen lassen.

Den gedanklichen Prozeß, die relevanten Elemente, Beziehungen und Attribute des realen Prozesses durch ein abstraktes Modell darzustellen, nennen wir im folgenden Qualifikation.

Die Qualifikation wird im Regelfall durch die Rektifikation ergänzt. Hierbei wird das abstrakte Modell mittels Programmierung oder durch physikalische Nachbildung in ein reales Modell überführt. Häufig wird anstelle des Begriffes Rektifikation der Terminus Verifikation verwendet. Rektifikation kommt von Rektus, d.h. richten, und ist für den Übergang vom abstrakten zum realen Modell der adäquatere Begriff, da für den Übergang über die zweckmäßige Form der Realisierung zu entscheiden (richten) ist. Konkret bedeutet dieses, Implementierung auf einem Rechner, Auswahl des numerischen Verfahrens bzw. der (höheren) Programmiersprache, Nachbildung mittels elektrischer, hydraulischer, pneumatischer, thermischer oder mechanischer (translatorisch, rotatorisch) Elemente. Ein quantitatives Maß für die Rektifikation ist die Reproduzierbarkeit. Nach erfolgreicher Rektifikation können z.B. für vorgegebene Eingangsgrößen die Ausgangszustände des Modelles vorhergesagt werden. Im Vergleich mit beobachtbaren Zuständen am realen System kann das Modell verifiziert werden. Die Verifikation, d.h. die Bewahrheitung erbringt den Nachweis, daß das reale Modell eine hinreichend genaue Nachbildung des realen biologischen Prozesses ist, und daß dann auch Vorhersagen zu einem realen System - nicht meßbare Systemzusammen-

hänge - möglich und glaubbar sind. Dieses ist der eigentliche Vorteil
der Simulation als Verfahren zur Systemuntersuchung, da nicht das Verhalten des System selbst, sondern das Verhalten gegenständlicher oder
abstrakter Modelle tatsächlicher Systeme oder auch abstrakter hypothetischer Systeme untersucht werden kann. Die Güte der Simulation hängt
letztendlich jedoch von der Güte des entwickelten Modelles ab.

Die Verifikation wird unterteilt unter dem Gesichtspunkt der Übereinstimmung bzw. der Nichtübereinstimmung. Im Falle der Akzeptanz spricht
man von Validation (validas = Güte, Wert, Gültigkeit), im Falle des
Verwerfens von Falsifikation (Widerlegung, Falschheit). Diese Zusammenhänge zeigt zusammenfassend Bild 2.

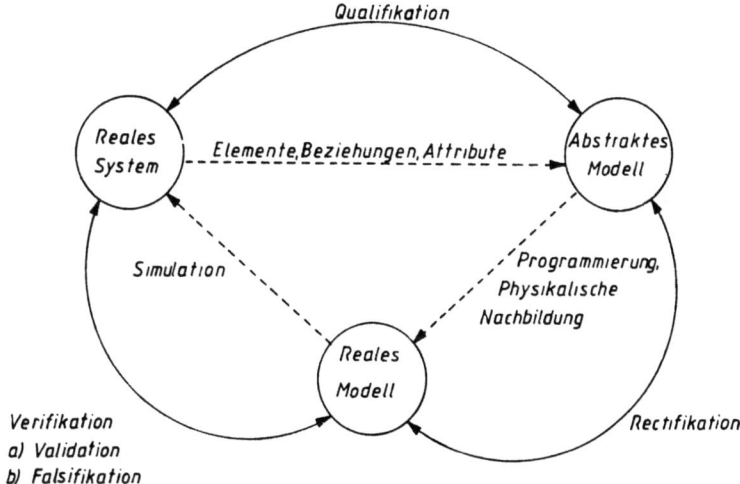

Bild 2: Interaktion der drei systemanalytischen Teilbereiche:
Qualifikation, Rektifikation, Verifikation

An dieser Stelle kann die klassische Simulation durch wissensbasierte
Simulation erweitert werden. Unter Einbindung der Möglichkeit der deklarativen Wissensdarstellung, wobei der Wissensbestand aus einer
Sammlung von Fakten besteht, kann diese abgefragt werden. Im Sinne der
Verifikation wird die Abfrage validiert (bewahrheitet) oder falsifiziert (verworfen). Allgemein gilt, daß der Validation genügt ist, wenn
Widerspruchsfreiheit, Unabhängigkeit und Unvollständigkeit erfüllt sind.
Ein quantitatives Maß der Verifikation ist demnach die Genauigkeit. Gelangt man mittels Verifikation zu Korrekturen des realen Modelles, und
demzufolge zu einem korrigiertem realen Modell, d.h. die Annahmen und
Ergebnisse der Qualifikationen wurden verifiziert, dann ist der theoretische Teilschritt in der Systemanalyse um eine experimentelle Untersuchung erweitert worden. Auch hier ließen sich die modernen Verfahren
der Wissensrepräsentation einsetzen. Zur Anwendung käme in diesem Falle
die objektorientierte Wissensdarstellung. Wissen wird dabei dargestellt

durch Objekte und Beziehungen zwischen den Objekten. Darüber hinaus
können Objekte durch Fakten und Objektbeziehungen durch Merkmale ergänzt werden. Diese zusätzlichen Beschreibungen können Spezifikationen
des Problems entsprechen. Auf diese Weise ist Wissen darstellbar durch
Wirkungen von Abläufen und dies wiederum ist Grundlage für eine automatische Überprüfung der Konsistenz usw. Modellbildung und Simulation
sind auf diese Weise integrale Bestandteile.

## 3. Realisierungsmöglichkeiten zur wissensbasierten Simulation

Auf die Möglichkeit, Wissen zu notieren, wurde unter dem Gesichtspunkt
der Modellbildung eingegangen; und zwar sowohl auf die deklarative -
als auch auf die objektorientierte Wissensdarstellung. Darüber hinaus
ist von Bedeutung die prozeduale und vernetzte Wissensdarstellung.
Hierbei besteht der Wissensbestand nicht nur aus einer Sammlung aus
Fakten, sondern auch aus einer Menge von Relationen zwischen Fakten.
Letzteres läßt sich netzartig darstellen und ist die Grundlage für
eine Wissensrepräsentation, die problemorientiert und solange auch anschaulich ist, wie die Anzahl der Relationen übersichtlich ist. Dieser
Punkt ist problematisch gerade bei der Systemanalyse komplexer Bioprozesse. Hier hat man es mit einer hohen Anzahl von Relationen zu
tun, die im Regelfall unübersichtlich werden. Der wissensbasierte Ansatz erweist sich jedoch auch hier als hilfreich, da Wissensdatenbebestände organisiert und gespeichert werden können. Auch bei nicht hinreichendem a-priori Wissensbestand kann ein Modell simuliert werden,
so daß zielgerichtete Folgeuntersuchungen ableitbar sind.

Die weltweiten Forschungsaktivitäten im Zusammenhang mit der "Fünften
Computergeneration" werden leistungsfähigere Hardware- und Softwareunterstützung hervorbringen, welche die derzeitigen separaten Entwicklungsansätze wie z.B. die Verzahnung von Simulator und wissensbasiertem System rasch zu optimalen anpaßbaren Strukturen führen wird.

Als fortschrittliche Anwendung eines Problemlösungstyps für die Aus-
und Weiterbildung nicht routinemäßig vorprogrammierbarer Abläufe bei
biologischen Prozessen erscheint die Verzahnung sinnvoll, da hierbei
ein gegebenes Endziel, in aufeinander folgenden Stufen, unter Beibehaltung der parallelen Nutzung beider Basisressourcen, zu erreichen
ist.

## Literatur

1   B. Schmidt: Systemanalyse und Modellaufbau
    Springer-Verlag, Heidelberg, 1985

2   B. Schneider: Die Logik der Modellbildung
    In: Systemanalyse biologischer Prozesse, S. 1-15
    Hrsg.: D.P.F. Möller
    Springer-Verlag, Heidelberg, 1984

# SIMULATION ÖKOLOGISCHER SYSTEME

# ORGANISMENGEMEINSCHAFTEN AUF HABITATINSELN
## - Ein zeitdiskretes Simulationsmodell -

B. Breckling, G. Lehnert
Universität Bremen, FB 2(Biologie : Ökologie), Postfach 330440,
D 2800 BREMEN 33

## EINLEITUNG

Als Teildisziplin der Biologie untersucht die Ökologie das Wechselverhältnis zwischen Organismen und ihrer Umwelt. Abhängig von der Fragestellung werden dabei einzelne Arten -Autökologie- oder das Zusammenwirken verschiedener Arten in zeitlichem und räumlichem Kontext betrachtet -Synökologie- (TISCHLER, 1984). Viele umweltrelevante Fragestellungen erfordern synökologische Untersuchungen. Ein wichtiger Gesichtspunkt dabei ist, daß ökologische Systeme nicht wie technische Systeme von außen auf eine bestimmte Zweckrationalität hin konstruiert sind, sondern sich als Resultat der Aktivitäten von Organismen und der ihnen zur Verfügung stehenden Umgebung selbst konstituieren und komplexe Wirkungsgefüge bilden, die sich in struktureller und dynamischer Hinsicht verändern können. Zum bisher erreichten Verständnis dieser Dynamik hat es wesentlich mit beigetragen, sie als theoretischen Vorgang im Rahmen von Simulationsrechnungen hinsichtlich einiger Charakteristika nachbilden zu können.

Die in der Ökologie am häufigsten benutzten Simulationstechniken basieren auf der numerischen Integration von Differentialgleichungssystemen. Für viele ökologische Fragestellungen jedoch sind Modelle, die auf Differentialgleichungen beruhen, ungeeignet. Dies zeigt sich schon bei der Simulation von Populationsentwicklungen. Zwar ist mit Hilfe eines Differentialgleichungsansatzes bereits eine große Vielfalt dynamischer Interaktionen simulierbar (BRECKLING, 1985). Viele biologisch wesentliche Charakteristika von Organismen können in solche Modelle aber nur unzureichend einbezogen werden:
- Die Organismen, aus denen sich eine Population aufbaut, sind nicht immer als homogene Elemente darstellbar. Es variieren z.B. Geschlechterverhältnis, Biomasse pro Individuum, Vitalität, Reaktionsbereitschaft, Beweglichkeit, Raumansprüche, Ressourcennutzung u.a.m.
- Das ökologisch relevante Verhalten der einzelnen Organismen kann sich je nach äußeren oder inneren Bedingungen verändern, unmittelbar oder als Ergebnis der Informationsverarbeitung durch die Organismen.
- Die räumliche Verteilung kann, bei ansonsten gleichem Zustand der Population, eine jeweils andere zeitliche Entwicklung der Populationsgröße zur Folge haben.
- Zur Charakterisierung der Population kann es von Interesse sein, für jedes Individuum verschiedene Zustandsgrößen (z.B. Körpergröße, Ernährungszustand)

getrennt zu betrachten.

Gerade diese Aspekte sind wesentlicher, wenn auch schwer zu behandelnder Gegenstand der ökologischen Theoriebildung. Ihre zusammenfassende Berücksichtigung in einem einheitlichen theoretischen Konzept ist eine noch nicht abschließend gelöste Aufgabenstellung. Die Darstellung unterschiedlicher Eigenschaften von Organismen und ihrer Interaktion mit ebenfalls uneinheitlichen Umgebungsfaktoren geschieht in synökologischen Konzepten im Wesentlichen auf dem Wege begrifflich- deskriptiver Erörterung (siehe SCHWERDTFEGER 1975), oder es werden Modelle verfertigt, die jeweils Einzelaspekte darstellen.

Die Betrachtungsebenen

- Energie- und Stoff- Flüsse in verschieden strukturierten Nahrungsketten bzw. Nahrungsnetzen,
- Sukzessionsvorgänge (meist bezogen auf die zeitliche Entwicklung der Besetzung einzelner Kompartimente von Ökosystemen, z.B. Sukzession der Phytocoenose)
- sowie die Dynamik der Besiedlung entfernt voneinander gelegener Lebensräume (Biogeographie der Inseln)

werden bisher als separate Fragestellungen bearbeitet, obwohl erst ihre gemeinsame Betrachtung eine zusammenhängende Einsicht in grundlegende Abläufe synökologischer Dynamik gibt. Hierzu einen einheitlichen theoretischen Ansatz zu ermöglichen, wäre ein interessanter Fortschritt, um die quantitativen und qualitativen Zusammenhänge ökologischer Realität zu verstehen, d.h. theoretisch rekonstruieren zu können.

Im zeitdiskreten oder ereignisorientierten Modellierungsansatz, wie er von der Programmiersprache SIMULA in der Klasse SIMULATION zur Verfügung gestellt wird, entfallen zahlreiche Restriktionen, denen die Abbildung ökologischer Verhältnisse in Form von Differentialgleichungen unterliegt. Grundlage der Modellierung ist die Abbildung jedes einzelnen Individuums und die zeitdiskrete Veränderung der es jeweils charakterisierenden Größen. Interaktionen mit anderen Individuen oder externen Gegebenheiten können als quasiparallele Prozesse simuliert werden. Detailliert ist das Simulationskonzept bei LAMPRECHT (1982) beschrieben.

Bisher wurden die Möglichkeiten, die Entwicklung einzelner Individuen in einem ökologischen Konnex zu simulieren, nur vereinzelt und für relativ eng begrenzte Fragestellungen genutzt (SEITZ, 1984; KAISER, 1985). Dabei wurde die Tragweite der zeitdiskreten Simulation bisher noch nicht annähernd ausgeschöpft. In dem hier vorgestellten Simulationsmodell ARCHIPEL wird gezeigt, wie unterschiedliche Gegenstandsbereiche ökologischer Theoriebildung auf die Basis eines einheitlichen Simulationsmodells bezogen werden können.


## DAS SIMULATIONSPROGRAMM ARCHIPEL

Das Simulationsprogramm ARCHIPEL gestattet es, ausgehend von einem Anfangszustand die Entwicklung charakteristischer Biocoenosen (Organismengemeinschaften) und ihrer trophischen (auf die Ernährung bezogenen) Konnexe auf unterschiedlichen Habitatinseln zu untersuchen. Das Programm sieht Variationsmöglichkeiten von Randbedingungen in weitem Umfang vor. Den Ergebnissen der hier dokumentierten Simulationen liegt folgende Situation zugrunde:

Vorgegeben werden kreisförmige Habitatinseln, deren Anzahl, Lage und Radius wählbar sind. An frei bestimmbarer Stelle werden drei Gruppen tierischer Organismen ausgesetzt: **Beute01**, **Raeuber01** und **Raeuber02**, die unterschiedlichen trophischen Ebenen entsprechen. Beute01 wird als selbst nicht nahrungslimitiertes Anfangsglied der Nahrungskette angenommen und bildet die Nahrungsgrundlage für Raeuber01. Diese wiederum werden von den Organismen des Typs Raeuber02 konsumiert. Die Anzahl der Tierarten auf diesen drei trophischen Ebenen und die Anzahl der auszusetzenden Tiere sind frei wählbar. Die trophisch gleichen Arten sind jeweils isomorph, unterscheiden sich aber durch einen vorgebbaren Skalierungsfaktor, der maximal erreichbare bzw. minimale Körpergrößen festlegt. Folgende biologisch wesentliche Aktivitäten der Organismen werden simuliert:
- räumliche Bewegung,
- endogene Dichteregulation,
- geschlechtliche Vermehrung (Kopulation, Eiablage, Eientwicklung),
- Nahrungsaufnahme (bzw. Beutefangverhalten bei den Räubern),
- Wachstum und Atmung,
- Absterben bei Nahrungsmangel oder aus Altersgründen.

Während des Simulationslaufs bewegen sich die Organismen im Archipel, bauen Populationen auf, breiten sich aus, fressen und werden gefressen. An dem Modell lassen sich also Energieflüsse, Ausbildung trophischer Beziehungen, Sukzessionsprozesse und biogeographische Strukturen betrachten. In der Abbildung 1 sind Simulationsergebnisse dargestellt, die die Besiedlung vorgegebener Inseln zu unterschiedlichen Zeitpunkten zeigen.

Das Programm läuft auf der Großrechenanlage SIEMENS 7881 des Rechenzentrums der Universität Bremen. Es umfasst insgesamt über 1700 Programmzeilen. Zusätzlich zur Listenausgabe wurden zwei weitere Programme für die graphische Darstellung der Ergebnisse erstellt. Diese benutzen eine in SIMULA geschriebene GRAPHIC-Klasse, die auf PLOT 21 aufbaut. Eine Ausgabe erfolgt auf dem Plotter HP 7220.

Die benötigten Prozessorzeiten sind stark abhängig von der Zahl der während des Simulationslaufs zu bearbeitenden Individuen und dem Ausmaß ihrer aktuellen Aktivitäten. Für ökologisch relevante Populationsgrößen kann ein Simulationslauf mehrere Stunden CPU-Zeit benötigen. Ein Beispiel zur Abhängigkeit der Laufzeit von der Zahl der Organismen zeigt die Abbildung 2.

## ZU DEN SIMULATIONSERGEBNISSEN

Zusammenfassend läßt sich zu den bisher insgesamt erzielten Ergebnissen

**Abb. 1 a**

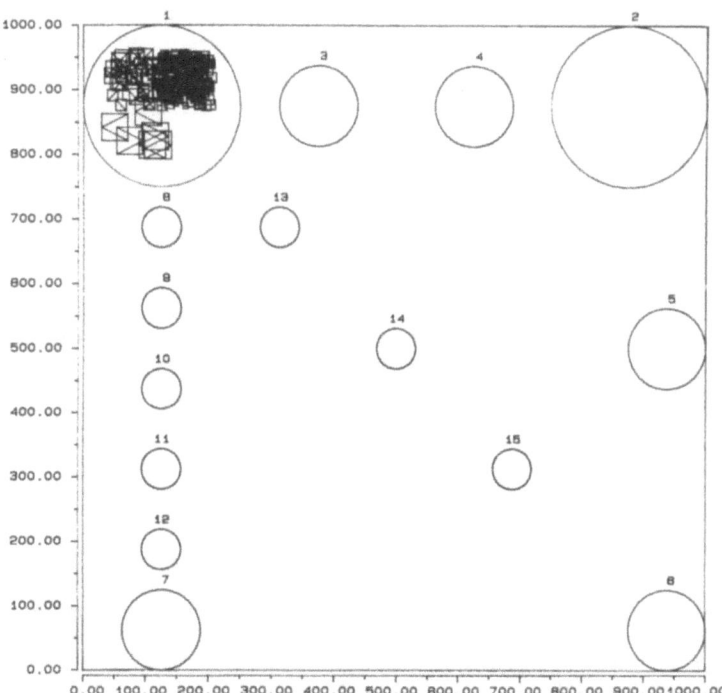

**Abb. 1 b**

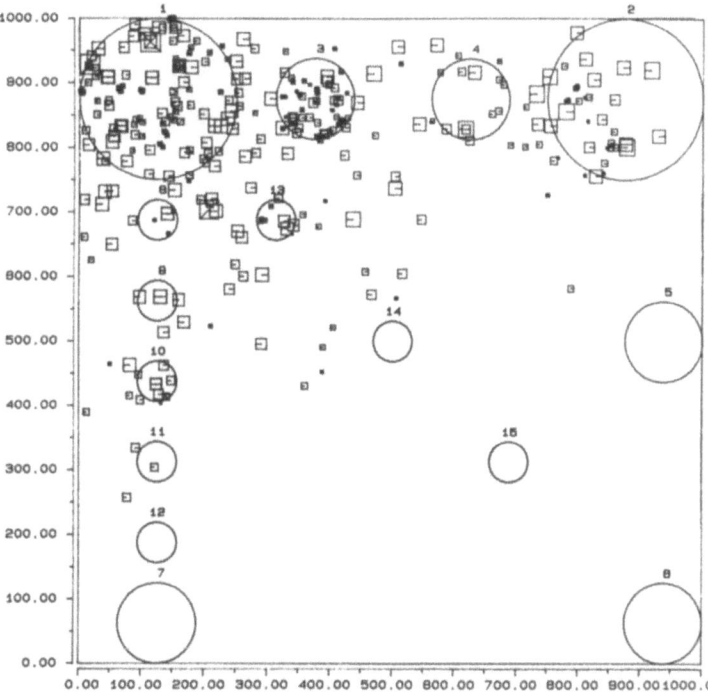

**Abb. 1: Besiedlung des Archipel "L"**

⊟ Beute01,   ◻ Raeuber01,   ⊠ Raeuber02

♂ und ♀ sind jeweils spiegelverkehrt gezeichnet, bei Kopulation 2 Symbole zentriert übereinander. Die Fläche der Quadrate ist proportional zur Größe der Individuen.

**Abb. 1a.** : Anfangszustand
Die Organismen werden auf Insel 1 ausgesetzt: Drei unterschiedlich große Arten Beute01, zwei unterschiedlich große Arten Raeuber01 und eine Art Raeuber02.

**Abb. 1b** : Besiedlung zur Simulationszeit 120
Insel 2 wurde von der mittleren der drei Beutearten besiedelt. Auf Insel 3 dominiert die kleinere und auf Insel 4 die größere der Beutearten. Insel 13 wird kurzzeitig von der kleineren und mittleren Art gleichzeitig besiedelt. Die Raeuber02 haben die Raeuber01 so weit in ihrem Bestand reduziert, daß diesen noch kein Vordringen auf andere Inseln gelungen ist. Sie selbst finden daher auch nur auf Insel 1 eine Nahrungsgrundlage. Indirekt tragen die Raeuber02 durch Verminderung des trophischen Drucks auf die Beute01 mit dazu bei, daß diese sich schnell über den Archipel ausbreitet. Insel 2 wird über wenige größere Trittsteine schneller erreicht als Insel 7 über mehrere kleine.

**Abb. 1c** : Besiedlung zur Simulationszeit 240
Die kleinste der Beutearten ist auf der Insel 3 endemisch geworden, die größte wurde überall verdrängt. Die weiteren Beutepopulationen stellt die mittlere Art. Die Raeuber02 sind aufgrund von Nahrungsmangel ausgestorben, die wenigen von ihnen nicht erbeuteten Raeuber01 entwickeln sich auf der Insel 1 so, daß sie die Beutepopulation dort auslöschen. Die Raeuber01 etablierten kurzzeitig auf den Inseln 3 und 8 weitere Populationen, die sich wegen der geringen Größe des Areals trotz Beuteangebots nicht als stabil erwiesen. Erst nach Verschwinden der Raeuber01 wegen Nahrungsmangels wird die kleinste der Beutearten im weiteren Verlauf der Simulation auf der Insel 1 wieder eine Population etablieren. Alle vorher ankommenden Individuen werden erbeutet.
Die abgelegene Insel 6 konnte bisher noch nicht besiedelt werden.

**Abb. 1 c**

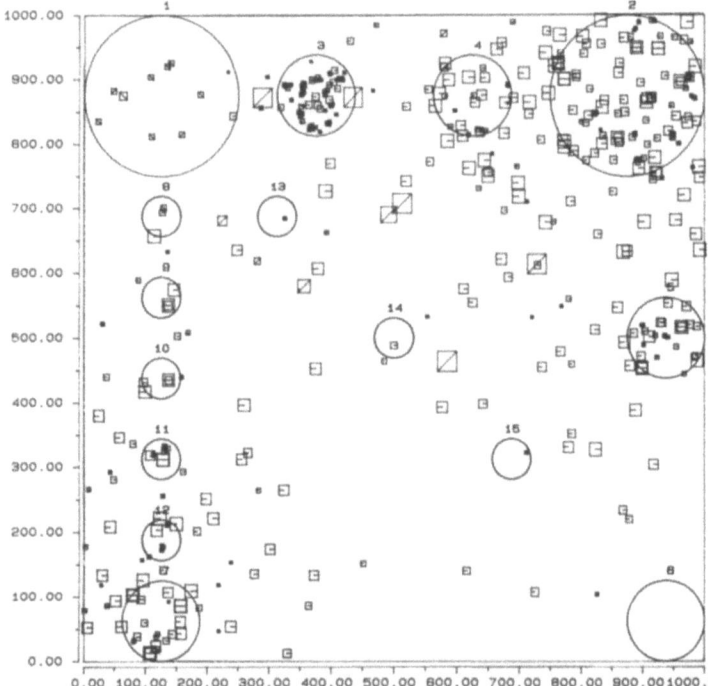

**Abb. 2 : Die Abhängigkeit der benötigten Rechenzeit von der Zahl der zu bearbeitenden Individuen**
Für einen Simulationslauf wurde die benötigte CPU-Zeit (Sec/100) zur Bearbeitung von 0.5 Simulations- Zeiteinheiten über der mittleren Anzahl der während dieses Intervalls vorhandenen Individuen aufgetragen.

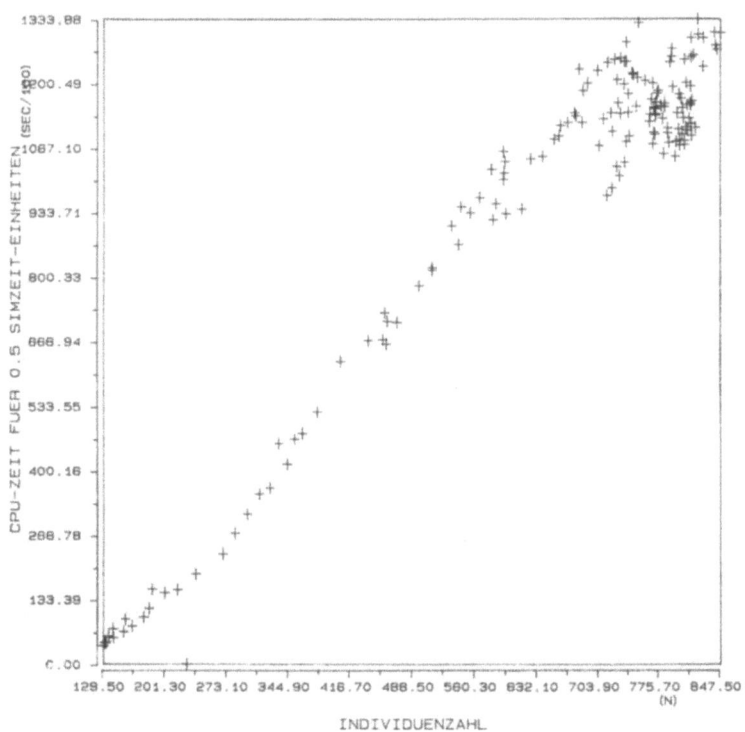

feststellen, daß die Besiedlung von Habitatinseln sich als komplexer Prozeß erweist, zu dem alle im Modell berücksichtigten strukturellen und funktionellen Aspekte beitragen. Nahe beieinanderliegende Habitate werden schneller besiedelt. Die Größe der Insel ist von wesentlicher Bedeutung dafür, wie komplex die auf ihr über längere Zeiträume existenzfähige Biocoenose sein kann. Kleinere Inseln können als "Trittsteine" für die Besiedlung größerer, entfernter liegender Inseln dienen, auch wenn sie selbst zu klein sind, um stabile Populationen beherbergen zu können. Hier ergibt sich eine Bestätigung von Ansätzen, die sich auf wahrscheinlichkeitstheoretische Überlegungen stützen (MacARTHUR und WILSON 1967; TAYLOR 1987). Darüberhinaus aber weist die Simulation noch auf folgende Zusammenhänge hin: Schwankungen der Populationsgrößen beschleunigen oder verlangsamen ablaufende Besiedlungsprozesse in deutlichem Maße. Die endogene Dichteregulation (hier modelliert als Einstellung der Nahrungsaufnahme und Verdriftung der Organismen bei zu großer Zahl von Nachbartieren gleicher Trophiestufe) trägt wesentlich zur Ausbreitung der Organismen bei. Weitere Faktoren sind die Mobilität der Organismen auf den Inseln selbst (davon ist mit abhängig, wie oft sie im Mittel auf den Inselrand treffen) sowie ihr Verhalten am Rand.

Das Erreichen einer Insel durch einen Organismus, obwohl gelegentlich in den Mittelpunkt der Betrachtung gerückt (TAYLOR 1987), ist nicht allein ausschlaggebend für den Besiedlungserfolg. Eine Populationsentwicklung kommt nur dann zustande, wenn der Organismus in einem neu erreichten Habitat auf eine quantitativ und qualitativ ausreichende Nahrungsgrundlage trifft (die Besiedlung durch Beuteorganismen ist Voraussetzung für die Etablierung von Räubern), er nicht sofort selbst gefressen wird **und** er einen Kopulationspartner bzw. -partnerin findet. Der Besiedlungserfolg hängt also außer von der Ankunft eines Organismus zusätzlich von den bereits etablierten biocoenotischen Gegebenheiten ab, aber auch von den Eigenschaften des Organismus selbst, z.B. seiner Beweglichkeit und Effektivität der Partnersuche.

Das komplexe Zusammenwirken unterschiedlicher Ebenen läßt sich an einem weiteren Aspekt zeigen: Die Größe und Lage der Inseln wirkt zurück auf die stattfindenden trophischen Interaktionen. In homogen strukturierten Habitaten neigen Räuber oft dazu, sich soweit zu vermehren, daß sie ihre Beute auslöschen und sich selbst die Nahrungsgrundlage entziehen. In einem Archipel können dadurch freie Habitate entstehen, die von anderen Inseln aus erneut besiedelt werden. Die dabei zum Tragen kommenden Besiedlungsstrategien können als stabilisierendes Moment wirken. Sofern Räuberpopulationen aufgrund größerer Beweglichkeit einen höheren Raumanspruch an das Habitat haben als ihre Beute (z.B. allein dadurch, daß in kleinen Habitaten die Wahrscheinlichkeit größer ist, daß sie an den Rand gelangen und verdriftet werden, als die, solche Verluste durch entsprechende Zahl von Eiablagen auszugleichen), können kleinere Inseln als eine Art "Filter" wirken, der es Beuteorganismen gestattet, schneller bis zu entfernten Habitaten zu gelangen, wenn sie auf Stützpunktinseln Populationen aufbauen, die das weitere Vordringen beschleunigen.

Das Erreichen eines neuen Habitats und dort das Treffen auf geeignete Bedingungen für die Etablierung einer neuen Population ist insgesamt ein seltenes und stark zufallsbestimmtes Ereignis. Einmal zustandegekommen wird die Wirkung dieses Zufalls durch die Vermehrung der Organismen weiter verstärkt. Hat eine Art ein Habitat bis an die Grenze besiedelt, bei der es zu Dichteregulationsvorgängen kommt, haben neu ankommende, konkurrierende Arten bei Weitem schlechtere Besiedlungsaussichten. Bei diesem Wechselspiel von Zufallsereignissen und ihrer Stabilisierung durch die Populationsentwicklung zeigt sich, daß die Ausbildung von Organismengemeinschaften das Resultat einer jeweils einmaligen historischen Entwicklung ist. Diese konstituiert sich durch das Zusammenwirken geographischer Gegebenheiten der Habitatstruktur, biocoenotischer Interaktion und der individuellen Konstitution der beteiligten Organismen selbst.

## LANDSCHAFTSÖKOLOGISCHE FOLGERUNGEN

Für anwendungsorientierte Fragestellungen lassen sich folgende grundlegende Konsequenzen ableiten. Die umgebende Habitatstruktur ist für die Entwicklung einer

Biocoenose an einem Standort von wesentlicher Bedeutung. Besiedlungs- und Extinktionsprozesse sind integraler Bestandteil ökologischer Dynamik. Größere Inseln erlauben die Etablierung komplexerer Lebensgemeinschaften, kleinere Inseln dagegen können eine wichtige Funktion sowohl als Trittsteine als auch als Refugien besitzen, indem sie die Ansiedlungsmöglichkeiten auf einen Teil der Organismen beschränken. Sie können daher von wesentlicher Bedeutung für den Erhalt der Organismengemeinschaft eines gesamten Habitatkomplexes sein. Bei der Landschaftsplanung und -gestaltung kommt es also nicht nur darauf an, schützenswerte Areale in ausreichender Gesamtfläche zu erhalten, von Bedeutung ist ebenso die räumliche Anordnung von Teilflächen und die Eigenschaften der darauf existierenden Organismen. Diese Eigenschaften sind oft nicht ausreichend bekannt. Unter dieser Bedingung wird es landschaftspflegerischen Zielen am ehesten gerecht, wenn bei Eingriffen in den Landschaftshaushalt eine ausreichend große Fläche zusammenhängender Areale erhalten wird, daneben aber auch eine größere Zahl kleinerer, eng benachbart liegender Habitate und auch solche, die in größerer Entfernung voneinander liegen. Nur unter Einbeziehung dieser Aspekte, die den Beitrag unterschiedlicher struktureller und funktioneller Ebenen zum gesamten ökologischen Geschehen berücksichtigen, ist es möglich, Eingriffe in den Naturhaushalt so zu planen, daß die notwendigen Lebensgrundlagen für die vorhandenen Organismen erhalten bleiben.

## LITERATUR

**Breckling, B.** 1985
Die Veränderbarkeit des Lotka-Volterra Modells durch nichtlineare Ergänzungen als Anschauungsmodell für die potentielle Vielfalt ökologischer Prozesse
in: Berichte der Arbeitsgruppe Mathematisierung 5: 109-132
Interdisziplinäre Arbeitsgruppe Mathematisierung, Gesamthochschule Kassel

**Kaiser, H.** 1985
Simulation in der Ökologie
Verhandlungen der Gesellschaft für Ökologie **13**: 387-401

**Lamprecht, G.** 1982
Einführung in die Programmiersprache SIMULA
Braunschweig, Wiesbaden (Vieweg)

**MacArthur, R.H.; Wilson, E.O.** 1967
The Theory of Island Biogeography
Princeton, NJ. (Princeton University Press)

**Schwerdtfeger, F.** 1975
Ökologie der Tiere (Bd.3: Synökologie)
Hamburg, Berlin (Parey)

**Seitz, A.** 1984
Simulationsmodelle als Werkzeuge in der Populationsökologie
Verhandlungen der Gesellschaft für Ökologie **12**: 471-486

**Taylor, R.J.** 1987
The Geometry of Colonisation: 1. Islands, 2. Peninsulas
Oikos **48**: 225-237

**Tischler, W.** 1984
Einführung in die Ökologie
Stuttgart, New York (G.Fischer)

# SYSTEMANALYSE UND SIMULATION DER WACHSTUMS- UND ENTWICKLUNGSDYNAMIK VON WALDBÄUMEN UNTER DEM EINFLUSS VON LUFTSCHADSTOFFEN

N. Trost, H. Bossel., H. Krieger., H. Schäfer

Forschungsgruppe Umweltsystemanalyse im Fachbereich Mathematik

Gesamthochschule / Universität Kassel

D-3500 Kassel, F.R. Germany

## 1. Einleitung

Die bundesweite Waldschadenserhebung 1986 [1] ergab, daß an 53.7 % aller Bäume Schäden auftreten, die sich vorwiegend auf Immissionseinwirkungen zurückführen lassen. Zur Entwicklung von Strategien, die zur Verhinderung weiterer Schäden führen können, ist es nicht nur wichtig, die direkten Schadensmechanismen als solche, sondern auch die Dynamik der Schädigung zu verstehen.

Die Hypothesen, die immissionsbedingte Waldschäden zu erklären versuchen, lassen sich in zwei Kategorien einteilen:

(1) Hypothesen, die primär direkte Wirkungen der Schadstoffe auf die Assimilationsorgane des Baumes postulieren und

(2) Hypothesen, die infolge Bodenversauerung primär die Schädigung der Feinwurzeln postulieren [2].

Beide Schädigungspfade sind allerdings durch verschiedene Kausalbeziehungen miteinander verknüpft [3, 5].

Ein besseres Verständnis dieser Schadensmechanismen (sowohl als Einzelhypothesen, als auch synergistisch) kann durch die Modellierung und die dynamische Simulation von Baumprozessen erreicht werden. Es werden Simulationsmodelle vorgestellt, die wichtige bauminterne Prozesse erfassen und deren Reaktion auf eine Störung von Laub- und/oder Wurzelfunktionen simulieren. Die numerische Auswertung der zugehörigen Differentialgleichungssysteme liefert bei allen Modellen qualitativ ähnliches Verhalten. Mathematische Systemanalysen zeigen, daß dieses Verhaltensspektrum in der gemeinsamen Grundstruktur der Modelle begründet ist.

## 2. Modellierung von Baumprozessen

Um Baumprozesse zu simulieren, muß der Baum selbst als ein lebendes dynamisches System aus vielfältig verknüpften und wechselwirkenden Elementen/Komponenten verstanden werden.

In unseren Simulationsmodellen werden nicht die primären Schädigungsmechanismen selbst, sondern die störenden und hemmenden Effekte der Schädigung auf die essentiellen Baumprozesse simuliert. Wir umgehen damit die Auseinandersetzung darüber, welcher Schadstoff und welche Konzentration für welche Schädigung am Baum verantwortlich ist. In den Simulationsmodellen wirkt die Schädigung auf zwei Arten auf den Baum ein: Entweder wird die Biomasse des Laubes oder die relative Photoproduktion des Laubes verringert (Einfluß von Luftschadstoffen), und/oder die Feinwurzelabsterberate wird erhöht (Reaktion auf Bodenversauerung).

Die grundlegende Struktur der Modelle in Form eines Wirkungsdiagrammes ist aus Abb. 1 ersichtlich. Rechteckige Kästchen bezeichnen Zustandsgrößen, alle anderen Größen sind Hilfsgrößen zur Berechnung der Veränderungsraten der Zustandsgrößen. Die Pfeile, gewichtet durch Vorzeichen, signalisieren hemmende bzw. verstärkende Wirkung.

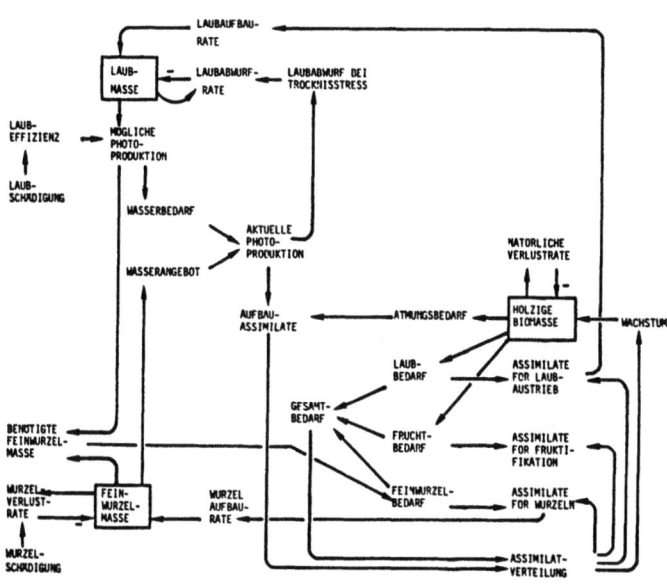

Abb. 1: Struktur von Baummodellen

Die mögliche Photoproduktion wird durch die aktuelle Laubmenge und die Photosyntheseeffizienz beeinflußt. Die Einwirkung von Luftschadstoffen verringert die photosynthetische Effizienz und führt zu reduzierter Photoproduktivität. Für die so berechnete mögliche Photoproduktion wird eine bestimmte Menge an Wasser und Nährstoffen von den Feinwurzeln benötigt, d.h. es muß eine ausreichende Menge an Feinwurzeln vorhanden sein, um diesen Bedarf zu decken. Steht nicht genügend Wasser zur Verfügung, wird die aktuelle Photoproduktion niedriger als die mögliche. Die durch die Photoproduktion gebildeten Assimilate werden hierarchisch verteilt: Zuerst wird der Atmungsbebedarf von Laub, Stamm und Wurzeln abgedeckt. Verbleibende Assimilate werden für das Wachstum von Laub und Feinwurzeln sowie die Fruktifikation benötigt. Zuletzt wird der über eine Grundbelegung hinausgehende Assimilatvorrat zur Holzproduktion (Stamm, Äste und Grobwurzeln) herangezogen. Sind zur Abdeckung dieses Bedarfs nicht genügend Assimilate vorhanden, werden alle spezifizierten Funktionen proportional eingeschränkt und es erfolgt kein Holzzuwachs.

Aus Abb. 1 ist ersichtlich, daß Schadstoffwirkungen an zwei Stellen im Modell greifen: Entweder wird die Photoproduktion eingeschränkt, oder die Feinwurzelumlaufrate wird erhöht. Sind in diesem Fall nicht genügend Assimilate vorhanden, um den erhöhten Bedarf zu decken, wird die Feinwurzelmenge reduziert. Wenn sie kleiner wird, als für die mögliche Photoproduktion erforderlich wäre, ist eine eingeschränkte Assimilatproduktion die Folge.

In unserer Arbeitsgruppe wurden verschiedene Modelle mit unterschiedlichem Grad an Komplexität und Detailtreue entwickelt. Allen Modellen gemeinsam ist jedoch die grundlegende Struktur aus Abb. 1, die bestimmend für das dynamische Verhalten des Modellbaumes ist.

Das einfachste qualitative Modell (*Baumtod*-Modell, [4]) berücksichtigt keine jahreszeitlichen Effekte. Ein komplexeres quantitatives Modell (*Fichte*-Modell, [5]) verwendet reale baumphysiologische Daten und benutzt in einer erweiterten Form zusätzlich Teilmodelle zur Simulation bodenchemischer Vorgänge, der Mineralisation und des Bodenwasserhaushaltes (*IAGM*-Modell, [6]). Das detaillierteste Modell für einen Laubbaum (*Buche*-Modell) wird eingehend im nächsten Abschnitt vorgestellt.

## 3. Das Buche-Modell

Unter Berücksichtigung der oben beschriebenen Struktur liefern selbst einfache qualitative Modelle plausible Resultate. Der nächste Schritt liegt daher in der Entwicklung von Simulationsmodellen, die einerseits empirische Daten mit hoher Genauigkeit reproduzieren können, und andererseits zukünftige mögliche Entwicklungen genau beschreiben können.

Um den Baum als Teil eines Ökosystems zu simulieren, müssen neben den zur Simulation der bauminternen Vorgänge benötigten Modellteilen auch solche zur Simulation der klimatischen Gegebenheiten, des Bodenwasserhaushaltes, der Bodentemperatur usw. bereitgestellt werden. Das *Buche*-Modell besteht daher aus neun in verschiedenster Weise miteinander verknüpften Teilmodellen.

Im Teilmodell *Umwelt* werden die klimatischen Daten für die Simulation bereitgestellt. Der dazu benötigte standortspezifische Datensatz wurde vom Deutschen Wetterdienst als langjähriges Mittel synthetischer Daten generiert und steht in Tabellenform zur Verfügung. In jedem Simulationsschritt wird dem Teilmodell Bodenwasser der aktuelle Bestandesniederschlag gemeldet. Lufttemperatur und Strahlung beeinflussen die Photoproduktion und die Bodentemperatur. Andere atmosphärische Faktoren, wie z.B. die relative Luftfeuchte, beeinflussen wesentlich die Stomataöffnung und die aktuellen Transpirationsraten. Durch Modifikation der Tabellenfunktionen für Niederschlag, Temperatur usw. ist die Möglichkeit gegeben, extreme Bedingungen wie trockene und heiße Sommer oder Feuchteperioden zu simulieren.

Das Teilmodell *Bodenwasser* basiert auf einer diskretisierten Kontinuitätsgleichung und berechnet den Bodenwassergehalt in 7 Horizonten bis zu einer Tiefe von 2 m. Bei der Berechnung werden die unterschiedlichen Matrixpotentiale und Wasserleitfähigkeiten der Horizonte berücksichtigt. Neben Versickerung und kapillarem Aufstieg wird der Bodenwasserhaushalt wesentlich durch die Transpiration während der Vegetationsperiode beeinflußt.

Das *Bodentemperatur*-Teilmodell ist strukturell identisch mit dem Bodenwasserhaushaltsmodell und basiert auf der Wärmeleitungsgleichung. Ausgehend von der Lufttemperatur werden für die gleichen 7 Bodenschichten unter Berücksichtigung der physikalischen Zusammensetzung, der Leitfähigkeiten, des Bodenwassergehaltes usw. die Bodentemperaturen in den einzelnen Horizonten berechnet, die temperaturabhängige Prozesse wie Wachstum und Atmung der Feinwurzeln steuern.

Die internen Material- und Informationsflüsse im Baum werden in den Teilmodellen Photosynthese, Atmung und Wachstum simuliert.

Das Teilmodell *Photosynthese* simuliert die Assimilatproduktion in Abhängigkeit von klimatischen Bedingungen wie Temperatur, Strahlung usw. Es unterscheidet zwischen Licht- und Schattenblättern und deren unterschiedlichem Photosyntheseverhalten. Die Photoproduktion selbst ist proportional zu der aktuellen Laubmenge. Schadstoffbelastungen führen zu einer Reduktion von Zahl und Größe der Blätter, so daß dadurch die Assimilatproduktion auch ohne Effizienzminderung stark beeinflußt wird. Durch Trockenheit kann zusätzlicher Streß auftreten: Als Resultat des Stomataschlusses verringert sich die aktuelle Photoproduktion.

Die gebildeten Assimilate werden hierarchisch nach den folgenden Prioritäten verteilt: (1) Atmung, (2) Wachstum von Laub und Feinwurzeln, (3) Fruktifikation und (4) Holzzuwachs.

Bei der Atmung wird zwischen Erhaltungs- und Bildungsatmung unterschieden. Das Teilmodell *Atmung* berechnet den Assimilatbedarf für jeden der 9 Bestandteile des Modellbaumes proportional zu deren Biomasse.

Das Teilmodell *Wachstum* organisiert die Assimilatverteilung auf die unterschiedlichen Bestandteile des Baumes (Licht-/Schattenblätter, Fein-/Schwach-/Grobwurzeln, Früchte, Stamm/Äste und Zweige).

Im Teilmodell *Transpiration* werden interne Baumvorgänge mit Bodenprozessen verknüpft. Einerseits wird hier der Wasserbedarf in Abhängigkeit vom Wassersättigungsdefizit der Luft berechnet, andererseits wird die Photoproduktion an die spezifischen Bodenwassergegebenheiten angeglichen (hauptsächlich in trocknen Jahren).
Die Teilmodelle *Bodenchemie* und *Mineralisierung* werden zur Zeit entwickelt und werden bis dahin durch Tabellenfunktionen approximiert.

### 4. Die Modellierungs- und Simulationsmethode

Die Entwicklung aller vorgestellten Modelle basiert auf der graphischen Darstellung der relevanten Systemprozesse. Zustandsgrößen, Ratenfunktionen und Hilfsgrößen werden zu einem Blockdiagramm verbunden (vgl. [4], [7] und [8]). und dann direkt - ohne vorherige Übersetzung in mathematische Ausdrücke - implementiert. Der Modellierungsprozeß gliedert sich in fünf Schritte: (1) Formulierung aller relevanten Systemprozesse in einem Verbalmodell, (2) Aufstellung eines Wirkungsdiagramms (s. Abb. 1), (3) Identifikation der auftretenden Systemgrößen als Zustandsvariable, Ratenfunktionen, externer Parameter usw. und Übertragung der Wirkungsbeziehungen in funktionale Zusammenhänge. Auf der Grundlage des Wirkungsdiagramms entsteht das Simulationsdiagramm. (4) Übertragung des Modells auf den Computer unter Verwendung einer blockorientierten Simulationssprache und (5) Durchführung von Simulationsrechnungen und Validierung des Modells.
Die für das *Buche*-Modell verwendete Simulationssprache DYSS [9] erlaubt die hierarchische Gliederung von Modellen. Durch die Formulierung ganzer Teilmodelle als Systemblöcke wird der modulare Aufbau komplexer Modelle unterstützt.

### 5. Ergebnisse

Die numerische Auswertung der verschiedenen Modelle zum Waldsterben führt zu den folgenden, wesentlichen Ergebnissen:
(1) Die Wachstumsdynamik ungeschädigter Wälder wird richtig wiedergegeben. Diese *Normalläufe* wurden zur Modellvalidierung herangezogen. Mit dem *Fichte*- und *IAGM*-Modell [5, 6] konnten empirisch erhobene Datenreihen für den Holzzuwachs reproduziert werden. Das *Buche*-Modell liefert hier einen durchschnittlichen jährlichen Holzzuwachs von 4.4 Tonnen organischer Trockensubstanz (t OTS = 8 Festmeter, vgl. Abb. 2). Abbildung 3 zeigt den Verlauf der Assimilatkurve (Speicher für Photosyntheseprodukte) mit ihren jahreszeitlichen, durch wechselnde Temperatur-, Niederschlags- und Strahlungseinflüsse sowie endogene Prozesse hervorgerufenen Schwankungen. Der Assimilatvorrat dient ebenfalls als Indikator für Reaktionen des Systems auf 'Wasserstreß' in trocknen Jahren (z.B. 3. Jahr). Fruktifikationen bedingen die weite Ausschöpfung des Assimilatspeichers hauptsächlich im 5., 10. und 15. Jahr (Mastjahre).

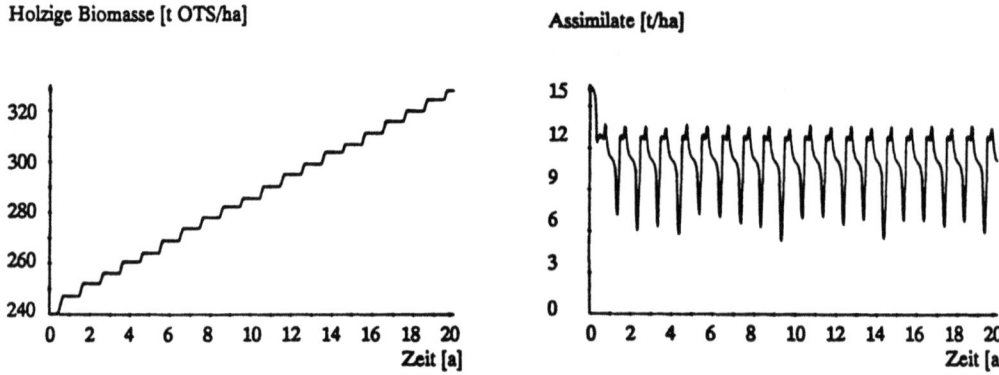

Abb. 2 und 3: Zeitliche Entwicklung von holziger Biomasse und Assimilaten (*Buche*-Modell, Normalwachstum).

(2) Bei moderater bis mittlerer Blattschädigung zeigen die Simulationen je nach Grad/Intensität der Beeinträchtigung zurückgehende Holzproduktion bis hin zur Stagnation der Biomasse (Abb. 4). Im *Buche*-Modell wurde eine Reduktion der Schattenblätter von 2000 auf 500 kg OTS/ha kombiniert mit verringerter Astproduktion zugunsten des Stammzuwachses; bei als nahezu konstant vorausgesetztem Sproß-Wurzel-Verhältnis wurde gleichzeitig die Biomasse der Feinwurzeln von 4500 auf 2400 kg OTS/ha reduziert. Blattschäden führen zu einer Störung des Assimilathaushaltes (Abb. 5). Zwar bleiben genügend Assimilate übrig, um das Überleben des Baumes zu garantieren, aber Mastjahre führen zu erhöhtem Streß, auch in den nachfolgenden Jahren. Wir bezeichnen diese Art des Schadbildes als 'unterkritisch'.

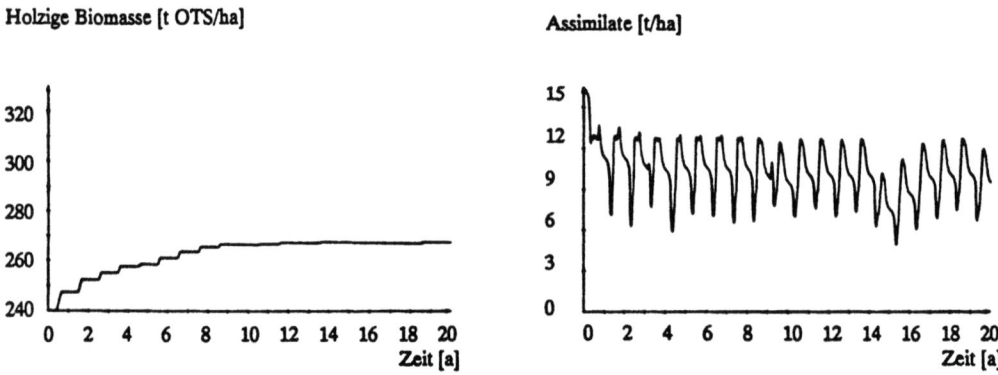

Abb. 4 und 5: Zeitliche Entwicklung von holziger Biomasse und Assimilaten (*Buche*-Modell, Stagnation).

(3) Zusammenbruch oder 'überkritische' Reaktion des Modells ist zu beobachten, wenn eine höhere (chronische) Luftschadstoffbelastung entweder zu weiterer Verringerung der Blattmasse und damit der Photosyntheseleistung oder zu sehr hohen Umlaufraten bei den Feinwurzeln führt. Darüberhinaus tritt der Zusammenbruchsmodus auf, wenn unterkritische Blattbelastung mit unterkritischer Wurzelbelastung kombiniert wird (Abb. 6 und 7). Assimilatproduktion und Speichervermögen sind empfindlich gestört. Zusätzlicher Streß durch Trockenheit im 9. und 10. Jahr leitet die Zusammenbruchsphase ein. Die Vollmast im 15. Jahr erschöpft die Kohlenhydrate-Reserven soweit, daß der Baum

abstirbt (die überdurchschnittlich häufige Fruktifikation der Buche in den letzten fünf Jahren ist eventuell Symptom und Folge der Immissionsbelastung).

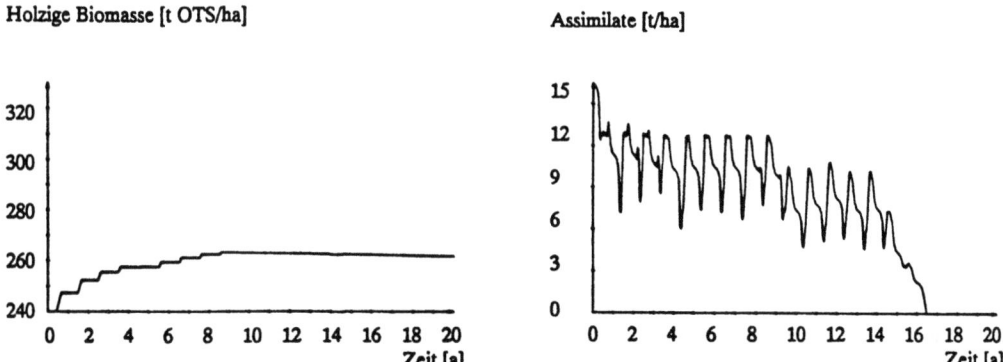

Abb. 6 und 7: Zeitliche Entwicklung von holziger Biomasse und Assimilaten (*Buche*-Modell, Zusammenbruch).

Die beschriebenen Verhaltensmuster (1), (2) und (3) wurden bei allen entwickelten Modellen beobachtet. Der Wechsel des Verhaltens von unterkritisch nach überkritisch vollzieht sich in einem sehr schmalen Bereich des Parameterintervalls. Die Grenze zwischen diesen beiden Modi wurde für ein vereinfachtes Waldmodell eingehend mathematisch untersucht.

## 6. Mathematische Systemanalyse

Alle bisher erprobten Modellansätze zur Dynamik des Waldsterbens zeigen in Abhängigkeit von der Wahl der Schadparameter die erwähnten Verhaltensmodi: Normalwachstum, Stagnation und Zusammenbruch. Daher stellt sich die Frage nach einem gemeinsamen, allen Ansätzen immanenten Mechanismus. Diese Frage soll hier nicht auf der Ebene der Wirkungsbeziehungen, sondern mit Hilfe der Struktur der den Modellen entsprechenden Differentialgleichungssysteme angegangen werden [10].

Aus Gründen der Handhabbarkeit (ca. 20 DGl'en beim komplexen *Fichte*- bzw. *IAGM*-Modell) soll die mathematische Untersuchung an einem einfacheren Modell durchgeführt werden, das aus dem *IAGM*-Modell abgeleitet wurde. Die rechte Seite dieses nichtlinearen, nichtautonomen Systems ist in nichtdifferenzierbarer Form von den Zustandsvariablen abhängig: Oft wird aus den Zustandsgrößen eine Hilfsvariable bestimmt, die jedoch (inhaltlich) einen bestimmten Wert nicht überschreiten (bzw. unterschreiten) darf. Die Hilfsgröße wird nur dann weiterverwendet, wenn ihr Wert innerhalb des Begrenzungsintervalls liegt. Andernfalls arbeitet das Modell mit dem jeweiligen Begrenzungswert weiter. Einen Systemblock, der diese Begrenzung übernimmt, nennen wir *Limiter*.

Das DGl-System wird schrittweise auf ein zweidimensionales, autonomes System reduziert, dessen dynamisches Verhalten jetzt in Abhängigkeit nur eines idealisierten Schadparameters $\lambda$ untersucht wird. Als wesentlicher Bestandteil verbleibt der Limiter CRT zum Abgleich von Photosyntheserate und Feinwurzelmenge im Modell. Das neue DGl-System bleibt also nichtdifferenzierbar (und nichtlinear) von den beiden Variablen l (=Nadelmenge) und r (=Feinwurzelmenge) abhängig und lautet schließlich:

$$\dot{l} = \frac{a_1 \cdot l^2 + (a_2 \cdot CRT + a_3) \cdot l + c_1 \cdot r}{c_2 + a_4 \cdot l} \qquad \dot{r} = \frac{(a_5 \cdot CRT + a_6) \cdot l^2 + a_7 \cdot l \cdot r - c_2 \cdot r}{c_2 + a_4 \cdot l} \qquad (1)$$

mit den Konstanten $c_1$ und $c_2$ sowie den parameterabhängigen Funktionen $\alpha_i$ (i=1,...,7). CRT stellt den nichtdifferenzierbar Anteil dar, denn mit $x := (1/\alpha_4)(r/l)$ ist

$$CRT = \begin{cases} 0 \text{ für } x < 0 \\ 1 \text{ für } x > 1 \\ x \text{ für } x \text{ in } [0,1] \end{cases} \qquad (2)$$

Für den relevanten Parameterbereich können lokal Existenz und Eindeutigkeit von Lösungen von (1) zum Anfangswert (l(0),r(0)) = (18,7) gezeigt werden. Durch Betrachtung des zu (1) gehörenden Richtungsfeldes in der l-r-Phasenebene können darüberhinaus Aussagen zur globalen Lösungsexistenz gemacht werden.

Abbildung 8 zeigt numerisch bestimmte Lösungen von (1) für den relevanten Anfangswert (18,7) und verschiedene Wahl des Schadparameters.

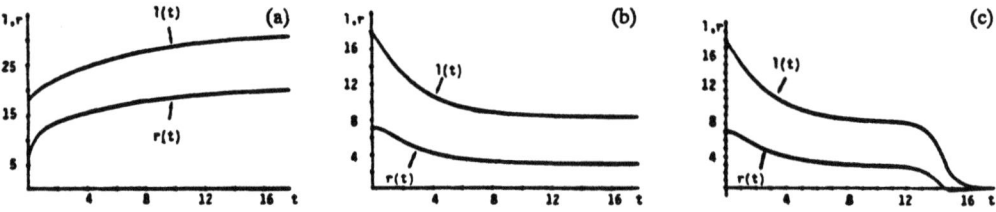

Abb. 8: Numerische Lösungen von (1) für (a) Normalwachstum ($\lambda = 0$), (b) Stagnation ($\lambda = 0.28$) und (c) Zusammenbruch ($\lambda = 0.29$).

Zur Bestimmung der stationären Lösungen und deren Stabilitätsverhalten kann (1) nur schwer direkt herangezogen werden. Es erweist sich als sinnvoll, jedes der drei Differentialgleichungssysteme, die aus (1) entsprechend der Bedingung (2) entstehen, getrennt zu betrachten. Es gilt dann, den qualitativen Verhaltenswechsel (vgl. Abb. 8 b, c) zu erklären und den Grenzparameter $\lambda = \lambda_1$ im Intervall [0.28,0.29] analytisch zu berechnen. Man kann zeigen, daß für jedes der drei Systeme die triviale Lösung $(l_1(t),r_1(t)) = (0,0)$ sowie eine weitere stationäre Lösung $(l_2(t),r_2(t)) = (l_2,r_2)$ existieren.

| CRT | $(l_1,r_1)$ | $(l_2,r_2)$ | |
|---|---|---|---|
| CRT=0 | stabil $\xrightarrow{\lambda}$ 0  1.5 | stabil $\xrightarrow{\lambda}$ 0  1.5 | $l_2(\lambda)<0$ falls $\lambda \in [0,1.5[$ |
| CRT=1 | inst. stab. $\xrightarrow{\lambda}$ 0 $\lambda_1$ 1.5 | stab. inst. $\xrightarrow{\lambda}$ 0 $\lambda_1$ 1.5 | $l_2(\lambda)<0$ falls $\lambda \in ]\lambda_1,1.5[$ $\lambda_1=0.6532$ |
| CRT=x | stabil $\xrightarrow{\lambda}$ 0  1.5 | instabil $\xrightarrow{\lambda}$ 0  1.5 | $l_2(\lambda)>0$ falls $\lambda \in [0,1.5[$ |

Abb 9: Stabilität der Gleichgewichtspunkte von (1) als Funktion von $\lambda$.

Aus der Definition von x und der Bedingung für CRT in (2) leiten wir ab, daß die beiden Gebiete der (l,r)-Phasenebene, für die die Fälle CRT = 1 und CRT = x eintreten, durch die Gerade r = $\alpha_4$ l getrennt sind. Diese Gerade ist wegen $\alpha_4 = \alpha_4(\lambda)$ parameterabhängig. Im Intervall [0.28,0.29] tritt für den Anfangswert (18,7) stets der Fall CRT = 1 ein. Daher (vgl. Abb. 9) strebt die zugehörige Lösung also dem nichttrivialen, stabilen Gleichgewichtspunkt $(l_2,r_2)$ zu. Abhängig von $\lambda$ bewegt sich $(l_2,r_2)$ in der Phasenebene und gerät für $\lambda > \lambda_1$ in den Bereich CRT = x (Aus (2) berechnet man $\lambda_1 \simeq 0.2837$). Die von $(l_2,r_2)$ attrahierte Lösung gerät ebenfalls in den Bereich CRT = x. Nach Abbildung 9 ist für diesen Fall nur die triviale Lösung stabil und es kommt zum beobachteten plötzlichen Zusammenbruch.

Die drei möglichen Trajektorien in der (l,r)-Phasenebene sind in Abbildung 10 dargestellt.

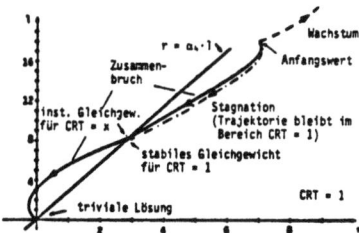

Abb. 10: Trajektorien von (1) für die drei möglichen Fälle (a) Normalwachstum, (b) Stagnation und (c) Zusammenbruch.

Mathematisch erklärt sich der Zusammenbruch also aus dem im Modell verwendeten Limiter CRT. Dieser bewirkt eine nichtdifferenzierbare Abhängigkeit des Systems (1) von der Lage des Lösungspunktes in der Phasenebene. Setzen wir voraus, daß dieser Limiter Begrenzungsprozesse im Baum richtig abbildet, so können die drei beobachteten Verhaltensmodi (Wachstum, Stagnation und Zusammenbruch) aus den mathematischen Eigenschaften des Systems erklärt werden.

**Zusammenfassung**

Aus den Simulationsergebnissen können die folgenden Schlüsse gezogen werden:
(1) Systemanalysen der Strukturen wichtiger Baumprozesse lassen vermuten, daß das großflächige Waldsterben als eine 'natürliche' Reaktion der Bäume auf chronische Schadstoffbelastungen erklärt werden kann. Kurzzeitige Konzentrationsspitzen dürften den Zusammenbruch noch beschleunigen.
(2) Simulationen zeigen, daß das Absterben von Bäumen unter Schadstoffeinwirkung entweder durch ungenügende Assimilatproduktion oder durch erhöhten Assimilatverbrauch hervorgerufen werden kann. Beide führen in späteren Stadien über eine positive Rückkopplung zu sehr raschem Zerfall.
(3) Der Zusammenbruchsmodus tritt im Modell nur dann ein, wenn das Assimilatdefizit einen kritischen Wert überschreitet. Dies kann die Folge einer konstanten chronischen Schadstoffbelastung über eine Anzahl von Jahren sein. Wir unterscheiden daher *unterkritische* Belastung (kein Zusammenbruch, aber verringertes Wachstum) und *überkritische* Belastung (Zusammenbruch).
(4) Die Simulationen lassen vermuten, daß zwischen der Reaktion des *Systems Baum* auf Wurzelschädigung (Bodenversauerung) bzw. auf Laubschädigung (direkter Schadstoffeinfluß) kein prinzipieller Unterschied besteht: Beide Schädi-

gungspfade reduzieren die Menge der zur Verfügung stehenden Assimilate und beeinträchtigen danach letztlich dieselben Lebensprozesse des Baumes.

(5) Ältere Bäume haben eine niedrigere Toleranzgrenze bezüglich Laub- und/oder Feinwurzelschädigung (geringe 'Pufferung' infolge des prozentual abnehmenden Anteil des Zuwachses an der Assimilatverteilung).

(6) Die Reaktionsmechanismen des Baumes bei Schadstoffbelastung haben eine Eigendynamik: Reduktion der Belastung führt nur bei denjenigen Bäumen zu einer Erholung, die sich im unterkritischen Zustand befinden. Ist die Zusammenbruchsphase eingeleitet (überkritische Belastung), wird der Baum absterben.

**Danksagung**

Das diesem Bericht zugrundeliegende Vorhaben wurde mit Mitteln des Bundesministers für Forschung und Technologie unter dem Förderkennzeichen 03 7423 /4 gefördert.

**Literatur**

[1] Bundesministerium für Ernährung, Landwirtschaft und Forsten: Waldschadenserhebung 1986. Mitteilung vom 5. November (1986)

[2] Schütt, P., Cowling, E. B.: Waldsterben, a general decline of forests in Central Europe: Symptoms, development, and possible causes. Plant Disease **69**, 5548-558 (1985)

[3] Ulrich, B., Matzner, E.: Ökosystemare Wirkungsketten beim Wald- und Baumsterben. Forst und Holzwirt **38**, 468-474 (1983)

[4] Bossel, H.: Modell der Zusammenbruchsdynamik eines Baums bei Schadstoffbelastung. In: Bossel, H.: Umweltdynamik. München: TE-WI 1985

[5] Bossel, H.: Dynamics of Forest Dieback - Systems analysis and Simulation. Ecol. Modell. **34**, 259-288 (1986)

[6] Bossel, H., Metzler, W., Schäfer, H. (eds.): Dynamik des Waldsterbens - Mathematisches Modell und Computersimulation. Fachberichte Simulation Bd. 4. Berlin Heidelberg New York Tokyo: Springer 1985

[7] Hudetz, W.: ASS - Kurzanleitung. Waldbronn: Procos Computersysteme 1977

[8] Bossel, H.: Dynamische Simulation mit dem Modellerstellungssystem 'ASS'. In: Albertin, L., Müller, N. (eds.): Umfassende Modellierung regionaler Systeme. Köln: TÜV Rheinland 1981

[9] Frees, W.: DYSS - Dynamisches Simulationssystem. Manuskript GH-Kassel 1986

[10] Krieger, H.: Stabilitätsanalyse eines parameterabhängigen Waldmodells. Diplomarbeit GH-Kassel 1986

# EINE AUF SIMULATIONSVERFAHREN BASIERENDE FLUGLÄRMPROGNOSE

S. Pietrzko
Eidgenössische Materialprüfungs-
und Versuchanstalt (EMPA)
Ueberlandstrasse 129
CH-8600 Dübendorf

**Zusammenfassung:** Im folgenden Artikel wird ein Verfahren vorgestellt, welches die Simulation der Fluglärmbelastung durch Düsenflugzeuge in der Umgebung eines Flugplatzes ermöglicht. Das Verfahren basiert auf einer analytischen Beschreibung der Richtungscharakteristiken der Flugzeuge. Die Richtungscharakteristiken wurden durch gleichzeitiges Messen der Flugbahngeometrie und des zeitlichen Verlaufs des Lärmpegels ermittelt. Basierend auf diesen Messdaten wurde ein mathematisches Modell der Richtungscharakteristiken aufgebaut. Dieses Modell in Form von trigonometrischen Polynomen berücksichtigt auch die geometrische und atmosphärische Dämpfung. Aufgrund der Richtungscharakteristik eines Flugzeugs kann der zeitliche Verlauf des Schallpegels an einem beliebigen Immissionsort wieder erzeugt werden. Dies erlaubt die Berechnungen von zeitintegrierten Lärmbelastungsindizes wie $L_{eq}$ oder SEL. Durch energetische Addition der entsprechenden Indizes erhält man eine globale Fluglärmbelastung für sämtliche betrachteten Flugbewegungen.

## Einführung

Die Fluglärmbelastung in der Umgebung von Flugplätzen ist von grossem Interesse für die Raumplanung. Die wichtigsten Gründe hierfür sind die wachsende Besiedlungsdichte an den Rändern von Flugplätzen und die zunehmende Empfindlichkeit der Einwohner gegenüber dem störenden Fluglärm. Vor allem Wohnzonen in der Umgebung des Flugplatzes werden als lärmempfindliche Gebiete betrachtet.
Nach dem Luftfahrtsgesetz werden in der Nahzone von Flughäfen und konzessionierten Flugplätzen Fluglärmzonen definiert, in denen abgestufte Eigentumsbeschränkungen gelten. Die Zonengrenzen werden auf Grund einer Fluglärmprognose bestimmt, welche ihrerseits auf objektiven und reproduzierbaren Verfahren beruht. Die Grösse der Fluglärmzonen hängt von physikalischen und flugbetrieblichen Einflussfaktoren ab.
Wesentlich für die störende Wirkung eines Geräusches ist sein zeitli-

cher Verlauf. Aus diesem Grund wurden die zeitintegrierten Bewertungsmasse $L_{eq}$ und SEL eingeführt. Die $L_{eq}$-Werte werden umgerechnet auf 12 oder 16 Stunden Flugbetrieb.

Für die meisten Flugzeuge sind die SEL-Werte tabelliert und allgemein zugänglich. Eine SEL-Fluglärmtabelle beinhaltet die SEL-Werte abhängig vom Schub, sowie von der kürzesten Distanz zwischen dem vorbeifliegenden Flugzeug und dem Immissionsort auf dem Boden.

Ein wesentlicher Nachteil der bisherigen Methoden ist es, dass sie den zeitintegrierten $L_{eq}$ und SEL auf rein algebraische Weise berechnen. Diese Methoden haben auch Schwierigkeiten bei der Behandlung gekrümmter Flugbahnen und Berechnungen von Startlärm im Bereich hinter der Startschwelle.

Um diese Nachteile zu eliminieren, wurde das vorliegende Simulationsmodell für Fluglärmberechnungen entwickelt. Das Modell ermöglicht es, kontinuierliche Flugbewegungen zu simulieren und durch die zeitliche Integration des Schallpegels die SEL-Werte zu berechnen. Mit einer Erweiterung des Modells kann man Wettereinflüsse (Wind und Temperaturgradienten) sowie die Topographie berücksichtigen.

Das Modell arbeitet mit Richtungscharakteristik-Diagrammen, die für eine Reihe von Flugzeugen messtechnisch ermittelt wurden.

Die akustischen Messungen wurden an verschiedenen Punkten auf dem Boden vorgenommen. Die geometrischen Daten wurden parallel zu den akustischen Daten mit Hilfe eines Präzisions-Radars erfasst. Durch eine Umrechnung der akustischen Daten aufgrund der Geometrie hat man die Richtungsdiagramme gefunden. Danach wurde ein mathematisches Modell in Form von trigonometrischen Polynomen aufgebaut. Das Modell erlaubt es, den zeitlichen Verlauf des Vorbeiflug-Pegels zu simulieren, und zwar für beliebige Flugbahnen.

In dem Artikel wird gezeigt, wie das Berechnungsverfahren für die ruhende Atmosphäre aufgebaut ist. Ausserdem wird ein Beispiel der SEL-Simulation vorgestellt.


## Definition der Fluglärmindizes


Ein Lärmindex ist ein Bewertungsmass für die Lärmbelastung an einem Immissionsort bei einer gegebenen akustischen Situation. Die Lärmindizes für Fluglärmbelastung wurden auf Grund zahlreicher Laboruntersuchungen und sozio-psychologischen Befragungen [1] gebildet. Lärmindizes basieren auf messtechnisch erfassbaren, physikalischen Grössen, welche durch Feldmessungen oder Berechnungsverfahren ermittelt werden können. Der Schalldruckpegel L ist ein logarithmisches Mass für den Effektivwert des Schalldruckes am Immissionsort. Der Schalldruckpegel kann mit einem Filter (A-Filter) an die Eigenschaften des menschlichen Ohres angepasst werden.

Der A-bewertete Schalldruckpegel $L_A$ bildet die Ausgangsgrösse für zahlreiche Lärmindizes.

Die Lärmindizes für Fluglärmbelastung lassen sich in zwei Gruppen teilen: zeitabhängige und zeitunabhängige. Ein häufig verwendeter Index der ersten Gruppe ist der Leq (energieäquivalenter Dauerschallpegel), welcher durch folgende Formel definiert ist:

$$L_{eq}(T) = 10\log(\frac{1}{T_B} \int_0^T 10^{0.1L_A(t)}) \tag{1}$$

Grundlage für die Mittelwertbildung ist der zeitlich variierende, A-bewertete Schalldruckpegel $L_A$ über die festgelegte Bezugszeit $T_B=T$. Der zeitlichen Verlauf eines Geräusches ist wichtig für die Beurteilung seiner Störwirkung. Ein lange andauerndes Schallereignis mit kleinem Maximalpegel kann störender wirken als ein Schallereignis von kurzer Dauer und höherem Maximalpegel. Um das zu erfassen, hat man zur Beurteilung eines einzelnen, kurzen Schallereignisses (z.B. Ueberflug eines Flugzeugs) mit impulsartigem Maximalpegel über einem Hintergrundgeräuschpegel den Energiepegel (single event noise exposure level) SEL eingeführt. Die Bezugszeit für den SEL beträgt $T_B=1$ s. Die Einführung dieser Bezugszeit bewirkt, dass der SEL die gesamte Schallenergie komprimiert auf eine Sekunde enthält. Der Leq dagegen ist eine Mittelung der Schalleistung eines Ereignisses. Der SEL-Wert lässt sich in $L_{eq}(T)$ Wert umrechnen durch folgende Beziehung:

$$L_{eq}(T) = SEL - 10\log(T/T_B) \tag{2}$$

Die zweite Gruppe der für die Fluglärmbeurteilung verwendeten Indizes bilden die explizit zeitunabhängigen Lärmindizes. Der am weitesten verbreitete Index ist der NNI (Noise and Number Index). Der NNI wird wie folgt gebildet:

$$NNI = 10 \log(1/N \sum_{i=1}^{N} 10^{0.1LP_i}) + 15\log(N) - 80 \tag{3}$$

Für $LP_i$ wird der Perceived Noise Level eingesetzt [1]. Der Perceived Noise Level berücksichtigt die Tonkorrektur und eine Korrektur des zeitlichen Verlaufs des Geräusches. Man berechnet ihn aus einem 1/3 Oktavspektrum nach einen Rechenverfahren, welches in [2] dargestellt ist. Die Summe in Gleichung 3 erstreckt sich über alle N Lärmereignisse, deren Maximalpegel 80 PNdB übersteigt und die an einem Tag zwischen 6 und 22 Uhr stattfinden.

Lärmindizes wie $L_{eq}(T)$ und NNI lassen sich nicht direkt umrechnen. Das Haupthindernis ist die Tatsache, dass zum NNI nur Geräusche beitragen, welche die 80 PNdB-Schwelle überschreiten, während beim Leq alle Geräusche zum resultierenden Pegel beitragen. Es ist aber möglich die Beziehung in Einzelfällen durch Simulation zu berechnen.

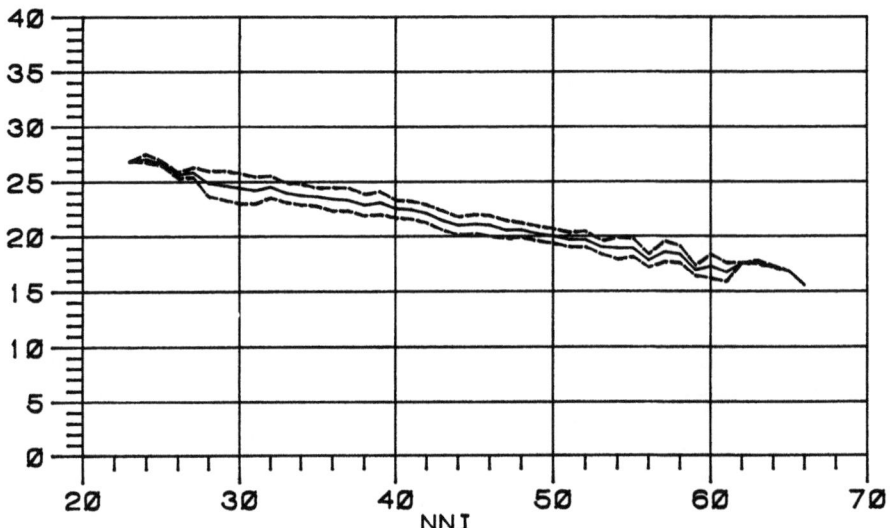

Bild 1 : Differenz Leq(16)-NNI in Funktion von NNI (ausgezogen)
Verlauf der Standardabweichung (gestrichelt)

In Bild 1 ist auf der Ordinate die Differenz zwischen den $L_{eq}(16)$ und NNI aufgetragen. Auf der Abszisse ist der NNI-Pegel dargestellt. Die Ausgangsdaten für diese Berechnung stammen von 1271 diskreten Punkten rund um einen Flugplatz. Es zeigt sich, dass der Zusammenhang in diesen Fall ziemlich linear ist. Im Mittel über alle Werte beträgt die Differenz der beiden Indizes 22.4 dB, die Standardabweichung 3.8 dB. Die beiden Randlinien geben den Verlauf der Standardabweichung an.

In [3] werden mehrere Möglichkeiten beschrieben, um unterschiedliche Indizes exakt oder angenähert umrechnen zu können.

Gegenwärtig beobachtet man einen Trend zu zeitabhängigen Lärmindizes. Diese haben den Vorteil, dass man sie energetisch addieren und auf beliebige Bezugszeiten umrechnen kann. Dies vereinfacht die Beurteilung der Lärmbeiträge von verschiedenen Lärmquellen wie Verkehrslärm, Fluglärm, Industrielärm usw. Aus diesen Grunde ist das vorgestellte Verfahren ebenfalls auf eine zeitintegrierte SEL-Berechnung ausgerichtet.

## Beschreibung des Berechnungsverfahren

<u>Geometrische Berechnungen</u>: In der Umgebung des Flugplatzes wird auf einem erdfesten Koordinatensystem (x,y,z) ein Netz von N Immissionspunkten festgelegt. An allen Netzpunkten wird der zeitliche Verlauf des Schallpegels während eines Vorbeifluges berechnet. Für jeden Flugzeugtyp werden die sogenannten Grundflugzeugdaten in Tabellenform abgespeichert. Diese Tabellen beschreiben den Ablauf eines

Starts bzw. einer Landung mit Daten über Flughöhe, Geschwindigkeit, Schub und Flugkonfiguration in Abhängigkeit von der ab Startpunkt zurückgelegten Distanz.
Aus den Flugbetriebsdaten eines Flugplatzes erhält man die Flugspuren (x,y Koordinaten einer Flugbewegung). Diese werden mit einem Digitalisierbrett abgetastet und im Rechner gespeichert. Die Flughöhenprofile (z Koordinaten der Flugbewegung) werden mit Hilfe der Splineinterpolation in eine Flugbahn abgebildet. Diese Abbildung erzeugt ein Datei mit einer Reihe Emissionspunkte $P_i(x_i,y_i,z_i)$. Für eine Flugbewegung (Start oder Landung) hat man insgesamt M diskrete Flugbahnpunkten $P_i$. Das Interpolationsverfahren gewährleistet, dass das Zeitintervall $\Delta t$ zwischen zwei benachbarten Punkten konstant ist, und zwar für die ganze Flugbahn. Der Abstand $d_i=P_i-P_{i-1}$ ist also variabel und aufgrund der Geschwindigkeit $v_i$ in jedem Punkt $P_i$ berechenbar mit $d_i=v_i \Delta t$. Das Programm kann für jede Flugbahn 400 diskrete Punkte abspeichern, was bei Durchschnittsgeschwindigkeiten von 70 bis 110 m/s einer Flugbahnen von gegen 30 bis 40 km entspricht. Dank der Verwendung des Digitalisierbrettes und des Interpolationverfahren zur Flugbahnberechnung entfällt die sehr zeitaufwendige, rechnerische Erstellung der Flugbahnen durch stufenweise definierte Krümmungsradien. Zusätzlich ist die Zeit als explizite Variable eliminiert und durch geschickte Gestaltung der Geometrie ersetzt worden.

Akustische Berechnungen: In jedem Immissionspunkt lässt sich der A-bewertete momentane Schallpegel $L_A(d(t))$ beim Vorbeiflug eines Flugzeugs in der Entfernung $d(t)$ in einer gegebenen Abstrahlungsrichtung durch folgende Beziehung ausdrücken:

$$L_A(d(t)) = L_{ref}(t) - 20\log(d(t)/d_r) - \Delta L_L(d(t)-d_r) - \Delta L_B \qquad (4)$$

wobei:

$L_{ref}(t)$ : Schallpegel in der Referenzentfernung $d_r$ in einer gegebenen Abstrahlungsrichtung

$20\log(d(t)/d_r)$ : Schallpegelabnahme infolge der sphärischen Divergenz

$\Delta L_L(d(t)-d_r)$ : Schallpegelabnahme durch atmosphärische Dämpfung in Funktion der Distanz

$\Delta L_B$ : Schallpegelabnahme durch Bodeneinflüsse

Das Spektrum des Schallpegels in der Referenzentfernung variiert stark; insbesondere im Bezug auf die Abstrahlungrichtung. Diese Änderungen werden durch breitbandige Geräusche und Drehklang beim Fan-Eintritt des Triebwerks verursacht, die in der Richtung nach vorne eine dominierende Rolle spielen. Beim Austritt aus dem Triebwerk dominiert ein tieffrequentes Abgas-Strahlgeräusch.
Die Luftdämpfung ist stark abhängig von der Schallfrequenz, der relativen Feuchtigkeit und der Temperatur. Wird der Winkel zwischen dem Geschwindigkeitsvektor des Flugzeugs und dem Richtungsvektor Flugzeug-Bodenpunkt als $\Theta$ bekennzeichnet, so lässt sich die Gleichung

(4) (in Normal-Atmosphäre, d.h. Windstille, Temperatur 15°C. rel. Luftfeuchtigkeit 70%) ohne Bodeneinfluss durch folgende Beziehung ersetzen:

$$L_A(d(t)) = \sum_{j=0}^{7} (H_{j1} 20\log(d) + H_{j2} + H_{j3}d + H_{j4}d^2)\cos^j(\Theta) \qquad (5)$$

Die Koeffizienten $H_{jq}$ in Beziehung (5) wurden auf Grund von Messungen der Geometrie der Vorbeiflüge und gleichzeitigen, synchronisierten Schallpegelmessungen bestimmt[4]. Sie sind explizit frequenzunabhängig und kombinieren die Beiträge aller Flugzeuglärmquellen, der geometrischen und der Luftdämpfungen zum gesamten A-Pegel für jede Ausstrahlungsrichtung Θ. Diese Beziehung beschreibt die Richtungscharakteristik eines Flugzeugs und bildet die akustischen Grunddaten zur Darstellung der zeitkontinuierliche Fluglärmsimulation.

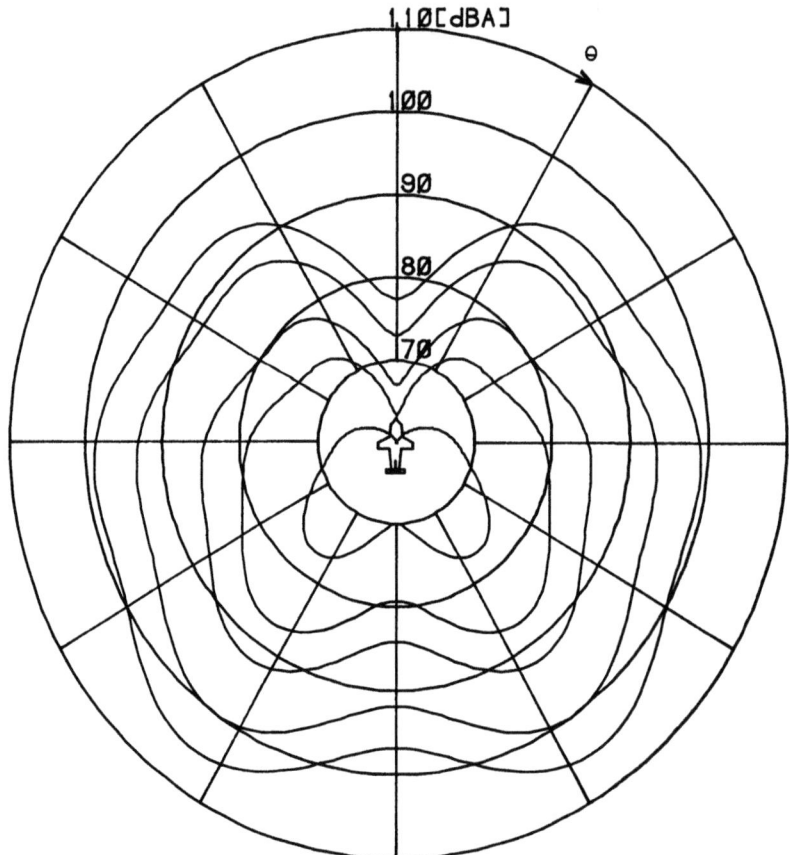

Bild 2 : Richtungscharakteristik-Diagramm eines startenden Flugzeug in 300, 500, 1000, 1500 und 3000 Meter bei der Geschwindigkeit M=0.25 (Machzahl).

In jedem Punkt $P_i$ der Flugbahn wird eine momentane Distanz $d_i(t)$ und

ein Abstrahlungswinkel $\Theta_i$ zum Immissionspunkt K bestimmt. In der
ruhenden Atmosphäre breitet sich Schall gradlinige von der Quelle zum
Bodenpunkt aus. Dadurch wird der momentanen Schallpegel
$L_i = L_A(d_i(t), \Theta_i(t))$ bestimmt.

In erster Näherung kann das Schallfeld (5) als rotationsymmetrisch
angenommen werden. Es muss aber für manche Flugzeugtypen um den "lateral attenuation effect" korrigiert werden [5]. Diese Korrekturfunktion berücksichtigt auch den Effekt der Bodendämpfung und bestimmt die
Korrektur auf Grund des Höhenwinkels und der Flugspurentfernung.

Berechnung der globalen Belastung: Betrachtet man einen Vorbeiflug an
einem beliebigen Immissionspunkt K, so erhält man den SEL-Wert durch
Aufsummieren der Energiebeiträge der einzelnen Flugbahnabschnitte:

$$SEL_K = 10\log(\sum_{i=1}^{M} 10^{0.1 L_i} \Delta t) \tag{6}$$

Führt man diese Berechnung für sämtliche N Immissionspunkte durch, so
erhält man eine Belastungsmatrix. Für jeden Flugzeugtyp und für jede
Flugspur muss eine solche Belastungsmatrix erstellt werden.
Zum Ermitteln der Gesamtbelastung müssen nun die entsprechenden
Elemente der verschiedenen Belastungsmatrizen energetisch addiert
werden. Für einen beliebigen Immissionspunkt K erhalten wir damit
folgende Belastung:

$$SEL_K = 10\log(\sum_{n=1}^{S} G_n 10^{0.1 SEL_{K,n}}) \tag{7}$$

Dabei ist $G_n$ die Gewichtung mit der Anzahl Flüge pro Flugspur und
Flugzeugtyp.
In Bild 3 ist das Endergebnis für einen Flugplatz abgebildet. Dabei
bedeuten die Linien Kurven mit konstantem Leq.

## Schlussfolgerungen

Kernstück des besprochenen Simulationsverfahrens ist die Berechnung
mit Hilfe von Richtungscharakteristik-Diagrammen. Dieses Verfahren
erlaubt es, den Pegelverlauf eines Vorbeifluges in diskreten Zeitintervallen zu simulieren.

Betrachtet man für einen Ueberflug den gemessenen Wert als wahren
Wert, so liegt die Standardabweichung des berechneten SEL-Wertes unter
2 dB (bei angenähert normal-atmosphärischen Bedingungen).

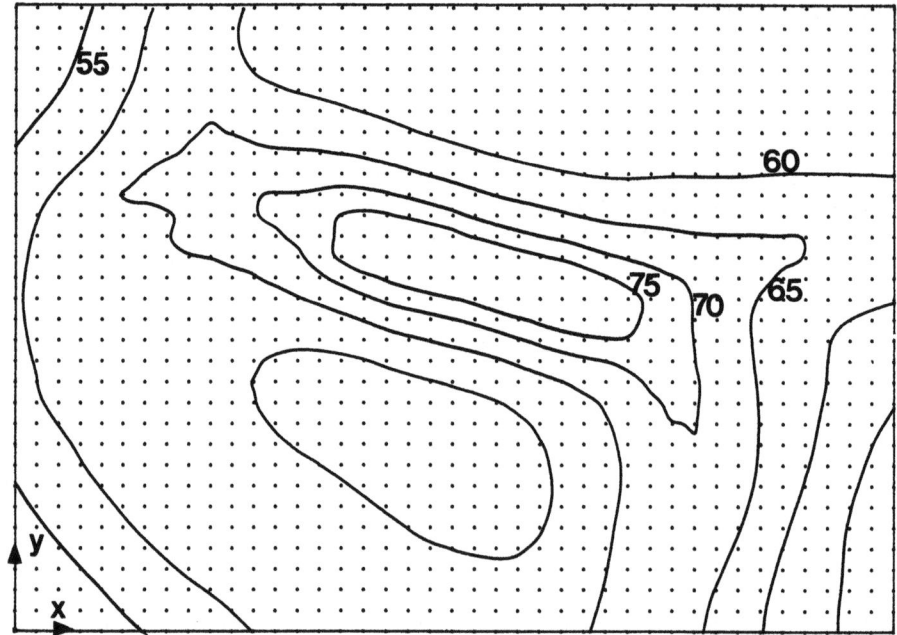

Bild 3 : Kurven mit konstantem Leq(16), ermittelt für einen Testflugplatz. Maschenweite $\Delta x=\Delta y=$ 200 Meter

Obwohl die Methode auf SEL-Werte ausgerichtet ist, kann leicht eine Umformung in Leq-Werte vorgenommen werden. Ausserdem ist die Methode sehr effizient; einerseits durch die einfache und komfortable Datenerfassung, anderseits durch das universelle und kompakte Quellenmodell, benötigt allerdings erhebliche Rechenzeiten.

**Literatur**

[1] Kryter K.D.; Scaling human reactions to sound from aircraft; JASA 32(1959), S.1515.

[2] ICAO, Anex 16, Vol. 1; Aircraft Noise; Montreal, May 1981.

[3] Matschat K., Müller E.A.; Vergleich nationaler und internationaler Fluglärmbewertungsverfahren. Aufstellung von Näherungsbeziehungen zwischen den Bewertungsmassen; Max-Planck-Institut für Strömungsforschung; Göttingen, Texte 7/84.

[4] Pietrzko S., Hofmann R.F.; A Prediction of A-Weighted Aircraft Noise Based on Measured Directivity Patterns; erscheint demnächst in Applied Acoustics.

[5] Prediction Method for Lateral Attenuation of Airplane Noise During Takeoff and Landing; Aerospace Information Report AIR 1751 SAE, 1981.

# SIMULATION IM BEREICH

# OPERATIONS RESEARCH

# UND

# MILITÄRWISSENSCHAFTEN

# TPM – Ein Simulationsmodell für den Güterverkehr der Deutschen Bundesbahn

Hans-Jürgen Böhm, Ulrich Kretschmer,
Dr.-Ing. Werner Prautsch, Gerhard Winterer, Berlin

**Zusammenfassung** : Es wird das deterministische Simulationsmodell TPM vorgestellt, das den Güterverkehr der Deutschen Bundesbahn (DB) abbildet. Neben den eigentlichen Transportvorgängen werden auch die Informationsflüsse im Netz simuliert. Da alle Daten aus dem realen Betriebsgeschehen der DB stammen, kann das TPM bei einer Vielzahl von Planungs-Aufgaben eingesetzt werden. *

**Summary** : The paper presents the deterministic simulation program TPM, which models the freight traffic of the German Federal Railway (DB). The program is suitable to handle both the flow of transport and the flow of information. Using real operation data of the DB, the TPM is capable of supporting a wide variety of planning decisions.

## 1. Einleitung

Die Deutsche Bundesbahn (DB) hat für ihren Güterverkehr im Rahmen des Projektes SPS den Prototypen eines Vorbuchungssystems (VBS) entwickelt und mittlerweile pilotiert, mit dessen Hilfe die Produktionssteuerung maßgeblich unterstützt werden soll. Globales Ziel ist es dabei, die vorhandenen Kapazitäten besser nutzen zu können und die Qualität der erbrachten Transportleistungen zu verbessern. Dieses Ziel soll dadurch erreicht werden, daß mit Hilfe des VBS eine detaillierte Verfolgung des Wagenaufkommens im Gesamtnetz und dessen optimale Zuordnung zu einzelnen Zügen ermöglicht wird. Dabei werden produktionstechnische Alternativen, wie vor allem das Umsteuern von Wagen über alternative Leitwege und das gezielte Zurückhalten von Wagen, deren zeitgerechtes Eintreffen am Zielbahnhof nicht gefährdet ist, systematisch genutzt.

Im Vorfeld der Entwicklungsarbeiten zu diesem System bestand die Notwendigkeit, die Wirksamkeit der dem VBS zugrunde liegenden Konzeption und der dafür vorgesehenen Systemfunktionen zu untersuchen und möglichst auch zu quantifizieren. Dies legte nahe, ein realitätsgetreues Simulationsmodell des betrachteten Produktionsnetzes zu entwickeln, weil damit einerseits die Wirtschaftlichkeitspotentiale des VBS und - durch Abprüfen der Funktionalität des Systems - die Investitionsrisiken abgeschätzt werden konnten und andererseits ein effizientes Planungshilfsmittel für die Fahrplangestaltung und die Netzoptimierung entstanden.

---

* Die Entwicklung des TPM erfolgte im Rahmen des Arbeitsgebietes SPS der Hauptverwaltung der Deutschen Bundesbahn unter der Projektleitung von Dr.-Ing. Weißleder. Die Realisierung des Modells erfolgte durch die Gesellschaft für angewandte Informatik (GAI) mbH, Berlin.

## 2. Modellbeschreibung

Die Aufgabenstellung bei der Entwicklung des Transportplanungsmodells (TPM) sah die Abbildung des Frachtenzugnetzes der Deutschen Bundesbahn (DB) vor. Die dafür notwendigen Elemente des realen DB-Netzes mußten beim Entwurf des Modellsystems mit hinreichender Abbildungsgenauigkeit übernommen werden. Aufgrund der Anforderungen an Auswertungs- und Analysemöglichkeiten, Darstellungstiefe sowie Laufzeitverhalten fiel die Entwurfsentscheidung auf ein zeitdiskretes deterministisches Simulationsmodell.

Das Transportnetz im Modellsystem besteht aus zwei Klassen von Bahnhöfen, den Rangierbahnhöfen (Rbf) und den Knotenpunktbahnhöfen (Kbf), wodurch sich ein hierarchisches Ordnungsprinzip ergibt. Beide Bahnhofstypen können sowohl Quellen als auch Senken für den Wagenlauf darstellen; der Wagenumschlag findet jedoch nur in den Rangierbahnhöfen statt. Zwischen den Bahnhöfen verkehren verschiedene Klassen von Zügen nach festgelegten betriebstechnischen Verfahrensvorschriften ohne Unterwegshalte. Für jeden Zug ist eine Anzahl von Randbedingungen und Grenzwerten vorgegeben, die bei der Einstellung eines Wagens in den jeweiligen Zug berücksichtigt werden müssen (Gewichte, Längen etc.). Der Wagentransport vom Quellbahnhof zum Zielbahnhof kann dabei nicht frei wählbar durch das Bahnhofsnetz erfolgen, sondern muß den betrieblichen und planerischen Vorgaben gehorchen. Für jede denkbare Quelle-Ziel-Relation ist ein sogenannter Regelleitweg vorgegeben, auf dem der Wagen verfahren werden muß. Die Zugverkehre vom und zum Ausland werden in die Betrachtung miteinbezogen, soweit sie das DB-Transportnetz belasten.

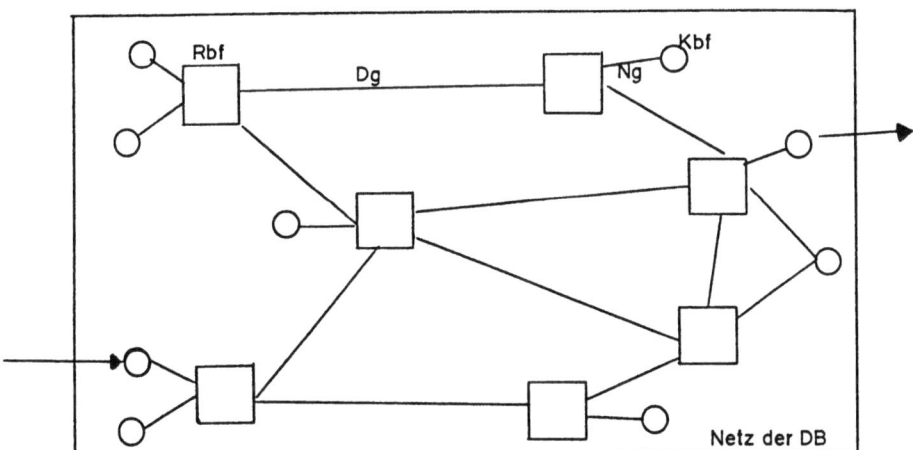

Die Struktur des Güterzugnetzes im Modell wird durch die Bahnhofsliste, die Regelleitwege sowie den Zugfahrplan gebildet. Das Aufkommen eines Wagens in seinem Quellbahnhof stellt ein externes Ereignis dar und wird vom Modell als Transportauftrag interpretiert. Die Aggregationsebene ist so gewählt, daß sowohl Mengenstrombetrachtungen auf Bahnhofsebene, als auch die Untersuchung einzelner Wagenbewegungen möglich sind. Betriebstechnische Besonderheiten wie spezielle Typen von Bahnhöfen (sog. 'doppelte Systeme') oder Zügen (Sonderzüge, Rangierfahrten) sind vollständig berücksichtigt.

Das Datenmengengerüst des Modells wird gebildet aus den real verfügbaren Betriebsdaten der Deutschen Bundesbahn, wobei eine ständige Anpassung der Datenbasis bei Änderung (z.B. Wechsel des Jahresfahrplans) erfolgt. Mit Stand vom Juni 1987 werden im Modell 330 Bahnhöfe (davon 36 Rangierbahnhöfe) und ca. 5200 Züge berücksichtigt. Die Datei der Regelleitwege beinhaltet aufgrund ihrer Vollständigkeit bezüglich der Bahnhofsdatei ca. 100.000 Einträge. Das zu verfahrende Wagenaufkommen wird aus einer im realen Betrieb ständig fortgeschriebenen Betriebsstatistik gewonnen (FIV - Fahrzeug-Informations und -vormeldesystem). Auf diese Weise wird gewährleistet, daß die Mengenströme im Modell dem realen Betriebsgeschehen entsprechen. Bei einem Simulationszeitraum von drei Wochen beträgt die Anzahl der Transportaufträge für das Modell, d.h. die Anzahl der zu transportierenden Wagen ca. 1100000.

Verifikation und Validation des Modells erfolgten in enger Abstimmung mit den Mitarbeitern der Arbeitsgruppe SPS der Deutschen Bundesbahn. Auf der Grundlage von Betriebsstatistiken erfolgte ein Abgleich der transportierten Wagenmengen und der daraus resultierenden Belastung des Produktionsnetzes auf den verschiedenen Aggregationsebenen. Nach erfolgter Kalibrierung ist nunmehr eine Stufe erreicht, auf der das TPM unmittelbar für Planungs- und Analysezwecke eingesetzt werden kann.

## 3. Modellfunktionen

Das Simulationsmodell TPM bildet die Transporte von Wagen durch das Verkehrsnetz vom Aufkommensort (Versender) bis zum Ziel des Wagens (Empfänger) ab. In den einzelnen Netzknoten, die der Wagen berührt, müssen Entscheidungen über seinen weiteren Laufweg getroffen werden. Auch diese sog. Disposition wird im Modell abgebildet. Als dritte zentrale Funktion ist eine Synchronisation von Informations- und Transportfluß zu nennen, die der Betriebspraxis entspricht.

### 3.1 Transportvorgänge und Dispositionsentscheidungen

Zentraler Gegenstand der Simulation ist die Abbildung von Wagentransporten durch das Verkehrsnetz. Dieser Transport erfolgt in einem Netz von Bahnhöfen, zwischen denen Züge verkehren. Ein Wagen wird dem Modell erstmalig 'bekannt' durch die Buchung des Kunden (Transportauftrag). Dabei werden Informationen über Aufkommens- und Zielort des Wagens, sowie technische Kenngrößen (Gewicht, Länge etc.), übermittelt. Als Restriktion für alle weiteren Steuerungsmaßnahmen wird zusätzlich der planmäßige Ankunftszeitraum errechnet, der in der Praxis dem Kunden garantiert würde. Da in den seltensten Fällen Züge zwischen dem Aufkommensort und dem Zielort eines Wagens verkehren, muß ein Wagen im allgemeinen mehrere Züge benutzen, zwischen denen er umgestellt wird. Dieser Vorgang ist in etwa mit dem Umsteigen im

Personenverkehr vergleichbar. Allerdings bestehen im Güterverkehr klare Regeln, in welchen Bahnhöfen auf dem Weg zum Ziel umgestellt werden soll. Da zwischen zwei Bahnhöfen jedoch an einem Tag mehrere Züge verkehren können, muß eine Entscheidung darüber getroffen werden, welcher Zug benutzt wird. Zusätzlich müssen eine Vielzahl von Restriktionen beachtet werden, die sich sowohl im Laufe des Tages, als auch im Wochenturnus ändern können.

### 3.2 Synchronisation Informationsfluß/Transportfluß

Da die Entscheidung über den weiteren Transport eines Fahrzeugs oft lange vor dem tatsächlichen Eintreffen dieses Fahrzeugs erfolgen muß, müssen auch die Informationen über dieses Fahrzeug (Zeiten, Grenzwerte) schon frühzeitig vorliegen. Da für eine Entscheidung (die Festlegung der Zusammensetzung eines Zuges) Informationen über die Zusammensetzung aller eingehenden Züge, die den Ausgangszug erreichen könnten, vorliegen müssen, liegt eine besondere Schwierigkeit in der Synchronisierung dieser Informationsflüsse. Zusätzlich müssen die gewählten Maßnahmen auch in einem realen Rechnernetz mit weit entfernten Knotenrechnern und Übertragung über digitale Netze (Datex P) möglich sein. Im Simulationsmodell TPM wurde folgende Vorgehensweise gewählt :
- Jeder Zug wird zu einem genau definierten Zeitpunkt disponiert; das Ergebnis (=Zusammensetzung des Zuges) wird dem nächsten Bahnhof gemeldet.
- Diese Dispositionszeitpunkte werden in einem aufwendigen Verfahren netzweit synchronisiert und an die Transportmöglichkeiten angepaßt.
- Bei jeder Disposition müssen die Daten aller Eingangszüge vorliegen. Fehlt eine dieser Meldungen, so wird dem betreffenden Bahnhof eine Nachricht übermittelt. Bei Empfang dieser Nachricht wird die fehlende Meldung in der nächsten Simulationsminute übermittelt.

Die genaue zeitliche und räumliche Entflechtung dieser Meldungen ist die Voraussetzung für einen geordneten Ablauf der Transporte. Verspätete Meldungen bewirken, daß Wagen nicht in die Züge eingestellt werden, die sie 'eigentlich' erreichen könnten. Verfrühte Meldungen führen zu Wageneinstellungen in Züge, die in der Realität nicht erreicht werden können. Zum Auffinden solcher Inkonsistenzen verfügt TPM über ein umfangreiches Fehlererkennungssystem.

### 3.3 Disposition von Ausgangszügen

Neben den derzeitigen Produktionsverfahren der Deutschen Bundesbahn bildet das TPM auch eine neue Produktionsvariante ab. Das dazu notwendige offene Rechnernetz an den wichtigsten Bahnhöfen des Produktionsnetzes ermöglicht die Vormeldung von Fahrzeugreihungen schon lange vor der Abfahrt der Züge. Grundlage für diese frühzeitigen Informationen sind die Vorbuchungen der Fahrzeuge durch die Kunden ( Transportaufträge) und die Vormeldung disponierter Züge an die Zielbahnhöfe.

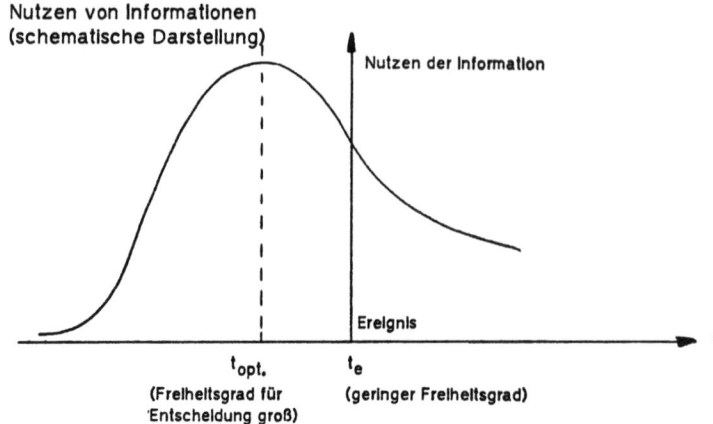

Der große Vorteil der Verfügbarkeit von Information, bevor unwiderrufbare Ereignisse oder Entscheidungen für die Disposition der Ausgangszüge anfallen, ist aus der Nutzenkurve abzulesen. Die frühzeitigen Informationen werden dazu genutzt, die beiden dispositiven Maßnahmen "Umsteuerung" und "Zurückhaltung" zum gegenseitigen Ausgleich von überlasteten und unterlasteten Zügen einzusetzen. Das Umsteuern von Fahrzeugen erfolgt durch Nutzung alternativer Leitwege (Züge in andere Richtungen) für den Transport der Wagen vom aktuellen Bahnhof zum Ziel. Bei der Zurückhaltung werden Wagen in spätere Züge derselben Richtung eingestellt. Die beiden dispositiven Maßnahmen erfolgen unter der Bedingung, daß die pünktliche Ankunft des Fahrzeugs im Zielbahnhof gewährleistet bleibt.

Die Zugdisposition, also die Festlegung der endgültigen Fahrzeugreihung für einen Ausgangszug, arbeitet im TPM als feste algorithmische Vorschrift (siehe Abbilduna).

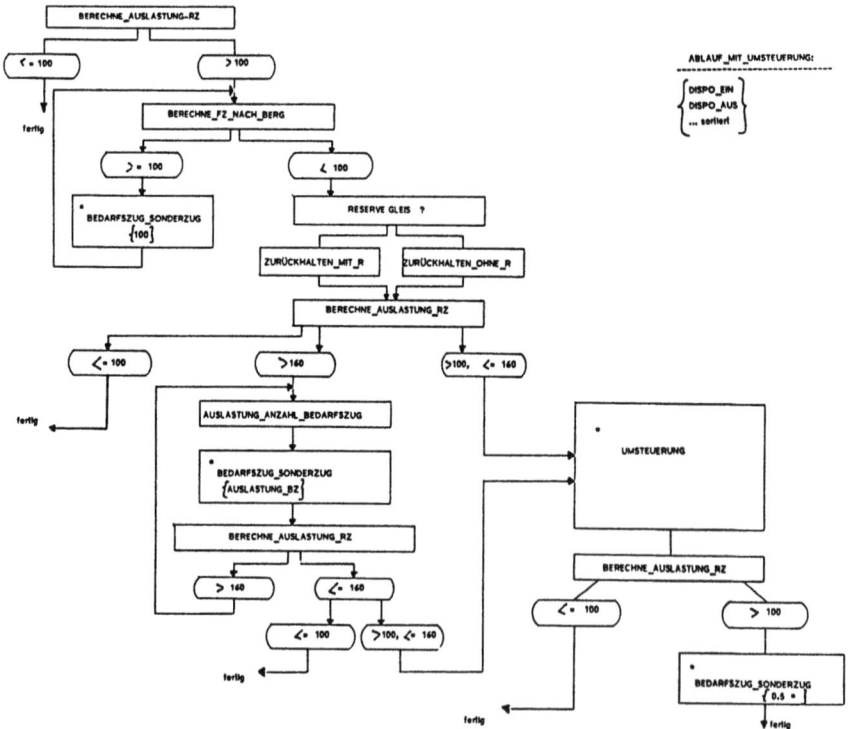

## 4. Modellausgaben

Das Simulationsmodell TPM protokolliert alle simulierten Ereignisse in komplexen Datenstrukturen, die durch Anwendung des weiter unten beschriebenen 'shared file'-Konzeptes auch nach Ende des Simulationslaufes zur Verfügung stehen. Als 'lesbaren' Output liefert das Programm zunächst ein kurzes Ergebnis-Listing mit hochaggregierten Statistiken. Diese Statistiken sollen dem Benutzer die Entscheidung erleichtern, ob weitere Auswertungen der simulierten Planungsvariante sinnvoll sind. Alle darüber hinausgehenden Auswertungswünsche können mit Hilfe spezieller Auswertungsprogramme bewerkstelligt werden. Diese Trennung der Auswertungsebene von der eigentlichen Simulation liegt in den breitgestreuten Interessen der potentiellen Anwender begründet. Ein Ausgaben-Listing, das alle protokollierten Aspekte eines Simulations-Laufes enthielte, würde mehrere tausend Seiten umfassen. Die gewählte Auswertungsstruktur ermöglicht daher den Benutzern Zugriff auf beliebige Detaillierungsebenen, z.B.:
- formaler Ablauf der Simulation (Datenmengen, Laufzeit, Fehlermeldungen)
- hochaggregierte Statistik der wichtigsten Kenngrößen
- Belastungssituation einzelner Netzknoten (Bahnhöfe)
- Auslastung einzelner Zug-Relationen
- Zusammensetzung einzelner Züge
- Weg eines einzelnen Wagens von der ersten Meldung bis zur Zielankunft

Neben diesen inhaltlichen Ebenen ist auch eine zeitliche Aggregation auf verschiedenen Stufen möglich (Minute, Stunde, Tag, Woche).

## 5. Technische Kenngrößen

Das Simulationsmodell TPM wurde einheitlich in PASCAL programmiert. Der benutzte Dialekt entspricht weitestgehend dem JENSEN/WIRTH-Standard. Das Modell läuft auf einem 32-Bit-Rechner der sog. Super-Mini-Klasse (Data General MV/10000) mit derzeit 8 MB Hauptspeicher. Das verwendete Betriebssystem AOS/VS unterstützt das Konzept der virtuellen Speicherverwaltung mit Demand Paging. Der Simulationsprozeß nutzt derzeit einen Adreßraum von 512 MB aus. Durch entsprechende Parametrisierung beim Linken des Programmes wird erreicht, daß die geamte vom Simulationsprogramm manipulierte Datenstruktur während der Laufzeit Bestandteil des eigenen Adreßraumes ist. Hierdurch kann auf explizite Ein/Ausgabe-Anweisungen verzichtet werden; sämtliche notwendigen I/O-Operationen werden durch den Paging-Algorithmus des Betriebssystems übernommen. Zudem wird durch 'Verdrahtung' des Datenteils des Programms mit einem Disk-Image erreicht, daß die Ergebnisse auch nach Prozeßende zur Verfügung stehen ('shared file'-Konzept).

Die Laufzeit des Modells ist abhängig vom Wagenaufkommen im Simulationszeitraum; als Faustregel kann man von einem Verhältnis 1:100 zwischen CPU-Zeit und simulierter Zeit ausgehen. Eine Woche realer Zeit (=168 Stunden) wird in ca. 1.5 Stunden simuliert. Als maximal möglicher Simulationszeitraum ist gegenwärtig ein Monat vorgesehen. Der benötigte Sekundärspeicherbedarf für Eingabe-Daten und Ergebnisse hängt ebenfalls vom Wagenaufkommen ab. Hier gilt als Faustregel: je simulierter Tag 10 MB Plattenspeicher. Durch das erwähnte Konzept sind auch auf dieser großen Datenmenge Auswertungen im Dialog möglich (Antwortzeiten im Sekunden-Bereich).

## 6. Einsatzbereiche des TPM

Bedingt durch die hohe Flexibilität und durch die vielfältigen Eingriffsmöglichkeiten für den Benutzer, ist das Simulationsmodell TPM für alle Planungen einsetzbar, die durch Manipulationen an der Datengrundlage abbildbar sind. Da eine Vielzahl von Produktions-<u>Strukturen</u> ebenfalls in formalisierter Form Teil der Eingangsdaten sind, können auch umfangreiche Eingriffe in die Transportabläufe simuliert werden. Als Haupt-Anwendungsgebiete sind zu nennen:
- Planung der Knoten im Netz (Bahnhofs-Standorte und -Funktionen)
- Planung von Produktions-Strukturen (Leitweg-Vorschriften)
- Fahrplan-Planung
- Auswirkungen veränderter Verkehrsmengen
- Auswirkungen alternativer Steuerungsmaßnahmen

### 6.1 Planung von Knoten im Netz

Bedingt durch konjunkturelle Veränderungen, wird die DB laufend mit der Notwendigkeit konfrontiert, ihr Verkehrsnetz an neue Transportmengen anzupassen. Die Änderungen, die hierbei zu berücksichtigen sind, liegen zum einen in der Quantität, zum anderen aber auch in der geänderten räumlichen Verteilung des Wagenaufkommens. Da die Standorte der Bahnhöfe im allgemeinen schon feststehen, ist besonders die Festlegung der Ausstattung für die einzelnen Knoten Planungsgegenstand. Durch das Simulationsmodell TPM können schon frühzeitig die Auswirkungen langwieriger und teurer Baumaßnahmen untersucht werden.

### 6.2 Planung von Leitweg-Vorschriften

Die Festlegung von Vorschriften über die planmäßig einzuhaltenden Beförderungswege sind ein wichtiges Hilfsmittel, um eine gleichmäßige Auslastung der Bahnhöfe und der Züge zu erreichen. Auch hier sind die Auswirkungen einer Änderung ohne Simulation kaum vorhersagbar, da negative Effekte oft erst an räumlich weit entfernten Stellen des Netzes auftreten.

### 6.3 Fahrplan-Planung

Für die Fahrplan-Planung gilt ähnliches wie für die Leitwege. Die Auswirkungen insbesondere von umfangreichen Änderungen sind ohne Simulation im allgemeinen erst einige Monate nach der realen Einführung zu erkennen. Auch hier ermöglicht die Simulation eine schnelle Identifizierung und Korrektur von möglichen Fehlplanungen.

### 6.4 veränderte Verkehrsmengen

Wie bereits in 6.1 angedeutet, können konjunkturelle Veränderungen Verschiebungen in Quantität und räumlicher Verteilung des Transportaufkommens bewirken. Daneben sind aber auch subtilere Veränderungen möglich, wie z.B. regionales Mehraufkommen durch Ansiedlung neuer Industrien oder Rückgang von Transporten bestimmter Sparten (z.B. Stahl), die spezielle Wagentypen benötigen. Um solche Szenarien in ihren Auswirkungen analysieren zu können, hält das Simulationsmodell TPM eine Vielzahl von Möglichkeiten bereit, das reale Wagenaufkommen den genannten Anforderungen entsprechend zu manipulieren.

### 6.5 Auswirkungen alternativer Steuerungsmaßnahmen

Eine der Haupt-Intentionen bei der Konzeption des Simulationsmodell TPM war es, die Auswirkungen der Steuerungsmaßnahmen, die bei Einführung eines neuen Produktionsverfahrens zur Verfügung stünden, zu bestimmen. Dadurch sollte unter anderem das Einsparungspotential gegenüber der gegenwärtig praktizierten Vorgehensweise abgeschätzt werden. Zu diesem Zwecke sieht TPM verschiedene Betriebsmodi vor, die diese neuen Steuerungsmaßnahmen wahlweise nutzen oder darauf verzichten.

### 7. Stand der Entwicklung und Ausblick

Zum gegenwärtigen Zeitpunkt (Juni 1987) ist das Simulationsmodell TPM für die beschriebenen Arbeitsbereiche vollständig einsatzbereit. Die Schwerpunkte liegen dabei auf der simulativen Auswertung einer gegebenen Datenbasis. Für die Manipulation dieser Datenbasis, sowie für die Untersuchungen der Simulationsergebnisse wurde eine komfortable Benutzerschnittstelle implementiert. Für die Zukunft ist vorgesehen, die Tätigkeit des Benutzers stärker dadurch zu unterstützen, daß Entscheidungen im Zusammenhang mit dem Simulationsprozeß (z.B. Abbruch bei offensichtlich unsinnigen Konstellationen) in das Modell hineinverlagert werden. Geplant ist darüber hinaus die Übernahme von Verfahren zur Generierung optimaler Fahrpläne bei gegebener Netzstruktur. Zielvorstellung ist dabei die Integration des eigentlichen Simulationsmodells in ein globales Optimierungssystem.

Durch die aufgeführten Erweiterungen würde das TPM vermutlich so komplex, daß ein effektives Arbeiten nur nach intensiver Schulung möglich wäre. Ein wichtiger Aspekt zukünftiger Arbeiten muß daher auch in der weiteren Unterstützung des Benutzers liegen. Insbesondere soll der Vergleich verschiedener Simulationsläufe einer vereinfachten Auswertung zugänglich gemacht werden. Ob hierbei ein Einsatz etwa von Expertensystemen sinnvoll ist, muß noch geklärt werden.

# Bestimmung optimaler Leitwege in einem vorgegebenen Transportnetz mit Hilfe der Evolutionsstrategie

Joachim Plehn, Andreas Schonard, Werner Prautsch

**Zusammenfassung:**

Am Beispiel des Produktionsnetzes Güterverkehr der Deutschen Bundesbahn wird gezeigt, wie die Evolutionsstrategie als heuristisches Optimierungsverfahren zur Bestimmung optimaler Leitwege eingesetzt werden kann. Vorgestellt wird der entwickelte Algorithmus und dessen Eigenschaften im Hinblick auf die Größenordnung des bearbeiteten kombinatorischen Problems und die Randbedingungen dieser Optimierungsaufgabe.

## 1. Einleitung

Im Rahmen eines Projektes der Deutschen Bundesbahn, an dem die Verfasser mitarbeiten, wird ein umfassendes Steuerungssystem für den Einzelwagenlauf des Güterverkehrs der Deutschen Bundesbahn entwickelt. Dieses inzwischen als Prototyp vorliegende "Vorbuchungssystem" soll dazu beitragen, die vorhandenen Zugkapazitäten optimal nutzen zu können und gleichzeitig damit Qualitätsverbesserungen der Transportleistungen zu erreichen. Hierzu ist u.a. auch die Festlegung optimaler "Regelleitwege" bzw. - unter entsprechenden Randbedingungen - suboptimaler "alternativer Leitwege" für die zu steuernden Einzelwagen erforderlich.

Diese Aufgabenstellung ist durch die bekannten Methoden der linearen Optimierung gut behandelbar. Dennoch wurde zu ihrer Lösung die Evolutionsstrategie eingesetzt, um einerseits praktische Erfahrungen mit den Eigenschaften dieser Methode zu sammeln, andererseits, um damit ggf. in einer zweiten Phase des Projektes verschiedene andere Optimierungsaufgaben im Zusammenhang mit der Optimierung des Gesamtnetzes vornehmen zu können.

Die Bestimmung optimaler Leitwege hat zum Ziel, einen Kompromiß zwischen den Kostenwirkungen von häufigen Umstellungen der Güterwagen in verschiedene Züge - wenig weitlaufende Direktverbindungen zwischen bestimmten Quell- und Zielbahnhöfen - bzw. denen einer großen Zahl von Direktverbindungen - Maximal-Netz - zu finden. Die hierzu zu beachtenden Randbedingungen werden weiter unten näher diskutiert. Der Abbildung dieser Restriktionen in einem Optimierungsmodell kommt die Evolutionsstrategie in besonderer Weise entgegen, weil sie die Verwendung von Datenstrukturen erlaubt, die zusammen mit der Anwendung entsprechender Manipulationsalgorithmen eine simulative Bearbeitung der Aufgabenstellung gestatten.

## 2. Grundlegende Prinzipien der Evolutionsstrategie

Um die Methode der biologischen Evolution auch bei technischen Optimierungen einsetzen zu können, mußten die sie tragenden Mechanismen in technische Äquivalente übersetzt werden.

---

\* Die Arbeiten entstanden im Rahmen der DB-Arbeitsgruppe SPS unter der Projektleitung von Dr.-Ing. Weißleder. Die Ausführung erfolgte durch die GESELLSCHAFT FÜR ANGEWANDTE INFORMATIK mbH, Berlin.

|  | Mutation | Selektion |
|---|---|---|
| Biologie | Zufällige Veränderung des Erbgutes | Auslese der an die Umwelt bestange- paßten Lebewesen |
| Technik | Zufällige Veränderung der freien System- parameter | Auswahl der bestein- gestellten Systeme |

Die von I. Rechenberg getragene Entwicklung führte in mehreren Schritten zur sogenannten (µ,λ)-gliedrigen Evolutionsstrategie. Betrachtet man die Zusammenfassung aller frei einstellbaren Systemparameter als Erbgut eines technischen 'Individuums', so erhält man folgenden Algorithmus:

In der g-ten Generation (dem g-ten Optimierungsschritt) erzeugen µ Individuen (Eltern) durch Mutation ihrer Systemparameter insgesamt λ Nachkommen (µ,λ). Die µ besten Individuen werden Eltern der nächsten, (g+1)-ten Generation.

Die biologische Evolution weist eine Reihe von höheren Evolutionsmechanismen auf, die in weiteren Nachahmungsstufen Verwendung finden können. Beispielsweise kann die Rekombination, die Durchmischung der Erbinformation durch Sexualität, nachgeahmt werden. Im technischen Handlungsschema wird dies durch den zufälligen, wechselseitigen Austausch der Systemparameter realisiert.

Eine ausführliche Beschreibung der Wirkungsweise evolutionsstrategischer Mechanismen ist in der angegebenen Literatur nachzulesen.

### 2.1 Die Anwendung der Evolutionsstrategie zur Lösung kombinatorischer Aufgabestellungen

Ein wichtiges Kriterium für die Verläßlichkeit, mit der das Verfahren konvergiert, ist die Einhaltung des sogenannten Glattheitspostulats (kleine Änderungen an den Objektvariablen führen auch zu kleinen Änderungen in der Qualitätsbewertung). Normalerweise erfüllt die gemessene Qualität eines technischen Objekts diese Bedingung. Grund dafür ist die Tatsache, daß die Variablenachsen des Objekts Maßskalen-Eigenschaften besitzen. Der Anstieg zum Optimum ist damit kontinuierlich, das heißt, mit beliebig kleinen Schrittweiten ist immer ein Qualitätsgewinn möglich (Infinitesimal).

Bei kombinatorischen Problemen ist es in der Regel nicht möglich, eine Qualitätsfunktion zu definieren, die dem Glattheitspostulat genügt. Die Ausprägung derselben ist in diesem Fall meist stufenförmig, wobei die Art und Anzahl auftretender Unstetigkeiten in einem bestimmten Maß die Konvergenz des Verfahrens beschränkt.

Bei einer evolutionsstrategischen Optimierung wird die sich ständig ändernde Ausprägung des lokalen Qualitätsverlaufs durch eine Schrittweitenregelung ausgeglichen, so daß die Wahrscheinlichkeit für einen Fortschritt immer gleich bleibt. Dies ist bei kombinatorischen Problemen meist nicht zu gewährleisten, da die Größe der Schritte immer konstant ist.

Gerade in Zielnähe, wo die Schrittweite im Normalfall sehr klein werden sollte, ist es nicht möglich, einen durch den Mutationsmechanismus bestimmten Schwellwert - im Beispiel die Umlegung eines Teilleitweges - zu unterschreiten. Um in diesen Bereichen noch Fortschritte erzielen zu können, ist die Nachkommenzahl $\lambda$ pro Generation gegenüber den in der Theorie errechneten Werten deutlich zu erhöhen.

Insgesamt gesehen verhält sich die Strategie ähnlich wie im kontinuierlichen Fall mit einer gestörten Qualitätsfunktion. Die Funktionsfähigkeit der Evolutionsstrategie bleibt also durchaus erhalten, es kommt aber zu einem Absinken der Fortschrittsgeschwindigkeit. Praktisch bewährt hat sich hier die Hinzunahme der durch die natürliche Evolution herausgebildeten Verfahren der Rekombination und der Vermeidung von Inzucht (ausselektieren gleicher Genotypen). Gegenüber den einfacheren $\mu,\lambda$-Modellen der Evolutionsstrategie erhält man auf diese Weise einen deutlich schneller und auch sicherer konvergierenden Algorithmus.

## 3. Problembeschreibung

Die Bestimmung einer optimalen Leitwegstruktur erfordert die Abbildung des für die Bildung von Leitwegen relevanten Teilsystems der Knotenpunktstruktur des Güternetzes der DB. In diesem Fall sind dies die 36 momentan existierenden Rangierbahnhöfe (Rbf) und die vorhandenen Strecken zwischen diesen Netzknoten.

Jeder Rbf kann sowohl eine Quelle, als auch eine Senke für den Wagenlauf darstellen. Der Wagentransport vom Quellbahnhof zum Zielbahnhof darf dabei nicht frei wählbar durch das Streckennetz erfolgen, sondern muß den betrieblichen und planerischen Vorgaben gehorchen. Für jede mögliche Quelle-Ziel-Relation ist ein sogenannter Regelleitweg vorgegeben, auf dem die Wagen verfahren werden müssen. Gibt es zwischen Quelle und Ziel eine direkte Verbindung (Zugbildung), können die Wagen ohne Aufenthalt transportiert werden; andernfalls müssen die Leitwege aus bestehenden Zugbildungen zusammengestellt werden, wobei dann Umstellungen auf dem Laufweg in Kauf genommen werden müssen. Es gibt in der DB die Restriktion, daß maximal drei Umstellungen in einem Leitweg erlaubt sind.

Die Leitwege werden in einer Zwischen-Wegs-Abschnitts-Datei (ZWAD) gespeichert, die in Form einer Matrix den jeweils nächsten Umstellungsbahnhof in einem Leitweg beinhaltet.

Die in der Optimierungsrechnung für die Bewertungsfunktion benötigten Daten (Transportmengen und Kilometer) liegen in Form von Matrizen vor, die jeweils 36 * 36 Elemente enthalten. Die Transportmengen sind reale Betriebsdaten der DB und stammen aus einer FIV-Auswertung (FIV = Fahrzeuginformations- und Vormeldesystem) aus dem September/Oktober 1985. Die Streckenkilometer werden aus den Weltkoordinaten der Rbf berechnet, sind also Luftlinienkilometer.

## 4. Modellbildung

Es geht in diesem Punkt darum, eine Möglichkeit der Abbildung für den für die Leitwegoptimierung relevanten Teil des Produktionsablaufs zu beschreiben, so daß ein Modell der Leitwegstruktur entsteht, an dem sich qualitativ und quantitativ überprüfen läßt, welche Manipulationen im Hinblick auf eine Optimierung der realen Leitwegstruktur sinnvoll und realisierbar sind. Dieses Modell stellt die Basis dar, auf die die funktionalen Elemente der Evolutionsstrategie angepaßt werden müssen. Als Manipulation kommt nur die Umlegung von Teilleitwegen bzw. Zugbildungen in Frage. Da dies mit einigen wichtigen Restriktionen belegt ist, wie zum Beispiel "nicht mehr als drei Umstellungen" und die Konsistenzerhaltung der ZWAD-Matrix, muß eine Art der Datendarstellung und ein Mutationsalgorithmus erarbeitet werden, in welchen diese Restriktionen mit einfließen.

### 4.1 Datenstruktur

Es ist oftmals sinnvoll, statt eines komplizierten Algorithmus eine problemangepaßte Datenstruktur zu definieren. Dieses Problem ergab sich auch bei der Spezifikation eines Algorithmus zur Manipulation der ZWAD. Es galt hier, ein Verfahren zu erarbeiten, mit dem Änderungen an der ZWAD durchzuführen sind, ohne deren Korrektheit zu verletzen. Um diese zu gewährleisten, müssen Ringverkehre ausgeschlossen werden, außerdem ist die in der DB festgelegte Restriktion, daß in Fernverbindungen (zwischen Rbf) nicht mehr als drei Umstellungen zugelassen werden, einzuhalten.

Als Alternative zu einem aufwendigen Prüfungsalgorithmus wurde die Möglichkeit genutzt, mit Hilfe einer Mischung zwischen verketteter Liste und Baumstruktur einen abstrakten Datentyp zu definieren, welcher die zielgerichtete Leitwegstruktur des Güternetzes der DB abzubilden in der Lage ist.

Beispiel:

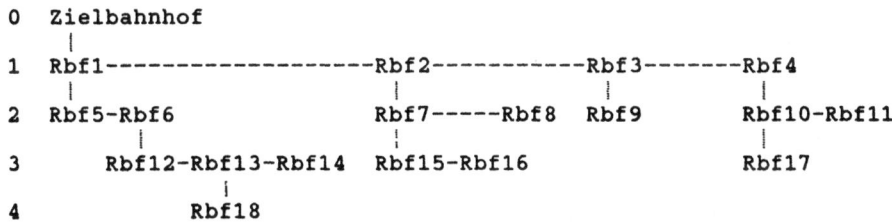

Rbf1 bis Rbf4 haben vereinbarungsgemäß eine Direktverbindung zum Zielbahnhof. Rbf10 und Rbf11 sind in Richtung Zielbahnhof direkt an Rbf4 angebunden; sie stehen in Ebene 2, haben also 2-1 = 1 Umstellungen zum Ziel. Der Leitweg von Rbf16 ist im Beispiel:

Rbf16-->Rbf7-->Rbf2-->Zielbahnhof.

Es werden insgesamt ebensoviele Bäume zur Darstellung der Leitwegstruktur benötigt, wie Rangierbahnhöfe im Netz vorhanden sind; auch die Zahl der Elemente in diesen Bäumen entspricht der Anzahl der Rangierbahnhöfe. So hat die Tabelle, in der diese Bäume gespeichert sind, in der aktuellen Version 36 * 36 Elemente.

## 4.2 Mutation

Unter Verwendung der oben dargestellten Datenstruktur kann ein Mutationsmechanismus auf einfache Weise definiert werden. Ein Element, das den Anfang eines Leitwegs darstellt, also keinen Zeiger in die nächst tiefere Ebene hat, wird einfach an ein beliebiges anderes Element gehängt. Dabei muß lediglich beachtet werden, daß die Baumtiefe nicht größer als 4 wird (anders ausgedrückt: Nicht größer als die Anzahl der gestatteten Umstellungen plus eins).

In unserem Beispiel sind z.B. folgende Mutationen möglich: Rbf12 wird an Rbf14 gehängt, Rbf18 an Rbf1, Rbf5 an Rbf6, aber nicht Rbf9 an Rbf18 (Baumtiefe > 4) oder Rbf7 an Rbf6 (Rbf7 ist Wurzel eines Teilbaumes und darf aus diesem Grund nach der obigen Definition nicht mutiert werden).

Eine solche Mutation stellt die kleinstmögliche Veränderung des Objekts dar. Sollen großräumige Mutationen festgelegt werden, ist auch dies mit der vorgestellten Datenstruktur in einfacher Weise möglich. Dabei ist nur die oben beschriebene einschränkende Regel, daß das umzusetzende Element keinen Zeiger in die nächst tiefere Ebene haben darf, wegzulassen.

Bei einer Mutation wird nun nicht nur das Element selbst, sondern es werden alle Elemente, die unter diesem hängen, ebenso umgesetzt. Dabei muß geprüft werden, ob die Position des untersten Elements nach der Mutation nicht größer als 4 ist und ob das Element, an das dieser Teilbaum angehängt werden soll, nicht selbst ein Element des Teilbaums ist.

Mit dieser Mutationsvorschrift ist in unserem Beispiel die Mutation Rbf7 an Rbf6 möglich; dabei werden auch Rbf15 und Rbf16 umgesetzt.

## 4.3 Selektion

Zur Bestimmung der Qualität kommen in der vorliegenden Version folgende Kriterien zur Anwendung:

- Summe Wagenkilometer            --> min
- Summe Umstellungen              --> min
- Summe Wagen pro Zugbildung      --> max

Die Transportmenge wirkt als Wertkriterium reziprok zu den anderen, also wird sie bei der Qualitätsberechnung von der Gesamtqualität abgezogen. Zusätzlich erhält der Qualitätswert einen 'Grundaufschlag' von 40, weil Zugbildungen nur dann sinnvoll sind, wenn mindestens ein Zug am Tag gefüllt werden kann.

Alle drei betrachteten Qualitätswerte können vom Anwender mit Wichtungsfaktoren belegt werden. Die im Anschluß vorgestellten Ergebnisse wurden mit folgenden Wichtungsfaktoren gerechnet: Summe Wagenkilometer * 1, Summe Umstellungen * 50 und Summe Wagen pro Zugbildung * 36.

## 4.4 Rekombination

Die Rekombination, in der Theorie als wechselseitiger Austausch der Objektvariablen zwischen den Eltern definiert, wird bei der vorliegenden Optimierungsaufgabe durch einen Tausch der Zielbahnhofsbäume zwischen den Eltern realisiert. Wir erinnern uns: Die

ZWAD wird in 36 Darstellungsbäumen, die die zielspezifisch ausgerichteten Leitweg abbilden, dargestellt. Diese Bäume sind, wie die Leitwege, unabhängig voneinander. Aus diesem Grund kann vor jeder Mutation der zu mutierende Nachkomme aus den Darstellungsbäumen zweier oder mehrerer Eltern zusammengestellt werden und so die Rekombination verwirklicht werden.

### 4.5 Zufallszahlengeneratoren

Zufallszahlengeneratoren mit hinreichender Güte sind für die Fortschrittsgeschwindigkeit evolutionsstrategischer Optimierungen von besonderer Bedeutung. Sind diese nicht optimal ausgelegt, so ist mit deutlich voneinander abweichenden Endergebnissen zu rechnen. Die Theorie über die Auswirkungen unterschiedlicher Zufallszahlengeneratoren auf die erreichbare Fortschrittsgeschwindigkeit und Zielannäherung ist nicht eindeutig belegt. Es ist zu vermuten, daß für die verschiedenen Optimierungsaufgaben auch die Zufallszahlengeneratoren unterschiedlich auszulegen sind, weil diese auch bei sehr großer Periodenlänge jeweils andere statistische Eigenschaften aufweisen, die je nach Benutzungsmodalitäten in einem solchen Optimierungsalgorithmus unterschiedliche Auswirkungen haben können. So muß auch hier eine günstige Auslegung empirisch erarbeitet werden.

Bei dem vorgestellten Lösungsansatz wird mit einem gemischten Generator gearbeitet, der wie folgt aufgebaut ist:

$$X_{n+1} = (A * X_n + B) \bmod M$$

Dieser erzeugt gleichverteilte Zufallszahlen im Intervall (0,M(, die anschließend auf den gewünschten Bereich normiert werden. Diese Generatoren erreichen bei geeigneter Wahl der Parameter A und B die volle Periodenlänge M.

### 5. Modellausgaben

Um Vergleiche zu ermöglichen, werden sowohl Start-ZWAD, als auch Ergebnis-ZWAD in ein File geschrieben. Zusätzlich werden, um eine direkte Bewertbarkeit zu ermöglichen, einige Auswertungen ausgegeben. Dazu gehören:

- Die Werte in den drei aufgeführten Qualitätskriterien, vor und nach der Optimierung.

- Die jeweils erzielten Verbesserungen in Prozent.

- Die jeweils erzielten Verbesserungen in Prozent, gemessen am möglichen Erfolgspotential.

- Die Zahl der Zugbildungen in 12 Aufkommensklassen, sowie deren Summe jeweils vor und nach der Optimierungsrechnung.

### 6. Technische Kenngrößen

Das Optimierungsprogramm wurde in PASCAL - weitestgehend nach Jensen/Wirth-Standard - geschrieben. Entwickelt wurde auf einem 32-bit-Rechner der sogenannten Superminiklasse (Data General MV/10000) unter Betriebssystem AOS/VS.

Die Laufzeit ist abhängig von der Auslegung der Strategieparameter, immer aber in der Größenordnung von mehreren Stunden CPU-

Zeit. Der benötigte Speicherbedarf des Programms und der benötigten Dateien beläuft sich auf unter 1 MB (ist auch abhängig von bestimmten Strategieparametern).

## 7. Ergebnisse

Nach ca. 1000 - 1500 Generationen mit 10 Eltern und 120 Nachkommen terminiert das Programm. Die Abbruchbedingung ist in Abhängigkeit von der Erfolgswahrscheinlichkeit formuliert, d.h. kann nach einer bestimmten Zahl erzeugter Nachkommen kein Erfolg erzielt werden, wird die Optimierung beendet. In den durchgeführten Testläufen konnten folgende Verbesserungen erzielt werden, die hier in einem typischen Ergebnis dargestellt werden:

|                         | Start-zustand | Ziel-zustand | Prozentuale Veränderung | bzgl. Verbesserungspotential |
|-------------------------|---------------|--------------|-------------------------|------------------------------|
| Wagen-km                | 4979980       | 4876035      | 2.09                    | 53.95                        |
| Umstellungen            | 8972          | 9195         | 2.49                    | -2.49                        |
| Aufkommen in Zugbildungen | 29430       | 29653        | 0.76                    | 0.65                         |
| Anzahl Zugbildungen     | 275           | 274          | 0.36                    |                              |

Anzahl Zugbildungen in Wagenaufkommensklassen:

|       | 1-10 | 11-20 | 21-30 | 31-40 | 41-60 | 61-80 | 81-100 | 101-120 | 121-160 | 161-200 | 201-240 | >240 |
|-------|------|-------|-------|-------|-------|-------|--------|---------|---------|---------|---------|------|
| Start | 1    | 10    | 23    | 23    | 38    | 35    | 45     | 27      | 31      | 16      | 11      | 15   |
| Ziel  | 0    | 6     | 22    | 16    | 39    | 41    | 42     | 29      | 38      | 17      | 10      | 14   |

Die in obiger Tabelle aufgeführten Werte für Wagen-Km, Umstellungen und Aufkommen sind Summenwerte für den Zeitraum von 24 Stunden; der Aufkommenswert ist die Summe des Aufkommens aller Zugbildungen in diesem Zeitbereich.

Mit den Wichtungsfaktoren (Km * 1, Umstellungen * 50 und Aufkommen * 36 - siehe Selektion) waren die Ergebnisse in etwa gleich: ca. 100000 eingesparten Wagenkilometern stand eine gleichbleibende oder geringfügig schlechter werdende Qualität für Umstellungen und Aufkommensberechnung gegenüber. Diese 100000 Wagenkilometer sind gemessen an den an einem Tag insgesamt verfahrenen Wagenkilometern nicht viel (ca. 2%), wird jedoch das mögliche Optimierungspotential, das sich aus der Differenz zwischen den Wagenkilometern des Startzustands und den des Maximalnetzes (alle Quelle - Zielrelationen haben Zugbildungen) errechnet, berücksichtigt, liegt der errechnete Gewinn bei über 50%.

Ausgegangen wurde von zwei verschiedenen Ausgangszuständen:

1. Von einer von der DB benutzten Leitwegmatrix und

2. von einer einer Matrix, in welcher nur Direktverbindungen vorgegeben waren (Maximalnetz).

Trotz dieser sehr verschiedenen Start-Matrizen weichen die Endergebnisse nicht signifikant voneinander ab. Bemerkenswert war, daß das Optimierungsprogramm ohne Rekombinationsmechanismus qualitativ deutlich voneinander abweichende Ergebnisse erbrachte, also nicht in der Lage war, Nebenoptima zu überwinden. Mit Einsatz der Rekombination gelang es die qualitative Streuung der Ergebnisse auf ein geringes Maß zu reduzieren.

Grund für die immer noch vorhandenen Abweichungen, die jedoch im Verhältnis zum Ausschöpfungsgrad der Optimierungsspielraums vernachlässigbar sind, ist eine unstetige Ausprägung des Qualitätsgebirges in Zielnähe mit häufigen Nebenmaxima.

Auf eine Schrittweitensteuerung, die zur Erlangung einer höchstmöglichen Fortschrittsgeschwindigkeit bei linearen Problemen benutzt wird, konnte hier verzichtet werden, da deren Einstellung nach Beginn der Optimierungsrechnung sofort gegen den kleinstmöglichen Wert stebte.

## 8. Ausblick

Im Hinblick auf die Vielfalt der Auslegungsmöglichkeiten für Leitwege in einer 36 * 36 - Bahnhofsmatrix ist es erstaunlich, daß die Evolutionsstrategie nach schon wenigen Generationen entscheidende Fortschritte erzielt und nach ca. 1200 in Optimumsnähe gelangt.

Dieses als Methodentest für diesen Anwendungsfall entworfene System läßt sich beliebig erweitern. In erster Linie geht es darum die technischen Randbedingungen und Restriktionen des Güterverkehrs der DB genauer abzubilden und die erzielten Ergebnisse simulativ mit Hilfe des Transportmodells zu bewerten.

Ist die Einsatztauglichkeit der Evolutionstrategie für kombinatorische Probleme großer Vielfalt nachgewiesen, so ist ein weiterer Einsatz als Optimierungsverfahren in anderen Bereichen der Produktionssteuerung geplant. Als Beispiel ist hier die hochkomplexe Einzelwagensteuerung in einem Leerwagenverfügungssystem zu nennen. Die dabei auftretenden Randbedingungen und Ereignisse sind von besonderem Interesse, da sie ein zeitlich dynamisches Verhalten zeigen, was zu einer ständigen Korrektur der Datenbasis und des lokalen Zielabstandes führt. Als Analogie sei hier die Anpassung einer Population an sich ändernde Umweltbedingungen angeführt.

Literaturhinweise:

1. Prof. I. Rechenberg    Evolutionsstrategie, Frommann/Holzboog
2. H.P.Schwefel    Numerische Optimierung von Computer-Modellen mittels der Evolutions-Strategie, Birkhäuser
3. C.Muth    Einführung in die Evolutionsstrategie Regelungstechnik 30,1982
4. A.Scheel    Ein Beitrag zur Theorie der Evolutionsstrategie Dr.Ing. Diss.,D83,TU-Berlin 85

# SIMULATION OF GUERILLA WARFARE

ALBERT A. STAHEL
University of Zurich
and
Department of Military Science
Swiss Federal Institute of Technology Zurich


## 1. THE PRINCIPLES OF GUERILLA WARFARE

In his historical analysis of the wars since 1775 where guerilla warfare was used, Walter Laqueur [1] reveals that we have to make a fundamental distinction between a guerilla war directed to national aims and guerilla war directed to revolutionary aims. A war with national aims is defined as a conflict between a Resistance of an occupied country and the occupation forces of an aggressor. In a war with revolutionary aims, a minority of a country, be it an ethic (Basque), a religious (catholics in Ulster) or a social minority (minor party) uses guerilla warfare against the government of the country in question. Whereas the aim of the national guerilla war is to drive away the occupation forces, the revolutionary guerilla war aims at overthrowing the government and taking over the power. The next aim they are driving at is a change of the social and economic system.

Mao Tse-tung developed operational conceptions for both directions. He describes the concept of revolutionary warfare in his essay "Strategic problems of the revolutionary war in China", December 1936 [2]. A detailed description of national guerilla warfare can be found in his essay "Strategic problems of the partisan war against the Japanese aggression", May 1938 [3]. As, according to Mao, the national guerilla warfare is a means of resistance against the Japanese aggression, he puts this in the wider concept of the war of resistance which is treated very thoroughly in his study "About the lengthy war", May 1938 [4]. The aim of this paper being the simulation of national guerilla warfare, we will study the principles and hypotheses formulated by Mao especially in his study about the lengthy war. In this study, Mao presents five principles which, if followed by the participants of a guerilla war, guarantee a successful ending of the war against occupation forces.

The first principle of a successful guerilla war and a war of resistance (the Chinese against the Japanese) is the fact that guerillas are supported by the population. The guerillas should live among the population like a fish in a populated sea. This support includes an active as well as passive component. The support is called active, when the population covers the losses of the guerillas with farmers who are fit to fight. According to Mao, the capacity and willingness for recruiting among the population is reinforced by reprisals of the occupation forces, because these reprisals don't just frighten the population but they also intensify the population's hatred for the occupation forces (for the Japanese). What the passive support is concerned, it's mainly the fact that the population hands information about the enemy to the guerillas. This support includes also the logistics, i.e. food supplies for the guerillas.

The second principle in guerila and partisan warfare is the size of the population. The larger the population, the less sensible is the substance of the population to reprisals and the greater is the stock to fill up the losses and to reinforce the strength of the guerillas. The successful example given by China shows the plausability of this thesis. At the same time, historic examples reveal that a guerila war with a small population has little chance of success.

In his third thesis, Mao refers to the importance of the proportion of strength between the guerillas and the aggressors. The more, in the course of the war, this proportion turns in favour of the guerillas, the more the success of the war will turn to the guerillas and the occupation forces are going to be destroyed. This development again is a factor of the quantity of the population. Apart from this proportion, the result of war is also determined by the proportion of the fighting power of the two enemies.

The fourth thesis refers to the importance of the dimension of the territory in which the guerilla war is fought. The larger the territory which serves the guerillas as theatre of operations and where they can establish their bases, the more successful the guerillas will be.

The fifth principle for successful guerilla warfare is the efficiency of the intelligence service of the guerillas on the one hand and the inefficiency of the intelligence service of the occupation forces on the other hand. Whereas the guerilla forces, by receiving information from the population, are informed about the organization, the bases, the movements and the actions of the occupation forces, it's not the case for the occupation forces. Due to the missing support of the population, the intelligence service of the occupation forces has to rely on air-reconnaissance and reconnaissance in force. This difference in efficiency between both intelligence services determines the efficiency of the actions of both enemies. Whereas the guerillas can successfully attack the occupation forces from ambushes and wear them out in different fights, the occupation forces can't do this. As their results of reconnaissance are not exact enough, their cannonade and bombardment are aimed at aera. The most important targets in the guerila territory are only partly hit. Different operations carried out by German fighters on the Balkans during the Second World War can be quoted as a good example. A guerilla war, made on the basis of these principles, is obviously a total dispute where ideological, political, psychological as well as military means are involved. The execution and the development of such a war is therefore a complicated and dynamic process. As the interaction in such a process can't be formulated and analysed verbally, we shall examine the processes and results of guerilla wars by means of a simple model consisting of ordinary differential equations and of simulation.

## 2. A MODEL FOR THE SIMULATION OF GUERILLA WARFARE

The course of the actions in a guerilla war between the partisan forces and the occupation forces can be illustrated by the following equation system [5]:

(1) $\quad dGUER/dt = (UEBLR*POP)-(VER21*GUER*CONV)$
(2) $\quad dCONV/dt = (-VER21*GUER)+(MOBIL*CONV)$
(3) $\quad dPOP\ /dt = (ZUWR*POP)-(DPMDR*POP)-(UEBLR*POP)$

This model represents the interaction of three groups:
(1) the guerilla GUER, (2) the population POP and (3) the regular occupation forces CONV. The war structure of this model reflects the asymmetrical nature of a guerilla war without fronts. While the losses on the regular side are directly proportional to the strength of the other side, the losses of the guerilla forces are proportional to the strength of both. The more intense the fighting is, the higher are the losses of the guerilla forces. But guerilla fighters are like fish in the water. The exact position of their base is unknown to their enemy. The latter has to bomb the guerilla territory or to cover it with artillery fire without exact target data, and thus the losses of the guerilla forces are proportional to their own strength. According to this, we have the following combat parameter in the first equation:

$$VER21 = R2*AE2/A1$$

R2 is the rate in which the air-raids are carried out, A1 is the surface which is bombed and AE2 is the destruction efficiency of a single operation. The first equation represents the change over time in the strength of the guerillas who are fighting the regular occupation forces. Their strength is increased by the recruits coming from the population (UEBLR*POP) and diminished by their losses (VER21*GUER*CONV). The second equation describes the strength of the regular occupation forces as a function of their losses and and of the replacing of their losses by people from their own country (MOBIL*CONV). As the intelligence service of the guerilla is very good and as they are informed about every operative or tactic action of their enemy, the losses of the occupation forces are directly proportional to the strength of the guerilla forces (-VER12*GUER).

The third equation decribes the development of the population. This third equation is a function of (a) the natural growth of the population (ZUWR*POP), (b) of the fact that members of the population join the guerilla forces (UEBLR*POP) and (c) of the genocide done to the population by the occupation forces (DPMDR*POP).

This simple a priori model has been used to analyze three examples of guerilla wars:
1. The guerilla war in South Sudan against the government of the North from 1963-1972
2. Tito's partisan war against Germany, Italy and the Utaschas from 1941-1944
3. The guerilla war of the Mujaheddins in Afghanistan against the Soviet forces since 1979.

We will present here the results of the analysis of the war in Afghanistan.


## 3. THE GUERILLA WAR OF THE MUJAHEDDINS IN AFGHANISTAN 1980-1985[6]
### 3.1. THE MODEL

The guerilla war in Afghanistan, which has been going on since 1979, is a total resistance against the Soviet armed forces. The Soviets still have to limit their control to the towns. All the bigger ethnic groups are at war against the Soviet divisions. Local commanders, heads of tribes and mullahs are the leaders of the resistance. Starting with the model described above, in order to analyze this war, a simulation model has been developed, which takes into consideration the interaction between the five most important groups of this war;

Figure 1: Schematic Presentation.

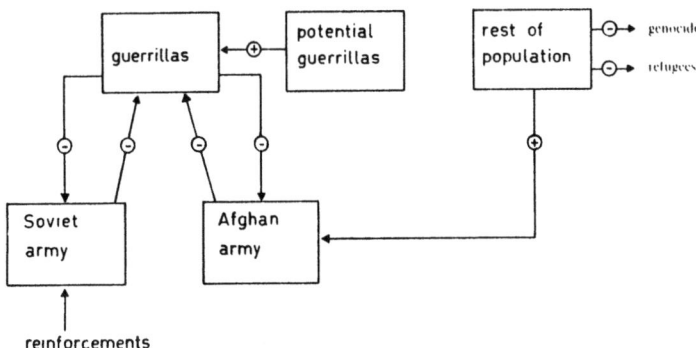

These five groups are:
(1) the guerillas (mujaheddins), (2) the potential guerillas (potential mujaheddins), (3) the remaining population, (4) the Soviet divisions and brigades, (5) the Afghan army. These factors determine the development of the size of these groups especially by means of two interactions:
1. the interaction between the guerillas and the potential guerillas as a rate at which they join the active guerillas;
2. the combat interaction between the guerillas and their enemies, the Soviet and Afhgan forces. The results of this interaction represents the losses on both sides.

The combat relationships reflect the asymmetrical nature of a guerilla war without fronts. While the losses on the conventional side -USSR or Afghan army- are directly proportional to the number of opposing troops, the losses of the guerillas are proportional to the size of both their own and the conventional divisions. The more the Soviets and regular Afghans are fighting, the higher the guerillas losses - but the guerillas are like fish in a population sea. Their exact position is not known to their enemies, who need to bombard more or less blindly over the guerilla region, and thus the losses of the resistance are also proportional to their own number.

Figure 2: The A Priori Model.

| | | | | | |
|---|---|---|---|---|---|
| 155,000 | guerrillas | : | $\dfrac{dGUER}{dt} =$ | 0.01 * GUERPOT  −  0.00000035 * GUER * (USSR + AFGH |
| | | | | Fighters joining the guerrillas | losses |
| 1,470,000 | potential guerrillas | : | $\dfrac{dGUERPOT}{dt} =$ | − 0.01 * GUERPOT | |
| 10,850,000 | rest of population | : | $\dfrac{dPOP}{dt} =$ | − 1500  −  0.0011 * POP  −  REF |
| | | | | Afghan army recruits  genocide  refugees leaving | |
| 0 | Soviet army | : | $\dfrac{dUSSR}{dt} =$ | 2 * (85,000  −  USSR)  −  0.003 * GUER |
| | | | | Soviet objective  Soviet troops  losses | |
| 35,000 | Afghan army | : | $\dfrac{dAFGH}{dt} =$ | 1500  −  2 * 0.003 * GUER |
| | | | | recruits | losses |

The initial conditions are for February 1, 1980, approximately a month after the invasion, when the stage for the next years was set. The model consists of five ordinary differential equations representing the evolution of the five groups. The parameters are on a monthly basis. The basis of the data for the simulation of the period 1980 to 1985 is the period 1980 to 1982.

The first equation explains the change over time in the number of guerillas actually fighting the Soviet and Afghan armies. Their number is increased by reinforcements from the potential guerilla and diminished by their losses. These depend on the size of the fighting forces. The assumption is that the antiguerilla troops do not know the exact position of the different guerillas and, as a result, fire and bomb blindly over the region where the guerillas are suspected. The guerilla losses are proportional both to the number of targets (guerillas) and to the size of the combined forces of the adversaries (the Soviet and Afghan regular armies).

The evolution of the potential guerillas is described by the second equation where potential guerillas joining the fighting guerillas forces are substracted. The transition rate from potential to actual is a simple function of the number of potential guerillas.

This relationship was retained because of its logical simplicity. It means that with the passage of time, there will be potential guerillas joining the figth as a part of the whole process − notably guerilla losses to be replaced and weapons to be obtained by the potential fighters who are trained.

The rest of population is explained by the third equation. Three factors decrease the size of the population:
1. recruits into the Afghan army (at a rate of 1,500 per month in the period 1980-85);
2. deaths resulting from the war (genocide factor),
3. migrants leaving Afghanistan, almost exclusively for Pakistan and Iran.

The number of the Soviet divisions and forces was more or less constant from the beginning of the invasion up to the end of 1982, when it increased from 85,000 to 110,000. The Soviet equation describes the continous adjustments between a Soviet objective of 85,000 men and their losses, which are regularly replaced.

The <u>fifth equation</u> describes changes in the size of the Afghan regular forces. They increase at the rate of 1,500 recruits per month and decrease due to losses in the same fashion as the Soviet army, but at double rate.

## 3.2. THE STRENGTHS AND THE PARAMETERS

The available informations are too fragmented for a good assessment of the guerilla forces in Afghanistan by region [7]. This is why we proceed deductively, starting from the total population and making conservative estimates of the potential and actual guerillas. On the basis of primitive demographic statistics we assume after the deduction of the refugees (before the invasion) and the nomads for the population of Afghanistan 1980 the number of <u>13 million people</u>. For the initial condition of February 1, 1980, we estimate and deduct <u>500,000 refugees in Pakistan and 100,000 refugees in Iran</u>. So we have 12.4 million people in Afghanistan February 1, 1980, nomads not included.

The potential guerillas are men aged 15 to 60. Many adolescents and older men are fighting. We estimate the proportion of all men between 15 and 60 at one-quarter of the total population. We assume that only one half of these are able men willing to fight.

For the number of guerillas in February 1980, we make the assumption that only 155,000 guerillas are fighting. To the number of the potential guerillas we add one-eight of the total refugees because many men in refugee camps participate in the war. So we receive as initial condition for the potential guerillas 1,470,000 men. The combat parameters were taken from the analysis of the guerilla war in South Sudan from 1963 to 1972. We used the same parameters - correcting the one for guerilla losses in proportion to the larger combat area in Afghanistan (we are estimating the guerillas' area at 400,000 $km^2$ of the 650,000 $km^2$ of Afghanistan) - in our simulation of the Afghan war because of certain similarities between South Sudan and Afghanistan. In both cases, the combat area is quite inhospitable and the guerillas can count on a great deal of support from the population.

An important assumption is the 1 % figure for potential guerillas who join the fighting ranks each months. We have taken this figure of an a priori basis. Though this rate seems high it is not: It is lower by about a third than the rate at which reinforcements where coming in for the Yugoslav partisans during World War II. In the equation for the rest of the population the second term represents civilian deaths from the war, notably from the Soviets bombing villages to punish guerilla supporters. The rate of 0.11 % used here is lower than the genocide rates in

Yugoslavia and those in South Sudan.

The third term in the population equation represents the refugee flow. This is based on both official Pakistani figures that are accepted by <u>international humanitarian organizations</u> and on estimations about the refugees in Iran.

Soviet troops reached the number of <u>85,000 only in February 1980</u> because the invading divisions were not at full strength from the start. Their number increased to 110,000 only toward the end of 1982. The factor of 2, multiplying the difference between Soviet goals and the effective number of Soviet troops in the fourth equation, implies a <u>two-week adjustment</u> between the situation and the goals that appears to be realistic, and that also generates plausible figures for Soviet forces.

According to <u>The Military Balance</u>, the Afghan regular army had 100,000 men in July 1978. A year later, it was estimated to have approximately 80,000 due to internal troubles. Two weeks after the Soviet intervention, estimates dropped to only 40,000 to 50,000. Whole units sometimes fought the Soviets and joined the resistance. We put the strength of the Afghan army at <u>35,000 on February 1,1980</u>. In January 1981 the government announced the general conscription for all men aged 20 and over and a year later for age 16 and over. Forced conscription has induced many youngsters to hide or to leave government-controlled regions – mainly towns – and (partially) to join the resistance. Voluntarily or involuntarily, the Afghan regular army has been the greatest source of weapons for the guerillas. In addition, soldiers and officers who help the guerillas are not atypical.

### 3.3. THE RESULTS OF THE SIMULATION 1980-85

The <u>a priori model</u> describes the evolution of the military situation within Afghanistan from February 1, 1980 to the end of 1985. The number of guerillas increases to 249,000 in January 1983 before decreasing to 198,000 at the end of 1985. The Soviet army remains constant according to the postulate made, and the level of Afghan regular army forces increases very slightly to <u>45,000</u>. This run seems to replicate events in the period from 1980 to 1982 quite well. These were combats limited to a few towns and some regions in early 1980, followed during the summer of 1980 and especially since 1981, by more intense combat involving more and more Afghan regions and towns. Thus the war seemed to be escalating through 1982. In addition, the size of both the Soviet and Afghan armies did not change significantly.

Since the combat-loss parameters have been determined a priori, the predictions for the losses generated by the full model running endogenously from the start can be compared to the losses in Afghanistan. This allows us to validate the model. There are, of course diverging estimates about these losses, but a certain consensus among analysts enables us to judge the performance of the model. The potential guerilla population decreases from <u>1,470,000</u> to <u>723,000</u>, showing very heavy losses for the guerillas of <u>712,000</u> over the six years. These losses represent approximately half of

the potential guerillas and nearly 6 % of the prewar population. They seem much too large but some experts estimate the losses of the guerillas of
<u>5,000 deaths per month</u>.

The Soviet losses are quite important. Numbering 49,000 over the six years, they are comparable to U.S. losses in Vietnam. The Afghan army losses are, as prescribed in the model, double the Soviet ones. What are the <u>estimates for Soviet losses</u>? Since the coffin factory in Kabul has an output capacity of 4,000 coffins per year the Soviet losses are calculated to 7,280 deaths in one year. Thus it appears that our predicted Soviet losses are very precise.

In summary, our model cannot be rejected because its results are in accordance with the first years of the war. It needs to be emphasized that these results were obtained on the basis of <u>a priori assumption for a dynamic model running endogenously from the start</u>. The model predicted (1) the intensifying combat of 1981 and 1982, (2) the difficulties in building up the Afghan army, and (3) the high Soviet casualties.

## 4. THE SIMULATION OF GUERILLA WARFARE IN AFGHANISTAN FOR THE PERIOD OF 1986 TO 1990

After the results of the simulation of the guerilla warfare in Afghanistan for the period of 1980-1985 had been substantially confirmed by the course of the war [8], we have made a simulation of the course of the war for the period of 1986-1990 by using the same model and the same parameter values. Due to new information, we just had to modify the monthly rate of changes of the Afghan refugees, of the genocide among the population and of the recruitment of the Afghan army [8]. For the new simulation we have used the initial conditions of January 1986:

150,000 guerillas: $dGUER/dt = 0.01*GUERPOT - 0.00000035*GUER*(USSR+AFGH)$

1,000,000 potential guerillas: $dGUERPOT/dt = -0.01*GUERPOT$

5,450,000 rest of population: $dPOP/dt = 1,670$ Afghan army recruits $- 2,856$ genocide $- 30,000$ refugees leaving Afghanistan

150,000 Soviet army: $dUSSR/dt = 2*(150,000 - USSR)$ Soviet objective Soviet troops $- 0.003*GUER$ losses

47,000 Afghan army: $dAFGH/dt = 1,670$ recruits $- 2*0.003GUER$ losses

Figure 3: The Simulation 1986-1990.

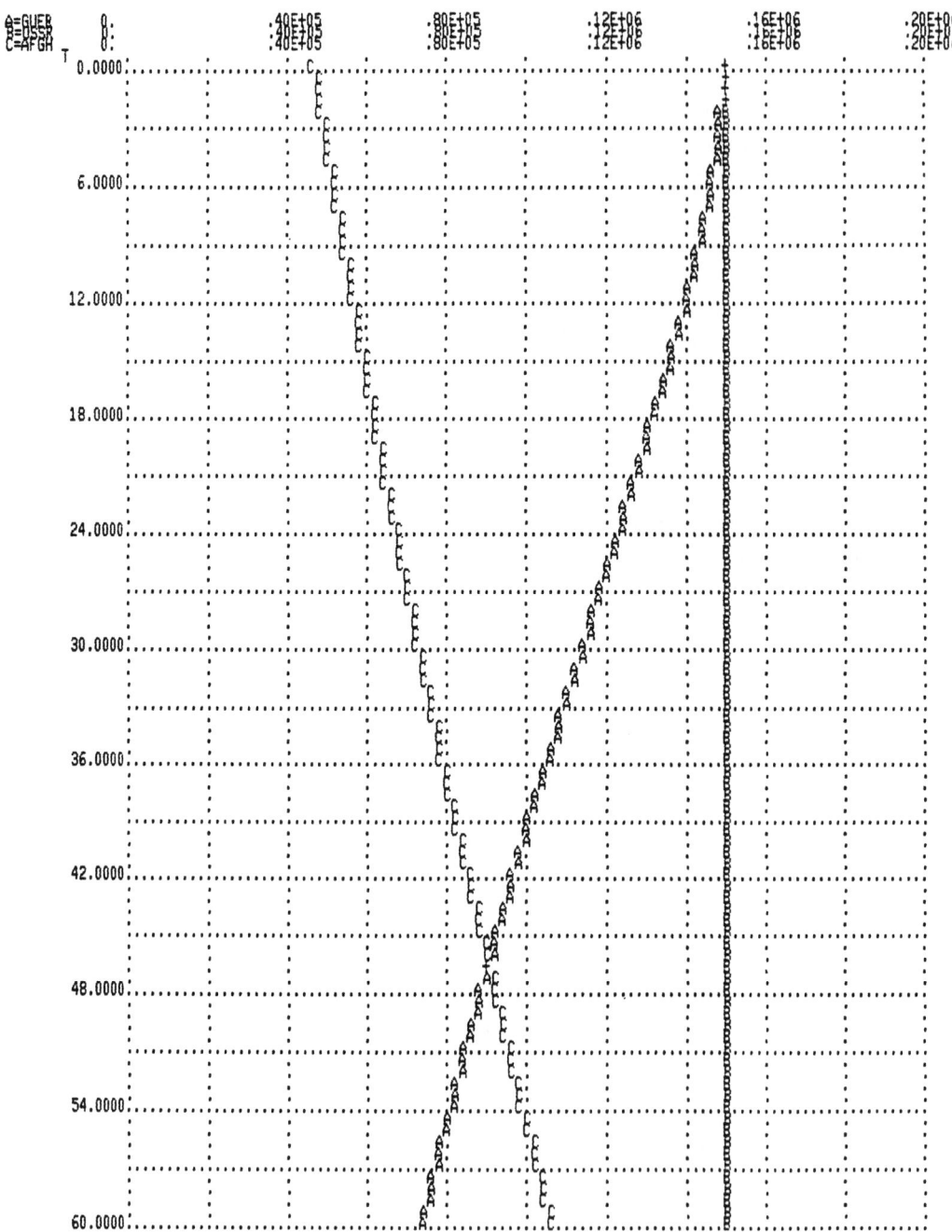

The main results in figure 3 traces the evolution of the strength of the guerilla Soviet and Afghan army forces. According to the assumptions, the strength of the Soviet army counting 150,000 men will remain constant. Whereas the fighting strength of the Mujaheddin, as well as the potential guerillas and the number of the population will decrease, the fighting strength of the Afghan army will increase from 1986-1990 due to the losses of the Mujaheddin and the monthly recruitments. The trend shown by these results has been confirmed by the course of the war in 1986. On account of the observation made in Afghanistan we must espect the war to go on for another five years, but the Mujaheddin will be extremely weakened by 1990.

Because the USA supplied the Mujaheddin with modern surface-to-air missiles STINGER in the end of 1986, there has been a change in the warfare since the beginning of 1987. This fact could possibly give the war a different direction. We have therefore used the basic simulation and examined different possibilities of this war with different strategies used by the belligerents. We have made a new calculation of the development assuming that the Afghan army loses the same number of soldiers a month by defections as it gains by recruitments.

By the end of 1990 we get the following comparative strength:

$$\text{Mujaheddin} = 117,296$$
$$\text{Afghan army} = 0$$

There is another assumption saying that the Soviet government has successively increased their occupation forces up to 200,000 men for the first six months in 1986. In 1990, the Mujaheddin and the Afghan army will have the following fighting strength:

$$\text{Mujaheddin} = 58,053$$
$$\text{Afghan army} = 112,887$$

Whereas the Mujaheddin will be weakened - but not destroyed - by the enforcement of the Soviet army, the Afghan army can recover compared with the basic simulation.

There is another assumption saying that the Soviet government according to their general secretary Gorbatchev will have withdrawn their troops from Afghanistan by 1986. The Mujaheddin are only confronted with the Afghan army. In order to consider this assumption, the first equation has to be modified:

$$dGUER/dt = 0.01*GUERPOT - 0.00000035*GUER*AFGH$$

The forth equation can be eliminated. In 1990 there will be the following comparative strenght:

$$\text{Mujaheddin} = 302,228$$
$$\text{Afghan army} = 52,708$$

If we assume that the Afghan army loses as many men a month by defection as it gains by recruiting, then this army will be destroyed by the Mujaheddin in the middle of 1988. At that time, the Mujaheddin will have a fighting strength of 352,125 men.

The calculation with these different possibilities show that also in the following years, the Mujaheddin can never be completely destroyed by the Soviet army even if the Soviet government should choose to reinforce their troops in Afghanistan. On the other hand, the building up of the Afghan army remains a problem for the Soviets. If they choose to withdraw their troops from Afghanistan, they must by aware that the Afghan army will be destroyed by the Mujaheddin. Such a defeat would automatically be followed by the collapse of the communist regime in Afghanistan. But the Soviets will probably not be willing to pay such a high price to improve their relations with the Islamic world. That is why they actually try to find another solution to this problem by splitting the resistance using political and propagandistic means.


## 5. CONCLUSIONS

The model used is still a *a priori model*. Not enough guerilla wars have been examined by it to be used with sufficient accuracy as a *a posteriori model*. For this purpose, more guerilla wars of our time should in the future be examined with this model. Despite of this restriction, we can, on the basic of the research work done so far, conclude that this model leads to better analyses and simulations of guerilla warfare than the Lanchester models.


## BIBLIOGRAPHY

(1) Laqueur, W., *Guerilla, a historical and critical study*, Weidenfeld and Nicolson, London, 1977.

(2) Mao Tsetung, *Strategische Probleme des revolutionären Krieges in China*, in: Ausgewählte Militärische Schriften, Verlag für fremdsprachige Literatur, Peking, 1969, S. 87-177.

(3) Mao Tsetung, *Strategische Probleme des Partisanenkriegs gegen die japanische Aggression*, in: Ausgewählte Militärische Schriften, S. 179-221.

(4) Mao Tsetung, *Ueber den langwierigen Krieg*, in: Ausgewählte Militärische Schriften, S. 223-325.

(5) Stahel, A. A., *Simulationen sicherheitspolitischer Prozesse, anhand von Bespielen und Problemen der schweizerischen Sicherheitspolitik*, Zürcher Beiträge zur Politischen Wissenschaft, Band 2, Verlag Huber, Frauenfeld, 1980.
Halin, J., *MIMIC-Handbuch des Instituts für Reaktortechnik*, ETH Zürich, 1974.

(6) Allan, P., and Stahel A. A., *Tribal Guerilla Warfare against a Colonial Power*, analyzing the war in Afghanistan, in: The Journal of Conflict Resolution, Vol. 27, No. 4, December 1983, p. 590-617.
Stahel, A. A., Dynamic Models of Guerilla Warfare, in: Luterbacher, U. and M. D. Ward (edt.), Dynamic Models of International Conflict, Lynne Rienner Publishers, Inc., Boulder, Colorado, 1985, p. 354-369.

(7) Stahel, A. A., und Bucherer P., *Afghanistan, 5 Jahre Widerstand und Kleinkrieg*, Beilage zur "Allgemeinen Schweizerischen Militärzeitschrift" ASMZ,

Nr. 12, 1984, Huber & Co. AG, Presseverlag, Frauenfeld 1984.

(8) Stahel, A. A. und Bucherer, P., Afghanistan 1984/85, Besetzung und Widerstand, Beilage zur "Allgemeinen Schweizerischen Militärzeitschrift" ASMZ, Nr. 12, 1985, Huber & Co. AG, Presseverlag, Frauenfeld, 1985.

Stahel, A. A. und Bucherer, P., Afghanistan 1985/86, Besetzung und Kriegsführung der UdSSR, Beilage zur "Allgemeinen Schweizerischen Militärzeitschrift" ASMZ, Nr. 12, 1986, Huber & Co. AG, Presseverlag, Frauenfeld, 1986.

*AUTOREN UND KOAUTOREN*


Alef Manfred, Dipl.-Math., Kernforschungszentrum Karlsruhe, Inst. f.
    Datenverarbeitung in der Technik, Postfach 3640,
    D-7500 Karlsruhe 1
Ameling Walter, Prof. Dr.-Ing., Rogowski-Institut für Elektrotechnik,
    RWTH Aachen, Schinkelstr. 2, D-5100 Aachen
Anger, H., Fachbereich Informatik, Univ. Passau
    Postfach 2540, D-8390 Passau
Atanasijevic M.., Faculty of Electrical Engineering, Univ. Ljubljana,
    Trzaska 25, YU-61000 Ljubljana
Baetke F., Dr., CONVEX COMPUTER GmbH, Lyonerstr. 14, D-6000 Frankfurt 71
Balagin Walerij, Dr., Minsker Institut für Radiotechnik, P. Browski Str. 6,
    Minsk 69, UdSSR
Bartsch T., Dipl.-Inform., Rogowski-Institut für Elektrotechnik,
    RWTH Aachen, Schinkelstr. 2, D-5100 Aachen
Bechtold M., Dipl.-Inform., Technische Informatik, J.W. Goethe-Univ.,
    Dantestr. 5, D-6000 Frankfurt am Main 11
Becker Bernnd, Dipl.-Ing., M.Sc., Fraunhofer-Institut für Produktions-
    technik und Automatisierung, Schlossstr. 68, D-7000 Stuttgart 80
Berndt W., Dipl.-Ing., Innovationsgesellschaft f. fortgeschrittene
    Produktionssysteme in der Fahrzeugindustrie (INPRO),
    Nürnbergerstr. 68/69, D-1000 Berlin 30)
Bierbaumer J., Institut für Technische Mathematik,
    TU Wien, Wiedner Hauptstr. 8-10, A-1040 Wien
Bleher G., Dipl.-Ing., Institut für Kernenergetik und Energiesysteme,
    Univ. Stuttgart, Postfach 801140, D-7000 Stuttgart 80
Böhm Hans-Jürgen, Dipl.Inform., Gesellschaft für angewandte Informatik,
    Kürfürstendamm 177, D-1000 Berlin 15
Bollweg E., Dipl.-Inform., Fachbereich Informatik, Universität Hamburg,
    Schlüterstr. 70, D-2000 Hamburg 13
Born K.-P.,Dipl.-Ing.,FB 14, Verkehrssicherheitstechnik, Bergische
    Universität Wuppertal, Gaussstr. 20, D-5600 Wuppertal 1
Bossel H., Prof., Fachbereich Mathematik, Forschungsgruppe Umwelt-
    systemanalyse, Gesamthochschule * Universität Kassel,
    Mönchenbergstr. 21, D-3500 Kassel
Brantner K., Dipl.-Ing., ISW Stuttgart
Brauchli Hans, Prof. Dr., Institut für Mechanik, ETH Zürich,
    Rämistr. 101, CH-8092 Zürich
Braun H., Dr.-Ing., Institut für Mess- und Regelungstechnik,
    Univ. Karlsruhe, Postfach 6380, Richard-Willstätter-Allee,
    D-7500 Karlsruhe 1
Breckling Broder, dipl.Biol., Fachbereich 2 (Biologie / Oekologie)
    Universität Bremen, Postfach 330440, Bibliothekstr.,
    D-2800 Bremen 33
Breitenecker Felix, Doz. Dr.rer.nat., Institut für Technische Mathematik,
    TU Wien, Wiedner Hauptstr. 8-10, A-1040 Wien
Brüggemann Rainer, Dr., Gesellschaft für Strahlen- und Umweltforschung mbH,
    Ingoldstädter Landstr. 1, D-8042 München-Neuherberg
Craemer Diether, Dr., Gesellsch. für Mathematik und Datenverarbeitung (GMD),
    Postfach 1240, Schloss Birlinghoven, D-5205 Sankt Augustin 1
Cronenbroeck W., Institut für Nukleare Sicherheitsforschung
    der Kernforschungsanlage Jülich GmbH, Postfach 1913, D-5170 Jülich
Dangelmaier W., Dr.-Ing. habil., Fraunhofer-Institut für Produktions-
    technik und Automatisierung, Schlossstr. 68, D-7000 Stuttgart 80
Dastych Johannes, Dr.-Ing., Lehrstuhl für Elektr. Steuerung und Regelung,
    Ruhr - Universität Bochum, Postfach 102148, D-4630 Bochum 1
Devaquet G., Dipl.Ing., Institut für Mechanik, ETH Zürich,
    Rämistr. 101, CH-8092 Zürich

Dolgij A., Dipl.-Ing., Minsker Institut für Radiotechnik,
  P. Browski Str. 6, Minsk 69, UdSSR
Drtil W., Dr., Standard Elektrik Lorenz Ag, Lorenzstr. 10,
  D-7000 Stuttgart 40
Egolf Theo, Ing. HTL, Styner+Bienz AG, CH-3172 Niederwangen
Encarnacao J., Prof. Dr., Institut für Informationsverwaltung und
  Interaktive Systeme, TH Darmstadt, Alexanderstr. 24,
  D-6100 Darmstadt
Erlinghagen Markus, Dipl.-Ing., LG Datenverarbeitungstechnik, Fernuniv.,
  Frauenstuhlweg 31, D-5860 Iserlohn
Esponda Margarita, Dipl.-Inform., Gesellschaft für Mathematik und Daten-
  verarbeitung (GMD-FIRST), Hardenbergplatz 2-4, D-1000 Berlin 12
Fäh Roland, dipl.Ing., Versuchsanstalt für Wasserbau, Hydrologie und
  Glaziologie, ETH Zürich, Gloriastr. 37-39, CH-8092 Zürich
Fischlin Andreas, Dr., Projekt-Zentrum IDA, ETH Zürich, Physikstr. 3,
  CH-8092 Zürich
Franke H.P., Dipl.-Ing., Institut für Mess- und Regelungstechnik,
  Univ. Karlsruhe, Postfach 6380, Richard-Willstätter-Allee,
  D-7500 Karlsruhe 1
Gottwald Björn A., Prof. Dr., Fakultät für Biologie, Univ. Freiburg,
  Schänzlestr. 1, D-7800 Freiburg im Breisgau
Graber K. André, Institut für Operations Research, ETH Zürich,
  Clausiusstr. 47, CH-8092 Zürich
Gräff Martin, Dipl.Ing., Hybridrechenzentrum, Technische Univ. Wien,
  Wiedner Hauptstr. 8-10, A-1040 Wien
Hagerer A., Fachbereich Informatik, Univ. Passau
  Postfach 2540, D-8390 Passau
Hahn Winfried, Prof. Dr., Fachbereich Informatik, Univ. Passau
  Postfach 2540, D-8390 Passau
Harland J., Dipl.-Ing., Lehrstuhl für Elektr. Steuerung und Regelung,
  Ruhr - Universität Bochum, Postfach 102148, D-4630 Bochum 1
Hartenstein Reiner, Prof. Dr.-Ing., Fachbereich Informatik,
  Univ. Kaiserslautern, Erwin -Schrödinger-Str,
  D-6750 Kaiserslautern
Heusler Hans-Joachim, Dipl.-Ing., Dipl.-Wirtsch.-Ing., Institut für
  Werkzeugmaschinen und Betriebswissenschaften, TU München,
  Karl Hammerschmidtstr. 5, D-8011 Dornach
Heyn Angelika, Institut für Biologie III, Universität Freiburg,
  Schänzlestr. 1, D-7800 Freiburg im Breisgau
Kaliman J., Institut für Technische Mathematik,
  TU Wien, Wiedner Hauptstr. 8-10, A-1040 Wien
Karba R., Doz. Dr., Faculty of Electrical Engineering, Univ. Ljubljana,
  Trzaska 25, YU-61000 Ljubljana
Keller Frieder, Dipl.-Ing., Institut für Theoretische Elektrotechnik
  und Messtechnik, Univ. Karlsruhe, Kaiserstr. 12, D-7500 Karlsruhe
Keller Hubert B., Dipl.-Ing., Kernforschungszentrum Karlsruhe, Institut für
  Datenverarbeitung in der Technik, Postfach 3640, D-7500 Karlsruhe 1
Kettner P., Dipl.-Ing., Laboratorium f. Werkzeugmaschinen und
  Betriebslehre, RWTH Aachen, Steinbachstr. 53B, D-5100 Aachen)
Klaassen B., Gesellschaft für Mathematik und Datenverarbeitung (GMD),
  Postfach 1240, Schloss Birlinghoven, D-5205 Sankt Augustin 1
Kleinert Wolfgang, Dr., Dipl.Ing., Hybridrechenzentrum, Technische Univ. Wien,
  Wiedner Hauptstr. 8-10, A-1040 Wien
Kopaczyk A., Dipl.-Inform., Rogowski-Institut für Elektrotechnik,
  RWTH Aachen, Schinkelstr. 2, D-5100 Aachen
Kowaltschuk Genadij, Dipl.-Ing., Minsker Institut für Radiotechnik,
  P. Browski Str. 6, Minsk 69, UdSSR
Kozjek F., Faculty of Technological and Natural Sciences, Univ. E. Kardelj
  Ljubljana, Aserceva 9, 61000 Ljubljana, Yugoslavia
Krämer W., Dipl.-Ing., Institut für Systemdynamik und Regelungstechnik,
  Universität Stuttgart, Pfaffenwaldring 9, D-7000 Stuttgart 80

Kretschmer Ulrich, Dipl.-Psychologe, Gesellschaft für angewandte Informatik,
    Kürfürstendamm 177, D-1000 Berlin 15
Krieger H., Fachbereich Mathematik, Forschungsgruppe Umwelt-
    systemanalyse, Gesamthochschule * Universität Kassel,
    Mönchenbergstr. 21, D-3500 Kassel
Kubalski W., Dipl.-Ing., Rogowski-Institut für Elektrotechnik,
    RWTH Aachen, Schinkelstr. 2, D-5100 Aachen
Kuhn Axel, Prof. Dr.-Ing., Fraunhofer-Institut für Transporttechnik und
    Warendistribution, Emil-Figge Str. 75, D-4600 Dortmund 50
Lehnert G., dipl.Biol., Fachbereich 2 (Biologie / Oekologie)
    Universität Bremen, Postfach 330440, Bibliothekstr.,
    D-2800 Bremen 33
Lewke Klaus-Dieter, FB Mathematik-Informatik, Universität-Gesamthoch-
    schule Paderborn, Postfach 1621, D-4790 Paderborn
Marek Alois, Dr., Brown Boveri Forschunszentrum, CH-5405 Baden
Maschtera Ulrike, Dr.-Ing., Institut für Informatik, Universität Linz,
    Altenbergerstr. 69, A-4040 Linz
Mathis Wolfgang, Dr.-Ing., Institut für Allgemeine Elektrotechnik,
    Techn. Univ. Braunschweig, Langer Kamp 19c, D-3300 Braunschweig
Matko Drago, Prof. Dr., Faculty of Electrical Engineering, Univ. Ljubljana,
    Trzaska 25, YU-61000 Ljubljana
Matthies Michael, Dr., Gesellschaft für Strahlen- und Umweltforschung mbH,
    Ingoldstädter Landstr. 1, D-8042 München-Neuherberg
Meister G., Dr., Institut für Nukleare Sicherheitsforschung
    der Kernforschungsanlage Jülich GmbH, Postfach 1913, D-5170 Jülich
Mennig Johannes, PD Dr., Institut für Energietechnik, ETH Zürich,
    Clausiusstr. 33, CH-8092 Zürich
Mjsnikow S., Dipl.-Ing., Minsker Institut für Radiotechnik,
    P. Browski Str. 6, Minsk 69, UdSSR
Möller Dietmar P.F., Dr., Physiologisches Institut, Universität Mainz,
    Saarstr. 21, D-6500 Mainz
Mrhar A., Faculty of Technological and Natural Sciences, Univ. E. Kardelj
    Ljubljana, Aserceva 9, 61000 Ljubljana, Yugoslavia
Müller M., Institut für Operations Research, ETH Zürich,
    Clausiusstr. 47, CH-8092 Zürich
Nemec B., Institut Jozef Stefan, Jamova 39, 61000 Ljubljana, Yugoslavia
Ohsendoth Christoph ,Dipl.Inf., Lehrstuhl Informatik I, Univ. Dortmund,
    Postfach 500 500, D-4600 Dortmund 50
Othizerow D., Dipl.Ing., Minsker Institut für Radiotechnik,
    P. Browski Str. 6, Minsk 69, UdSSR
Paap Karl L., Gesellschaft für Mathematik und Datenverarbeitung (GMD),
    Postfach 1240, Schloss Birlinghoven, D-5205 Sankt Augustin 1
Page Bernd, Prof. Dr.-Ing., Fachbereich Informatik, Universität Hamburg,
    Schlüterstr. 70, D-2000 Hamburg 13
Palusinski Olgierd A., Prof. Dr., Dept. of Electr. Engineering,
    University of Arizona, Tucson, AZ 85721, USA
Perl Jürgen, Prof. Dr., FB Mathematik, Universität Mainz,
    Postfach 3980, Saarstr. 21, D-6500 Mainz
Peters Helmut, Dipl.-Inform., Fraunhofer-Institut für Transporttechnik und
    Warendistribution, Emil-Figge Str. 75, D-4600 Dortmund 50
Peters Olaf H., FB 14, Verkehrssicherheitstechnik, Bergische
    Universität Wuppertal, Gaussstr. 20, D-5600 Wuppertal 1
Pietrzko Stanislaw, Dipl.Ing., EMPA (Eidgenössische Materialprüfungs-
    und Versuchsanstalt), Ueberlandstrasse 129, CH-8600 Dübendorf
Plöger Paul G., Gesellschaft für Mathematik und Datenverarbeitung (GMD),
    Postfach 1240, Schloss Birlinghoven, D-5205 Sankt Augustin 1
Plehn Joachim, Dipl.-Inform., Gesellschaft für angewandte Informatik
    Pforzheimerstr. 338, D - 7000 Stuttgart 31
Pohlmann Werner, Dr., Institut für Informatik, Technische Univ. München,
    Arcisstr. 21, Postfach 202420, D-8000 München 2
Prautsch Werner, Dr.-Ing., Gesellschaft für angewandte Informatik,
    Kürfürstendamm 177, D-1000 Berlin 15

Rabe M., Dipl.-Phys., Fraunhofer-Institut für Produktionstechnik und
  Automatisierung (IPK), D-1000 Berlin-Charlottenburg
Rattay Frank, TU Wien, A-1040 Wien
Regen Franz, Dr.-Inform., Rogowski-Institut für Elektrotechnik,
  RWTH Aachen, Schinkelstr. 2, D-5100 Aachen
Reimann Kurt A., Dr.-Ing., Gebr. Sulzer AG, Konzernstab Forschung
  und Entwicklung, CH-8401 Winterthur
Reiss Karl, Prof. Dr., Institut für Theoretische Elektrotechnik
  und Messtechnik, Univ. Karlsruhe, Kaiserstr. 12, D-7500 Karlsruhe
Reschke K.-H., Dipl.-Ing., Standard Elektrik Lorenz Ag, Lorenzstr. 10,
  D-7000 Stuttgart 40
Reuss Th., Technische Informatik, J.W. Goethe-Univ.,
  Dantestr. 5, D-6000 Frankfurt am Main 11
Rewotjuk M., Dipl.Ing., Minsker Institut für Radiotechnik,
  P. Browski Str. 6, Minsk 69, UdSSR
Rohrer J., Werkzeugmaschinenfabrik Oerlikon-Bührle, CH-Zürich
Rühle Roland, Prof. Dr.-Ing., Fakultät für Energietechnik, Rechenzentrum,
  TH Stuttgart, Allmandring 30, D-7000 Stuttgart 80
Ruzicka Ronald, Dipl.-Ing., Institut für Technische Mathematik,
  TU Wien, Wiedner Hauptstr. 8-10, A-1040 Wien
Sauberer Alois, Dipl.-Ing., Institut für Technische Mathematik,
  TU Wien, Wiedner Hauptstr. 8-10, A-1040 Wien
Schaerer Ch., Dipl.Ing., Institut für Mechanik, ETH Zürich,
  Rämistr. 101, CH-8092 Zürich
Schäfer H., Fachbereich Mathematik, Forschungsgruppe Umwelt-
  systemanalyse, Gesamthochschule * Universität Kassel,
  Mönchenbergstr. 21, D-3500 Kassel
Schaufelberger Walter, Prof. Dr., Projekt-Zentrum IDA, Abt. f. Elektrotechnik,
  ETH Zürich, Physikstr. 3, CH-8092 Zürich
Schlüter Karsten, Dipl.-Ing., Lehrstuhl für Fertigungsautomatisierung und
  Produktionssystematik, Universität Erlangen-Nürnberg, Egerlandstr. 7,
  D-8520 Erlangen
Schmidt Fritz, Dr.-Ing., Institut für Kernenergetik und Energiesysteme,
  Univ. Stuttgart, Postfach 801140, D-7000 Stuttgart 80
Schmidt Rolf, Dipl.-Ing., Fraunhofer-Institut für Transporttechnik und
  Warendistribution, Emil-Figge Str. 75, D-4600 Dortmund 50
Schonard Andreas, Dipl.-Inform., Gesellschaft für angewandte Informatik
  Pforzheimerstr. 338, D - 7000 Stuttgart 31
Schubert Hans, Dipl.-Ing., DFVLR (Deutsche Forschungs- und Versuchs-
  anstalt für Luft- und Raumfahrt), Institut für Dynamik der Flugsysteme,
  D-8031 Oberpfaffenhofen
Sega M., Institut Jozef Stefan, Jamova 39, 61000 Ljubljana, Yugoslavia
Seliger G., Dr., Fraunhofer-Institut für Produktionstechnik und
  Automatisierung (IPK), D-1000 Berlin-Charlottenburg
Seldner David, Kernforschungszentrum Karlsruhe, Inst. f.
  Datenverarbeitung in der Technik, Postfach 3640,
  D-7500 Karlsruhe 1
Smirnov A., Prof., Minsker Institut für Radiotechnik,
  P. Browski Str. 6, Minsk 69, UdSSR
Smith Einar, Dipl.-Math., Gesellsch. für Mathematik und Datenverarbeitung (GMD)
  Postfach 1240, Schloss Birlinghoven, D-5205 Sankt Augustin 1
Solar Dietmar, Dipl.Ing., Institut für Technische Mathematik, TU Wien,
  Wiedner Hauptstr. 8-10, A-1040 Wien
Spiro Hans, Dipl.-Ing., IBM Deutschland GmbH, Entwicklung und Forschung,
  Schönaicher Strasse 220, D-7030 Böblingen
Stahel Albert A., Prof. Dr., Abteilung für Militärwissenschaften,
  ETH Zürich, Rämistr. 101, CH-8092 Zürich
Starich W. Dipl.Ing., Minsker Institut für Radiotechnik,
  P. Browski Str. 6, Minsk 69, UdSSR
Steiner Max, Prof., Institut für Mess- und Regeltechnik, ETH Zürich,
  Sonneggstr. 3, CH-8092 Zürich

*Stürchler R.*, Gebr. Sulzer AG, Konzernstab Forschung und Entwicklung,
   Labor für Schwingungen und Akustik, CH-8401 Winterthur
*Suda Martin*, Dr., Oesterreichisches Forschungszentrum Seibersdorf,
   Institut für Physik, A-2444 Seibersdorf
*Swanson Charles D.*, ETA Systems, Inc., 1450 Energy Park Drive,
   St. Paul, Minnesota 55108, USA
*Tavangarian Diamshid*, Dr.Ing., Technische Informatik, J.W. Goethe-Univ.,
   Dantestr. 5, D-6000 Frankfurt am Main 11
*Thome H.G.*, Dipl.-Ing., Laboratorium f. Werkzeugmaschinen und
   Betriebslehre, RWTH Aachen, Steinbachstr. 53B, D-5100 Aachen)
*Troch Inge*, Prof. Dr., Institut für Technische Mathematik,
   TU Wien, Wiedner Hauptstr. 8-10, A-1040 Wien
*Trost N.*, Dipl.-Math., Fachbereich Mathematik, Forschungsgruppe Umwelt-
   systemanalyse, Gesamthochschule * Universität Kassel,
   Mönchenbergstr. 21, D-3500 Kassel
*Ulrich H.*, Dr., Institut für Operations Research, ETH Zürich,
   Clausiusstr. 47, CH-8092 Zürich
*Utter Helmut*, Dipl.-Ing., Wetter
*Vancso Klara*, Projekt-Zentrum IDA, Abteilung für Elektrotechnik,
   ETH Zürich, Physikstr. 3, CH-8092 Zürich
*Volling Karl*, Dr., Mannesmann-Demag
*Welte Y.P.*, Dr., Gebr. Sulzer AG, Konzernstab Forschung und Entwicklung,
   Labor für Schwingungen und Akustik, CH-8401 Winterthur
*Welters Udo*, Dipl.-Inform., FB Informatik, Universität Kaiserslautern,
   Erwin-Schrödinger-Str., D-6750 Kaiserslautern
*Wenk K.*, BBC Zürich, CH-Zürich
*Weissenborn Hans-Otto.*, Innovationsgesellschaft f. fortgeschrittene
   Produktionssysteme in der Fahrzeugindustrie (INPRO),
   Nürnbergerstr. 68/69, D-1000 Berlin 30)
*Westermann Thomas*, Kernforschungszentrum Karlsruhe, Inst. f.
   Datenverarbeitung in der Technik, Postfach 3640,
   D-7500 Karlsruhe 1
*Wieneke-Toutaoui B.*, Dr.-Ing., Fraunhofer-Institut für Produktionstechnik und
   Automatisierung (IPK), D-1000 Berlin-Charlottenburg
*Winterer Gerhard*, Dipl.-Inform., Gesellschaft für angewandte Informatik,
   Kürfürstendamm 177, D-1000 Berlin 15
*Zeitz M.*, Prof. Dr.-Ing., Institut für Systemdynamik und Regelungstechnik,
   Universität Stuttgart, Pfaffenwaldring 9, D-7000 Stuttgart 80
*Zupancic Borut*, Mag., Faculty of Electrical Engineering, Univ. Ljubljana,
   Trzaska 25, YU-61000 Ljubljana

MIX
Papier aus verantwortungsvollen Quellen
Paper from responsible sources
FSC® C105338

If you have any concerns about our products,
you can contact us on
**ProductSafety@springernature.com**

In case Publisher is established outside the EU,
the EU authorized representative is:
**Springer Nature Customer Service Center GmbH
Europaplatz 3, 69115 Heidelberg, Germany**

Printed by Libri Plureos GmbH
in Hamburg, Germany